D1734227

STAHLROHR-HANDBUCH

ISBN 3-8027-2655-3

Dieses Buch enthält XXII + 684 Seiten, 424 Bilder, 176 Tafeln
Druck: Offset-Team Zumbrink KG, Bad Salzuflen
Buchbinderische Verarbeitung: Großbuchbinderei Kornelius Kaspers, Düsseldorf

STRADTMANN

STAHLROHR HANDBUCH

9. AUFLAGE

zusammengestellt von Dieter Schmidt unter Mitarbeit von Walter G. von Baeckmann · Karl-Heinz Brensing · Gunther Dette · Guido Dolder · Heinrich Engelmann · Karl Kubat · Helmut Pirchl · Wilhelm Ringewaldt · Baldur Sommer · Manfred Weber · Kurt Ziegler · Walter Zimnik

VULKAN-VERLAG

Das Werk ist urheberrechtlich geschützt. Die dadurch begründeten Rechte, insbesondere die der Übersetzung, des Nachdrucks, der Entnahme von Abbildungen, der Funksendung, der Wiedergabe auf
photomechanischem oder ähnlichem Weg und der Speicherung in Datenverarbeitungsanlagen bleiben,
auch bei nur auszugsweiser Verwertung, vorbehalten.

© Vulkan-Verlag, Essen – 1982
Printed in Germany

Die Wiedergabe von Gebrauchsnamen, Handelsnamen, Warenbezeichnungen usw. in diesem Werk be-
rechtigt auch ohne besondere Kennzeichnung nicht zu der Annahme, daß solche Namen im Sinne der
Warenzeichen- und Markenschutz-Gesetzgebung als frei zu betrachten wären und daher von jedermann benutzt werden dürften.

Zum Geleit

Im Jahre 1981 werden in der Welt mehr als 70 Mio t Stahlrohre hergestellt und damit fast 14 % des Rohstahls zu Stahlrohren verarbeitet. In diesen Zahlen spiegelt sich der erfolgreiche Weg eines Produktes wider, das ein wichtiger Baustein unserer industriellen Gesellschaft geworden ist.

Es sind „erst" ca. 150 Jahre, seit in England erstmals Eisenblechstreifen industriell zu Rohren verschweißt wurden und seit Albert Poensgen die ersten Stahlrohre in Deutschland gefertigt hat. Zunächst waren es feuergeschweißte Rohre. Einige Jahrzehnte später gelang es den Brüdern Reinhard und Max Mannesmann, die ersten nahtlosen Stahlrohre herzustellen. Im Laufe der Zeit wurden weitere Verfahren zur Produktion von geschweißten und nahtlosen Rohren entwickelt bzw. bestehende Verfahren vervollkommnet. Das Stahlrohr-Handbuch bringt einen guten Überblick über die heute angewandten Herstellungsverfahren.

Das Stahlrohr hat einen bedeutenden Beitrag zur raschen Industrialisierung geleistet. Unsere Welt — im industriellen, im öffentlichen, im privaten Bereich — braucht das Stahlrohr. Es dient dem Transport von flüssigen, gasförmigen und in zunehmendem Maße auch festen Stoffen. Es muß weite Distanzen überbrücken helfen und ist vielfach extremen Bedingungen ausgesetzt wie Drücken, Wärme und Kälte. Es ist aber auch ein wesentliches Konstruktionselement. Entsprechend der vielseitigen Möglichkeiten des Werkstoffes Stahl hat das Rohr hohe Bedeutung in der Mineralölindustrie, in der chemischen Industrie, in Wärmekraftwerken konventioneller Art, aber auch in neuzeitlichen Kernenergiekraftwerken, im Fahrzeug-, Maschinen-, Stahlhoch- und Stahlgerüstbau. Unsere heutige Technik wäre ohne das Stahlrohr nicht denkbar.

Die 9. Auflage des Stahlrohr-Handbuches ist vollkommen überarbeitet worden und gibt den neuesten Stand der technischen Erkenntnisse bei der Herstellung und Anwendung von Stahlrohren wieder. Die neuen Normen sind eingearbeitet. Das Stahlrohr-Handbuch wird dem Konstrukteur, dem Betriebsingenieur ebenso dem Kaufmann wie auch dem Wirtschaftler eine gute Arbeitsunterlage bieten und ihm eine fundierte Hilfe bei der Auswahl und bei der Verwendung des Stahlrohres auch bei neuen Anwendungsgebieten sein.

STAHLROHRVERBAND e.V.

Vorwort

Das Stahlrohrhandbuch war ursprünglich einmal als Tabellenbuch für den Rohrleitungskonstrukteur konzipiert und enthielt im Wesentlichen Normenauszüge, Kennwerte und Konstruktionsanweisungen. Im Laufe der verschiedenen Neuauflagen wurde es zu einem Nachschlagewerk über viele Fragen des Stahlrohres als Transportweg für gasförmige und flüssige Medien. Die siebente Auflage wurde erstmals von einer Autorengemeinschaft bearbeitet, um für alle Detailfragen kompetente Fachleute zu Rate ziehen zu können. Die Grundkonzeption, ein praxisorientiertes Fachbuch zu schaffen, wurde hierdurch noch stärker herausgearbeitet, weil jeder Autor für sein eigenes Arbeitsgebiet eine Fülle von Erfahrungen einbringen konnte.

Wegen der guten Aufnahme, die auch die achte Auflage des Stahlrohrhandbuches in der Leserschaft fand, ist schon vier Jahre nach Erscheinen eine Neuauflage erforderlich geworden. Die Autoren benutzten diese Gelegenheit, die inzwischen bekannt gewordenen Änderungen und Neuausgaben technischer Regelwerke in den neuen Text zu übernehmen und diesen auf den neuesten Stand der Technik hin zu überarbeiten.

Als federführender Autor möchte ich an dieser Stelle sowohl meinen Mitautoren wie aber auch dem Verlag für die Bereitwilligkeit danken, in den relativ kurzen Zeiträumen von jeweils vier Jahren das Manuskript des Stahlrohrhandbuches so zu überarbeiten, daß dem Käufer immer eine aktuelle Informationsquelle über den Rohrleitungstransport durch Stahlrohre geboten wird, aus der die neuesten Be- und Verarbeitungsverfahren, Berechnungsvorschriften, Werkstoffeigenschaften und Anwendungshinweise ersichtlich sind.

Gegenüber der 8. Auflage waren erhebliche Veränderungen erforderlich im Kapitel „Rohrstähle", weil zahlreiche Ausgaben von Werkstoffnormen in den vorhandenen Text einzuarbeiten waren. Das Kapitel „Herstellverfahren" wurde durch Mitarbeit eines weiteren bekannten Rohrherstellers bereichert. Auch im Kapitel „Bemessung von Stahlrohren" mußten als Folge der Veränderungen von Werkstoffnormen und Berechnungsanweisungen weite Passagen neu formuliert werden. Das Kapitel „Formstücke" wurde vollkommen neu konzipiert, es enthält nun Maßtafeln für Biegungen und Einschweißformstücke der verschiedensten Arten sowie Beschreibungen zu deren Herstellung.

Im Kapitel „Korrosion und Korrosionsschutz" wurden die neuen Hochspannungsrichtlinien und Regelwerke über Umhüllungen berücksichtigt. Im Bereich des Abschnittes „Anwendungsgebiete" mußte insbesondere der Teil „Seeverlegte Fernleitungen für Öl und Gas" infolge der stürmischen technischen Entwicklung völlig neu erarbeitet werden. Neu aufgenommen wurde auch der Abschnitt über Feststofftransport in Rohrleitungen anstelle des früheren Abschnittes über Stahlrohre als Teile von Hochbauten. Das Stahlrohrhandbuch ist durch diese Änderung zu einem reinen Fachbuch für den Transport von Fluiden durch Stahlrohre geworden.

Im Kapitel „Normung" sind die seit Erscheinen der 8. Auflage neu erschienenen Normen aufgeführt und kurz erwähnt. Da nicht alle Normen im Originaltext wiedergegeben werden können, ist eine kurze Inhaltsübersicht gegeben worden, um den Leser auf die wesentlichsten Aussagen der gesuchten Normen hinzuweisen. Zum Schluß wurde eine ausführliche Gegenüberstellung der „alten" technischen Einheiten und der „neuen" SI-Einheiten gebracht. Eine solche Gegenüberstellung wird wohl noch lange Zeit den Lesern bei der täglichen Arbeit helfen können.

Die Autoren und der Verlag würden sich freuen, wenn auch die vorliegende Neuauflage des Stahlrohrhandbuches dem Praktiker eine Hilfe bei der täglichen Arbeit sein könnte. Wir denken dabei nicht alleine an Ingenieure und Techniker, sondern auch an Kaufleute, Kommunalpolitiker und Betriebswirte, denn wir haben uns bemüht, weite Passagen des Stahlrohrhandbuches so abzufassen, daß sie auch „Nicht-Technikern" verständlich und wertvoll für die häufig anstehenden Entscheidungen sind. Als Hochschullehrer, der sich durch seine frühere Berufstätigkeit dem Rohrleitungsbau ganz besonders verbunden fühlt, würde ich mich sehr freuen, wenn das Stahlrohrhandbuch als ein Grundlagen-Lehrbuch des Rohrleitungsbaues Eingang in alle Arten von technischen Hoch- und Fachhochschulen und Universitäten finden würde. Weite Passagen des Stahlrohrhandbuches behandeln doch den Rohrleitungsbau als solchen und nicht so sehr das spezielle Transportmittel „Stahlrohr". Wir übergeben nun diese Neuauflage unserer Leserschaft, wenn unsere Arbeit durch ein großes Interesse Bestätigung finden würde, wäre es eine Belohnung unserer Bemühungen.

DIETER SCHMIDT

Flensburg, Dezember 1981

Autorenverzeichnis

Dipl.-Phys. Walter G. v. Baeckmann
Ruhrgas AG
4300 Essen (VII)

Dr.-Ing. Karl-Heinz Brensing
Mannesmann Forschungsinstitut GmbH
4100 Duisburg 25 (III)

Dipl.-Ing. Gunther Dette
Ruhrgas AG
4300 Essen (VIII/2, IX)

Dipl.-Ing. Guido Dolder
Escher Wyss AG
CH-8023 Zürich (VIII/3)

Dr.-Ing. Heinrich Engelmann
Pipeline Engineering GmbH
4300 Essen 1 (VIII/6)

Dipl.-Ing. Karl Kubat
Escher Wyss AG
CH 8023 Zürich (VIII/3)

Dipl.-Ing. Helmut Pirchl
Escher Wyss AG
CH 8023 Zürich (VIII/3)

Prof. Dr.-Ing. Dieter Schmidt
Fachhochschule Flensburg
2390 Flensburg (I, IV, VI, VIII/1, X)

Ing. (grad.) Baldur Sommer
Stahlwerke Peine-Salzgitter AG
3320 Salzgitter 41 (III)

Prof. Dr.-Ing. Manfred Weber
Universität Karlsruhe (TH)
7500 Karlsruhe 21 (VIII, 7)

Unternehmensbereichsleiter Kurt Ziegler
Kraftanlagen Aktiengesellschaft
6900 Heidelberg (V, VIII/5)

Dr.-Ing. Walter Zimnik
Stahlwerke Peine-Salzgitter AG
3150 Peine (II)

Koordination: Prof. Dr.-Ing. Dieter Schmidt

Anmerkung: Die Zahlen in Klammern verweisen auf das vom jeweiligen Autor bearbeitete Kapitel.

Inhaltsverzeichnis

III   Herstellverfahren

IV   Bemessung von Stahlrohren

V   Rohrverbindungen

VI   Formstücke

VII   Korrosion und Korrosionsschutz

IX   Normung

X   Anhang Gegenüberstellung der gesetzlichen und technischen Einheiten mit Umrechnungsfaktoren

I Einleitung

D. SCHMIDT

Das dem Vorbild der Natur nachgebildete Rohr ist sicher eines der ältesten Bauelemente der Menschheit, dessen erste Verwendung nicht mehr feststellbar ist, weil das Material – Schilf, Bambus, Holz – zerfallen ist. Das älteste Metallrohr, das bis heute bekannt geworden ist, besteht aus Kupfer. Es wurde als Teil einer mehr als 200 m langen Regenabflußleitung in einer ägyptischen Tempelanlage gefunden und kann als recht genau 4.700 Jahre alt bezeichnet werden. Ein unversehrtes Rohr befindet sich im Staatlichen Museum in Berlin. Es besteht aus getriebenem Kupferblech, das zu einem kreisförmigen Querschnitt zusammengebogen ist. Die Kanten sind überlappt aufeinander gelegt und zusammengehämmert. Das dünnwandige Rohr war zum Schutz in einer in den Stein eingehauenen Rinne verlegt und mit Kalkmörtel überdeckt (Bild 1).

Sehr genaue Kenntnisse liegen von der Herstellung und Verwendung von Rohren aus der Römerzeit vor. Damals verwendete man sowohl gegossene Bronzerohre als auch aus Metallblechen gebogene und verlötete Rohre. Römische Schriftsteller beschrieben die Rohrherstellung so: Aus gegossenen Metallblechen wurden Rohre von 25 bis 300 mm Durchmesser zusammengebogen. Einer gewissen Normung, die schon damals auf der Zoll-Basis bestand, wurden die Plattenbreiten zugrunde gelegt. Die Längsnaht wurde auf verschiedene Weise geschlossen (Bild 2). Meist wurden birnenförmige Querschnitte durch einen u-förmigen Bleistreifen überdeckt und mit einer Blei–Zinn-Legierung verlötet. Gelegentlich wurden stumpfe oder überlappte Lötungen oder sogar Ausgießen der rinnenförmig gebogenen Kanten mit Kitt festgestellt, diese Rohre mußten dann aber fest eingemauert werden, um dicht zu bleiben.

Es gab eine regelrechte Industrie für Bleirohre mit Fabrikationszeichen, Kontrollzeichen der „Prüfingenieure" und Stempel der Auftraggeber in Rom. Während des Mittelalters gingen diese Kenntnisse verloren, um dann beim Gießen und Schmieden von Feuerwaffenläufen wieder entdeckt zu werden. Entweder wurden diese aus Bronze oder Eisen gegossen oder aus Stahlblechstreifen feuergeschweißt. Zweifellos hat der Guß von Kanonenrohren Pate gestanden bei der Herstellung gußeiserner Wasserleitungsrohre. So wissen wir urkundlich von einem Siegener Gießer, der 1445 dreißig kleine Geschützrohre goß und zwei Jahrzehnte später gußeiserne Wasserleitungsrohre herstellte.

Mit dem Zeitalter der Erfindungen traten dann erhöhte Anforderungen an die Rohrherstellung heran. Noch zu Beginn genügten aus Stahlblech gebogene vernietete und verstemmte Rohre an Dampfkesseln und -Maschinen, doch bald mußten die Herstell- und Prüfverfahren verfeinert und in stetiger Entwicklung bis auf den heutigen Stand gebracht werden.

Obwohl Rohre praktisch aus jedem Material angefertigt werden können, nimmt heute das Stahlrohr zur Fortleitung von fließfähigen Medien und als Konstruktionselement eine bevorzugte Stellung ein. Eine erste grobe Unterteilung der Stahlrohre kann aufgrund der Herstellung getroffen werden, in:

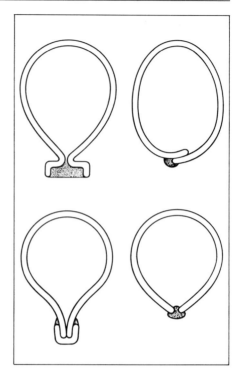

Bild 1: Kupferrohrleitung aus dem Jahre 2700
v. Chr. (Foto: Beratungsstelle für Stahl-
verwendung)

Bild 2: Römische Bleirohre. (Foto: Beratungs-
stelle für Stahlverwendung)

nahtlose Stahlrohre

d.h. aus dem Vollmaterial ohne Längsnaht, von den kleinsten Abmessungen bis zu 1500 mm Durchmesser, wobei als wirtschaftliche obere Grenze etwa DN 600 bis 700 mm gilt, hergestellt. Bis etwa 10 mm Durchmesser wird es kalt gefertigt, zwischen 10 und 300 kalt oder warm gewalzt und ober-- halb 600 mm aufgeweitet.

geschweißte Stahlrohre

d.h. aus Blechen oder Bandstahl zum Rohr gebogen und mit Längs- oder Spiralnähten geschweißt hergestellt. Es sind alle Abmessungen bis zur Grenze der Transportmöglichkeiten herstellbar.
Die Notwendigkeit wirtschaftlicher Herstellung ließ aus der Vielzahl aller möglichen Durchmesser/ Wanddickenkombinationen die in den DIN-Maßnormen niedergelegten Standardwerte entstehen. Es ist jedoch bei besonders teuren Rohrwerkstoffen möglich und üblich, von diesen Werten abzuweichen. So werden z.B. dickwandige Großrohre für Wärmekraftwerke in lichten Durchmesserabstufungen von 5 mm und Wanddickenabstufungen von 1 mm hergestellt. Annähernd drucklose Leitungen aus rost- und säurebeständigen Stählen werden mit außerordentlich dünnwandigen Rohren – also unterhalb der Normalwanddicke geschweißter Rohre nach DIN 2458 – gebaut. Durchmesser/Wanddicke sollte jedoch das Verhältnis 0,01 nicht unterschreiten, um Verformungen während des Transportes und bei der Montage zu vermeiden.
Es ist üblich, die Durchmesser von Stahlrohren durch den Begriff Nennweite zu kennzeichnen. In

groben Zügen sind damit Außen- und Innendurchmesser festgelegt, die genauen Werte können jedoch so nicht bestimmt werden, weil für zahlreiche Nennweiten zwei Außendurchmesser und zahlreiche Wanddicken gewählt werden können. Besonders bei dickwandigen Hochdruckrohren klaffen die Zahlenwerte von Außendurchmesser und Nennweite (DN) weit auseinander.

Ein weiterer geläufiger Begriff des Rohrleitungsbaues ist der des Nenndruckes (PN, siehe DIN 2401). Dieser Wert legt zwar die Abmessungen der Rohrleitungsteile eindeutig fest, doch besteht bei höheren Betriebstemperaturen kein eindeutiger Zusammenhang zwischen PN und Betriebsdruck. Je nach Wahl des Werkstoffes stehen gelegentlich für den betreffenden Betriebsdruck zwei Nenndrücke zur Verfügung.

Im Kapitel Bemessung von Stahlrohren wird die Auswahl des lichten Rohrdurchmessers und die Berechnung der Wanddicke nach deutschen Vorschriften und Richtlinien beschrieben. Den einzelnen Berechnungsgängen übergeordnet ist – wie in der Technik üblich – der Begriff der Wirtschaftlichkeit. Die Rechenanweisungen zur Druckabfall-, Wärmeverlust- und Festigkeitsberechnung können in der Mehrzahl aller Fälle als so durch Erfahrungen abgesichert gelten, daß sich zusätzliche Reserven über die sorgfältig ermittelten Lastannahmen hinaus erübrigen.

Die Länge der angelieferten Rohre hängt im allgemeinen von den Herstellverfahren und Abmessungen ab. Dickwandige Rohre fallen in kürzeren Längen an als normalwandige, die in bis 18 m Herstelllängen geliefert werden. Bestellungen mit vorgeschriebener Lieferlänge – Fixlänge – sind gegen durch Mehrarbeit und Verschnitt bedingten Aufpreis möglich. Aufträge über geringe Rohrmengen sind ebenfalls aufpreisbehaftet, da die Auftragsüberwachung und -abwicklung mit erheblichen von der Auftragsgröße unabhängigen Kosten verbunden ist.

Entsprechend der vielfältigen Verwendungsmöglichkeit von Stahlrohren sind auch die Maß-, Herstell-, Liefer- und Prüfnormen sehr umfangreich; sie werden ergänzt durch die Lieferbedingungen und Herstellmöglichkeiten der Hersteller. Es ist deshalb kaum möglich, einen knappen repräsentativen Überblick über den Inhalt der im Einzelfall anwendbaren Normen zu geben, doch wurden am Ende des Buches die wichtigsten Normentitel aufgeführt, die im Bedarfsfall eingesehen werden müssen. Vollends unübersichtlich ist der Vergleich deutscher und ausländischer Normvorschriften, da eine vollkommene Übereinstimmung naturgemäß nicht besteht und Abweichungen in Detailfestlegungen möglicherweise zu Meinungsverschiedenheiten zwischen Besteller und Lieferer führen könnten. Bei Bestellungen gebe man die geforderten ausländischen Normvorschriften genau an und überlasse dem Hersteller die vielleicht mögliche Umschlüsselung auf die am besten zutreffenden deutschen Vorschriften.

Zum Stahlrohr und seinem Einsatzgebiet, dem Rohrleitungsbau, gehören auch die Verbindungselemente, Rohrleitungsarmaturen, Rohrleitungsunterstützungen – kurz alle die Teile, die mit dem Stahlrohr zusammen die fertige betriebsbereite Anlage bilden. Deshalb ist die Kenntnis dieser Bauelemente für den Rohrleitungskonstrukteur genau so wichtig wie die Kenntnis der betrieblichen Eigenarten der zu planenden Rohrleitungssysteme. Im Kapitel Anwendungsgebiete ist diesen Fragen jeweils aus der Sicht des betreffenden Fachbereiches ein breiter Raum gewidmet.

Die Fragen des Korrosionsschutzes gewinnen mit örtlich stark zunehmender korrosiver Eigenschaft von Luft und Boden an Bedeutung. Im Interesse der Werterhaltung eines Rohrleitungssystemes muß schon im Planungszustand der Korrosionsschutz durch Auswahl geeigneter Werkstoffe und Schutzverfahren Berücksichtigung finden.

Die hier kurz skizzierten Gesichtspunkte werden unter dem Begriff Planung zusammengefaßt, unter dem Berechnung, Werkstoffauswahl, Trassierung und Massenaufstellung eines Rohrleitungssystemes verstanden werden. Die Planung ist Aufgabe des projektierenden Konstrukteurs, während die dann folgende Herstellung und Montage der Bauelemente dem Fertigungs- und Montageingenieur obliegt. Im allgemeinen wird in den folgenden Kapiteln mehr der Planer als der Hersteller angesprochen, obwohl natürlich auch der Planer über die Möglichkeiten und eventuelle Grenzen der Herstellung und Montage informiert wird.

II Rohrstähle

W. ZIMNIK

1. Allgemeine Einteilung der Stahlsorten

Als Stahl werden Eisenwerkstoffe bezeichnet, die im allgemeinen für eine Warmformgebung geeignet sind. Mit Ausnahme einiger chomreicher Sorten enthält er höchstens 2 Gewichtsprozent Kohlenstoff, was ihn vom Gußeisen unterscheidet. Nach Euronorm 20–74 erfolgt die Einteilung der Stahlsorten nach ihrer chemischen Zusammensetzung und nach ihren Gebrauchsanforderungen.

Nach der chemischen Zusammensetzung unterscheidet man zwei Gruppen von Stählen

– unlegierte
– legierte Stähle.

Für die Abgrenzung der unlegierten von den legierten Stählen sind die in Tafel I angeführten Gehalte maßgebend. Sie gelten für die Schmelzenanalyse.

Als unlegiert gelten Stahlsorten, wenn der Legierungsgehalt für kein Element die Grenzwerte in Tafel I erreicht. Als legiert gelten Stahlsorten, wenn der Legierungsgehalt für wenigstens ein Element die Grenzwerte der Tafel I erreicht oder überschreitet.

Tafel I: Für die Abgrenzung der unlegierten von den legierten Stählen maßgebende Gehalte

Legierungselement	Grenzgehalt in Gewichtsprozent
Aluminium	0,10
Bor	0,0008
Chrom[1])	0,30
Kobalt	0,10
Kupfer[1])	0,40
Lanthanide	0,05
Mangan	1,60
Molybdän[1])	0,08
Nickel[1])	0,30
Niob[2])	0,05
Blei	0,40
Selen	0,10
Silizium	0,50
Tellur	0,10
Titan[2])	0,05
Wismut	0,10
Wolfram	0,10
Vanadin[2])	0,10
Zirkonium[2])	0,05
Sonstige (mit Ausnahme von Kohlenstoff, Phosphor, Schwefel, Stickstoff und Sauerstoff)	0,05

[1]) Sind laut Lieferbedingung zwei, drei oder vier dieser Elemente in dem Stahl enthalten, so sind für die Einordnung maßgebend sowohl die Grenzwerte für jedes dieser Elemente als auch der Grenzwert für die Summe dieser Elemente, der 70 % der Summe aus den in Tafel 1 angegebenen Grenzwerten beträgt.
[2]) Die Regel unter Fußnote 1 gilt auch für diese Elemente.

Die Unterteilung der Stahlgruppen erfolgt nach ihren Gebrauchsanforderungen in

- Grundstähle
- Qualitätsstähle
- Edelstähle

Grundstähle sind Stahlsorten, von denen keine besonderen Gebrauchseigenschaften verlangt werden. *Qualitätsstähle* sind Stahlsorten, für die im allgemeinen kein gleichmäßiges Ansprechen auf eine Wärmebehandlung gefordert wird (hierbei wird das Glühen, z.B. Spannungsarmglühen, Weichglühen oder Normalglühen, nicht als Wärmebehandlung im Sinne dieser Gruppeneinteilung betrachtet). Die Anforderungen an die Gebrauchseigenschaften machen jedoch besondere Sorgfalt bei der Herstellung, besonders im Hinblick auf Oberflächenbeschaffenheit, Gefüge und Sprödbruchunempfindlichkeit notwendig.
Edelstähle sind Stahlsorten, die im allgemeinen für eine Wärmebehandlung (s.u. Qualitätsstähle) aufgrund ihres gleichmäßigen Ansprechens auf sie bestimmt sind. Daneben weisen sie aufgrund ihrer besonderen Herstellungsbedingungen im allgemeinen eine größere Reinheit – vor allem von nichtmetallischen Einschlüssen – als die Qualitätsstähle auf.

2. Herstellung des Rohrvormaterials

2.1. Schmelzen

Die hauptsächliche Aufgabe der Stahlerzeugungsverfahren ist es, die mit den Einsatzstoffen – Roheisen, Eisenschwamm und Schrott – eingebrachten Begleitelemente Kohlenstoff, Phosphor und Schwefel aus dem Eisen weitgehend zu entfernen und ein für die Warmumformung geeignetes Produkt herzustellen. Die dafür heute hauptsächlich angewendeten Stahlerzeugungsverfahren sind mit ihren wesentlichen Grundzügen in Tafel II dargestellt.

Als Herdfrischverfahren findet in älteren Stahlwerken noch das Siemens-Martin-Verfahren (SM) Anwendung, welches aber aus wirtschaftlichen Gründen zunehmend an Bedeutung verliert. Hier gelten bis auf die Beheizungsart sinngemäß die gleichen Grundmerkmale wie beim Elektro-Lichtbogenverfahren.

Tafel II: Übersicht der Stahlerzeugungsverfahren

	Stahlerzeugungsverfahren			
	Konverterfrischverfahren		Herdfrischverfahren	
Einsatzform	überwiegend „flüssig"		überwiegend „fest"	
Frisch- bzw. Beheizungsart	Sauerstoff		Sauerstoff, elektrische Energie	
Einsatzart	überwiegend Roheisen		Schrott- bzw. Eisenschwamm	
	P-arm	P-reich		
Verfahren	LD*	LDAC**	Elektro-Lichtbogen	
	OBM***			
Symbol	Y		E	

```
  * LD    = Linz-Donawitz
 ** LDAC  = Linz-Donawitz – Arbed-Centre National
*** OBM   = Oxygen – Boden – Maxhütte.
```

Bei den Konverterfrischverfahren wird zunehmend sowohl das Aufblasen mit Sauerstoff als auch das Bodenblasen unter Verwendung von Sauerstoff oder inerten Gasen, wie Stickstoff oder Argon, in kombinierter Form angewendet.

Wie aus Tafel II zu erkennen ist, ist die Verarbeitung von flüssig anfallendem Einsatz (Roheisen) durch das Konverterfrischverfahren ohne zusätzliche Beheizung gekennzeichnet. Das heißt, allein die physikalische und die chemische Wärme – ausgedrückt durch Kohlenstoffgehalte von ca. 4 % und Phosphorgehalte von ca. 2 % (LDAC) – des im Hochofen erschmolzenen Roheisens unter Anwendung von reinem Sauerstoff, stellen den zur Erreichung der Stahlschmelztemperaturen erforderlichen Wärmebedarf dar. Demgegenüber muß bei der Verarbeitung von in fester Form anfallendem Eisenschwamm und Schrott mit geringen Gehalten an Kohlenstoff und Phosphor der erforderliche Wärmebedarf durch zusätzliche Energiezufuhr – entweder durch elektrische Energie beim Elektro-Lichtbogenverfahren oder durch Gas beim Siemens-Martin-Verfahren – bei den Herdfrischverfahren gedeckt werden.

Bild 1 zeigt die Entwicklung der Welt-Rohstahlerzeugung und die Anteile der Stahlherstellungsverfahren. Wie dem Bild zu entnehmen ist, werden in naher Zukunft bei einer Weltrohstahlproduktion von etwa 900 Mio Jato etwa 75 % nach dem Sauerstoffblasverfahren und ca. 25 % nach dem Elektro-Lichtbogenverfahren erzeugt [1]. Diese sogenannten Verfahren der Primär-Stahlmetallurgie mit ihren wesentlichen Aufgaben der Kohlenstoff- und Phosphorentfernung sowie der Einstellung der erforderlichen Stahlvergießungstemperaturen, werden in zunehmendem Maße ergänzt durch Verfahren der Sekundär-Stahlmetallurgie oder auch Pfannenmetallurgie genannt, die durch folgende Aufgaben gekennzeichnet sind:
– Desoxidation
– Entschwefelung
– Beeinflussung der nichtmetallischen Einschlüsse
– Entgasung
– Legierung.

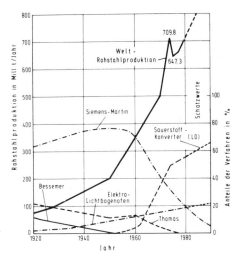

Bild 1: Welt-Rohstahlproduktion und Anteile der Stahlherstellungsverfahren

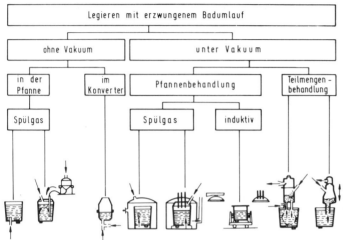

Bild 2:
Schema der Stahlnachbe-
handlungsverfahren

Die dafür eingesetzten Stahlnachbehandlungsverfahren mit ihren kennzeichnenden Merkmalen sind in Bild 2 dargestellt. Unterschieden wird im wesentlichen in eine Nachbehandlung ohne und mit Vakuum. Letztere wird vornehmlich zur Wasserstoffentfernung und zur Einstellung niedrigster Kohlenstoffgehalte angewendet.

Mit den Nachbehandlungsverfahren können, unter Verwendung von Zuschlagstoffen und Zusatzelementen, die Gehalte der Stahlbegleitelemente Sauerstoff, Schwefel und Stickstoff so weit verringert und/oder abgebunden werden, daß sie sowohl für die Verarbeitung als auch für die Verwendung der Stähle entweder unwirksam oder gezielt wirksam werden. Die Wirksamkeit der üblich verwendeten Zusatzelemente auf die Stahlbegleiter ist die Tafel III schematisch dargestellt. Hierbei ist zu berücksichtigen, daß die einzelnen Zusatzelemente eine unterschiedliche Affinität zu den jeweiligen Stahlbegleitelementen Sauerstoff–Stickstoff–Schwefel und Kohlenstoff besitzen. Schließlich kann die Legierung von Stählen, durch die vielfältige Werkstoffeigenschaft eingestellt werden können, sowohl ohne als auch unter Vakuum in der Pfanne erfolgen. Bei Legierung unter Vakuum kann bei sauerstoffaffinen Elementen eine Verbesserung des Legierungsmetallausbringens erreicht werden.

Zur Erzeugung von chromreichen Stahlsorten hat sich zunehmend das VOD-Verfahren durchgesetzt (V = Vakuum, O = Oxygen, D = Decarburisation). Hier können, unter Verwendung von billigerem

Tafel III: Wirksamkeit üblich zugesetzter Elemente zur Beeinflussung der Stahlbegleitelemente

Element	C	Mn	Si	Al	Ca	Ti	V	Nb	Zr	Ce
Sauerstoff	+	+	+	+	+	+	(+)	(+)	+	+
Stickstoff	—	(+)	—	+	—	+	+	(+)	+	(+)
Schwefel	—	+	—	—	+	+	—	—	+	+
Kohlenstoff		—	—	—	—	+	+	+	(+)	—

+   Wirkung vorhanden
(+) Wirkung eingeschränkt vorhanden
—   keine Wirkung

kohlenstoffreichen Ferrochrom bei Vakuumbehandlung unter oxidierenden Bedingungen und gleichzeitigem Argonspülen durch den Pfannenboden, die erforderlichen niedrigen Kohlenstoffgehalte von < 0,03 % bei geringster Chromverschlackung eingestellt und ein hoher oxidischer Reinheitsgrad erreicht werden. Das Verfahren erlaubt ferner eine weitgehende Wasserstoffentfernung und Entschwefelung des Cr-legierten Stahles [72]. In Verbindung mit dem Elektrolichtbogenofen wird zur Erzeugung von chromreichen Stahlsorten auch das AOD-Verfahren (A = Argon, O = Oxygen, D = Decarburisation) eingesetzt.

2.2. Vergießen

Bei den Gießverfahren wird zwischen dem Standgieß- und dem in der letzten Zeit immer häufig angewendeten Stranggießverfahren unterschieden. Bild 3 zeigt die wesentlichen Verfahrensunterschiede. Der Hauptvorteil des Stranggießverfahrens ist in der Kontinuität des Verfahrens, in der Einsparung der Umformung der ersten Hitze, in der Erhöhung des guten Metallausbringens und damit in erheblicher Energieeinsparung begründet [1–6]. Bild 4 läßt die rasche Entwicklung in der Anwendung dieses Verfahren am Anteil der Rohrstahlproduktion erkennen.

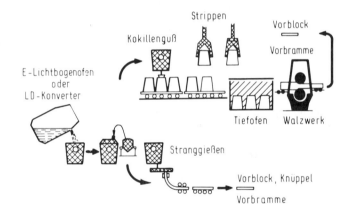

Bild 3:
Schema der Verfahrenswege vom Flüssigstahl zum Halbzeug

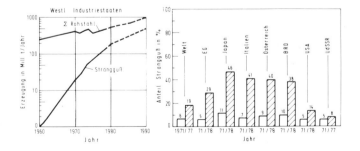

Bild 4:
Entwicklung des Stranggießens (nach II 51)

Während beim Standguß in zwei Vergießungsarten

— unberuhigt und

— beruhigt

unterschieden wird, wird das Stranggießverfahren nur in beruhigter Vergießungsart durchgeführt [7]. Der unberuhigte Stahl wird so desoxidiert, daß er während und nach dem Gießen noch Gas entwickelt. Dabei wird eine saubere Randschicht und ein mit Begleitelementen angereicherter Kern (Seigerungszone) gebildet. Die lebhafte Gasentwicklung bis zur vollendeten Erstarrung verhindert eine ·onzentrierte Volumenverminderung in der Mitte des oberen Blockteiles (Kopf). Diese Volumenverminderung ist auf das unterschiedliche spezifische Volumen des flüssigen und des festen Aggregatzustandes des Stahles zurückzuführen. Sie ist beim unberuhigten Stahl in Form von Gasblasen (Hohlräume) über das gesamte Blockvolumen verteilt. Bei der nachfolgenden Warmumformung verschweißen die Gasblasen, da sie kaum verunreinigt sind. Dadurch wird das Ausbringen positiv beeinflußt. Von weiterem Vorteil ist die saubere Randzone, die hohe Anforderungen an die Oberfläche erfüllt. Nachteilig ist die Anreicherung (Seigerung) der Stahlbegleiter Kohlenstoff, Phosphor, Schwefel, Stickstoff und Sauerstoff in der Kernzone. Dadurch werden über die Blocklänge und über den Blockquerschnitt ungleichmäßige Werkstoffeigenschaften verursacht. Von weiterem Nachteil ist die größere Sprödbruchempfindlichkeit, da der Stickstoff nicht abgebunden ist.

Zur Beseitigung der Nachteile des unberuhigten Stahles (Seigerung und Sprödbruchempfindlichkeit) wird mit sauerstoffaffinen Elementen, wie sie in Tafel III angeführt sind, eine weitgehende Verringerung des Sauerstoffgehaltes und damit eine beruhigte Gießart erreicht. Da das dafür eingesetzte Element Al zusätzlich eine hohe Affinität zum Stickstoff hat, wird bei so behandelten Stählen gleichzeitig die Sprödbruchanfälligkeit verringert. Nachteilig bei den im Standguß vergossenen beruhigten Stählen ist die konzentrierte Volumenverminderung im oberen Blockteil, wodurch das Ausbringen gegenüber der unberuhigten Gießart verringert wird. Durch Einsatz von Kokillen mit wärmedämmenden Hauben im oberen Blockteil, kann das Ausbringen in einem bestimmten Rahmen verbessert werden, es liegt aber deutlich unter dem des unberuhigten Stahles.

Erst mit der Einführung des Stranggießverfahrens ist es gelungen, das Ausbringen des beruhigten Stahles auf Werte weit oberhalb des Ausbringens des unberuhigten Stahles zu erhöhen. Dies wurde bei einem gegenüber dem Standguß verringerten Materialquerschnitt und höherer Abkühlungsgeschwindigkeit, durch einen weitgehenden kontinuierlichen Gießvorgang möglich. Dadurch kann die konzentrierte Volumenverminderung beim Übergang zum festen Aggregatzustand auf ein Minimum reduziert werden. Darüber hinaus ist durch Spülbehandlung des Stahles während des Gießens mit inerten Gasen sowie durch weitgehende Vermeidung der Gießstrahloxidation eine erhebliche Verringerung der Ablagerungen von Desoxidationsprodukten im erstarrten Stahl erreicht worden. Damit ist auch hinsichtlich der Oberflächenbeschaffenheit ein dem unberuhigten Stahl gleichwertiges Produkt herstellbar. Das Stranggießverfahren ermöglicht also sowohl aus qualitativer als auch aus wirtschaftlicher Sicht eine optimale Herstellung des Vormaterials.

Die Abgießform (Kokille) richtet sich nach dem herzustellenden Endprodukt.

— Profil   : Block

— Flachzeug : Bramme.

2.3. Warmformgebung

Unter Warmformgebung von Stählen wird das bildsame Formgeben bei oberhalb der Rekristallisationstemperatur gelegenen Temperatur verstanden. Die Aufgabe der Warmumformung besteht neben der Formgebung im wesentlichen darin, daß das grobe Gußgefüge in ein feinkörniges Gefüge umgewandelt wird. Hierbei werden gleichzeitig vorhandene Hohlräume verschweißt und Einschlüsse entsprechend ihrer Bildsamkeit entweder zertrümmert und damit fein verteilt oder gestreckt. Die Folge ist eine Verbesserung der Werkstoffeigenschaften.

Der Warmumformungsprozeß gliedert sich in drei Arbeitsstufen:

- Anwärmen auf Walztemperatur
- Umformen
- Abkühlen auf Raumtemperatur

Die Warmumformung kann in einer Walzhitze oder in zwei Walzhitzen durchgeführt werden. Die Erzeugung des jeweiligen Vormaterials für die Rohrherstellung wird nach den in Tafel IV beschriebenen Arbeitsstufen vorgenommen. Dabei muß jede einzelne Arbeitsstufe der chemischen Zusammensetzung und der Gefügeausbildung des umzuformenden Stahles angepaßt werden [8]. Da zunehmend für die Herstellung des Rohrvormaterials das Stranggießverfahren eingesetzt wird, erfolgt die Umformung nur noch in einer Hitze.

Anwärmen: Grundsätzlich muß beim Anwärmen die im allgemeinen durch den Legierungsgehalt verminderte Wärmeleitfähigkeit berücksichtigt werden. Dabei müssen Anwärmgeschwindigkeit und die Wärmedauer der veränderten Wärmeleitfähigkeit und dem Umwandlungsverhalten des jeweiligen Stahles entsprechen. Eine zu schnelle Aufheizung führt infolge der schroffen Ausdehnung der Außenhaut zu Spannungsrissen im Kern der Blöcke. Dies gilt vor allem für den Beginn des Anwärmens. Bei höheren Temperaturen gleichen sich die Wärmeleitfähigkeiten von verschiedenen Eisen- und Stahllegierungen weitgehend einander an. Weiter bleibt bei ungenügender Wärmezeit der Kern so in der Temperatur zurück, daß bei nachfolgender Umformung die unterschiedliche Streckung im Innen- und Außenteil des Blockes Zerreißungen zur Folge hat. Ein langzeitiges Halten auf hohen Temperaturen ist erforderlich, um den Stahl in seinem Gefüge auszugleichen und eine durchgreifende, über den Querschnitt gleichmäßige Erwärmung zu erzielen. Diese Regel ist zur Vermeidung von groben Stahlfehlern, wie Faserbruch und Innenrisse, von grundlegender Bedeutung.

Umformen: Für die Herstellung eines einwandfreien Enderzeugnisses sind die Formänderungsfestigkeit und das Breitungsverhalten der Stahllegierungen maßgebend. Hier unterscheiden sich die perlitisch/ferritischen, die ferritischen und halbferritischen erheblich von den bei Raumtemperatur austenitischen Legierungen. Während die Formänderungsfestigkeit bei ferritischen Legierungen etwa ebenso groß ist wie bei weichen Flußeisen, weisen die austenitischen CrNi-Stähle eine erhöhte Formänderungsfestigkeit in Verbindung mit einer erhöhten Warmfestigkeit auf. Hier müssen die Verformungsgrade in einem entsprechenden Verhältnis zur Blockgröße liegen, um eine Formänderung bis zum Kern der Blöcke zu erreichen. Sonst sind Innenzerreißungen die Folge. Die Auswirkungen des unterschiedlichen Breitungsverhaltens, die auf die Oberflächengüte des Erzeugnisses Einfluß nehmen, müssen durch eine entsprechende Kalibrierung aufgefangen werden. Ein verändertes Breitungsverhalten

Tafel IV: Arbeitsstufen der Warmumformung zur Erzeugung des Rohrvormaterials

	Ausgangsprodukt	Anwärmen	Umformen	Vormaterial	Abkühlen	Rohrherstellung
Walzung erste Hitze	Gußblock	Tiefofen	Block-Halbzeugstraße	Vorblock Knüppel	Kühlbett, Stapel, Wärmehauben	nahtlos
	Rohbramme	Tiefofen	Brammenstraße	Vorbramme für Walzung zweite Hitze	Kühlbett, Stapel, Wärmehauben, Wasser	
Walzung zweite Hitze	Vorbramme (gewalzt/stranggegossen)	Stoßofen	Grobblechstraße Warmbandstraße	Grobblech Warmband	Kühlbett, Stapel, Wasser, Bund	geschweißt

hängt mit dem Formänderungswiderstand und der Verfestigung bei den entsprechenden Walztemperaturen zusammen. Ebenso ist die am Walzgut haftende Oxidschicht von Einfluß, da sie die Reibungsverhältnisse zwischen Walzgut und Walze bestimmt, und eine erhöhte Reibung zu stärkerer Breitung führt. Da gerade Chromstähle als hitzebeständige Stähle zu festhaftenden Oxidschichten neigen, ist dieser Einfluß hier besonders stark.

Abkühlen: Mit Rücksicht auf ein feines Gefüge sollte das Abkühlen von der Walztemperatur an freier Luft und rasch erfolgen. Diese Regel gilt nur bei schwach legierten Stählen, da höher legierte Stähle, wenn sie zu großer Härteannahme neigen, infolge von Spannungen leicht reißen. Für diese Stähle empfiehlt sich verlangsamte Abkühlung unter einem abdichtenden Medium oder in einem Ofen. Die gleichen Maßnahmen sind auch zur Vermeidung von Flockenrissen zu empfehlen, die besonders bei Cr-, CrNi- und CrMn-Stählen auftreten.

Im folgenden sei kurz auf die Abmessungsbereiche der Rohrherstellverfahren (Tafel V) hingewiesen. da durch diese Bereiche die Form des Vormaterials bestimmt wird [9]. Daraus ergibt sich zwischen Ausgangsprodukt und Rohrherstellverfahren folgender Zusammenhang:

> Gußrohrluppe → nahtloses Rohr
>
> Standguß (Rundguß) → nahtloses Rohr
>
> ↓
>
> Vorblock → Rundblock/Rundknüppel → nahtloses Rohr
>
> Rundstrangguß → nahtloses Rohr
>
> Standguß (Rohbramme) → Vorbramme → Blech oder Band → geschweißtes Rohr
>
> Stranggußbramme → Blech oder Band → geschweißtes Rohr

2.3.1. Vormaterial für nahtlose Rohre

Ausgangsmaterial ist je nach Rohrdurchmesser und Wanddicke der Gußblock bzw. der Rundguß, der Rundblock und der Rundknüppel.

Die Gußrohrluppe wird nach dem Hohlstranggußverfahren oder nach dem Schleudergußverfahren hergestellt. Hierbei kann das Hohlstranggußverfahren im Durchmesserbereich von 400–750 mm Anwendung finden. Nach dem Schleudergußverfahren können Gußrohrluppen im Durchmesserbereich von 60–1600 mm hergestellt werden. Das Schleudergußverfahren wird insbesondere für die Erzeu-

Tafel V: Aussendurchmesserbereich für nahtlose und geschweißte Stahlrohre

Nahtlose Stahlrohre (DIN 2448)		Geschweißte Stahlrohre (DIN 2458)				
		HF-Schweißung		UP-Schweißung		
warmgewalzt	warmgepreßt	Längsnaht	Längsnaht expandiert	Längsnaht kaltgeformt bzw. kaltgeformt und warm nachgerundet		Spiralnaht
10,2 bis 660 mm*)	219,1 bis 1450 mm	10,2 bis 600 mm	457 bis 1626 mm	500 mm bis an die Grenze der Verladefähigkeit		168 bis 2500 mm

*) bis 800 mm warm aufgeweitet

gung von Rohren aus Edelstählen und Sonderlegierungen in geringen Losgrößen eingesetzt. Zur Verbesserung der plastischen Eigenschaften wird die Gußrohrluppe homogenisiert und danach etwa 60 % warmverformt [66].

Die überwiegende Menge des Vormaterials für nahtlose Rohre wird jedoch aus massiven Gußformaten erzeugt, die entweder direkt oder über eine Vorumformung dem Rohrwerk zugeführt werden. Das Rohrhalbzeug umfaßt einen Abmessungsbereich zwischen 100 und 750 mm Durchmesser. Davon werden Abmessungen von etwa > 250 mm aus Polygonalblöcken im Gußzustand direkt im Rohrwerk eingesetzt. Abmessungen bis zu etwa 250 mm werden im vorgewalzten Zustand im Rohrwerk verarbeitet. Die Vorumformung erfolgt auf Blockstraßen (Rundblock) und auf Halbzeugstraßen (Rundknüppel). Hierbei wird in folgenden Abmessungen unterschieden:

Rundblöcke > 120 mm Dmr.

Rundknüppel 50–120 mm Dmr.

Das Vorblock- oder Knüppelhalbzeug kann aber auch direkt aus der Stranggießanlage im Rohrwerk mit Abmessungen bis zu einem Durchmesser von 300 mm verarbeitet werden. Für Rohre aus hochlegierten Stählen wird auch geschmiedetes Halbzeug eingesetzt.

Bild 5 zeigt die Beeinflussung der Festigkeitseigenschaften durch den Umformungsgrad. Danach ist mit zunehmendem Umformungsgrad eine Verbesserung der Eigenschaften zu erzielen [10]. Die Höhe der Mindestumformung zum Erreichen erforderlicher Werkstoffeigenschaften ist für den Stranguß

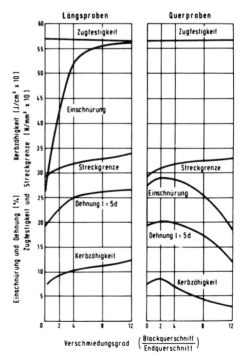

Bild 5:
Einfluß des Verschmiedungsgrades auf die Festigkeitseigenschaften eines Stahles mit 0,36 % C.

von größerer Bedeutung als für den Standguß. Während beim Standguß schon allein aus wirtschaftlichen Gründen von großen Blockformaten ausgegangen wird und damit zwangsläufig hohe Umformungsgrade erreicht werden, muß der Umformungsgrad beim Strangguß den jeweiligen Anforderungen angepaßt werden. Die ursprünglich als ausreichend angenommene 3- bis 4-fache Umformung ist nur für untergeordnete Zwecke und Beanspruchungen ausreichend. Für höhere Beanspruchungen ist mindestens eine 6-fache Umformung erforderlich [6].

Da bei der Herstellung der nahtlosen Rohre das Vormaterial (Halbzeug) einer weiteren Warmumformung unterzogen wird, werden die gewünschten Werkstoffeigenschaften während der Rohrformung oder durch nachgeschaltete Wärmebehandlungen am fertigen Produkt gezielt eingestellt.

2.3.2. Vormaterial für geschweißte Rohre

Im Unterschied zur Umformung des Vormaterials für nahtlose Rohre erfolgt in den Rohrformanlagen zur Herstellung geschweißter Rohre in der Regel eine geringe Kaltumformung zum Fertigprodukt, das heißt, die Werkstoffeigenschaften des fertigen Produktes sind weitgehend durch die Eigenschaften des Vormaterials gegeben.

Ausgangsprodukt ist die Rohbramme, die auf der Brammenstraße zu Vorbrammen von ca. 700 mm Dicke auf ca. 100–350 mm Dicke als Vorprodukt für die Grobblech- oder die Warmbreitbandstraße gewalzt wird. Stranggußbrammen werden im Direkteinsatz für die Grobblech- oder für die Warmbreitbandstraße verwendet. Die im Absatz 2.3.1. beschriebenen Forderungen hinsichtlich des einzuhaltenden Umformungsgrades treffen sinngemäß auch bei der Flachzeugwalzung zu, d.h. es müssen zur Erzielung bestimmter Eigenschaften 4-fache Umformungsgrade eingehalten werden.

Bei der Warmumformung können die Werkstoffeigenschaften der Stähle durch Anwendung einer gesteuerten Temperaturführung optimal eingestellt werden. Das gilt sowohl für die Festigkeitseigenschaften, insbesondere für die Streckgrenze, als auch für die Zähigkeit der Stähle, die in hohem Maße durch die Korngröße bestimmt werden (s.a. Bild 8). Von wesentlichem Einfluß auf die Korngröße ist die Walztemperatur und die Höhe der Endumformung. Ein besonders feinkörniges Gefüge wird erreicht, wenn dicht oberhalb der beginnenden γ-α-Umwandlung mit einem Mindestumformgrad

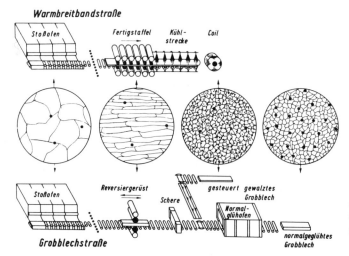

Bild 6:
Beeinflussung der Korngröße und des Ausscheidungszustandes durch gesteuertes Walzen (schematisch)

gewalzt bzw. eine hohe Endumformung unterhalb der Rekristallisationstemperatur des Austenits durchgeführt wird. Eine Anhebung der Rekristallisationstemperatur wird durch geringe Zusätze an Vanadin, Niob und Titan erreicht, die mit vorhandenem Kohlenstoff- und Stickstoffgehalten Ausscheidungen bilden. Die Art der Ausscheidungen lassen sich von der Erwärmungsphase, über die Umformphase bis zur Abkühlphase so steuern, daß hohe Festigkeits- und in Verbindung mit einem feinkörnigen Gefüge auch hohe Zähigkeitswerte erreicht werden können. Die hier beschriebenen Maßnahmen sind unter dem Begriff der thermomechanischen Behandlung zusammengefaßt [17−23, 71]. Sie haben besonders bei der Entwicklung der höherfesten Stähle für Fernleitungen, für brennbare Flüssigkeiten und Gase gemäß DIN 17172 und den entsprechenden API-Normen für Leitungsrohre Std 5LS u. 5LX (s.a.u. 6.3.1.) und Sonderspezifikationen Anwendung gefunden. In Bild 6 ist das Prinzip der Beeinflussung von Korngröße und Ausscheidungen auf der Grobblechund auf der Warmbreitbandstraße dargestellt. Wenn die thermomechanische Behandlung nicht durchgeführt werden kann, wird in der Regel ein der Warmumformung nachgeschaltetes Normalglühen oder eine der jeweiligen Stahlzusammensetzung angepaßte Wärmebehandlung zur Erzielung bestimmter Werkstoffeigenschaften am ausgewalzten Flachzeug vorgenommen.

2.4. Äußere und innere Beschaffenheit des Rohrvormaterials

Die Verarbeitung des Vormaterials zum Rohr stellt hohe Anforderungen an seine innere und äußere Beschaffenheit. Hierzu gehören sowohl die weitgehende Freiheit von inneren und äußeren Fehlern als auch die Walzausführung des Vormaterials. Diese Anforderungen sind in Kapitel IV in Tafel XXIV angeführt, die die Gütestufen für Rohre entsprechend DIN 17175, Blatt 1 wiedergibt.

Zur Erfüllung der Anforderungen an die innere Beschaffenheit wird das Rohrvormaterial einer eingehenden Prüfung unterzogen. Innenfehler werden durch Beizscheiben, Blaubruchproben oder/und durch Einsatz zerstörungsfreier Verfahren geprüft und aussortiert. Hier haben sich bei Rohrhalbzeug in den einzelnen Werken, abgestimmt auf die Verarbeitungseinrichtungen in den Rohrwerken und an die Anforderungen an das Endprodukt, werksinterne Freigabenmaßstäbe herausgebildet. Für Flachzeug gelten Lieferbedingungen, die den zulässigen Umfang von inneren Werkstoffungänzen im Vormaterial nach einer Prüfung mit Ultraschall eindeutig festlegen. Diese Lieferbedingungen sind in den SEL 072 vereinbart.

Zur Beseitigung von Oberflächenfehlern werden die Rohblöcke, Vorbrammen, Vorblöcke und Knüppel Oberflächenbearbeitungen unterzogen, die je nach Stahlgüte, Abmessung und Anforderungen an das Endprodukt unterschiedlich sind. Bei Einsatz von Gußblöcken aus unlegierten und niedriglegierten Stählen in das Rohrwerk, werden fehlerhafte Stellen in der Regel durch Handflämmen oder durch Schleifen im kalten Zustand beseitigt. Ein Kaltflämmen ist jedoch nur bei unlegierten und niedriglegierten Stahlsorten mit Kohlenstoffgehalten bis zu 0,25 % anzuwenden. Stahlsorten mit darüber liegenden Kohlenstoffgehalten bis zu 0,35 % werden bei 300−400 °C geflämmt und nachfolgend langsam abgekühlt. Blöcke aus mittel- und hochlegierten Stahlsorten werden im kalten Zustand spanabhebend durch Drehen, Hobeln, Schleifen oder Fräsen bearbeitet.

Bei vorgewalzten Brammen und Blöcken wird zur Beseitigung von Oberflächenfehlern ein Heiß- oder ein Kaltflämmen auf im Walzfluß (Heißflämmen) oder im Nebenfluß (Kaltflämmen) angeordneten Flämmaschinen durchgeführt. Beim Kaltflämmen finden in Abhängigkeit vom Kohlenstoffgehalt des Stahles ebenfalls Vorsichtsmaßnahmen, wie bereits bei der Gußblockbehandlung ausgeführt, Berücksichtigung. Rohrhalbzeug, insbesondere Halbzeug aus mittel- und hochlegierten Stählen wird im kalten Zustand durch Schleifen oder Meißeln handverputzt, nachdem die Fehler durch vorheriges Endzundern (Strahlen, Beizen) freigelegt worden sind. In letzter Zeit wird das personalaufwendige

Handverputzen durch Bearbeitung auf Hochleistungsschleif-, oder -schälmaschinen immer mehr ersetzt [24–29]. Oberflächenfehler an warmgewalztem Flachzeug werden im Rahmen des unteren zulässigen Abmaßes durch Schleifen vor oder nach der Rohrformung entfernt.

Die äußere Beschaffenheit des Vormaterials ist ferner durch die Walzausführung, insbesondere durch die Abmessungstoleranzen gekennzeichnet. Hier finden in der Regel für Rohrhalbzeug, soweit die Forderungen nicht nach DIN 1013 oder 1014 erfüllt werden müssen, besondere Vereinbarungen Anwendung. Zulässige Maßabweichungen für Rohrvormaterial aus Grobblech und Warmband sind in DIN 1543 und 1016 festgelegt.

Beanstandungen werden nach folgenden allgemein gültigen Richtlinien geregelt:

Äußere und innere Fehler dürfen nur dann beanstandet werden, wenn sie eine der Stahlsorte und der Erzeugnisform angemessene Verarbeitung und Verwendung mehr als unerheblich beeinträchtigen. Der Besteller muß dem Lieferwerk Gelegenheit geben, sich von der Berechtigung von Beanstandungen zu überzeugen, soweit möglich durch Vorlage des beanstandeten und von Belegstücken des angelieferten Werkstoffes (DIN 17100, Abschnitt 10).

2.5. Wärmebehandlung

Zur Erzielung bestimmter Eigenschaften kann eine Wärmebehandlung des Vormaterials (Flachzeug für geschweißte Rohre) oder des Endproduktes (nahtlose und geschweißte Rohre) notwendig werden. In der Regel sind die für die jeweilige Stahlgüte erforderlichen Wärmebehandlungstemperaturen den jeweiligen Stahl-DIN-Normen zu entnehmen. Die allgemein gültigen Temperaturbereiche sind in Bild 7 zusammengestellt. Nach DIN 17014/Blatt 1 ist die Wärmebehandlung von Eisen und Stahl wie folgt definiert: Wärmebehandlung ist ein Vorgang, in dessen Verlauf ein Werkstück oder ein Bereich eines Werkstückes absichtlich Temperatur-Zeit-Folgen und gegebenenfalls zusätzlich anderen physikalischen und/oder chemischen Einwirkungen ausgesetzt wird, um ihm Eigenschaften zu verleihen, die für seine Weiterbearbeitung oder Verwendung erforderlich sind.

In der Folge sind die einzelnen Begriffe der Wärmebehandlungen von Eisen und Stahl entsprechend DIN 17014/Blatt 1 aufgeführt:

Abkohlung. Entkohlung, bei der eine Verringerung des Kohlenstoffgehaltes, aber keine Auskohlung vorliegt.

Abkühldauer. Zeitspanne vom Beginn bis zum Ende eines Abkühlens.

Abkühlen. Erniedrigen der Temperatur eines Werkstückes.

Abkühlmittel. Mittel, das zum Abkühlen dient.

Abkühltemperatur. Temperatur, von der ein Werkstück abgekühlt wird.

Abkühlung. Abnahme der Temperatur eines Werkstückes.

Abkühlungsdauer. Zeitspanne vom Beginn bis zum Ende einer Abkühlung.

Im engeren Sinne kennzeichnet „Abkühlungsdauer" die Zeitspanne zwischen zwei Punkten einer Abkühlungskurve.

Abkühlungsgeschwindigkeit. Zeitbezogene Temperaturabnahme für einen bestimmten Punkt oder einen bestimmten Bereich einer Abkühlungskurve.

Abkühlungskurve. Kennlinie für die Abkühlung eines Werkstückes, die für einen bestimmten Punkt des Werkstückes die jeweilige Temperatur in Abhängigkeit von der Zeit angibt (siehe Abkühlungsverlauf).

Abkühlungsverlauf. Jeweilige Temperaturverteilung in einem Werkstück während einer Abkühlung in Abhängigkeit von der Zeit.

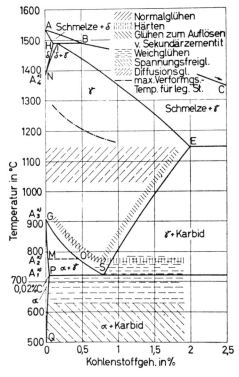

Bild 7:
Eisen-Kohlenstoff-Diagramm

*) bei Erhitzung c (c=chauffage)
bei Abkühlung r (r=refroidissement)

Im engeren Sinne gibt Abkühlungsverlauf eine Gesamtheit von Abkühlungskurven für verschiedene Stellen eines Werkstückes an.

Abschreckdauer. Zeitspanne vom Beginn bis zum Ende eines Abschreckens.

Im betrieblichen Sprachgebrauch versteht man unter Abschreckdauer meist die Zeitspanne vom Einbringen eines Werkstückes in ein Abschreckmittel bis zu seiner Entnahme.

Abschrecken. Abkühlen eines Werkstückes mit größerer Geschwindigkeit als an ruhender Luft.

Das Abkühlen austenitischer Stähle von hohen Temperaturen, um ein austenitisches Gefüge guter Zähigkeit zu erhalten, wird, auch wenn es an ruhender Luft erfolgt, ebenfalls mit Abschrecken bezeichnet.

Abschreckmittel. Mittel, das zum Abschrecken dient.

Abschrecktemperatur. Temperatur, von der ein Werkstück abgeschreckt wird.

Altern. Ändern der Eigenschaften eines nicht im thermodynamischen Gleichgewicht befindlichen Werkstoffes in Abhängigkeit von Temperatur und Zeit. Zu unterscheiden ist zwischen

Altern, natürlich, wenn es bei Raumtemperatur und ohne Vorhandensein anderer Einflüsse eintritt.

Altern, künstlich, wenn es durch ein Erwärmen auf mäßige Temperaturen, ein Tiefkühlen, ein Pendeln innerhalb eines Temperaturbereiches (der die Raumtemperatur einschließen kann oder nicht), ein Verformen oder durch mehrere dieser Vorgänge beschleunigt wird.

Aluminieren. Anreichen der Randschicht eines Werkstückes mit Aluminium durch thermochemische Behandlung.

Anlaßdauer. Zeitspanne eines Haltens auf Anlaßtemperatur.

Anlassen. Erwärmen eines gehärteten Werkstückes auf eine Temperatur zwischen Raumtemperatur und Ac_1 und Halten dieser Temperatur mit nachfolgendem zweckentsprechenden Abkühlen.

Anlaßsprödigkeit. Verminderte Zähigkeit nach Halten oder nach zu langsamen Abkühlen in einem bestimmten Temperaturbereich beim Anlassen und bei ähnlichen Temperatur-Zeit-Folgen.

Anlaßtemperatur. Temperatur, auf der ein Werkstück bei einem Anlassen gehalten wird.

Anwärmdauer. Zeitspanne vom Beginn bis zum Ende eines Anwärmens.

Anwärmen. Wärmen eines Werkstückes bis zum Erreichen der Solltemperatur in der Randschicht.

Atmosphäre, geregelte. Gasförmiges Mittel, in dem Konzentration, Temperatur und Druck einzelner Bestandteile in bestimmten Grenzen gehalten werden, und zwar so, daß bestimmte Reaktionen der Bestandteile mit dem behandelten Werkstück (Reduktion, Oxidation, Aufkohlung, Entkohlung usw.) herbeigeführt, abgeschwächt oder vermieden werden.

Aufhärtbarkeit. In einem Werkstoff durch Härten unter optimalen Bedingungen erreichbare höchste Härte.

Aufhärtung. Höchste in einem Werkstück nach einem Härten (unter den jeweiligen Bedingungen) erreichte Härte.

Die Aufhärtung hängt hauptsächlich von der im Austenit in feste Lösung gebrachten Kohlenstoffmenge ab.

Unter Aufhärtung kann auch eine – z.B. nach einem Schweißen oder Brennschneiden – unbeabsichtigt erreichte höchste Härte verstanden werden.

Aufkohlen. Anreichen der Randschicht eines Werkstückes mit Kohlenstoff durch thermochemische Behandlung. Nach der Art des Aufkohlungsmittels wird zwischen Gas-, Salzbad-, Pulver- und Pastenaufkohlen unterschieden.

Der Ausdruck Einsetzen anstelle von Aufkohlen soll – da unspezifisch und mehrdeutig – zur Benennung dieses Wärmebehandlungsvorganges nicht mehr verwendet werden.

Aufkohlungstiefe. Senkrechter Abstand von der Oberfläche eines aufgekohlten Werkstückes bis zu dem Punkt, an dem der Kohlenstoffgehalt einem zweckentsprechend festgelegten Grenzwert oder Grenzmerkmal entspricht. – Die „Aufkohlungstiefe" kann durch andere Eigenschaften gekennzeichnet werden, die vom Kohlenstoffgehalt abhängen, z.B. durch die Gefügeausbildung oder die Härte. Eine Norm zur Bestimmung der Aufkohlungstiefe ist in Vorbereitung.

Aufstickungstiefe. Senkrechter Abstand von der Oberfläche eines nitrierten Werkstückes bis zu dem Punkt, an dem der Stickstoffgehalt einem zweckentsprechend festgelegten Grenzwert oder Grenzmerkmal entspricht. – Die Aufstickungstiefe kann durch andere Eigenschaften gekennzeichnet werden, die vom Stickstoffgehalt abhängen, z.B. durch die Härte (siehe Nitrierhärtetiefe).

Aushärten. Wärmebehandlung, bestehend aus Lösungsglühen und Abkühlen mit einer solchen Geschwindigkeit, daß der erreichte Lösungszustand weitestgehend aufrechterhalten bleibt, mit anschließendem Auslagern.

Auskohlung. Entkohlung mit nahezu vollständigem Entzug des Kohlenstoffes.

Auslagern. Halten auf Raumtemperatur oder auf höheren Temperaturen, um Entmischungen und/oder Ausscheidungen aus übersättigten Mischkristallen herbeizuführen.

Austenitformhärten. Behandlung, bestehend aus Austenitisieren, Abkühlen in ein Temperaturgebiet

sehr geringer Umwandlungsneigung, Umformen unter Vermeiden von Rekristallisation und anschließendem weiteren Abkühlen, um Härtung zu erreichen (siehe Härten aus der Warmumformhitze).

Austenitisierdauer. Zeitspanne vom Beginn bis zum Ende eines Haltens auf Austenitisiertemperatur.

Austenitisieren. Erwärmen und Halten auf einer Temperatur oberhalb Ac_1, um Austenit zu bilden.

Austenitisiertemperatur. Temperatur, auf der ein Werkstück bei einem Austenitisieren gehalten wird.

Blankglühen. Glühen unter Bedingungen, bei denen eine blanke (oxidarme) Oberfläche erhalten bleibt
oder erzeugt wird (siehe Zunderarmglühen).

Blindhärtungsversuch. Härten nicht aufgekohlter Proben, um die im nicht aufgekohlten Bereich ein-
satzgehärteter Werkstücke erreichbaren mechanischen Eigenschaften annähernd zu ermitteln.

Borieren. Anreichern der Randschicht eines Werkstückes mit Bor durch thermochemische Behandlung.

Carbonitrieren. Anreichern der Randschicht eines Werkstückes mit Kohlenstoff und Stickstoff durch
thermochemische Behandlung. Dem Carbonitrieren folgt meistens ein Abschrecken, um Härtung zu
erzielen (siehe Einsatzhärten).

Der Ausdruck Einsetzen anstelle von Carbonitrieren soll – da unspezifisch und mehrdeutig – zur Benennung dieses Wärmebehandlungsvorganges nicht mehr verwendet werden.

Chromieren. Anreichern der Randschicht eines Werkstückes mit Chrom durch thermochemische Behandlung.

Diffusionsglühen. Glühen möglichst dicht unter der Solidustemperatur mit langzeitigem Halten auf
dieser Temperatur, um örtliche Unterschiede in der chemischen Zusammensetzung zu verringern.

Diffusionsschicht. Bereich meist nur am Rand eines Werkstückes, in dem der Gehalt eines oder mehrerer Elemente gegenüber der ursprünglichen chemischen Zusammensetzung des Werkstoffes geändert
wurde.

Direkthärten. Abschrecken eines aufgekohlten Werkstückes unmittelbar nach dem Aufkohlen, gegebenenfalls nach Abkühlen auf eine für das Härten der aufgekohlten Schicht noch geeignete Temperatur (siehe Einsatzhärten).

Doppelhärten. Zweimaliges Härten eines aufgekohlten Werkstückes. Das erste Abschrecken wird
meist von der Härtetemperatur des Kernwerkstoffs gewöhnlich unmittelbar nach dem Aufkohlen,
das zweite wird von der Härtetemperatur der Randschicht vorgenommen (siehe Einsatzhärten).

Durchhärtung. Härtung über den ganzen Querschnitt eines Werkstückes.

Im betrieblichen Sprachgebrauch wird unter Durchhärtung meist annähernd gleiche Härte über den
ganzen Querschnitt eines gehärteten Werkstückes verstanden.

Durchwärmdauer. Zeitspanne vom Beginn bis zum Ende eines Durchwärmens.

Durchwärmen. Wärmen nach dem Erreichen der Solltemperatur in der Randschicht eines Werkstückes
bis zum Erreichen der Solltemperatur im ganzen Querschnitt.

Einfachhärten. Einmaliges Härten nach vorangegangenem Aufkohlen und Abkühlen auf eine Temperatur unterhalb Ac_1.

Einhärtbarkeit. In einem Werkstoff durch Härten unter optimalen Bedingungen erreichbare größte
Einhärtungstiefe.

Einhärtung. Härtung im Hinblick auf den von ihr erfaßten Querschnittsbereich eines Werkstückes
und den Härteverlauf. – Ein Maß für die Einhärtung ist die Einhärtungstiefe.

Die Einhärtung hängt von den im Austenit in Lösung gebrachten Menge an Legierungselementen und
an Kohlenstoff, vom Abkühlungsverlauf und auch von der Austenitkorngröße ab.

Einhärtungstiefe. Senkrechter Abstand von der Oberfläche eines gehärteten Werkstückes bis zu dem
Punkt, an dem die Härte einem zweckentsprechend festgelegten Grenzwert entspricht.

Ermittlung der Einhärtungstiefe siehe DIN 50 190 Blatt 2.

Einsatzhärten. Aufkohlen oder Carbonitrieren jeweils mit darauffolgender, zur Härtung führender Wärmebehandlung.

Einsatzhärtungstiefe. Senkrechter Abstand von der Oberfläche eines einsatzgehärteten Werkstückes bis zu dem Punkt, an dem die Härte einem zweckentsprechend festgelegten Grenzwert entspricht. Ermittlung der Einsatzhärtungstiefe siehe DIN 50 190 Blatt 1.

Entkohlen. Vermindern des Kohlenstoffgehaltes in der Randschicht eines Werkstückes durch thermochemische Behandlung.

Entkohlung. Meist auf die Randschicht eines Werkstückes beschränkte Verringerung des Kohlenstoffgehaltes (siehe Abkohlung und Auskohlung).

Entkohlungstiefe. Senkrechter Abstand von der Oberfläche eines entkohlten Werkstückes bis zu dem Punkt, an dem der Kohlenstoffgehalt einem zweckentsprechend festgelegten Grenzwert oder Grenzmerkmal entspricht.

Die Entkohlungstiefe kann durch andere Eigenschaften gekennzeichnet werden, die vom Kohlenstoffgehalt abhängen, besonders durch die Gefügeausbildung und die Härte.

Erholungsglühen. Glühen eines kaltverfestigten Werkstückes unterhalb der Rekristallisationstemperatur, um die vor dem Kaltverformen vorhandenen mechanischen und physikalischen Eigenschaften zumindest teilweise wiederherzustellen.

Erwärmdauer. Zeitspanne vom Beginn bis zum Ende eines Erwärmens. – Die Erwärmdauer entspricht der Summe von Anwärmdauer und Durchwärmdauer (siehe Haltedauer).

Erwärmen. Wärmen bis zum Erreichen der Solltemperatur im ganzen Querschnitt eines Werkstückes (siehe Anwärmen und Durchwärmen).

Der Begriff Erwärmung wird demgegenüber meist zur allgemeinen Kennzeichnung der „Temperaturzunahme in einem Werkstück" gebraucht und ist demnach in erster Linie mit dem Begriff Wärmen vergleichbar.

Flammhärten. siehe Randschichthärten.

Formänderung. siehe Verzug.

Gasnitrieren. siehe Nitrieren.

Glühdauer. Zeitspanne vom Beginn bis zum Ende eines Haltens auf Glühtemperatur.

Glühen. Behandlung eines Werkstückes bei einer bestimmten Temperatur mit einer bestimmten Haltedauer und nachfolgendem, der Erzielung der angestrebten Werkstoffeigenschaften angepaßten Abkühlen.

Da das Glühen jedoch als Oberbegriff für verschiedene Behandlungen dient, ist im Hinblick auf das angestrebte Ziel der Ausdruck Glühen unbedingt zu ergänzen, z.B. Rekristallisationsglühen, Spannungsarmglühen usw.

Glühen auf kugelige Carbide. Glühen mit im allgemeinen längerem Halten auf Temperaturen im Bereich um A_1 – gegebenenfalls mit Pendeln um A_1 –, so daß die Carbide weitgehend kugelige Form annehmen mit anschließendem langsamen Abkühlen. Die kugelige Form kann auch dadurch erreicht werden, daß austenitisiert und geregelt abgekühlt wird.

Glühen aus der Warmumformhitze. Glühen im Anschluß an ein Warmumformen ohne zwischenzeitliches Abkühlen auf Raumtemperatur.

Glühtemperatur. Temperatur, auf der ein Werkstück bei einem Glühen gehalten wird.

Graphitisieren. Wärmebehandlung mit dem Ziel, den gebundenen Kohlenstoff ganz oder teilweise als Graphit auszuscheiden.

Grenzmerkmale. Begriff, der anstelle des Ausdruckes Grenzwert anzuwenden ist, wenn für die Ermittlung der maßgeblich beeinflußten Schichtdicke keine Kennwerte (wie z.B. Härtewerte) sondern ein Merkmal (z.B. Gefügeausbildung) herangezogen wird.

Grenzwert. Bezugswert für die Ermittlung des Abstandes der Oberfläche bis zu dem eine für die Eigenschaften maßgebliche Beeinflussung der Randschicht eines wärmebehandelten Teiles vorliegt.

Grobkornglühen. Glühen bei einer Temperatur meist beträchtlich oberhalb Ac_3 mit zweckentsprechendem Abkühlen, um grobes Korn zu erzielen.
Der Ausdruck Hochglühen soll für diese Wärmebehandlung nicht mehr verwendet werden

Härtbarkeit. Begriff, der die Aufhärtbarkeit und die Einhärtbarkeit zusammenfaßt. Ein gebräuchliches Verfahren zur Prüfung der Härtbarkeit ist der Stirnabschreckversuch (siehe DIN 50 191).

Härten. Austenitisieren und Abkühlen mit solcher Geschwindigkeit, daß in mehr oder weniger großen Bereichen des Querschnitts eines Werkstückes eine erhebliche Härtesteigerung durch Martensitbildung eintritt.
Der Ausdruck Abschreckhärten soll nicht mehr verwendet werden, auch wenn er dem Verfahren nach, d.h. bei Anwendung eines Abschreckmittels, zutrifft.
Wird dabei das Abkühlen in zwei verschiedenen Abkühlmitteln nacheinander durchgeführt, ohne daß im ersten Abkühlmittel bis zum Temperaturausgleich gehalten wird, so wird es gebrochene Härten genannt. Wird dabei das Abkühlen unterbrochen, z.B zum Zweck eines Temperatur- und/oder Spannungsausgleichs über den Werkstückquerschnitt, so wird es unterbrochenes Härten genannt. In Abhängigkeit vom angewandten Abkühlmittel wird auch vom Wasser-, Öl- oder Lufthärten gesprochen.

Härten aus der Warmumformhitze. Härten im Anschluß an ein Warmumformen ohne zwischenzeitliches Abkühlen unter Ar_1.

Härterißempfindlichkeit. Neigung zur Rißbildung bei oder nach einem Härten.

Härtetemperatur. Temperatur, von der ein Werkstück bei einem Härten abgekühlt wird.

Härtetiefe. Senkrechter Abstand von der Oberfläche eines wärmebehandelten Werkstückes bis zu dem Punkt, an dem die Härte einem zweckentsprechend festgelegten Grenzwert entspricht (siehe Einsatzhärtungstiefe, Einhärtungstiefe, Nitrierhärtetiefe).

Härteverlauf. Härte in Abhängigkeit vom Abstand zu einem Bezugspunkt.
Die graphische Darstellung des Härteverlaufs ergibt die Härteverlaufskurve.

Härtung. Durch Härten in einem Werkstück erreichter Zustand erhöhter Härte (siehe Aufhärtung und Einhärtung).

Haltedauer. Zeitspanne vom Beginn bis zum Ende eines Haltens.

Halten. Aufrechterhalten der gleichen Temperatur über den Querschnitt eines Werkstückes.

Impulsanlassen. Kurzzeitiges Anlassen bei einer im Vergleich zur üblichen Anlaßtemperatur erhöhten Temperatur.

Impulshärten. Härten mit sehr kurzzeitigem Austenitisieren bei einer im Vergleich zur üblichen Austenitisiertemperatur erhöhten Temperatur.

Induktionshärten. siehe Randschichthärten.

Isothermisches Umwandeln. Austenitisieren dann Abkühlen auf eine Zweckentsprechende Temperatur und Halten auf dieser Temperatur bis zum erwünschten Grade der Umwandlung. Das weitere Abkühlen auf Raumtemperatur kann beliebig durchgeführt werden. Je nach der Temperatur auf der gehalten wird, wird unterschieden zwischen: Isotermisches Umwandeln in der Perlitstufe und isothermisches Umwandeln in der Bainitstufe.
Für die Begriffe Zwischenstufe und Zwischenstufengefüge sind international die Ausdrücke Bainitstufe und Bainit gebräuchlich. Auf die Anwendung des Ausdrucks Zwischenstufe soll deshalb künftig verzichtet werden.

Kaltauslagern. Auslagern bei Raumtemperatur.

Kernhärten. Härten eines aufgekohlten und hiernach bis unter Ac_1 des Kernwerkstoffes abgekühlten Werkstückes von der Härtetemperatur des Kernwerkstoffes (siehe Einsatzhärten).

Kohlenstoffpegel. Kennzeichnung für die Neigung eines kohlenstoffhaltigen Mittels, einen Werkstoff bei einer bestimmten Temperatur bis zu einem bestimmten Randkohlenstoffgehalt auf- oder abzukohlen.

Kohlenstoffverlauf. Kohlenstoffgehalt in Abhängigkeit vom Abstand zu einem Bezugspunkt. Die graphische Darstellung des Kohlenstoffverlaufs ergibt die Kohlenstoffverlaufskurve.

Der Ausdruck Kohlungskurve für die graphische Darstellung des Kohlenstoffverlaufs soll nicht mehr angewendet werden.

Kritischer Abkühlungsverlauf. Verlauf der Abkühlung in einem Werkstück derart, daß die Bildung bestimmter Gefügebestandteile aus dem Austenit gerade unterdrückt und ausschließlich gewünschte und gegebenenfalls zulässige oder nicht zu vermeidende Bestandteile gebildet werden. Diejenige Kennlinie, die diesen Ablauf für einen bestimmten Punkt des Stückes im Zeit-Temperatur-Schaubild (oder im Zeit-Temperatur-Umwandlungs-Schaubild für kontinuierliche Abkühlung) darstellt, heißt kritische Abkühlungskurve (siehe Abkühlungsverlauf und Abkühlungskurve).

Kritischer Abkühlungsverlauf für die Perlitstufe. Verlauf der Abkühlung derart, daß die Bildung von Ferrit gerade vermieden wird und sich Perlit und gegebenenfalls Bainit und/oder Martensit bildet.

Kritscher Abkühlungsverlauf für die Bainitstufe. Verlauf der Abkühlung derart, daß die Bildung von Ferrit und Perlit (gerade) vermieden wird und sich Bainit und gegebenenfalls Martensit bildet.

Kritischer Abkühlungsverlauf für die Martensitstufe. Verlauf der Abkühlung derart, daß die Bildung von Ferrit, Perlit und Bainit (gerade) vermieden wird und sich nur Martensit bildet.

Diese Begriffserklärungen gelten speziell für untereutektiodische Stähle. Bei übereutektoidischen Stählen scheidet sich auch bei langsamster Abkühlung kein Ferrit aus, wohl aber treten neben den sich je nach dem Abkühlungsverlauf bildenden Gefügebestandteilen (Perlit, Bainit und/oder Martensit) jeweils übereutektoidische Carbide auf.

Künstliches Altern. siehe Altern.

Lösungsglühen. Glühen zum Lösen ausgeschiedener Bestandteile in Mischkristallen, z.B. in einer austenitischen Grundmasse.

Martensitaushärten. Aushärten mit Warmauslagern eines beim Abkühlen nach dem Lösungsglühen gebildeten, vor dem Warmauslagern gegebenenfalls umgeformten martensitischen Gefüges.

Maßänderung. Änderung der Maße eines Werkstückes ohne Formänderung.

Natürliches Altern. siehe Altern.

Nitrieren (Aufsticken). Anreichern der Randschicht eines Werkstückes mit Stickstoff durch thermochemische Behandlung. Nach der Art des Nitriermittels wird zwischen Gas-, Salzbad-, Pulver- und Plasmanitrieren unterschieden.

Erfolgt das Nitrieren in einer Salzschmelze, so ist der Ausdruck Salzbadnitrieren anzuwenden.

Erfolgt das Nitrieren in einem stickstoffhaltigen Plasma, das mit Hilfe einer Glimmentladung erzeugt wird, so ist der Ausdruck Plasmanitrieren anzuwenden.

Der Ausdruck Badnitrieren ist zu ungenau und sollte nicht mehr verwendet werden. Der Ausdruck Glummnitrieren ist nicht mehr anzuwenden.

Nitrierhärtetiefe. Senkrechter Abstand von der Oberfläche eines nitrierten Werkstückes bis zu dem Punkt, an dem die Härte einem zweckentsprechend festgelegten Grenzwert entspricht.

Ermittlung der Nitrierhärtetiefe siehe DIN 50 190 Blatt 3.

Nitriertiefe. siehe Aufstickungstiefe.

Normalglühen. Erwärmen auf eine Temperatur wenig oberhalb Ac_3 (bei übereutektoidischen Stählen oberhalb Ac_1) mit anschließendem Abkühlen in ruhender Atmosphäre. Im allgemeinen soll mit dieser Wärmebehandlung ein gleichmäßiges und feinkörniges Gefüge mit Perlit erzielt werden. Führt eine solche Temperatur-Zeit-Folge zu Bainit oder Martensit, so ist der Ausdruck Lufthärten angebracht.

Oberflächenhärten. siehe Randschichthärten.

Der Ausdruck Oberflächenhärten soll dafür nicht mehr verwendet werden.

Patentieren. Warmbehandlung von Draht und Band, bestehend aus Austenitisieren und schnellem Abkühlen auf eine Temperatur oberhalb M_s, um ein für das nachfolgende Kaltumformen günstiges Gefüge zu erzielen.

Nach der Temperatur-Zeit-Folge unterscheidet man:

Badpatentieren, bei dem nach dem Austenitisieren zunächst in einer Blei- oder Salzschmelze von ≈ 400 bis $550\,°C$ und anschließend beliebig abgekühlt wird;

Luftpatentieren, bei dem nach einem Austenitisieren hoch über Ac_3 an Luft abgekühlt wird.

Plasmanitrieren. siehe Nitrieren.

Randhärten. Härten eines nach dem Aufkohlen bis unter Ac_1 der aufgekohlten Schicht abgekühlten Werkstückes von der Härtetemperatur dieser Schicht (siehe Einsatzhärten).

Randoxidation. Anreicherung der Randschicht eines Werkstückes mit Sauerstoff.

Meist unerwünschte Nebenwirkung beim Aufkohlen.

Randschichthärten. Auf die Randschicht eines Werkstückes beschränktes Härten. Hierbei wird unterschieden zwischen:

Flammhärten, wobei mittels Flamme austenitisiert wird, und

Induktionshärten, wobei das Austenitisieren mittsls Induktion herbeigeführt wird.

Behandlungen, bei denen dem Randschichthärten ein Aufkohlen oder Carbonitrieren vorausgegangen ist, werden von diesem Begriff nicht erfaßt.

Rekristallisationsglühen. Glühen auf einer Temperatur im Rekristallisationsgebiet nach einem Umformen bei einer niedrigeren Temperatur.

Salzbadhärten. siehe Erläuterungen.

Schutzgas. Gasförmiges Mittel, das chemische Reaktionen dieses oder eines anderen Mittels mit einem Werkstück verhindert oder begrenzt.

Sekundärhärtung. Härtezunahme bei ein- oder mehrmaligem Anlassen gehärteter Stähle, als Folge einer Ausscheidung von Sondercarbiden und/oder einer Umwandlung von Restaustenit.

Silicieren. Anreichern der Randschicht eines Werkstückes mit Silicium durch thermochemische Behandlung.

Spannungsarmglühen. Glühen bei einer hinreichend hohen Temperatur (bei vergüteten Stählen jedoch unterhalb der Anlaßtemperatur) mit anschließendem langsamen Abkühlen, so daß innere Spannungen ohne wesentliche Änderung der anderen Eigenschaften weitgehend abgebaut werden.

Stabilglühen. Glühen zum Ausscheiden oder Einformen feiner Gefügebestandteile, z.B. von Carbiden in stabilisierten austenitischen Stählen bei $\approx 850\,°C$.

Stabilisieren. Temperatur-Zeit-Folge, die einen bei der Gebrauchstemperatur weitgehend unveränderlichen Gefügezustand und somit Beständigkeit der Maße herbeiführt (siehe Künstliches Altern).

Stirnabschreckversuch. Versuch zur Prüfung der Härtbarkeit, bei dem eine Probe bestimmter Maße an einer Stirnfläche unter festgelegten Bedingungen abgeschreckt wird, so daß sich über die Probenlänge ein bestimmter Abkühlungsverlauf und somit je nach dem Umwandlungsverhalten des Stahles ein kennzeichnender Härteverlauf einstellt (siehe hierzu DIN 50 191).

Temperaturgeregelte Warmumformung. Geregelte Temperaturführung in den letzten, mit ausreichendem Umformgrad vorgenommenen Schritten einer Warmumformung und beim anschließenden Abkühlen, um in den betreffenden Stählen ein Gefüge zu erzielen, wie es beim Normalglühen angestrebt wird.

Tempern. Glühen von ledeburitischem Gußeisen, um Zerfall des Zementits zu erreichen.

Man unterscheidet:

Tempern in Sauerstoff abgebenden Mitteln bei Temperaturen oberhalb A_1 unter Verringerung des Kohlenstoffgehaltes (führt zu weißem Temperguß).

Tempern in neutralen Mitteln bei Temperaturen um A_1 ohne wesentliche Verringerung des Kohlenstoffgehaltes (führt zu schwarzem Temperguß) (siehe Graphitisieren).

Thermochemische Behandlungen. Wärmebehandlungen, bei denen die chemische Zusammensetzung eines Werkstoffes durch Ein- oder Ausdiffundieren eines oder mehrerer Elemente absichtlich geändert wird. – Zu solchen Verfahren gehören u.a. Aluminieren, Aufkohlen, Borieren, Carbonirieren, Chromieren, Entkohlen, Nitrieren und Silicieren.

Thermomechanische Behandlungen. Verbindung von Umformvorgängen mit Wärmebehandlungen, um bestimmte Werkstoffeigenschaften zu erzielen.

Zu solchen Behandlungen zählen z.B. Austenitformhärten, Temperaturgeregelte Warmumforung und Warm-Kalt-Verfestigen.

Tiefkühlen (Tieftemperaturbehandeln). Abkühlen auf meist erheblich unter Raumtemperatur liegende Temperatur, um einen bestimmten Gefügezustand beizuhalten oder um eine Gefügeumwandlung hervorzurufen oder weiterzuführen.

Umkörnen. Erwärmen bis wenig über Ac_3 (bei übereutektoidischen Stählen über Ac_1) ohne langes Halten, und Abkühlen mit angemessener Geschwindigkeit, um das Korn des Stahles gleichmäßiger zu machen oder zu verfeinern.

Nicht zu verwechseln mit Grobkornglühen. Der Ausdruck Kornfeinen soll nicht mehr angewendet werden.

Umwandeln in der Bainitstufe. Austenitisieren und Abkühlen eines Werkstückes mit einer mindestens dem kritschen Abkühlungsverlauf für die Bainitstufe entsprechenden Temperaturabnahme auf eine Temperatur oberhalb M_S, Halten auf dieser Temperatur bis zum Ende der Umwandlung und anschließend Abkühlen auf Raumtemperatur.

Für diese Behandlung soll der Ausdruck Zwischenstufenumwandeln nicht mehr angewendet werden (siehe Isothermisches Umwandeln).

Überaltern. Warmauslagern eines lösungsgeglühten Werkstoffes bei so hohen Temperaturen oder mit so langem Halten, daß der Maximal- oder Minimalwert der jeweiligen Eigenschaft überschritten wird.

Überhitzen. Erwärmen auf so hohe Temperaturen, daß bei üblicher Haltedauer eine unerwünschte Kornvergröberung auftritt, die jedoch durch weiteres Wärmebehandeln oder durch Umformen wieder rückgängig gemacht werden kann (siehe Überzeiten).

Überhitzungsempfindlichkeit. Neigung eines Werkstoffes zur Kornvergröberung beim Überhitzen und/oder Überzeiten.

Überkohlung. Überkohlung ist eine über den beim Einsatzhärten erforderlichen Kohlenstoffgehalt hinausgehende Aufkohlung.

Überzeiten. Halten mit so langer Dauer, daß bei üblichen Temperaturen eine unerwünschte Kornvergröberung eintritt, die jedoch durch weiteres Wärmebehandeln oder durch Umformen wieder rückgängig gemacht werden kann (siehe Überhitzen).

Verbindungsschicht. Äußerer Bereich der Diffusionsschicht, in dem infolge hohen Stickstoffgehalts stickstoffhaltige Verbindungen (Nitride und Carbonitride verschiedenster Art) in so großer Menge vorliegen, daß sich der strukturelle Aufbau dieser Schicht wesentlich von dem restlichen Bereich unterscheidet.

Verbrennen. Schädigungen an den Korngrenzen eines stark überhitzten Werkstoffes, die nicht reversibel sind.

Vergüten. Härten und danach Anlassen im oberen möglichen Temperaturbereich zum Erzielen guter Zähigkeit bei gegebener Zugfestigkeit.

Je nachdem, ob beim Härten das Abschrecken in Wasser, Öl oder an Luft erfolgt, spricht man von Wasser-, Öl- oder Luftvergüten.

Vergütung. Werkstoffzustand nach einem Vergüten, gekennzeichnet durch den Verlauf der maßgeblichen Eigenschaften über den Querschnitt des Werkstückes.

Verweildauer. Zeitspanne vom Beginn des Einbringens eines Werkstückes in einen Ofen bis zu seiner Entnahme.

Der bisher übliche Ausdruck Tauchdauer, wenn z.B. die Behandlung in Salzbädern stattfindet, anstelle Verweildauer, ist zu vermeiden.

Verzug (Verziehen). Änderung der Form und Maße eines Werkstückes durch Wärmebehandlung.

Vorwärmen. Wärmen auf eine Temperatur unterhalb der beabsichtigten Behandlungstemperatur.

Warmauslagern. Auslagern bei einer Temperatur oberhalb Raumtemperatur.

Warmbadhärten. Härten mit Abkühlen in Öl, in einer Salz- oder Metallschmelze mit dem Ziel, möglichst vor der Martensitbildung einen Temperaturausgleich im Werkstück herbeizuführen.. Die Martensitbildung soll vornehmlich beim Abkühlen des Warmbades auf Raumtemperatur stattfinden.

Wärmdauer. Zeitspanne vom Beginn bis zum Ende eines Wärmens.

Im engeren Sinne kennzeichnet Wärmdauer die Zeitspanne zwischen zwei Punkten einer Wärmkurve.

Wärmen. Erhöhen der Temperatur eines Werkstückes.

Der Begriff Aufheizen und sein Gebrauch in entsprechenden Wortverbindungen ist zu vermeiden.

Wärmebehandlungsdurchmesser, maßgeblicher. Für den Vergleich unterschiedlicher Querschnittsformen, besonders hinsichtlich des Abkühlungsverlaufs, als Bezugsmaß angenommener Durchmesser eines zylindrischen Werkstückes mit einer Länge, die einen Einfluß seiner beiden Stirnflächen auf den Abkühlungsverlauf ausschließt.

Wärmegeschwindigkeit. Zeitbezogene Temperaturzunahme für einen bestimmten Punkt oder einen bestimmten Bereich einer Wärmkurve.

Zulässig ist statt dessen auch der Begriff Erwärmungsgeschwindigkeit, während Erwärmgeschwindigkeit – wegen der nahen Verwandtschaft zu Erwärmen – hier nicht gebraucht werden sollte.

Wärmkurve. Kennlinie für die Zunahme der Temperatur eines Werkstückes, die für einen bestimmten Punkt des Werkstückes die jeweilige Temperatur in Abhängigkeit von der Zeit angibt.

Wärmtemperatur. Temperatur, die ein Werkstück am Ende eines Wärmens erreicht hat.

Weichglühen. Glühen bei Temperaturen im Bereich um A_1 – gegebenenfalls mit Pendeln um A_1 – mit anschließendem langsamen Abkühlen zum Erzielen eines für den jeweiligen Verwendungszweck hinreichend weichen und möglichst spannungsarmen Zustandes (siehe Glühen auf kugelige Carbide).

Wiederaufkohlen. Aufkohlen eines zuvor entkohlten Werkstückes etwa auf den vor dem Entkohlen vorhandenen Kohlenstoffgehalt.

Der Ausdruck Rückkohlen ist zu vermeiden.

Zunderarmglühen. Glühen unter Bedingungen, bei denen eine zunderarme Oberfläche erhalten bleibt oder erzeugt wird.

3. Werkstoffeigenschaften

3.1. Kennzeichnung und Prüfung

Die an die Rohrstähle zu stellenden Anforderungen können durch gezielte Einstellung der Werkstoffeigenschaften erfüllt werden. Für den Konstrukteur sind zunächst das Festigkeitsverhalten und die

3.1.1. Mechanisch-technologische Eigenschaften

Streckgrenze ist nach DIN 50 145 die Spannung, bei der bei zunehmender Verlängerung die Zugkraft erstmalig gleichbleibt und oder abfällt. Tritt ein merklicher Abfall der Zugkraft auf, so ist zwischen der oberen Streckgrenze und der unteren Streckgrenze zu unterscheiden. Bei Werkstoffen mit stetigem Übergang werden Dehngrenzen bestimmt, z.b. die 0,2-Grenze, das ist die Belastung bei der die Dehnung 0,2 % beträgt.

Zugfestigkeit ist nach DIN 50 145 die Spannung, die sich aus der auf den Anfangsquerschnitt bezogenen Höchstzugkraft ergibt.

Warmstreckgrenze ist die bei höheren Temperatur ermittelte Streckgrenze (0,2 %-Grenze).

Die *Zeitdehngrenze* bei bestimmter Temperatur ist nach DIN 50119 die auf den Ausgangsquerschnitt der Probe bei Raumtemperatur bezogene ruhende Belastung in N/mm^2, die nach Ablauf einer bestimmten Versuchszeit (z.B. 10000 oder 100000 h) einen bestimmten Dehnbetrag bewirkt (z.B. 1 %).

Zeitstandfestigkeit ist die ruhende Belastung, die unter denselben Bedingungen zum Bruch führt.

Als *Dauerstandfestigkeit* ist die höchste ruhende Beanspruchung definiert, die eine Probe unendlich lange ohne Bruch ertragen kann; diese Größe hat mehr theoretische als praktische Bedeutung.

Bruchdehnung ist nach DIN 50 145 die auf die Anfangsmeßlänge bezogene bleibende Längenänderung nach dem Bruch der Zugprobe. Sie wird in Prozent angegeben.

Brucheinschnürung ist nach DIN 50 145 die auf den Anfangsquerschnitt bezogene größte bleibende Querschnittsänderung nach dem Bruch der Probe. Sie wird in Prozent angegeben.

Umformbarkeit: Zur Prüfung der Verformungsfähigkeit eines Werkstoffes dienen der Faltversuch nach DIN 1605 und der Kaltbiegeversuch nach DIN 6935. Der Unterschied zwischen beiden Prüfungsarten besteht darin, daß beim Faltversuch die Probe, die auf zwei beweglichen Biegerollen mit definiertem Abstand liegt, um einen Dorn von vorgeschriebenem Durchmesser gebogen wird, während beim Kaltbiegeversuch durch die starren Auflager ein Nachfließen des Werkstoffes in der Zugzone verhindert wird.

Dauerschwingversuch: Der Versuch dient zur Ermittlung von Kennwerten für das mechanische Verhalten von Werkstoffen oder Bauteilen bei dauernder oder häufig wiederholter schwellender oder wechselnder Beanspruchung. Die Dauerschwingfestigkeit (kurz Dauerfestigkeit genannt) ist nach DIN 50100 der um eine gegebene Mittelspannung schwingende größte Spannungsausschlag, den eine Probe „unendlich oft" ohne Bruch und ohne unzulässige Verformung aushält [30].

Kerbschlagzähigkeit ist nach DIN 50115 die beim Kerbschlagbiegeversuch von der Probe verbrauchte Schlagarbeit, bezogen auf den Querschnitt der Probe am Kerb vor dem Versuch (J/cm^2). Verschiedene Probeformen zur Ermittlung der Kerbschlagzähigkeit sind in DIN 50115 erläutert. In Deutschland sind die ISO-Spitzkerbprobe und die DVM-Probe am gebräuchlichsten.

Alterungsbeständigkeit: Als alterungsbeständig gilt nach DIN 17135 ein Stahl, wenn er gegenüber dem Ausgangszustand auch bei langzeitigem Lagern nur geringfügig an Zähigkeit verliert. Vereinbarungsgemäß wird bei Stählen nach dieser Norm als Merkmal der Alterungsbeständigkeit gewertet, daß die Kerbschlagzähigkeit – gemessen an der DVM-Probe bei 20°C – nach künstlicher Alterung durch Kaltverformen um 5 oder 10% mit unmittelbar anschließendem Anlassen von 1/2 h auf 250°C bestimmte Werte nicht unterschreitet.

Kaltzähigkeit: Als kaltzäh im engeren Sinne werden Stähle bezeichnet, die bei tiefen Temperaturen, insbesondere unter $-10°C$ eine ausreichende Zähigkeit behalten (Stahl-Eisen-Werkstoffblatt 680).

Sprödbruchempfindlichkeit: Zur Beurteilung der Sprödbruchempfindlichkeit wird in der Regel die Prüfung der oben beschriebenen Kerbschlagzähigkeit bei bestimmten Temperaturen herangezogen. Als Beurteilungskriterien dienen die Schlagarbeit (J), die spezifische Schlagarbeit (J/cm^2), der Steilabfall, gekennzeichnet durch die Übergangstemperatur, die Größe des kristallinen Fleckes an der zerschlagenen Probe, der Biegewinkel und das Arbeitsdiagramm.

Weitere Prüfverfahren zur Ermittlung der Sprödbruchneigung eines Werkstoffes sind: Kerbschlagbiegeversuch nach Schnadt. Die hierfür benutzten Proben, auch Atopie-Proben genannt, sind durch einen Hartmetallbolzen auf der Druckseite und einem Kerbradius von $r = 0$ auf der Zugseite gekennzeichnet. Der Bruchquerschnitt wird somit ausschließlich auf Zug beansprucht und eine Verformung und Arbeitsaufnahme auf der Druckseite, wie es bei den üblichen Kerbschlagproben der Fall ist, wird weitgehend vermieden. Wird die Beanspruchungsgeschwindigkeit bei konstanter Kerbschärfe verändert, so erhält man velothermische Kurven, die eine Abhängigkeit von Temperatur und Prüfgeschwindigkeit darstellen.

Im Drop-Weight-Test (DWT) nach Pellini wird eine Probeplatte, die auf der Zugseite mit einer spröden Schweißraupe versehen ist, einem Biegeversuch mit hoher Beanspruchungsgeschwindigkeit unterworfen und dabei um einen vorgegebenen Betrag verformt. Ermittelt wird die Fähigkeit des Werkstoffs, einen in der Schweißraupe entstandenen und in den zu prüfenden Werkstoff übertretenden Riß aufzufangen. Der Widerstand gegen die Ausbreitung des Risses ist eine Funktion der Temperatur. Die Temperatur des Überganges von der Rißarretierung zum Bruch heißt NDT – (Nil-Ductility-Transition) – Temperatur [31, 32].

Bei dem Drop-Weight-Tear-Test (DWTT) werden Proben der Abmessung $12'' \times 3'' \times$ Blechdicke mit einem eingepreßten Kerb verwendet. Sie werden mit der gekerbten Seite auf zwei Auflager eines Hammergesenkes gelegt und durch einen aus definierter Höhe niederfallenden Hammer zerschlagen. Die Beurteilung des Versuchsergebnisses erfolgt nicht über die Messung eines Energiebetrages, sondern aufgrund der Anteile von Verformungs- und Sprödbruch auf der Bruchfläche der gebrochenen Proben. Als Kennwert für die Zähigkeit eines Werkstoffes wird vielfach die Prüftemperatur angegeben, bei der im Bruchgefüge der Probe noch 75 bzw. 80 % Verformungsbruch auftreten [33].

Der C.O.D.-Test (Crack-Opening-Displacement) ist ein auf der Grundlage der Bruchmechanik entwickeltes Verfahren. Hierbei wird entweder die Rißaufweitung bei der Bruchausbreitung als Funktion von der Temperatur bestimmt und daraus eine Übergangstemperatur ermittelt oder aber es wird die kritische Rißaufweitung an Proben bestimmt und auf das Verhalten des Bauteils umgerechnet [34, 35].

Verschleißfestigkeit: Unter Erosion versteht man die mechanische Zerstörung von Werkstoffoberflächen durch die in strömenden Gasen, Dämpfen oder Flüssigkeiten enthaltenen Feststoffe. Erosionserscheinungen können auch durch in strömenden Gasen oder Dämpfen enthaltenen Flüssigkeitsteilchen hervorgerufen werden. Der Widerstand eines Werkstoffes gegen Erosion wird als Verschleißfestigkeit bezeichnet.

Der Begriff *Erosions-Korrosion* beschreibt den gleichzeitigen mechanischen und elektrochemischen Angriff auf eine Werkstoffoberfläche. Z.B. kann durch eine schnellströmende Flüssigkeit sowohl ein mechanischer als auch durch den elektrolytischen Charakter der Flüssigkeit ein chemischer Angriff erfolgen.

Hitzebeständigkeit. Bei Temperaturen über 550 °C tritt auch bei schwachlegierten Stählen bei Einwirkung von Luft oder oxidierenden Gasen Zunderbildung und durch abblätternden Zunder fortschreitende Verringerung der Wanddicken ein. Stähle für Betriebstemperaturen über etwa 550 °C müssen daher durch entsprechende Legierung beständig sein.

3.1.2. Physikalische Eigenschaften

Der *Elastizitätsmodul* ist ein Maß für die Steifigkeit. Nach DIN 50145 (Zugversuch) ist er als Quotient aus der auf den Ausgangsquerschnitt bezogenen Kraft und der auf die Meßlänge bezogenen Längenänderung im Gebiet rein elastischer Verformung definiert. Bei den meisten Stählen nimmt der Elastizitätsmodul mit steigender Temperatur zuerst langsam, dann immer stärker ab. Für Sonderzwecke gibt es jedoch Legierungen, die über bestimmte Temperaturbereiche einen von der Temperatur praktisch unabhängigen Elastizitätsmodul haben.

Den Kehrwert des Elastizitätsmoduls nennt man Dehnzahl.

Die *lineare Wärmeausdehnung* (Wärmedehnzahl) ist die Änderung der Länge eines Probestabes in Abhängigkeit von der Temperatur bezogen auf die Ausgangslänge; sie wird meistens in 10^{-6} K^{-1} angegeben.

Unter *Wärmeleitfähigkeit* (Wärmeleitvermögen, Wärmeleitzahl) eines Stoffes versteht man den Wärmestrom in W, der durch den Querschnitt von 1 m² hindurchfließt, wenn auf einer Strecke von 1 m die Temperaturänderung 1 K beträgt (siehe auch Kap. IV, 2.1).

Magnetisierbarkeit: Ferritische und martensitische Stähle sind bei Temperaturen unterhalb des Curie-Punktes (z.B. bei unlegierten Stählen 768 °C) und des γ-Gebietes magnetisierbar, austenitische dagegen praktisch nicht, d.h. die magnetische Permeabilität erreicht bei diesen nur minimale Werte; bei Kaltverformung steigt sie etwas an.

Elektrischer Widerstand: Bei gegebener elektrischer Spannung U wird die Stromstärke I durch die stoffliche Eigenschaft des Leiters, die als spezifischer Widerstand bezeichnet wird und durch seine Abmessungen bestimmt. Das Verhältnis U/I (elektrischer Widerstand R) ist gleich dem spezifischen Widerstand multipliziert mit der Länge L und dividiert durch den Querschnitt q des Leiters. Der spezifische Widerstand ϱ wird in der Einheit $\Omega \cdot mm^2/m$ angegeben.

Der Kehrwert des spezifischen elektrischen Widerstandes wird elektrische Leitfähigkeit $\varkappa$ $[\Omega^{-1}m^{-1}]$ genannt.

3.1.3. Verhalten gegenüber chemischen Agenzien

Korrosion. ist nach DIN 50 900 die Reaktion eines unbehandelten Werkstoffes mit seiner Umgebung, die eine meßbare Veränderung des Werkstoffes verursacht und zu einem Korrosionsschaden führen kann. Diese Reaktion ist in den meisten Fällen elektrochemischer Art. Es kann sich aber auch um chemische oder um metallphysikalische Vorgänge handeln.

Nichtrostend. Nach DIN 17440 werden als nichtrostend solche Stähle bezeichnet, die sich durch besondere Beständigkeit gegenüber stärker angreifenden Stoffen auszeichnen und im allgemeinen einen Chromgehalt von mindestens 12 % haben.

Interkristalline Korrosion. Selektive Korrosion, bei der korngrenzennahe Bereiche angegriffen werden.

Spannungsrißkorrosion. Rißbildung mit inter- oder transkristallinem Verlauf in Metallen bei gleichzeitiger Einwirkung bestimmter korrosiver Mittel und Zugspannungen. Kennzeichnend ist eine verformungsarme Trennung, oft ohne Bildung sichtbarer Korrosionsprodukte. Zugspannungen können auch als Eigenspannungen im Werkstück vorliegen.

Kornzerfallbeständigkeit. Nichtrostende Stähle bestimmter Zusammensetzung (z.B. austenitische Chrom-Nickel- und Chrom-Nickel-Molybdänstähle oder ferritische Chrom- und Chrom-Molybdänstähle) können in gewissen Wärmebehandlungszuständen, z.B. nach dem Schweißen in der wärmebeeinflußten Zone, gegen interkristalline Korrosion (Kornzerfall) anfällig sein, die sich u.U. erst nach Jahren bemerkbar macht. Zur Vermeidung dieser Korrosion können besondere Maßnahmen (z.B. stabilisierende Zusätze von Karbidbildnern – Titan oder Niob/Tantal – oder Erniedrigung des Kohlenstoffgehaltes bei austenitischen Chrom-Nickel- und Chrom-Nickel-Molybdän-Stählen) erforderlich sein (Prüfung nach DIN 50914). Bei Langzeiteinwirkung hoher Temperatur, etwa im Gebiet der zum Teil üblichen Überhitzungstemperatur von Hochdruckdampf, durchlaufen auch die stabilisierten Austenitstähle über eine längere Zeit ein kornzerfallempfindliches Stadium.

Druckwasserstoffbeständigkeit. Wasserstoff kann bei hohen Temperaturen und gleichzeitig hohen Drücken zu Entfestigung und Versprödung durch Entkohlung des Werkstoffes führen. Bestimmte Stähle, die insbesondere mit Chrom legiert sind, widerstehen jedoch praktisch ausreichend dem Wasserstoffangriff und besitzen bei weiteren geeigneten Legierungszusätzen (insbesondere Mo, V, W) gleichzeitig gute Warmfestigkeitseigenschaften (Stahl-Eisen-Werkstoffblatt 590).

3.2. Einfluß auf die Werkstoffeigenschaften

Die Werkstoffeigenschaften der Stähle werden im wesentlichen durch ihre chemische Zusammensetzung und durch den Gefügeaufbau (Gefügeart und Korngröße) bestimmt. Weitere Einflußgrößen sind Art, Menge und Verteilung von Ausscheidungen wie z.B. Nitride und Karbide bzw. von Verunreinigungen, wie z.B. oxidische und sulfidische nicht gelöste Bestandteile [8, 36–45]. Die Eigenschaften eines Stahles werden durch die Zugabe von Legierungselementen verändert. Die Veränderung verläuft jedoch mit zunehmender Menge eines Legierungsbestandteiles nicht immer stetig. Außerdem ergibt die gleichzeitige Wirkung verschiedener Legierungselemente nicht immer die Summe der Einzelwirkungen, und zwar sowohl hinsichtlich der Größe als auch der Art der Wirkung. Dazu kommt auch noch der Einfluß der Legierung auf das Auftreten bestimmter Gefügezustände. Die Veränderungen des Gefüges durch die Art und Menge der einzelnen Legierungselemente bei unendlich langsamer Abkühlungsgeschwindigkeit in Abhängigkeit von der Temperatur sind durch die jeweiligen Zustandsdiagramme festgelegt [10], während die Gefügeausbildung in Abhängigkeit von der Abkühlungsgeschwindigkeit für jede einzelne Stahlzusammensetzung durch das jeweilige ZTU-Schaubild gekennzeichnet ist [46].

3.2.1. Stahlzusammensetzung und Gefügeausbildung

Einen hohen Anteil an der Gesamterzeugung von Rohren haben unlegierte Stähle, d.h. Stähle, die außer Eisen die üblichen Begleitelemente Kohlenstoff, Silizium, Mangan, Phosphor, Schwefel und Stickstoff enthalten. Ausschlaggebend für die Festigkeitseigenschaften dieser Stähle ist in erster Linie der Gehalt an Kohlenstoff. Mit zunehmendem Kohlenstoffgehalt erhöhen sich Zugfestigkeit und Streckgrenze, während die Dehnung vermindert wird. Von Einfluß auf die Verarbeitungs- und Werkstoffeigenschaften sind außerdem die Elemente Schwefel, Sauerstoff, Phosphor und Stickstoff. Dabei wird besonders die Warmumformbarkeit durch steigende Schwefelgehalte verschlechtert (Warmbrüchigkeit), soweit sie nicht durch Mangan zu Mangansulfid abgebunden sind. Die Warmbrüchigkeit wird durch vorhandenes Eisenoxid, das mit dem Eisensulfid ein niedrigschmelzendes Eutektikum bildet, noch begünstigt. Durch Zugabe von sauerstoffaffinen Elementen, wie z.B. Mn, Si, Al, kann der Sauerstoffgehalt weitgehend verringert werden und die Warmbrüchigkeit vermieden werden (siehe Tafel III). Aber auch der für die Warmformgebung unschädliche als Mangansulfid abgebundene Schwefel kann die Eigenschaften besonders quer und senkrecht zur Walzrichtung negativ beeinflussen. Durch weitgehende Verminderung des Schwefelgehaltes und durch Abbindung zu schwerumformbaren Sulfiden können die Sulfidzeiligkeit verringert und die Quer- und Senkrechteigenschaften verbessert werden. Die Elemente Phosphor und in verstärktem Maße Stickstoff erhöhen die Sprödbruchempfindlichkeit. Stickstoff begünstigt die Alterung. Durch Abbindung des Stickstoffes durch Elemente wie z.B. Al, Ti und V zu unschädlichen Nitriden, kann der Sprödbruchempfindlichkeit begegnet und die Alterungsbeständigkeit verbessert werden. Die hier beschriebenen Auswirkungen der Stahlbegleitelemente auf die Werkstoffeigenschaften finden ihren Niederschlag bei der Gewährleistung bestimmter Gütemerkmale durch Einhaltung höchstzulässiger Gehalte der jeweiligen Begleitelemente z.B. der allgemeinen Baustähle nach DIN 17100. Danach sind diese Stähle im grundsätzlichen nach der Zugfestigkeit eingeteilt. Maßgebend für die Gewährleistung der jeweiligen Zugfestigkeit ist der Kohlenstoffgehalt und der Mangangehalt. Bei den schweißgeeigneten Stählen wir in zwei Gütegruppen unterschieden, wobei der Kohlenstoffgehalt nach oben in Abhängigkeit von der zu gewährleistenden Zugfestigkeit und, von der Erzeugnisdicke begrenzt ist. Kennzeichnend für die Gebrauchseigenschaften der beiden Gütegruppen sind folgende zulässige Gehalte der Begleitelemente Phosphor, Schwefel und Stickstoff sowie die Desoxidationsart:

Gütegruppe 2: Diese Stähle können unberuhigt oder beruhigt hergestellt werden. Sie enthalten höchstzulässige Gehalte an Phosphor und Schwefel von je max. 0,050 % und max. 0,009 % Stickstoff. Sie
müssen nicht besonders beruhigt, d.h. nicht mit Al desoxidiert sein.

Gütegruppe 3: Diese Stähle unterscheiden sich von denen der Gütegruppe 2 dadurch, daß sie höheren
Anforderungen an die Sprödbruchunempfindlichkeit genügen müssen. Sie sind folglich auch zum
Schweißen besser geeignet. Die höheren Anforderungen bedingen besondere Maßnahmen bezüglich
der Desoxidation (Al), und die Einhaltung höchstzulässiger Gehalte an Phosphor und Schwefel von
max. 0,040 %.

In vielen Fällen genügen die unlegierten Stähle nicht den technischen Anforderungen. Man benötigt
beispielsweise Werkstoffe mit hoher Streckgrenze, Warmfestigkeit, Hitzebeständigkeit, Korrosionsbeständigkeit, Kaltzähigkeit usw. Die Vielseitigkeit der Anwendungsmöglichkeiten von Stahl ergibt
sich aus folgender Zusammenstellung, wobei Nebeneinanderstellungen keine Zuordnung bedeuten
sollen [67]:

Verarbeitungs- eigenschaften	Gebrauchs- eigenschaften	Prüfkenngrößen
Warm- und Kaltumformbarkeit Schweißeignung Zerspanbarkeit Wärme- behandelbarkeit Eignung zum Nitrieren und Einsatzhärten Eignung zur Oberflächenveredelung	Statische und dynamische Beanspruchbarkeit bei verschiedenen Temperaturen Hitzebeständigkeit Kaltzähigkeit Alterungsbeständigkeit Magnetisierbarkeit Korrosionsbeständigkeit Verschleißbeständigkeit Schneidhaltigkeit von Zerspanungswerkzeugen Sprödbruchunempfind- lichkeit	Chemische Zusammensetzung Mechanische Eigenschaften (z.B. Zugfestigkeit, Streckgrenze, Bruchdehnung, Kerbschlagzähigkeit) Physikalische Eigenschaften (z.B. elektrische Leitfähigkeit, magnetische Eigenschaften) Härtbarkeit Gefügeausbildung Reinheitsgrad (nichtmetallische Einschlüsse) Chemische Beständigkeit Oberflächenbeschaffenheit

Diese Eigenschaften können dann durch Zusatz von geeigneten Legierungselementen erreicht bzw.
verbessert werden. Tafel VI gibt einen Anhalt über den Einfluß der wichtigsten Legierungs- und
Begleitelemente sowie der Korngröße auf die Eigenschaft des Stahles.

Bezüglich des Gefüges kann unterschieden werden zwischen Ferrit, Austenit und Martensit. Hierbei
besteht im Gefügeaufbau der Unterschied darin, daß Ferrit (a-Eisen), kubisch-raumzentriert kristallisiert und eine maximale Kohlenstoff-Löslichkeit von 0,02 % hat, während Austenit (γ-Eisen) ein
kubisch-flächenzentriertes Gitter mit einer maximalen Kohlenstoff-Löslichkeit von 2,05 % besitzt.
Martensit ist ein an Kohlenstoff stark übersättigtes a-Eisen und kristallisiert infolge der schnellen
Abkühlung nicht mehr kubisch, sondern tetragonal-raumzentriert (Härtungsgefüge).

Ferritische Stähle: Von den ferritischen Stählen gibt es zwei verschiedene Arten, einmal die *ferritisch-
perlitischen,* das sind in der Hauptsache die unlegierten und legierten Kohlenstoffstähle und die
ferritischen und halbferritischen, niedrig kohlenstoffhaltigen Stähle mit Chromgehalten von über
17 bzw. 12 %.

Tafel VI: Einfluß der Elemente und der Korngröße auf die Werkstoffeigenschaften

Wirkung von auf	C	Si	Mn	Al	Cr	Ni	Mo	V	W	Co	Ti	Nb	Ce	Zr	Cu	Korn-feinheit
Zugfestigkeit Streckgrenze (20°C)	+	+	+	(+)	+	+	+	+	+	+	+	+	(−)	(−)	+	+
Formänderungsverm. Dehnung, Zähigk. (20°C)	−	(−)	+	(+)	(−)	+	(+)	(−)	−	−	+	(+)	+	+		+
Warmfestigkeit (z.B. 500°C)					+Cr-Ni	+Cr-Ni	+	+	+	+	(+)	(+)			(+)	(−)
Verschleißfestigkeit	+	(+)	+		+		+	(+)	+	+	+	+	+	+		+
Kaltzähigkeit	−		+	(+)		+										+
Durchvergütung	+	+	+	−	+	+	+			−	−	−		(+)		−
Korrosionsbeständigkeit	−				+	+***	+	(+)			+*	+*			+	
Zunderbeständigkeit		+		(+)	+	+***			+	+			+			
Druckwasserstoff-beständigkeit	−		+		+	+Cr-Ni	+	+			(+)	(+)		(+)		

* stabilisiert ab 8% Ni
** ab 20% Ni
***

+ = Steigerung ⎫
− = Herabsetzung ⎬ der Eigenschaft
( ) = Wirkung bis zu bestimmten Konzentrationen bzw. in Verbindung mit anderen Elementen möglich

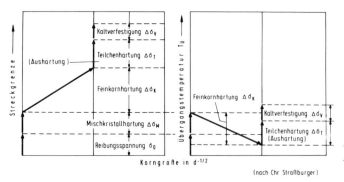

Bild 8:
Änderung der Festigkeit
und Zähigkeit von Stahl

Zu den Stählen mit ferritisch-perlitischem Gefüge im Liefer- und Endverwendungszustand gehören hauptsächlich die unlegierten und legierten schweißgeeigneten Baustähle, deren wichtigste Eigenschaft die Streckgrenze ist. Sie werden im unbehandelten, im normalgeglühten oder geregelt endgewalztem und im thermo-mechanisch behandelten Zustand ausgeliefert. Hierbei werden die Festigkeitseigenschaften durch den Perlitgehalt, durch die Elemente Silizium und Mangan (Mischkristallhärtung), durch Aushärtung von feinstverteilten Nitriden und Karbonitriden (Teilchenhärtung) und durch die Korngröße (Korngrößenhärtung) bestimmt. Bild 8 gibt Aufschluß über die Wirkungsweise der einzelnen Härtungsarten auf die Streckgrenze und die Zähigkeit von Stahl, ausgedrückt durch die Übergangstemperatur beim Sprödbruchtest [69/70]. Die Klassifizierung der schweißgeeigneten Stahlgruppen nach ihren garantierten Streckgrenzen und die erforderliche Behandlungsart (Lieferzustand) zeigt Bild 9. Die möglichen Festigkeitswerte verschiedener Stahlarten sind in Bild 10 dargestellt [67].

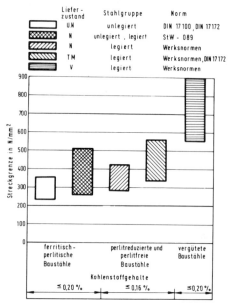

Bild 9: Streckgrenzenbereich der schweißgeeigneten Baustähle

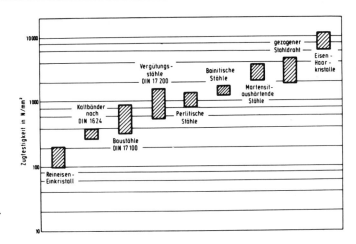

Bild 10:
Zugfestigkeit verschiedener
Eisen- und Stahlarten

Die angeführten Vergütungsstähle, bainitischen Stähle und martensitaushärtenden Stähle erhalten ihre hohen Festigkeitswerte durch Härtung und nachfolgendes Anlassen bei unterschiedlicher Stahlzusammensetzung.

Ferritsche und halbferritische Stähle enthalten mehr als 12 % Chrom. Bei den zuerst genannten Stählen, kann durch Wärmebehandlung weder eine Gefüge-Umwandlung noch eine Vergütung bewirkt werden. Auf die Vermeidung von unerwünschter Kornvergrößerung muß deshalb besonders geachtet werden. Das Gefüge von ferritischen Stählen besteht im gesamten Temperaturbereich von Raumtemperatur bis zum Schmelzpunkt aus Ferrit. Dieses Gefüge wird durch bestimmte Legierungselemente hervorgerufen, und zwar in erster Linie durch Chrom, Silizium, Molybdän, Wolfram, Vanadin, Titan und Aluminium. Die genannten Elemente schnüren das γ-Gebiet ab.

Austenitische Stähle: Von den austenitischen Stählen sind die CrNi-Güten von besonderer Bedeutung; diese sind korrosionsbeständig und aufgrund ihrer günstigen Warmfestigkeits- und Zeitstandswerte sowie ihrer Hitzebeständigkeit je nach Legierungszusammensetzung für den Einsatz bis etwa 800 °C geeignet. Gegenüber den ferritischen Stählen ist die Wärmeausdehnung der austenitischen Stähle um etwa 50 % höher. Die Wärmeleitfähigkeit dagegen ist bei hochlegierten Stählen wesentlich niedriger als bei ferritischen Stählen. Auch das Streckgrenzenverhältnis (Verhältnis zwischen Streckgrenze und Zugfestigkeit) der austenitischen Stähle liegt niedriger als bei den ferritschen Stählen. Durch Zulegieren von Elementen, die das γ-Gebiet erweitern wie Nickel und Mangan, werden diese Stähle erzeugt.

3.3. Schweißen

3.3.1. Allgemeine Anforderungen an geschweißte Bauteile

Von einem geschweißten Bauwerk wird erwartet, daß es an den Schweißnähten ebenso wie im ungeschweißten Grundwerkstoff den Beanspruchungen, denen es unterworfen wird, gewachsen ist. Naturgemäß sind die Anforderungen an die Schweißnähte je nach Verwendungszweck verschieden. Im allgemeinen sollten die Konstruktion, die Schweißpraxis und der verwendete Werkstoff zur Erzielung einer höchstmöglichen Bauteilsicherheit sorgfältig aufeinander abgestimmt sein. Im besonderen sollten im Interesse der Bauteilsicherheit außer der *chemischen Zusammensetzung der verwendeten Stähle* die nachfolgend angeführten, durch die Schweißpraxis und durch die Konstruktion bedingten Einflüsse beachtet werden.

1. das Schweißverfahren
2. die Geometrie der Schweißnaht
3. das Wärmeeinbringen, bezogen auf das lokale Werkstoffvolumen
4. die Schweißfolge
5. die Umgebungs- bzw. die Werkstofftemperatur
6. der mit dem Schweißgut eingebrachte Legierungsgehalt
7. der Schweißzusatzwerkstoff
8. die Anwendung oder das Fehlen einer nachträglichen Wärmebehandlung
9. die Wanddicke
10. der Gehalt an Feuchtigkeit bzw. an chemisch gebundenem Wasser der Schweißpulver
11. das gesamte Wasserstoffeinbringen
12. die konstruktionsbedingten Umgebungsspannungen im Schweißnahtbereich

3.3.2. Einfluß der chemischen Zusammensetzung

Das wichtigste Kriterium zur Beurteilung der Schweißneigung von Stählen ist die Neigung zur Rißbildung im Schweißnahtbereich. Im folgenden sollen die wesentlichen Einflußgrößen auf die Schweißneigung der ferritisch-perlitischen, der ferritischen und der austenitischen Stähle behandelt werden. *Ferritisch-perlitische Stähle:* Zur Kennzeichnung der Schweißeignung der Stähle ist vom „International Institute of Welding" (IIW) nachstehende Formel, ausgehend von der chemischen Zusammensetzung der Stähle, vorgeschlagen worden. Die für die Schweißneigung maßgebenden Gehalte in (%) sind unter dem Begriff des Kohlenstoffäquivalents (C_E) zusammengefaßt worden:

$$C_E = C + \frac{Mn}{6} + \frac{Cr+Mo+V}{5} + \frac{Ni+Cu}{15} \; .$$

Je nach Schweißparameter, insbesondere je nach Umgebungstemperatur, lokalem Wärmeeinbringen des Schweißgutes und je nach Vorwärmtemperatur werden Werte von max. 0,38–0,45 % gefordert. In einer weiteren Untersuchung ist die chemische Zusammensetzung der Stähle auf die Rißneigung im Schweißnahtbereich, unter Einbeziehung der Wanddicke und des diffusiblen Wasserstoffs im Schweißgut überprüft worden [47]. Die Ergebnisse lassen sich wie folgt darstellen:

$$C_E = C + \frac{Si}{30} + \frac{Mn}{20} + \frac{Cu}{20} + \frac{Ni}{60} + \frac{Cr}{20} + \frac{Mo}{15} + \frac{V}{10} + 5B + \frac{t}{600} + \frac{H}{60} \; .$$

Hierbei sind folgende Dimensionen zu verwenden. Blechdicke t in (mm), Wasserstoff H in (cm^3/ 100 g Fe), übrige Elemente in %. Die Auswertungen zeigen, daß eine Rißbildung im Schweißnahtbereich bei CE-Werten von < 0,30 unter üblichen Schweißbedingungen vermieden werden kann. Neueste Untersuchungen lassen einen Zusammenhang zwischen der Rißgefahr bei Pipe-Line-Stählen und dem CE-Wert nach der in Bild 11 angeführten Formel erkennen [71]. Auch hier wird deutlich, daß die Wirkung der Legierungselemente, wie Mn, Cr, V, Mo u.a., durch die häufig angewandte IIW-Formel überbewertet ist, und die wirksamste Maßnahme zur Verringerung der Schweißnahtrissigkeit

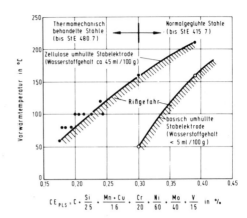

Bild 11:
Erforderliche Vorwärmtemperatur für riß-
sichere Feldschweißung von Großrohren,
basierend auf Implant-Testergebnissen für
$\delta_{cr}/\delta_y = 100\ \%$

die Absenkung des Kohlenstoffgehaltes im Stahl ist [23, 47, 48]. Daneben sollte als weitere Maß-nahme eine weitgehende Verringerung von Wasserstoff im Schweißgut angestrebt werden. Die schweißgeeigneten allgemeinen Baustähle haben in der Regel einen höchstzulässigen Kohlen-stoffgehalt von 0,22 bzw. 0,20 % [49]. Eine Verbesserung der Schweißeignung ist bei den perlit-armen Rohrsondergüten (DIN 17172) erreicht worden. Diese Stähle sind durch niedrige Kohlenstoff-gehalte ($\leqslant 0,16\ \%$) und durch eine geringe Ferritkorngröße und daher durch eine geringe Sprödbruch-empfindlichkeit gekennzeichnet [21—23, 50—53]. Bei den hoch nickellegierten kaltzähen Stählen soll der Kohlenstoffgehalt im Hinblick auf die Aufhärtung beim Schweißen 0,10 % im Grundwerk-stoff nicht überschreiten [54—56]. Wasserstoff ist im Stahl wie im Schweißbad gleich schädlich; im einen Fall ist er die Ursache für Flocken, im anderen für Fischaugen und Poren. Sein Gehalt muß also im Grundwerkstoff wie im Schweißgut niedrig gehalten werden. Wasserstoff kann vom Schweißgut in die Übergangszone dif-fundieren und zu Versprödung und Rißbildung führen. Das Schweißbad ist also vor jeder Wasserstoff-aufnahme aus der Umgebung zu schützen [57—59]. Außer hohen Kohlenstoffgehalten und vorhande-nem Wasserstoff sind auch Phosphor- und Schwefelgehalte unerwünscht. Phosphor setzt sich vor-zugsweise im Kristallgitter an den Versetzungen fest und blockiert sie. Die Folge sind Versprödungs-erscheinungen [60]. Schwefel bildet mit Nickel, Kobalt, Molybdän und anderen Elementen niedrig schmelzende Eutektika, die zu Warmrissen führen [10]. Weitere die Schweißeignung beeinträchtigen-de Elemente sind Sauerstoff und Stickstoff. Je nach Bildungsform des Sauerstoffes kann dieser Koh-lenmonoxid bilden, das zur Porenbildung führt. Stickstoff führt, soweit er nicht abgebunden ist, zur Sprödbruchempfindlichkeit und zur Alterung des Stahles. Die schweißgeeigneten Baustähle sind daher zur Stickstoffabbindung besonders mit Al behandelt.

Ferritische Stähle: Das Legierungselement Chrom verbindet sich leicht mit vielen Elementen. In der Verbindung mit Sauerstoff stört es den Schweißer, besonders beim Gasschmelz- und Abbrennstumpf-schweißen. Die Oxide liegen als feine Blättchen in der Schweißzone und verhindern eine gute Bindung des Grundwerkstoffes. Auch der Kohlenstoff verbindet sich leicht mit Chrom. Die entstehenden Chromkarbide sind zur Steigerung der Zugfestigkeit oft nützlich, stören aber, wenn sie beim Ver-schweißen ungleicher Werkstoffe auftreten und eine Verarmung an Kohlenstoff des einen Stahles und eine Versprödung des anderen zur Folge haben. Mit Eisen bildet Chrom die σ-Phase, die oft Ursache von Versprödungserscheinungen ist. Bei Stählen mit über 15 % Cr tritt die 475 °C-Versprödung auf.

Schließlich hat Chrom einen starken Einfluß auf das Umwandlungsverhalten der Stähle; es schnürt das γ-Gebiet ab, so daß Stähle mit über 13 % Cr keine Umwandlung mehr haben, sondern rein ferritsch bleiben. Die umwandlungsfähigen Stähle mit 2 bis 12 % Cr, also die druckwasserstoffbeständigen Stähle und die Stähle für die Erdölverarbeitung zeichnen sich durch eine stärkere Härteeignung aus. Sie müssen deshalb vor dem Schweißen vorgewärmt und nachher anlassend geglüht werden. Bei den hitzebeständigen Stählen, die teils ferritisch-perlitisches, teils rein ferritisches Gefüge aufweisen und mit Aluminium und höheren Siliziumgehalten legiert sind, läßt sich die Neigung zur Diffusion und Aufhärtung dadurch gering halten, daß man für möglichst wenig Wärmeentwicklung beim Schweißen sorgt, also dünne Elektroden verwendet und die Stähle vorwärmt [54].

Die umwandlungsfreien, rein ferritischen, mit 12 bis 29 % Cr legierten Stähle mit Kohlenstoffgehalten unter 0,12 % neigen in der durch die Schweißwärme beeinflußten Zone zur Grobkornbildung. Dieses grobe Korn läßt sich durch keinerlei Wärmebehandlung beseitigen, man kann nur versuchen, die Wärmezufuhr beim Schweißen möglichst gering zu halten, damit die wärmebeeinflußte Zone so schmal wie möglich wird. In solchen Fällen sind die Tieftemperaturschweißverfahren [61] oder das Löten angebracht.

Austenitische Stähle: Die austenitischen Stähle verdanken ihre guten Gebrauchseigenschaften dem Kristallaufbau des Austenits. Die Weiterentwicklung der klassischen 18/8 CrNi-Stähle hat zu einer

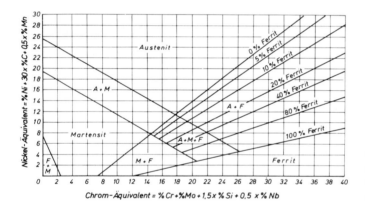

Bild 12:
Schaeffler-Diagramm zur
Beurteilung des Gefüge-
zustandes bei CrNi-Stahl-
Schweißgut

Anhebung des Nickelgehaltes bei Walz- und Schmiedestählen auf ca. 9 % bzw. bei den Stählen mit abgesenkten Kohlenstoffgehalten und den mit Molybdän oder anderen Ferritbildnern legierten Stählen auf ca. 11–13 % geführt. Die Schweißbarkeit der austenitischen rostbeständigen Stähle ist im allgemeinen sehr gut. Beim Schweißen dieser Stähle müssen jedoch einige Besonderheiten beachtet werden. Wegen der Gefahr einer Aufkohlung ist die Lichtbogenschweißung, möglichst unter Schutzgas (Argon oder Helium), der Gasschmelzschweißung unbedingt vorzuziehen. Bei der Temperaturführung des Schweißvorganges müssen der hohe Wärmeausdehnungskoeffizient und die geringe Wärmeleitfähigkeit gegenüber den ferritischen und ferritisch-perlitischen Stählen berücksichtigt werden. Im allgemeinen erübrigen sich ein Vorwärmen und eine Wärmenachbehandlung bei Schweißungen austenitischer Stähle.

Das Schaeffler-Diagramm (Bild 12) zeigt den Gefügeaufbau von Chrom-Nickel-Stahl-Schweißgut bei normaler Abkühlung nach dem Schweißen in Abhängigkeit von der Zusammensetzung des Schweißgutes. Die austenitischen Zusatzwerkstoffe liegen zum Teil an der Grenze des Austenit-Ferritgebietes. Ein geringer Ferritanteil im Gefüge macht das Schweißgut unempfindlich gegen Warmrißbildung.

Bei langzeitiger Einwirkung höherer Temperaturen kann sich in einem solchen Schweißgut allerdings σ-Phase bilden, die eine Versprödung bewirkt. Die σ-Phase enthält noch mehr Chrom als der Deltaferrit und ist bei Raumtemperatur besonders spröde. Zur Vermeidung der σ-Phase muß die chemische Zusammensetzung des Schweißgutes so abgestimmt werden, daß es mit Sicherheit ferritfrei ist, z.B. durch Erhöhen des Anteils an Nickel.

Vollaustenitische Schweißzusatzwerkstoffe können zu Mikrorissen im Schweißgut führen. Der interkristalline Verlauf dieser Mikrorisse legt die Vermutung nahe, daß sämtliche Risse auf die gleiche Ursache zurückzuführen sind. Wie metallographische Untersuchungen zeigen, kommt hierbei der Korngrenzensubstanz besondere Bedeutung zu. Die Rißempfindlichkeit ist umso größer, je tiefer der Schmelzpunkt der Korngrenzensubstanz liegt. Bei Elektroden, die ein feinkörniges Gefüge erzeugen, wird die Neigung zur Bildung von Mikrorissen vermindert.

Eine weitere Besonderheit bei Schweißverbindungen austenitischer CrNi-Stähle ist das Auftreten der interkristallinen Korrosion (Kornzerfall). Die interkristalline Korrosion ist eine örtliche, selektive Korrosion, bei der die Korngrenzen bevorzugt angegriffen werden. Die Kornzerfallanfälligkeit wird durch Ausscheidung chromreicher Karbide auf den Korngrenzen im Temperaturbereich zwischen 450 und 850°C verursacht, wobei eine Chromverarmung der korngrenzennahen Bereiche eintritt. Diese Zonen werden aufgrund des erniedrigten Chrom-Gehaltes bevorzugt angegriffen. Es ist unvermeidbar, daß dieser kritische Temperaturbereich beim Schweißvorgang durchlaufen wird. Die Kornzerfallanfälligkeit ist abhängig vom Kohlenstoffgehalt des Stahles und seinem Wärmebehandlungszustand. Je länger die der Schweißnaht benachbarte Übergangszone einer Schweißwärme ausgesetzt wird, desto größer ist der Umfang der Karbidausscheidungen und umso größer ist die Gefahr der interkristallinen Korrosion. Diese Korrosionsart kann durch die Wahl von CrNi-Stählen mit Kohlenstoffgehalten unter 0,03 % oder Stählen, bei denen der Kohlenstoff zum Teil durch karbidbildende Elemente wie Titan, Niob oder Tantal abgebunden (stabilisiert) wird, vermieden werden [54, 56, 62].

4. Benennung der Stähle

Zweck der systematischen Werkstoffbenennung ist es, eine kurze Bezeichnung zu erhalten, die dem Fachmann unabhängig von der Herkunft des Werkstoffes die charakteristischen Merkmale anzeigt. Zusätzlich sollte ein maschinentechnisch auswertbares Nummernsystem für Werkstoffe aller Art aufgestellt werden.

4.1. Systematik der Werkstoffnummern

Der Rahmenplan der Werkstoffnummern ist in DIN 17 007 Blatt 1 und die Systematik der Benummerung der Stähle in DIN 17 007 Blatt 2 festgelegt. Der grundsätzliche Aufbau der Werkstoffnummern für Stahl und Stahlguß und die Einteilung in Güteklassen ist in Tafel VII dargestellt [68]. Wie bereits unter 1. ausgeführt, erfolgt nach Euronorm 20-74 die Einteilung der Stahlsorten nach ihrer chemischen Zusammensetzung in unlegierte Stähle und nach ihren Gebrauchsanforderungen im Grund-, Qualitäts- und Edelstähle.

4.2. Systematik der Kurznamen der Stahlsorten

Die Kurznamen der Stähle waren in DIN 17 006 festgelegt. Diese Norm reichte jedoch nicht aus, um alle inzwischen entstandenen Eisenwerkstoffe kurz und treffend zu benennen. Deshalb ist diese Norm 1973 zurückgezogen worden, in der Erwartung, daß in absehbarer Zeit eine neue Fassung gefunden wird, die dem derzeitigen Stand der Stahlsorten entspricht. Die in der derzeitigen Stahl-Eisen-Liste aufgeführten Kurznamen sind nach unterschiedlichen Grundsätzen gebildet worden. Die wesentlichen für Rohrstähle verwendeten Kurznamen sollen auszugsweise angeführt werden.

Kurznamen nach Gebrauchseigenschaften

Am geläufigsten sind die Kurznamen für die allgemeinen Baustähle, in denen die Mindestzugfestigkeit in kp/mm² der jeweiligen Stahlsorte folgt, z.B. St 37. In jüngster Zeit wird aber auch die Mindeststreckgrenze als kennzeichnendes Merkmal herangezogen, z.B. St E 470 (E als Hinweis für die Elastizitätsgrenze N/mm²).

Zur weiteren Differenzierung der Stahlsorten haben sich folgende Vorsatzbuchstaben eingebürgert:

A = alterungsbeständer Stahl
L = laugenrißbeständiger Stahl
P = zum Gesenkschmieden geeigneter Stahl
Q = zum Abkanten geeigneter Stahl
Ro = Stahl zur Herstellung geschweißter Rohre
S = schweißbarer Stahl
TT = kaltzäher Stahl
W = Stahl mit Angaben über Warmfestigkeit
WT= wetterfester Stahl

Kurznamen nach der chemischen Zusammensetzung

Bei den unlegierten Stählen beginnen diese Kurznamen im allgemeinen mit C, dem chemischen Symbol für Kohlenstoff, dem in der Regel arabische Zahlen entsprechend dem mittleren Kohlenstoffgehalt in Hundertsteln Gewichtsprozente folgen, z.B. C 15.

Zur Unterscheidung bestimmter Eigenschaften werden hinter dem C Buchstaben mit folgender Bedeutung eingeschoben:

f = Stahl für Flammen- und Induktionshärtung, z.B. Cf 53
k = Edelstähle mit niedrigem Phosphor- und Schwefelgehalt, z.B. Ck 10
m = Edelstähle mit geregeltem Schwefelgehalt (0,020–0,035 %), z.B. Cm 45
q = zum Kaltstauchen bestimmte Stähle, z.B. Cq 35

Bei den legierten Stählen kennzeichnet man durch die erste Zahl den mittleren Kohlenstoffgehalt – wieder in Hundertsteln Gewichtsprozent –, wobei auf das Vorsetzen des Buchstabens C verzichtet wird. Dann folgt eine Kennzeichnung der wesentlichen Legierungselemente durch die chemischen Symbole, und zwar in der Reihenfolge ihrer mittleren Gewichtsanteile. Am Schluß stehen Zahlen zur Kennzeichnung der mittleren Legierungsgehalte, die um geeignete Unterscheidung zu erzielen, bei den niedriglegierten Stählen mit folgenden Zahlen multipliziert werden:

4   bei Chrom (Cr), Kobalt (Co), Mangan (Mn), Nickel (Ni), Silizium (Si) und Wolfram (W)
10   bei Aluminium (Al), Beryllium (Be), Kupfer (Cu), Molybdän (Mo), Niob (Nb), Blei (Pb),
       Tantal (Ta), Titan (Ti), Vanadin (V) und Zirkon (Zr)
100   bei Phosphor (P), Schwefel (S), Stickstoff (N) und Zer (Ce)
1000   bei Bor (B)

Bei Gehalten von mehr als 5 % an einem Legierungselement, also bei den hochlegierten Stählen, wird auf die Multiplikation bei allen Legierungselementen verzichtet, worauf aber – um eindeutig zu bleiben – durch Vorsetzen eines X vor die Zahl für den hundertfachen Kohlenstoffgehalt aufmerksam gemacht werden muß.

Kennzeichnung zusätzlicher Merkmale

Zu diesem Zweck sind Buchstaben festgelegt worden, die – wenn sie die Erschmelzungs- und Ver-gießungsbedingungen betreffen – vor den eigentlichen Kurznamen gesetzt, wenn sie den Behand-lungszustand betreffen, angehängt werden, z.B.:

E	Elektrostahl
H	abgeschreckter Stahl
HR	halbberuhigter Stahl
M	Siemens-Martin–Stahl
N	normalgeglühter Stahl
R	beruhigter und halbberuhigter Stahl
RR	besonders beruhigter Stahl
TM	thermomechanisch behandelter Stahl
U	unberuhigter Stahl
V	vergüteter Stahl
W	Stahl mit gewährleisteten Warmfestigkeitseigenschaften
Y	Sauerstoffblas-Stahl

In einer Reihe von Fällen wird nach Gütegruppen (so bei den allgemeinen Baustählen, z.B. St 37-2), nach Gewährleistung- oder Prüfumfang (z.B. St 35.8) durch angehängte Zahlen unterschieden.

Sowohl bei Kurznamen, die auf Festigkeitseigenschaften Bezug haben, als auch bei Kurznamen, die aufgrund der chemischen Zusammensetzung gebildet werden, ist eine Kennzeichnung kleiner Zusätze von besonderen Elementen zur Desoxidation, zur Verbesserung der Zerspanbarkeit oder der Witte-rungsbeständigkeit gebräuchlich. Es werden dann die chemischen Symbole Al, Cu, Mn, Pb, Si oder Te an die letzte Zahlengruppe angehängt (z.B. St 42-3 Cu oder Ck 45 Pb).

5. Vorschriften für Stahlrohre

5.1. Allgemeine Anforderungen

Grundsätzlich kann ein Stahlrohr Leitungselement oder Konstruktionselement sein. Unter Leitungs-element sollen alle außen- oder innendruckbeanspruchten Rohre verstanden werden, zu denen in erster Linie Rohre für Rohrleitungen, aber auch Rohre für den Kessel- und Apparatebau gehören. Konstruktionselement sind solche Rohre, bei denen es nicht auf die Innendruckbeanspruchung an-kommt, sondern bei denen die Rohre auf Grund ihrer Querschnitte zur Aufnahme von Druck, Zug, Biegung oder Torsion benutzt oder als gestalterisches Element eingesetzt werden.

Selbstverständlich gibt es auch Überlagerungen bei diesen Haupteinsatzgebieten, die man vielleicht als Maschinenelemente ansprechen könnte. So ist ein Hydraulikzylinder vielfach sowohl Leitungs-element, als auch Konstruktionselement im Sinne dieser Definiton. Typische Anwendungsgebiete des Stahlrohres neben dem Stahlbau und dem Maschinenbau sind vor allem die Kraftfahrzeugindustrie, Möbelindustrie und Camping-Industrie. Zur Zeit ist ein Trend zum verstärkten Einsatz von Hohl-profilen im Stahlhochbau vorhanden. Für kontinuierliche Prozesse unter Druck, verbunden mit dem Transport von Medien, sei es nun Verdampfung von Wasser in einem Dampfkessel, oder die Umwand-lung von Stoffen in den Chemiebetrieben oder die Verarbeitung von Erdöl in einer Raffinerie, ist das

Tafel VII: Systematik der Werkstoffnummern für Stahl und Stahlguß

Grund- und Qualitätsstähle

Nr.	Sorten nach deutschen / ausländischen Lieferbedingungen
00 / 90	Grundstahlsorten
01 / 91	Allgemeine Baustähle mit Rm < 500 N/mm²
02 / 92	Sonstige nicht für eine Wärmebehandlung bestimmte Baustähle mit Rm < 500 N/mm²
03 / 93	Stähle mit Mittel < 0,12% C oder Rm < 400 N/mm²
04 / 94	Stähle mit im Mittel > 0,12 <0,25% C oder Rm > 400 <500 N/mm²
05 / 95	Stähle mit im Mittel > 0,25 <0,55% C oder Rm > 500 <700 N/mm²
06 / 96	Stähle mit im Mittel > 0,55% C oder Rm > 700 N/mm²
07 / 97	Stähle mit höherem P- oder S-Gehalt
08 / 98	Stähle mit im Mittel < 0,30% C
09 / 99	Stähle mit im Mittel > 0,30% C

(01–07 / 91–97: Unlegierter Qualitätsstahl; 08–09 / 98–99: Legierter Qualitätsstahl)

Edelstahl — unlegierter Edelstahl

10	Stähle mit besonderen physikalischen Eigenschaften
11	< 0,50% C
12	> 0,50% C
13	Stähle mit Mittel < 0,12% C oder Rm < 400 N/mm²
14	Stähle mit im Mittel > 0,12 <0,25% C oder Rm > 400 <500 N/mm²
15	Stähle mit im Mittel > 0,25 <0,55% C oder Rm > 500 <700 N/mm²
16	Stähle mit im Mittel > 0,55% C oder Rm > 700 N/mm²
17	Stähle mit höherem P- oder S-Gehalt
18	sonstige
19	

(11–12: Baustähle; 13–19: Werkzeugstähle)

Werkzeugstahl

20	Cr
21	Cr-Si, Cr-Mn, Cr-Mn-Si
22	Cr-V, Cr-V-Si, Cr-V-Mn, Cr-V-Mn-Si
23	Mo, Cr-Mo, Cr-Mo-V
24	W, Cr-W
25	W-V, Cr-W-V
26	W außer Klassen 24, 25 und 27
27	mit Ni
28	sonstige Legierungen
29	

verschiedene Stahlgruppen

30	(Schnellarbeitsstähle)
31	Hartlegierungen
32	mit Co
33	ohne Co
34	verschleißfeste Stähle
35	Wälzlagerstähle
36	ohne Co — Werkstoffe mit besonderen physikalischen Eigenschaften
37	mit Co — Werkstoffe mit besonderen magnetischen Eigenschaften
38	ohne Ni
39	mit Ni — Sonstige Werkstoffe

chemisch beständige Stähle (Nichtrostende Stähle / Hitzebeständige Stähle)

40	ohne Mo, Nb und Ti — mit < 2,0% Ni
41	mit Mo, ohne Nb und Ti
42	(mit < 2,0% Ni)
43	ohne Mo, Nb und Ti — mit > 2,0% Ni
44	mit Mo, ohne Nb und Ti
45	mit Cu, Nb oder Ti
46	Legierungen für die Luftfahrt
47	mit < 2,0% Ni — Hitzebeständige Stähle
48	mit > 2,0% Ni
49	Hochwarmfeste Werkstoffe

legierter Edelstahl

50	Mn, Si, Cu
51	Mn-Si, Mn-Cr
52	Mn-Cu, Mn-V, Si-V, Mn-Si-V
53	Mn-Ti, Si-Ti, Mn-Si-Ti, Mn-V-Zr
54	Mo, Mn-Mo, Si-Mo, Nb, Ti, V, Mo
55	Mikrolegierte Baustähle
56	Ni
57	Cr-Ni mit < 1,0% Cr
58	Cr-Ni mit > 1,0 <1,5% Cr
59	Cr-Ni mit > 1,5 <2,0% Cr
60	Cr-Ni mit > 2,0 <3,0% Cr
61	
62	Ni-Si, Ni-Mn, Ni-Cu
63	Ni-Mo, Ni-Mo-Mn, Ni-Mo-Cu, Ni-Mo-V, Ni-Mn-V
64	Mo, Mn-Mo, Si-Mo-Nb, Ti, V, Nb
65	Cr-V mit < 0,4% Mo + < 2,0% Ni
66	Cr-Ni-Mo mit < 0,4% Mo + > 2,0 <3,5% Ni
67	Cr-Ni-Mo mit > 3,5 <5,0% Ni oder > 0,4% Mo
68	Cr-Ni-V, Cr-Ni-W, Cr-Ni-V-W
69	Cr-Ni außer Klassen 57 bis 68

Baustahl

70	Cr
71	Cr-Si, Cr-Mn
72	Cr-Mo mit < 0,35% Mo
73	Cr-Mo mit > 0,35% Mo
74	
75	Cr-V mit < 2,0% Cr
76	Cr-V mit > 2,0% Cr
77	Cr-Mo-V
78	
79	Cr-Mn-Mo, Cr-Mn-Mo-V
80	Cr-Si-Mo, Cr-Si-Mn-Mo, Cr-Si-Mo-V, Cr-Si-Mn-Mo-V
81	Cr-Si-V, Cr-Mn-V, Cr-Si-Mn-V
82	Cr-Mo-W, Cr-Mo-W-V
83	
84	Cr-Si-Ti, Cr-Mn-Ti, Cr-Si-Mn-Ti
85	Nitrierstähle
86	
87	
88	Nicht für eine Wärmebehandlung beim Verbraucher bestimmte Stähle — außer Klasse 89
89	Höherfeste schweißbare Baustähle

In den Feldern der Tafel sind neben den Nummern der Sortenklassen die Werkstoffarten oder die hauptsächlichen Legierungsbestandteile angegeben. Rm = Kurzzeichen für Zugfestigkeit.

Rohr das einzige geeignete Bauelement. Für Transporte von aufgeschlämmten Feststoffen, von Wasser, Öl und Gas über große Entfernungen ergibt sich seine überragende Stellung aus der Sicherheit und der Wirtschaftlichkeit des Rohrleitungstransportes.

Die Bestimmung der für einen Verwendungszweck bestgeeigneten Stahlgüte ist von zahlreichen Faktoren abhängig. In allen nicht ohne weiteres klaren Fällen ist es notwendig, die Erfahrungen der Herstellerwerke heranzuziehen. Um Klarheit über sämtliche zu berücksichtigenden Beanspruchungs-fälle zu schaffen, ist im Zweifelsfalle die Beantwortung folgender Fragen notwendig:

1. Verwendungszweck.

2. Abmessung und Toleranzen.

3. Beanspruchungen und Betriebsbedingungen:
   Beanspruchung durch Innendruck, Außendruck, Biegung, Knickung, dauernd oder zeitweise, gleichmäßig oder schlagartig, Druckstöße, Schwingungen.
   Temperaturen.
   Betriebstemperatur dauernd oder wechselnd, am ganzen Rohr, oder stellenweise, Höchsttem-peratur der Rohrwand (gegebenenfalls bei Betriebsstörungen), Zusammensetzung der Rauch-gase.
   Gleichzeitig wirkende Beanspruchungen bei höheren Drücken und höheren Temperaturen.
   Menge und Art möglicher Ablagerungen (Inkrustationen, Kesselstein, Ölkoks).
   Korrosion.
   Chemische Zusammensetzung des Angriffsmittels, Temperatur und Druck (Zusammensetzung des Bodens bei erdverlegten Leitungen, Zusammensetzung des Leitungsmediums und seine Geschwindigkeit), Oberflächenbehandlung und Oberflächenschutz.

4. Rohrverbindungen.
   Schweiß-, Flansch-, Einwalz-, Gewinde-, Stemm-, gummigedichtete Verbindungen, Schraub-verbindungen.

5. Weiterverarbeitung.
   Kalte oder warme Weiterverarbeitung, vorgesehenes Schweißverfahren und mögliche Wärme-behandlung.

6. Bisher verwandte Stähle und damit gemachte Erfahrungen.

7. Abnahmevorschriften.

Bei höheren Temperaturen (Heißdampf) ist bei der Auswahl der Stähle zu beachten, daß diese auch für den maximalen Temperaturbereich geeignet sind. Außerdem müssen allzu große Rohrwanddicken vermieden werden, damit keine zu hohen Temperaturspannungen auftreten.

5.2. Allgemeine Vorschriften

Vorschriften, die beim Betrieb von Rohrleitungen beachtet werden müssen, können auch im Gesetz und in Verordnungen verankert sein. Im Gesetz und in der Verordnung sind keine technischen Angaben enthalten, es wird aber auf die Regeln der Technik verwiesen, denen eine derartige technische Anlage entsprechen muß. In den Regeln der Technik finden sich nun Hinweise auf Vorschriften für Rohr-leitungen, Vorschriften für Leitungsrohre, die ihrerseits Vorschriften für Werkstoffe enthalten.
Am Beispiel der Vorschriften für Öl- und Gasleitungen wird das Zusammenwirken von Vorschriften verschiedener Art und der Aufbau des gesamten Systems erläutert (Bild 13) [63].

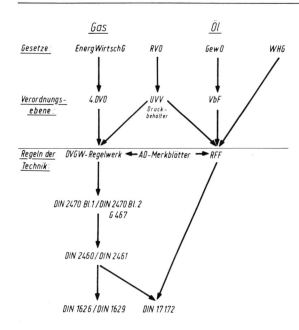

Erläuterungen :

EnergWirtschG = Energiewirtschafts-
                gesetz

RVO   = Reichsversicherungsordnung

GewO = Gewerbeordnung

WHG   = Wasserhaushaltsgesetz

4.DVO = Vierte Durchführungsverordnung
        zum Energiewirtschaftsgesetz

UVV   = Unfallverhütungsvorschriften

VbF   = Verordnung für brennbare
        Flüssigkeiten

DVGW = Deutscher Verein von Gas- und
        Wasserfachmännern

AD   = Arbeitsgemeinschaft
        Druckbehälter

RFF   = Richtlinien für Fernleitungen
        zum Befördern gefährdender
        Flüssigkeiten

Bild 13:
Vorschriftenaufbau am Beispiel
der Rohre für Öl- und Gasleitungen

5.3. Rohrnormen-Übersicht

Ein allgemein gültiges System für den Aufbau der einzelnen DIN-Rohrnormen gibt es nicht. Im Grundsatz gelten für die Lieferbedingungen folgende Kriterien:

– Verwendungszweck/Geltungsbereich
– Stahleigenschaften
– Rohrgüteanforderungen
– Maße.

In Tafel VIII sind die geltenden DIN-Normen für Rohre, nach Stahlgüten geordnet, dargestellt. Hierbei wird in Rohrnormen mit spezifischen Stahlgüten und solchen, bei denen auf Normen für Stahlgüten verwiesen wird, unterschieden. Allen Rohrnormen ist gemeinsam, daß sie nach dem Verwendungszweck/Geltungsbereich eingeteilt werden und die spezifischen Rohrgüteanforderungen in der jeweiligen Norm festgelegt sind.

Tafel VIII: DIN-Normen für Stahlrohre

Stahlgüten	Nahtlose Rohre	Nahtlose und geschweißte Rohre	Geschweißte Rohre
Nichtrostende Stähle	2464 Bl. 2* 2462 Bl. 2	–	2465 Bl. 2* 2463 Bl. 2
Warmfeste Stähle	17175	–	17177
Legierte und unlegierte Stähle mit garantierter Festigkeit und Zähigkeit	–	17172	–
Unlegierte Stähle mit mit garantierter Festigkeit	2391 Bl. 2* 1629 Bl. 2/4	2460 2440**/2441**/2442**	2393 Bl. 2*, 2394* 1626 Bl. 2/4

*   Präzisionsrohre
** Gewinderohre

Hier können folgende Normen abgegrenzt werden:

Gewinderohre	DIN 2440, 2441, 2442
Rohre für Wasserleitungen	DIN 2460
Rohre für Leitungen, Apparate und Behälter	DIN 1626, 1629
Präzisionsrohre für Konstruktionsrohre u. Apparatebau	DIN 2391, 2393, 2394
Rohre für Fernleitungen für brennbare Flüssigkeiten und Gase	DIN 17172
Rohre aus warmfesten Stählen bis 600 °C	DIN 17175, 17177
Rohre aus nichtrostenden Stählen	DIN 2462, 2463
Präzisionsrohre aus nichtrostenden Stählen	DIN 2464, 2465

Die aufgeführten Rohrnormen beinhalten, wie o.a., nur zum Teil spezifische Stahlgüten. Bei Gewinderohren gemäß DIN 2440, 2441, 2442 und bei geschweißten Rohren nach DIN 1626 wird auf Stahlgüten der DIN 1629 bzw. DIN 17100, bei Rohren für Wasserleitungen auf DIN 1626/DIN 17100 und DIN 1629 und bei Rohren aus nichtrostenden Stählen nach DIN 2462, 2463, 2464 und 2465 auf DIN 17440 verwiesen. Andererseits sind Rohrnormen, die spezifische Stahlgüten vorschreiben, keine eigenen Maßnormen zugeordnet. Hier finden in der Regel die reinen Maßnormen DIN 2448 für nahtlose und DIN 2458 für geschweißte Rohre Anwendung. Durch die Behandlung von nahtlosen, geschweißten sowie nahtlosen und geschweißten Rohren in unterschiedlichen Rohrnormen für gleiche Verwendungszwecke ist eine vielfältige Auswahl von Rohrnormen vorhanden. Hier wäre eine vollständige Aufführung der Gewährleistungen für Stahlgüten, Rohrgüteanforderungen und Maßen nach Verwendungszweck geordnet, sowohl für nahtlose als auch für geschweißte Rohre und Zubehör in einer Norm, für den Verbraucher vorteilhaft.

6. Stähle für Rohre und Zubehör

6.1. Nahtlose Rohre – Stahlgüten

6.1.1. Nahtlose Rohre aus unlegierten Stählen

Nach DIN 1629 sind die Rohre in drei Gütestufen unterteilt:

– Rohre in Handelsgüte St 00
– Rohre mit Gütevorschriften St 35, St 45, St 52, St 55
– Rohre mit besonderen Gütevorschriften St 35.4, St 45.4, St 52.4, St 55.4

Die Anwendungsbereiche dieser Stähle sind in Kapitel IV, Tafel XXII aufgeführt. Die chemische Zusammensetzung, Festigkeitseigenschaften und sonstige an diese Stähle gestellten Anforderungen sind in den Tafeln IX–XI enthalten. Weitere Angaben sind DIN 1629 Blatt 2–4 zu entnehmen.

6.1.2. Nahtlose Rohre aus warmfesten Stählen

DIN 17175 enthält die Stahlsorten. Für die Herstellung der Rohre sind zwei Gütestufen vorgesehen, deren Prüfumfang in Kapitel IV, Tafel XXIV dargestellt ist. Die chemische Zusammensetzung und die gewährleisteten Prüfwerte sind in den Tafeln XII–XV aufgeführt.

Tafel IX: Prüfumfang und gewährleistete Prüfwerte der Rohre nach DIN 1629 Blatt 2 bis 4

Maßgebende Technische Lieferbedingung	Rohrart	Stahlsorte Kurzname nach DIN 17 006	Werkstoffnummer nach DIN 17 007 Blatt 2	An der Lieferung durchzuführende mechanische und technologische Prüfungen	sonstige Prüfungen	Prüfbescheinigung	Gewährleistete Prüfwerte Zugfestigkeit N/mm²	Streckgrenze [2] N/mm² mind.	Bruchdehnung [3] (L₀ = 5d₀) % mind.
DIN 1629 Blatt 2	Rohre in Handelsgüte	St 00	1.0030		an jedem Rohr Innendruckversuch mit Wasser	[5]	keine Vorschriften		
DIN 1629 Blatt 3	Rohre mit Gütevorschriften	St 35	1.0308	Zugversuch und Aufweit- oder Ringfaltversuch an 1% der in Lose von 100 Rohren eingeteilten Lieferung [6]	an jedem Rohr Besichtigung der inneren und äußeren Oberflächenbeschaffenheit, Prüfung des Außendurchmessers und der Wanddicke, Innendruckversuch mit Wasser	Werkszeugnis oder Abnahmezeugnis A, B oder C nach DIN 50 049	340—440 [7]	235	25
		St 45	1.0408				440—540	255	21
		St 55	1.0507				540—640	295	17
		St 52	1.0831				510—610 [9]	355	22 [10]
DIN 1629 Blatt 4	Rohre mit besonderen Gütevorschriften [8]	St 35.4	1.0309	Zugversuch an 1% der in Lose von 100 Rohren eingeteilten Lieferung		Abnahmezeugnis A, B oder C nach DIN 50 049	340—440 [7]	235	25
		St 45.4	1.0418	Ringfaltversuch an beiden Enden jeder Walzlänge			440—540	255	21
		St 55.4	1.0509				540—640	295	17
		St 52.4	1.0832				510—610 [9]	355	22 [10]

2) Die Abhängigkeit der Streckgrenzenwerte von der Wanddicke in Tabelle 2 von DIN 1629 Blatt 3 und 4 (Ausgabe Januar 1961) ist zu beachten.

3) Die Werte gelten für Längsproben aus dem fertigen Rohr; werden Querzugversuche bei der Bestellung vereinbart, so dürfen die Bruchdehnungswerte um zwei Einheiten unterschritten werden.

5) Im allgemeinen ohne Prüfbescheinigung, jedoch kann die Ausfertigung einer Werksbescheinigung nach DIN 50 049 über die Durchführung des Innendruckversuchs mit Wasser bei der Bestellung vereinbart werden.

6) Diese Angaben über die Prüfung gelten für Lieferung mit Ablieferungsprüfung. Rohre aus St 35, St 45 und St 55, nicht dagegen aus St 52, können auch o h n e Ablieferungsprüfung geliefert werden, an der Lieferung selbst brauchen dann keine mechanischen oder technologischen Prüfungen durchgeführt zu werden; die sonstigen Prüfungen bleiben unverändert; diese Rohre werden mit Werkszeugnis nach DIN 50 049 geliefert. Nähere Einzelheiten siehe DIN 1629 Blatt 3.

7) Eine Überschreitung der oberen Grenze der Zugfestigkeitsspanne um 20 N/mm² darf nicht beanstandet werden.

8) Hergestellt aus vorbehandeltem Ausgangswerkstoff.

9) Eine untere Grenze von 490 N/mm² und eine obere Grenze von 630 N/mm² dürfen nicht beanstandet werden; jedoch müssen die Streckgrenzenwerte eingehalten sein.

10) Für Dicken bis 50 mm; für Dicken über 50 mm nach Vereinbarung.

Tafel X: Chemische Zusammensetzung der Stähle (Schmelzenanalyse) für Rohre nach DIN 1629 Blatt 2 bis 4

Maßgebende Technische Liefer- bedingung	Rohrart	Stahlsorte		Chemische Zusammensetzung in %				
		Kurzname nach DIN 17 006	Werkstoff- nummer nach DIN 17 007 Blatt 2 [1]	C	Si	Mn	P	S
							höchstens	
DIN 1629 Blatt 2	Rohre in Handelsgüte	St 00	1.0030	keine Vorschriften				
DIN 1629 Blatt 3	Rohre mit Güte- vorschriften	St 35	1.0308	≤ 0,18	–	–	0,05	0,05
		St 45	1.0408	≤ 0,25 [2]	–	–	0,05	0,05
		St 55	1.0507	≈ 0,36	–	–	0,05	0,05
		St 52	1.0831	≤ 0,20 [3]	≤ 0,55	≤ 1,50	0,05	0,05
DIN 1629 Blatt 4	Rohre mit besonderen Güte- vorschriften	St 35.4	1.0309	≤ 0,17	0,10 bis 0,35	≥ 0,40	0,05	0,05
		St 45.4	1.0418	≤ 0,22 [2] [4]	0,10 bis 0,35	≥ 0,40	0,05	0,05
		St 55.4	1.0509	≈ 0,36	0,10 bis 0,35	≥ 0,40	0,05	0,05
		St 52.4	1.0832	≤ 0,20 [3]	0,10 bis 0,55	≤ 1,50	0,05	0,05

[1]) z. Z. noch Entwurf.
[2]) Der Chromgehalt darf höchstens 0,3% betragen.
[3]) Bei Wanddicken über 16 mm darf ein Kohlenstoffgehalt bis 0,22% (Schmelzenanalyse) nicht beanstandet werden.
[4]) Bei der Nachprüfung am einzelnen Rohr darf der Kohlenstoffgehalt 0,25% nicht überschreiten.

Tafel XI: Festigkeitskennwerte für höhere Temperaturen der Rohre nach DIN 1629 Blatt 2 bis 4

Maßgebende Technische Liefer- bedingung	Rohrart	Stahlsorte		Festigkeitskennwerte			
		Kurzname nach DIN 17 006	Werkstoffnummer nach DIN 17 007 Blatt 2	20 °C [3]	200 °C	250 °C	300 °C
				N/mm²			
DIN 1629 Blatt 2	Rohre in Handelsgüte	St 00	1.0030	145	–	–	–
DIN 1629 Blatt 3	Rohre mit Güte- vorschriften [2]	St 35	1.0308	235	186	167	137
		St 45	1.0408	255	206	186	157
		St 55	1.0507	295	–	–	–
		St 52	1.0831	355	–	–	–
DIN 1629 Blatt 4	Rohre mit besonderen Güte- vorschriften [2]	St 35.4	1.0309	235	186	167	137
		St 45.4	1.0418	255	206	186	157
		St 55.4	1.0509	295	–	–	–
		St 52.4	1.0832	355	–	–	–

[2]) Bei Rohren mit Außendurchmessern ≤ 30 mm, deren Wanddicke ≤ 3 mm ist, liegt der Mindestwert der Streckgrenze um 10 N/mm² niedriger.

[3]) Für Leitungsrohre, die nach DIN 2413 berechnet werden, darf der für 20°C angegebene Festigkeitskennwert für Temperaturen bis 120°C angewendet werden.

Tafel XII: *Übersicht über die warmfesten Stähle für nahtlose Rohre, deren chemische Zusammensetzung (nach der Schmelzanalyse) und die Farbkennzeichnung der Rohre*

Stahlsorte Kurzname	Werkstoffnummer	C	Si	Mn	P	S	Cr	Mo	Ni	V	Farbkennzeichnung [1]
					höchstens						
St 35.8	1.0305	$\leqq$ 0,17	0,10 bis 0,35 [2]	0,40 bis 0,80	0,040	0,040					weiß
St 45.8	1.0405	$\leqq$ 0,21	0,10 bis 0,35 [2]	0,40 bis 1,20	0,040	0,040					gelb
17 Mn 4 [3]	1.0481 [3]	0,14 bis 0,20	0,20 bis 0,40	0,90 bis 1,20	0,040	0,040	$\leqq$ 0,30				rot und schwarz
19 Mn 5 [3]	1.0482 [3]	0,17 bis 0,22 [4]	0,30 bis 0,60	1,00 bis 1,30	0,040	0,040	$\leqq$ 0,30				gelb und braun
15 Mo 3	1.5415	0,12 bis 0,20 [4]	0,10 bis 0,35	0,40 bis 0,80	0,035	0,035		0,25 bis 0,35			gelb und karminrot
13 CrMo 4 4	1.7335	0,10 bis 0,18 [4]	0,10 bis 0,35	0,40 bis 0,70	0,035	0,035	0,70 bis 1,10	0,45 bis 0,65			gelb und silberfarben
10 CrMo 9 10	1.7380	0,08 bis 0,15	$\leqq$ 0,50	0,40 bis 0,70	0,035	0,035	2,00 bis 2,50	0,90 bis 1,20			rot und grün
14 MoV 6 3	1.7715	0,10 bis 0,18	0,10 bis 0,35	0,40 bis 0,70	0,035	0,035	0,30 bis 0,60	0,50 bis 0,70		0,22 bis 0,32	rot und silberfarben
X 20 CrMoV 12 1	1.4922	0,17 bis 0,23	$\leqq$ 0,50	$\leqq$ 1,00	0,030	0,030	10,00 bis 12,50	0,80 bis 1,20	0,30 bis 0,80	0,25 bis 0,35	blau

Chemische Zusammensetzung in Gew.-%

1) Üblicherweise wird die Farbkennzeichnung durch Ringe in den angegebenen Farben an beiden Rohrenden durchgeführt. Je nach Wunsch kann bei der Bestellung eine Kennzeichnung in den angegebenen Farben über die ganze Länge vereinbart werden.
2) Der Mindestgehalt 0,10 % Silicium darf unterschritten werden, wenn der Stahl mit Aluminium beruhigt oder im Vakuum desoxidiert wird.
3) Diese Stähle kommen nur für Rohre für Sammler in Betracht.
4) Bei Wanddicken $\geqq$ 30 mm darf der Kohlenstoffgehalt um 0,02 % höher liegen.

Tafel XIII: Mechanische Eigenschaften der nahtlosen Rohre aus warmfesten Stählen bei Raumtemperatur

Stahlsorte		Zugfestigkeit	Streckgrenze [1), 2)] für Wanddicken in mm			Bruchdehnung ($L_o = 5 \cdot d_o$)		Kerbschlagarbeit (DVM-Proben) [3)]
			≦16	>16 ≦40	>40 ≦60	längs	quer	quer
Kurzname	Werk-stoff-nummer	N/mm²	\<multicolumn\> N/mm² mindestens			\<multicolumn\> % mindestens		J mindestens
St 35.8	1.0305	360 bis 480	235	225	215	25	23	34
St 45.8	1.0405	410 bis 530	255	245	235	21	19	27
17 Mn 4	1.0481	460 bis 580	270	270	260	23	21	34
19 Mn 5	1.0482	510 bis 610	310	310	300	19	17	34
15 Mo 3	1.5415	450 bis 600	270 [4)]	270	260	22	20	34
13 CrMo 4 4	1.7335	440 bis 590	290 [4)]	290	280	22	20	34
10 CrMo 9 10	1.7380	450 bis 600	280	280	270	20	18	34
14 MoV 6 3	1.7715	460 bis 610	320	320	310	20	18	41
X 20 CrMoV 12 1	1.4922	690 bis 840	490	490	490	17	14	34 [5)]

[1)] Bei Rohren mit einem Außendurchmesser ≦ 30 mm, deren Wanddicke ≦ 3 mm ist, liegen die Mindestwerte um 10 N/mm² niedriger.

[2)] Bei Wanddicken > 60 mm sind bei Rohren aus den Stählen St 35.8, St 45.8, 17 Mn 4, 19 Mn 5, 15 Mo 3 und 14 MoV 6 3 die Werte zu vereinbaren; bei Wanddicken > 60 bis ≦ 80 mm gilt bei Rohren aus den Stählen 13 CrMo 4 4 und 10 CrMo 9 10 ein Mindestwert von 270 bzw. 260 N/mm², bei Rohren aus dem Stahl X 20 CrMoV 12 1 ein Mindestwert von 490 N/mm².

[3)] Bei der Prüfung von Längsproben liegt der Mindestwert der Kerbschlagarbeit um 14 J höher.

[4)] Für Wanddicken ≦ 10 mm gilt ein um 15 N/mm² höherer Mindestwert.

[5)] Bei warmgepreßten Rohren erniedrigt sich der Mindestwert auf 27 J.

Tafel XIV: Mindestwerte der 0,2 %-Dehngrenze der nahtlosen Rohre bei erhöhten Temperaturen

Stahlsorte		Wanddicke s	0,2 %-Dehngrenze bei							
			200 °C	250 °C	300 °C	350 °C	400 °C	450 °C	500 °C	550 °C
Kurzname	Werkstoffnummer	mm	N/mm²							
			mindestens							
St 35.8	1.0305	≤16	185	165	140	120	110	105	−	−
		16 < s ≤40	180	160	135	120	110	105	−	−
		40 < s ≤60 1)	175	155	130	115	110	105	−	−
St 45.8	1.0405	≤16	205	185	160	140	130	125	−	−
		16 < s ≤40	195	175	155	135	130	125	−	−
		40 < s ≤60 1)	190	170	150	135	130	125	−	−
17 Mn 4	1.0481	≤40	235	215	175	155	145	135	−	−
		40 < s ≤60 1)	225	205	165	150	140	130	−	−
19 Mn 5	1.0482	≤40	255	235	205	180	160	150	−	−
		40 < s ≤60 1)	245	225	195	170	155	145	−	−
15 Mo 3	1.5415	≤40 2)	225	205	180	170	160	155	150	−
		40 < s ≤60 1)	210	195	170	160	150	145	140	−
13 CrMo 4 4	1.7335	≤40 2)	240	230	215	200	190	180	175	−
		40 < s ≤60	230	220	205	190	180	170	165	−
		60 < s ≤80	220	210	195	180	170	160	155	−
10 CrMo 9 10	1.7380	≤40	245	240	230	215	205	195	185	−
		40 < s ≤60	235	230	220	205	195	185	175	−
		60 < s ≤80	225	220	210	195	185	175	165	−
14 MoV 6 3	1.7715	≤40	270	255	230	215	200	185	170	−
		40 < s ≤60 1)	260	245	220	205	190	175	160	−
X 20 CrMoV 12 1	1.4922	≤80	430	415	390	380	360	330	290	250

1) Für Wanddicken über 60 mm sind die Werte zu vereinbaren.
2) Für Wanddicken ≤10 mm gelten bei allen Temperaturen um 15 N/mm² höhere Mindestwerte für die 0,2 %-Dehngrenze.

Tafel XV: Langzeit-Warmfestigkeitskennwerte der warmfesten Stähle für nahtlose Rohre

Stahlsorte	Temperatur	1 %-Zeitdehngrenze [1), 2)] für		Zeitstandfestigkeit [2), 3)] für		
		10 000 h	100 000 h	10 000 h	100 000 h	200 000 h
Kurzname	°C	N/mm²	N/mm²	N/mm²	N/mm²	N/mm²
	380	164	118	229	165	145
	390	150	106	211	148	129
	400	136	95	191	132	115
	410	124	84	174	118	101
St 35.8	420	113	73	158	103	89
St 45.8	430	101	65	142	91	78
	440	91	57	127	79	67
	450	80	49	113	69	57
	460	72	42	100	59	48
	470	62	35	86	50	40
	480	53	30	75	42	33
	380	195	153	291	227	206
	390	182	137	266	203	181
	400	167	118	243	179	157
	410	150	105	221	157	135
	420	135	92	200	136	115
17 Mn 4	430	120	80	180	117	97
19 Mn 5	440	107	69	161	100	82
	450	93	59	143	85	70
	460	83	51	126	73	60
	470	71	44	110	63	52
	480	63	38	96	55	44
	490	55	33	84	47	37
	500	49	29	74	41	30
	450	216	167	298	245	228
	460	199	146	273	209	189
	470	182	126	247	174	153
	480	166	107	222	143	121
	490	149	89	196	117	96
15 Mo 3	500	132	73	171	93	75
	510	115	59	147	74	57
	520	99	46	125	59	45
	530	84	36	102	47	36
	540	(70)	(28)	(82)	(38)	(28)
	550	(59)	(24)	(64)	(31)	(25)

[1)] Das ist die auf den Ausgangsquerschnitt bezogene Spannung, die zu einer bleibenden Dehnung von 1 % nach 10 000 oder 100 000 Stunden (h) führt.

[2)] Eine Einklammerung bedeutet, daß der Stahl bei der betreffenden Temperatur im Dauerbetrieb zweckmäßig nicht mehr verwendet wird.

[3)] Das ist die auf den Ausgangsquerschnitt bezogene Spannung, die zum Bruch nach 10 000, 100 000 oder 200 000 Stunden (h) führt.

Tafel XV: (Fortsetzung)

Stahlsorte	Temperatur	1 %-Zeitdehngrenze [1], [2] für		Zeitstandfestigkeit [2], [3] für		
		10 000 h	100 000 h	10 000 h	100 000 h	200 000 h
Kurzname	°C	N/mm²	N/mm²	N/mm²	N/mm²	N/mm²
13 CrMo 4 4	450	245	191	370	285	260
	460	228	172	348	251	226
	470	210	152	328	220	195
	480	193	133	304	190	167
	490	173	116	273	163	139
	500	157	98	239	137	115
	510	139	83	209	116	96
	520	122	70	179	94	76
	530	106	57	154	78	62
	540	90	46	129	61	50
	550	76	36	109	49	39
	560	64	30	91	40	32
	570	53	24	76	33	26
10 CrMo 9 10	450	240	166	306	221	201
	460	219	155	286	205	186
	470	200	145	264	188	169
	480	180	130	241	170	152
	490	163	116	219	152	136
	500	147	103	196	135	120
	510	132	90	176	118	105
	520	119	78	156	103	91
	530	107	68	138	90	79
	540	94	58	122	78	68
	550	83	49	108	68	58
	560	73	41	96	58	50
	570	65	35	85	51	43
	580	57	30	75	44	37
	590	50	26	68	38	32
	600	44	22	61	34	28
14 MoV 6 3	480	243	177	299	218	182
	490	219	155	268	191	163
	500	195	138	241	170	145
	510	178	122	219	150	127
	520	161	107	198	131	109
	530	146	94	179	116	91
	540	133	81	164	100	76
	550	120	69	148	85	61
	560	109	59	134	72	48
	570	(98)	(48)	(121)	(59)	(37)
	580	(88)	(37)	(108)	(46)	(28)

Tafel XV: (Fortsetzung)

Stahlsorte	Temperatur	1 %-Zeitdehngrenze [1], [2] für		Zeitstandfestigkeit [2], [3] für		
		10 000 h	100 000 h	10 000 h	100 000 h	200 000 h
Kurzname	°C	N/mm²	N/mm²	N/mm²	N/mm²	N/mm²
X 20 CrMoV 12 1	470	324	260	368	309	285
	480	299	236	345	284	262
	490	269	213	319	260	237
	500	247	190	294	235	215
	510	227	169	274	211	191
	520	207	147	253	186	167
	530	187	130	232	167	147
	540	170	114	213	147	128
	550	151	98	192	128	111
	560	135	85	173	112	96
	570	118	72	154	96	81
	580	103	61	136	82	68
	590	90	52	119	70	58
	600	75	43	101	59	48
	610	64	36	87	50	40
	620	53	30	73	42	33
	630	44	25	60	34	27
	640	36	20	49	28	22
	650	29	17	40	23	18

6.3.1. Nahtlose Rohre aus hochwarmfesten Stählen

Die technischen Lieferbedingungen sind in SEL 675-69 festgelegt. Sie umfassen folgende Stahlsorten:

X 20 Cr Mo V 12 1	Geltungsbereich bis 600 °C
X 8 Cr Ni Nb 16 3	Geltungsbereich bis 800 °C
X 8 Cr Ni Mo Nb 16 16	Geltungsbereich bis 800 °C
X 6 Cr Ni W Nb 16 16	Geltungsbereich bis 800 °C
X 8 Cr Ni Mo V Nb 16 13	Geltungsbereich bis 650 °C

Allgemeingültige Angaben und Hinweise für hochwarmfeste Stähle sowie Angaben über die Eigenschaften weiterer hochwarmfester Stahlsorten finden sich im SEW 670 – Hochwarmfeste Stähle, Gütevorschriften.
Die Stoffwerte der oben genannten Stahlsorten sind den Tafeln XLIII–XLIII unter 6.4.5. zu entnehmen.

6.2. Geschweißte Rohre – Stahlgüten

6.2.1. Geschweißte Rohre aus unlegierten und niedriglegierten Stählen

Anhaltsangaben über die Anwendungsbereiche geschweißter Stahlrohre sind Kapitel IV, Tafel XXII und XIII zu entnehmen. Nach DIN 1626 sind die Rohre in drei Gütestufen lieferbar:

− Rohre für allgemeine Verwendung (Handelsgüte)
− Rohre mit Gütevorschriften
− besonders geprüfte Rohre mit Gütevorschriften

Die Rohre sind sowohl längsnahtgeschweißt als auch spiralnahtgeschweißt herstellbar. Die Bewertung der Schweißnahtgüte für beide Schweißverfahren ist in Kapitel IV, Tafel XXI angegeben.

In den Tafeln XVI–XVIII sind die chemische Zusammensetzung, die gewährleisteten Prüfwerte und die Festigkeitskennwerte bei höheren Temperaturen angeführt.

Weitere Angaben siehe auch DIN 17100, Abschnitt 6.4.1.

Tafel XVI: Chemische Zusammensetzung der Stähle (Schmelzenanalyse) für geschweißte Stahlrohre nach DIN 1626 Blatt 2 bis Blatt 4

Rohrart	Stahlsorte *)		Chemische Zusammensetzung [1] [2] in % höchstens		
	Kurzname	Werkstoff-nummer	C	P	S
Rohre für allgemeine Verwendung (Handelsgüte)	St 33	1.0033	—	—	—
	St 37	1.0110	0,20	0,08	0,05
	St 42	1.0130	0,25	0,08	0,05
Rohre mit Gütevorschriften und Besonders geprüfte Rohre mit Gütevorschriften	St 34-2	1.0102	0,17	0,05	0,05
	St 37-2	1.0112	0,20	0,06	0,05
	St 42-2	1.0132	0,25	0,06	0,05
	St 52-3 [3]	1.0841	0,20	0,05	0,05

[1] Im Hinblick auf die unterschiedlichen Bedingungen bei der Rohrfertigung sind ggf. besondere Vereinbarungen zu treffen.

[2] N-Gehalt siehe DIN 17 100

[3] Mn-Gehalt max. 1,5 %; Si-Gehalt max. 0,55 %

*) In der in Kürze erscheinenden Neufassung von DIN 17 100 sind für diese Sorten die Kurznamen Ro St 33-1, Ro St 37-1 und Ro St 42-1 und die Werkstoffnummern 1.0037, 1.0117 und 1.0147 vorgesehen.

6.2.2. Geschweißte Rohre aus warmfesten Stählen

Die warmfesten Stähle St 37.8, St 42.8 und 15 Mo 3 für elektrisch preßgeschweißte Rohre sind in DIN 17177 zusammengefaßt. Die chemische Zusammensetzung und die Prüfwerte sind den Tafeln XIX–XXII zu entnehmen.

6.3. Nahtlose und geschweißte Rohre – Stahlgüten

6.3.1. Rohre für Fernleitungen für brennbare Flüssigkeiten und Gase

Die chemische Zusammensetzung und die zu gewährleistenden mechanischen Eigenschaften der Rohre aus diesen Stählen sind in DIN 17172 festgelegt, Tafeln XXIII–XXV.

Vergleichbare Stähle sind in den API-Vorschriften enthalten, und zwar:

1. nach API-Standard 5 L   (Vorschrift über Leitungsrohre)
2. nach API-Standard 5 LS   (Vorschrift über spiralgeschweißte Leitungsrohre)
3. nach API-Standard 5 LX   (Vorschrift über Leitungsrohre mit erhöhten Prüfanforderungen).

Tafel XVII: Übersicht, Prüfumfang und gewährleistete Prüfwerte geschweißter Stahlrohre nach DIN 1626 Blatt 2 bis Blatt 4

Maßgebende Technische Lieferbedingung	Rohrart	Stahlsorte[*] Kurzname	Werkstoffnummer	Gewährleistete Prüfwerte der Rohre bei Raumtemperatur – Zugfestigkeit N/mm²	Streckgrenze für Wanddicken bis 16 mm N/mm²	Über 16 bis 40 mm N/mm² (mindestens)	Bruchdehnung ($L_0=5d_0$) %	Prüfungsart	schmelzgeschweißt Losgröße Rohr-Außendurchmesser mm	Stück	mit Ablieferungsprüfung Proben je Los	preßgeschweißt Losgröße Rohr-Außendurchmesser mm	Stück	mit Ablieferungsprüfung Proben je Los	Sonstige Prüfungen (An jedem Rohr)	Prüfbescheinigungen nach DIN 50049	Zulässige Schweißverfahren – Schmelzschweißen	Preßschweißen
DIN 1626 Blatt 2	Rohre für allgemeine Verwendung (Handelsgüte)	St 33	1.0033	320—490	–	–	18	–	–	–	–	–	–	–	Innendruckversuch	Werksbescheinigung	alle	alle
		St 37	1.0110	360—440	235	225	23											
		St 42	1.0130	410—490	255	245	20											
DIN 1626 Blatt 3	Rohre mit Gütevorschriften	St 34-2	1.0102	330—410	205	205	26	Zugversuch	≤ 200	100	1[4]	≤ 200	100	1[4]	Innendruckversuch, Besichtigung der Oberflächen (innen und außen), Prüfung des Außendurchmessers und der Wanddicke.	Werkzeugnis oder Abnahmezeugnis A, B oder C	beidseitig	alle, jedoch St 42-2 und St 52-3 nur elektrisch
		St 37-2	1.0112	360—440	235	225	23		> 200 bis 325	100	2	> 200 bis 325	100	2				
		St 42-2	1.0132	410—490	255	245	20		> 325	100	2	> 325	100	2				
		St 52-3	1.0841	510—610	355	345	22	Faltversuch	≤ 200	100	5[1]	≤ 200	100	10[1]				
									> 200 bis 325	100	5[1]	> 200 bis 325	100	10[1]				
									> 325	100	2[2]	> 325	100	10[1]				
DIN 1626 Blatt 4	Besonders geprüfte Rohre mit Gütevorschriften	St 34-2	1.0102	330—410	205	205	26	Zugversuch	≤ 200	50	1[4]	≤ 200	100	1[4]	Wie Blatt 3, sowie 100% zerstörungsfrei prüfen mit einem dem Schweißverfahren entsprechenden Verfahren. Ggf. können noch andere Prüfungen vereinbart werden.	Abnahmezeugnis A, B oder C	beidseitig elektrisch	elektrisch
		St 37-2	1.0112	360—440	235	225	23		> 200	50	2	> 200	100	2				
		St 42-2	1.0132	410—490	255	245	20	Faltversuch	≤ 200	50	2[2]	alle	100	100 [1][3]				
		St 52-3	1.0841	510—610	355	345	22		> 200	50	4[3]							

1) Ringfaltversuch nach DIN 50136
2) Faltversuch nach DIN 50121
3) Bei Fertigung in Einzellängen 200 Stück

4) Zusätzlich noch 1 Ringfaltversuch für Rohre bis 146 mm Außendurchmesser; 1 Ringzugversuch für Rohre über 146 mm Außendurchmesser

*) In der in Kürze erscheinenden Neufassung von DIN 17100 sind für diese Sorten die Kurznamen Ro St 33-1, Ro St 37-1 und Ro St 42-1 und die Werkstoffnummern 1.0037, 1.0117 und 1.0147 vorgesehen.

Tafel XVIII: Festigkeitskennwerte geschweißter Stahlrohre nach DIN 1626 Blatt 2 bis Blatt 4
für höhere Temperaturen

Rohrart	Stahlsorte *)		Festigkeitskennwerte [1]) in N/mm² bei			
	Kurzname	Werkstoff-nummer	20 °C [2]) [3])	200 °C	250 °C	300 °C
Rohre für allgemeine Verwendung (Handelsgüte)	St 33	1.0033	145	127 [4])	–	–
	St 37	1.0110	235	186 [4])	–	–
	St 42	1.0130	255	206 [4])	–	–
Rohre mit Güte-vorschriften und Besonders geprüfte Rohre mit Güte-vorschriften	St 34-2	1.0102	205	147	127	98
	St 37-2	1.0112	235	186	167	137
	St 42-2	1.0132	255	206	186	157
	St 52-3	1.0841	355	245	226	196

[1]) Für erhöhte Temperaturen werden Festigkeitskennwerte nicht gewährleistet. Dies ist bei der Berechnung durch Einsetzen eines höheren Sicherheitsbeiwertes zu berücksichtigen (z. B. nach Technische Regeln für Dampfkessel [TRD] 20 %).

[2]) Für Wanddicken bis 16 mm.

[3]) Gilt nach DIN 2413 bis 120°C.

[4]) Gilt für Temperaturen über 120°C bis 180°C.

*) In DIN 17100 sind für diese Sorten die Kurznamen Ro St 33-1, Ro St 37-1 und Ro St 42-1 und die Werkstoffnummern 1.0037, 1.0117 und 1.0147 vorgesehen.

Die gemäß API-Standard 5LX vorgeschriebenen und DIN 17172 vergleichbaren Stahlgüten sind nachfolgend mit ihren Festigkeitswerten aufgeführt:

Güte	Streckgrenze N/mm² (min)	Festigkeit N/mm² (min)
X42	289	413
X46	317	434
X52	358	455*/496**
X56	386	489*/517**
X60	413	517*/537**
X65	448	531*/551**
X70	482	565

* Für Rohre mit einem Außendurchmesser von weniger als 508 mm für alle Wanddicken, sowie für Rohre mit einem Außendurchmesser von 508 mm und größer bei Wanddicken größer als 9,53 mm
** Für Rohre mit einem Außendurchmesser von 508 mm und größer bei Wanddicken von 9,53 mm und weniger.

Tafel XIX: Übersicht über die warmfesten Stähle für elektrisch preßgeschweißte Rohre, deren chemische Zusammensetzung (nach der Schmelzanalyse) und die Farbkennzeichnung der Rohre

Stahlsorte [1]		Chemische Zusammensetzung in Gew.-%						Farb-kennzeichnung [2]
Kurzname	Werk-stoff-nummer	C	Si	Mn	P	S	Mo	
					höchstens			
St 37.8 [3]	1.0315	≦ 0,17	0,10 bis 0,35 [4]	0,40 bis 0,80	0,040	0,040		zwei weiße Ringe
St 42.8 [3]	1.0498	≦ 0,21	0,10 bis 0,35 [4]	0,40 bis 1,20	0,040	0,040		zwei gelbe Ringe
15 Mo 3	1.5415	0,12 bis 0,20	0,10 bis 0,35	0,40 bis 0,80	0,035	0,035	0,25 bis 0,35	ein gelber Ring und zwei karminrote Ringe

[1] Über den Stahl 15 Mo 3 hinausgehend können gegebenenfalls auch elektrisch preßgeschweißte Rohre aus anderen legierten Stählen nach dieser Norm geliefert werden, sofern die notwendigen Nachweise einer einwandfreien Herstellbarkeit im Rahmen einer Verfahrensprüfung erbracht worden sind.

[2]   Üblicherweise wird die Farbkennzeichnung durch Ringe in den angegebenen Farben an beiden Rohrenden durchgeführt. Je nach Wunsch kann bei der Bestellung eine Kennzeichnung in den angegebenen Farben über die ganze Länge vereinbart werden.

[3] Die Stähle St 37.8 und St 42.8 genügen den vom Deutschen Dampfkesselausschuß herausgegebenen „Technischen Regeln für Dampfkessel" in gleicher Weise wie St 35.8 und St 45.8 nach DIN 17 175.

[4] Der Mindestgehalt 0,10 % Silicium darf unterschritten werden, wenn der Stahl mit Aluminium beruhigt oder im Vakuum desoxidiert wird.

Tafel XX: Mechanische Eigenschaften der elektrisch preßgeschweißten Rohre aus warmfesten Stählen bei Raumtemperatur

Stahlsorte		Zugfestigkeit	Streckgrenze [1] für Wanddicken bis 16 mm	Bruchdehnung ($L_o = 5 \cdot d_o$)	
				längs	quer
Kurzname	Werk-stoff-nummer	N/mm²	N/mm²	%	
			mindestens	mindestens	
St 37.8	1.0315	360 bis 480	235	25	23
St 42.8	1.0498	410 bis 530	255	21	19
15 Mo 3	1.5415	450 bis 600	270 [2]	22	20

[1] Bei Rohren mit einem Außendurchmesser ≦ 30 mm, deren Wanddicke ≦ 3 mm ist, liegen die Mindestwerte um 10 N/mm² niedriger.

[2] Für Wanddicken ≦ 10 mm gilt ein um 15 N/mm² höherer Mindestwert.

Tafel XXI: Mindestwerte der 0,2 %-Dehngrenze der elektrisch preßgeschweißten Rohre aus warmfesten Stählen bei erhöhten Temperaturen

Stahlsorte		Wanddicke	0,2 %-Dehngrenze bei						
			200 °C	250 °C	300 °C	350 °C	400 °C	450 °C	500 °C
Kurzname	Werk-stoff-nummer	mm	N/mm²						
			mindestens						
St 37.8	1.0315	≦ 16	185	165	140	120	110	105	—
St 42.8	1.0498	≦ 16	205	185	160	140	130	125	—
15 Mo 3	1.5415	≦ 16 ¹)	225	205	180	170	160	155	150

¹) Für Wanddicken ≦ 10 mm gelten bei allen Temperaturen um 15 N/mm² höhere Mindestwerte für die 0,2 %-Dehngrenze.

Tafel XXII: Langzeit-Warmfestigkeitswerte der warmfesten Stähle

Stahlsorte	Temperatur	1 %-Zeitdehngrenze ¹), ²) für		Zeitstandfestigkeit ²), ³) für		
		10 000 h	100 000 h	10 000 h	100 000 h	200 000 h
Kurzname	°C	N/mm²	N/mm²	N/mm²	N/mm²	N/mm²
St 37.8 St 42.8	380	164	118	229	165	145
	390	150	106	211	148	129
	400	136	95	191	132	115
	410	124	84	174	118	101
	420	113	73	158	103	89
	430	101	65	142	91	78
	440	91	57	127	79	67
	450	80	49	113	69	57
	460	72	42	100	59	48
	470	62	35	86	50	40
	480	53	30	75	42	33
15 Mo 3	450	216	167	298	245	228
	460	199	146	273	209	189
	470	182	126	247	174	153
	480	166	107	222	143	121
	490	149	89	196	117	96
	500	132	73	171	93	75
	510	115	59	147	74	57
	520	99	46	125	59	45
	530	84	36	102	47	36
	540	(70)	(28)	(82)	(38)	(28)
	550	(59)	(24)	(64)	(31)	(25)

¹) Das ist die auf den Ausgangsquerschnitt bezogene Spannung, die zu einer bleibenden Dehnung von 1 % nach 10 000 oder 100 000 Stunden (h) führt.

²) Eine Einklammerung bedeutet, daß der Stahl bei der betreffenden Temperatur im Dauerbetrieb zweckmäßig nicht mehr verwendet wird.

³) Das ist die auf den Ausgangsquerschnitt bezogene Spannung, die zum Bruch nach 10 000, 100 000 oder 200 000 Stunden (h) führt.

Tafel XXIII: Chemische Zusammensetzung der Stähle (Schmelzanalyse) [1]) für Rohre für Fernleitungen

Stahlsorte		Desoxi-dations-art [2])	Chemische Zusammensetzung in Gew.-%					Sonstige
Kurzname	Werkstoff-nummer		C [3] höchstens	Si	Mn [3], [4]	P höchstens	S	
Unbehandelte (siehe Abschnitt 6.2.1.1 a) oder normalgeglühte Stähle								
StE 210.7	1.0307	R [5])	0,17	0,45	≧ 0,35	0,040	0,035	
StE 240.7	1.0457	R [5])	0,17	0,45	≧ 0,40	0,040	0,035	−
StE 290.7	1.0484	RR [6])	0,22	0,45	0,50 bis 1,10	0,040	0,035	
StE 320.7	1.0409	RR [6])	0,22	0,45	0,70 bis 1,30	0,040	0,035	
StE 360.7	1.0582	RR [6])	0,22	0,55	0,90 bis 1,50	0,040	0,035	
StE 385.7	1.8970	RR [6])	0,23	0,55	1,00 bis 1,50	0,040	0,035	[7])
StE 415.7	1.8972	RR [6])	0,23	0,55	1,00 bis 1,50	0,040	0,035	
Thermomechanisch behandelte Stähle								
StE 290.7 TM	1.0429		0,12[8])	0,40	0,50 bis 1,50	0,035	0,025	
StE 320.7 TM	1.0430		0,12[8])	0,40	0,70 bis 1,50	0,035	0,025	
StE 360.7 TM	1.0578		0,12[8])	0,45	0,90 bis 1,50	0,035	0,025	
StE 385.7 TM	1.8971	RR [7])	0,14[8])	0,45	1,00 bis 1,60	0,035	0,025	[7])
StE 415.7 TM	1.8973		0,14[8])	0,45	1,00 bis 1,60	0,035	0,025	
StE 445.7 TM	1.8975		0,16[8])	0,55	1,00 bis 1,60	0,035	0,025	
StE 480.7 TM	1.8977		0,16[8])	0,55	1,10 bis 1,70	0,035	0,025	

[1]) In dieser Tafel nicht aufgeführte Elemente dürfen dem Stahl außer zum Fertigbehandeln der Schmelze ohne Zustimmung des Bestellers nicht absichtlich zugesetzt werden. Es sind alle angemessenen Vorkehrungen zu treffen, um die Zufuhr solcher Elemente aus dem Schrott und anderen bei der Herstellung verwendeten Stoffen zu vermeiden, die die mechanischen Eigenschaften und die Verwendbarkeit beeinträchtigen.

[2]) R = beruhigt (halbberuhigter Stahl ist hier nicht eingeschlossen),
RR = besonders beruhigt.

[3]) Für jede Verminderung des höchsten C-Gehaltes um 0,01 % ist jeweils eine Erhöhung des höchsten Manganhaltes um 0,05 %, jedoch nur bis höchstens 1,9 % Mn zulässig.

[4]) Bei Wanddicken > 15 mm ist bei den thermomechanisch behandelten Stählen eine Überschreitung des angegebenen Mangangehaltes um 0,10 % zulässig.

[5]) Auf Vereinbarung können diese Stähle auch besonders beruhigt geliefert werden; in diesem Fall sind die Stahlsorten mit RRStE 210.7 (Werkstoffnummer 1.0319) bzw. RRStE 240.7 (Werkstoffnummer 1.0459) zu bezeichnen.

[6]) Die Stähle enthalten einen zur Erzielung von Feinkörnigkeit ausreichenden Aluminiumgehalt, das heißt im allgemeinen ≧ 0,020 % Al_{met}.

[7]) Zum Erzielen der mechanischen Eigenschaften und eines feinkörnigen Gefüges können die Stähle StE 360.7, StE 385.7 sowie StE 415.7 und müssen sämtliche thermomechanisch behandelten Stähle neben Aluminium ausreichende Zusätze an zum Beispiel Vanadin und Niob enthalten. Diese können zum Teil nur als Spuren vorhanden sein. Die Summe dieser Zusätze soll bei Wanddicken ≦ 15 mm bei den Stählen StE 360.7, StE 385.7 sowie StE 415.7 0,15 %, bei den Stählen StE 290.7 TM, StE 320.7 TM sowie StE 360.7 TM 0,16 %, bei den übrigen thermomechanisch behandelten Stählen 0,18 %, bei Wanddicken > 15 mm bei den Stählen StE 360.7 0,17 %, bei den Stählen StE 385.7 und StE 415.7 0,18 %, bei den Stählen StE 290.7 TM, StE 320.7 TM sowie StE 360.7 TM 0,17 %, bei den übrigen thermomechanisch behandelten Stählen 0,20 % nicht überschreiten. Der Gehalt an Vanadin muß in jedem Falle ≦ 0,12 % sein.

[8]) Ein Gehalt von 0,04 % C darf nicht unterschritten werden.

Tafel XXIV: Mechanische Eigenschaften im Lieferzustand [1] *) für Rohre für Fernleitungen*

Stahlsorte Unbehandelte (siehe Abschnitt 6.2.1.1 a) oder normalgeglühte Stähle		Stahlsorte Thermomechanisch behandelte Stähle		Streckgrenze [2],[3],[4] N/mm² min.	Zugfestigkeit [3],[5] N/mm²	Zulässiges Streckgrenzenverhältnis	Bruchdehnung [6] ($l_0 = 5\,d_0$) % min.	Kerbschlagarbeit	Biegedorndurchmesser für den Faltversuch bei schmelzgeschweißten Rohren [7]	Ringfaltversuch für preßgeschweißte und nahtlose Rohre	Vergleichbarer Stahl nach API-Norm		
Kurzname	Werkstoffnummer	Kurzname	Werkstoffnummer								5 L	5 LX	5 LS
StE 210.7	1.0307	–	–	210	320 bis 440		26		2 *s*		A	–	A
StE 240.7	1.0457	–	–	240	370 bis 490		24		2 *s*		B	–	B
StE 290.7	1.0484	StE 290.7 TM	1.0429	290	420 bis 540	$\leqq 0{,}85$	23		3 *s*		–	X 42	X 42
StE 320.7	1.0409	StE 320.7 TM	1.0430	320	460 bis 580		21		4 *s*		–	X 46	X 46
StE 360.7	1.0582	StE 360.7 TM	1.0578	360	510 bis 630		20	siehe Tabelle 4	4 *s*	siehe Abschnitt 7.5.4	–	X 52	X 52
StE 385.7	1.8970	StE 385.7 TM	1.8971	385	530 bis 680		19		5 *s*		–	X 56	X 56
StE 415.7	1.8972	StE 415.7 TM	1.8973	415	550 bis 700	$\leqq 0{,}85$[8] $\leqq 0{,}90$[3]	18		5 *s*		–	X 60	X 60
–	–	StE 445.7 TM	1.8975	445	560 bis 710	$\leqq 0{,}90$[3]	18		6 *s*		–	X 65	X 65
–	–	StE 480.7 TM	1.8977	480	600 bis 750	$\leqq 0{,}90$[3]	18		6 *s*		–	X 70	X 70

1) Durch sachgerechte Weiterverarbeitung der Rohre ist sicherzustellen, daß die angegebenen Grenzwerte nicht unter- bzw. überschritten werden.

2) Bei einer ausgeprägten Streckgrenze gilt die obere Streckgrenze, im anderen Falle die Dehngrenze für 0,5 %-Gesamtdehnung ($R_{t\,0,5}$).

3) Ist der ermittelte Wert der Streckgrenze für den Stahl StE 415.7 TM größer als 520 N/mm², für den Stahl StE 445.7 TM größer als 555 N/mm² und für den Stahl StE 480.7 TM größer als 600 N/mm², dann muß das Streckgrenzenverhältnis $\leqq$ 0,85 sein (siehe ferner Fußnote 5) (siehe auch Erläuterungen).

4) Die Werte können nur für Temperaturen bis 50 °C zur Berechnung als gültig betrachtet werden.

5) Ein Überschreiten des oberen Grenzwertes um 30 N/mm² darf nicht beanstandet werden. Das gilt für die unbehandelten oder normalgeglühten Stähle StE 210.7 bis einschließlich StE 320.7 jedoch nur unter der Voraussetzung, daß das Verhältnis der Streckgrenze zur Zugfestigkeit den Wert 0,80 nicht überschreitet.

6) Die Werte gelten für Querproben aus dem Grundwerkstoff. Bei der Prüfung von Längsproben (siehe Bild 1) sind um 2 Einheiten höhere Bruchdehnungswerte nachzuweisen.

7) *s* = Wanddicke des Rohres, Biegewinkel = 180°

8) Dieser Wert gilt für die Stahlsorte StE 415.7 (siehe ferner Fußnote 5).

Tafel XXV: Mindestwerte der Kerbschlagarbeit (ISO-V-Proben) bei 0 °C für Rohre für Fernleitungen

Nennaußen-durchmesser d_a	Rohrart	Proben-entnahmestelle	Probenlage	Kerbschlagarbeit bei 0 °C	
				Mittelwert J [1]	Einzelwert J
mm				min.	min.
bis 500 [3]	nahtlos preßgeschweißt schmelzgeschweißt	Grundwerkstoff	längs zur Rohrachse	47	38
über 500	nahtlos preßgeschweißt schmelzgeschweißt	Grundwerkstoff	quer zur Rohrachse	27 [4]	22 [4]
über 500	geschweißt	Schweißnaht	quer zur Schweißnaht	27	22

[1] Mittelwert aus 3 Versuchen.
[3] In Sonderfällen kann bei der Bestellung für Rohre mit Außendurchmessern von 300 bis 500 mm und Wanddicken ab 6,3 mm der Nachweis der Kerbschlagarbeit in Umfangsrichtung vereinbart werden. Aoch die Werte der Kerb- schlagarbeit sind dann zu vereinbaren.
[4] Für die Stahlsorten StE 385.7 (1.8970), StE 385.7 TM (1.8971), StE 415.7 (1.8972), StE 415.7 TM (1.8973), StE 445.7 TM (1.8975) und StE 480.7 TM (1.8977) sind die Mindestwerte 31 J für den Mittelwert und 24 J für den Einzelwert.

6.3.2. Ölfeldrohre

Stähle für Gestängerohre (drill pipes) sowie für Futterrohre (casings) und Steigrohre (tubings) werden in API-Standard 5A behandelt. Die Rohre werden für Ölbohrungen eingesetzt. Für die Rohre werden folgende Festigkeitseigenschaften gefordert:

Futter und Steigrohre Stahlqualität	Streckgrenze N/mm^2	Festigkeit N/mm^2
H – 40	276–552	> 414
J – 55	379–552	> 517
K – 55	379–552	> 665
N – 80	552–758	> 689
Gestängerohre		
E	517–724	> 689

6.3.3. Rohre für Wasserleitungen

Als Stahlsorten für Rohre nach DIN 2460 kommen in der Regel die Stahlsorte St 35 für nahtlose Rohre nach DIN 1629 [3] und die Stahlsorten St 37-2 und St 52-3 gemäß DIN 1626 bzw. DIN 17100 für geschweißte Rohre zum Einsatz.
Hierzu wird auf 6.1.1. (DIN 1629) und 6.4.1. (DIN 17100) verwiesen.

6.4. Stähle für Rohrvormaterial

6.4.1. Allgemeine Baustähle

Die allgemeinen Baustähle sind in DIN 17100 festgelegt. Für Halbzeug, Blech und Band, das für Rohre nach DIN 1626 verwendet wird, sind bei der Bestellung im Hinblick auf die unterschiedlichen Bedingungen bei der Rohrfertigung besondere Vereinbarungen zu treffen und außerdem diese Sorten bei der Bestellung mit dem Zusatz Ro kenntlich zu machen. Die Sorteneinteilung der allgemeinen

Baustähle, ihre chemische Zusammensetzung und die mechanischen Eigenschaften sind in Tafel XXVI und XXVII zusammengestellt.

6.4.2. Wetterfeste und verschleißfeste Baustähle

Die zur Verfügung stehenden wetterfesten Stähle WT St 37-2, WT St 37-3 und WT St 52-3, die im Stahl-Eisen-Werkstoffblatt 087-70 zusammengefaßt sind, sind mit ihrer chemischen Zusammensetzung in Tafel XXVIII aufgeführt. Grundlage für die Lieferung dieser Stähle ist die DIN 17100. Die dort festgelegten Bedingungen für die vergleichbaren Stähle R St 37-2, St 37-3 und St 52-3 sind auf die in diesen Richtlinien behandelten Stähle anzuwenden. In gleicher Weise gilt für die Lieferung dieser Stähle in Form geschweißter Rohre DIN 1626 und in Form nahtloser Rohre DIN 1629 mit den dort festgelegten Bedingungen.

Die für den Feststofftransport bestimmten verschleißfesten Stähle sind nicht genormt. Tafel XXIX gibt die chemische Zusammensetzung einiger verschleißfester Stähle wieder. Dabei finden die Stähle DURA S, DURA X und 20 MnCr 63 vorwiegend als geschweißtes Rohr Verwendung, während der Stahl 46 Mn 5 ausschließlich für nahtlose Rohre eingesetzt wird. Durch induktives Härten der Innenoberfläche kann die Verschleißfestigkeit der genannten Stähle verbessert werden.

6.4.3. Kesselbleche, alterungsbeständige und kaltzähe Stähle

DIN 17155 umfaßt diejenigen unlegierten und legierten Stähle, die in Form von Blech zum Bau von Dampfleitungen, Druckbehältern, großen Druckrohrleitungen und ähnlichen Bauteilen verwendet werden. Die chemische Zusammensetzung und die gewährleisteten Prüfwerte dieser Stähle sind in den Tafeln XXX und XXXI enthalten. Weitere Angaben wie Wärmeleitfähigkeit, Langzeit-Warmfestigkeit, Warmverarbeitung und Wärmebehandlung können obiger Norm entnommen werden.

Die alterungsbeständigen Stähle sind in der DIN 17135 erfaßt. Die chemische Zusammensetzung und die gewährleisteten Prüfwerte werden in den Tafeln XXXII und XXXIII wiedergegeben.

Die kaltzähen Stähle werden im Stahl-Eisen-Werkstoffblatt 680-70 behandelt. Die chemische Zusammensetzung dieser Stähle und die mechanischen Eigenschaften sind in den Tafeln XXXIV und XXXV enthalten. Die Anwendungsbereiche der kaltzähen Stähle sind in Bild 14 dargestellt [73].

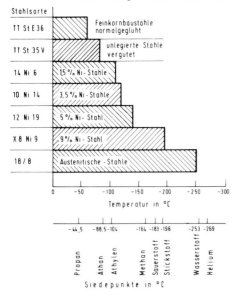

Bild 14:
Anwendungsbereiche kaltzäher Stähle und Siedepunkte der wichtigsten technischen Gase

Tafel XXVI: Sorteneinteilung und chemische Zusammensetzung der allgemeinen Baustähle

Stahlsorte Kurzname	Werkstoffnummer neu	Werkstoffnummer früher	Desoxidationsart [1]	Schmelzenanalyse C (max.) ≤16	>16≤30	>30≤40	>40≤63	>63≤100	>100	P (max.)	S (max.)	N [2] (max.)	Zusatz an stickstoffabbindenden Elementen (z. B. mindestens 0,020 % Al gesamt)	Stückanalyse C (max.) ≤16	>16≤30	>30≤40	>40≤63	>63≤100	>100	P (max.)	S (max.)	N [2] (max.)	Stahlsorte
St 33	1.0035	1.0033	freigestellt	–	–	–	–	–	–	–	–	–	–	–	–	–	–	–	–	–	–	–	St 33
St 37-2	1.0037	–	freigestellt	0,17	0,20	0,20	0,20	0,20	nach Vereinbarung	0,050	0,050	0,009	–	0,21	0,25	0,25	0,25	0,25	nach Vereinbarung	0,065	0,065	0,010	St 37-2
USt 37-2	1.0036	1.0112	U	0,17	0,20	0,20	0,20	0,20		0,050	0,050	0,007	–	0,21	0,25	0,25	0,25	0,25		0,065	0,065	0,009	USt 37-2
RSt 37-2	1.0038	1.0114	R	0,17	0,17	0,17	0,17	0,20		0,050	0,050	0,009	–	0,19	0,19	0,19	0,22	0,23		0,060	0,060	0,010	RSt 37-2
St 37-3	1.0116	1.0116	RR	0,17	0,17	0,17	0,17	0,17		0,040	0,040	–	ja	0,19	0,19	0,19	0,19	0,19		0,050	0,050	–	St 37-3
St 44-2	1.0044	–	R	0,21	0,21	0,21	0,22	0,22		0,050	0,050	0,009	–	0,24	0,24	0,24	0,25	0,25		0,060	0,060	0,010	St 44-2
St 44-3	1.0144	–	RR	0,20	0,20	0,20	0,22	0,22		0,040	0,040	–	ja	0,23	0,23	0,23	0,23	0,23		0,050	0,050	–	St 44-3
St 52-3 [3]	1.0570	1.0841	RR	0,20 [4]	0,20 [4]	0,22	0,22	0,22		0,040	0,040	–	ja	0,22 [6]	0,22 [6]	0,24	0,24	0,24		0,050	0,050	–	St 52-3
St 50-2	1.0050	1.0532	R	– [5]	– [5]	– [5]	– [5]	– [5]	–	0,050	0,050	0,009	–	–	–	–	–	–	–	0,060	0,060	0,010	St 50-2
St 60-2	1.0060	1.0542	R	– [5]	– [5]	– [5]	– [5]	– [5]	–	0,050	0,050	0,009	–	–	–	–	–	–	–	0,060	0,060	0,010	St 60-2
St 70-2	1.0070	1.0632	R	– [5]	– [5]	– [5]	– [5]	– [5]	–	0,050	0,050	0,009	–	–	–	–	–	–	–	0,060	0,060	0,010	St 70-2

1) U unberuhigt, R beruhigt (einschließlich halbberuhigt), RR besonders beruhigt

2) Eine Überschreitung des angegebenen Höchstwertes ist zulässig, wenn je 0,001 % N ein um 0,005 % P unter dem angegebenen Höchstwert liegender Phosphorgehalt eingehalten wird. Der Stickstoffgehalt darf jedoch einen Wert von 0,012 % N in der Schmelzenanalyse und von 0,014 % N in der Stückanalyse nicht übersteigen.

3) Der Gehalt darf 0,55 % Si und 1,60 % Mn in der Schmelzenanalyse bzw. 0,60 % Si und 1,70 % Mn in der Stückanalyse nicht übersteigen.

4) Höchstens 0,22 % C bei den Stählen KSt 52-3 und RoSt 52-3

5) Bei den für das Blankziehen geeigneten Stählen kann von folgenden Richtwerten für den Kohlenstoffgehalt ausgegangen werden:
0,30 % C für ZSt 50-2,   0,40 % C für ZSt 60-2,   0,50 % C für ZSt 70-2

6) Höchstens 0,24 % C bei den Stählen KSt 52-3 und RoSt 52-3

Tafel XXVII. Mechanische und technologische Eigenschaften der allgemeinen Baustähle

Mechanische und technologische Eigenschaften [1]

Stahlsorte		Zugfestigkeit R_m für Erzeugnisdicken in mm — N/mm²			Obere Streckgrenze R_{eH} für Erzeugnisdicken in mm — N/mm² min.					
Kurzname	Werkstoff-nummer	< 3	≧ 3 ≦ 100	> 100	≦ 16	> 16 ≦ 40	> 40 ≦ 63	> 63 ≦ 80	> 80 ≦ 100	> 100
St 33	1.0035	310 bis 540	290	nach Vereinbarung	185	175 [5]	–	–	–	nach Vereinbarung
St 37-2	1.0037	360 bis 510	340 bis 470	nach Vereinbarung	235	225	215	205	195	nach Vereinbarung
USt 37-2	1.0036									
RSt 37-2	1.0038	360 bis 510	340 bis 470	nach Vereinbarung	235	225	215	215	215	nach Vereinbarung
St 37-3	1.0116									
St 44-2	1.0044	430 bis 580	410 bis 540	nach Vereinbarung	275	265	255	245	235	nach Vereinbarung
St 44-3	1.0144									
St 52-3	1.0570	510 bis 680	490 bis 630	nach Vereinbarung	355	345	335	325	315	nach Vereinbarung
St 50-2	1.0050	490 bis 660	470 bis 610	nach Vereinbarung	295	285	275	265	255	nach Vereinbarung
St 60-2	1.0060	590 bis 770	570 bis 710	nach Vereinbarung	335	325	315	305	295	nach Vereinbarung
St 70-2	1.0070	690 bis 900	670 bis 830	nach Vereinbarung	365	355	345	335	325	nach Vereinbarung

Fußnoten siehe nächste Seite

Tafel XXVII: (Fortsetzung)

Mechanische und technologische Eigenschaften [1]

Kurzname	Probenlage	\<Bruchdehnung (Meßlänge L_o = 80 mm)\> ≥0,5 \<1	≥1 \<1,5	≥1,5 \<2	≥2 \<2,5	≥2,5 \<3	\<Meßlänge L_o = 5 d_o\> ≥3 ≤40	>40 ≤63	>63 ≤100	>100	\<Faltversuch (180°) Dorndurchmesser (a Probendicke)\> \<3	≥3 ≤63	>63 ≤100	>100	Behandlungszustand [2]	\<Kerbschlagarbeit [4] ISO-Spitzkerbproben (längs)\> Prüftemp. °C	≥10 ≤16	>16 ≤63	>63 ≤100	>100
St 33	längs	10	11	12	13	14	18	–	–	–	2,5a	3a	–	–	U, N	–	–	–	–	–
	quer	8	9	10	11	12	16	–	–	–	3a	3,5a	–	–						
St 37-2	längs	17	18	19	20	21	26	25	24	nach Vereinbarung	0,5a	1a	1,5a	nach Vereinbarung	U, N	+20	27	27	–	–
USt 37-2	quer	15	16	17	18	19	24	23	22		1,5a	2a	2,5a		U, N	+20	27	27	–	–
RSt 37-2															U, N	+20	27	27	–	–
St 37-3	längs	17	18	19	20	21	26	25	24	nach Vereinbarung	0,5a	1a	1,5a	nach Vereinbarung	U	± 0	27	27	23	nach Vereinbarung
	quer	15	16	17	18	19	24	23	22		1a	1,5a	2a		N	– 20	27	27	23	nach Vereinbarung
St 44-2	längs	14	15	16	17	18	22	21	20	nach Vereinbarung	2a	2,5a	3a	nach Vereinbarung	U, N	+20	27	27	–	–
	quer	12	13	14	15	16	20	19	18		2,5a	3a	3,5a							
St 44-3	längs	14	15	16	17	18	22	21	20	nach Vereinbarung	2a	2,5a	3a	nach Vereinbarung	U	± 0	27	27	23	nach Vereinbarung
	quer	12	13	14	15	16	20	19	18		2,5a	3a	3,5a		N	– 20	27	27	23	nach Vereinbarung
St 52-3	längs	14	15	16	17	18	22	21	20	nach Vereinbarung	2a	2,5a	3a	nach Vereinbarung	U	± 0	27	27	23	nach Vereinbarung
	quer	12	13	14	15	16	20	19	18		2,5a	3a	3,5a		N	– 20	27	27	23	nach Vereinbarung
St 50-2	längs	12	13	14	15	16	20	19	18	nach Vereinbarung	–	–	–	–	U, N	–	–	–	–	–
	quer	10	11	12	13	14	18	17	16		–	–	–	–						
St 60-2	längs	8	9	10	11	12	16	15	14	nach Vereinbarung	–	–	–	–	U, N	–	–	–	–	–
	quer	6	7	8	9	10	14	13	12		–	–	–	–						
St 70-2	längs	4	5	6	7	8	11	10	9	nach Vereinbarung	–	–	–	–	U, N	–	–	–	–	–
	quer	3	4	5	6	7	10	9	8		–	–	–	–						

(Bruchdehnung in % min.; Kerbschlagarbeit in J min.)

[1] Die Werte des Zugversuchs und des Faltversuchs gelten für Längsproben außer bei Flachzeug ≧ 600 mm Breite, aus dem Querproben zu entnehmen sind.

[2] U warmgeformt, unbehandelt, N normalgeglüht.

[4] Als Prüfergebnis gilt der Mittelwert aus drei Versuchen. Der Mindestmittelwert von 23 oder 27 J darf dabei nur von einem Einzelwert, und zwar höchstens um 30 %, unterschritten werden.

[5] Dieser Wert gilt nur für Dicken bis 25 mm

Tafel XXVIII: Chemische Zusammensetzung (nach der Schmelzenanalyse) der wetter-
festen Baustähle, die mit ihren mechanischen Eigenschaften die Bedin-
gungen von DIN 17100 erfüllen

| Stahlsorte | | % C | % Si | % Mn | % P | % S | % N[1] | % Cr | % Cu | % Ni | % V |
Kurzname	Werkstoff-Nr.					höchstens					
WT St 37−2	1.8960	$\leq 0,13$	0,10 bis 0,40	0,20 bis 0,50	0,050	0,035	0,007	0,50 bis 0,80	0,30 bis 0,50	$\leq 0,40$[2]	
WT St 37−3[3]	1.8961	$\leq 0,13$	0,10 bis 0,40	0,20 bis 0,50	0,045	0,035	0,009	0,50 bis 0,80	0,30 bis 0,50	$\leq 0,40$[2]	
WT St 52−3[3]	1.8963	$\leq 0,15$	0,10 bis 0,40	0,90 bis 1,30	0,045	0,035	0,009	0,50 bis 0,80	0,30 bis 0,50	$\leq 0,40$[2]	0,02 bis 0,10

1) Bei Elektrostahl ist ein Stickstoffgehalt bis 0,012% in der Schmelzenanalyse zulässig.
2) Eine Nickelzugabe ist nicht erforderlich, wenn eine Verwendung des Stahles im industriefreien Binnenland oder in Industrie- und Stadtgebieten vorgesehen ist, deren Immission unterhalb der nach dem Immissionsschutzrecht zulässigen Grenzwerte bleibt, siehe Technische
   Anleitung zur Reinhaltung der Luft, Allgemeine Verwaltungsvorschriften über genehmigungsbedürftige Anlagen nach § 16 der Gewerbeordnung vom 8. September 1964 (GMBl. S. 433), Ziffer 2.43 (Immissionsgrenzwerte für Gase und Dämpfe).
3) Der Stahl enthält einen zur Erzielung von Feinkörnigkeit ausreichenden Gehalt an Stickstoff abbindenden Elementen.

Tafel XXIX: Verschleißfeste nicht genormte Stähle, chemischer Zusammensetzung

Bezeichnung	Werkstoff-Nr.	% C	% Si	% Mn	% P	% S	% V	% Cr
DURA S[+]	−	~ 0,35	$\leq 0,40$	0,60 bis 1,40	$\leq 0,040$	$\leq 0,040$	−	−
DURA X[+]	−	0,20 bis 0,25	0,40 bis 0,50	1,35 bis 1,50	$\leq 0,050$	$\leq 0,030$	$\leq 0,10$	−
20 MnCr 6 3	1.3432	~ 0,22	~0,40	~ 1,50	$\leq 0,035$	$\leq 0,035$	−	~ 0,65
4 6 Mn 5[++]	−	0,40 bis 0,48	0,20 bis 0,45	1,10 bis 1,40	$\leq 0,035$	$\leq 0,035$	−	−

[+] Werksgüten Hoesch AG-Röhrenwerke und Stahlwerke Peine-Salzgitter AG
[++] Werksgüte Mannesmannröhren-Werke

Tafel XXX: Chemische Zusammensetzung der Stähle für Kesselblech (Schmelzenanalyse)

Stahlsorte Kurzname nach DIN 17006	Werkstoffnummer nach DIN 17007	Chemische Zusammensetzung in %						
		C	Si	Mn	P höchstens	S	Cr	Mo
unlegierte Stähle								
H I ¹)	1.0345	≤ 0,16 ²)	³)	≥ 0,40				
H II	1.0425	≤ 0,20 ²)	≤ 0,35	≥ 0,50	0,050	0,050		⁴)
H III	1.0435	≤ 0,22 ²)		≥ 0,55				
H IV	1.0445	≤ 0,26 ²)		≥ 0,60				
legierte Stähle								
17 Mn 4	1.0844	0,14 bis 0,20	0,20 bis 0,40	0,90 bis 1,20	0,050	0,050		⁴)
19 Mn 5	1.0845	0,17 bis 0,23	0,40 bis 0,60	1,00 bis 1,30				
15 Mo 3	1.5415	0,12 bis 0,20	0,15 bis 0,35	0,50 bis 0,70	0,040	0,040		0,25 bis 0,35
13 CrMo 4 4	1.7335	0,10 bis 0,18	0,15 bis 0,35	0,40 bis 0,70			0,70 bis 1,0	0,40 bis 0,50

[1] Falls der Stahl nach einem Windfrisch-Sonderverfahren hergestellt wurde, darf der Stickstoffgehalt bei unberuhigtem Stahl (siehe Abschnitt 2.12 von DIN 17155 Blatt 1, Ausgabe Januar 1959) nicht mehr als 0,008 %, bei beruhigtem Stahl nicht mehr als 0,010 % betragen.

[2] Bei der Untersuchung der Proben aus dem Kopfende der Bleche darf der Kohlenstoffgehalt bei den beruhigten Stählen um 10 %, bei unberuhigtem Stahl (siehe Abschnitt 2.12 von DIN 17155 Blatt 1, Ausgabe Januar 1959), um 20 % überschritten werden.

[3] Beachte Abschnitt 2.12 von DIN 17155 Blatt 1, Ausgabe Januar 1959.

[4] Höchstens 0,30% Cr.

Tafel XXXI: Gewährleistete Prüfwerte der Stähle für Kesselblech

Stahlsorte Kurzname nach DIN 17006	Zugfestigkeit kp/mm²	Streckgrenze ¹) ²) ³) bei											Bruchdehnung ($L_0 = 5 d_0$) % mindestens	Kerbschlagzähigkeit ⁴)⁵)⁶) kpm/cm² mindestens	Biegewinkel von 180° im Faltversuch mit Durchdurchmesser von ⁷)
		20 °C für die Dicken in mm			200 °C	250 °C	300 °C	350 °C	400 °C	450 °C	500 °C				
		≤ 16	>16 ≤40	>40 ≤60											
	kp/mm² mindestens	kp/mm² mindestens			kp/mm² mindestens										
H I	35 bis 45	23	22	21	18	17	14	12	10	8			8	0,5 a
H II	41 bis 50	26	25	24	21	19	16	14	12	10			7	2 a
H III	44 bis 53	28	27	26	23	21	18	16	14	12			6	2,5 a
H IV	47 bis 56	29	28	27	24	22	19	17	15	13			5	3 a
17 Mn 4	47 bis 56	29	28	28	25	23	21	18	16	14			5	3 a
19 Mn 5	52 bis 62	33	32	32	27	25	23	21	18	16			5	3,5 a
15 Mo 3	44 bis 53	28	27	27	25	23	20	18	17	16	14		6	3 a
13 CrMo 4 4	44 bis 56	31	30	30	28	26	24	22	21	20	18		6	3 a

(Spalte Bruchdehnung/Kerbschlagzähigkeit: 1000 Zugfestigkeit)

[1] Bei Raumtemperatur gilt als Streckgrenze die o b e r e Streckgrenze, bei höheren Temperaturen der Knick in der Spannung-Dehnung-Kurve oder, falls es zur Ausbildung einer oberen u n d unteren Streckgrenze kommt, die u n t e r e Streckgrenze. Prägt sich die Streckgrenze nicht aus, so gilt die 0,2-Grenze.

[2] Die Werte gelten für Blech bis 60 mm Dicke; darüber hinaus liegen die Mindestwerte für je 5 mm Zunahme in der Blechdicke um 1% niedriger.

[3] Werte für Zwischentemperaturen können durch lineare Interpolation ermittelt werden.

[4] Ermittelt an der DVM-Probe.

[5] Die Werte gelten für Blech bis 60 mm Dicke; darüber hinaus dürfen sie um 1 kpm/cm² niedriger liegen.

[6] Bei Untersuchung mehrerer Proben müssen deren Mittelwerte die angegebenen Werte erreichen.

[7] a = Probendicke

Tafel XXXII: Chemische Zusammensetzung der alterungsbeständigen Stähle (gültig für die Schmelzenanalyse)[1])

Kurzname	Stahlsorte Werkstoff-nummer	bisherige Bezeichnung in DIN 17 155[2])	DIN 17 175[2])	C höchstens	Si	Mn	P höchstens	S
A St 35	1.0346	H I A	A St 35.8	0,17	0,35	$\geq 0,40$	0,045	0,045
A St 41[3])	1.0426	ähnlich H II A	—	0,20	0,35	$\geq 0,45$	0,045	0,045
A St 45	1.0436	ähnlich H III A und H IV A	A St 45.8	0,22[4])	0,35	$\geq 0,45$	0,045	0,045
A St 52	1.0843	—	—	0,20[5])	0,55	$\leq 1,5$	0,045	0,045

[1]) Die Stähle müssen einen zur Erzielung der Alterungsbeständigkeit ausreichenden Aluminiumgehalt haben Bei allen Stählen darf der Chromgehalt höchstens 0,3 % betragen.

[2]) Ausgabe Oktober 1951

[3]) Kommt für nahtlose Rohre nicht in Betracht.

[4]) Bei der Nachprüfung am Stück darf der Kohlenstoffgehalt 0,25 % nicht überschreiten.

[5]) Bei Halbzeug für Sonderprofile mit Dicken über 16 mm, bei Breitflachstahl und Grobblech wird ein Kohlenstoffgehalt von 0,22 % in der Schmelzenanalyse und von 0,24 % in der Stückanalyse nicht beanstandet.

Tafel XXXIII: Gewährleistete mechanische Prüfwerte der alterungsbeständigen Stähle

Stahlsorte Kurzname	Werkstoffnummer	Zugfestigkeit bei Raumtemperatur bei Dicken bis 100 mm kp/mm²	über 100 mm	Streckgrenze[1])[2])[3]) bei Raumtemperatur für Dicken in mm bis 16	über 16 bis 40	über 40 bis 60 kp/mm² mindestens	200 °C	250 °C	300 °C	350 °C	400 °C kp/mm² mindestens	Bruchdehnung[4]) bei Raumtemperatur ($L_0 = 5 d_0$) bei Dicken bis 100 mm	über 100 mm % mindestens
					Für Erzeugnisse außer nahtlosen Rohren								
A St 35	1.0346	35 bis 45	nach Vereinbarung	23	22	21	18	17	14	12	(10)	25	nach Vereinbarung
A St 41	1.0426	41 bis 50		26	25	24	21	19	16	14	(12)	22	
A St 45	1.0436	45 bis 55		28	27	26	23	21	18	16	(14)	21	
A St 52	1.0843	52 bis 62[5])		36	35[6])	34[7])	—	—	—	—	—	22[8])	
					Für nahtlose Rohre								
A St 35	1.0346	35 bis 45[9])	—	24	23	22	19[10])	17[10])	14[10])[11])	12[10])[11])	(11)[11])	25	nach Vereinbarung
A St 45	1.0436	45 bis 55	—	26	25	24	21[10])	19[10])	16[10])[11])	14[10])[11])	(13)[11])	21	
A St 52	1.0843	52 bis 62[5])	—	36	35[6])	34[7])	—	—	—	—	—	22[8])	

[1]) Bei Raumtemperatur ist die o b e r e Streckgrenze, bei höheren Temperaturen der Knick in der Spannung-Dehnung-Kurve oder, falls es zur Ausbildung einer oberen u n d unteren Streckgrenze kommt, die u n t e r e Streckgrenze zu ermitteln; prägt sich die Streckgrenze nicht aus, so gilt die 0,2-Grenze.

[2]) Die Werte gelten bis 60 mm Dicke; darüber hinaus liegen die Mindestwerte für je 5 mm Zunahme in der Dicke um 1 % niedriger.

[3]) Werte für Zwischentemperaturen können durch lineare Interpolation ermittelt werden.

[4]) Die Werte gelten für Längsproben; bei Querproben dürfen sie um zwei Einheiten unterschritten werden.

[5]) Eine untere Grenze von 50 kg/mm² und eine obere Grenze von 64 kp/mm² werden nicht beanstandet.

[6]) Für Dicken über 16 bis 30 mm.

[7]) Für Dicken über 30 bis 50 mm; für Dicken über 50 mm nach Vereinbarung.

[8]) Für Dicken bis 50 mm; für Dicken über 50 mm nach Vereinbarung.

[9]) Eine Überschreitung der oberen Grenze der Zugfestigkeitsspanne um 2 kp/mm² darf nicht beanstandet werden.

[10]) Bei Wanddicken über 40 mm darf eine Unterschreitung des Wertes um 1 kp/mm² nicht beanstandet werden.

[11]) Bei einer Wanddicke bis 10 mm liegt dieser Wert 1 kp/mm² höher. Dagegen liegen für Rohre mit einer Wanddicke bis 3 mm und einem Außendurchmesser bis 30 mm a l l e Streckgrenzenwerte dieser Tafel 1 kp/mm² niedriger.

Tafel XXXIV: *Chemische Zusammensetzung der kaltzähen Stähle (nach der Schmelzenanalyse)*

| Stahlsorte | | % C | % Si | % Mn | % P | % S | % Cr | % Mo | % Ni | % Sonstige |
Kurzname	Werkstoffnummer				höchstens					
TT St 35	1.0356	≤ 0,17	≤ 0,35	≥ 0,40	0,045	0,045	–	–	–	–
TT St 41	1.0437	≤ 0,20	≤ 0,35	≥ 0,45	0,045	0,045	–	–	–	–
26 CrMo 4	1.7219	0,22/0,29	0,10/0,35	0,50/0,80	0,030	0,035	0,90/1,2	0,15/0,30	–	–
14 Ni 6	1.5622	≤ 0,18	0,10/0,35	0,30/0,60	0,035	0,035	–	–	1,3/1,6	–
10 Ni 14[1]	1.5637	≤ 0,12	0,10/0,35	0,30/0,60	0,035	0,035	–	–	3,2/3,8	–
16 Ni 14[1]	1.5639	0,12/0,19	0,10/0,35	0,30/0,60	0,035	0,035	–	–	3,2/3,8	–
12 Ni 19	1.5680	≤ 0,20	0,10/0,35	0,30/0,60	0,035	0,035	–	–	4,5/5,3	–
X 8 Ni 9	1.5662	≤ 0,10	0,10/0,35	0,30/0,80	0,035	0,035	–	–	8,0/10,0	–
X 5 CrNi 18 10	1.6906	≤ 0,07	≤ 1,0	≤ 2,0	0,045	0,030	17,0/19,0	≤ 0,5	9,0/11,5	–
X 12 CrNi 18 9	1.6900	≤ 0,12	≤ 1,0	≤ 2,0	0,045	0,030	17,0/19,0	≤ 0,5	8,0/10,0	–
X 10 CrNiTi 18 10	1.6903	≤ 0,10	≤ 1,0	≤ 2,0	0,045	0,030	17,0/19,0	≤ 0,5	10,0/12,0	Ti: ≥ 5 × %C; ≤ 0,8
X 10 CrNiNb 18 10	1.6905	≤ 0,10	≤ 1,0	≤ 2,0	0,045	0,030	17,0/19,0	≤ 0,5	10,0/12,0	Nb: ≥ 8 × %C; ≤ 1,0

1) Von diesen zwei Stählen kommt der Stahl 16 Ni 14 vorzugsweise für Bauteile mit größerem Querschnitt und ohne mechanisch stärker beanspruchte Schweißungen in Betracht.

Tafel XXXV: Mechanische Eigenschaften der kaltzähen Stähle

Stahlsorte Kurzname	Werkstoff-Nr.	Behandlungszustand	Tiefste Anwendungstemperatur °C	Streckgrenze kp/mm² mind.	Zugfestigkeit kp/mm²	Bruchdehnung 5 d₀ % mind.	Brucheinschnürung % mind.
TTSt 35 N	1.0356	N	− 50	23	35—45	25	45
TTSt 35 V	1.0356	V	− 80	26	40—50	24	45
TTSt 41 V	1.0437	V	− 80	27	45—55	21	40
26 CrNo 4	1.7219	V	− 80	45	60—75	18	60
14 Ni 6	1.5622	N oder V	−120	28	50—65	20	60
10 Ni 14	1.5637	N oder V	−120	35	45—65	20	50
16 Ni 14	1.5639	N oder V	−120	35	45—65	19	50
12 Ni 19	1.5680	N+A oder V	−140	43	55—75	19	50
X 8 Ni 9	1.5662		−195	50	65—85	17	50
X 5 CrNi 18.10	1.6906	H	< −195	19	50—70	50	60
X 12 CrNi 18.9	1.6900	H	< −195	22	50—70	50	60
X 10 CrNiTi 18.10	1.6903	H	< −195	21	50—75	40	50
X 10 CrNiNb 18.10	1.6905	H	< −195	21	50—75	40	50

Tafel XXXVI: Für die Qualitätsstähle gewährleistete chemische Zusammensetzung nach der Schmelzenanalyse[1])

Stahlsorte	% C	% Si	% Mn	% P	% S
St E 26 W St E 26 TT St E 26	} ≦0,18 ≦0,16	≦0,40	} 0,40/1,30 0,50/1,30	} ≦0,040 ≦0,030	} ≦0,040 ≦0,030
St E 29 W St E 29 TT St E 29	} ≦0,18 ≦0,16	≦0,40	} 0,50/1,40 0,60/1,40	} ≦0,040 ≦0,030	} ≦0,040 ≦0,030
St E 32 W St E 32 TT St E 32	} ≦0,18 ≦0,16	≦0,45	} 0,60/1,50 0,70/1,50	} ≦0,040 ≦0,030	} ≦0,040 ≦0,030
St E 36 W St E 36 TT St E 36	} ≦0,20 ≦0,18	0,10/0,50	0,90/1,60	} ≦0,040 ≦0,030	} ≦0,040 ≦0,030

1) Alle Stähle enthalten zusätzlich entweder ≧0,015 % Al oder ≧0,02 % Nb oder ≧0,05 % V, Kombinationen dieser Elemente sind zulässig.

Tafel XXXVII: Für die Edelstähle gewährleistete Höchstgehalte an Kohlenstoff, Phosphor und Schwefel

Element	Höchstgehalte in der	
	Schmelzenanalyse %	Stückanalyse %
Kohlenstoff		
für StE 39, WStE 39, TTStE 39 StE 43, WStE 43, TTStE 43 StE 47, WStE 47, TTStE 47	0,20	0,22
StE 51, WStE 51, TTStE 51	0,21	0,23
Phosphor und Schwefel je		
für StE 39, StE 43, StE 47, StE 51 WStE 39, WStE 43, WStE 47, WStE 51	0,035	0,040
TTStE 39, TTStE 43, TTStE 47, TTStE 51	0,030	0,035

Tafel XXXVIII: Sorteneinteilung und gewährleistete Werte für die mechanischen Eigenschaften bei + 20 °C

Stahlsorte						Mechanische Eigenschaften[1]															Bruchdehnung[2] (L₀=5d₀) % mind.	Dornduchmesser beim Faltversuch [3][4]	
Grundreihe		warmfeste Reihe		kaltzähe Reihe (und alterungsarm)		Zugfestigkeit für die Dicken in mm kp/mm²					Streckgrenze für die Dicken in mm kp/mm² mindestens											längs	quer
Kurzname	Werkstoff-Nr.	Kurzname	Werkstoff-Nr.	Kurzname	Werkstoff-Nr.	≤70	>70 ≤85	>85 ≤100	>100 ≤125	>125 ≤150	≤16	>16 ≤35	>35 ≤50	>50 ≤60	>60 ≤70	>70 ≤85	>85 ≤100	>100 ≤125	>125 ≤150			
						Qualitätsstähle																
StE 26	1.0461	WStE 26	1.0462	TTStE 26	1.0463	37/49	36/48	35/47	34/46	33/45	26	25	24	23	22	21	20			25	1 a	1 a
StE 29	1.0486	WStE 29	1.0487	TTStE 29	1.0488	40/52	39/51	38/50	37/49	36/48	29	28	27	26	25	24	23			24	1,5 a	2 a
StE 32	1.0846	WStE 32	1.0850	TTStE 32	1.0851	45/57	44/56	43/55	42/54	41/53	32	31	30	29	28	27	26			23	2 a	2,5 a
StE 36	1.0854	WStE 36	1.0858	TTStE 36	1.0859	50/64	49/63	48/62	47/61	46/60	36	35	34	33	32	31	30			22	3 a	3 a
						Edelstähle																
StE 39	1.8900	WStE 39	1.8930	TTStE 39	1.8910	51/66	50/65	49/64	48/63	47/62	39	38	37	36	35	34	33	32	31	20	2,5 a	3,5 a
StE 43	1.8902	WStE 43	1.8932	TTStE 43	1.8912	54/69	53/68	52/67	51/66	50/65	43	42	41	40	39	38	37	36	35	19	2,5 a	3,5 a
StE 47	1.8905	WStE 47	1.8935	TTStE 47	1.8915	57/74	56/73	55/72	54/71	53/70	47	46	45	44	43	42	41	40	39	17	3,0 a	4 a
StE 51	1.8907	WStE 51	1.8937	TTStE 51	1.8917	62/79	61/78	60/77	59/76	58/75	51	48	47	46	45	44	43	42		16	3,0 a	4 a

[1]) Probenlage siehe StEW 089
[2]) Für Erzeugnisdicken bis 150 mm.
[3]) a = Probedicke; Biegewinkel 180°.
[4]) Bei Erzeugnisdicken über 70 mm ist der Dornduchmesser um den Wert 0,5a zu vergrößern.

Tafel XXXIX: Gewährleistete Werte für die Streckgrenze bei höheren Temperaturen

Stahlsorte		Streckgrenze für die Dicken in mm kp/mm² mindestens bei													
Kurzname	Werkstoff Nr.	100 °C							150 °C				...	400 °C	
		≤35	>35 ≤50	>50 ≤70	>70 ≤85	>85 ≤100	>100 ≤125	>125 ≤150	≤35	>35 ≤50	...			≤35	...
		Qualitätsstähle													
WStE 26	1.0462	23	22	21	20	19	18	17	...					10	
WStE 29	1.0487	26	25	24	23	22	21	20	...					11	
WStE 32	1.0850	28	27	26	25	24	23	22	...					13	
WStE 36	1.0858	31	30	29	28	27	26	25	...					16	
		Edelstähle													
WStE 39	1.8930	34	33	32	31	30	29	28	...					18	
WStE 43	1.8932	37	36	35	34	33	32	31	...					20	
WStE 47	1.8935	41	40	39	38	37	36	35	...					23	
WStE 51	1.8937	43	42	41	40	39	38	37	...					25	

(Die Tafel XXXIX enthält die Streckgrenzenwerte für die Temperaturen 100 °C, 150 °C, 200 °C, 250 °C, 300 °C, 350 °C und 400 °C, jeweils für die Dicken ≤35, >35 ≤50, >50 ≤70, >70 ≤85, >85 ≤100, >100 ≤125 und >125 ≤150 mm.)

Tafel XL: Chemische Zusammensetzung für wasservergütete schweißbare Baustähle¹⁾

Stahlsorte	% C	% Si	% Mn	% P	% S	% Ni	% Cr	% Mo	% Zr	% Ti	% B	% Cu	% V
N-A-XTRA 55	≦0,20	ca. 0,5	ca. 0,7	≦0,035	≦0,035		0,5 /0,9	0,2 /0,6	0,04/0,10				
N-A-XTRA 60	≦0,20	ca. 0,5	ca. 0,7	≦0,035	≦0,035		0,5 /0,9	0,2 /0,6	0,04/0,10				
N-A-XTRA 65	≦0,20	ca. 0,6	ca. 0,9	≦0,035	≦0,035		0,6 /1,0	0,2 /0,6	0,06/0,12				
N-A-XTRA 70	≦0,20	ca. 0,6	ca. 0,9	≦0,035	≦0,035		0,6 /1,0	0,2 /0,6	0,06/0,12				
T 1	0,10/0,20	0,15/0,35	0,60/1,0	≦0,035	≦0,040	0,70/1,0	0,40/0,65	0,40/0,60		0,01/0,03	0,002/0,006	0,15/0,50	0,03/0,08
T 1 A	0,12/0,21	0,20/0,35	0,70/1,0	≦0,035	≦0,040		0,40/0,65	0,15/0,25			0,0005/0,005	(0,20/0,40)	0,03/0,08
T 1 B	0,12/0,21	0,20/0,35	0,95/1,30	≦0,035	≦0,040	0,30/0,70	0,40/0,65	0,20/0,30			≧ 0,0005	(0,20/0,40)	0,03/0,08
XABO 51	≦0,15	0,10/0,40	≦1,3	≦0,035	≦0,035		ca. 0,25	ca. 0,20		≧0,02	≦0,002		
XABO 47	≦0,15	0,10/0,40	≦1,3	≦0,035	≦0,035		ca. 0,25	ca. 0,20		≧0,02	≦0,002		
BHV 43	≦0,19	0,10/0,50	1,00/1,60	≦0,035	≦0,035								
BHV 43 S	≦0,18	0,10/0,50	1,00/1,60	≦0,030	≦0,030								
BHV 47	≦0,16	0,10/0,55	1,00/1,60	≦0,035	≦0,035	≦0,80		(0,15/0,30)					≦0,10
BHV 47 S	≦0,15	0,10/0,55	1,00/1,60	≦0,030	≦0,035	≦0,80		(0,15/0,30)					≦0,10
BHV 51	≦0,18	0,10/0,55	1,00/1,60	≦0,035	≦0,035	≦0,80		(0,15/0,30)					≦0,10
BHV 51 S	≦0,17	0,10/0,55	1,0 /1,60	≦0,030	≦0,035	≦0,80		(0,15/0,30)					≦0,10
BH 70 V	≦0,20	0,10/0,40	0,20/0,60	≦0,025	≦0,025	3,0 /3,7	0,20/0,60	0,20/0,60		≦0,05			0,03/0,08
22 NiMoCr 37	0,17/0,25	0,10/0,35	0,50/1,0	≦0,025	≦0,025	0,60/1,20	0,30/0,50	0,50/0,80					
20 MnMoNi 45	0,17/0,23	0,10/0,35	1,0 /1,3	≦0,025	≦0,025	0,40/0,60	≦0,50	0,45/0,60					
BHW 38	≦0,18	0,10/0,50	1,0 /1,65	≦0,025	≦0,025	0,50/1,20		0,20/0,60					
XABO 90	≦0,18	0,10/0,45	≦1,0	≦0,035	≦0,035	≧1,0	≦0,8	0,20/0,60					≦0,10
WELMONIL 43 V	≦0,15	0,20/0,50	1,20/1,50	≦0,035	≦0,035	1,20/1,80		0,20/0,50					≦0,13
HY 80	≦0,18	0,15/0,35	0,10/0,40	≦0,025	≦0,025	2,00/3,25	1,00/1,80	0,20/0,60					
HY 100	≦0,20	0,15/0,35	0,10/0,40	≦0,025	≦0,025	2,25/3,50	1,00/1,80	0,20/0,60					

¹⁾ Die Stähle enthalten ausreichende Legierungszusätze zur Erzielung der Feinkörnigkeit

6.4.4. Höherfeste und hochfeste schweißbare Feinkornbaustähle

Bei den schweißbaren Feinkornbaustählen wird zwischen den normalgeglühten Feinkornbaustählen und den wasservergüteten Feinkornbaustählen unterschieden. Die normalgeglühten Feinkornbaustähle mit gewährleisteten Streckgrenzen von 26 bis 51 kp/mm² sind im Stahl-Eisen-Werkstoffblatt 089-70 enthalten. Sie werden in drei Gruppen unterteilt:

1. die Grundreihe
2. die warmfeste Reihe (durch Vorsetzen des Buchstabens W gekennzeichnet)
3. die kaltzähe Reihe (durch Vorsetzen des Buchstabens TT gekennzeichnet)

In den Tafeln XXXVI, XXXVII, XXXVIII und XXXIX sind die chemische Zusammensetzung und die mechanischen Eigenschaften dieser Stähle angegeben.

Die wasservergüteten Feinkornbaustähle sind nicht genormt. Die werkspezifischen Stahlsorten mit ihrer chemischen Zusammensetzung und ihren Eigenschaften sind in den Tafeln XL, XLI und XLII wiedergegeben. Weitere Angaben über diese Stähle befinden sich im Merkblatt 365 der Beratungsstelle für Stahlverwendung.

6.4.5. Hochwarmfeste Stähle

Sofern die in DIN 17 175 und in DIN 17 177 erwähnten warmfesten Stähle den Anforderungen bezüglich Temperatur und Warmfestigkeitseigenschaften nicht mehr genügen, werden die hochwarmfesten Stähle gemäß Stahl-Eisen-Werkstoffblatt 670-69 verwendet. Angaben für nahtlose Rohre aus hochwarmfesten Stählen (s.a. 6.1.3.) befinden sich in SEL 675. Die Tafeln XLIII bis XLIX enthalten die wichtigsten Eigenschaften dieser Stähle.

Das Festigkeitsverhalten dieser Stähle und damit der für die Berechnung von Wanddicken bei höheren Temperaturen zulässige Kennwert wird, wie aus nachstehender Darstellung zu ersehen ist, durch zwei Kurven bestimmt (siehe Seite 77):

Tafel XLI: Mechanische Eigenschaften für wasservergütete schweißbare Baustähle

Stahlsorte	Streckgrenze (N/mm²) mind.	bei Blechdicke max. (mm)	Zugfestigkeit (N/mm²)	Bruchdehnung (%) δ5 mind.	(2 in) mind.	Probenform	Probenlage	±0	−20	−40	−60	−75	°C	J/cm²	°C	J/cm²
N-A-XTRA 55	540	50	640−785	18		ISO-V	längs	69	59	49	39	34				
							quer	49	39	39	34					
N-A-XTRA 60	590	50	690−825	18		ISO-V	längs	69	59	49	39	34				
							quer	49	39	39	34					
N-A-XTRA 65	640	50	690−885	17		ISO-V	längs	69	59	49	39	34				
							quer	49	39	39	34					
N-A-XTRA 70	690	50	785−990	16		ISO-V	längs	69	59	49	39	34				
							quer	49	39	39	34					
T 1	690	64	795−930		18	ISO-V	längs						−18	49	−46	34
							quer						−18	34	−46	24
T 1 A	690	32	795−930		18	ISO-V	längs						−46	24		
							quer						−46	24		
T 1 B	690	50	810−930		18	ISO-V	längs						−12	34	−46	24
							quer						−12	24		
FG 70 V	690		785−930	16		DVM	längs		78		59					
							quer									
XABO 47	460	16	560−730	17		ISO-V	längs	59	49	39			−50	34		
							quer	39	34							
XABO 51	500	16	610−775	16		ISO-V	längs	54	44	34						
							quer	39								
BH 70 V	690	70	785−930	17		ISO-V	längs	88	88	78	69	59				
							quer	69	69	59	39	34				
22 NiMoCr 37	440	150	610−760	16		ISO-V	längs	59								
							quer	39								
20 MnMoNi 45	440	125	590−740	16		ISO-V	längs	59								
							quer	39								
WELMONIL 43 V	550	130	650	18		ISO-V	längs	59								
							quer	49								
XABO 90	885	50	970−1130	16		ISO-V	längs	69	59	49	39					
							quer	49	39	39	34					
BHV 43	420	16	530−675	18		ISO-V	längs	69	59							
							quer	49	39							
BHV 43 S	420	16	530−675	18		ISO-V	längs	79	64	54	39					
							quer	54	44	34						
BHV 47	460	16	560−725	17		ISO-V	längs	69	59							
							quer	49	39							
BHV 47 S	460	16	560−725	17		ISO-V	längs	79	64	54	39					
							quer	54	44	34						
BHV 51	500	16	610−775	16		ISO-V	längs	69	59							
							quer	49	39							
BHV 51 S	500	16	610−775	16		ISO-V	längs	79	64	54	39					
							quer	54	44	34						
BHW 38	430	125	610−755	18		ISO-V	längs									
							quer	39								
HY 80	550−690	200			20	ISO-V	längs						−84,5	51		
							quer									
HY 100	690−830	75			18	ISO-V	längs						−84,5	51		
							quer									

Tafel XLII: Mechanische Eigenschaften bei erhöhten Temperaturen für wasservergütete schweißbare Baustähle

Stahlsorte	bei Blechdicken max. (mm)	Streckgrenze in N/mm² bei 20° C	100° C	200° C	250° C	300° C	350° C	400° C	450° C
BHW 38	125	430	390	380	380	370	360	325	
20 MnMoNi 45	125	440	410	380	370	355	340	320	290
22 NiMoCr 37	150	440	410	390	380	370	360	345	310
N-A-XTRA 55	50	540	500	460		430		400	
N-A-XTRA 60	50	590	550	510		480		450	
N-A-XTRA 65	50	640	590	550		520		490	
N-A-XTRA 70	50	690	640	600		570		540	
T 1	64	690	640	600		570		540	
T 1 A	32	690	640	600		570		540	
T 1 B	80	690	640	600		570		540	
WELMONIL 43 V	130	550	490	470	460	450	440	430	

Warmstreckgrenze in N/mm² bei

Tafel XLIII: *Chemische Zusammensetzung der hochwarmfesten Stähle*

Stahlsorte Kurzname	Werkstoff-nummer	Chemische Zusammensetzung[1]									
		% C	% Si	% Mn	% Cr	% Mo	% Ni	% V	% N	% (Nb + Ta)	% Sonstige
X 19 CrMo 12 1	1.4921	0,15/0,23	0,10/0,50	0,30/0,80	11,0/12,5	0,80/1,2	≤ 0,80	0,25/0,35	–	–	–
X 20 CrMoV 12 1[2]	1.4922	0,17/0,23	0,10/0,50	0,30/0,80	11,0/12,5	0,80/1,2	0,30/0,80	0,25/0,35	–	–	–
X 22 CrMoV 12 1[3]	1.4923	0,20/0,26	0,10/0,50	0,30/0,80	11,0/12,5	0,80/1,2	0,30/0,80	0,25/0,35	–	–	–
X 8 CrNiNb 16 13	1.4961	0,04/0,10	0,30/0,60	≤ 1,5	15,0/17,0	–	12,0/14,0	–	–	> 10 x % C, jedoch ≤ 10 x % C + 0,4; höchstens 1,2	–
X 8 CrNiMoNb 16 16	1.4981	0,04/0,10	0,30/0,60	≤ 1,5	15,5/17,5	1,6/2,0	15,5/17,5	–	–		–
X 6 CrNiWNb 16 16	1.4945	0,04/0,10	0,30/0,60	≤ 1,5	15,5/17,5	–	15,5/17,5	–	rd. 0,1		2,5/3,5 W
X 8 CrNiMoBNb 16 16[4]	1.4986	0,04/0,10	0,30/0,60	≤ 1,5	15,5/17,5	1,6/2,0	15,5/17,5	–	rd. 0,1		0,05/0,10 B
X 8 CrNiMoVNb 16 13	1.4988	0,04/0,10	0,30/0,60	≤ 1,5	15,5/17,5	1,10/1,50	12,5/14,5	0,60/0,85	rd. 0,1		–

1) Der Phosphor- und Schwefelgehalt darf bei den martensitischen Chromstählen höchstens je 0,035% betragen, bei den austenitischen Stählen darf der Phosphorgehalt höchstens 0,045% und der Schwefelgehalt höchstens 0,030% betragen.
2) Der Stahl ist vornehmlich für Bleche, Bänder und Rohre vorgesehen.
3) Der Stahl ist vornehmlich für Stabstahl und Schmiedestücke vorgesehen.
4) Der Stahl ist für mechanisch stärker beanspruchte Schweißungen nicht geeignet

Tafel XLIV: Gewährleistete mechanische Eigenschaften der hochwarmfesten Stähle¹) bei Raumtemperatur

Stahlsorte Kurzname	Werkstoffnummer	Zustand	0,2%-Grenze²) (L u. Q) kp/mm² mindestens	1%-Grenze²) (L u. Q) kp/mm² mindestens	Zugfestigkeit²) (L u. Q) kp/mm²	Bruchdehnung²) ($L_0 = 5\,d_0$) % mindestens		Kerbschlagzähigkeit²) (DVM-Proben) kpm/cm² mindestens		Anhalt für die übliche obere Grenze der Verwendungstemperatur im Dauerbetrieb °C
						L	Q	L	Q	
X 19 CrMo 12 1	1.4921	vergütet	50	—	70 bis 85	16[3]	14	7[4][5]	5[5]	600
X 20 CrMoV 12 1	1.4922	vergütet	50	—	70 bis 85	16[3]	14	7[4][5]	5[5]	600
X 22 CrMoV 12 1	1.4923	vergütet	60	—	80 bis 95	14	12	5[6]	3	600
X 8 CrNiNb 16 13	1.4961	abgeschreckt	21	25	52 bis 70	35	22	15	10	800
X 8 CrNiMoNb 16 16	1.4981	abgeschreckt	22	26	54 bis 70	35	22	15	10	800
X 6 CrNiWNb 16 16	1.4945	abgeschreckt	26	30	55 bis 75	30	20	10	6	800
X 8 CrNiMoBNb 16 16	1.4986	ausgehärtet warm-kalt-verformt[5]	28	32	55 bis 75	30	20	6	4	700
X 8 CrNiMoVNb 16 13	1.4988	ausgehärtet	26	30	55 bis 75	16	12	10	6	650

1) Die Werte gelten bei Blechen, Bändern und Rohren für (Wand) Dicken ≦ 20 mm, bei Rundstahl und ähnlichen Erzeugnissen für Durchmesser ≦ 160 mm und vergleichbare Abmessungen. Die Werte bei größeren Abmessungen und bei Schmiedestücken sowie die Werte an Querproben von Stabstahl sind besonders zu vereinbaren.
2) L = Längsproben; Q = Querproben.
3) Bei Rohren und Sammlern mindestens 17%.
4) Bei Rohren und Sammlern mindestens 8 kgm/cm².
5) Gültig für Dmr. ≦ 100 mm oder vergleichbare Abmessungen bei anderen Querschnittsformen.
6) Bei Stabstahl für Schraubenbolzen mit Durchmessern ≦ 60 mm kann ein Mindestwert von 8 kgm/cm² vorgeschrieben werden.

Tafel XLV: Physikalische Eigenschaften der hochwarmfesten Stähle (Anhaltsangaben)

Stahlsorte Kurzname	Werkstoff-nummer	Dichte bei 20°C kg/dm³	Mittlerer Wärmeausdehnungsbeiwert zwischen 20°C und 10⁻⁶ m/m·K								(Mittlere) Wärmeleitfähigkeit W/mK	bei °C	(Mittlere) spezifische Wärme kJ/kgK	bei °C
			100°C	200°C	300°C	400°C	500°C	600°C	700°C	800°C				
X 19 CrMo 12 1	1.4921	7,7	10,5	11	11,5	12	12,3	12,5	–	–	~ 0,25	20 bis 650	0,45 bis 0,80	20 0 bis 800
X 20 CrMoV 12 1	1.4922	7,7	10,5	11	11,5	12	12,3	12,5	–	–				
X 22 CrMoV 12 1	1.4923	7,7	10,5	11	11,5	12	12,3	12,5	–	–				
X 8 CrNiNb 16 13	1.4961	7,9	15,5	16,5	17,0	17,5	18,0	18,5	18,7	19,0	~ 15 bis 25	20 650	0,50 bis 0,58	20 0 bis 800
X 8 CrNiMoNb 16 16	1.4981	7,9	15,5	16,5	17,0	17,5	18,0	18,5	18,7	19,0				
X 6 CrNiWNb 16 16	1.4945	7,9	15,7	16,7	17,1	17,4	17,6	17,8	18,0	18,3				
X 8 CrNiMoBNb 16 16	1.4986	7,9	15,8	16,7	16,9	17,1	17,4	17,7	18,0	–				
X 8 CrNiMoVNb 16 13	1.4988	7,9	15,7	16,7	17,1	17,4	17,6	17,8	18,0	–				

Tafel XLVI: Elastizitätsmodul der hochwarmfesten Stähle ¹) (Anhaltsangaben)

Stahlsorte Kurzname	Werkstoff-nummer	Elastizitätsmodul bei kp/mm²						
		20°C	200°C	300°C	400°C	500°C	600°C	700°C
X 19 CrMo 12 1	1.4921	22 000	21 500	21 000	20 000	19 000	18 000	–
X 20 CrMoV 12 1	1.4922	22 000	21 500	21 000	20 000	19 000	18 000	–
X 22 CrMoV 12 1	1.4923	22 000	21 500	21 000	20 000	19 000	18 000	–
X 8 CrNiNb 16 13	1.4961	20 000	19 000	18 500	18 000	17 000	16 000	15 000
X 8 CrNiMoNb 16 16	1.4981	20 000	19 000	18 500	18 000	17 000	16 000	15 000
X 6 CrNiWNb 16 16	1.4945	20 000	19 000	18 500	18 000	17 000	16 000	15 000
X 8 CrNiMoBNb 16 16	1.4986	20 000	19 000	18 500	18 000	17 000	16 000	15 000
X 8 CrNiMoVNb 16 13	1.4988	20 000	19 000	18 500	18 000	17 000	16 000	15 000

1) Es handelt sich um den dynamisch ermittelten Elastizitätsmodul.

Tafel XLVII: Gewährleistete Werte der hochwarmfesten Stähle für die 0,2%-Grenze und 1%-Grenze bei erhöhten Temperaturen

Stahlsorte Kurzname	Werkstoff-nummer	0,2%-Grenze bei kp/mm² mindestens							1%-Grenze bei kp/mm² mindestens						
		20°C	200°C	300°C	400°C	500°C	550°C	600°C	20°C	200°C	300°C	400°C	500°C	550°C	600°C
X 19 CrMo 12 1	1.4921	50	44	40	36	27	21	—	—	—	—	—	—	—	—
X 20 CrMoV 12 1	1.4922	50	44	40	36	27	21	—	—	—	—	—	—	—	—
X 22 CrMoV 12 1	1.4923	60	54	49	43	35	29	—	—	—	—	—	—	—	—
X 8 CrNiNb 16 13	1.4961	21	16	14	13	12	12	11,5	25	19	17	16	15	15	14,5
X 8 CrNiMoNb 16 16	1.4981	22	18	16	15	14	14	13,5	26	21	19	18	17	17	16,5
X 6 CrNiWNb 16 16	1.4945	26	20	18	17	16	15,5	15	30	23	21	20	19	18,5	18
X 8 CrNiMoBNb 16 16 ausgehärtet	1.4986	28	21	20	18,5	17,5	16,5	15,5	32	24	23	21,5	20,5	19,5	18,5
warm-kalt-verformt		50	44	40	36	32	29	26	53	46	42	38	34	31	28
X 8 CrNiMoVNb 16 13	1.4988	26	20	18	17	16	15,5	15	30	23	21	20	19	18,5	18

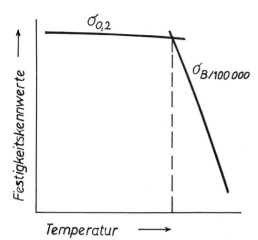

Im unteren Temperaturbereich, d.h. links vom Schnittpunkt der beiden Kurven erfolgt die Berechnung unter Anwendung der Warmstreckgrenze gegen bleibende Verformung und gegen unendlich lange Zeit, während die Rohre in dem Gebiet der höheren Temperatur, d.h. rechts vom Schnittpunkt, gegen Bruch in bestimmter Zeit berechnet werden. (Siehe auch Kapitel IV)

Bei der Berechnung der Rohre gegen Zeitbruch, d.h. in dem Gebiet rechts des Schnittpunktes der beiden Kurven ist zu prüfen, ob der Stahl bei der Betriebstemperatur noch ein genügend großes Formänderungsvermögen aufweist.

Tafel XLVIII: Langzeit-Warmfestigkeitseigenschaften hochwarmfester Stähle

Stahlsorte (Werkstoff-Nr.)	Temperatur	1%-Zeitdehngrenze[1) für		Zeitstandfestigkeit[2) für		
		10 000 h	100 000 h	10 000 h	100 000 h	200 000 h
	°C	kp/mm²		kp/mm²		
X 19 CrMo 12 1 (1.4921)	470	32,2	26,7	38,0	31,5	29,0
	480	29,5	24,0	35,7	29,0	26,7
	490	27,1	21,5	33,0	26,5	24,2
	500	24,5	19,0	30,5	24,0	21,9
	510	22,3	16,9	28,0	21,5	19,5
	520	20,1	14,8	25,6	19,0	17,0
	530	18,0	12,8	22,9	16,5	14,6
	540	16,1	11,3	20,5	14,0	12,3
	550	14,0	9,5	18,0	12,0	10,4
	560	12,1	8,1	16,0	10,3	8,7
	570	10,4	6,7	13,9	8,5	7,2
	580	8,7	5,4	12,0	7,0	5,9
	590	7,3	4,4	10,2	5,8	4,8
	600	6,0	3,5	8,5	4,7	3,8
X 20 CrMoV 12 1 (1.4922)	470	32,2	26,7	38,0	31,5	29,0
	480	29,5	24,0	35,7	29,0	26,7
	490	27,1	21,5	33,0	26,5	24,2
	500	24,5	19,0	30,5	24,0	21,9
	510	22,3	16,9	28,0	21,5	19,5
	520	20,1	14,8	25,6	19,0	17,0
	530	18,0	13,0	23,5	17,0	15,0
	540	16,1	11,4	21,5	15,0	13,1
	550	14,5	10,0	19,5	13,0	11,3
	560	12,7	8,8	17,5	11,4	9,8
	570	11,3	7,6	15,7	9,8	8,3
	580	9,9	6,5	13,9	8,4	7,0
	590	8,7	5,5	12,1	7,1	5,9
	600	7,7	4,5	10,5	6,0	4,9

1) Das ist die auf den Ausgangsquerschnitt bezogene Spannung, die zu einer bleibenden Dehnung von 1% nach 10 000 oder 100 000 h führt.
2) Das ist die auf den Ausgangsquerschnitt bezogene Spannung, die zum Bruch nach 10 000, 100 000 oder 200 000 h führt.

Tafel XLVIII: Fortsetzung (I)

Stahlsorte (Werkstoff-Nr.)	Temperatur °C	1%-Zeitdehngrenze[1] für		Zeitstandfestigkeit[2] für		
		10 000 h	100 000 h	10 000 h	100 000 h	200 000 h
		kp/mm²		kp/mm²		
	450	44,5	38,0	49,0	44,0	42,0
	460	41,3	34,7	46,0	40,5	38,5
	470	38,1	31,4	43,0	37,5	35,5
	480	35,1	28,3	40,2	34,2	32,0
	490	32,2	25,3	37,3	31,2	29,0
	500	29,5	22,5	34,5	28,0	25,9
	510	26,7	19,9	31,9	25,0	22,6
X 22 CrMoV 12 1	520	24,0	17,3	29,2	22,0	19,5
(1.4923)	530	21,5	15,1	26,6	19,1	16,8
	540	19,1	12,9	24,0	16,4	14,3
	550	16,8	11,0	21,5	14,0	12,0
	560	14,7	9,3	19,1	12,0	10,2
	570	12,8	7,8	16,8	10,1	8,5
	580	11,0	6,5	14,6	8,5	7,1
	590	9,4	5,4	12,5	7,1	5,9
	600	8,0	4,5	10,5	6,0	4,9
	580	13,0	9,3	18,6	13,2	11,7
	590	12,2	8,6	17,3	12,1	10,7
	600	11,5	8,0	16,0	11,0	9,6
	610	10,8	7,4	14,8	10,0	8,7
	620	10,1	6,8	13,7	9,1	7,8
	630	9,4	6,2	12,6	8,2	7,0
	640	8,7	5,6	11,5	7,3	6,2
	650	8,0	5,0	10,5	6,5	5,4
X 8 CrNiNb 16 13	660	7,3	4,5	9,5	5,8	4,8
(1.4961)	670	6,7	4,0	8,6	5,1	4,2
	680	6,1	3,5	7,8	4,5	3,7
	690	5,5	3,1	7,1	4,0	3,2
	700	5,0	2,7	6,5	3,5	2,8
	710	4,6	2,4	6,0	3,1	2,5
	720	4,3	2,1	5,6	2,8	2,2
	730	4,0	1,9	5,2	2,5	1,9
	740	3,7	1,7	4,8	2,2	1,7
	750	3,5	1,6	4,5	2,0	1,5
	580	18,0	13,0	27,5	19,0	16,5
	590	17,0	12,0	25,1	17,2	15,0
	600	16,0	11,0	23,0	15,5	13,5
	610	15,0	10,0	20,9	13,9	12,0
	620	14,0	9,0	19,0	12,4	10,5
	630	13,0	8,1	17,2	10,9	9,3
	640	12,0	7,3	15,5	9,6	8,2
	650	11,0	6,5	14,0	8,5	7,2
X 8 CrNiMoNb 16 16	660	10,0	5,7	12,6	7,6	6,4
(1.4981)	670	9,1	5,0	11,3	6,7	5,6
	680	8,2	4,4	10,2	6,0	5,0
	690	7,3	3,9	9,3	5,2	4,3
	700	6,5	3,5	8,5	4,5	3,6
	710	5,9	3,0	7,8	3,8	3,0
	720	5,4	2,6	7,1	3,2	2,4
	730	4,8	2,2	6,5	2,7	2,0
	740	4,5	1,9	6,0	2,3	1,7
	750	4,3	1,7	5,5	2,0	1,5

[1] Das ist die auf den Ausgangsquerschnitt bezogene Spannung, die zu einer bleibenden Dehnung von 1% nach 10 000 oder 100 000 h führt.
[2] Das ist die auf den Ausgangsquerschnitt bezogene Spannung, die zum Bruch nach 10 000, 100 000 oder 200 000 h führt.

Tafel XLVIII: Fortsetzung (II)

Stahlsorte (Werkstoff-Nr.)	Temperatur °C	1%-Zeitdehngrenze[1] für 10 000 h kp/mm²	100 000 h	Zeitstandfestigkeit[2] für 10 000 h kp/mm²	100 000 h	200 000 h
X 6 CrNiWNb 16 16 (1.4945)	580	19,2	14,3	28,5	20,0	17,2
	590	18,1	13,2	26,1	18,2	15,6
	600	17,0	12,0	24,0	16,5	14,2
	610	15,9	10,9	21,9	14,9	12,7
	620	14,8	9,8	20,0	13,4	11,2
	630	13,7	8,8	18,2	11,8	10,0
	640	12,6	7,8	16,5	10,4	8,8
	650	11,5	7,0	15,0	9,2	7,8
	660	10,5	6,3	13,6	8,3	6,8
	670	9,6	5,7	12,3	7,4	6,0
	680	8,7	5,1	11,2	6,6	5,3
	690	7,8	4,5	10,2	5,8	4,6
	700	7,0	4,0	9,3	5,0	4,0
	710	6,3	3,5	8,5	4,3	3,4
	720	5,6	3,0	7,7	3,7	2,9
	730	5,0	2,5	6,9	3,2	2,4
	740	4,5	2,1	6,2	2,7	2,0
	750	4,0	1,7	5,5	2,3	1,7
X 8 CrNiMoBNb 16 16 (1.4986) ausgehärtet	580	22,2	17,7	30,9	25,7	23,7
	590	21,4	17,0	29,2	24,1	22,2
	600	20,5	16,0	27,5	22,5	20,7
	610	19,4	14,7	26,0	20,8	18,8
	620	18,3	13,3	24,4	18,9	16,7
	630	17,0	11,7	22,8	16,7	14,8
	640	15,5	10,3	21,1	14,7	13,0
	650	14,0	9,0	19,5	13,0	11,2
	660	12,6	7,9	17,8	11,2	9,6
	670	11,5	7,0	16,1	9,8	8,2
	680	10,5	6,2	14,3	8,6	7,2
	690	9,7	5,6	12,4	7,6	6,3
	700	9,0	5,2	10,5	6,8	5,6
X 8 CrNiMoBNb 16 16 (1.4986) warm-kalt-verformt	580	36,5	30,8	38,8	32,9	30,3
	590	34,3	28,4	37,0	30,4	28,0
	600	33,0	26,0	35,0	28,0	25,2
	610	31,2	23,4	33,1	25,6	23,0
	620	29,3	20,8	31,2	23,3	20,6
	630	27,3	18,2	29,3	20,8	18,2
	640	25,2	15,6	27,2	18,4	15,8
	650	23,0	13,0	25,0	16,0	13,5
	660	20,8	10,6	22,5	13,6	11,3
	670	18,6	8,7	20,2	11,5	9,2
X 8 CrNiMoVNb 16 13 (1.4988)	580	20,6	15,5	30,5	21,3	18,4
	590	19,8	14,8	27,9	19,3	16,7
	600	19,0	14,0	25,5	17,5	15,0
	610	17,9	13,0	23,2	15,9	13,5
	620	16,8	11,9	21,1	14,2	12,0
	630	15,5	10,8	19,3	12,7	10,7
	640	14,2	9,7	17,6	11,3	9,5
	650	13,0	8,5	16,0	10,0	8,4

1) Das ist die auf den Ausgangsquerschnitt bezogene Spannung, die zu einer bleibenden Dehnung von 1 % nach 10 000 oder 100 000 h führt.
2) Das ist die auf den Ausgangsquerschnitt bezogene Spannung, die zum Bruch nach 10 000, 100 000 oder 200 000 h führt.

Aus den Prüfwerten von DIN 17175 und SEW 670-69 ist zu entnehmen, daß die unlegierten Stähle St 35.8 und St 45.8 bis zu etwa 520 °C, die legierten Stähle 15 Mo 3 und 13 CrMo 44 bis zu etwa 530–560 °C, der legierte Stahl 10 CrMo 910 bis zu etwa 590 °C, die legierten Stähle X 8 CrNiNb 1613 und X 8 CrNiMoNb 1616 bis zu etwa 800 °C, zu verwenden sind.

Darüber hinaus werden nichtgenormte warmfeste Stähle, deren Bezeichnung und Anwendungstemperatur nachstehend aufgeführt sind, eingesetzt:

DIN-Bezeichnung	Stoff-Nr.	Anwendungs-temperatur
20 MnMo 4 5	1.6311	bis ~ 450°C
15 NiCuMoNb 5	1.6368	bis ~ 500°C
17 MnMoV 6 4	1.8817	bis ~ 500°C

Für diese Stähle sind die Festigkeitskennwerte bei erhöhter Temperatur in Tafel L angegeben.

Tafel XLIX: Angaben für Warmformgebung und Wärmebehandlung ¹) hochwarmfester Stähle

Stahlsorte		Warmformgeben	Härten, Abschrecken oder Lösungsglühen	Abkühlen	Anlassen oder Auslagern	Spannungsarmglühen
Kurzname	Werkstoffnummer	°C	°C	in	°C	°C
X 19 CrMo 12 1	1.4921	1 100 bis 850	1 000 bis 1 050	Luft oder Öl	680 bis 780	680 bis 780
X 20 CrMoV 12 1	1.4922	1 100 bis 850	1 020 bis 1 070	Luft oder Öl	680 bis 780	680 bis 780
X 22 CrMoV 12 1	1.4923	1 100 bis 850	1 020 bis 1 070	Luft oder Öl	700 bis 780	700 bis 780
X 8 CrNiNb 16 13	1.4961	1 150 bis 850	1 050 bis 1 100	Luft oder Wasser	–	900 bis 950
X 8 CrNiMoNb 16 16	1.4981	1 150 bis 850	1 050 bis 1 100	Luft oder Wasser	–	900 bis 950
X 6 CrNiWNb 16 16	1.4945	1 150 bis 850	1 100 bis 1 150	Luft oder Wasser	–	900 bis 950
X 8 CrNiMoBNb 16 16	1.4986	1 150 bis 850	1 100 bis 1 150	Luft oder Wasser	750 bis 800 5 bis 1 h/Luft	750 bis 800
X 8 CrNiMoVNb 16 13	1.4988	1 150 bis 850	1 100 bis 1 150	Luft oder Wasser	750 bis 800 5 bis 1 h/Luft	750 bis 800

¹) Die Temperaturspannen für das Warmformgeben sind Anhaltswerte, die anderen Angaben sind verbindlich.

Tafel L: Warmfestigkeitseigenschaften nicht genormter häufig verwendeter Werksgüten

Stahlsorte (Werkstoff-Nr.)	Temp. °C	Streckgr. σ_S(mind.) kp/mm²	1%-Zeitdehngr. kp/mm²		Zeitstandfestigkeit kp/mm²		
			10 000 h	100 000 h	10 000 h	100 000 h	200 000 h
20 MnMo 4 5 (1.6311)	200	45					
	250	43					
	300	42					
	350	40					
	400	37					
	450	34					
15 NiCuMoNb 5 (1.6368)	100	43					
	150	42					
	200	41					
	250	40					
	300	39					
	350	38					
	400	35	33,0	30,0	41,0	38,0	
	410		32,1	28,5	39,3	37,6	
	420		31,2	26,8	37,5	33,1	
	430		30,1	25,0	35,5	30,6	
	440		28,7	23,1	33,4	27,8	
	450		27,0	21,0	31,0	25,0	
	460		24,4	18,4	27,9	21,4	
	470		21,6	15,4	24,7	17,8	
	480		18,4	12,2	21,6	14,2	
	490		14,8	8,6	18,3	10,6	
	500		11,0	5,0	15,0	7,0	
17 MnMoV 6 4 (1.8817)	100	43					
	150	42					
	200	41					
	250	40					
	300	39					
	350	38					
	400	35	34,0	28,0	38,0	34,0	
	410	34	33,5	27,1	37,5	32,7	
	420	32,5	32,5	26,0	36,6	31,2	
	430	31,0	31,4	24,5	35,4	29,3	
	440	29,5	29,9	22,8	33,8	27,3	
	450	28,0	28,0	21,0	32,0	25,0	
	460		26,0	18,9	29,7	22,5	
	470		23,5	16,6	27,2	19,8	
	480		20,9	14,2	24,4	17,0	
	490		18,1	11,6	21,2	14,0	
	500		15,0	9,0	18,0	11,0	

6.4.6. Druckwasserstoffbeständige Stähle

Hierunter fallen solche Stähle, die gegen hochgespannten Wasserstoff bei höheren Temperaturen beständig sind.

Die chemische Zusammensetzung und die gewährleisteten Prüfwerte der im Stahl-Eisen-Werkstoffblatt 590-61 enthaltenen Stähle sind den Tafel LI bis LV zu entnehmen.

6.4.7. Nichtrostende Stähle

Die Stähle sind in der DIN 17440 zusammengefaßt. Sie sind mit ihren Eigenschaften in den Tafeln LVI bis LX aufgeführt. Einzelheiten über die Verwendungsmöglichkeiten sind der Norm zu entnehmen.

Tafel LI: Chemische Zusammensetzung druckwasserbeständiger Stähle nach der Schmelzanalyse

| Stahlsorte | | Chemische Zusammensetzung [1] | | | | | | | |
Kurzname nach DIN 17006	Werkstoffnummer nach DIN 17007 Blatt 2	% C	% Si	% Mn	% Cr	% Mo	% Ni	% V	% Sonstiges
25 CrMo 4	1.7218	.22/.29	.15/.35	.50/.80	.90/1.2	.15/.25	—	—	—
16 CrMo 9 3	1.7281	.12/.20	.15/.35	.30/.50	2.0/2.5	.30/.40	—	—	—
26 CrMo 7	1.7259	.22/.30	.15/.35	.50/.70	1.5/1.8	.20/.25	—	—	—
24 CrMo 10	1.7273	.20/.28	.15/.35	.50/.80	2.3/2.6	.20/.30	<.80	—	—
20 CrMo 9	1.7283	.16/.24	.15/.35	.30/.50	2.1/2.4	.25/.35	<.80	—	—
10 CrMo 11	1.7276	.08/.12	.15/.35	.30/.50	2.7/3.0	.20/.30	—	—	—
17 CrMoV 10	1.7766	.15/.20	.15/.35	.30/.50	2.7/3.0	.20/.30	—	.10/.20	—
20 CrMoV 13 5	1.7779	.17/.23	.15/.35	.30/.50	3.0/3.3	.50/.60	—	.45/.55	—
X 20 CrMoV 12 1	1.4922	.17/.23	.10/.50	.30/.80	11.0/12.5	.80/1.2	.30/.80	.25/.35	—
X 8 CrNiMoVNb 16 13 [3]	1.4988	<.10	.30/.60	1.0/1.5	15.5/17.5	1.1/1.5	12.5/14.5	.60/.85	N .07/.13 Nb > 10·%C

[1] Der Phosphor- und Schwefelgehalt darf höchstens je .035% betragen, bei Stahl X 8 CrNiMoVNb 16 13 ist ein Phosphorgehalt < .045% und ein Schwefelgehalt < .030% zulässig. — [2] Patentrechte sind zu beachten.

Tafel LII: Für die druckwasserstoffbeständigen Stähle gewährleistete Prüfwerte

| Stahlsorte | | Zugfestigkeit bei 20° C [3] kp/mm² | Streckgrenze bei kp/mm² mind. | | | | | Bruchdehnung ($L_0 = 5d_0$) bei 20° C [3] % mind. | | | Kerbschlagzähigkeit [4] bei 20° C [3] kpm/cm² mind. | | | Brinellhärte [2] HB 30 kp/mm² |
Kurzname nach DIN 17006	Werkstoffnummer nach DIN 17007 Blatt 2		20° C [3]	300° C	350° C	400° C	450° C	L [4]	T [5]	Q [6]	L [4]	T [5]	Q [6]	
25 CrMo 4	1.7218	55 bis 70	35	29	27	23	19	18	—	15	8	—	5	160 bis 205
16 CrMo 9 3	1.7281	55 bis 65	35	29	26	22	19	20	17	14	8	7	6	160 bis 190
26 CrMo 7	1.7259	65 bis 80	45	36	33	30	27	17	15	14	7	6 [5]	5 [5]	190 bis 235
24 CrMo 10	1.7273	65 bis 80	45	36	33	30	27	17	15	14	7	6 [5]	5 [5]	190 bis 235
20 CrMo 9	1.7283	65 bis 80	45	36	33	30	27	17	15	14	7	6 [5]	5 [5]	190 bis 235
10 CrMo 11	1.7276	45 bis 55	22	20	19	18	17	25	21	18	10	8	7	130 bis 160
17 CrMoV 10	1.7766	65 bis 80	45	40	37	34	31	17	15	13	8	6	5	190 bis 235
20 CrMoV 13 5	1.7779	70 bis 85 [8]	55	52	49	45	41	16	14	12	8	6	5	205 bis 250
		75 bis 90 [7]	60	56	52	48	43	17	—	13	11	—	8	220 bis 265
X 20 CrMoV 12 1	1.4922	70 bis 85 [5]	50	40	38	36	33	16	—	12	6	4	4	205 bis 250
		80 bis 95 [5]	60	48	45	45	40	14	12	10	5	3	3	235 bis 280
X 8 CrNiMoVNb 16 13	1.4988	55 bis 75	26	18	17,5	17	16,5 [5][10]	30	25	20	10	8	6	145 bis 190

[1] Ermittelt an der DVM-Probe nach DIN 50115. — [2] Nach DIN 50150 aus der Zugfestigkeit ermittelte Anhaltsangaben. — [3] 20° C bedeutet: Prüfung bei Raumtemperatur: 23° C ± 5 Grd. — [4] L = Längsprobe, T = Tangentialprobe, Q = Querprobe. — [5] Für Stäbe und kleine Schmiedestücke. — [5] Für Schmiedestücke. — [6] Für Rohre. — [7] Für Rohre und zylindrische Hohlkörper. — [10] 500° C: 16 kg/mm², 600° C: 15 kg/mm². — Die Werte gelten für Dicken bis 100 mm einschl.; bei größeren Dicken liegen sie um 1 kgm/cm² niedriger.

Tafel LIII: *Langzeit-Warmfestigkeitseigenschaften druckwasserstoffbeständiger Stähle*

Stahlsorte		Streckgrenze bei 20° C kp/mm² mind.	Temperatur °C	Zeitstandfestigkeit für 10000 h | 100000 h kp/mm²	
Kurzname nach DIN 17006	Werkstoffnummer nach DIN 17007 Blatt 2			10000 h	100000 h
10 CrMo 11	1.7276	22	500 550	11 5	7 2
17 Cr MoV10	1.7766	45	500 550	18 8	12 4
20 CrMoV 13 5	1.7779	55	500 550	19 10	13 6
X 20 CrMoV 12 1	1.4922	50	500 550 600	30 20 11	24 14,5 5,5
		60	500 550 600	35 22,5 12	26 15,5 5,5
X 8 CrNiMoVNb 16 13	1.4988	26	550 600 650	28 22 15	22 16 10

Tafel LIV: *Anhaltsangaben über den mittleren Wärmeausdehnungsbeiwert der Stähle*

Stahlsorte	Mittlerer Wärmeausdehnungsbeiwert zwischen 20° C und 10⁻⁶ m/m·K						
	100° C	200° C	300° C	400° C	500° C	600° C	700° C
niedrig legierte Stähle	11,1	12,1	12,9	13,5	13,9	14,1	
X 20 CrMoV 12 1	10,5	11	11,5	12	12,3	12,5	
X 8 CrNiMoVNb 16 13	15,7	16,7	17,1	17,4	17,6	17,8	18

Tafel LV: *Temperaturen für Schmieden und Wärmebehandlung*

Stahlsorte		Schmieden °C	Weichglühen °C	Vergüten	
Kurzname nach DIN 17006	Werkstoffnummer nach DIN 17007 Blatt 2			Härten[1]) °C	Anlassen °C
25 CrMo 4	1.7218			880 bis 920	620 bis 650
16 CrMo 9 3	1.7281			920 bis 970	
26 CrMo 7	1.7259				
24 CrMo 10	1.7273	1100 bis 850	680 bis 730	890 bis 940	650 bis 700
20 CrMo 9	1.7283				
10 CrMo 11	1.7276			950 bis 1000	
17 CrMoV 10	1.7766			950 bis 980	630 bis 700
20 CrMoV 13 5	1.7779			980 bis 1020	
X 20 CrMoV 12 1	1.4922		700 bis 780	1000 bis 1070	700 bis 780
X 8 CrNiMoVNb 16 13	1.4988	1150 bis 850		2)	

¹) Abschrecken in Luft oder Öl.
²) Lösungsglühen bei 1100 bis 1150° C, Abschrecken in Luft oder Wasser,
   5 bis 1 h Auslagern bei 750 bis 800° C, Abkühlen in Luft.

Tafel LVI: Für die chemische Zusammensetzung der nicht rostenden Stähle gewährleiste Werte (gültig für die Schmelzenanalyse) [1]) [2])

Stahlsorte Kurzname	Werkstoff-nummer	C	Si	Mn	Cr	Mo	Ni	Sonstiges
			höchstens					
Ferritische und martensitische Stähle								
X 7 Cr 13	1.4000	$\leqq$0,08	1,0	1,0	12,0 bis 14,0	—	—	—
X 7 CrAl 13	1.4002	$\leqq$0,08	1,0	1,0	12,0 bis 14,0	—	—	Al 0,10 bis 0,30
X 10 Cr 13	1.4006	0,08 bis 0,12	1,0	1,0	12,0 bis 14,0	—	—	—
X 15 Cr 13	1.4024	0,12 bis 0,17	1,0	1,0	12,0 bis 14,0	—	—	—
X 20 Cr 13	1.4021	0,17 bis 0,22	1,0	1,0	12,0 bis 14,0	—	—	—
X 40 Cr 13	1.4034	0,40 bis 0,50	1,0	1,0	12,0 bis 14,0	—	—	—
X 45 CrMoV 15	1.4116	0,42 bis 0,48	1,0	1,0	13,8 bis 15,0	0,45 bis 0,60	—	V 0,10 bis 0,15
X 8 Cr 17	1.4016	$\leqq$0,10	1,0	1,0	15,5 bis 17,5	—	—	—
X 8 CrTi 17	1.4510	$\leqq$0,10	1,0	1,0	16,0 bis 18,0	—	—	Ti $\geqq$ 7 × %C [7])
X 8 CrNb 17	1.4511	$\leqq$0,10	1,0	1,0	16,0 bis 18,0	—	—	Nb $\geqq$ 12 × %C [7])
X 6 CrMo 17	1.4113	$\leqq$0,07	1,0	1,0	16,0 bis 18,0	0,9 bis 1,2	—	—
X 12 CrMoS 17	1.4104	0,10 bis 0,17	1,0	1,5	15,5 bis 17,5	0,2 bis 0,3	—	S 0,15 bis 0,35
X 22 CrNi 17	1.4057	0,15 bis 0,23	1,0	1,0	16,0 bis 18,0	—	1,5 bis 2,5	—
Austenitische Stähle								
X 12 CrNiS 18 8	1.4305	$\leqq$0,15	1,0	2,0	17,0 bis 19,0	—	8,0 bis 10,0 [5])	S 0,15 bis 0,35
X 5 CrNi 18 9	1.4301	$\leqq$0,07	1,0	2,0	17,0 bis 20,0	—	[4])8,5 bis 10,0 [6])	—
X 5 CrNi 19 11 [3])	1.4303	$\leqq$0,07	1,0	2,0	17,0 bis 20,0	—	10,5 bis 12,0	—
X 2 CrNi 18 9	1.4306	$\leqq$0,03	1,0	2,0	17,0 bis 20,0	—	10,0 bis 12,5	—
X 10 CrNiTi 18 9	1.4541	$\leqq$0,10	1,0	2,0	17,0 bis 19,0	—	9,0 bis 11,5	Ti $\geqq$ 5 × %C [7])
X 10 CrNiNb 18 9	1.4550	$\leqq$0,10	1,0	2,0	17,0 bis 19,0	—	9,0 bis 11,5	Nb $\geqq$ 8 × %C [7])
X 5 CrNiMo 18 10	1.4401	$\leqq$0,07	1,0	2,0	16,5 bis 18,5	2,0 bis 2,5	10,5 bis 13,5	—
X 2 CrNiMo 18 10	1.4404	$\leqq$0,03	1,0	2,0	16,5 bis 18,5	2,0 bis 2,5	11,0 bis 14,0	—
X 10 CrNiMoTi 18 10	1.4571	$\leqq$0,10	1,0	2,0	16,5 bis 18,5	2,0 bis 2,5	10,5 bis 13,5	Ti $\geqq$ 5 × %C [7])
X 10 CrNiMoNb 18 10	1.4580	$\leqq$0,10	1,0	2,0	16,5 bis 18,5	2,0 bis 2,5	10,5 bis 13,5	Nb $\geqq$ 8 × %C [7])
X 5 CrNiMo 18 12	1.4436	$\leqq$0,07	1,0	2,0	16,5 bis 18,5	2,5 bis 3,0	11,5 bis 14,0	—
X 2 CrNiMo 18 12	1.4435	$\leqq$0,03	1,0	2,0	16,5 bis 18,5	2,5 bis 3,0	12,5 bis 15,0	—
X 2 CrNiMo 18 16	1.4438	$\leqq$0,03	1,0	2,0	17,0 bis 19,0	3,0 bis 4,0	15,0 bis 17,0	—
X 2 CrNiN 18 10	1.4311	$\leqq$0,03	1,0	2,0	17,0 bis 19,0	—	9,0 bis 11,5	N 0,12[8]) bis 0,20
X 2 CrNiMoN 18 12	1.4406	$\leqq$0,03	1,0	2,0	16,5 bis 18,5	2,0 bis 2,5	10,5 bis 13,5	N 0,12[8]) bis 0,20
X 2 CrNiMoN 18 13	1.4429	$\leqq$0,03	1,0	2,0	16,5 bis 18,5	2,5 bis 3,0	12,0 bis 14,5	N 0,14[8]) bis 0,22

[1]) Soweit nichts anderes angegeben ist, darf der Phosphorgehalt höchstens 0,045 Gew.-% und der Schwefelgehalt höchstens 0,030 Gew.-% betragen.

[2]) In dieser Tabelle nicht aufgeführte Elemente dürfen dem Stahl außer zum Fertigbehandeln der Schmelze ohne Zustimmung des Bestellers nicht absichtlich zugesetzt werden. Es sind alle angemessenen Vorkehrungen zu treffen, um die Zufuhr solcher Elemente aus dem Schrott und anderen bei der Herstellung verwendeten Stoffen zu vermeiden, die die Härtbarkeit, die mechanischen Eigenschaften und die Verwendbarkeit beeinträchtigen.

[3]) Bei besonderen Anforderungen an die Austenitstabilität zu bevorzugen.

[4]) In Grenzfällen, z. B. bei Beanspruchung durch Salpetersäure oder bei der Notwendigkeit einer Stabilglühung, sind Stähle mit niedrigem Molybdängehalt zu verwenden, z. B. der Stahl X 5 CrNiNb 18 9 mit der Werkstoffnummer 1.4543.

[5]) Bei nahtlosen Rohren bis 10,5 Gew.-%.

[6]) Bei der Bestellung kann für die Verwendung im Druckbehälterbau ein Nickelgehalt von mindestens 9 Gew.-% vereinbart werden.

[7]) Ein Teil des Niobs kann durch die doppelte Menge Tantal ersetzt werden.

[8]) Sofern die mechanischen Eigenschaften eingehalten werden, darf der Stickstoff den angegebenen Mindestwert um 0,02 Gew.-% unterschreiten.

Tafel LVII: *Gewährleistete mechanische Eigenschaften bei Raumtemperatur [1] sowie Beständigkeit gegen interkristalline Korrosion der nichtrostenden Stähle*

Ferritische und martensitische Stähle

Kurzname	Werkstoffnummer	Wärmebehandlungszustand [2]	Härte [3] HB	Streckgrenze oder 0,2-Grenze [5] N/mm² mind.	1%-Dehngrenze N/mm² mind.	Zugfestigkeit N/mm²	Bruchdehnung ($l_0 = 5\,d_0$) [8] längs [9] %	Bruchdehnung quer [10] %	Kerbschlagzähigkeit (DVM-Probe) längs J	Kerbschlagzähigkeit quer [10] J	Beständigkeit gegen interkristalline Korrosion [13] im Lieferzustand	Beständigkeit im geschweißten Zustand ohne Wärmebehandlung
X 7 Cr 13	1.4000	geglüht	130 bis 180	250	—	450 bis 650	20	15	85	—	n. g.	n. g.
		vergütet	160 bis 210	400	—	550 bis 700	18	13	70	—	n. g.	n. g.
X 7 CrAl 13	1.4002	geglüht	130 bis 180	250	—	450 bis 650	20	15	—	—	n. g.	n. g.
		vergütet	160 bis 210	400	—	550 bis 700	18	13	—	—	n. g.	n. g.
X 10 Cr 13	1.4006	geglüht	140 bis 180	300	—	550 bis 700	20	15	85	—	n. g.	n. g.
		vergütet	170 bis 210	450	—	600 bis 750	18	13	70	—	n. g.	n. g.
X 15 Cr 13	1.4024	geglüht	≦ 220	—	—	≦ 750	—	—	—	—	n. g.	n. g.
		vergütet	180 bis 230	450	—	650 bis 800	18	13	55	40	n. g.	n. g.
X 20 Cr 13	1.4021	geglüht	≦ 220	—	—	≦ 750	18	13	—	—	n. g.	n. g.
		vergütet	180 bis 230	450	—	650 bis 800	18 / 16	13 / 12	55 / 55	40[12] / 40		
		vergütet	230 bis 275	550	—	800 bis 950	15 / 14	11 / 8	35 / 30[12]	25 / 20[12]		
X 40 Cr 13	1.4034	geglüht	≦ 225[4]	—	—	≦ 800	—	—	—	—	n. g.	n. s.
X 45 CrMoV 15	1.4116	geglüht	≦ 260[4]	—	—	≦ 900	—	—	—	—	n. g.	n. s.
X 8 Cr 17	1.4016	geglüht	130 bis 170	270	—	450 bis 600	20	15	—	—	g.	n. g.
X 8 CrTi 17	1.4510	geglüht	130 bis 170	270	—	450 bis 600	20	15	—	—	g.	g.
X 8 CrNb 17	1.4511	geglüht	130 bis 170	270	—	450 bis 600	20	15	—	—	g.	g.
X 6 CrMo 17	1.4113	geglüht	130 bis 180	270	—	450 bis 650	20	15	—	—	g.	g.
X 12 CrMoS 17	1.4104	geglüht	160 bis 210	300	—	550 bis 700	20	—	—	—	n. g.	n. g.
		vergütet	190 bis 235	450	—	700 bis 850	12	—	—	—	n. g.	n. g.
X 22 CrNi 17	1.4057	geglüht	≦ 275	—	—	≦ 950	—	—	—	—	n. g.	n. g.
		vergütet	225 bis 275	600	—	800 bis 950	14 / 9	10 / 7 / 4 / 3	30	30	n. g.	n. g.

Kopfbereiche der Bruchdehnungs-Spalten: Dicke s in mm (≦ 5; \> 5 ≦ 10; \> 10 ≦ 20; \> 20 ≦ 50) bzw. Durchmesser d in mm (≦ 15; \> 15 ≦ 60; \> 60 ≦ 100; \> 100 ≦ 160), Probenrichtung.

Kopfbereiche der Kerbschlagzähigkeit (DVM-Probe): \> 5[11] ≦ 10; \> 10 ≦ 50; \> 10 ≦ 160; \> 100; \> 160.

Tafel LVII: Fortsetzung (I)

Austenitische Stähle

Stahl	Werkstoff-Nr.	Wärmebehandlung	Härte HB			Rm (N/mm²)								
X 12 CrNiS 18 8	1.4305	(abgeschreckt)	130 bis 180	215	255	500 bis 700	50	45	—	—	—		n. g.	n. g.
X 5 CrNi 18 9	1.4301		130 bis 180	185	225	500 bis 700	50	45	37	34			g.[14]	g.[14]
X 5 CrNi 19 11	1.4303	abgeschreckt	130 bis 180	185	225	500 bis 700	50	45	37	34			g.[14]	g.[14]
X 2 CrNi 18 9	1.4306	abgeschreckt	120 bis 180	175	215	450 bis 700	50	45	37	34			g.	g.
X 10 CrNiTi 18 9	1.4541		130 bis 190	205[5]	245[6]	500 bis 750	40	35	30	26			g.	g.
X 10 CrNiNb 18 9	1.4550		130 bis 190	205	245	500 bis 750[7]	40	35	30	26	85		g.	g.
X 5 CrNiMo 18 10	1.4401	abgeschreckt	130 bis 180	205	245	500 bis 700	45	40	34	30			g.[14]	g.[14]
X 2 CrNiMo 18 10	1.4404		130 bis 180	195	235	450 bis 700	45	40	34	30			g.	g.
X 10 CrNiMoTi 18 10	1.4571		130 bis 190	225[5]	265[5]	500 bis 750	40	35	30	26			g.	g.
X 10 CrNiMoNb 18 10	1.4580		130 bis 190	225	265	500 bis 750	40	35	30	26			g.	g.
X 5 CrNiMo 18 12	1.4436	abgeschreckt	130 bis 180	205	245	500 bis 700	45	40	34	30			g.[14]	g.[14]
X 2 CrNiMo 18 12	1.4435		120 bis 180	195	235	450 bis 700	45	40	34	30			g.	g.
X 2 CrNiMo 18 16	1.4438		130 bis 180	195	235	500 bis 700	45	40	34	30			g.	g.
X 2 CrNiN 18 10	1.4311	abgeschreckt	140 bis 200	270	310	550 bis 750	40	35	30	26	55		g.	g.
X 2 CrNiMoN 18 12	1.4406		150 bis 210	280	320	600 bis 800	40	35	30	26			g.	g.
X 2 CrNiMoN 18 13	1.4429		150 bis 210	300	340	600 bis 800	40	35	30	26			g.	g.

1) Wegen des Geltungsbereiches der Werte siehe Abschnitt 7.2. von DIN 17440.

2) Anhaltsangaben über die Wärmebehandlung siehe Tabelle 7 von DIN 17440.

3) Für die Abnahme nicht bindend. Eine Berechnung der Zugfestigkeit aus der Härte in HB ist mit großen Streuungen behaftet und besonders bei austenitischen Stählen zu ungenau; in Schiedsfällen ist die Zugfestigkeit maßgebend.

4) Gehärtet und angelassen rund 55 HRC.

5) Ist die Streckgrenze nicht oder nicht deutlich genug ausgeprägt, so ist die 0,2-Grenze nach DIN 50145 (z. Z. noch Entwurf) zu ermitteln.

6) Der Mindestwert für die Streckgrenze oder 0,2-Grenze sowie der Mindestwert für die 1%-Dehngrenze gelten für Rohre nur bis zu Wanddicken von 20 mm und dürfen bei folgenden Erzeugnissen um die nachstehend angegebenen Beträge unterschritten werden: bei stranggepreßten Profilen aller Dicken beim Stahl 1.4541 um 20 N/mm² und beim Stahl 1.4571 um 10 N/mm²; bei Stäben mit Durchmessern über 100 mm bei flächengleichem Querschnitt beim Stahl 1.4541 und beim Stahl 1.4571 um 10 N/mm².

7) Bei Band mit einer Breite ≦ 250 mm und bei Draht darf der obere Grenzwert um 50 N/mm² überschritten werden.

8) Bzw. $L_0 = 5,65 \sqrt{\text{Querschnitt}}$. Für Proben mit anderen Meßlängen (siehe Abschnitt 8.4.2.1 und 8.4.2.2) sind die Bruchdehnungswerte zu vereinbaren.

9) Bei der Prüfung von Rohren aus austenitischen Stählen darf die Bruchdehnung um 5 Einheiten tiefer liegen.

10) Bei Stäben mit Durchmesser bis 100 mm ist die Prüfung an Querproben nicht üblich.

11) Beachte Abschnitt 8.4.4. (DIN 17440)

12) Nur für Stäbe.

13) Bei der Prüfung nach DIN 50914 bis zu den in der letzten Spalte der Tabelle 3 angegebenen Grenztemperaturen; g. = gewährleistet; n. g. = nicht gewährleistet; n. s. = nicht schweißbar.

14) Nur für Wanddicken ≦ 6 mm oder Durchmesser ≦ 40 mm.

Tafel LVIII: Gewährleistete Werte für die Streckgrenze und 1%-Dehngrenze bei erhöhten Temperaturen der nichtrostenden Stähle

Stahlsorte Kurzname	Werkstoff-nummer	Wärmebehandlungs-zustand	Streckgrenze oder 0,2-Grenze[1] bei einer Temperatur in °C von (N/mm² mindestens)											1%-Dehngrenze bei einer Temperatur in °C von (N/mm² mindestens)											Grenz-temperatur[3] °C
			50	100	150	200	250	300	350	400	450	500	550	50	100	150	200	250	300	350	400	450	500	550	
Ferritische und martensitische Stähle																									
X 7 Cr 13	1.4000	geglüht	240	235	230	225	225	220	210	195	–	–	–	–	–	–	–	–	–	–	–	–	–	–	
X 7 CrAl 13	1.4002	geglüht	240	235	230	225	225	220	210	195	–	–	–	–	–	–	–	–	–	–	–	–	–	–	
X 10 Cr 13	1.4006	geglüht	285	275	265	260	255	245	230	215	–	–	–	–	–	–	–	–	–	–	–	–	–	–	
X 10 Cr 13	1.4006	vergütet	430	420	410	400	382	365	335	305	–	–	–	–	–	–	–	–	–	–	–	–	–	–	
X 15 Cr 13	1.4024	vergütet	430	420	410	400	382	365	335	305	–	–	–	–	–	–	–	–	–	–	–	–	–	–	
X 20 Cr 13	1.4021	vergütet	430	420	410	400	382	365	335	305	–	–	–	–	–	–	–	–	–	–	–	–	–	–	
X 22 CrNi 17	1.4057	vergütet	565	540	520	505	490	470	420	375	–	–	–	–	–	–	–	–	–	–	–	–	–	–	
Austenitische Stähle																									
X 5 CrNi 18 9	1.4301	abgeschreckt	175	155	140	127	118	110	104	98	95	92	90	210	190	170	155	145	135	129	125	122	120	120	300
X 5 CrNi 19 11	1.4303	abgeschreckt	175	155	140	127	118	110	104	98	95	92	90	210	190	170	155	145	135	129	125	122	120	120	300
X 2 CrNi 18 9	1.4306	abgeschreckt	165	145	130	118	108	100	94	89	85	81	80	200	180	160	145	135	127	121	116	112	109	108	350
X 10 CrNiTi 18 9	1.4541	abgeschreckt	190[2]	176[2]	165[2]	155[2]	145[2]	136	130	125	121	119	118	225[2]	210[2]	195[2]	185[2]	175[2]	167	161	156	152	149	147	400
X 10 CrNiNb 18 9	1.4550	abgeschreckt	190	176	165	155	145	136	130	125	121	119	118	225	210	195	185	175	167	161	156	152	149	147	400
X 5 CrNiMo 18 10	1.4401	abgeschreckt	195	175	158	145	135	127	120	115	112	110	110	230	210	190	175	165	155	150	144	141	139	137	300
X 2 CrNiMo 18 10	1.4404	abgeschreckt	185	165	150	137	127	119	113	108	103	100	98	220	200	180	165	153	145	139	135	130	128	127	400
X 10 CrNiMoTi 18 10	1.4571	abgeschreckt	205[2]	190[2]	176[2]	165[2]	155	145	140	135	131	129	127	240[2]	220[2]	205[2]	192	183	175	169	164	160	158	157	400
X 10 CrNiMoNb 18 10	1.4580	abgeschreckt	205	190	176	165	155	145	140	135	131	129	127	240	220	205	192	183	175	169	164	160	158	157	400
X 5 CrNiMo 18 12	1.4436	abgeschreckt	195	175	158	145	135	127	120	115	112	110	108	230	210	190	175	165	155	150	144	141	139	137	300
X 2 CrNiMo 18 12	1.4435	abgeschreckt	185	165	150	137	127	119	113	108	103	98	98	220	200	180	165	153	145	139	135	130	128	127	400
X 2 CrNiMo 18 16	1.4438	abgeschreckt	187	170	156	144	134	126	120	116	112	110	108	220	203	189	176	165	155	148	144	140	138	136	350
X 2 CrNiN 18 10	1.4311	abgeschreckt	245	205	175	157	145	136	130	125	121	119	118	280	240	210	187	175	167	161	156	152	149	147	400
X 2 CrNiMoN 18 12	1.4406	abgeschreckt	250	211	185	167	155	145	140	135	131	129	127	284	246	218	198	183	175	169	164	160	158	157	400
X 2 CrNiMoN 18 13	1.4429	abgeschreckt	265	225	197	178	165	155	150	145	140	138	136	300	260	227	208	195	185	180	175	170	168	166	400

[1] Ist die Streckgrenze nicht oder nicht deutlich genug ausgeprägt, so ist die 0,2-Grenze nach DIN 50 145 (z. Z. noch Entwurf) zu ermitteln.

[2] Diese Werte gelten für Rohre nur bis zu Wanddicken von 20 mm.

Bei stranggepreßten Profilen aller Dicken (Pr) und bei Stäben mit Durchmessern über 100 mm oder flächengleichem Querschnitt (St) gelten für die im Kopf der Tabelle aufgeführten Eigenschaften und bei den dort angegebenen Temperaturen folgende Mindestwerte:

für	aus Stahl	50	100	150	200	250		50	100	150	200	250
St	1.4541	180	169	159	150	142		215	202	192	182	174
Pr, Pr	1.4541	175	162	154	146	141		205	196	188	180	172
Si, Pr	1.4571	195	184	172	162			230	216	203		

[3] Bis zu diesen Temperaturen hat sich innerhalb 100 000 h der Werkstoff nicht so verändert, daß er bei der Prüfung nach DIN 50 914 Anfälligkeit gegen Kornzerfall zeigt.

Tafel LIX: Anhaltsangaben über die physikalischen Eigenschaften nichtrostender Stähle

Stahlsorte Kurzname	Werkstoffnummer	Dichte g/cm³	Elastizitätsmodul¹) bei 10³ N/mm² 20 °C	100 °C	200 °C	300 °C	400 °C	500 °C	Wärmeausdehnung zwischen 20 °C und 10⁻⁶ m/m·K 100 °C	200 °C	300 °C	400 °C	500 °C	Wärmeleitfähigkeit bei 20 °C W/m·K	Spezifische Wärme bei 20 °C J/g·K	Elektrischer Widerstand bei 20 °C Ω mm²/m	Magnetisierbarkeit
Ferritische und martensitische Stähle																	
X 7 Cr 13	1.4000	7,7	216	213	207	200	192		10,5	11,0	11,5	12,0	12,0	30	0,46	0,60	vorhanden
X 7 CrAl 13	1.4002	7,7	216	213	207	200	192		10,5	11,0	11,5	12,0	12,0	30	0,46	0,60	
X 10 Cr 13	1.4006	7,7	216	213	207	200	192		10,5	11,0	11,5	12,0	12,0	30	0,46	0,60	
X 15 Cr 13	1.4024	7,7	216	213	207	200	192		10,5	11,0	11,5	12,0	12,0	30	0,46	0,55	
X 20 Cr 13	1.4021	7,7	216	213	207	200	192		10,5	11,0	11,5	12,0	12,0	30	0,46	0,55	
X 40 Cr 13	1.4034	7,7	220	218	212	205	192		10,5	11,0	11,0	11,5	12,0	30	0,46	0,55	
X 45 CrMoV 15	1.4116	7,7	220	218	212	205	197		10,5	11,0	11,0	11,5	12,0	30	0,46	0,55	
X 8 Cr 17	1.4016	7,7	220	218	212	205	197		10,0	10,0	10,5	10,5	11,0	25	0,46	0,60	vorhanden
X 8 CrTi 17	1.4510	7,7	220	218	212	205	197		10,0	10,0	10,5	10,5	11,0	25	0,46	0,60	
X 8 CrNb 17	1.4511	7,7	220	218	212	205	197		10,0	10,0	10,5	10,5	11,0	25	0,46	0,60	
X 6 CrMo 17	1.4113	7,7	216	213	207	200	192		10,0	10,5	10,5	11,0	11,0	25	0,46	0,70	
X 12 CrMoS 17	1.4104	7,7	216	213	207	200	192		10,0	10,5	10,5	11,0	11,0	25	0,46	0,70	vorhanden
X 22 CrNi 17	1.4057	7,7	216	213	207	200	192		10,0	10,5	11,0	11,0	11,0	25	0,46	0,70	
Austenitische Stähle																	
X 12 CrNiS 18 8	1.4305	7,9	200	194	186	179	172	165	16,0	17,0	17,0	18,0	18,0	15	0,50	0,73	nicht vorhanden²)
X 5 CrNi 18 9	1.4301	7,9	200	194	186	179	172	165	16,0	17,0	17,0	18,0	18,0	15	0,50	0,73	
X 5 CrNi 19 11	1.4303	7,9	200	194	186	179	172	165	16,0	17,0	17,0	18,0	18,0	15	0,50	0,73	
X 2 CrNi 18 9	1.4306	7,9	200	194	186	179	172	165	16,0	17,0	17,0	18,0	18,0	15	0,50	0,73	
X 10 CrNiTi 18 9	1.4541	7,9	200	194	186	179	172	165	16,0	17,0	17,0	18,0	18,0	15	0,50	0,73	
X 10 CrNiNb 18 9	1.4550	7,9	200	194	186	179	172	165	16,0	17,0	17,0	18,0	18,0	15	0,50	0,73	
X 5 CrNiMo 18 10	1.4401	7,95	200	194	186	179	172	165	16,5	17,5	17,5	18,5	18,5	15	0,50	0,75	nicht vorhanden²)
X 2 CrNiMo 18 10	1.4404	7,95	200	194	186	179	172	165	16,5	17,5	17,5	18,5	18,5	15	0,50	0,75	
X 10 CrNiMoTi 18 10	1.4571	7,95	200	194	186	179	172	165	16,5	18,5	18,5	18,5	19,0	15	0,50	0,75	
X 10 CrNiMoNb 18 10	1.4580	7,95	200	194	186	179	172	165	16,5	17,5	18,0	18,5	19,0	15	0,50	0,75	
X 5 CrNiMo 18 12	1.4436	7,95	200	194	186	179	172	165	16,5	17,5	17,5	18,5	18,5	15	0,50	0,75	nicht vorhanden²)
X 2 CrNiMo 18 12	1.4435	7,95	200	194	186	179	172	165	16,5	17,5	17,5	18,5	18,5	15	0,50	0,75	
X 2 CrNiMo 18 16	1.4438	8,0	200	194	186	179	172	165	16,5	18,0	18,0	19,0	19,0	17	0,50	0,85	
X 2 CrNiN 18 10	1.4311	7,9	200	194	186	179	172	165	16,0	17,0	17,5	18,0	18,0	15	0,50	0,73	nicht vorhanden²)
X 2 CrNiMoN 18 12	1.4406	7,95	200	194	186	179	172	165	16,5	17,5	17,5	18,5	18,5	15	0,50	0,75	
X 2 CrNiMoN 18 13	1.4429	7,95	200	194	186	179	172	165	16,5	17,5	17,5	18,5	18,5	15	0,50	0,75	

¹) Die Werte gelten für die Wärmebehandlungszustände

²) Austenitische Stähle können im abgeschreckten Zustand unter Umständen schwach magnetisierbar sein. Ihre Magnetisierbarkeit nimmt mit steigender Kaltverformung zu. Bei sehr hohen Anforderungen an die Unmagnetisierbarkeit sind Stähle nach Stahl-Eisen-Werkstoffblatt 390 zu bestellen.

Tafel LX: Anhaltsangaben über die Temperaturen für Warmformgebung und Wärmebehandlung sowie über das Gefüge nichtrostender Stähle

Stahlsorte Kurzname	Werkstoffnummer	Warmformgebung Temperatur °C	Abkühlungsart	Glühen Temperatur °C	Abkühlungsart	Abschrecken Temperatur °C	Abkühlungsart	Anlassen Temperatur °C	Gefüge nach der Wärmebehandlung
Ferritische und martensitische Stähle									
X 7 Cr 13	1.4000	1150 bis 750	Luft	750 bis 800	Ofen, Luft	950 bis 1000	Öl, Luft	700 bis 750	Ferrit (+ Umwandlungsgefüge)
X 7 CrAl 13	1.4002	1150 bis 750	Luft	750 bis 800	Ofen, Luft	950 bis 1000	Öl, Luft	700 bis 750	
X 10 Cr 13	1.4006	1150 bis 750	Luft	750 bis 800	Ofen, Luft	950 bis 1000	Öl, Luft	700 bis 750	
X 15 Cr 13	1.4024	1150 bis 750	Asche	750 bis 800	Ofen	980 bis 1030	Öl, Luft	700 bis 750	Umwandlungsgefüge (+ Ferrit)
X 20 Cr 13	1.4021	1150 bis 750	Asche	750 bis 800	Ofen	980 bis 1030	Öl, Luft	700 bis 750 / 650 bis 700	
X 40 Cr 13	1.4034	1100 bis 800	Ofen	750 bis 800	Ofen	1000 bis 1050	Öl, Luft	100 bis 200	Umwandlungsgefüge bzw. Martensit
X 45 CrMoV 15	1.4116	1100 bis 850	Ofen	750 bis 800	Ofen	1050 bis 1000	Öl, Luft	100 bis 200	
X 8 Cr 17	1.4016	1050 bis 750	Luft	750 bis 850	Luft, Wasser	—	—	—	Ferrit (+ Umwandlungsgefüge)
X 8 CrTi 17	1.4510	1050 bis 750	Luft	750 bis 850	Luft, Wasser	—	—	—	Ferrit
X 8 CrNb 17	1.4511	1050 bis 750	Luft	750 bis 850	Luft, Wasser	—	—	—	Ferrit
X 6 CrMo 17	1.4113	1050 bis 750	Luft	750 bis 850	Luft, Wasser	—	—	—	(+ Umwandlungsgefüge)
X 12 CrMoS 17	1.4104	1100 bis 750	Luft	800 bis 850	Luft, Wasser	1025 bis 1050	Öl	550 bis 600	Ferrit (+ Umwandlungsgefüge)
X 22 CrNi 17	1.4057	1100 bis 750	Asche	—	—	1000 bis 1050	Öl	630 bis 720	Umwandlungsgefüge (+ Ferrit)
Austenitische Stähle									
X 12 CrNiS 18 8	1.4305	1150 bis 750	Luft	—	—	1000 bis 1050	Wasser, Luft [2]	—	Austenit [1]
X 5 CrNi 18 9	1.4301	1150 bis 750	Luft	—	—	1000 bis 1050		—	
X 5 CrNi 19 11	1.4303	1150 bis 750	Luft	—	—	1000 bis 1050		—	
X 2 CrNi 18 9	1.4306	1150 bis 750	Luft	—	—	1000 bis 1050		—	
X 10 CrNiTi 18 9	1.4541	1150 bis 750	Luft	—	—	1020 bis 1070		—	
X 10 CrNiNb 18 9	1.4550	1150 bis 750	Luft	—	—	1020 bis 1070		—	
X 5 CrNiMo 18 10	1.4401	1150 bis 750	Luft	—	—	1050 bis 1100		—	
X 2 CrNiMo 18 10	1.4404	1150 bis 750	Luft	—	—	1050 bis 1100		—	
X 10 CrNiMoTi 18 10	1.4571	1150 bis 750	Luft	—	—	1050 bis 1100		—	
X 10 CrNiMoNb 18 10	1.4580	1150 bis 750	Luft	—	—	1050 bis 1100		—	

Tafel LX: Fortsetzung (I)

Stahlsorte Kurzname	Werk-stoff-nummer	Warmformgebung Temperatur °C	Warmformgebung Ab-kühlungs-art	Glühen Temperatur °C	Glühen Ab-kühlungs-art	Abschrecken Temperatur °C	Abschrecken Ab-kühlungs-art	Anlassen Temperatur °C	Gefüge nach der Wärmebehandlung
				Austenitische Stähle (Fortsetzung)					
X 5 CrNiMo 18 12	1.4436	1150 bis 750	Luft	—	—	1050 bis 1100		—	
X 2 CrNiMo 18 12	1.4435	1150 bis 750	Luft	—	—	1050 bis 1100	Wasser, Luft[2]	—	Austenit[1]
X 2 CrNiMo 18 16	1.4438	1150 bis 750	Luft	—	—	1050 bis 1100		—	
X 2 CrNiN 18 10	1.4311	1150 bis 750	Luft	—	—	1000 bis 1050		—	
X 2 CrNiMoN 18 12	1.4406	1150 bis 750	Luft	—	—	1050 bis 1100	Wasser, Luft[2]	—	Austenit[1]
X 2 CrNiMoN 18 13	1.4429	1150 bis 750	Luft	—	—	1050 bis 1100		—	

1) Gegebenenfalls auch Anteile von Ferrit.
2) Abkühlung möglichst schnell.

Tafel LXI: Chemische Zusammensetzung (nach der Schmelzanalyse) ¹) der hitzebeständigen Stähle

Stahlsorte		% C	% Si	% Mn höchstens	% P höchstens	% S höchstens	% Al	% Cr	% Ni	% Sonstige
Kurzname	Werkstoff-nummer									
Ferritische Stähle										
X 10 CrAl 7	1.4713	≦ 0,12	0,5 bis 1,0	1,0	0,040	0,030	0,5 bis 1,0	6,0 bis 8,0	–	–
X 7 CrTi 12	1.4720	≦ 0,08	≦ 1,0	1,0	0,040	0,030	–	10,5 bis 12,5	–	Ti ≧ 6 x % C ≦ 1,0
X 10 CrAl 13	1.4724	≦ 0,12	0,7 bis 1,4	1,0	0,040	0,030	0,7 bis 1,2	12,0 bis 14,0	–	–
X 10 CrAl 18	1.4742	≦ 0,12	0,7 bis 1,4	1,0	0,040	0,030	0,7 bis 1,2	17,0 bis 19,0	–	–
X 10 CrAl 24	1.4762	≦ 0,12	0,7 bis 1,4	1,0	0,040	0,030	1,2 bis 1,7	23,0 bis 26,0	–	–
Ferritisch-austenitische Stähle										
X 20 CrNiSi 25 4	1.4821	0,10 bis 0,20	0,8 bis 1,5	2,0	0,040	0,030	–	24,0 bis 27,0	3,5 bis 5,5	–
Austenitische Stähle										
X 12 CrNiTi 18 9	1.4878	≦ 0,12	≦ 1,0	2,0	0,045	0,030	–	17,0 bis 19,0	9,0 bis 12,0	Ti ≧ 4 x % C ≦ 0,80
X 15 CrNiSi 20 12	1.4828	≦ 0,20	1,5 bis 2,5	2,0	0,045	0,030	–	19,0 bis 21,0	11,0 bis 13,0	–
X 7 CrNi 23 14	1.4833	≦ 0,08	≦ 1,0	2,0	0,045	0,030	–	21,0 bis 23,0	12,0 bis 15,0	–
X 12 CrNi 25 21	1.4845	≦ 0,15	≦ 0,75	2,0	0,045	0,030	–	24,0 bis 26,0	19,0 bis 22,0	–
X 15 CrNiSi 25 20	1.4841	≦ 0,20	1,5 bis 2,5	2,0	0,045	0,030	–	24,0 bis 26,0	19,0 bis 22,0	–
X 12 NiCrSi 36 16	1.4864	≦ 0,15	1,0 bis 2,0	2,0	0,030	0,020	–	15,0 bis 17,0	33,0 bis 37,0	–
X 10 NiCrAlTi 32 20	1.4876	≦ 0,12	≦ 1,0	2,0	0,030	0,020	0,15 bis 0,6	19,0 bis 23,0	30,0 bis 34,0	Ti 0,15 bis 0,6

1) In dieser Tafel nicht aufgeführte Elemente dürfen dem Stahl außer zum Fertigbehandeln der Schmelze ohne Zustimmung des Bestellers nicht absichtlich zugesetzt werden. Es sind alle angemessenen Vorkehrungen zu treffen, um die Zufuhr solcher Elemente aus dem Schrott und anderen bei der Herstellung verwendeten Stoffen zu vermeiden, welche die Verwendbarkeit beeinträchtigen.

Tafel LXII: Mechanische Eigenschaften bei Raumtemperatur [1] der hitzebeständigen Stähle

Stahlsorte		Wärmebehandlungs-zustand	Härte[2]	0,2-Grenze	Zugfestigkeit	Bruchdehnung[3] ($L_0 = 5 d_0$) Probenlage	
Kurzname	Werkstoff-nummer		HB höchst.	N/mm^2 mind.	N/mm^2	längs	quer
						% mind.	
Ferritische Stähle							
X 10 CrAl 7	1.4713	geglüht	192	220	420 bis 620	20	15
X 7 CrTi 12	1.4720	geglüht	179	210	400 bis 600	25	20
X 10 CrAl 13	1.4724	geglüht	192	250	450 bis 650	15	11
X 10 CrAl 18	1.4742	geglüht	212	270	500 bis 700	12	9
X 10 CrAl 24	1.4762	geglüht	223	280	520 bis 720	10	7
Ferritisch-austenitische Stähle							
X 20 CrNiSi 25 4	1.4821	abgeschreckt	235	400	600 bis 850	16	12
Austenitische Stähle							
X 12 CrNiTi 18 9	1.4878	abgeschreckt	192	210	500 bis 750	40	30
X 15 CrNiSi 20 12	1.4828	abgeschreckt	223	230	500 bis 750	30	22
X 7 CrNi 23 14	1.4833	abgeschreckt	192	210	500 bis 750	35	26
X 12 CrNi 25 21	1.4845	abgeschreckt	192	210	500 bis 750	35	26
X 15 CrNiSi 25 20	1.4841	abgeschreckt	223	230	550 bis 800	30	22
X 12 NiCrSi 36 16	1.4864	abgeschreckt	223	230	550 bis 800	30	22
X 10 NiCrAlTi 32 20	1.4876	rekristallisierend geglüht	192	210	500 bis 750	30	22
		lösungsgeglüht	192	170	450 bis 700	30	22

1) Die Werte gelten für die in Abschnitt 7.4.1 des Werkstoffblattes angegebenen Abmessungsbereiche.
2) Für die Abnahme nicht bindend. Eine Errechnung der Zugfestigkeit aus der Härte in HB ist mit großen Streuungen behaftet und besonders bei austenitischen Stählen zu ungenau; in Schiedsfällen ist die Zugfestigkeit maßgebend.
3) Die Werte gelten für Probendicken $\geq$ 3 mm. Für kleinere Dicken sind die Werte bei der Bestellung zu vereinbaren; die aufgeführten Werte können als Anhaltsangaben angesehen werden.

Tafel LXIII: Anhaltsangaben über das Langzeitverhalten bei hohen Temperaturen (Mittelwerte des bisher erfaßten Streubereichs)

Stahlsorte		Temperatur	1 %-Zeitdehngrenze [1]) für		Zeitstandfestigkeit [2]) für		
Kurzname	Werkstoff-nummer	°C	1 000 h	10 000 h	1 000 h	10 000 h	100 000 h
			N/mm²		N/mm²		
X 10 CrAl 7	1.4713						
X 7 CrTi 12	1.4720	500	80	50	160	100	55
X 10 CrAl 13	1.4724	600	27,5	17,5	55	35	20
X 10 CrAl 18	1.4742	700	8,5	4,7	17	9,5	5
X 10 CrAl 24	1.4762	800	3,7	2,1	7,5	4,3	2,3
X 18 CrN 28	1.4749	900	1,8	1,0	3,6	1,9	1,0
X 20 CrNiSi 25 4	1.4821						
X 12 CrNiTi 18 9	1.4878	600	110	85	185	115	65
		700	45	30	80	45	22
		800	15	10	35	20	10
X 15 CrNiSi 20 12	1.4828	600	120	80	190	120	65
X 7 CrNi 23 14	1.4833	700	50	25	75	36	16
		800	20	10	35	18	7,5
		900	8	4	15	8,5	3,0
X 12 CrNi 25 21	1.4845	600	150	105	230	160	80
X 15 CrNiSi 25 20	1.4841	700	53	37	80	40	18
		800	23	12	35	18	7
		900	10	5,7	15	8,5	3,0
X 12 NiCrSi 36 16	1.4864	600	105	80	180	125	75
		700	50	35	75	45	25
		800	25	15	35	20	7
		900	12	5	15	8	3
X 10 NiCrAlTi 32 20 (lösungsgeglüht)	1.4876	600	130	90	200	152	114
		700	70	40	90	68	47
		800	30	15	45	30	19
		900	13	5	20	11	4

1) Das ist die auf den Ausgangsquerschnitt bezogene Spannung, die nach 1 000 oder 10 000 zu einer bleibenden Dehnung von 1 % führt.

2) Das ist die auf den Ausgangsquerschnitt bezogene Spannung, die nach 1 000, 10 000 oder 100 000 h zum Bruch führt.

Tafel LXIV: Anhaltsangaben über die physikalischen Eigenschaften der hitzebeständigen Stähle

Stahlsorte Kurzname	Werkstoff-nummer	Dichte g/cm³	Mittlerer linearer Wärmeausdehnungskoeffizient zwischen 20°C und $\frac{10^{-3}\,m}{m\cdot{}°C}$ 200°C	400°C	600°C	800°C	1000°C	Wärmeleitfähigkeit bei $\frac{W}{m\cdot{}°C}$ 20°C	500°C	Spezifische Wärmekapazität bei 20°C $\frac{J}{g\cdot{}°C}$	Spezifischer elektrischer Widerstand bei 20°C $\frac{\Omega\cdot{}mm^2}{m}$
Ferritische Stähle											
X 10 CrAl 7	1.4713	7,7	11,5	12,0	12,5	13,0	—	23	25		0,70
X 7 CrTi 12	1.4720	7,7	11,0	12,0	12,5	13,0	—	25	28		0,60
X 10 CrAl 13	1.4724	7,7	11,0	11,5	12,0	12,5	13,5	21	23	0,45	0,90
X 10 CrAl 18	1.4742	7,7	10,5	11,5	12,0	12,5	13,5	19	25		0,95
X 10 CrAl 24	1.4762	7,7	10,5	11,5	12,0	12,5	13,5	17	23		1,10
Ferritisch-austenitische Stähle											
X 20 CrNiSi 25 4	1.4821	7,7	13,0	13,5	14,0	14,5	15,0	17	23	0,50	0,90
Austenitische Stähle											
X 12 CrNiTi 18 9	1.4878	7,9	17,0	18,0	18,5	19,0	—	15	21		0,75
X 15 CrNiSi 20 12	1.4828	7,9	16,5	17,5	18,0	18,5	19,5	15	21		0,85
X 7 CrNi 23 14	1.4833	7,9	16,0	17,5	18,5	18,5	19,5	15	19	0,50	0,80
X 12 CrNi 25 21	1.4845	7,9	15,5	17,0	17,5	18,0	19,0	14	19		0,85
X 15 CrNiSi 25 20	1.4841	7,9	15,5	17,0	17,5	18,0	19,0	14	19		0,90
X 12 NiCrSi 36 16	1.4864	8,0	15,0	16,0	17,0	17,5	18,5	13	19		1,00
X 10 NiCrAlTi 32 20	1.4876	8,0	15,0	16,0	17,0	17,5	18,5	12	19		1,00

Tafel LXV: Anhaltsangaben über die Temperaturen für Warmformgebung und Wärmebehandlung sowie über die Zunderbeständigkeit in Luft der hitzebeständigen Stähle

Stahlsorte		Warmformgebung	Glühen[1])	Abschrecken[2])	Zundergrenz-temperatur
Kurzname	Werkstoff-nummer	Temperatur $°C$	Temperatur $°C$	Temperatur $°C$	in Luft[3]) $°C$
Ferritische Stähle					
X 10 CrAl 7	1.4713	1100 bis 750	750 bis 800	–	620 800
X 7 CrTi 12	1.4720	1050 bis 750	750 bis 850	–	800
X 10 CrAl 13	1.4724	1100 bis 750	800 bis 850	–	850
X 10 CrAl 18	1.4742	1100 bis 750	800 bis 850	–	1000
X 10 CrAl 24	1.4762	1100 bis 750	800 bis 850	–	1150
Ferritisch-austenitische Stähle					
X 20 CrNiSi 25 4	1.4821	1150 bis 800	–	1000 bis 1050	1100
Austenitische Stähle					
X 12 CrNiTi 18 9	1.4878	1150 bis 800	–	1020 bis 1070	850
X 15 CrNiSi 20 12	1.4828	1150 bis 800	–	1050 bis 1100	1000
X 7 CrNi 23 14	1.4833	1150 bis 900	–	1050 bis 1100	1000
X 12 CrNi 25 21	1.4845	1150 bis 800	–	1050 bis 1100	1050
X 15 CrNiSi 25 20	1.4841	1150 bis 800	–	1050 bis 1100	1150
X 12 NiCrSi 36 16	1.4864	1150 bis 800	–	1050 bis 1100	1100
X 10 NiCrAlTi 32 20	1.4876	1150 bis 800	900 bis 980[4])	1100 bis 1150[5])	1100

1) Abkühlung in Luft (Wasser)
2) Abkühlung in Wasser (Luft)
3) Vgl. Abschnitt 8
4) Rekristallisierungsglühen
5) Lösungsglühen

6.4.8. Hitzebeständige Stähle

Diese Stähle sind in dem Stahl-Eisen-Werkstoffblatt 470 enthalten. In den Tafeln LXI bis LXV sind die Stähle mit ihrer chemischen Zusammensetzung und den wichtigsten Gebrauchseigenschaften zusammengestellt.

6.4.9. Vergütungs- und Einsatzstähle

Rohrvormaterial und Rohre aus Vergütungs- und Einsatzstählen werden zu Konstruktionsteilen im Maschinenbau verabreitet. Insbesondere werden niedrig kohlenstoffhaltige Einsatzstähle für Rohre in der Gleitlagerfertigung verwendet.
Die Vergütungsstähle sind in DIN 17200 zusammengefaßt. Die Sathlsorten und ihre chemische Zusammensetzung sind in Tafel LXVI enthalten. Die in DIN 17210 genormten Einsatzstähle sind mit ihrer chemischen Zusammensetzung aus Tafel LXVII zu entnehmen.

Tafel LXVI: Chemische Zusammensetzung der Vergütungsstähle (Schmelzanalyse) [1])

Stahlsorte		Chemische Zusammensetzung in Gew.-% [2])								
Kurzname	Werkstoff-nummer	C	Si	Mn	P höchstens	S höchstens	Cr	Mo	Ni	V
Qualitätsstähle										
C 22 [3])	1.0402	0,18 bis 0,25	0,15 bis 0,35	0,30 bis 0,60	0,045	0,045	–	–	–	–
C 35	1.0501	0,32 bis 0,39	0,15 bis 0,35	0,50 bis 0,80	0,045	0,045	–	–	–	–
C 45	1.0503	0,42 bis 0,50	0,15 bis 0,35	0,50 bis 0,80	0,045	0,045	–	–	–	–
C 55	1.0535	0,52 bis 0,60	0,15 bis 0,35	0,60 bis 0,90	0,045	0,045	–	–	–	–
C 60	1.0601	0,57 bis 0,65	0,15 bis 0,35	0,60 bis 0,90	0,045	0,045	–	–	–	–
Edelstähle										
Ck 22 [3])	1.1151	0,18 bis 0,25	0,15 bis 0,35	0,30 bis 0,60	0,035	0,035	–	–	–	–
Ck 35	1.1181	0,32 bis 0,39	0,15 bis 0,35	0,50 bis 0,80	0,035	0,035	–	–	–	–
Ck 45	1.1191	0,42 bis 0,50	0,15 bis 0,35	0,50 bis 0,80	0,035	0,035	–	–	–	–
Ck 55	1.1203	0,52 bis 0,60	0,15 bis 0,35	0,60 bis 0,90	0,035	0,035	–	–	–	–
Ck 60	1.1221	0,57 bis 0,65	0,15 bis 0,35	0,60 bis 0,90	0,035	0,035	–	–	–	–
40 Mn 4 [3])	1.5038	0,36 bis 0,44	0,25 bis 0,50	0,80 bis 1,10	0,035	0,035	–	–	–	–
28 Mn 6	1.5065	0,25 bis 0,32	0,15 bis 0,40	1,30 bis 1,65	0,035	0,035	–	–	–	–
38 Cr 2	1.7003	0,34 bis 0,41	0,15 bis 0,40	0,50 bis 0,80	0,035	0,035	0,40 bis 0,60	–	–	–
46 Cr 2	1.7006	0,42 bis 0,50	0,15 bis 0,40	0,50 bis 0,80	0,035	0,035	0,40 bis 0,60	–	–	–
34 Cr 4	1.7033	0,30 bis 0,37	0,15 bis 0,40	0,60 bis 0,90	0,035	0,035	0,90 bis 1,20	–	–	–
37 Cr 4	1.7034	0,34 bis 0,41	0,15 bis 0,40	0,60 bis 0,90	0,035	0,035	0,90 bis 1,20	–	–	–
41 Cr 4	1.7035	0,38 bis 0,45	0,15 bis 0,40	0,50 bis 0,80	0,035	0,035	0,90 bis 1,20	–	–	–
25 CrMo 4	1.7218	0,22 bis 0,29	0,15 bis 0,40	0,50 bis 0,80	0,035	0,035	0,90 bis 1,20	0,15 bis 0,30	–	–
34 CrMo 4	1.7220	0,30 bis 0,37	0,15 bis 0,40	0,50 bis 0,80	0,035	0,035	0,90 bis 1,20	0,15 bis 0,30	–	–
42 CrMo 4	1.7225	0,38 bis 0,45	0,15 bis 0,40	0,50 bis 0,80	0,035	0,035	0,90 bis 1,20	0,15 bis 0,30	(≦ 0,30)	–
50 CrMo 4 [3])	1.7228	0,46 bis 0,54	0,15 bis 0,40	0,50 bis 0,80	0,035	0,035	0,90 bis 1,20	0,15 bis 0,30	–	–
32 CrMo 12	1.7361	0,28 bis 0,35	0,15 bis 0,40	0,40 bis 0,70	0,035	0,035	2,80 bis 3,30	0,30 bis 0,50	–	–
36 CrNiMo 4	1.6511	0,32 bis 0,40	0,15 bis 0,40	0,50 bis 0,80	0,035	0,035	0,90 bis 1,20	0,15 bis 0,30	0,90 bis 1,20	–
34 CrNiMo 6	1.6582	0,30 bis 0,38	0,15 bis 0,40	0,40 bis 0,70	0,035	0,035	1,40 bis 1,70	0,15 bis 0,30	1,40 bis 1,70	–
30 CrNiMo 8	1.6580	0,26 bis 0,33	0,15 bis 0,40	0,30 bis 0,60	0,035	0,035	1,80 bis 2,20	0,30 bis 0,50	1,80 bis 2,20	–
50 CrV 4	1.8159	0,47 bis 0,55	0,15 bis 0,40	0,70 bis 1,10	0,035	0,035	0,90 bis 1,20	–	–	0,10 bis 0,20
30 CrMoV 9 [3])	1.7707	0,26 bis 0,34	0,15 bis 0,40	0,40 bis 0,70	0,035	0,035	2,30 bis 2,70	0,15 bis 0,25	–	0,10 bis 0,20

[1]) Sorten mit gewährleisteter Spanne des Schwefelgehaltes (0,020 bis 0,035 Gew.-%).
[2]) In dieser Tabelle nicht aufgeführte Elemente dürfen dem Stahl außer zum Fertigbehandeln der Schmelze nicht absichtlich zugesetzt werden. Es sind alle angemessenen Vorkehrungen zu treffen, um die Zufuhr solcher Elemente aus dem Schrott und anderen bei der Herstellung verwendeten Stoffen zu vermeiden, die die Härtbarkeit, die mechanischen Eigenschaften und die Verwendbarkeit beeinträchtigen.
[3]) Die Verwendung dieser Stähle sollte nur für Sonderzwecke in Betracht gezogen werden.

Tafel LXVII: Chemische Zusammensetzung der Einsatzstähle (Schmelzanalyse) [1])

Stahlsorte		Chemische Zusammensetzung in Gew.-% [2]) [3])							
Kurzname	Werkstoff-nummer	C	Si	Mn	P höchstens	S höchstens	Cr	Mo	Ni
Qualitätsstähle									
C 10	**1.0301**	0,07 bis 0,13	0,15 bis 0,35	0,30 bis 0,60	0,045	0,045	–	–	–
C 15	**1.0401**	0,12 bis 0,18	0,15 bis 0,35	0,30 bis 0,60	0,045	0,045	–	–	–
Edelstähle									
Ck 10	**1.1121**	0,07 bis 0,13	0,15 bis 0,35	0,30 bis 0,60	0,035	0,035	–	–	–
Ck 15	**1.1141**	0,12 bis 0,18	0,15 bis 0,35	0,30 bis 0,60	0,035	0,035	–	–	–
15 Cr 3	**1.7015**	0,12 bis 0,18	0,15 bis 0,40	0,40 bis 0,60	0,035	0,035	0,40 bis 0,70	–	–
16 MnCr 5	**1.7131**	0,14 bis 0,19	0,15 bis 0,40	1,00 bis 1,30	0,035	0,035	0,80 bis 1,10	–	–
20 MnCr 5	**1.7147**	0,17 bis 0,22	0,15 bis 0,40	1,10 bis 1,40	0,035	0,035	1,00 bis 1,30	–	–
20 MoCr 4	**1.7321**	0,17 bis 0,22	0,15 bis 0,40	0,60 bis 0,90	0,035	0,035	0,30 bis 0,50	0,40 bis 0,50	–
25 MoCr 4	**1.7325**	0,23 bis 0,29	0,15 bis 0,40	0,60 bis 0,90	0,035	0,035	0,40 bis 0,60	0,40 bis 0,50	–
15 CrNi 6	**1.5919**	0,12 bis 0,17	0,15 bis 0,40	0,40 bis 0,60	0,035	0,035	1,40 bis 1,70	–	1,40 bis 1,70
18 CrNi 8 [4])	1.5920	0,15 bis 0,20	0,15 bis 0,40	0,40 bis 0,60	0,035	0,035	1,80 bis 2,10	–	1,80 bis 2,10
17 CrNiMo 6	**1.6587**	0,14 bis 0,19	0,15 bis 0,40	0,40 bis 0,60	0,035	0,035	1,50 bis 1,80	0,25 bis 0,35	1,40 bis 1,70

[1]) Stahlsorten mit gewährleisteter Spanne des Schwefelgehaltes (0,020 bis 0,035 Gew.-%).

[2]) In dieser Tabelle nicht aufgeführte Elemente dürfen dem Stahl außer zum Fertigbehandeln der Schmelze ohne Zustimmung des Bestellers nicht absichtlich zugesetzt werden. Es sind alle angemessenen Vorkehrungen zu treffen, um die Zufuhr solcher Elemente aus dem Schrott und anderen bei der Herstellung verwendeten Stoffen zu vermeiden, die die Härtbarkeit, die mechanischen Eigenschaften und die Verwendbarkeit beeinträchtigen.

[3]) Legierte Stähle, die für Direkthärtung vorgesehen sind, sollen mindestens 0,02 Gew.-% metallisches (säurelösliches) Aluminium enthalten.

[4]) Die Verwendung dieser Stahlsorte sollte nur für Sonderzwecke in Betracht gezogen werden.

6.5. Flansche und Vorschweißbunde – warmfeste Stähle

Die Stahlsorten mit ihren Gebrauchseigenschaften sind in Stahl-Eisen-Werkstoffblatt 620-51 zusammengefaßt. In diesem Werkstoffblatt werden diejenigen Flansche und Vorschweißbunde behandelt, die bei Betriebstemperatur zwischen etwa 350 °C und 525 °C verwendet werden. Stähle für Flansche und Vorschweißbunde für Temperaturen bis etwa 350 °C sind in DIN 17 200 – Vergütungsstähle – enthalten. Warmfester Stahlguß wird in DIN 17 245 behandelt. Die verwendeten Stähle nach Stahl-Eisen-Werkstoffblatt 620-51 mit ihrer chemischen Zusammensetzung und den mechanischen Eigenschaften sind in den Tafeln LXVIII und LIX zusammengestellt. Das Werkstoffblatt wird durch DIN 17243, die sich in Vorbereitung befindet, ersetzt.

Tafel LXVIII: Chemische Zusammensetzung der warmfesten Stähle für Flansche und Vorschweißbunde

Marken-bezeichnung [1])	Stoff-nummer [2])	Chemische Zusammensetzung								Schweißbarkeit
		% C	% Si	% Mn	% P	% S	% Cr	% Mo	% V	
					höchstens					
C 22[3])	0611	.18/.25	.15/.35	.30/.60	.045	.045	—	—	—	schweißbar [4])
C 35[3])	0651	.32/.40	.15/.35	.40/.70	.045	.045	—	—	—	nicht schweißbar
15 Mo 3	5415	.12/.20	.15/.35	.50/.70	.040	.040	—	.25/.35	—	schweißbar [4])
15 CrMo 3	7205	.10/.18	.15/.35	.60/.90			.60/.90	.10/.20	—	schweißbar [4])
13 CrMo 4 4	7335	.10/.18	.15/.35	.40/.70			.70/1.0	.40/.50	—	schweißbar [5])
13 CrMoV 4 2	7709	.10/.18	.15/.35	.40/.70			.90/1.2	.20/.30	.15/.25	schweißbar [5])
24 CrMo 5	7252	.20/.28	.15/.35	.40/.70	.035	.035	1.0/1.3	.20/.30	—	bedingt schweißbar [6]) [5])
22 CrV 4	7513	.18/.26	.15/.35	.50/.80			1.0/1.2	—	.15/.25	bedingt schweißbar [6]) [5])
24 CrMo 5 4	7354	.20/.28	.15/.35	.40/.70			1.1/1.4	.40/.50	—	bedingt schweißbar [5])
24 CrMoV 5 2	7710	.20/.28	.15/.35	.40/.70			1.1/1.4	.20/.25	.20/.30	bedingt schweißbar [5])
24 CrMoV 5 5	7733	.20/.28	.15/.35	.30/.60			1.2/1.5	.50/.60	.15/.25	bedingt schweißbar [5])

[1]) Nach DIN 17006.   [2]) Nach DIN 17007 (z. Zt. Entwurf).   [3]) Je nach Vereinbarung können auch die Stähle Ck 22 (SNr. 1151) oder Ck 35 (SNr. 1181) mit P $\leq$ .035% und S $\leq$ .035% geliefert werden.   [4]) Ein Vorwärmen auf mindestens 200° wird empfohlen.   [5]) Ein Vorwärmen auf mindestens 200° ist erforderlich.   [6]) Bei den in Betracht kommenden Dicken.

Tafel LXIX: Festigkeitseigenschaften der warmfesten Stähle für Flansche und Vorschweißbunde

Marken-bezeichnung	Zug-festigkeit	Streckgrenze bei						DVM-Kriechgrenze [1]) bei							Zeitdehngrenzen bei		Bruch-dehnung [2]) (L₀ = 5d)	Kerb-schlagzä-higkeit [3])	Dorn-durch-messer beim Faltver-such [4])	Biege-winkel
	kp/mm²	20°	200°	250°	300°	350°	400°	400°	425°	450°	475°	500°	525°	550°	σ0,2/1000	σ 0,2/10000	%	kgm/cm²		
		kp/mm² mind.						kp/mm² mind.							kp/mm² mind.		mind.	mind.		
C 22[5])	45 bis 55	25	21	20	17	14	11	10	8	6	(4)	—	—				19	6	2a	
C 35[6])	55 bis 65	29	24	23	22	19	15	14	11	9	7	(4)	—	—			17	6	4a	
15 Mo 3 15 CrMo 3	44 bis 53	27	24	22	20	19	17	16	15	14	13	11	8	(4)			21	6	3a	180°
13 CrMo 4 4 13 CrMoV 4 2	44 bis 56 45 bis 60	29	27	26	25	23	21	20	19	18	16	15	11	(6)			21	6	3a	
24 CrMo 5 22 CrV 4	65 bis 80	50	45	43	40	37	34	30	25	20	15	10	8	(5)			14	5	4,5a	
24 CrMo 5 4 24 CrMoV 5 2	80 bis 95	60	53	51	48	45	42	35	30	25	20	15	11	(7)			12	4	5a	
24 CrMoV 5 5	80 bis 95	60	54	52	50	48	45	40	35	30	25	20	15	(10)			12	4	5a	

[1]) Die Einklammerung bestimmter Werte der DVM-Kriechgrenze zeigt an, daß der Werkstoff bei dieser Temperatur im Dauerbetrieb zweckmäßig nicht mehr verwendet wird.   [2]) Bei Verwendung der Teile nach den Werkstoffvorschriften für Landdampfkessel muß die Bruchdehnung $\geq \dfrac{1000}{\text{Zugfestigkeit}}$ betragen.   [3]) Geprüft an der DVM-Probe.   [4]) a = Probendicke.   [5]) Die Werte gelten auch für Ck 22.   [6]) Die Werte gelten auch für Ck 35.

6.6. Schraubenstähle

6.6.1. Unlegierte und niedriglegierte Stähle

In DIN 267/Blatt 3 sind die Festigkeitsklassen dieser Stähle enthalten. Sie gelten für Schrauben bis 39 mm Gewindedurchmesser, die keinen speziellen Anforderungen unterliegen, wie z.b. Schweißeignung, Warmfestigkeit über 300 °C und Kaltzähigkeit unter –50 °C.

Das Bezeichnungssystem für die Festigkeitsklassen besteht aus zwei Zahlen. Die erste Zahl gibt $^1/_{10}$ der Mindestzugfestigkeit in kp/mm² an. Die zweite Zahl gibt das 10fache des Verhältnisses der Mindeststreckgrenze zur Mindestzugfestigkeit (Streckgrenzenverhältnis) an. In Tafel LXX ist die chemische Zusammensetzung der Ausgangswerkstoffe mit ihrer Einteilung in Festigkeitsklassen dargestellt. Für die angegebenen Festigkeitsklassen, mit Ausnahme der Klasse 3.6, können Stähle der höheren Gruppen verwendet werden, wenn die Schrauben allen Anforderungen der betreffenden Festigkeitsklasse genügen.

Weitere Angaben über Schraubenstähle sind DIN 1654 – Gezogene Stähle für kalt und zu formende Schrauben und DIN 17111 – Kohlenstoffarme unlegierte Stähle für Schrauben, Muttern und Niete zu entnehmen.

6.6.2. Warmfeste Stähle für Schrauben und Muttern

Bei Temperaturen über etwa 350 °C kommen für Schrauben und Muttern die warmfesten unlegierten Stähle C 35, Ck 35 (bis 350 °C) und die legierten Stähle 24 CrMo 5 (bis 400 °C) und 21 CrMo V 5 7 (bis 540 °C) nach DIN 17240 zum Einsatz. Für höhere Temperaturen über etwa 540 °C bis etwa 600 °C sind die hochwarmfesten Stähle 40 CrMoV 4 7 (bis 540 °C), X 22 CrMoV 12 1 (bis 580 °C), X 19 CrMoVNbN 11 1 (bis 580 °C), X 8 CrNiMoBNb 16 16 (bis 650 °C) und NiCr 20 TiAl (bis 700 °C) geeignet.

6.7. Stähle für Halterungen bei hohen Betriebstemperaturen

6.7.1. Halterungen in Schweißkonstruktion

Hierfür gelten die im Stahl-Eisen-Werkstoffblatt 470 aufgeführten Stähle. Die Stähle mit ihren wichtigsten Eigenschaften sind den Tafeln LXI bis LXV zu entnehmen.

6.7.2. Halterungen aus warmfesten und hitzebeständigem Stahlguß

Die Stähle, die hierfür verwendet werden, sind in DIN 17245 sowie im Stahl-Eisen-Werkstoffblatt 471-76 enthalten. Die Gußsorten nach DIN 17245 sind für den Temperaturbereich von etwa 300 °C bis etwa 610 °C, die Gußsorten nach dem Stahl-Eisen-Werkstoffblatt 471-76 für Temperaturen über rd. 600 °C geeignet. Für geringere Beanspruchungen und Temperaturen unter 300 °C genügen die Stahlgußsorten nach DIN 1681.

6.8. Schweißzusatzwerkstoffe

In Tafel LXXI sind die Stahlsorten nach SEL 880, die für Zusatzwerkstoffe zum Lichbogenschweißen Verwendung finden, aufgeführt. Eine Gegenüberstellung der Stahlsorten nach DIN 17145, die aus den SEL 880 hervorgegangen ist, mit Stahlsorten vergleichbarer Normen, zeigt Tafel LXXII.

Tafel LXXIII enthält Angaben über Zusatzwerkstoffe für hitzebeständige Stähle nach SEW 470.

Tafel LXX: Chemische Zusammensetzung der Ausgangswerkstoffe

Mindestzugfestigkeit σ_B in kp/mm²: 34 · 40 · 50 · 60 · 80 · 100 · 120 · 140

Festigkeitsklasse: 3.6 · 4.6 · 4.8 · 5.6 · 5.8 · 6.6 · 6.8 · 6.9 · 8.8 · 10.9 · 12.9 · 14.9

Mindestbruchdehnung δ_5 in %: 7 · 8 · 9 · 10 · 12 · 14 · 16 · 18 · 20 · 25 · 30

Gewindedurchmesser in mm: 1,6 · 8 · 18 · 24 · 39

Chemische Zusammensetzung in %:

- C ≦ 0,2 · P ≦ 0,06 · S ≦ 0,07
- C beliebig [1] · P ≦ 0,06 · S ≦ 0,07
- Automatenstahl siehe [2]
- 0,32 ≦ C ≦ 0,5 · P ≦ 0,04 · S ≦ 0,05
- Σ ≧ 0,5 [4] · 0,32 ≦ C ≦ 0,5 · P ≦ 0,04 · S ≦ 0,05
- Σ ≧ 0,9 [4] · 0,19 ≦ C ≦ 0,52 · P ≦ 0,04 · S ≦ 0,04
- Σ ≧ 0,9 · 0,19 ≦ C ≦ 0,52 · P ≦ 0,035 · S ≦ 0,035
- Σ ≧ 0,9 · Mo ≧ 0,15 · 0,19 ≦ C ≦ 0,52 · P ≦ 0,035 · S ≦ 0,035
- Σ ≧ 1,5 · Mo ≧ 0,15 · 0,19 ≦ C ≦ 0,52 · P ≦ 0,035 · S ≦ 0,035
- Σ ≧ 1,5 · Mo ≧ 0,15 · 0,19 ≦ C ≦ 0,52 · P ≦ 0,035 · S ≦ 0,035
- Σ ≧ 2,5 · Mo ≧ 0,2 · 0,19 ≦ C ≦ 0,52 · P ≦ 0,035 · S ≦ 0,035

Σ bedeutet: Die Summe der Legierungselemente Cr + Mo + Ni + V muß mindestens den angegebenen Wert erreichen. Unter dem Summenzeichen können für den Molybdängehalt noch Einzelvorschriften gemacht sein.

▨ Automatenstähle zulässig Festigkeitsklassen zulässig

▨ Thermische Vergütung für diese Festigkeitsklassen vorgeschrieben

[1] Für die Festigkeitsklasse 5.6 mit Gewindedurchmessern über 12 mm und für alle Gewindedurchmesser der Festigkeitsklasse 6.6: C = 0,27 bis 0,53 %.

[2] Beim Verwenden von Automatenstahl mit Schwefel- und/oder Bleizusatz sind für die Festigkeitsklassen 5.8 und 6.8 folgende maximale Schwefel-, Phosphor- und Bleianteile zulässig: S = 0,34 %; P = 0,1 %; Pb = 0,15 bis 0,35 %.
Bis zum Verabschieden einer ISO-Empfehlung über Automatenstähle durch das ISO/TC 17 sind Stähle in der Zusammensetzung nach DIN 1651 zulässig.

[3] Für Kreuzschlitzschrauben: C = 0,25 bis 0,5 %.

[4] Ist in den Festigkeitsklassen 8.8 und 10.9 Molybdän als einziges Legierungselement vorhanden, so muß der Mindestlegierungsanteil 0,25 % betragen. Die Verwendung eines solchen Stahles ist in der Festigkeitsklasse 10.9 nur bis 18 mm Gewindedurchmesser zulässig.

Tafel LXXI. Chemische Zusammensetzung der Stähle für Schweißzusatzwerkstoffe

Stahlsorte Kurzname	Werkstoff-nummer	% C	% Si	% Mn	% P höchstens	% S höchstens	% Al höchstens	% Cr	% Mo	% Ni	% Sonstiges	Anwendbar f. Schweiß-verfahren (Beispiel)	Angaben über die Verwendung der Stähle in DIN
a) Unlegierte Stähle für allgemeine Verwendung													
RSD 5	1.0316	0,03/0,07	0,07/0,17	0,50/0,70	0,030	0,030					≦ 0,20 Cu	G	
RSD 4	1.0317				0,025	0,025							
USD 8	1.0322	0,05/0,10	Spuren	0,40/0,60	0,030	0,030						G, E	8566
USD 7	1.0323				0,025	0,025							
RSD 8	1.0342	0,05/0,10	0,05/0,12	0,35/0,55	0,030	0,030	2)				höchst-zulässiger Cu-Gehalt nach Vereinbarung	G	
RSD 7	1.0324				0,025	0,025							
USD 10	1.0328	0,08/0,12	Spuren	0,50/0,70	0,030	0,030						E	
USD 9	1.0329				0,025	0,025							
RSD 10	1.0348	0,08/0,12	0,03/0,08	0,50/0,70	0,030	0,030	3)					E	
RSD 9	1.0349				0,025	0,025							
RRSD 10	1.0351	0,06/0,12	≦ 0,15	0,40/0,60	0,030	0,030					VII 0,20 Cu	UP	8557
RSD 10 Si	1.0339	0,06/0,12	0,20/0,40	0,30/0,60	0,030	0,030					VII 0,20 Cu	UP	8557
RSD 12	1.0448	0,10/0,16	0,03/0,08	0,65/0,85	0,030	0,030						E	8557
RSD 13	1.0439				0,025	0,025							
b) Legierte Stähle für allgemeine Verwendung													
8 Mn 4	1.1117	0,05/0,10	0,20/0,40	0,90/1,2	0,020	0,020					VII 0,20 Cu	SG	8557
11 Mn 4 Al	1.0494	0,08/0,14	0,05/0,15 4)	0,90/1,2	0,030	0,030	3)				VII 0,20 Cu	UP	8557
11 Mn Si 4	1.0492	0,08/0,15	0,15/0,40	0,80/1,2	0,030	0,030					VII 0,20 Cu	UP	
12 Mn 6	1.0496	0,07/0,15	≦ 0,12	1,35/1,65	0,030	0,030					VII 0,20 Cu	E	8557
12 Mn 6 Al	1.0497	0,08/0,15	0,05/0,25 4)	1,4/1,7	0,030	0,030	3)				VII 0,20 Cu	E, UP	
17 Mn 3 Al	1.0491	0,15/0,20	0,15/0,30	0,70/1,0	0,025	0,025	3)				VII 0,20 Cu	G	
21 Mn 6 Al	1.0499	0,18/0,25	0,15/0,25	1,4/1,8	0,030	0,030	3)				VII 0,20 Cu	G	
45 Mn 4 Al	1.0519	0,40/0,50	0,20/0,30	0,90/1,2	0,025	0,025	3)				VII 0,20 Cu	UP	
10 Mn Si 4 4	1.5128	0,06/0,15	0,90/1,2	1,2/1,5	0,025	0,025	3)				VII 0,20 Cu	SG	8566
12 Mn 8 Al	1.5086	0,08/0,16	0,05/0,25 4)	1,8/2,2	0,030	0,030	≦ 0,05					UP	8557
12 Mn Si 5	1.5126	0,10/0,15	0,70/0,90	1,1/1,4	0,025	0,025					0,03/0,08 Ti	SG	
12 MnSi 7	1.5129	0,10/0,15	0,90/1,2	1,5/1,8	0,020	0,020						SG	
13 Mn 12	1.5089	0,10/0,17	0,15/0,30	2,8/3,2	0,030	0,030						E, UP	8557
13 Mn 12 Al	1.5088	0,08/0,17	0,20/0,30 4)	2,8/3,2	0,030	0,030	3)				VII 0,20 Cu +	UP	
12 MnTi 5	1.5307	0,10/0,15	0,40/0,70	1,0/1,4	0,025	0,025					0,10/0,25 Ti	SG	

Tafel LXXI: Fortsetzung

Kurzname	Werkstoffnummer	% C	% Si	% Mn	% P (höchstens)	% S (höchstens)	% Al	% Cr	% Mo	% Ni	% Sonstiges	Anwendbar f. Schweißverfahren[1] (Beispiel)	Angaben über die Verwendung der Stähle in DIN
17 Mn Zr 4	1.5340	0.14/0.21	0.50/0.70	1.0/1.2	0.030	0.030	≤ 0.10 [VII]				0.20/0.30 Zr	E	
17 MnTi 6	1.5331	0.14/0.21	0.15/0.35	1.2/1.5	0.030	0.030	rd. 0.10				0.15/0.30 Ti	E	
9 MnNi 4	1.6215	0.08/0.15	0.08/0.18 4)	1.0/1.2	0.020	0.020				0.35/0.55		G	
9 MnNi 6 Al	1.6218	0.06/0.12	0.25/0.40	1.4/1.6	0.020	0.020	3)			0.50/0.70		G, E	
17 MnNi 4	1.6216	0.14/0.21	0.20/0.30	0.80/1.2	0.020	0.020				0.70/0.90		G	
12 NiMnMo 5 5	1.6340	0.10/0.15	0.30/0.60	1.1/1.3	0.020	0.020			0.30/0.50	1.1/1.3	0.05/0.2 V	SG, UP	
10 NiMnMo 6 5	1.6312	0.08/0.12	0.10/0.25	1.3/1.5	0.020	0.020			0.35/0.50	1.5/1.7		UP	
10 NiMnMoCr 6 6	1.6313	0.08/0.12	0.10/0.25	1.4/1.6	0.020	0.020		0.10/0.30	0.40/0.60	1.5/1.7		UP	
11 NiMn 8 4	1.6223	0.08/0.14	0.05/0.15	0.80/1.2	0.020	0.020				1.8/2.2	≤ 0.005 As	UP	8557
30 MnCrTi 4	1.8401	0.25/0.35	0.15/0.35 4)	0.90/1.2	0.020	0.020	[VII] 0.10	0.80/1.0			0.15/0.30 Ti	G, E, SG	
60 MnCrTi 4	1.8404	0.45/0.60	0.15/0.35 4)	0.90/1.2	0.020	0.020	[VII] 0.10	0.80/1.0			0.15/0.30 Ti	G, E, SG	
55 MnCrTi 8	1.8406	0.50/0.60	0.15/0.35 4)	1.7/2.0	0.020	0.020	[VII] 0.10	0.90/1.2			0.10/0.20 Ti	G, E, UP	
70 MnCrTi 8	1.8405	0.65/0.75	0.15/0.35 4)	1.8/2.2	0.020	0.020	[VII] 0.10	0.90/1.2			0.10/0.25 Ti	G, E, SG	
110 MnCrTi 8	1.8425	1.0/1.2	0.15/0.35 4)	1.8/2.2	0.020	0.020	[VII] 0.10	1.7/1.9			0.15/0.30 Ti	G, E, SG	8566

c) Warmfeste Stähle

Kurzname	Werkstoffnummer	% C	% Si	% Mn	% P (höchstens)	% S (höchstens)	% Al	% Cr	% Mo	% Ni	% Sonstiges	Anwendbar f. Schweißverfahren[1] (Beispiel)	Angaben über die Verwendung der Stähle in DIN
10 MnMo 4 3	1.5422	0.08/0.12	0.05/0.25	0.80/1.2	0.030	0.030			0.25/0.40			UP	
9 MnMo 4 5	1.5425	0.08/0.15	0.05/0.25	0.80/1.2	0.025	0.025			0.45/0.60		0.20 Cu	UP	8557, 8575
10 MnMo 3 5	1.5424	0.08/0.12	0.40/0.70	0.90/1.0	0.020	0.020			0.40/0.60		0.20 Cu	SG	8575
20 MnMo 3 5	1.5421	0.15/0.25	0.15/0.25	0.70/1.0	0.025	0.025			0.40/0.60			G	
13 MnMo 6 5	1.5426	0.08/0.15	0.05/0.25	1.4/1.7	0.025	0.025			0.45/0.60			UP	8557, 8575
13 MnMo 8 5	1.5427	0.08/0.15	0.05/0.25	1.8/2.3	0.025	0.025			0.45/0.60			UP	8557, 8575
13 MnMo 12 5	1.5428	0.08/0.17	0.15/0.30	2.8/3.2	0.030	0.030			0.45/0.60			UP	8557
10 MnMoCrV 4 7	1.5407	0.06/0.15	0.40/0.70	0.70/1.1	0.020	0.020		0.30/0.60	0.50/1.0		0.20/0.40 V	SG	8575
17 MnMoCrV 3 6	1.5405	0.15/0.20	0.15/0.30	0.60/0.80	0.020	0.020		0.35/0.60	0.50/0.60		0.25/0.45 V	G, E, UP	
11 CrMo 4 5	1.7346	0.10/0.16	0.10/0.25	0.70/1.1	0.020	0.020		0.90/1.3	0.40/0.60			G, UP	8575
9 CrMo 4 5	1.7345	0.06/0.12	0.10/0.25	0.60/0.80	0.020	0.020		1.0/1.3	0.40/0.60		[VII] 0.20 Cu	E	
12 CrMo 10 10	1.7305	0.08/0.15	0.15/0.35	0.40/0.70	0.025	0.025		2.2/3.0	0.90/1.1			UP	8575
11 MoCrV 7 2 4	1.7716	0.08/0.15	0.15/0.30	0.60/1.0	0.020	0.020		0.30/0.60	0.50/1.0		0.25/0.60 V	UP	8575
11 CrMo 5 5	1.7339	0.08/0.14	0.40/0.80	0.80/1.2	0.020	0.020		1.0/1.3	0.40/0.60			SG	8575
12 MnCrMo 8 4	1.7340	0.10/0.15	0.20/0.25	1.8/2.3	0.020	0.020		0.90/1.3	0.40/0.60		0.20 Cu	SG	8557, 8575
7 CrMo 12 10	1.7384	[VII] 0.10	0.10/0.25	0.50/1.2	0.020	0.020		2.2/3.0	0.90/1.1		[VII]	G, E, UP	8575
6 CrMo 12 1	1.7385	0.10	0.20/0.80	0.40/0.70	0.020	0.020		2.2/3.0	0.90/1.1		0.20 Cu	UP	
17 CrMoV 16 10	1.7307	0.14/0.20	0.10/0.25	0.40/0.70	0.020	0.020		3.8/4.2	0.90/1.1		0.20 Cu	E	
X 10 CrMo 16 10	1.7376	0.05/0.15	0.20/0.30	0.40/0.70	0.020	0.020		5.5/6.5	0.50/0.80		0.09/0.15 V	G, SG, UP	8575
X 11 CrMo 6 1	1.7374	0.08/0.15	0.20/0.60	0.40/0.70	0.020	0.020		5.5/6.5	0.50/0.80		[VII]	UP	8575
X 7 CrMo 6 1	1.7388	[VII] 0.10	0.20/0.40	0.40/0.70	0.020	0.020		8.5/10.0	0.90/1.1		0.20 Cu	SG	8575
X 8 CrMo 10 1	1.7387	[VII] 0.10	0.30/0.80	0.40/0.70	0.020	0.020		9.0/10.0	0.90/1.1		0.20 Cu	UP	
X 24 CrMoV 12 1	1.4936	0.20/0.28	0.30/0.50 4)	0.40/2.0	0.025	0.025		11.0/13.0	0.80/1.2	[VII] ≤ 1.0	0.25/0.40 V (0.40/0.70 W)	E, SG, UP	8575

Tafel LXXI: Fortsetzung

Stahlsorte Kurzname	Werkstoff-nummer	% C	% Si	% Mn	% P	% S	% Al höchstens	% Cr	% Mo	% Ni	% Sonstiges	Siehe auch Abschnitt dieser Tafel	Anwendbar f. Schweißverfahren[1] (Beispiel)	Angaben über die Verwendung der Stähle in DIN
d) Kaltzähe Stähle														
USD 6	1.1116	0,05/0,10	Spuren	0,40/0,60	0,020	0,020		≦ 0,05			0,1 Cu		E	
RSD 11	1.1115	0,08/0,12	≦ 0,05	0,50/0,80	0,020	0,020		≦ 0,05			0,012 As		E	
X 15 CrNiMn 18 8	1.4370	0,20	≦ 1,5	5,5/7,5	0,035	0,020		17,0/20,0		7,5/9,5		f, g, h	SG, UP	8556
X 2 CrNiMnMoN 20 16	1.4455	0,03	≦ 1,5	6,0/9,0	0,035	0,020		17,0/22,0	2,5/3,5	14,0/17,0	0,12/0,20 N	h	E, SG, UP	8556
X 5 CrNi 19 9	1.4302	0,06	≦ 1,5	≦ 2,0	0,025	0,020		18,0/20,0		8,5/10,5		e	E, SG, UP	8556
X 5 CrNiNb 19 9	1.4551	0,07	≦ 2,0	≦ 2,0	0,025	0,020		18,0/20,0		8,0/10,0	Nb ≧ 12 x % C[5]	e	E, SG, UP	8556
X 12 CrNi 25 20	1.4842	0,15	≦ 1,5	1,0/2,5	0,025	0,020		24,0/27,0		19,0/22,0	2,0/3,0 Nb	f, g, h	E, SG, UP	8556
S – NiCr 20 Nb	2.4806	0,1	≦ 0,5	2,5/3,5	0,025	0,020		18,0/22,0		≧ 67,0		f	E, SG, UP	1736
e) Nichtrostende Stähle														
X 8 Cr 14	1.4009	≦ 0,10	≦ 0,75	≦ 1,5	0,030	0,030		13,5/15,5					E, SG, UP	8556
X 8 Cr 18	1.4015	≦ 0,10	≦ 1,5	≦ 1,5	0,030	0,030		16,5/18,5					E, SG, UP	8556
X 8 CrTi 18	1.4502	≦ 0,10	≦ 1,5	≦ 1,5	0,030	0,030		16,5/18,5			0,4/0,7 Ti		E, SG, UP	8556
X 8 CrNb 18	1.4518	≦ 0,10	≦ 1,5	≦ 1,5	0,030	0,030		16,0/18,0			Nb ≧ 12 x % C[5]		E, SG, UP	8556
X 20 CrMo 17 1	1.4115	0,15/0,25	≦ 1,5	≦ 1,5	0,040	0,025		16,5/18,5	1,0/1,5				E, SG, UP	8556
X 3 CrNi 13 4	1.4351	≦ 0,04	0,20/0,60	0,50/0,80	0,025	0,020		12,5/15,0	≦ 1,0	3,0/5,0			E, SG, UP	8556
X 5 CrNi 19 9	1.4302	0,06	≦ 1,5	≦ 2,0	0,025	0,020		18,0/20,0		8,5/10,5			E, SG, UP	8556
X 2 CrNi 19 9	1.4316	≦ 0,025	≦ 1,5	≦ 2,0	0,025	0,020		18,0/21,0		9,0/11,0			E, SG, UP	8556
X 5 CrNiNb 19 9	1.4551	0,07	≦ 2,0	≦ 2,0	0,025	0,020		18,0/20,0		8,0/10,0	Nb ≧ 12 x % C[5]	d	E, SG, UP	8556
X 2 CrNiMo 18 14	1.4433	≦ 0,025	≦ 1,5	≦ 2,0	0,025	0,020		17,0/19,0	2,5/3,5	13,0/16,0			E, SG, UP	8556
X 5 CrNiMo 19 11	1.4403	0,06	≦ 1,5	≦ 2,0	0,025	0,020		18,0/20,0	2,5/3,0	10,0/12,0			E, SG, UP	8556
X 2 CrNiMo 19 12	1.4430	≦ 0,025	≦ 1,5	≦ 2,0	0,025	0,020		17,0/19,0	2,5/3,0	10,0/13,0			E, SG, UP	8556
X 5 CrNiMoNb 19 12	1.4576	≦ 0,07	≦ 2,0	≦ 2,0	0,025	0,020		18,0/20,0	2,5/3,0	10,0/13,0	Nb ≧ 12 x % C[5]	d	E, SG, UP	8556
X 2 CrNiMo 18 13	1.4447	0,06	≦ 1,5	≦ 2,0	0,025	0,020		17,0/19,0	4,0/5,0	12,5/15,5			E, SG, UP	8556
X 2 CrNiMo 18 16	1.4438	≦ 0,025	≦ 1,0	≦ 2,0	0,025	0,020		17,0/19,0	3,0/4,0	15,0/17,0	Nb ≧ 12 x % C[5]		E, SG, UP	8556
X 6 NiCrMoCuNb 20 18	1.4507	≦ 0,07	≦ 1,5	≦ 2,0	0,025	0,020		17,5/20,0	2,0/2,5	20,0/22,0	1,8/2,2 Cu Nb ≧ 12 x % C[5]		E, SG, UP	8556
X 5 CrNiNb 25 25	1.4587	≦ 0,07	≦ 1,5	≦ 1,5	0,025	0,020		25,0/27,0	2,0/2,5	24,0/26,0	Nb ≧ 12 x % C[5]	h	E, SG, UP	8556
X 2 CrNiMo 19 14	1.4432	≦ 0,025	≦ 1,0	≦ 2,0	0,025	0,025		17,5/19,5	2,5/3,0	13,5/15,0			E, SG, UP	8556
X 2 CrNi 21 10	1.4331	≦ 0,025	≦ 1,0	≦ 2,0	0,025	0,025		20,0/22,0		9,5/11,5			E, SG, UP	8556
X 2 CrNiNb 21 10	1.4555	≦ 0,025	≦ 1,0	≦ 2,0	0,025	0,025		20,0/22,0		9,5/11,5	0,60/0,90 Nb		E, SG, UP	8556
X 2 CrNiNb 24 12	1.4556	≦ 0,025	≦ 1,0	≦ 2,0	0,025	0,025		23,0/25,0		11,0/13,0	0,60/0,90 Nb		E, SG, UP	8556
X 2 CrNi 24 12	1.4332	≦ 0,025	≦ 1,0	≦ 2,0	0,025	0,025		23,0/25,0		11,0/13,0			E, SG, UP	8556

Tafel LXXI: Fortsetzung

Stahlsorte Kurzname	Werkstoff-nummer	% C	% Si	% Mn	% P (höchstens)	% S (höchstens)	% Al (höchstens)	% Cr	% Mo	% Ni	% Sonstiges	Siehe auch Abschnitt dieser Tafel	Anwendbar f. Schweiß-verfahren[1] (Beispiel)	Angaben über die Verwendung der Stähle in DIN
f) Hitzebeständige Stähle														
X 8 Cr 9	1.4716	≦0,10	≦1,5	≦1,5	0,030	0,030		8,0/10,0					E, SG, UP	8556
X 8 Cr 14	1.4009	≦0,10	≦0,75	≦1,5	0,030	0,030		13,5/15,5					E, SG, UP	8556
X 8 Cr 30	1.4773	≦0,10	≦2,0	≦1,5	0,030	0,030		29,0/31,0		(≦ 2,0)			E, SG, UP	8556
X 12 CrNi 25 4	1.4820	≦0,15	≦1,5	≦1,5	0,025	0,020		25,0/27,0		4,0/6,0			E, SG, UP	8556
X 12 CrNi 22 12	1.4829	≦0,15	≦2,0	≦2,0	0,025	0,020		21,0/23,0		10,0/13,0			E, SG, UP	8556
X 12 CrNi 25 20	1.4842	≦0,15	≦1,5	1,0/2,5	0,025	0,020		24,0/27,0		19,0/22,0		d, g, h	E, SG, UP	8556
X 12 NiCr 36 18	1.4863	≦0,20	≦2,0	≦2,0	0,025	0,020		17,0/19,0		36,0/40,0		d	E, SG, UP	8556
S-NiCr 20 Nb	2.4806	≦0,1	≦0,5	2,5/3,5				18,0/22,0		≧ 67,0	2,0/3,0 Nb	d, e	E, SG, UP	1736
X 5 CrNi 19 9	1.4302	≦0,06	≦1,5	≦2,0	0,025	0,020		18,0/20,0		8,5/10,5			E, SG, UP	8556
X 15 CrNiMn 18 8	1.4370	≦0,20	≦1,5	5,5/7,5	0,035	0,020		17,0/20,0		7,5/9,5		f, g, h	E, SG, UP	8556
g) Verschleißbeständige Stähle														
X 110 Mn 14	1.3402	1,00/1,25	0,35/0,70	13,5/14,5	0,08	0,02							G, E, SG	
X 45 CrSi 9 3	1.4718	0,40/0,50	3,0/3,5	0,30/0,50	0,030	0,025		9,0/10,0					E, SG, UP	
X 15 CrNiMn 18 8	1.4370	≦0,20	≦1,5	5,5/7,5	0,035	0,020		17,0/20,0		7,5/9,5		d, f, h	E, SG, UP	8556
X 10 CrNi 30 9	1.4337	≦0,15	≦1,0	≦2,5	0,030	0,025		26,0/31,0		8,0/11,0			G, E, SG, UP	
X 25 CrMoNi 17 1	1.4145	0,20/0,30	≦1,0	≦2,0	0,030	0,030		16,0/18,0	1,0/1,5	0,40/0,60			E, SG	
X 12 CrNi 25 20	1.4842	≦0,15	≦1,5	1,0/2,5	0,025	0,020		24,0/27,0		19,0/22,0		d, f, h	E, SG, UP	8556
h) Nichtmagnetisierbare Stähle														
X 15 CrNiMn 18 8	1.4370	≦0,20	≦1,5	5,5/7,5	0,035	0,020		17,0/20,0		7,5/9,5		d, f, g	E, SG, UP	8556
X 2 CrNiMnMoN 20 16	1.4455	≦0,03	≦1,5	6,0/9,0	0,035	0,020		17,0/22,0	2,5/3,5	14,0/17,0	0,12/0,20 N	d	E, SG, UP	
X 12 CrNi 25 20	1.4842	≦0,15	≦1,5	1,0/2,5	0,025	0,020		24,0/27,0		19,0/22,0		d, f, g	E, SG, UP	8556
X 2 CrNiMo 19 14	1.4432	≦0,025	≦1,0	≦2,0	0,025	0,020		17,5/19,5	2,5/3,0	13,5/15,0		e	E, SG, UP	

1) G = Gasschweißen; E = Lichtbogenschweißen; SG = Schutzgas-Lichtbogenschweißen; UP = Unter-Pulver-Schweißen. – 2) Soll kein Aluminium enthalten. – 3) Muß mit Aluminium desoxydiert werden, darf jedoch höchstens 0,030% Alges enthalten, ausgenommen Drähte für die Schutzgasschweißung. – 4) Bei für Schutzgasschweißung vorgesehenen Schweißzusatzwerkstoffen ist ein Siliziumgehalt bis 0,70% zulässig. – 5) Ein Teil des Niobs kann durch die doppelte Menge Tantal ersetzt werden.

Tafel LXXII: Stahlsorten nach DIN 17145 und vergleichbare Sorten in anderen Normen

Spaltengruppe "Vergleichbare Sorte nach" umfasst die Spalten DIN 8554 … Euronorm 144.

Kurzname	Werkstoffnummer	Stähle für allgemeine Verwendung	Warmfeste Stähle	Kaltzähe Stähle	Nichtrostende Stähle	Hitzebeständige Stähle	Verschleißbare Stähle	Nicht-magnetisierbare Stähle	DIN 8554 Teil 1 (03.76)	DIN 8556 Teil 1 (03.76)	DIN 8557 Teil 1 *) (07.79)	DIN 8559 Teil 1 (06.76)	DIN 8574 Teil 1 (10.78)	DIN 8575 Teil 1 (09.70)	Euronorm 133 (02.79)	Euronorm 144 (06.79)
USD 7	1.0323	X													1 CE 8	
USD 6	1.1116	X													2 CE 8	
USD 5	1.1112	X													2 CE 8	
RSD 7	1.0324	X														
RSD 10 Si	1.0339	X							G II 1)		S 1 Si					
RRSD 10	1.0351	X							1)		S 1				CE 9	
11 Mn 4 Si	1.0492	X									S 2 Si		RES 2 Si		10 Mn 4 KE	
11 Mn 4 Al	1.0494	X									S 2		RES 2		CE 10 Mn	
12 Mn 6	1.0496	X									S 3		RES 3		11 Mn 6 KE	
13 Mn 6	1.0479	X											RES 3 Si			
10 MnSi 5	1.5112	X										SG 1			9 MnSi 5 3 KE	
11 MnSi 6	1.5125	X										SG 2			10 MnSi 6 3 KE	
10 MnSi 7	1.5130	X										SG 3			10 MnSi 7 4 KE	
12 Mn 8	1.5086	X									S 4		RES 4		11 Mn 8 KE	
13 Mn 12	1.5089	X									S 6					
9 MnNi 4	1.6215			X												
17 MnNi 4	1.6216			X												
11 NiMn 5 4	1.6225			X					G III		S 2 Ni 1					
11 NiMn 9 4	1.6227			X					G VII		S 2 Ni 2					
10 MnMo 4 5	1.5424		X						G IV		S 2 Mo		RES 2 Mo	SG Mo	10 MnSiMo 5 3 5 KE	
11 MnMo 4 5	1.5425		X								S 3 Mo		RES 3 Mo	UPS 2 Mo	10 MnMo 4 5 KE	
13 MnMo 6 5	1.5426		X								S 4 Mo			UPS 3 Mo	11 MnMo 6 5 KE	
13 MnMo 8 5	1.5427		X											UPS 4 Mo	11 MnMo 8 5 KE	
11 CrMo 4 5	1.7346		X						G V					UPS 2 CrMo 1		
11 CrMo 5 5	1.7339		X											SG CrMo 1		
12 CrMo 11 10	1.7305		X											UPS 1 CrMo 2		
7 CrMo 11 10	1.7384		X											SG CrMo 2		
6 CrMo 9 10	1.7385		X													
X 11 CrMo 6 1	1.7374		X						G VI					UPS 1 CrMo 5		
X 7 CrMo 6 1	1.7373		X											SG CrMo 5		
X 7 CrMo 9 1	1.7388		X											SG CrMo 9		
X 24 CrMoV 12 1	1.4936		X			X								UPS 2 CrMoWV 12		
X 23 CrMoV 12 1	1.4937		X											SG CrMoWV 12		
X 8 Cr 14	1.4009				X					X 8 Cr 14						X 4 Cr 13 KE / X 8 Cr 13 KE
X 8 CrTi 18	1.4502				X					X 8 CrTi 18						X 6 Cr 17 KE
X 3 CrNi 13 4	1.4351				X					X 3 CrNi 13 4						X 3 CrNi 14 04 KE
X 5 CrNi 19 9	1.4302				X					X 5 CrNi 19 9						X 6 CrNi 20 10 KE
X 5 CrNiNb 19 9	1.4551				X					X 5 CrNiNb 19 9						X 5 CrNiNb 20 10 KE
X 2 CrNi 19 9	1.4316				X					X 2 CrNi 19 9						X 2 CrNi 20 10 KE
X 2 CrNiMo 18 14	1.4433				X					X 2 CrNiMo 18 15						X 6 CrNiMo 19 13 02 KE
X 5 CrNiMo 19 11	1.4403				X					X 5 CrNiMo 19 11						X 2 CrNiMo 19 13 03 KE
X 2 CrNiMo 19 12	1.4430				X					X 2 CrNiMo 19 12						X 5 CrNiMo 19 12 03 KE
X 5 CrNiMoNb 19 12	1.4576				X					X 5 CrNiMoNb 19 12						X 5 CrNiMoNb 19 12 03 KE
X 15 CrNiMn 18 8	1.4370				X					X 15 CrNiMn 18 8						X 15 CrNiMn 18 08 KE
X 2 CrNiMnMoN 20 16	1.4455				X											X 2 CrNiMnMoN 20 15 08 KE
X 8 Cr 30	1.4773				X	X				X 8 Cr 30						
X 12 CrNi 26 5	1.4820					X										
X 12 CrNi 22 12	1.4829					X				X 12 CrNi 22 12						X 12 CrNiSi 22 12 KE
X 12 CrNi 25 20	1.4842					X				X 12 CrNi 25 20						X 12 CrNi 26 21 KE
X 110 Mn 14	1.3402						X	X								
X 45 CrSi 93	1.4718					X	X	X								
X 10 CrNi 30 9	1.4337					X		X								X 12 CrNi 30 09 KE

*) Z. Z. noch Entwurf

1) Die in dieser Zeile genannte Stahlsorte entspricht in etwa dem Gasschweißstab G II.

Tafel LXXIII: Anhaltsangaben über in Betracht kommende Zusatzwerkstoffe zum Lichtbogenschweißen und über die Wärmebehandlung nach dem Schweißen¹) der hitzebeständigen Stähle

Stahlsorte		Kurzzeichen des Schweißgutes der umhüllten Stabelektroden	Geeignete Schweißzusatzwerkstoffe Schweißstäbe, Drahtelektroden, Schweißdrähte		Wärmebehandlung nach dem Schweißen
Kurzname	Werkstoffnummer		Kurzname	Werkstoffnummer	
Ferritische Stähle					
8 CrSi 7 7	1.4700	–	X 8 Cr 9	1.4716	Im allgemeinen keine; bei Teilen mit stark unterschiedlichen Querschnitten oder nach stärkerer Kaltverformung ist nach dem Schweißen ein Spannungsarmglühen bei 750 bis 800° C 30 bis 45 min mit nachfolgender Luftkühlung zu empfehlen.
X 10 CrAl 7	1.4713	–, 19 9 Nb	X 8 Cr 9, X 5 CrNiNb 19 9	1.4716, 1.4551	
X 7 CrTi 12	1.4720	19 9 nC, 18 8 Mn 6	X 2 CrNi 19 9, X 15 CrNiMn 18 8	1.4316, 1.4370	
X 10 CrAl 13	1.4724	22 12, 25 4	X 12 CrNi 22 12, X 12 CrNi 25 4	1.4829, 1.4820	
X 10 CrAl 18	1.4742	22 12, 25 4	X 12 CrNi 22 12, X 12 CrNi 25 4	1.4829, 1.4820	
X 10 CrAl 24	1.4762	30, 25 4, 25 20	X 8 Cr 30, X 12 CrNi 25 4, X 12 CrNi 25 20	1.4773, 1.4820, 1.4842	
Ferritisch-austenitische Stähle					
X 20 CrNiSi 25 4	1.4821	25 4, 25 20	X 12 CrNi 25 4, X 12 CrNi 25 20	1.4820, 1.4842	keine
Austenitische Stähle					
X 12 CrNiTi 18 9	1.4878	19 9 Nb, 22 12	X 5 CrNiNb 19 9, X 12 CrNi 22 12	1.4551, 1.4829	keine
X 15 CrNiSi 20 12	1.4828	22 12	X 12 CrNi 22 12	1.4829	
X 7 CrNi 23 14	1.4833	25 20	X 12 CrNi 25 20	1.4842	
X 12 CrNi 25 21	1.4845	25 20	X 12 CrNi 25 20	1.4842	
X 15 CrNiSi 25 20	1.4841	25 20	X 12 CrNi 25 20	1.4842	
X 12 NiCrSi 36 16	1.4864	18 36	X 12 NiCr 36 18	1.4863	
X 10 NiCrAlTi 32 20	1.4876²)	S-NiCr 15 FeNb, S-NiCr 15 FeMn	S-NiCr 20 Nb	2.4806	

1) Weitere Angaben zu den Schweißzusatzwerkstoffen siehe DIN 8556 Blatt 1 — Schweißzusatzwerkstoffe für das Schweißen nichtrostender und hitzbeständiger Stähle; Bezeichnung, Technische Lieferbedingungen — und Stahl-Eisen-Werkstoffblatt 880 — Gewalzte und gezogene Stähle für Schweißzusatzwerkstoffe —.

2) Über die Schweißzusatzwerkstoffe zum Schweißen dieses Stahles siehe DIN 1736, Blatt 1 — Schweißzusatzwerkstoffe für Nickel und Nickellegierungen; Zusammensetzung, Verwendung und Technische Lieferbedingungen —.

Weitere Angaben sind den Druckschriften der Hersteller von Schweißzusatzwerkstoffen, die nachfolgend aufgeführt sind, zu entnehmen:

1. ARCOS Gesellschaft für Schweißtechnik mbH, Aachen
2. Böhler Aktiengesellschaft Edelstahlwerke, Düsseldorf
3. Castolin GmbH, Kriftel
4. ESAB GmbH, Solingen
5. ESI Elektro-Schweiß-Industrie GmbH & Co. KG, Neuss
6. Essener Schweißelektroden-Werk GmbH, Essen
7. Kestra Schweißtechnik GmbH & Co. KG, Neuss
8. Klöckner Draht GmbH, Hamm
9. Messer Griesheim GmbH, Frankfurt
10. Oerlikon Elektrodenfabrik Eisenberg GmbH, Eisenberg
11. Soudometal Schweißelektroden GmbH, Erkrath
12. Thyssen Draht AG, Hamm
13. Thyssen Edelstahlwerke AG, Bochum
14. UTP-Schweißmaterial GmbH & Co. KG, Bad Krozingen

7. Schrifttum

[1] Hiebler, Herbert: Ein Blick auf das Eisenhüttenwesen in den 80iger Jahren. Berg- und hüttenmännische Monatshefte 125 (1980) Nr. 3, S. 151—159
[2] Collins, A. L.: Qualitätsgesichtspunkte für Strangguß-Stahl. Klepzig Fachberichte 79 (1971), H. 2, S. 105/109
[3] Lietzmann, K.-D. und Rohland, H.: Das Walzen von Rohren und Profilen aus stranggegossenem Vormaterial. Neue Hütte 11 (1966), H. 9, S. 551/556
[4] Pljackovskij, O. A. und Evteev, D. P.: Erzeugung von Rohren aus Stranggußmaterial. Stal in Deutsch (1964), H. 11, S. 1033/1036
[5] Dahl, W. und Hengstenberg, H.: Gefüge von Strangguß und Auswirkung auf die mechanischen Eigenschaften. Z. Metallkde., Bd. 60 (1969), H. 5, S. 340/350
[6] Engelmann, W., Voß, H. und Kolp, R.: Erfahrungen mit der Verarbeitbarkeit von stranggegossenem Halbzeug. Stahl und Eisen 87 (1967), Nr. 17, S. 1020/1030
[7] Gießen und Erstarren von Stahl (1967). Verlag Stahleisen m.b.H., Düsseldorf.
[8] Fiedeler, R.: Einflüsse der Erwärmung und der nachfolgenden Warmformgebung sowie der Abkühlung aus der Walzhitze auf die Eigenschaften von Edelstählen. Bänder, Bleche, Rohre 11 (1970), H. 5, S. 263/267
[9] Freckmann, S.: Abmessungsbereiche nahtloser Rohre bei den heute gebräuchlichen Herstellungsverfahren. Blech-Rohre-Profile 12 (1970), S. 79/85
[10] Houdremont, E.: Handbuch der Sonderstahlkunde (1956) Springer-Verlag, Berlin. Verlag Stahleisen m.b.H., Düsseldorf,
[11] Dahl, W.: Metallkundliche Probleme bei der Warmformgebung von Stählen. Z. Metallkde., Bd. 58 (1967), H. 11, S. 735/746
[12] Zimnik, W., Petersen, J. und Blecher, R.: Die Herstellung von Grobblech aus höherfesten, vanadinlegierten Baustählen mit geregelter Temperaturführung. Bänder, Bleche, Rohre 10 (1969), Nr. 7, S. 407/412
[13] Degenkolbe, J. und Neuhaus, W.: Einfluß der Walzbedingungen auf die mechanischen Eigenschaften von Grobblech. Stahl u. Eisen 83 (1963) Nr. 21, S. 1294/1302
[14] Wiester, H.-J., Dahl, W. und Hengstenberg, H.: Einfluß der Walzbedingungen, besonders der Endwalztemperatur, auf die mechanischen Eigenschaften und die Kerbschlagzähigkeit von unlegierten und niedriglegierten Stählen. Stahl u. Eisen 82 (1962) Nr. 17, S. 1176/1186
[15] Haneke, M.: Der Einfluß von Verformung, Walzendtemperatur, Abkühlungsbedingungen und Wärmebehandlung auf die mechanischen Eigenschaften warmgewalzter Grobbleche. Arch. Eisenhüttenwes. 33 (1962), H. 4, S. 233/239
[16] Drevermann, A., Hessel, F., Mayer, K. E. und Middeldorf, W.: Einfluß der Temperaturführung beim Walzen auf die Eigenschaften von höherfesten Grobblechen. Bänder, Bleche, Rohre 11 (1970) Nr. 3, S. 183/190
[17] Esche, vor dem, W. und Drevermann, A.: Die wirtschaftliche Herstellung von hochfesten schweißbaren Feinkorn-Baustählen durch Temperaturführung beim Walzen. Stahl u. Eisen 90 (1970), Nr. 4, S. 179/184
[18] Rose, A. und Hougardy, H. P.: Möglichkeiten der Festigkeitssteigerung von Stahl durch thermomechanische Behandlung. Z. Metallkde., Bd. 58 (1967), H. 11, S. 747/752

[19] Kaup, K., Lehmann, H.-J., Wladika, H. und Zimnik, W.: Die Erzeugung von höherfesten Baustählen auf der Warm-breitbandstraße und ihre Verwendung bei der Herstellung von geschweißten Großrohren. Bänder, Bleche, Rohre 11 (1970) Nr. 3, S. 154/161

[20] Zimnik, W.: Die Erzeugung von höherfesten Baustählen ohne und mit Vanadin auf Breitbandstraßen unter Berück-sichtigung von Nitrid- und Karbonitridausscheidungen. Dr.-Ing.-Diss. Techn. Univ. Clausthal 1969

[21] Meyer, L., Bühler, H.-E. und Heisterkamp, F.: Metallkundliche und technologische Grundlagen für die Entwicklung und Erzeugung perlitarmer Baustähle. Thyssenforschung 3 (1971), H. 1 + 2, S. 8/43

[22] Bartholot, H.-D., Engell, H.-J. und vor dem Esche, W.: Die Entwicklung perlitfreier ausscheidungshärtbarer Bau-stähle mit höherer Streckgrenze, Sprödbruchsicherheit und guter Schweißbarkeit für Warmbreitband. Stahl u. Eisen 91 (1971), Nr. 4, S. 204/220

[23] Kaup, K., und Zimnik, W.: Perlitarme und perlitfreie Baustähle — Werkstoffkunde der gebräuchlichen Stähle, Teil 1. Verlag Stahleisen m.b.H., 1977.

[24] Grüner, P., und Brüggemann, T.: Fehlerquellen beim Walzen. Stahl u. Eisen 71 (1951), Nr. 1, S. 20/28

[25] Grüner, P. und Brüggemann, T.: Fehlerquellen beim Walzen. Stahl u. Eisen 71 (1951), Nr. 2, S. 71/77

[26] Buchholtz, H. und Pusch, R.: Ursachen feiner Oberflächenfehler bei der Warmverarbeitung von unlegiertem Stahl. Stahl u. Eisen 73 (1953), Nr. 4, S. 204/212

[27] Rozengart, Ju. I., Tajc, N. Ju., Epstejn, V. A., Litovcenko, Ju. K., Chudnik, V. T. und Mininzon, R. D.: Untersuchung des zunderfreien Anwärmens von legierten Stählen. Stal in Deutsch (1965) H. 5, S. 891/895

[28] Tajc, N. Ju.: Das Anwärmen des Stahles bei der Rohrherstellung. Stal in Deutsch (1966), H. 7, S. 1120/1125

[29] Schönbauer, G. und Trenkler, H.: Einfluß und Verhalten von Kupfer, Nickel, Schwefel und Mangan bei der Ver-zunderung von Stahl. Radex-Rundschau (1971), H. 5, S. 577/590

[30] Hempel, M.: Das Dauerschwingverhalten der Werkstoffe. VDI-Z. 104 (1962), Nr. 27, S. 1362/1376

[31] Degenkolbe, J. und Müsgen, B.: Sprödbruchprüfung mit dem Drop-Weight-Test. Materialprüf. 9 (1967), Nr. 8, S. 306/312

[32] Heller, W. und Kremer, K.-J.: Vergleich der Verfahren zur Prüfung der Sprödbruchneigung von Baustählen, Stahl u. Eisen 89 (1969), Nr. 18, S. 1005/1018

[33] Hengstenberg, H. und Henrichs, F.: Untersuchung von Grobblechen und Großrohren im Batelle Drop-Weight Tear Test. Bänder, Bleche, Rohre 12 (1971), Nr. 5, S. 208/219

[34] Dahl, W.: Grundlagen und Anwendungsmöglichkeiten der Bruchmechanik bei der Sprödbruchprüfung. Z. Metallkde. Bd. 61 (1970), H. 11, S. 794/804

[35] Schmidtmann, E. und Mall, H.-P.: Anwendung der Bruchmechanik und des instrumentierten Kerbschlagbiegever-suches zur Kennzeichnung der Sprödbruchneigung von Stählen. Materialprüf. 12 (1970), Nr. 7, S. 221/228

[36] Heller, W.: Einfluß der chemischen Zusammensetzung auf die mechanischen Eigenschaften von unlegierten und niedriglegierten Stählen. Stahl u. Eisen 86 (1966), Nr. 1, S. 42/46

[37] Moser, A. und Legat, A.: Der Einfluß der Legierungselemente auf die Härtbarkeit. Berg- und Hüttenmännische Monatshefte 112 (1967), H. 11, S. 321/331

[38] Legat, A. und Moser, A.: Der Einfluß der Gefügeausbildung auf die Härte und das Zähigkeitsverhalten von Bau-stählen. Zeitschrift für wirtschaftliche Fertigung 63 (1968), H. 5, S. 42/45

[39] Haust, G.: Zu Fragen der Weiterentwicklung niedriglegierter warmfester Stähle. Neue Hütte 11 (1966), H. 10, S. 613/619

[40] Fabritius, H. und Schlegel, D.: Warmfeste Werkstoffe für Rohre. Technische Mitteilungen 56 (1963), H. 4, S. 169/172

[41] Jakobova, A., Foldyna, V. und Prnka, T.: Einfluß des Molybdängehaltes auf die Zeitstandfestigkeit von Chrom-Vanadin-Stählen mit unterschiedlicher Streckgrenze bei Raumtemperatur. Arch. Eisenhüttenwes. 43 (1972), H. 1, S. 55/60

[42] Grützner, G. und Jesper, H.: Werkstofffragen beim Einsatz nichtrostender Stahlbleche und -rohre im Reaktorbau. Blech (1964), H. 10, S. 503/511

[43] Krainer, E., Kreitner, F., Kulmburg, A. und Scheidl, H.: Höchstfeste Stähle für besondere Anwendungsgebiete. Berg- und Hüttenmännische Monatshefte 115 (1970), H. 11, S. 317/328

[44] Dahl, W., Hengstenberg, H. und Adrian, H.: Untersuchung über den Einfluß der Legierungselemente auf die mecha-nischen Eigenschaften von wasservergüteten hochfesten schweißbaren Baustählen. Stahl u. Eisen 90 (1970), Nr. 13, S. 698/702

[45] Küntscher, W., Kilger, H. und Biegler, H.: Technische Baustähle. (1958) Halle (Saale), VEB Wilhelm Knapp Verlag

[46] Atlas zur Wärmebehandlung der Stähle. (1961) Verlag Stahleisen m.b.H., Düsseldorf

[47] Ito, Y. und Bessyo, K.: Weldability formula of high strength steels. Doc. IX-576-68 of the 1968 meeting of the IIW.

[48] Fabian, K., Zimnik, W. und Petersen, J.: Über die Auswirkung von Kohlenstoff-Äquivalentvorschriften bei höher-festen Baustählen auf die Arbeitsweise im Stahl- und Walzwerk, Bänder, Bleche, Rohre 12 (1971) H. 4, S. 139/148

[49] Schulze, G.: Über die hochfesten ferritisch-perlitischen Stähle-Auswertung des Schrifttums. Schweißen und Schneiden 20 (1968), H. 3, S. 120/128

[50] Meyer, L., Schmidt, F. und Straßburger, Ch.: Einfluß von Niob und Vanadin auf das Gefüge und die Eigenschaften perlitarmer aluminiumberuhigter Stähle. Stahl u. Eisen 89 (1969) H. 22, S. 1235/1249

[51] Bartholot, H.-D. und Langenscheid, G.: Ausscheidungskinetik von Nitriden bzw. Karbiden des Niobs in perlitfreien Stählen. Hoesch-Berichte (1971), H. 2, S. 56/64

[52] Straßburger, Ch., Meyer, L. und Heisterkamp, F.: Einfluß von Vanadin, Niob und Zirkon auf die Festigkeit und Zähigkeit von Warmbreitband aus schweißbaren Baustählen. Bänder, Bleche, Rohre 12 (1971), Nr. 4, S. 153/159

[53] Heisterkamp, F. und Meyer, L.: Mechanische Eigenschaften perlitarmer Baustähle. Thyssenforschung 3 (1971), H. 1 + 2, S. 44/65

[54] Bettzieche, P.: Schweißbarkeit der Stahlwerkstoffe. Stahl u. Eisen 85 (1965), Nr. 1, S. 29/36

[55] Wellinger, K., Eichhorn, F. und Gimmel, P.: Schweißen. (1964) Alfred Kröner Verlag, Stuttgart.

[56] Handbuch für die Schweißtechnik. (1964) Westfälische Union, Hamm, (Westf.)

[57] Watkinson, F., Baker, R. G. und Tremlett, H. F.: Der Einfluß von Wasserstoff auf das Gefüge von Stählen nach einer Wärmebehandlung. Brit. Weld. J. 10 (1963), S. 54/62

[58] Burat, F. und Hofmann, W.: Beitrag zur Schweißbarkeit unlegierter und niedriglegierter Bau- und Vergütungsstähle. Schweißen und Schneiden 14 (1962), H. 7, S. 289/299.

[59] Hofmann, W. und Burat, F.: Das Schweißen hochfester und vergüteter Baustähle. Techn. Überwach. 5 (1964), Nr. 12, S. 439/444

[60] Born, K. und Goerdt, O.-E.: Vergleichende Untersuchungen an Schweißgut aus unlegiertem Stahl unter besonderer Berücksichtigung des Zusammenhanges zwischen Phosphor-Gehalt und Kerbschlagzähigkeit. Arch. Eisenhüttenwes. 32 (1961), S. 225/236

[61] Zeyen, K. L.: Stand der Zusatzwerkstoffe für die Eisen-Werkstoffe. VDI-Z. 19 (1948), S. 185/190

[62] Crome, R.: Herstellung, Prüfung und Einsatz geschweißter Edelstahlrohre. Neue Hütte 10 (1965), H. 8, S. 459/467

[63] Schmidt, W.: Qualitätsmerkmale, Einsatzgebiete und Sicherheit geschweißter Stahlrohre. Bänder, Bleche, Rohre 10 (1969), H. 6, S. 364/376

[64] Hildebrand, M., und Göhler, H.: Über die Erzeugung unlegierter und legierter nahtloser Kesselrohre. Neue Hütte 9 (1964), H. 11, S. 673/680

[65] Werkstoffe (1968), Mannesmann AG, Düsseldorf

[66] Müller, H.G., und Opperer, M.: Das Stahlrohr, Verlag Stahleisen 1974.

[67] Jäniche, W.: Der Werkstoff Stahl — Eigenschaften, Anwendung und Überlegungen zur Weiterentwicklung. Stahl und Eisen 96 (1976), S. 1207/1219

[68] Stahl-Eisen-Liste, Verlag Stahleisen m.b.H.

[69] Straßburger, Chr.: Untersuchungen zur Festigkeitssteigerung der Stähle Verlag Stahleisen m.b.H. Düsseldorf

[70] Täffner, K., und Meyer, L.: Schweißbare Baustähle, Grundlagen des Festigkeits- und Bruchverhaltens, Düsseldorf 1974

[71] Lorenz, K., u. a.: Thermomechanisches und temperaturgeregeltes Walzen von Grobblech und Warmband. Stahl und Eisen 101 (1981) S. 593

[72] Burgmann, W., Holtermann, H. und Wahlster, W.: Vakuum Process Engineering and Ladle Metallurgy in the Production of Steel. Steel Times International 1980 (6) S. 11—20.

[73] Piehl, K.-H. u. Pütter, C.: Kaltzähe Stähle, in: Werkstoffkunde der gebräuchlichen Stähle. Teil 2 Verlag Stahleisen GmbH, Düsseldorf

III Herstellverfahren

K.-H. BRENSING, B. SOMMER

1. Einleitung

Mit der Entwicklung der Walzwerkstechnik in der ersten Hälfte des vorigen Jahrhunderts begann man auch mit der industriellen Fertigung von Rohren. Dabei wurden gewalzte Blechstreifen durch Trichter oder Walzen zum Rundquerschnitt geformt und stumpf oder überlappt in der Wärme geschweißt (Feuerpreßschweißung). Gegen Ende des Jahrhunderts entstanden verschiedene Verfahren zur Herstellung nahtloser Rohre, deren Erzeugungsmengen rasch anstiegen. Trotz Anwendung anderer Schweißverfahren wurden durch die breite Entwicklung und Verbesserung der Nahtlosverfahren geschweißte Rohre fast völlig vom Markt verdrängt, bis zum Zweiten Weltkrieg dominierte das nahtlose Rohr. In der Folgezeit führten die inzwischen gewonnenen Erkenntnisse auf dem Gebiet der Schweißtechnik wieder zu einer stürmischen Entwicklung und Ausbreitung der Rohrschweißverfahren. Gegenwärtig werden fast zwei Drittel der Stahlrohrproduktion in der Welt als geschweißte Rohre hergestellt. Davon sind allerdings rund ein Drittel sogenannte Großrohre für Transportleitungen in Abmessungsbereichen oberhalb der wirtschaftlichen Herstellbarkeit nahtloser Rohre.

Tafel I gibt einen Überblick der Abmessungsbereiche für nahtlose (DIN 2448) und geschweißte (DIN 2458) Rohre. Daraus ist zu entnehmen, daß geschweißte Rohre vorwiegend im Bereich kleiner Wanddicken und großer Außendurchmesser, nahtlose Rohre von Normalwanddicke bis zu sehr großen Wanddicken im Durchmesserbereich bis etwa 660 mm herstellbar sind. Die Wahl des Herstellverfahrens wird aber – vorzugsweise im Überdeckungsbereich, wo die Auswahl zwischen nahtlosen und geschweißten Rohren möglich ist – gekennzeichnet durch den Verwendungszweck der Rohre, das heißt, durch Wahl der Werkstoffe und der Einsatzbedingungen.

Aus Tafel II sind die heute hauptsächlich angewandten Herstellungsverfahren für nahtlose und geschweißte Stahlrohre zu entnehmen. Neben den vorgeschalteten Fertigungsstufen sind auch sich gegebenenfalls anschließende Weiterverarbeitungsverfahren und die typischen Erzeugnisse der einzelnen Herstellverfahren aufgezeigt. Daraus wird deutlich, daß für die verschiedenen Anlagen der Fertig-Stufe eine unterschiedliche Anzahl von Fertigungsschritten in der Vormaterial- bzw. Vorstufe gegeben sind.

Bei nahtlosen Rohren und beim Feuerpreßschweiß-Verfahren (Fretz-Moon) ist die Fertigstufe in jedem Falle ein Warmherstellungsverfahren, man spricht daher beim Produkt auch von warmfertigen Rohren. Verhältnismäßig selten sind nachgeschaltete Anlagen zum Warmziehen oder Warmaufweiten, dagegen sind warmfertige Rohre zu einem großen Teil auch Ausgangspunkt für nachfolgende Kaltformgebungsverfahren. Letztere werden angewandt zur Erweiterung des Herstellprogramms in den Bereich kleinerer Durchmesser und Wanddicken (DIN 2391), außerdem zur Einengung von Wanddicken- und Durchmessertoleranzen sowie zur Erzielung besonderer Oberflächengüten oder mechanisch-technologischer Eigenschaften der Rohre.

Tafel 1: Normabmessungen für nahtlose und geschweißte Stahlrohre

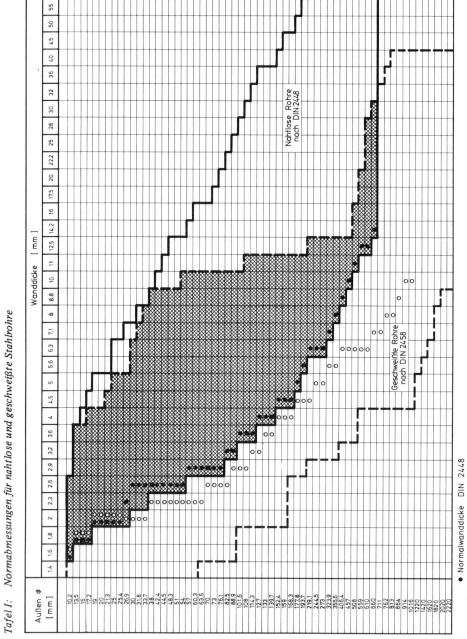

Tafel II: *Herstellungsmöglichkeiten und Verwendungszwecke nahtloser und geschweißter Stahlrohre*

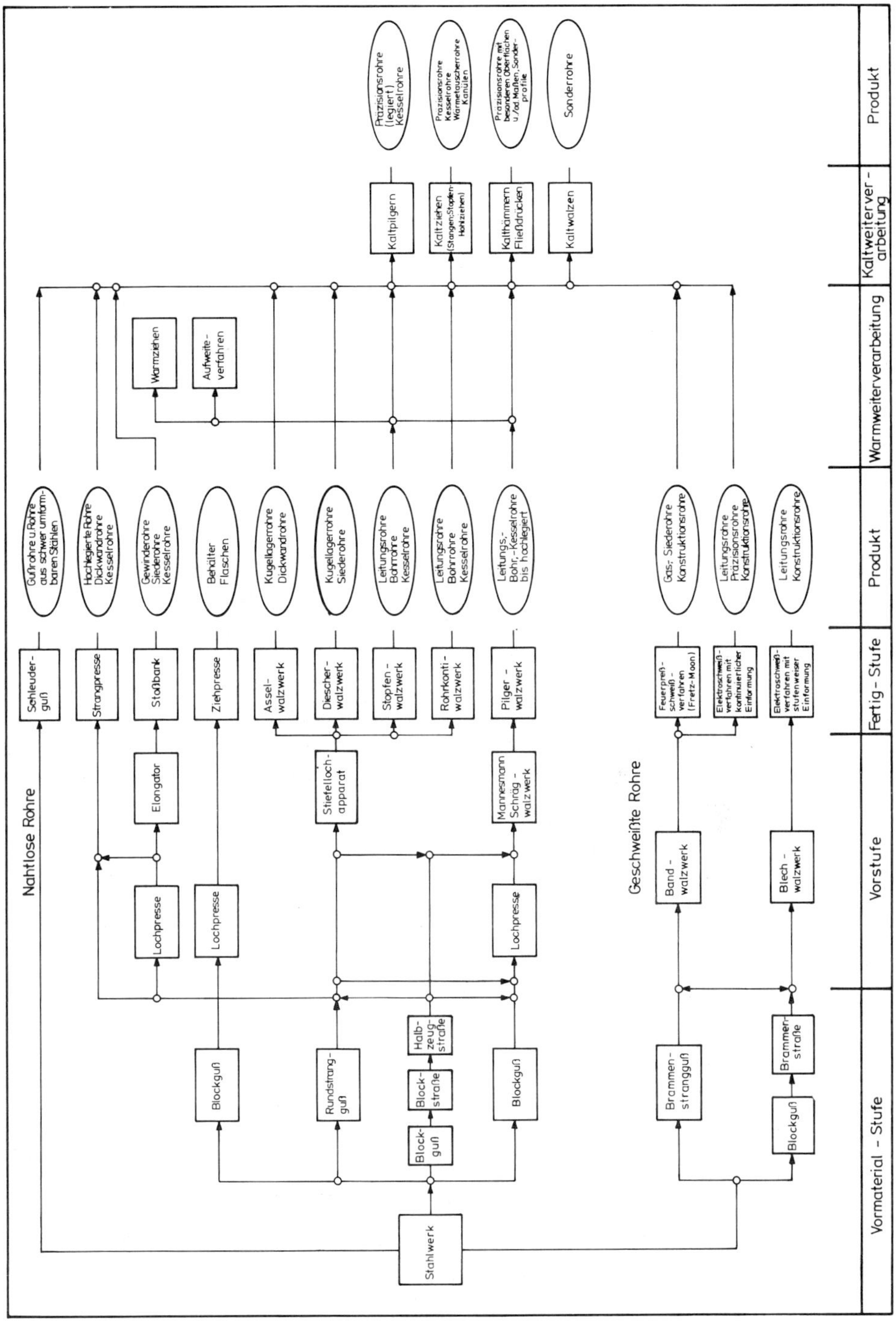

Zur Herstellung von geschweißten Rohren wird zunächst Band oder Blech kontinuierlich (in Rollensätzen oder Rollenkäfigen) oder über Pressen (U-O-Verfahren, C-Verfahren) oder auch auf einer 3-Walzen-Biegemaschine kalt eingeformt und anschließend durch Preß- oder Schmelzschweißen zum fertigen Rohr geschweißt. Je nach Formungsprozeß unterscheidet man längsnahtgeschweißte und schraubenliniennahtgeschweißte Rohre, letztere werden im allgemeinen Sprachgebrauch als Spiralrohre bezeichnet.

Mit den ständig steigenden Anforderungen an Rohre und Rohrerzeugnisse wurden nicht nur die Herstellverfahren laufend verbessert, sondern auch Systeme der Fertigungskontrolle und Qualitätssicherung geschaffen. Es ist heute bei namhaften Rohrherstellern selbstverständlich, daß die Herstellung vom Stahlwerk bis zum Fertigrohr nicht nur lückenlos überwacht und belegt, sondern auch nach Qualitätsgesichtspunkten gesteuert wird. Die gemäß den technischen Lieferbedingungen durchzuführenden zerstörenden oder zerstörungsfreien Prüfungen werden unabhängig von der betrieblichen Überwachung durchgeführt, so daß ein gleichmäßiges und einwandfreies Produkt garantiert wird.

In den nachfolgenden Kapiteln werden nur die Herstellungsverfahren beschrieben, die heute besonders für die Massenerzeugung von Rohren angewandt werden.

2. Nahtlose Rohre

Mit Ausgang des vorigen Jahrhunderts entstanden die wesentlichen Herstellungsverfahren für nahtlose Rohre. Einer Nebeneinander-Entwicklung folgte nach Ablauf der Schutzrechte oft auch eine Kombination einzelner Umformstufen der verschiedenen Verfahren. Entsprechend dem heutigen Stand der Entwicklung werden als moderne Hochleistungsanlagen vorzugsweise angewandt:

- das Rohrkontiverfahren und das Stoßbankverfahren im Abmessungsbereich von etwa 21 bis 140 mm Außendurchmesser
- das Stopfenwalzverfahren im Abmessungsbereich von etwa 140 bis 406 mm Außendurchmesser
- das Schrägwalz-Pilgerschrittverfahren im Abmessungsbereich von etwa 250 bis 660 mm Außendurchmesser.

Neben diesen grob abgesteckten Grenzabmessungen arbeiten aber auch viele Anlagen in Abmessungsbereichen, wie sie in den nachfolgenden Abschnitten beschrieben und in Bild 1 dargestellt sind.

Trotz mancher früherer Versuche und Verfahren ist die Erfindung des Schrägwalzverfahrens durch die Gebrüder Mannesmann Ende der 80er Jahre des vorigen Jahrhunderts als der Beginn industrieller Fertigung von nahtlosen Rohren anzusehen.

Das Kennzeichnende aller bis dahin bekannten Walzverfahren, nämlich, daß die Walzenachsen in einer Ebene lagen, die Walzen entgegengesetzte Drehrichtung hatten und daß die Walzgut-Austrittsgeschwindigkeit annähernd der Walzenumfangsgeschwindigkeit entsprach, wurde erstmals verlassen (Bild 2). Die Walzenachsen wurden nun beim Schrägwalzen parallel zur Walzgutachse mit einer Neigung gegen die Walzgutebene angeordnet. Bei gleichsinniger Drehrichtung der Walzen erfolgte somit ein schraubenlinienförmiger Durchgang des Walzgutes durch den Walzspalt. Dabei war die Austrittsgeschwindigkeit etwa eine Zehnerpotenz kleiner als die Umfangsgeschwindigkeit der Walzen.

Durch die Einführung eines im Walzspalt angeordneten Lochdornes konnte so durch Schrägwalzen massives Rundmaterial in der Walzhitze zum Hohlkörper gelocht werden. Die Erzeugung normalwandiger Rohre in gebräuchlichen Längen durch Schrägwalzen allein gelang jedoch nicht. Erst nach Entwicklung und Einführung einer zweiten Verformungsstufe – des Pilgerschrittverfahrens – durch die Gebrüder Mannesmann erhielt die Fabrikation nahtloser Stahlrohre eine praktische und wirtschaftliche Bedeutung. Auch das Pilgerschrittverfahren war ein ungewöhnliches und neuartiges Walzverfah-

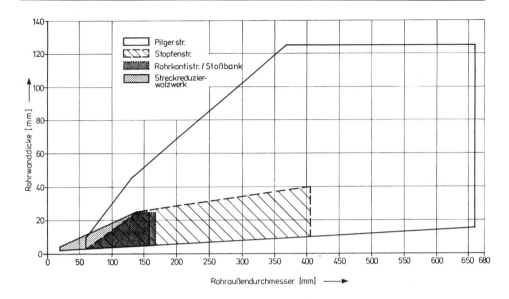

Bild 1:   Fertigungsbereiche von Anlagen zur Herstellung nahtloser Rohre

ren, bei dem diskontinuierlich über einen Dorn der dickwandige Hohlblock zum fertigen Rohr ausgestreckt wurde.

Naturgemäß regte diese bahnbrechende Entwicklung viele Erfinder jener Zeit zu zahlreichen Patentanmeldungen an, die teilweise eine Umgehung der Mannesmann'schen Schutzrechte darstellten oder auch völlig neue Wege zur Herstellung nahtloser Rohre beschritten.

Stellvertretend für viele der ersteren Gruppe sei R.C. Stiefel, ein ehemaliger Mitarbeiter, genannt. Durch Weiterentwicklung der Schrägwalztechnik gelang ihm in den USA die Erzeugung dünnwandiger

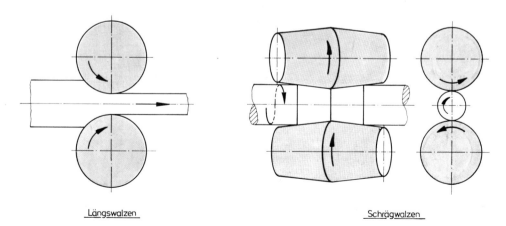

Bild 2:   Gegenüberstellung: Längswalzen – Schrägwalzen

Hohlblöcke, die anschließend auf einem bereits vom Schweißverfahren her bekannten Duo-Stopfen-walzwerk zum fertigen Rohr ausgewalzt wurden. Dieses Stopfenwalzverfahren setzte sich zunächst vor allem in den USA durch und wird bis heute etwa gleichbedeutend mit dem Schrägwalz-Pilgerschritt-verfahren in aller Welt angewandt.

Eine andere Möglichkeit zur Herstellung nahtloser Rohre wurde von H. Ehrhardt gefunden: Durch Lochen eines quadratischen Massivblockes in einer runden Matrize erzeugte er einen dickwandigen Hohlkörper mit Boden, der anschließend auf einer Stange durch nacheinander angeordnete Ringe zum fertigen Rohr im sogenannten Stoßbankverfahren abgestreckt wurde. Dieses Verfahren hat sich für kleine Durchmesser bis heute behauptet.

Nach Ablauf der verschiedenen Patente wurden in den folgenden Jahrzehnten die ursprünglichen Herstellverfahren teilweise modifiziert und die einzelnen Verformungsaggregate beliebig kombiniert. Je nach Rohrabmessung und Fertigungsprogramm sowie Vormaterial-Verfügbarkeit ergaben sich im Laufe der Zeit im Vergleich unterschiedliche Walzanlagen.

Es entstanden aber auch durch Weiterentwicklung einzelner Umformaggregate neue Verfahren, so zum Beispiel aus dem Schrägwalzwerk das Assel- und Diescherverfahren oder aus der Ehrhardtpresse das Rohrstrangpreßverfahren.

2.1. Schrägwalz-Pilgerschrittverfahren

Das nach seinen Erfindern auch allgemein als Mannesmann-Verfahren bekannte Herstellverfahren für nahtlose Rohre wird heute im Abmessungsbereich von etwa 60 bis 660 mm Außendurchmesser und Wanddicken von 3 bis 125 mm angewandt. Dabei sind in Abhängigkeit vom Wanddicken-Durchmes-ser-Verhältnis und Blockgewicht Rohrlängen bis zu 28 m herstellbar. Darüber hinaus können auch Rohrdurchmesser oberhalb des genannten Walzbereiches durch Aufweiten erzeugt werden. Zu dem Zweck werden die größten gewalzten Rohre nochmals erwärmt und dann entweder durch Hindurch-ziehen eines Stopfens in oft mehreren Arbeitsgängen auf einen größeren Außendurchmesser aufge-

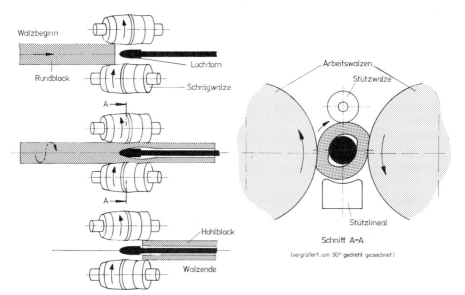

Bild 3:   Darstellung des Lochvorganges im Mannesmann-Schrägwalzwerk

Bild 4:
Lochen eines Blockes im Mannesmann-Schrägwalzwerk (Auslaufseite)
(Werkfoto: Mannesmannröhren-Werke AG)
1 Hohlblock, 2 Arbeitswalzen, 3 Führungswalze, 4 Dornstange mit Lochdorn

zogen oder in einem Aufweitewalzwerk aufgewalzt. Bei beiden Verfahren wird die Wanddicke verringert.

Bei kleinen Pilgerstraßen zur Fertigung des unteren Abmessungsbereiches wird auch heute noch das zweistufige Walzverfahren angewendet. Als Ausgangsmaterial dient gewalzter Rundstahl, oft auch Rundguß (Ingots) und in neuerer Zeit Rundstrangguß mit 100 bis etwa 300 mm Durchmesser.

Die Einsatzblöcke sind hinsichtlich Durchmesser, Länge und Gewicht auf die zu fertigende Rohrabmessung abgestimmt. In einem meist gas- oder auch ölbeheizten Drehherdofen wird das Walzgut nach Durchlaufen unterschiedlicher Temperaturzonen auf Walztemperatur erwärmt, im allgemeinen auf 1250 bis 1300 °C, je nach Werkstoffzusammensetzung auch niedriger. Nach Entnahme aus dem Drehherdofen und anschließender Entzunderung der Oberfläche mittels Preßwasser werden die Blöcke dem Schrägwalzwerk zugeführt und dort zum dickwandigen Hohlkörper gelocht. Die Streckung des Materials beträgt dabei etwa 1,5 bis 2 bzw. die Querschnittsabnahme etwa 33 bis 50 %.

Das Schrägwalzwerk besitzt zwei besonders profilierte Arbeitswalzen, die im gleichen Drehsinn angetrieben werden und deren Achsen gegen die horizontale Walzgutachse um etwa 3 bis 6° geneigt sind. Zum Schließen des Walzspaltes dienen im allgemeinen oben eine nicht angetriebene Stützwalze sowie unten ein Stützlineal. In der Mitte des Walzspaltes befindet sich als Innenwerkzeug ein Lochdorn, der über eine Stange an einem außerhalb liegenden Widerlager abgestützt wird.

Bild 3 zeigt eine schematische Darstellung vom Ablauf des Schrägwalzvorganges. Der Block wird pneumatisch in das Walzwerk eingestoßen, im konischen Einlaufteil von den Walzen erfaßt und in schraubenförmiger Bewegung über den Lochdorn zum dickwandigen Hohlkörper umgeformt. Dabei erfährt der Block zunächst mit zunehmender Einschnürung in der horizontalen Ebene eine Aufweitung in der vertikalen Ebene. Nach Eingriff des Lochdornes erfolgt die Umformung stufenweise jeweils beim Durchgang durch den Walzspalt, der zwischen je einer Walze und dem Lochdorn gebildet wird (Schnitt A-A). Bild 4 zeigt ein modernes Schrägwalzwerk von der Auslaufseite.

Im Anschluß an den Schrägwalzvorgang wird der dickwandige Hohlblock in gleicher Walzhitze im Pilgergerüst zum fertigen Rohr ausgewalzt. Die Streckung liegt dabei zwischen 5 und 10, entsprechend einer Querschnittsabnahme von etwa 80 bis 90 %.

Das Pilgergerüst enthält zwei auf ihrem Umfang konisch kalibrierte Walzen, die entgegen der Walzrichtung angetrieben werden. Die Kalibrierung der Pilgerwalzen ist in Bild 5 dargestellt: etwa 200 bis 220° ihres Umfangs sind als Arbeitskaliber – bestehend aus dem konischen Pilgermaul, dem gleichbleibenden zylindrischen Glätteil und anschließendem leicht größerwerdenden Auslauf – der Rest mit einer größeren Öffnung als Leerlaufkaliber ausgebildet.

Bild 6 veranschaulicht schematisch den Ablauf des Pilgerwalzvorganges. Der Hohlblock wird auf einen mit Schmiermittel versehenen zylindrischen Pilgerdorn geschoben, dessen Durchmesser etwa der lichten Weite des zu fertigenden Rohres entspricht und durch einen Vorschubapparat den Pilgerwalzen zugeführt. Das Pilgermaul erfaßt den Hohlblock, drückt von außen eine kleine Werkstoffwelle ab, die anschließend vom Glättkaliber auf dem Pilgerdorn zu der vorgesehenen Wanddicke ausgestreckt wird. Entsprechend dem Drehsinn der Walzen wird hierbei der Pilgerdorn mit dem darauf befindlichen Hohlblock nach rückwärts – also gegen die Walzrichtung – bewegt, bis das Leerlaufkaliber das Walzgut freigibt. Bei dieser Rückwärtsbewegung (Walzzyklus) wird in einem pneumatischen Zylinder der Speisevorrichtung – auch Vorholer genannt – durch Luftkompression Energie gespeichert. Während sich die Walzen weiterdrehen und im Leerlaufkaliber kein Kraftschluß zwischen Walzen und Walzgut besteht, wird die Kompressionsenergie zum Vorschieben von Pilgerdorn und Hohlblock in die Ausgangsposition genutzt. Gleichzeitig erfolgt dabei über eine Drallspindel eine Drehung des Walzgutes um 90° sowie über ein hydraulisches System ein Vorschub des Vorholers um das Maß des vorher ausgewalzten Hohlblockvolumens. Unterdessen haben sich die Walzen so weit gedreht, daß mit dem Auftreffen des Pilgermauls auf das Walzgut und Abdrücken einer neuen Werkstoffwelle ein neuer Ar-

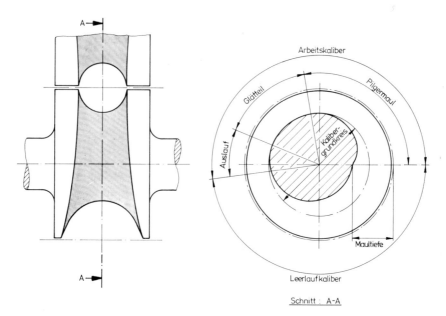

Bild 5:   Pilgerwalze in Ansicht und Schnitt

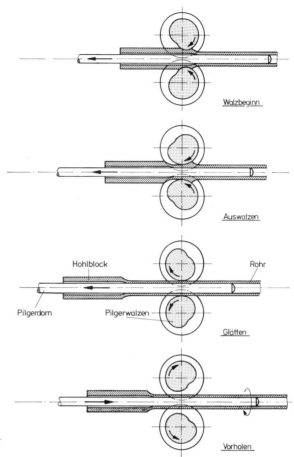

Bild 6:
Darstellung des Walzablaufs beim Pil-
gern

beitstakt beginnt. Infolge der Drehung des Walzgutes um 90° wird der vorher im Kalibersprung befindliche Werkstoff beim nächsten Pilgerschlag im Kalibergrund verformt. Damit und durch eine mindestens zweifache Überwalzung jedes Werkstoffteilchens erreicht man eine gleichmäßige Wanddicke
und Rundheit des austretenden Rohres.
Dieser periodisch schrittweise ablaufende Walzvorgang bei hin- und hergehender Bewegung erhielt
seinen Namen Pilgern wegen der Ähnlichkeit mit der Echternacher Springprozession, bei der jeweils
drei Schritte vorwärts und zwei Schritte rückwärts gegangen werden.
Nach beendetem Walzvorgang wird das fertige Rohr vom Pilgerdorn abgezogen. Der verbleibende,
unverformte Rest des Hohlblockes, der sogenannte Pilgerkopf, wird durch eine Warmsäge vom Rohr
abgetrennt, gegebenenfalls auch das ungleichmäßig verformte vordere Ende des Rohres. Anschließend
wird das Rohr einem Maß- oder einem Reduzierwalzwerk zugeführt, wenn erforderlich nach einem
erneuten Erwärmen.
Ein Maßwalzwerk dient der Fixierung eines genauen Außendurchmessers und der Rundheit. Es besteht meistens aus drei Gerüsten in Zwei- oder Dreiwalzenanordnung, wobei die Walzen ein geschlos-
senes Kaliber bilden und bei mehrgerüstiger Anordnung gegeneinander entsprechend versetzt sind.

Im Reduzier- oder Streckreduzierwalzwerk wird der Außendurchmesser des Rohres unter leichter Wanddickenanstauchung bzw. -verminderung erheblich reduziert. Hierzu werden je nach Produktionsprogramm Walzwerke mit 5 bis etwa 28 Gerüsten angewendet.

Nach diesem letzten Umformvorgang werden die fertigen Rohre auf einem Kühlbett auf Umgebungstemperatur abgekühlt und nach einer Maßkontrolle zum Abtransport in die Adjustagen in Mulden gesammelt. Dort erfolgt unter anderem eine Bearbeitung der Rohrenden, das Richten sowie eine Dichtheitsprüfung mittels Wasserdruck. Weitere Prüfungen entsprechend den jeweiligen Spezifikationen schließen sich an.

Aus Bild 7 sind Aufbau und Arbeitsablauf einer Schrägwalz-Pilgerschritt-Anlage zu ersehen.

Der Aufbau schwerer Pilgerstraßen zur Herstellung großer Rohrdurchmesser gleicht im wesentlichen dem beschriebenen Schema. Als Einsatzmaterial dient hier jedoch ein Polygonal-Gußblock (Ingot) im Abmessungsbereich von etwa 300 bis 750 mm Kantenmaß mit einem Gewicht bis über 5 t. Dieser Block wird nach Erwärmen in einem Drehherdofen auf Walzhitze zunächst auf einer meist senkrechten Lochpresse in eine runde Matrize eingebracht. Mit Hilfe eines zylindrischen Lochstempels von etwa halbem Matrizendurchmesser wird der Massivblock zu einem Hohlblock mit Boden umgeformt. Als nächster Arbeitsgang folgt eine Wanddickenreduzierung mit leichter Streckung im Schrägwalzwerk und ein Durchstoßen des verbliebenen Bodens. In gleicher Hitze schließt sich das Abstrecken im Pilgergerüst an, gefolgt von einem Maßwalzen auf einem ein- oder mehrgerüstigen Maßwalzwerk.

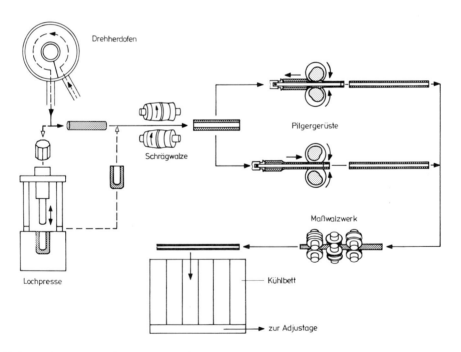

Bild 7:   Schema einer Schrägwalz-Pilgerschritt-Anlage

2.2. Stopfenwalzverfahren

Nach seinem Erfinder ist das Stopfenwalzverfahren auch unter dem Namen Stiefelverfahren, im englischen Sprachgebrauch als „Automatic Mill" bekannt. Hergestellt werden heute auf Stopfenstraßen
nahtlose Rohre im Durchmesserbereich von etwa 60 bis 406 mm mit Wanddicken von etwa 3 bis
40 mm. Dabei ist der übliche Wanddickenbereich gegeben in den Grenzen von Normalwanddicke
gemäß DIN 2448 bis zu 2,5 x Normalwanddicke in Abhängigkeit vom Außendurchmesser. Die größten
Herstellungslängen der Rohre betragen etwa 12 bis 14 m.

Auf kleinen und mittleren Anlagen erfolgt die Umformung vom Block zum Rohr ebenfalls in zwei
Stufen, wobei als Ausgangsmaterial im allgemeinen gewalzter Rundstahl, neuerdings auch Rundstrangguß mit 100 bis 300 mm Durchmesser verwendet wird. Im Gegensatz zum Pilgerverfahren entspricht
der Blockdurchmesser in etwa dem daraus zu fertigenden Rohrdurchmesser, dementsprechend sind
die Blocklängen größer und liegen etwa zwischen 1000 und 3500 mm.

In einem Drehherdofen erfolgt die Erwärmung der Blöcke auf eine Umformtemperatur von etwa
1280 °C. Nach einer Entzunderung mittels Preßwasser folgt der Lochvorgang vom Block zum dünnwandigen Hohlblock im Schrägwalzwerk, wobei das Walzgut etwa 3- bis 4,5fach gestreckt wird, entsprechend einer Verformung von etwa 65 bis 75 %.

Der in Stopfenstraßen angewandte Schrägwalzwerkstyp – auch Tonnenlochapparat (Bild 8) genannt – unterscheidet sich in Aufbau und Wirkungsweise wesentlich vom Schrägwalzwerk in Pilgerstraßen. Die beiden angetriebenen Arbeitswalzen sind doppelkonisch kalibriert, ihre ebenfalls parallel
zum Walzgut liegenden Achsen sind gegen die Horizontale um etwa 6 bis 12° geneigt. Durch je ein
oberes und unteres Führungslineal ist der Walzspalt mit den Arbeitswalzen eng geschlossen. Diese von
R.C. Stiefel eingeführten Führungslineale wirken quasi als feststehende Walzen an der streckenden
Umformung mit und ermöglichen die Erzeugung eines verhältnismäßig dünnwandigen Hohlkörpers.
Die Bewegung des Walzgutes ist auch hier schraubenlinig über den als Innenwerkzeug wirkenden

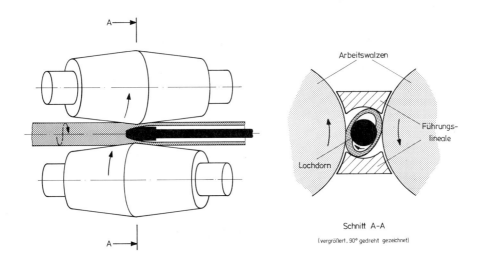

Bild 8:   Darstellung des Lochvorganges im Tonnenlochapparat

Bild 9:
Lochen eines Blockes im
Tonnenlochapparat (Aus-
laufseite)
(Werkfoto: Mannesmann-
röhren-Werke AG)
1 Hohlblock, 2 Arbeits-
walzen, 3 Führungslineal,
4 Dornstange mit Loch-
dorn

Lochdorn. Wegen der größeren Walzenneigung und höherer Walzendrehzahlen ist die Walzgutaustritts-
geschwindigkeit bei Tonnenlochapparaten wesentlich größer als bei Mannesmann-Schrägwalzwerken.
Dies ist eine notwendige Forderung wegen der Taktzeit des anschließenden Stopfengerüstes.
Bild 9 zeigt die Austrittsseite eines Tonnenlochapparates.
An Stopfenstraßen zur Herstellung großer Rohrdurchmesser wird häufig zwischen Lochapparat und
Stopfengerüst ein zweites Schrägwalzwerk gleicher Bauart angewandt. Dieses wird oft als Elongator
bezeichnet und dient vor allem einem Aufweiten des Innen- und Außendurchmessers und weiterem
Strecken des Hohlblockes.
Die Umformung des Hohlblockes zum fertigen Rohr erfolgt im nachfolgenden Stopfengerüst in glei-
cher Hitze unter etwa 2facher Streckung (50 % Querschnittsabnahme) mit üblicherweise zwei Walz-
stichen.
Das Stopfengerüst dient zur Aufnahme der beiden mit etwa kreisrunden Kalibereinschnitten versehenen
zylindrischen Arbeitswalzen sowie der beiden getrennt angetriebenen Rückholwalzen. Ein in der
Mitte des Walzkalibers befindlicher Walzstopfen wird über eine Stange gegen ein Widerlager hinter
dem Walzwerk abgestützt. Walzkaliber und Walzstopfen bilden gemeinsam einen Ringspalt entsprechend der Wanddicke des Rohres.
Aus Bild 10 ist der Verfahrensablauf ersichtlich. Mittels einer pneumatischen Einstoßvorrichtung
wird der Walzvorgang eingeleitet, der Hohlblock von den Walzen erfaßt und über den Walzstopfen
ausgewalzt. Dabei werden Außendurchmesser und Wanddicke reduziert. Nach dem Durchwalzen
liegt das Rohr auf der Stange, der Walzstopfen fällt aus dem Walzspalt in eine Kühl- und Wechsel-
vorrichtung. Zum Rücktransport des Rohres auf die Anstichseite werden die obere Arbeitswalze

angehoben und gleichzeitig die Rückholwalzen angestellt. Nach Drehen des Rohres um 90° erfolgt ein zweiter Walzstich über einen etwa 1 bis 3 mm im Durchmesser größeren Walzstopfen und erneutes Rückführen auf die vordere Gerüstseite.
Bild 11 zeigt das Stopfengerüst einer großen Stopfenstraße.

Das nun bezüglich seiner Wanddicke fertige Rohr wird einem Glättschrägwalzwerk (Reeler) zugeführt und in gleicher Hitze zwischen zwei tonnenförmigen, schräggestellten Walzen und einem Stopfen als Innenwerkzeug unter leichter Aufweitung gerundet und geglättet. Ein mehrgerüstiges Maßwalzwerk zur Kalibrierung des genauen Außendurchmessers schließt sich an, bevor die Rohre auf dem Kühlbett erkalten und nach einem Richtvorgang der Adjustage zur weiteren Bearbeitung und Prüfung zugeführt werden.

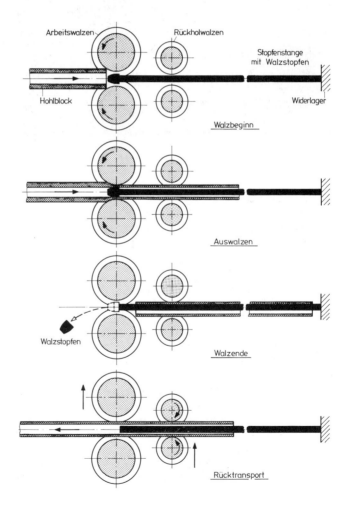

Bild 10:
Darstellung des Walzablaufs
beim Stopfenwalzen

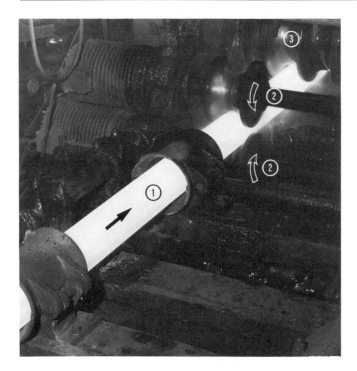

Bild 11:
Duo-Stopfenwalzwerk
(Austrittsseite – Rückhol-
walzen im Eingriff)
(Werkfoto: Mannesmann-
röhren-Werke AG)
1 Rohr, 2 Rückholwalzen,
3 Arbeitswalzen

In Bild 12 sind schematisch Aufbau und Verfahrensablauf einer Stopfenstraße dargestellt.
Teilweise wird auch einer Stopfenstraße – vor allem im mittleren Abmessungsbereich – anstelle eines Maßwalzwerkes ein Reduzier- oder Streckreduzierwalzwerk mit Nachwärmofen zur besseren Programmanpassung nachgeschaltet (siehe auch unter Pilgerstraße und Rohrkontistraße).

2.3. Rohrkontiverfahren

Durch Aneinanderreihen mehrerer Walzstiche in aufeinanderfolgenden Walzgerüsten, die in einer Walzlinie angeordnet sind, entstand ebenfalls um die Jahrhundertwende das kontinuierliche Rohrwalzwerk. Dabei wurde der im Schrägwalzwerk erzeugte Hohlkörper über eine frei mitlaufende Dornstange als Innenwerkzeug zum fertigen Rohr ausgestreckt.
Schwierigkeiten bereitete in damaliger Zeit die Abstimmung des Werkstoffflusses durch die Beeinflussung der Gerüste untereinander, insbesondere durch unterschiedlichen Verschleiß der Walzen. Erst eine moderne Antriebs- und Regeltechnik ermöglichte in den letzten Jahrzehnten die Entwicklung des Kontiwalzwerkes zum leistungsfähigsten Herstellungsverfahren für nahtlose Rohre im Abmessungsbereich von 60 bis 168 mm Außendurchmesser. Bei neuesten Anlagen ist man dazu übergegangen, in der Kontistaffel nur noch eine oder zwei große Luppenabmessungen zu erzeugen, die in einem nachfolgenden Streckreduzierwalzwerk bis auf etwa 21 mm Außendurchmesser fertiggewalzt werden. Die Wanddicken betragen dabei 2 bis 25 mm in Abhängigkeit vom Außendurchmesser.
Als Ausgangsmaterial wird gewalzter Rundstahl oder Rundstrangguß bis 200 mm Durchmesser verwendet, der in Längen bis zu 4 m im Drehherdofen auf Walztemperatur von etwa 1280 °C erwärmt

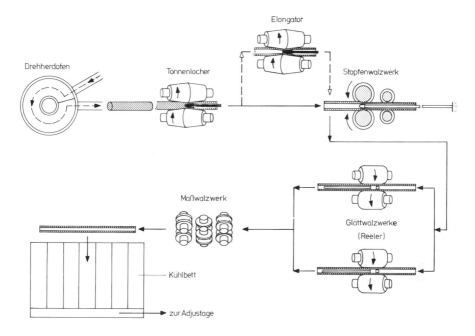

Bild 12: *Schema einer Stopfenstraße*

Bild 13:
*Rohrkontiwalzwerk (Aus-
laufseite)*
*(Werkfoto: Mannesmann-
röhren-Werke AG)*
*1 Rohr, 2 Gerüstwechsel-
vorrichtung, 3 Walzgerüst*

wird. Nach einer Preßwasserentzunderung erfolgt das Lochen des Massivblockes zum dünnwandigen Hohlblock in einem Schrägwalzwerk Stiefelscher Bauart (Tonnenlochapparat). Dabei wird das Walzgut etwa 2- bis 4-fach gestreckt, entsprechend einer Querschnittsabnahme von 50 bis 75 %.

Wegen der geforderten hohen Durchsatzleistung sind die Arbeitswalzen um 10 bis 12° gegen die Walzgutachse geneigt. Neuerdings werden auch aus diesem Grunde die bisher üblichen Führungslineale durch umlaufende Führungsscheiben – sogenannte Diescherscheiben – zur Verminderung der Reibungsverluste ersetzt.

Der im Schrägwalzwerk erzeugte Hohlblock wird anschließend in gleicher Wärme im Kontiwalzwerk über eine Dornstange zur Kontiluppe ausgewalzt. Hierbei wird eine maximal vierfache Streckung erreicht, entsprechend einer Querschnittsabnahme von 75 %.

Rohrkontiwalzwerke bestehen aus 7 bis 9 dicht hintereinander liegenden Walzgerüsten, die gegeneinander um jeweils 90° versetzt und zur Horizontalen um 45° geneigt sind (Bild 13). Jedes Gerüst hat einen eigenen, regelbaren Antriebsmotor. Die Walzenumfangsgeschwindigkeiten werden entsprechend den Querschnittsabnahmen aufeinander abgestimmt, so daß zwischen den Gerüsten keine nennenswerten Zug- oder Stauchkräfte auf das Walzgut wirken. Durch eine ovale Kalibrierung der Duowalzen erreicht man ein bestimmtes Spiel zwischen Dornstange und Walzgut in den Kaliberflanken (Bild 14). Im letzten Rundkaliber wird dieses Spiel gleichmäßig auf den ganzen Umfang verteilt, um ein Lösen der Luppe von der Dornstange zu ermöglichen.

Vor Beginn des Walzvorganges wird die Dornstange in den Hohlblock eingeschoben; nach Erreichen einer bestimmten Position werden dann beide gemeinsam in das Kontiwalzwerk eingestoßen. Das Walzgut wird von den Walzen erfaßt und durch die von Gerüst zu Gerüst kleiner werdenden Walz-

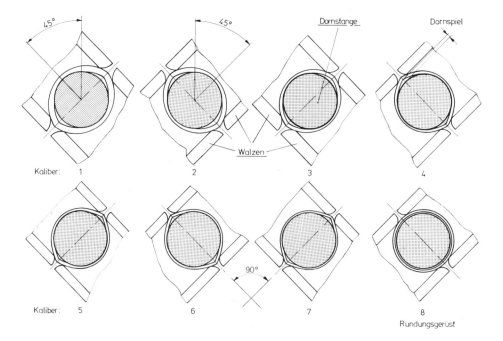

Bild 14: Walzenanordnung und Kalibrierung eines Rohrkontiwalzwerkes

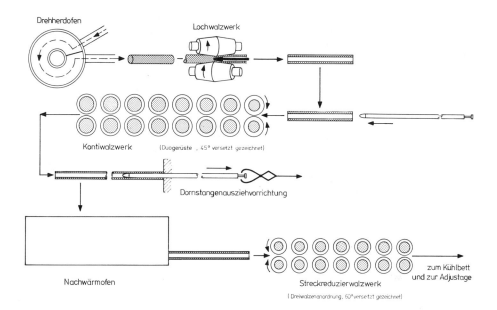

Bild 15: Schema einer Rohrkontistraße

kaliber auf der Dornstange ausgewalzt. Dabei nimmt die Dornstange infolge der zunehmenden Walz-gutgeschwindigkeit auch eine größer werdende Geschwindigkeit an.

Neben der Walzlinie wird anschließend die Dornstange aus der Kontiluppe gezogen, gekühlt und für einen erneuten Walzvorgang bereitgestellt. Üblicherweise sind etwa 8 bis 10 Dornstangen gleicher Abmessung im Umlauf.

In Kontiwalzwerken können Luppen bis zu 30 m Länge hergestellt werden, dabei ist eine Dornstan-genlänge von etwa 25 m erforderlich.

Aus Bild 15 sind Aufbau und Verfahrensablauf einer Rohrkontistraße zu entnehmen.

In neuerer Zeit werden auch wieder Rohrkontiwalzwerke mit kontrolliert bewegter statt frei mitlau-fender Dornstange eingesetzt. Der Vorteil dieser Verfahrensvariante liegt darin, daß wesentlich kürze-re und weniger Dornstangen benötigt werden und das Rohr von der Stange abgewalzt wird; wegen günstiger umformtechnischer Bedingungen können auch größere Rohraußendurchmesser (maximal etwa 340 mm) hergestellt werden.

Nach beendetem Walzvorgang und Ausziehen der Dornstange ist die Kontiluppe bis auf etwa 500 °C abgekühlt. Sie wird deshalb einem Nachwärmofen zugeführt und in ca. 10 bis 15 Minuten wieder auf eine Umformtemperatur von 950 bis 980 °C erwärmt. Im allgemeinen werden dazu erdgas- oder ölbe-heizte Hubbalkenöfen verwendet, um eine gleichmäßige Erwärmung zu gewährleisten.

Beim Austritt aus dem Nachwärmofen wird die Kontiluppe mittels Preßwasser entzundert und im anschließenden Streckreduzierwalzwerk ohne Innenwerkzeug auf Fertigrohrabmessung gewalzt. Dabei kann je nach Endabmessung eine bis zu zehnfache Streckung erreicht werden.

Streckreduzierwalzwerke werden mit 24 bis 28 Walzgerüsten und mehr ausgeführt, die dicht hinter-einander angeordnet sind. Jedes Gerüst besitzt heute meist einen eigenen, regelbaren Antrieb und ent-

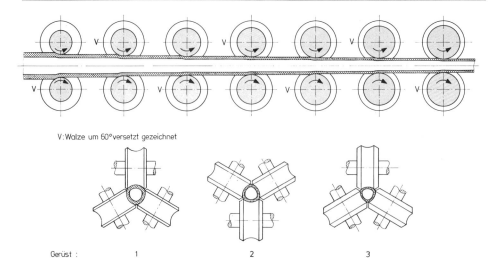

V: Walze um 60° versetzt gezeichnet

Gerüst :   1   2   3

Bild 16: Darstellung des Streckreduzierverfahrens

hält drei Walzen möglichst kleinen Durchmessers. Die drei Walzen bilden zusammen ein Kaliber, das von Gerüst zu Gerüst stetig kleiner wird und jeweils versetzt angeordnet ist (Bild 16).

Entsprechend der größer werdenden Rohrlänge bei gleichzeitiger Abnahme von Außendurchmesser und Wanddicke des Rohres nimmt die Umfangsgeschwindigkeit der Walzen vom Einlauf zum Austritt hin ständig zu.

Bild 17:
28-gerüstiges   Streckredu-
zierwalzwerk
(Werkfoto: Mannesmann-
röhren-Werke AG)
1 Einlauf, 2 Auslauf,
3 Nachwärmofen

Je nach Anzahl der eingesetzten Gerüste können unterschiedliche Durchmesser von Fertigrohren erzeugt werden. Durch Veränderung des Längszuges zwischen den einzelnen Gerüsten kann neben der Durchmesserabnahme auch eine gezielte Wanddickenverminderung erfolgen. Dieser Längszug wird dadurch erreicht, daß die Walzenumfangsgeschwindigkeit über die normale, der jeweiligen Querschnittsabnahme entsprechenden Zunahme von einem Gerüst zum nächsten zusätzlich gesteigert wird. Mit Hilfe des Einzelantriebes der Gerüste und eines breiten Regelbereichs der Motoren besteht so die Möglichkeit, aus einer Luppenabmessung Fertigrohre mit verschiedenen Wanddicken herzustellen.

Spezielle Vorrichtungen erlauben an modernen Streckreduzierwalzwerken einen Gerüstwechsel und damit die Umstellung auf einen anderen Rohrdurchmesser in wenigen Minuten. Aus diesem Grunde kann der zeitaufwendige Abmessungswechsel an neuzeitlichen Rohrkontiwalzwerken entfallen und die Herstellung auf meist nur einen Luppendurchmesser für das Streckreduzierwalzwerk beschränkt werden.

Bild 17 zeigt ein neuzeitliches Streckreduzierwalzwerk.

2.4. Stoßbankverfahren

Das Verfahren wird nach seinem Erfinder auch als Ehrhardt-Verfahren bezeichnet. Herstellbar sind Rohre im Durchmesserbereich von etwa 50 bis 170 mm mit Wanddicken von etwa 3 bis 18 mm bei Rohrlängen bis zu 18 m. Moderne Rohrstoßbankanlagen erzeugen meist nur eine (große) Luppenabmessung und über ein nachgeschaltetes Streckreduzierwalzwerk alle gängigen Rohrabmessungen bis zu einem kleinsten äußeren Durchmesser von etwa 20 mm.

Als Ausgangsmaterial verwendet man Vierkant-, Achtkant- oder Rundknüppel, gewalzt oder aus Stranggruß. Dieser wird nach Erwärmen auf Umformtemperatur in einem Drehherdofen in die zylindrische Matrize einer Lochpresse eingelegt und durch einen Lochdorn in einen dickwandigen Hohlkörper mit Boden umgeformt (Bild 18). In einem anschließenden Streck-Schrägwalzwerk (Elongator), meist mit drei Walzen ausgerüstet, wird der Hohlblock über eine Dornstange auf eine etwa 1,8fache Länge gestreckt. Dabei findet mit der Reduzierung auch zugleich eine Vergleichmäßigung der Wanddicke statt. In der gleichen Wärme wird der Hohlblock anschließend auf der Stoßbank über eine Dornstange als Innenwerkzeug unter 10 bis 15facher Verlängerung zum Rohr ausgestreckt.

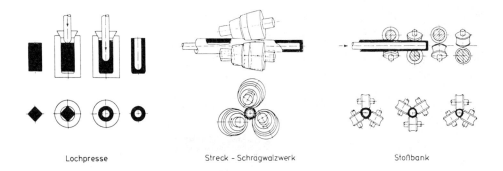

Lochpresse   Streck - Schrägwalzwerk   Stoßbank

Bild 18: Umformvorgang beim Stoßbankverfahren

Im Bett der Stoßbank sind bis zu 15 Rollenkäfige hintereinander angeordnet (Bild 19). Die Rollen-käfige bestehen meist aus drei (manchmal auch aus vier) auf den Umfang verteilten, nicht angetrie-benen kalibrierten Rollen. Durch die stetig kleiner werdenden Querschnitte der Rollenkaliber er-reicht man eine jeweilige Stichabnahme, die in den Hauptarbeitskalibern bis zu 25 % betragen kann. Während des Vorganges sind etwa 6 bis 7 Rollenkäfige gleichzeitig im Eingriff. Die Kraftübertra-gung auf die Dornstange erfolgt über eine Zahnstange, die Stoßgeschwindigkeit kann bis zu 6 m/s be-tragen.

Nach dem Streckvorgang durchläuft das auf die Dornstange aufgewalzte Rohr ein Lösewalzwerk, so daß die Dornstange nachher ausgezogen werden kann. Anschließend werden durch eine Warmsäge das Bodenstück sowie das Rohrende abgetrennt. In einem nachgeschalteten Streckreduzierwalzwerk wird das auf Umformtemperatur nachgewärmte Rohr dann auf seine Fertigabmessung gewalzt (siehe auch unter Rohrkontiverfahren).

Bild 20 zeigt das Schema einer Rohrstoßbank-Anlage mit Streckreduzierwalzwerk.

2.5. Ziehpreßverfahren

Dieses auch von H. Ehrhardt entwickelte Verfahren ist dem Stoßbankverfahren ähnlich, jedoch nicht für die Massenfertigung – wie die vorbeschriebenen Verfahren – geeignet. Es gibt daher auch nur wenige Anlagen, die jedoch speziell auf die Herstellung von nahtlosen Rohren bzw. Hohlkörpern mit großen Durchmessern und Wanddicken ausgelegt sind.

Der Fertigungsbereich liegt etwa zwischen 200 und 1450 mm Außendurchmesser mit Wanddicken von etwa 20 bis 250 mm und ergänzt damit das Herstellungsprogramm großer Pilgerstraßen. Mit einer Maximallänge von rund 9 m werden Hohlkörper für die verschiedensten Anwendungsgebiete, zum Beispiel Kraftwerkszubehör, Zylinder, Hochdruckflaschen und Druckbehälter in allen Stahlgüten erzeugt.

Als Vormaterial werden meist in Kokillen gegossene Mehrkantblöcke (Ingots) mit 500 bis 1400 mm Durchmesser und Gewichten bis zu 26 t eingesetzt, in einem Tiefofen auf Umformtemperatur er-wärmt und in einer senkrechten, hydraulischen Lochpresse zum Hohlblock mit Boden gepreßt (Bild 21). Das Abstrecken des Hohlblocks auf Endabmessung erfolgt danach auf einer horizontalen, hydrau-lischen Ziehpresse über einen Dorn, der den Innendurchmesser des Rohres bestimmt. Zusammen mit

Bild 19:
Stoßbank mit Rollenkäfi-
gen
(Werkfoto: Mannesmann-
röhren-Werke AG)

1 Stoßbankbett, 2 Rollen-
käfige, 3 Dornstange,
4 Rohr

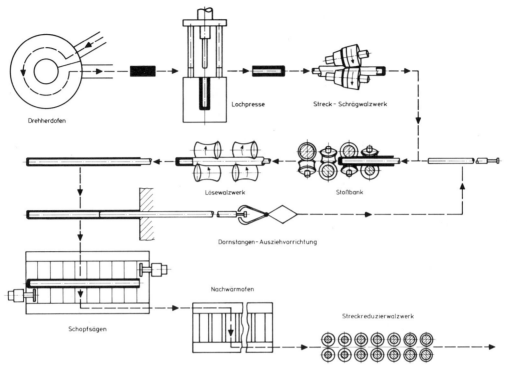

Bild 20: Schema einer Stoßbankanlage

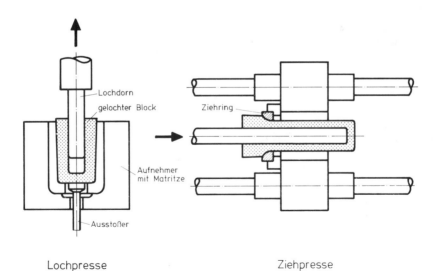

Lochpresse   Ziehpresse

Bild 21: Ziehpreßverfahren

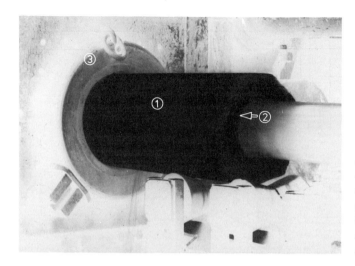

Bild 22:
Einlegen des Hohlblocks
in die Ziehpresse
(Werkfoto: Mannesmann-
röhren-Werke AG)
1 Hohlblock, 2 Dorn,
3 Ziehring

dem Dorn wird der Hohlblock nacheinander durch mehrere Ziehringe mit kleinerwerdendem Durchmesser gestoßen, bis der gewünschte Außendurchmesser erreicht ist (Bild 22). Dabei können bis zu fünf Durchgänge in einer Hitze, je nach Abkühlung des Werkstücks und vorgegebenem Temperaturbereich für die Umformung, erreicht werden; notwendigerweise erfolgt dann eine Nacherwärmung. Nach beendeter Umformung wird das Fertigteil mittels einer Abstreifvorrichtung vom Dorn abgezogen. Je nach Verwendungszweck verbleibt das Bodenstück am Hohlkörper (z.B. für Behälter) oder wird mit dem Rohrende nach Abkühlung auf Umgebungstemperatur abgetrennt.

2.6. Rohrstrangpreßverfahren

Das Verfahren wird zur Herstellung von Rohren bis etwa 230 mm Außendurchmesser angewandt. Als Ausgangsmaterial dient meist Rundstahl, gewalzt, geschmiedet oder aus Stranggguß mit bis zu 300 mm Durchmesser.

Nach dem Erwärmen auf Umformtemperatur wird das Vormaterial in den zylindrischen Aufnehmer (Rezipienten) der Strangpresse eingesetzt, an dessen Boden sich die Matrize mit runder Bohrung befindet. Der Block wird zunächst durch einen im Zentrum des Preßstempels geführten Lochdorn durchgelocht. Nach Eintritt des Lochdorns in die Matrize wird so ein Ringspalt gebildet, durch den das Material unter dem Druck des Preßstempels zum Rohr ausgepreßt wird (Bild 23). Der im Aufnehmer verbliebene Preßrest wird anschließend vom Rohr getrennt.

Mit mechanischen (Kurbel-) Pressen stehender Bauart werden Stahlrohre bis zu hochlegierten Werkstoffgüten im Abmessungsbereich von 60 bis 120 mm Durchmesser mit Wanddicken von etwa 3 bis 15 mm erzeugt. Über ein oft nachgeschaltetes Streckreduzierwalzwerk läßt sich der Herstellungsbereich in einer Hitze bis auf etwa 20 mm Außendurchmesser erweitern. Die Begrenzung mechanischer Pressen liegt mit Blockabmessungen bis etwa 200 mm Durchmesser und etwa 100 kg Einsatzgewicht bei einer maximalen Preßkraft von 15 MN.

Auf hydraulischen Pressen in meist liegender Bauart werden bevorzugt hochlegierte Stähle bis zu etwa 230 mm Rohrdurchmesser verarbeitet. Dementsprechend betragen die maximalen Preßkräfte etwa bis zu 30 MN.

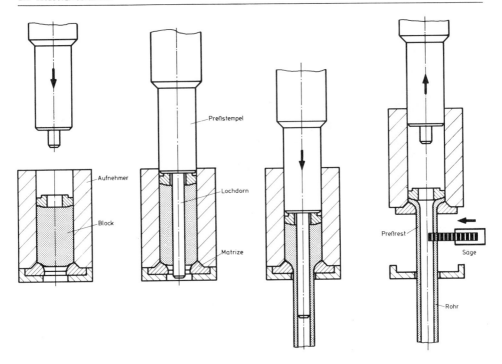

Bild 23: Darstellung des Rohrstrangpressens

Für die Herstellung hochlegierter Rohre wird das Vormaterial üblicherweise gebohrt, erwärmt und die Bohrung – meist mittels einer vorgeschalteten Presse – auf den gewünschten Innendurchmesser aufgeweitet. Nach einem Temperaturausgleich erfolgt dann die Umformung in der Strangpresse zum Fertigrohr.

2.7. Schrägwalzverfahren

In Verfolgung der ursprünglichen Idee der Gebr. Mannesmann, nahtlose Rohre nur durch Schrägwalzen zu erzeugen, entstanden Anfang der 30er Jahre Verfahren, die unter dem Namen ihrer Erfinder W.J. Assel und S.E. Diescher bekannt geworden sind. Beide benutzen den Stiefelschen Lochapparat zur Herstellung des Hohlblocks aus dem Rundknüppel und schließen ein weiteres Schrägwalzwerk zum Auswalzen auf Fertigrohrabmessung an. Während das Asselverfahren schnell eine weite Verbreitung fand, blieb das Diescherverfahren auf wenige Anlagen beschränkt.

2.7.1. Asselwalzverfahren

Auf Asselanlagen werden heute nahtlose Rohre mit Außendurchmessern von 60 bis 250 mm in Längen bis zu 9 m hergestellt. Dabei beträgt das Verhältnis von Außendurchmesser zu Wanddicke 4 bis 15. Die kleinste lichte Weite der Rohre liegt bei etwa 40 mm. Die nach diesem Verfahren erzeugten Rohre zeichnen sich durch besonders gute Zentrizität aus und werden vorzugsweise für Drehteile (Wellen, Achsen) und für die Kugellagerfertigung in mittellegierten Werkstoffgüten verwandt.

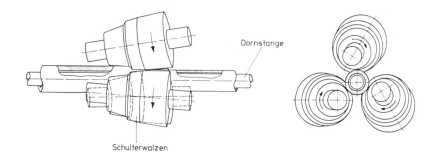

Dornstange

Schulterwalzen

Bild 24: Darstellung des Asselvorgangs

Zum Einsatz kommt vorwiegend gewalzter Rundstahl in entsprechenden Längen, der im Drehherdofen auf Umformtemperatur erwärmt wird. Nach einer Entzunderung und Zentrierung der Stirnfläche wird der Block im Lochapparat zum Hohlkörper umgeformt und anschließend dem Asselwalzwerk zugeführt.
Das Asselwalzwerk ist ein Dreiwalzen-Schrägwalzwerk mit kegelförmigen Walzen, die symmetrisch
um je 120° versetzt um die Walzmitte angeordnet und gegen die Walzgutebene geneigt sind (Bilder
24 u. 25). Wesentliches Merkmal der Walzenkalibrierung ist die sogenannte Schulter, deren ,,Höhe''
die Verringerung der Wanddicke des Hohlblocks bestimmt. Der Auslaufteil der Walzenkalibrierung ist
so gestaltet, daß ein Lösen des Rohres vom Innenwerkzeug und ein Glätten und Runden der Außenoberfläche stattfindet. Als Innenwerkzeug dient eine (im allgemeinen) frei mitlaufende Dornstange,
die nach beendetem Walzvorgang aus dem fertigen Rohr ausgezogen wird. Ein anschließendes Maßwalzwerk (rotary sizer) oder ein Reduzierwalzwerk dienen der Kalibrierung der Rohre oder der Herstellung von Zwischenabmessungen (Bild 26).

Bild 25: Asselwalzwerk
(Werkfoto: Mannesmannröh-
ren-Werke AG)

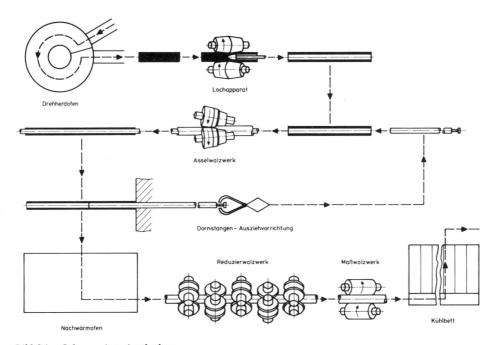

Drehherdofen

Lochapparat

Asselwalzwerk

Dornstangen – Ausziehvorrichtung

Reduzierwalzwerk   Maßwalzwerk

Nachwärmofen   Kühlbett

Bild 26:   Schema einer Asselanlage

2.7.2. Diescherwalzverfahren

Beim Diescherverfahren wird der im Lochapparat erzeugte Hohlblock nachfolgend im Diescher-walzwerk ebenfalls über eine Stange als Innenwerkzeug zum fertigen Rohr abgestreckt.

Der Walzspalt zwischen den beiden tonnenförmigen Arbeitswalzen ist beim Diescherwalzwerk statt durch feststehende Führungslineale (Stiefel) durch umlaufende sogenannte Diescherscheiben mit einer dem Walzkaliber angepaßten Kalibrierung geschlossen (Bild 27). Die Diescherscheiben werden mit einer größeren Geschwindigkeit angetrieben, als der Austrittsgeschwindigkeit des Walzgutes entspricht. Damit wird ein günstigerer Materialfluß erreicht und die Herstellbarkeit dünnwandiger Rohre ermög-licht. Auf den in den USA noch betriebenen Diescheranlagen erzeugt man Rohre im Bereich von 60 bis 140 mm Durchmesser, das Verhältnis von Außendurchmesser zu Wanddicke beträgt dabei 4 bis 30, die maximale Rohrlänge etwa 10 m.

Wenngleich Diescherwalzwerke als Streck- oder Fertigwalzwerke sich allgemein nicht durchgesetzt haben, so werden in neuerer Zeit wieder Lochapparate mit umlaufenden Diescherscheiben ausge-rüstet (siehe unter Rohrkontiverfahren).

3. Kaltweiterverarbeitung von Rohren

Ein beträchtlicher Teil der nach den beschriebenen Verfahren hergestellten nahtlosen Rohre, aber auch längsnahtgeschweißte Rohre werden kalt weiterverarbeitet (s. Tafel II). Vorzugsweise dienen

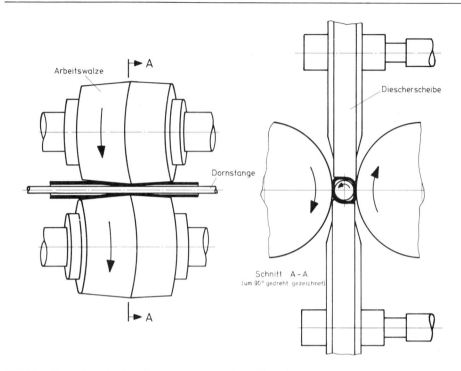

Bild 27: Darstellung des Streckvorgangs im Diescher-Walzwerk

die Kaltumformverfahren dazu, engere Wanddicken- und Durchmessertoleranzen zu erreichen und bessere Oberflächengüten sowie besondere mechanisch-technologische Eigenschaften der Rohre zu erzielen. Außerdem wird durch Kaltumformen das Erzeugungsprogramm in den Bereich kleinerer Außendurchmesser und Wanddicken erweitert.

Überwiegend werden zu diesen Zwecken das Kaltziehen und das Kaltpilgerverfahren angewandt. Kalthämmern, Fließdrücken, Kaltwalzen oder auch Verfahren der mechanischen Bearbeitung (z.B. Honen) sind in bezug auf die erzeugten Mengen von untergeordneter Bedeutung und der Herstellung von Rohren für besondere Produkte (zum Beispiel Zylinderrohre) vorbehalten.

3.1. Kaltziehen

Nahtlose Präzisionsstahlrohre sind gemäß DIN 2391 im Durchmesserbereich von 4 bis 120 mm mit Wanddicken von 0,5 bis 10 mm genormt. Darüber hinaus sind aber auch nichtgenormte, beliebige Zwischenabmessungen und Rohre bis zu 380 mm Außendurchmesser mit bis zu 35 mm Wanddicke durch Kaltziehen herstellbar.

Beim Kaltziehen von Rohren werden drei Verfahren angewandt: Hohlzug, Stopfenzug mit festem oder fliegendem Stopfen und Stangenzug (Bild 28).

Wegen des Fehlens eines Innenwerkzeuges wird beim Hohlzug lediglich der Außendurchmesser des Rohres im Ziehring reduziert und die Außenoberfläche geglättet, wobei die Wanddicke sich absolut und in der Toleranz nicht wesentlich verändert.

Ein mittels Dornstange fixierter oder durch seine besondere Kalibrierung in der Umformzone sich selbst einstellender, sogenannter fliegender Stopfen bildet mit dem Ziehring beim Stopfenzug einen Ringspalt, durch den das Rohr gezogen wird. Auf diese Weise werden Außen- und Innendurchmesser und damit die Wanddicke reduziert und in einen engen Toleranzbereich gebracht, außerdem die Außen- und Innenoberflächen geglättet. Im allgemeinen wird über einen festen Stopfen gezogen und damit eine Querschnittsabnahme bis zu 45 % je Zug erreicht. Das Ziehen über einen fliegenden Stopfen wendet man vorzugsweise bei kleinen Rohre mit großen Längen an, insbesondere wenn das Ziehgut vom Coil entnommen und nach dem Ziehen wieder auf einer Trommel aufgerollt wird.

Beim Stangenzug wird das Rohr mittels einer eingeschobenen Stange durch den Ziehring gezogen, wobei sich ebenfalls Außen- und Innendurchmesser wie auch die Wanddicke verringern. Die möglichen Querschnittsabnahmen je Zug sind hier höher als beim Stopfenzug, dagegen ist die Rohrlänge durch die Stangenlänge begrenzt. Außerdem muß das Rohr nach dem Ziehen in einem Lösewalzwerk leicht aufgeweitet werden, um die Stange ausziehen zu können. Der Stangenzug wird aus diesen Gründen vorwiegend für Standardabmessungen und als sogenannten Vorzug angewandt, wenn die Endabmessung nur in mehreren Ziehfolgen mit dazwischengeschalteter Wärmebehandlungen erzeugt werden kann.

Vor dem Kaltziehen wird der dem Rohr von der Warmherstellung oder dem Zwischenglühen anhaftende Zunder entfernt und die Oberfläche mit einem Schmiermittelträger versehen; das Ziehen erfolgt unter Zugabe von Schmiermitteln.

Durch den Kaltumformvorgang tritt eine Verfestigung des Werkstoffes ein, das heißt, seine Streckgrenze und Festigkeit werden erhöht, während gleichzeitig seine Dehnungs- und Zähigkeitswerte kleiner werden. Dies ist ein erwünschter Effekt für viele Verwendungszwecke. Wegen des damit vermin-

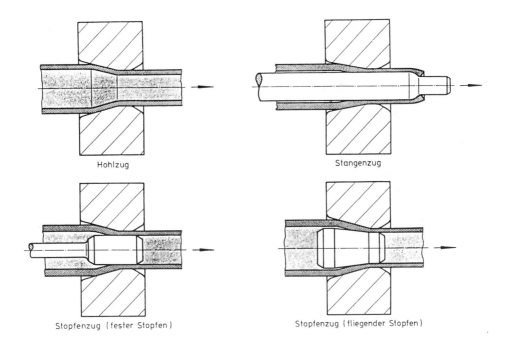

Bild 28:   *Darstellung der Ziehverfahren*

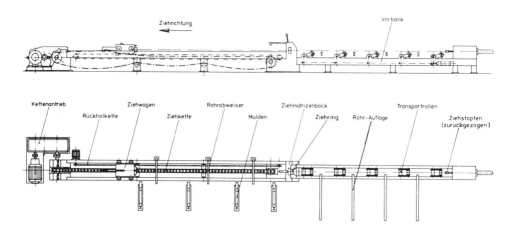

Bild 29: Kettenziehbank mit umlaufender Kette

derten Formänderungsvermögens ist jedoch vor weiteren Umformvorgängen eine Wärmebehandlung notwendig. Das Ziehen von Rohren über eine Stange oder einen feststehenden Stopfen als Innenwerkzeug erfordert Maschinen mit einem geradlinigen, endlichen Bewegungsablauf. Dies sind vorzugsweise Kettenziehbänke mit einer endlosen, kontinuierlich umlaufenden Kette, in die der Ziehwagen zum Kraftschluß mit dem Ziehgut eingeklinkt wird (Bild 29 u. 30) oder auch Ziehbänke mit reversierbaren,

Bild 30:   Ziehbank
(Werkfoto: Dahlhaus Iserlohn)
1 Ziehkette, 2 Ziehwagen, 3 Ziehring

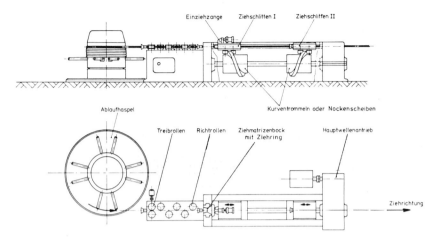

Bild 31: Kontinuierliche Geradeausziehmaschine

am Ziehwagen befestigten endlichen Zug- und Gegenketten. Weitere Bauarten sind Seilziehbänke, Zahnstangenziehbänke oder auch Ziehbänke mit hydraulischem Antrieb.

Große Rohrlängen werden im allgemeinen mit fliegendem Stopfen auf kontinuierlich arbeitenden Geradeausziehmaschinen gezogen, wobei zwei Ziehschlitten in hin- und hergehender Bewegung abwechselnd die Kraftübertragung übernehmen (Bild 31). Zum Kaltziehen kleiner Rohrdurchmesser wird meist die Trommelziehtechnik angewandt, das heißt, das Ziehgut wird einem Coil entnommen, die notwendige Ziehkraft wird von einer Trommel aufgebracht (Bild 32).

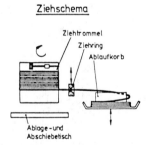

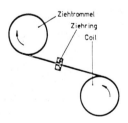

Bild 32: Trommelziehtechnik (schematisch)

3.2. Kaltpilgern

Das Kaltpilgerverfahren wird zur Weiterverarbeitung von warmgefertigten Luppen für Rohrabmessungen von 8 bis 230 mm mit Wanddicken von 0,5 bis 25 mm angewandt. Die dabei erreichbaren Querschnittsabnahmen übertreffen die beim Kaltziehen möglichen um ein Mehrfaches. Infolge einer starken, gleichzeitigen Durchmesser- und Wanddickenreduktion im Walzprozeß werden Exzentrizitäten und Wanddickenunterschiede der Einsatzluppe wesentlich verringert: das kaltgepilgerte Rohr ist ein Produkt mit sehr geringen Maßabweichungen und von hoher Oberflächengüte.

Wegen des günstigen Spannungszustandes des Walzgutes in der Umformzone wird das Kaltpilgerverfahren auch vorzugsweise zur Herstellung von Rohren aus schwer umformbaren Werkstoffen angewandt.

Der Kaltpilgervorgang ist dadurch gekennzeichnet, daß die Rohrluppe über einen feststehenden, konischen Dorn von zwei entsprechend kalibrierten Walzen abgestreckt wird, die sich im gleichmäßigen Takt in hin- und hergehender Bewegung abwälzen (Bild 33). Die Wälzbewegung erfolgt auf einer feststehenden Zahnstange. Sie wird bestimmt durch das Hin- und Hergehen des Walzgerüstes, in dem die Zahnräder und die mit ihnen verbundenen Walzen gelagert sind. Den Hub des Walzgerüstes und damit die Längs- und Drehbewegung der Walzen bewirkt ein Kurbeltrieb (Bild 34).

Die Kalibrierung der beiden Walzen besteht aus einer dem kreisförmigen Luppenquerschnitt entsprechenden Aussparung, die sich über einen bestimmten Teil des Walzenumfangs in geeigneter Form stufenlos bis zum Fertigrohrdurchmesser verkleinert. Dadurch wird die Rohrluppe bei der Vorwärts- und Rückwärtsbewegung der Walzen in gewünschter Weise verformt. Wesentlich ist, daß hier die Streckung der Luppe zum Fertigrohr durch Reduzierung des Durchmessers und der Wanddicke erfolgt. Dies wird durch die Form des Dornes bewirkt, der sich vom Luppen-Innendurchmesser auf den Fertigrohr-Innendurchmesser verjüngt. Nach der Vorwärts- und Rückwärtsbewegung der Walzen geben diese die Rohrluppe frei. Zu diesem Zeitpunkt wird die Rohrluppe um einen bestimmten, stufenlos regelbaren Vorschubbetrag vorgeschoben. Dieses Materialvolumen wird bei der anschließenden Vorwärts- und Rückwärtsbewegung der Walzen ausgewalzt.

Gleichzeitig mit dem Vorschieben wird die Rohrluppe um einen bestimmten Winkel gedreht, um beim Ausstrecken bis zum Fertigrohr einen genau kreisförmigen Querschnitt zu erhalten.

Aus der Kaliberlänge ergibt sich die Länge des je Walzenvorlauf gewalzten Luppenabschnitts. Der das Kaliber enthaltende Walzenteil kann als Backe oder als Ring ausgeführt sein. Die etwa halbzylin-

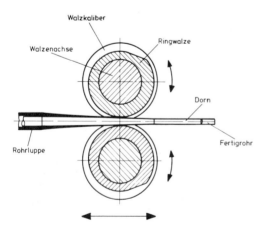

Bild 33: Kaltpilgern (schematisch)

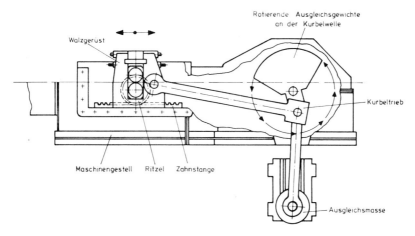

Bild 34:   Kaltpilgermaschine (Antriebsschema)

drische Walzenbacke mit ihrem kurzen Kaliber (Bogenlänge bis zu 180°) kennzeichnet die Kurz-
hubwalzwerke. Die heute dominierenden Langhubwalzwerke dagegen weisen bei gleich hohen Ar-
beitsdrehzahlen mit ihren Ringwalzen längere Arbeitskaliber auf (Bogenlänge bis zu 300°). Sie er-
bringen dadurch entsprechend höhere Produktionsleistungen sowie durch günstigere Verformungs-
verhältnisse auch bessere Oberflächen und höhere Maßhaltigkeit der Fertigrohre.
Bild 35 zeigt das Walzen eines Rohres auf einer Kaltpilgermaschine (Kurzhubwalzwerk).

Bild 35:   Walzen eines Rohres auf einer
Kaltpilgermaschine
(Werkfoto: Mannesmannröhren-
Werke AG)
1 Walzgerüst, 2 Walzen, 3 Rohr,
4 Zahnstange, 5 Ritzel

4. Geschweißte Rohre

Seit die Herstellung von Bandstreifen möglich war, versuchte man durch Biegen der Bänder und Verbinden ihrer Kanten Rohre herzustellen.

Daraus ergab sich das älteste Schweißverfahren, das Feuerschweißverfahren, das nun schon über hundert Jahre alt ist.

Im Jahre 1825 erhielt in England der Eisenwarenhändler James Whitehouse ein Patent zur Herstellung geschweißter Rohre.

Das Verfahren bestand darin, einzelne Blechstreifen über einen Dorn zu einem Schlitzrohr zu hämmern und nach Erwärmen des Schlitzrohres die Kanten durch mechanisches Pressen in einer Ziehbank zu verschweißen.

Später gelang es in einem Durchgang, den in einem Schweißofen erwärmten Streifen zu formen und zu verschweißen. Die Entwicklung dieser stumpfgeschweißten Rohre wurde erst 1931 durch den Amerikaner J. Moon und den Deutschen Fretz vollendet.

Anlagen nach diesem Verfahren arbeiten heute mit Erfolg für Rohre bis etwa 114 mm Außendurchmesser.

Neben dem Verfahren des Feuerschweißens, bei dem das Band im Feuer auf Schweißtemperatur erwärmt wird, entwickelten sich nach der Entdeckung des englischen Physikers James P. Joule der durch elektrischen Widerstand erzeugten Wärme in Metallen in den Jahren 1886 bis 1890 durch den Amerikaner E. Thomson mehrere Verfahren zum elektrischen Schweißen von Metallen. Im Jahre 1898 erhielt die Standard Tool Company, USA, ein Patent, nach dem sich die Widerstandsschweißung für die Rohrschweißung einsetzen ließ. Die Fertigung elektrisch-widerstands-geschweißter Rohre erhielt in den Vereinigten Staaten und viel später in Deutschland einen starken Auftrieb nach der Erstellung kontinuierlicher Warmbandstraßen für das für die Rohrherstellung erforderliche Warmband.

Während des Zweiten Weltkrieges wurde in den Vereinigten Staaten ein Argon-Arc-Schutzgaslichtbogenschweißen für die einwandfreie Schweißung von Magnesium im Flugzeugbau entwickelt.

Als Folgeentwicklung dieser Schutzgasschweißverfahren sind die Schutzgasschweißverfahren vorrangig für Edelstahlrohre entstanden.

Mit der stürmischen Entwicklung auf dem Energiesektor in den letzten 30 Jahren und dem daraus resultierenden Bau großer Fernleitungen hat sich für Leitungsrohre ab etwa 500 mm Durchmesser das Unterpulver-Schweißverfahren durchgesetzt.

Geschweißte Stahlrohre werden in Längsnahtausführung oder mit schraubenlinienförmigem Nahtverlauf hergestellt. Der Durchmesser dieser Rohre reicht von etwa 6 bis 2500 mm bei Wanddicken von 0,5 bis rund 40 mm.

Als Ausgangsmaterial kommen stets gewalzte Flachprodukte zur Anwendung, die je nach Herstellungsverfahren, Rohrabmessung und Verwendungszweck warm oder kalt gewalzter Bandstahl, warmgewalztes Breitband oder Grobblech sein können.

Die am Rohr geforderten physikalischen Eigenschaften und Oberflächenbeschaffenheiten liegen in vielen Fällen bereits am gewalzten Flachprodukt vor. Im anderen Fall kann durch eine nachgeschaltete Wärmebehandlung oder Kaltverfestigung am Rohr der gewünschte Endzustand erreicht werden.

Das Ausgangsmaterial kann warm oder kalt zum Rohr geformt werden. Dabei unterscheidet man zwischen der kontinuierlichen Rohrformung und der Einzelrohrformung.

Bei der kontinuierlichen Rohrformung wird abgehaspeltes Bandmaterial von einem Speicher abgezogen, während ein neues Band am Ende des abgehaspelten Bandes angeschweißt wird.

Bei der Einzelrohrfertigung erfolgen Rohrformungs- und Schweißprozeß nicht in Mehrfachlängen, sondern in Einzelrohrlängen.

Die zur Anwendung kommenden Schweißverfahren unterteilen sich in zwei Gruppen:
- Preßschweißverfahren
- Schmelzschweißverfahren.

Zu den Preßschweißverfahren gehören: die Feuerpreßschweißung (Fretz-Moon-Verfahren), die Gleichstrom-Preßschweißung, die Niederfrequenzwiderstands-Preßschweißung, die induktive Hochfrequenzwiderstands-Preßschweißung und die konduktive Hochfrequenzwiderstands-Preßschweißung. Schmelzschweißverfahren sind das Unterpulverschweißen und das Schutzgasschweißen.

Eine Übersicht dieser Schweißverfahren ist in Tafel III dargestellt.

Hauptsächlich angewandt werden zur Erzeugung geschweißter Rohre die Feuerpreßschweißung, die Hochfrequenzschweißung, die Unterpulverschweißung, die Kombination Unterpulver-Schutzgasschweißung sowie die Schutzgasschweißung für die Herstellung von Edelstahlrohren.

Tafel III: Schweißverfahren

Einformung	Schweißverfahren	Benennung	Naht	Abmessungsbereich (Außen ∅)
Kontinuierlich	Feuerpreßschweißen	Fretz-Moon	längs	13... 114
	Widerstandspreß-schweißen	Gleichstrom	längs	10... 20 (30)
		Niederfrequenz		10... 114
		Hochfrequenz		20... 600
	Lichtbogenschweißen (Schmelzschweißen)	Unterpulver (UP)	spiral	168...2500
		Schutzgas (MAG) (nur Heftnaht)		406...2032
		Schutzgas (WIG, MIG, WP)*	spiral/längs	30... 500/10...420
Einzeleinformung 3-Walzen-Biegemaschine C-Presse		Unterpulver (UP)	längs	≧ 500
		Schutzgas (WIG, MIG, WP)*		200... 600
Einzeleinformung U-O-Presse		Unterpulver (UP)	längs	457...1626
		Schutzgas (MAG) (nur Heftnaht)		

*) Edelstahlrohre

4.1. Preßschweißverfahren

4.1.1. Feuerpreßschweißen (Fretz-Moon-Verfahren)

Bei diesem, nach seinen Erfindern benannten Verfahren, wird ein auf Schweißtemperatur erwärmter Bandstreifen in einem Form-Schweiß-Walzwerk, Bild 36, kontinuierlich zum Schlitzrohr geformt, wobei die unter Druck zusammengepreßten Kanten durch sogenanntes „Feuerpreßschweißen" verschweißt werden. Es können Rohre von 40 bis 114 mm Außendurchmesser hergestellt werden.

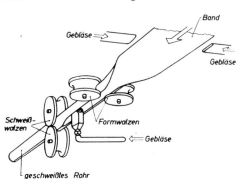

*Bild 36:   Fretz-Moon-Schweißwalzwerk von
            unten gesehen*

Der als Vormaterial dienende, zu Bunden aufgewickelte, warmgewalzte Bandstahl wird mit hoher Geschwindigkeit abgehaspelt und in Schlingen gespeichert. Damit wird eine Beeinträchtigung des kontinuierlichen Fertigungsablaufes durch das stumpfe Anschweißen des jeweils folgenden Bundes vermieden. Der zu einer unbegrenzten Länge aneinandergeschweißte Bandstreifen wird durch einen Tunnelofen geführt und auf hohe Temperatur erwärmt. Seitlich angeordnete Brenner erhöhen die Temperatur an den Bandkanten gegenüber der Bandmitte um etwa 100 bis 150 °C auf Schweiß-hitze. Das Formwalzgerüst formt das kontinuierlich einlaufende Band zum Schlitzrohr, dessen Umfang in dem nachfolgenden 90° versetzten Stauchwalzengerüst verkleinert wird. Der dadurch entstehende Stauchdruck führt zum Verschweißen der zusammengepreßten Kanten. Das Schweißgefüge wird in den nachfolgenden jeweils um 90° versetzten Reduzierwalzgerüsten zum Kalibrieren des Rohres noch weiter verdichtet. Eine hinter dem Schweißwalzwerk befindliche mitlaufende Warmsäge zerteilt den endlos gefertigten Rohrstrang in Einzellängen, die über Kühlbetten zur Rohradjustage gelangen.

Bei modernen Fretz-Moon-Anlagen wird der endlose Rohrstrang in gleicher Hitze direkt in einem in der Auslauflinie angeordneten Streckreduzierwalzwerk zu Rohren verschiedener Durchmesser bis etwa 13 mm heruntergewalzt, die anschließend in Einzellängen zerteilt auf Kühlbetten abgelegt werden. Diese Kombination hat den Vorteil, daß die Fretz-Moon-Anlage mit konstantem Rohrdurchmesser arbeiten kann und das aufwendige Umstellen der Anlage entfällt.

4.1.2. Widerstandspreßschweißen

4.1.2.1. Gleichstromverfahren

Die mit Gleichstrom (zum Beispiel DC-System von Newcor) beziehungsweise quasi Gleichstromeffekt (square wave-System von Yoder) arbeitenden Verfahren wurden für das Längsnahtschweißen von kleinen Rohren bis 20 mm, in Sonderfällen bis 30 mm Durchmesser, mit geringen Wanddicken von 0,5 bis etwa 2,0 mm entwickelt.

Die Vorteile der Gleichstromschweißung gegenüber der Niederfrequenz- und Hochfrequenzschweißung beziehen sich insbesondere auf die relativ glatte Innennahtausbildung mit nur geringem Nahtdurchhang. Dieser Gesichtspunkt ist bedeutsam für Rohre, bei denen eine nahezu glatte Innennaht gefordert wird und eine Innenentgratung nicht möglich ist, so zum Beispiel Rohre für Kühlaggregate oder Rohre, die nachgezogen werden sollen.

Die Anwendung des Verfahrens ist begrenzt durch die über rotierende Teile zu übertragende elektrische Leistung. Die Schweißgeschwindigkeiten betragen etwa 50–100 m/min. Die erzeugten Rohre werden ausnahmslos anschließend kalt streckreduziert, wobei sich die Wanddicke stärker anstaucht als der Nahtbereich, dadurch weisen diese Rohre praktisch keinen Innennahtdurchhang auf. Aus Toleranzgründen wird Kaltband eingesetzt.

4.1.2.2. Niederfrequenzverfahren

Bei diesem Verfahren wird mit Wechselstrom der Frequenzen von 50 bis 400 Hz gearbeitet. Eine aus zwei voneinander isolierten Scheiben einer Kupferlegierung bestehende Rollenelektrode dient gleichzeitig zur Stromführung und zur Formung sowie zur Erzeugung des notwendigen Schweißdruckes (Bild 37).

Die Elektroden bilden den sensiblen Punkt der Anlage, da einmal für jeden Rohrdurchmesser der zugehörige Radius angedreht und dieser aufgrund des Verschleißes dauernd während des Betriebes kontrolliert werden muß.

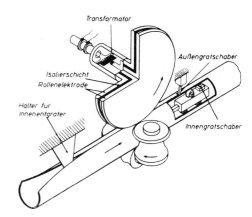

Bild 37: Niederfrequenzverfahren

Der beim Preßschweißen herausgepreßte Werkstoff bildet an der Schweißnaht einen inneren und äußeren Stauchwulst, der im Fertigungsfluß kurz hinter dem Schweißpunkt durch Innen- und Außenschaber entfernt wird.

Unter den genannten Voraussetzungen und einer sehr sorgfältigen Überwachung des Prozesses ist das Niederfrequenzschweißen hinsichtlich seiner Schweißsicherheit zu einer weitgehenden Perfektion getrieben worden.

Nach diesem Verfahren werden längsnahtgeschweißte Rohre von 10 bis 114 mm Durchmesser mit wanddickenabhängigen Schweißgeschwindigkeiten bis zu etwa 90 m/min hergestellt.

4.1.2.3. Hochfrequenzverfahren

Als Folgeentwicklung der Niederfrequenzwiderstands-Preßschweißverfahren wurde Anfang der 60er Jahre das Hochfrequenzwiderstands-Preßschweißen eingeführt. Dieses Schweißverfahren hat sich durchgesetzt. Wesentliche Vorteile des Verfahrens sind die Anwendung von Hochfrequenz im Bereich von 200–500 kHz sowie die Trennung von Rohrformung und Energieeinspeisung.

Bei diesem Schweißverfahren wird ebenfalls die gleichzeitige Einwirkung von Druck und Wärme ausgenutzt, um die Bandkanten des Schlitzrohres ohne Zusatzwerkstoff miteinander zu verschweißen. Die Zusammenführung des Schlitzrohres und das Aufbringen des für die Schweißung erforderlichen Druckes erfolgt durch Stauch- und Druckrollen im Schweißgerüst. Als vorteilhafte Energie zur Wärmeerzeugung für die Schweißung benutzt man Hochfrequenzwechselstrom. Der hochfrequente Strom hat dem normalen Wechselstrom gegenüber den wesentlichen Vorteil größter Stromdichte im Oberflächenbereich des Leiters. Der HF-Strom hat die Eigenschaft, aufgrund seiner hohen Frequenz im Kern des Leiters ein magnetisches Feld aufzubauen. Im Bereich dieses Feldes ist der Ohmsche Widerstand am größten, und so fließen die Elektronen den Weg des geringsten Widerstandes an der Außenhaut des Leiters (Skineffekt). Der Strom fließt auf den Bandkanten des Schlitzrohres entlang zum Stoßpunkt der Bandkanten (Schweißpunkt) und findet hier, durch den Annäherungseffekt am Gegenleiter begünstigt, hohe Energieausnutzung. Unterhalb des Curie-Punktes (768 °C) beträgt die Stromeindringtiefe nur einige hundertstel Millimeter. Bei Erwärmung über diese Temperatur wird der Stahl unmagnetisch und die Stromeindringtiefe steigt bei etwa 450 kHz auf mehrere zehntel Millimeter an.

Der Schweißstrom kann sowohl konduktiv über Schleifkontakte als auch induktiv über ein- oder mehrwindige Spulen in das Schlitzrohr geleitet werden. Man unterscheidet auch deshalb zwischen

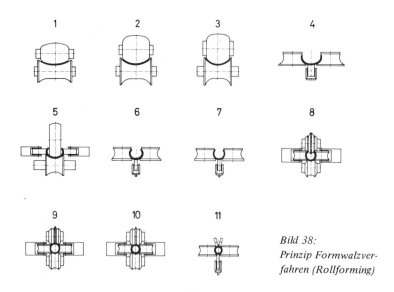

Bild 38:
Prinzip Formwalzver-
fahren (Rollforming)

dem induktiven Hochfrequenzschweißverfahren und dem konduktiven Hochfrequenzschweißverfahren. Die Einformung zum Schlitzrohr von Leitungsrohren und Konstruktionsrohren im Abmessungsbereich von etwa 20–600 mm Außendurchmesser und Wanddicken von 0,5 bis ca. 13 mm und auch von Luppen als Vorrohre für ein nachgeschaltetes Streckreduzierwalzwerk erfolgt in einem Formwalzwerk (Rollforming) oder in einem verstellbaren Rollenkäfig (Natural Function Forming). Als Vormaterial dient aufgewickelter Bandstahl oder warmgewalztes Breitband. Je nach Rohrabmessung und Verwendungszweck, insbesondere für die Herstellung von Präzisionsrohren, wird der Bandstahl vorher gebeizt oder kaltgewalztes Band verwendet. Die einzeln eingelegten Bunde werden endlos aneinandergeschweißt und bei hoher Abhaspelgeschwindigkeit zunächst in Schlingen gespeichert. Die Rohrschweißmaschine kann kontinuierlich arbeiten, indem sie das Band vom Schlingenspeicher abzieht, während ein neuer Bund am Ende des abgehaspelten Bandes angeschweißt wird.
In Bild 38 ist das Formwalzverfahren (Rollforming) schematisch dargestellt. Bild 39 zeigt eine entsprechende Anlage.
Das Formwalzwerk wird für Rohrdurchmesser bis höchstens 600 mm verwendet und besteht in der Regel aus acht bis zehn zum größten Teil angetriebenen Profilwalzengerüsten, in denen die Umformung vom Band zum Schlitzrohr schrittweise – entsprechend den Stufen 1 bis 7 in Bild 38 – erfolgt. Die drei Messerscheibengerüste 8, 9 und 10 führen das Schlitzrohr zum Schweißtisch 11. Die Profilwalzen müssen dem zu fertigenden Rohrdurchmesser genau angepaßt sein. Für die Herstellung größerer Rohrdurchmesser kann auch eine Rollenkäfig-Einformung (Natural Function Forming) angewandt werden. Bild 40 zeigt das Einformschema einer Rollenkäfig-Einformung. Bild 41 zeigt eine derartige Anlage. Im Vordergrund befindet sich die angetriebene Vorbiegewalze.
Die wesentlichen Merkmale des Rollenkäfigs bestehen darin, daß eine Vielzahl nicht angetriebener, für einen großen Durchmesserbereich einstellbarer, innerer und äußerer Formrollen eine trichterähnliche Einformstrecke bilden, in der das Band durch allmähliche Profilumformung zum Schlitzrohr gebogen wird. Der Antrieb erfolgt lediglich durch das am Einlauf befindliche Vorbiegewalzengerüst und die Messerscheibengerüste am Auslauf. Die Schnittdarstellungen A–B, C–D und E–F lassen den jeweiligen Verformungsgrad und die Anordnung der Formrollen erkennen.

Bild 39:   Formwalzwerkanlage
           (Werkfoto: Estel Rohr AG)

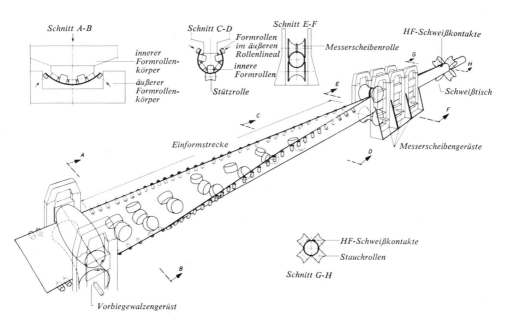

Bild 40:   Einformschema einer Rollenkäfig-Einformung (Natural Function Forming)

Bild 41: Rohrschweißstraße mit Rollenkäfig
          (Werkfoto: Estel Rohr AG)

Bild 42: Schematische Darstellung der zusam-
          menlaufenden Bandkanten und Ent-
          stehung der HF-Schweißnaht

Bevor das Band in die Formstrecke einläuft, wird es gerichtet und durch Besäumen der Längskanten auf konstante Breite geschnitten. Die Schnittkanten können zusätzlich spanabhebend bearbeitet werden. Das vorbereitete Band wird, wie vorbeschrieben, zum Schlitzrohr geformt und mit noch relativ weit geöffnetem Spalt über drei bis vier Messerscheibengerüste dem Schweißtisch zugeführt. Die oben liegenden Messerscheiben mit zum Schweißpunkt hin abnehmender Breite bestimmen den Spalteinlaufwinkel und die Mittenlage im Schweißtisch, wo die zusammenlaufenden Bandkanten durch profilierte Druckrollen gegeneinandergedrückt und nach dem Hochfrequenzwiderstands-Preßschweißverfahren verschweißt werden (Bild 42).

Die Stromübertragung kann hierbei, wie schon erwähnt, entweder induktiv (Bild 43) über eine Ringspule um das Schlitzrohr oder konduktiv (Bild 44) über Schleifkontakte an den Schlitzrohrkanten erfolgen.

Der beim Preßschweißen entstehende innere und äußere Stauchwulst wird in noch warmem Zustand abgehobelt oder geschabt. Anschließend wird das Rohr in zwei bis sechs Kalibriergerüsten durch Umfangsreduktion gerundet und maßkalibriert. Der Vorgang bewirkt gleichzeitig einen Richteffekt. Durch den Einbau einer zusätzlichen mehrgerüstigen Profilrollenkalibriereinheit in die Rohrauslaufstrecke ist eine direkte Umformung vom Rundrohr zum Profilrohr möglich.

Nach einer zerstörungsfreien Prüfung der geschabten Schweißnaht (diese Kontrolle dient der Fertigungsüberwachung) wird der endlos gefertigte Rohrstrang von einer mitlaufenden Trennvorrichtung

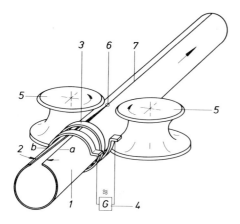 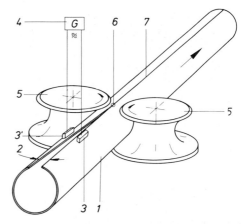

Bild 43:   Induktive Hochfrequenzschweißung
        1 Schlitzrohr, 2 Spalteinlaufwinkel,
        3 Ringinduktor, 4 Schweißgenerator,
        5 Stauchrollen, 6 Schweißpunkt,
        7 Schweißnaht

Bild 44:   Konduktive Hochfrequenzschweißung
        1 Schlitzrohr, 2 Spalteinlaufwinkel,
        3 und 3' Schleifkonstante, 4 Schweiß-
        generator, 5 Stauchrollen, 6 Schweiß-
        punkt, 7 Schweißnaht

zerteilt. Das Trennen kann durch Auseinanderreißen einer schmalen induktiv erwärmten Ringzone, durch Abrollen mit Diskusmessern oder mit Kalt- und Reibungstrennsägen erfolgen.

Die HF-Preßschweißnaht kann je nach Verwendungszweck im Schweißzustand belassen werden (Bild 45) oder eine anschließende Wärmebehandlung im Normalisierungsbereich erfahren (Bild 46). Je nach Gegebenheit kann im Betriebsfluß der Rohrherstellung eine partielle induktive Glühung der Schweißnaht am endlosen Rohrstrang durchgeführt werden oder auch eine separate Wärmebehandlung am Einzelrohr erfolgen.

In der anschließenden Rohradjustage werden die Rohre auf Richtmaschinen gerichtet. Dem Richtvorgang kann – abhängig von der Rohrabmessung und vom Verwendungszweck – eine Wärmebehandlung vorgeschaltet sein. Zerstörungsfreie Prüfeinrichtungen und visuelle Kontrolle überwachen den Fertigungsablauf. Nach der Fertigstellung werden die Rohre unabhängig von den im Fertigungsfluß ausgeführten Prüfungen den jeweils vorgeschriebenen Abnahmeprüfungen unterworfen.

Induktives Hochfrequenzschweißverfahren

Beim induktiven Hochfrequenzschweißverfahren (Induweld-Verfahren) werden je nach Wanddicke und Verwendungszweck Schweißgeschwindigkeiten bis zu 120 m/min erreicht.

In Bild 43 ist das Verfahren schematisch dargestellt. Das zu schweißende Schlitzrohr 1 wird in Pfeilrichtung in den Schweißtisch eingeführt und von den Stauchrollen 5 erfaßt, mit denen zunächst die unter dem Winkel 2 keilförmig einlaufenden Schlitzkanten zusammengedrückt werden. Der von dem Schweißgenerator 4 eingespeiste hochfrequente Strom bildet um den Ringinduktor 3 ein elektromagnetisches Feld, das im Schlitzrohr eine Wechselspannung induziert, der ein Strom in Rohrumfangsrichtung entspricht. An den offenen Schlitzkanten wird der Stromkreis abgelenkt und läuft auf der Kante a über Punkt 6 entlang der Kante b zu der Induktorumfangsebene zurück, um sich auf dem Rohrrücken zu schließen. Von den Stauchrollen 5 werden die erhitzten Kanten zusammengepreßt

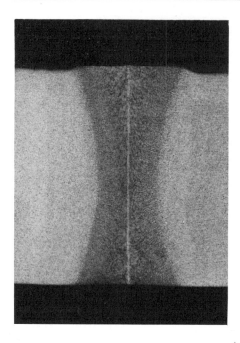 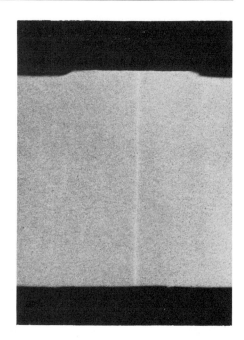

Bild 45: HF-Preßschweißnaht, Schweißzustand   *Bild 46: HF-Preßschweißnaht nach Wärmebe-*
                                                         handlung

und verschweißt. Der sich dabei bildende innere und äußere Stauchwulst wird an der fertigen Schweißnaht 7 abgeschabt.

Konduktives Hochfrequenzschweißverfahren

Das konduktive Hochfrequenzschweißverfahren (auch Thermatool-Verfahren genannt) unterscheidet
sich vom induktiven Hochfrequenzverfahren durch die Stromeinleitung über Schleifkontakte. Bei der
konduktiven Schweißung wird der Strom über Kupfergleitkontakte, die sich vor dem Schweißpunkt
auf den Bandkanten des Schlitzrohres befinden, eingespeist.
Die erreichbaren Schweißgeschwindigkeiten betragen je nach Wanddicke und Herstellverfahren bis
zu 100 m/min.
Bild 44 zeigt eine schematische Darstellung der Stromeinleitung.
Die Kontakte 3 und 3' befinden sich dicht an den gegenüberliegenden Kanten. Der von einem Generator 4 eingespeiste hochfrequente Wechselstrom wird direkt in das Schlitzrohr eingeleitet und läuft
von Kontakt 3 entlang den Kanten über Punkt 6 zum Kontakt 3'. Im Punkt 6 werden die Kanten
durch den über die Stauchrollen 5 eingeleiteten Stauchdruck zusammengepreßt und verschweißt.
Der sich bildende innere und äußere Stauchwulst wird anschließend abgehobelt.

4.2. Schmelzschweißverfahren

Schmelzgeschweißte Stahlrohre werden heute vorwiegend in Durchmessern über 457,2 mm (18") gefertigt und finden bevorzugt bei den im Pipelinebau benötigten Großrohren ihren Einsatz. Für die Rohrformung kommen hierbei folgende Verfahren zum Einsatz (Bild 47):
– Das 3-Walzenbiegeverfahren für das Einformen von Grobblechen als Kalt- oder Warmumformung,
– das C-Pressenverfahren für Grobbleche als Kaltumformung,
– das U-O-Pressenverfahren für Grobbleche als Kaltumformung,
– die Schraubenlinien- (Spiral-)einformung von Breitband oder Grobblech als Kaltumformung.
In der weltweiten modernen Großserienfertigung finden die beiden letzten Verfahren die häufigste Anwendung und werden aus diesem Grunde im weiteren eingehend behandelt.

Bei der Schweißung der geformten Großrohre hat sich das Unterpulver-Schweißverfahren bzw. eine Kombination aus Schutzgas-Heftschweißen mit nachfolgender Unterpulverschweißung durchgesetzt. Ein weiteres umfassendes Anwendungsgebiet der Schmelzschweißverfahren liegt bei der Herstellung spiral- und längsnahtgeschweißter Rohre aus hochlegierten Edelstählen und Nichteisenmetallen (etwa Titan, Aluminium, Kupfer). Hierbei handelt es sich im allgemeinen um dünnwandige Rohre im Durchmesserbereich von etwa 10 bis 600 mm. Es finden neben dem reinen WIG-Verfahren auch kombinierte Schweißverfahren (z.B. WP + WIG, WP + MIG, WP + UP) Anwendung.

4.2.1. Unterpulver-Schweißverfahren

Das Unterpulver-Schweißverfahren ist ein elektrisches Schmelzschweißverfahren mit verdecktem Lichtbogen. Im Gegensatz zu Lichtbogenschweißungen mit Schweißelektroden brennt der Lichtbogen dem Auge unsichtbar unter einer Schlacken- und Pulverdecke. Charakteristisch für die UP-Schweißung

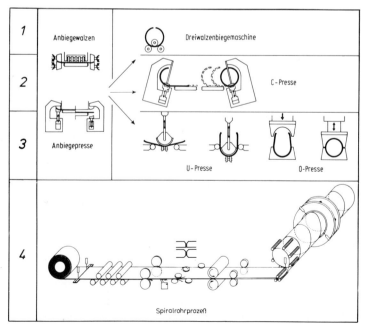

Bild 47:
Rohrformungsverfahren

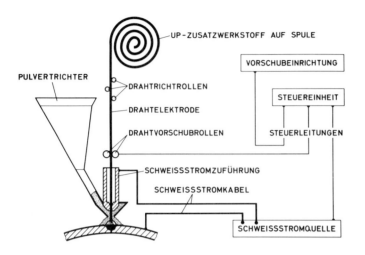

PULVERTRICHTER

UP-ZUSATZWERKSTOFF AUF SPULE

VORSCHUBEINRICHTUNG

DRAHTRICHTROLLEN

STEUEREINHEIT

DRAHTELEKTRODE

DRAHTVORSCHUBROLLEN

STEUERLEITUNGEN

SCHWEISSSTROMZUFÜHRUNG

SCHWEISSSTROMKABEL

SCHWEISSSTROMQUELLE

Bild 48:
UP-Schweißverfahren

ist die große Abschmelzleistung, die im wesentlichen auf der hohen Stromstärke und einer günstigen Wärmebilanz beruht.

Als Zusatzwerkstoff wird ein aufgehaspelter blanker Schweißdraht verwendet, der durch Transportrollen ständig im Verhältnis zur Abschmelzleistung dem Schweißbad zugeführt wird. Unmittelbar über dem Werkstoff (Rohr) wird der Schweißstrom über Schleifkontakte in den Schweißdraht geleitet und über die am Werkstück liegende Masse zurückgeführt (Bild 48).

Der Lichtbogen bringt den zulaufenden Draht und die zu verschweißenden Kanten zum Schmelzen. Ein Teil des aufgeschütteten Schweißpulvers wird ebenfalls durch die Lichtbogenwärme aufgeschmol-

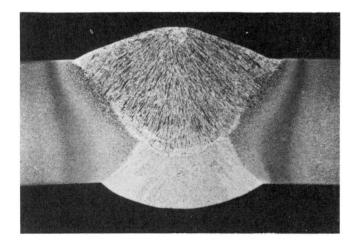

Bild 49:
UP-Schweißnaht

zen und bildet eine flüssige Schlackendecke, die das Schmelzbad gegen atmosphärische Einflüsse abschirmt und gleichzeitig eine zu schnelle Abkühlung verhindert.

Darüber hinaus gleicht das Schweißpulver durch Zufuhr von Legierungselementen Abbrandverluste aus, legiert in manchen Fällen das Schweißgut und formt auch die Schweißraupe. Nach Durchgang des Lichtbogens erstarrt die flüssige Schlacke.

Die Schlacke läßt sich nach dem Erkalten leicht entfernen. Das nicht aufgeschmolzene Schweißpulver wird abgesaugt und wieder verwendet. Die chemische Zusammensetzung des Schweißdrahtes und des Schweißpulvers muß auf den zu verschweißenden Werkstoff abgestimmt sein. Die UP-Schweißung erfolgt in der Reihenfolge: zuerst innen, dann außen. Hierbei wird neben einer Überlappung beider Schweißlagen auch eine Wärmebehandlung der Innennaht bewirkt (Bild 49).

Das Ergebnis ist eine Schmelzschweißnaht, die nicht weiter wärmebehandelt wird.

Die UP-Schweißung kann sowohl mit Gleich- als auch mit Wechselstrom sowie einer Kombination von Gleich- und Wechselstrom durchgeführt werden.

Die Leistungsfähigkeit des Schweißverfahrens ist durch die pro Zeiteinheit abgeschmolzene Menge Schweißgut (Abschmelzleistung) gekennzeichnet.

Durch Erhöhung der Schweißstromstärke läßt sich die Abschmelzleistung steigern. Diese Leistungssteigerung ist jedoch bei rund 1200 A wegen der begrenzten Strombelastbarkeit des Schweißpulvers für die nutzbare Stromstärke bei der Eindrahtschweißung begrenzt.

Eine Steigerung der Abschmelzleistung über diese Grenze hinaus wird durch Einsatz mehrerer Drahtelektroden möglich. Hierbei kann mit einer höheren Gesamtstromstärke geschweißt werden, ohne daß die Strombelastbarkeit des Pulvers an der einzelnen Drahtelektrode überschritten wird. In der Praxis wird zur Leistungssteigerung der Eindrahtschweißung eine Mehrdrahtschweißung mit 2, 3 oder 4 Drähten durchgeführt.

Die Abschmelzleistung in Abhängigkeit vom Schweißverfahren ist in Bild 50 dargestellt.

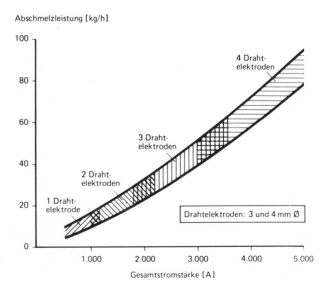

Bild 50:
Abschmelzleistungen verschiedener Schweißverfahren

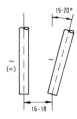

Tandem - Schweißung

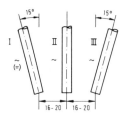

Dreidraht - Schweißung

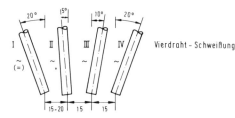

Vierdraht - Schweißung

Bild 51: Drahteinstellung bei der UP-Mehr-
draht-Schweißung (Angabe der Draht-
abstände in mm)

Die Drahteinstellung bei der Mehrdrahtschweißung ist aus Bild 51 zu entnehmen.

Die durch die Mehrdrahtschweißung ermöglichte hohe Abschmelzleistung wird beim Schweißen in hohe Schweißgeschwindigkeit umgesetzt.

Unter Berücksichtigung der heutigen Schweißpulver wird bis zu Wanddicken von 20 mm eine ausreichende Leistungsfähigkeit mit der Dreidrahtschweißung erreicht.

Erst bei Wanddicken oberhalb 20 mm bewirkt die Hinzunahme eines vierten Drahtes einen Geschwindigkeitsvorteil.

Die wirtschaftliche Nutzung der Vierdrahtschweißung setzt jedoch hinsichtlich der geforderten Güteanforderungen an die Schweißnaht die Optimierung der Verfahrensparameter voraus.

In der Praxis betragen die Schweißgeschwindigkeiten je nach Schweißverfahren, Wanddicke und Art des Schweißpulvers zwischen 1 und 2,5 m/min, teilweise auch bis zu 3 m/min.

4.2.2. Schutzgas-Schweißverfahren

Die Schutzgasschweißung ist ebenso wie die Unterpulverschweißung ein elektrisches Schmelzschweißverfahren.

Das Schweißbad entsteht durch Einwirken eines Lichtbogens oder mehrerer Lichtbögen. Der Lichtbogen brennt sichtbar zwischen einer Elektrode und dem Werkstück oder zwischen zwei Elektroden. Elektrode, Lichtbogen und Schweißbad werden gegen die Atmosphäre durch ein zugeführtes inertes oder aktives Schutzgas abgeschirmt.

Die Schutzgasschweißverfahren werden nach Art von Elektrode und Schutzgas eingeteilt. Gemäß DIN 1910 (Teil 4) unterteilt man hierbei in zwei Hauptgruppen:
- Wolfram-Schutzgasschweißen,
        Wolfram-Inertgasschweißen (WIG)
        Wolfram-Plasmaschweißen (WP)
        Wolfram-Wasserstoffschweißen (WHG)
- Metall-Schutzgasschweißen,
        Metall-Inertgasschweißen (MIG)
        Metall-Aktivgasschweißen (MAG)

Für die Rohrherstellung findet die WIG-, MIG- und die MAG-Schweißung Anwendung.

Das WIG- und MIG-Schweißverfahren wird vorrangig bei der Herstellung von Edelstahlrohren eingesetzt. Bei der WIG-Schweißung brennt der Lichtbogen zwischen einer nichtabschmelzenden Wolfram-Elektrode (Dauerelektrode) und dem Werkstück. Etwaiger Schweißzusatz wird vorwiegend stromlos zugeführt. Das Schutzgas strömt aus einer Gasdüse und schützt Elektrode, Schweißzusatz und Schmelzbad vor Luftzutritt.

Das Schutzgas ist inert wie Argon, Helium oder ihre Gemische.

Beim MIG- und MAG-Schweißverfahren brennt im Gegensatz zum WIG-Verfahren der Lichtbogen zwischen einer abschmelzenden Elektrode, die gleichzeitig Schweißzusatz ist, und dem Werkstück.

Das Schutzgas ist bei der MIG-Schweißung inert wie Argon, Helium oder ihre Gemische.

Bei der MAG-Schweißung ist das Schutzgas aktiv. Es besteht aus reinem CO_2 oder auch aus einem Gasgemisch (im allgemeinen die Komponenten CO_2, O_2 und Argon).

Das MAG-Verfahren wird in zunehmendem Maße (zum Heften und gleichzeitiger Schweißbadsicherung für nachfolgende UP-Schweißungen) bei der Herstellung von längsnaht- und schraubenliniennahtgeschweißten Großrohren verwendet. Für eine optimale Schweißnaht ist hierbei eine präzise Kantenvorbereitung (Doppel-Y-Stoß) und eine gute, durchlaufende Heftnaht Voraussetzung. Bei der Großrohrherstellung betragen die Schweißgeschwindigkeiten für die Heftnaht etwa 5 bis 12 m/min.

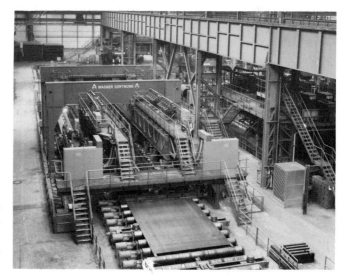

Bild 52:
Anhobeln beider Längskanten einschließlich der An- und Auslaufstücke
(Werkfoto: Mannesmann-röhren-Werke AG)

4.2.3. Längsnahtrohrherstellung (U-O-Verfahren)

Die U- und O-Formung von Grobblechen für längsnahtgeschweißte Rohre wird auf entsprechenden Pressen mit offenen Gesenken (U-Pressen) und in sich schließenden Gesenken (O-Pressen) durchgeführt. Das Verfahren ist auch unter dem Kurznamen U-O-E-Verfahren (U-Formen, O-Formen, Expandieren) bekannt und wird bei der Herstellung längsgeschweißter Großrohre bis zu 18 m Einzellänge angewandt. Die heute bekannten Anlagen sind unterschiedlich für einen Rohrdurchmesserbereich von etwa 400 bis 1620 mm ausgelegt. Die Wanddicken betragen je nach Werkstoff und abhängig vom Durchmesser 6 bis 40 mm. Als Vormaterial wird Grobblech verwendet.

Zu Beginn des Fertigungsprozesses werden an den glatten Blechen An- und Auslaufstücke angeschweißt, um Ein- und Auslauferscheinungen vom UP-Schweißprozeß in den Bereich außerhalb der Rohre zu verlegen.

Bevor das Blech durch stufenweises Formpressen zum Schlitzrohr gebogen wird, werden die beiden Längskanten in einer Kantenhobelmaschine parallel bearbeitet und die der jeweiligen Blechdicke entsprechende Schweißfase angehobelt (Bild 52).

In der ersten Umformungsstufe (Bild 53) wird das Blech im Bereich der Längskanten vorgebogen. Der Biegeradius entspricht in etwa dem Durchmesser des Schlitzrohres. Das Anbiegen erfolgt in Formpressen.

In der zweiten Stufe (Bild 54) wird das Blech in einem Arbeitsgang zu einer U-Form gebogen, indem ein kreisförmiges Werkzeug das Blech durch zwei Auflager drückt. In der Endphase wird der Abstand der Auflager verkleinert, um durch leichtes Überbiegen der Rückfederung entgegenzuwirken.

In der dritten Umformungsstufe wird das U-Profil in der O-Presse in einem Arbeitsgang zum runden Schlitzrohr geformt.

Die Umformungsgrade in der U- und O-Presse sind so aufeinander abgestimmt, daß das Schlitzrohr unter Berücksichtigung des Rückfederungseffektes eine möglichst geschlossene Form mit bündig verlaufenden Längskanten hat. Dazu sind hohe Preßkräfte aufzuwenden.

Bild 55 zeigt eine O-Presse mit einer Preßkraft von 600 MN (zur Zeit größte O-Presse der Welt).

Anschließend werden die Kanten des Schlitzrohres in Heftgerüsten, die als Rollenkäfige ausgebildet sein können, versatzfrei gegeneinander gedrückt und mit Hilfe von MAG-Schweißautomaten zu einer durchlaufenden Heftnaht verbunden (Bild 56). Die Schweißgeschwindigkeit beträgt dabei zwischen 5 und 12 m/min.

Über ein Rollgang- und Verteilersystem gelangen die gehefteten Rohre zu den Unterpulverschweißständen, wo sie auf getrennten Anlagen zuerst innen und dann außen geschweißt werden. Dabei wird

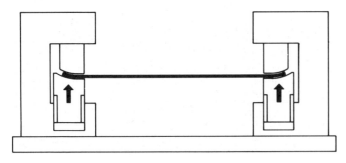

Bild 53:
Vorbiegen der Blechlängs-
kanten

Bild 54:
Umformen in der U-Presse
(Werkfoto: Mannesmann-
röhren-Werke AG)

das Rohr mit einem Wagen am feststehenden Schweißkopf vorbeibewegt. Beim Innenschweißstand befindet sich der Schweißkopf an einem in das Rohr ragenden Ausleger. Um einen Nahtversatz zu minimieren, werden die Innen- und Außenschweißköpfe zusätzlich kontinuierlich auf Schweißnahtmitte gesteuert. Je nach Rohrabmessung (Durchmesser und Wanddicke) kommen die bereits beschriebenen Mehrdraht-Unterpulverschweißverfahren zur Anwendung (siehe Punkt 4.2.1.).

Bild 55:
Fertigformen zum Schlitz-
rohr in der O-Presse
(Werkfoto: Mannesmann-
röhren-Werke AG)

Bild 56:
Heftschweißung von Längs-
nahtrohren im Heftgerüst
(Werkfoto: Mannesmann-
röhren-Werke AG)

Die Bilder 57 und 58 zeigen die Schweißlinien für die getrennte Innen- und Außenschweißung.
Nach dem Schweißen werden die Rohre einer Adjustage zugeführt.

Da die Rohre nach dem Schweißen noch nicht die Toleranzanforderungen, die an Durchmesser und
Rundheit gestellt werden, erfüllen, werden sie in der Rohradjustage kontrolliert und durch Kaltauf-
weiten kalibriert. Diese Kalibrierung wird mit hydraulischen oder mechanischen Expandern durchgeführt. Das Aufweitmaß beträgt rund 1 % und wird vorher bei der Umfangsfestlegung des Schlitzrohres berücksichtigt.

Bild 57:
UP-Längsschweißung der
Innenlage von Großrohren
(Werkfoto: Mannesmann-
röhren-Werke AG)

Bild 58:
UP-Längsschweißung der
Außenlage von Großrohren
(Werkfoto: Mannesmann-
röhren-Werke AG)

In der Rohradjustage wird durch spanabhebende Rohrendenbearbeitung sowie eventuell erforderliche Nacharbeiten der Fertigungsablauf abgeschlossen.

Vor der abschließenden Rohrendenbearbeitung werden die Rohre einer Wasserdruckprüfung unterzogen. Nach der Wasserdruckprüfung erfolgt eine abschließende Ultraschallprüfung der gesamten Schweißnaht. Die Stellen mit Anzeigen bei der automatischen Ultraschallprüfung sowie die Schweißnaht an den Rohrenden werden geröntgt. Zusätzlich werden alle Rohrenden einer Ultraschallprüfung auf Dopplungen unterzogen.

Im Rahmen der Gütesicherung erfolgen im Fertigungsablauf integrierte zerstörende sowie zerstörungsfreie Prüfungen.

Nachdem die Rohre alle Prüfstationen einschließlich Maßkontrolle mit positivem Befund durchlaufen haben, werden sie zur Endabnahme vorgelegt.

Die wichtigsten Fertigungs- und Prüfungsstufen einer modernen Anlage zur Herstellung von Großrohren sind schematisch in Bild 59 aufgezeigt.

4.2.4. Spiralrohrherstellung

Bei der Herstellung von Spiralrohren wird Warmband oder Blech in einer Formeinrichtung schraubenlinienförmig mit gleichbleibendem Krümmungsradius kontinuierlich zum Rohr geformt, wobei die zusammenstoßenden Bandkanten verschweißt werden.

Im Gegensatz zur Längsnahtrohrfertigung, in der jeder Rohrdurchmesser eine bestimmte Blechbreite voraussetzt, zeichnet sich die Spiralrohrfertigung dadurch aus, daß sich aus einer Band- bzw. Blechbreite unterschiedliche Rohrdurchmesser fertigen lassen.

Der Einlaufwinkel des Bandes in die Formungseinheit kann verändert werden. Je kleiner der Einlaufwinkel (bei gleichbleibender Bandbreite), um so größer wird der Rohrdurchmesser.

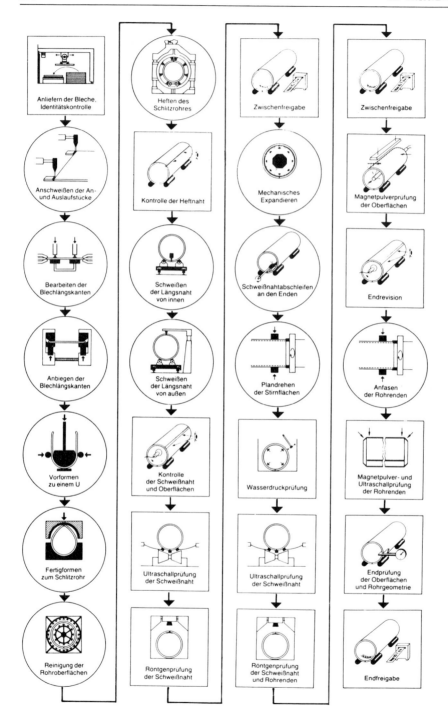

Bild 59: Schematische Darstellung der Fertigungs- und Prüfstufen einer modernen Anlage zur Längsnaht-Großrohrherstellung. Kreis = Fertigungsstation, Quadrat = Prüfstation

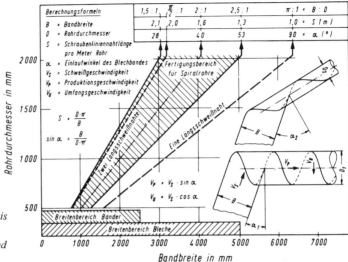

Bild 60:
Bandbreite im Verhältnis
zum Rohrdurchmesser
(Vergleich Längsnaht- und
Spiralrohrfertigung)

Das technisch-wirtschaftliche Optimum bei der Spiralrohrherstellung liegt bei einem Verhältnis 1:2 bis 1:2,2 von Rohrdurchmesser zu Vormaterialbreite.

Das Verhältnis Rohrdurchmesser zu Vormaterialbreite im Vergleich zwischen Längsnaht- und Spiralrohrfertigung sowie die mathematischen Abhängigkeiten bei der Spiralrohrfertigung zwischen Einlaufwinkel, Bandbreite und Rohrdurchmesser sind in Bild 60 dargestellt.

Nach dem heutigen Stand der Großrohrherstellung beträgt der Rohrdurchmesserbereich für Spiralrohre etwa 500 bis 2500 mm. Als Vormaterial wird für Rohrwanddicken bis etwa 20 mm warmgewalztes Breitband verwendet. Für Rohrwanddicken über 20 mm können (beziehungsweise müssen) Grobbleche in Einzellängen bis zu 30 m eingesetzt werden.

Bei der Spiralrohrherstellung unterscheidet man zwei Herstellungsverfahren:
– Spiralrohrherstellung mit gemeinsamen Form- und Schweißanlagen
– Spiralrohrherstellung mit getrennten Form- und Schweißanlagen.

4.2.4.1. Spiralrohrherstellung mit gemeinsamen Form- und Schweißanlagen

Dieses Herstellungsverfahren kennzeichnet die konventionelle Spiralrohrherstellung. Bei diesem Verfahren besteht der Fertigungsprozeß aus
– Bandvorbereitung und
– Rohrformung bei gleichzeitiger Rohrinnen- und Außen-UP-Schweißung.

Der Fertigungsablauf ist aus Bild 61 ersichtlich.

Bild 62 zeigt eine Spiralrohranlage im Fertigungsbereich von 500 bis 2500 mm Durchmesser.

Neben dem endlosen Aneinanderschweißen der Bänder oder Grobbleche ist die Aufgabe der Bandvorbereitung das Richten des Bandes und die Herstellung einer exakten Bandbreite. Die Voraussetzung für genaue Rohrformung im Bereich enger Toleranzen ist Besäumen und Profilieren der zu verschweißenden Bandkanten sowie ein Vorbiegen des Bandkantenbereiches zur Vermeidung unzulässiger Aufdachung.

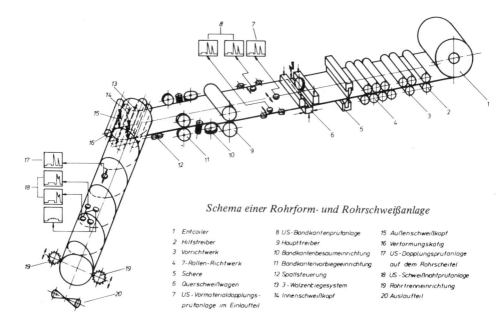

Schema einer Rohrform- und Rohrschweißanlage

1 Entcoiler	8 US-Bandkantenprüfanlage	15 Außenschweißkopf
2 Hilfstreiber	9 Haupttreiber	16 Verformungskäfig
3 Vorrichtwerk	10 Bandkantenbesäumeinrichtung	17 US-Dopplungsprüfanlage
4 7-Rollen-Richtwerk	11 Bandkantenvorbiegeeinrichtung	auf dem Rohrscheitel
5 Schere	12 Spaltsteuerung	18 US-Schweißnahtprüfanlage
6 Querschweißwagen	13 3-Walzenbiegesystem	19 Rohrtrenneinrichtung
7 US-Vormaterialdopplungs-	14 Innenschweißkopf	20 Auslaufteil
prüfanlage im Einlaufteil		

Bild 61: Prinzip der Spiralrohrfertigung mit gemeinsamen Form- und Schweißanlagen

Das von der Bandauflage abgehaspelte Band wird an das Ende des zuvor eingesetzten Bandes mit einer UP-Schweißung von der Oberseite – der späteren Rohrinnenseite – verbunden. Die Schweißung der UP-Außenlage wird an einer separaten Anlage am fertigen Rohr vorgenommen. Das Band läuft anschließend durch ein Richtwalzwerk und wird danach durch eine Bandkantenbesäumung auf konstante Breite geschnitten. Gleichzeitig werden durch zusätzliche Werkzeuge die Bandkanten für die

Bild 62:   Spiralrohranlage in Standardausführung
Fertigungsbereich 20"–64" (100")

Schweißung vorbereitet. Vor Einlauf in die Umformung werden die Bandkanten vorgebogen, um eine Aufdachung im Bereich der Schweißnaht zu vermeiden.

Mit diesem Fertigungsschritt ist die Bandvorbereitung beendet und es schließen sich sofort die Stufen Rohrformung mit gleichzeitiger Innen- und Außen-UP-Schweißung an. Von einem Treibwalzenpaar wird das Band unter einem vorbestimmten Einlaufwinkel in den Umformungsteil der Maschine geschoben.

Die Aufgabenstellung der Rohrformung besteht darin, das exakt vorbereitete Band mit der Breite B unter einem bestimmten Einformwinkel zu einem rohrförmigen Zylinder mit dem Durchmesser D umzuformen. Dabei sind die in Bild 60 dargestellten mathematischen Abhängigkeiten gegeben.

Bei der Herstellung von Spiralrohren werden verschiedene Umformungsmethoden angewandt. Außer der Methode, das Band direkt in einem Formschuh zu verformen – dieses Verfahren hat jedoch nur begrenzte Anwendungsmöglichkeiten – sind zwei Methoden in Anwendung (Bild 63):
- 3-Walzen-Biegesystem mit Innenrollenkäfig und
- 3-Walzen-Biegesystem mit Außenrollenkäfig.

Hierbei ist beim 3-Walzen-Biegesystem jede Walze in Einzelrollen aufgeteilt.

Die Funktion des Rollenkäfigs besteht darin, die Rohrachse zu fixieren und die Rundheit des Rohres zur Sicherung eines versatzfreien Zusammenlaufens der Bandkanten im Schweißpunkt zu stabilisieren. Gleichzeitig werden hierdurch enge Rohrtoleranzen erreicht, das heißt, das maschinenfertige Rohr liegt innerhalb der genormten Durchmesser-Rundheits- und Geradheitstoleranz.

Ein Expandieren der Rohre nach dem Schweißen ist daher nicht erforderlich.

In der Spiralrohrmaschine werden die zusammengeführten Bandkanten zuerst innen in der ungefähren 6-Uhr-Position und eine halbe Rohrwindung weiter in der 12-Uhr-Position auf der Rohraußenseite durch UP-Schweißung verbunden. Die Schweißkopfführungen zur Nahtmitte und Schweißspaltsteuerungen erfolgen automatisch.

Der hergestellte Rohrstrang wird anschließend durch eine mitlaufende Rohrtrenneinrichtung in Einzellängen unterteilt.

Die Einzelrohre werden einer Adjustage zugeführt. In der Rohradjustage wird durch spanabhebende Rohrendenbearbeitung sowie gegebenenfalls erforderliche Nacharbeiten der Fertigungsablauf abge-

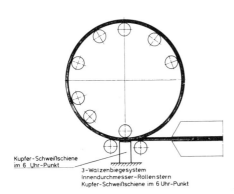
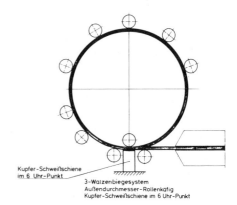

Bild 63: Verfahren zur Rohrformung

Bild 64:
Wasserdruckprüfanlage mit
nachfolgender Rohrenden-
bearbeitung
(Werkfoto: Stahlwerke
Peine-Salzgitter AG)

schlossen. Vor der Rohrendenbearbeitung werden die Rohre einer Wasserdruckprüfung unterzogen (Bild 64). Nach der Wasserdruckprüfung erfolgt eine Ultraschallprüfung der gesamten Schweißnahtlänge und eine Röntgenprüfung der Schweißnaht am Rohrende.

Zusätzlich wird jedes Rohrende auf seinem ganzen Umfang mit Ultraschall auf Dopplungen geprüft. Wahlweise kann auch eine Ultraschallprüfung des Schweißnahtbereiches und des Grundwerkstoffes nach der Wasserdruckprüfung am Rohr durchgeführt werden.

Im Rahmen der Gütesicherung erfolgen im Fertigungsablauf integrierte zerstörende sowie zerstörungsfreie Prüfungen. Nachdem die Rohre alle Prüfstationen einschließlich Maßkontrolle mit positivem Befund durchlaufen haben, werden sie zur Endabnahme vorgelegt. Durch die begrenzte UP-Schweißgeschwindigkeit wird die Produktionsleistung dieses Verfahrens bestimmt. Die Rohrformung jedoch erlaubt wesentlich höhere Produktionsgeschwindigkeiten.

Um die Leistungsfähigkeit einer Spiralrohrmaschine besser zu nutzen, geht man dazu über, Spiralrohre auf getrennten Form- und Schweißanlagen herzustellen.

Hierbei wird der Fertigungsablauf der konventionellen Verfahrensweise in der Spiralrohrmaschine nur dahingehend abgeändert, daß die Rohrformungsgeschwindigkeit der UP-Schweißung durch die erheblich schnellere Heftschweißung „ersetzt" wird. Das abschließende UP-Schweißen erfolgt dann an mehreren separaten Schweißständen.

4.2.4.2. Spiralrohrherstellung mit getrennten Form- und Schweißanlagen

Die gravierenden Neuerungen der neuen Technologie sind zwei getrennte Fertigungsprozesse

1. Schritt – Rohrformung mit kombinierter Heftschweißung
2. Schritt – Innen- und Außen-UP-Schweißung auf separaten Schweißständen.

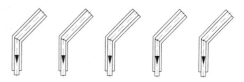

Konventioneller Prozeß
5 Spiralrohrschweißmaschinen

D [Zoll] x s [mm]	10000 20000 [t/mon]	50 100 [km/mon]
24" x 7,1	4,2	4,2
36" x 12,0	5,0	5,0
42" x 16,5	5,2	5,2
48" x 18,3	5,3	5,3

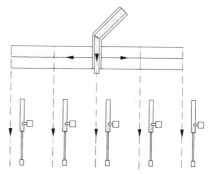

Bild 65: Vergleich der Kapazitäten von konventioneller zu neuer Spiralrohrherstellung

Neuer Prozeß
1 Spiralrohrform- und Heftschweißm.
5 komb. UP-Schweißstände
(innen u. außen)

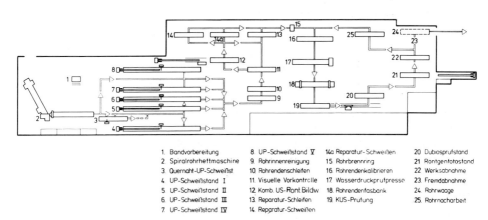

1. Bandvorbereitung	8. UP-Schweißstand V	14a. Reparatur-Schweißen	20. Dubiosprufstand
2. Spiralrohrheftmaschine	9. Rohrinnenreinigung	15. Rohrbrennring	21. Rontgenfotostand
3. Quernaht-UP-Schweißst.	10. Rohrendenschleifen	16. Rohrendenkalibrieren	22. Werksabnahme
4. UP-Schweißstand I	11. Visuelle Vorkontrolle	17. Wasserdruckprufpresse	23. Fremdabnahme
5. UP-Schweißstand II	12. Komb. US-Rönt.Bildw.	18. Rohrendenfasbank	24. Rohrwaage
6. UP-Schweißstand III	13. Reparatur-Schleifen	19. KUS-Prufung	25. Rohrnacharbeit
7. UP-Schweißstand IV	14. Reparatur-Schweißen		

Bild 66: Schematische Darstellung des Fertigungsflusses einer Spiralrohrherstellung mit getrennten Form- und Schweißanlagen

Ein Vergleich der Kapazität zwischen der konventionellen und neuen Spiralrohrherstellung ist in Bild 65 dargestellt. Bild 66 zeigt eine schematische Darstellung des Fertigungsflusses der Spiralrohrherstellung mit getrennten Form- und Schweißanlagen.

In der Spiralrohrmaschine werden beim Zusammentreffen der einen Kante des einlaufenden Bandes mit der anderen Kante der bereits geformten Rohrwindung die zusammenlaufenden Bandkanten durch eine kontinuierliche Innenheftung verschweißt.

Die Heftschweißung wird nach dem MAG-Schutzgasverfahren (siehe Punkt 4.2.2.) mit einer Heftgeschwindigkeit bis zu 12 m/min in der Nähe der 6-Uhr-Position vorgenommen. Als Schutzgas wird Kohlendioxid benutzt. Die Schweißkanten unterhalb der Schweißposition laufen praktisch ohne Luftspalt über eine starre Führungsrolle.

Von dem gehefteten Rohrstrang trennt eine mitlaufende Trennanlage die gewünschte Einzelrohrlänge ab. Der Rohrtrennvorgang ist der letzte Arbeitsgang in der Spiralrohrmaschine. Aufgrund der hohen Heftschweißgeschwindigkeit ist es erforderlich, das konventionelle Sauerstoff-Acetylen-Schneidbrennen durch Hochgeschwindigkeits-Plasma-Trennen mit Wasserinjektion zu ersetzen.

Die abgetrennten Einzelrohre werden dann nachgeschalteten kombinierten UP-Innen- und Außenschweißständen zur endgültigen Schweißung zugeführt.

Ein spezieller Rollgang setzt die Rohre in eine präzise Schraubenlinienbewegung, so daß die UP-Schweißköpfe, erst innen, dann außen die Schweißung durchführen können. Eine exakte Nahtmittensteuerung der Innen- und Außenschweißköpfe ist auch hier Voraussetzung für die Minimierung des Nahtversatzes.

Bild 67 zeigt einen kombinierten Spiralrohrschweißstand mit gleichzeitiger Innen- und Außen-UP-Schweißung.

Bild 67:
Kombinierter Spiralrohr-schweißstand mit gleich-zeitiger Innen- und Außen-UP-Schweißung
(Werkfoto: Estel Rohr AG)

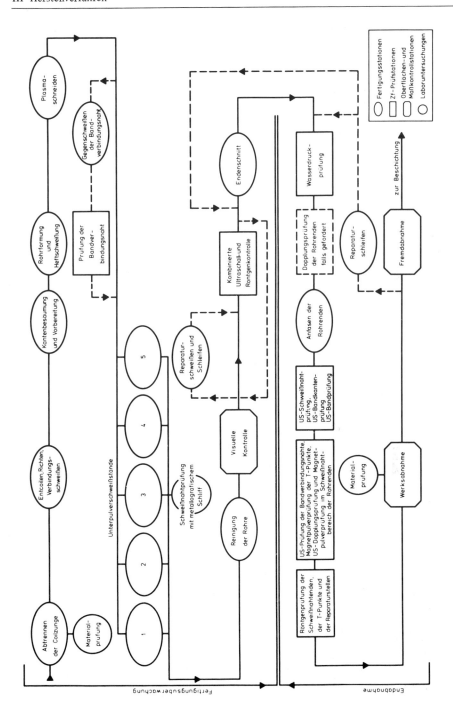

Bild 68: Schematische Darstellung der Fertigungs- und Prüfstufen bei der Spiralrohrherstellung mit getrennten Form- und Schweißanlagen

Für die Innen- und Außenschweißung kommen 2- oder 3-Drahtschweißungen (siehe Punkt 4.2.1.) zur Anwendung.

Der weitere Fertigungsablauf, wie Rohradjustage, Wasserdruckprüfung sowie zerstörende und zerstörungsfreie Prüfungen ist, abgesehen von einigen Modifikationen, in den Grundsätzen der gleiche wie beim konventionellen Spiralrohrherstellungsverfahren.

Voraussetzung zur Steuerung eines hohen Qualitätsstandards ist auch hier eine über die gesamten Fertigungsschritte verteilte Qualitätskontrolle. Durch eine sofortige kontinuierliche Rückkopplung dieser Resultate an die einzelnen Produktionsschritte kann eine Optimierung der Produktgüte erreicht werden.

In Bild 68 ist schematisch die Verzahnung der wichtigsten Fertigungs- und Prüfstufen bei der Spiralrohrherstellung mit getrennten Form- und Schweißanlagen dargestellt.

IV Bemessung von Stahlrohren

D. SCHMIDT

1. Druckabfallberechnung

1.1. Rohrdurchmesser

Hier soll zunächst die Durchmesserberechnung aufgrund der zulässigen Strömungsgeschwindigkeit oder der zur Verfügung stehenden Druckhöhe beschrieben werden. Weitergehende Gesichtspunkte bei der Wahl des Rohrdurchmessers werden in Kapitel VIII angesprochen.

Kurze Leitungen aus unlegierten Werkstoffen werden meist aufgrund von Erfahrungswerten ausgeführter Anlagen bemessen. Der Durchmesser langer Leitungen oder von Hochdruckleitungen aus legierten Stählen wird durch eine Wirtschaftlichkeitsberechnung gefunden, bei der das Minimum von Betriebskosten plus Anlagekosten den optimalen Durchmesser kennzeichnet. Bei genauen Berechnungen wird nicht allein das Kostenminimum des augenblicklichen Zustandes, sondern der gesamten Lebensdauer der Leitung zu suchen sein. Da die Anlagekosten ständig anfallen, aber die Betriebskosten nur bei Benutzung der Leitung entstehen, ist wohl zu überlegen, ob eine Leitung während ihrer gesamten Lebensdauer dauernd den gleichen Volumenstrom führt oder gar zeitweilig außer Betrieb ist. Fernleitungen werden deshalb nicht für den augenblicklichen Bedarf dimensioniert, sondern für den mittelfristig zu erwartenden größeren Volumenstrom. Im Gegensatz dazu ist bei der Dimensionierung von Rohrleitungen in Wärmekraftwerken zu bedenken, daß das Kraftwerk nur einige Jahre dauernd im Vollastbetrieb ist, und dann die jährliche Zahl von Benutzungsstunden stark zurückgeht. Die Fernleitung ist demnach bei ihrer Inbetriebnahme noch etwas zu groß, die Kraftwerksleitung eher etwas zu knapp zu dimensionieren. Über die Errechnung des optimalen Rohrdurchmessers gibt es verschiedene ausführliche Arbeiten mit Berechnungsanleitungen, auf die verwiesen werden kann [1], [2], [3], [4], [5], [40].

Durch den Rohrquerschnitt mit dem lichten Durchmesser d m fließt mit der Strömungsgeschwindigkeit w m/s der Volumenstrom

$$\dot{V} = \frac{\pi}{4} d^2 w \frac{m^3}{s} \qquad (1)$$

und mit der Dichte ϱ kg/m³ der Massenstrom

$$\dot{m} = \frac{\pi}{4} d^2 w\varrho \quad kg/s \qquad (2)$$

Anstelle von ϱ kann auch der Kehrwert des spezifischen Volumens $1/v$ eingesetzt werden.

Aus diesen Grundgleichungen ergibt sich der Rohrdurchmesser

$$d = 1{,}1284 \sqrt{\frac{\dot{V}}{w}} = 1{,}1284 \sqrt{\frac{\dot{m}}{w\varrho}} = 1{,}1284 \sqrt{\frac{\dot{m}v}{w}} \qquad (3)$$

oder die Strömungsgeschwindigkeit

$$w = 1{,}2732 \frac{\dot{V}}{d^2} = 1{,}2732 \frac{\dot{m}}{d^2\varrho} = 1{,}2732 \frac{\dot{m}v}{d^2} \quad \frac{m}{s} \qquad (4)$$

Seit der Umstellung auf die internationalen Einheiten (SI) sind Volumenströme nur noch in m^3/s und Massenströme in kg/s anzugeben. Angaben in m^3/h, m^3/min. l/min sind nicht mehr erwünscht. Um handliche Zahlen zu erhalten, können Zehnerpotenzen verwendet werden, zum Beispiel $\dot{m} = 2{,}5 \cdot 10^{-6}$ kg/s. Diese Gleichungen gelten streng genommen nur für raumbeständige Medien, deren Dichte bei Druck- und Temperaturänderungen konstant ist, über die gesamte Leitungslänge. Bei nur geringen Änderungen der Dichte ergeben sie praktisch genügend genaue Mittelwerte für die gesamte Leitung, bei großen Dichteänderungen ist ihre Gültigkeit auf einzelne Leitungsabschnitte beschränkt. Sie gelten nicht für Leitungen, die Flüssigkeits-Dampf-Gemische führen, in denen sehr verwickelte Strömungsverhältnisse herrschen [52].

Der lichte Leitungsdurchmesser wird, wenn der zulässige Druckabfall der Leitung vorgegeben ist, mit den vorstehenden Gleichungen unter Annahme einer für die Leitungsart und das Medium typischen Strömungsgeschwindigkeit berechnet. Sodann wird festgestellt, ob der Druckabfall das zulässige Maß erreichen oder übersteigen wird. Eventuell muß die Durchmesserwahl anhand des Rechenergebnisses korrigiert und der Druckabfall erneut berechnet werden. Typische Geschwindigkeiten sind im Abschnitt Anwendungsgebiete aufgeführt. Orientierungswerte sind:

- – Öle und zähflüssige Medien   0,5– 3 m/s
- – Wasserleitungen   1 – 7 m/s
- – Dampf- und Gasleitungen   20 –60 m/s

Der obere Geschwindigkeitsbereich gilt bei allen Medien für Hochdruckleitungen, die aus Kostengründen klein gehalten werden.

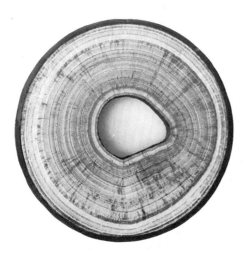

Bild 1: Kalkablagerungen in einem Rohr

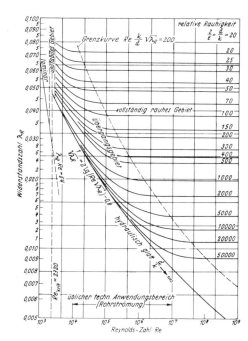

Bild 2:
Zeichnerische Darstellung der allgemeinen Widerstandsformel nach Prandtl-Colebrook. Logarithmische Auftragung.
(Aus [6])

Abgesehen von Wirtschaftlichkeitsbetrachtungen und Druckabfallberechnungen kann der Leitungsdurchmesser durch die Notwendigkeit, bestimmte Geschwindigkeiten einhalten zu müssen, festgelegt sein. Typische Beispiele sind hierfür: Transportleitungen für sedimentierende Suspensionen (z.B. Kalkmilch), die bei Unterschreiten einer von der Korngröße abhängigen Mindestgeschwindigkeit verstopfen; Leitungen für vollentsalztes Kesselspeisewasser, die bei Überschreiten von etwa 8–10 m/s Strömungsgeschwindigkeit Erosionserscheinungen [40] zeigen oder auch Strömungsgeräusche, die bei Überschreiten bestimmter Grenzgeschwindigkeiten in Dampf- und Gasleitungen lästig werden. Besondere Vorsicht ist auch geboten bei der Durchmesserauswahl von Brauchwasserleitungen, in denen häufig durch Härteausfall Ablagerungen entstehen. Bei sehr harten Wässern kann schon eine mäßige Erwärmung zu erheblichen Verkrustungen führen. Den gleichen Effekt haben Nachreaktionen hinter Entkarbonisierungsanlagen, die nie ganz vermeidbar sind. Bild 1 zeigt Ablagerungen dieser Art. Die Strömungsgeschwindigkeiten in Behälterfüllleitungen für Kerosin, Düsenkraftstoff, Waschbenzin und ähnliche leichtentzündliche Mineralölprodukte werden durch die Gefahr elektrostatischer Aufladung begrenzt auf folgende Werte, die den Richtlinien zur Vermeidung von Zündgefahren infolge elektrostatischer Aufladungen entnommen wurden:

Tafel I: Strömungsquerschwindigkeit bei Gefahr elektrostatischen Aufladung

Rohrdurchmesser mm	10	25	50	100	200	400	600
Strömungsgeschwindigkeit m/s	8	4,9	3,5	2,5	1,8	1,3	1,0

Bei Äther haben sich für Durchmesser bis etwa 12 mm und bei Schwefelkohlenstoff für Durchmesser bis etwa 24 mm Geschwindigkeiten von höchstens 1 bis 1,5 m/s bewährt; bei größeren Durchmessern sollten kleinere Geschwindigkeiten gewählt werden. Bei Estern, höheren Ketonen und höheren

Alkoholen hat sich eine Höchstgeschwindigkeit von 9–10 m/s in der Praxis als ausreichend sicher erwiesen.

Bei warmgehenden Rohrleitungen zeigen Druckabfall und Temperaturabfall gegenläufige Tendenz. Wird durch Auswahl eines großen Durchmessers der Druckabfall klein gehalten, so muß – unter sonst gleichen Verhältnissen – ein höherer Temperaturabfall in Kauf genommen werden.

Sehr genaue Überlegungen sind bei der Durchmesserberechnung von Leitungen für Flüssigkeiten nahe der Siedetemperatur anzustellen. In Heißkondensatleitungen genügt schon ein kleiner Druckabfall durch Steigen der Leitung oder Drosselwirkung von Armaturen, um erhebliche Dampfmengen entstehen zu lassen. Hierdurch erhöht sich die Strömungsgeschwindigkeit stark und der Druckabfall erreicht schnell unzulässig hohe Werte. In Rohrleitungen für Sauerstoff soll die Strömungsgeschwindigkeit 6–8 m/s, bei kurzen Leitungen auch bis 10 m/s betragen.

An dieser Stelle sei im Vorgriff auf die noch zu erläuternde Druckabfallberechnung darauf hingewiesen, daß der Druckabfall bei konstant gehaltenem Rohrdurchmesser nahezu quadratisch mit der Durchflußmenge zunimmt, daß aber bei konstanter Durchflußmenge der Druckabfall umgekehrt proportional der *fünften* Potenz des Rohrdurchmessers ist. Eine Durchmesserverkleinerung von 1 % bedingt also näherungsweise eine Zunahme des Druckabfalles von 5 %! Soll zum Beispiel ein gegebenes Durchflußvolumen *V* aus Sicherheitsgründen auf mehrere Leitungen mit dem lichten Durchmesser *d'* anstatt durch eine Leitung mit *d* geleitet werden, so ist:

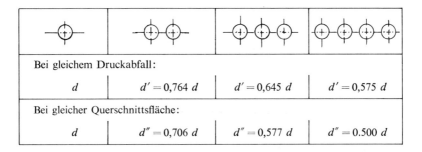

Bei gleichem Druckabfall:			
d	$d' = 0{,}764\ d$	$d' = 0{,}645\ d$	$d' = 0{,}575\ d$
Bei gleicher Querschnittsfläche:			
d	$d'' = 0{,}706\ d$	$d'' = 0{,}577\ d$	$d'' = 0.500\ d$

1.2. Druckabfall in geraden Rohren kreisförmigen Querschnitts

Bei der Strömung entstehen Energieverluste durch Reibung an der Rohrwand, Verwirbelung der Flüssigkeit (unter Flüssigkeit in diesem Sinne seien alle fließfähigen Stoffe, Flüssigkeiten, Gase, Dämpfe verstanden) und Reibung der Flüssigkeitsteilchen gegeneinander, die sich in Form des Druckabfalles äußern. Trotz der vielen Parameter, die den Druckverlust beeinflussen, gelang es, recht einfache Gleichungen durch Einführung des Ähnlichkeitsbegriffes aufzustellen. Durch Vergleich der an Flüssigkeitselementen angreifenden Kräfte ergibt sich eine aus nur drei Größen bestehende Kennzahl, die „Reynolds-Zahl":

$$Re = \frac{wd}{v} \tag{5}$$

- $w =$ Strömungsgeschwindigkeit m/s
- $d =$ lichter Rohrdurchmesser m
- $v =$ kinematische Zähigkeit s/m²

Strömungen, gleich aus welchem Stoff, mit welcher Geschwindigkeit und in welchem Rohrdurchmesser, sind immer dann mechanisch ähnlich, wenn ihre Reynolds-Zahlen gleich sind. Durch Laboratoriums- und Großversuche wurde ferner festgestellt, daß durch Reynolds-Zahl und relative Rauhigkeit der Rohrwand die Widerstandszahl eindeutig bestimmt werden kann [6].
Relative Rauhigkeit:

$$d/k$$

– d = lichter Rohrdurchmesser m
– k = absolute Rauhigkeit (siehe Tafel II) m

Tafel II: Rauhigkeitswerte k in mm von verschiedenen Rohrwerkstoffen und Oberflächen

Werkstoff und Rohrart	Zustand	k in mm
Nahtlose Stahlrohre gewalzt oder gezogen (handelsüblich), neu	typische Walzhaut gebeizt ungebeizt bei engen Rohren gelegentlich rostfreier Stahl, mit Metall-Spritzüberzug sauber verzinkt (Tauchverf.) handelsübliche Verzinkung	0,02...0,06 0,03...0,04 0,03...0,06 bis 0,1 0,08...0,09 0,07...0,10 0,10...0,16
Aus Stahlblech geschweißte Rohre, neu	typische Walzhaut, Längsschweißen bituminiert . mit Zementmörtel ausgekleidet galvanisiert, für Belüftungsrohre	0,04...0,10 0,01...0,05 etwa 0,18 etwa 0,008
Stahlrohre, gebraucht	gleichmäßige Rostnarben mäßig verrostet, leichte Verkrustung mittelstarke Verkrustung starke Verkrustung nach längerem Gebrauch gereinigt	etwa 0,15 0,15...0,4 etwa 1,5 2 ...4 0,15...0,20
Stahlrohre, gebraucht	bituminiert, Bitumen z.T. gelöst, Roststellen nach mehrjährigem Betrieb (Mittelwert für Ferngasleitungen) Ablagerungen in blättriger Form, Ferngasleitung nach 20jähr. Betrieb 25 Jahre in Betrieb, unregelmäßige Teer- und Naphthalinablagerungen	etwa 0,1 etwa 0,5 etwa 1,1 etwa 2,5
Aus Stahlblech gefalzte oder genietete Rohre	neu, gefalzt neu, je nach Nietart und Ausführung leichte Nietung schwere Nietung 25 Jahre altes, stark verkrustetes, genietetes Rohr	etwa 0,15 etwa 1 bis 9 12,5

Aus der als Prandtl-Colebrook-Diagramm bekannten Darstellung, Bild 2, läßt sich der Verlauf der Widerstandszahl λ_R über dem Logarithmus der Reynolds-Zahl mit der relativen Rauhigkeit als Parameter erkennen. Es sind darin drei grundsätzlich voneinander verschiedene Verhaltensweisen von Rohrströmungen zu sehen: Bei Reynolds-Zahlen unter etwa 2300 wird die Widerstandszahl allein durch die Reynolds-Zahl festgelegt, ohne daß die Rauhigkeit der Rohrwand in Erscheinung tritt. Dieses ist der Bereich laminarer Strömungen mit:

$$\lambda_R = \frac{64}{Re}; \quad Re < 2320. \tag{7a}$$

Nach einem Unstetigkeitsgebiet schließt sich ein Übergangsgebiet an, in welchem Re und Rauhigkeit λ_R bestimmen. Darüber folgt das vollkommen rauhe Gebiet, in dem die Widerstandszahl nur noch durch die Rauhigkeit festgelegt ist. Zur praktischen Berechnung eignet sich ein in Bild 3 gezeigter

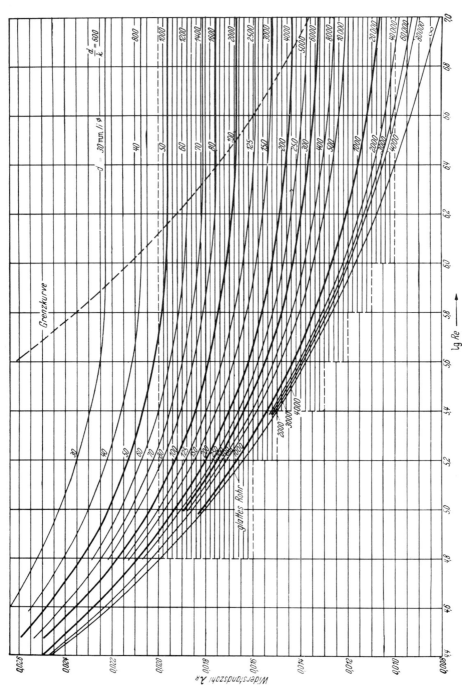

Bild 3: *Gebrauchsdiagramm für neue, blanke oder innen bituminierte Stahlrohre nach Prandtl-Colebrook mit der absoluten Rauhigkeit k = 0,05 mm (Aus [6])*

Ausschnitt aus dem obigen Diagramm von $4,4 < \lg Re < 7$, der den üblichen technischen Anwendungsbereich vergrößert wiedergibt. Bei der Arbeit mit diesem Diagramm wird eine ausgebildete Strömung vorausgesetzt, bei kurzen Rohrstücken können bis zu 25 % höhere Werte auftreten [49]. Additive verringern den Druckabfall [50].

Die allgemeine Druckabfallgleichung lautet für nicht kompressible Flüssigkeiten:

$$p_1 - p_2 = \lambda_R \; \frac{l}{d} \; \varrho \; \frac{w^2}{2} + g \cdot \dot{\varrho} \cdot (z_1 - z_2) \; \frac{N}{m^2} \tag{7}$$

Der Zeiger 1 bezeichnet den Leitungsanfang, 2 das Leitungsende.

Außer den bereits eingeführten Zeichen bedeuten

    g die Fallbeschleunigung $9,80665 \; m/s^2$

    z die Höhenkoordinate m

An dieser Stelle sei daran erinnert, daß $10^5 \; N/m^2 = 1$ bar und auch ungefähr gleich 1 at ist, der genaue Wert ist: $1 \; at = 0,980665 \cdot 10^5 \; N/m^2$.

Sofern nur geringe Druckänderungen im Verhältnis zum Gesamtdruck auftreten, kann die obige Gleichung mit zufriedenstellender Genauigkeit auch für kompressible Stoffe verwendet werden, wobei die Höhenänderung der Leitung wegen der geringen Dichte des Leitungsinhaltes vernachlässigt werden kann. Treten jedoch größere Druckabfälle in Gasen und Dämpfen auf, so nimmt die Strömungsgeschwindigkeit im Verlauf der Leitung ständig zu, während die Temperatur im technischen Anwendungsbereich als annähernd konstant betrachtet werden kann. Bezogen auf den Leitungsanfang (Zeiger 1) lautet die Druckabfallgleichung für Gase und Dämpfe:

$$p_1 - p_2 = p_1 \left[1 - \sqrt{1 - 2\lambda \frac{\varrho_1}{\cdot p_1} \frac{l}{d} \frac{w_1^2}{2}} \right] \; \frac{N}{m^2} \tag{8}$$

mit den bereits erläuterten Zeichen und Einheiten. Hier ist anstelle der Widerstandzahl λ_R jedoch ein Begriff λ eingeführt, wodurch darauf aufmerksam gemacht werden soll, daß ein zusätzlicher – wenn auch geringer – Druckabfall wegen der stetigen Beschleunigung des Massenstromes zu berücksichtigen ist. Unterhalb 30 m/s Strömungsgeschwindigkeit ist dieser vernachlässigbar, bei $w = 60 \; m/s$ erhöht sich die Widerstandzahl durch die zu leistende Beschleunigungsarbeit bei

    Luft von $0\,°C$ um etwa 5 %

               $200\,°C$ um etwa 3 %

               $400\,°C$ um etwa 1 %

    Dampf von $100\,°C$ um etwa $2,5\%$

               $300\,°C$ um etwa $1,5\%$

               $500\,°C$ um etwa $1,0\%$

Die etwas unhandliche Gleichung (8) läßt sich durch einen Kunstgriff für den praktischen Gebrauch ohne Genauigkeitsverlust vereinfachen. Bezeichnet man den leichter zu berechnenden Druckabfall bei nicht kompressiblen Medien, Gleichung (7), mit Δp', so kann Gleichung (8) umgeschrieben werden in:

$$\frac{p_1 - p_2}{p_1} = \frac{\Delta p}{p_1} = 1 - \sqrt{1 - 2 \frac{\Delta p'}{p_1}} \; . \tag{9}$$

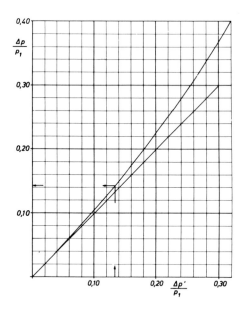

Bild 4:
Unterschied des Druckverlustes kompressibler
gegenüber inkompressibler Stoffe

In Bild 4 ist diese Gleichung so aufgetragen, daß über dem Verhältnis $\Delta p'/p_1$ der wirklich zu erwartende Druckabfall $\Delta p/p_1$ abzulesen ist. Eine Hilfslinie zeigt anschaulich die Abweichung der Ergebnisse aus Gleichung (7) und (8).

1.3. Druckabfall in Bogen kreisförmigen Querschnitts

Bei Richtungsänderungen der Strömung entsteht eine Sekundärströmung, die einen zusätzlichen Druckabfall, den Umlenkverlust, erzeugt. Diese Sekundärströmung beschränkt sich nicht nur auf den geometrisch streng abgrenzbaren Bereich der Krümmung, sondern reicht eine erhebliche Strecke stromabwärts. Mehrere direkt aufeinander folgende Bogen zeigen deshalb einen Druckabfall, der geringer als die Summe der Einzelwerte aller Bogen ist. In engen Krümmern oder knieförmigen Rohrstücken tritt neben der Sekundärströmung noch die Ablösung der Strömung mit weiterer Erhöhung des Druckabfalles auf.

Es ist üblich, den Druckabfall durch die Umlenkung in Rohrbogen in Form einer „äquivalenten Länge" von gleichartigem geraden Rohr zu bezeichnen, die den gleichen Druckabfall erzeugen würde. Das ist möglich, weil Umlenkverlust und Widerstandszahl λ_R nahezu im gleichen Maße von der Reynolds-Zahl und der Rohrrauhigkeit abhängen. Die in Tafel III angegebenen äquivalenten Längen für 90°-Stahlrohrbogen gelten mit einer Schwankungsbreite von $\pm 5\%$ von $Re = 4\cdot10^5$ (exakter Wert 5 % kleiner) bis $Re > 10^6$ (exakter Wert 5 % größer). Bei weniger als 90° Umlenkung sind sie anteilig zu verringern (d.h. bei 45° z.B. der halbe Wert).

S-förmige Mehrfachbogen, Etagenkrümmer und 180°-Bögen erreichen 1,5-fache Werte der Tafel III, U-förmige Kompensatorbogen (4 mal 90°) 3-fache und Lyrabögen 4-fache Werte.

1.4. Druckabfall in Einzelwiderständen

In allen weiteren Einbauteilen einer Rohrleitung auftretende Druckabfälle sind nur von der Form des Bauteiles selbst, nicht mehr von Rohrrauhigkeit oder Reynolds-Zahl abhängig und können des-

Tafel III: Äquivalente Rohrlängen x für rechtwinklige Stahlkrümmer bei Re = 10⁵ in m. Glattrohr-
krümmer, k = 0,05 mm, angenähert bei Re > 4·10⁴. R = Biegeradius

R/d	1	2	3	4	6	8	10
d = 50 mm	0,94	0,66	0,65	0,68	0,80	0,93	1,07
100	2,02	1,39	1,36	1,41	1,65	1,90	2,19
150	3,12	2,14	2,09	2,16	2,51	2,89	3,32
200	4,24	2,90	2,82	2,91	3,37	3,88	4,45
250	5,62	3,67	3,56	3,67	4,24	4,87	5,59
300	6,50	4,43	4,30	4,43	5,11	5,86	6,73
350	7,62	5,19	5,04	5,18	5,98	6,85	7,86
400	8,76	5,96	5,78	5,94	6,85	7,85	9,00
450	9,93	6,75	6,53	6,71	7,73	8,86	10,15
500	11,03	7,50	7,26	7,46	8,59	9,84	11,28
600	13,24	9,00	8,71	8,95	10,31	11,81	13,53
800	17,82	12,10	11,70	12,00	13,82	15,80	18,10
1000	22,45	15,23	14,71	15,07	17,33	19,81	22,68

halb durch ihren Widerstandsbeiwert ζ eindeutig gekennzeichnet werden. Es gilt die einfache Be-ziehung

$$p_1 - p_2 = \zeta \varrho \, \frac{w^2}{2} \, \frac{\text{N}}{\text{m}^2} \tag{10}$$

mit den bereits bekannten Zeichen. Bei mehreren hintereinander angeordneten Einbauteilen – „Einzelwiderständen" – zeigt sich wieder die schon an Biegungen beobachtete Erscheinung, daß der Gesamtdruckverlust geringer als die Summe der Einzelverluste ist. Richtwerte von ζ -Werten der wichtigsten Einbauteile, Formstücke und Armaturen sind in den Tafeln IV bis VIII angegeben. Die ζ-Werte gelten unter der Voraussetzung einer geraden Ablaufstrecke von mindestens 12 d hinter den Armaturen und sind auf den nichteingeschnürten Querschnitt (d) bezogen. Öffnungswinkel der Rohrstutzen $\alpha \approx 30°$ bei schlankeren Anschlußstutzen ist ζ kleiner. Für Schieber ohne Einschnürung kann $\zeta \approx 0,2$ gesetzt werden. Das Diagramm enthält bei praktischen Berechnungen bewährte ζ-Werte für eingezogene Schieber mit geradem Auslauf und vor Formstücken mit einer Auslauflänge etwa 2 x Nennweite.

1.5. Hinweise zur Druckabfallberechnung

Es gibt zahlreiche Näherungsformeln zur Druckabfallberechnung, die jedoch häufig nur in einem beschränkten Bereich der Reynolds-Zahl genügend genaue Ergebnisse liefern. Die Berechnung des Druckverlustes nach dem hier zugrunde gelegten Prandtl-Kármánschen-Widerstandsgesetz ist zwar physikalisch exakt, kann aber trotzdem wegen der zu treffenden Annahmen in der praktischen An-wendung Fehler bis zu 10 % ergeben. Als wichtigste Annahmen seien die der Rohrrauhigkeit und des mit Fertigungstoleranzen behafteten lichten Rohrdurchmessers genannt. Von zu genauer Angabe von Druckverlusten – selbst wenn die Gleichungen und Rechenverfahren dies gestatten – sei deshalb abgeraten. Diagrammdarstellungen erlauben eine Abschätzung über die Fehler, die duch Fehlein-schätzung der wichtigsten Grunddaten entstehen können. Von dieser Möglichkeit sollte immer Gebrauch gemacht werden, außerdem erhält man sofort eine Vorstellung über die ungefähre Größen-ordnung der zu berechnenden Werte.

Tafel IV: Widerstandsbeiwerte ζ von besonderen Einbauten

Meßblenden und Kurzventurirohre

	Meßblende				Kurzventurirohr	
$m = A_B/A_1$	0,1	0,2	0,3	0,4	0,5	0,6
Meßblende ζ	226	48	18	7,8	3,8	1,8
Kurzventurirohr ζ	17	3	1	0,5	0,3	—

$m = A_B/A_1$	0,25	0,36	0,49	0,64
d_B/d_1	0,5	0,6	0,7	0,8
Meßblende ζ	28	12	4	1,3
Kurzventurirohr ζ	1,7	0,6	0,3	0,2

m ist das Öffnungsverhältnis, d. i. der engste Querschnitt des Meßgeräts A_B (Skizze a und b) zum lichten Rohrquerschnitt $A_1 = A_2$; $m = A_B/A_4 = A_B A_2 =$ $= d_B^2/d_1^2$ (Zeiger siehe Skizzen).

Wellrohrausgleicher je Welle ζ = 0,2

Wellrohrausgleicher

Metallschläuche
mit Innenspirale　　ζ = 0,5 bis 1,0
ohne Innenspirale　ζ = 1 bis 2

Wassermeßuhren
Scheibenprinzip　　　ζ = 8
Kolbenprinzip　　　　ζ = 12
Drehmomentprinzip　ζ = 6

Wasserabscheider

Wasserabscheider a
ζ = 2,5

Wasserabscheider b
Eintritt tangential: ζ = 3
Eintritt normal: ζ = 5 bis 8

Tafel V: Widerstandsbeiwerte ζ von Umlenkungen in Kniestücken

Einfache Kniestücke

δ	5°	10°	15°	22,5°
ζ	0,02	0,035	0,05	0,09
δ	30°	45°	60°	90°
ζ	0,14	0,28	0,56	1,2

Kniestück

Die geraden Rohrlängen sind bis zu den Knickstellen zu rechnen.

Segmentbogen und Segmentetage
Widerstandsbeiwerte ζ

a/d ╲ δ	1,5	2	4	6
90°	0,24	0,26	0,28	0,29
60°	0,19	0,20	0,22	0,23
45°	0,14	0,15	0,16	0,17
30°	0,095	0,10	0,11	0,11
15°	0,055	0,06	0,065	0,07
Etagenstück	0,25	0,23	0,21	0,19

Segment-Bogen

Segment-Etage

Die geraden Rohrstrecken sind bis zu den Knickstellen zu rechnen.

Knieformstücke

Es ist mit folgenden Widerstandswerten ζ zu rechnen zuzüglich gerader Rohrstrecken.

Knie mit Reinigungs-
flansch
ζ = 2 bis 2,5

Etagen-Kniestück
ζ = 3,5 bis 4

Etagenstück mit
Reinigungsflanschen
ζ = 4 bis 5

Tafel VI: Widerstandsbeiwerte ζ von Querschnittsänderungen [7]

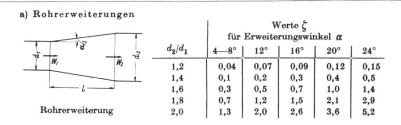

a) Rohrerweiterungen

d_2/d_1	Werte ζ für Erweiterungswinkel α				
	4—8°	12°	16°	20°	24°
1,2	0,04	0,07	0,09	0,12	0,15
1,4	0,1	0,2	0,3	0,4	0,5
1,6	0,3	0,5	0,7	1,0	1,4
1,8	0,7	1,2	1,5	2,1	2,9
2,0	1,3	2,0	2,6	3,6	5,2

Rohrerweiterung

α ist der Erweiterungswinkel. Die ζ-Werte sind auf die Geschwindigkeit w_2 bezogen, wobei die Widerstandszahl $\lambda_R \approx 0,02$ ist. Die konische Länge l ist durch den Erweiterungswinkel α und das Durchmesserverhältnis d_2/d_1 bestimmt. Der günstigste Erweiterungswinkel α, bei dem sich der Strahl des durchströmenden Stoffes gerade noch nicht von der Rohrwand ablöst, ist etwa 7 bis 8°.

b) Rohrverengungen

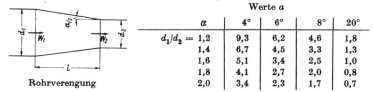

$d_1/d_2 = $	Werte a			
α	4°	6°	8°	20°
1,2	9,3	6,2	4,6	1,8
1,4	6,7	4,5	3,3	1,3
1,6	5,1	3,4	2,5	1,0
1,8	4,1	2,7	2,0	0,8
2,0	3,4	2,3	1,7	0,7

Rohrverengung

a ist ein Faktor, abhängig von Erweiterungswinkel α und Durchmesserverhältnis d_1/d_2. Es gilt $\zeta = a \, \lambda_R$, wobei die ζ-Werte wieder auf die Geschwindigkeit w_2 bezogen sind.

Der ähnliche Aufbau der Gleichungen (7) und (10) – sofern es um den reinen Strömungsdruckabfall geht – erlaubt, beide Gleichungen bei der praktischen Berechnung zusammenzufassen. Gerades Rohr und Biegungen, ausgedrückt durch $l + \Sigma x$, lassen sich durch Einführung eines Widerstandsbeiwertes

$$\zeta = \lambda_R \frac{l + \Sigma x}{d} \qquad (11)$$

in die Summe der Einzelwiderstände aufnehmen. Mit dem gleichen Ziel kann natürlich auch eine äquivalente Länge anstelle der Summe der Widerstandsbeiwerte errechnet und in die Gleichungen (7), (8) eingesetzt werden

$$l_\zeta = \frac{\Sigma \zeta}{\lambda_R} d \,. \qquad (12)$$

Der letztere Weg ist etwas anschaulicher, aber es wäre nicht richtig, Einzelwiderstände von vorneherein als äquivalente Längen einzusetzen, denn wie Gleichung (12) zeigt, ergibt sich erst durch Verknüpfung mit λ_R die richtige Länge.

Tafel VII: Widerstandsbeiwerte ζ von Abzweigstücken

a) Recht- und schiefwinklige Abzweigstücke

Abzweigstücke a und b für Stromtrennung, c und d für Stromvereinigung.

Q_a/Q_d	Q_a/Q_z	Stromtrennung senkrecht ζ_a	ζ_d	schief ζ_a	ζ_d	Stromvereinigung senkrecht ζ_a	ζ_d	schief ζ_a	ζ_d
0,0	0	0,96	0,05	0,90	0,04	−1,20	0,06	−0,90	0,05
0,2	¹/₄	0,88	−0,08	0,68	−0,06	−0,40	0,18	−0,37	0,18
0,4	²/₃	0,89	−0,04	0,50	−0,04	0,10	0,30	0,00	0,19
0,6	1,5	0,96	0,07	0,38	0,07	0,47	0,40	0,22	0,06
0,8	4,0	1,10	0,21	0,35	0,20	0,72	0,50	0,37	−0,18
1,0	∞	1,29	0,35	0,48	0,33	0,92	0,60	0,38	−0,54

Es bedeuten die Zeiger: a Abgang, d Durchgang, z zusammen. Die positiven Werte der Tafel besagen Druckabfall, die negativen Druckanstieg.

b) Ausgehalste T-Stücke

T-Stück a für Stromtrennung

Stromtrennung

m_a/m_d	0	0,5 ¹/₃	1
m_a/m_z	0		
ζ_a / ζ_d	−0,2	1,0 / 0	1,4
			1,1

T-Stück b für Stromvereinigung

Stromvereinigung

m_a/m_d	0	0,5 ¹/₃	1
m_a/m_z	0		
ζ_a / ζ_d	−0,2	0,7 / 0,7	1,3
			0,7

c) Gekrümmte Hosenstücke

Hosenstück, gekrümmt

R/d	0,5	0,75	1	1,5	2
ζ	1,1	0,6	0,4	0,25	0,2

R ist der Krümmungsradius in m, d die Lichtweite in m.

d) Geradliniges Hosenstück

Hosenstück, geradlinig

α	10°	30°	45°	60°	90°
ζ	0,1	0,4	0,7	1,0	1,4

α ist der Ablenkungswinkel. Geradlinige T-Stücke werden bei Formstücken aus dem Vollen angewandt.

Tafel VIII: Widerstandsbeiwerte ζ von Armaturen

Panzer-Hochdruckschieber in vollgeöffnetem Zustand mit konisch ausgebildeten Rohrstutzen [6]:

DN	ζ	NW	ζ	NW	ζ
65/50	0,50	175/150	0,30	350/250	0,80
80/65	0,40	200/150	0,60	400/300	0,60
100/80	0,42	200/175	0,27	450/300	1,20
125/100	0,42	250/200	0,42	500/350	0,48
150/100	1,20	300/200	1,20	500/400	0,91
150/125	0,36	300/250	0,36		0,42

(Diagramm: ζ über Anschlußnennweite/Absperrdurchmesser; Kurven „Schieber vor Formstücken (Abstand 2 x DN)" und „Schieber in gerader Leitung (Auslauf 2 x DN)"; ζ = 0,1 bis 0,15.)

Hähne mit vollem Durchgang, alle Nennweiten ζ = 0,1 bis 0,15.

Ventile und Klappen in voll geöffnetem Zustand

DN	25	32	40	50	65	80	100	125	150	200
Durchgangsventile										
DIN Freifluß	4,0	4,2	4,4	4,5	4,7	4,8	4,8	4,5	4,1	3,6
Boa	1,7	1,4	1,2	1,0	0,9	0,8	0,7	0,6	0,6	0,6
geschmiedet	2,1	2,2	2,3	—	2,4	2,5	2,4	2,3	2,1	2,0
Stahlguß	6,5	6,5	6,5	6,5	3,0	3,0	3,0	3,5	3,5	4,0
Eckventile										
DIN	2,8	3,0	3,3	3,5	3,7	3,9	3,8	3,3	2,7	2,0
Boa	1,6	1,6	1,7	1,9	2,0	2,0	1,9	1,7	1,5	1,3
Rückschlagventile										
DIN	4,5	4,8	5,3	—	6,6	7,4	7,4	7,2	6,0	6,0
Boa	2,7	2,8	2,4	2,3	3,6	3,9	4,1	3,9	3,3	3,3
Freifluß	2,5	2,4	2,3	2,0	2,0	2,0	1,6	1,6	2,0	2,5
Rückschlagklappen	1,9	1,6	1,5	1,4	1,4	1,3	1,2	1,0	0,9	0,8

Sind häufiger Druckabfälle zu berechnen, ohne daß sich der EDV-Einsatz lohnt oder ausführen läßt, wird die Anlage eines Rechenvordruckes, etwa nach dem Muster auf Seite 208, empfohlen. Hierdurch wird der Rechengang schematisiert und damit allein schon eine Fehlermöglichkeit ausgeschaltet. Leitungen, die aus mehreren Unterabschnitten verschiedenen Durchmessers oder mit verschiedenem Mengenstrom bestehen, werden abschnittsweise berechnet. Der Gesamtdruckverlust ergibt sich durch Addition der Einzelwerte.

1.6. Druckabfall in Wasserleitungen

Aus Gleichung (3) oder (4) läßt sich der Rohrdurchmesser bei vorgegebenen Volumen- oder Massenstrom berechnen. In Kaltwasserleitungen ist $\dot{V}\ \frac{m^3}{s} \approx \dot{m}\ \frac{kg}{s} \cdot 10^{-3}$ bei höheren Temperaturen ist der Einfluß der abnehmenden Dichte Tafel IX zu beachten. Zur schnellen Orientierung kann aus Bild 5 der lichte Rohrdurchmesser ohne Rechnung abgelesen werden.

Im allgemeinen können für den ersten Entwurf folgende Geschwindigkeiten gewählt werden:

Saugleitungen von Pumpen je nach Saughöhe, Länge, Wassertemperatur ($< 70\ °C$) –

bei Kreiselpumpen und kaltem Wasser bis 2 m/s . . . . 0,5 ~ 1

Pumpendruckleitungen – bei lufthaltigem Wasser mit Korrosionsgefahr bis 4 m/s . . . . . . 1,5 ~ 2

Verteilungsnetze für Trink- und Brauchwasser

    Hauptleitungen . . . . 1 ~ 2

    Nebenleitungen . . . . 0,5 ~ 0,7

    Fernwasserleitungen . . . . 1,5 ~ 3

Druckleitungen für Wasserturbinen

    steile Anordnung, kleine Durchmesser . . . . 2 ~ 4

    desgl., große Durchmesser – Durchmesser über 1 m bis 10 m/s . . . . 3 ~ 6 ~ 8

    lange, flache Anordnung . . . . 1 ~ 3

Speisewassersaugleitungen – bei $t > 70\ °C$ Zulauf, Zulaufhöhe bei $100\ °C$: Richtzahl

4 ~ 8 m je nach Konstruktion der Pumpe –

    im Festdruckbetrieb . . . . 0,6 ~ 1

    im Gleitdruckbetrieb . . . . 1,5 ~ 3

Speisewasserdruckleitungen – in Störungsfällen bis 10 m/s . . . . 2 ~ 8

Preßwasserdruckleitungen . . . . 15 ~ 20

    desgl., kurze Anschlüsse . . . . 20 ~ 30

Steigleitungen von Wasserhaltungen . . . . 1 ~ 1,5

Druckleitungen von Heißwasserheizungen . . . . 2 ~ 3

Bei dieser Aufstellung kann es sich nur um Anhaltswerte handeln. Die wirtschaftlich günstigste Geschwindigkeit kann nur für jeden Anwendungsfall gesondert ermittelt werden.

Aus Bild 6 kann der Druckabfall in Wasserleitungen je 100 m widerstandsgleicher Rohrlänge ohne Rechnung entnommen werden. Für Überschlagrechnungen eignet sich auch eine aus Gleichung (7) entwickelte Beziehung mit $\lambda_R = 0,02$:

$$\Delta p = 10\ \frac{l}{d}\ w^2\ \ N/m^2 \tag{13}$$

Diese Faustformel gilt etwa bei $d = 0,1$ m, in Großrohren von $d = 1,0$ m tritt nur 60–80 % des so berechneten Druckabfalles ein. Druckveränderungen durch fallende oder steigende Leitungen sind in Diagrammen und Faustformeln selbstverständlich nicht enthalten!

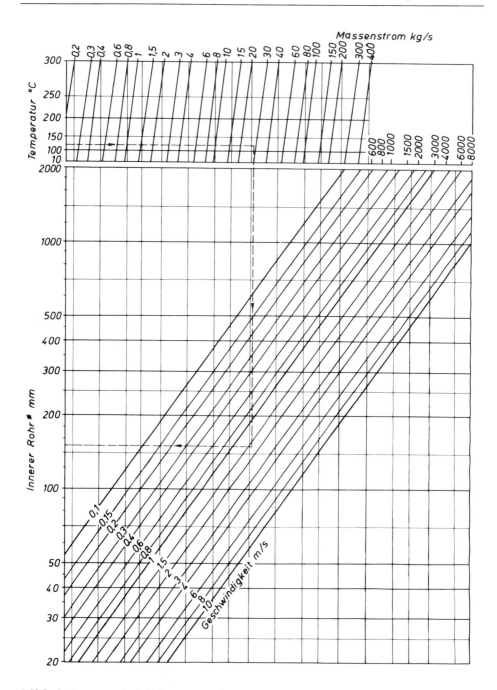

Bild 5: Strömungsgeschwindigkeit in Wasserleitungen

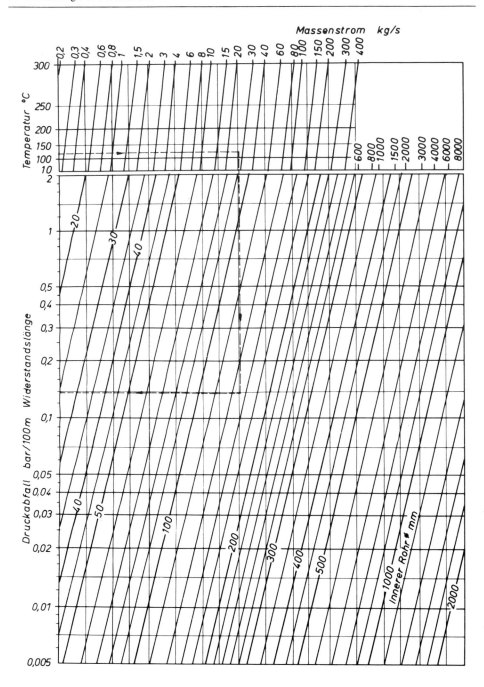

Bild 6: Druckabfall in Wasserleitungen

Tafel IX: Dichte ϱ kg/m³ und dynamische Viskosität η 10^{-6} kg/ms von Wasser nach: Zustandsgrößen von Wasser und Wasserdampf, Springer-Verlag 1969*)

t	1 bar		10 bar		50 bar		200 bar		400 bar	
°C	ϱ	η	ϱ	η	ϱ	η	ϱ	η	ϱ	η
0	999,8	1750	1000,3	1750	1002,3	1750	1009,7	1740	1019,3	1730
10	999,8	1300	1000,2	1300	1002,1	1300	1009,1	1300	1018,0	1290
20	998,3	1000	998,7	1000	1000,5	1000	1007,2	999	1015,7	997
30	995,7	797	996,1	797	997,9	797	1004,4	797	1012,8	797
40	992,3	651	992,6	651	994,4	652	1000,8	653	1009,1	654
50	988,0	544	988,4	544	990,2	545	996,6	546	1004,7	548
60	983.2	463	983,6	463	985,3	464	991,8	466	999,9	469
70	977,7	400	978,1	401	979,9	401	986,4	404	994,6	407
80	971,6	351	972,1	351	973,9	352	980,5	355	988,9	358
90	965,2	311	965,5	311	967,4	312	974,2	315	982,8	319
100			958,6	279	960,4	380	967,4	283	974,2	287
110			951,1	252	953,1	253	960,2	256	969,3	260
120			943,2	230	945,3	231	952,6	234	962,0	238
130			934,9	211	937,1	212	944,7	215	954,4	220
140			926,3	195	928,4	196	936,4	199	946,3	204
150			917,1	181	919,4	182	927,7	185	938,1	190
160			907,5	169	909,9	170	918,6	173	929,4	178
170			897,4	159	900,0	160	909,2	163	920,4	168
180					889,6	150	899,3	154	911,1	158
190					878,7	142	889,0	145	901,4	150
200					867,3	135	878.2	138	891,3	143
210					855,4	128	867,0	132	880,8	136
220					842,7	122	855,2	126	869,9	130
230					829,5	117	843,0	120	858,7	125
240					815,4	112	830,1	115	846,9	120
250					800,4	107	816,5	111	834,7	116
260					784,3	103	802,2	107	822,0	112
270							787,0	103	808,6	108
280							771,0	99,4	794,7	104
290							753,6	96,1	780,1	101
300							735,0	93,0	764,7	98,1

In den Tafeln X sind Volumenströme bei $w = 1,0$ m/s und Druckabfälle sowie statische Werte der gebräuchlichsten Rohrabmessungen angegeben. Volumenströme bei beliebigen Geschwindigkeiten sind durch Vervielfachung des Tafelwertes schnell errechenbar. Die Druckabfälle wurden mit der Prandtl-Colebrook-Formel für λ_R unter Annahme einer Rauhigkeit $k = 0,03$ mm und einer Dichte $\varrho = 1000$ kg/m³ (Kaltwasser) errechnet.

Weitere Unterlagen, aus denen Druckverluste ohne Berechnung Tafeln und Diagramme entnommen werden können, enthält das DVG-Regelwerk: W 302 Druckabfalltafeln für Rohrdurchmesser von 40–2000 mm (Nov. 57); G 464 Berechnung von Druckverlusten bei der Gasfortleitung (März 61). Die Tafeln wurden für raumbeständige und raumveränderliche Strömung nach den Gleichungen von Prandtl-Colebrook errechnet. Im Arbeitsblatt W 302 wurde eine Rauhigkeit von k = 0,1 für die Hauptleitungen und k = 0,4 für Versorgungsleitungen zugrunde gelegt. Man erhält somit für Versorgungsnetze mit einem höheren Anteil an Bögen, Formstücken und Schiebern um etwa 20 % höhere Druckverluste. Außerdem wird empfohlen, die abgelesenen Druckverluste um 20 bis 30 % zu erhöhen, falls mit stärkeren Ablagerungen zu rechnen ist.

Die Reibungsverluste einer Leitung können sich im Laufe der Zeit erheblich ändern, besonders wenn feste oder schmierfilmartige Beläge sich an der Rohrwand festsetzen, die auch riffelartig ausgebildet sein können [8].

---

*) 1979 erschien eine Neuauflage. Diese enthält jedoch nur eine Rahmentafel der dynamischen Viskosität. Deshalb werden die Daten der Ausgabe 1969 hier beibehalten

Tafel X: Abmessungen, Volumenstrom, Druckabfall und statische Werte von Stahlrohren

		2448 und 2458			15	2440	2458	2448	2440	2458	2448
DIN / **NENNWEITE**				10	15	½"	20	20	¾"	25	25
Rohraußendurchmesser	mm	10,2	13,5	17,2	21,3	21,3	26,9	26,9	26,9	33,7	33,7
Wanddicke	mm	1,6	1,8	1,8	2,0	2,65	2,0	2,3	2,65	2,0	2,6
Rohrinnendurchmesser	mm	7,0	9,9	13,6	17,3	16,0	22,0	22,3	21,60	29,7	28,5
Volumenstrom bei w = 1 m/s	10^{-3} m³/s	0,0380	0,0769	0,1450	0,2347	0,2005	0,3805	0,3916	0,3666	0,6916	0,6388
Druckabfall je 100 m widerstandsgleicher Rohrlänge bei Strömungsgeschwindigkeit w m/s und Kaltwasser ca 10–15°C (mbar) w = 0,6		1191	854	498	365	404	268	263	274	183	193
0,8		1977	1421	860	610	674	448	441	459	306	323
1,0		2943	2117	1240	911	1006	670	659	686	459	483
1,2		4083	2940	1724	1267	1400	934	918	956	639	673
1,4		5397	3889	2283	1679	1854	1237	1216	1266	848	893
1,6		6883	4962	2915	2144	2368	1581	1554	1618	1084	1141
1,8		8539	6158	3619	2464	2942	1965	1931	2011	1347	1419
2,0		10365	7477	4397	3236	3574	2388	2348	2444	1638	1725
2,2		12360	8919	5247	3863	4266	2851	2802	2917	1956	2059
2,4		14523	10482	6169	4542	5016	3353	3296	3431	2301	2422
2,6		16854	12166	7162	5275	5824	3894	3828	3985	2673	2814
2,8		19353	13972	8227	6060	6691	4474	4399	4579	3071	3234
3,0		22020	15900	9364	6898	7616	5093	5008	5213	3497	3682
3,2		24853	17947	10572	7789	8599	5752	5655	5886	3949	4158
3,4		27853	20116	11852	8732	9640	6449	6340	6600	4429	4663
Statische Werte Lichter Querschnitt	cm²	0,38	0,77	1,45	2,35	2,01	3,80	3,91	3,66	6,93	6,38
Wandquerschnitt	cm²	0,43	0,66	0,87	1,21	1,55	1,56	1,78	2,02	1,99	2,54
Rohrgewicht schwarz	kg/m	0,34	0,52	0,69	0,96	1,22	1,24	1,41	1,58	1,57	2,01
Rohrgewicht mit Außen- und Innenschutz	kg/m	—	—	—	—	1,23*	1,22	1,36	1,59*	1,22	3,09
Trägheitsmoment	cm⁴	0,041	0,116	0,262	0,571	0,689	0,907	1,01	1,50	2,51	1,84
Widerstandsmoment	cm³	0,081	0,172	0,304	0,536	0,647	0,907	1,01	1,12	1,49	1,84
Trägheitshalbmesser	cm	0,309	0,419	0,548	0,686	0,666	0,883	0,874	0,862	1,12	1,10

* Gewichtsangaben in dieser Zeile für Rohre nach DIN 2440 bedeuten „schwarzes Rohr mit Muffe"

Tafel X: Fortsetzung – Abmessungen, Volumenstrom, Druckabfall und statische Werte von Stahlrohren

DIN		2440	2458	2448	2440	2458	2448	2440	2458/61	2448/60	2460/61	2440
NENNWEITE		1″	32	32	1¼″	40	40	1½″	50	50	50	2″
Rohraußendurchmesser	mm	33,7	42,4	42,4	42,4	48,3	48,3	48,3	60,3	60,3	60,3	60,3
Wanddicke	mm	3,25	2,0	2,6	3,25	2,3	2,6	3,25	2,3	2,9	3,6	3,65
Rohrinnendurchmesser	mm	27,2	35,4	37,2	35,9	43,7	43,1	41,8	55,7	54,5	53,1	53,0
Volumenstrom bei w = 1 m/s	10^{-3} m³/s	0,5805	1,1555	1,0861	1,0055	1,500	1,4583	1,3722	2,4433	2,3333	2,2111	2,203
w = 0,6	mbar	204	132	137	144	112	114	119	82,8	85,0	87,9	88,1
0,8		342	222	231	241	188	192	199	139	143	148	148
1,0		512	332	346	361	283	287	299	209	215	222	222
1,2		714	463	482	504	394	401	417	292	300	309	310
1,4		947	615	639	668	523	532	553	387	398	411	412
1,6		1210	786	818	855	669	681	707	495	509	526	527
Druckabfall je 100 m 1,8		1504	977	1017	1063	832	847	880	616	633	654	655
widerstandsgleicher 2,0		1829	1189	1237	1293	1012	1030	1070	750	770	795	797
Rohrlänge bei 2,2		2183	1420	1477	1544	1209	1230	1278	896	920	950	952
Strömungsgeschwindig- 2,4		2568	1670	1738	1816	1423	1447	1503	1054	1083	1118	1121
keit w m/s und Kalt- 2,6		2983	1941	2019	2110	1653	1682	1747	1225	1258	1299	1302
wasser ca 10–15°C 2,8		3428	2230	2320	2425	1900	1933	2008	1408	1447	1494	1497
3,0		3903	2540	2642	2761	2164	2201	2286	1604	1647	1701	1705
3,2		4408	2869	2988	3119	2444	2486	2582	1812	1861	1922	1926
3,4		4943	3217	3346	3498	2741	2788	2896	2032	2087	2155	2160
Statische Werte												
Lichter Querschnitt	cm²	5,81	11,58	10,87	10,12	15,00	14,59	13,72	24,37	23,33	22,15	22,06
Wandquerschnitt	cm²	3,11	2,54	3,25	4,00	3,32	3,73	4,60	4,19	5,23	6,41	6,50
Rohrgewicht schwarz	kg/m	2,44	2,01	2,57	3,14	2,63	2,95	3,61	3,30	4,10	5,1	5,10
Rohrgewicht mit Außen- und Innenschutz	kg/m	2,46*	—	—	3,17*	—	—	3,65*	4,40	5,30	6,3	5,17*
Trägheitsmoment	cm⁴	3,64	5,19	6,46	7,71	8,81	9,78	11,70	17,70	21,60	25,9	26,2
Widerstandsmoment	cm³	2,16	2,45	3,05	3,64	3,65	4,05	4,86	5,85	7,16	8,58	8,68
Trägheitshalbmesser	cm	1,08	1,43	1,41	1,39	1,63	1,62	1,60	2,05	2,03	2,01	2,01

* Gewichtsangaben in dieser Zeile für Rohre nach DIN 2440 bedeuten „schwarzes Rohr mit Muffe"

Tafel X: Fortsetzung

DIN		2458/61	2448/60	2460/61	2440	2458/61	2448/60	2460/61	2440	2458	2448
NENNWEITE		65	65	65	2½"	80	80	80	3"	—	—
Rohraußendurchmesser	mm	76,1	76,1	76,1	76,1	88,9	88,9	88,9	88,9	101,6	101,6
Wanddicke	mm	2,6	2,9	3,6	3,65	2,9	3,2	3,6	4,05	2,9	3,6
Rohrinnendurchmesser	mm	70,9	70,3	68,9	68,8	83,1	82,7	81,7	80,8	95,8	94,4
Volumenstrom bei w = 1 m/s	10^{-3} m³/s	3,944	3,889	3,728	3,717	5,417	5,389	5,236	5,119	7,222	7,000
Druckabfall je 100 m widerstandsgleicher Rohrlänge bei Strömungsgeschwindigkeit w m/s und Kaltwasser ca 10–15°C w = 0,6	mbar	61,2	61,9	63,5	63,6	50,2	50,6	51,3	52,1	42,2	43,0
0,8		103	104	107	107	84,8	85,2	86,5	87,7	71,1	72,4
1,0		155	157	131	161	127	128	130	132	107	109
1,2		216	219	224	225	178	179	182	184	149	152
1,4		287	290	298	298	236	238	241	245	199	202
1,6		368	372	381	382	303	305	309	313	254	259
1,8		458	463	474	475	377	379	385	390	317	322
2,0		557	563	577	578	458	461	468	475	385	392
2,2		666	673	690	691	548	551	560	567	461	469
2,4		784	792	812	813	645	649	659	668	542	552
2,6		911	920	943	945	750	754	766	776	630	642
2,8		1047	1058	1084	1086	862	867	880	892	725	738
3,0		1193	1205	1235	1237	982	988	1003	1016	826	841
3,2		1347	1361	1395	1398	1110	1116	1133	1148	933	950
3,4		1511	1527	1565	1568	1245	1252	1271	1288	1047	1066
Statische Werte Lichter Querschnitt	cm²	39,48	38,81	37,28	37,18	54,24	53,72	52,42	51,28	72,08	70,00
Wandquerschnitt	cm²	6,00	6,67	8,20	8,31	7,84	8,62	9,65	10,8	8,99	11,1
Rohrgewicht schwarz	kg/m	4,8	5,30	6,5	6,51	6,2	6,8	7,6	8,47	7,1	8,8
Rohrgewicht mit Außen- und Innenschutz	kg/m	6,2	6,70	7,9	6,63*	7,8	8,4	9,2	8,64*	—	—
Trägheitsmoment	cm⁴	40,6	44,7	54,0	54,6	72,5	79,2	87,9	94,7	110	133
Widerstandsmoment	cm³	10,7	11,8	14,2	14,4	16,3	17,8	19,8	21,9	21,6	26,2
Trägheitshalbmesser	cm	2,60	2,59	2,57	2,56	3,04	3,03	3,02	3,00	3,49	3,47

* Gewichtsangaben in dieser Zeile für Rohre nach DIN 2440 bedeuten „schwarzes Rohr mit Muffe"

Tafel X: Fortsetzung

		2458/61	2448 2460/61	2440	2461	2460/61	2458	2448	2440	2440	2458/61
DIN											
NENNWEITE		100	100	4″	125	125	125	125	5″	6″	150
Rohraußendurchmesser	mm	114,3	114,3	114,3	133	133,0	139,7	139,7	139,7	165,1	168,3
Wanddicke	mm	3,2	3,6	4,5	3,6	4	3,6	4,0	4,85	4,85	4,0
Rohrinnendurchmesser	mm	107,9	107,1	105,3	125,8	125,0	132,5	131,7	130,0	155,4	160,3
Volumenstrom bei w = 1 m/s	10^{-3} m³/s	9,138	9,111	8,722	12,416	12,277	13,777	13,611	13,277	19,027	20,138
w = 0,6		36,4	36,7	37,5	30,1	30,3	28,3	28,5	29,0	23,3	22,4
0,8		61,4	62,0	63,3	50,8	51,2	47,7	48,1	48,9	39,3	37,8
1,0		92,4	93,2	95,1	76,5	77,1	71,8	72,4	73,6	59,2	57,0
1,2		129	130	133	107	108	100	101	103	82,8	79,8
1,4		172	173	177	142	143	134	135	137	110	106
1,6		220	222	227	182	184	171	173	175	141	136
1,8		274	276	282	227	229	213	215	218	176	169
2,0	mbar	333	336	343	277	279	260	262	266	214	206
2,2		399	402	410	331	333	310	313	318	256	247
2,4		469	473	483	389	392	366	368	374	301	290
2,6		545	550	562	453	456	425	428	435	351	338
2,8		627	633	646	521	521	489	493	500	403	388
3,0		715	721	736	593	598	557	561	570	459	442
3,2		807	815	832	670	675	629	634	644	519	500
3,4		906	914	933	752	758	706	711	723	582	561
Statische Werte											
Lichter Querschnitt	cm²	91,44	90,1	87,1	124,3	122,72	137,89	136,23	132,7	181,5	201,7
Wandquerschnitt	cm²	11,2	12,5	15,5	14,6	16,2	15,4	17,1	20,5	24,4	20,6
Rohrgewicht schwarz	kg/m	8,8	9,9	12,1	11,6	12,8	12,2	13,5	16,2	19,2	16,3
Rohrgewicht mit Außen- und Innenschutz	kg/m	10,9	11,8	12,4*	14,1	15,3	—	—	16,7*	19,8*	19,4
Trägheitsmoment	cm⁴	172	192	234	307	338	357	393	468	785	697
Widerstandsmoment	cm³	30,2	33,6	41,0	46,1	50,8	51,1	56,2	66,9	95,0	82,8
Trägheitshalbmesser	cm	3,93	3,92	3,89	4,58	4,56	4,81	4,80	4,77	5,67	5,81

* Gewichtsangaben in dieser Zeile für Rohre nach DIN 2440 bedeuten „schwarzes Rohr mit Muffe"

Tafel X: Fortsetzung

DIN		2448/60	2458	2448	2458/61	2461	2448/60	2458	2448	2458/61	2461
NENNWEITE		150	175	175	200	200	200	—	—	250	250
Rohraußendurchmesser	mm	168,3	193,7	193,7	219,1	219,1	219,1	244,5	244,5	273	273
Wanddicke	mm	4,5	4,5	5,4	4,5	5,0	5,9	5,0	6,3	5,0	5,6
Rohrinnendurchmesser	mm	159,3	184,7	182,9	210,1	209,1	207,3	234,5	231,9	263	261,8
Volumenstrom bei $w = 1$ m/s	10^{-3} m/s	19,94	26,53	26,25	34,64	34,39	33,75	43,19	42,28	54,31	53,81
Druckabfall je 100 m widerstandsgleicher Rohrlänge bei Strömungsgeschwindigkeit w m/s und Kaltwasser ca 10–15 °C	mbar										
$w = 0,6$		22,6	18,8	19,1	16,0	16,1	16,3	14,1	14,3	12,2	12,3
0,8		38,1	31,8	32,2	27,2	27,4	27,7	23,8	24,2	20,7	20,8
1,0		57,4	48,0	48,5	41,0	41,2	41,7	35,9	36,4	31,2	31,4
1,2		80,3	67,1	67,9	56,4	57,8	58,4	50,3	51,0	43,8	44,1
1,4		107	89,4	90,4	76,4	76,9	77,7	66,9	67,9	58,3	58,7
1,6		137	115	116	98,1	98,6	99,7	85,8	87,0	74,8	75,2
1,8		171	143	144	122	123	124	107	109	93,2	93,8
2,0		208	174	176	149	150	151	130	132	114	114
2,2		248	208	210	178	179	181	156	158	136	137
2,4		293	245	251	210	211	213	184	186	160	161
2,6		340	285	288	244	245	248	216	216	186	187
2,8		391	327	331	280	282	285	246	249	214	215
3,0		446	373	377	320	321	325	280	284	244	245
3,2		504	422	427	361	363	367	316	321	276	277
3,4		565	473	479	405	407	412	355	360	310	311
Statische Werte											
Lichter Querschnitt	cm²	199,6	267,9	262,7	346,5	343,4	337,6	431,8	422,4	543,2	538,3
Wandquerschnitt	cm²	23,2	26,7	31,9	30,3	33,6	39,5	37,6	47,1	42,1	47,0
Rohrgewicht schwarz	kg/m	18,1	20,9	25,0	23,7	26,4	31,0	29,5	37,1	33,0	36,8
Rohrgewicht mit Außen- und Innenschutz	kg/m	21,2	—	—	27,7	30,4	35,0	—	—	37,9	41,7
Trägheitsmoment	cm⁴	777	1198	1417	1747	1928	2247	2699	3346	3781	4207
Widerstandsmoment	cm³	92,4	124	146	159	176	205	221	274	277	308
Trägheitshalbmesser	cm	5,79	6,69	6,66	7,59	7,57	7,54	8,47	8,42	9,48	9,46

Tafel X: Fortsetzung

DIN		2448/60	2458/61	2461	2448/60	2458/61	2461	2448/60	2458/61	2448/60	2458/61
NENNWEITE		250	300	300	300	350	350	350	400	400	500
Rohraußendurchmesser	mm	273	323,9	323,9	323,9	355,6	355,6	355,6	406,4	406,4	508
Wanddicke	mm	6,3	5,6	6,3	7,1	5,6	6,3	8,0	6,3	8,8	6,3
Rohrinnendurchmesser	mm	260,4	312,7	311,3	309,7	344,4	343,0	339,6	393,8	388,8	495,4
Volumenstrom bei w = 1 m/s	10^{-3} m³/s	54,72	76,81	76,11	75,28	93,19	92,36	90,56	121,7	118,6	192,5
w = 0,6		12,4	10,0	10,0	10,0	8,8	8,9	9,0	7,5	7,5	5,6
0,8		20,9	16,8	16,9	16,9	15,0	15,0	15,2	12,7	12,9	9,7
1,0		31,6	25,3	25,5	25,6	22,6	22,7	23,0	19,3	19,6	14,6
1,2		44,4	35,5	35,7	36,0	31,7	31,8	32,2	27,0	27,4	20,5
1,4		59,1	47,4	47,6	47,9	42,2	42,4	42,9	35,9	36,5	27,3
1,6		75,7	60,7	61,1	61,5	54,2	54,4	55,0	46,1	46,8	35,0
1,8		94,4	75,7	76,1	76,6	67,5	67,8	68,7	57,5	58,4	43,8
2,0		115	92,3	92,8	93,4	82,2	82,6	83,6	70,0	71,1	53,3
2,2		138	110	111	112	98,4	98,9	100	83,9	85,1	63,8
2,4		162	130	131	132	116	117	118	98,8	100	75,2
2,6		188	151	152	153	135	136	137	115	117	87,5
2,8		217	174	175	176	155	156	158	132	134	101
3,0		247	198	200	201	177	178	180	151	153	115
3,2		279	224	226	227	200	201	203	170	173	130
3,4		313	252	253	255	224	225	233	191	194	146
Statische Werte											
Lichter Querschnitt	cm²	536,6	767,6	761,1	753,3	931,1	924,0	905,8	1218,6	1187,3	1927
Wandquerschnitt	cm²	52,8	56,0	62,9	70,7	61,6	69,1	87,4	79,2	110	99,3
Rohrgewicht schwarz	kg/m	41,6	43,8	49,5	55,6	48,2	54,5	68,3	62,4	85,9	78,2
Rohrgewicht mit Außen- und Innenschutz	kg/m	46,6	49,7	55,4	61,5	54,7	61,0	74,7	69,6	93,2	87,4
Trägheitsmoment	cm⁴	4696	7094	7929	8869	9431	10547	13201	15849	21732	31246
Widerstandsmoment	cm³	344	438	490	548	530	593	742	780	1069	1230
Trägheitshalbmesser	cm	9,43	11,26	11,23	11,20	12,38	12,35	12,29	14,15	14,06	17,74

Druckabfall je 100 m widerstandsgleicher Rohrlänge bei Strömungsgeschwindigkeit w m/s und Kaltwasser ca 10–15 °C (mbar)

Tafel X: Fortsetzung

DIN		2448/60	2461	2458/61	2461	2458/61	2461	2458/61	2461	2458/61	2461
NENNWEITE		500	600	600	700	700	800	800	900	900	1000
Rohraußendurchmesser	mm	508	609,6	609,6	711,2	711,2	812,8	812,8	914,4	914,4	1016
Wanddicke	mm	11,0	5,0	6,3	5,0	7,1	5,0	8,0	5,0	10,0	5,0
Rohrinnendurchmesser	mm	486	599,6	597	701,2	697,0	802,8	796,8	904,4	894,4	1006
Volumenstrom bei w = 1 m/s	m³/s	0,185	0,282	0,281	0,386	0,381	0,507	0,497	0,642	0,628	0,793
Druckabfall je 100 m widerstandsgleicher Rohrlänge bei Strömungsgeschwindigkeit w m/s und Kaltwasser ca 10–15° C w = 0,6	mbar	5,9	4,5	4,6	3,8	3,8	3,2	3,2	2,7	2,7	2,5
0,8		9,9	7,7	7,7	6,4	6,5	5,5	5,5	4,7	4,8	4,2
1,0		15,0	11,7	11,8	9,7	9,8	8,2	8,3	7,2	7,3	6,3
1,2		21,0	16,4	16,5	13,6	13,7	11,6	11,7	10,1	10,2	8,8
1,4		28,0	21,9	22,0	18,1	18,2	15,4	15,6	13,4	13,6	11,9
1,6		36,0	28,0	28,1	23,2	23,4	19,8	20,0	17,2	17,5	15,2
1,8		44,8	34,9	35,1	29,0	29,2	24,7	24,9	21,5	21,8	18,9
2,0		54,6	42,5	42,7	35,4	35,6	30,1	30,4	26,2	26,6	23,1
2,2		65,3	50,9	51,2	43,3	42,6	36,1	36,4	31,4	31,8	27,6
2,4		77,0	60,0	60,3	49,9	50,2	42,5	42,9	37,0	37,5	32,6
2,6		89,5	69,8	70,2	28,6	58,4	49,5	49,9	43,0	43,5	37,9
2,8		103,0	80,4	80,8	66,8	67,3	57,0	57,5	49,5	50,1	43,6
3,0		117,5	91,6	92,1	76,2	76,7	64,9	65,5	56,4	57,2	49,8
3,2		132,7	103,5	104,1	86,1	86,7	73,4	74,0	63,8	64,6	56,3
3,4		149,0	116,2	116,9	96,7	97,3	82,3	83,1	71,6	72,5	63,2
Statische Werte Lichter Querschnitt	cm²	1855	2825	2807	3865	3814	5060	4984	6405	6280	7930
Wandquerschnitt	cm²	172	95,0	119	111	157	127	202	143	284	125
Rohrgewicht schwarz	kg/m	135	74,6	94,1	87,1	124	100	158	112	223	125
Rohrgewicht mit Außen- und Innenschutz	kg/m	145	76,2	105	88,9	137	102	173	114	239	128
Trägheitsmoment	cm⁴	53056	43397	54331	69157	97334	103504	163778	147675	290532	202906
Widerstandsmoment	cm³	2089	1424	1783	1945	2737	2547	4030	3230	6355	3994
Trägheitshalbmesser	cm	17,58	21,38	21,33	24,97	24,89	28,56	28,46	32,15	31,98	35,74

Tafel X: Fortsetzung

		DIN	2458/61	2461	2461	2461	2461	2461	2461	2461	2461	2461
		NENNWEITE	1000	1100	1100	1200	1200	1300	1300	1400	1400	1500
Rohraußendurchmesser	mm		1016	1120	1120	1220	1220	1320	1320	1420	1420	1520
Wanddicke	mm		10	5,6	11	6,3	12,5	7,1	12,5	7,1	14,2	8
Rohrinnendurchmesser	mm		996	1108,8	1098	1207,4	1195	1305,8	1295	1405,8	1391,6	1504
Volumenstrom bei w = 1 m/s	m³/s		0,778	0,964	0,947	1,143	1,122	1,336	1,317	1,553	1,522	1,781
w = 0,6	mbar		2,5	2,2	2,3	2,0	2,0	1,8	1,9	1,7	1,7	1,6
0,8			4,2	3,7	3,7	3,3	3,4	3,0	3,1	2,8	2,8	2,5
1,0			6,4	5,6	5,7	5,1	5,1	4,6	4,7	4,2	4,3	3,9
1,2			9,0	7,9	8,0	7,2	7,3	6,6	6,6	6,0	6,1	5,5
1,4			11,1	10,5	10,7	9,5	9,7	8,7	8,8	7,9	8,0	7,4
1,6			15,4	13,5	13,7	12,3	12,5	11,2	11,3	10,3	10,3	9,5
1,8			19,2	16,9	17,1	15,3	15,5	13,9	14,1	12,7	12,9	11,8
2,0			23,3	20,6	20,9	18,6	18,9	17,0	17,3	15,6	15,8	14,4
2,2			27,9	24,7	25,0	22,3	22,5	20,4	20,6	18,7	18,9	17,3
2,4			32,9	29,1	29,4	26,3	26,7	24,0	24,2	22,1	22,4	20,4
2,6			38,4	33,8	34,2	30,6	31,0	27,9	28,2	25,6	26,0	23,7
2,8			44,2	38,9	39,4	35,2	35,7	32,2	32,5	29,5	29,9	27,3
3,0			50,4	44,3	44,9	40,2	40,7	36,7	37,1	33,6	34,0	31,1
3,2			57,0	50,1	50,8	45,5	46,0	41,5	41,9	38,0	38,5	35,2
3,4			63,9	56,4	57,1	51,0	51,7	46,6	47,0	42,7	43,2	39,5
Statische Werte												
Lichter Querschnitt	cm²		7787	9655,9	9468,8	11420	11216	13380	13171	15530	15210	17800
Wandquerschnitt	cm²		316	196,1	383,2	240,2	474,2	292,9	513,5	315	627	380
Rohrgewicht schwarz	kg/m		248	154	301	189	372	230	403	247	492	298
Rohrgewicht mit Außen- und Innenschutz	kg/m		266	157	322	192	394	234	427	251	518	302
Trägheitsmoment	cm⁴		399850	304356	589236	442329	864326	630995	1097322	786436	1549397	1085968
Widerstandsmoment	cm³		7871	5435	10522	7251	14169	9560	16626	11077	21822	14289
Trägheitshalbmesser	cm		35,6	39,4	39,2	42,9	42,7	46,4	46,2	50,0	49,7	53,5

Tafel X: Fortsetzung

	Einheit							
DIN		2461	2461	2461	2461	2461	2461	2461
NENNWEITE		1500	1600	1600	1800	1800	2000	2000
Rohraußendurchmesser	mm	1520	1620	1620	1820	1820	2020	2020
Wanddicke	mm	14,2	8	16	8,8	17,5	10	20
Rohrinnendurchmesser	mm	1491,6	1604	1588	1802,4	1785	2000	1980
Volumenstrom bei w = 1 m/s	m³/s	1,747	2,019	1,979	2,550	2,501	3,142	3,078
Druckabfall je 100 m widerstandsgleicher Rohrlänge bei Strömungsgeschwindigkeit w m/s und Kaltwasser ca 10–15°C w = 0,6	mbar	1,6	1,4	1,5	1,3	1,3	1,1	1,1
0,8		2,6	2,5	2,5	2,1	2,2	1,9	1,9
1,0		3,9	3,6	3,7	3,1	3,2	2,8	2,8
1,2		5,6	5,1	5,2	4,5	4,5	3,9	4,0
1,4		7,5	6,9	7,0	6,0	6,1	5,3	5,4
1,6		9,6	8,8	8,9	7,6	7,7	6,8	6,9
1,8		12,0	11,0	11,1	9,6	9,7	8,4	8,5
2,0		14,5	13,3	13,5	11,7	11,8	10,3	10,5
2,2		17,5	16,0	16,2	13,9	14,1	12,4	12,5
2,4		20,6	18,8	19,1	16,5	16,7	14,6	14,8
2,6		23,9	22,0	22,3	19,2	19,4	17,0	17,2
2,8		27,5	25,3	25,6	22,1	22,4	19,5	19,8
3,0		31,4	28,8	29,2	25,2	25,5	22,3	22,5
3,2		35,5	32,6	32,9	28,4	28,8	25,2	25,5
3,4		39,8	36,6	37,1	32,0	32,4	28,3	28,6
Statische Werte								
Lichter Querschnitt	cm²	17475	20197	19796	25502	25012	31416	30775
Wandquerschnitt	cm²	671	405	806	500	991	631	1257
Rohrgewicht schwarz	kg/m	529	318	633	393	778	496	987
Rohrgewicht mit Außen- und Innenschutz	kg/m	557	322	662	398	811	501	1024
Trägheitsmoment	cm⁴	1904094	1315998	2593199	2053296	4024986	3189029	6283808
Widerstandsmoment	cm³	25054	16247	32015	22564	44231	31575	62216
Trägheitshalbmesser	cm	53,2	57,0	56,7	64,0	63,7	71,7	70,7

1.7. Druckabfall in Gas- und Luftleitungen

Im technischen Anwendungsbereich wird immer ein ideales Gasverhalten nach den Gesetzen von Boyle-Mariotte und Gay-Lussac vorausgesetzt, sofern dieses, wie etwa in der Höchstdruck- und Kältetechnik, nicht zu erheblichen Vergröberungen führen würde. In diesem Kapitel sollen daher uneingeschränkt gelten:

– bei konstanter Temperatur: $p_1 v_1 = p_2 v_2 = $ konst
– bei konstantem Druck   : $T_1/v_1 = T_2/v_2 = $ konst.

Beide Gleichungen zusammengefaßt ergeben die Zustandsgleichung idealer Gase mit der speziellen Gaskonstanten R_i J/kg K, einem Stoffwert, s. Tafel XI:

$$pv = R_i T \qquad (14)$$

p   absoluter Druck N/m² (10^5 bar)
v spezifisches Volumen m³/kg (Kehrwert der Dichte ϱ)
T   Kelvin-Temperatur T = t °C + 273,15 K

Mit der Masse m kg oder dem Massenstrom $\dot{m}$ kg/s erweitert, läßt sich Gl (14) schreiben:

$$pV = mR_i T \quad \text{oder} \quad p\dot{V} = \dot{m}R_i T \qquad (15)$$

worin V das Volumen m³ und $\dot{V}$ der Volumenstrom m³/s bedeutet.
Setzt man für m soviel kg wie die Molmasse M kg/kmol des betreffenden Gases angibt, so geht Gl 15 über in

$$p \cdot V_m = M R_i T = R_m T \qquad (16)$$

mit der allgemeinen Gaskonstanten R_m = 8314,3 J/kmol K. Da R_m für alle idealen Gase gilt, folgt, daß ein kmol eines jeden idealen Gases unter vergleichbaren Bedingungen das gleiche Volumen einnimmt. Definiert man als vergleichbare Bedingungen den Normdruck p_n = 101325 N/m² = 1,01325 bar und die Normtemperatur T_n = 273,15 K, so wird nach DIN 1343 geschrieben

$$V_0 = R_m T_n/p_n = 22,41383 \text{ m}^3/\text{kmol} \qquad (17)$$

Wird in Gl. 14 Normdruck und Normtemperatur eingesetzt, ergibt sich das spezifische Normvolumen

$$v_n = R_i \frac{T_n}{p_n} \text{ m}^3/\text{kg.} \qquad (18)$$

Gelegentlich wird auch die Normdichte von Gasen angegeben:

$$\varrho_n = \frac{1}{v_n} = \frac{p_n}{T_n R_i} \text{ kg/m}^3 \qquad (19)$$

oder das Dichteverhältnis d_L zur Kennzeichnung benutzt, indem bezogen auf Luft die Normdichte eines Gases als Verhältniszahl angegeben wird.
Zur Druckabfallberechnung ist weiterhin die Kenntnis über Druck- und Temperaturabhängigkeit der Zähigkeit erforderlich. Während die *kinematische* Viskosität v bei Flüssigkeiten praktisch nur

Tafel XI: Gastafel, reine Gase

Gas	Zeichen	Molmasse M angenähert	Normdichte bei $t_n p_n$ (0 °C, 760 Torr) ϱ_n kg/m³	Dichteverhältnis (Luft = 1) d_L	Gaskonstante R $\dfrac{J}{kg\ K}$	wahre spezifische Wärme bei 0 °C c_p $kJ/kg\ K$	c_v	Verhältnis der spezifischen Wärmen $x = c_p/c_v$
Luft	–	(29)	1,293	1,000	287,0	1,005	0,716	1,40
Helium	He	4	0,1785	0,138	2078	5,240	3,160	1,66
Wasserstoff	H_2	2	0,0899	0,0695	4124	14,250	10,120	1,41
Stickstoff	N_2	28	1,251	0,968	296,8	1,038	0,741	1,40
Sauerstoff	O_2	32	1,429	1,105	259,8	0,913	0,653	1,40
Kohlenoxid	CO	28	1,250	0,967	296,8	1,038	0,741	1,40
Stickoxid	NO	30	1,340	1,037	277,0	0,996	0,720	1,39
Stickoxydul	N_2O	44	1,988	1,538	188,9	0,892	0,703	1,27
Kohlendioxid	CO_2	44	1,977	1,530	188,9	0,821	0,632	1,30
Schwefeldioxid	SO_2	64	2,927	2,264	129,8	0,607	0,477	1,27
Methan	CH_4	16	0,717	0,554	518,8	2,156	1,635	1,32
Äthan	C_2H_6	30	1,356	1,049	276,7	1,730	1,444	1,20
Propan	C_3H_8	44	2,019	1,152	188,6	1,680	1,490	1,13
Butan-n	C_4H_{10}	58	2,703	2,091	143,1	1,59	1,47	1,1
Äthylen	C_2H_4	28	1,260	0,975	296,6	1,612	1,290	1,25
Azetylen	C_2H_2	26	1,171	0,906	319,6	1,511	1,214	1,26
Benzoldampf	C_6H_6	78	(3,48)	(2,69)	(107)	(1,11)	(1,01)	(1,1)
Ammoniak	NH_3	17	0,771	0,596	488,3	2,056	1,566	1,31
Chlorwasserstoff	HCl	36,5	1,639	1,268	228,0	0,800	0,569	1,40
Schwefelwasserstoff	H_2S	34	1,539	1,191	243,9	0,996	0,749	1,33
Wasserdampf	H_2O	18	(0,804)	(0,622)	(462)	(1,86)	(1,39)	(1,33)

Tafel XIII: Dichteverhältnis d_L, dynamische Viskosität $10^6 \eta_n$ in kg/ms
und kinematische Viskosität $10^6 v_n$ in m^2/s von technischen
Gasgemischen

Gas	d_L	$10^6 \eta_n$	$10^6 v_n$
Kokereigas, Generatorgas, Schwelgas, Gichtgas			
$10^6 v_n \approx 12{,}91\, d_L^{-0,62}$; Maximalabweichungen $-4/+6$ vH			
Kokereigas	0,349	11,36	25,20
Kokereigas	0,372	11,82	24,58
Stadtgas	0,405	11,74	22,40
Koksofengas	0,421	11,74	21,55
Halbwassergas/Koks	0,720	14,80	15,88
Schwelgas/Braunkohle	0,774	14,24	14,23
Schwelgas/Steinkohle	0,799	15,94	15,41
Mondgas/Steinkohle	0,817	15,09	14,28
Mischgas/Steinkohle	0,849	16,14	14,70
Generatorgas/Anthrazit	0,855	16,28	14,74
Generatorgas/Koks	0,861	15,90	14,29
Generatorgas/Eßkohle	0,864	16,06	14,39
Luftgas/Braunkohle	0,870	15,69	13,92
Generatorgas/Braunkohle	0,872	16,01	14,20
Mischgas/Braunkohle	0,880	16,04	14,10
Luftgas/Holz	0,889	15,75	13,70
Klargas/Steinkohle	0,890	16,34	14,21
Luftgas/Torf	0,901	15,38	13,20
Luftgas/Steinkohle	0,902	16,11	13,81
Luftgas/Koks	0,967	16,41	13,14
Gichtgas	0,971	16,17	12,88
Gichtgas	0,978	16,12	12,77
Gichtgas	0,986	16,15	12,67
Wassergas $10^6 v_n \approx 33{,}0 - 21{,}2\, d_L$: Maximalabweichungen ± 1 vH			
Wassergas/Steinkohle	0,493	14,24	22,32
Wassergas/Koks	0,529	15,01	21,90
Wassergas/Koks	0,544	15,22	21,62
Wassergas/Koks	0,561	15,19	20,94
Wassergas/Koks	0,590	15,41	20,20
Erdgas und *Ölgas* $10^6 v_n \approx 7{,}93/d_L$: Maximalabweichungen ± 2 vH			
Erdgase			
Ravenna	0,557	10,20	14,17
Sahara	0,569	10,20	13,84
Turin	0,589	10,11	13,29
Alpenvorland	0,590	10,22	13,41
Birmingham USA	0,602	10,42	13,41
Klein-Burgwedel	0,626	10,14	12,53
Kansas City	0,632	10,68	13,04
Plön	0,740	10,05	10,51
Ölgas	0,695	9,97	11,09

Zum Abschätzen bei raumbeständiger Strömung eignet sich folgende Faustformel, in der $\lambda_R \approx 0{,}02$
beträgt:

$$\Delta p = \frac{\varrho}{d}\, w^2\, \frac{N/m^2}{100\ m\ \text{Widerstandslänge}} \qquad (24)$$

darin ist: ρ kg/m^3 d m und w m/s einzusetzen.

Berechnungsbeispiele:

Ein Kompressor liefert $\dot{V} = 1{,}2\ m^3/s$ Luft mit p = 6 bar Überdruck und t = 100 °C. Die Rohrleitung
soll aus 100 m Stahlrohr, 16 Bogen 90 ° nach DIN 2605 und 2 Absperrschiebern bestehen. Der Leitungsdurchmesser und Druckabfall sind zu berechnen. (Als Umgebungsdruck wird 1 bar angenommen).
Mit der gewählten Geschwindigkeit w = 10 m/s ist nach Gl. 3

$$d = 1{,}1284\, \sqrt{\frac{\dot{V}}{w}} = 1{,}1284\, \sqrt{\frac{1{,}2}{10}} = 0{,}391\ m$$

vorgeschlagen: Nahtloses Stahlrohr DN 2448 NW 400 mit 406,8 − 2 · 8,8 = 388,8 mm lichtem Durchmesser. Dann ist die Strömungsgeschwindigkeit nach Gl. 4

$$w = 1,2732 \frac{\dot{V}}{d^2} = 1,2732 \frac{1,2}{0,3888^2} = 10,11 \text{ m/s}$$

Mit Tafel XII und Gl. 20 wird unter Verwendung von Gl. 14:

$$\nu = \eta v = \eta \cdot \frac{R_i T}{p} = 21,72 \cdot 10^{-6} \cdot \frac{287 \cdot 373,15}{(6+1) \cdot 10^5} = 3,321 \cdot 10^{-6}$$

Weiter ist mit Gl. 5:

$$Re = \frac{w \cdot d}{\nu} = \frac{10,11 \cdot 0,3888}{3,321} \cdot 10^6 = 1,1835 \cdot 10^6, \ logRe = 6,0733$$

Mit k = 0,05 mm wird λ_R = 0,0138 aus Bild 3 entnommen. Die 16 Rohrbogen haben mit R/d = 1,5 bei linearer Interpolation in Tafel III eine äquivalente Länge von 16 · 7,36 = 118 m. Eine Korrektur für Re > 10^5 erübrigt sich, da die lineare Interpolation ohnehin einen etwas zu großen Wert ergab. Für den Absperrschieber ist je ζ = 0,2 (Tafel VIII) und, als Widerstandslänge ausgedrückt (Gl. 12):

$$l = \frac{\Sigma \zeta}{\lambda_R} d = \frac{2 \cdot 0,2}{0,0138} \cdot 0,3888 = 11,3 \approx 11 \text{ m}$$

Die gesamte Widerstandslänge ist damit

$$\Sigma l = 100 + 118 + 11 \approx 230 \text{ m}$$

Wird vorerst raumbeständige Strömung angenommen, das heißt, ein kleiner Druckabfall vorausgesetzt, so kann Gl. 7 angewendet werden:

$$\Delta p = \lambda_R \frac{l}{d} \varrho \frac{w^2}{2} = 0,0138 \cdot \frac{230}{0,3888} \cdot \frac{(6+1) \cdot 10^5}{287 \cdot 373,15} \cdot \frac{10,11^2}{2} = 2726,9 \frac{N}{m^2}$$

$$\Delta p = 2727 \cdot 10^{-5} = 0,027 \text{ bar}$$

Kontrolle durch die Überschlagsformel Gl. 24:

$$\Delta p \approx \frac{\varrho}{d} w^2 = \frac{7 \cdot 10^5 \cdot 10,11^2}{287 \cdot 373,15 \cdot 0,3888} \approx 1718 \frac{N/m^2}{100 \text{ m}}$$

Für 230 m widerstandsgleicher Länge ergibt sich nach der Überschlagsformel etwa 4000 N/m² entsprechend 0,04 bar, weil darin $\lambda_R \approx$ 0,02 enthalten ist, während der genaue Wert zu 0,0138 errechnet wurde. Bei kleineren Rohrdurchmessern ist die Übereinstimmung besser.

Gasleitung: Durch eine erdverlegte Leitung d = 0,5 m lichter Durchmesser, 100 km widerstandgleiche Länge strömen $\dot{V}_n$ = 2,8 m³/s Sahara-Erdgas bei 12 °C und 4 bar Druck am Leitungsanfang. Wie groß ist der Druck am Leitungsende?

Tafel XII: Dynamische Viskosität $10^6\,\eta$ in kg/ms von einigen Gasen (alle Stoffe in gasartigem Zustand) bei Normdruck

Stoff	Ammoniak NH_3	Äthan C_2H_6	Äthylen C_2H_4	Azetylen C_2H_2	Benzol C_6H_6	Kohlenoxid CO	Kohlendioxid CO_2	Methan CH_4	Sauerstoff O_2	Schwefeldioxid SO_2	Stickstoff N_2	Stickoxid NO	Stickoxydul N_2O	Wasserstoff H	Luft
$t = -75\,°C$	6,5	—	7,26	—	—	12,79	9,94	—	14,6	—	12,89	—	—	6,68	13,22
-50	7,3	—	7,90	—	—	14,13	11,22	—	16,1	—	14,10	—	—	7,28	14,56
-25	8,1	—	8,62	—	—	15,40	12,46	—	17,6	—	15,32	—	—	7,82	15,93
0	9,00	—	9,45	—	—	16,61	13,70	10,01	19,16	—	16,52	—	—	8,35	17,16
10	9,40		9,77			17,06	14,17	10,24	19,68	12,00	16,98			8,56	17,68
20	9,80	9,09	10,10	10,20	7,46	17,50	14,63	10,50	20,22	12,50	17,45	18,76	14,56	8,77	18,20
30	10,20	9,39	10,42	10,50	7,72	17,94	15,10	10,84	20,76	13,00	17,89	19,31	15,05	8,97	18,66
40	10,60	9,69	10,74	10,79	7,98	18,37	15,56	11,18	21,30	13,50	18,32	19,85	15,53	9,17	19,12
50	11,00	9,98	11,06	11,08	8,23	18,80	16,02	11,52	21,84	13,98	18,75	20,36	16,00	9,37	19,51
60	11,45	10,27	11,38	11,37	8,48	19,24	16,48	11,87	22,37	14,46	19,17	20,85	16,46	9,57	20,03
70	11,85	10,56	11,69	11,66	8,73	19,66	16,94	12,22	22,89	14,92	19,59	21,33	16,92	9,77	20,49
80	12,30	10,85	12,00	11,95	8,98	20,06	17,40	12,56	23,40	15,38	20,01	21,80	17,37	9,96	20,95
90	12,70	11,14	12,32	12,24	9,22	20,46	17,84	12,90	23,90	15,84	20,42	22,27	17,82	10,15	21,33
100	13,10	11,42	12,64	12,53	9,45	20,84	18,28	13,24	24,40	16,30	20,82	22,72	18,27	10,34	21,72
150	15,00	12,78	14,07	—	10,68	22,78	20,42	—	26,71	18,50	22,78	24,74	20,42	11,26	23,92
200	16,90	14,08	15,46	—	11,88	24,62	22,50	—	29,03	20,70	24,59	26,82	22,49	12,14	25,71
250	18,80	15,26	16,80	—	13,11	26,36	24,51	—	31,23	22,70	26,29	28,70	24,50	12,99	27,75
300	20,70	—	17,80	—	14,33	28,00	26,45	—	33,27	24,61	27,96	—	—	13,81	29,29
400	—	—	—	—	—	—	29,88	—	36,86	28,24	31,12	—	—	15,35	32,45
500	—	—	—	—	—	—	33,03	—	40,23	31,50	34,00	—	—	16,82	35,44
600	—	—	—	—	—	—	36,02	—	43,40	34,61	36,60	—	—	18,25	38,24
700	—	—	—	—	—	—	38,79	—	46,45	37,55	39,05	—	—	19,65	40,85
800	—	—	—	—	—	—	41,35	—	49,43	40,39	41,34	—	—	21,02	43,31

temperaturabhängig ist, liegt bei Gasen außerdem eine Druckabhängigkeit vor. Es ist deshalb bei Gasen üblich, die ebenfalls nur temperaturabhängige *dynamische* Viskosität η anzugeben und die zur Berechnung der Reynolds-Zahl notwendige kinematische Zähigkeit v mit

$$v = \eta v \; \frac{s^2}{m} \tag{20}$$

zu errechnen. Die Druckabhängigkeit von η kann im technischen Anwendungsbereich vernachlässigt werden. Der Zahlenwert von η kg/ms im SI ist identisch mit ηg kp/ms im technischen Maßsystem.

Häufig sind *Gasgemische* zu fördern, deshalb seien die wichtigsten Beziehungen hierfür angegeben: Auch Gasgemische folgen den Gesetzen für ideale Gase, wobei aus den Raumteilen der Einzelkomponenten $r_1 + r_2 + r_3 + \cdots + r_x = 1$ und zugehörigen Normdichten $\varrho_{n_1}, \varrho_{n_2} \varrho_{n_3} \ldots \varrho_{n_x}$ die Normdichte des Gemisches und daraus die Gaskonstante errechnet wird

$$\varrho_n = r_1 \varrho_{n_1} + r_2 \varrho_{n_2} + r_3 \varrho_{n_3} + \cdots + r_x \varrho_{n_x} \; \text{kg/m}^3. \tag{21}$$

$$R_i = \frac{p_n}{T_n \, \varrho_n} = \frac{370,95}{\varrho_n} \tag{22}$$

Sind anstelle der Raumteile die Gewichtsteile der Einzelkomponenten $g_1 + g_2 + g_3 + \cdots + g_x = 1$ gegeben, wird mit den zugehörigen speziellen Gaskonstanten $R_1, R_2, R_3 \ldots R_x$ die Gaskonstante des Gemisches

$$R_i = g_1 R_1 + g_2 R_2 + g_3 R_3 + \cdots + g_x R_x \tag{23}$$

errechnet und in Gleichung (14) oder (18) eingesetzt.

Jeder Anteil des Gemisches füllt den ganzen zur Verfügung stehenden Raum, wobei jede Einzelkomponente unter einem Teildruck $p_x = r_x p_{\text{gesamt}}$ steht. Die Summe der Teildrücke ergibt den Gesamtdruck.

Leider läßt sich die Zähigkeit eines Gasgemisches nicht auf ähnlich einfache Weise berechnen. Es besteht jedoch ein durch Versuche bestätigter Zusammenhang zwischen dem Dichteverhältnis d_L und der Zähigkeit im Normzustand η_n und v_n, der in Tafel XIII wiedergegeben ist. Nähere Einzelheiten, z.B. über Gasgemische anderer Zusammensetzung, siehe Richter, Rohrhydraulik [6].

Der Durchmesser von Gasleitungen wird, gegebenenfalls nachdem das je Zeiteinheit strömende Volumen berechnet wurde, mit Gleichung (3) ermittelt. Folgende Geschwindigkeiten können für die erste Überschlagsrechnung gewählt werden:

- Niederdruckleitungen   3–10 m/s
- Preßluftleitungen   10–15 m/s
- Gasfernleitungen   25–60 m/s
- Gas-Haushaltsleitungen   1 m/s
- Sauerstoffleitungen   6–10 m/s

Zum Abschätzen der vermutlichen Rauhigkeit der Rohrwand seien folgende Erfahrungswerte gegeben:

- Trockene Luft $k = 0,03$ bis 0,05 mm
- Leitungen mit ölhaltiger Luft   3   bis 4   mm
- Kokereigas nach langjährigem Betrieb   0,5   bis 1   mm
- Erdgas nach mehreren Betriebsjahren   0,05 bis 0,2   mm .

Volumenstrom am Leitungsanfang (Index 1):

$$\dot{V}_1 = V_n \cdot \frac{p_n}{p_1} \cdot \frac{T_1}{T_n} = 2,8 \cdot \frac{1,013}{4} \cdot \frac{285}{273} = 0,74 \text{ m}^3/\text{s}$$

Strömungsgeschwindigkeit am Leitungsanfang, Gl. 4:

$$w_1 = 1,2732 \frac{\dot{V}_1}{d^2} = 1,2732 \cdot \frac{0,74}{0,5^2} = 3,768 \text{ m/s}$$

Die Dichte des Erdgases errechnet sich mit dem Dichteverhältnis $d_L = 0,569$ (Tafel XIII) gegenüber Luft:

$$\varrho_1 = d_L \cdot \varrho_L = d_L \cdot \frac{p_1}{R_L \cdot T_1} = 0,569 \cdot \frac{4 \cdot 10^5}{287 \cdot 285} = 2,78 \text{ kg/m}^3$$

Mit η_n aus Tafel XIII und Gl. 20 wird die Zähigkeit ν berechnet:

$$\nu = \frac{\eta}{\varrho} = \frac{10,2 \cdot 10^{-6}}{2,78} = 3,67 \cdot 10^{-6} \text{ m}^2/\text{s}$$

Dieser Wert gilt genau genommen nur bei $0\,^\circ\text{C}$ (η_n!), doch kann die Veränderung auf $12\,^\circ\text{C}$ vernachlässigt werden wegen des geringen Einflusses auf log Re.

$$Re = \frac{w \cdot d}{\nu} = \frac{3,768 \cdot 0,5}{3,67} \cdot 10^6 = 0,513 \cdot 10^6 \quad \log Re = 5,71$$

Es soll eine Rauhigkeit von $k = 0,5$ mm vorausgesetzt werden. Dann ist $d/k = 500/0,5 = 1000$. In Bild 3 muß λ_R also bei $d/k = 1000$ und nicht bei $d = 500$ mm abgelesen werden, damit der stärkeren Rauhigkeit Rechnung getragen wird: $\lambda_R = 0,020$. Ein Zuschlag für Beschleunigung entfällt, da w sehr gering ist.

Da der Druckabfall wegen der großen Leitungslänge erheblich sein wird, muß mit Gleichung (8) gerechnet werden:

$$p_1 - p_2 = p_1 \left[1 - \sqrt{1 - 2\lambda_R \frac{\varrho_1}{p_1} \frac{l}{d} \frac{w_1^2}{2}} \right]$$

$$= 4,0 \cdot \left[1 - \sqrt{1 - 2 \cdot 0,020 \cdot \frac{2,78}{4 \cdot 10^5} \cdot \frac{100 \cdot 10^3}{0,5} \cdot \frac{3,768^2}{2}} \right]$$

$$p_1 - p_2 = 0,888 \text{ bar}$$

Mit Gl. 7 unter Verwendung von Bild 4 ist der Rechenaufwand etwas geringer:

$$\Delta p' = \lambda_R \frac{l}{d} \varrho \frac{w_1^2}{2} = 0,020 \cdot \frac{100 \cdot 10^3}{0,5} \cdot 2,78 \cdot \frac{3,768^2}{2} = 0,7893 \cdot 10^5 \text{ N/m}^2$$

$$\Delta p'/p_1 = 0,7893/4 = 0,1973$$

für diesen Wert wird $\Delta p/p_1 = 0,22$, somit $\Delta p = 0,22 \cdot 4 = 0,88$ bar.

Tafel XIV: Spezifisches Volumen von Wasserdampf 0.01 bis 15 bar und 300 °C
(nach: Zustandsgrößen von Wasser und Wasserdampf, Springer-Verlag 1979)

p bar	Sattdampf t °C	v'' m³/kg	Heißdampf v m³/kg bei t °C											
			80	100	120	140	160	180	200	220	240	260	280	300
0,01	6,98	129,20	163,0	172,2	181,4	190,7	199,9	209,1	218,4	227,6	236,8	246,0	255,3	264,5
0,02	17,51	67,01	81,46	86,08	90,70	95,32	99,94	104,55	109,17	113,79	118,40	123,02	127,64	132,25
0,04	28,98	34,80	40,71	43,03	45,34	47,65	49,96	52,27	54,58	56,89	59,20	61,51	63,81	66,12
0,06	36,18	23,74	27,13	28,68	30,22	31,76	33,30	34,84	36,38	37,92	39,46	41,00	42,54	44,08
0,08	41,53	18,10	20,34	21,50	22,66	23,82	24,97	26,13	27,28	28,44	29,59	30,75	31,90	33,06
0,10	45,83	14,67	16,27	17,20	18,12	19,05	19,98	20,90	21,83	22,75	23,67	24,60	25,52	26,45
0,20	60,09	7,650	8,177	8,585	9,051	9,516	9,980	10,444	10,907	11,370	11,832	12,295	12,757	13,219
0,30	69,12	5,229	5,401	5,714	6,027	6,338	6,648	6,958	7,268	7,577	7,885	8,194	8,502	8,811
0,40	75,89	3,993	4,042	4,279	4,515	4,749	4,982	5,215	5,448	5,680	5,912	6,143	6,375	6,606
0,60	85,95	2,732		2,844	3,002	3,160	3,317	3,473	3,628	3,783	3,938	4,093	4,248	4,402
0,80	93,51	2,087		2,126	2,246	2,365	2,484	2,601	2,718	2,835	2,952	3,068	3,184	3,300
1,00	99,63	1,694		1,696	1,793	1,889	1,984	2,078	2,172	2,266	2,359	2,453	2,546	2,639
1,20	104,81	1,428			1,490	1,571	1,651	1,730	1,808	1,887	1,965	2,043	2,120	2,198
1,40	109,32	1,236			1,274	1,344	1,413	1,481	1,548	1,616	1,683	1,750	1,816	1,883
1,60	113,32	1,091			1,112	1,173	1,234	1,294	1,353	1,413	1,471	1,530	1,588	1,647
1,80	116,93	0,9772			0,9858	1,041	1,095	1,149	1,202	1,254	1,307	1,359	1,411	1,463
2,00	120,23	0,8854				0,9349	0,9840	1,0325	1,0804	1,1280	1,1753	1,2224	1,2693	1,3162
2,20	123,27	0,8098				0,8481	0,8931	0,9374	0,9811	1,0245	1,0676	1,1106	1,1533	1,1959
2,40	126,09	0,7465				0,7758	0,8173	0,8581	0,8984	0,9383	0,9779	1,0173	1,0566	1,0957
2,60	128,73	0,6925				0,7146	0,7532	0,7910	0,8284	0,8653	0,9020	0,9385	0,9748	1,0109
2,80	131,20	0,6460				0,6622	0,6982	0,7336	0,7684	0,8028	0,8369	0,8709	0,9046	0,9383
3,0	133,54	0,6056				0,6167	0,6506	0,6837	0,7164	0,7486	0,7805	0,8123	0,8438	0,8753
3,5	138,87	0,5240				0,5261	0,5557	0,5845	0,6128	0,6407	0,6683	0,6957	0,7228	0,7499
4,0	143,62	0,4622					0,4837	0,5093	0,5343	0,5589	0,5831	0,6072	0,6311	0,6549
4,5	147,92	0,4138					0,4283	0,4513	0,4738	0,4959	0,5176	0,5391	0,5604	0,5816
5,0	151,84	0,3747					0,3835	0,4045	0,4250	0,4450	0,4647	0,4841	0,5034	0,5226
6,0	158,84	0,3155					0,3165	0,3346	0,3520	0,3690	0,3857	0,4021	0,4183	0,4344
7,0	164,96	0,2727						0,2846	0,2999	0,3147	0,3292	0,3435	0,3575	0,3714
8,0	170,41	0,2403						0,2471	0,2608	0,2740	0,2869	0,2995	0,3119	0,3241
9,0	175,36	0,2148						0,2178	0,2303	0,2423	0,2539	0,2653	0,2764	0,2874
10,0	179,88	0,1943						0,1944	0,2059	0,2169	0,2276	0,2379	0,2480	0,2580
11,0	184,07	0,1774							0,1859	0,1961	0,2060	0,2155	0,2248	0,2339
12,0	187,96	0,1632							0,1692	0,1788	0,1879	0,1968	0,2054	0,2139
13,0	191,61	0,1511							0,1511	0,1641	0,1727	0,1810	0,1890	0,1969
14,0	195,04	0,1407							0,1429	0,1515	0,1596	0,1674	0,1749	0,1823
15,0	198,29	0,1317							0,1324	0,1406	0,1483	0,1556	0,1628	0,1697

Tafel XV: Spezifisches Volumen von Wasserdampf 16 bis 250 bar und 550 °C
(nach: Zustandsgrößen von Wasser und Wasserdampf, Springer-Verlag 1979)

p bar	Sattdampf t °C	Sattdampf v'' m³/kg	Heißdampf v m³/kg bei t °C 220	240	260	280	300	320	340	350	400	450	500	550
16	201,37	0,1237	0,1310	0,1383	0,1453	0,1521	0,1587	0,1651	0,1714	0,1745	0,1900	0,2051	0,2262	0,2351
17	204,31	1166	1225	1296	1362	1427	1489	1550	1610	1640	1785	1929	2070	2211
18	207,11	1103	1150	1217	1282	1343	1402	1460	1517	1546	1684	1820	1954	2087
19	209,80	1047	1082	1147	1209	1268	1325	1380	1435	1461	1593	1722	1849	1976
20	212,37	09954	1021	1084	1144	1200	1255	1308	1360	1386	1511	1634	1756	1876
25	223,94	0,07991	—	0,08436	0,08951	0,09433	0,09893	0,10335	0,10764	0,10975	0,12004	0,13004	0,13987	0,14958
30	233,84	06663	—	06816	07283	07712	08116	08500	08871	09053	09931	10779	11608	12426
35	242,54	05703	—	—	06082	06477	06842	07187	07517	07687	08449	09189	09909	10617
40	250,33	04975	—	—	05172	05544	05883	06200	06499	06645	07338	07996	08634	09260
45	257,41	04404	—	—	04454	04813	05134	05429	05706	05840	06472	07068	07643	08204
50	263,91	03943	—	—	—	04222	04530	04810	05070	05194	05779	06325	06849	07360
55	269,93	0,03563	—	—	0,03733	0,04034	0,04302	0,04549	0,04666	0,05213	0,05719	0,06202	0,06671
60	275,55	03244	—	—	03317	03614	03874	04111	04222	04738	05210	05659	06094
65	280,82	02972	—	—	—	03257	03512	03740	03847	04338	04782	05202	05608
70	285,79	02737	—	—	—	02946	03198	03420	03523	03992	04413	04809	05189
75	290,50	02533	—	—	—	02672	02924	03142	03242	03694	04094	04469	04827
80	294,97	0,02353	—	—	—	0,02426	0,02681	0,02896	0,02995	0,03431	0,03814	0,04170	0,04510
85	299,23	02193	—	—	—	02161	02465	02679	02775	03204	03568	03908	04231
90	303,31	02050	—	—	—	—	02269	02484	02579	02993	03348	03674	03982
95	307,21	01921	—	—	—	—	02090	02307	02402	02808	03151	03464	03760
100	310,96	01804	—	—	—	—	01926	02147	02242	02641	02974	03276	03560
110	318,05	0,01601	—	—	—	—	0,01628	0,01864	0,01961	0,02351	0,02668	0,02950	0,03214
120	324,65	01428	—	—	—	—	—	01619	01721	02108	02412	02679	02926
130	330,83	01280	—	—	—	—	—	01401	01510	01902	02194	02440	02682
140	336,64	01150	—	—	—	—	—	01200	01321	01723	02008	02251	02472
150	342,13	01034	—	—	—	—	—	—	01146	01566	01845	02080	02291
160	347,33	0,009308	—	—	—	—	—	—	0,009764	0,01427	0,01703	0,01929	0,02132
170	352,26	008371	—	—	—	—	—	—	—	01303	01576	01797	01992
180	356,96	007498	—	—	—	—	—	—	—	01191	01464	01678	01867
190	361,43	006678	—	—	—	—	—	—	—	01089	01362	01573	01755
200	365,70	005877	—	—	—	—	—	—	—	009947	01271	01477	01655
210	369,78	0,005023	—	—	—	—	—	—	—	0,009071	0,01187	0,01391	0,01564
220	373,69	003728	—	—	—	—	—	—	—	008251	01111	01312	01481
230	—	—	—	—	—	—	—	—	—	—	007476	01041	01240	01405
240	—	—	—	—	—	—	—	—	—	—	006739	009768	01174	01336
250	—	—	—	—	—	—	—	—	—	—	006014	009171	01113	01272

1.8. Druckabfall in Dampfleitungen

Dämpfe sind physikalisch zwischen Flüssigkeiten und idealen Gasen einzuordnen, für die die Gleichungen (14) bis (19) nicht mehr ohne erhebliche Verfälschung angewendet werden können. Druck, Temperatur und Volumen sind durch für den praktischen Gebrauch ungeeignete Gleichungen miteinander verknüpft, deshalb sind sie in Tafelwerken (auszugsweise in Tafel XIV und XV) ausgewertet. Hier wird unter Dampf der technisch gebräuchlichste, nämlich Wasserdampf verstanden.

Der Rohrdurchmesser wird aus Gleichung (3) berechnet, wobei anstelle der Dichte das spezifische Volumen $v = 1/\varrho$ m^3/kg eingesetzt wird.

Für den ersten Entwurf sind folgende Geschwindigkeiten zu wählen:

	w m/s
– Frischdampf ca. 200 bar 535°C in Blockkraftwerken	50–60
– Heißdampf 50–100 bar 500°C in Industriekraftwerken	40–50
– schwach überhitzter Dampf im Kraftwerk	30–40
– schwach überhitzter Dampf auf Rohrbrücken	20–30
– heiße und kalte Zwischendruckleitungen	30–40

Einen Überblick ohne Berechnung gibt Bild 7.

Die Druckabfallberechnung muß zeigen, ob der gewählte Durchmesser technisch oder wirtschaftlich vertretbar ist. In fast allen Fällen ist der zulässige Druckabfall vorgegeben, sei es, daß bei Rohrbrückenleitungen Anfangs- und Enddruck prozeßbedingt fixiert sind, sei es, daß im Kraftwerk die Gesamtberechnung des Wärmeflußschemas Kesselaustritts- und Turbineneintrittsdruck festlegten. Üblich ist hier ein Druckabfall von etwa 5 % des Anfangsdruckes. Mit Bild 8 kann der Druckabfall in Dampfleitungen überschläglich ohne Berechnung ermittelt werden. Bei größeren Strömungsgeschwindigkeiten können die herkömmlichen Berechnungen unzutreffende Werte ergeben [51]. Es ist also Vorsicht geboten, wenn der Bereich der technisch üblichen Geschwindigkeiten verlassen wird. Bei im Verhältnis zum Gesamtdruck kleinen Druckabfällen kann mit Gleichung (7) gerechnet werden. Gegebenenfalls ist mit Bild 4 festzustellen, ob die Annahme des konstanten Volumens vertretbar ist oder nach Gleichung (8) gerechnet werden muß. Die kinematische Viskosität wird Tafel XVI entnommen oder unter Zuhilfenahme von Bild 9 berechnet aus:

$$v = \eta v \qquad\qquad\qquad (25)$$

Mit der Reynolds-Zahl nach Gleichung (5) kann dann aus Bild 3 die Widerstandszahl abgelesen werden. Als Faustformel eignet sich mit $\lambda_R \approx 0,02$

$$\Delta p = \frac{w^2}{v\,d}\;\frac{N/m^2}{100\ \text{m Widerstandslänge}}$$

$$w\ \text{m/s} \qquad v\ \text{m}^3/\text{kg} \qquad d\ \text{m.}$$

Beispiel: Ein Teilstück einer Frischdampfleitung zwischen Dampferzeuger und Turbine in einem Kraftwerk ist zu berechnen. Der Massenstrom $\dot{m}$ = 240 kg/s, p = 110 bar, t = 535 °C, verteilt sich auf zwei Rohrstränge. Die Strömungsgeschwindigkeit soll etwa 50 m/s betragen. Die Durchmesser- und Druckabfallberechnung ist auf dem Vordruck Tafel XVII zu verfolgen. Im Hochdruck-Rohrleitungsbau werden bei den hier vorliegenden Dampfparametern oft Rohre mit definiertem lichten Durchmesser, der auf $\pm 1\%$ eingehalten wird, verwendet. Das ist aus zwei Gründen erforderlich: Die Toleranz der Rohrwanddicke beträgt bei Hochdruckrohren dieser Art etwa 5–10 mm. Würde

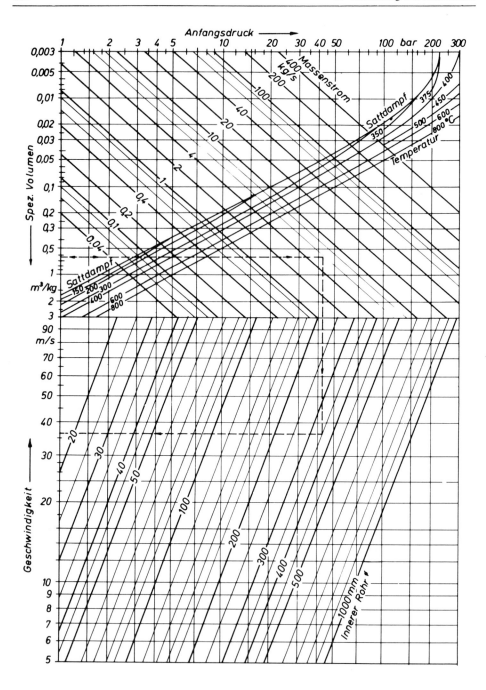

Bild 7: Strömungsgeschwindigkeit in Dampfleitungen

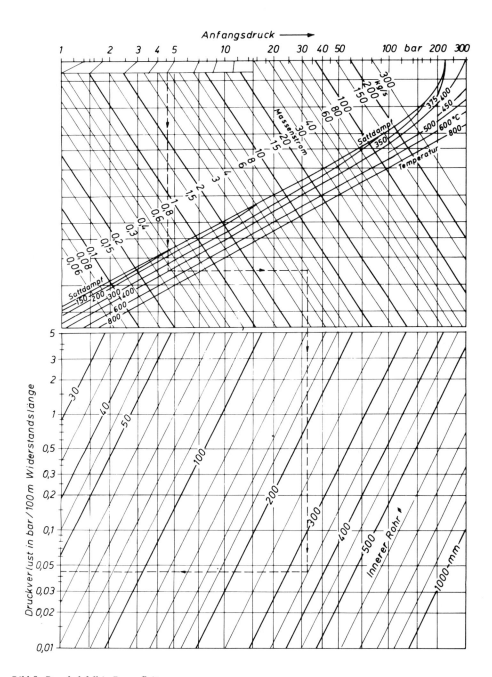

Bild 8: Druckabfall in Dampfleitungen

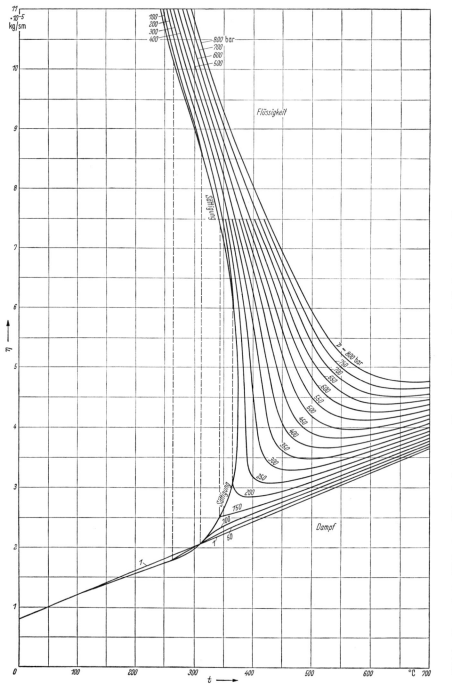

Bild 9: Dynamische Viskosität $10^6\,\eta$ in kg/ms von Wasser und Wasserdampf. Nach Zustandsgrößen von Wasser und Wasserdampf, Springer-Verlag 1969, weil die Ablesegenauigkeit in der Ausgabe 1979 durch Erweiterung des Darstellungsbereiches gelitten hat

Tafel XVI: Kinematische Zähigkeit ν in 10⁶ m²/s errechnet aus: Zustandsgrößen von Wasser und Wasserdampf, Springer-Verlag 1969*). Oberhalb der Trennlinie Wasserdampf, unterhalb Wasser

p bar	t °C 0	20	40	60	80	100	120	140	160	180	200	250	300	350	400	450	500	550	600
1	1,750	1,000	0,656	0,471	0,361	20,54	23,16	25,95	28,87	31,94	35,14	43,84	53,44	64,02	75,38	88,02	101,25	115,43	130,91
10	1,750	1,000	0,656	0,471	0,361	0,291	0,244	0,211	0,186	2,908	3,264	4,200	5,217	6,298	7,448	8,720	10,05	11,52	13,07
25	1,750	1,000	0,656	0,470	0,361	0,291	0,244	0,210	0,186	0,169	0,155	1,546	1,994	2,457	2,952	3,458	4,015	4,593	5,533
50	1,746	0,999	0,656	0,471	0,361	0,292	0,244	0,211	0,187	0,169	0,156	0,134	0,9087	1,178	1,445	1,700	1,979	2,274	2,587
100	1,742	0,997	0,654	0,470	0,362	0,292	0,245	0,212	0,187	0,169	0,156	0,135	0,127	0,529	0,681	0,821	0,966	1,121	1,280
150	1,727	0,995	0,653	0,470	0,362	0,292	0,245	0,212	0,188	0,171	0,157	0,136	0,126	0,291	0,404	0,509	0,614	0,735	0,846
200	1,724	0,992	0,652	0,470	0,362-	0,293	0,246	0,213	0,188	0,171	0,157	0,136	0,127	0,122	0,284	0,376	0,459	0,543	0,628
250	1,719	0,990	0,651	0,470	0,361	0,293	0,246	0,213	0,190	0,172	0,158	0,136	0,127	0,121	0,193	0,284	0,357	0,427	0,499
300	1,715	0,987	0,650	0,469	0,362	0,293	0,247	0,213	0,190	0,172	0,159	0,137	0,127	0,122	0,129	0,215	0,284	0,347	0,408
350	1,702	0,984	0,649	0,468	0,362	0,294	0,247	0,215	0,191	0,173	0,160	0,139	0,128	0,122	0,121	0,180	0,242	0,298	0,351
400	1,697	0,981	0,648	0,468	0,362	0,294	0,247	0,216	0,192	0,173	0,160	0,139	0,128	0,122	0,120	0,151	0,207	0,258	0,306
450	1,693	0,978	0,647	0,468	0,362	0,294	0,248	0,216	0,192	0,174	0,161	0,139	0,129	0,122	0,120	0,137	0,182	0,227	0,272
500	1,680	0,976	0,646	0,468	0,362	0,295	0,249	0,217	0,193	0,176	0,162	0,140	0,130	0,122	0,120	0,130	0,164	0,205	0,245

*) 1979 erschien eine Neuauflage, die jedoch nur eine Rahmentafel der dynamischen Viskosität enthält. Deshalb wurden die Daten der Ausgabe 1969 weiter verwendet.

Tafel XVII: Rechenschema zum Beispiel: Druckabfallberechnung einer Frischdampfleitung

Druckabfall, Leitungsabschnitt von T-Stück bis Turbine

Gegeben					
Leitungsanfang	p_1	$=$	$t_1 = 535°C$	$v_1 =$	m^3/kg
Leitungsende	p_2	$= 110$ bar	$t_2 = 535°C$	$v_2 = 0,03136$ m^3/kg	
Dampfstrom insgesamt	$\dot{m}$	$= 240$ kg/s			
Dampfstrom je Strang		120 kg/s			

Lichter Rohrdurchmesser d $= 1,1284 \sqrt{\dfrac{\dot{m}\,v}{w}} = 1,1284 \cdot \sqrt{\dfrac{120 \cdot 0,03136}{50}} = 0,3096$ m

gewählt: Rohr: — × — DIN 24...; 0,3 m lichter Durchmesser

Istgeschwindigkeit w $= \dfrac{4\,\dot{m}\,v}{\pi\,d^2} = \dfrac{4 \cdot 120 \cdot 0,03136}{\pi \cdot 0,3^2} = 53,24$ m/s

Dynamische Viskosität $\eta = 31 \cdot 10^{-6}$ kg/ms

Kinematische Viskosität $\nu = \eta \cdot v = 31 \cdot 10^{-6} \cdot 0,03136 = 0,972 \cdot 10^{-6}$ m^2/s

$Re = \dfrac{w \cdot d}{\nu} = \dfrac{53,2 \cdot 0,3}{0,972} \cdot 10^6 = 16,43 \cdot 10^6$ $\log Re = 7,216$

Rauhigkeit k $= 0,05$ mm   d/k $= 6000$ $\lambda_R = 0,0132$

Rohrlänge l		
3 Bögen 90° R/d = 5	$l = 1,0 \cdot 3 \cdot 4,77$	$= 31,50$ m
— Bögen 60° R/d =	$l = 0,67 \cdot \, - \, \cdot$	$= 14,31$ m
1 Bogen 45° R/d = 5	$l = 0,5 \cdot 1 \cdot 4,77$	$= \,$ m
1 Bogen 30° R/d = 5	$l = 0,33 \cdot 1 \cdot 4,77$	$= 2,39$ m
		$= \underline{1,57 \text{ m}}$
Gesamtlänge Rohr und Bogen		49,77 m

Widerstandszahlen		
Rohrlänge	$\zeta = \dfrac{l \cdot \lambda_R}{d} = \dfrac{49,77 \cdot 0,0132}{0,3}$	$= 2,156$
. Schieber	$=$	$=$
. Ventile	$=$	$=$
. Rückschlagklappen	$=$	$=$
1 T-Stück	$=$	$= \underline{0,200}$
$\Sigma\zeta$		$= 2,356$

Druckabfall			
Reibung in der Leitung	$\Delta p = \dfrac{\Sigma\zeta \cdot w^2}{2\,v} = 2,356 \cdot \dfrac{53,24^2}{2 \cdot 0,03136}$	$= 106474$ N/m^2
Höhendifferenz	$= \varrho \cdot g \cdot (z_2 - z_1) =$	$= \, -$
Sonstiges		$= \, -$
Gesamtdruckabfall	$=$	$= 106474$ N/m^2

Gesamtdruckabfall	$\Delta p = 1,065$ bar
Druck am Leitungsanfang/ende	$p = 111,07$ bar

ein Rohr mit festem Außendurchmesser bestellt, könnte der Innendurchmesser von Rohrlänge zu Rohrlänge um diesen Betrag schwanken, wodurch es unmöglich wird, eine saubere Schweißnahtwurzel zu legen. Der zweite Grund liegt darin, daß der Innendurchmesser mit der fünften Potenz in die Druckabfallberechnung eingeht. Da gemäß den VGB-Richtlinien für den Bau und die Bestellung von Heißdampfrohrleitungen und Speisewasserdruckleitungen Druckverlustangaben eine Toleranz von nur 10% haben dürfen, muß der lichte Durchmesser so genau wie möglich eingehalten werden.

1.9. Druckabfall in Ölleitungen

Der Druckabfall in Ölleitungen wird entscheidend durch die mit der Temperatur stark veränderliche Viskosität beeinflußt. Hochviskose Öle, wie schweres Heizöl, sind ohne Erwärmung auf rund 50 °C praktisch nicht pumpfähig. In Ölfernleitungen werden häufig Öle verschiedener Zähigkeit und Dichte unmittelbar hintereinander gefördert. Hierbei treten verwickelte Bezeichnungen zwischen Strömungsgeschwindigkeit und Druckabfall auf, die hier nicht erläutert werden, siehe [47 u. 48].

Die Leitungsdurchmesser werden für eine Strömungsgeschwindigkeit von 0,5 bis 2 m/s berechnet. Für Überschlagsrechnungen eignet sich Bild 5, wenn vereinfachend die Dichte des Öles gleich der von Wasser gesetzt wird. Viskosität und Dichte einiger Öle über der Temperatur sind Bild 10 und 11 sowie

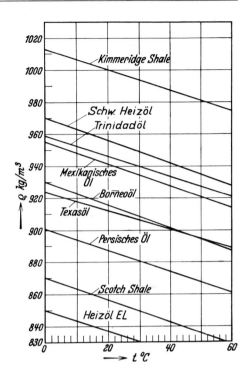

Bild 10:
Dichte von rohen Erdölen. Nach
Watkins, aus [6].
Zum Vergleich eingetragen: Heizöl EL
und schweres Heizöl

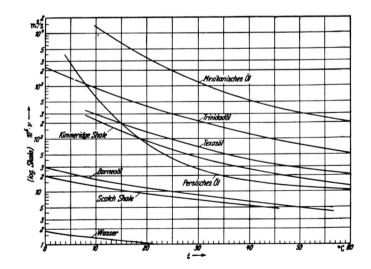

Bild 11:
Kinematische Viskosität
von rohen Erdölen
nach Watkins, aus [6].

Tafel XVIII: Kinematische Viskosität 10^6 v in m^2/s von Heizölen

Temperatur °C	0	20	40	60	80
Bunker-C-Öl (Nr. 6)	–	–	830	200	70
Bunker-B-Öl (Nr. 5)	–	1600	270	72	27
Mittelöl (Nr. 4)	480	80	24	10,2	5,2
Leichtöl (Nr. 3)	39	10,8	4,5	–	–
Teeröl aus Steinkohle	–	27	11,4	5,9	–
Mittelöl aus Braunkohle	–	15,5	5,9	–	–
Heizteer (Dünnteer)	–	42	8,0	2,7	1,8
Schwerer Braunkohlenteer	–	–	1000	121	60
Steinkohlen-Kokereiteer	–	689	226	74	24
Schwelteer					
aus Ruhr-Kokskohle	–	675	168	42	10
Leichter Braunkohlenteer	309	117	44	17	6,3
Heizöl aus Steinkohlenteer	100	46	21	9,6	4,4
Leichtes Heizöl	13	9,1	5,5	3,3	2,0

Tafel XVIII zu entnehmen. Oftmals wird die Viskosität in Engler-Graden bezeichnet. Als ein Grad Engler ist die Zeit definiert, in der 200 cm³ Wasser von 20 °C aus einem Meßgerät fließen (50 bis 52 Sekunden). 4 Grad Engler bedeutet, daß eine Ausflußzeit von 4 mal der des Wassers gemessen wurde. Zähigkeitsangaben nach Redwood oder Saybolt beruhen auf ähnlichen Messungen. Tafel XIX gibt einen Vergleich der verschiedenen Maßsysteme.

Bei laminarer Strömung ($Re < 2300$) wird λ_R aus Gleichung (6) berechnet, bei höheren Reynolds-Zahlen gilt wieder Bild 3, aus dem ein Ausschnitt mit allgemeiner Einteilung d/k im Bild 12 wiedergegeben ist, das den Übergangsbereich vergrößert darstellt. Es ist mit einer Rauhigkeit von etwa 0,1 mm zu rechnen. Der Druckabfall selbst wird dann mit Gleichung (7) berechnet.

Beispiel: Welcher Druckabfall ist zu erwarten, wenn 5 t/h schweres Heizöl (Bunker B, Nr. 5) durch eine 1000 m lange Leitung 88,9 × 3,2 mit a. 80 °C, b. 60 °C, c. 40 °C Temperatur gepumpt werden:

$$ w = 1,2732 \; \frac{\dot{m}}{d^2 \varrho} = 1,2732 \cdot \frac{5000}{3600 \cdot 0,0825^2 \varrho} = \frac{260}{\varrho} \; m/s $$

mit ϱ aus Bild 10 wird w

    a. 0,284   b. 0,280   c. 0,276 m/s .

Die Reynolds-Zahlen lauten mit v aus Tafel XVIII

    a. 867   b. 320   c. 84,3 .

Die Strömung ist in allen Fällen eindeutig laminar.

Tafel XIX: Umrechnungstafel

Kinematische Viskosität	Relative Ausflußzeit	Redwood Nr. 1 Viscosity (70 °F)	Saybolt Universal Viscosity (100 °F)
m²/s	E	Sekunde (R)	Sekunde (S)
2	1,120	30,22	32,62
5	1,394	37,94	42,35
10	1,834	51,80	58,91
20	2,876	85,64	97,77
30	4,08	124,1	141,3
40	5,35	163,7	186,3
50	6,64	203,9	232,1
60	7,95	244,2	278,3
100	13,20	406,1	463,5

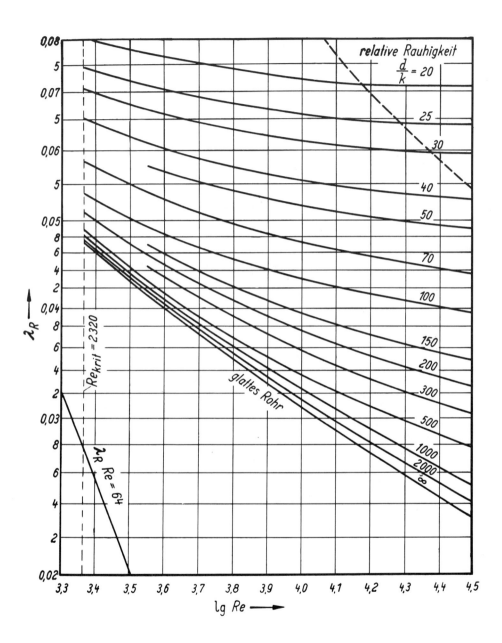

Bild 12: Abhängigkeit der Widerstandszahl λ_R von log Re und der relativen Rauhigkeit d/k im Übergangsgebiet zwischen laminarer und turbulenter Strömung [6]

Die Widerstandszahl $\lambda_R = 64/Re$ ist

    a. 0,074   b. 0,20   c. 0,754 .

Der Druckabfall wird mit Gleichung (7)

    a. 0,33   b. 0,88   c. 3,3 bar

2. Wärmedämmung

2.1. Theoretische Grundlagen

In Rohrleitungen werden häufig Stoffe geführt, deren Temperatur höher oder tiefer als die Umgebungstemperatur ist. Meistens soll ein Wärmeaustausch mit der Umgebung verhindert werden, entweder, um Energieverluste zu vermeiden, oder aber auch, um die Temperatur in Arbeitsräumen in erträglichen Grenzen zu halten. Gelegentlich gilt es auch, die Oberflächentemperatur anzuheben (Schwitzwasserverhütung) oder zu senken (Berührungsschutz).

Wärmeleitung
Unter dem Einfluß eines Temperaturgefälles wird Wärme durch Leitung, Konvektion und Strahlung transportiert. Innerhalb eines festen Körpers, einer ruhenden Flüssigkeit oder eines ruhenden Gases wird der ebene Wärmestrom durch den temperaturabhängigen Stoffwert λ und die Temperaturdifferenz zwischen den beiden Wandflächen bestimmt.

$$\Phi = \frac{\lambda}{s} A (t_i - t_a) \tag{26}$$

Φ Wärmestrom W
A Fläche senkrecht zum Wärmestrom m^2
λ Wärmeleitzahl W/mK
t_i Temperatur der inneren Wandfläche °C
t_a Temperatur der äußeren Wandfläche °C
s Dicke der Schicht in Richtung des Wärmestromes m.

Gemäß DIN 1301, Einheiten, steht K für die thermodynamische Temperatur mit der Einheit Kelvin. Bei Temperaturdifferenzen ist $\Delta t = t_1 - t_2 = T_1 - T_2 = \Delta T$.
Eine derartige Temperaturdifferenz ist nicht mehr auf die thermodynamische Temperatur bezogen.
Die Wärmeleitzahl von Metallen ist recht hoch (z.B. Kupfer 380, Stahl 50 W/mK), von porösen, schwammigen Strukturen dagegen gering (Holz 0,1; Korkplatten und Glaswolle 0,03 W/mK). Flüssigkeiten haben Wärmeleitzahlen von 0,1 bis 0,5 W/mK und Gase unter atmosphärischen Bedingungen etwa 0,02 (Luft) bis 0,20 (Wasserstoff). Diese Zahlen gelten nur für die reinen Stoffe, geringe Mengen Wasser z.B. in der Glaswolle lassen die Wärmeleitzahl erheblich ansteigen.
Der radiale Wärmestrom durch Wärmeleitung in einem Hohlzylinder der Länge L, dem inneren Durchmesser d_i und dem äußeren Durchmesser d_a (alle Abmessungen: m) ist

$$\Phi_R = \frac{\pi (t_i - t_a) L}{\frac{1}{2\lambda} \ln\left(\frac{d_a}{d_i}\right)} \quad W. \tag{27}$$

Er wird meist auf die Länge 1 Meter bezogen:

$$\varphi_R = \frac{\pi\,(t_i - t_a)}{\dfrac{1}{2\lambda}\,\ln\!\left(\dfrac{d_a}{d_i}\right)}\quad \frac{W}{m}\;. \tag{28}$$

Wegen der Temperaturabhängigkeit ist λ bei der betreffenden Mitteltemperatur der Isolierung $\frac{1}{2}(t_i \pm t_a)$ in die Gleichungen einzusetzen.

Konvektion

Unter Konvektion versteht man den Wärmetransport durch strömende Gase und Flüssigkeiten. Dabei kann es sich um eine freie Strömung handeln (Auftrieb heißer Luft) oder eine durch Druckdifferenzen erzwungene (Anblasen, Rohrströmung). Der Wärmestrom durch Konvektion ist allgemein

$$\Phi_K = a_K\,A\,\Delta T\;W \tag{29}$$

mit der Wärmeübergangszahl a_K W/m² K, der Temperaturdifferenz ΔT Wand/Fluid, z.B. zwischen der Temperatur t_a der äußeren Wandfläche und t_2 der Umgebung °C.

Die Wärmeübergangszahl ist eine sehr komplexen Gesetzen folgende Kennzahl, in der alle den Stoff- und Wärmetramsport beeinflussenden Stoffwerte enthalten sind. Sie ist zumeist experimentell unter Zuhilfenahme dimensionsloser Kennzahlen ermittelt worden. Aufgrund später noch erläuterter Überlegungen interessiert hier praktisch nur der Wärmetransport durch Konvektion an der Rohr- oder Isolierungsoberfläche. In Gebäuden führt der durch Auftrieb entstehende Luftstrom Wärme ab (freie Konvektion), außerhalb von Gebäuden werden die Leitungen durch den Wind angeblasen (erzwungene Konvektion). Dabei können laminare oder turbulente Strömungen entstehen. Bei ruhender Luft, die allerdings streng genommen kaum anzutreffen ist, gilt an Rohren:

$$\alpha_K = 1{,}31\,\sqrt[4]{\frac{t_a - t_2}{d_a}}\quad W/m^2\,K \tag{30}$$

und an ebenen Wänden der Höhe H m:

$$\alpha_K = 1{,}37\,\sqrt[4]{\frac{t_a - t_2}{H}}\quad W/m^2\,K. \tag{31}$$

Es soll hier schon darauf hingewiesen werden, daß die Berechnung von Wärmeströmen durch Isolierungen wegen mehrerer schwer zu treffenden Annahmen mit einiger Unsicherheit behaftet ist. Diese sind: Die Umgebungstemperatur ändert sich jahreszeitlich oder auch über die Höhe eines Raumes. Die Wärmeleitzahlen der Isolierstoffe werden durch die mehr oder weniger starke Zusammenpressung und Fugenbildung bei der Verlegung verändert. Die Abstandshalter der Isolierung und besonders die Rohrlager bilden Wärmebrücken mit örtlich hohen Wärmeströmen. Aus diesem Grunde ist bei Wärmeverlustangaben etwa $\pm 10\,\%$ Toleranz zu erwarten.

Wärmeübergang bei durch Wind erzwungener Konvektion tritt an im Freien verlegten Rohren auf. Den wesentlichsten Einfluß auf die Wärmeübergangszahl hat die Windgeschwindigkeit, doch wird im allgemeinen mit einem konstanten Mittelwert 5 m/s Windgeschwindigkeit – das entspricht Windstärke 3 – gerechnet. Bei schwerem Sturm ergeben sich dann aber wesentlich höhere Werte. Die Oberflächentemperatur tritt in ihrer Auswirkung gegenüber der freien Konvektion zurück, sie geht nur über die Temperaturveränderlichkeit der Stoffwerte ein. Für Rohrisolierungen gilt mit hinreichender Genauigkeit

$$\alpha_K = 4,16 \, \frac{w^{0,8}}{d_a^{0,2}} \quad \text{W/m}^2\,\text{K} \tag{32}$$

mit w als Windgeschwindigkeit in m/s. Diese Gleichung ist in Bild 13 aufgetragen.

Auch an der Innenwand der Rohre wird Wärme durch erzwungene Konvektion übertragen. Heißere Flüssigkeitsteilchen dringen mit der turbulenten Querbewegung bis in die Grenzschicht an der inneren Rohrwand vor und geben dort Wärme ab. (Bei laminaren Strömungen ohne Querbewegung der Flüssigkeitsteilchen wird Wärme nur durch Leitung an die Rohrwand übertragen).Da eine Näherungsgleichung einfacher Art, welche alle Stoffe, Geschwindigkeiten, Temperaturbereiche und Durchmesser erfaßt, nicht existiert, wird auf Hütte [9], Wärmeatlas [10] und einschlägiges Schrifttum verwiesen. In die Berechnung der Wärmeverluste isolierter Rohre geht die Wärmeübergangszahl an der Rohrinnenwand mit einem nur sehr geringen Anteil ein.

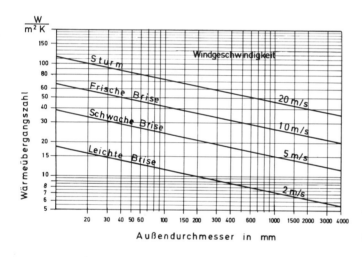

Bild 13:
Wärmeübergangszahl nach
Gleichung (32)

Strahlung

Die Wärmeübertragung durch Strahlung fester Körper kann durch die Gleichung

$$\Phi_s = C_{1,2} \, aA \, (t_a - t_2) \quad \text{W,} \tag{33}$$

beschrieben werden. Darin tritt anstelle der Wärmeübergangszahl α_K in Gleichung (29) die aus $C_{1,2}$ und a zusammengesetzte Kennzahl auf, die deshalb auch Wärmeübergangszahl durch Strahlung α_{str} genannt wird. $C_{1,2}$ ist wiederum eine zusammengesetzte Kennzahl, die das Reflexions- und Absorptionsverhalten der strahlenden Flächen und ihre Lage zueinander (parallel, schiefwinklig, umschließend, Abstand voneinander) kennzeichnet. a ist eine nur von der Temperatur der Flächen abhängige Hilfsfunktion, welche aussagt, daß Φ_s mit der vierten Potenz der absoluten Temperatur steigt. Obwohl die Wärmeübertragung durch Strahlung völlig anderen Gesetzmäßigkeiten folgt als die durch Konvektion, kann durch den gewählten Aufbau der Gleichungen und Kennzahlen α-Konvektion und α-Strahlung addiert werden, wenn beide Vorgänge auftreten. Nach VDI 2055 kann die zusammengesetzte Strahlungs- und Konvektions-Wärmeübergangszahl für isolierte Rohre in Innenräumen durch die Gleichung

$$\alpha = 9,4 + 0,052\,(t_a - t_2)\quad \text{W/m}^2\,\text{K} \tag{34}$$

angenähert werden.

Wärmedurchgangszahl

Der ebene Wärmestrom von einer Flüssigkeit (oder Gas) der Temperatur t_1 durch eine Wand an eine kältere Flüssigkeit (oder Gas) der Temperatur t_2 läßt sich mit der Gleichung

$$\Phi = k\,A\,(t_1 - t_2)\quad \text{W} \tag{35}$$

berechnen, in der die Wärmedurchgangszahl k aus der Wärmeübergangszahl an der einen Wandseite α_i, der Wärmeleitzahl λ und Dicke der Wand s, und der Wärmeleitzahl α_a auf der anderen Wandseite zusammengesetzt ist.

$$k = \cfrac{1}{\cfrac{1}{\alpha_i} + \cfrac{s}{\lambda} + \cfrac{1}{\alpha_a}}\quad \text{W/m}^2\,\text{K}. \tag{36}$$

Die Wärmedurchgangszahl für zylindrische Hohlkörper enthält bereits die kennzeichnenden Durchmesser und hat deshalb die Einheit einer Wärmeleitzahl:

$$k_R = \cfrac{\pi}{\cfrac{1}{\alpha_i d_i} + \cfrac{1}{2\lambda}\ln\!\left(\cfrac{d_a}{d_i}\right) + \cfrac{1}{\alpha_a d_a}}\quad \text{W/mK} \tag{37}$$

Der stündliche Wärmestrom ist in diesem Falle

$$\Phi = k_R L\,(t_1 - t_2)\quad \text{W} \tag{38}$$

mit L als Länge des zylindrischen Körpers und t_1, t_2 wie in Gleichung (35).

Sind zylindrische Hohlkörper aus mehreren Schichten mit den Wärmeleitzahlen λ_n aufgebaut, so geht Gleichung (37) über in:

$$k_R = \cfrac{\pi}{\cfrac{1}{\alpha_i d_i} + \cfrac{1}{2\lambda_1}\ln\!\left(\cfrac{d_I}{d_i}\right) + \cfrac{1}{2\lambda_2}\ln\!\left(\cfrac{d_{II}}{d_I}\right) + \cdots \cfrac{1}{\alpha_a d_a}}\,.\quad \text{W/mK} \tag{39}$$

Hierin ist z.B. λ_1, d_I, d_i auf die metallische Rohrwand, λ_2, d_a, d_I auf die Isolierschicht zu beziehen Bei einer zweischichtigen Wand ist $d_a = d_{II}$, bei mehr als zwei Schichten ist dieses Schema weiterzuführen, z.B. bei drei Schichten $d_{III} = d_a$, siehe Bild 15.

Aus dem Aufbau der Gleichungen (36), (37) und (39) ergibt sich, daß jeweils der kleinste Summand unter dem Bruchstrich k bestimmt, wenn α_i, λ/s und α_a unterschiedlich groß sind. In der Praxis wird sich α_a zwischen 8 und 80 bewegen, λ/s der Isolierschicht etwa zwischen 0,2 und 1 und α_i um 2000 bis 4000. Die metallische Rohrwand selbst ist mit λ/s etwa 5000 einzusetzen. Der Vergleich dieser Größenordnungen rechtfertigt eine Vereinfachung der Isolierungsberechnung, die darin besteht, daß in den genannten Gleichungen der Ausdruck $1/\alpha_i d_i$ ebenso unbeachtet bleibt wie die Wärmeleitung

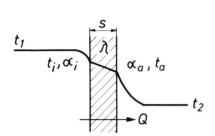

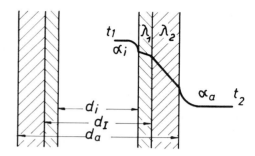

Bild 14: Wärmestrom durch eine ebene Wand

Bild 15: Wärmestrom durch einen zweischichtigen zylindrischen Hohlkörper

durch die metallische Rohrwand, und damit die Temperatur der Isolierung an der Rohrwand gleich der Mediumtemperatur gesetzt wird.

Werden isolierte Rohrleitungen im Erdreich verlegt, so ist in Gleichung (39) λ_1, d_i, d_I auf die Isolierschicht und λ_2, d_a, d_I auf das umgebende Erdreich zu beziehen. $\alpha_a d_a$ entfällt und $1/\alpha_i d_i$ wird als sehr klein vernachlässigt. Der Außendurchmesser der an der Wärmeleitung beteiligten Erdschicht wird d_a = 4 h gesetzt (Bild 16). Zur Berechnung des übertragenen Wärmestromes muß noch die Temperatur t_e des Erdreiches in Tiefe der Rohrachse ermittelt werden. Geht man von einer konstanten Temperatur $t_k = 11\,°C$ in einer Tiefe $h_k = 7$ m und einer jahreszeitlich schwankenden Oberflächen-temperatur $t_o\,°C$ aus, so wird in Tiefe der Rohrachse

$$t_e = t_o - (t_o - t_K)\,\frac{h}{h_K}\quad °C \tag{40}$$

als linear interpolierter Wert zwischen t_k und t_o anzunehmen sein. Als Wärmeleitzahl des Erdreiches kann 0,9 bis 1,5 für sandige und 1,3 bis 2,2 für tonige Böden eingesetzt werden [11].

Nach einer anderen Veröffentlichung [57] beträgt die Erdtemperatur in Berlin in 12 Meter Tiefe konstant 9 bis 10 °C während des ganzen Jahres, sie erreicht in 1 Meter Tiefe im Juli/August den Höchstwert von 18 °C und im Januar/Februar den Tiefstwert mit − 1 bis 2 °C. In Mannheim da-gegen wurden in 1 Meter Tiefe bei etwa gleichem Höchstwert nur Mindestwerte von 6 bis 7 °C im Winter gemessen.

Temperaturabfall, Kondensatanfall

Der durch Wärmeverlust eintretende Temperaturabfall beim Durchströmen der Leitung wird berech-net mit

$$t_b - t_l = \frac{\Phi}{\dot{m}\cdot c_{pm}}\quad K \tag{41}$$

sofern keine Änderung des Aggregatzustandes (Kondensation, Erstarrung) eintritt. Φ wird mit den Gleichungen (35), (38) bestimmt, wobei die einzusetzende Länge gegebenenfalls größer als die geo-metrische Länge ist, wenn Ventile, Flanschen, Dampfverteiler und andere Einbauteile die Isolieroberfläche stärker vergrößern als es ihrer Einbaulänge entspricht. In Gleichung (41) bedeutet außer den bereits bekannten Zeichen:

t_b Temperatur des Mediums am Leitungsbeginn   °C
t_l Temperatur des Mediums am Leitungsende   °C
c_{pm} mittlere spezifische Wärmekapazität des Mediums zwischen t_b und t_l kJ/kgK
$\dot{m}$ Massenstrom in der Leitung   kg/s

Der Temperaturabfall ist dem Massenstrom umgekehrt proportional, da Φ nahezu unabhängig vom Massenstrom ist. Werden Rohrleitungen z.B. für jahreszeitlich stark schwankende Massenströme geplant, wobei jedoch t_l einen vorgegebenen Wert nicht unterschreiten soll, ist der Mindestdurchsatz in die Isolierungsberechnung einzusetzen.

Wenn Dämpfe bei Sättigungstemperatur die isolierte Leitung durchströmen, bleibt die Temperatur unter Kondensatausfall konstant. Die an geeigneten Stellen abzuführende Kondensatmenge ist

$$\dot{m}_k = \frac{\Phi}{r} \tag{42}$$

mit r als Verdampfungswärme kJ/kg

2.2. Ausführung

Die eingangs gestellte Aufgabe, den Wärmeaustausch zwischen dem Medium im Rohr und der Umgebung weitgehend zu unterbinden, wird gelöst, indem um das Rohr Stoffe mit sehr kleiner Wärmeleitzahl – Isolierstoffe – gewickelt, gestopft oder geklammert werden. Ausführliche Beispiele insbesondere für Wärmekraftwerke gibt Morisse [41]. Das Verhalten von Wärmedämmstoffen bis 1070 °C hat Jansen untersucht [46], über die Superwärmedämmung berichtet Klein [54].

Isolierstoffe sind poröse natürliche Stoffe, Mineralfasern, poröse Kunststoffe oder Schaumglas. Sie lassen sich nach ihrer Einsatztemperatur in verschiedene Klassen einteilen:

Unterer Temperaturbereich bis etwa 100°C: Expansit-Korksteinschalen mit organischen Bindemitteln, Polystyrol-Formteile (bis ca. 70°C), Mineralfasern mit Kunstharzbindung, Mineralfasern als Matten auf Bitumenpapier oder Pappe gesteppt.

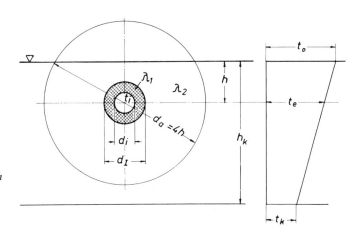

Bild 16:
Isoliertes Rohr im Erdreich
und Temperaturverteilung
in genügendem Abstand
vom Rohr

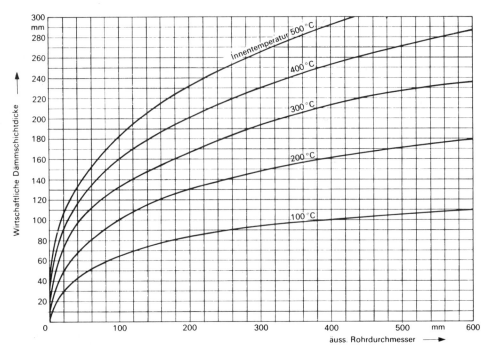

Bild 17: Paktisch wirtschaftliche Isolierdicken. Mittelwerte für ISOVER-Isolierungen, Wärmepreis
40,– DM/10⁶ kcal, 9,55 DM/10⁶ kJ, 8.000 Betriebsstunden je Jahr, 20 % Amortisationsrate,
20 °C Umgebungstemperatur. Aus: Wärmetechnische Isolierung, 22. Auflage, 1974, Grün-
zweig + Hartmann AG

Mittlerer Temperaturbereich bis etwa 600°C: Mineralfasern (Glaswolle, Schlackenwolle, Steinwolle)
in Form von Matten, Schnüren oder gelegentlich auch Formteilen (Monoblockschalen), Magnesiaschalen, Schaumglas (max. 400°C).
Oberer Temperaturbereich bis etwa 1100°C: Cerafelt, Diatomit, Kieselgur, Sonderausführungen
der Magnesiaschalen.
Die Isolierstoffe des unteren Temperaturbereiches werden in der Kältetechnik und im Heizungs-
sowie Fernwärme-Rohrleitungsbau eingesetzt. Die des mittleren Temperaturbereiches sind im
Kraftwerks- und Chemierohrleitungsbau zu finden und stellen die wohl stärkste Anwendungsgruppe
dar. Der obere Bereich erstreckt sich auf Sonderfälle des Chemiebaues.
Nach ihrer Anlieferungsform können Isolierstoffe aus Mineralfasern unterschieden werden in Matten,
Schnüre, Matratzen, lose Fasern oder gespritzte Faserstoffe. Schaumkunststoffe können als Formstücke oder als auf der Baustelle hergestellte Massen (Ortsschaumstoffe) verwendet werden.
Schüttdämmstoffe werden gelegentlich für erdverlegte Rohrleitungen eingesetzt. Gebrannte Dämm-
stoffe sind im Rohrleitungsbau selten zu finden.
Der Isolierstoff wird abgedeckt durch einen Mantel aus Metall (Stahl, verzinkt; Aluminium, kunst-
stoffüberzogenes Blech), Bitumenpappe, PVC-Folie oder Wickelbandagen (Gips/Jute, Bitumen/Jute,
oder Kunststoffbänder). Der Mantel soll den Isolierstoff gegen mechanische Beschädigungen und/oder

Witterungseinflüsse abschirmen. Dazu ist eine bestimmte mechanische Festigkeit des Mantels selbst und meistens darüber hinaus eine Stützkonstruktion zwischen Rohr und Mantel erforderlich. An senkrechten Rohren sind vor Beginn der Isolierarbeiten Knaggen oder Ringe aufzuschweißen, über die sich die Isolierung abstützt. Die fachgerechte Ausbildung von Isolierungsarbeiten ist in Arbeitsblättern und Richtlinien [12], [13], [14] beschrieben.

Die Isolierdicke wird häufig aufgrund von Erfahrungswerten, etwa nach Bild 17 festgelegt. Eine Wirtschaftlichkeitsberechnung ist nur dann sinnvoll, wenn alle Kosten und ihre Entwicklung über die Lebensdauer der betreffenden Anlage genügend genau bekannt sind. Nach VDI 2055 ist die wirtschaftlichste Isolierdicke s_w mm für *ebene* Wände:

$$s_w = \sqrt{\frac{\lambda\,(t_i - t_a)\,ZP}{AJ}} \qquad (43)$$

mit

- λ Betriebswärmeleitzahl der Isolierung   kcal/mhK
- Z Benutzungszeit je Jahr   h/Jahr
- P Wärmepreis   DM/10^6 kcal
- A Kapitaldienst der Isolierung, etwa 20%
- J Kostensteigerung von 1 m² Isolierung
  bei Erhöhung der Isolierdicke um 1 cm   DM/m²cm

Die Betriebswärmeleitzahl der Isolierung ist die mittlere Wärmeleitzahl während der Lebensdauer der Anlage und entspricht etwa der (in Listen oder Tabellen, z.B. Bild 18, angegebenen) Materialwärmeleitzahl *plus* etwa 0,012 ÷ 0,025 W/mK für Montagetoleranz, Fugen, Abstandshalter *plus* 15 bis 25 % Aufschlag auf die Summe für Rohraufhängungen und Unterstützungen. $t_i - t_a$ kann hinreichend genau gleich $t_1 - t_2$ gesetzt werden.

Es ist üblich, die Güte der Isolierung durch Garantiezusagen zu fixieren, die sich auf die Betriebswärmeleitzahl erstrecken sollten, welche recht genau durch in VDI 2055 beschriebene Verfahren nachgemessen werden kann. Die Garantiezusagen gelten immer mit einer Toleranz von ± 5%, mindestens jedoch ± 0,0035 W/mK (0,003 kcal/mhgrd). Andere Garantiezusagen erstrecken sich auf betriebstechnische Daten und gelten nur unter gewissen, vom Besteller zu schaffenden Voraussetzungen. Wenn zum Beispiel ein Gesamtwärmeverlust garantiert wird, so ist bei Freiluftanlagen die wetterbedingte Wärmeübergangszahl an der Außenseite ebenso in die Garantie einbezogen wie die Wärmeübergangszahl an der Innenseite der Isolierung oder des Rohres. Bei Temperaturabfällen unter 2°C in flüssigkeitsführenden Rohrleitungen und unter 10°C in gas- oder dampfführenden Rohrleitungen kann deshalb eine pauschale Garantie nicht abgegeben werden. Eine für Garantiezusagen ungeeignete, obwohl häufig verwendete Kennzahl ist die Oberflächentemperatur. Sie wird wesentlich durch Lufttemperatur und -bewegung der Umgebung beeinflußt, so daß bei gleicher Oberflächentemperatur sehr unterschiedliche Wärmeströme abgegeben werden können. Es ist weiterhin nicht sinnvoll, Garantien für Nichteinfrieren von Leitungen oder Vermeiden von Schwitzwasserbildung zu formulieren, da diese Vorgänge maßgeblich von den Umweltbedingungen beeinflußt werden.

Beispiel: Eine Dampfleitung 273 ä.⌀ × 6,3 aus St 35.8 I führt leicht überhitzten Dampf $p = 5$ bar, $t = 200°C$. Die Isolierung besteht aus Steinwollmatten 100 mm dick mit Stahlblechmantel. Welcher Wärmeverlust tritt je Meter Rohrlänge auf: a. als Leitung innerhalb eines Gebäudes, b. als Leitung im Freien bei 5 m/s Windgeschwindigkeit? Die Außentemperatur betrage in beiden Fällen 20°C.

a. Die mittlere Isolierungstemperatur wird geschätzt zu 125°C; aus Bild 18 wird abgelesen $\lambda = 0,0475$ kcal/mhgrd entsprechend 0,0175 W/mK ergibt sich 0,0727; plus Aufschlag von 20 % für den Einfluß

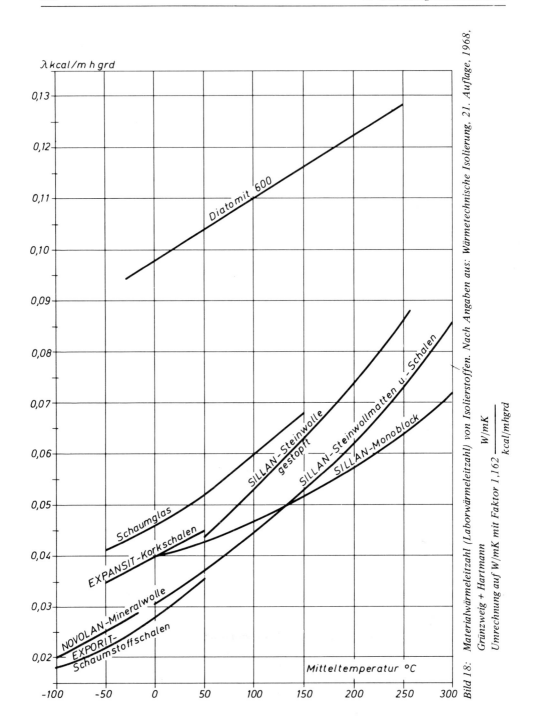

Bild 18: Materialwärmeleitzahl (Laborwärmeleitzahl) von Isolierstoffen. Nach Angaben aus: Wärmetechnische Isolierung, 21. Auflage, 1968, Grünzweig + Hartmann

Umrechnung auf W/mK mit Faktor 1,162 $\dfrac{W/mK}{kcal/mhgrd}$

der Rohrlager ergibt eine Betriebswärmeleitzahl von rund $\lambda = 0{,}08725$ W/mK. An der Außenseite der Isolierung ist die Wärmeübergangszahl nach Gleichung (34) mit einer geschätzten Temperatur $t_a = 50\,°C$:

$$\alpha = 9{,}4 + 0{,}052\,(50{-}20) \approx 11\ \text{W/m}^2\,\text{K}$$

Unter Vernachlässigung von $(1/\alpha_i d_i)$ wird der stündliche Wärmestrom nach Gleichung (37) und (38)

$$\varphi_R = \frac{\pi\,(t_1 - t_2)}{\dfrac{1}{2\lambda}\ln\left(\dfrac{d_a}{d_i}\right) + \dfrac{1}{\alpha_a d_a}} = \frac{\pi\,(200 - 20)}{\dfrac{1}{2\cdot 0{,}087}\ln\left(\dfrac{0{,}473}{0{,}273}\right) + \dfrac{1}{11\cdot 0{,}473}} \approx 170\,\frac{\text{W}}{\text{m}}$$

b. Läge die Leitung im Freien, wäre nach Gleichung (32) bzw. Bild 13 $\alpha_a \approx 17$ W/m² K zu erwarten. Damit wird

$$\varphi_R = \frac{\pi\,(200 - 20)}{\dfrac{1}{2\cdot 0{,}08725}\ln\left(\dfrac{0{,}473}{0{,}273}\right) + \dfrac{1}{17\cdot 0{,}473}} = \frac{\pi\,(180)}{3{,}15 + 0{,}124} \approx 173\,\frac{\text{W}}{\text{m}}$$

Wie bei der zahlenmäßigen Auswertung zu erkennen ist, geht $(1/\alpha_a d_a)$ nur wenig in das Ergebnis ein, da der Wärmeleitwiderstand der Isolierschicht – hier ausgedrückt durch 3,15 – etwa um den Faktor 25 höher ist.

Nun sollte noch überprüft werden, ob die Annahme $t_a = 50\,°C$ genau genug war zur Bestimmung der mittleren Isoliertemperatur und der äußeren Wärmeleitzahl (Fall a). Gleichung (28) lautet nach Umformung:

$$t_i - t_a = \frac{\varphi_R\,\dfrac{1}{2\lambda}\ln\left(\dfrac{d_a}{d_i}\right)}{\pi} = \frac{170\cdot 3{,}15}{\pi} \approx 170\,\text{K}$$

$$t_a = 200 - 170 = 30\,°C$$

Die Rechnung könnte nun mit einem verbesserten Schätzwert $t_a = 30\,°C$ wiederholt werden. Es ergäbe sich jedoch nur eine geringe – ohnehin im Bereich der Toleranz liegende – Korrektur.

3. Festigkeitsberechnung von Stahlrohren

3.1. Allgemeines

Ziel der Festigkeitsberechnung ist der Nachweis, daß ein Bauteil so dimensioniert ist, daß die normalerweise und in Ausnahmefällen zu erwartenden Spannungen an jeder Stelle mit einer vorgegebenen Sicherheit unter der Spannung bleiben, bei der Versagen durch Bruch oder Unbrauchbarwerden durch unzulässige Verformung eintritt. Außer der in der Berechnung ausgewiesenen Sicherheit wird stillschweigend eine im Verformungsvermögen des Werkstoffes liegende Sicherheit in Anspruch genommen, die darin besteht, daß örtlich begrenzte Spannungsspitzen durch plastische Verformung abgebaut werden und hiermit Anriß oder Bruch vermieden werden. Diese Verformungsreserve kann jedoch nicht unbegrenzt in Anspruch genommen werden, etwa nur bis zu einer gewissen Zahl von Verformungswechseln oder nur bedingt bei hochfesten Stählen mit geringem Verformungsvermögen oder auch bei unbekannten Eigenspannungen in Schweißkonstruktionen.

Aus diesem Grunde können die aus den unterschiedlichen Belastungen resultierenden Spannungen nicht kritiklos addiert werden, sondern es ist zu unterscheiden zwischen Spannungen, die sofort oder nach einer gewissen Zeit zum Versagen durch ständiges Fließen oder Ermüdung des Werkstoffes führen und solchen, die durch plastische Verformung des Bauteils abgebaut werden.

Für Bauteile, die nicht auf einfache geometrische Formen (Platte, Zylinder, Kugel . .) zurückgeführt werden können, wird der Festigkeitsnachweis erbracht, indem das Bauteil gedanklich in eine Vielzahl kleiner Elemente aufgelöst wird, deren gegenseitige spannungsmäßige Beeinflussung durch elektronische Rechenanlagen ermittelt wird (Methode der Finiten Elemente, [55]).

Darüber hinaus ist zu berücksichtigen, daß die als „normal" vorausgesetzen Festigkeitskennwerte des Stahles durch Umwelteinflüsse ungünstig beeinflußt werden können. Korrosive Medien an der äußeren und/oder inneren Rohroberfläche setzen die Festigkeitskennwerte bei ruhender und schwellender Beanspruchung herab (Spannungsrißkorrosion, Korrosions-Zeitschwingfestigkeit).

Im Rahmen dieses Abschnittes sollen nur die einfachen Verfahren der Festigkeitsberechnung angesprochen werden, die sich sozusagen „von Hand" ausführen lassen. Um vollständige, alle Einflüsse erfassende Spannungsanalysen anzufertigen, wie es etwa für Rohrleitungen in Kernkraftwerken erforderlich ist, stehen umfangreiche Rechenprogramme zur Verfügung.

Aus den technischen Regelwerken werden die wichtigsten Berechnungsanweisungen zitiert. Maßgebend ist in jedem Falle das Original in der jeweils letzten Ausgabe.

Die gebräuchlichen Berechnungsverfahren lassen sich unterteilen nach der Art der Beanspruchung (Innendruck, Außendruck, äußere Kräfte...) und der Art des Verwendungszweckes (Leitungsrohre, Teile von Druckbehältern, Dampfkesseln, Konstruktionsrohre...). Richtlinien in Form von Normen und Merkblättern stehen für die meisten Anwendungsfälle zur Verfügung. Außer der Hauptbelastung, die Anlaß der Festigkeitsberechnung ist, treten Nebenbelastungen auf, denen unter Umständen durch Erhöhung des Sicherheitsbeiwertes, das heißt Erhöhung der Wanddicke oder auch Wahl eines anderen Werkstoffes Rechnung zu tragen ist. Einige typische Nebenbelastungen sind:

Biegebeanspruchungen durch Innendruck in unrunden Rohren: Unrundheiten durch Fertigungstoleranzen führen unter Innendruck zu Biegezusatzspannungen in Umfangsrichtung, die um so höher sind, je mehr das Rohr von der Kreisform abweicht. Setzt man voraus, das unrunde Rohr habe elliptischen Querschnitt, so lassen sich die Zusatzspannungen näherungsweise berechnen [15], [16], [17]. Bei gleicher Ovalität sind die Biegespannungen in dünnwandigen Rohren größer als in dickwandigen.

Spannungen durch Wärmedehnung: In einem räumlich verlegten Rohrstrang entstehen Kräfte, Biege- und Torsionsmomente durch die Längenänderung des Rohres zwischen Montage- und Betriebstemperatur. Die Berechnung dieser Spannungen wird im Abschnitt VIII, 1 erläutert, auf die Wanddickenberechnung haben sie meistens keinen Einfluß. Im allgemeinen wird das Rohrsystem während der Montagearbeiten so vorgespannt, daß im betriebswarmen Zustand die Spannungen durch Wärmedehnung klein oder gar gänzlich Null werden. Selbst wenn das Rohrsystem infolge unvorhersehbarer Umstände durch Wärmespannungen überbeansprucht werden sollte, so bauen sich diese durch einmalig plastische Verformung ab und führen nie zum sofortigen Verformungsbruch. Vorsicht ist in solchen Fällen nur bei häufiger Wiederholung der plastischen Verformung geboten (Dauerbruchgefahr). Die Wärmespannungen sind dem Widerstandsmoment des Rohres proportional, deshalb sind sie unter sonst gleichen Verhältnissen in dünnwandigen – „elastischen" – Rohren aus hochwarmfesten Werkstoffen geringer als bei Verwendung von Werkstoffen minderer Warmfestigkeit.

Spannungen durch Temperaturdifferenzen zwischen Innen- und Außenwand des Rohres: Bei

Aufheiz- und Abkühlungsvorgängen entstehen tangentiale Zug- und Druckspannungen, die in Stahlrohren bis zu d_a/d_i = 1,2 näherungsweise aus

$$\sigma_w = \pm 8,57 \cdot 10^{-6} \cdot E_\vartheta \cdot \varDelta\vartheta \qquad (44)$$

zu berechnen sind. E_ϑ ist darin der Elastizitätsmodul bei der mittleren Wandtemperatur, und $\varDelta\vartheta$ die Temperaturdifferenz °C zwischen Außen- und Innenwand des Rohres. Auf der wärmeren Seite des Rohres entstehen Druckspannungen, auf der kälteren Zugspannungen, über den ganzen Rohrquerschnitt gesehen ist die Summe der Spannungen Null. In unbeheizten Transportleitungen treten die Spannungen nur vorübergehend auf, wobei $\varDelta\vartheta$ zeitabhängig ist. Es handelt sich dann um sogenannte instationäre Wärmespannungen, die gelegentlich die zulässige Aufheiz- oder Abkühlungsgeschwindigkeit dickwandiger Rohre begrenzen können [18], [19], [20], [21]. In die Wanddickenberechnung der Rohre werden diese Spannungen gewöhnlich nicht aufgenommen. Auch hier gilt wieder, daß dünnwandige Rohre unter sonst gleichen Verhältnissen geringeren Spannungen ausgesetzt sind als dickwandige.

In DIN 2413 sind Gleichungen zur Berechnung der instationären Wärmespannungen aufgenommen (Seite 615). Dabei ist jedoch unausgesprochen vorausgesetzt, daß der Aufheiz- bzw. Abkühlungsvorgang bereits so lange andauerte, daß sich das Temperaturprofil in der Rohrwand voll ausgebildet hat. Da bei nur kurzzeitigen Temperaturänderungen diese Voraussetzung selten erfüllt wird, ergeben die Gleichungen in DIN 2413 in vielen Fällen überhöhte Werte.

Genaue Berechnungen erlaubt die Arbeit von Albrecht [20]. Auch AD-Merkblatt B10 gibt Näherungsgleichungen zur Berechnung der Wärmespannungen.

Biegespannungen durch Eigengewicht, Inhalt, Isolierung, Wind- und Schneelasten: Durch diese Belastungen entstehen Längsspannungen in verschiedenen Ebenen des Rohrquerschnittes. Solange diese kleiner als die Umfangs- und größer als die Radialspannung sind, gehen sie in die Vergleichsspannung nicht ein. Durch sorgfältige Konstruktion der Rohraufhängungen und -unterstützungen kann diese Bedingung eingehalten werden. Dabei sollte eher eine Unterstützung zu viel als zu wenig angebracht werden, denn Rohrleitungen werden gelegentlich als Hilfskonstruktionen zum Ziehen schwerer Lasten und als Gerüstauflage mißbraucht.

Biegespannungen durch Erd- und Verkehrslasten: Rohre mit Wanddicken $\geqslant 1\%$ des Außendurchmessers sind bei normaler Überdeckung von 1 bis 6 m und guter Grabenverfüllung im allgemeinen ausreichend bemessen. Über die Berechnung dieser Spannungen siehe Seite 253.

Sonstige Spannungen: Stahlrohre können darüber hinaus den vielfältigsten Belastungen ausgesetzt sein, wie Außendruck, Erdbeben, Schwingungen und kombinierte Belastung aus Innendruck und Zug in Wärmetauschern. Sofern keine geschlossenen Gleichungen für Sonderprobleme vorliegen, werden die aus den Einzelbelastungen herrührenden Einzelspannungen nach Umfangs-, Längs- und Radialspannung addiert und in die Vergleichsspannungsformel eingeführt.

Die aufgeführten Belastungen wirken in Größe und Richtung nicht alle ständig, sondern in verschiedenen Kombinationen zeitlich nacheinander in unterschiedlicher Richtung und Größe mit unterschiedlicher Dauer. Die Festigkeitsberechnung kann daher als dynamische Untersuchung aufgefaßt werden, um festzustellen, ob das System die sich aus den Lastwechseln ergebenden Wechselspannungen in der erwarteten Häufigkeit mit genügender Sicherheit ertragen kann [39], [42]. Die Lastfälle Eigengewicht, Füllungsgewicht, Innen/Außendruck, Erdbeben, verhinderte Systemlängenänderung, schnelle Temperaturänderung, instationäre Strömung, Ventilkräfte, Vibration des Systemes werden dabei zu Lastfallkombinationen zusammengefaßt, deren Häufigkeit des Auftretens abzuschätzen ist. Üblicherweise ermittelt man für die verschiedenen Lastfälle die Spannungen und arbeitet bei den Lastfallkombinationen mit Spannungsvektoren, wobei spannungserhöhende Einflüsse, wie zum Beispiel Kerbfaktoren, erfaßt werden müssen. Es ergeben sich somit aus der Kombination der verschiedenen Lastfälle unterschiedliche Spannungsvektoren, die als Wechselspannungen gegenüber der Grundspannung (Eigengewicht) aufzufassen und mit der zulässigen Lastwechselzahl zu vergleichen sind. Die zulässigen Lastwechselzahlen können dem ASME Boiler and Pressure Vessel Code, Section III, entnommen werden. Die Summe der Verhältnisse vorliegende Lastwechselzahl/zulässige Lastwechselzahl ergibt einen Erschöpfungsfaktor, der unter 1,0 bleiben muß, wenn das System für eine vorgegebene Zeit der dynamischen Festigkeitsrechnung genügen soll.

Im allgemeinen kann man davon ausgehen, daß im Rohrwerkstoff ein dreiachsiger Spannungszustand herrscht, der bei der Wanddickenberechnung mit einem Festigkeitskennwert verglichen werden soll, der unter einachsiger Belastung durch den Zugversuch gefunden wurde. Der mehrachsige Spannungszustand wird dazu in eine ihn repräsentierende Vergleichsspannung umgerechnet. In den meisten Berechnungsformeln zur Ermittlung der Wanddicke unter Innendruck geht man von der Schubspannungshypothese aus, nach der die Vergleichsspannung σ_v gleich der Differenz aus der größten Spannung, der Umfangsspannung σ_u, und der kleinsten Spannung, der Radialspannung σ_r, ist:

$$\sigma_v = \sigma_u - \sigma_r. \tag{44}$$

Diese Betrachtungsweise hat den Vorteil, daß die ohnehin zum Zeitpunkt der Rohrbestellung noch nicht ganz exakt bekannte oder erfaßbare Längsspannung σ_l nicht in die Berechnung eingeht, solange sie kleiner als die Umfangs- und größer als die Radialspannung ist. In den selteneren Fällen, in denen diese Bedingung nicht eingehalten wird, wird die Vergleichsspannung nach der Gestaltänderungsenergiehypothese berechnet:

$$\sigma_v = 0{,}71 \sqrt{(\sigma_u - \sigma_l)^2 + (\sigma_l - \sigma_r)^2 + (\sigma_r - \sigma_u)^2}. \tag{45}$$

Die Anwendung dieser Gleichung wird auch bei schwellender Beanspruchung empfohlen. Vergleicht man die Ergebnisse der Gleichungen (44) und (45), so zeigt sich, daß bei Vorliegen von Längs-Druckspannungen in dünnwandigen Rohren die Vergleichsspannung nach Gleichung (45) höher ausfällt als die nach Gleichung (44) errechnete Spannung [22].

In den folgenden Abschnitten wird die Wanddickenberechnung für die gebräuchlichsten Anwendungsfälle gemäß den neuesten Ausgaben der Normen und Richtlinien in SI-Einheiten beschrieben. Das Umrechnen von einem System in das andere wird erleichtert durch die Vereinfachung

- Druck: $10 \text{ kp/cm}^2 = 10 \text{ at} \approx 10 \text{ bar} = 1 \text{ N/mm}^2 = 1 \text{ MPa}$
- Spannung: 1 kp/mm^2 $\approx 10 \text{ N/mm}^2 = 10 \text{ MPa}$.

Im folgenden Abschnitt gelten, soweit nicht weiter erläutert, folgende Bezeichnungen:

$c = c_1 + c_2$	Zuschlag zur rechnerischen Wanddicke	mm
c_1	Zuschlag zum Ausgleich der zulässigen Wanddicken-Unterschreitung	mm
c_2	Zuschlag für Korrosion und Abnutzung	mm
d_a, D_a	Rohraußendurchmesser	mm
d_i, D_i	Rohrinnendurchmesser	mm
n	Lastspielzahl (Anzahl der Druckwechsel), die im Betrieb zu erwarten ist	–
n_B	Lastspielzahl bis zum Bruch	–

p	Berechnungsdruck, der maximal mögliche innere Überdruck eines Leitungsteiles unter Beachtung aller denkbaren Betriebszustände einschließlich Druckstoß	N/mm^2 oder bar
$\hat{p} - \check{p}$	$p_{max} - p_{min} =$ Schwingbreite einer Druckschwingung	N/mm^2
s	Auszuführende (erforderliche) Wanddicke (Bestellwanddicke, Nennwanddicke)	mm
s_e	ausgeführte Wanddicke	mm
s_0, s_v	Rechnerische Wanddicke ohne Zuschläge	mm
v	Verschwächungsfaktor, z.B. Wertigkeit einer Längs- bzw. Schraubenliniennaht, Berücksichtigung von Ausschnitten	–
K	Festigkeitskennwert	N/mm^2
S	Sicherheitsbeiwert	–
S_L	Lastspielsicherheit	–
S_K	Sicherheit gegen Einbeulen	–
$Y = 1/S$	Nutzungsgrad	–
δ_5	Bruchdehnung in $\%$ $L_0 = 5d$, Mindestwert	–
ϑ	Berechnungstemperatur der Rohrwand, unter Beachtung aller denkbaren Betriebszustände höchste mögliche Temperatur (ϑ darf bei Leitungsrohren nach DIN 2413 im Geltungsbereich II während 5 % der Betriebszeit um maximal 10 °C überschritten werden)	°C
$\sigma_{zul} = K/S$	Zulässige Beanspruchung bei ruhender Belastung	N/mm^2
$\tilde{\sigma}_{zul}$	Zulässige Belastung bei schwellender Belastung	N/mm^2
$\check{\sigma}_B$	Bruchfestigkeit (Mindestwert)	N/mm^2
$\check{\sigma}_S$	Streckgrenze bei 20 °C (Mindestwert)	N/mm^2
$\check{\sigma}_{0,2}$	0,2%-Dehngrenze bei 20 °C (Mindestwert)	N/mm^2
$\check{\sigma}_{Sch/D}$	Dauerschwellfestigkeit (Mindestwert)	N/mm^2
$\check{\sigma}_{Sch/n}$	Zeitschwellfestigkeit (Mindestwert)	N/mm^2
$\check{\sigma}_1$	1%-Dehngrenze bei 20 °C (Mindestwert)	N/mm^2
$\check{\sigma}_{0,2/\vartheta}$	Warmstreckgrenze bzw. 0,2%-Dehngrenze (Mindestwert) bei Berechnungstemperatur ϑ	N/mm^2
$\check{\sigma}_{1/\vartheta}$	1%-Dehngrenze (Mindestwert) bei Berechnungstemperatur ϑ	N/mm^2
$\bar{\sigma}_{B/200\,000/\vartheta}$	Zeitstandfestigkeit für 200000 Stunden (Mittelwert) bei Berechnungstemperatur ϑ	N/mm^2
$\bar{\sigma}_{B/100\,000/\vartheta}$	Zeitstandfestigkeit für 100000 Stunden (Mittelwert) bei Berechnungstemperatur ϑ	N/mm^2
$\bar{\sigma}_{1/100\,000/\vartheta}$	1%-Zeitdehngrenze für 100000 Stunden (Mittelwert) bei Berechnungstemperatur ϑ	N/mm^2

3.2. Stahlrohre unter Innendruck nach DIN 2413 (Juni 1972)

Bis zu einem Durchmesserverhältnis $d_a/d_i = 1,7$ gilt DIN 2413 für Rohre mit Kreisquerschnitt ohne Ausschnitte und Stutzen bei ruhender und schwellender Belastung, sofern sie im Rohrleitungsbau verwendet werden. Die auszuführende Wanddicke ergibt sich als Summe

$$s = s_v + c_1 + c_2 . \tag{46}$$

Die Mindestwanddicke s_v wird mit den folgenden noch zu erläuternden Gleichungen errechnet, der Zuschlag c_1 berücksichtigt die mögliche Wanddickenunterschreitung infolge der in den Lieferbedingungen zugelassenen Walztoleranz, (Tafel XX), und c_2 wird gegebenenfalls zugeschlagen, um Korrosion und Abnutzung Rechnung zu tragen.

Tafel XX: Zuschlag c_1 für zulässige Wanddickenunterschreitung

technische Liefer- bedingung	Durchmesserbereich	Wanddickenbereich	zul. Wand- dickenunter- schreitung	Zuschlag
DIN 1626 Bl. 2, 3 u. 4 (geschweißt)		bis 3 mm über 3–10 mm über 10 mm	0,25 mm 0,35 mm 0,50 mm	0,25 mm 0,35 mm 0,50 mm
DIN 1629 Bl. 2 (nahtlos)	bis 325 mm über 325 mm		15% 18%	0,18 s_v 0,22 s_v
DIN 1629 Bl. 3 u. 4 DIN 17175 (nahtlos)	bis 130 mm über 130 bis 325 mm über 325 mm		10% 12,5% 15%	0,11 s_v 0,14 s_v 0,18 s_v
DIN 17172 (nahtlos)	bis 130 mm über 130 mm		10% 12,5%	0,11 s_v 0,14 s_v
DIN 17172 (geschweißt)		bis 10 mm über 10 mm	0,35 mm 0,50 mm	0,35 mm 0,50 mm
		Die obere Grenze ist durch die zulässigen Gewichtsabweichungen gegeben		

Die Gleichungen für s_v gelten auch für Rohrbogen mit dem Biegeradius r, wenn durch das Biegeverfahren sichergestellt wird, daß die Wanddicke dünnwandiger Rohre an der Bogeninnenseite noch mindestens

$$s_i = s_v \cdot B_i = s_v \, \frac{2r - d_a/2}{2r - d_a} \tag{47}$$

beträgt und an der Bogenaußenseite

$$s_a = s_v \cdot B_a = s_v \, \frac{2r + d_a/2}{2r + d_a} \tag{48}$$

erreicht wird.

In DIN 2413 (Seite 614) sind B_i und B_a für dickwandige Rohre angegeben.

Es wurde inzwischen festgestellt, daß die in Bild 4 der DIN 2413 enthaltenten Kurven bei der zeichnerischen Übertragung aus dem Manuskript so ungenau geworden sind, daß eine Korrektur angebracht ist. Beispielsweise ergibt die Berechnung eines nahtlosen Rohrbogens aus einem Stahl mit K = 305 N/mm^2 bei 110 °C mit d_a = 88,9 mm für p = 200 bar, Sicherheitsbeiwert 1,6 und Korrosionszuschlag c_2 = 0 eine Bestellwanddicke von 7,3 mm (s_v = 4,6636 mm; B_i = 1,41 nach DIN 2413, Bild 4). Bei Einsetzen eines B_i-Wertes nach der von Schwaigerer [58] angegebenen Gleichung

$$B_i = \frac{d_i}{2 \, s_v} \cdot \left[(2 \, \frac{r}{d_i} - 1) - \sqrt{(2 \, \frac{r}{d_i} - 1)^2 - (4 \, \frac{r}{d_i} - 1)2 \, \frac{s_v}{d_i}} \, \right]$$

erhält man mit B_i = 1,304 und s_v = 4,6636 unter den gleichen Verhältnissen nur eine Bestellwanddicke von s = 6,8 mm. Es ist deshalb die von der Ruhrgas AG erarbeitete Darstellung der B_i- und B_a Werte über dem bezogenen Krümmungsradius wiedergegeben, Bild 19, welche anstelle Bild 4 der DIN 2413 angewendet werden kann.

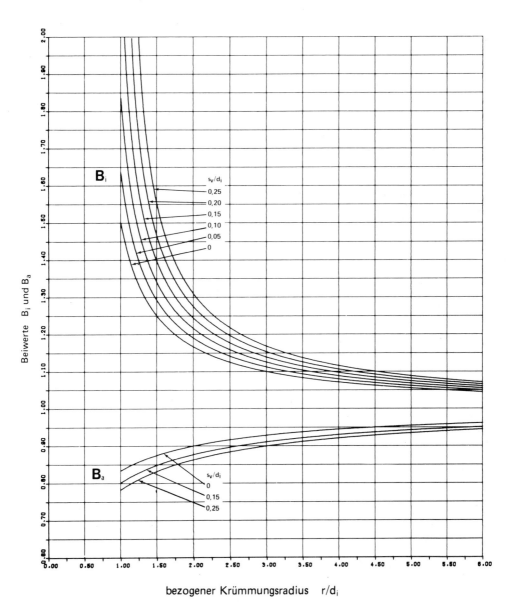

Bild 19: Beiwerte zur Ermittlung der Beanspruchung von Rohrbogen

In den Gleichungen zur Berechnung von s_v ist ein Faktor v_N enthalten, der bei geschweißten Rohren die Wertigkeit senkrecht zur Schweißnaht berücksichtigt. Er nimmt Werte zwischen 0,5 und 1,0 gemäß Tafel XXI an.

Der Wertigkeitsfaktor v_N gilt auch für spiralgeschweißte Rohre, obwohl bei diesen die Naht der Umfangsspannung σ_u nicht voll ausgesetzt ist, sondern nur der Komponente $\sigma_u \cdot \cos \delta$, wenn δ der Winkel zwischen Naht und Rohrachse ist. Es ist, wie schon erläutert, nicht ausgeschlossen, daß die Längsspannung in der Rohrwand bis auf die Höhe der Umfangsspannung anwächst. In einem solchen Falle kann die Schweißnaht auch des spiralgeschweißten Rohres einer Spannung ausgesetzt werden, die der Umfangsspannung entspricht.

Tafel XXI: Wertigkeitsfaktor v_N von Längs- und Schraubenlinien-Schweißnähten

Technische Lieferbedingung	Werkszulassung	Ablieferungsprüfung	Weitere Bedingengen	Wertigkeitsfaktor v_N
DIN 1626 Blatt 2	ohne	ohne	ohne	0,5
	mit	ohne	ohne	0,7
DIN 1626 Blatt 3	Voraussetzung: Schweißfachaufsicht, geschultes und geprüftes Personal, entsprechende Schweiß- und Prüfeinrichtungen vorhanden	ohne	doppelseitige Schweißung	0,8
		mit	doppelseitige Schweißung[1]	0,9
DIN 1626 Blatt 4 DIN 17172		mit	wie bei $v_N = 0,9$ zusätzlich: nur elektrisch geschweißt mit 100 %-iger zerstörungsfreien Nahtprüfung[1]	1,0

[1] Werden diese Rohre im Anwendungsbereich DIN 2413 Geltungsbereich II und TRD102 eingesetzt, sind sie einer Normalglühung über die ganze Rohrlänge zu unterziehen.

3.2.1. Rohrleitungen für vorwiegend ruhende Innendruckbeanspruchung bis zu 120 °C Berechnungstemperatur

Die rechnerische Mindestwanddicke ist

$$s_v = \frac{d_a \cdot p}{2\sigma_{zul} \cdot v_N} \quad \text{wobei:} \ \sigma_{zul} = \frac{K}{S} = Y \cdot K. \tag{49}$$

Der Festigkeitskennwert K ist im allgemeinen die gewährleistete Streckgrenze bei Raumtemperatur (bei Feinkornstählen nach Stahl-Eisen-Werkstoffblatt 089 und bei austenitischen Stählen über 50°C Betriebstemperatur die Streckgrenze bei Betriebstemperatur), jedoch nicht höher als 70 % der Bruchfestigkeit bei unvergüteten und 80 % der Bruchfestigkeit bei vergüteten Stählen sowie bei mikrolegierten, kontrolliert gewalzten Stählen mit niedrigem Kohlenstoffäquivalent (TM-Stähle). Ein ausreichendes Formänderungsvermögen des Werkstoffes wird dabei vorausgesetzt, so soll die Bruchdehnung bei Raumtemperatur mindestens $\delta_5 = 14 \%$ betragen. Für Stähle ohne gewährleistete Festigkeitskennwerte (St 00 nach DIN 1629 Bl. 2 sowie St 33 nach DIN 1626 Bl. 2) darf mit $K = 190 \text{ N/mm}^2$ gerechnet werden. Rohre aus austenischen, stark verformungsfähigen Stählen mit einem Verhältnis Streckgrenze zu Zugfestigkeit kleiner 0,5 bei 20 °C dürfen mit $K = \sigma_1$ (Mindestwert der 1 % Dehngrenze) berechnet werden.

Der Sicherheitsbeiwert S richtet sich unter anderem nach dem Verformungsvermögen, und zwar ist er kleiner bei Werkstoffen mit hohem Verformungsvermögen, gekennzeichnet durch die Bruchdehnung δ_5, und höher bei Werkstoffen mit niedrigerer Bruchdehnung. Außerdem ist das Vorliegen bzw. Nichtvorliegen eines Abnahmeprüfzeugnisses nach DIN 50049 und der Verlegungsort von Bedeutung. DIN 2413 gibt folgendes Schema:

Bruchdehnung δ_5		Rohre *mit* Abnahmeprüf-zeugnis DIN 50049	Rohre *ohne* Abnahmeprüf-zeugnis DIN 50049	Rohre mit Abnahmeprüf-zeugnis DIN 50049 für erd-verlegte Rohrleitungen in Gebieten ohne besondere zusätzliche Beanspruchung
$> 25\%$	S	1.5	1.7	1.4
	Y	0.67	0.59	0.72
$= 20\%$	S	1.6	1.75	1.5
	Y	0.63	0.57	0.67
$= 15\%$	S	1.7	1.8	1.6
	Y	0.59	0.55	0.63

Zwischenwerte dürfen linear interpoliert bzw. bei kleineren Dehnungen als 15 % extrapoliert werden.

Unabhängig von der Festigkeitsberechnung sind einige Stähle in ihrem Anwendungsbereich gewissen in Tafel XXII ersichtlichen Beschränkungen unterworfen, außerdem ist zu prüfen, ob weitere Einschränkungen durch andere Vorschriften (z.B. Unfallverhütungsvorschriften) bestehen.

3.2.2. Rohrleitungen für vorwiegend ruhende Innendruckbeanspruchung über 120 °C Berechnungstemperatur

Die rechnerische Mindestwanddicke kann ausgehend vom Außendurchmesser oder vom Innendurchmesser des Rohres berechnet werden zu:

$$s_v = \frac{d_a}{\left(\dfrac{2\sigma_{zul}}{p} - 1\right) v_N + 2} \tag{50a}$$

$$s_v = \frac{d_i}{\left(\dfrac{2\sigma_{zul}}{p} - 1\right) v_N}. \tag{50b}$$

Nur wenn hierin $d_a = d_i + 2s_v$ gesetzt wird, ergeben (50a) und (50b) gleiche Ergebnisse. (50a) benutzt man am zweckmäßigsten beim Einsatz genormter Stahlrohre, die nach festliegenden Außendurchmessern gewalzt werden. Für dickwandige Rohre mit eng toleriertem Innendurchmesser arbeitet man besser mit (50b) (sh. auch Kap. VIII, 1.4).

Gleichung (50) ergibt unter einem Verhältnis von $s_v/d_a = 0,05$ praktisch die gleichen Werte wie Gleichung (49), darüber errechnen sich mit Gl. (49) größere Wanddicken als mit Gl. (50).

Die zulässige Spannung σ_{zul} ergibt sich durch den Festigkeitskennwert K und den Sicherheitsbeiwert S zu $\sigma_{zul} = K/S$. Gleichung (50) gilt in einem weiten Temperaturbereich, in dem entweder die Warmstreckgrenze (Mindestwert) oder die Zeitstandfestigkeit (Mittelwert) als maßgebender Festigkeitskennwert anzusehen sind. Wenn Abnahmeprüfzeugnisse für die Lieferung vorliegen, wird der Sicherheitsbeiwert niedriger angesetzt als bei Fehlen eines Abnahmezeugnisses. Zur Ermittlung von $\sigma_{zul} = K/S$ gibt DIN 2413 folgende Anweisungen:

Die in die Berechnung einzusetzende zulässige Beanspruchung ist der niedrigste Wert, der sich aus den beiden folgenden Festigkeitskennwerten K dividiert durch den Sicherheitsbeiwert S ergibt:

1. Warmstreckgrenze $\breve{\sigma}_{0,2/\vartheta}$ bei der Berechnungstemperatur ϑ in °C mit dem Sicherheitsbeiwert

$S = 1,5$ für Rohre mit Abnahmeprüfzeugnis nach DIN 50049 für die Lieferung

$S = 1,7$ für Rohre ohne Abnahmeprüfzeugnis nach DIN 50049.

Tafel XXII: Anwendungsgrenzen von nahtlosen und geschweißten Stahlrohren nach DIN 1629 und DIN 1626 [1])

Rohrart	Anforderungen	Maßgebende Technische Lieferbedingung	Empfohlende Anwendungsbereiche Beanspruchungen [2]) [3])	
			Temperatur [9])	Betriebsdruck
Rohre in Handelsgüte	Für allgemeine Anforderungen bei Leitungen, Behältern und Apparaten (die Rohre eignen sich im allgemeinen zum Biegen, Bördeln und zu ähnlichen Verformungen)	DIN 1629 Blatt 2 (nahtlos)	bis 120 °C	für Flüssigkeiten bis 25 at Überdruck falls Innendurchmesser (in mm) × Betriebsdruck (in at) ≦ 7200 für Preßluft und ungefährliche Gase [5]) bis 10 at Überdruck [4])
			bis 180 °C	für Sattdampf bis 10 at Überdruck [4])
		DIN 1626 Blatt 2 (geschweißt)	bis 120 °C	Für Flüssigkeiten bis 25 kp/cm², falls das Produkt der Zahlenwerte aus Innendurchmesser in mm und Betriebsdruck in kp/cm² nicht überschreitet: 7200 bei St 33 10000 bei St 37 und St 42 [5]) Für Preßluft und ungefährliche Gase bis 10 kp/cm² Überdruck [4]) [5])
			bis 180 °C	Für Sattdampf bis 10 kp/cm² Überdruck [4])
Rohre mit Gütevorschriften	Für höhere Anforderungen bei Leitungen, Behältern und Apparaten (die Rohre eignen sich zum Biegen, Bördeln und zu ähnlichen Verformungen; bei größeren Verformungsbeanspruchungen sind die weicheren Stähle vorzuziehen)	DIN 1629 Blatt 3 (nahtlos)	bis 120 °C	bis 64 at Überdruck [6])
			bis 300 °C [8]) falls Wandtemperatur (in °C) × Betriebsdruck (in at) ≦ 7200	
			bis 120 °C	bis 160 at Überdruck [7])
			bis 300 °C [8])	
		DIN 1626 Blatt 3 (geschweißt)	bis 120 °C	bis 64 kp/cm² Überdruck [6])
			über 120 °C bis 300 °C [8]) falls das Produkt der Zahlenwerte Wandtemperatur in °C × Betriebsdruck in kp/cm² ≦ 7200	
			bis 120 °C	ohne Begrenzung [7])
			über 120 °C bis 300 °C [8])	
Rohre mit besond. Gütevorschriften	Für höchste Anforderungen bei Leitungen, Behältern und Apparaten	DIN 1629 Blatt 4 (nahtlos)	bis 120 °C	ohne Begrenzung
			bis 300 °C [8])	
		DIN 1626 Blatt 4 (geschweißt)	bis 120 °C	ohne Begrenzung [7])
			über 120 °C bis 300 °C [8])	

[1]) Bis zur Fertigstellung einer Norm über die Anwendungsbereiche von nahtlosen und geschweißten Rohren sind die Angaben als vorläufig anzusehen. Auswahl der Rohre für Druckbehälter siehe AD-Merkblatt W 4 (zu beziehen von Carl Heymanns Verlag KG, Köln, und Beuth-Vertrieb GmbH, Berlin und Köln).
[2]) Beabsichtigt ist, hierfür eine besondere Norm aufzustellen.
[3]) Die angegebenen Temperaturen und Drücke setzen Wanddicken voraus, die nach DIN 2413 berechnet worden sind.
[4]) Soweit durch andere Vorschriften keine Einschränkungen bestehen.
[5]) Siehe auch Abschnitt 7.2 von DIN 2403 (Ausgabe März 1965).
[6]) Bei Lieferung mit Werkszeugnis nach DIN 50049.
[7]) Bei Lieferung mit Abnahmezeugnis nach DIN 50049.
[8]) Bei der Berechnung ist zu beachten, daß die Werte für die Warmstreckgrenze nicht gewährleistet werden.
[9]) Bei Leitungen, die bei tiefen Temperaturen betrieben werden, sind bis zum Vorliegen einer Norm die bisherigen Erfahrungswerte zu beachten.

Bei austenitischen Stählen mit großem Verformungsvermögen sowie einem Verhältnis von Streck-grenze zu Zugfestigkeit $\leqslant 0,5$ bei 20 °C können Rohre unter Zugrundelegung der 1 %-Dehngrenze $\check{\sigma}_{1/\vartheta}$ (statt $\check{\sigma}_{0,2/\vartheta}$) berechnet werden. Für Rohre nach DIN 1626 und DIN 1629, für die keine Festig-keitskennwerte für höhere Temperaturen gewährleistet werden, sind die Sicherheitsbeiwerte um 20 % höher anzusetzen.

2. Zeitstandfestigkeit bei Berechnungstemperatur ϑ.

Für die Berechnung mit der Zeitstandfestigkeit ist Voraussetzung, daß für die Rohre ein Abnahme-prüfzeugnis nach DIN 50049 vorliegt. Es sind in Betracht zu ziehen:

a. 200 000 Stunden-Zeitstandfestigkeit

$\check{\sigma}_{B/200\,000/\vartheta}$ (Mindestwert) $= 0,8 \cdot \bar{\sigma}_{B/200\,000/\vartheta}$ (Mittelwert) mit dem Sicherheitsbeiwert $S = 1,0$[1])

oder, falls Werte für 200 000 Stunden nicht zur Verfügung stehen,

b. 100 000 Stunden-Zeitstandfestigkeit $\bar{\sigma}_{B/100\,000/\vartheta}$ (Mittelwert) bei der Berechnungstemperatur in °C mit dem Sicherheitsbeiwert $S = 1,5$. Außerdem ist nachzuprüfen, ob bei der Berechnungstemperatur ϑ in °C die Zeitdehngrenze $\bar{\sigma}_{1/100\,000/\vartheta}$ (Mittelwert) und bei der Temperatur $\vartheta + \varDelta\vartheta$ die Zeitstand-festigkeit $\bar{\sigma}_{B/100\,000/\vartheta+\varDelta\vartheta}$ (Mittelwert) noch nicht überschritten ist. $\varDelta\vartheta$ ist den Betriebsbedingungen anzupassen. In der Regel beträgt $\varDelta\vartheta = 15$ °C.

Bei kürzer befristeten Laufzeiten, z.B. bei Versuchsanlagen, kann mit Zeitstandfestigkeitswerten gerechnet werden, die auf kürzere Bezugszeiten abgestellt sind. Voraussetzung dafür ist, daß die Anlagen entsprechend überwacht werden[2]).

3.2.3. Rohrleitungen für schwellende Innendruckbeanspruchung

Die Rohrwanddicke wird gegen Verformen unter der höchstmöglichen Druckspitze und gegen Dauerschwingbruch bzw. Zeitschwingbruch berechnet. Der größere der beiden Werte ist maßgebend für die Ausführung. Es dürfen nur Rohre mit gewährleisteten hohen Güteeigenschaften (DIN 1626 Blatt 3 und 4, DIN 1629 Blatt 3 und 4, DIN 17172) verwendet werden.

Die Berechnung gegen Verformen entspricht in allen Punkten (Gleichung, Festigkeitskennwert, Sicherheitsbeiwert) dem Abschnitt 3.2.1., wobei allerdings Betriebsdruck *plus* Druckstoß $\varDelta p$ den Berechnungsdruck p ergeben[3]).

Gegen Dauerschwingbruch bzw. Zeitschwingbruch wird nach der Gleichung

$$s_v = \frac{d_a}{\dfrac{2\tilde{\sigma}_{zul}}{\hat{p} - \check{p}} - 1} \tag{51}$$

gerechnet.

Bei diesem Berechnungsverfahren bestimmt allein die Schwingungsamplitude, nicht der absolute Druck die Wanddicke. Bei schwingender Beanspruchung tritt im Werkstoff oberhalb einer bestimmten Lastspielzahl eine Gefügezerrüttung ein, welche bei wesentlich geringeren Spannungen als bei ruhen-der Belastung zum Versagen führt. Trägt man die aus Versuchen gewonnenen Spannungen und zugehörigen Lastspielzahlen im doppelt-logarithmischen Netz auf, erhält man Kurvenscharen gemäß Bild 19 und 20 [23 bis 26]. Hiernach sind drei Bereiche zu unterscheiden:

---

[1]) Zeitstandfestigkeitswerte für 200 000 Stunden sind in DIN 17175 Blatt 2 Beiblatt enthalten. Die Anwendung der Be-rechnung mit Langzeitwerten für 200 000 Stunden setzt die Beachtung der Vereinbarung 67/2 über „Maßnahmen im Betrieb und bei der Überwachung von druckführenden Teilen von Kesselanlagen, die mit Langzeitwerten zu berechnen sind" voraus; zu beziehen als VdTÜV-Merkblatt 451-67/2 beim Maximilian-Verlag, 49 Herford.

[2]) Siehe Anmerkung Fußnote [1]).

[3]) Die Berechnung der Druckstöße ist im Abschnitt 3.8. beschrieben.

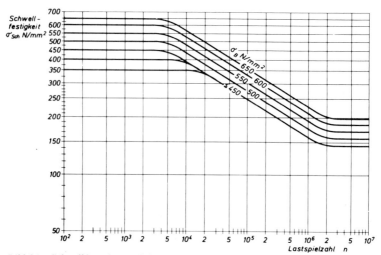

Bild 20: Schwellfestigkeit nahtloser Rohre. (DIN 2413)

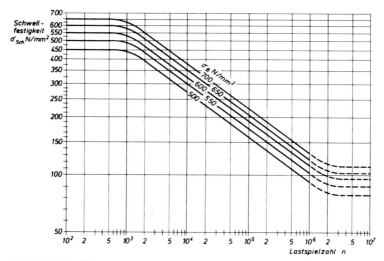

Bild 21: Schwellfestigkeit geschweißter Rohre. (DIN 2413)

a. Lastspielzahlen unter etwa 3000 für nahtlose und 500 für geschweißte Rohre: Es gelten die Festigkeitswerte wie bei ruhender Belastung. (Genauer wird die Grenze zwischen vorwiegend ruhender und schwellender Beanspruchung durch die Tabellen 3 und 4 der DIN 2413 beschrieben.)

b. Bereich der Zeitschwellfestigkeit $\sigma_{\text{Sch}/n}$ bei Lastspielzahlen zwischen etwa 3000 und etwa $3 \cdot 10^6$ für nahtlose und zwischen etwa 700 und etwa $3 \cdot 10^6$ für geschweißte Rohre.

c. Bereich der von der Lastspielzahl unabhängigen Dauerschwellfestigkeit $\sigma_{\text{Sch}/D}$ bei mehr als etwa $3 \cdot 10^6$ Lastspielen.

Nahtlose und HF-geschweißte Stahlrohre verhalten sich bei Druckschwankungen besser als UP-geschweißte Rohre, außerdem zeigten die umfassenden Versuche, daß die Bruchfestigkeit des Werk-

stoffes unter ruhender Beanspruchung mitbestimmend für Zeit- bzw. Dauerschwellfestigkeit ist. Längs-
riefen von 0,1 mm Tiefe oder selbst riefenartige Vertiefungen von etwa 0,05 mm, aber auch grobkörnige und stark randentkohlte Bereiche an der Rohrinnenseite können das Schwellfestigkeitsverhalten
erheblich beeinflussen [48]. In den Bildern 20 und 21, die die Versuchsergebnisse wiederspiegeln, sind
diese Einflüsse wie auch die Oberflächenbeschaffenheit, Maß- und Formhaltigkeit der Rohre bereits
erfaßt. Es erübrigte sich in Gleichung (51) deshalb, einen Schweißnahfaktor v_N einzuführen. Es wurde
jedoch vorausgesetzt, daß die Rohre hohe Güteeigenschaften, wie in DIN 1626 Blatt 4 niedergelegt,
aufweisen. Außerdem ist zu beachten, daß Korrosion an der Innenwand des Rohres die Zeit- oder
Dauerschwellfestigkeit erheblich absinken läßt.

Rohrleitungen im höheren Temperaturbereich haben, wie Versuche mit St 35.8 und 13CrMo44 bei
400 und 500°C zeigten, Schwellfestigkeitswerte etwa in der Größe der Standfestigkeit gleicher
Belastungszeit. Sie brauchen also nicht gegen Schwellfestigkeit berechnet zu werden.

Sind beim Betrieb der Anlage n Lastspiele gleicher Schwingbreite $\hat{p} - \check{p} = $ const zu erwarten, wird
aus Bild 20 und 21 die Spannung entnommen, die bei $n_B = S_L \cdot n$ zum Bruch führen würde. Dies ist
die zulässige Spannung $\bar{\sigma}_{zul}$. Die Lastspielsicherheit S_L ist normalerweise $= 5$. Korrosion oder
Oberflächenbeschädigungen des Rohres können durch höhere Werte erfaßt werden. Gelangt man
mit $n_B = S_L \cdot n$ in den Bereich konstanter, lastspielzahlunabhängiger Werte, so geht die Berechnung
gegen Zeitschwingbruch in die Berechnung gegen Dauerbruch über. Gleichung (51) gilt auch hier,
aber die zulässige Spannung ist nun $\sigma_{Sch/D}/1,5$.

Wenn die von der Rohrleitung zu ertragenden Lastspiele in unregelmäßiger Frequenz und unterschiedlicher Höhe zu erwarten sind, ist eine unmittelbare Wanddickenberechnung gegen Zeit- bzw.
Dauerschwingbruch nach dem derzeitigen Stand der Kenntnisse schwieriger. Schwaigerer [27] und
DIN 2413 geben Hinweise, wie in solchen Fällen die Wanddicke wenigstens näherungsweise abgeschätzt werden kann.

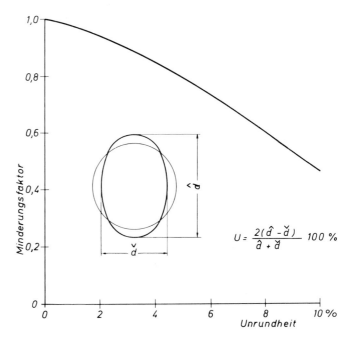

Bild 22:
Minderungsfaktor für
Schwellfestigkeit unrunder
Rohre. (DIN 2413)

Wesentlich ist noch, die Abminderung der Schwellfestigkeit durch Unrundheiten des Rohres, z.B. in Biegungen, zu berücksichtigen.Bild 22 gibt den Minderungsfaktor in Abhängigkeit von der Unrundheit an.

3.3. Rohre als druckführende Teile von Druckbehältern nach AD-Merkblättern[4])

Die für den Bau von Druckbehältern zugelassenen Rohre, ihre Anwendungsgrenzen, die Festigkeitskennwerte und zu erbringenden Bescheinigungen über Werkstoffprüfungen sind den AD-Merkblättern

Tafel XXIII-1: Übersicht über die zulässigen Werkstoffe und Bescheinigungen über die Werkstoffprüfung für Rohre zum Bau von Druckbehältern (AD-Merkblatt W 4, Druckvorlage März 1981)

Norm		Stahlsorten	Anwendungsbereich		Art der Bescheinigungen über Werkstoffprüfungen nach DIN 50049[2])	
			Betriebsüberdruck p bar	Temperatur ϑ °C bzw. $\vartheta \cdot p$	< 500 N/mm²	≧ 500 N/mm²) Mindestzugfestigkeit
DIN 1629 Teil 3 Teil 4		St 35, St 45, St 52	≦ 64	≦ 300 $\vartheta \cdot p \leq 7200$	2[1])	3.1 B
			≦ 160	≦ 300	3.1 B	3.1 C
		St 35.4, St 45.4, St 52.4	ohne Begrenzung	≦ 300	3.1 B	3.1 C
Nahtlose Rohre DIN 17175	St35.8	Gütestufe I und II[3])	''	≦ 450	3.1 B	
		Gütestufe III	''	bis zu den in der Norm angegebenen Temperaturgrenzen	3.1 B	
	St.45.8	Gütestufe I und II[3])	''	≦ 450	3.1 B	
		Gütestufe III	''	bis zu den in der Norm angegebenen Temperaturgrenzen	3.1 C	
		legierte Stähle immer Gütestufe III	''	bis zu den in der Norm angegebenen Temperaturgrenzen	3.1 C	
		Rohre aus sonstigen Stählen	Entsprechend dem Gutachten des Sachverständigen			
DIN 1626 Teil 3 Teil 4		St 34-2, St 37-2, St 42-2 St 52-3	≦ 64	≦ 300 $\vartheta \cdot p \leq 7200$	2[1])	3.1 B
			≦ 160	≦ 300	3.1 B	3.1 C
		St 34-2, St 37-2, St 42-2 St 52-3	ohne Begrenzung	≦ 300	3.1 B	3.1 C
Geschweißte Rohre DIN 17177	St37.8	Gütestufe I	''	≦ 450	3.1 B	
		Gütestufe III	''	bis zu den in der Norm angegebenen Temperaturgrenzen	3.1 B	
	St42.8	Gütestufe I	''	≦ 450	3.1 B	
		Gütestufe III	''	bis zu den in der Norm angegebenen Temperaturgrenzen	3.1 C	
	15Mo3	Gütestufe III	''	bis zu den in der Norm angegebenen Temperaturgrenzen	3.1 C	
		Rohre aus sonstigen Stählen	Entsprechend dem Gutachten des Sachverständigen			

[1]) Stempelung kann Werkszeugnis ersetzen. Bei ausschließlich äußerem Überdruck genügt Werksbescheinigung nach DIN 50049

[2]) Die Festlegung über die Art der Bescheinigungen über Werkstoffprüfungen nach DIN 50049 gilt bei geschweißten Rohren nur, wenn nach Abschluß der Verfahrensprüfung die Güte und die Gleichmäßigkeit der Fertigung über einen ausreichend langen Zeitraum nachgewiesen sind.

[3]) Die DIN 17175 enthält die Gütestufe II nicht mehr. Rohre der Gütestufe II können weiterhin im Anwendungsbereich der Gütestufe I verwendet werden.

---

[4]) Aufgestellt von der „Arbeitsgemeinschaft Druckbehälter". Zu beziehen durch: Beuth Verlag GmbH, Kamekestraße 2—8, 5000 Köln 1

W 4 und W 12 zu entnehmen. W 4 gilt für Rohre aus legierten und unlegierten Stählen zum Bau von Druckbehältern bis herab zu Beschickungsmittel-Temperaturen von $-10\ ^\circ$C. W 12 gilt nur führ nahtlose Rohre aus legierten und unlegierten Stählen für Druckbehältermäntel. Es ist vorgesehen, bei einer späteren Überarbeitung beide Merkblätter zusammenzufassen.

Das AD-Merkblatt W 4, alte Ausgabe September 1964, wird zur Zeit der Neuauflage des Stahlrohrhandbuches überarbeitet. Hier wird die Druckvorlage der Neufassung, Stand März 1981, zitiert.

In den Tafeln XIII 1 bis 5 sind die wichtigsten Angaben beider Merkblätter zusammengestellt. Die Festigkeitskennwerte der warmfesten Stähle, Tafel XXIII-3, die der Druckvorlage AD-Merkblatt W 4 entnommen wurden, weichen von den Werten der DIN 17 175 und 17 177 zum Teil ab. Es wird angegeben, daß diese Werte aufgrund der bisherigen Betriebserfahrungen noch bis 31.12.1984 gültig sind. Nach Abschluß des Forschungsvorhabens „Festigkeitskennwerte für warmfeste Stähle" sollen sie überprüft und gegebenenfalls neu festgesetzt werden.

Allgemein gilt für Berechnungen nach AD-Merkblättern: Der Berechnungsdruck ist der höchstzulässige Betriebsüberdruck *plus* dem durch das Beschickungsmittel verursachten statischen Druck, wenn er größer als 5 % des Betriebsdruckes ist (p ist in bar einzusetzen).

Tafel XXIII-2: Festigkeitskennwerte für Rohre nach DIN 1626 und 1629 zum Bau von Druckbehältern (AD-Merkblatt W 4)

| Stahlsorte | Festigkeitskennwerte K in N/mm² bei Wanddicken ≦ 16 mm und bei Berechnungstemperaturen in °C | | | | |
	20 (50)	100 (120)	200	250	300
St 34-2	205	167	147	128	108
St 35 St 35.4 St 37-2	235	186	f57	147	118
St 45 St 45.4 St 42-2	255	206	177	157	137
St 52 St 52.4 St 52-3	355	255	226	206	186

Tafel XXIII-3: Festigkeitskennwerte warmfester Stähle zum Bau von Druckbehältern (AD-Merkblatt W 4, Druckvorlage März 81)

| Rohr-norm | Stahlsorte | | Festigkeitskennwerte K N/mm² bei Berechnungstemperaturen von ... °C | | | | | | | |
	Kurzname	Werkstoff-nummer	20	200	250	300	350	400	450	500
DIN 17175[1] [4]	St 35.8	1.0305	235	186	167	137[2]	118[2]	108	88[3]	—
	St 45.8	1.0405	255	206	186	157[2]	137[2]	128	108[3]	—
	15Mo3	1.5415	285	255	235	206[3]	186[2]	177	167	147[3]
	13CrMo44	1.7335	295	275	255	235	216	206	196	177[3]
	10CrMo910	1.7380	265	245	235	226	216	206	196	186[3]
DIN 17177[2]	St 37.8	1.0315	235	186	167	137[2]	118[2]	108	88[3]	—
	St 42.8	1.0498	255	206	186	157[2]	137[2]	128	108[3]	—
	15Mo3	1.5415	285	255	235	206[2]	186[2]	177	167	147[3]

Werte für Zwischentemperaturen können linear interpoliert werden.

[1]) Bei St 35.8, St 45.8, 15 Mo3, 13CrMo44 bis 40 mm Wanddicke. Darüber 10 N/mm² geringer.
[2]) Bei Wanddicken ≦ 10 mm 10 N/mm² höher, ausgenommen Rohre mit Außendurchmessern ≦ 30 mm und Wanddicken ≦ 3 mm
[3]) Im Bereich der zeitabhängigen Festigkeitskennwerte gelten die Langzeitwarmfestigkeitswerte von Anhang A zu DIN 17175 bzw. DIN 17177
[4]) Bei Rohren mit Außendurchmessern ≦ 30 mm, deren Wanddicke ≦ 3 mm ist, liegen die Werte 10 N/mm² niedriger

Tafel XXIII-4: Übersicht über die zulässigen Werkstoffe und Bescheinigungen über die Werkstoff-prüfung für Behältermäntel aus nahtlosen Rohren (AD-Merkblatt W 12, Ausg. 6.77)

Norm oder Werkstoffblatt	Stahlsorten	Betriebs-überdruck	Anwendungsbereich[3] Beschickungs-mitteltemperatur		Art der Bescheinigungen über Werkstoffprüfungen nach DIN 50049
			≤ 300 °C	> 300 °C	
DIN 1629 Blatt 3	St 35 St 45 St 52	≤ 80 bar	ja	nein	3.1 B
DIN 1629 Blatt 4	St 35.4 St 45.4 St 52.4	≤ 80 bar > bar[1]	ja		3.1 B
DIN 17175	St 35.8 } St 45.8 } Gütest. I St 35.8 } St 45.8 } Gütest. II[2]	≤ 80 bar	bis 450 °C		3.1 B
	St 35.8 } St 45.8 } Gütest. III legierte } Stähle } Gütest. III	ohne Begrenzung	bis zu den in DIN 17175 genannten oberen Tem-peraturgrenzen		3.1 C
SEW 610-63	St 35.8 St 45.8 17 Mn 4 19 Mn 5 15 Mo 3 13 CrMo 44 10 CrMo 910	ohne Be-grenzung[1]	bis zu den im SEW 610-63 festgelegten oberen Temperaturgrenzen		unlegiert Mindestzugfestigkeit ≤ 490 N/mm2: 3.1 B unlegiert Mindestzugfestigkeit > 490 N/mm2: 3.1 C legiert: 3.1 C
VdTÜV-Werkstoff-blatt	sonstige Stähle	entsprechend dem Gutachten des Sachverständigen			

[1] Bei zerstörungsfreier Prüfung
[2] DIN 17175, Ausg. Mai 79 enthält Gütestufe II nicht mehr.
[3] Fallen Druck- u. Temperaturangaben nicht in dieselbe Stufe, so ist die höhere der beiden Stufen maßgebend.

Tafel XXIII-5: Festigkeitskennwerte für die Berechnung von Behältermänteln aus nahtlosen Rohren nach DIN 1629 (AD-Merkblatt W 12)

Stahlsorte	Festigkeitskennwerte K in N/mm2 bei Berechnungstemperaturen in °C[1])						
	20 bis 50 bei Wanddicken in mm			100 bis 120	200	250	300
	≤ 16	> 16 ≤ 40	> 40				
St 35 St 35.4	235[2])	225	215	186	157	147	118
St 45 St 45.4	255[2])	245	235	206	177	157	137
St 52 St 52.4	355[2])	345[3])	335[4])	255	226	206	186

[1]) Sicherheitsbeiwert S = 1,5
[2]) Bei Rohren mit Außendurchmessern ≤ 30 mm, deren Wanddicke ≤ 3 mm ist, liegen die Werte 10 N/mm2 niedriger
[3]) Für Dicken über 16 mm bis 30 mm
[4]) Für Dicken über 30 bis 50 mm

Bei gleichzeitiger Innen- und Außendruckbeanspruchung ist die Berechnung gegen den Innendruck und Außendruck getrennt zu führen – es sei denn, es kann nachgewiesen werden, daß nur der Differenzdruck auftreten kann.

Wird bei der Druckprüfung ein Prüfdruck größer als 1,3 mal Berechnungsdruck verwendet, so darf der Sicherheitsbeiwert bei Prüfbedingungen 1,1 bei Walz- und Schmiedestählen nicht unterschreiten.

Die Berechnungstemperatur ist die höchste zu erwartende Wandtemperatur, und zwar:

Wandung unbeheizt: Höchste Temperatur des Beschickungsmittels;

Wandung durch Gase, Dämpfe, Flüssigkeiten beheizt: Höchste Temperatur des Heizmittels;

Feuer-, Abgas- oder elektrische Beheizung:

a. abgedeckte Wand: Höchste Temperatur des Beschickungsmittels *plus* 20 °C;

b. unmittelbar beheizte Wand: Höchste Temperatur des Beschickungsmittels *plus* 50 °C;

Für Temperaturen des Beschickungsmittels unter –10 °C wird auf AD-Merkblatt W 10 verwiesen.

Wie in DIN 2413 ist der Festigkeitskennwert entweder die Streckgrenze bei Berechnungstemperatur (Mindestwert) oder die Zeitstandfestigkeit (Mittelwert), gegebenenfalls auch die 1%-Zeitdehngrenze, bei Berechnungstemperatur. Bei Stählen ohne gewährleistete Streckgrenze oder Dehngrenze ist als Festigkeitskennwert die gewährleistete Mindestzugfestigkeit entsprechend der Berechnungstemperatur einzusetzen. Der Sicherheitsbeiwert bei nahtlosen und geschweißten Behältern ist in diesem Falle 3,5. Bei nicht artgleich geschweißten Verbindungen sind die Festigkeitswerte des Schweißgutes der Berechnung zugrunde zu legen, wenn sie niedriger als die des Grundmaterials sind. Vollbeanspruchte Schweißnähte in Bauteilen, die mit Hilfe der Zeitstandfestigkeit bemessen werden, sind mit einem um 20 % herabgesetzten Festigkeitskennwert des Grundwerkstoffes zu berechnen, es sei denn, Zeitstandwerte der Schweißverbindung liegen vor.

Zur errechneten Wanddicke werden zugeschlagen: Bei ferritischen Stählen die nach den einschlägigen Maßnormen zulässige Wanddickenunterschreitung, c_1, siehe Tafel XX. Bei austenitischen Stählen bleibt c_1 unberücksichtigt. Bei ferritischen Stählen und $s_e < 30$ mm wird $c_2 = 1$ mm zugeschlagen, um Abnutzung und/oder Korrosion Rechnung zu tragen. Bei ausreichendem Schutz der Oberfläche gegen die Einflüsse des Beschickungsmittels kann c_2 entfallen, andererseits aber bei besonderen Verhältnissen über 1 mm festgelegt werden. Bei austenitischen Stählen im allgemeinen $c_2 = o$.

Die Ausnutzung der zulässigen Berechnungsspannung in der Schweißnaht wird durch den Faktor v berücksichtigt. AD-Merkblatt HP 0 gibt in Übersichtstafel 1 an, welche Voraussetzungen erforderlich sind, um den Faktor $v = 1,0$ einsetzen zu können (Spalte 8 enthält die Werte 100·v). Bei Verminderung des Prüfumfanges kann v auf 0,85 sinken, nähere Einzelheiten sind der sehr umfangreichen Übersichtstafel zu entnehmen.

3.3.1. Zylindrische Mäntel unter innerem Überdruck

Die Wanddicke beträgt, sofern D_a/D_i unter 1,2 bleibt,

$$ s = \frac{D_a p}{20 \dfrac{K}{S} v + p} + c_1 + c_2. \qquad\qquad \text{(p bar)} \qquad\qquad (52)$$

mindestens aber 2 mm.

Bei R o h r e n als druckführende Teile von Druckbehältern unter 200 mm Außendurchmesser wird der Anwendungsbereich auf D_a/D_i bis 1,7 erweitert [5]).

---

[5]) Siehe AD-Merkblatt B 11, Ausgabe Februar 1977.

Wenn bei zähen Werkstoffen D_a/D_i Werte über 1,2 annimmt, kann eine gleichmäßige Spannungsverteilung über den Wandquerschnitt nicht mehr vorausgesetzt werden. Die Spannung an der inneren Wandfläche ist größer als an der äußeren. Im Durchmesserbereich $1,2 < D_a/D_i < 1,5$ wird daher die Gleichung (52) abgewandelt in [6]:

$$s = \frac{D_a p}{23 \dfrac{K}{S} v - p} + c_1 + c_2 . \qquad \text{(p bar)} \qquad (53)$$

Es muß auch sichergestellt sein, daß die zulässige Spannung an der inneren Wandfläche nicht überschritten wird:

$$\frac{p(D_a + s_e)}{230\, s_e} < \frac{K}{S} \qquad \text{(p bar)} \qquad (54)$$

s_e ist hier die ausgeführte Wanddicke.

Werden dickwandige Rohre dieser Durchmesserverhältnisse in Wärmetauschern eingesetzt, entstehen durch die Temperaturdifferenzen zwischen Innen- und Außenwand Zusatzspannungen [6], die gegebenenfalls zur Wahl eines Werkstoffes höherer Festigkeit zwingen. Die technischen Regeln für Dampfkessel begrenzen aus diesem Grunde die Wanddicke stark beheizter Rohre auf 6,3 mm [7].

Selten tritt der Fall ein, daß das Durchmesserverhältnis D_a/D_i größer als 1,5 wird. Wenn auch mit hochfesten Werkstoffen ungünstige Durchmesserverhältnisse nicht zu vermeiden sind, können Sondervereinbarungen mit dem zuständigen Sachverständigen getroffen werden. Der Sicherheitsbeiwert kann gesenkt werden, wenn die Vergleichsspannung Innendruck- und Wärmespannungen berücksichtigt.

3.3.2. Zylindrische Mäntel unter äußerem Überdruck

Wenn ein zylindrischer Mantel durch äußeren Überdruck beansprucht wird, kann er entweder elastisch in eine sternähnliche Form einbeulen oder plastisch verformt werden. Demgemäß sind grundsätzlich zwei Rechengänge erforderlich, um die erforderliche Wanddicke zu finden, wobei sich allerdings Rohre mit weniger als 200 mm Außendurchmesser und D_a/D_i kleiner als 1,7 als so stabil herausstellen, daß es genügt, sie wie Innendruck-beanspruchte Rohre nach Gleichung (52) zu berechnen [8]. Zur errechneten Wanddicke wird – sofern kein Korrosionsangriff zu erwarten ist – nur die Wanddickentoleranz nach Tafel XX zugeschlagen. Die ausgeführte Wanddicke soll aber mindestens der Normalwanddicke nach DIN 2448 – auch bei geschweißten Rohren – entsprechen.

Zylindrische Mäntel mit einem Außendurchmesser über 200 mm und einem Wanddickenverhältnis D_a/D_i bis 1,2 werden nach einem Annäherungsverfahren dimensioniert, indem die Wanddicke und gegebenenfalls auch die Versteifungen zuerst geschätzt und sodann für diese Schätzung zulässigen Drücke berechnet werden [9]. Als Mindestwanddicke ist 3 mm vorgeschrieben. Der höchstzulässige Betriebsdruck p im Falle des elastischen Einbeulens läßt sich mit Bild 23 (nur für Stahlrohre gültig) leicht feststellen. Als Sicherheitsfaktor wird $S_K = 3$ für alle Werkstoffe eingesetzt, da schon eine geringe Unrundheit den kritischen Beuldruck stark herabsetzt und hiergegen ein genügender Abstand eingehalten werden muß. Durch im Abstand l aufgeschweißte Rippen beliebiger Form wird das Rohr wesentlich

---

[6] Siehe AD-Merkblatt B 10, Ausgabe Februar 1977.
[7] TRD 301, Ausgabe April 1975.
[8] AD-Merkblatt B 11, Ausgabe Februar 1977.
[9] AD-Merkblatt B 6, Ausgabe Februar 1977.

versteift. Bild 23 enthält daher als Parameter D_a/l das Verhältnis Durchmesser zu Rippenabstand mit $D_a/l = 0$ als unversteiftes Rohr.
Die Versteifungsringe oder -profile müssen eine Querschnittsfläche von je

$$A \geqslant \frac{0{,}75\,pD_a\sqrt{D_a\left(s-c_1-c_2\right)}}{10\,K} \qquad \text{(p bar)} \qquad (55)$$

und ein auf die zur Rohrachse parallele Schwerpunktachse $x-x$ des Versteifungsringes bezogenes Flächenträgheitsmoment

$$J \geqslant \frac{0{,}124\,pD_a^3\sqrt{D_a\left(s-c_1-c_2\right)}}{10\,E} \qquad \text{(p bar)} \qquad (56)$$

aufweisen (siehe Bild 23).
Die geschätzte Wanddicke wird nun gegen plastisches Verformen kontrolliert, und zwar für normal versteifte Rohre, $D_a/l \leqslant 5$, mit der Beziehung (siehe Bild 24)

$$p = \frac{20\,K}{S}\cdot\frac{s_e-c_1-c_2}{D_a}\cdot\frac{1}{1+\dfrac{1{,}5u\left(1-0{,}2\,D_a/l\right)}{\dfrac{s_e-c_1-c_2}{D_a}\cdot 100}} \qquad \text{(p bar)} \qquad (57)$$

Darin ist hier u die höchste zu erwartende Unrundheit des Rohres

$$u = 2\,\frac{D_{i\,\max}-D_{i\,\min}}{D_{i\,\max}+D_{i\,\min}}\cdot 100\% \qquad (58)$$

welche nur zum Teil in den technischen Lieferbedingungen festgelegt ist (z.B. DIN 17172, Stahlrohre für Fernleitungen, für brennbare Flüssigkeiten und Gase, oder auch DIN 1626 Geschweißte Stahlrohre: $u = 2\%$).
Als Sicherheitsbeiwert gegen die Streck-, Dehngrenze oder Zeitstandfestigkeit bei Berechnungstemperatur ist die Gleichung (57), (59), (60) für alle Walz- und Schmiedestähle $S = 1{,}6$ einzusetzen. Sind die Rohre mit Versteifungen in sehr kurzem Abstand versehen, $D_a/l > 5$, so ist der höchstzulässige Betriebsdruck der *größere* folgender Werte:

$$p = \frac{20\,K}{S}\,\frac{s_e-c_1-c_2}{D_a} \qquad \text{(p bar)} \qquad (59)$$

$$p = \frac{30\,K\left(s_e-c_1-c_2\right)^2}{S\,l^2}\cdot \qquad \text{(p bar)} \qquad (60)$$

Wie Meincke [28] an sehr langen dünnen Rohren für Wärmetauscher durch Versuche nachweisen konnte, ist trotz sorgfältiger Beachtung der Bemessungsregeln nach AD-Merkblatt B 6 und B 1 ein Versagen unterhalb des berechneten Beuldruckes möglich. Das rührt daher, daß die Beul-Wellenzahl durchaus Werte unter 2 annehmen kann. Um die Versuchsergebnisse mit den berechneten Beuldrücken in Übereinstimmung zu bringen, mußte mit Sicherheitsbeiwerten von 1,80 bis 2,84 berechnet werden.

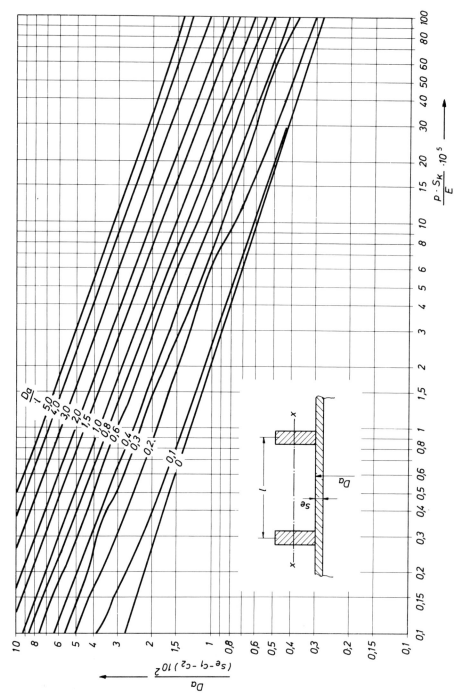

Bild 23: Erforderliche Wanddicke s bei Berechnung gegen Einbeulen (AD-Merkblatt B 6, Februar 1977)

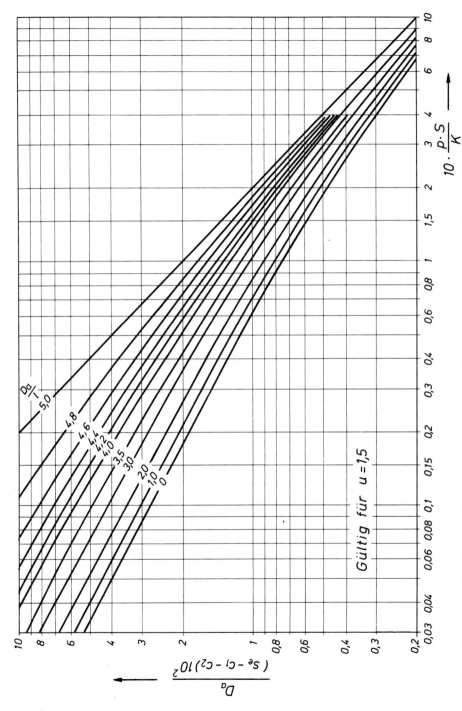

Bild 24: Erforderliche Wanddicke s bei Berechnung gegen plastisches Verformen (AD Merkblatt B 6, Februar 1977)

3.4. Rohre als druckführende Teile von Dampfkesseln nach TRD[10])

Für nahtlose und elektrisch preßgeschweißte Kessel-, Überhitzer- und Ankerrohre sowie für nahtlose Rohre mit einem Innendurchmesser unter 600 mm, aus denen Sammler oder Flammrohre hergestellt werden, sind folgende Werkstoffe zugelassen[11]):

Nahtlose Rohre aus St 35 oder St 45 nach DIN 1629 Teil 3 oder aus St 35.4 oder St 45.4 nach DIN 1629 Teil 4 für 1,5 bar/130 °C-Kessel. Nahtlose Rohre aus warmfesten Stählen nach DIN 17 175, wobei aber der Anwendungsbereich der Stähle St 35.8 und St 45.8 Gütestufe I beschränkt ist. Die Temperatur des durchströmenden Stoffes darf nicht höher als 450 °C sein und der zulässige Betriebsdruck darf 80 bar für Rohre mit Außendurchmessern bis einschließlich 63,5 mm nicht überschreiten. Ist der Außendurchmesser größer, beträgt der zulässige Betriebsüberdruck nur 32 bar. Gütestufe III ist auch vorgeschrieben, wenn nur eine der Anwendungsgrenzen überschritten wird. Für Rohre aus legierten Stählen und für Sammler ist grundsätzlich die Gütestufe III zu verwenden. Für Rohre aus anderen Stählen sind Eignung für den vorgesehenen Verwendungszweck und Güteeigenschaften durch ein Gutachten des Sachverständigen erstmalig nachzuweisen. Gütestufe I und III unterscheiden sich durch den Umfang der in DIN 17 175 vorgeschriebenen Prüfungen, siehe Tafel XXIV, die Festigkeitskennwerte bleiben von der Gütestufe unberührt.

Elektrisch preßgeschweißte Rohre aus St 34-2, St 37-2 oder St 42-2 (beruhigt vergossen) nach DIN 1626 Teil 3 oder 4 mit der in der Norm genannten Schweißnahtwertigkeit für 1,5 bar/130 °C-Kessel. Elektrisch preßgeschweißte Rohre aus warmfesten Stählen nach DIN 17 177 mit einer Schweißnahtwertigkeit $\nu = 1,0$. Die Rohre aus St 37.8 und St 42.8 Gütefue I unterliegen denselben Anwendungsbeschränkungen wie die nahtlosen Rohre Gütestufe I. Für Rohre aus legierten Stählen ist grundsätzlich Gütestufe III zu verwenden. Für elektrisch preßgeschweißte Rohre aus anderen Stählen sind Eignung für den vorgesehenen Verwendungszweck und Güteeigenschaften durch ein Gutachten eines Sachverständigen erstmals nachzuweisen, ihre Schweißnahtwertigkeit soll $\nu = 1,0$ betragen und ein einwandfreier Gefügezustand muß über die ganze Rohrlänge mit hinreichender Gleichmäßigkeit gewährleistet sein.

Als Festigkeitswerte für die Berechnung der Rohre nach DIN 1626 und DIN 1629 gelten die Werte der Tafel XXIII-6, die von den Werten in DIN 1626 und 1629 abweichen. Für Rohre nach DIN 17 175 und 17 177 gelten die in den entsprechenden Normen festgelegten Werte, für Rohre aus anderen Stählen bestimmt der Sachverständige die Festigkeitskennwerte.

Prüfungen, Kennzeichnung und Nachweis der Güteeigenschaften sind TRD 102 zu entnehmen.

Tafel XXIII-6: Festigkeitskennwerte für Rohre nach DIN 1626 und 1629

Stahl-sorte	Festigkeitskennwerte K in N/mm² bei Berechnungstemperaturen von					Wand-dicke
	20 °C (50)	100 °C (120)	200 °C	250 °C	300 °C	mm ≤
St 34-2	175	165	143	127	108	16
St 35*) St 37-2	205	187	161	143	122	16
St 45*) St 42-2	220	205	178	161	139	16

*) Bei Rohren mit Außendurchmesser < 30 mm, deren Wanddicke < 3 mm ist, liegt der Wert um 10 N/mm² niedriger.

---

10) Technische Regeln für Dampfkessel, Beuth-Vertrieb GmbH, Berlin 30, Burggrafenstraße 4—7.
11) Siehe TRD 102 Werkstoffe, Ausgabe April 1980

Tafel XXIV: Prüfumfang bei den nahtlosen Rohren beider Gütestufen und Zuständigkeit für die Durchführung der Prüfungen

Nr.	Prüfungen	Gütestufe I	Gütestufe III	Zuständig für die Durchführung der Prüfung [1]
1	Zugversuch[2]	an zwei Rohren je Los der ersten beiden Lose, an einem Rohr von jedem weiteren Los	an zwei Rohren je Los der ersten beiden Lose, an einem Rohr von jedem weiteren Los	n.V.
2	Kerbschlagbiegeversuch[3]	an den Rohren nach Nr. 1	an den Rohren nach Nr. 1	n.V.
3	Ringversuch[3]	an einem Ende der Rohre nach Nr. 1	je nach Durchmesser an 20 % der Walz- oder Teillängen einseitig oder an 100 % der Walz- oder Teillängen beidseitig, gegebenenfalls jedoch auch einseitig.	n.V.
4	Zerstörungsfreie Prüfung		alle Rohre	H
5	Oberflächenkontrolle	alle Rohre	alle Rohre	n.V.
6	Maßkontrolle	alle Rohre	alle Rohre	n.V.
7	Dichtheitsprüfung	alle Rohre	alle Rohre	H
8	Verwechslungsprüfung		alle legierten Rohre	H
9	Sonderprüfungen[4] Kontrollanalyse	nach Vereinbarung	nach Vereinbarung	H
10	Warmzugversuch	wenn nicht anders vereinbart, 1 Probe je Schmelze und Abmessung oder 1 Probe je Schmelze und Glühlos (Wärmebehandlungslos)	wenn nicht anders vereinbart, 1 Probe je Schmelze und Abmessung oder 1 Probe je Schmelze und Glühlos (Wärmebehandlungslos)	n.V.

[1] n.V. = nach Vereinbarung; H = Herstellerwerk.
[2] Bei Losgrößen bis 10 Rohren genügt 1 Probe bzw. 1 Probensatz.
[3] Die Angaben über die Abmessungsbereiche für die Anwendung dieser Prüfungen in Tabelle 14 sind zu beachten.
[4] Sonderprüfungen werden nur nach Vereinbarung zwischen Hersteller und Besteller durchgeführt.

3.4.1. Zylinderschalen unter innerem Überdruck (TRD 301)

Die Neufassung TRD 301 vom April 1979 enthält Berechnungsanweisungen für alle Bauteile, deren Grundform ein Zylinder ist, wie Rohre ohne und mit Abzweigungen, Sammler und Trommeln. Hier wird vorerst die Wanddickenberechnung der Rohre ohne Abzweige und Ausschnitte beschrieben, wobei eine ruhende Beanspruchung vorausgesetzt wird.

Die erforderliche Wanddicke bei vorwiegend ruhender Innendruckbeanspruchung beträgt ohne Zuschläge:

$$s_v = \frac{d_i p}{(2\sigma_{\text{ZUL}} - p) v_N} \tag{61a}$$

$$s_v = \frac{d_a p}{(2\sigma_{\text{ZUL}} - p) v_N + 2p} \tag{61b}$$

mit den folgenden Erläuterungen[12]:

---

[12] Siehe TRD 300, Berechnung, Ausgabe April 1975

Tafel XXV: Festigkeitskennwerte K und zugehörige Sicherheitsbeiwerte S für Walz- und Schmiede-
stähle mit Abnahmeprüfzeugnis

| Festigkeitskennwerte K | Sicherheitsbeiwert S | |
gemäß TRD über Werkstoffe	bei innerem Überdruck	bei äußerem Überdruck[a])
$\bar{\sigma}_B$ bei 20 °C	2,4	2,4
$\bar{\sigma}_{s\vartheta}$ bzw. $\bar{\sigma}_{0,2/\vartheta}$	1,5	1,8
$\bar{\sigma}_{B/200000/\vartheta}$[1])	1,0[2])	1,2

[1]) Falls für einen Werkstoff $\bar{\sigma}_{B/200000/\vartheta} = 0,8 \cdot \bar{\sigma}_{B/200000/\vartheta}$ nicht bekannt ist sowie bei Seeschiffskesseln, kann mit $\bar{\sigma}_{B/100000/\vartheta}$ gerechnet werden; dabei ist $S = 1,5$ für inneren Überdruck und $S = 1,8$ für äußeren Überdruck einzusetzen.
[2]) Die Anwendung setzt die Berücksichtigung der Vereinbarung 1967/2 voraus; siehe TRD 001 Anlage 1.
[a]) Für Bauteile ohne Abnahmeprüfzeugnis nach DIN 50049 wird der Sicherheitsbeiwert um 20% erhöht.

Das Verhältnis d_a/d_i soll höchstens 1,7 betragen, es kann bis auf 2,0 anwachsen, wenn $s_v \leqslant 80$ mm bleibt. Die Berechnungsregeln setzen verformungsfähige Werkstoffe ($\delta_5 \geqslant 14\%$ im allgemeinen) voraus.

Der Berechnungsdruck p ist der zulässige Betriebsüberdruck *plus* dem hydrostatischen Druck, sofern er 0,05 N/mm² überschreitet. Bei Heißwassererzeugern braucht der hydrostatische Druck nicht zugeschlagen zu werden. Bei Durchlaufkesseln gilt als Berechnungsdruck der einzelnen Kesselteile der in ihnen beim zulässigen Betriebsüberdruck und der zulässigen Wärmeleistung zu erwartende höchste Betriebsüberdruck. Für Heißdampfleitungen, die am Dampfkesselaustritt anschließen, ist p der höchste Überdruck, der durch die Sicherheitseinrichtungen ausreichend abgesichert ist.

Die Berechnungstemperatur setzt sich aus Bezugstemperatur (Wasser- oder Dampftemperatur in diesem Rohr) zuzüglich einem von der Beheizungsart abhängigen Temperaturzuschlag zusammen. In wasser- bzw. wasserdampfgemischführenden Rohren ist Bezugstemperatur die Sättigungstemperatur beim höchstzulässigen Betriebsüberdruck. Der Mindesttemperaturzuschlag ist Null bei unbeheizten Rohren; 50 °C bei strahlungsbeheizten Rohren; $(15 + 2 s_e)$ °C bei berührungsbeheizten Rohren, höchstens aber 50 °C; und 20 °C bei gegen Feuergase abgedeckten Rohren. (s_e ist in TRD 301 die ausgeführte Wanddicke, im allgemeinen die Bestellwanddicke).

In heißdampfführenden Rohren ist Bezugstemperatur die Heißdampftemperatur, auf die folgende Mindestzuschläge zu rechnen sind: 15 °C bei unbeheizten Rohren, oder auch 5 °C, wenn durch Temperaturregelung, Mischung oder ähnliche Maßnahmen sichergestellt wird, daß die vorgesehene Heißdampftemperatur nicht überschritten werden kann. Bei strahlungsbeheizten Rohren ist ein Mindestzuschlag von 50 °C, bei berührungsbeheizten Rohren 35 °C zuzurechnen. Wenn die Rohre gegen Feuergase abgedeckt sind, müssen 20 °C zugeschlagen werden. Schottenüberhitzer gelten als Berührungsüberhitzer.

Die zulässige Spannung für Walz- und Schmiedestähle mit Abnahmeprüfzeugnis nach DIN 50049 für den Werkstoff ($\delta_5 \geqslant 14$ %) ist der kleinste sich aus Tafel XXV ergebende Wert K/S.

Anstatt der Warmstreckgrenze $\bar{\sigma}_{0,2/\vartheta}$ kann $\bar{\sigma}_{1/\vartheta}$ für austenitische Stähle mit einem Verhältnis von $\bar{\sigma}_{0,2}/\bar{\sigma}_B \leqslant 0,5$ bei 20 °C eingesetzt werden. In begründeten Fällen, z.B. bei Versuchsanlagen oder beim Einbau von Ersatzteilen, kann auch mit Zeitstandfestigkeitswerten für weniger als 200 000 h, mindestens jedoch 100 000 h bei $S = 1,0$ gerechnet werden.

Zur nach Gleichung (61) errechneten Wanddicke s_v sind folgende Zuschläge zu machen:
c_1 für Wanddickenunterschreitung nach den einschlägigen Rohrnormen (sh. Tafel XX), ausgenommen beheizte Rohre unter 44,5 mm Außendurchmesser, bei denen c_1 entfällt sofern nicht eine axiale Zugbeanspruchung für die Bemessung maßgebend ist; und
$c_2 = 1$ mm für Korrosion und Abnutzung, wenn die Verhältnisse dieses erfordern und die ausgeführte Wanddicke $s_e \leqslant 30$ mm ist. Bei nahtlosen, längs- oder wendelnahtgeschweißten Rohren sowie für Sammler ist $c_2 = 0$. (TRD 301, Ausg. 4.79. 10.2)

Die kleinste zulässige ausgeführte Wanddicke beträgt bei ferritischem Stahl 3 mm und bei nichtrostendem (austenitischem und ferritischem) Stahl 1 mm. Diese Werte können unterschritten werden, wenn die ausgeführte Wanddicke s_e mindestens $2 \cdot s_v$ nach Gleichung (61) beträgt.

Die Wanddicke stark beheizter wasser- oder wasserdampfgemischführender Rohre darf 6,3 mm nicht überschreiten.

In TRD 301 sind auch Berechnungsvorschriften auf Wechselbeanspruchung durch schwellenden Innendruck und durch kombinierte Innendruck- und Temperaturänderungen enthalten. Druck- und Temperaturschwankungen ergeben sich immer im normalen Kesselbereich in gewissem Maße, insbesondere treten sie aber bei Starts aus kaltem bzw. halbwarmen Zustand heraus und beim Abschalten der Anlagen auf. Wechselbeanspruchungen können zum Versagen des Bauteiles durch Ermüden des Werkstoffes führen, sie sind immer dann besonders zu beachten, wenn an den höchstbeanspruchten Stellen plastische Verformungen auftreten.

In Rohren ohne Ausschnitte und Abzweigungen tritt bei Anwendung der in TRD angegebenen Sicherheitsbeiwerte kein nennenswertes Fließen ein, sofern man im Bereich der Anwendung der Warmstreckgrenze verbleibt. Solche Rohre sind demnach durch Wechselbeanspruchungen weniger gefährdet. Für zylindrische Bauteile mit Ausschnitten für Stutzen, Mannlöcher und so fort kann unter den folgenden Voraussetzungen auf eine Berechnung der Wechselbeanspruchung verzichtet werden:

Zylinderschalen mit Ausschnitten aus unlegierten und niedrig legierten Kesselstählen bis einschließlich 17 Mn 4 brauchen bis zu 10 000 Kaltstarts (Druckanstieg von 1 bar bis nahezu Betriebsdruck) nicht nachgerechnet zu werden, wenn der zulässige Betriebsüberdruck weniger als 3,2 N/mm^2 beträgt oder wenn oberhalb dieses Druckes die Nennspannung $\bar{\sigma}_O = p \, (d_i + s_v) \, / \, 2 \, s_v$ kleiner als 150 N/mm^2 bleibt. Anlage 1 zu TRD 301 enthält ausführliche Angaben zur Berechnung auf Wechselbeanspruchung durch schwellenden Innendruck bzw. durch kombinierte Innendruck- und Temperaturänderung.

Die Vorschriften zur Bestimmung der Rohrwanddicke nach DIN 2413 (Gleichung (50)), AD-Merkblatt B1 (Gleichung (52)) und TRD 301 (Gleichung (61)) sind im wesentlichen gleich, variieren aber recht erheblich in der Art der Zuschläge c_1, c_2. Während u.U. TRD bei beheizten Rohren unter 44,5 mm Außendurchmesser keinen Zuschlag zur Berücksichtigung der Wanddickenunterschreitung fordert, ist dieser für alle Durchmesser in DIN 2413 allgemein und AD-Merkblatt B0 für ferritische Stähle obligatorisch. Die letztere Richtlinie fordert außerdem im Gegensatz zu DIN 2413 einen Zuschlag von 1 mm für Wanddicken unter 30 mm aus ferritischen Stählen (B0) wie es auch in TRD 300 geschieht, sofern kein ausreichender Schutz gegen Korrosion besteht. In Zweifelsfällen sollte deshalb mit dem zuständigen Sachverständigen abgeklärt werden, welchem Gültigkeitsbereich die zu berechnenden Rohre zuzuordnen sind.

3.4.2. Berechnung von Rohrbogen (TRD 301, Anlage 2)

Die Berechnungsregel soll berücksichtigen, daß an der Bogeninnenseite eines Rohrbogens bei Innendruckbeanspruchung höhere Spannungen auftreten als bei einem geraden Rohr gleicher Wanddicke. An der Bogenaußenseite treten entsprechend geringere Spannungen unter sonst gleichen Verhältnissen auf. (Zitiert wird hier die zur Zeit gültige Ausgabe Oktober 1976)

Die Berechnungsregel gilt für Einschweißbögen, zum Beispiel nach DIN 2605, für gebogene Rohre über $d_a > 70$ mm, sowie für gebogene Rohre mit $70 < d_a \leqslant 159$ mm, sofern das Verhältnis $R/d_a \geqslant 3$ ist.

Die erforderliche Wanddicke beträgt für die Bogeninnenseite

$$s_i = s_{vi} + c_1 + c_2 \tag{62}$$

und für die Bogenaußenseite

$$s_a = s_{va} + c_1 + c_2 \tag{63}$$

Die Wanddicke an der Bogeninnenseite ohne Zuschläge mit der maximal erforderlichen Verdickung läßt sich berechnen zu

$$s_{vi} = s_v \cdot B_i \tag{64}$$

Für Rohrbögen mit vorgegebenem Innendurchmesser wird B_i am einfachsten aus Bild 26 entnommen, bei vorgegebenem Außendurchmesser gilt Bild 27. R und r sind die Biegeradien bezogen auf den Innendurchmesser oder den Außendurchmesser des Bogens gemäß Bild 25.

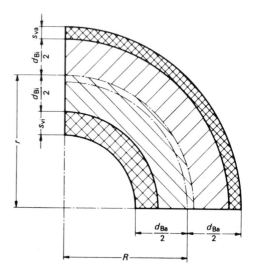

Bild 25: Bezeichnungen
am Rohrbogen

Die Wanddicke der Bogenaußenseite ohne Zuschläge mit der maximal zulässigen Verschwächung läßt sich berechnen zu

$$s_{va} = s_v \cdot B_a \tag{65}$$

Für Rohrbögen mit vorgegebenen Innendurchmesser wird B_a aus Bild 28 entnommen, bei vorgegebenem Außendurchmesser aus Bild 29.
Bei Rohrbögen gleicher Wanddicke läßt sich die erforderliche Wanddicke berechnen zu

$$s_{vi} = s_{va} = s_v \cdot B \tag{66}$$

Für Rohrbögen mit vorgegebenem Innendurchmesser gilt $B = B_i$ nach Bild 26, für Rohrbögen mit vorgegebenem Außendurchmesser wird B aus Bild 30 entnommen.

3.4.3. Rohre über 100 mm Außendurchmesser unter äußerem Überdruck (TRD 302)

In TRD 302, noch gültigen Ausgabe Juli 1968, gelten die technischen Einheiten atü, kp/mm^2, die auch hier belassen wurden.

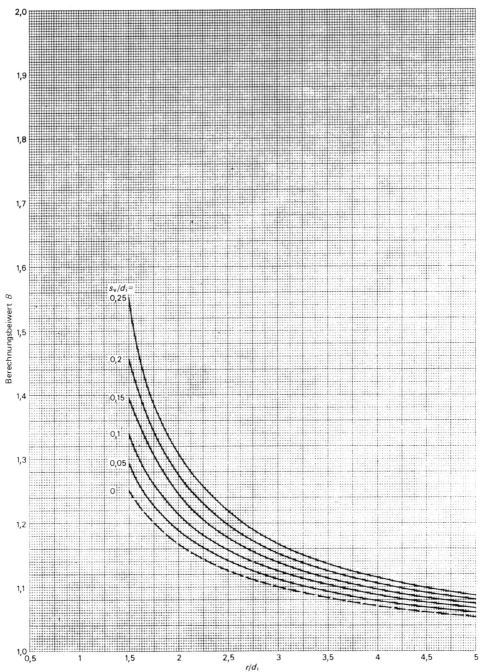

Bild 26: Berechnungsbeiwert B_i für Bogeninnenseite von Rohrbögen mit Innendurchmesser = Nenndurchmesser

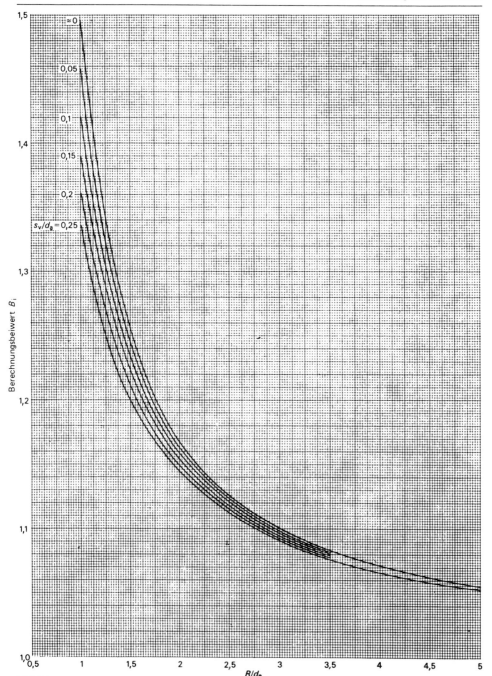

Bild 27: Berechnungsbeiwert B_i für Bogeninnenseite von Rohrbögen mit Außendurchmesser = Nenndurchmesser

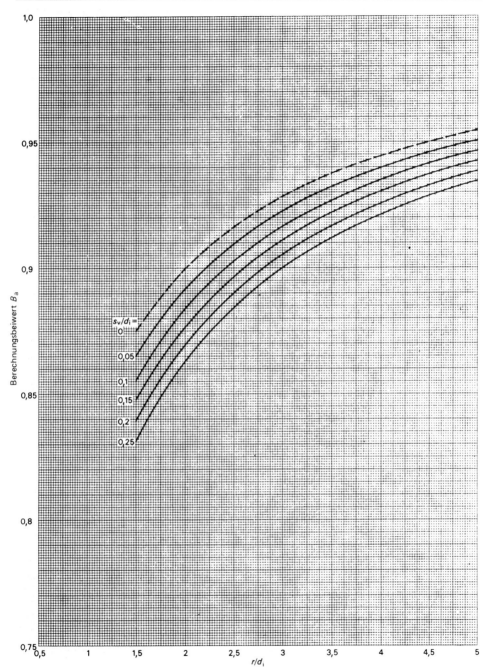

Bild 28: Berechnungsbeiwert B_a für Bogenaußenseite von Rohrbögen mit Innendurchmesser
= Nenndurchmesser

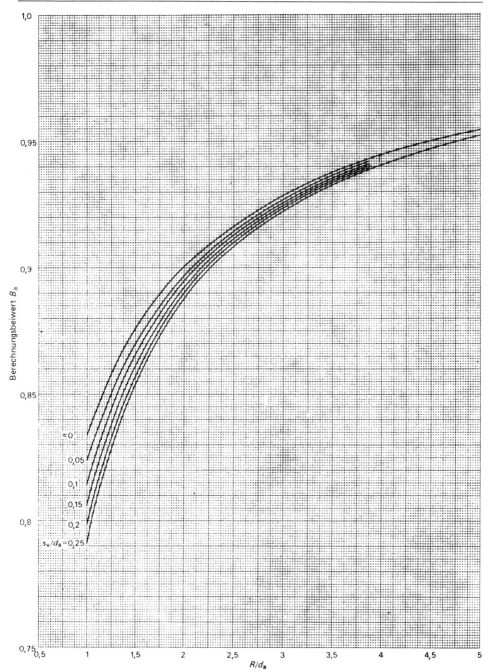

Bild 29: Berechnungsbeiwert B_a für Bogenaußenseite von Rohrbögen mit Außendurchmesser
       = Nenndurchmesser

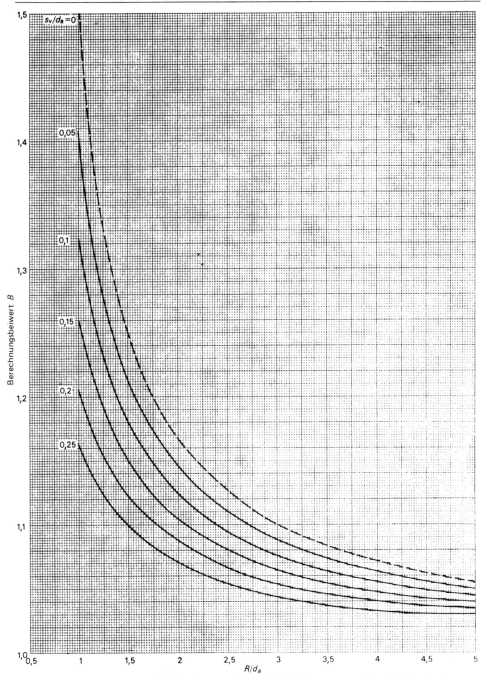

Bild 30: Berechnungsbeiwert B für Rohrbögen gleicher Wanddicke $(s_{vi} = s_{va})$ *mit Außendurchmesser = Nenndurchmesser*

Hier sollen nur die glatten Rohre behandelt werden, über die selteneren gewellten Flamm- oder Rauchrohre gibt TRD 302 Auskunft. Der höchstzulässige Betriebsdruck eines glatten versteiften Rohres (Bild 31) beträgt:

$$p = \frac{100\,K}{S} \cdot \frac{2\,(s-1)}{d} \cdot \frac{1 + 0,1\,d/l}{1 + 0,03\,\dfrac{d}{s-1} \cdot \dfrac{u}{1 + 5\,d/l}} \tag{67}$$

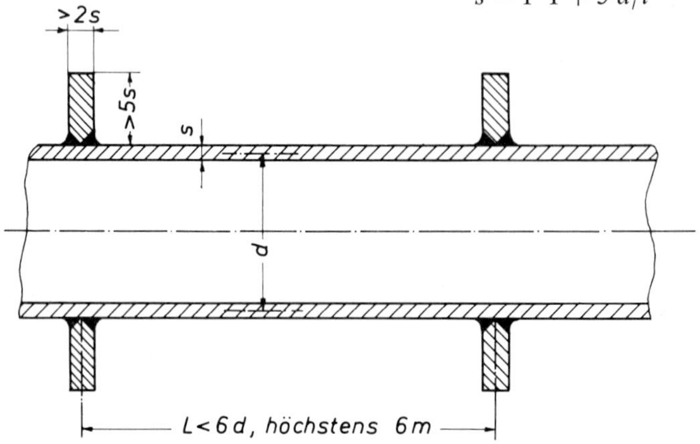

Bild 31:
Glattes, versteiftes Flamm-
rohr nach TRD 302.
Bezeichnungen für Glei-
chung (67)

p muß größer als der höchstzulässige Betriebsdruck *plus* dem statischen Druck, sofern er größer als 5 mWS ist, sein. Von der gewählten oder vorhandenen Wanddicke s ist ein Abnutzungszuschlag von einem Millimeter in Abzug gebracht, weiterhin ist die zulässige Wanddickenunterschreitung gemäß den technischen Lieferbedingungen zu berücksichtigen[13].

Die Unrundheit ist bei neuen glatten Rohren $u = 1,5\%$ einzusetzen, bei gebrauchten Rohren ist u aufgrund von Durchmesserbestimmungen zu errechnen.

Flammrohre dürfen höchstens 20 mm, abgasbeheizte Rohre höchstens 30 mm Sollwanddicke haben. Die Mindestwanddicke von Flammrohren beträgt im allgemeinen 7 mm[14].

Die Berechnungstemperatur muß so hoch angesetzt werden, daß die radiale Temperaturverteilung in der Rohrwand und die Übertemperatur durch Beheizung auf der Innenseite gebührend berücksichtigt werden. Bei glatten Flammrohren ist die Berechnungstemperatur

$t = $ Sattdampftemperatur[15] $+ 4 \cdot$ Wanddicke [mm] $+ 30\,°$C.

Für abgasbeheizte Rohre gilt:

$t = $ Sattdampftemperatur[15] $+ 50\,°$C.

Bis $350\,°$C Berechnungstemperatur ist als Festigkeitskennwert K der Mindestwert der Warmstreck-grenze einzusetzen. Für Rohrwerkstoffe mit gewährleisteten Warmfestigkeitswerten sind diese Werte DIN 17175 zu entnehmen, für Rohre nach DIN 1626 und DIN 1629 gibt das TRD-Blatt 102 Werk-stoffe (Ausgabe April 1980), die in Tafel XXIII–6 wiedergegebenen Werte an.

Der Sicherheitsbeiwert S beträgt bei liegenden Flammrohren 2,5; bei stehenden Flammrohren 2,0 und bei abgasbeheizten Rohren 1,8.

---

[13] Nach der Terminologie von DIN 2413, TRD 301 und AD-Merkblättern würde in Gleichung (67) zu setzen sein: $s - c_1 - c_2$; c_1 für Wand-dickenunterschreitung, $c_2 = 1$ mm.

[14] Sonderfälle sh. TRD 302, Punkt 7.

[15] bei höchstzulässigem Betriebsdruck.

3.5. Eingeerdete Stahlrohre

DIN 2413 stellt im Abschnitt 5.1 fest, daß Rohre mit einem Wanddicken-Durchmesserverhältnis $s/d_a \geqslant 0,01$ für die übliche Einerdung, d.h. mit 1–6 m Überdeckung, fachgerecht verlegt und unter Belastungen bis SLW 60 (sh. DIN 1072, Straßen- und Wegbrücken, Lastannahmen. SLW 60 bezeichnet einen Schwerlastwagen von 60 Mp Gesamtlast, 10 Mp Radlast mit einer Aufstandsbreite, d.h. Reifenbreite, von 0,6 m) ausreichend bemessen sind. Ein rechnerischer Nachweis, daß die zulässigen Biegespannungen nicht überschritten werden, ist nur dann erforderlich, wenn eine oder mehrere dieser Voraussetzungen nicht eingehalten wurden.

Eigengewicht, Bodendruck und/oder Verkehrslasten lassen eingeerdete Rohre unrund werden und erzeugen dadurch Biegespannungen im Rohrwerkstoff. Bodenart, Elastizität des Rohrwerkstoffes, Rohrlagerung und Belastung bestimmen nicht nur die Größe der Spannung, sondern auch die Verteilung über den Umfang. Elastische Rohre z.B. nehmen unter äußeren Lasten elliptische Form an und stützen sich dabei seitlich gegen den Boden ab, wodurch sie wesentlich tragfähiger werden als unelastische Rohre unter sonst gleichen Verhältnissen. Hiermit ist schon die Schwierigkeit der Berechnung eingeerdeter Stahlrohre aufgezeigt, die darin liegt, die elastischen Eigenschaften des Bodens – auch über einen längeren Zeitraum – richtig zu bewerten.

In den USA durchgeführte Großversuche an elastischen Rohren führten zu einem Berechnungsverfahren für Rohre bis etwa 1300 mm und nicht zu geringer Überdeckung [29]. Unter Annahme einer zulässigen Durchmesseränderung von höchstens 3,5 % soll die Mindestwanddicke des Rohres

$$s_0 = \sqrt[3]{\frac{10,71}{\Delta d_a} (P_1 + P_2) d_a^3 - 1743 \, d_a^4} \quad \text{mm} \tag{68}$$

betragen. Da in dieser Gleichung Werkstoff-, Boden- und Auflagerkennwerte enthalten sind, muß unbedingt auf dimensionsrichtiges Einsetzen der Ausgangsgrößen geachtet werden. Es ist mit den Einheiten der zitierten Veröffentlichung:

d_a m   Außendurchmesser des Rohres

Δd_a m   zulässige Durchmesseränderung, etwa $0,035 \, d_a$

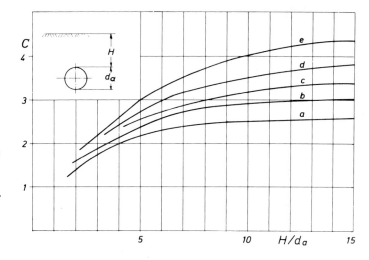

Bild 32:
Bodenkoeffizient nach
Marston.
a) körniger Boden ohne
    Kohäsion,
b) Sand und Kies,
c) feuchte, kultivierbare
    Erde,
d) normale Tonerde,
e) gesättigte Tonerde

P_1 Mp/m   Erdauflast über dem Rohrscheitel

$$P_1 = C\gamma_E B_G d_a$$

C Bodenkoeffizient aus Bild 32

γ_E Mp/m³   spez. Gewicht der Grabenauffüllung, Sand oder Kies: 1,9

B_G m   Grabenbreite in Höhe des Rohrscheitels

P_2 Mp/m   Verkehrsbelastung im Rohrscheitel

$$P_2 = p_s n \varphi d_a$$

p_s Mp/m²   Bodenpressung im Rohrscheitel je Mp Einheitsradlast aus Bild 33

n Multiplikator entsprechend Radlast (z.B. bei 10 Mp: $n = 10$)

φ Schwingungsbeiwert nach DIN 4033 mit H m:

                          $\varphi = 1 + (0{,}3/H)$ für Straßen-Verkehrslasten; $H > 0{,}5$ m!

                          $\varphi = 1 + (0{,}6/H)$ für Eisenbahn- und Flugzeug-Verkehrslasten;

                          $H > 1{,}00$ m!

Wenn die Wanddicke von Schutzrohren berechnet werden soll, die durch den Boden gebohrt oder gedrückt werden, ist in Gleichung (68) die Grabenbreite B_G durch den Außendurchmesser d_a des Rohres zu ersetzen.

Die Deutsche Bundesbahn hat in der sogenannten „Gaskreuzungsvorschrift" Mindestwanddicken von Leitungsschutzrohren festgelegt, welche ohne rechnerischen Nachweis als ausreichend dimensioniert anzusehen sind (siehe Tafel XXVI).

Als Voraussetzungen sind dabei genannt:

Die Rohrdeckung bis Schienenoberkante soll mindestens 1,5 m betragen und die Rohre sollen in Gräben fachgerecht verfüllt sein. Bei eingepreßten Rohren darf der Zwischenraum zwischen Rohraußenwand und Außendurchmesser des Schneidringes 1 % des Rohraußendurchmessers nicht überschreiten. Als Belastung wurde in allen Fällen der Lastenzug „S" angenommen.

Abschließend muß erwähnt werden, daß bis heute ein allgemein gültiges Verfahren zur Berechnung eingeerdeter Rohre nicht besteht. Das ist erklärlich, da die Variationsbreite der elastischen Rohreigenschaften von Beton über Stahl zum Kunststoff und die mannigfachen Bodeneigenschaften eine geschlossene Lösung vermutlich nicht zulassen. Das hier beschriebene Rechenverfahren darf deshalb nur für Stahlrohre in den angegebenen Grenzen verwendet werden [31]. Die große Zahl der seit Jahren betriebenen Fernleitungen zeigt jedoch, daß die durch praktische Erfahrung gewonnenen Dimensionierungsrichtlinien ausreichende Betriebssicherheit gewährleisten.

Bild 33:
Bodenpressung im Rohr-
scheitel. $p_s = 0{,}5 - 0{,}46$
log H nach Schwaigerer
[30]

*Tafel XXVI: Bemessung von Schutzrohren oder Leitungs-
rohren gegen Erd- und Verkehrsdruck*

NW	Mindest-Wanddicke mm	Werkstoff
200 250 300	5,6	nahtlose Rohre: DIN 1629 St 35
400 500 600 700	6,3 7,1 8,0 8,8	geschweißte Rohre: DIN 1626 St 34 oder St 37
800 900	10,0	
1000 1100 1200	11,0 12,0 14,0	

3.6. Formstücke aus Stahlrohren (AD-Merkblatt B9)

Unter dem Begriff „Formstücke" seien in diesem Abschnitt aus Rohren gebildeter T-Stücke verstanden, etwa durch aufgeschweißte Stutzen oder durch Aushalsungen wie in Bild 34 dargestellt, die im Behälter- und Rohrleitungsbau zumeist nach dem AD-Merkblatt B9[16]) dimensioniert werden. Der für den Stutzen erforderliche Ausschnitt stellt eine Verschwächung des Grundrohres dar, die sich durch einen Faktor v_A ausdrücken läßt, der in die Wanddickenberechnung des Rohres nach den Gleichungen (49), (50), (52), (53) einzusetzen ist.

Der Verschwächungsbeiwert v_A wird bestimmt durch das Wanddickenverhältnis von Grundrohr und Stutzen

$$\frac{s_s - c_1 - c_2}{s_A - c_1 - c_2} \tag{69}$$

(jeweils nach Abzug der Zuschläge für zulässige Wanddickenunterschreitung und Abnutzung) und das Durchmesserverhältnis

$$\frac{d_i}{\sqrt{(D_i + s_A - c_1 - c_2)(s_A - c_1 - c_2)}} \tag{70}$$

und kann aus Bild 33 mit diesen Kennziffern entnommen werden. Dabei gelten gemäß AD-B9 noch folgende Randbedingungen:

Das Wanddickenverhältnis des Grundrohres soll im allgemeinen innerhalb der Grenzen

$$0,002 \leqslant \frac{s_e - c_1 - c_2}{D_a} \leqslant 0,1$$

liegen und das Wanddickenverhältnis Gleichung (69) soll 2,0 nicht überschreiten. Da am Stutzenrand plastische Verformungen auftreten können, muß auf beanspruchungsgerechte Gestaltung besonderer Wert gelegt werden, z.B. sind schroffe Querschnittsänderungen zu vermeiden sowie Grundrohr und

---

16) Ausgabe Februar 1977

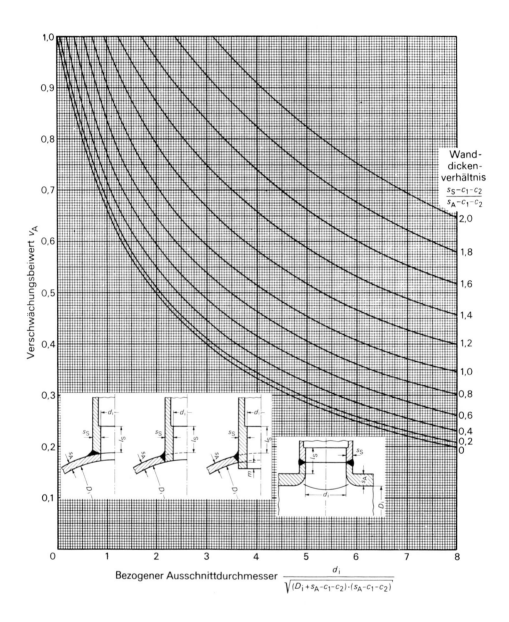

Bezogener Ausschnittdurchmesser $\dfrac{d_i}{\sqrt{(D_i + s_A - c_1 - c_2) \cdot (s_A - c_1 - c_2)}}$

Bild 34: Verschwächungsbeiwerte für Ausschnitte und senkrechte Abzweige in zylindrischen und kegeligen Grundkörpern. (AD-Merkblatt B9)

Stutzen im allgemeinen aus demselben Werkstoff herzustellen. Die Wanddicke durchgestreckter Stutzen nach Bild 33 darf gegenüber Gleichung (69) um 20 % verringert werden, wenn $m \geqslant s_s$ ist. Der Stutzen muß seine Wanddicke s_s über eine Länge von mindestens

$$l_s = 1,25 \cdot \sqrt{(d_i + s_s - c_1 - c_2) \cdot (s_s - c_1 - c_2)} \tag{71}$$

beibehalten, um wirksam zu sein, dementsprechend muß sich die gegebenenfalls verstärkte Wanddicke des Hauptrohres s_A über wenigstens

$$b = \sqrt{(D_i + s_A - c_1 - c_2) \cdot (s_A - c_1 - c_2)} \tag{72}$$

mindestens jedoch 3 s_A über den Ausschnittsrand hinaus erstrecken. Sind mehrere Stutzen nebeneinander anzuordnen, soll mindestens der lichte Abstand in Längsrichtung zwischen den Stutzen

$$l \geqslant 2 \cdot \sqrt{(D_i + s_A - c_1 - c_2) \cdot (s_A - c_1 - c_2)} \tag{73}$$

eingehalten werden. Sonderfälle siehe AD-Merkblatt B 9, Abschnitt 4.

Ausschnitte für Stutzen sollen im allgemeinen nicht in unmittelbarer Nähe einer Schweißnaht angeordnet sein. Ein Abstand vom Dreifachen der Wanddicke des Grundrohres sollte eingehalten werden. Für Zylinder, die mit Langzeitwerten berechnet werden, oder bei hochfesten Stählen (Mindeststreckgrenze bei 20 °C über 440 N/mm²) oder bei hohen Lastwechselzahlen bleibt der Anwendungsbereich des AD-Merkblattes B9 auf $d_i/D_a \leqslant 0,8$ beschränkt.

3.7. Zylinderschalen mit Ausschnitten (TRD 301)

In TRD 301, Ausgabe April 1979 sind sehr ausführliche Angaben zur Berechnung von Abzweigungen und Ausschnitten aller Art, Hosenrohren, Y-förmigen Verteilungsstücken sowohl in geschweißter wie auch gepreßter Ausführung enthalten. Hier können nur die im Rohrleitungsbau häufig vorkommenden senkrechten Abzweigungen erwähnt werden:

Wenn vorwiegend ruhende Innendruckbeanspruchung vorausgesetzt werden kann, wird die Wanddicke des Grundrohres nach Gleichung (61 a) berechnet, wobei anstelle des Schweißnahtfaktors v_N der Verschwächungsbeiwert für einen Einzelausschnitt v_A tritt. Dieser kann unter den noch zu nennenden Voraussetzungen Bild 35 entnommen werden. Hierin bedeuten:

s_o Wanddicke des Grundkörpers ohne Verschwächungen und Zuschläge

s_{Ao} Wanddicke von Abzweigungen ohne Zuschläge

s_v Wanddicke des Grundkörpers mit Verschwächung und ohne Zuschläge

d_i innerer Durchmesser der Zylinderschale

d_{Ai} innerer Durchmesser des Abzweiges

Die Anwendung von Bild 35 setzt voraus, daß $s_v/d_i \leqslant 0,05$ ist, Grundkörper und Abzweig aus Werkstoffen mit gleicher zulässiger Spannung bestehen und der abzweigende Stutzen mit der Innenwand des Grundkörpers bündig abschließt und volltragend verschweißt ist. Bei aufgesetzten Stutzen ist ein wurzelseitiger Restspalt von höchstens 1,5 mm zulässig. Wenn der Abzweig durch Aushalsen des Grundkörpers hergestellt wird, darf nur 90 % des aus Bild 35 entnommenen Verschwächungsbeiwertes in die Gleichung (61 a) eingesetzt werden, um dem bei der Aushalsung entstehenden Querschnittsverlust Rechnung zu tragen.

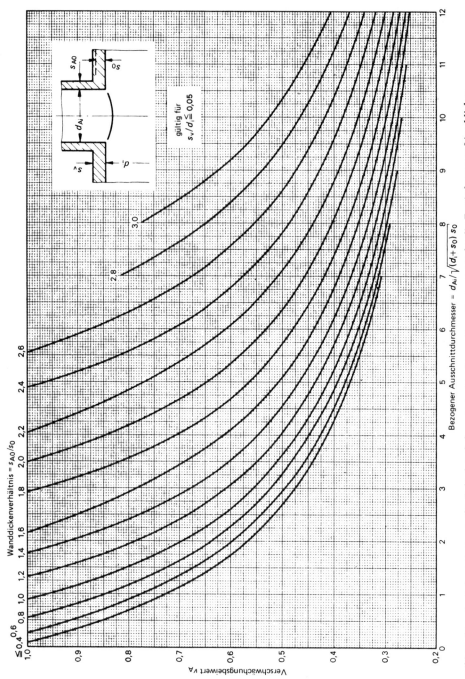

Bild 35: Verschwächungsbeiwerte für Zylinderschalen mit senkrechtem Abzweig, geeignet für die Ermittlung von Wanddicken

Die gegenüber der ungeschwächten Zylinderschale vergrößerte Wanddicke s_v des Grundkörpers muß mindestens bis zu einer Länge von

$$e_G = \sqrt{(d_i + s_v)\, s_v} \qquad (74\,a)$$

gemessen von der Außenwand des Stutzens aus, beibehalten werden. Wird auch der Stutzen dickwandiger ausgeführt, als es dem Innendruck entsprechend erforderlich wäre, muß seine vergrößerte Wanddicke mindestens bis zu einer Länge von

$$e_A = 1{,}25\sqrt{(d_{Ai} + s_{Ao})\, s_{Ao}} \qquad (74\,b)$$

gemessen von der Außenwand des Grundkörpers aus, beibehalten werden.

Das Wanddickenverhältnis s_{Ao}/s_v darf 2 nicht überschreiten für $d_{Ai} \leqslant 50$ mm. Dies gilt auch für Abzweige mit $d_{Ai} > 50$ mm, sofern das Durchmesserverhältnis $d_{Ai}/d_i \leqslant 0{,}2$ ist. Bei Abzweigen mit $d_{Ai} > 50$ mm und einem Durchmesserverhältnis $d_{Ai}/d_i > 0{,}2$ soll s_{Ao}/s_v den Wert 1 nicht überschreiten. Für Abzweige mit $d_{Ai}/d_i \geqslant 0{,}7$, die mit der Warmstreckgrenze berechnet werden, gelten weitere Sonderbedingungen. Bei Abzweigen, die mit Zeitstandfestigkeitswerten berechnet werden, soll $d_{Ai}/d_i \leqslant 0{,}8$ und die Länge der Wandverdickung des Abzweiges länger als e_A sein. Zusätzlich ist für $d_{Ai}/d_i \geqslant 0{,}5$ die Bedingung $s_{Ao} \geqslant s_v \cdot d_{ai}/d_i$ einzuhalten.

Allgemein ist auf sanfte Übergänge besonderer Wert zu legen. Wanddickenübergänge dürfen nur unter einem Winkel kleiner als 30° ausgeführt werden. Aushalsungen sind nur mit $d_{Ai}/d_i \leqslant 0{,}8$ zulässig, werden sie mit Zeitstandfestigkeitswerten berechnet, darf 0,7 nicht überschritten werden.

Die Verschwächungsbeiwerte aus Bild 35 gelten nur für verhältnismäßig dünnwandige Grundkörper, $s_v/d_i \leqslant 0{,}05$, bei dickwandigen Abzweigstücken oder gepreßten mit kegeligen Ansätzen und Ausrundungen nach Bild 34 empfiehlt TRD 301 eine Spannungsberechnung nach der Flächenvergleichsmethode. Die mittlere Spannung im Abzweigstück Bild 36 beträgt:

$$\bar{\sigma} = p\left(\frac{A_p}{A_\sigma} + \frac{1}{2}\right) \cdot \leqslant \sigma_{zul} \qquad (75)$$

A_p druckbelastete Fläche ohne Berücksichtigung der Zuschläge.
A_σ tragende Querschnittsfläche ohne Berücksichtigung der Zuschläge.
Bei der Bestimmung dieser Flächen aus einer Zeichnung sind die Grenzen e_G und e_A nach den Gleichung 74 a und b einzusetzen. Kegelige Ansätze und Ausrundungen werden bei der Flächenvergleichsrechnung durch flächengleiche Schnittflächen, wie in Bild 36 angedeutet, ersetzt.
Die oben für dünnwandige Abzweigstücke angegebenen Neben- und Grenzbedingungen sind auch beim Flächenvergleichsverfahren zu beachten. So ist A_σ bei ausgehalsten Abzweigen mit 0,9 zu multiplizieren, wenn die Flächen wie bei durchgesteckten oder augeschweißten Abzweigen, also ohne Berücksichtigung der Aushalsungsradien, bestimmt wurden.
Wird das Abzweigstück durch Aufschweißen eines Stutzens aus dem gleichen Werkstoff wie das Hauptrohr unter rechtem Winkel hergestellt, so ergeben sich A_p und A_σ zu:

$$A_p = \frac{d_i}{2}\left(e_G + s_{Ao} + \frac{d_{Ai}}{2}\right) + \frac{d_{Ai}}{2}\left(e_A + s_v\right) \qquad (76)$$

$$A_\sigma = s_v\,(e_G + s_{Ao}) + e_A \cdot s_{Ao} \qquad (77)$$

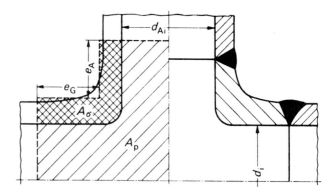

Bild 36: Beanspruchungsschema
für ein Abzweigstück mit
kegeligen Ansätzen und
Ausrundungen

Bezüglich weitergehender Vorschriften über Berechnung schiefwinkliger Abzweigungen, Reihen von Abzweigungen am selben Grundrohr, unterschiedlicher Werkstoffe und Wechselbeanspruchung wird auf TRD 301 verwiesen.

3.8. Sonstige Vorschriften

Wenn die in den Rohrleitungen strömenden Stoffe wegen ihrer Zustandsdaten (Druck u. Temperatur) oder ihrer chemischen Eigenschaften eine Gefahr für Dinge und Personen darstellen können, bestehen im allgemeinen im Rahmen der Unfallverhütungsvorschriften, der Technischen Regeln oder der Auflagen der Gewerbeaufsichtsämter Sicherheitsanforderungen, die vor der Leitungsplanung bekannt sein sollten. Als Beispiel für Art und Umfang dieser Anforderungen seien die Acetylenleitungen und Leitungen zur Beförderung brennbarer Flüssigkeiten herausgegriffen. Da nicht alle Vorschriften aufgeführt werden können, empfiehlt sich die Hinzuziehung des örtlichen Sachverständigen schon zu Beginn der Planungsphase. Für alle Arten von Druckbehältern gilt im allgemeinen die Unfallverhütungsvorschrift Druckbehälter[17], in der als Mindestanforderung an Werkstoff, Berechnung, Herstellung, Ausrüstung und Aufstellung auf die AD-Merkblätter verwiesen wird. Für spezielle Arten von Druckbehältern auf Wasserfahrzeugen, in der Landwirtschaft, auf Schienenfahrzeugen, als Fässer oder an Hochöfen und Winderhitzern – um nur einige Anwendungsfälle aufzuzählen – sind die Unfallverhütungsvorschriften dieser Industriezweige maßgebend.

3.8.1. Acetylenleitungen TRAC 204[18]

Es dürfen folgende Werkstoffe verwendet werden:
Für Niederdruckleitungen (zulässiger Betriebsüberdruck 0,2 bar) nahtlose Rohre nach DIN 1629 Teil 2 oder geschweißte Rohre nach DIN 1626 Teil 3, jeweils mit Werkszeugnis nach DIN 50 049, für Mitteldruckleitungen (zulässiger Betriebsüberdruck mehr als 0,2 aber nicht mehr als 1,5 bar) Rohre der Stahlsorte St 35 oder St 45 nach DIN 1629 Teil 3; St 34-2, St 37-2 oder St 42-2 nach DIN 1626 Teil 4, jeweils mit Abnahmeprüfzeugnis A nach DIN 50 049, für Hochdruckleitungen (zulässiger Betriebsüberdruck mehr als 1,5 bar) nahtlose Rohre der Stahl-

---

[17] Maschinenbau- und Kleineisenindustrie-Berufsgenossenschaft, 13.5. Druckbehälter (VBG 17) vom 1. Januar 1967 in der Fassung vom 1. April 1974.
[18] TRAC = Technische Regeln für Acetylenanlagen und Calciumcarbidlager, Ausgabe Mai 1978

Tafel XXVII: Zulässiger Betriebsüberdruck von MD-Leitungen

Rohrnennweite (lichter Rohrdurchmesser) mm Zoll	50 2	60	70	80 3	90	100 4	> 100 bis 150 > 4 bis 6	> 150 > 6
Zulässiger Betriebsüberdruck bar	1,5	1,1	0,9	0,8	0,7	0,6	0,3	0,2

sorte St 35 oder St 45 nach DIN 1629 Teil 3, oder nach DIN 2391 Teil 2, Lieferzustand normalgeglüht. Kleinleitungen bis 10 mm lichter Durchmesser und Wanddicken von maximal 0,3 mal lichter Rohrdurchmesser dürfen aus Rohren St 35 oder St 45 nach DIN 2391 Teil 2 hergestellt werden. Außerdem sind Rohre nach DIN 17 172 zugelassen.

Hoch- und Mitteldruckfernleitungen über 100 mm Nennweite müssen aus Rohren nach DIN 17 172 hergestellt werden.

Wie allgemein üblich, sind diese Forderungen Mindestanforderungen. Höherwertige Werkstoffe dürfen unbesehen, hier nicht aufgeführte nur verwendet werden, wenn deren Eignung dem Sachverständigen nachgewiesen ist.

Über die Bemessung sagt TRAC 204 unter anderem aus:

Niederdruckleitungen müssen einem Prüfüberdruck von mindestens 3,75 bar standhalten; sind sie mehr als 80 m lang bei einem lichten Durchmesser über 250 mm, so beträgt der Prüfüberdruck 9 bar, es sei denn, es sind Sicherheitseinrichtungen nach TRAC 207 Nummer 8.3 angebracht. Auch Abblaseleitungen gelten als Niederdruckleitungen.

In Mitteldruckleitungen darf der zulässige Betriebsüberdruck die Werte der Tafel XXVII in Abhängigkeit vom lichten Rohrdurchmesser nicht überschreiten. Bis 100 mm darf linear interpoliert werden. Der Prüfüberdruck beträgt mindestens 24 bar bei 1,1facher Sicherheit gegen die Streckgrenze. Mitteldruckleitungen, die dem Transport von technisch reinem Acetylen zu chemischen Verarbeitungsanlagen dienen, unterliegen hiervon abweichenden Vorschriften.

In Hochdruckleitungen darf der zulässige Betriebsüberdruck 25 bar nicht überschreiten. Der lichte Durchmesser soll so kein wie möglich gewählt werden, er darf 25 mm nicht überschreiten. Die Wanddicke von Hochdruckleitungen aus den oben angeführten Werkstoffen muß mindestens $0,16 \, d_i$ betragen. Vor Rohrabschlüssen (Blindverschlüsse, Absperrarmaturen) muß die Wanddicke verstärkt werden auf mindestens $0,35 \, d_i$ über eine Länge von 2,5 mal dem lichten Rohrdurchmesser. Ist jedoch die Wanddicke der gesamten Leitung größer als $0,3 \, d_i$, so entfällt diese Verstärkung. Armaturen in Hochdruckleitungen, ausgenommen Meßgeräte, müssen mindestens für die Druckstufe PN 320 bemessen sen oder den Anspruchungen eines detonativen Acetylenzerfalles bei einem Anfangsüberdruck von 25 bar standhalten.

Mittel- und Hochdruckleitungen für den Transport von technisch reinem Acetylen zu chemischen Verarbeitungsanlagen unterliegen weiteren teils verschärfenden Anforderungen. Liegt der zulässige Betriebsüberdruck zwischen 0,2 und 0,4 bar, so müssen sie für einen Überdruck von 10 bar (PN 10) ausgelegt sein, sie dürfen aber, wie Niederdruckleitungen, aus Rohren DIN 1629 Teil 2 oder DIN 1626 Teil 3 hergestellt sein. Dies gilt auch für Leitungen unter 100 mm Rohrnennweite bis zu den in Tafel XXVIII, Zeile 1 angegebenen Betriebsüberdrücken.

Leitungen unter 100 mm Rohrnennweite mit zulässigen Betriebsüberdrücken über Zeile 1 bis höchstens Zeile 2 Tafel XXVIII müssen einem Prüfdruck von mindestens dem 11fachen des höchsten absoluten Betriebsdruckes standhalten und werkstoffmäßig wie Mitteldruckleitungen ausgelegt sein (St 35 oder St 45 nach DIN 1629 Teil 3; St 34-2, St 37-2 oder St 42-2 DIN 1626 Teil 4).

Tafel XXVIII: Grenzwerte des zulässigen Betriebsüberdruckes für Werkstoffauswahl und Auslegung von Acetylenleitungen zu chemischen Verarbeitungsanlagen

Größte Rohr- nennweite mm	100	90	80	70	60	50	40	30	25	20	15	10
Zeile 1 bar	0,40	0,45	0,50	0,55	0,60	0,70	0,95	1,25	1,50	1,85	2,20	3,30
Zeile 2 bar	0,6	0,7	0,8	0,9	1,1	1,5	1,7	2,1	2,5	2,9	3,6	4,7

Ist der zulässige Betriebsüberdruck von Rohrleitungen unter 100 mm Nennweite höher als in Zeile 2 angegeben, müssen sie entweder als Rohrbündel-Leitungen oder als Leitungen, die einem detonativen Acetylenzerfall widerstehen, ausgeführt werden. Ausgenommen von dieser Forderung sind allerdings kurze Leitungen. „Kurz" bedeutet hier 1,2 m bei 3 bar; 2,4 m bei 2,0 bar; 3,3 m bei 1,5 bar; 4,5 m bei 1,0 bar und 6,5 m bei 0,5 bar zulässigem Betriebsüberdruck.

Rohrleitungen zum Transport von Acetylen zu chemischen Verarbeitungsanlagen mit Nennweiten von mehr als 100 mm sind unabhängig vom Betriebsdruck in jedem Falle als Rohrbündel-Leitungen oder als detonationsfeste Leitungen auszuführen. Die Rohrbündel-Leitungen werden in TRAC 204 beschrieben, für detonationsfeste Leitungen wird unter anderem vorgeschrieben: Werkstoffauswahl wie Hochdruckleitungen (St 35 oder St 45 nach DIN 1629 Teil 3, DIN 2391 Teil 2, DIN 17 172); der Prüfdruck muß mindestens das 50fache des höchsten absoluten Betriebsdruckes sein.

TRAC 204 enthält ferner Angaben über Herstellung, Ausrüstung, Verlegung und Betrieb der Acetylenleitungen.

3.8.2. Rohrleitungen zur Beförderung brennbarer Flüssigkeiten (TRbF 212)

Die Sicherheitsanforderungen an diese Art Leitungen innerhalb des Werksgeländes (Fernleitungen nach TRbF 301 werden in Kapitel VIII.2. behandelt) betreffen Flüssigkeiten Gruppe A Gefahrenklasse III. Es gelten – soweit es Stahlrohre betrifft – folgende Anforderungen an die Werkstoffe[19]):
Bei einer Nennweite unter bis 100 mm:
Rohre nach DIN 1626 Blatt 2 der Stahlsorte St 37 oder
Rohre nach DIN 1629 Blatt 3 der Stahlsorte St 35
geschraubte Leitungen:
Rohre nach DIN 1626 Blatt 2 der Stahlsorte St 33
Rohre nach DIN 1629 Blatt 2 der Stahlsorte St 00
Bei einer Nennweite über 100 mm:
Oberirdische Verlegung:
Rohre nach DIN 1626 Blatt 3 der Stahlsorten St 34-2, St 37-2, St 52-3
Rohre nach DIN 1629 Blatt 3 der Stahlsorten St 35, St 45, St 52
Unterirdische Verlegung:
Rohre nach DIN 17 172 aus beruhigten Stählen
Der Prüfumfang richtet sich nach den entsprechenden Normblättern. Die Güteeigenschaften sind durch Werkzeugnis nach DIN 50 049 (ausgenommen St 33 u. St 00) zu belegen.

Die Rohre sind auf Innendruck und Zusatzbeanspruchungen nach DIN 2413 zu berechnen. Hinsichtlich der Berechnung gegen Innendruck gilt diese Bedingung erfüllt, wenn die Wanddicke der Rohre nach den Druckstufen DIN 2449, 2450 und 28 511 gewählt wird. Für die Berechnung von Formstücken gelten die AD-Merkblätter.

---

[19]) TRbF 212 Rohrleitungen innerhalb des Werksgeländes. Ausgabe September 1974.

Bei der Leitungsführung auf oder neben Bundesbahngelände sind die Richtlinien Nr. 89 927 und das Merkblatt Nr. 861 382 der Deutschen Bundesbahn zu beachten. Zu öffentlichen Versorgungsleitungen (Gas-, Wasser-, Abwasser-, elektrische Leitungen und Fernmeldekabel) muß ein Mindestabstand von 1 m eingehalten werden. Der Verlauf im Erdreich muß in Rohrleitungsplänen erfaßt sein. Die Rohrleitungen sollen möglichst oberirdisch verlegt und leicht zugänglich sein. Rohrleitungen, deren Werkstoffe nicht korrosionsbeständig sind, müssen gegen Korrosion von außen geschützt sein. Sind in Rohrbündeln Leitungen mit unterschiedlichen gefährlichen Stoffen oberirdisch verlegt, wird ein Farbanstrich oder eine Beschriftung gefordert.

3.8.3. Rohre in Wärmeübertragungsanlagen (DIN 4754)

DIN 4754[20]) gilt für Wärmeübertragungsanlagen, in denen organische Flüssigkeiten auf Temperaturen unterhalb ihres Siedebeginns bei Atmosphärendruck erhitzt werden. Für Sonnenheizanlagen gilt DIN 4757, Teil 2.

Für Erhitzer, Behälter, Apparate und Rohrleitungen dieser Anlagen dürfen nur solche Werkstoffe verwendet werden, die für die örtlich auftretende maximale Temperatur sowie für den verwendeten Wärmeträger geeignet sind: Für Erhitzer, Behälter und Apparate müssen die Werkstoffe den AD-Merkblättern entsprechen. Für Rohrleitungen sind die Werkstoffe nach DIN 2401, Teil 2 auszuwählen. Die Rohrleitungen sind möglichst durch Schweißen zu verbinden, wobei die Schweißer ihre Eignung nach DIN 8560 nachzuweisen haben. Schraubverbindungen mit Abdichtung im Gewinde dürfen nur bis R 1 1/4 nach DIN 2999 an Geräten und Armaturen verwendet werden, wo die Wärmeträger-Temperatur 50 °C nicht überschreitet. Flanschverbindungen müssen DIN 2401, Teil 2 genügen. Für die Schrauben gilt DIN 2507, Teil 2. Für Dichtungen sind z.B. Metalldichtungen, Metallweichstoffdichtungen und temperaturbeständige Weichstoffdichtungen der Mindestqualität Itö nach DIN 3754 Teil 1 geeignet.

An Stellen, an denen die Gefahr des Austrittes von Wärmeträger besteht, zum Beispiel an Flanschverbindungen und Armaturen, ist die Wärmedämmung so auszuführen, daß Undichtigkeiten erkannt werden können.

3.9. Stützweite von Stahlrohren

Eine auf vielen genau gleich hohen Lagern verlegte Rohrleitung kann als durch Eigengewicht, Inhalt, Isolierung und gegebenenfalls Wind- und Schneelast gleichmäßig belasteter Träger angesehen werden, der nach den Gesetzen der Statik berechnet werden könnte. Dabei würde sich ein über die Trägerlänge veränderliches Biegemoment mit dem Höchstwert $ql^2/12$ an der Stütze ergeben, wenn q N/cm die Streckenlast und l cm der Stützenabstand ist. Solange das Rohr unter der Wirkung der Auflagerkraft seine Kreisform genügend genau beibehält – also relativ dickwandig ist – kann diesem Biegemoment das Produkt aus Widerstandsmoment W cm³ und zulässiger Spannung σ_{zul} N/cm² gegenübergestellt werden. Damit erhält man eine Aussage über die zulässige Stützweite in cm

$$l_{zul} = \sqrt{12 \, \frac{W}{q} \, \sigma_{zul}} \,. \tag{78}$$

---

[20]) Ausgabe Januar 1980

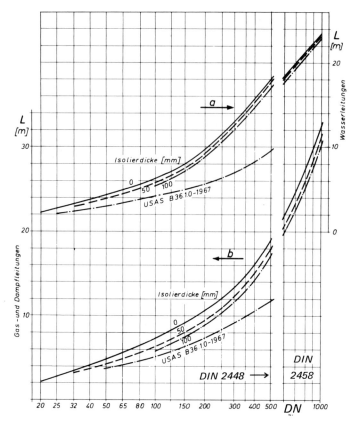

Bild 37:
Stützweite der Innenfelder
von Stahlrohrleitungen.
a) Wasserleitungen,
b) Gas- und Dampf-
leitungen

Dieser Wert gilt allerdings nur für die Mittenfelder, in den Randfeldern ist das Moment $ql^2/8$, also 50% höher und dementsprechend [32]

$$l_{zul} = \sqrt{8\,\frac{W}{q}\,\sigma_{zul}}.\qquad (78\,a)$$

Eine andere Berechnungsweise orientiert sich an den – neuerdings jedoch nicht mehr erhobenen – Forderungen der DIN 1050, Berechnungsunterlagen für Stahl im Hochbau, daß nämlich die Durchbiegung von Trägern mit Stützweiten über 5 m 1/300 der Stützweite nicht überschreiten soll. Aus dieser Bedingung würde sich für die Mittenfelder ein Abstand von

$$l_{zul} = \sqrt[3]{1{,}28\,\frac{EI}{q}}\qquad (79)$$

ergeben mit dem Elastizitätsmodul E N/cm² und dem Trägheitsmoment des Rohres I cm⁴. In dieser Gleichung wird die Stützweite nicht nach der Biegespannung, sondern nach dem Trägheitsmoment bemessen. Der Vollständigkeit halber sei noch eine dritte Gleichung, die ebenfalls eine Höchstdurchbiegung von $l/300$ zuläßt, aufgeführt

$$l_{zul} = 0,053 \, \frac{Ed}{\sigma_{zul}} \cdot 10^{-2}. \tag{80}$$

Hier ist d cm der äußere Rohrdurchmesser, die anderen Werte und ihre Einheiten wie bereits beschrieben.

Die Gleichungen (78) bis (80) haben eines gemeinsam: Sie ergeben Stützweiten, die mehr als doppelt so groß sind als die normalerweise gebräuchlichen Werte. Das liegt einmal daran, daß die Rohre – besonders, wenn sie dünnwandig sind – sich unter der Wirkung der Stützkräfte abplatten und dabei eine erhebliche Reduzierung des Trägheitsmomentes erfahren [56]. Inwieweit diese Verformung klein gehalten werden kann, hängt wesentlich von der Ausbildung der Lager ab [33]. Außerdem sollen die Rohrlager nicht nur den statischen Kräften der Leitung, sondern auch Wärmedehnkräften und außergewöhnlichen Belastungen vom Wasserschlag bis zum mißbräuchlichen Anhängen eines Hubzuges standhalten.

Es werden unter normalen Verhältnissen die in Bild 37 dargestellten Stützenabstände empfohlen, sie gelten für die Mittenfelder normalwandiger, horizontal verlaufender Rohre und sind nach den Bemessungsregeln der TGL 20070 errechnet [34][21]. Die Stützweiten der Randfelder sind um mindestens 20 % zu verringern. TGL 20070 orientiert sich an der zulässigen Durchbiegung der Leitungen durch das Eigengewicht. Wenn Zusatzkräfte (Wärmedehnung, Wasserdruckprobe von Gasleitungen...) zu berücksichtigen sind, wird gemäß TGL 20070 die Stützweite nach der zulässigen Spannung bemessen:

$$l \leqslant 0,35 \sqrt{\frac{W}{q} \left[-\frac{2\sigma_a - \sigma_\varphi}{2} + \sqrt{\left(\frac{2\sigma_a - \sigma_\varphi}{2}\right)^2 - (\sigma_a^2 + \sigma_\varphi^2 - \sigma_a\sigma_\varphi - \sigma_v^2)} \right]} \tag{81}$$

σ_a Normalspannung in axialer Richtung durch Betriebsdruck und Längskraft
σ_φ Normalspannung durch Innendruck
σ_v zulässige Vergleichsspannung
   $\sigma_v = (\sigma_{0,2/\vartheta}/S)v$
$\sigma_{0,2/\vartheta}$ Warmstreckgrenze
S Sicherheitsbeiwert
v Schweißfaktor

Diese Gleichung nimmt ein maximales Biegemoment des Innenfeldes von $ql^2/12$ an, gilt also auch nur, wenn sehr viele in gleichmäßigem Abstand angebrachte Rohrlager vorhanden sind. In der allgemeinen Praxis werden die theoretisch zulässigen Stützweiten mehr oder weniger unterschritten, um Vorsorge gegen rechnerisch schwer erfaßbare außergewöhnliche Betriebsfälle zu treffen.

---

[21]) In Bild 29 wurden die Empfehlungen der US-Norm B36.1.0–1967 Rohrleitungen in Kraftwerken eingetragen, die erheblich unter TGL 20070 liegen.

3.10. Hydraulischer Druckstoß in Rohren

Wird in einer Rohrleitung die Strömungsgeschwindigkeit des Durchflußstoffes – z.B. durch Eingriff eines Regelventiles – verändert, tritt ein Druckstoß auf, der sich von der Entstehungsstelle mit Geschwindigkeit a nach beiden Seiten ausbreitet. Im einfachsten Falle, bei sehr kurzer Verstellzeit des Ventiles, liegt in einer geraden, sehr langen Leitung t Sekunden nach Ventilbetätigung in Schließrichtung der in Bild 38 gezeigte Zustand vor. Die „Nachricht" von der Verstellung des Ventiles hat sich bereits über die Strecke $l = t \cdot a$ nach beiden Seiten ausgebreitet, außerhalb dieses Bereiches strömt die Flüssigkeit noch mit der gleichen Geschwindigkeit wie vor der Ventilverstellung. Auf der

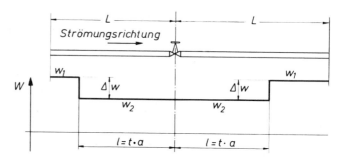

a) Durch den Schließvorgang des Ventils verminderte Strömungs-
geschwindigkeit

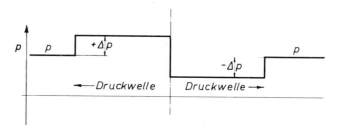

b) Durch den Schließvorgang des Ventils ausgelöste Druckwelle

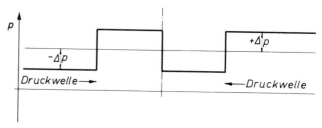

Bild 38:
Schematische Darstellung
vom Druckstoß in
Rohrleitungen

c) Nach $t > l/a$ rücklaufende reflektierte Druckwellen

Zuströmseite des Ventiles hat sich ein positiver Druckstoß Δp und auf der Abströmseite ein negativer Druckstoß $-\Delta p$ als Folge der Geschwindigkeitsänderung Δw ausgebildet. Der höchstmögliche Stoß, der sogenannte Joukowsky-Stoß, tritt auf, wenn die Strömung schlagartig unterbrochen wird, also $\Delta w = w$ ist:

$$\Delta p_{\text{Jou}} = \varrho a w \cdot 10^{-6} \quad \text{N/mm}^2 \tag{82}$$

Die Fortpflanzungsgeschwindigkeit der Druckwelle a wird durch die elastischen Eigenschaften von Flüssigkeit und Rohrwerkstoff bestimmt, sie ist in Wasser etwa 1000 m/s, Öl etwa 960 m/s, Luft etwa 330 m/s und Methan etwa 440 m/s, kann in sehr elastischen Rohren (Kunststoff!) aber auch erheblich tiefer liegen. (Über die Berechnung von a siehe [35], [43], [53] mit weiteren Schrifttumsangaben.) Obwohl Erfahrungen an Fernleitungen zeigten, daß der Joukowsky-Stoß in vielen Fällen auftritt, werden diese Extremwerte dadurch abgemindert, daß die Druckwelle teilweise oder vollkommen an Querschnittsänderungen der Leitung, also auch am Leitungsanfang und -ende reflektiert wird, wobei aus einem positiven Druckstoß nach der Reflektion ein rücklaufender negativer wird, [44]. Beim normalen Schließvorgang eines Schiebers wird also während der Schließzeit T, eine Folge kleiner Druckstöße entstehen, welche reflektiert den neu anlaufenden Druckwellen entgegenwirken, so daß es nicht zur Ausbildung des Joukowsky-Stoßes kommt. Bei kurzen Leitungen der Länge

$$L < \frac{aT_s}{2}$$

kann damit gerechnet werden, daß eine Stoßabminderung eintritt. DIN 2413 definiert deshalb einen Stoßfaktor Z, mit dem der Joukowsky-Stoß abzumindern ist

$$Z = \frac{2L}{aT_s} \leqslant 1$$

wobei allerdings ein lineares Schließgesetz des Steuerorganes angenommen wurde. Tatsächlich beginnt aber bei vielen Armaturen erst auf dem letzten Teil des Verstellweges der eigentliche Schließvorgang. In kritischen Fällen wird deshalb empfohlen, den letzten entscheidenden Teil der Schließbewegung langsamer auszuführen.

Bei langen Leitungen tritt der Joukowsky-Stoß trotz des Fehlens einer reflektierten Entlastungswelle oft nicht in der vollen Höhe über die gesamte Leitungslänge auf, weil die Elastizität von Flüssigkeit und Rohr ein plötzliches Stillsetzen der Flüssigkeit im oberen Leitungsabschnitt vereiteln. Der Wellenkopf flacht sich um so mehr ab, je weiter er stromaufwärts vordringt.

Die Druckstöße sind vor allen Dingen in Flüssigkeitsleitungen wegen der großen Dichte des Mediums eine genau zu untersuchende Erscheinung [36, 37, 38 mit weiteren Schrifttumsangaben]. Eine Vorstellung der Größenordnung eines vollkommenen Druckstoßes ergibt sich aus der Überlegung, daß bei $\varrho = 1000$ kg/m³ (Wasser, Öl) und $a = 1000$ m/s bei einer Geschwindigkeitsänderung von $\Delta w = 1$ m/s ein Druckstoß von $\Delta p = 1$ N/mm² $\hat{=} 10$ bar entsteht. Über Flüssigkeits/Dampfleitungn siehe [45]. Positive Druckstöße können sehr wohl die zulässige Beanspruchung einer Rohrleitung überschreiten, genauso gefährlich sind aber auch die negativen Amplituden, die bei Unterdruck-Bildung zum Implodieren, d.h. Einbeulen, von Niederdruckleitungen großen Durchmessers führen können. Zahlreiche konstruktive Möglichkeiten stehen zur Abminderung der Druckstöße zur Verfügung, z.B. werden Rückschlagklappen mit ölhydraulischen Bremsen versehen oder Pumpen mit großen Schwungmassen ausgerüstet, um plötzliche Unterbrechung der Strömung zu vermeiden. Parallel zu den Pumpen können Rückschlagklappen geschaltet werden, die bei Druckgleichheit zwischen Saug- und Druckleitung öffnen und den verzögerten Strom noch einmal kurzzeitig anlaufen lassen. Gegebenenfalls müssen bei Pumpenausfall in einer Fernleitung auch weiter stromaufwärts liegende Pumpen abgeschaltet werden, um dadurch eine gegenläufige negative Druckwelle in einem Leitungsabschnitt auszulösen. Letzlich stehen noch Windkessel, Wasserschlösser oder Sicherheitstanks zur Verfügung, welche den Druckstoß dadurch abbauen, daß sie ein bestimmtes Volumen sozusagen „elastisch" aufnehmen.

4. Schrifttum

[1] Bolte, W.: Die wirtschaftlichste Auslegung von Dampfleitungen BWK 6 (1954) Nr. 3, S. 73/81
[2] Bolte, W.: Die wirtschaftlichste Dampfgeschwindigkeit in Rohrleitungen. Energie 16 (1964) Nr. 6, S. 223/29
[3] Schwedler, F. und H. v. Jürgensonn: Handbuch der Rohrleitungen. 4. Aufl. Berlin, Göttingen, Heidelberg: Springer 1950
[4] Ruetz, H.: Die wirtschaftlich günstigsten Rohrleitungen für Heißwasser und Dampf. BWK 2 (1950) Nr. 10, S. 311/13
[5] Schmidt, D.: Die Optimierung der Frischdampf- und Speisedruckleitung im Kraftwerk. BWK 19 (1967) Nr. 7, S. 333/38
[6] Über die Theorie der Strömungsberechnung siehe: Richter, Rohrhydraulik, 5. Aufl. Springer-Verlag Berlin/Heidelberg/New York. Einige Bilder und Tafeln aus diesem Buch sind in Abschnitt 1.2. wiedergegeben
[7] Aus: Rohrleitungen in Dampfkraftwerken und dampfverbrauchenden Betrieben, VDI-Verlag, Düsseldorf, 1960
[8] Nach W. Wiederhold: Über den Einfluß von Rohrablagerungen auf den hydraulischen Druckabfall. GWF 90 (1949) S. 634/41
[9] Hütte I, 28. Auflage S. 496
[10] VDI-Wärmeatlas, Abschnitt G. Deutscher Ingenieur-Verlag GmbH, Düsseldorf
[11] Schwaigerer Rohrleitungen Theorie und Praxis, Springer-Verlag Berlin/Heidelberg/New York, S. 624
[12] VOB Teil C DIN 18421 Wärmedämmungsarbeiten
[13] AGI (Arbeitsgemeinschaft Industriebau) Arbeitsblatt Q 10 Wärmedämmungsarbeiten
[14] Richtlinien für die Einmauerung und Isolierung von Dampfkesseln, VGB Dampftechnik GmbH, Essen
[15] Hütte I, 28. Aufl. S. 949
[16] Schwaigerer Rohrleitungen Theorie und Praxis Springer Verlag Berlin/Heidelberg/New York, 1967
[17] Pich, R.: Betrachtungen über die durch den inneren Überdruck in dünnwandigen Hohlzylindern mit unrundem Querschnitt hervorgerufenen Biegespannungen. Mitt.-VGB 1964 S. 408
[18] Pich, R.: Berechnung elastischer, instationärer Wärmespannungen in Platten, Hohlzylindern und Hohlkugeln. Mitteilungen der VGB, Heft 87, Dezember 1963, Seite 373 und Heft 88, Februar 1964, Seite 53
[19] Lück, O.: Nichtstationärer Wärmefluß in Körpern, VDI-Wärmeatlas 1956
[20] Albrecht, W.: Instationäre Wärmespannungen in Hohlzylindern, Konstruktion, 18. Jahrgang (1966) Heft 6, Seite 224
[21] Schmidt, D.: Instationäre Wärmespannungen in einer Frischdampfleitung, Energie 19, Heft 12, Seite 393 mit weiteren Schrifttumshinweisen
[22] Schmidt, D.: Erfahrungen im Bau und Betrieb von Hochdruckdampfleitungen im Kraftwerksbetrieb, Techn. Mitteilungen 61 (1968) Heft 8, Seiten 361–366
[23] Schwaigerer S. und Weber, E.: Wanddickenberechnung von Stahlrohren gegen Innendruck. Erläuterungen zu DIN 2413, Ausgabe 1972 Technische Überwachung 13 (1972) Nr. 3, März, S. 74
[24] Wellinger, K. und Sturm, D.: Nahtlose und geschweißte Stahlrohre bei ruhender und schwellender Innendruckbeanspruchung Technische Überwachung (1969) H. 10
[25] Koch, F. O. und Kaup, K.: Innendruckschwellversuche als Güteprüfung von geschweißten Rohren. Bänder, Bleche, Rohre Bd. 11 (1970) H. 9, S. 472/77
[26] Wellinger, K. und Zenner, H.: Einfluß des Nennspannungszustandes auf das Festigkeitsverhalten von Schweißverbindungen bei schwingender Beanspruchung. Technische Mitteilungen, H. 11, November 1970
[27] Schwaigerer, S.: Betrachtungen zur Wanddickenberechnung von Rohren. Rohre, Rohrleitungsbau, Rohrleitungstransport, Bd 10, 1971, Heft 2, S. 90
[28] Meincke, H.: Stabilität einzelner Rohre unter Außendruck. VDI-Z, 113 (1971), Nr. 8, S. 593–597
[29] Schweinheim, E.: Vereinfachtes Verfahren zur Berechnung erdverlegter, elastischer Rohre bei Außenlasten durch Straßenverkehr. Rohre, Rohrleitungsbau, Rohrleitungstransport Bd 4 (1965) S. 301–304, 348, 349
[30] Schwaigerer, S.: Betrachtungen zur Wanddickenberechnung von Rohren. Rohre, Rohrleitungsbau, Rohrleitungstransport 10 (1971), S. 90–96
[31] Steinbacher, K.: Über einige Forderungen an die Berechnung eingebetteter elastischer Rohre. Rohre, Rohrleitungsbau, Rohrleitungstransport 10 (1971) S. 217–223, 231
[32] Hütte I, 28. Auflage S. 893
[33] Mang, F.: Großrohre und Stahlbehälter, Verlag für angewandte Wissenschaften GmbH, Baden-Baden
[34] Strien, Mertsching, Nötzold: Handbuch für den Rohrleitungsbau, VEB Verlag Technik Berlin, 2. Aufl. S. 226
[35] Böss, P.: Rohrhydraulik, Vortragsveröffentlichungen des Hauses der Technik, Vulkan-Verlag Dr. W. Classen, Heft 99 S. 47
[36] Wijdicks, J.: Water Hammer in large Oil Transmission Lines. Rohre, Rohrleitungsbau, Rohrleitungstransport Bd 10 (1971) Heft 2, S. 83
[37] Thielen, H.: Die Dämpfung von Druckstößen in Rohrleitungen für Flüssigkeiten und Flüssigkeits-Gasgemische. Diss. TH Karlsruhe 1962
[38] Thielen, H.: Die Druckwellengeschwindigkeit in Pipelines unter dem Einfluß von Temperatur und Druck. Rohre, Rohrleitungsbau, Rohrleitungstransport, Bd. 10 (1971), Heft 5, S. 271
[39] Jahrbuch der Dampferzeugungstechnik 3. Ausgabe, 1976, Essen, Vulkan-Verlag, Kap. VII, 3, H. Hampel
[40] Hoffmann, J.: Wärmeschaltpläne verschiedener Kraftwerkstypen, Haus der Technik, Vortragsveröffentlichungen 324, S. 4
[41] Morisse, G.: Die Aufgaben der Wärmeschutztechnik für Rohrleitungen in Wärmekraftwerken, Vortragsveröffentlichungen Haus der Technik 324, S. 55
[42] Saal, H.: Über die Auslegung druckführender Bauteile gegen Ermüdungsbrüche, TU 14 (1973), S. 345
[43] Meißner, E.: Einfluß des Rohrwerkstoffes auf die Dämpfung von Druckstoßschwingungen. Rohre, Rohrleitungsbau, Rohrleitungstransport, 1977, S. 267

[44] Bürmann, W.: Druckstöße in koaxialen Rohrsystemen. Rohre, Rohrleitungsbau, Rohrleitungstransport (13) 1974, S. 155

[45] Bökh, P. und Chawla, J. M.: Ausbreitungsgeschwindigkeit einer Druckstörung in Flüssigkeits-Gas-Gemischen. Brennstoff—Wärme —Kraft 26 (1974), Nr. 2, S. 63

[46] Jansen, P.: Temperaturverhalten und maximale Belastungsmöglichkeit von Mineralfaserdämmstoffen, Brennstoff—Wärme—Kraft 26 (1974), Nr. 3, S. 95

[47] Schedelberger, J.: Batchwechseleinflüsse auf die hydraulischen Verhältnisse beim Betrieb von Ölpipelines, 3R-international 14 (1975), S. 116

[48] Wellinger, K., Sturm, D. und Stoppler, W.: Schwellfestigkeitsverhalten von nahtlosen Präzisionsstahlrohren aus St. 35.4, 3R-international 14 (1975), S. 222

[49] Kander, K.: Erhöhte Druckverluste in der stationären Rohreinlaufströmung, insbesondere bei rillenrauhen Rohren, HLH 26 (1975), S. 211

[50] Kresser, A.: Praktische Anwendung chemischer Additive zur Reduktion des Druckverlustes bei Wasserförderung, 3R-international 14 (1975), S. 385

[51] Kolonits, F.: Kompressible Strömung von überhitztem Wasserdampf in Rohrleitungen, VGB Kraftwerkstechnik 55 (1975), S. 686

[52] Oliemans, R. V. A.: Zweiphasenströmung in Gasfernleitungen, 3R-international 15 (1976), S. 381

[53] Druckstoßberechnung in elastischen Rohrleitungen unter Berücksichtigung der radialen Dehnung, J. Limmer Mitteilungen des Institutes für Hydraulik und Gewässerkunde der TU München, Heft 16

[54] Klein, G.: Aufbau und Anwendung der Superwärmedämmung (Superisolation), Brennstoff—Wärme—Kraft 28 (1976), S. 223

[55] Buck, K.E., et al.: Finite Elemente in der Statik. Berlin, München, Düsseldorf: Ernst & Sohn, 1973

[56] Mattheck, C. u. S. Kremer: Elasto-plastisches Biegeversagen von Rohrleitungen. 3R international, 19. Jahrg. (1980), H. 3, S. 175

[57] Fauser, G. u. H. Knittel: Temperaturen in der Umgebung von eingeerdeten Fernwärmeleitungen — Beeinflussung anderer Leitungen. 3R international, 19. Jahrg. (1980), H. 12, S. 698

[58] Schwaigerer, S.: Rohrleitungen. Berlin, Heidelberg, New York, Springer-Verlag 1967, S. 320.

V Rohrverbindungen

K. ZIEGLER

1. Einleitung

Die zur Verbindung der einzelnen Rohrleitungskomponenten herangezogenen Verbindungsmethoden beeinflussen in beträchlichem Maße den Gesamtpreis eines Rohrleitungssystems. Es ist daher unumgänglich, die praktisch zur Auswahl stehenden Methoden einer gründlichen Prüfung zu unterziehen. Dabei müssen nicht nur Gesichtspunkte wie Wiederlösbarkeit und Kostenaufwand, sondern auch Betriebsverläßlichkeit, Konsequenzen einer Leckage, Zugänglichkeit und Aufwand bei Beseitigung einer Leckage, der zu erzielende Dichtheitsgrad sowie Einflüsse auf das Medium berücksichtigt werden. Außerdem können noch Werkstoffeignung und Montagemöglichkeit von Belang sein. Der Vereinfachung wegen sollten im folgenden die Rohrverbindungen in grundsätzlich lösbar und unlösbar unterteilt werden, wobei unter lösbar zu verstehen ist, daß die Verbindung aus Elementen aufgebaut ist, die eine einfache, zerstörungsfreie Demontage und gegebenenfalls Wiedermontage ermöglichen.

2. Lösbare Verbindungen

Lösbarkeit einer Verbindung, soweit sie unter Berücksichtigung des Vorgenannten für erforderlich und zulässig gehalten wird, kann auf verschiedene Weise erzielt werden. Grundsätzlich bestehen alle lösbaren Verbindungen aus den mit Kontakt- oder Dichtflächen versehenen Rohrenden und den die Rohrenden zusammenhaltenden „äußeren" Hilfsmitteln. Nur in wenigen Sonderfällen werden auch „innere" Hilfsmittel, wie der Innendruck, zur Anpressung herangezogen. Entsprechend diesen „äußeren" Hilfsmitteln kann das Gebiet der lösbaren Verbindungen unterteilt werden in:

- Flanschverbindung
- Klammerverbindung
- Muffenverbindung
- Rohrverschraubungen
- Sonderverbindungen

2.1. Flanschverbindungen

Die zu verbindenden Komponenten werden hierbei durch Flansche gegeneinander gepreßt und die erforderlichen Anpreßkräfte im allgemeinen von Schrauben bzw. Schraubenbolzen und Muttern aufgebracht. Ihre Bedeutung spiegelt sich in der Tatsache wider, daß eine Vielzahl von individuellen

Tafel I: Zusammenstellung der bisher genormten wichtigsten Flanschformen

Flanschart und Dichtfläche		Nenndruck[+]/DIN-Nummern											
		1	2,5	6	10	16	25	40	64	100	160	250	320
Flanschart	Vorschweißflansch	2630	2630	2631	2632	2633	2634	2635	2636	2637	2638	2628	2629
	Glatter ovaler Gewindeflansch		2558										
	Ovaler Gewindeflansch mit Ansatz			2561	2561								
	Gewindeflansch mit Ansatz			2565	2566	2566	2567	2567	2568	2569			
	Walzflansch mit Ansatz				2581		2583						
	Glatter Flansch zum Löten oder Schweißen			2573	2576		86041						
	Loser Flansch für Bördelrohre			2641	2642								
	Loser Flansch mit Bunden			2652	2653		2655	2656					
	Loser Flansch mit Vorschweißbund				2673							2667	2668	2669
Dichtfläche	Feder und Nut					2512	2512	2512	2512	2512	2512		
	Vor- und Rücksprung					2513	2513	2513	2513	2513	2513		
	Eindrehung für Runddichtung					2514	2514	2514	2514	2514	2514		
	Mit Eindrehung für Linsendichtung								2696	2696	2696	2696	2696

[+]) Druckstufen nach DIN 2401

Ausführungen in den größeren Industrieländern genormt ist, z.B. USAS (USA), BS (GB), NF (F), VSM (CH).

Die in der DIN bisher verankerten wichtigsten Flanschformen sind in Tafel I zusammengestellt. Hierbei wird sowohl die Befestigungsart des Flansches auf dem Rohr als auch die Art der Dichtfläche in Betracht gezogen. Eine weitere Unterteilung ist in Druckstufen mit für den jeweils verwendeten Flanschwerkstoff höchstzulässiger Betriebstemperatur vorgenommen worden.

Unter Berücksichtigung von Betriebs- bzw. Flanschtemperatur und Betriebsdruck muß bei vorliegendem Werkstoff die erforderliche Mindestnenndruckstufe bestimmt werden. Entscheidend für den Anwendungsbereich einer Nenndruckstufe ist deren gewählte Bezugstemperatur.

Während nach DIN im allgemeinen der zulässige Betriebsdruck vom Nenndruck der betreffenden Druckstufe ausgehend oberhalb einer Temperatur von 120°C nur herabgesetzt wird, erlaubt die amerikanische Norm, infolge höherer Bezugstemperatur, auch Betriebsdrücke, die den Nenndruck wesentlich übersteigen (siehe Tafel IIa).

In Tafel IIb sind die Festigkeitseigenschaften der gebräuchlichsten Flanschwerkstoffe nach DIN zusammengestellt.

Tafel IIa: Druckstufung genormter Vorschweißflansche aus unlegiertem Stahl nach USAS-Katalog

Nenndruck (lbs/sqin)	150	300	400	600	900	1500	2500
Betriebs- temperatur (°C)	max. Betriebsdruck (lbs/sqin)*)/bar						
40	230 *15,8*	600 *41,3*	800 *55,1*	1200 *82,7*	1800 *124,1*	3000 *206,8*	5000 *344,7*
60	220 *15,1*	590 *40,6*	785 *54,0*	1180 *81,3*	1770 *122,0*	2950 *203,4*	4915 *338,8*
90	210 *14,4*	580 *39,9*	770 *53,1*	1160 *79,9*	1740 *119,0*	2900 *199,9*	4830 *332,9*
120	200 *13,7*	570 *39,2*	760 *52,4*	1140 *78,6*	1710 *117,9*	2850 *196,4*	4750 *327,4*
150	190 *13,0*	560 *38,5*	740 *51,0*	1120 *77,2*	1680 *115,8*	2800 *193,0*	4660 *321,3*
170	180 *12,4*	550 *37,9*	725 *49,9*	1095 *75,4*	1645 *113,4*	2740 *188,9*	4565 *314,7*
200	170 *11,7*	540 *37,2*	710 *48,9*	1075 *74,0*	1615 *111,3*	2690 *185,4*	4475 *308,4*
230	160 *11,0*	525 *36,2*	700 *48,2*	1050 *72,4*	1580 *108,9*	2630 *181,9*	4380 *301,9*
260	150 *10,3*	500 *34,4*	665 *45,8*	1000 *68,9*	1500 *103,4*	2500 *172,3*	4165 *287,1*
280	140 *9,6*	475 *32,7*	630 *43,3*	950 *65,4*	1420 *97,9*	2370 *163,4*	3950 *272,2*
320	130 *8,9*	445 *30,6*	590 *40,6*	890 *61,3*	1330 *91,7*	2220 *153,0*	3700 *255,1*
340	120 *8,2*	415 *28,5*	550 *37,9*	830 *57,2*	1240 *85,4*	2070 *142,7*	3450 *237,8*
370	110 *7,6*	380 *26,2*	500 *34,4*	760 *52,4*	1140 *78,6*	1900 *130,9*	3160 *217,8*
400	100 *6,9*	340 *23,4*	450 *31,0*	680 *46,9*	1020 *70,3*	1700 *117,2*	2830 *195,1*
430	92 *6,3*	**300** *20,6*	**400** *27,6*	**600** *41,3*	**900** *62,0*	**1500** *103,4*	**2500** *172,3*
450	82 *5,6*	245 *16,9*	330 *22,8*	490 *33,7*	740 *51,0*	1230 *84,7*	2050 *141,9*
480	70 *4,8*	210 *14,4*	280 *19,2*	420 *28,9*	630 *43,3*	1050 *72,4*	1750 *120,6*
510	55 *3,7*	165 *11,4*	220 *15,1*	330 *22,8*	495 *34,1*	825 *56,9*	1375 *94,7*
540	40 *2,7*	120 *8,2*	160 *11,0*	240 *16,5*	360 *24,8*	600 *41,3*	1000 *68,9*

*) 1 lb/sqin = 0,06895 bar.

Tafel IIb: Festigkeitseigenschaften der gebräuchlichsten Werkstoffe für Flansche nach DIN [1])

Werkstoff	Zugfest. kp/mm²	Streckgr. (20°C) kp/mm²	Bruch- dehnung %	Kerbschlag- zähigkeit kpm/cm² [2])
RSt 37.2	37–45	24	25	–
RSt 42.2	42–50	26	22	–
RSt 50.2	50–60	30	20	–
C 22 N	45–55	25	19	6
19 Mn 5	52–62	32	17	5
15 Mo 3	44–53	27	21	6
22 Mo 4	50–60	35	20	6
17 MoV 84	70–85	60	16	6
13 CrMo 44	44–56	29	21	8
24 CrMo 5	60–75	45	18	8
10 CrMo 910	45–60	27	20	8
24 CrMoV 55	70–85	55	17	8
21 CrMoV 511	70–85	55	17	8
X 22 CrMoV 121	80–95	65	15	6

[1]) Die Schweißbarkeit sowie der Umfang evtl. erforderlicher Wärmevor- und Nachbe-
behandlung muß im Einzelnen untersucht werden.
[2]) In allgemeinen Mittelwerte aus DVM-Proben bei 0°C.

Tafel IIc: Amerikanische Flanschwerkstoffe und deren DIN-Äquivalente

Allgemeine Benennung	Amerikanische Benennung nach ASTM+)	DIN-Äquivalent
Unlegierte Stähle	A 105 Grade I A 105 Grade II A 181 Grade I A 181 Grade II A 350 Grades LF 1 u. LF 2	St 42-2, St 42-3, C 22 St 50-2, St 50-3, C 35 St 42-2 St 50-2 TT St 41 N bzw. TT St 41 V
Niedrig legierte Stähle	A 181 Grade F 5a A 182 Grade F 9 A 182 Grade F 11 A 182 Grade F 12 A 182 Grade F 22	12 CrMo 195 12 CrMo 91 24 CrMo V 55 13 CrMo 44 10 CrMo 910
Niedrig legierte, kaltzähe Stähle	A 350 Grade LF 3 A 350 Grade LF 4 A 552	16 Ni 14 12 CrNi 4 X 8 Ni 9
Hochlegierte Stähle	A 182 Grade F 304 A 182 Grade F 304 L A 182 Grade F 321 A 182 Grade F 347 A 182 Grade F 316 A 182 Grade F 316 L A 182 Grade F 310	W.Nr. 4301 – X 5 CrNi 189 W.Nr. 4306 – X 2 CrNi 189 W.Nr. 4541 – X 10 CrNi Ti 189 W.Nr. 4550 – X 10 CrNi Nb 189 W.Nr. 4401 – X 5 CrNiMo 810 W.Nr. 4404 – X 2 CrNiMo 810 W.Nr. 4841 – X 15 CrNiSi 2520

+) ASTM = American Standards for Testing and Materials

In Tafel IIc sind die wichtigsten amerikanischen Flanschwerkstoffe sowie deren DIN-Äquivalente enthalten.

Abbildungen der wichtigsten Flanschformen

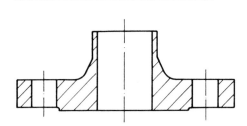

Bild 1: *Vorschweißflansch mit glatter Dicht-*
         fläche

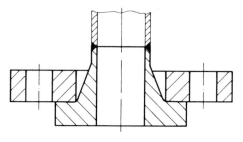

Bild 2: *Loser Flansch mit Vorschweißbund*

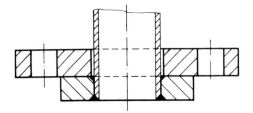

Bild 3: *Loser Flansch mit Bund*

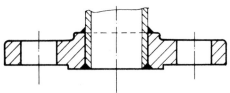

Bild 4: *Überschiebflansch*

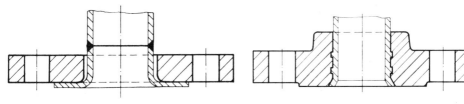

Bild 5: Loser Flansch für Bördelrohre   Bild 6: Walzflansch mit Ansatz

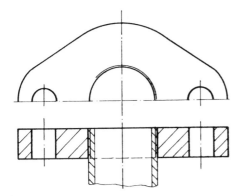

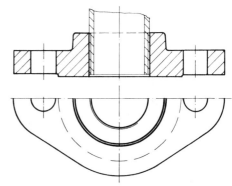

Bild 7: Glatter ovaler Gewindeflansch   Bild 8: Ovaler Gewindeflansch mit Ansatz

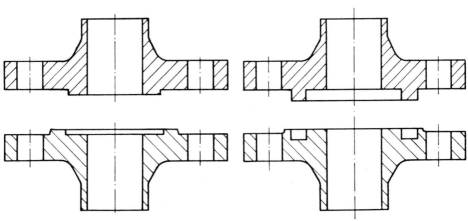

Bild 9: Vor- und Rücksprung   Bild 10: Feder und Nut

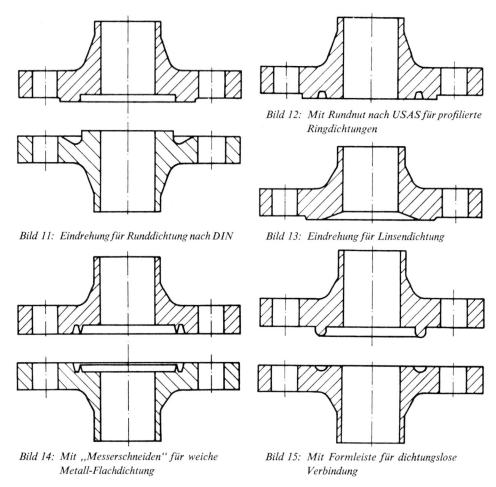

Bild 11: Eindrehung für Runddichtung nach DIN

Bild 12: Mit Rundnut nach USAS für profilierte
Ringdichtungen

Bild 13: Eindrehung für Linsendichtung

Bild 14: Mit ,,Messerschneiden" für weiche
Metall-Flachdichtung

Bild 15: Mit Formleiste für dichtungslose
Verbindung

Trotz des erheblichen Umfanges der Flanschennormung muß in einer Reihe von Fällen auf Sonderausführungen ausgewichen werden, wie einige nachfolgende Beispiele zeigen: (Bild 16–19)

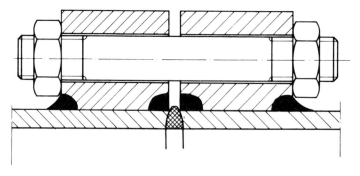

Bild 16:
Wesentlich massivere
Bauweise für hohe
Betriebsanforderungen
und selektive Werkstoff-
Anwendung

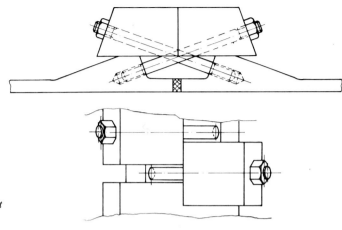

Bild 17:
Ausführung, welche
exaktere Berechnung der
Flansche ermöglicht, da
keine Beanspruchung
durch Verdrehung erfolgt
(Schwedisches Patent)

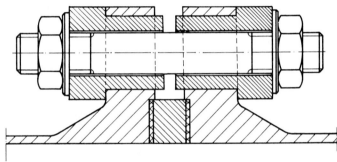

Bild 18:
Flansche elektrisch
isoliert durch Anwendung
elektrisch nichtleitender
Stoffe für Hülse und
Zwischenring

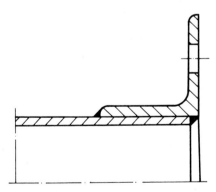

Bild 19:
Leichte Ausführung aus
gebogenem Profilstahl für
Großrohre

2.1.1. Dichtungen

Durch Auswahl und Gestaltung einer zwischen den Flanschen angeordneten Dichtung können sowohl die über die Flanschen von den Schrauben aufzubringenden Anpressdrücke als auch der Bearbeitungsgrad der Flansch-Dichtflächen in wirtschaftlichen Grenzen gehalten werden. Dort, wo ein unmittelbares Aufeinanderliegen der Flanschen gefordert wird, kann Dichtheit unter Einwirkung tragbarer Kräfte nur durch besondere Gestaltung der Dichtflächen (Liniendichtung) erzielt werden.

Eine Vielzahl zur Verfügung stehender Formen und Werkstoffe erlauben es dem Konstrukteur, eine Dichtung den vorherrschenden Betriebsverhältnissen sowie sonstigen Einflüssen bestmöglich anzupassen.

In den Bildern 20–25 sind die wichtigsten Formen sowie die bekanntesten Werkstoffe zusammengestellt.

Die über die Flanschen auf die Dichtung ausgeübten Kräfte führen im allgemeinen zu einer Verfor-

Übersicht über die wichtigsten Dichtungen und Dichtungswerkstoffe

Bild 20: Flachdichtungen z.B. nach DIN 2690 für Flansche mit glatter oder gerillter Dichtfläche. Anwendbar bis etwa PN 40, ausführbar als Weichstoffdichtung aus z.B. Asbest mit Kautschuk als Bindemittel (It-Material) oder als Hartstoffdichtung (z.B. Kupfer). Nach DIN 2691, 2692 und 2694 auch für Flansche mit profilierter Dichtfläche verwendbar bis PN 100

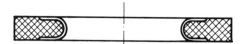

Bild 21: Weichstoffdichtung mit metallgeschützter Innenkante für Flansche mit glatter Dichtfläche. Werkstoffe: Asbest und Kautschuk (höherer Kautschukanteil als für Flachdichtung möglich). Auch PTFE (z.B. Teflon) als Schutzwerkstoff einsetzbar

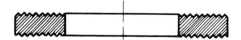

Bild 22: Kammprofilierte Dichtung nach DIN 2697 für Flanschen mit glatter Dichtfläche aus Metall (Weicheisen, CrNi-Stähle), für hohe Temperaturen, hohe Anpresskräfte erforderlich

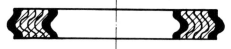

Bild 23: Spiraldichtungen aus profiliertem Metallband mit Zwischenlagen aus z.B. Asbest für Flanschen mit Vor- und Rücksprung oder Nut u. Feder. Auch für glatte Dichtflächen verwendbar

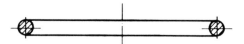

Bild 24: Rundprofildichtung aus z.B. Gummi nach DIN 2693 für Flansche mit entsprechender Eindrehung. Anwendbar bis PN 100 bei mäßigen Temperaturen

Bild 25: Präzisionsdichtung aus Metall für Linienabdichtung z.B. mit linsenförmigem Querschnitt nach DIN 2696. Flansche müssen mit entsprechenden Eindrehungen versehen sein. Anwendbar bei höchsten Drücken und Temperaturen

mung und bewirken ein Anpassen an die Dichtflächen. Die dabei erzielte Haftreibung muß groß genug
sein, um ein Herausdrücken der Dichtung durch den Rohrinnendruck zu vermeiden. Bei der Dimensionierung der Dicke der Dichtung müssen diese Effekte gegeneinander abgewogen werden. Dem
Anpressdruck sind durch die zulässige Beanspruchung des Dichtungswerkstoffs Grenzen gesetzt.
Kann das Herausgedrückt- oder Beschädigtwerden einer einfachen Dichtung durch den Innendruck
nicht mit genügender Sicherheit verhindert werden, muß auf eine günstigere, jedoch in den meisten
Fällen aufwendigere Form der Dichtfläche (Feder und Nut) oder Dichtungsform z.B. Spiraldichtung,
übergegangen werden. Besondere Aufmerksamkeit muß der Dichtung geschenkt werden, wenn extreme Betriebsverhältnisse (hoher Druck, hohe Temperatur und starke korrosionschemische Einflüsse) vorliegen oder die Leckverluste äußerst niedrig gehalten werden müssen (Hochvakuumtech-
nik, Kerntechnik).
Erhöhte Anforderungen werden z.B. an die Rohrverbindungen bei Sauerstofftransportleitungen gestellt. Nichtmetallische Dichtwerkstoffe dürfen gem. der UVV Sauerstoff VBG 62 über 1 bar nur verwendet werden, wenn von einem anerkannten Institut die Eignung zur Verwendung bei dem jeweiligen Druck, Temperatur und Einbauweise nachgewiesen wurde. Bis 100 °C und ca. 100 bar sind spezielle IT-Dichtungen noch verwendbar. Von Vorteil ist der Einbau dieser Dichtungen an Flanschen
mit Nut und Feder.
In eingehenden Untersuchungen an der am häufigsten verwendeten Dichtungsform der Flachdichtung [1], [2] ist die Abhängigkeit der Dichtheit bzw. der Leckrate von den verschiedenen Einflußgrößen ermittelt worden. Oberflächengestalt und -eigenschaften tragen entscheidend zur Dichtheit
bei. Beim Dichtvorgang werden abhängig vom aufgebrachten Dichtdruck die stets vorliegenden
Rauhigkeitsspitzen mehr und mehr abgebaut und damit ein Anpassen der Oberflächen aneinander
erzielt.
Leckkurven für verschiedene Materialien und Dichtungsbreite abhängig vom Dichtdruck, sind aufgestellt worden. Über eine sog. Rillenleckmeßvorrichtung lassen sich die erzielten Ergebnisse in gewissen Grenzen reproduzieren und auf andere Dichtungsformen anwenden. Eine in der Mitte der

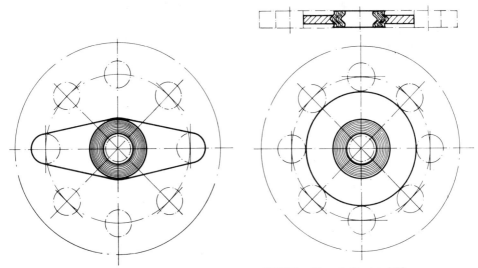

Bild 26a: Schlaufe als Zentrierhilfe   *Bild 26b: Ring als Zentrierhilfe*

Dichtungsbreite auf den Flanschflächen eingedrehte Rille von 0.1–0.2 mm Tiefe begünstigt den Aus-
füllvorgang und damit die Dichtwirkung.

Eine Verbesserung der Dichtwirkung läßt sich auch durch Auftragen von geeigneten Flüssigkeiten
oder Fetten auf Flansch- und Dichtungsoberflächen erreichen.

Außer den mechanischen und vom Medium ausgehenden Einflüssen führen mitunter auch elektrolyti-
sche Erscheinungen zwischen Dichtwerkstoffen und Flanschen zu einer beschleunigten Zerstörung
der Dichtung.

Durch besondere Zentrierhilfen (siehe Bild 26b mit Stützring, 26a mit Zentr.-Schlaufe) läßt sich das
Montieren vereinfachen und ein unzulässiges Hineinragen in den freien Rohrquerschnitt verhindern.

2.1.2. Schrauben und Muttern

Schrauben und Muttern bzw. Schraubenbolzen und Muttern haben die Aufgabe, die erforderlichen
Anpreßdrücke zu erzeugen und während des Betriebes aufrecht zu erhalten. Um ausreichend gleichmäßig über die Dichtfläche verteilte Anpreßdrücke zu erzielen, müssen Montageungenauigkeiten

*Tafel III: Werkstoffe für Schrauben und Muttern (siehe auch DIN 17240 u. 2510,
           AD-Merkbl. W 7)*

Werkstoff	Anwendbar bis °C	Zugfest. kp/mm²	Streckgr. (20°C) kp/mm²	Bruch-dehnung %	Werkstoff-kennbuch-stabe
St 50.2	400	50–60	30	20	X
C 35	400	50–60	28	22	Y
CK 35	400	50–60	28	22	YK
C 45	400	60–72	36	18	Z
CK 45	400	60–72	36	18	ZK
24 CrMo 5	450	60–75	45	18	G
24 CrMoV 55	500	70–85	55	17	H
21 CrMoV 511	540	70–85	55	17	J

*Tafel IV: Festigkeitseigenschaften fertiger Schrauben und Muttern (siehe
           DIN 267)*

Kennzeichen	Zugfestig-keit kp/mm²	Streckgr. (20°C) kp/mm²	Bruch-dehnung %	Kerbschlag-zähigkeit kpm/cm²
4A	34–42	20	30	–
4D	34–55	21	25	–
4S	40–55	32	14	–
5D	50–70	28	22	5
5S	50–70	40	10	–
6D	60–80	36	18	4
6S	60–80	48	8	–
6G	60–80	54	12	4
8G	80–100	64	12	7
10K	100–120	90	8	5
12K	120–140	108	8	4

beseitigt und die auf dem sog. Lochkreisdurchmesser angeordneten Schrauben einheitlich angezogen werden. Im allgemeinen werden die Schrauben so bemessen, daß sie die schwächsten Glieder in der Verbindung darstellen und eine unzulässig hohe Verformung der Flansche vermieden wird. Durch ausreichendes und dem jeweiligen Dichtungsmaterial angepaßtes Vorspannen, ohne daß die Schrauben in den zu durchlaufenden Betriebsphasen und den sich einstellenden Temperaturverhältnissen in der Verbindung eine bleibende Verformung erleiden, kann Dichtheit erzielt und aufrecht erhalten werden. Schrauben und Muttern für Rohrverbindungen sind weitgehend genormt in Form und Abmessung. Desweiteren sind für die wichtigsten Festigkeitseigenschaften, wie Streckgrenze und Dehnung, Kennzahlen und -buchstaben eingeführt worden, um die Lieferbedingungen zu vereinheitlichen und dem Konstrukteur bei der Festlegung der Kombination von Schrauben- und Mutternwerkstoffen behilflich zu sein (siehe Tafel III und IV).

Übersicht über die wichtigsten in Rohrverbindungen üblichen Schrauben, Schraubenbolzen und Muttern

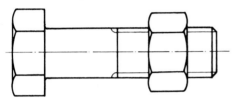

Bild 27: *Sechskantschraube nach DIN 601 mit Sechskantmutter nach DIN 555. Anwendbar bis Temperaturen von 300°C bei PN 40 (vgl. hierzu DIN 2507)*

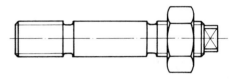

Bild 28: *Schraubenbolzen nach DIN 2509 mit zylindrischem Ansatz und Zweikant (zum Festmachen des Bolzens) Mutter nach DIN 934. Anwendbar bis 300°C bei PN 40*

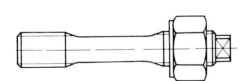

Bild 29: *Schraubenbolzen nach DIN 2510 mit abgesetztem Schaft und Zweikant (zum Festhalten des Bolzens) Mutter ebenfalls nach DIN 2510 mit Zentrierring, anzuwenden bei Temperaturen über 300°C und PN 40*

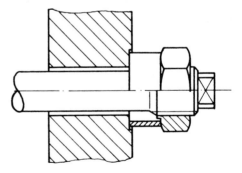

Bild 30: *Schraubenbolzen wie in Bild 29 jedoch mit Dehnhülse. Dehnschaftlänge und damit Klemmlänge kann durch Anwendung von Dehnhülsen vergrößert werden.*

Hochbeanspruchte Schrauben sollten grundsätzlich als Dehnschrauben ausgeführt werden. Besondere Sorgfalt sollte dabei auf Formübergänge, Aufliegen der Muttern bzw. Schraubenköpfe und Ober-

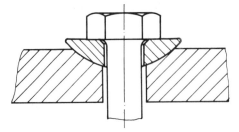

Bild 31: Kugelige Ausführung der Auflage

flächenbeschaffenheit des Schaftes verwendet werden. Wo die Gefahr des Schiefstellens der Auf-
lageflächen für Mutter bzw. Schraubenkopf im Betrieb gegeben ist, kann durch eine kugelige Ausführung der Auflagen die zusätzliche Biegebeanspruchung verringert werden (Bild 31). Grundsätzlich
gilt auch, daß durch Verwendung vieler kleiner Schrauben statt weniger großer in einer gegebenen
Verbindung günstigere Beanspruchungsverhältnisse geschaffen und gleichmäßigere Anpreßdrücke
erzielt werden. Als Gewinde (geschnitten oder gerollt) kann sowohl Whitworth nach DIN 11 als auch
metrisches Gewinde nach DIN 13 angewandt werden. Schrauben mit gerolltem Gewinde bieten den
Vorteil, daß sie sich einerseits durch die hohe Oberflächengüte leicht anziehen lassen und andererseits
infolge der Druckvorspannungen höheren Wechselspannungen standhalten. Ein Festfressen der
Gewinde kann sowohl durch die Anwendung verschieden harter Werkstoffe als auch durch ausreichend
großes Spiel zwischen Mutter- und Schraubengewinde vermieden werden. Die Lösbarkeit läßt sich
außerdem durch besondere Oberflächenverfahren (z.B. Phosphatieren) wie auch durch den Einsatz
fettfreier Schmiermittel (z.B. Molybdänsulfid) verbessern.

2.1.3. Bemessung der Glieder einer Flanschverbindung

Mit der unmittelbaren rechnerischen Bestimmung der wichtigsten Abmessungen eines Flansches
sowie mit einer Nachprüfung vorgegebener oder angenommener Flanschabmessungen haben sich
in den letzten Jahrzehnten eine Reihe von Fachleuten befaßt [2], [3], [4], [5].
Hierbei werden sowohl voneinander abweichende Annahmen als auch unterschiedliche Theorien
(Elastizitäts-, Plastizitätstheorie oder Kombinationen beider) angewendet. Eine vereinfachte und auf
elastizitätstheoretischer Anschauung beruhende Berechnungs- bzw. schrittweise Nachprüfmethode
ist mit DIN 2505 (Vornorm) für die gebräuchlichsten Flanschformen geschaffen worden.
Wie Versuche gezeigt haben, liegt die wirkliche Tragfähigkeit von Flanschen jedoch wesentlich höher,
wenn man den Abbau der Spannungsspitzen durch kleine bleibende Verformungen im höchstbeanspruchten Querschnitt zuläßt.
Insofern Flansche mit genormten Abmessungen und Werkstoffen innerhalb der zulässigen Betriebs-
grenzen verwendet werden, erübrigt sich ein Nachprüfen derselben im allgemeinen. Dies gilt ebenfalls für Schrauben und Muttern in der durch die Norm festgelegten Anordnung. Bei Einwirkung erheblicher Kräfte auf die Verbindung sowie beim Einsatz von Dichtwerkstoffen, die hohe Verfor-
mungskräfte benötigen, wird ein Nachprüfen der Abmessungen genormter Flansche bzw. der mit
Normenverschraubungen erzielbaren Dichtkräfte erforderlich. Um die Sicherheit gegenüber Undicht-
werden zu erhöhen, ist es in einigen technischen Bereichen üblich, Komponenten mit einer höheren
Nenndruckstufe als erforderlich einzusetzen. Wird aus diesen oder anderen Gründen auf andere Kombinationen von Flansch, Schrauben und Dichtung übergegangen, so muß ein Nachprüfen derselben in

Abhängigkeit voneinander erfolgen, wobei entsprechend DIN 2505 vorgegangen werden kann. Im Kapitel IX ist die Vornorm DIN 2505 erwähnt.

2.2. Klammerverbindungen

Im Unterschied zu Flanschverbindungen wird bei Klammerverbindungen der zur Dichtheit erforderliche Anpreßdruck durch Klammern oder klammerartige „äußere" Hilfsmittel erzeugt. Im Nachfolgenden sind einige der gebräuchlichsten Ausführungen abgebildet (Bild 32–35). Gewisse Vorteile gegenüber einer Flanschverbindung lassen sich erzielen wie z.B.:

- Montageerleichterungen bei Rohrleitungssystemen für niedrige und mittlere Betriebsanforderungen

- Kompaktheit der „äußeren" Hilfsmittel und damit verbundene Materialersparnis bei hohen Betriebsdruckstufen

- Erleichterung bei Werkstoffkombinationen, da Verbindung grundsätzlich auch ohne Schweissung und über gebördelte Rohrenden möglich.

Darüberhinaus sind weitere im wesentlichen auf der Basis der Klammerverbindung beruhende Rohrverbindungen für besondere Anwendungsbereiche entwickelt worden (Perrot-Kardan-Kupplung, Lanninger-Schnellkupplung u.a.m.) Soweit diese Spezialverbindungen bzw. die ihnen zugrundeliegenden Konstruktionsprinzipien für den Rohrleitungsbau von Interesse sind, werden sie im Abschnitt Sonderverbindungen behandelt.

2.3. Muffenverbindungen

Bei der Muffenverbindung wird die Dichtheit im wesentlichen erzielt durch die von einer Dichtung bzw. einem Dichtstoff auf die zu verbindenden Rohrenden radial ausgeübten Kräfte. Diese Kräfte können beim Zusammenpressen der Dichtung in axialer Richtung während des Einstemmens (Stemm-

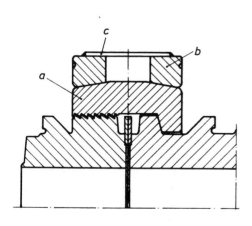

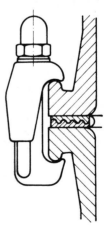

Bild 32: Klammerverbindung nach Zikesch:
a = mehrteilige Klammer, b = Spannringe,
c = Sicherungen

Bild 33: Klammerkonstruktion nach Pfaudler

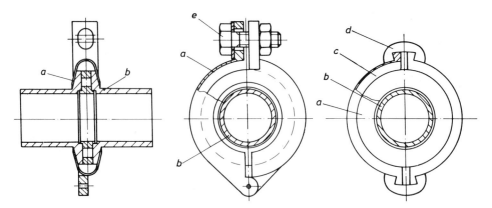

*Bild 34: Klammerkonstruktion mit 2-teiligem V-Ring. V-Ring kann dabei mittels Keil oder Spann-
schrauben angespannt werden. a = Bund, b = Rohr, c = 2-teiliger Spannring, d = Spannkeil,
e = Spannschraube*

Muffe) oder Einwirkens eines Schraubringes (Schraubmuffe) oder durch radiales elastisches Verformen (Sigur-Muffe) erzeugt werden. Überdies kann ein während des Betriebes auftretender Innendruck zur Verstärkung des von der Dichtung übertragenen radialen Anpreßdruckes herangezogen
werden. Im allgemeinen können geringe Rohrabwinkelungen toleriert sowie Längsbewegungen entsprechend der Distanz zwischen Muffenende und Einsteckende aufgenommen werden. Letzteres gilt
im besonderen für Schraubmuffen. Einige typische Ausführungen von Muffenverbindungen sind in
den Bildern 36–39 abgebildet. Im Gegensatz zu Flanschverbindungen können bei Muffenverbindungen im allgemeinen keine Längskräfte übertragen werden, wie sie beispielsweise durch den Innendruck
entstehen. Sie müssen für die Aufnahme der Längskräfte besonders konstruiert sein.

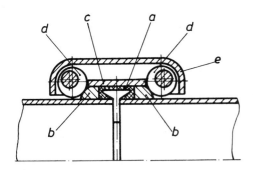

*Bild 35: Klammerverbindung Bauart Weco;
a = Dichtung, b = Bundringe, c = Zen-
trierhülse, d = exzentrische Spanner,
e = Kappe*

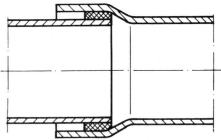

*Bild 36: Einfachste Form der Stemmuffe, Dich-
tung muß von außen eingebracht werden
(Außenstemmuffe). Nur für im wesentlichen drucklosen Betrieb geeignet*

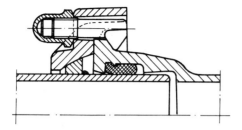

Bild 37: Halberg-Muffe

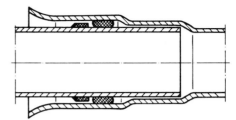

Bild 38: Sigur-Muffe nach DIN 2460 und 2461. Abdichtung erfolgt durch verformte Rundgummi-Dichtung

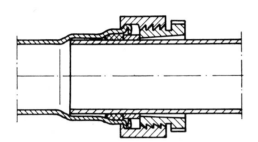

Bild 39: Schraubmuffe. Ähnlich einer Stopf-buchsverbindung (siehe Abschn. Son-derverbindungen). Abdichtung im all-gemeinen mit Gummi-Ring

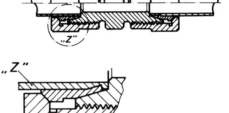

Bild 40: Schneidringverschraubung, Bauart DIN 3861

2.4. Rohrverschraubungen

Rohrverschraubungen zeichnen sich dadurch aus, daß die zur Dichtheit der Verbindung erforder-lichen Anpreßkräfte im wesentlichen über eine Kombination von Schraubkörpern erzielt werden. Diese Schraubkörper lassen sich grundsätzlich unterteilen in solche, die nur durch Schweißen oder Löten und solche, die sich durch Aufschrauben oder Klemmen mit den Rohrenden verbinden lassen. In DIN 3850 sind die bisher genormten Rohrverschraubungen zusammengestellt. Darüber hinaus sind für bestimmte Fachgebiete weitere Bauarten entwickelt worden. In den Bildern 40–45 sind einige der wichtigsten und typischen Sonderrohrverschraubungen abge-bildet. Für den Normalfall werden überwiegend Gewinderohre nach DIN 2440, 2441 und 2442 und Fittings nach DIN 2950 und 2980 eingesetzt.

2.5. Sonderverbindungen

Neben den in den vorausgegangenen Abschnitten genannten Verbindungen und den diesen zu-grundeliegenden Prinzipien gibt es eine Reihe von Verbindungsarten, die außer der Grundforderung nach Dichtheit noch anderen wesentlichen Gesichtspunkten gerecht werden wie z.B. der Forderung, schneller und einfacher Montage und Demontage, besonderen Ein- oder Ausbaubedingungen, Fern-manipulierbarkeit, Abdichtung gegen Rotation eines Rohrendes u.a.m. Aus den Bildern 46–56 sind einige dieser besonderen Konstruktionsmerkmale ersichtlich.

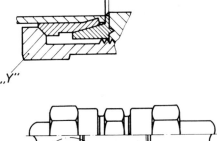

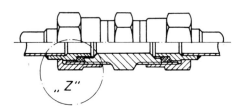

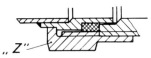

Bild 41: *Schneidringverschraubung in Stoßaus-*
führung, Bauart DIN 3861/67

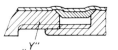

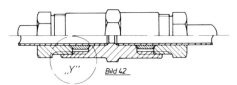

Bild 42: *Doppelkegelringverschraubung, DIN*
3862

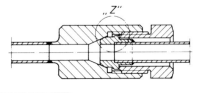

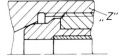

Bild 43: *Verschraubung für Hartlötung oder*
Stumpfschweißung, Bauart DIN 3864

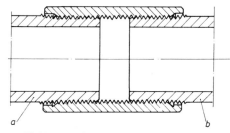

Bild 44: *Verschraubung nach API Standard;*
a = Rohrende mit Rechts-, b = Rohren-
de mit Linksgewinde ebenfalls nach
DIN 2950 und 2980 mit entweder
zylindrischem oder kegligem Gewinde,
von erheblicher wirtschaftlicher Be-
deutung

Bild 45: *Kugelbuchsverschraubung, Bauart DIN*
3863

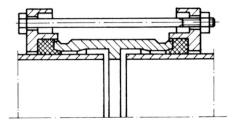

Bild 46a: *Rohrverbindung im wesentlichen nach*
Dresser oder Viking-Johnson für die
Übertragung einseitig wirkender
Längskräfte geeignet, großes Axial-
spiel für eventuelle Längsdehnungen

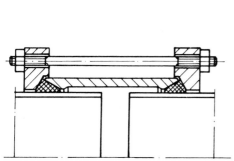

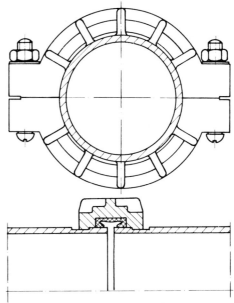

Bild 46b: Rohrverbindung im wesentlichen nach
Ziefle, Dresser und Viking-Johnson
ohne Innenbund, Längskräfte können
nicht aufgenommen werden

Bild 47: Schnellklammerverbindung Bauart Vic-
taulic für entweder mit Schultern oder
Eindrehung versehene Rohrenden

Bild 48:
Stopfbuchsverbindung z.B.
nach DIN 3340 für gegen-
einander rotierende Rohr-
enden mit oder ohne
Längsverschiebung

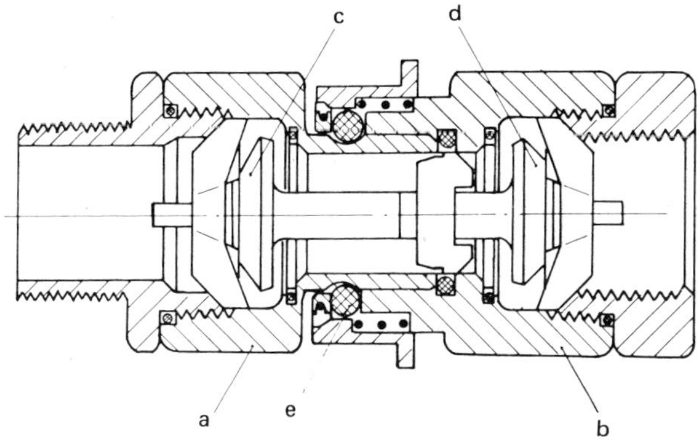

Bild 49:
Schnellverschlußkupplung
Bauart SNAP-Tite (USA)
für z.B. Heißdampf bei
höchsten Drücken bis
Rohrnennweiten von etwa
100 mm anwendbar. Beide
Enden sind selbstdichtend
nach Abkupplung.
a/b Entkuppelbare
    Rohrenden
c/d Ventilverschlüsse
e   Kugelschnappver-
    schluß

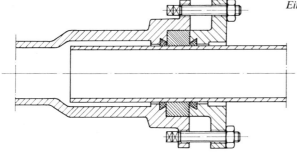

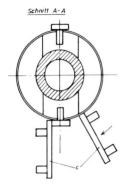

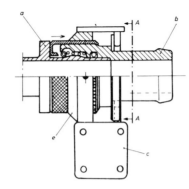

Bild 50:
Schnellverschlußkupplung
Bauart RAFIX (Frank-
reich) Für schnelles,
leckfreies Abkuppeln mit
einfachem Manipulator in
z.B. „heißen" Zellen der
Radiochemie
a = Stationäres Rohrende
b = bewegliches Rohrende
c = Entkuppelhebel
e = Schnappverschluß

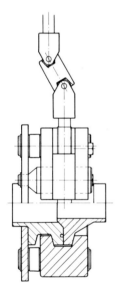

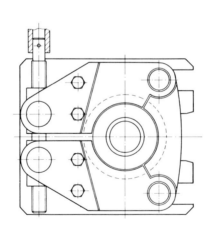

Bild 51:
Fernbedienbare lösbare
Rohrverbindung in der
Kerntechnik

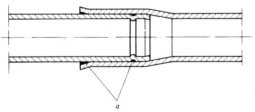

Bild 52:
HQ-Verbindung für dünnwandige Rohre. Her-
stellung der gesamten Verbindung auf der Bau-
stelle (Fa. Hoesch - Röhrenwerke AG)
a = Epoxidharz

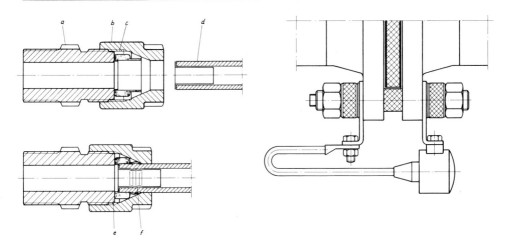

Bild 53:
Serto-Verschraubung vor und nach der Montage
a = Einschraubteil, b = Mutter, c = Klemmring,
d = Rohr, e = Dichtfläche, f = Rohreinschnürung

Bild 54:
Isolierflanschverbindung für Fernleitungen mit
einer explosionsgeschützten Trennfunkenstrecke

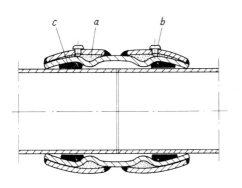

Bild 55:
Rohrkupplung mit hydraulischem Anpressdruck
(Fa. Dresser)
a = hydraulische Flüssigkeit, b = Kunststoff-
stopfen, c = Dichtung

Bild 56:
Rohrverbindung für ein Fernwärme-
verlegeverfahren
Fa. Johns-Manville, USA
A = Mediumrohr Stahl, B = Kupp-
lung, C = Dichtung – Teflon umhüllt
korrosionsbest. Stahl, D = Nebendich-
tung als O-Ring, E = Dichtung mit
Lamellen, F = Dichtung, G = PU-
Schaum, H = gegossener Kupplungs-
block, I = Mantelrohr AZ-Rohr, J =
Sicherheitsanschlag für Mediumrohr

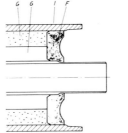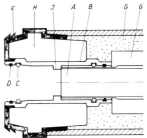

3. Unlösbare Verbindungen

Kann auf die Lösbarkeit und Wiedermontage einer Rohrverbindung verzichtet werden oder muß aus Gründen der Betriebssicherheit eine lösbare Verbindung vermieden werden, weil sie auf längere Sicht zu Leckagen führen kann, ist eine unlösbare Verbindung zu wählen. Unlösbare Verbindungen lassen sich herstellen durch Schweißen, Löten, Walzen, Sicken oder Falzen und bei Kunststoffen (PVC) auch durch Kleben. Das Verbinden durch Schweißen hat die größte Bedeutung erlangt.

Mit der Entwicklung neuer Werkstoffe und Schweißverfahren werden sich die Anwendungsmöglichkeiten des Schweißens künftig weiter vermehren.

Schweißverbindungen lassen sich durch unterschiedliche Verfahren und in verschiedenen Ausführungen herstellen. Die bekanntesten Verfahren und Ausführungen werden im nachfolgenden kurz beschrieben. Eine umfangreichere Übersicht über die derzeit bekannten und angewendeten Verfahren ist mit DIN 1910 gegeben.

3.1. Schweißverfahren

Bei der Gasschmelzschweißung (Autogenschweißung) wird die zur Schweißung erforderliche Wärme durch Verbrennung eines unter Druck zugeführten Gasgemisches aus Sauerstoff und Brenngas erzeugt. Die beiden Gase werden in einem Brenner gemischt. Die Flamme an der Brennerspitze erhitzt den Grundwerkstoff und schmilzt die Zusatzwerkstoffe ab. Die normale Flammeneinstellung ist bei einem Mischungsverhältnis 1:1 erreicht. Bei Sauerstoffüberschuß kann das Schweißgut oxidiert werden, und es entstehen Warmrisse. Gasüberschuß dagegen führt zur Aufkohlung. Die Nachrechtsschweißung (Bild 57) ist bei Wanddicken ab etwa 3 mm wegen des sicheren Durchschweißens und der höheren Schweißgeschwindigkeit das bedeutendste Verfahren. Das Schmelzbad läßt sich gut beobachten. Wärmeeinbringung und Abkühlung verlaufen gleichmäßiger als bei der Nachlinksschweißung (Bild 58), die nur noch für untergeordnete Anwendungsfälle bei schlechter Paßgenauigkeit des Stoßes angewendet wird.

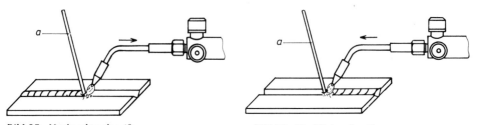

Bild 57: Nachrechtsschweißung   *Bild 58: Nachlinksschweißung*

Bei der Metall-Lichtbogenschweißung wird zwischen der abschmelzenden Mantelelektrode und der Schweißnahtfuge ein Lichtbogen gezündet und aufrechterhalten, in dem wesentlich höhere Temperaturen als in der Autogenflamme auftreten. Während bei senkrecht stehenden Rohren nur Nähte in der Position „quer" zu schweißen sind, ändert sich bei den Nähten waagrecht liegender Rohre die Schweißposition ständig. Dies erfordert besonders bei kleinen Rohrdurchmessern eine große handwerkliche Geschicklichkeit.

Besonders im Pipelinebau bedient man sich der Möglichkeit, von oben nach unten sogenannte Fallnähte zu schweißen, der die Möglichkeit des Schweißens von Steigenähten gegenübersteht. Fallnähte

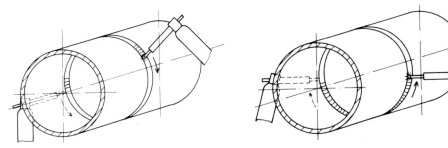

Bild 59: Abwärtsschweißung   *Bild 60: Aufwärtsschweißung*

erlauben bei der Wahl geeigneter Elektroden und sorgfältiger Nahtvorbereitung bei gleichzeitig geringerem Wärmeeinbringen höhere Schweißgeschwindigkeiten als Steigenähte (Bild 59 und 60). Neben
der Elektroden-Handschweißung werden auch häufig manuell oder maschinell ausführbare Schutzgasschweißverfahren angewandt. Das Schutzgas schützt die Schweißstelle vor unzulässig großer Oxyda-
tion und übernimmt damit eine ähnlich Funktion wie das Schweißpulver bei maschinellem Unter-
Pulver-Schweißen.
Für die Praxis sind also folgende Verfahren von Bedeutung:

- Autogenschweißen, Bild 57, 58
- Metall-Lichtbogenschweißen, Bild 61
- Wolfram-Schutzgasschweißen (WIG) im eng. Sprachraum TIG, Bild 62
- Metall-Schutzgasschweißen (MIG oder MAG), Bild 63
- Unter-Pulver-Schweißen (UP), Bild 64

Erläuterung der Abkürzungen:

WIG = Wolframinertgas
TIG = Tungsten (entspricht Wolfram)
MIG = Metallinertgas
MAG = Metallaktivgas
UP = Unterpulver

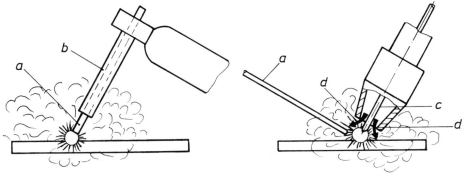

Bild 61: Metall-Lichtbogenschweißverfahren   *Bild 62: Wolfram-Schutzgasschweißverfahren*

Beim Metall-Lichtbogenschweißverfahren, wie in Bild 61 schematisch dargestellt, wird das Schmelzbad durch Gase geschützt, welche dem Hüllwerkstoff (b) einer abschmelzenden meist von Hand geführten Elektrode (a) entstammen.

Beim Wolfram- und Metallschutzgasverfahren (Bild 62 und 63) führt man dem Schweißbad spezielle
Gase wie z.B. Argon oder CO_2 über geeignete Austrittsöffnungen (d) im Elektrodenhalter (Brenner)
der Schweißstelle zu. Während bei ersterem mit nichtabschmelzender Elektrode (c) meist von Hand
geschweißt wird, verzehrt sich bei letzterem die Elektrode (a) und muß entsprechend der Abschmelz-
geschwindigkeit nachgeführt werden (daher in Verbindung mit von einer Rolle ablaufendem Zusatzwerkstoff besonders für automatisierte Schweißprozesse geeignet).

Das Unterpulververfahren nutzt den Abschirmeffekt einer sich aus einem geeigneten Pulver bildenden
und über dem Schweißbad ausbreitenden Schlackeschicht aus (Bild 64).

Beim Plasmaschweißen (Bild 65) wird durch Ionisation des Schutz- oder Plasmagases (Argon, Helium,
Wasserstoff und andere) im Lichtbogen ein als Wärmequelle dienender Plasmastrahl erzeugt.

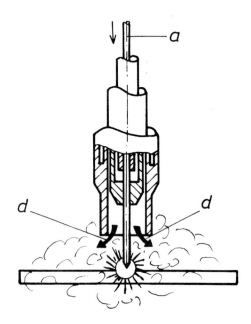

Bild 63: Metall-Schutzgasschweißverfahren

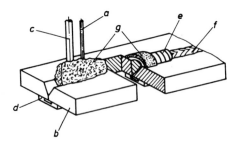

Bild 64: Unterpulver-Schweißverfahren
a = Zusatzwerkstoff, b = Werkstück,
c = Schutzpulver-Zuführung, d = Kup-
ferunterlage, e = Schlacke,
f = Schweißnaht, g = Schutzpulver

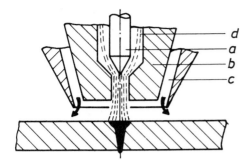

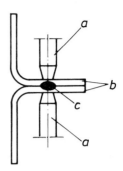

Bild 65: Schematische Darstellung des Plasma-
schweißverfahrens
a = Elektrode
b = Wassergekühlte Düse
c = Schutzgaseintritt
d = Plasmagaseintritt
e = Plasmabogen (ionisiertes Gas)

Bild 66: Widerstandsschweißen
a = Elektroden
b = Werkstück
c = Schmelzgut

Weitere Verfahren, für den Rohrleitungsbau jedoch von geringerer Bedeutung, sind z.B. das Widerstands-Schmelz-Schweißverfahren (Bild 66) oder das Abbrennstumpfschweißverfahren (Bild 67). Die erwärmten Teile werden unter Druck geschweißt. Bei letzterem müssen nach ausreichender Erwärmung bzw. Abschmelzung die zu verbindenden Rohrenden schlagartig gegeneinander gepreßt werden. Zu den neueren und außer im Flugkörper- und Reaktorbau bisher wenig angewendeten Verfahren zählen das *Elektronenstrahlschweißen* (Bild 68) sowie das *Diffusionsschweißen* (Bild 69). Beim Elektronenstrahlschweißen wird die zur Verschmelzung der zu verbindenden Rohrenden erforderliche Wärme durch einen gebündelten Elektronenstrahl hoher Energiedichte (a) erzeugt. Ob dieses Verfahren für den Rohrleitungsbau in naher Zukunft an Bedeutung gewinnen wird, hängt ausschließlich von der Entwicklung handlicher, transportabler Schweißaggregate ab. Fest steht, daß mit diesem Verfahren ein nicht unerheblicher Gewinn an Zeit- und Leistungsaufwand neben einer Reihe metallurgisch bedeutsamer Effekte erzielt werden kann.

Beim Diffusionsschweißen wird eine Verbindung durch atomare Diffusion erzeugt. Die erforderliche Schweißhitze kann, wie z.B. beim Reibschweißen, durch das Gegeneinanderreiben der zu verbindenden Enden unter Anpressung erfolgen. So wie die Enden genügend plastisch sind, (was bei metallischen Werkstoffen bereits wesentlich unterhalb des Schmelzpunktes eintritt) werden sie schlagartig zusammengedrückt. Hierdurch wird alles eventuell verunreinigte Material verdrängt und saubere Grenzschichten erzeugt, welche sich atomar miteinander „verzahnen". Schweißverbindungen zwischen artverschiedenen Werkstoffen wie z.B. Aluminium und Edelstahl sind durch dieses Verfahren möglich. Um eine Achse rotierfähige Werkstücke, wie sie z.B. bei Rohrverbindungen fast ausschließlich auftreten, sind besonders geeignet.

3.2. Verbindungsarten

Außer dem jeweiligen Verfahren, dessen Anwendbarkeit von wirtschaftlichen und technischen Aspekten bestimmt wird, tragen sowohl die Art der gewählten Verbindung als auch die Ausführung der zu

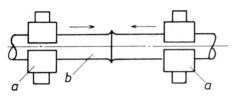

Bild 67: *Abbrennstumpfschweißverfahren*
  a = Spann- und Stauchvorrichtung,
  Stromzu- und -ableiter
  b = Werkstück nach dem Abbrennen
  und Stauchen

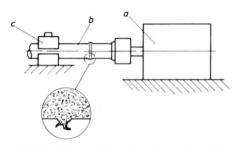

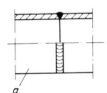

Bild 69: *Schematische Darstellung des Diffu-*
  sionsschweißverfahreus
  a = Feststehendes Rohrende
  b = Rotierendes Rohrende

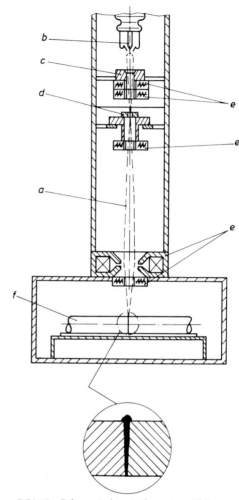

Bild 70: *Stumpfschweißverbindung. Die kraft-*
  schlüssig, korrosionschemisch und prüf-
  fähig beste Ausführung der Schweiß-
  verbindung, verlangt u.a. Zentrier-
  hilfen und erfordert Sorgfalt bei
  Wurzellagen

Bild 68: *Schematischer Aufbau einer Elek-*
  tronenstrahl-Schweißvorrichtung
  a = Elektronenstrahl, b = Kathode,
  c = Ringanode, d = Blende, e = mag-
  netische Justiersysteme, f = Werk-
  stück

verschmelzenden Enden zu dem Zustandekommen einer fehlerfreien Schweißverbindung wesentlich bei. Rohrschweißverbindungen lassen sich grundsätzlich durch Stumpf- oder Überlappschweißung erzielen (Bild 70).
Eine Abwandlung der ersteren stellt die *Nippelschweißung* (Bild 72), eine Abwandlung der zweiten die *Muffenschweißung* mit einer oder mehreren Kehlnähten dar (Bild 73 – 76), Rohrabzweigverbindungen

Bild 71:
*Überlapptschweißverbindung. Keine weiteren
Zentrierhilfen erforderlich, einfaches und
schnelles Verschweißen möglich, jedoch
kraftschüssig, korrosionschemisch und prüffähig
der Stumpfschweißausführung unterlegen und
deshalb nur begrenzt einsetzbar*

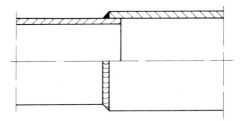

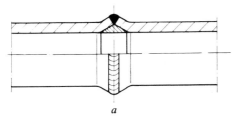

a

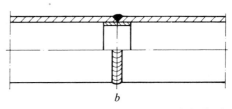

b

Bild 72: *Nippelschweißverbindung. Vollständige Durchschweißung ohne Tropfenbildung ermöglicht durch
Einlegering. Siehe auch DIN 8558 Blatt 1. Durch Fortschritte in der Schweißtechnik heute
weniger gebräuchlich*

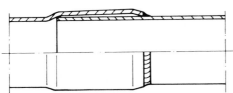

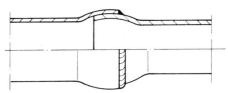

Bild 73: *Einsteckschweißmuffe. Nach DIN 2460,
mit einer Kehlnaht schnelle und einfache Montage. Anstemmen der Muffe
während dem Schweißen u.U. erforderlich um Durchlaufen des Schweißgutes
zu vermeiden und Kraftanschluß zu
verbessern*

Bild 74: *Kugelschweißmuffe. Nach DIN 2461
mit einer Kehlnaht, wesentliche Achsab-
winkelungen während der Montage
können aufgenommen oder vorgesehen
werden*

lassen sich ähnlich unterteilen, wobei die Kehlnahtschweißverbindung bei auf- bzw. eingesteckten
Abzweigrohren eine Sonderheit darstellt (Bild 77 und 78).
Eine Zwischenstellung nehmen eine Reihe von Doppelverbindungen ein, welche sowohl aus den für
lösbare Verbindungen typischen Elementen bestehen, jedoch zusätzlich verschweißt werden, wie z.B.
bei der Kombimuffe (Bild 75), der Verbindung mit Membranschweißdichtung (Bild 79).
Richtlinien für die Schweißnahtvorbereitung sind in DIN 2559 sowie DIN 8551−8553 gegeben. Die
Form der Fuge wird je nach anzuwendendem Schweißverfahren, Verbindungsart und Dicke der zu
verbindenden Rohrenden gestaltet.

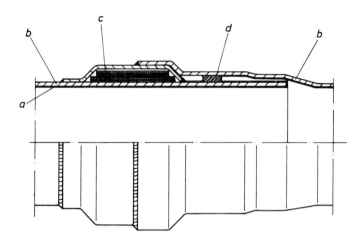

Bild 75:
Kombimuffe nach Mannesmann. Wesentlich für diese Verbindung ist, daß die Abdichtung durch einen Gummiring erfolgt und größere Längskräfte durch die Verschweißung aufgenommen werden können. Ein Asbest-Wärmedämmring schützt Innenauskleidung vor Beschädigung während des Schweißens.
a = Auskleidung
b = Rohrwand
c = Asbestschicht
d = Gummidichtung

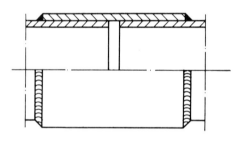

Bild 76:
Schweißverbindung mit Überschiebmuffe stellt die einfachste Form der Muffenschweißung dar, erfordert jedoch zwei Kehlnähte. Keine besonderen Zentrierhilfen erforderlich. Vorteilhafter Einsatz bei Reparaturen

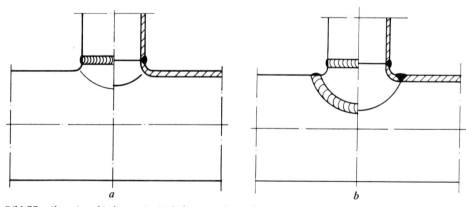

a   b

Bild 77: Abzweigverbindung mit Aushalsung in Stumpfnahtausführung

Zusammensetzung, Verwendung und Techn. Lieferbedingungen der Schweißzusatzwerkstoffe können den einschlägigen DIN-Blättern entnommen werden, etwa dem Blatt DIN 1913 für un- und niedriglegierte, DIN 8556 für nichtrostende und hitzebeständige Stähle. Sorgfältige Auswahl des Zusatzwerkstoffes unter Abwägung der verarbeitungstechnischen und metallurgischen Konsequenzen ist im Bereich der hochlegierten und hochfesten Werkstoffe unerläßlich. Sollen legierungsmäßig voneinander abweichende Werkstoffe miteinander verbunden werden, so richtet sich die Zusammensetzung des Zusatzwerkstoffes im allgemeinen nach der des höher legierten Werkstoffes.

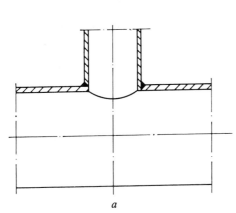
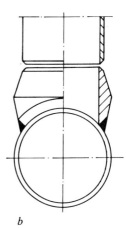

a   *b*

Bild 78: a: Abzweigverbindung mit auf- bzw. eingestecktem Abzweigrohr
  b: aufgesetzter Abzweig (Weldolet, s. auch Kap. VI)

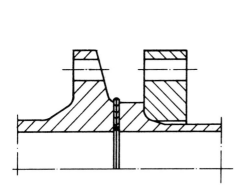
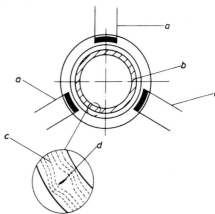

Bild 79: Geschraubte Flanschverbindung mit Membranschweißdichtung

Bild 80: Schematische Darstellung des Wirbelstromverfahrens
  a = Induktionsspulen
  b = Werkstück
  c = Kraftlinienfluß, elektronisch angezeigt
  d = Fehler

3.3. Schweißnahtprüfung

Bedingt durch die Vielzahl der möglichen Fehler, die an einer Schweißverbindung auftreten können, erscheint in den meisten Fällen eine vollständige oder zumindest stichprobenartige Überprüfung der Schweißnaht angebracht.

Der Katalog der Fehler reicht von unwesentlichen Oberflächenfehlern über Mikrorißbildung hin zu großen Bindungsfehlern (vgl. hierzu auch DVGW Blatt GW1, IIW, DIN 8563 und DIN 8524).

Zum Aufspüren eines mit dem bloßen Augen ohne besondere Hilfsmittel nicht erkennbaren bis an die Oberflächen reichenden Fehlers läßt sich das *Farbeindringverfahren* verwenden. Nach Einwirken einer intensiv gefärbten Basislösung auf die zu prüfende Oberfläche, kann durch Auftragen eines entsprechenden kontrastreichen ,,Entwicklers'' ein evtl. vorhandener Fehler (z.b. Riss oder Pore) direkt oder mit optischen Hilfsmitteln erkannt werden.

Fehlstellen im Wurzelbereich der Naht oder an der bei kleinen Rohrdurchmessern meist nicht mehr einzusehenden Nahtunterseite werden im allgemeinen mit Hilfe einer *Durchstrahlungsprüfung* (Röntgen- oder Gammastrahlen, Richtlinien in DIN 54 111) gefunden.

Ebenso können noch andere zerstörungsfreie Verfahren, wie die *Ultraschallprüfung* und die Prüfung mit *Wirbelstromdetektoren*, die *Magnetpulverprüfung* sowie ein auf *Gasdurchlässigkeit basierendes Verfahren* zur Entdeckung möglicherweise vorhandener Fehler herangezogen werden.

Selbstverständlich sind den genannten Prüfmethoden Empfindlichkeitsgrenzen gesetzt.

Bei der Ultraschallprüfung werden Materieteilchen durch mechanische Wellenbewegung zu elastischen Schwingungen angeregt. Eine Unterbrechung im Aufbau einer Schweißnaht ruft eine entsprechende Veränderung der sie durchlaufenden Welle hervor. Diese Veränderungen können über elektronische Hilfsmittel sichtbar gemacht werden.

Beim Wirbelstromverfahren erzeugt eine Reihe von Induktionsspulen, die die zu prüfende Naht umgeben, in derselben eine bestimmte Kraftlinienstruktur, welche durch das Vorhandensein von Fehlern gestört wird. Eine solche Störung kann auf elektronischem Wege erkannt und unter Umständen interpretiert werden. Besonders geeignet ist dieses Verfahren für die automatische Überprüfung von Längsnähten automatisch geschweißter Rohre (Bild 80).

Für magnetisierbare Werkstoffe eignet sich das Magnetpulververfahren (Bild 81). Hierbei werden Störungen an oder sehr nahe der Oberfläche der zu untersuchenden Schweißverbindung von Eisen-

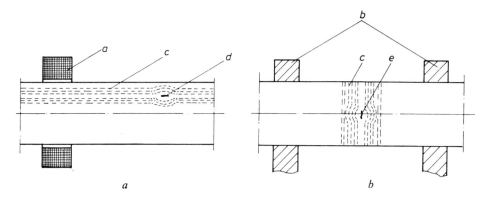

Bild 81: Schematische Darstellung des Magnetpulververfahrens. a = Ringspule, b = Stromzu- und -ableiter, c = Kraftlinienfluß durch Eisenpulver angezeigt, d = Längsfehler, e = Querfehler

partikeln angezeigt. Je nach Einwirkung des magnetischen Feldes können Störungen quer oder längs zur Nahtachse aufgespürt werden (vgl. hierzu DIN 54 121).

Keine exakte Aussage über Fehlerform und -lage läßt sich im allgemeinen bei Gasdurchlässigkeitsprüfungen machen. Einer durch Schnüffeln entlang der Naht ermittelten Leckrate entspricht einer unter gewissen Umständen reproduzierbaren Fehlerhaftigkeit z.B. Porosität.

3.4. Festigkeitsberechnung von Schweißverbindungen

Ein rechnerisches Nachprüfen bzw. Ermitteln erforderlicher Abmessungen der Schweißnähte in Rohrverbindungen erübrigt sich im allgemeinen bei stumpfgeschweißten Rund- und Längsnähten.

Tafel V: Nachprüfung der Spannungen in Schweißnähten

Beanspruchungsart	Spannungsnachweis
Einfache Beanspruchung – Zug – Druck – Schub – Biegung – Torsion	$\left.\begin{array}{l}\end{array}\right\} F/A_{Sch} \leqslant \sigma_{Sch\,ZUL}$ $F/A_{Sch} \leqslant \tau_{Sch\,ZUL}$ $Mb/W_{Sch} \leqslant \sigma_{Sch\,ZUL}$ $Md/Wd_{Sch} \leqslant \tau_{Sch\,ZUL}$
Zusammengesetzte Beanspruchung (Zug und Schub) – Größte Normalspannung – Größte Schubspannung – Größte Dehnung/Kürzung – Gestaltänderungsarbeit	$\sigma/2 + \frac{1}{2}\sqrt{\sigma^2 + 4\tau^2} \leqslant \sigma_{Sch\,ZUL}$ $\sqrt{\sigma^2 + 4\tau^2} \leqslant \tau_{Sch\,ZUL}$ $0.35\sigma + 0.65\sqrt{\sigma^2 + 4\tau^2}$ $\sqrt{\sigma^2 + 3\tau^2} \leqslant \sigma_{Sch\,ZUL}$

Tafel VI: Berechnungsformen für A_{Sch} bzw. W_{Sch}

Beanspruchungsart	Berechnungsformel für
Zug	$A_{Sch} = (D + 2a)^2\, \pi/4 - D^2\pi/4$
Biegung	$W_{Sch} = \dfrac{1}{R+a}\left[(D+2a)^4\dfrac{\pi}{64} - D^4\dfrac{\pi}{64}\right]$
Schub/Verdrehung	$Wd_{Sch} = \dfrac{1}{R+a}\left[(D+2a)^4\dfrac{\pi}{32} - D^4\dfrac{\pi}{32}\right]$

in den Tafeln V und VI bedeuten:
F ... Zug- oder Druckkraft
A_{Sch} ... Schweißnahtfläche
Mb und Md ... Biege- bzw. Drehmoment
W_{Sch} und Wd_{Sch} ... axiales bzw. polares Widerstandsmoment
$\sigma_{Sch\,ZUL}$ und $\tau_{Sch\,ZUL}$ ... zulässige Zug- bzw. Schubspannung

Nach den heutigen Erkenntnissen kann die Festigkeit einer fehlerfreien Stumpfschweißnaht der des zu verschweißenden Grundwerkstoffes gleichgesetzt werden [7].

Ist jedoch ein Nachweis der Nahtfestigkeit zu liefern, so muß dem mehrachsigen Spannungszustand Rechnung getragen werden und die in der Festigkeitslehre übliche Vergleichsspannung ermittelt werden (s. auch Kapitel IV Gleichung 45).

In Tafel V und VI sind die für den jeweilig betrachteten Beanspruchungsfall unter Zugrundelegung der verschiedenen für Bauteile üblichen Festigkeitstheorien geltenden Beziehungen, zusammengestellt.

Sofern keine besonderen Vorschriften zu beachten sind (z.B. DIN 4100 – geschweißte Stahlbauten), kann bei zusammengesetzter Beanspruchung eine der genannten Theorien auch auf die im Rohrleitungsbau auftretenden Schweißverbindungen angewandt werden.

Bei der am häufigsten auftretenden Ringnaht kann des weiteren auf die in Tafel VI zusammengestellten Beziehungen zurückgegriffen werden, worin bedeuten: a = Nahtdicke (bei Stumpfnähten = = Wandstärke, bei Kehlnähten = Höhe des Nahtquerschnittsdreiecks), D, R = Innendurch- bzw. Halbmesser des Rohres.

Unterliegt eine Schweißverbindung einer veränderlichen Beanspruchung, so muß abhängig von der Zahl der Lastwechsel innerhalb der erwarteten Lebensdauer eine gegenüber der Fließ- bzw. Streckgrenze ausreichend sichere Zeit- oder Dauerfestigkeit (z.B. mit Hilfe der bekannten Wöhlerkurve) ermittelt werden [8].

Aus Lastwechselkurven für gewisse Rohrausführungen, die schwellendem Innendruck ausgesetzt sind [6], ist zu ersehen, daß im allgemeinen erst nach Überschreiten von 10^4 Lastwechseln eine von der Fließgrenze wesentlich abweichende Zeitfestigkeit sich einstellt.

Bei zusammengesetzter veränderlicher Beanspruchung ist, wie bei ruhender Belastung, die Vergleichsspannung maßgebend und eine entsprechend große Sicherheit gegenüber der Fließgrenze zu beachten.

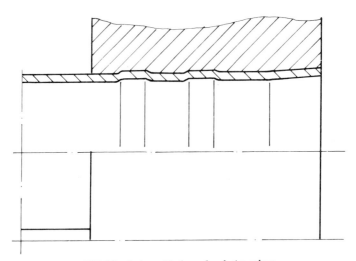

Bild 82: Rohrverbindung durch Anwalzen

4. Sonstige Verbindungsarten

Auch durch *Löten* lassen sich Rohrverbindungen erzielen, welche jedoch gemäß der Definition des Lötvorgangs und der Anwendung von Lötwerkstoffen, deren Schmelzpunkt wesentlich unter dem der zu verbindenden Werkstoffe liegt, einen erheblich kleineren Anwendungsbereich besitzen. Es wird hier nicht näher auf dieses Verfahren eingegangen. Eine Anwendung empfiehlt sich grundsätzlich dort, wo die zum Verschweißen erforderlichen Temperaturen nicht tragbar sind. Infolge der Schmelz- und Fließeigenschaften einer Reihe von Hartlötwerkstoffen, insbesondere bei Verwendung von sogenannten Flußmitteln, ist das Verfahren für tief- und engspaltige Verbindungen geeignet.

Das Schweißlöten, eine Kombination von Gasschmelzschweißen und Löten, ist besonders für die Stumpfschweißung von verzinkten Rohren geeignet. Die Verdampfung der Zinkschicht kann bei Anwendung dieser Methode verhindert werden und die Nacharbeiten beschränken sich auf die Reinigung im Nahtbereich. Dünnwandige größere Rohre lassen sich desweiteren durch Sicken oder Falzen miteinander verbinden, sofern sie nicht oder nur unwesentlich druckbeansprucht werden. Bedeutung hat dieses Verfahren gewonnen in der Wärme- und Kältedämmtechnik, wo es im wesentlichen die Dämmasse zusammenzuhalten und vor Beschädigung zu bewahren gilt, sowie bei den in der Klimatechnik häufig aus dünnwandigen Blechen geformten Luftkanälen.

Sollen Rohre nicht miteinander, sondern etwa mit einer Rohrplatte oder einem Flansch (Walzflansch) verbunden werden, so bedient man sich des Anwalzverfahrens. Die hierbei erzielten Verbindungen weisen nicht nur hohen Dichteffekt auf, sondern können auch erhebliche Längskräfte übertragen, insbesondere in Verbindung mit zusätzlich in die Platte eingearbeiteten Walzrillen (Bild 82).

5. Schrifttum

[1] Trutnovsky, K., ZVDI 105 (1963) Nr. 36: Untersuchungen an Dichtungen für Apparateflansche
[2] Boon, E. F. und Lok, H. H., ZVDI 100 (1958) Nr. 34: Untersuchungen an Flanschen und Dichtungen
[3] Meinicke, H., ZVDI 105 (1963) Nr. 13: Konstruktionsgrundlagen der Vorschweißflansche
[4] Schwaigerer, S., ZVDI 96 (1954) Nr. 1: Die Berechnung der Flanschverbindungen im Behälter- und Rohrleitungsbau
[5] Haenle, S., Forsch. Ing.-Wes. 23 (1957) Nr. 4: Beiträge zum Festigkeitsverhalten von Vorschweißflanschen und zur Ermittlung der Dichtkräfte für einige Flachdichtungen auf Asbestbasis
[6] Uebing, D., Techn. Überwachung 6 (1965) Nr. 10: Nahtlose und geschweißte Rohre bei pulsierendem Innendruck
[7] Effertz, K. H., Schweißen und Schneiden Jahrg. 5, Heft 11 Nov. 1953
[8] Erker, A., DVS Bd. 40 (1965): Berechnung von Schweißverbindungen bei wiederholter Beanspruchung

VI Formstücke

D. SCHMIDT

1. Allgemeines

Unter den Begriffen „*Formstück*" und „*Fitting*" werden im Rohrleitungsbau alle rohrförmigen Bauelemente zusammengefaßt, die nicht gerade zylindrische Rohre sind. Im wesentlichen handelt es sich um Bogen, Reduzierungen und T-Stücke. Obwohl keine genaue Abgrenzung der Begriffe *Formstück* und *Fitting* besteht, bezeichnet man doch im allgemeinen als Formstücke oder auch Schweißfittings die Teile, die durch Schweißen in das Rohrsystem eingefügt werden, während unter dem Oberbegriff Fitting eine durch Schraub- oder Lötverbindung eingefügte Teile verstanden werden.

Die Verformbarkeit des Stahles sowie seine Schweißbarkeit gestatten die Anfertigung von Formstükken beliebiger Formen und Abmessungen, die zum Teil genormt sind. Infolge der hochentwickelten Schweiß- und Montagetechnik können Formstücke auch auf der Baustelle hergestellt werden, die normale Praxis ist jedoch, besonders bei größeren Abmessungen, sie in der Werkstatt, gegebenenfalls von Spezialfirmen, anfertigen zu lassen. Dabei kann man entweder von Rohren ausgehen oder von Schmiedestücken und Blechpreßteilen, die geschweißt und anschließend spanabhebend verformt werden.

2. Richtungsänderungen des Rohrstranges

Für Richtungsänderungen eines Rohrstranges verwendet man Bauelemente, die je nach der Art ihrer Herstellung Krümmer, Biegungen, Einschweißbogen, Faltenrohrbogen, Segmentbogen oder Schalenbogen genannt werden.

Der Ausdruck „Krümmer" ist wohl der allgemeinste und am wenigsten aussagekräftigste. „Krümmer" sind alle Elemente zur Richtungsänderung, ohne Rücksicht auf die Art ihrer Herstellung. Gelegentlich werden als „Krümmer" Biegungen oder Bogen mit einem Verhältnis Radius/Außendurchmesser Rohr annähernd 1 bezeichnet, doch ist dieser Sprachgebrauch keineswegs „genormt", die Bezeichnungen wechseln leider je nach Branche und Landstrich.

Biegungen werden aus dem vom Walzwerk angelieferten Rohrmaterial im allgemeinen in der Werkstatt durch Kalt- oder Warmverformen hergestellt. Eine Ausnahme bilden Biegungen in Fernleitungen, welche auf der Baustelle mittels hydraulischer Pressen kalt hergestellt werden. Im Abschnitt VIII/2 sind nähere Angaben hierüber enthalten. Bei Biegungen sind zwei Kriterien einzuhalten, die entscheiden, ob kalt- oder warmgebogen werden muß und gegebenenfalls mit welchem Radius/

Tafel I: Biegeradien für nahtlose und geschweißte Stahlrohre nach DIN 2916

Biegeradius r — Rohr-Außendurchmesser d

Anwendungsbereiche mit Kennzahlen markierte Radien bevorzugt anwenden: ≈ 1 d bis 10 d · ≈ 2 d bis 10 d · ≈ 2,5 d bis 10 d · ≈ 3,15 d bis 10 d

Reihe 1	Reihe 2	20	21.3°	25	26.9°	30	31.8	33.7°	38	42.4°	44.5	48.3°	51	57	60.3°	63.5	70	76.1°	82.5	88.9°	101.6°	108	114.3°	121	127	133	139.7°	152.4	159
20		10																											
	22,5x		10																										
25		12		10																									
	27,5x		12		10																								
30 x		16		12		10																							
	32,5																												
35 x			16		12		10	10																					
	37,5																												
40		20		16		12	12	12	10																				
45			20		16					10	10																		
50		25		20		16	16		12			10																	
55 x			25		20			16		12	12		10																
60 x		32		25		20	20		16			12	12	10															
	65																												
70 x			32		25			20		16	16		12																
	75																												
80		40		32	32	25	25	25	20	20		16	16															
90			40		32						20			16															
100		50		40		32			25			20	20																
110 x			50		40		32			25	25			20															
	120																												
125		63		50		40	40		32			25	25		20	20												
	130																												
140			63		50			40		32	32		25			20												
	150																												
160		80		63	63	50	50	50	40	40		32	32		25	25	20										
180			80		63					40			32	32		25											
200		100		80		63	63		50	50		40	40		32		25	25									
225 x			100		80						50			40		32		25									
250				100		80	80		63			50	50		40	40	32	32	25								
280					100		80			63	63		50			40		32		25	25						
	300																											
315					100	100		80			63	63		50	50	40	40	32									
350 x							100		80	80		63			50		40		32	32							
400								100	100		80	80		63	63		50	50		40		32	32	32			
450											100		80			63		50		40	40				32		
500												100	100	80	80		63	63		50		40	40			32	32
560													100			80		63		50	50				40	40
	600																											
630														100	100	80	80		63			50	50	50		40	40
	650																											
710																100		80		63	63				50	
	750																											
800																	100	100	80			63	63	63		50	50
900																			100		80	80				63	
1000																				100		80	80				63	63
1100																					100	100	80	80				
1250																							100	100			80	80
1400																										100	100	
1600																											100	100

*) Diese Rohr-Außendurchmesser entsprechen den Rohren, auf die Gewinde nach ISO-Empfehlung R 7 geschnitten werden kann.

Durchmesser-Verhältnis: Die Wanddickenverschwächung in der Außenfaser des Bogens und die Ovalität des fertigen Bogens.

Beim Kaltbiegen wird das Rohr über eine Matritze gezogen oder – um die Wanddickenverschwächung gering zu halten – geschoben. Das Widerstandsmoment des zu verformenden Rohrquerschnittes darf je nach Werkstoff 500 bis 600 cm^3, der Außendurchmesser etwa 350 mm nicht überschreiten. Je nach Werkstoff und Kaltverformungsgrad sind die Biegungen einer anschließenden Wärmenachbehandlung zu unterziehen, um den Ursprungs-Gefügezustand wiederherzustellen. Die Fachfirmen des Dampfkessel-, Behälter- und Rohrleitungsbaues verfügen über eine große Zahl von Biegematritzen, die sich an DIN 2916, Biegeradien für nahtlose und geschweißte Stahlrohre, orientieren, Tafel I. Zu bevorzugen sind die Radien der Reihe 1, nur in Ausnahmefällen sollten die der Reihe 2 gewählt werden. Die Kennzahlen im Tabellenfeld geben rund das Zehnfache des Verhältnisses r/d an: Rohrdurchmesser 33,7 mm, Biegeradius 80 mm ergibt r/d = 2,37 rund 2,5 und damit Kennzahl 25. Man kann davon ausgehen, daß Matritzen für die mit Kennzahlen versehenen Radius/Durchmesser-Kombinationen vorhanden sind. Tafel I zeigt auch, daß nur für die kleineren Durchmesser, bis 57 mm, Biegungen mit r/d etwa 1,0 angefertigt werden können, während dieses Mindestverhältnis bei den größeren Rohrdurchmessern bis auf etwa 3,2 ansteigt.

Rohre mit Durchmessern oder Widerstandsmomenten über den vorhin genannten Werten müssen im warmen Zustand gebogen werden. Um zu vermeiden, daß der Rohrquerschnitt hierbei oval wird, oder sich gar Falten bilden, wird das Rohr vor dem Erwärmen mit trockenem Sand gefüllt, der sorgfältig verdichtet werden muß. Die zu biegende Länge wird sodann in einem meist gasbeheizten Ofen auf Warmformgebungstemperatur, ungefähr 850 bis 1100 °C erhitzt. Nun wird das Rohr auf einer Biegeplatte an einem Ende fixiert und das andere Ende über ein Spill herumgezogen. Die Verformung beginnt in der Nähe der Einspannstelle, weil hier das größte Biegmoment wirkt. Ist diese Zone nach Kontrolle mit einer Biegeschablone genügend verformt, wird sie durch Wasser oder Luft abgekühlt, wodurch sich die Festigkeit soweit erhöht, daß nun der in Spillrichtung benachbarte Rohrabschnitt verformt wird. Bild 1 zeigt das Warmbiegen eines Rohres für eine Zwischendruckleitung eines Kraftwerkes.

Bild 1:
Warmbiegen eines Rohres
mit etwa 600 mm Außen-
durchmesser
(L. & C. STEINMÜLLER
GmbH, 5270 Gummers-
bach)

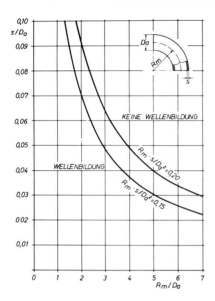

Bild 2: Formabweichungen an warmgebogenen Rohren

Auch beim Warmbiegen kann nicht jedes beliebige Radien/Durchmesser-Verhältnis hergestellt werden. Es hängt sehr vom Geschick der Facharbeiter ab, ob am fertigen Bogen Abflachungen oder gar Falten zu sehen sind. Diese sind Anlaß zu Zusatzspannungen, die an Stellen mit kleineren Krümmungsradius des Querschnittes auftreten und besonders bei häufigen Lastwechseln zu Dauerbrüchen führen können. Nach Untersuchungen von Kaes (Mitt. VGB 48. Jahrgang, 1968, S. 199) kann man Biegungen mit $R_m \cdot s/D_a^2$ größer 0,2 ohne unzulässige Formabweichungen herstellen, während bei $R_m \cdot s/D_a^2$ kleiner 0,15 sicher mit unzulässigen Formabweichungen zu rechnen ist, Bild 2. Im Zwischenbereich können Warmbiegungen unter Einhalten der zulässigen Ovalität nur unter Vorbehalt hergestellt werden.

Warmgefertigte Rohrbiegungen müssen in der Regel einer anschließenden Wärmenachbehandlung unterzogen werden. Bei Leitungen großen Durchmessers sind hierzu Öfen mit beachtlichen Abmessungen erforderlich. Es ist nicht immer ganz einfach, die Vorschriften des Stahlherstellers über Aufheiz-, Halte- und Abkühlungsgeschwindigkeit an einem Rohrbogen mit den Abmessungen D_a = 609,6 mm, R = 2,5 m, also mit Blockabmessungen von rund 2,8 x 2,8 m in der Ebene nachzukommen.

Eine Sonderform der Warmbiegungen stellen die sogenannten „Induktivbiegungen" dar. Das Induktivbiegeverfahren besteht darin, nur eine schmale Ringzone des zu verformenden Rohren durch Hochfrequenz-Wirbelströme zu erhitzen und sofort anschließend zu verformen. Da die Nachbarquerschnitte des zu verformenden Teiles relativ kalt sind, üben sie eine erhebliche Stützwirkung auf den warmen Abschnitt aus, wodurch sich eine sehr geringe Ovalität des verformten Bogens ergibt. Das Verfahren wurde ausführlich durch Mikulla und Retzlaff (3R-international, 13. Jahrg. (1974), Heft 2, S. 95) beschrieben, einen Eindruck von der Biegemaschine vermittelt Bild 3. Man sieht im Vordergrund ein Rohrende, welches in einem Biegearm eingespannt ist, und beim Schwenken dieses Biegearmes durch den dahinter sichtbaren Induktorring gezogen wird. Durch geeignete Kombination von Aufheiz- und

Abkühlungsgeschwindigkeiten bleiben die Werkstoffkennwerte des Rohrwerkstoffes weitgehend unverändert.

Nach Krass, Kittel, Uhde, „Pipelinetechnik" können auf der größten Biegemaschine Rohre bis 64" Außendurchmesser bei 100 mm Wanddicke mit Radien bis 10 m gebogen werden.

Biegungen sind, wie sich aus den vorstehenden Beschreibungen ergibt, immer Sonderanfertigungen in geringen Stückzahlen, sei es, daß der Rohrwerkstoff oder die Abmessungen nicht zu den Massenerzeugnissen zählen, oder aber auch die Biegungen so angefertigt werden müssen, daß es kostengünstiger ist, ein Rohr zu biegen, anstatt mehrere Einschweißbogen zu zerschneiden und mit einer Vielzahl von Rundnähten wieder zu verbinden.

Im Gegensatz dazu sind Einschweißbogen, wenigstens soweit sie aus den gängigen Rohrstählen gefertigt sind, Massenartikel, die gewöhnlich ab Lager bezogen werden können. Unter Verwendung von Schweißbogen können Rohrsysteme auf der Baustelle ohne Vorfertigung in der Werkstatt zusammengebaut werden. Rohrbogen aus Stahl zum Einschweißen sind in DIN 2605 und 2606 genormt. DIN 2605 enthält die engen Bogen mit einem Radius/Durchmesser-Verhältnis von 1,1 (kleine Durchmesser) bis etwa 1,5 (große Durchmesser). DIN 2606 enthält die Bauart 5d, das Radius/Durchmesser-Verhältnis ist hier 2,1 bis 2,5.

Einschweißbogen werden häufig auch als „Hamburger Rohrbogen" bezeichnet, weil das Warmbiegeverfahren, mit dem sie hergestellt werden, vor etwa 65 Jahren in Ahrensburg bei Hamburg entwickelt wurde. Das Rohr wird dabei im warmen Zustand über einen konischen Biegedorn geschoben, der die Krümmung bei gleichzeitiger Durchmesser-Vergrößerung herstellt. Dieses Verfahren ergibt eine gleichmäßig einwandfreie Wanddicke ohne Faltenbildung auch bei engen Krümmungsradien.

Die Liefermöglichkeiten der Rohrbogenhersteller gehen jedoch weit über den in DIN 2605 und DIN 2606 abgesteckten Bereich hinaus. Grundsätzlich können Einschweißbogen aus allen Werkstoffen und nach allen Normen, zum Beispiel nach ANSI B 16.9, angefertigt werden. Tafel II bis V geben das Lieferprogramm eines bekannten deutschen Rohrbogenwerkes wieder. Als Sonderausführungen können Bogen mit zylindrischen Verlängerungen oder sogenannte Reduzierbogen, also mit stetiger Durchmesserverkleinerung, angefertigt werden.

Tafel VI enthält die nach ANSI B 16.9 genormten Einschweißbogen.

Schalenbogen sind Einschweißbogen mit einer oder mehreren Längsnähten. Sie sind wie der Name besagt, aus zwei oder mehreren im Gesenk gepreßten Schalen hergestellt, ein Hersteller bietet für einige

Bild 3:
Induktiv-Warmbiegen eines
Rohres

Tafel II: Nahtlose Stahlrohr-Schweißbogen DIN/ISO Bauart 2*)

Maße siehe Tafel III

Maß c = 2a   **X** bedeutet Normalwanddicke

Lieferbare Wanddicke s mm:

Außen ∅ d mm	Radius a mm	Toleranz mm	2	2,3	2,6	2,9	3,2	3,6	4	4,5	5	5,6	6,3	7,1	8	8,8	10	12,5	14,2	16	17,5	20
20	16		**X**	X	X	X																
21,3	17,5		**X**	X	X	X	X															
25	21		**X**	X	X	X																
26,9	24					**X**	X	X	X													
30	25					**X**	X	X	X													
31,8	27,5					**X**	X	X	X													
33,7	30					**X**	X	X	X	X												
38	32,5					**X**	X	X	X	X												
42,4	37,5					**X**	X	X	X	X	X											
44,5	40	± 2,5				**X**	X	X	X	X	X											
48,3	42,5					**X**	X	X	X	X	X											
51	45					**X**	X	X	X	X	X											
54	50					**X**	X	X	X	X	X											
57	52,5						**X**	X	X	X	X	X										
60,3	55							**X**	X	X	X	X	X									
63,5	57,5							**X**	X	X	X	X	X									
70	65							**X**	X	X	X	X	X									
76,1	70							**X**	X	X	X	X	X	X								
82,5	77,5								**X**	X	X	X	X	X	X							
88,9	82,5								**X**	X	X	X	X	X	X	X						
101,6	95								**X**	X	X	X	X	X	X	X						
108	100								**X**	X	X	X	X	X	X	X	X					
114,3	105								**X**	X	X	X	X	X	X	X	X					
121	112,5								**X**	X	X	X	X	X	X	X	X					
127	117,5								**X**	X	X	X	X	X	X	X	X					
133	125								**X**	X	X	X	X	X	X	X	X					
139,7	132,5								**X**	X	X	X	X	X	X	X	X					
152,4	142,5	± 5								**X**	X	X	X	X	X	X	X	X	X			
159	150									**X**	X	X	X	X	X	X	X	X	X			
165,1	155									**X**	X	X	X	X	X	X	X	X	X			
168,3	155							X	**X**	X	X	X	X	X	X	X	X	X				
177,8	170											**X**	X	X	X	X	X	X	X			
193,7	180												5,4	X	X	X	X	X	X			
216	210														6	X	X	X	X	X		
219,1	210									X			5,9	X	X	X	X	X	X		
244,5	235															**X**	X	X	X	X		
267	255															**X**	X	X	X	X		
273	254	± 10									X					**X**	X	X	X	X		
298,5	280															**X**	X	X	X	X		
318	305													7,5	X	X	X	X	X		
323,9	305										X				**X**	X	X	X	X	X	
355,6	355										X				**X**	X	X	X	X	X	
368	352,5													X	**X**	X	X	X	X		
406,4	406,5												X				X	X	X		
419	400																X	X	X		
457,2	455																X	X	X		
470	455	± 25															X	X	X		
508	505														X			**11**	X	X	X	X
521	505																	**11,5**	X	X	X	X
558,8	550																	**X**	X	X	X	X
609,6	610															X		**X**	X	X	X	X
660,4	660															X		**X**	X	X	X	X
711,2	700	± 50																**X**	X	X	X	X
762	760																	**X**	X	X	X	X
812,8	810	± 100																**X**	X	X	X	X

*) Mit freundlicher Genehmigung der H. Siekmann GmbH & Co, 4980 Bünde

Tafel III: Nahtlose Stahlrohr-Schweißbogen DIN/ISO Bauart 3*)

  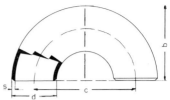

Maß c = 2a   **X** bedeutet Normalwanddicke

Außen ⌀ d mm	a mm	Radius Toleranz mm	Lieferbare Wanddicke s mm																			
			2	2,3	2,6	2,9	3,2	3,6	4	4,5	5	5,6	6,3	7,1	8	8,8	10	12,5	14,2	16	17,5	20
20	25		**X**	X	X	X																
21,3	27,5		**X**	X	X	X	X															
25	27,5		**X**	X	X	X	X	X														
26,9	28,5			X	X	**X**	X	X	X													
30	33,5	± 2,5		X	X	**X**	X	X	X													
31,8	35				X	**X**	X	X	X													
33,7	38				X	X	**X**	X	X	X												
38	45				X	X	**X**	X	X	X												
42,4	47,5				X	X	**X**	X	X	X	X											
44,5	51				X	X	**X**	X	X	X	X											
48,3	57				X	X	**X**	X	X	X	X											
51	63,5				X	X	**X**	X	X	X	X											
54	72,5				X	X	**X**	X	X	X	X											
57	72					X	X	**X**	X	X	X	X										
60,3	76					X	X	**X**	X	X	X	X	X									
63,5	82,5	± 3				X	X	**X**	X	X	X	X	X									
70	92					X	X	**X**	X	X	X	X	X									
76,1	95					X	X	**X**	X	X	X	X	X	X								
82,5	107,5						X	X	X	X	X	X	X	**X**	X							
88,9	144,5						X	X	X	X	X	X	X	**X**	X							
101,6	133,5							X	X	X	X	X	X	**X**	X							
108	142,5						X	X	X	X	X	X	X	**X**	X	X	X					
114,3	152,5						X	X	X	X	X	X	X	**X**	X	X	X					
121	170	± 5						X	X	X	X	X	X	X	**X**	X	X					
127	175	± 5						X	X	X	X	X	X	X	**X**	X	X					
133	181	± 3						X	X	X	X	X	X	X	**X**	X	X					
139,7	190,5	± 4						X	X	X	X	X	X	X	**X**	X	X					
152,4	215	± 5						X	X	X	X	X	X	X	**X**	X	X	X				
159	216	± 4						X	X	X	X	X	X	X	**X**	X	X	X				
165,1	230	± 5						X	X	X	**X**	X	X	X	X	X	X	X				
168,3	228,5	± 4						X	X	X	**X**	X	X	X	X	X	X	X				
177,8	250	± 5							X	X	**X**	X	X	X	X	X	X	X				
193,7	270												5,4	X	X	X	X	X				
216	305												6	X	X	X	X	X				
219,1	305	± 4							X				5,9	X	X	X	X	X				
244,5	340											**X**	X	X	X	X	X	X				
267	378											**X**	X	X	X	X	X	X				
273	381	± 5									X	**X**	X	X	X	X	X	X				
298,5	420											**X**	X	X	X	X	X					
318	455													7,5	X	X	X	X				
323,9	457												X		X	X	X	X	X			
355,6	533,5												X		X	X	X	X	X			
368	533,5	± 10											X		X	X	X	X				
406,4	609,5													X			X	X	X			
419	609,5																X	X	X			
457,2	686	± 15															X	X	X			
470	672,5																10,5	X	X			
508	762	± 35											X				11	X	X	X	X	X
521	747																	11,5	X	X	X	X
558,8	838																	X	X	X	X	X
609,6	914																	X	X	X	X	X
660,4	988	± 50											X			X		X	X	X	X	X
711,2	1050																X	X				X
762	1143																X	X				X
812,8	1200																X	X				X
863,6	1275																		X			X
914,4	1370	± 100															X	X	X	X		
1016	1525	} geschweißt																	X			
1067	1600																		X			
1168																			X			

*) Mit freundlicher Genehmigung der H. Siekmann GmbH & Co, 4980 Bünde

Tafel IV: Nahtlose Stahlrohr-Schweißbogen DIN/ISO Bauart 4*)

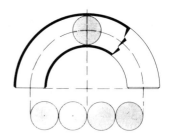

Maße siehe Tafel III

Außen ⌀ d	a	Radius	Toleranz	Wand-dicke s	Außen ⌀ d	a	Radius	Toleranz	Wand-dicke s
mm	mm		mm	mm	mm	mm		mm	mm
20	32,5			2	168,3	310			4,5
21,3	35			2	177,8	342,5			5
25	42,5			2	193,7	360		± 5	5,4
26,9	47,5			2,3	216	407,5			6
30	50			2,6	219,1	407,5			5,9
31,8	55			2,6	244,5	465		± 10	6,3
33,7	60			2,6	267	512,5		± 12,5	6,3
38	65			2,6	273	512,5		± 12,5	6,3
42,4	72,5		± 2,5	2,6	298,5	560		± 15	7,1
44,5	80			2,6	318	630		± 15	7,5
48,3	85			2,6	323,9	630		± 15	7,1
51	92,5			2,6	355,6	700		± 20	8
54	97,5			2,6	368	700		± 20	8
57	102,5			2,9	406,4	800		± 20	8,8
60,3	107,5			2,9	419	800		± 20	10
63,5	115			2,9	457,2	900		± 20	10
70	127,5			2,9	470	900		± 20	10,5
76,1	140			2,9	508	1000		± 35	11
82,5	152,5			3,2	521	1000		± 35	11,5
88,9	165			3,2	558,8	1100		± 35	12,5
101,6	190			3,6	609,6	1200		± 50	12,5
108	200			3,6					
114,3	220		± 5	3,6					
121	225			4					
127	235			4					

*) Mit freundlicher Genehmigung der H. Siekmann GmbH & Co, 4980 Bünde

Tafel V: Nahtlose Stahlrohr-Schweißbogen DIN/ISO Bauart 5*)

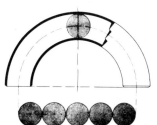

Maße siehe Tafel III

Maß c = 2 a   **X** bedeutet Normalwanddicke

Außen ∅ d mm	a mm	Toleranz mm	2	2,3	2,6	2,9	3,2	3,6	4	4,5	5	5,6	6,3	7,1	8	8,8	10	12,5	14,2	16	17,5	20
20	42,5		**X**	X	X	X																
21,3	35		**X**	X	X	X	X															
25	52,5		**X**	X	X	X	X	X														
26,9	57,2			**X**	X	X	X	X	X													
30	62,5				**X**	X	X	X	X													
31,8	67,5				**X**	X	X	X	X													
33,7	72,5					**X**	X	X	X	X												
38	82,5					**X**	X	X	X	X												
42,4	92,5					**X**	X	X	X	X	X											
44,5	97,5					**X**	X	X	X	X	X											
48,3	107,5	± 2,5				**X**	X	X	X	X	X											
51	115					**X**	X	X	X	X	X											
54	122,5					**X**	X	X	X	X	X											
57	127,5						**X**	X	X	X	X	X	X									
60,3	135						**X**	X	X	X	X	X	X	X								
63,5	142,5						**X**	X	X	X	X	X	X	X								
70	160						**X**	X	X	X	X	X	X									
76,1	175						**X**	X	X	X	X	X	X	X								
82,5	190							**X**	X	X	X	X	X	X								
88,9	205							**X**	X	X	X	X	X	X	X							
101,1	237,5								**X**	X	X	X	X	X	X							
108	252,5								**X**	X	X	X	X	X	X	X	X					
114,3	270								**X**	X	X	X	X	X	X	X						
121	282,5								**X**	X	X	X	X	X	X	X	X					
127	300								**X**	X	X	X	X	X	X	X	X					
133	312,5	± 5							**X**	X	X	X	X	X	X	X	X					
139,7	330								**X**	X	X	X	X	X	X	X	X					
152,4	357,5									**X**	X	X	X	X	X	X	X	X	X			
159	375									**X**	X	X	X	X	X	X	X	X	X			
165,1	390									**X**	X	X	X	X	X	X	X	X	X			
168,3	390								X	**X**	X	X	X	X	X	X	X	X				
177,8	430	± 10									**X**	X	X	X	X	X	X	X				
193,7	455												5,4	X	X	X	X	X	X			
216	510												6	X	X	X	X	X	X			
219,1	510	± 12,5									X		5,9	X	X	X	X	X	X			
244,5	580													**X**	X	X	X	X				
267	635													**X**	X	X	X	X				
273	650	± 15									X			**X**	X	X	X	X				
298,5	700														**X**	X	X	X				
318	757,5													7,5	**X**	X	X	X				
323,9	775	± 17,5												X	**X**	X	X	X	X			
355,6	850	± 20												X	**X**	X	X	X	X			
368	880														**X**	X	X	X	X			
406,4	970													X	**X**	X	X		X			
419	1000														**X**	X	X		X			
457,2	1122,5	± 25															X	X	X			
470	1122,5															10,5	X	X				
508	1245													X			11		X	X	X	X
521	1245	± 40																11,5	X	X	X	X
558,8	1375																	X	X	X	X	X
609,6	1500														X			X	X	X	X	X
660,4	1625	± 50													X			X	X	X	X	X
711,2	1750																	X	X	X	X	X
762	1875																	X	X	X	X	X
812,8	2000																		X	X		
863,6	2125	± 100																	X	X		
914,4	2250																	X	X	X	X	

*) Mit freundlicher Genehmigung der H. Siekmann GmbH & Co, 4980 Bünde

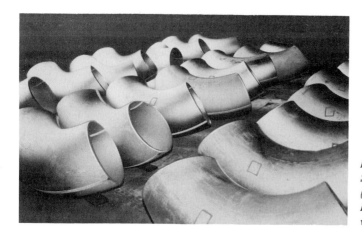

Bild 4:
Schalenrohrbogen
(Hermann Müller GmbH,
Rohrbogen- und Schweiß-
werk, 4630 Bochum)

Durchmesser auch Bogen mit nur einer Längsnaht an. Schalenbogen werden eingesetzt, wenn die durch die Art der Herstellung bedingte Wanddicke der nahtlosen Schweißbogen festigkeitsmäßig nicht erforderlich oder gar aus Gewichtsgründen unerwünscht ist. Tafel VII gibt das Lieferprogramm eines Herstellers wieder, Bild 4 zeigt die versandbereiten Schalenrohrbogen.

Faltenrohrbogen werden aus nahtlosen oder geschweißten Rohren warm gefertigt. Bei sachgemäßer Herstellung wird die Rohrwand durch den Biegevorgang nicht geschwächt. Faltenrohrbogen können mit sehr kleinem Biegeradius, im Extremfall $R = 1,5 \, d_a$ hergestellt werden, ihr Anwendungsgebiet sind die Faltenrohr-Dehnungsausgleicher in warmgehenden Leitungen, Bild 5, da sie ähnlich einem Wellrohr-Kompensator nur geringe Verstellkräfte ergeben.

Segmentbogen fertigt man gelegentlich für Rohrleitungen großen Durchmessers mit geringer Wanddicke an. Man kann sie auf der Baustelle herstellen durch Abschneiden von keilförmigen Stücken von einem geraden Rohr. Durch Zusammenschweißen dieser Keile entsteht ein „Bogen" durch mehrmali-

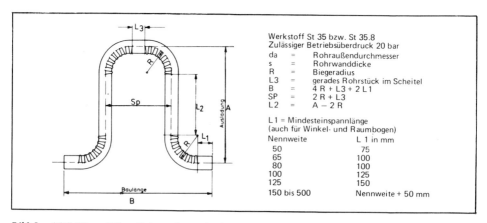

Bild 5: ARG-Mineralölbau-Faltenrohrausgleicher
(Tabellenbuch für den Rohrleitungsbau, Vulkan-Verlag Essen 1980)

Tafel VI: Maßnormen von Einschweiß-Stahlrohrbogen nach ANSI B 16.9*)

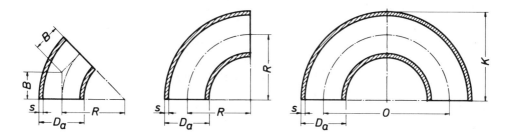

Nominal Pipe Size	D_a	Standard Wall		Extra strong Wall		Abmessungen			
		S	Schedule	S	Schedule	R	B	O	K
Zoll	mm	mm	–	mm	–	mm	mm	mm	mm
$\frac{3}{4}$	26,7	2,87	40	–	–	28,6	14,3	57,2	42,9
1	33,4	3,38	40	–	–	38,1	22,2	76,2	55,6
$1\frac{1}{4}$	42,2	3,56	40	–	–	47,6	25,4	95,2	69,8
$1\frac{1}{2}$	48,3	3,68	40	–	–	57,2	28,6	114,3	82,6
2	60,3	3,91	40	5,54	80	76,2	34,9	152,4	106,4
$2\frac{1}{2}$	73	5,16	40	7,01	80	95,2	44,4	190,5	131,8
3	88,9	5,49	40	7,62	80	114,3	50,8	228,6	158,8
$3\frac{1}{2}$	101,6	5,74	40	8,08	80	133,4	57,2	266,7	184,2
4	114,3	6,02	40	8,56	80	152,4	63,5	304,8	209,6
5	141,3	6,55	40	9,52	80	190,5	79,4	381	261,9
6	168,3	7,11	40	10,97	80	228,6	95,2	457,2	312,7
8	219,1	8,18	40	12,7	80	304,8	127	609,6	414,3
10	273	9,27	40	12,7	60	381	158,8	762	517,5
12	323,9	9,52	–	12,7	–	457,2	190,5	914,4	619,1
14	355,6	9,52	30	12,7	–	533,4	222,2	1067	711,2
16	406,4	9,52	30	12,7	40	609,6	254	1219	812,8
18	457,2	9,52	–	12,7	–	685,8	285,8	1372	914,4
20	508	9,52	20	12,7	30	762	317,5	1524	1016
22	558,8	9,52	20	12,7	30	838,2	342,9	1676	1118
24	609,6	9,52	20	12,7	–	914,4	381	1829	1219
26*	660,4	9,52	–	12,7	20	990,6	406,4	1981	1321
28*	711,2	9,52	–	12,7	20	1067	438	2134	1422
30*	762	9,52	–	12,7	20	1143	470	2286	1524
32*	812,8	9,52	–	12,7	20	1219	502	2438	1626

*) Mit freundlicher Genehmigung der Mannesmannröhren-Werke AG

Tafel VII: Längsgeschweißte Schalenrohrbogen*)

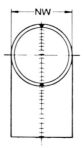

Lage der Schweißnähte bei
Halbschalenrohrbogen

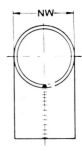

Lage der Schweißnähte bei
Müller-Euro-Einnahtrohrbogen

Abmessungen:

Bauart D 2 R = D Norm 2 S Form A short radius		Bauart D 3 R = 1,5 D Norm 3 S, DIN 2605 Form B long radius		Bauart D 4 R = 2 D Norm 4 S Form C		Bauart D 5 R = 2,5 D Norm 5 S, DIN 2606 Form D	
ä. ⌀ mm	Wandst. mm	ä. ⌀ mm	Wandst. mm	ä. ⌀ mm	Wandst. mm	ä. ⌀ mm	Wandst. mm
216,0	3−10	216,0	3−20	267,0	3−12	318,0	3−10
219,1	3−10	219,1	3−20	273,0	3−12	323,9	3−10
244,5	3−10	244,5	3−10	318,0	3−10	355,6	3−15
267,0	3−10	267,0	3−20	323,9	3−10	368,0	3−15
273,0	3−10	273,0	3−20	355,6	3−10	406,4	3−10
318,0	3−10	318,0	3−20	368,0	3−10	420,0	3−10
323,9	3−10	**323,9 x 6**	3−20	406,4	3−12	508,0	3−20
355,6	3−10	**355,6 x 6**	4−25	419,0	3−12	520,0	3−20
368,0	3−10	368,0	4−20	467,2	3−12	609,6	3−20
406,4	3−12	**406,4 x 6,3**	4−20	470,0	3−12	620,0	3−20
419,0	3−12	419,0	4−20	508,0	3−12		
457,2	3−12	457,2	4−20	521,0	3−12		
470,0	3−12	470,0	4−20				
508,0	3−12	**508,0 x 6,3**	4−20				
521,0	3−12	521,0	4−20				
609,6	5−14	557,8	5−20				
622,0	5−14	570,0	5−20				
711,2	5−20	**609,6 x 6,3**	5−20				
720,0	5−20	622,0	5−20				
812,8 x 8	6−20	660,4	5−25				
820,0	6−20	**711,2 x 7,1**	5−20				
1016,0 x 10	6−20	720,0	5−20				
1020,0	6−20	762,0	6−20				
		812,8 x 8	6−20				
		820,0	6−20				
		863,6	6−25				
		914,4 x 10	6−20				
		920,0	6−20				

Rohrbogen aus R St. 37−2 in den fettgedruckten Abmessungen können weitgehend aus Vorrat geliefert werden.

Rohrbogen mit Abmessungen, die in der Tabelle nicht aufgeführt sind sowie mit dickeren Wandstärken können in besonderen Fällen ebenfalls gefertigt werden.

*) Mit freundlicher Genehmigung der Hermann Müller GmbH, 4630 Bochum

ge plötzliche Richtungsänderung. Eine 90°-Umlenkung durch einen dreiteiligen Segmentbogen bedeutet zum Beispiel eine 4-malige sprunghafte Richtungsänderung von 22,5°, die hydraulisch noch
nicht zu erheblichen Verlusten führt. Wohl nur in der Werkstatt lassen sich Segmentbogen durch
Rollen entsprechend zugeschnittener Blechtafeln, die ebenfalls keilförmige Rohrabschnitte ergeben,
herstellen. Da dieses Verfahren durch das umfassende Angebot von Schalenkrümmern für den Rohrleitungsbau wohl in den Hintergrund getreten ist, sei bezüglich der Berechnung und Aufzeichnung
der Blechzuschnitte auf die Verfahren der darstellenden Geometrie verwiesen.

3. Querschnittsänderungen des Rohrstranges

Wenn in einer Rohrleitung der lichte Durchmesser zu ändern ist, weil zum Beispiel nach einer Abzweigung ein geringerer Volumenstrom fließt, werden sogenannte Reduzierstücke in den Leitungs-
strang eingeschweißt.

Bei Rohren kleineren Durchmessers werden häufig Reduzierungen durch Warmpressen hergestellt,
im Kessel- und Behälterbau werden diese Rohrstücke als „Einziehungen" bezeichnet. Sie dienen zum
Beispiel dazu, die parallel ohne Abstand liegenden Rohre einer Kessel-Membranwand in einen gemeinsamen Sammler führen zu können. Für den Rohrleitungsbau stehen nahtlos gepreßte oder geschmiedete Reduzierstücke nach DIN 2616 zur Verfügung, die sowohl konzentrische, wie auch exzentrische
Form haben können, Tafel VIII. Die DIN-Normen bezeichnet diese Teile als „Stahlfittings zum Einschweißen", um sie von den „Stahlfittings mit Gewinde" zu unterscheiden. Die Wanddicken der Bau-
reihe 1 entsprechen der Normalwanddicke nach DIN 2448, die der Reihe 2 der Ausführung nach
ANSI B 16.9 Std. Außer den in Tafel VIII enthaltenen Reduzierstücken enthält DIN 2616 noch
fünf Einziehungen für die früher in Deutschland häufig verwendeten Rohrdurchmesser, und war:
57/44,5 – 108/88,9 – 133/108 – 159/133 und 267/219,1 mit jeweils der Normalwanddicke nach
DIN 2448 an beiden Anschlüssen.

Die in Tafel VIII enthaltenen Reduzierstücke entsprechen denen der amerikanischen Norm ANSI
B 16.9, doch bietet diese zum Teil bis zu fünf verkleinerte Durchmesser, während DIN 2616 jeweils

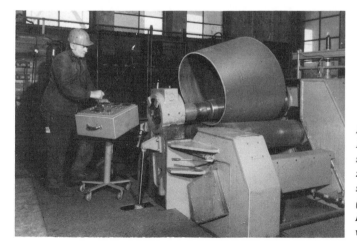

Bild 6:
Fertigung von Reduzier-
stücken mit einer Dreiwal-
zen-Spezialrundbiegema-
schine
(Hermann Müller GmbH,
Rohrbogen- und Schweiß-
werk, 4630 Bochum)

Tafel VIII: Nahtlose Vorschweiß-Reduzierstücke nach DIN 2616

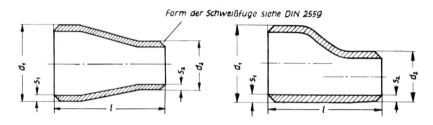

Form der Schweißfuge siehe DIN 2559

Anschluß (mm)				Reduzierung (mm)				Länge (mm)
Außen-durch-messer	S_1 Wanddicke in 3 Baureihen			Außen-durch-messer	S_2 Wanddicke in 3 Baureihen			
d_1	1	2	3	d_2	1	2	3	
26,9	2,3	2,9	—	21,3 17,2	2 1,8	—	—	38 38
33,7	2,6	3,6	—	26,9 21,3	2,3 2	2,9 2,9	—	50 50
42,4	2,6	3,6	—	33,7 26,9 21,3	2,6 2,3 2	3,6 2,9 2,9	—	50 50 50
48,3	2,6	3,6	—	42,4 33,7 26,9	2,6 2,6 2,3	3,6 3,6 2,9	—	64 64 64
60,3	2,9	4	5,6	48,3 42,4 33,7	2,6 2,6 2,6	3,6 3,6 3,6	5,6 5,6 4,5	76 76 76
76,1	2,9	5,6	7,1	60,3 48,3 42,4	2,9 2,6 2,6	4 3,6 3,6	5,6 5,6 5,6	90 90 90
88,9	3,2	5,6	8	76,1 60,3 48,3	2,9 2,9 2,6	5,6 4 3,6	7,1 5,6	90 90 90

Werkstoff: St 35 nach DIN 1629, St 37-2 nach DIN 17100 oder nach Vereinbarung

Tafel VIII: Nahtlose Vorschweiß-Reduzierstücke nach DIN 2616 (Fortsetzung)

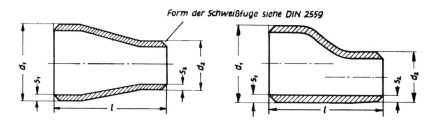

Form der Schweißfuge siehe DIN 2559

Anschluß (mm)				Reduzierung (mm)				Länge (mm)
Außen-durch-messer	S_1 Wanddicke in 3 Baureihen			Außen-durch-messer	S_2 Wanddicke in 3 Baureihen			
d_1	1	2	3	d_2	1	2	3	
114,3	3,6	6,3	8,8	88,9	3,2	5,6	8	100
				76,1	2,9	5,6	7,1	100
				60,3	2,9	4	5,6	100
139,7	4	7,1	10	114,3	3,6	6,3	8,8	127
				88,9	3,2	5,6	8	127
				76,1	2,9	5,6	7,1	127
168,3	4,5	7,1	11	139,7	4	7,1	10	140
				114,3	3,6	6,3	8,8	140
				88,9	3,2	5,6	8	140
219,1	5,9	8	12,5	168,3	4,5	7,1	11	152
				139,7	4	7,1	10	152
				114,3	3,6	6,3	8,8	152
273	6,3	10	12,5	219,1	5,9	8	12,5	178
				168,3	4,5	7,1	11	178
				139,7	4	7,1	10	178
323,9	7,1	10	12,5	273	6,3	10	12,5	203
				219,1	5,9	8	12,5	203
				168,3	4,6	7,1	11	203

Werkstoff: St 35 nach DIN 1629, St 37-2 nach DIN 17100 oder nach Vereinbarung

Tafel IX: Nahtlose Vorschweiß-Reduzierstücke ANSI B 16.9 konzentrisch und exzentrisch

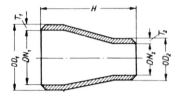
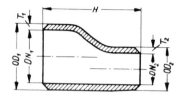

Nennweiten						Länge H	Gewicht ≈		
							Std. W	X S	XX S
DN₁		DN₂				mm	kg/St.	kg/St.	kg/St.
$^3/_4''$	$^1/_2''$	$^3/_8''$	—	—	—	38,1	0,068	0,100	0,181
$1''$	$^3/_4''$	$^1/_2''$	$^3/_8''$	—	—	50,8	0,127	0,163	0,277
$1^1/_4''$	$1''$	$^3/_4''$	$^1/_2''$	—	—	50,8	0,172	0,227	0,395
$1^1/_2''$	$1^1/_4''$	$1''$	$^3/_4''$	$^1/_2''$	—	63,5	0,258	0,345	0,608
$2''$	$1^1/_2''$	$1^1/_4''$	$1''$	$^3/_4''$	—	76,2	0,408	0,567	1,02
$2^1/_2''$	$2''$	$1^1/_2''$	$1^1/_4''$	$1''$	—	88,9	0,771	1,01	1,81
$3''$	$2^1/_2''$	$2''$	$1^1/_2''$	$1^1/_4''$	—	88,9	1,00	1,36	2,46
$3^1/_2''$	$3''$	$2^1/_2''$	$2''$	$1^1/_2''$	$1^1/_4''$	101,6	1,36	1,89	3,45
$4''$	$3^1/_2''$	$3''$	$2^1/_2''$	$2''$	$1^1/_2''$	101,6	1,63	2,27	4,17
$5''$	$4''$	$3^1/_2''$	$3''$	$2^1/_2''$	$2''$	127	2,77	3,92	7,30
$6''$	$5''$	$4''$	$3^1/_2''$	$3''$	$2^1/_2''$	139,7	3,95	5,94	11,10
$8''$	$6''$	$5''$	$4''$	$3^1/_2''$	—	152,4	6,49	9,84	16,4
$10''$	$8''$	$6''$	$5''$	$4''$	—	177,8	10,7	14,5	
$12''$	$10''$	$8''$	$6''$	$5''$	—	203,2	15,0	19,8	
$14''$	$12''$	$10''$	$8''$	$6''$	—	330,2	26,8	35,5	
$16''$	$14''$	$12''$	$10''$	$8''$	—	355,6	33,1	44,0	
$18''$	$16''$	$14''$	$12''$	$10''$	—	381	39,9	53,1	
$20''$	$18''$	$16''$	$14''$	$12''$	—	508	59,4	78,9	
$22''$	$20''$	$18''$	$16''$	$14''$	—	508	65,3	86,6	
$24''$	$20''$	$18''$	$16''$	—	—	508	71,7	95,2	

Mit freundlicher Genehmigung der Mannesmannröhren-Werke AG

nur drei angibt. ANSI B 16.9 geht auch im Durchmesser wesentlich weiter als DIN 2616, und zwar bis 24" als größten Durchmesser. Reduzierstücke nach ANSI B 16.9 sind in Tafel IX aufgeführt. Reduzierungen mit großem Durchmesser können aber auch durch Rollen und Längsschweißen entsprechender Blechzuschnitte hergestellt werden, Bild 6. Die Abmessungen der Biegemaschinen bestimmen die größten Durchmesser/Wanddicken-Kombinationen, wobei gegebenenfalls auch die Streckgrenze des zu verformenden Werkstoffes eingeht.

4. Wanddicken/Werkstoffänderung des Rohrstranges

Häufig sind im Kraftwerks- und Apparatebau Rohrleitungen an Stutzen oder Sammler aus einem anderen Werkstoff anzuschließen, wobei im allgemeinen eine erhebliche Wanddickenveränderung bei ungefähr gleichem lichten Durchmesser zu überbrücken ist. Um Spannungsanhäufungen zu vermeiden, empfiehlt sich, aus nahtlosen Ringen geschmiedete und spangebend geformte Ringe aus dem Werkstoff mit höherer Festigkeit zwischenzuschweißen. Diese Ringe haben an der einen Seite die Wanddicke des Werkstoffes mit geringerer Festigkeit und verringern diese unter etwa 30° Abschrägung auf die Wanddicke des Teiles mit dem höheren Festigkeitskennwert. Die Schweißnaht zwischen den verschiedenen Werkstoffen, zum Beispiel 10 CrMo 9 10 / 14 MoV 6 3, sollte bevorzugt in der Werkstatt und nicht unter den erschwerten Bedingungen auf der Baustelle hergestellt werden.

5. Stromvereinigung – Stromtrennung

Formstücke, die zum Zusammenführen oder Abzweigen von Teilströmen dienen, werden merkwürdigerweise „Abzweigstücke" und fast nie „Zusammenführungsstücke" genannt, obwohl sie dazu natürlich genau so gut geeignet sind. Dem Rohrleitungskonstrukteur stehen für diese Zwecke folgende Möglichkeiten zur Verfügung:
Nahtlos gepreßte oder geschmiedete Stahlfittings zum Einschweißen T nach DIN 2615. Diese Norm enthält Abzweigstücke mit gleichem oder reduziertem Abzweig für Hauptrohrdurchmesser von 21,3 bis 323,9 mm, Tafel X. Reihe 1 entspricht den Normalwanddicken nach DIN 2448, Reihe 2 der Ausführung nach ANSI B 16.9 Std. Außer den in Tafel X aufgeführten Abmessungen werden in DIN 2615 noch die Abmessungen (Durchgang/Abzweig) 57/57 – 108/108 – 133/133 – 159/159 und 267/267 jeweils mit Normalwanddicke nach DIN 2448 genannt. Bild 7 zeigt ein Einschweiß-T-Stück.

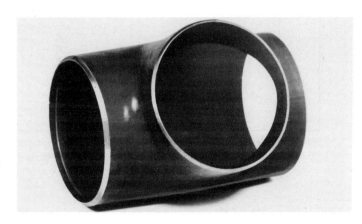

Bild 7:
Einschweiß-T-Stück nach
DIN 2615 (Hamburger
Rohrbogenwerk,
2070 Ahrensburg)

Tafel X: Nahtlose Vorschweiß-T-Stücke DIN 2615*)

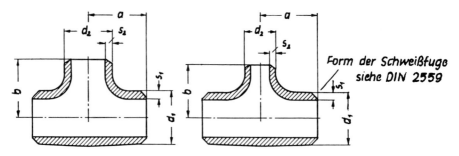

Form der Schweißfuge
siehe DIN 2559

Durchgang (mm)				Abzweig (mm)				Länge (mm)	
Außen-durch-messer	S₁ Wanddicke in 3 Baureihen			Außen-durch-messer	S₂ Wanddicke in 3 Baureihen				
d₁	1	2	3	d₂	1	2	3	a	b
21,3	2	2,9	—	21,3 17,2 13,5	2 1,8 1,8	2,9 2,9 2,9	—	25	2
26,9	2,3	2,9	—	26,9 21,3 17,2	2,3 2 1,8	2,9 2,9 2,9	—	29	29
33,7	2,6	3,6	—	33,7 26,9 21,3	2,6 2,3 2	3,6 2,9 2,9	—	38	38
42,4	2,6	3,6	—	42,4 33,7 26,9	2,6 2,6 2,3	3,6 3,6 2,9	—	48	48
48,3	2,6	3,6	—	48,3 42,4 33,7 26,9	2,6 2,6 2,6 2,3	3,6 3,6 3,6 2,9	—	57	57
60,3	2,9	4	5,6	60,3 48,3 42,4 33,7	2,9 2,6 2,6 2,6	4 3,6 3,6 3,6	5,6 — — —	64	64 60 57 51
76,1	2,9	5,6	7,1	76,1 60,3 48,3 42,4	2,9 2,9 2,6 2,6	5,6 4,0 3,6 3,6	7,1 5,6 — —	76	76 70 67 64

Werkstoff: St 35 nach DIN 1629, St 37-2 nach DIN 17100 oder nach Vereinbarung
*) Mit freundlicher Genehmigung der Mannesmannröhren-Werke AG

Tafel X: Nahtlose Vorschweiß-T-Stücke DIN 2615 (Fortsetzung)

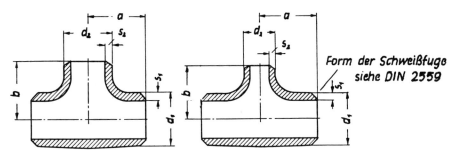

Form der Schweißfuge
siehe DIN 2559

Durchgang (mm)				Abzweig (mm)				Länge (mm)	
Außen-durch-messer	S₁ Wanddicke in 3 Baureihen			Außen-durch-messer	S₂ Wanddicke in 3 Baureihen				
d₁	1	2	3	d₂	1	2	3	a	b
88,9	3,2	5,6	8	88,9	3,2	5,6	8,0	86	86
				76,1	2,9	5,6	7,1		83
				60,3	2,9	4,0	5,6		76
				48,3	2,6	3,6	—		73
114,3	3,6	6,3	8,8	114,3	3,6	6,3	8,8	105	105
				88,9	3,2	5,6	8,0		98
				76,1	2,9	5,6	7,1		95
				60,3	2,9	4,0	5,6		89
139,7	4	7,1	10	139,7	4,0	7,1	10,0	124	124
				114,3	3,6	6,3	8,8		117
				88,9	3,2	5,6	8,8		110
				76,1	2,9	5,6	7,1		108
168,3	4,5	7,1	11	168,3	4,5	7,1	11,0	143	143
				139,7	4,0	7,1	10,0		136
				114,3	3,6	6,3	8,8		130
				88,9	3,2	5,6	8,0		124
219,1	5,9	8	12,5	219,1	5,9	8,0	12,5	178	178
				168,3	4,5	7,1	11,0		168
				139,7	4,0	7,1	10,0		162
				114,3	3,6	6,3	8,8		156
				88,9					
273	6,3	10	12,5	273	6,3	10,0	12,5	216	216
				219,1	5,9	8,0	12,5		200
				168,3	4,5	7,1	11,0		194
				139,7	4,0	7,1	10,0		190
323,9	7,1	10	12,5	323,9	7,1	10,0	12,5	254	254
				219,1	6,3	10,0	12,5		240
				168,3	5,9	8,0	12,5		230
				139,7	4,5	7,1	11,0		220

Werkstoff: St 35 nach DIN 1629, St 3702 nach DIN 17100 oder nach Vereinbarung
*) Mit freundlicher Genehmigung der Mannesmannröhren-Werke AG

Bild 8:
Außfschweißstutzen mit
schweißgünstig ausgebilde-
ter Fase
(L. & C. STEINMÜLLER
GmbH, 5270 Gummers-
bach)

Die in der amerikanischen Norm ANSI B 16.9 aufgeführten nahtlosen Vorschweiß-T-Stücke gehen in Vielfalt und Durchmesserbereich über den Rahmen der DIN 2615 weit hinaus und sollen hier der Vollständigkeit halber in Tafel XI aufgeführt werden.

Aufschweißen von Stutzen. Grundsätzlich können auf jedes Rohr Stutzen recht- oder schiefwinklig geschweißt werden, um Teilströme zusammenzuführen oder abzuzweigen. Die Wanddickenberechnung ist je nach Einsatzart in TRD 301 oder AD-Merkblatt B9 beschrieben (siehe Kapitel IV). Schiefwinklige Stutzen sind vielleicht etwas schwieriger herzustellen, ergeben jedoch geringere Druckabfälle als die nicht so strömungsgünstigen rechtwinkligen Stutzen. Bild 8 zeigt Stutzen vor dem Aufschweißen auf das Hauptrohr. Man erkennt an den dickwandigen Stutzen sehr deutlich, daß die Schweißfase nach einer Raumkurve geformt ist, weil nur so das einzubringende Schweißvolumen in Rohrlängs- und -querrichtung einigermaßen gleichmäßig gehalten werden kann. Würde man die Schweißfase als einfache Kegelfläche ausbilden, so wären in Rohrquerrichtung erhebliche Mengen Schweißgut einzubringen, die zu Verspannungen und Verwerfungen des Abzweigstückes führen könnten und sich auch sehr schlecht auf ihre Güte prüfen ließen. Die Schweißnähte von aufgeschweißten Stutzen können nicht immer in gewohntem Umfang geprüft werden. Nur bei großen Durchmessern kann vermittels Durchstrahlung geprüft werden, bei kleinen Durchmessern muß eine Oberflächenrißprüfung ausreichen, weil sich Filme für Durchstrahlungsprüfungen an der Innenwand nicht anbringen lassen.

Durch Kombination von Schmiedestücken und Rohrabschnitten können beliebige Abzweigstücke gebildet werden. Bild 9 zeigt ein Formstück zur Vereinigung von zwei Teilströmen einer heißen Zwischendruckleitung von beiden Seiten eines Dampferzeugers zu einer gemeinsamen Leitung. Es besteht aus einem kugeligen Schmiedestück mit 600 mm Innendurchmesser mit zwei aufgesetzten Stutzen von je 470 mm Innendurchmesser aus 14 MoV 6 3 und wird seiner Form wegen treffend als „Hosenrohr" oder „Hosenstück" bezeichnet. Wenn vier Teilströme zusammengeführt werden sollen, verwendet man gelegentlich Formstücke, die aus Rohrstücken und gepreßten Korbbogenböden bestehen, auf welche symmetrisch die vier Stutzen geschweißt werden.

Formstücke, die im Hauptstrom liegen, zum Beispiel in den Frischdampf-, Speisewasserdruck- und Zwischendruckleitungen von Wärmekraftwerken oder in den Druckleitungen der Wasserkraftwerke, sollten nur sehr geringe Druckabfälle hervorrufen. Im Kapitel VIII/1 wird an einem Beispiel gezeigt, wie durch Kombination von Stromzusammenführung und Absperrventil der Gesamtdruckabfall in

Bild 9:
Hosenrohr aus 14 Mo V 6 3
für eine heiße Zwischen-
druckleitung
(L. & C. STEINÜMLLER
GmbH, 5270 Gummers-
bach)

der Leitung verringert werden kann. Aufgrund umfangreicher hydraulischer Studien gefundene günstige Ausbildungen von Abzweigstücken für Wasserkraftwerke sind in Kapitel VIII/3 abgebildet.

Eine Sonderform der Aufschweißstutzen stellen die Verstärkungsschweißfittings, Weldolets, Nipolets, Thredolets, Sockolets, Latrolets und Sweepolets dar. Tafel XII enthält Abmessungen der Weldolets in den amerikanischen Wanddickenstufen Standard Wall, Extra Strong, Double Extra Strong. Wie aus den Skizzen ersichtlich, sind Weldolets nahtlose Aufschweißstutzen mit Schweißfugenausbildung ähnlich der in Bild 8 dargestellten Stutzen. Tafel XIII enthält die zulässigen Betriebsüberdrücke für diese Bauteile nach den Angaben des Herstellers.

Letztlich soll das Aushalsen als Herstellungsverfahren für Abzweigungen beschrieben werden. Um eine Aushalsung aus dem Grundrohr herzustellen, wird an der gewünschten Stelle ein dem auszuhalsenden Durchmesser entsprechendes Loch gebohrt und die Umgebung auf Warmformgebungs-Temperatur erhitzt. Durch das gebohrte Loch wird ein etwa kegelförmiger Körper von innen nach außen gezogen, der den Rohrwerkstoff kragenförmig nach oben zieht. Die ursprünglich etwa unregelmäßige Kante wird anschließend spangebend mit einer Schweißfase versehen, auf die das Anschlußrohr gesetzt wird. Die Wanddicke und damit Festigkeit einer solchen Aushalsung hängt von der Wanddicke des Grundrohres und dem Durchmesser der Aushalsung ab. Es ist möglich, aus einem Grundrohr durchmessergleiche Abzweigungen auszuhalsen, doch werden in den Vorschriften über die Festigkeitsberechnung unter gewissen Bedingungen Einschränkungen formuliert, wie in Kapitel IV erläutert wird.

6. Rohrverschlüsse

Um Rohre vorübergehend oder dauernd zu verschließen, werden Vorschweiß-Kappen nach DIN 2617, Tafel XIV oder nach ANSI B 16.9, Tafel XV verwendet. Diese Kappen werden je nach Durchmesser und Wanddicke kalt oder warm aus jedem Werkstoff gepreßt. Mit solchen Kappen werden auch Sammler oder Verteiler, in die viele Rohre einmünden, verschlossen. Wird vom technischen Sachverständigen eine Innenwandkontrolle dieser Bauelemente angeordnet, kann die Kappe durch Schleifen entfernt und später wieder vorgeschweißt werden.

Das früher gebräuchliche Kümpeln von zylindrischen Teilen, Schmieden eines Bodens durch Warmformgebung des Rohrendes selbst, dürfte heute kaum noch angewendet werden.

Tafel XI: Nahtlose Vorschweiß-T-Stücke ANSI B 16.9*)

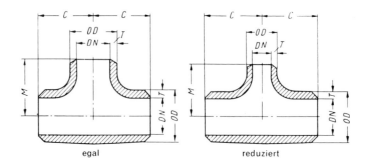

egal   reduziert

T: Erhältlich in Std Wall XS und XXS

DN		Mittenabstand		DN		Mittenabstand	
Durch-gang	Abzweig	Durch-gang C	Abzweig M	Durch-gang	Abzweig	Durch-gang C	Abzweig M
Zoll	Zoll	mm	mm	Zoll	Zoll	mm	mm
$^1/_2$	$^1/_2$	25,4	25,4	$3^1/_2$	2	95,25	82,55
	$^3/_8$	25,4	25,4		$1^1/_2$	95,25	79,38
	$^1/_4$	25,4	25,4	4	4	104,78	104,78
$^3/_4$	$^3/_4$	28,58	28,58		$3^1/_2$	104,78	101,6
	$^1/_2$	28,58	28,58		3	104,78	98,42
	$^3/_8$	28,58	28,58		$2^1/_2$	104,78	95,25
1	1	38,1	38,1		2	104,78	88,9
	$^3/_4$	38,1	38,1		$1^1/_2$	104,78	85,72
	$^1/_2$	38,1	38,1	5	5	123,83	123,83
	$^3/_8$	38,1	38,1		4	123,83	117,48
$1^1/_4$	$1^1/_4$	47,62	47,62		$3^1/_2$	123,83	114,3
	1	47,62	47,62		3	123,83	111,13
	$^3/_4$	47,62	47,62		$2^1/_2$	123,83	107,95
	$^1/_2$	47,62	47,62		2	123,83	104,78
$1^1/_2$	$1^1/_2$	57,15	57,15	6	6	142,9	142,9
	$1^1/_4$	57,15	57,15		5	142,9	136,5
	1	57,15	57,15		4	142,9	130,2
	$^3/_4$	57,15	57,15		$3^1/_2$	142,9	127
	$^1/_2$	57,15	57,15				

*) Mit freundlicher Genehmigung der Mannesmannröhren-Werke AG

Tafel XI: Nahtlose Vorschweiß-T-Stücke ANSI B 16.9 (Fortsetzung)

Rohr-Nennweite DN		Mittenabstand		DN		Mittenabstand	
Durch-gang	Abzweig	Durch-gang C	Abzweig M	Durch-gang	Abzweig	Durch-gang C	Abzweig M
Zoll	Zoll	mm	mm	Zoll	Zoll	mm	mm
2	2	63,5	63,5	6	3	142,9	123,83
	$1^1/_2$	63,5	60,32		$2^1/_2$	142,9	120,65
	$1^1/_4$	63,5	57,15	8	8	177,8	177,8
	1	63,5	50,8		6	177,8	168,3
	$^3/_4$	63,5	44,45		5	177,8	161,9
$2^1/_2$	$2^1/_2$	76,2	76,2		4	177,8	155,6
	2	76,2	69,85		$3^1/_2$	177,8	152,4
	$1^1/_2$	76,2	66,68		3	177,8	152,4
	$1^1/_4$	76,2	63,5	10	10	215,9	215,9
	1	76,2	57,15		8	215,9	203,2
3	3	85,72	85,72		6	215,9	193,7
	$2^1/_2$	85,72	82,55		5	215,9	190,5
	2	85,72	76,2		4	215,9	184,2
	$1^1/_2$	85,72	73,02	12	12	254	254
	$1^1/_4$	85,72	69,85		10	254	241,3
	1	85,72	66,68		8	254	228,6
$3^1/_2$	$3^1/_2$	95,25	95,25		6	254	219,1
	3	95,25	92,08		5	254	215,9
	$2^1/_2$	95,25	88,9	20	16	381	355,6
14	14	279,4	279,4		14	381	355,6
	12	279,4	269,9		12	381	346,1
	10	279,4	257,2		10	381	333,4
	8	279,4	247,6		8	381	323,8
	6	279,4	238,1	22	22	419,1	419,1
16	16	304,8	304,8		20	419,1	406,4
	14	304,8	304,8		18	419,1	393,7
	12	304,8	295,3		16	419,1	381
	10	304,8	282,6		14	419,1	381
	8	304,8	273,0		12	419,1	371,5
	6	304,8	263,5		10	419,1	358,8
18	18	342,9	342,9	24	24	431,8	431,8
	16	342,9	330,2		20	431,8	431,8
	14	342,9	330,2		18	431,8	419,1
	12	342,9	320,7		16	431,8	406,4
	10	342,9	308		14	431,8	406,4
	8	342,9	298,5		12	431,8	396,9
20	20	381	381		10	431,8	384,2
	18	381	368,3				

Tafel XII: Aufschweißstutzen (Weldolets®)¹) Maßtafeln

Volle Abgänge. Standard-Wand

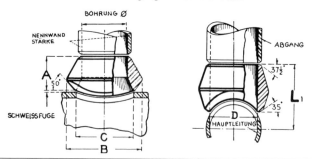

Abmessungen								
Hauptleitungs-größe Zoll	Abgang Zoll	Nennwand mm	A Zoll	A mm	B Zoll	C Zoll	C mm	D Zoll	Bohrung Ø mm
½	½	2.760	¾	19.050	1⅜	¹⁵/₁₆	23.825	⅝	15.798
¾	¾	2.870	⅞	22.225	1⅝	1³/₁₆	30.175	¹³/₁₆	20.929
1	1	3.370	1¹/₁₆	27.000	2	1⁷/₁₆	36.525	1¹/₃₂	26.644
1¼	1¼	3.550	1¼	31.750	2⅜	1¾	44.450	1⅜	35.052
1½	1½	3.680	1⁵/₁₆	33.350	2⅞	2	50.800	1⅝	40.894
2	2	3.910	1½	38.100	3½	2⁹/₁₆	65.100	2¹/₁₆	52.502
2½	2½	5.150	1⅝	41.275	4¹/₁₆	3	76.200	2⁷/₁₆	62.713
3	3	5.480	1¾	44.450	4¹³/₁₆	3¹¹/₁₆	93.675	3¹/₁₆	77.927
3½	3½	5.740	1⅞	47.625	5⅜	4⁷/₁₆	112.725	3⁹/₁₆	90.119
4	4	6.020	2	50.800	6	4¾	120.650	4	102.260
5	5	6.550	2⅛	53.975	7⅛	5¹³/₁₆	147.650	5¹/₁₆	128.194
6	6	7.110	2⅜	60.325	8½	6¹¹/₁₆	169.875	6¹/₁₆	154.051
8	8	8.170	2¾	69.850	10⅜	8¹¹/₁₆	220.675	7¹⁵/₁₆	202.717
10	10	9.270	3¹/₁₆	77.800	12⁹/₁₆	10¹³/₁₆	274.650	10	254.508
12	12	9.520	3⅜	85.725	14⅞	12¹³/₁₆	325.450	12	304.800
14	14	↑	3½	88.900	16⅛	14¹/₁₆	357.200	13¼	336.550
16	16		3¹¹/₁₆	93.675	18¼	16¹/₁₆	408.000	15¼	387.350
18	18		4¹/₁₆	103.200	20¾	18⅝	473.075	17¼	438.150
20	20		4⅝	117.475	23¹/₁₆	20¹/₁₆	509.600	19¼	488.950
24	24	↓	5⅜	136.525	27⅞	25⅛	638.200	23¼	590.550
30	30	9.520	5⅜	136.525	34¹/₁₆	31⁹/₁₆	801.700	29¼	742.950

¹) Auszug aus dem Katalog der Firma BONNEY FORGE Vertriebs-GmbH 46 Dortmund, Postfach 1242 mit freundlicher Genehmigung der Verfasser.

Tafel XII: Fortsetzung: Reduzierte Abgänge. Standard-Wand

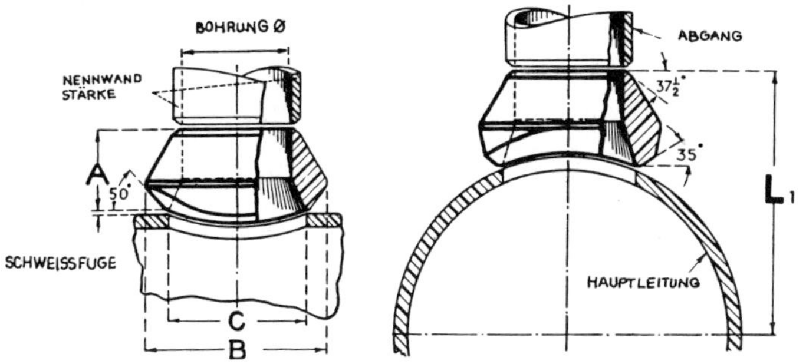

Abmessungen								
Hauptleitungsgröße	Abgang	Nennwand	A		B	C		Bohrung Ø
Zoll	Zoll	mm	Zoll	mm	Zoll	Zoll	mm	mm
3/8 to 36	1/8	1.720	9/16	14.300	1	5/8	15.875	6.832
3/8 to 36	1/4	2.230	9/16	14.300	1	5/8	15.875	9.245
1/2 to 36	3/8	2.310	3/4	19.050	1 1/4	3/4	19.050	12.522
3/4 to 36	1/2	2.760	3/4	19.050	1 3/8	15/16	23.825	15.798
1 to 36	3/4	2.870	7/8	22.225	1 3/4	1 3/16	30 175	20 929
1 1/4 to 36	1	3.370	1 1/16	27.000	2 1/8	1 7/16	36.525	26.644
1 1/2 to 36	1 1/4	3.550	1 1/4	31.750	2 9/16	1 3/4	44.450	35.052
2 to 36	1 1/2	3.680	1 5/16	33.350	2 7/8	2	50.800	40.894
2 1/2 to 36	2	3.910	1 1/2	38.100	3 1/2	2 9/16	65.100	52.502
3 to 36	2 1/2	5.150	1 5/8	41.275	4 1/16	3	76.200	62.713
3 1/2 to 36	3	5.480	1 3/4	44.450	4 13/16	3 11/16	93.675	77.927
4 to 36	3 1/2	5.740	1 7/8	47.625	5 5/8	4 7/16	112.725	90.119
5 to 36	4	6.020	2	50.800	6	4 3/4	120 650	102.260
6 to 36	5	6.550	2 1/4	57 150	7 1/16	5 9/16	141.300	128.194
8 to 36	6	7.110	2 3/8	60.325	8 1/2	6 11/16	169.875	154.051
10 to 36	8	8.170	2 3/4	69.850	10 3/8	8 11/16	220.675	202.717
12 to 36	10	9.270	3 1/16	77.800	12 11/16	10 13/16	274.650	254.508
14 to 36	12	9.520	3 3/8	85.725	14 7/8	12 13/16	325.450	304.800
16 to 36	14	↑	3 1/2	88.900	16 1/8	14 1/16	357.200	336.550
18 to 36	16	│	3 11/16	93.675	18 1/4	16 1/16	408.000	387.350
20 to 36	18	│	3 13/16	96.850	20 1/2	18 1/16	458.800	438.150
22 to 36	20	│	4	101.600	22 1/2	20	508.000	488.950
26 to 36	24	│	4 9/16	115.900	27 1/8	24 3/16	614.375	590.550
28 to 36	26	↓	4 11/16	119.075	29 1/16	26 1/4	666.750	641.350
32 to 36	30	9.520	5 3/8	136.525	34 1/16	31 9/16	801.700	742.950

Tafel XII: Fortsetzung: Volle Abgänge. Extra stark

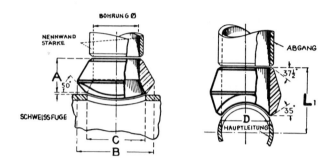

Abmessungen									
Hauptleitungs-größe Zoll	Abgang Zoll	Nennwand mm	A Zoll	A mm	B Zoll	C Zoll	C mm	D Zoll	Bohrung Ø mm
$\frac{1}{2}$	$\frac{1}{2}$	3.730	$\frac{3}{4}$	19.050	$1\frac{3}{8}$	$\frac{15}{16}$	23.825	$\frac{5}{8}$	13.860
$\frac{3}{4}$	$\frac{3}{4}$	3.910	$\frac{7}{8}$	22.225	$1\frac{5}{8}$	$1\frac{3}{16}$	30.175	$\frac{13}{16}$	18.840
1	1	4.540	1	25.400	2	$1\frac{7}{16}$	36.525	$1\frac{1}{32}$	24.300
$1\frac{1}{4}$	$1\frac{1}{4}$	4.850	$1\frac{1}{8}$	28.600	$2\frac{7}{16}$	$1\frac{3}{4}$	44 450	$1\frac{3}{8}$	32.460
$1\frac{1}{2}$	$1\frac{1}{2}$	5.080	$1\frac{1}{4}$	31.750	$2\frac{7}{8}$	2	50 800	$1\frac{5}{8}$	38.100
2	2	5.530	$1\frac{1}{2}$	38.100	$3\frac{1}{2}$	$2\frac{9}{16}$	65.100	$2\frac{1}{16}$	49.250
$2\frac{1}{2}$	$2\frac{1}{2}$	7.010	$1\frac{5}{8}$	41.275	$4\frac{1}{16}$	3	76.200	$2\frac{7}{16}$	59.000
3	3	7.620	$1\frac{3}{4}$	44.450	$4\frac{13}{16}$	$3\frac{11}{16}$	93.675	$3\frac{1}{16}$	73.660
$3\frac{1}{2}$	$3\frac{1}{2}$	8.070	$1\frac{7}{8}$	47.625	$5\frac{3}{8}$	$4\frac{7}{16}$	112.725	$3\frac{9}{16}$	85.450
4	4	8.550	2	50.800	6	$4\frac{3}{4}$	120.650	4	97.180
5	5	9.520	$2\frac{1}{16}$	52.400	$7\frac{1}{8}$	$5\frac{13}{16}$	147.650	$5\frac{1}{16}$	122.250
6	6	10.970	$3\frac{1}{16}$	77.800	$8\frac{7}{8}$	$6\frac{1}{16}$	169.875	$6\frac{1}{16}$	146.320
8	8	12.700	$3\frac{7}{8}$	98.425	$10\frac{5}{8}$	$8\frac{11}{16}$	220 675	$7\frac{5}{8}$	193.670
10	10		$3\frac{3}{4}$	95.250	$12\frac{7}{8}$	$10\frac{7}{8}$	276 250	$9\frac{3}{4}$	247 650
12	12		$3\frac{15}{16}$	100 025	$15\frac{3}{16}$	13	330 200	$11\frac{3}{4}$	298.450
14	14		$4\frac{1}{8}$	104 800	$16\frac{11}{16}$	$14\frac{5}{16}$	363 600	13	330 200
16	16		$4\frac{7}{16}$	112 700	$18\frac{7}{8}$	$16\frac{1}{2}$	419 100	15	381.000
18	18		$4\frac{11}{16}$	119.075	$21\frac{1}{8}$	$18\frac{5}{8}$	473.200	17	431.800
20	20		5	127.000	$23\frac{3}{8}$	$20\frac{13}{16}$	528.650	19	482.600
24	24		$5\frac{1}{2}$	139.700	$27\frac{7}{8}$	$25\frac{1}{8}$	638.200	23	584.200
26	26	12.700	$5\frac{3}{4}$	146.050	$30\frac{1}{8}$	$27\frac{1}{4}$	692.150	25	635.000

Tafel XII: Fortsetzung: Reduzierte Abgänge. Extra stark

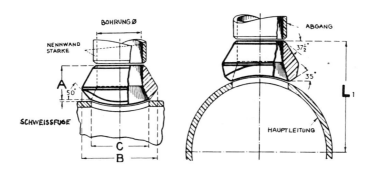

Abmessungen									
Hauptleitungsgröße	Abgang	Nennwand	A		B	C			Bohrung ⌀
Zoll	Zoll	mm	Zoll	mm	Zoll	Zoll	mm		mm
³/₈ to 36	¹/₈	2.410	⁹/₁₆	14.300	1	⁵/₈	15.875		5.460
³/₈ to 36	¹/₄	3.020	⁹/₁₆	14.300	1	⁵/₈	15.875		7.670
¹/₂ to 36	³/₈	3.200	³/₄	19.050	1¹/₄	³/₄	19.050		10.740
³/₄ to 36	¹/₂	3.730	³/₄	19.050	1³/₈	¹⁵/₁₆	23.825		13.860
1 to 36	³/₄	3.910	⁷/₈	22.225	1³/₄	1³/₁₆	30.175		18.840
1¹/₄ to 36	1	4.540	1¹/₁₆	27.000	2¹/₈	1⁷/₁₆	36.525		24.300
1¹/₂ to 36	1¹/₄	4.850	1¹/₄	31.750	2⁹/₁₆	1³/₄	44.450		32.461
2 to 36	1¹/₂	5.080	1⁵/₁₆	33.350	2⁷/₈	2	50.800		38.100
2¹/₂ to 36	2	5.530	1¹/₂	38.100	3¹/₂	2⁹/₁₆	65.100		49.250
3 to 36	2¹/₂	7.010	1⁵/₈	41.275	4¹/₁₆	3	76.200		59.000
3¹/₂ to 36	3	7.620	1³/₄	44.450	4¹³/₁₆	3¹¹/₁₆	93.675		73.660
4 to 36	3¹/₂	8.070	1⁷/₈	47.625	5³/₈	4⁷/₁₆	112.725		85.446
5 to 36	4	8.550	2	50.800	6	4³/₄	120.650		97.180
6 to 36	5	9.520	2¹/₄	57.150	7¹/₁₆	5⁹/₁₆	141.300		122.250
8 to 36	6	10.970	3¹/₁₆	77.800	8⁷/₈	6¹¹/₁₆	169.875		146.320
10 to 36	8	12.700	3⁷/₈	98.425	11¹/₂	8¹¹/₁₆	220.675		193.670
12 to 36	10	↑	3¹¹/₁₆	93.675	12³/₄	10⁷/₁₆	265.100		247.650
14 to 36	12		4¹/₁₆	103.200	14¹⁵/₁₆	12¹/₂	317.500		298.450
16 to 36	*14		3¹⁵/₁₆	100.025	17	13¹³/₁₆	350.850		330.200
18 to 36	*16		4³/₁₆	106.400	18³/₈	15⁷/₈	403.250		381.000
20 to 36	*18		4³/₈	111.120	20⁵/₈	17¹⁵/₁₆	455.650		431.800
22 to 36	*20		4¹¹/₁₆	119.075	22¹⁵/₁₆	20¹/₁₆	509.600		482.600
26 to 36	*24	↓	5¹/₂	139.700	27⁷/₈	25¹/₈	638.200		584.200
28 to 36	*26	12.700	5³/₄	146.050	30¹/₈	27¹/₄	692.150		635.000

Tafel XII: Fortsetzung: Volle Abgänge. Doppelt extra stark

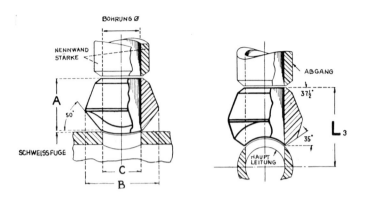

Abmessungen

Hauptleitungsgröße Zoll	Abgang Zoll	Nennwand mm	A Zoll	A mm	B Zoll	C Zoll	C mm	Bohrung Ø mm
½	½	7.460	1⅛	28.575	1⅜	⁹/₁₆	14.288	6.400
¾	¾	7.820	1¼	31.750	1¾	¾	19.050	11.020
1	1	9.090	1½	38.100	2	1	25.400	15.210
1¼	1¼	9.700	1¾	44.450	2⁷/₁₆	1⁵/₁₆	33.338	22.750
1½	1½	10.160	2	50.800	2¾	1½	38.100	27.940
2	2	11.070	2³/₁₆	55.562	3³/₁₆	1¹¹/₁₆	42.862	38.170
2½	2½	14.020	2⁷/₁₆	61.912	3¹³/₁₆	2⅛	53.975	44.980
3	3	15.240	2⅞	73.025	4¾	2⅞	73.025	58.420
4	4	17.110	3⁵/₁₆	84.138	6	3⅞	98.425	80.060
5	5	19.050	3¹¹/₁₆	93.662	7⅜	4¹³/₁₆	122.240	103.200
6	6	21.940	4⅛	104.780	8¹¹/₁₆	5¾	146.050	124.380
8	8	22.220	4⅜	111.120	11³/₁₆	6¹³/₁₆	173.040	174.620

Tafel XII: Fortsetzung: Reduzierte Abgänge. Doppelt extra stark

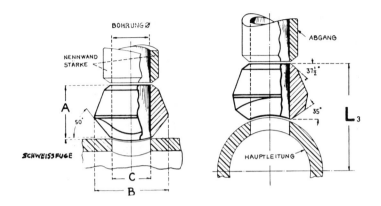

Abmessungen

Hauptleitungsgröße Zoll	Abgang Zoll	Nennwand mm	A Zoll	A mm	B Zoll	C Zoll	C mm	Bohrung ⌀ mm
³/₄ to 12	¹/₂	7.460	1 ¹/₈	28.575	1 ³/₈	⁹/₁₆	14.288	6.400
1 to 12	³/₄	7.820	1 ¹/₄	31.750	1 ³/₄	³/₄	19.050	11.020
1 ¹/₄ to 12	1	9.090	1 ¹/₂	38.100	2	1	25.400	15.210
1 ¹/₂ to 12	1 ¹/₄	9.700	1 ³/₄	44.450	2 ⁷/₁₆	1 ⁵/₁₆	33.338	22.750
2 to 12	1 ¹/₂	10.160	2	50.800	2 ³/₄	1 ¹/₂	38.100	27.940
2 ¹/₂ to 12	2	11.070	2 ³/₁₆	55.562	3 ³/₁₆	1 ¹¹/₁₆	42.862	38.176
3 to 12	2 ¹/₂	14.020	2 ⁷/₁₆	61.912	3 ¹³/₁₆	2 ¹/₈	53.975	44.980
3 ¹/₂ to 12	3	15.240	2 ⁷/₈	73.025	4 ³/₄	2 ⁷/₈	73.025	58.420
5 to 12	4	17.110	3 ⁵/₁₆	84.138	6	3 ⁷/₈	98.425	80.060
6 to 12	5	19.050	3 ¹¹/₁₆	93.662	7 ³/₈	4 ¹³/₁₆	122.240	103.200
8 to 12	6	21.940	4 ¹/₈	104.780	8 ¹¹/₁₆	5 ³/₄	146.050	124.380
10 to 12	*8	22.220	4 ³/₈	111.120	11 ³/₁₆	6 ¹³/₁₆	173.040	174.625

Tafel XIII: Zulässige Betriebsüberdrücke (Umrechnung der Originaltafeln von atü auf bar mit 0,981, auf volle bar gerundet)

Betriebsüberdrücke bar für für Weldolets „Standard" aus Werkstoff C 22.8 bei Temperaturen bis 100 °C

Abgangsgröße DN in Zoll (Zeilen) — Hauptleitungsgröße (Spalten):

DN in Zoll	¾	1	1½	2	2½	3	3½	4	5	6	8	10	12	14	16	18	20	22	24	26	28	30	36
½	532	461	375	323	280	241	218	198	166	142	113	92	79	72	64	57	52	47	43	40	37	35	29
¾	440	451	367	318	279	242	219	200	169	145	116	95	81	74	67	60	54	49	45	42	39	36	30
1		429	400	352	312	274	249	229	194	169	135	113	97	89	78	71	64	59	54	50	47	44	37
1½			371	330	297	265	243	225	193	170	138	116	100	92	82	74	67	62	57	53	49	46	39
2				312	282	253	233	216	187	166	135	114	99	91	81	74	67	61	57	53	49	46	39
2½					279	251	232	216	188	167	137	116	100	93	83	75	69	63	58	54	50	47	40
3						228	211	196	172	153	126	107	93	86	77	70	64	59	54	50	47	44	37
3½							198	184	162	144	119	101	88	81	72	66	60	55	51	48	45	42	35
4								186	164	146	123	104	91	84	75	69	63	58	54	50	47	44	39
5									147	147	125	106	94	87	78	72	66	61	56	52	49	46	
6										134	114	97	86	80	72	67	61	56	52	48	45	43	36
8											111	96	85	79	71	66	61	56	52	49	46	43	37
10												92	82	76	69	64	59	55	51	48	45	42	36
12													80	75	69	63	58	54	51	47	45	41	35
14														72	66	61	56	52	49	46	43		
16															63	58	53	50	46	43	41	39	33
18																58	50	46	43	41	38	36	31
20																	61	45	42	40	37	35	30
22																							
24																			55				
26																				42	39	37	32
28																					37	35	30
30																						37	32

Multiplikationsfaktoren für verschiedene Werkstoffe und Temperaturen — Korrektionsfaktor für Betriebsdruck

Werkstoff	Temp.	20°C	50°C	100°C	150°C	200°C	250°C	300°C	350°C	400°C	450°C	500°C	550°C
C 22 8	Faktor	1.0	1.0	1.0	0.95	0.91	0.83	0.70	–				
13 Cr Mo 44	Faktor	1.304	1.283	1.261	1.239	1.217	1.130	1.043	0.957	0.913	0.870	–	–
X 10 Cr Ni Ti 18 9	Faktor	0.914	0.848	0.783	0.739	0.696	0.652	0.609	0.587	0.565	0.543	0.522	0.522

Der maximal zulässige Betriebsdruck eines Sammlers ist der kleinste Wert, der sich ergibt:
1. aus dem Weldolet,
2. aus der ungestörten Hauptleitung und
3. aus dem ungestörten Abgangsrohr.
Außer in Sonderfällen sollte die Schedule Nr. des Weldolets mit der Hauptleitung übereinstimmen. Die Schweißnahtflanke muß abmessungsmäßig dem Stutzenrohr entsprechen.

Betriebsüberdrücke bar für Weldolets * "Extra stark" aus Werkstoff C 22.8 bei Temperaturen bis 100 °C

Abgangsgröße DN in Zoll	3/4	1	1 1/2	2	2 1/2	3	3 1/2	4	5	6	8	10	12	14	16	18	20	22	24	26	28	30	36
1/2	604	530	419	358	310	266	238	217	180	155	123	100	85	78	69	62	56	51	47	43	40	37	31
3/4	500	505	406	351	307	265	239	218	182	158	126	103	88	80	72	64	58	53	48	45	42	39	32
1		446	442	387	342	298	271	248	210	182	146	121	104	95	84	75	69	63	58	54	50	47	39
1 1/2			382	363	325	288	264	243	199	183	149	124	107	98	87	78	72	66	61	56	53	49	41
2				342	309	276	253	234	203	178	146	122	106	98	87	78	72	66	61	56	53	49	41
2 1/2					306	274	253	234	204	181	148	125	108	100	89	80	74	68	62	58	54	51	43
3						249	230	215	187	166	137	116	100	93	83	75	69	63	58	54	51	47	40
3 1/2							217	202	176	157	129	109	95	88	78	72	65	60	55	51	48	45	38
4								204	179	160	132	113	98	91	81	74	68	63	58	53	50	47	40
5									155	161	135	116	102	95	85	77	71	66	61	57	53	50	42
6										212	181	158	140	131	119	109	100	92	86	80	75	72	61
8											188	156	134	148	134	124	114	106	99	93	88	83	72
10												131	119	112	102	93	86	80	75	71	67	63	54
12													106	107	98	90	83	78	73	69	65	62	53
14														97	84	77	73	68	63	59	56	53	46
16															85	74	69	65	61	57	54	51	44
18																76	66	61	57	54	51	48	42
20																	70	61	57	54	51	48	42
22																			59	56	53	50	44
24																				55	52	50	43
26																							
28																							
30																							

Hauptleitungsgröße

Multiplikationsfaktoren für verschiedene Werkstoffe und Temperaturen

Korrektionsfaktor für Betriebsdruck

Werkstoff	Temp.	20°C	50°C	100°C	150°C	200°C	250°C	300°C	350°C	400°C	450°C	500°C	550°C
C 22 8	Faktor	1.0	1.0	1.0	0.95	0.91	0.83	0.70	-	-	-	-	-
13 Cr Mo 44	Faktor	1.304	1.283	1.261	1.239	1.217	1.130	1.043	0.957	0.913	0.870	-	-
X 10 Cr Ni Ti 18.9	Faktor	0.914	0.848	0.783	0.739	0.696	0.652	0.609	0.587	0.565	0.543	0.522	0.522

Der maximal zulässige Betriebsdruck eines Sammlers ist der kleinste Wert, der sich ergibt:
1. aus dem Weldolet,
2. aus der ungestörten Hauptleitung und
3. aus dem ungestörten Abgangsrohr.
Außer in Sonderfällen sollte die Schedule Nr. des Weldolets mit der Hauptleitung übereinstimmen. Die Schweißnahtflanke muß abmessungsgemäß dem Stutzenrohr entsprechen.

Betriebsüberdrücke bar für Weldolets * "Doppelt extra stark" aus Werkstoff C 22.8 bei Temperaturen bis 100°C

Abgangsgröße DN in Zoll	Hauptleitungsgröße																						
	3/4	1	1 1/2	2	2 1/2	3	3 1/2	4	5	6	8	10	12	14	16	18	20	22	24	26	28	30	36
1/2	1880	1665	1330	1143	996	857	772	702	589	507	401												
3/4	1491	1348	1112	974	861	752	684	626	531	461	370												
1		1164	980	869	776	685	626	576	492	431	347												
1 1/2			836	760	695	628	583	543	475	423	349												
2				639	591	541	507	477	423	381	320												
2 1/2					637	585	548	516	459	413	348												
3						545	513	485	435	435	333												
3 1/2																							
4								466	421	384	329												
5									441	405	350												
6										390	340												
8											273												
10																							
12																							
14																							
16																							
18																							
20																							
22																							
24																							
26																							
28																							
30																							

Multiplikationsfaktoren für verschiedene Werkstoffe und Temperaturen

Werkstoff	Korrektionsfaktor für Betriebsdruck											
Temp.	20°C	50°C	100°C	150°C	200°C	250°C	300°C	350°C	400°C	450°C	500°C	550°C
C 22 8 Faktor	1.0	1.0	1.0	0.95	0.91	0.83	0.70	–	–	–	–	–
13 Cr Mo 44 Faktor	1.304	1.283	1.261	1.239	1.217	1.130	1.043	0.957	0.913	0.870	–	–
X 10 Cr Ni Ti 18.9 Faktor	0.914	0.848	0.783	0.739	0.696	0.652	0.609	0.587	0.565	0.543	0.522	0.522

Der maximal zulässige Betriebsdruck eines Sammlers ist der kleinste Wert, der sich ergibt:
1. aus dem Weldolet,
2. aus der ungestörten Hauptleitung und
3. aus dem ungestörten Abgangsrohr.
Außer in Sonderfällen sollte die Schedule Nr. des Weldolets mit der Hauptleitung übereinstimmen. Die Schweißnahtflanke muß abmessungsmäßig dem Stutzenrohr entsprechen.

Tafel XIV: Nahtlose Vorschweiß-Kappen nach DIN 2617

Form der Schweißfugen siehe DIN 2559

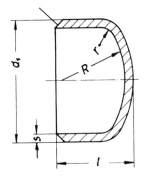

$$R = \leqq d_1$$
$$r = \leqq 0{,}1 \cdot d_1$$

| d₁ | S Wanddicke in 3 Baureihen | | | Länge |
	1	2	3	l
21,3	2	2,9	—	32
26,9	2,3	2,9	—	32
33,7	2,6	3,6	—	38
42,4	2,6	3,6	—	38
48,3	2,6	3,6	—	38
60,3	2,9	4	5,6	38
76,1	2,9	5,6	7,1	38
88,9	3,2	5,6	8	50
114,3	3,6	6,3	8,8	64
139,7	4	7,1	10	76
168,3	4,5	7,1	11	90
219,1	5,9	8	12,5	100
273	6,3	10	12,5	127

Werkstoff: nach Vereinbarung

Tafel XV: Vorschweißkappen ANSI B 16.9

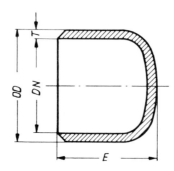

DN	Länge E	Gewicht ≈		
		Std.W	X S	XX S
Zoll	mm	kg/St.	kg/St.	kg/St.
$^1/_2$	31,75	0,032	0,045	
$^3/_4$	31,75	0,059	0,086	
1	38,1	0,0998	0,127	0,204
$1^1/_4$	38,1	0,141	0,181	0,290
$1^1/_2$	38,1	0,168	0,222	0,363
2	38,1	0,231	0,313	0,599
$2^1/_2$	38,1	0,367	0,467	0,993
3	50,8	0,644	0,853	1,79
$3^1/_2$	63,5	0,971	1,31	2,64
4	63,5	1,15	1,57	3,18
5	76,2	1,90	2,65	5,35

DN	Länge E	Gewicht ≈		
		Std.W	X S	XX S
Zoll	mm	kg/St.	kg/St.	kg/St.
6	88,9	2,92	4,28	8,48
8	101,6	5,08	7,58	15,1
10	127	9,07	12,0	
12	152,4	13,38	17,2	
14	165,1	16,06	20,5	
16	177,8	20,32	26,2	
18	203,2	25,9	33,6	
20	228,6	32,21	42,6	
22	254	37,6	49,9	
24	266,7	46,27	59,4	

VII Korrosion und Korrosionsschutz

W. G. von BAECKMANN

1. Allgemeines

Korrosion ist nach DIN 50 900 die Reaktion eines metallischen Werkstoffes mit seiner Umgebung, die eine meßbare Veränderung des Werkstoffes bewirkt und zu einem Korrosionsschaden führen kann. Diese Reaktion ist in den meisten Fällen ein elektrochemischer Vorgang, bei dem gleichzeitig zwei Reaktionen stattfinden: die Auflösung, also die Oxidation des Metalls und die Reduktion des Korrosionsmediums. Während bei einem Feuchtigkeitsfilm an der Atmosphäre die beiden Reaktionen dicht beieinander oder sogar zusammen ablaufen, wodurch es zu einer gleichmäßigen Flächenkorrosion kommt, können die Reaktionsbereiche im Wasser oder im Erdboden sehr weit auseinander liegen, so daß der örtliche Zusammenhang zwischen der Zusammensetzung des Korrosionsmediums und der Korrosionsanfälligkeit nicht mehr offensichtlich ist. Dabei kann die Korrosion auch in einem an sich nicht korrosivem Medium stattfinden, wenn durch irgendwelche Vorgänge in diesem Bereich eine Potentialerhöhung erfolgt [1]. Eine solche Potentialerhöhung, die im allgemeinen die elektrische Metallauflösung beschleunigt, kann verschiedene Ursachen haben. Sie kann durch Bildung lokaler galvanischer Elemente oder Einwirken von Streuströmen hervorgerufen werden. Aber auch niederohmige Kontakte zu Anlageteilen aus edleren Metallen, wie z.B. mit Kupfer oder mit Stahl in Beton, können in wäßriger oder feuchter Umgebung potentialerhöhend und damit korrosionsfördernd wirken. Während die Geschwindigkeit der atmosphärischen Korrosion bei geeigneten Stahllegierungen durch Bildung schützender Deckschichten reduziert werden kann, hängt bei ungeschützten eisernen Werkstoffen im Erdboden oder in Wässern die Korrosionsgefährdung im wesentlichen von dem umgebenden Medium ab. Erhebliche Unterschiede in der allgemeinen Korrosionsbeständigkeit ungeschützter Werkstoffe aus un- oder niedriglegiertem Gußeisen oder Stählen bei Verlegung im Erdreich oder Wasser sind nicht festzustellen. Alle eisernen Werkstoffe, insbesondere auch erdverlegte Stahlrohrleitungen, müssen daher gegen Außenkorrosion, und falls sie korrosive Medien transportieren, auch gegen Innenkorrosion geschützt werden. Die Schutzverfahren kann man in aktive und passive Maßnahmen einteilen (s. Tafel I).

Unter den aktiven Korrosionsschutzmaßnahmen werden diejenigen verstanden, die aktiv in die Korrosionsreaktion eingreifen, um diese zu hemmen oder zum Stillstand zu bringen. Der aktive Korrosionsschutz erstreckt sich auf die Auswahl der Werkstoffe, die Entfernung des korrosiven Mittels und die Beeinflussung der die Korrosionsvorgänge bestimmenden Faktoren. Dazu gehören die Wasserbehandlung zur Erzeugung schützender Deckschichten, die Anwendung von Inhibitoren und der elektrochemische Schutz (kathodischer und anodischer Schutz) [2, 3].

Beim passiven Schutz wird angestrebt, die Rohrleitung durch aufgebrachte organische oder anorganische Schutzüberzüge vom Angriffsmittel möglichst weitgehend zu trennen, so daß der Werkstoff

Tafel I: Systematik der Korrosionsschutzverfahren

1. Aktive Schutzmaßnahmen	2. Passive Schutzmaßnahmen
1.1 Werkstoffwahl	2.1 Phosphatieren als Vorbehandlung

1.2 Konstruktive Maßnahmen
    z.b. gute Wasserableitung
	2.2 temporärer Schutz
	    a) Öle
	    b) Klarlacke

1.3 Entfernen des Angriffsstoffes aus dem
    Elektrolyten, z.b. Wasseraufbereitung
	c) Wachse
	    d) Wollfette

1.4 Zugabe von Inhibitoren
    a) anodisch wirkend
    b) kathodisch   „
    c) adsorptiv   „
	e) Bitumen und Teerpechlacke
	    f) Werkstatt-Grundbeschichtung
	    g) Fertigungsbeschichtung
	2.3 anorganische Beschichtung

1.5 kathodischer Schutz
    a) mit galvanischen Anoden
    b) mit Fremdstromschutz z.B. strom- bzw.
      potentialgeregelt
    c) lokaler Schutz
    d) Streustromschutz
	a) Email
	    b) Zementmörtel
	2.4 organische Beschichtung
	    a) Dünn- oder Dickbeschichtung (Anstrich)
	    b) bituminöse Umhüllung
	    c) Kunststoffumhüllung

1.6 anodischer Schutz
    a) durch Legierung
    b) mit Fremdstrom (potentialgeregelt)
	2.5 metallischer Überzug, der chemisch passive Schutz-
	    schichten bildet, z.b. Feuerverzinken, elektrolytischer
	    Überzug, Plattieren

höchstens an unvermeidbaren Fehlstellen mit dem Elektrolyten reagieren kann. Metallische Überzüge oder Auskleidungen wirken auch durch Ausbildung einer besseren passiven Schutzschicht als beim Grundmetall.

Legierungsmaßnahmen verbessern die Korrosionsbeständigkeit von Eisenwerkstoffen im Erdboden nicht in einem wirtschaftlich vertretbaren Umfang. Auch hochlegierte Stähle sind nicht unter allen Bedingungen korrosionsbeständig. Allerdings kann auf dem Legierungswege die Schutzschichtbildung gegen atmosphärischen Angriff und bei Übergang zu hochlegiertem Werkstoff auch gegen die Innenkorrosion von vielen wäßrigen Lösungen unterstützt werden [4].

Bereits bei der Planung von Rohrleitungen ist auf mögliche Korrosionseinflüsse, die vorgesehene Benutzungsdauer der Rohrleitung sowie die erforderlichen Korrosionsschutzmaßnahmen Rücksicht zu nehmen. Die Wahl der Rohrwerkstoffe und der Schutzmaßnahmen sollte so getroffen werden, daß mit geringsten Kosten die größtmöglichste Lebensdauer erreicht wird. Die Korrosionseinflüsse sind jedoch oft nicht die ausschlaggebenden Gesichtspunkte; von größerem Einfluß sind die mechanischen Beanspruchungen, die Bau- und Betriebskosten, die Betriebssicherheit und andere Faktoren. Gerade hierzu darf aber auch die Frage des Korrosionsschutzes nicht vernachlässigt werden.

In den folgenden Ausführungen können nur die wesentlichen Punkte des Korrosionsschutzes angedeutet werden. Für eine umfassende Darstellung der Korrosionswissenschaft wird auf die einschlägige Literatur verwiesen [5, 6, 7]. Es werden nur solche Korrosionsschutzmaßnahmen aufgeführt, die bereits allgemeine Anwendung gefunden haben. Wenn schwierige Fragen bei der Beurteilung von Korrosionsmöglichkeiten und der Wahl des Korrosionsschutzes zu entscheiden sind, ist die Konsultation der in einschlägigen Bereichen erfahrenen Fachleute anzuraten.

2. Korrosionsmedien und Schutzmöglichkeiten

Da alle ungeschützten, eisernen Werkstoffe in feuchter Umgebung korrodieren können, interessiert in der Praxis vor allen Dingen die Art der möglichen Korrosionsform und die Größe der Korrosionsgeschwindigkeit. Letztere kann durch Ausbildung schützender Deckschichten, die aus Reaktionsprodukten und Stoffen aus der Umgebung bestehen oder durch mechanisch aufgebrachte Schutzschichten wesentlich herabgesetzt werden. Bei Rohrleitungen handelt es sich um einen Außenkorrosionsschutz gegen eine korrosive Umgebung, wie die Atmosphäre, den Erdboden oder See- und

Brackwasser; oder um einen inneren Korrosionsschutz gegen das transportierte Medium, wie etwa Trink-, Kühl-, Salz-, Hochtemperatur- und Abwässer sowie wäßrige Bodensätze bei Rohöl, Heizöl oder anderen Stoffen.

2.1. Korrosion in der Atmosphäre und in Gasen

Die für die Korrosion des Eisens in feuchter Atmosphäre wirksamen Angriffsmittel sind Schwefeldioxid, Kohlensäure, Aerosole und feuchter Staub; feuchte Luft bildet einen Wasseradsorptionsfilm. In Innenräumen findet bei einer relativen Luftfeuchtigkeit unter 60 % im allgemeinen kein merklicher Angriff statt. Dabei ist zu berücksichtigen, daß in ungeheizten Räumen die Luftfeuchtigkeit gleich der im Freien ist. Im Freien kann es durch Taubildung, in Innenräumen durch Schwitzwasserbildung bei Temperaturschwankungen zu relativ starken Korrosionsangriffen kommen. In der Nähe von Städten oder in Industrieanlagen wird die Korrosionsgeschwindigkeit durch in der Luft vorhandenes Schwefeldioxid wesentlich erhöht. Staub in Form von Flugasche und Ruß enthält hygroskopische Salze und hydrolisierbare Stoffe, wodurch die Schutzwirkung der Rostschichten beeinträchtigt wird und somit sich die Rostungsgeschwindigkeit erhöht. Außerdem wird bei Staubansammlungen die Feuchtigkeit länger festgehalten und ungleichmäßig verteilt.

Maßgebend für die Ausbildung von Rostschutzschichten und somit auch für die Rostungsgeschwindigkeit sind die Legierungszusätze des Stahles und das Klima. Als Legierungselemente haben Kupfer, Chrom und Nickel einen günstigen, Schwefel aber meist einen ungünstigen Einfluß auf die Witterungsbeständigkeit. Die „wetterfesten" Stähle enthalten diese Elemente als Legierungsbestandteile und bilden gut haftende Rostschutzschichten. Als klimatische Einflüsse haben die Dauer der Feuchtigkeitseinwirkung und ein hoher Schwefeldioxidgehalt korrosionsfördernde Wirkung [9]. So beträgt die Korrosionsgeschwindigkeit unlegierter Stähle in Industrieluft etwa zwischen 15–20 $\mu m/a$ und die wetterfester Stähle zwischen 2–5 $\mu m/a$ [9, 10, 11]. Der Korrosionsschutz von Rohrleitungen im Freien und in Räumen wird meist durch organische Beschichtungen oder Feuerverzinkung erreicht, die im Abschnitt 4 behandelt werden. Die hochlegierten und Chromnickelstähle (ab ungefähr 13 % Chromanteil) sind in der Atmosphäre absolut beständig, wenn die Oberfläche sauber gehalten wird. Unter Staubablagerungen können in Industrieluft kleinste Grübchen und Rostflecken auftreten. Durch Zulegieren von Molybdän kann auch diese Anfälligkeit der hochlegierten Stähle beseitigt werden.

Ein Verfahren für den inneren Korrosionsschutz ist die Trocknung des Gases. Viele Gase werden erst korrosiv, wenn ihre relative Feuchte über 60 % beträgt. Das allgemeine Anwendungsgebiet für Trocknung sind feuchte Gase bei niedrigen Temperaturen. Kann die Trocknung nicht vollständig durchgeführt werden, so ist der Wassergehalt zur Vermeidung von Lochkorrosion zumindest so weit herabzusetzen, daß der Taupunkt bei den jeweiligen Betriebsbedingungen an keiner Stelle unterschritten wird. Bei sauren Gasen in Hochdruckleitungen ist es zur Vermeidung von Spannungsrißkorrosionen notwendig, den Taupunkt mindestens 5°C unter der tiefstmöglichen Rohrwandtemperatur zu halten [14, 15].

2.2. Wässer

Die natürlichen Wässer sind alle mehr oder weniger verdünnte Lösungen von Salzen, Säuren und organischen Verbindungen. Regen- und Schmelzwässer sind salzarm. Grundwässer enthalten vielfach Magnesium- und Kalziumsalze als gelöste Hydrogenkarbonate; sie sind hart und enthalten meist kalklösende freie Kohlensäure. Oberflächenwässer sind weich, meist an Sauerstoff gesättigt und enthalten freie Kohlensäure. Der pH-Wert der Trink- und Brauchwässer liegt zwischen 6–9 und ist im wesentlichen vom Gehalt an Bicarbonationen und Kohlensäure abhängig.

Die Beurteilung der Angriffsfähigkeit von Wässern auf metallische Werkstoffe muß von verschiedenen Seiten, insbesondere werkstoffspezifisch, betrachtet werden (DIN 50930) [15]. Den Einflußgrößen auf der Wasser- und Werkstoffseite sowie hinsichtlich der Betriebs- und Installationsbedingungen ist in DIN 50930 Rechnung getragen. In den werkstoffbezogenen Teilblättern 2–5 werden die Kenngrößen beschrieben, deren Beachtung eine Wahrscheinlichkeitsaussage zum Korrosionsverhalten ermöglicht. Dieser Aufgliederung lagen Erkenntnisse zugrunde, wonach beim Zusammenziehen von Wässern und metallischen Werkstoffen die außerordentlich vielfältigen Korrosionseinflüsse nur begrenzt verallgemeinerungsfähig sind.

Bei unlegierten oder niedriglegierten Eisenwerkstoffen werden für die Ausbildung schützender Schichten aus Rost und Kalziumcarbonat Wasserkennwerte genannt, die von bestimmendem Einfluß sind. Besonders zu beachten sind Sauerstoffgehalt, pH-Wert, Gehalt an Bicarbonat- und Kalziumionen und Fließzustand des Wassers.

In Rohrleitungen mit häufig stehendem Wasser soll stets ein Innenschutz aufgebracht werden, da bei stagnierendem Wasser eine homogene Schutzschicht im allgemeinen nicht entstehen kann und als Folge Lochkorrosion auftritt. Dagegen sind in Versorgungsleitungen mit meistens fließendem Wasser, das sich nahezu im Kalk-Kohlensäure-Gleichgewicht befindet, keine besonderen Schutzmaßnahmen notwendig, falls das Wasser zeitlich eine praktisch gleichbleibende Zusammensetzung hat (W 601). In Leitungen für die Hausinstallation sind häufig stagnierende Wasserverhältnisse anzutreffen. Hier werden Stahlrohre mit einer Feuerverzinkung, Kupferrohre oder Edelstahlrohre eingesetzt.

Gegenüber verzinkten Rohren sind Wässer mit sehr niedrigen pH-Werten, sehr salzreiche und sehr weiche Wässer korrosiv. Für Rohre aus Edelstahl sind Wässer mit Chloridgehalten unter 0,2 g/l unbedenklich, auch wenn hohe Temperaturen vorliegen. Besonders korrosionsfördernd sind Betriebsbedingungen, bei denen die Rohrwand wärmer ist als das durchfließende Wasser. Für Heizungssysteme werden ungeschützte, schwarze Rohre eingesetzt, die keines besonderen Korrosionsschutzes bedürfen, weil in geschlossenen Heizungssystemen der Sauerstoffgehalt sehr niedrig ist (VDI 2035 und 2034).

Zum Korrosionsschutz von Wasserversorgungsleitungen können Aufbereitungsverfahren eingesetzt werden, die im wesentlichen auf einer Entsäuerung oder der Zugabe von Inhibitoren beruhen. Für die zentrale Wasseraufbereitung kommen Mangoverfahren, chemischen Entsäuerung durch Natronlauge-Indosierung oder physikalische Entsäuerung, etwa durch Kaskadenbelüftung, in Frage [16, 17, 18, 19]. Für die dezentrale Nachaufbereitung in Gebäuden kommt praktisch nur die Zugabe von Inhibitoren zur Anwendung. Zu diesen Maßnahmen zählen das Guldagerverfahren, durch welches Aluminiumhydroxid in den nachgeschalteten Leitungen abgeschieden wird, sowie die Zugabe von alkalischen Phosphaten und Silikaten.

2.3. Erdböden

Für die Korrosion von unterirdisch verlegten Stahlrohrleitungen ist in der Regel weniger die örtliche Aggressivität, als eine unterschiedliche Durchlässigkeit des Bodens für Luft und Wasser, das Porenvolumen, der Feuchtigkeitsgehalt und die Dispersität des Bodens bestimmend. Dadurch wird eine ungleiche Diffusionsgeschwindigkeit der Oxydationsmittel zur Eisenoberfläche bedingt. Die stärker belüfteten Flächen auf der Metalloberfläche werden zu Kathoden, die weniger belüfteten zu Anoden. Obwohl kathodische und anodische Bereiche manchmal örtlich weit auseinander liegen, kann doch ein wirksames Korrosionselement vorliegen, da der Bodenwiderstand wegen der großen Ausdehnung dieses Leiters vernachlässigbar klein ist, so daß die Entfernung nicht zum Tragen kommt. Da die kathodischen Bereiche meist groß und die anodischen Flächen meist wenig polarisierbar sind, entsteht an letzteren Lochkorrosion [20]. Erfahrungsgemäß trifft dies für die meisten Böden zu.

Die Geschwindigkeit der Lochkorrosion nimmt mit steigendem Verhältnis kathodischer zu anodischer Fläche nach der Flächenregel zu und mit wachsendem Bodenwiderstand wieder ab. Da im allgemeinen recht große kathodische Flächen bei kleinen anodischen Flächen vorhanden sind, liegt die Geschwindigkeit der Lochkorrosion in niederohmigen Böden meist bei einigen Zehntel Millimetern pro Jahr. Zu den Inhomogenitäten, die auch in als homogen erscheinenden Böden häufig zu Lochkorrosion führen, gehören örtlich unterschiedliche Belüftung oder Redoxpotentialwerte und sulfatreduzierende Bakterien. Um die Bodenaggressivität bei Rohrleitungen beurteilen zu können, genügt es daher nicht, an einzelnen Stellen die chemische Zusammensetzung des Bodens zu bestimmen. Örtliche Bodenanalysen sind zur Kenntnis der Bodenart und der Zusammensetzung nützlich [21]. Die Beurteilung der bei inhomogenen Verhältnissen ausschlaggebenden Korrosionsgefahr durch Elementbildung oder Streuströme erfordert die Berücksichtigung der folgenden örtlich unterschiedlichen Einflußgrößen, deren Bewertung sich in der Literatur (GW 9) befindet:

- – Bodenwiderstand
- – Belüftung (Redoxpotential, als Maß für das Oxidationsvermögen)
- – Anaerobe Bakterien (organische Bestandteile)
- – Elementbildung durch Verbindung mit einem edleren Metall oder Stahl in Beton
- – Kohlehaltige Böden (Koks, Kohlenstaub, Kohlenasche)
- – Streustromeinflüsse (z.B. von Gleichstrombahnen).

2.3.1. Einteilung nach Bodenarten

Bei einem natürlichen Boden lassen sich aufgrund der vorhandenen Bodenkomponenten: Sand, Ton, Kalk, Humus und Schlamm, Rückschlüsse auf sein Angriffsvermögen ziehen. Sandmergelböden einschließlich Lösböden, Kalkmergelböden und Kalkböden wie stark kalkhaltige Humusböden und gut belüftete Lehm- und Lehmmergelböden sind im allgemeinen nicht aggressiv. Dabei wird vorausgesetzt, daß diese Böden nicht durch ungünstige Umweltbedingungen, wie schädliche Abwässer, verseucht werden. Von der Möglichkeit der Bildung von großflächigen Korrosionselementen durch unterschiedliche Belüftung wird zunächst abgesehen. Die Beeinflußbarkeit durch Umweltbedingungen gilt besonders für schlecht puffernde Sandböden. Bei Kalk- und Gipsmergel ist auf die Abwesenheit von Ton und Stinkkalk zu achten [21, 22].

Auch homogene Tonböden sind an sich nicht aggressiv. Da aber die Wahrscheinlichkeit besteht, daß die Rohrleitung auch durch gut belüftete Böden – etwa Sand und Kies – führt und wegen des niedrigen elektrischen Rohrlängswiderstandes verschweißter Rohrleitungen der Korrosionsstrom über große Entfernungen wirkt, müssen Tonböden, da sich dort Anoden von Belüftungselementen bilden, als korrosiv bezeichnet werden. Ferner besteht in solchen anaeroben Böden, ebenso wie in kalkarmen Humusböden, die den Übergang zu Torfböden bilden, die Möglichkeit der bakteriellen Sulfatreduktion.

Als aggressiv gelten aufgrund ihrer chemischen Zusammensetzungen Torfböden, Humusböden sowie Schlick- und Marschböden. Künstliche Böden, wie aufgeschüttete Schlacke- oder Müllböden sowie mit Chemikalien, Unkrautvertilgungs- oder Tausalzen, Düngemitteln und Abwässern menschlicher Siedlungen, landwirtschaftlicher oder industrieller Betriebe verunreinigte Böden, sind ebenfalls meist stark aggressiv. Eine Übersicht über die verschiedenen Bodenarten enthält Tafel II.

Durch Untersuchungen der Böden auf den spezifischen Widerstand, den pH-Wert, die Gesamtalkalität, das Redoxpotential, die Härte, den Gehalt von Kalzium- und Magnesiumkarbonat, Schwefel-

Tafel II: Einteilung der Ablagerungs- und Aufschüttungsböden

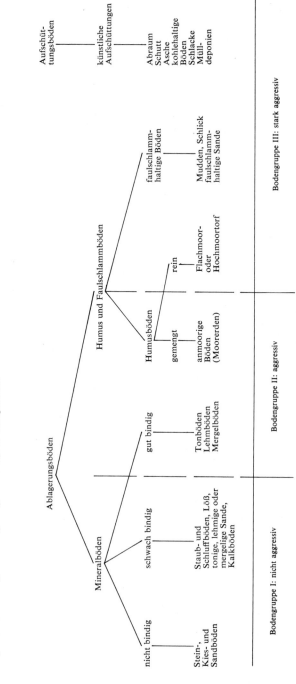

Ablagerungsböden

Mineralböden — Humus und Faulschlammböden

nicht bindig — Stein-, Kies- und Sandböden

schwach bindig — Staub- und Schluffböden, Löß, tonige, lehmige oder mergelige Sande, Kalkböden

gut bindig — Tonböden Lehmböden Mergelböden

Humusböden — faulschlamm-haltige Böden

gemengt — anmoorige Böden (Moorerden)

rein — Flachmoor- oder Hochmoortorf

Mudden, Schlick faulschlamm-haltige Sande

Aufschüttungsböden

künstliche Aufschüttungen

Abraum Schutt Asche kohlehaltige Böden Schlacke Müll-deponien

Bodengruppe I: nicht aggressiv

Bodengruppe II: aggressiv

Bodengruppe III: stark aggressiv

wasserstoff, Kohle und organische Bestandteile, Chloridionen und Sulfationen kann eine Beurteilung der Böden, nach ihrer Aggressivität gegenüber Eisen und Stahl, erfolgen [22].

2.3.2. Spezifischer Bodenwiderstand

Der spezifische elektrische Bodenwiderstand ist zweifellos eine wichtige Kenngröße zur Ermittlung der Bodenkorrosivität. Der Bodenwiderstand beeinflußt nicht nur Ausbreitungswiderstand und unter Umständen auch die Polarisation anodischer und kathodischer Bereiche und somit auch die Stärke der Korrosionsströme, sondern hängt auch mit dem Dispersionsgrad zusammen, der wiederum die Durchlässigkeit der Böden für Luft und Wasser bestimmt. Der Bodenwiderstand gibt daher auch Anhaltspunkte für die Belüftung, so daß bei niedrigen Bodenwiderstandwerten mit wachsender Korrosionsgefahr gerechnet werden muß. Angenähert kann man die Abhängigkeit der Geschwindigkeit der Lochkorrosion vom spezifischen Bodenwiderstand aus Tafel III ersehen.

Es muß aber betont werden, daß zur Beurteilung der Korrosionsgefahr von Rohrleitungen nicht nur der örtliche Bodenwiderstand berücksichtigt, sondern der Verlauf des gesamten Bodenwiderstandsprofiles herangezogen werden muß. Eine größere Korrosionsgefährdung liegt stets in den Bereichen mit niedrigen Bodenwiderständen, wo diese an Bereiche mit hohen Bodenwiderständen grenzen [23, 24]. Für die Beurteilung der Korrosionsgefährdung von unterirdischen Tanks und Betriebsrohrleistungen gilt die TRbF 408.

3. Korrosionsverhalten von Rohrstählen

Unlegierte oder niedriglegierte Stähle rosten in feuchter Atmosphäre und in wäßrigen Medien. Während im Erdboden und in Wasser die Korrosionsbeständigkeit von Eisenwerkstoffen durch Legierungsmaßnahmen im allgemeinen in wirtschaftlich vertretbarem Umfang nicht verbessert werden kann, wurden zur Verwendung in der Atmosphäre niedriglegierte, sog. wetterfeste Stähle entwickelt, die einen erhöhten Gehalt an Kupfer, Phosphor und anderen Legierungsbestandteilen besitzen. Da die Werkstoffeigenschaften von Rohrstählen bereits in Kapitel I behandelt wurden, soll hier nur ein kurzer Überblick über das allgemeine Korrosionsverhalten der niedrig- und hochlegierten Stähle, sowie den Korrosionsschutz von Stählen durch metallische Überzüge gegeben werden.

3.1. Unlegierte und niedriglegierte Stähle

Die Korrosionsbeständigkeit von un- und niedriglegierten Stählen im Erdboden ist vorwiegend durch die Geschwindigkeit der Lochkorrosion bedingt, die vom Bodenwiderstand abhängt (Tafel III). Die

Tafel III: *Korrosionsangriff von Eisen bei verschiedenen spezifischen Bodenwiderständen (ϱ) und Korrosionsstromdichten (J), ω = mittlere Abtragungsrate, $\omega_{l,max}$ = max. Eindringrate, ν = jährliche Massenverlustrate*

ϱ in Ωm	J in A/m^2	Bemerkungen	ω in mm/Jahr	$\omega_{l,max}$ in mm/Jahr	ν in $kg/m^2 \cdot$ Jahr
> 100	—	Boden mäßig aggressiv	0,03	0,08	0,24
50—100	—	Boden aggressiv	0,1	0,15	0,79
< 10	—	Boden stark aggressiv	0,16	0,25	1,3
—	1	Gleichstromabtrag*)	1,16	1,16	9,1
ca. 20	—	Wasser bei 2 g O_2/Tag · m^2	0,22	0,22	1,7
—	—	Luft	0,02—0,15	—	0,16—1,2

*) Durch Elementbildung oder Streustromaustritt

niedriglegierten Stähle bieten im Erdboden und im Wasser keine Vorteile, wohl aber bei atmosphäri-
scher Beanspruchung, etwa wenn sie zu Konstruktions- und Bauzwecken benutzt werden [25].

Unlegierte und niedriglegierte Stähle können in bestimmten Lösungen bei Vorliegen von Zugspannung
interkristalline Spannungsrißkorrosion erleiden. Hierzu sind ein spezifisch angreifendes Korrosions-
mittel und eine gewisse Neigung des Werkstoffes zu dieser Korrosionsanfälligkeit erforderlich. Zu den
spezifisch angreifenden Korrosionsmitteln zählen warme Lösungen von Nitraten, Alkalilaugen und
Ammoniumsalzen schwacher Säuren; unter kritischen mechanischen Belastungen auch Alkalibicarbo-
nate und Carbonate [26, 27]. Bicarbonate und Nitrate können auch schon bei verhältnismäßig niedriger Temperatur interkristalline Spannungsrißkorrosion erzeugen [27]. Für Carbonate und Alkalilaugen
besteht hingegen nur eine Korrosionsgefahr bei erhöhter Temperatur, die nur bei warmgehenden
Leitungen, wie Fernheizleitungen und Gashochdruckleitungen hinter Verdichterstationen möglich
sind. Die Anfälligkeit für interkristalline Spannungsrißkorrosion kann zwar durch Zulegieren von
Aluminium, Chrom und Titan bei erhöhtem Kohlenstoffgehalt über 0,24 % verringert werden, diese Maßnahmen sind jedoch bei Stahlgüten für Rohrleitugen weder möglich noch ausreichend. In
sulfidhaltigen Wässern und in schwefelwasserstoffhaltigem Sauergas kann bei un- und niedriglegierten Stählen unter genügend hoher Zugbeanspruchung eine Wasserstoffversprödung mit Ausbildung meist transkristalliner Risse auftreten. Diese Korrosionserscheinung nimmt mit abnehmender
Temperatur zu [14, 28, 29, 30].

Schwefelwasserstoff ruft besonders bei erhöhten Temperaturen auch stark abgetragende Korrosion
hervor. So wird in der Erdöl verarbeitenden Industrie häufig neben einer ausreichenden Zunderbeständigkeit auch eine hohe Korrosionsbeständigkeit gegen den Angriff von Schwefelwasserstoff verlangt. Hierfür werden in der Regel hochlegierte Chromnickelstähle eingesetzt [4].

3.2. Chemisch beständige Stähle

Beim Überschreiten eines Chromlegierungsanteiles von rund 13 % steigt die Beständigkeit von Stahl
gegenüber Medien meist sprunghaft an. Die Stähle besitzen in diesem Bereich ein relativ positives
Potential aufgrund ihres passiven Verhaltens. Je nach der Beanspruchung der Rohre in der chemischen
Industrie kommen viele verschiedene Stahltypen infrage, die im Kapitel „Rohrstähle" behandelt werden.

Chemisch beständige Stähle (nichtrostende Stähle, Edelstähle) sind aufgrund der Ausbildung einer
sehr dünnen oxidischen Passivschicht beständig. Innerhalb bestimmter Potentialbereiche kann aber
in gewissen Medien Lochkorrosion oder transkristalline Spannungsrißkorrosion auftreten [8, 32].
Für ein bestimmtes Korrosionsmedium kann der richtige Werkstoff nur dann ausgewählt werden,
wenn die möglichen potentialbestimmenden Redoxsysteme in der Praxis bekannt sind. Da die Loch-
und Spannungsrißkorrosion vom Potential abhängt, ist es möglich, durch Änderung des Redox-
systems oder mit elektrischem Gleichstrom einen Korrosionsschutz zu erreichen [31, 33]. Die chemisch beständigen Chrom- und Chromnickelstähle sind nur im stabil- oder lösungsgeglühten Zustand
korrosionsbeständig. Es ist deshalb darauf zu achten, daß bei Schweißkonstruktionen und durch
nachträgliche Wärmeanwendung die Korrosionsbeständigkeit nicht verloren geht. Durch Ausscheiden von chromreichen Karbiden an den Korngrenzen bei bestimmten Wärmebehandlungen (wie
Schweißen, Spannungsarmglühen) können chromverarmte Bereiche entstehen, die bei der chemischen Beanspruchung verminderte Korrosionsbeständigkeit besitzen [34]. Sie werden selektiv angegriffen, so daß interkristalline Korrosion auftritt. Wenn bei der Verarbeitung der Stähle durch Wärmebe-
anspruchung während des Betriebes die notwendigen Bedingungen nicht erfüllt werden können, so

müssen durch Titan- oder Niobzusätze stabilisierte Werkstofftypen oder solche mit abgesenktem Kohlenstoffgehalt eingesetzt werden [35].

4. Korrosionsschutzbeschichtungen

An die Beschichtungsstoffe, die zur Stahlrohrumhüllung und Auskleidung verwendet werden, sind eine Reihe von Anforderungen zu stellen, um einen wirksamen Dauerschutz zu gewährleisten. Während für den Schutz gegen atmosphärische Korrosion durch Beschichtung vorwiegend die Güte der Untergrundvorbereitung, die Grundierung, die Verarbeitung und die Eigenschaften des Farbanstrichstoffes von wesentlichem Einfluß sind, müssen bei der Außenumhüllung und Innenauskleidung folgende Eigenschaften beachtet werden:

- chemische und mechanische Beständigkeit
- geringe Wasseraufnahme
- geringe Sauerstoffdurchlässigkeit
- elektrisches Isolationsvermögen
- Alterungs- und Temperaturbeständigkeit
- Schlag- und Druckfestigkeit, Dehnbarkeit.
- Haftung auf der Stahloberfläche beim Transport und bei der Verlegung sowie bei dünnen Beschichtungen langzeitig.

Für die Außenumhüllung von Rohrleitungen ist die Schlag- und Druckfestigkeit besonders wichtig, da beim Transport und bei der Verlegung die Rohre erheblichen mechanischen Beanspruchungen ausgesetzt sind. Die zu wählende Schichtdicke ist abhängig von der Art des Umhüllungsstoffes und den Bedingungen, unter denen er aufgebracht wird. Bei bituminösen Umhüllungen soll die Schichtdicke im Mittel $\geq$ 4 mm betragen, bei Rohrumhüllungen auf Kunststoffbasis $\geq$ 2 mm. Dünnbeschichtungen als Dauerschutz sind im Erdboden nicht geeignet. Auf der Baustelle hergestellte Umhüllungen, etwa bei der Nachisolierung von Schweißnähten oder von Rohrleitungsabschnitten, müssen mit der werksseitig aufgebrachten Rohrumhüllung verträglich sein. Sie sollen die bei der Verlegung der Rohre und dem Verfüllen des Rohrgrabens auftretenden mechanischen Beanspruchungen aushalten.

Passive Schutzmaßnahmen sind nur zuverlässig wirksam, solange keine Fehlstellen in der Beschichtung vorhanden sind oder im Laufe der Zeit entstehen. Aus diesem Grunde sind beim Transport und bei der Verlegung bitumenumhüllter oder auch kunststoffumhüllter Stahlrohre bestimmte Regeln einzuhalten (DIN 19630). Da insbesondere beim Rohraußenschutz Fehlstellen in der Umhüllung nicht mit Sicherheit vermeidbar sind, ist stets die zusätzliche Anwendung des kathodischen Schutzes zu empfehlen, häufig vorgeschrieben.

Zuweilen kann beobachtet werden, daß im Laufe der betrieblichen Beanspruchung bei vorwiegend kathodisch geschützten Leitungen, ausgehend von Verletzungen der Umhüllung, der Beschichtungsstoff seine Haftfestigkeit zur Stahloberfläche verliert und von einem alkalischen Feuchtigkeitsfilm unterwandert wird. Feld- und Laboratoriumsuntersuchungen haben inzwischen gezeigt, daß hiermit keine Zunahme des Schutzstromes und keine Gefährdung gegen abtragende Korrosion verbunden ist [36, 37]. Diese Unterwanderung kann bei allen bekannten Umhüllungsstoffen auftreten und ist auf örtlich hohe pH-Werte als Folge elektrochemischer Reaktionen zurückzuführen. Die Unterwanderungsneigung nimmt mit der kathodischen Polarisation zu und ist in alkaliionenfreien Medien nicht möglich [38, 39, 40]. Da diese Erscheinung erst nach einigen Jahren und somit nach Setzen des Erdbodens merkbar wird, wird die Umhüllung nicht mehr mechanisch beansprucht. Bei normgerechten, dicken und in sich festen Umhüllungen hat die Unterwandung dann keine praktische Bedeutung.

4.1. Außenschutz

4.1.1. Oberflächenvorbehandlung

Unabhängig von dem aufzubringenden Korrosionsschutz ist zur Erzielung einer guten Haftung das Stahlrohr sorgfältig zu reinigen und zu entzundern. Während beim Aufbringen von bituminösen Beschichtungen, Kunststoffumhüllungen und oxidativ trocknenden Beschichtungen, Zunder und Rost soweit entfernt werden müssen, daß leichte Schattierungen infolge Tönung von Poren sichtbar bleiben dürfen, sind zum Aufbringen von Reaktionslacken Zunder und Rost vollständig zu entfernen. Die Walzhaut von Stahloberflächen kann mittels Strahlen, thermischer Entrostung oder durch Beizen entfernt werden. Das Abwittern bei atmosphärischem Korrosionsschutz mit anschließenden mechanischen Entrostungsverfahren ist weniger empfehlenswert. Je nach dem Verfahren werden unterschiedliche Norm-Reinheitsgrade erreicht (DIN 55 928).

Norm-Reinheitsgrad — DIN 55928 Teil 4 —		Fotografisches Vergleichsmuster					Wesentliche Merkmale der Stahloberflächen, gegebenenfalls nach Vorreinigung[1])
für Strahl-verfahren	Sa 1		B	C	D	Sa 1	Lediglich loser Zunder, loser Rost und lose Beschichtungen sind entfernt.
	Sa 2		B	C	D	Sa 2	Nahezu aller Zunder, nahezu aller Rost und nahezu alle Beschichtungen sind entfernt.
	Sa 2 1/2	A	B	C	D	Sa 2 1/2	Zunder, Rost und Beschichtungen sind soweit entfernt, daß auf der Stahloberfläche lediglich leichte Schattierungen infolge Tönung von Poren sichtbar bleiben.
	Sa 3	A	B	C	D	Sa 3	Zunder, Rost und Beschichtungen sind vollständig entfernt (ohne Vergrößerung betrachtet).
	PSa 2 1/2		B	C	D	PSa 2 1/2[3])	Beschichtungen, die fest haften, verbleiben. Auf den übrigen Flächenbereichen sind Zunder und Rost soweit entfernt, daß auf der Stahloberfläche entsprechend Sa 2 1/2 lediglich leichte Schattierungen infolge Tönung von Poren sichtbar bleiben. Zwischen beiden Bereichen ist ein Übergang hergestellt[2]).
für Hand- oder maschinelle Verfahren	St 2		B	C	D	St 2	Lose Beschichtungen und loser Zunder sind entfernt; Rost ist soweit entfernt, daß die Stahloberfläche nach der Nachreinigung einen schwachen vom Metall herrührenden Glanz aufweist.
	St 3		B	C	D	St 3	Lose Beschichtungen und loser Zunder sind entfernt; Rost ist soweit entfernt, daß die Stahloberfläche nach der Reinigung einen deutlichen vom Metall herrührenden Glanz aufweist.
für therm. Ent-rostung	Fl	A	B	C	D	Fl	Beschichtungen, Zunder und Rost sind soweit entfernt, daß auf der Stahloberfläche lediglich Schattierungen in verschiedenen Farbtönen verbleiben[3]).
für Beizen	Be						Beschichtungen, Zunder und Rost sind vollständig entfernt[4]).

[1]) Entfernung von Schmutz, Staub, Ruß, Feuchtigkeit, Salzen u. a.
[2]) Gilt nur für das Strahlen beschichteter Stahloberflächen mit teilweise verbleibenden Beschichtungen.
[3]) Scharfes maschinelles Nachbürsten ist stets erforderlich.
[4]) Beschichtungen müssen vor dem Beizen in geeigneter Weise entfernt worden sein.

Die mechanischen Entrostungsverfahren werden durch Handrostung, so mit Drahtbürsten, Spachteln, Schwedenschaber, Rostklopfhammer und ähnlichem oder durch maschinelle Entrostung, wie mit rotierenden Drahtbürsten, Schlagkolben- oder Schlaglamellengeräten, Nadelpistolen, Schleifscheiben und ähnlichem, ausgeführt. Beim Strahlverfahren dagegen werden verschiedene Strahlmittel (DIN 8201) durch Druckluft oder mit einem Schleuderrad stark beschleunigt auf die Stahloberfläche geschleudert. Beim thermischen Entrostungsverfahren wird durch eine Acetylensauerstoff-Flamme die Walzhaut abgesprengt. Das Strahlen ist ein sehr wirksames und wirtschaftliches Verfahren. Bei

montierten Stahlbauwerken oder größeren Bauteilen im Freien ist das Druckluftstrahlen mit Einweg-
strahlmitteln möglich. Die anderen Strahlverfahren sind wegen des notwendigen Umlaufes der Strahlmittel an die Werkstatt gebunden. Bei der thermischen Entrostung durch Flammstrahlen werden die
T-förmigen Kammbrenner mit einem Vorschub von etwa 3–5 m/min einmal oder nach jeweiligem
Abkühlen mehrmals über die zu entrostende Fläche geführt. Intensives maschinelles Nachbürsten
zum Entfernen aller gelockerten und verbrannten Teile mit anschließendem Abfegen, Abblasen mit
trockener ölfreier Druckluft oder Absaugen ist unbedingt erforderlich. Das Verfahren ist nur bei
Blechdicken über 5 mm und bei unbeschichteten Oberflächen oder beim vollständigen Entfernen
alter Beschichtungen geeignet.

4.1.2. Phosphatieren

Das Phosphatieren ist im eigentlichen Sinne kein Rostschutzverfahren. Es stellt vielmehr eine Haft-
grundierungsschicht für nachfolgende Korrosionsschutzbeschichtung dar. Sie wird durch Eintauchen
beizvorbehandelter Rohre in spezielle phosphorsaure Salzlösungen hergestellt. Durch Reaktionen
zwischen Stahl und diesen Lösungen bilden sich Phosphatschichten, die oftmals auch eingebaute
Fremdionen enthalten (wie Zink und Mangan). Diese Verfahren sind in der Technik unter den Firmen-
bezeichnungen Atrament oder Bonder bekannt.
Die Lieferung phosphatierter Rohre ab Werk ist nicht praxisüblich und auch nicht sinnvoll, da die
Phosphatschichten während einer Zwischenlagerung oder auf dem Transport Schaden nehmen können.
Eine Beschichtung muß kurzzeitig nach Aufbringen der Phosphatierung erfolgen (DIN 50 942).

4.1.3. Beschichtungen

Der Aufbau von Beschichtungen ist außerordentlich vielfältig und muß den jeweiligen Beanspruchungen angepaßt sein (DIN 55 928 und DIN 55 945). Bei Stahlbauten in der Atmosphäre werden vorwiegend physikalisch oder oxidativ trocknende Beschichtungen angewandt, deren Filmbildung entweder
durch Verdunsten der Lösungsmittel oder durch Reaktion mit Sauerstoff zustande kommt. Für die
Grundbeschichtung wird überwiegend Bleimennige verwandt, für die Deckbeschichtungen Eisenglimmer und Zinkpigment, sowie eine Mischung von Eisenglimmer mit Bleiweiß und Zinkpigment. Bei
einwandfreier Verarbeitung bieten Eisenglimmer- oder Bleiweißanstriche langjährigen Schutz. Beim
Alkydharzanstrich ist die geringere Trockenfilmdicke von 40 μm im Vergleich zum Ölanstrich mit
50 μm zu beachten. Die Korrosionsbeständigkeit und Langlebigkeit der Beschichtung hängt im wesentlichen von der Gesamtschichtdicke bei gleicher Haftfestigkeit ab. Je nach der Beanspruchung
werden Beschichtungssysteme mit ein oder zwei Grund- und Deckbeschichtungen verwendet. Einen
guten Schutz bieten Beschichtungssysteme mit zwei Grund- und zwei Deckbeschichtungen.
Als Grundierungen werden heute häufig bei hohen Beanspruchungen Zinkstaubbeschichtungen eingesetzt, die aber auf einer metallisch reinen Oberfläche aufgebracht werden müssen [41]. Als Zinkstaubgrundierungen kommen infrage: Zinkstaub, gebunden in Reaktionslack, in Epoxidharz oder
als oxidativ trocknendes System (Epoxidester). Dazu kommen in letzter Zeit Zinkstaubgrundierungen
in Äthylsilikat gebunden. Diese Zinkstaubbeschichtungen bieten aber in Industrieatmosphären nur
dann einen vollwertigen Schutz, wenn sie mit Deckbeschichtungen überstrichen werden. Für Seewas-
serbauten werden im allgemeinen dicke Spezialbeschichtungssysteme, die häufig noch gifthaltigen
Deckbeschichtungen (Antifouling) enthalten, aufgebracht. Bei diesen Spezialbeschichtungen handelt
es sich meistens um Teerpech-Epoxidharz-Beschichtungen, die in mehreren Schichten aufgebracht
werden und Schichtdicken von insgesamt etwa 500 μm erreichen. Bei Systemen, die hohen Feuchtig-

keiten ausgesetzt sind, werden vorwiegend Zinkstaubgrundierungen mit Epoxidharz-Deckbeschichtungen verwendet. Für höhere Temperaturen werden Epoxidharz bei Beanspruchung bis 120 °C, Polyurethane bei Beanspruchung bis eta 150 °C und hitzebeständige Zinksilikatbeschichtungen bis 400 °C eingesetzt [4, 43, 44, 45].

In zunehmenden Maße werden heute Fertigungsbeschichtungen angeboten, wobei aus Gründen der besseren Schweißbarkeit zinkchromathaltige Grundierungen zu bevorzugen sind. Sie können in der Werkstatt besser als auf der Baustelle unter optimalen Bedingungen bezüglich Untergrundvorbehandlung, Beschichtung und Trocknung aufgetragen werden. Zumeist genügt nach Versand und Verarbeitung ein örtliches Ausbessern, bevor eine zweite Grundierung aufgebracht wird, der die üblichen Deckbeschichtungen folgen. Höheren Beanspruchungen können Fertigungsbeschichtungen auf Zinkstaubbasis ausgesetzt werden, wobei aber aus Gründen der Schweißbarkeit die Schichtdicke begrenzt wird [46].

4.1.4. Temporärer Korrosionsschutz

Um unlegierte oder niedriglegierte Stahlrohre beim Transport und während der Lagerung gegen atmosphärischen Korrosionsangriff zu schützen, können folgende Rostschutzmittel angewandt werden [47, 48]:

1. Rostschutzöle sind meist inhibitorhaltige Mineralöle mit oder ohne Lösungsmittelzusatz. Die öligen Überzüge sind besonders für kurzfristigen Transportschutz oder bei Lagerung unter einem Regenschutz für die Dauer von etwa 1–5 Monaten geeignet. Sie lassen sich leicht abwischen. Eine restlose Entfernung ist durch Anwendung von Entfettungsmitteln wie Testbenzin, Benzol oder Chlorkohlenwasserstoffen (wie Trichloräthylen) zu erreichen [49]. Gut geeignet sind für diesen Zweck sogenannte Kaltreiniger. Für die industrielle Weiterverarbeitung vorgesehene Rohre sollen nur mit solchen Rostschutzölen konserviert werden, die sich mit alkalischen Heißreinigungsmitteln quantitativ entfernen lassen.

2. Klarlacke oder lackähnliche Produkte ergeben feste und nicht staubbindende Überzüge. Sie ersetzen heute den temporären Rostschutz mit Leinöl. Die Schutzdauer beträgt bei Lagerung im Freien einige Wochen; bei Lagerung unter Dach 1–5 Monate. Klarlacke werden durch Lösungsmittel, durch Abbrennen oder Abstrahlen entfernt. Sie können mit Farben auf Kunstharzbasis überstrichen werden [49, 50]. Für bestimmte Anwendungsfälle kann die Verwendung von Klarlacktypen gefordert werden, die mit alkalischen Heißreinigern entfernbar sind.

3. Wachse und wachsartige Überzüge ergeben weiche bis harte griffeste Filme und sind nur schwach staubbindend. Sie sind geeignet für die Lagerung unter Dach und im Freien, die Schutzwirkung beträgt etwa 6–12 Monate. Sie können mit heißen alkalischen Reinigungsmitteln und Kaltreinigern entfernt werden. Eine Überstreichbarkeit mit Lacken ist nicht gegeben.

4. Überzüge auf Wollfettbasis verhalten sich ähnlich wie wachsartige Überzüge. Sie ergeben relativ dünne, weiche Filme, wirken leicht staubbindend und besitzen unter Dach und im Freien eine Schutzwirkung bis zu 6 Monaten. Ihre Entfernung kann mit alkalischen Reinigungsmitteln, organischen Lösungsmitteln oder Kaltreinigern relativ leicht erfolgen. Eine Überstreichbarkeit mit Lacken ist nicht gegeben.

5. Bitumen- oder Teerpechlacke mit einer Schutzschichtdicke von etwa 20 µm ergeben einen Schutz von 1–2 Monaten im Freien und rund 12 Monaten unter Dach. Zum Seetransport oder bei ähnlichen Beanspruchungen werden gefüllte Bitumen- oder Teerpechlacke empfohlen, da sich mit ihnen eine größere Schichtdicke erreichen läßt. Bitumenlacke werden vorwiegend als Grundierung für den späteren Dauerschutz eingesetzt. Sie lassen sich mit Benzin oder anderen Kohlenwasserstoffen entfernen; außerdem ist ein Abbrennen möglich.

6. Grundbeschichtungen mit passivierenden Pigmenten (Fertigungsbeschichtungen) vorzugsweise auf Bleimennige- oder Zinkchromatbasis, sind dann zu empfehlen, wenn diese Beschichtungen als Grundierung nach entsprechender Vorbehandlung für nachfolgende Farbanstriche benutzt werden. Nach DIN 55 928 muß eine Bleimennige-Grundbeschichtung spätestens nach 3 Monaten mit einer Deckbeschichtung versehen werden. Bei längeren Wartezeiten sind zwei Bleimennige-Grundbeschichtungen erforderlich.

4.1.5. Rohrumhüllungen

Rohrumhüllungen von erdverlegten Objekten müssen so ausgelegt sein, daß sie ohne Erneuerung bis zu Zeitspannen von 50 Jahren wirksam sind. Diese Forderung wird gut von den in der Bundesrepublik üblichen Werksumhüllungen erfüllt (Tafel IV). In den letzten Jahren hat sich insofern eine Wandlung vollzogen, als von bituminösen Umhüllungen immer mehr zu Kunststoffumhüllungen übergegangen wird [51]. Umhüllungen für erdverlegte Rohrleitungen werden direkt im Werk aufgebracht.
Einzelheiten über die Art der Beschichtung und deren Prüfung sind für Guß- und Stahlrohre in den DIN Normen 30 670 bis 30 674 festgelegt. Duktile Gußrohre werden heutzutage ebenfalls mit auf die jeweilige Beanspruchungsbedingung angepaßten Umhüllungen verlegt (Tafel V). Diese Umhüllungen gestatten eine universelle, von der Bodenbeanspruchung unabhängige Verwendungsmöglichkeit oder aber eine auf die örtlichen Bodenverhältnisse abgestimmte Wirksamkeit.
Die Umhüllung bei Stahlrohren mit Bitumen wird grundsätzlich als Dickbeschichtung mit einer Glasvliesverstärkung ausgeführt. Sie hat eine Mindestschichtdicke von 4 mm. Die DIN-Norm 30 673 enthält eine Vielzahl von Anforderungen an die Bitumina, Füllstoffe, Trägereinlagen und die fertige Umhüllung. Nachteilig bei Bitumenumhüllungen ist die geringe mechanische Widerstandsfähigkeit.

Tafel IV: Anwendungsbereich für Werksumhüllungen nach DIN 30 670–73
(I nicht aggressiver Boden gegenüber Eisen und Stahl, II aggressiv, III stark aggressiv)

Umhüllungsart	Mindestschichtdicke			Dauerbetriebs-temperatur in °C	Anwendungsbereich Bodengruppe nach GW 9
	in mm				
Polyethylene nach DIN 30670	DN ≦ 100 > 100–250 > 250–500 ≧ 500–750 ≧ 750	normal 1,8 2,0 2,2 2,5 3,0	verstärkt 2,5 2,5 3,0 3,5 3,5	} 50	} I bis III
Epoxidharz-pulver nach DIN 30671	DN alle	0,25		90	I bis III
Polyurethan-teer nach DIN 30671	alle	1,5		80	I bis III
Bitumen nach nach DIN 30673	alle	Typ E 1	0,1	30	nur als temporärer Lagerschutz
		E 2	0,3–1,0	30	gegen atmosphärische Korrosion
		E 3	4,0	30	I mit KKS auch bei II u. III möglich
		E 4	4,0	40	I mit KKS auch bei II u. III möglich
		E 5	6,5	30	I bis III
		E 6	6,5	40	I bis III

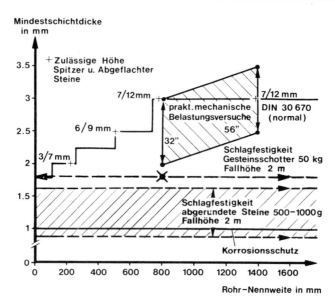

Bild 1: Erforderliche Polyethylen-Mindestschichtdicke für verschiedene Belastungen [51]

Dadurch kommt es vor allem beim Rohrtransport zu erheblichen Beschädigungen, die von Hand ausgebessert werden müssen. Aufgrund der geringen Festigkeit der Umhüllung müssen bituminierte Rohre in steinfreiem Material eingebettet werden.

Rohrumhüllungen aus Kunststoff werden vorwiegend mit thermoplastischen Kunststoffen, und zwar insbesondere Polyäthylen (PE), ausgeführt [51, 52, 53]. Die wesentlichen Vorteile von Polyethylenumhüllungen gegenüber Bitumenumhüllungen sind:

– Hohe mechanische Widerstandsfähigkeit und Haftung bei Transport, Lagerung und Verlegung.
– Hoher Umhüllungswiderstand gegenüber elektrischen Strömen. Der Schutzstrombedarf liegt bis um den Faktor 100 niedriger als bei Rohrleitungen mit Bitumen- oder Teerpechumhüllungen.
– Der Schutzstrombedarf bleibt auch über lange Zeit nahezu konstant niedrig.
– Hohe Chemikalienbeständigkeit und Alterungsbeständigkeit bei Verwendung von vollstabilisiertem PE.
– Niedrige Permeationswerte für Sauerstoff und Wasserdampf.
– Breiter Temperaturanwendungsbereich.
– Gute mechanische Beständigkeit gegen Einwachsen von Wurzeln und Keimlingen.

Für Rohrumhüllungen darf nur vollstabilisiertes (ultraviolett und wärmebeständig), alterungsbeständiges und nichtspannungsrißanfälliges Polyethylen verwandt werden. Die Anforderungen an die Kunststoffumhüllungen sind in DIN 30 670 festgelegt.

Praktische Erfahrungen und Untersuchungen haben gezeigt, daß für die Polyethylenumhüllung von Stahlleitungsrohren Mindestschichtdicken der normalen Reihe nach DIN 30 670 für normale Beanspruchung sowohl erforderlich als auch ausreichend sind. In Bild 1 sind die Beanspruchungen und Widerstandsgrößen sowie die dadurch bedingten Anforderungen an die Polyethylenmindestschichtdicke in Abhängigkeit von der Rohrdimension dargestellt [51, 54].

In der Fertigung werden Polyethylenumhüllungen grundsätzlich nach zwei Verfahren hergestellt; durch Extrudieren nach dem Schrägkopf- und Wickelverfahren sowie durch das Pulveraufschmelzverfahren.

Beim Extrusions-Schrägkopfverfahren wird auf das gestrahlte, auf ca. 200 °C erwärmte Rohr ein zweischichtiger Mantel aus Kleber- und Polyethylenschicht gleichzeitig auf das durch Ringschlitzdüsenextruder laufende Rohr kontinuierlich aufgezogen. Die innere Klebeschicht vermittelt die Haftung zwischen dem Stahlrohr und dem Polyethylenmantel. Beim Extrusions-Wickelverfahren werden aus zwei Breitschlitzdüsen der Extruder Kleber- und PE-Schicht auf das sich langsam in Längsrichtung verschiebende und drehende Rohr schraubenlinienförmig aufgewickelt, so daß die Kleberschicht die gesamte Stahlrohroberfläche bedeckt und ein nahtloser Polyethylenmantel aus mehreren verschmolzenen Einzelschichten entsteht.

Beim Pulveraufschmelzverfahren wird Polyethylenpulver auf das gestrahlte und auf Temperaturen von etwa 320 °C erhitzte Stahlrohr von unten angeworfen oder von oben aufgestreut. Die im Rohr vorhandene Wärmekapazität reicht aus, um die für den Verwendungszweck erforderliche Schichtdicke aufzuschmelzen. Ein Nachwärmen der Oberfläche ergibt die erforderliche Glätte. Nach diesem Verfahren können auch Krümmer, Formstücke, Armaturen und Schweißnähte umhüllt werden.

Derartige Polyethylen-Umhüllungen haben sich in der Praxis seit rund 15 bis 20 Jahren auch im Zusammenwirken mit dem kathodischen Korrosionsschutz sehr gut bewährt und finden breite Anwendung. Erfahrungen haben gezeigt, daß die Kunststoffumhüllung von Rohren, die bei Bahn- oder Straßenkreuzungen im Preß- oder Bohrverfahren eingebracht werden, in steinfreien Böden praktisch nicht beschädigt wird. Die Rohre können nach Überprüfung ihres Ausbreitungswiderstandes, oder wenn kathodisches Schutzpotential erreicht wird, unmittelbar als Leitungsrohre in kathodisch geschützte Rohrleitungen eingeschweißt werden. Mantelrohre können außen mit Polyurethen-Teer (PUR-T), Teerepoxidharz oder mit lösungsmittelfreien Epoxidharz-Kombinationen beschichtet werden. Epoxidharze lassen sich auf Kosten der Elastizität hart und abriebfest einstellen.

Bei einem weiteren Beschichtungsverfahren wird elektrostatisch aufgeladenes Epoxidpulver gleichmäßig auf das erhitzte Rohr aufgesprüht und hier in 10 bis 20 s zu einem festen, etwa 0,3 mm dicken Film ausgehärtet [51]. Diese Art der Rohrbeschichtung wurde in der Bundesrepublik bisher nur versuchsweise in geringem Umfang durchgeführt, wohl aber in England und den USA in großem Maße.

Tafel V: Anwendungsbereiche für den Rohraußenschutz von Rohren aus duktilem Gußeisen nach DIN 28 600 und DIN 19 690

Ausführung	DIN	Schichtdicke	Anwendungsbereich	
			Dauerbetriebstemperatur max.	Bodengruppe nach DVGW-Arbeitsblatt GW 9
1. PE-Umhüllung	30674, Teil 1	1,8—3,0 mm je nach Nennweite	50	III, II, I
2. ZM-Umhüllung	30674, Teil 2	5,0 mm	50	III, II, I
3. Zink-Überzug und Deckbeschichtung	30674, Teil 3	0,09 mm (Zinkauflage > 130 g/m²)	50	II, I
4. Bituminöse Beschichtungen und Umhüllung				
4.1 Beschichtung auf bituminöser Basis	30674, Teil 4	Mittelwert 0,07 mm, an keiner Stelle < 0,05 mm	50	I
4.2 Umhüllung mit gefülltem Steinkohlenteer-Sonderpech	30674, Teil 4	Mittelwert 3,00 mm, an keiner Stelle < 2,50 mm	40	III, II, I
5. Baustellenmaßnahmen PE-Schlauchfolie	30674, Teil 5	≥ 0,2 mm	50	III, II, I*)

*) Sandbettung nach DIN 19630, G 461/I-R, G 461/II-R wird erforderlich, wenn kohlige Bestandteile, Brennstoffasche, Bauschutt usw. vorhanden ist

Tafel VI: Korrosionsschutzbinden für die Baustellenumhüllung von Stahlrohren und Formteilen

Nr.	Leitungsart	Anwendungsbereich (Beanspruchung)	Dauerbetriebs-temperatur	Beanspruchungskl. nach DIN 30672	Mindestschicht-dicke d. Systems	Bindensystem
1		Böden m. geringer mechanischer Beanspruchung — sandige, lehmige Böden Bodenklasse I nach GW 9	30 °C	B	4 mm	Voranstrich, modifizierte Bitumenbinde (warm verarbeitbar)
2	Fernleitungen mit kathodischem Korrosionsschutz				4—10 mm	Zusätzliches Aufbringen einer geeigneten
3			30/50 °C	B/C	Nach Angabe des Herstellers	Voranstrich, Kunststoffbinde (kalt verarbeitbar)
4		Steinhalt., fels. Erd. (bis faustgroße Steine)	50 °C	C	Nach Angabe des Herstellers	Dreischichten-Verbundband (kalt verarbeitbar)
5		Bodenklasse I bis III nach GW 9	50 °C	C	Nach Angabe des Herstellers	Schrumpfmanschetten (warm verarbeitbar)
6			30 °C	B	4 mm	Voranstrich, modifizierte Bitumenbinde (warm verarbeitbar)
7			30/50 °C	B/C	Nach Angabe des Herstellers	Voranstrich, Kunststoffbinden (kalt verarbeitbar)
8	Ortsverteilungsnetz, meistens ohne kathodischen Schutz	Steinfreier Boden bzw. Sandbettung	50 °C	C	Nach Angabe des Herstellers	Dreischichten-Verbundband (kalt verarbeitbar)
9			50 °C	C	Nach Angabe des Herstellers	Schrumpfmanschetten (warmverarbeitbar)
10	Gußleitungen m. PE-Umhüllung	Bodenklasse III nach GW 9			Nach Angabe des Herstellers	Schrumpfmanschetten (warm verarbeitbar)
11	warmgehende Stahlleitungen		ca. 70 °C	B/C		Voranstrich, modifizierte Bitumenbinde mit Einlage
		Steinfreier Boden bzw. Sandbettung			Nach Angabe des Herstellers	Kunststoffbinde
						Schrumpfmanschetten
12	Formteile		30 °C	B	4 mm	Voranstrich, modifizierte Bitumenbinde (warm verarbeitbar), evtl. zusätzlich PE-Folie wickeln (mech. Schutz)
13	Formteile im Ortsverteilungsnetz (DVGW-Arbeitsblatt G 643)	Sandeinbettung	30 °C	A	mind. 1 mm	Petrolatum-Binde (kalt verarbeitbar)

Bituminöser Voranstrich, modifizierte Bitumenbinde mit a) Glasgewebe 200 g/m^2 b) Acrylgewebe 100 g/m^2	Die zu isolierende Fläche muß sorgfältig von Rost, Schmutz, Fett und Feuchtigkeit befreit werden. Hochstehende Kanten sowie scharfkantige Übergänge der angrenzenden Werksumhüllung müssen vermieden werden.	Der vom Hersteller vorgeschriebene Voranstrich mittels Pinsel oder Rolle ist im gesamten Bereich der Nachumhüllung aufzubringen. Die Bitumenbinde wird einseitig mit einer Propanflamme erhitzt, bis ca. 1/2—1 mm der Dickschicht weich und klebrig ist. Sie wird mit Zug faltenfrei aufgebracht und anschließend im Überlappungsbereich verspachtelt. Die Bindenüberlappung sollte mind. 3 cm betragen.
sschutzmatte	keine	Aufbringen der Felsschutzmatte nach Angaben des Herstellers
Kunststoff-Voranstrich, Butylkautschuk-Binde und Folie (PE, PVC)	Wie unter Nr. 1	Voranstrich wie im ersten Satz unter Nr. 1 — Butylkautschuk-Binde mit 50%iger Überlappung unter leichtem Zug faltenfrei wickeln, darüber Folie mit 50%iger Überlappung aufbringen.
Kunststoff-Voranstrich, Butylkautschuk mit eingelagerter PE-Folie	Wie unter Nr. 1	Voranstrich wie im ersten Satz unter Nr. 1 — Dreischichten-Verbundband faltenfrei zweimal mit 50%iger Überlappung wickeln.
Wärmeschrumpfendes, strahlungsvernetztes PE mit Kleber	Die zu umhüllende Fläche auf ca. 50°C vorwärmen	Schrumpfmanschette von der Mitte ausgehend m. weicher Flammer aufschrumpfen, b. d. Kleber an den Enden über d. kompletten Umfang austritt.
		Wie unter Nr. 1
Wie unter Nr. 3		
Wie unter Nr. 4		
	Wie unter Nr. 1	Wie unter Nr. 1
Wie unter Nr. 1	Wie unter Nr. 1	Wie unter Nr. 1
	Wie unter Nr. 1	Ohne Voranstrich. Petrolatumbinde wird ohne Voranstrich im Tapezierverf. bzw. mit 50 % Überlappung aufgebr. Scharfkantige Teile sollten doppelt isoliert werden. Anschl. wird die Außenseite m. d. Handfläche angedrückt. Alle Überlappungen sollten dicht geschlossen sein.

4.1.6. Baustellenumhüllung

Die baustellenseitige Nachisolierung von Schweißnähten sowie das Ausbessern von Schäden in der Umhüllung können bei polyethylenumhüllten Stahlrohren mit Kunststoffbinden im Kaltverfahren mit entsprechenden Haftvermittlern, meist auf Butylkautschukbasis oder mit Bitumenbinden im Warmverfahren, durch Anschmelzen des Isoliermaterials durchgeführt werden. Außerdem sind strahlungsvernetzte Polyethylenschrumpfschläuche, das Pulveraufschmelzverfahren und in neuerer Zeit auch Spachtelmassen aus duromeren Kunststoffen dazu geeignet. Für bitumenumhüllte Rohrleitungen werden verschiedene Bitumenbinden verwendet, die meist Glasgewebeeinlagen enthalten. Die Anforderungen der Binden sind in DIN 30 672 enthalten. Hier werden vor allem Untersuchungen an den fertigen Umhüllungssystemen aus Korrosionsschutzbinden durchgeführt. Diese Prüfungen dienen auch der Einstufung der Umhüllungen für steigende mechanische Beanspruchung in die Beanspruchungsklassen A, B und C. Dadurch ist es dem Rohrnetzingenieur möglich, einen den jeweiligen Verhältnissen angepaßten Korrosionsschutz für die Nachisolierung der Schweißnähte auszuwählen (Tafel VI) [51].

4.1.7. Schutz von Fernheizleitungen

Bei Fernheizleitungen, die in bitumen- oder polethylenumhüllten Stahlmantelrohren verlegt sind, können die Mantelrohre kathodisch geschützt werden. Kleinere Anschlußleitungen werden häufig mit bituminösen Massen umgossen, in einigen Fällen wird hierfür auch Schaumbeton eingesetzt. Diese Leitungen können kathodisch geschützt werden, wobei aber durch die höheren Temperaturen bei in Schaumbeton verlegten Leitungen die Gefahr der Spannungsrißkorrosion gegeben ist [55]. Bei älteren Fernheizungsleitungen mit Schütt- und Umgußisolierung ist der kathodische Schutz nur eingeschränkt möglich. Die vielen nicht isolierten Stützen bedingen einen großen Schutzstrombedarf. Fernheizleitungen mit Wärmeisolierung, die mit einer Kunststoff-Folie umwickelt sind, lassen sich nicht kathodisch schützen. Bei Streustrombeeinflussung sollten Streustromableitungen eingesetzt werden. Bei Fernheizleitungen in Haubenkanälen kann hierdurch im Bereich der Unterwerke eine Korrosion der Stützen und Gleitlager vermieden werden [56].

4.2. Innenschutz

4.2.1. Epoxidharzauskleidung

Gasrohre erhalten häufig zur Verringerung ihrer Reibungswerte eine rund 50 μm dicke Auskleidung aus Epoxidharzen [53]. Die Rohroberfläche soll dazu metallisch blank vorgereinigt sein.

4.2.2. Auskleidung auf bituminöser Basis

Die zum Korrosionsschutz der Innenoberfläche von Wasserrohrleitungen verwendeten bituminösen Stoffe müssen außer den technischen und mechanischen, bei Trinkwasser auch hygienischen Anforderungen genügen. Die Auskleidungen dürfen im Sinne von § 5, Abs. 1, Nr. 1, des Lebensmittel- und Bedarfsgegenstandsgesetzes vom 14.8.1974 (BGBl I, S. 1946) und der für sie geltenden §§ 30 und 31 dieses Gesetzes keine die menschliche Gesundheit schädigenden Stoffe an Wasser abgeben. Für die bituminöse Rohrinnenauskleidung gilt die DIN-Norm 30 673. Die richtige Bemessung der Schichtdicke einer bituminösen Auskleidung hängt von den Betriebsbedingungen und den Eigenschaften des Wassers ab. Dünne bituminöse Innenanstriche dienen nur als Korrosionsschutz während der Zeit des Transportes und der Lagerung. Bei korrosiven Wässern bieten sie keinen Korrosionsschutz. Hierfür sind die in DIN 30 673 angegebenen Werte für die Schichtdicke von Bitumenauskleidungen einzuhalten. Die Aufbringung einer bituminösen Innenbeschichtung kann einmal nach dem Schleuderverfahren, zum anderen auch durch Fluten oder Belegen mit bituminösen Massen erfolgen.

Erfolgt eine Druckprüfung der verlegten Stahlrohrleitungen mit Luft, so darf bei einer bituminösen Auskleidung über 1 mm Schichtdicke der Luftdruck $\Delta p_{\ddot{u}}$ 1 bar nicht übersteigen und nicht länger als 6 Stunden aufrechterhalten werden. Diese Prüfung darf nur bei einer Temperatur bis 25 °C durchgeführt werden.

Bei der Außerbetriebnahme von Wasserleitungen, etwa Durchführung von Reparaturarbeiten ist darauf zu achten, daß die Bitumenauskleidung nicht austrocknet, da sich hierdurch Schrumpfrisse bilden können. Dabei ist ein starker Luftzug in den Rohren, der infolge von Kaminwirkung entstehen kann, zu unterbinden.

4.2.3. Auskleidung mit Zementmörtel

Als innerer Korrosionsschutz von Stahlrohrleitungen für Wasser und auch für Salzsolen wird in steigendem Umfang die Zementmörtelauskleidung angewandt. Zur Herstellung der Zementmörtelauskleidung müssen geeignete Normenzemente verwandt werden, die eine erhöhte Sulfatbeständigkeit besitzen [57]. Als Zuschlagstoff wird Sand mit einer der Schichtdicke angepaßten Korngröße und Sieblage verwendet. Die Rohre werden nach dem Schleuderverfahren ausgekleidet, wodurch eine besonders hohe Verdichtung erreicht wird. Die so hergestellte Auskleidung ist wegen ihrer dichten Struktur chemisch resistent (DVGW-Arbeigsblatt W 342).

Die Zementmörtelauskleidung ist in erster Linie eine passiv wirkende Auskleidungsschicht, sie deckt die Rohrinnenoberfläche weitgehend gegen das durchströmende Wasser ab. Da sie nicht wasserdicht ist, können an der Grenzfläche Mörtel/Stahl chemische Reaktionen stattfinden [45]. Durch dieses aktive Verhalten des Mörtels ist ein deutlicher Unterschied zu den ausschließlich passiven Auskleidungen auf Bitumen- oder Kunststoffbasis vorhanden.

Das an der Mörteloberfläche vorbeifließende und in geringen Mengen auch hineindiffundierende Wasser kann, falls es sich um weiches Wasser handelt oder Wasser mit hohem Anteil an kalklösender Kohlensäure, die Kalziumanteile des Zementes langsam herauslösen. Eine Beeinträchtigung des Auskleidungsverbundes ist jedoch durch diese Lösungsvorgänge praktisch nicht gegeben, wenn die oberflächlich entkalkten Mörtelauskleidungen ständig feucht gehalten werden. Dies ist bei Rohrnetzarbeiten zu beachten. Ausgetrocknete entkalkte Mörtel werden rissig und führen zum Absanden. Auch völlig entkalkte Mörtel wirken noch als Korrosionsschutz, da Eisenoxidhydrat mit dem Mörtelgerüst eine innige Verbindung eingeht [58].

Zementmörtelauskleidungen können für Trinkwasser in fast allen Fällen eingesetzt werden. Wenn beim Transport und der Verlegung von zementmörtelausgekleideten Stahlrohren im Bereich der elastischen Verformungen des Stahlrohren Risse auftreten, so beeinträchtigen diese den Korrosionsschutz nicht, da sich auf ihrem Grund an der Stahloberfläche Deckschichten ausbilden. Diese Erscheinung ist im Schrifttum als Selbstheilung bekannt [59, 60].

Ein für die Praxis der Rohrverlegung wichtiger Vorteil der Zementmörtelauskleidung ist in der Möglichkeit zu sehen, Schweißarbeiten an solchen Rohren ohne nachteilige Folgen für den Mörtel vornehmen zu können. Auch bei nicht begehbaren Rohrleitungen sind Schweißverbindungen anwendbar. In den Vorschriften der Rohrhersteller ist die nachträgliche Verfüllung an den Verbindungsstellen mit einer Spachtelmasse im einzelnen erläutert.

Die Zementmörtelauskleidung ist sowohl gegenüber Tropenhitze, als auch bei Frostwetter beständig. Besondere Maßnahmen bei Außerbetriebnahme von Wasserleitungen brauchen im Gegensatz zu den bitumenausgekleideten Rohren nicht getroffen werden. Durch die Zementmörtelauskleidung treten Inkrustationen, die sich im allgemeinen durch Korrosionsvorgänge bilden, nicht auf. Aus diesem Grunde werden zementmörtelausgekleidete Rohre wegen ihres bleibenden niedrigen Strömungswiderstandes bevorzugt eingesetzt.

4.3. Metallische Überzüge

4.3.1. Feuerverzinkung

Für die Verzinkung von Rohren als Korrosionsschutz kommt ausschließlich die Feuerverzinkung infrage. Dazu werden die Rohre zunächst gebeizt, um eine verzinkungsfähige Oberfläche zu erzielen, anschließend mit einem Flußmittel benetzt und in geschmolzenes Zink getaucht. Wenn das Rohr die Zinkbadtemperatur von etwa 450°C erreicht hat und das Flußmittel abgekocht ist, tritt eine Legierungsbildung zwischen dem Eisenuntergrund und dem flüssigen Zink ein. Diese Legierungsschicht vermittelt die Haftung zu der darüberliegenden Reinzinkschicht, die sich beim Herausziehen des Rohres aus dem Zinkbad bildet. Die Zinkauflage beträgt bei Rohren nach DIN 2444 mehr als 400 g/m² entsprechend 56 µm. Rohre für andere Zwecke (wie Maste, Geländer usw.) können nach DIN 50 976 verzinkt werden. Verzinkte Rohre werden über Schraubverbindungen oder Flansche verbunden. Schweißverbindungen sind nicht anwendbar; in Sonderfällen, insbesondere bei größeren Rohrabmessungen, haben sich Hartlöt-Verbindungen mit spezieller Eignung für Zinküberzüge bewährt.

Die gute Beständigkeit von Zink an der Atmosphäre beruht auf der Ausbildung dichter, schützender Hydrozinkitschichten. Die Wirksamkeit der Schutzschicht wird von klimatischen Einflüssen, insbesondere vom Schwefeldioxidgehalt der Luft und der Niederschlagsmenge bestimmt. Die jährlichen Abwitterungsraten liegen etwa zwischen 1 µm bei Land- und Seeklima und 5 µm im Industrieklima [61].

Eine sehr gute Korrosionsbeständigkeit läßt sich auch durch die Kombination einer Verzinkung mit Anstrichen erreichen (Duplexsystem) [62, 63]. Dabei ist die Vorbereitung des Untergrundes besonders wichtig, da Anstriche und Lacke auf glatten Zinkoberflächen schlecht haften. Teile, die nicht feuerverzinkt werden können, lassen sich spritzverzinken (DIN 8565). Die Spritzverzinkung ist mit ihrer raureren Oberfläche für Anstriche gut geeignet.

In Hausinstallationsrohren wird die Feuerverzinkung mit zeitlich konstanter Korrosionsgeschwindigkeit abgetragen, wobei Wasserdurchsatz, Kohlensäuregehalt und der pH-Wert des Wassers die Abtragungsgeschwindigkeit bestimmen. Wesentlich ist hierbei, daß in dem Maße, wie der Zinküberzug in Lösung geht, Schichten aus Korrosionsprodukten entstehen, die den Aufbau einer gleichmäßigen Kalk-Rost-Schutzschicht begünstigen. Installationsseitige und werkstoffseitige Inhomogenitäten, etwa Spalte an der Gewindeverbindung, belassene Innengrate bei nicht normgerechten geschweißten Rohren oder nicht normgerechte Verzinkung sowie Gegenwart von Kupferionen und zu hohe Betriebstemperaturen über 60 °C führen zu örtlicher Korrosion (DIN 50 930, Teil 3) [64, 65, 66]. Örtliche Korrosionsschäden können sicher durch den Einbau eines Guldager-Elektrolyse-Systems vermieden werden [1, 15].

4.3.2. Elektrolytische Überzüge

Metallüberzüge lassen sich besonders gut und in dünnen Schichten elektrolytisch niederschlagen. Sie dienen sowohl dekorativen, als auch Korrosionsschutzzwecken (DIN 50960). Oft handelt es sich dabei um kleinteilige Spezialerzeugnisse, wie sie in der Möbel- und Fahrzeugindustrie gebraucht werden. Bei Überzügen, die elektrochemisch edler sind als der Werkstoff, müssen diese porenfrei aufgebracht sein. Das wird vielfach durch den Einsatz mehrschichtiger, „Duplexsysteme" erreicht.

Beispielsweise wird für Chromüberzüge zunächst das Stahlrohr verkupfert, dann vernickelt und erst darüber die Fertigverchromung gelegt (DIN 50967).

In neuerer Zeit wurden auch stromlose Metallabscheidungsverfahren in die Technik eingeführt. Insbesondere handelt es sich dabei um Nickelschichten, die aus Nickelsalzlösungen nach Reduktions- verfahren, durch Hypophosphite und Boranate abgeschieden werden (katalytisch-reduktive Ver- fahren).

4.3.3. Plattieren

Für manche Sonderzwecke in der chemischen Industrie können besonders beständige Metalle auf Stähle durch Walz- oder Schweißplattieren aufgebracht werden. Derartige Erzeugnisse werden vorwiegend im chemischen Apparatebau angewandt. Zur Herstellung plattierter Rohre sind zwar mehrere Verfahren entwickelt worden, die aber kaum verbreitete Anwendung finden.

Bei plattierten Erzeugnissen handelt es sich um Verbundwerkstoffe, deren Einzelwerkstoffe unter- schiedliche Festigkeiten und Korrosionsschutzeigenschaften aufweisen. Plattierte Stahlrohre werden dann eingesetzt, wenn aus konstruktiven oder Kosten-Gründen das Rohr nicht voll aus hochwertigem Werkstoff mit genügend dicker Wandung hergestellt werden kann. Um die Gesamtwanddicke verringern zu können, wird dann die Außenumkleidung aus hochfestem Stahl gewählt. Walzplattierte Rohre sind schweißbar [67].

4.4. Emaillieren

Für Sonderfälle und im Bereich des chemischen Apparatebaues werden auch innenemaillierte Rohre eingesetzt. Als Rohrverbindungen kommen hier praktisch nur Flansche infrage. Die mechanische Beständigkeit der Emailauskleidung ist nicht sehr groß. Daher müssen beim Transport, Verlegung und Betrieb zusätzliche mechanische Beanspruchungen vermieden werden.

Die Emaillierung besteht in der Regel aus einem Grundemail und einem chemisch resistenten Deck- email. In Sonderfällen können auch mehrere Emaillierungsschichten, wie sie im Apparatebau üblich sind, aufgebracht werden, wie zwei Grundschichten und drei bis sechs Deckschichten. Eine Poren- freiheit ist bei Emailauskleidung mit einer Schichtdicke bis ca. 300 μm nicht möglich, dafür müssen Mehr- schichten-Emaillierungen vorgenommen werden. Solange keine sauren Medien durch die Rohr- leitung transportiert werden, ist eine Porenfreiheit auch nicht erforderlich, da vorhandene Poren durch Korrosionsprodukte verschlossen werden. Eine Elementbildung zwischen Porengrund und beschichteter Umgebung ist, im Gegensatz zu allen anderen dünnschichtigen Überzügen, nicht gegeben, da die Emailauskleidung elektrisch nicht leitend ist.

Zur Emaillierung müssen die Rohre entfettet und gebeizt werden. Sie werden dann mit einem wäßrigen Email-Schlickerbrei belegt, getrocknet und bei Temperaturen von 600–850°C eingebrannt. Nach Abkühlen werden diese Vorgänge mehrmals wiederholt [68].

5. Elektrochemischer Korrosionsschutz

Bei Korrosionsvorgängen in Elektrolyten oder im Erdboden handelt es sich um elektrochemische Vor- gänge. Daher liegt es nahe, diese Korrosionsvorgänge elektrisch zu beeinflussen. Dieses kann in der Weise geschehen, daß die Rohrleitung zur Kathode eines elektrischen Stromkreises gemacht wird, wo- durch austretende Korrosionsströme kompensiert werden. Bei Systemen (Behälter-Innenschutz), die einen Passivbereich aufweisen, in dem keine örtliche Korrosion auftritt und in denen die allgemein abgetragene Korrosion vernachlässigt werden kann, läßt sich ein elektrochemischer Schutz auch da- durch erreichen, daß der Stahl anodisch polarisiert wird.

5.1. Kathodischer Schutz

Das Prinzip des kathodischen Schutzes besteht darin, das Potential der Metalloberfläche gegen einen Elektrolyten oder den Erdboden durch Zuführen von Elektronen in negativer Richtung zu verschieben (Bild 2), damit Eisen als positiv geladene Ionen nicht mehr in Lösung gehen kann. Das bedeutet, daß in die geschützte Metalloberfläche von außen ein Gleichstrom eintritt. Dieser Strom kann entweder aus einem galvanischen Element, etwa einer Verbindung des Rohres mit einer unedleren Anode, oder aus einem netzbetriebenen Gleichrichter bezogen werden, dessen negativer Pol mit der Rohrleitung und dessen positiver Pol mit einer Fremdstromanode im Erdboden verbunden wird [1, 2, 7].

Als Kriterium für den kathodischen Schutz gilt allgemein das Metall-Elektrolytpotential, gemessen gegen eine gesättigte Kupfer/Kupfersulfatelektrode (GW 10) [69, 70]. Die Messung erfolgt mit einem hochohmigen Spannungsmesser oder Verstärkervoltmeter. Dieses Potential muß bei Eisen überall unmittelbar an der Phasengrenze negativer als $-0,85$ V gemessen gegenüber einer gesättigten $Cu/CuSO_4$-Elektrode sein. In der Praxis wird das Potential durch kurzzeitiges Ausschalten des Schutzstromes ermittelt [71]. Der kathodische Schutz ist für Gashochdruckleitungen > 4 bar (G 462/II) und Ölleitungen (TRbF 301) vorgeschrieben.

Er hat heute eine große Verbreitung in der Anwendungstechnik erreicht. Er kann bei Rohrleitungen und Lagerbehältern im Erdboden besonders wirtschaftlich in Verbindung mit einen passiven Schutz eingesetzt werden [72, 73, 74]. Dabei sind folgende Voraussetzungen zu erfüllen:

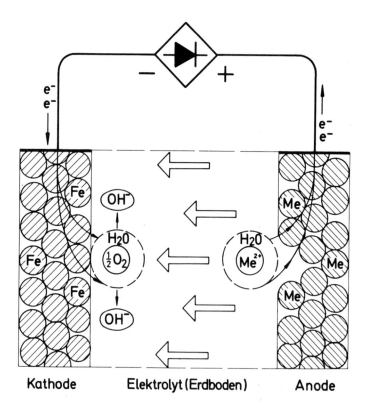

Bild 2:
Prinzip des kathodischen Schutzes

Kathode   **Elektrolyt (Erdboden)**   **Anode**

1. Die Rohrleitung muß eine gute elektrische Längsleitfähigkeit aufweisen. Diese ist bei verschweißten Rohrverbindungen stets gegeben. Andere Rohrverbindungen, wie gummigedichtete Schraubmuffen oder Einsteckmuffen, sind elektrisch zu überbrücken.
2. Die zu schützende Rohrleitung oder ein Teil eines Rohrnetzes muß elektrisch von allen anderen erdverlegten Rohrleitungen, Kabeln, Erdungsanlagen und sonstigen Metallkonstruktionen abgetrennt sein.
3. Die Stahlrohre und die Armaturen müssen eine isolierende Rohrumhüllung besitzen.

Um diese Voraussetzung zu schaffen, sind folgende konstruktive Maßnahmen zu erfüllen (GW 12)
[75]:
1. Durchgehend verschweißte Stahlrohrleitungen bieten wegen ihrer guten Längsleitfähigkeit eine gute
Voraussetzung für die Einrichtung des kathodischen Schutzes. Sollen Stahlrohrleitungen mit isolie-
rend wirkenden Muffenverbindungen kathodisch geschützt werden, so sind diese niederohmig zu
überbrücken. Bei eingeflanschten Armaturen ist gleichfalls durch niederohmige Überbrückung sicherzustellen, daß ein geringer elektrischer Längswiderstand gewährleistet wird.
2. Für die wirtschaftliche Einrichtung eines kathodischen Schutzes ist es erforderlich, daß die Rohrleitung an allen Endpunkten durch Isolierstücke von niederohmig geerdeten Fremdanlagen abgetrennt
wird (DIN 2470 u. 3389). (s. Kap. V. Bild 18 Isolierverbindungen)
3. Bei Verwendung von Mantelrohren an Kreuzungen und Verkehrswegen ist durch isolierende Ab-
standhalter sicherzustellen, daß keine metallene Verbindung zwischen Rohrleitung und Mantelrohr
entsteht.
4. Zur Verhinderung von metallenen Zufallsverbindungen mit fremden Rohrleitungen und Kabeln
bei anderen Konstruktionen ist ein Abstand von 0,4 m anzustreben. Werden Abstände von 0,1 m
unterschritten, so sind als mechanischer Schutz und zur Vermeidung von Beeinflussungen isolierende Platten zwischen kathodisch geschützter Rohrleitung und Fremdkonstruktionen einzulegen. Bei
Parallelführungen sollen Abstände < 1 m möglichst vermieden werden.
5. Armaturen, die auf Betonfundamenten aufgesetzt sind, sind durch Zwischenlagen von Isolierplat-
ten von dem Beton bzw. der Betonarmierung zu trennen. Ankerschrauben müssen isoliert werden.
6. Die Konstruktion von Betonfestpunkten, Mauerdurchführungen und betonummantelten Dükern
muß so ausgewählt werden, daß keine Berührung mit dem Beton bzw. der Betonarmierung entstehen
kann. Neuerdings werden für die Armierung von Dükern Polypropylenseile eingesetzt.
7. Wird eine kathodisch geschützte Rohrleitung über eine Brückenkonstruktion als Freileitung geführt, müssen die Aufhängungen an der Brücke so ausgeführt werden, daß keine elektrische Verbindung zur Brücke hergestellt wird. So sind in der Brückenauf- und abführung Isolierverbindungen
vorzusehen, wobei die erdverlegten Leitungsabschnitte über Kabel miteinander verbunden werden.
8. Elektrisch betriebene Betriebsmittel, Schieber, Ventile, Transmitter im kathodisch geschützten
Leitungszug dürfen nicht geerdet werden. Elektrischer Berührungsschutz kann durch FI-Schutzschal-
tung oder durch Schutztrennung sichergestellt werden (AfK Nr. 6).
9. Bei Parallelführungen zu starr geerdeten Hochspannungsfreileitungen ist die AfK-Empfehlung
Nr. 3 zu beachten.
10. Isolierverbindungen in Ex-Bereichen sind mit Ex-Funkenstrecken zu versehen und so anzuordnen, daß ein zufälliges Überbrücken vermieden wird (AfK Nr. 5).
11. In Abständen von 1 – 2 km sind Meßstellen zur Messung des Rohr/Boden-Potentials und alle 5 km
Rohrstrommeßstellen einzurichten [76].

5.2. Kathodischer Korrosionsschutz durch galvanische Anoden

Zum kathodischen Schutz gut umhüllter oder kurzer Rohrleitungen, wie etwa bei Rohrleitungen mit
Kunststoffumhüllung, Lagerbehältern, Schutzrohren, Dükern oder zum örtlich begrenzten Schutz für

einzelne Korrosionsbereiche (hot-spot-protection), können trotz ihrer geringen Stromabgabe im Erdboden, galvanische Anoden verwandt werden [77]. Als Metall für galvanische Anoden wird vorwiegend Magnesium eingesetzt. In Böden mit spezifischen Widerständen $\varrho \leqslant 20\,\Omega\text{m}$ kann, wegen der längeren Lebensdauer, auch Zink benutzt werden [78]. Die Stromabgabe der Anoden hängt vorwiegend vom spezifischen Widerstand des umgebenden Elektrolyten ab und beträgt

$$I = \frac{\Delta U}{R_A} = \frac{1\ \text{A} \cdot \Omega\text{m}}{\varrho}$$

I = Stromabgabe der Andode in A

ΔU = Spannung zwischen Eisen und Anodenteil in V

R_A = Erdausbreitungswiderstand der Anode in Ω

ϱ = spez. Bodenwiderstand in Ωm

Die Spannung zwischen Zink und kathodisch geschütztem Eisen beträgt ΔU = 0,2 V und zwischen Magnesium und Eisen ΔU = 0,6 V. Die Formel gilt für eine 5 kg-Magnesiumblockanode. Tafel VII gibt eine Übersicht über die wichtigsten Eigenschaften der Anodenwerkstoffe.

Tafel VII: Eigenschaften von galvanischen Anoden

Elektrochemische Werte	Maßeinheit	Anodenmetall		
		Zn	Mg	Al
Standardpotential U_H	V	—0,8/—0,85	—1,0/—1,3	—0,7/—1,1
Jährlicher Abtragungsverlust eff.	kg/Aa	~11	~8	3—5
Stromkapazität prakt.	Ah/kg	820	2200	~2900
Stromkapazität eff.	Ah/dm³	~5800	3840	5300—7600
Ausnutzungsgrad	%	95—99	50—55	50—95
Elektrodenmasse für 10 Jahre bei 0,1 A	kg	12	8	3,7
Ruhepotential im Erdboden gegen Cu/CuSO₄	V	—0,9 bis —1,1	—1,4 bis —1,6	—0,9 bis —1,2
Spannung gegen kathodisch geschütztes Eisen (U_{CuSO_4} = —0,85 V)	V	—0,2	—0,6	—0,3

Galvanische Anoden sind zum Schutz von Rohrleitungen mit starker Streustrombeeinflussung nicht geeignet, da größere Potentialänderungen infolge der stark schwankenden Streuströme durch ihre relativ niedrigen Potentiale nicht ausgeglichen werden können. Ferner kann bei Umpolung der Streustromverhältnisse (stark positive Schienen) ein zusätzlicher Streustromeintritt über die galvanischen Anoden erfolgen.

5.3. Kathodischer Korrosionsschutz durch Fremdstrom

Der Schutzstrombedarf und der spezifisch elektrische Bodenwiderstand in der Rohrleitungstrasse bestimmen das zweckmäßigste Schutzverfahren. Rohrleitungen mit Kunststoffumhüllung lassen sich auch mit galvanischen Anoden aus Magnesium oder Zink wirtschaftlich schützen. Für längere Rohrleitungen mit größerem Schutzstrombedarf wird heute fast ausschließlich der kathodische Schutz mit Fremdstrom angewandt. Werden durch Streuströme, etwa von gleichstrombetriebenen Straßenbahnen beeinflußt, so sind Verfahren der Streustromableitung oder Streustromabsaugung anzuwenden (VDE 0150).

Für längere Rohrleitungen, Rohrleitungsnetze und bei älteren schlecht umhüllten Rohrleitungen ist es wirtschaftlich, den kathodischen Schutzstrom aus netzgespeisten Gleichrichteranlagen zu entnehmen und über Fremdstromanoden in den Boden einzuleiten [1, 7, 19]. Den Aufbau einer kathodischen Fremstromschutzanlage zeigt Bild 3. Die kathodische Schutzstromdichte für verschiedene Objekte enthält Tafel VIII.

Tafel VIII: Schutzstromdichte für kathodisch geschützte Stahlkonstruktionen

Stahlkonstruktion	Schutzart	mittlere kathodische Schutzstromdichte in mA/m²
Im Erdboden: Rohrleitungen, Gasaußen- druckkabel	Polyethylen- umhüllung	10^{-3} 10^{-2} 10^{-1} 10^{0} 10^{1} 10^{2} 10^{3} 10^{4}
Rohrleitungen, Behälter, Tank- anlagen mit guter Außenum- hüllung	Bitumen mit Glas- faserträger	
mit alter oder schadhafter Außenumhüllung	Bitumen mit Jute- träger	
Bohrsonden, Erder	keine Beschichtung	
Erdkabel mit Strahlarmierung	getränkte Jute	
Im Süßwasser: Einlaufwerke, Brunnenlei- tungen, Schiffe, Pontons	gute Beschichtung	
Kaltwasserbehälter, Spund- wände, Schleusen, Wehre	alte Beschichtung	
Heißwasserboiler, Wärme- austauscher	keine Beschichtung	
Im Seewasser: Schiffe, Pontons	gute Beschichtung	
Pieranlagen, Pontons, Bojen	alte Beschichtung	
Ballasttanks, Spundwände, Molen, On- u. Offshore-Anlagen	keine Beschichtung	

Die Größe des erforderlichen Schutzstromes $I = \Delta U / R_A$ kann durch Veränderung der zwischen Rohr und Anode angelegten Gleichrichter-Ausgangsspannung ΔU (bis 50 V) einreguliert werden. R_A ist der Erdausbreitungswiderstand der zur Einleitung des Schutzstromes in den Erdboden dienenden horizontalen oder gelegentlich vertikalen Fremdstromanoden. Sie können entweder als Gruppe von Einzelanoden oder heute meist in einem horizontalen Erdungsgraben als durchgehende Längsanode

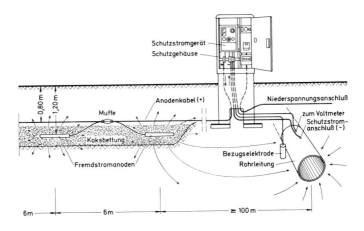

Bild 3:
Aufbau einer
kathodischen Fremd-
stromschutzanlage

eingebracht werden. Nimmt gegenüber den an der Erdoberfläche vorhandenen Böden der spezifische Bodenwiderstand in größerer Tiefe ab, können hier häufig wirtschaftlich Tiefenanoden eingebaut werden. In Bohrlöchern bis zu 40 m Tiefe werden parallelgeschaltete Einzelanoden in Tiefen zwischen 10 und 40 m von der Erdoberfläche eingebaut. Um einen möglichst niedrigen Erdausbreitungswiderstand R_A und eine längere Lebensdauer (rund 30 Jahre) zu erreichen, werden die Anoden in Koks eingebettet. Vorwiegend werden heute Silizium-Gußeisen- und Graphitanoden oder Magnetit-Anoden verwandt. Tafel IX zeigt die Eigenschaften von Fremdstromanoden. Um die Beeinflussung an anderen Rohrleitungen und erdverlegten Installationen klein zu halten, müssen die Fremdstromanoden in einem möglichst großen Abstand (> 50 m) von bebauten Gebieten eingebaut werden. Die Entfernung in Meter soll dabei mindestens dem doppelten Zahlenwert der angelegten Anodenspannung in Volt betragen.

Tafel IX: Eigenschaften von Eisenschrott-, Silizium-Gußeisen- und Graphitanoden

Anodenmaterial	Silizium-Gußeisen			Graphit			Magnetit
Länge (m)	0,5	1,2	1,5	1	1,2	1,5	0,9
Durchmesser (m) bzw. Höhe (m)	0,04	0,06	0,075	0,06	0,06	0,08	0,04
Breite (m) Masse (kg)	3	28	43	5	6	8	6
Dichte (kg/dm3)	7	7	7	2,1	2,1	2,1	5,2
prakt. Abtrag ohne Koksbettung (kg/A Jahr)	0,2...0,3			1	1	1	0,002
prakt. Abtrag mit Koksbettung (kg/A Jahr)	etwa 0,1			etwa 0,5			—
Lebensdauer bei 1 A/Anode ohne Koksbettung (Jahr)	15	80	140	5	6	8	200
Lebensdauer bei 1 A/Anode mit Koksbettung (Jahr)	30	260	430	10	12	16	
Bruchgefahr	mäßig	mäßig	mäßig	groß	groß	groß	mäßig
Einsatzgebiet	lange Lebensdauer, auch ohne Koksbettung			in aggressiven Böden, auch ohne Koksbettung			Erdboden Meerwasser

Fremdstromanoden werden möglichst in Gebieten mit niedrigen spezifischen Bodenwiderständen eingebaut, um die erforderliche Anodenspannung und damit die laufenden Energiekosten für den Betrieb der kathodischen Schutzanlagen niedrig zu halten. Die für den Fremdstromschutz eingesetzten Gleichrichter müssen für Widerstandsbelastung und Dauerbetrieb ausgelegt sein. Die Spannungseinstellung erfolgt im allgemeinen durch Abgriff an der Sekundärseite des Transformators oder über einen Stelltransformator auf der Primärseite. Für eine einfache Überwachung sollten die Schutzstromgeräte Amperemeter und hochohmige Voltmeter für die Potentialmessung besitzen. Bei Streustrombeeinflussung empfiehlt es sich häufig, potentialregelnde Gleichrichter einzusetzen.

Die Überdeckung der Kabel zum Schutzobjekt und zu den Anoden soll mindestens 60 cm betragen. Rohrleitungsanschlüsse sind im Einvernehmen mit dem Rohrleitungsbetreiber mittels Aufschweißen von Lötmuffen, Thermitschweißen, gesicherten Schraubverbindungen oder durch andere zuverlässige Verbindungen herzustellen. Auf eine einwandfreie Nachisolation der Anschlußstellen ist zu achten. Alle Bauteile für den Korrosionsschutz und für die Stromversorgung des Gleichrichters, einschließlich Zähler, werden zweckmäßigerweise in einem gemeinsamen Schutzschrank eingebaut. Schränken aus elektrisch isolierendem Werkstoff ist der Vorzug zu geben. Das Schutzgehäuse von Fremstromanlagen soll gut zugänglich, jedoch gegen Verkehrsbeschädigungen betriebssicher aufgestellt werden. Die Planung und Bauüberwachung bei der Errichtung kathodischer Korrosionsschutzanlagen sollen einem Korrosionsschutzfachmann übertragen werden.

5.4. Kathodischer Schutzbereich von Rohrleitungen

Der Schutzbereich einer kathodischen Korrosionsschutzanlage hängt ab von

1. der Schutzstromdichte J_s der Rohrleitung,
2. von dem Spannungsabfall ΔU_L der am Längswiderstand der Rohrleitung $R = R' \cdot L$, zugelassen wird. Um diesen Betrag ist das Potential am Ende des Schutzbereiches positiver als das an der Einspeisestelle.

Bei gleichmäßiger Schutzstromaufnahme ergibt sich für eine Rohrleitung mit dem Durchmesser d die durch Isolierflansche abgeschlossen ist bzw. bei periodisch angeordneten Schutzanlagen der kathodische Schutzbereich zu

$$2L = \sqrt{\frac{8\,\Delta U_L}{\pi \cdot d\,J_s R'}}$$

und mit $\Delta U_L = 0,3$ V

$$2L = \sqrt{\frac{2,4\ \text{V}}{\pi \cdot d \cdot J_s \cdot R'}}$$

Bild 4 zeigt den kathodischen Schutzbereich von Rohrleitungen in Abhängigkeit von der Schutzstromdichte [1, 80]. Durch eine Schutzanlage etwa 30 km neue, bitumenumhüllte Rohrleitung oder bis zu 100 km kunststoffumhüllte Rohrleitung kathodisch geschützt werden.

5.5. Nachmessung und Überwachung des kathodischen Schutzes

Bei der Inbetriebnahme der kathodischen Fremdstromschutzanlage wird der Schutzstrom am Gleichrichter so einreguliert, daß entlang der Rohrleitung ein Einschaltpotential von $U_{R\text{-}Cu} \approx -1,5$ V vorhanden ist. Werden die bei der Planung errechneten Schutzstromdichten überschritten, ist die

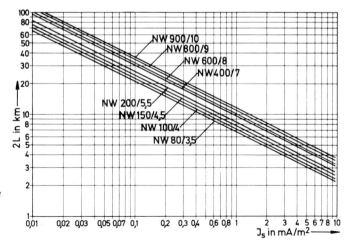

Bild 4:
Kathodischer Schutzbereich
von Rohrleitungen in Ab-
hängigkeit von der Schutz-
stromdichte

Ursache durch weitere Messungen festzustellen, so sind Kontakte mit fremden erdverlegten Installationen zu orten und zu beseitigen. Große Fehlstellen in der Rohrumhüllung können in hochohmigen Böden dazu führen, daß kein kathodischer Schutz mehr erreicht wird. Solche Fehlstellen müssen ebenfalls lokalisiert und ausgebessert werden [1, 81]. Die endgültige Nachmessung des kathoschen Schutzes erfolgt nach dem DVGW-Arbeitsblatt GW 10. Sie kann bei gut umhüllten Rohrleitungen einige Wochen nach der Einschaltung, bei älteren Rohrleitungen jedoch erst nach einigen Monaten erfolgen. Es sind folgende Meßwerte zu ermitteln:

1. An der Schutzanlage: Schutzstromabgabe und Ausgangsspannung des Gleichrichters, Ausbreitungswiderstand der Anoden und Dauerbezugselektroden. Diese Daten werden in einer Anlagenkartei eingetragen und dienen als Sollwerte für künftige Vergleichsmessungen, um den einwandfreien Betrieb der Schutzanlage kontrollieren zu können.

2. An den Meßstellen: Rohr/Boden-Potential bei ein- und kurzzeitig ausgeschalteten Schutzanlagen, auch Rohrströme sowie der Widerstand und die Spannung zwischen Mantelrohr und Leitung und an den Isolierstellen.

3. Pro Schutzanlage sind mindestens drei Beeinflussungsmessungen an fremden erdverlegten Anlagen durchzuführen.

Potentialwerte werden zweckmäßigerweise in Pläne eingetragen, wobei für die Abschnitte zwischen Rohrstrommeßstellen die Schutzstromdichte und Umhüllungswiderstände errechnet werden sollten. Bild 5 zeigt einen solchen Potentialplan, wobei die Meßergebnisse von einer EDV-Anlage ausgewertet und von einem rechnergesteuerten Zeichengerät aufgetragen worden sind. Beim Vergleich mit den Ergebnissen späterer Überwachungsmessungen können Störungen des kathodischen Schutzes dann leichter ermittelt werden [71, 75]

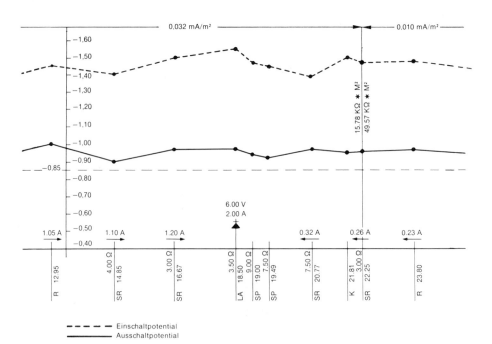

Bild 5: Potentialplan; vom Plotter (rechnergesteuertes Zeichengerät) gezeichnet

Als zweckmäßig hat sich folgender Überwachungsrhythmus herausgestellt:

1. Monatliche Funktionskontrolle der kathodischen Fremdstromschutzanlage. Die Kontrolle kann durch ungeschultes Betriebspersonal durchgeführt werden, das die Werte der eingebauten Meßinstrumente an die zuständige Fachabteilung weiterleitet. Hier werden die Werte mit den Sollwerten der Schutzanlage verglichen und bei Störungen entsprechende Untersuchungen veranlaßt.

2. Jährlich erfolgt eine gründliche Überprüfung des kathodischen Schutzes der Rohrleitung durch Fachpersonal. Neben den Messungen an der Schutzanlage entsprechend der Inbetriebnahmemessung werden an bestimmten Stellen der Rohrleitung bei eingeschalteter Schutzanlage die Rohr/Boden-Potentiale, die Rohrströme oder Spannungen und Widerstände der Isolierflansche und Mantelrohre gemessen und mit den Sollwerten verglichen.

3. Innerhalb von drei Jahren werden einmal an allen Meßstellen die Rohr/Boden-Potentiale bei ein- und ausgeschalteten Schutzanlagen ermittelt. Neueinstellungen der kathodischen Schutzanlagen, bedingt durch Erweiterung des kathodisch geschützten Netzes oder andere Änderungen im Schutzsystem, sind als Sollwerte für die nachfolgenden Überwachungsmessungen zugrunde zu legen.

5.6. Kathodischer Schutz bei Streustromeinfluß

Bei der Streustrombeeinflussung von Rohrleitungen durch Straßenbahnen tritt im anodischen Gefährdungsbereich Streustrom aus und verursacht Korrosion durch Elektrolyse (s. Bild 6a) (VDE 0150) [82].

Bei der Streustromableitung (Drainage, Bild 6b) über eine Kabelverbindung wird der Streustrom zu den Schienen der beeinflussenden Gleichstrombahn zurückgeleitet [83].

Durch Ableiten dieser Streuströme über metallische Kabelverbindungen zu den streustromverursachenden Anlagen kann ein Streustromaustritt über den Elektrolyten und damit die Korrosion verhindert werden. Unter Umständen läßt sich durch eine Streustromableitung, sicher aber durch eine

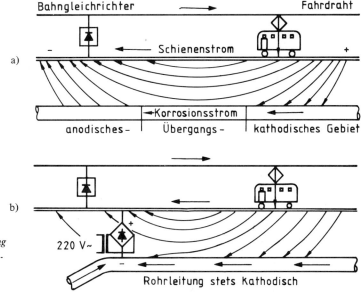

Bild 6:
Streustrombeeinflussung
durch eine Gleichstrom-
bahn und kathodischer
Schutz

Streustromabsaugung, auch für längere Rohrleitungen ein kathodischer Schutz erreichen. Durch Zwischenschalten eines Gleichrichters oder Relais läßt sich eine Stromumkehr vermeiden. Häufig ist es zweckmäßig, die Streustromrückleitung direkt mit der Minussammelschiene des Bahngleichrichters zu verbinden. Über Streustromableitungen im Stadtgebiet werden manchmal 30–40 % der Bahn- und Betriebsströme zurückgeführt. Da in dem Bereich um den Bahngleichrichter meist auch an anderen Kabeln und Rohrleitungen Streustromkorrosion auftritt, empfiehlt es sich, um gegenseitige Streustrombeeinflussungen zu vermeiden, gemeinsam mit den Eigentümern anderer Rohrleitungen und Kabeln Messungen durchzuführen (s. AfK-Empfehlung Nr. 4).

Läßt sich über eine Streustromableitung nicht der gesamte Streustrom zurückleiten, so kann der kathodische Schutz durch eine erzwungene Streustromableitung, auch Streustromabsaugung oder Soutirage genannt, erreicht werden (Bild 6b). Dabei wird in die Streustromrückleitung zusätzlich ein vom Stromnetz gespeister Gleichrichter eingeschaltet. Bei starken Potentialschwankungen der abgeleiteten Streuströme werden strombegrenzte Schutzgleichrichter verwandt. Eine Überlastung der kathodischen Schutzgleichrichter durch Kurzschlüsse im Bahnnetz, bei Unterbrechung der Schienen oder bei Beeinflussung der zu schützenden Kabel oder Rohrleitungen durch Hochspannungsleitungen, kann durch entsprechende Schutzeinrichtungen verhindert werden [84].

Die Streustrombeeinflussung verursacht an kathodisch geschützten Rohrleitungen starke Potentialschwankungen und große Änderungen des abzuleitenden Stromes. Statt der direkten Streustromableitung kann dann eine Streustromabsaugung mit Drosselspule oder potentialregelndem Gleichrichter eingesetzt werden. Dieser kann auch mit eigenen Anodenanlagen bei großer Entfernung von den Straßenbahnschienen betrieben werden.

Die Einrichtung des kathodischen Schutzes bei Streustrombeeinflussung, erfordert umfangreiche Fachkenntnisse. Günstige Einbaustellen für die Fremdstromanlagen und die Gleichrichterauslegung werden durch Untersuchungen der Rohr/Boden-Potentiale, der Rohrströme, der Spannung Schiene/Boden durch Beeinflussungsmessungen usw. ermittelt. Bei Wasserleitungen ist zu beachten, daß sie häufig auch als Erder für die elektrische Stromversorgung benutzt werden (VDE 0190). Stark schwankende Meßwerte bei Streustrombeeinflussung durch Straßenbahnen sind grundsätzlich über mehrere Fahrplanperioden zu registrieren [85]. Die Mittelwerte der Messungen können mit der Belastung der jeweils einspeisenden Gleichrichterstation verglichen werden. Beim kathodischen Schutz durch Fremdstrom und insbesondere Streustrombeeinflussung ist eine laufende Wartung und Überwachung der Schutzanlagen sowie der kathodisch geschützten Rohrleitungen und Kabel erforderlich (s. GW 10).

5.7. Kathodischer Schutz für Stahlrohre von Gasaußendruckkabeln

Der kathodische Schutz von Gasaußendruckkabeln wird ebenso wie der anderer Stahlrohrleitungen durchgeführt [1]. Schwierigkeiten bei Stahlrohren für Gasaußendruckkabeln bestehen in den aus Berührungsschutzgründen erforderlichen Verbindungen zu den Erdungsanlagen der Umspannstation (VDE 0141). Es sind hier die Voraussetzungen für den kathodischen Schutz — Trennung von allen niederohmigen Erdungen — mit den zur Vermeidung von unzulässigen Berührungsspannungen erforderlichen niederohmigen Erdungen in Einklang zu bringen [86, 87]. Zur Sicherstellung des Berührungsschutzes von Stahlrohren für Hochspannungskabel in Netzen mit Erdschlußkompensation werden in der Praxis folgende Bauelemente parallel zum Isolierstück zwischen Stahlrohr und Erdungsanlage der Umspannstation eingesetzt (AfK 8):

1. Einbau eines niederohmigen Widerstandes,
2. Einbau großflächiger Nickel-Cadmium-Zellen oder
3. Einbau antiparallel geschalteter Siliziumdioden.

Hierdurch wird im Fehlerfall die niederohmige Verbindung zur Stationserde hergestellt. Die Bauteile müssen so ausgelegt sein, daß sie weder durch den Erdschlußreststrom noch durch den Doppelerd-schlußstrom oder in Netzen mit niederohmiger Erdung durch den Erdkurzschlußstrom zerstört werden. Daher werden den Schaltungen 1 und 3 häufig Durchschlagsicherungen parallel geschaltet [1].

5.8. Lokaler kathodischer Schutz von Rohrleitungen in Industrieanlagen

In Industrieanlagen, wie Raffinerien und Kraftwerken, sind eine Vielzahl von Rohrleitungen unterschiedlicher Nennweite im Erdboden verlegt. Die Einrichtung eines kathodischen Schutzes wie im Pipelinebau würde den Einbau einer großen Anzahl von Isolierstücken verlangen. Hinzu kommen Schwierigkeiten bei Umbau oder Erweiterung des Rohrleitungsnetzes, bei denen die Voraussetzung für den kathodischen Schutz immer erfüllt werden müssen. Durch eine defekte Isolierstelle bzw. Überbrückung einer Isolierstelle kann das gesamte Schutzsystem unwirksam werden.
Industrieanlagen werden in zunehmendem Maße in Stahl/Betonweise errichtet. Die erdverlegten Rohrleitungen sind im allgemeinen metallisch mit diesen Stahl/Betonbauwerken verbunden. Da Stahl in Beton ein um rund 0,2 bis 0,5 V positiveres Potential als Stahl im Erdboden besitzt, sind die Rohrleitungen im Boden stark korrosionsgefährdet [20]. Bei Neubauten von Stahlbetonbauwerken sollte die Betonwand um die Einführung der Rohrleitungen mit einer elektrischen Isolierung versehen werden. Durch Einrichten eines Lokalen Korrosionsschutzes kann die Korrosionsgefahr beseitigt werden. Hierbei wird durch kathodische Polarisation mit Gleichstrom versucht, die unterschiedlichen Metallpotentiale aneinander anzugleichen [88]. Stahl in Beton wird, obwohl selbst nicht korrosionsgefährdet, kathodisch polarisiert, um nicht korrosionsfördernd auf die erdverlegten Rohrleitungen einzuwirken. Hierzu sind Schutzstromdichten von 2 bis 5 mA/m^2 Betonfläche erforderlich. Der Schutzstrom für die zu schützenden Rohrleitungen in der Größenordnung von 10 bis 50 $\mu A/m^2$ ist dagegen vernachlässigbar klein. Wegen der großen Betonfundamente sind hierbei erhebliche Ströme in den Boden einzuleiten.
Die erhöhten Kosten für die Fremdstromanodenanlagen werden aber durch Einsparung der Isolierstücke weitgehend aufgefangen und eine erhöhte Betriebssicherheit für das Korrosionsschutzsystem erreicht.
Der Lokale kathodische Korrosionsschutz von Industrieanlagen sollte möglichst kurz nach der Bauphase eingebaut und eingeschaltet werden, da mit fortschreitendem Abbinden des Betons der Stahl passiviert und das Potential edler wird, so daß die Korrosionsgefahr für erdverlegte Rohrleitungen sich vergrößert. Außer Tiefenanoden werden häufig kleine Einzelanoden, meistens in der Nähe der Einführung der Rohrleitung in die Betonbauwerke, verteilt eingebaut, um auch hier den lokalen Korrosionsschutz sicherzustellen. Beim Lokalen kathodischen Korrosionsschutz von Industrieanlagen können durch Element- und Ausgleichsströme erhebliche Ohmsche Spannungsabfälle im Erdboden auftreten. Ausschaltpotentialwerte geben somit keine Information über den Potentialzustand. Anwendbar für eine fehlerarme Potentialmessung sind externe Meßproben, die möglichst in der Nähe der Gebäudeeinführungen eingebaut werden sollen.

5.9. Kathodischer Innenschutz

Bei Rohrleitungen, die korrosive Medien, wie Sole, Chemieabwässer oder verschmutzte Flußwässer transportieren, wird heute Korrosion durch Zementmörtelauskleidung verhindert (s. Abschnitt 4.2.3.). Für kleine blanke Rohrabschnitte und ausgekleidete Düker ist kathodischer Korrosionsschutz möglich [7, 89]. Wegen des relativ hohen elektrischen Widerstandes, des meist kleinen Elektrolytvolumens und der großen erforderlichen Schutzstromdichte ist die Anodenanordnung und Anodenauslegung sehr wichtig. Als Anodenmaterialien haben sich Eisensiliziumanoden und besonders platinierte

Tafel X: Eigenschaften von Fremdstromanoden für den Innenschutz und Seewasseranlagen

Material	Zusammensetzung (in Prozent)	Dichte (g/cm³)	Anodenstromdichte (A/dm²) max.	mittel	Anodenverbrauch (g/Aa)
Graphit	100	1,6	0,5...1,5	0,1...0,5	30...450
Ferrosilizium	14 Si, 1 C, Rest Fe (5 Cr oder 1 Mn oder 2 Mo)	7,0...7,2	3	0,1...0,5	90...250
Blei/Silber	1 Ag, 6 Sb, Rest Pb	11,0...11,2	3	0,5...2	45...90
Blei/Silber	1 Ag, 5 Sb, 1 Sn, Rest Pb	11,0...11,2	5	1...2,5	30...80
Blei/Platin	Pb + Pt-Stifte	11,0...11,2	5	1...2,5	2...60

Grund-metall	Dichte g/cm²	Ober-flächen-metall	Dichte g/cm²	Schicht-dicke Mikron	Anodenstromdichte (A/dm²) max.	mittel	Grenz-spannung Volt	Verbrauch mg/Aa
Platin	21,45	Platin	21,45	massiv	über 100	—	—	über 2
Titan	4,5	Platin	21,45	2,5...10	über 10	6...8	12...14	4...10
Niob	8,4	Platin	21,45	2,5...10	über 10	6...8	etwa 40	4...10
Tantal	16,6	Platin	21,45	2,5...10	über 10	6...8	etwa 80	4...10
Titan	4,5	RuO₂	6,97	—	—	7,5...11	12...14	etwa 5

Titananoden bewährt. Siliziumanoden bieten den Vorteil, daß sie praktisch keiner Begrenzung der Anodenspannung unterliegen, wobei der platinierten Titananoden die Spannung Anode/Elektrolyt < 12 V liegen soll, da sonst die unlösliche Titandioxidschicht durchbrochen wird und das Titan korrodiert. Ein Vorteil der Platin-Titananoden besteht darin, daß sie als Drahtanoden eingesetzt werden können, wodurch eine günstige Strom- und Potentialverteilung im Inneren von Rohrleitungen erreicht werden kann. Tafel X zeigt die Zusammensetzung und Eigenschaften von Fremdstromanoden beim kathodischen Innenschutz.

Der Schutzbereich beim kathodischen Innenschutz hängt im wesentlichen von der erforderlichen Schutzstromdichte, also von der Innenbeschichtung ab. Für den Schutz von nicht beschichteten Rohrflächen werden je nach Strömungsgeschwindigkeit Schutzstromdichten von 50 bis 220 mA/m² benötigt. Beschichtete Flächen benötigen dagegen nur 0,2 bis 5 mA/m². Für den Schutzbereich gelten ähnliche Formeln wie für den kathodischen Außenschutz [7]. Wegen der möglichen Wasserstoff-Entwicklung (10 l/Ad) ist auf ständigen Durchfluß zu achten um ein Abführen der Gase zu gewährleisten. Während Stillstandszeiten muß die Korrosionsschutzanlage ausgeschaltet werden und eine Entgasung gegeben sein, um die Bildung von Wasserstoffgaspolstern zu vermeiden.

5.10. Anodischer Korrosionsschutz

Im Gegensatz zum kathodischen Schutz kann beim anodischen Schutz die Korrosion nicht vollständig unterbunden werden. Hierzu muß die Metalloberfläche durch Fremdstrom in einem Potentialbereich polarisiert werden, in dem entweder eine gefürchtete Lokalkorrosion noch nicht ablaufen kann oder in dem eine abtragende Korrosion so klein ist, daß sie technisch vernachlässigt werden darf. Systeme, bei denen anodischer Schutz durchgeführt werden kann, sind folgende:
1. Nichtrostende, passivierbare Stähle in sauren Lösungen. Hierbei muß der Schutzbereich durch Regelung oder intermittierende Fahrweise des Schutzstromes eingestellt werden. Das Potential muß oberhalb des Aktivierungspotentials und unterhalb des Durchbruchpotentials liegen. Das Aktivierungspotential ist dabei das Grenzpotential des Passivbereiches, bei dessen Unterschreiten das Metall aktiv wird, während das Durchbruchpotential das Grenzpotential ist, oberhalb dessen im Bereich der sogenannten Transpassivität wieder eine verstärkte Auflösung erfolgt.

2. Chemisch beständige Stähle in neutralen Lösungen. Bei diesen Stählen läßt sich, in neutralen Lösungen die Chloridionen enthalten, kein anodischer Schutz durchführen, da hier oberhalb eines bestimmten Potentials Lochkorrosion erfolgt. In Gegenwart von Nitrationen kann aber der Bereich, in dem Lochkorrosion auftritt, zum höheren Potential hin durch ein kritisches Grenzpotential begrenzt werden, oberhalb dessen ein anodischer Schutz möglich ist. Derartige Fälle kommen in der Technik bei anodischem Schutz von chemisch beständigen Stählen in chlorid- und nitrathaltigen Düngesalzlösungen vor.

3. Unlegierte Stähle in Laugen. Die interkristalline Spannungsrißkorrosion von unlegierten Stählen in Laugen ist nur innerhalb eines bestimmten Potentialbereiches bei relativ negativem Potential möglich [90]. Ähnlich wie bei dem vorhergenannten Beispiel kann hier bei Potentialen oberhalb des oberen Grenzpotentials des Spannungsrißpotentialbereiches anodischer Schutz angewandt werden. Der anodische Schutz ist bisher nur im Bereich der chemischen Industrie zum Schutz von Lagerbehältern, Transportbehältern, Apparaturen und Reaktionsgefäßen durchgeführt worden [91].

Die praktische Ausführung von anodischen Fremdstromschutzanlagen setzt intensive Laborstudien voraus. Die Passivierungsstromdichten und der Potentialbereich der Passivität in Abhängigkeit vom Metall, der Temperatur, Konzentration und Strömungsgeschwindigkeit des Elektrolyten für den jeweiligen Anwendungsfall sind festzulegen. Die Regelung des Schutzstromes muß potentiostatisch erfolgen, wenn der zu schützende Werkstoff in dem Medium eine schnelle Aktivierung beim Ausschalten zeigt. In anderen Fällen kann eine intermittierende Fahrweise gewählt werden, wobei der Schutzstrom bei Über- oder bei Unterschreiten eines Grenzpotentials ein- oder ausgeschaltet wird. In Tafel XI sind die Schutzbereiche, Stromdichten und die Anwendungsmöglichkeiten von bereits ausgeführten anodischen Schutzanlagen angegeben [92].

Tafel XI: Schutzbereich und Schutzstromdichte von anodisch geschützten Systemen

System	Schutzbereich in V (U_H)	Schutzstromdichte nach erreichter Passivierung in mA/m²	Bemerkung
Fe in 1n H_2SO_4	+ 0,7 bis + 1,7	70	[91]
17% Chromstahl in KCl- und KNO₃-haltiger Düngemittelsalzlösung	+ 0,4 bis + 1,2	1000	durch Inhibierung (NO₃-Ion) wird der anodische Schutz möglich
Edelstahl 4401 (18% Cr, 10% Ni und 2% Mo) in 67% H_2SO_4	+ 0,2 bis + 0,8	1	Widerstand des gebildeten Oxidfilms 16 500 kΩm²
Edelstahl 4401 in 115% H_3PO_4	+ 0,25 bis + 0,5	0,2	[92]
Versch. Edelstahl (18–25% Cr und 8–14% Ni) in 67% H_2SO_4	+ 0,4 bis + 1,0	1—110	Widerstand des gebildeten Oxidfilms 230 bis 1800 kΩm²
Edelstahl in 20% NaOH	+ 0,3 bis + 0,6	100	[92]
Kesselbaustahl H IV L bzw. 13 CrMo 44 in Natriumaluminatlauge	—0,4	10	anodischer Schutz zur Vermeidung einer Spannungsrißkorrosion

Abgesehen von elektrischen Schutzverfahren, die in den meisten Fällen eine Potentialregelung benötigen, kann ein anodischer Schutz auch mit galvanischen Kathoden erfolgen. Da die galvanischen Kathoden (im Gegensatz zu den galvanischen Anoden) beim kathodischen Schutz nicht in Lösung gehen, sondern nur die kathodische Reaktion des Oxidationsmittels katalysieren, können sie in den Werkstoff einlegiert werden. Als Beispiel sei hier mit Paladium legiertes Titan erwähnt bzw. mit Paladium legierter Edelstahl, der jedoch aus Wirtschaftlichkeitsgründen kaum eingesetzt wird.

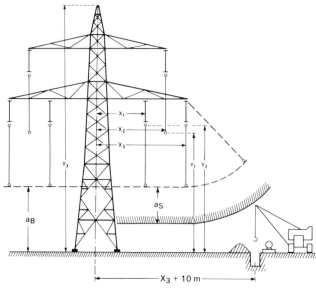

Größe in m	110 kV	220 kV	380 kV
X_1	3,2	5,2	8,6
X_2	5,1	7,8	12,1
X_3	7,0	10,4	15,6
Y_1	10,0	12,8	17,5
Y_2	14,5	19,8	29,5
Y_3	22,0	31,5	48,0
a_B	6	6,75	7,80
a_s VDE	3	3,75	4,80
a_s AfK	5	5	5

Bild 7: Sicherheitsabstände von Hochspannungsfreileitungen (Donau-Mastform)

6. Maßnahmen bei der Hochspannungsbeeinflussung von Rohrleitungen

Bei der Verlegung von Rohrleitungen oder dem Bau von Hochspannungsleitungen ab 110 kV wird von der Landesplanung, der Raumordnung, dem Landschaftsschutz oder anderen Aufsichtsbehörden oft eine einheitliche Trassenführung gefordert, so daß längere Parallelführungen von Hochspannungsleitungen und Rohrleitungen entstehen.

Beim Bau von Rohrleitungen unmittelbar unter den Leitungsseilen von Hochspannungsleitungen liegt eine erhöhte Gefährdung vor, so daß im allgemeinen ein Mindestabstand von 10 m zwischen Rohrleitungen und vertikaler Projektion der Leiterseile empfohlen wird. Bei Rohrverlegungsarbeiten im Bereich von Hochspannungsleitungen ist vorher das zuständige EVU (Elektrizitäts-Versorgungsunternehmen) oder das Dezernat 25 der zuständigen Bundesbahndirektion zu benachrichtigen und eine eingewiesene Aufsicht zu stellen. Bei Arbeiten im Bereich von Hochspannungsleitungen tritt unabhängig von der Spannungs- und Schaltweise der Hochspannungsleitung die größte Gefahr für Personen auf, wenn Berührungen eines Leiterseiles, wie mit Baumaschinen oder Kränen, vorkommen. Als vordringlichste Sicherheitsmaßnahme muß deshalb ein ausreichender Abstand a_s durch Begrenzung der Höhe und Ausladung der in der Nähe von Hochspannungsleitungen arbeitenden Baumaschinen beachtet werden (Bild 7). In der AfK-Empfehlung Nr. 3 wird über VDE 210 hinausgehend für Betriebsspannungen von 110 bis 380 kV ein einheitlicher Sicherheitsabstand $a_s \geq 5$ m empfohlen. Bei Freileitungen mit Betriebsspannungen unter 110 kV sollte möglichst ein Abstand von 3 m nicht unterschritten werden. Aufgebockte Rohrstränge > 200 m bei 50 Hz, oder > 1000 m bei 16 2/3 Hz unter Hochspannungsfreileitungen sind über Erdspieße zu erden, um kapazitive Aufladungen zu vermeiden. Ferner sind die Maßnahmen in den Tafeln XII und XIII zu beachten.

6.1. Kurzzeitbeeinflussung

Im Erdkurzschlußfall nehmen Maste von Freileitungen mit niederohmiger Sternpunkterdung eine hohe Spannung gegenüber der entfernten Erde an, wobei die gut umhüllte Rohrleitung das Potential der entfernten Erde in den Spannungstrichter des Mastes verschleppt. Die Mastspannungen können sehr unterschiedlich sein und sind vom EVU zu erfragen. Bild 8 zeigt den Spannungsabfall an Masterdern in Abhängigkeit von der Entfernung, so daß man die Teilspannung entnehmen kann, die zwischen dem Erdboden und der Rohrleitung ansteht. Bei Kreuzungen von Rohrleitung mit Hochspannungsfreileitungen mit niederohmiger Sternpunkterdung wird zwischen Rohrleitung und Mastecksteil ein Abstand $\leqq 10$ m angestrebt. Um die Gefahr des gleichzeitigen Berührens von Banderdern des Hochspannungsmastes und der Rohrleitung auszuschließen, sollte dieser Abstand möglichst über 2 m betragen, mindestens aber $\geqq 0,5$ m. Bei dieser Entfernung sind zwischen Rohrleitung und Banderder keine Überschläge zu erwarten, da Masterderspannungen $\leqq 10$ kV an Freileitungsmasten nur in besonders gelagerten Fällen vorkommen, in denen die Abschaltzeiten kleiner als 0,15 s sind [93].

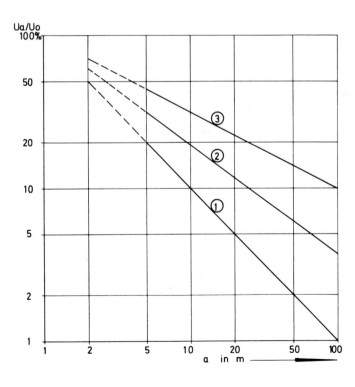

Bild 8:
Spannungsabfall
an Masterdern
U_0 = Spannung am Mast
U_a = Spannung in der Entfernung a
① *Mast mit Ringerder*
② *Mast mit Strahlenerder*
③ *Umspannstation*

Tafel XII: *Verhalten bei Arbeiten an hochspannungsbeeinflußten Rohrleitungen durch 50-Hz-Drehstromfreileitungen ≥ 110 kV und 16 2/3-Hz-Bahnstromleitungen 110 kV sowie Fahr- und Speiseleitungen 15 kW*

Nr.	Projekt		Maßnahmen
1	Unterweisung	*stets zu beachten*	Benachrichtigung des EVU bzw. Dezernates 25 der zuständigen Bundesbahndirektion, Unterweisung des Personals und Stellen einer Aufsicht.
2	Baumaschinen		Sicherheitsabstand vom Leiterseil 5 m bei U_N ≥ 110 kV, 4 m bei U_N < 110 kV.
3	Aufgebockte Rohrleitung	*Bei Spannung Rohrleitung — Erde ∧ 1000 V bei Kurzzeitbeeinflussung*	Länge > 200 m bei 50 Hz-Beeinflussung, Länge > 1000 m bei 15 2/3-Hz-Beeinflussung, Erdungsstab zur Ableitung kapazitiver Aufladung anschließen.
4	Arbeitskleidung		Isolierendes Schuhwerk (Gummistiefel), in feuchten Baugruben gummierte Schutzanzüge.
5	Standortisolierung		Isolierende Gummimatten in Baugruben, Arbeitseinstellung bei Gewitter.
6	Potentialsteuerung		Anschluß von Banderdern.
7	Verschweißen von Rohrsträngen		An aufgebockte Rohrstränge > 200 m bei 50 Hz-Beeinflussung und > 1000 m bei 16 2/3 Hz-Beeinflussung ggf. zusätzliche Erder zur Verringerung induktiver Beeinflussung (insbesondere auch bei Langzeitbeeinflussung > 65 V anschließen. Überbrücken mit isolierten Kabeln bei Schweißen oder Schneiden, Standortisolierung gegen Erde, trockene Lederhandschuhe verwenden.

Tafel XIII: *Maßnahmen an hochspannungsbeeinflußten Rohrleitungen durch 50-Hz-Drehstromfreileitungen ≥ 110 kV und 16 2/3-Hz-Bahnstromleitungen 110 kV sowie Fahr- und Speiseleitungen 15 kV*

Nr.	Projekt		Maßnahmen
1	Parallelverlauf	*stets zu beachten*	Abstand vertikale Projektion äußerstes Leiterseil/Rohrleitung > 10 m.
2	Kreuzung		Abstand Mastfundament bzw. Masteckstiel/Rohrleitung — von Masten in Netzen ≥ 110 kV > 10 m, — von Fahr- und Speiseleitungsmasten 15 kv > 3 m. Kleinster lichter Abstand nach Vereinbarung: Masterder/Rohrleitung > 2 m (Ausnahme > 0,5 m).
3	Erdungsanlagen		Abstand Rand (Umzäunung) Erdungsanlage/Rohrleitung > 300 m in 220-kV- und 380-kV-Netzen, > 100 m in 110-kV-Netzen mit niederohmiger Sternpunkterdung, > 50 m in 110-kV-Netzen mit Erdschlußkompensation, > 10 m in Hochspannungsnetzen unter 110 kV, > 2 m in Netzen ≥ 110 kV nur nach Vereinbarung.
4	Armaturen		Abstand vom Masteckstiel > 10 m.
5	Ausblasestutzen		Abstand von der vertikalen Projektion des äußersten Leiterseiles > 30 m.
6	Erdverlegte Rohrleitung	*Bei Spannung Rohrleitung — Erde ∧ 65 V bei Langzeiteinflussung ∧ 1000 V bei Kurzzeitbeeinflussung*	Anschluß von Tiefen- oder Banderdern aus stark verzinktem Stahl*)
7	Oberirdisch geführte Rohrleitung		Berührungsschutz durch Kunststoffumhüllung.
8	Elektrische Schieber		Betrieb über Isoliertransformator oder Elektroantrieb von Rohrleitung isolieren. Bei Arbeiten Standortisolierung, Isolierwerkzeuge oder Potentialsteuerung.
9	Kathodische Schutzanlagen		Hochspannungsfeste Ausführung (> 5 kV) mit Überspannungsableiter (Anode/Rohr oder Drosselspule)

*) Bei Kurzzeitbeeinflussung > 1000 V aber < 2000 V können Erder entfallen, es sind dann Maßnahmen Zeile 4 bis 7 der Tafel XII zu beachten.

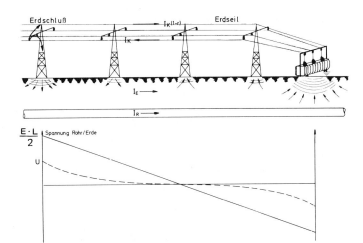

Bild 9:
*Hochspannungs-
beeinflussung einer ver-
schweißten Rohrleitung*

Während im allgemeinen bei 110 kV-Leitungen und darunter der Erdschlußstrom durch Petersen-spulen (auf rund 100 A) begrenzt wird, werden 220 kV-Leitungen (in Bayern auch 110 kV-Leitungen) mit unmittelbar geerdetem Sternpunkt betrieben. Solange kein Erdkurzschluß vorliegt, heben sich die magnetischen Felder der Stromleiterseile gegenseitig auf, so daß bereits in geringer Entfernung von der Hochspannungsleitung keine Induktion auftritt. Im Erdkurzschlußfall von Hochspannungsleitungen mit unmittelbar geerdetem Sternpunkt und auch bei Fahrleitungen der Bundesbahn fließen kurz-zeitig ($\leq 0{,}5$ s) recht erhebliche Ströme über Erde bzw. Schiene zurück (bis 40 kA), so daß sich durch die große Erdschlußschleife ein starkes Magnetfeld ausbilden kann. Dadurch werden kurzzeitig erheb-liche Spannungen in verschweißten Rohrleitungen oder Fernmeldekabeln induziert. In Bild 9 ist die induzierte Spannung $\dfrac{E \cdot L}{2}$ in einem gegen Erde isolierten Leiter dargestellt. Tatsächlich entsteht zwi-schen Rohrleitung und Erde jedoch eine geringere Spannung U, da Rohrleitungen nie ideal gegen Erde isoliert sind und an den Fehlstellen der Rohrumhüllung sich die Spannung über Erde ausgleicht. Wenn

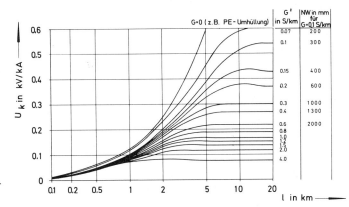

Bild 10:
*Induzierte Spannung
Rohr/Boden bei
Hochspannungsbeein-
flussung in Abhängigkeit
der Ableitung G' der Rohrumhüllung*

die Rohrleitung wesentlich über den Näherungsbereich mit der Hochspannungsleitung hinausgeht, ist U im allgemeinen nur $\dfrac{E \cdot L}{4}$ oder liegt in Abhängigkeit von dem Ableitungsbelag G der Rohrumhüllung noch darunter. Daraus ist ersichtlich, daß man einen hochspannungsbeeinflußten Parallelverlauf im allgemeinen nicht mit Isolierstücken abriegeln soll, weil sich sonst die Spannung Rohr/Erde verdoppelt.

Die induzierte Spannung nimmt mit größerem Abstand Rohrleitung – Leiterseil ab und wächst mit steigender Länge des Parallelverlaufes [94]. Allerdings tritt ab etwa 10 km eine Spannungsbegrenzung ein, wie aus Bild 10 zu ersehen ist. Hier ist die induzierte Spannung Rohrleitung gegen den umgebenen Erdboden als Funktion der Länge der Parallelführung bei einem Abstand von 20 m in Abhängigkeit vom Ableitungsbelag G dargestellt. Für bitumenumhüllte Rohrleitungen mit einem üblichen Umhüllungswiderstand von $r_u = \dfrac{100 \text{ m } \pi \text{ d}}{G'} = 10 \text{ k}\Omega\text{m}^2$ gelten die neben dem Ableitungsbelag stehenden Rohrdurchmesser. Andere Umhüllungswiderstände sind mit dem Faktor $F = r_u / 10^4$ $\Omega \cdot \text{m}^2$ zu berücksichtigen. Für schräge Näherungen kann ein mittlerer Parallelabstand $a_M = \sqrt{a_1 \cdot a_2}$ berechnet werden und für Kreuzungen gilt $a_1 = h/2$, wobei h die Höhe des Leiterseiles über dem Erdboden an der Mastaufhängung ist [95].

Obwohl die Beeinflussungszeit im Erdschlußfall meist unter 0,1 s und die Wahrscheinlichkeit ihres Eintretens nur bei 1–2 Fällen pro 100 km Hochspannungsleitung und Jahr liegt, muß insbesondere bei Arbeiten an der Rohrleitung eine Reihe von Schutzmaßnahmen beachtet werden.

Dabei sind nach der AfK-Empfehlung Nr. 3 Maßnahmen sowohl für Verlegung und Reparatur erforderlich, als auch bei der Wartung der Rohrleitung und der angeschlossenen Einrichtungen. Die Verhaltensmaßnahmen bei Arbeiten an hochspannungsbeeinflußten Rohrleitungen sind in Tafel XII, die bei der Planung einzuhaltenden Abständen und sonstige Schutzmaßnahmen in Tafel XIII zusammengestellt.

Im allgemeinen darf man davon ausgehen, daß eine Standortisolierung des Montagepersonals durch Gummistiefel nach DIN 4843 oder Gummimatten ausreicht, falls nicht Gefahr besteht, daß gleichzeitig die Rohrleitung und der Erdboden berührt werden können. Bei Rohrlängen > 500 m und besonders bei kunststoffumhüllten Rohrleitungen wird empfohlen, eine zusätzliche Erdung der Rohr-

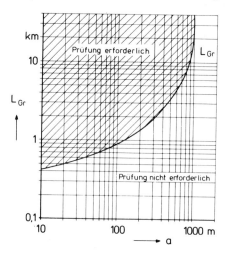

Bild 11: Grenzlängen L_{Gr} bzw. Abstände a bei Parallelführungen mit 50-Hz-Hochspannungsfreileitungen

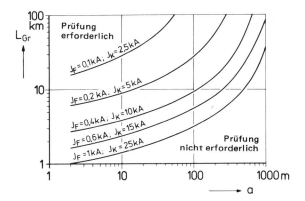

Bild 12: Diagramm zur Abschätzung der Grenzlänge L_{Gr} bzw. des Abstandes a von erdverlegten Rohrleitungen mit einem Durchmesser von 500 mm bei Beeinflussung (Fahr- und Kurzschlußströme) durch Bahnleitungen 15 kV/15 2/3 Hz bei ρ_E = 30 Ωm, r_u = 100 kΩ m^2 In den Kurzschlußströmen ist der Wahrscheinlichkeitsfaktor w = 0,7 bereits eingearbeitet. Der aus den Fahr- und Kurzschlußstromdiagrammen zu entnehmende Strom ist daher mit dem vorhandenen Gesamtreduktionsfaktor zu multiplizieren.

leitung an blanken Schutzrohren, Staberden oder einem mitverlegten Banderder vorzunehmen. Die Verbindung der Rohrleitung mit Hochspannungsmasten oder den Bundesbahnschienen ist unzulässig. Kunststoffumhüllte Rohrleitungen haben eine vorzüglich isolierende Rohrumhüllung, die auch bei einer Spannung von mehreren 1 000 V gegen Erde nicht durchschlagen wird. Dagegen besitzen bitumenumhüllte Rohrleitungen meist zahlreiche Fehlstellen oder zumindest Poren. Während diese bei niedrigen Spannungen, wie etwa für den kathodischen Schutz verwendet werden, einen relativ hohen

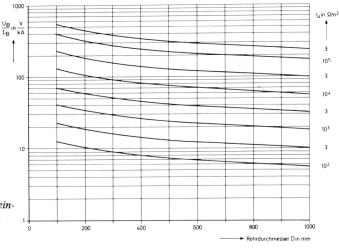

Bild 13:
Maximale Spannung Rohr/Erde U_B bei Dauerbeeinflußung durch den Betriebsstrom I_B

Tafel XIV: *Grenzwerte für Berührungsspannungen U_B und erforderliche Schutzmaßnahmen*
(Anmerkung: Bei bitumenumhüllten Rohrleitungen tritt eine natürliche Begrenzung der
Berührungsspannung bei etwa 1500 V ein, so daß im Fall der Kurzzeitbeeinflussung auf
zusätzliche Erder verzichtet werden kann.)

Ermittelte Berührungsspannung	Art der Beeinflussung	Schutzmaßnahmen
$U_B \leqq$ 65 V	Langzeitbeeinflussung	Keine betrieblichen
$U_B \leqq$ 1000 V	Kurzzeitbeeinflussung	und konstruktiven Schutzmaßnahmen
1000 V < $U_B \leqq$ 2000 V	Kurzzeitbeeinflussung	Betriebliche und konstruktive Schutzmaß-nahmen nach den Tafeln XII u. XIII
$U_B >$ 65 V	Langzeitbeeinflussung	Begrenzung der Berührungsspannung auf
$U_B >$ 2000 V	Kurzzeitbeeinflussung	maximal 65 V bzw. 2000 V durch zusätzliche Erder

Erdungswiderstand aufweisen, entstehen bei über 1 000 V in ihnen Glimmentladungen und Lichtbögen, wodurch eine natürliche Spannungsbegrenzung der Rohrleitung gegen Erde von bis zu 1 500 V
eintritt [93 bis 97]. Im Bild 11 sind die Grenzlängen für Parallelführungen von Rohrleitungen für
verschiedene Abstände zu Hochspannungsleitungen (50 Hz) und in Bild 12 für Bundesbahnfahrlei-
tungen (16 2/3 Hz) angegeben, bei deren Überschreitung eine Prüfung der Hochspannungsbeeinflussung erforderlich ist.

6.2. Langzeitbeeinflussung

Infolge der im letzten Jahrzehnt wesentlich verbesserten Rohrumhüllungen, längeren Parallelführungen
und größeren elektrischen Übertragungsleistungen werden unabhängig von der Art der Sternpunkterdung der Hochspannungsleitung durch ihre Betriebsströme dauernd Spannungen induziert. Dies ist
darauf zurückzuführen, daß infolge der unterschiedlichen Entfernungen zu den stromführenden Leitern
das resultierende magnetische Feld in unmittelbarer Nähe der Hochspannungsfreileitung nicht gleich
Null ist. Bild 13 zeigt die maximale Spannung zwischen Rohrleitung und Erde bei Dauerbeeinflussung
durch 1 kA Betriebsstrom einer 380-kV-Doppelleitung in Abhängigkeit von der Nennweite und dem
Umhüllungswiderstand der Rohrleitung [99]. In Tafel XIV sind die nach der neuen Afk-Empfehlung
Nr. 3 einzuhaltenden Berührungsspannungen bei Kurzzeit- und Langzeit-Beeinflussung sowie die
Schutzmaßnahmen angegeben. Danach muß eine dauernd anstehende Berührungsspannung durch den
direkten Anschluß von zusätzlichen Erdern begrenzt werden. Die Verbindung zwischen Erder und
Rohrleitung wird zweckmäßig über eine Meßstelle geführt. Die Berechnung der erforderlichen Erdungs-
widerstände erfolgt über dem Wert des zu errechnenden Umhüllungswiderstandes [99].

7. Schrifttum

7.1 Deutsche Normen

DIN 2000   Zentrale Trinkwasserversorgung; Leitsätze für Anforderungen an Trinkwasser, Planung, Bau und Betrieb der Anlagen, No-
              vember 1973
DIN 2444   Zinküberzüge auf Stahlrohren, Qualitätsnorm für die Feuerverzinkung von Stahlrohren für Installationszwecke, Juli 1978
DIn 2470   Gasleitungen aus Stahlrohren mit Betriebsüberdrücken bis 16 bar; Anforderungen an die Rohrleitungsteile, Februar 1977
T. 1
DIN 2470   Gasleitungen aus Stahlrohren mit Betriebsüberdrücken von mehr als 16 bar; Anforderungen an die Rohrleitungsteile,
T. 2   Oktober 1975

DIN 3389	Isolierstücke für Hausanschlußleitungen in der Gas- und Wasserversorgung; Einbaufertige Isolierstücke, Anforderungen und Prüfungen, Mai 1978
DIN 4030	Beurteilung betonangreifender Wässer, Böden und Gase, November 1969
DIN 8565	Korrosionsschutz von Stahlbauten durch thermisches Spritzen von Zink und Aluminium, allgemeine Grundsätze, März 1977
DIN 19630	Richtlinien für den Bau von Wasserrohrleitungen; Technische Regeln des DVGW, Entwurf Januar 1980
DIN 30670	Polyethylen-Umhüllung von Stahlrohren und -formstücken, Juli 1980
DIN 30671	Vornorm Umhüllung (Beschichtung) von Stahlrohren und -formstücken mit Duroplasten — Beschichtung mit Epoxidharzpulver oder Polyurethan-Teer, Oktober 1980
DIN 30672	Korrosionsschutzbinden und Schrumpfschläuche; Umhüllungen aus Korrosionsschutzbinden und Schrumpfschläuchen für erdverlegte Rohrleitungen, August 1979
DIN 30673	Bituminöse Korrosionsschutzumhüllungen und -auskleidungen von Stahlrohren, -formstücken und -armaturen, März 1979
DIN 30674 T. 1	Umhüllung von Rohren aus duktilem Gußeisen; Polyethylen-Umhüllung, Entwurf März 1981
DIN 30674 T. 3	Umhüllung von Rohren aus duktilem Gußeisen; Zinküberzug mit Deckbeschichtung, Entwurf Februar 1981
DIN 30674 T. 4	Umhüllung von Rohren aus duktilem Gußeisen — Beschichtung mit bituminösen Stoffen, Entwurf vor Veröffentlichung
DIN 50900 T. 1	Korrosion der Metalle; Allgemeine Begriffe, Juni 1975
DIN 50900 T. 2	Korrosion der Metalle; Begriffe, elektrochemische Begriffe, Juni 1975
DIN 50902	Behandlung von Metalloberflächen für den Korrosionsschutz durch anorganische Schichten; Begriffe, Juli 1975
DIN 50905 T. 1	Korrosion der Metalle; Chemische Korrosionsuntersuchungen, Allgemeines, Januar 1975
DIN 50905 T. 2	Korrosion der Metalle; Chemische Korrosionsuntersuchungen, Korrosionsgrößen bei gleichmäßiger Flächenkorrosion, Januar 1975
DIN 50905 T. 3	Korrosion der Metalle; Chemische Korrosionsuntersuchungen, Korrosionsgrößen bei ungleichmäßiger Korrosion ohne zusätzliche mechanische Beanspruchung, Januar 1975
DIN 50905 T. 4	Korrosion der Metalle; Chemische Korrosionsuntersuchungen, Durchführung von Laborversuchen in FLüssigkeiten ohne zusätzliche mechanische Beanspruchung, November 1979
DIN 50930 T. 1	Korrosion der Metalle, Korrosionsverhalten von metallischen Werkstoffen gegenüber Wasser, Allgemeines, Dezember 1980
DIN 50930 T. 2	Korrosion der Metalle; Korrosionsverhalten von metallischen Werkstoffen gegenüber Wasser, Beurteilungsmaßstäbe für unlegierte und niedriglegierte Eisenwerkstoffe, Dezember 1980
DIN 50930 T. 3	Korrosion der Metalle; Korrosionsverhalten von metallischen Werkstoffen gegenüber Wasser, Beurteilungsmaßstäbe für feuerverzinkte Eisenwerkstoffe, Dezember 1980
DIN 50930 T. 4	Korrosion der Metalle; Korrosionsverhalten von metallischen Werkstoffen gegenüber Wasser, Beurteilungsmaßstäbe für nichtrostende Stähle, Dezember 1980
DIN 50930 T. 5	Korrosion der Metalle; Korrosionsverhalten von metallischen Werkstoffen gegenüber Wasser, Beurteilungsmaßstäbe für Kupfer und Kupferlegierungen, Dezember 1980
DIn 50942	Phosphatieren von Metallen; Verfahrensgrundsätze, Kurzzeichen und Prüfverfahren, November 1973
DIN 50961	Galvanische Überzüge; Zinküberzüge auf Eisenwerkstoffen, April 1976
DIN 50976	Korrosionsschutz; Durch Feuerverzinken auf Einzelteile aufgebrachte Überzüge, Anforderungen und Prüfung, März 1980
DIN 50980	Prüfung metallischer Überzüge; Auswertungen von Korrosionsprüfungen, Januar 1975
DIN 55928 T. 1	Korrosionsschutz von Stahlbauten durch Beschichtungen und Überzüge; Allgemeines, November 1976
DIN 55928 T. 4	Korrosionsschutz von Stahlbauten durch Beschichtungen und Überzüge; Vorbereitung und Prüfung der Oberfläche, Januar 1977
DIN 55928 T. 5	Korrosionsschutz von Stahlbauten durch Beschichtungen und Überzüge; Beschichtungsstoffe und Schutzsysteme, März 1980
DIN 55928 T. 6	Korrosionsschutz von Stahlbauten durch Beschichtungen und Überzüge; Ausführung und Überwachung der Korrosionsschutzarbeiten, November 1978
DIN 57150	Schutz gegen Korrosion durch Streuströme aus Gleichstromanlagen (VDE-Bestimmung), Entwurrf August 1980

7.2 DVGW-Arbeitsblätter, VDI-Richtlinien, VDE-Bestimmungen

GW 5/I	Äußerer Korrosionsschutz von erdverlegten Stahlrohrleitungen (in Vorbereitung)
GW 9	Merkblatt für die Beurteilung der Korrosionsgefährdung von Eisen und Stahl im Erdboden, August 1971
GW 10	Richtlinien für die Überwachung des kathodischen Korrosionsschutzes erdverlegter Stahlrohrleitungen, August 1971
GW 11	Verfahren für die Erteilung der DVGW-Bescheinigung für Fachfirmen auf dem Gebiet des kathodischen Korrosionsschutzes, Juni 1975
GW 12	Planung und Errichtung kathodischer Korrosionsschutzanlagen, September 1975
GW 309	Elektrische Überbrückung bei Rohrtrennungen, März 1972
GW 0190	Bestimmungen für das Einbeziehen von Rohrleitungen in Schutzmaßnahmen von Starkstromanlagen mit Nennspannungen bis 1000 V, März 1972
G 462/I	Errichtung von Gasleitungen bis 4 bar Betriebsüberdruck aus Stahlrohren, September 1976
G 462/II	Errichtung von Gasleitungen mit Betriebsüberdrücken von mehr als 4 bar bis 16 bar aus Stahlrohren, September 1976
G 463	Errichtung von Gasleitungen von mehr als 16 bar Betriebsüberdruck aus Stahlrohren, Februar 1981
W 342	Werkseitig hergestellte Zementmörtelauskleidung für Guß- und Stahlrohre — Anforderungen und Prüfungen, Einsatzbereiche, Dezember 1978
W 343	Reinigung und Zementmörtelauskleidung von erdverlegten Guß- und Stahlrohrleitungen — Einsatzbereiche, Anforderungen und Prüfungen, Entwurf Januar 1980
VDI 2035	Verhütung von Schäden durch Korrosion und Steinbildung in Warmwasserheizungsanlagen, Juli 1979

VDE 0100	Bestimmungen für das Errichten von Starkstromanlagen mit Nennspannungen bis 1000 V, Mai 1973
VDE 0150	siehe DIN 57150
VDE 0190	siehe GW 0190
TRbF 301	Richtlinien für Fernleitungen zum Befördern gefährdender Flüssigkeiten — RFF 1971
TRbF 408	Richtlinien für den kathodischen Korrosionsschutz von unterirdischen Tanks und Betriebsrohrleitungen aus Stahl, RFF 1973
TRbF 501	Richtlinie für die Prüfung von Anlagen zur Lagerung, Abfüllung und Beförderung brennbarer Flüssigkeiten zu Lande, Mai 1971

7.3. AfK-Empfehlungen

Nr. 1	Verwendung von metallenen Mantelrohren bei kathodisch geschützten Rohrleitungen, 1972
Nr. 2	Beeinflussung von unterirdischen metallenen Anlagen durch kathodisch geschützte Rohrleitungen und Kabel, 1966
Nr. 3	Maßnahmen beim Bau und Betrieb von Rohrleitungen im Einflußbereich von Hochspannungsleitungen, 1966 (in Überarbeitung 1977)
Nr. 4	Empfehlungen für Verfahren und Kostenverteilungen bei Korrosionsschutzmaßnahmen an Kabeln und Rohrleitungen gegen Streuströme aus Gleichstrombahnen und O-Busanlagen, 1971
Nr. 5	Kathodischer Korrosionsschutz in Verbindung mit explosionsgefährdeten Bereichen, 1973
Nr. 6	Maßnahmen zur Verhütung von zu hohen Berührungsspannungen bei der Errichtung von Fremdstromanlagen für den kathodischen Korrosionsschutz und Bauhinweise, 1973
Nr. 7	Empfehlung für Maßnahmen an bestehenden Verkehrssignalanlagen mit zentraler Gleichstromsteuerung zur Verhütung von Korrosionsschäden durch Streuströme, 1976
Nr. 8	Kathodischer Korrosionsschutz für Stahlrohre von Hochspannungskabeln, im Entwurf 1977
Nr. 9	Lokaler kathodischer Schutz von Industrie- und Kraftwerksanlagen, im Entwurf 1977

7.4. Bücher und Veröffentlichungen

[1] v. Baeckmann, W. und Schwenk, W.: Handbuch des kathodischen Schutzes, 2. Aufl. Weinheim, Verlag Chemie, 1980
[2] Parker, M.E.: Rohrkorrosion und kathodischer Schutz, 2. Aufl., Essen, Vulkan-Verlag, 1963
[3] Klas, H. und Steinrath, H.: Die Korrosion des Eisens und ihre Verhütung, 2. Aufl., Düsseldorf, Verlag Stahleisen, 1974
[4] Rahmel, A. und Schwenk, W.: Korrosion und Korrosionsschutz von Stählen, 1. Aufl. Weinheim, Verlag Chemie, 1977
[5] Tödt, F.: Korrosion und Korrosionsschutz, 2. Aufl., Berlin, Verlag W. de Gruyter, 1961
[6] v. Oeteren, K.-H.: Korrosionsschutz durch Beschichtungen Bd. 1 und 2, München, Verlag Carl Hanser, 1980
[7] v. Baeckmann, W.: Taschenbuch für den kathodischen Korrosionsschutz, 2. Aufl., Essen, Vulkan-Verlag 1981
[8] Schwenk, W.: Stand der Kenntnisse über die Korrosion von Stahl, Stahl und Eisen 89 (1969), S. 535/547
[9] Wiester, H.-J. und Ternes, H.: Der Einfluß der chemischen Zusammensetzung auf die atmosphärische Korrosion von unlegierten und niedriglegierten Stählen, Stahl und Eisen 87 (1967), Heft 12, S. 746/749
[10] Brauns, E. und Kalla, U.: Die Abwitterungsgeschwindigkeit unlegierter Stähle in Land-, Meeres- und Industrieluft, Stahl und Eisen 85 (1965), S. 406/412
[11] Larrabee, L.P. und Coburn, S.K.: First international Metallic Corrosion Congress, London (1961), (Publ. 1962), S. 276/284, nach Chem. Abstr. 59 (1963), Sp. 8410 a
[12] Bohnenkamp, K., Burgmann, G. und Schwenk, W.: Untersuchungen über die atmosphärische Korrosion von unlegierten und niedriglegierten Stählen in Meeres-, Land- und Industrieluft, Stahl und Eisen 93 (1973), S. 1054/1060
[12a] Burgmann, G. und Grimme, D.: Untersuchungen über die atmosphärische Korrosion von unlegierten und niedriglegierten Stählen bei unterschiedlichen Umgebungsbedingungen, Stahl und Eisen 100 (1980), S. 641/650
[13] Lommerzheim, W.: Korrosionschemische Bewertung von H2S-haltigen Erdgasen, GWF-Gas/Erdgas, 112 (1971), Heft 10, S. 481/485
[14] Dahl, W., Stoffes, H., Hengstenberg, H. und Düren, C.: Untersuchung über die Schädigung von Stählen unter Einfluß von feuchtem Schwefelwasserstoff, Stahl und Eisen 87 (1967), S. 125/136 und 151/154
[15] Steinrath, H.: Die Beurteilung des korrosionschemischen Verhaltens kalter und warmer Wässer, GWF-Wasser 4 (1956), S. 140/141
[16] Das Stahlrohr in der Hausinstallation, Teil II, Korrosion und ihre Verhütung, Merkblatt 405, herausgegeben von der Beratungsstelle für Stahlanwendung Düsseldorf
[16a] Blanchard, J., Herbsleb, G., Kumpera, F., Pitsch, T., Romagnoli, M., Scimar, R., Szederjei, E. und Tytgat, G.: Außenkorrosion von Rohren aus hochlegierten Stählen bei der Anwendung in Wasserverteilungsanlagen der Hausinstallation, GWF-Gas/Erdgas, 121 (1980), Heft 7, S. 335/341
[17] Axt, H.: Die Grundlagen der Entsäuerung und ihre analytische Erfassung und Kontrolle, Veröffentlichung des Lehrstuhles für Wasserchemie (1966), Heft 1, Karlsruhe
[18] Schulze, M. und Schwenk, W.: Über den Einfluß der Strömungsgeschwindigkeit und der NaCl-Konzentration auf die Sauerstoffkorrosion von unlegiertem Stahls in Wässern, Werkstoff und Korrosion 31 (1980), S. 611/619
[19] DVGW: Studie über erdverlegte Trinkwasserleitungen aus verschiedenen Werkstoffen (Anlage 9), Fachausschuß „Korrosionsfragen Rohrnetze'', Frankfurt
[20] Schwenk, W.: Korrosionsgefährdung und Schutzmaßnahmen bei Elementbildung zwischen erdverlegten Rohren und Behältern aus unterschiedlichen Metallen, GWF-Gas/Erdgas, 113 (1972), Heft 11, S. 546/550
[21] Steinrath, H.: Untersuchungsmethoden zur Beurteilung der Aggressivität von Böden, 125 Seiten in Sammelmappe, DVGW, Frankfurt
[22] Steinrath, H.: Über die Beurteilung der Korrosionsgefährdung von Eisen und Stahl im Erdboden, GWF 106 (1965), Heft 49, S. 1361/65
[22a] Heim, G.: Korrosionsschäden an erdverlegten Stahl- und Gußrohrleitungen, 3 R-international 18 (1979), S. 535/540
[22b] Korrosionsverhalten metallischer Werkstoffe im Erdboden, 3 R-international 18 (1979), S. 524/531
[23] v. Baeckmann, W.: Einflußgrößen auf den elektrischen Bodenwiderstand und seine Bedeutung für den Korrosionsschutz, GWF 101 (1960), Heft 49

[24] v. Baeckmann, W.: Die Feldmessung des spezifischen elektrischen Bodenwiderstandes für den kathodischen Schutz von Rohrleitungen, GWF 103, (1962), Heft 23, S. 590/96
[25] Brauns, E. und Schwenk, W.: Korrosion unlegierter Stähle in Seewasser, Stahl und Eisen 87, (1967), S. 713/18
[26] Herbsleb, G., Pöpperling, R. und Schwenk, W.: Erörterung möglicher Schädigung von Gashochdruckleitungen durch interkristalline Spannungsrißkorrosion, 3 R-international 13 (1974), S. 251/260
[27] Pöpperling, R. und Schwenk, W.: Erörterung möglicher Ursachen für das Auftreten von interkristalliner Spannungsrißkorrosion an warmgehenden Rohrleitungen, Werkstoffe und Korrosion 27 (1976), S. 81/85
[28] Vogt, G.: Vergleichende Betrachtung von Belastungsart und Probenform bei Spannungsrißkorrosionsprüfungen, Werkstoffe und Korrosion 29 (1978), S. 721/725
[29] Herbsleb, G. und Pöpperling, R.: Dehnungsinduzierte Spannungsrißkorrosion an Stählen, Werkstoffe und Korrosion 29 (1978), S. 732/739
[30] Schwenk, W.: Die praktische Bedeutung niedrig-frequenter Lastwechsel bei dehnungsinduzierter Spannungsrißkorrosion, Werkstoffe und Korrosion 29 (1978), S. 740/746
[31] Herbsleb, G. und Schwenk, W.: Potentialabhängigkeit der interkristallinen Spannungsrißkorrosion von un- und niedriglegierten Stählen in heißen Alkalilösungen, Stahl und Eisen 90 (1970), Heft 17, S. 903/909
[32] Pöpperling, R. und Schwenk, W.: Einflußgrößen der H-induzierten Spannungsrißkorrosion bei niedriglegierten Stählen, Werkstoffe und Korrosion 31 (1980), S. 15/20
[34] Pickelmann, P.: Passiver Korrosionsschutz für Rohrleitungen und Behälter, 3 R-international 18 (1979), S. 540/544
[35] Hauk, V. und Landgraf, H.: Optimierung der Polyäthylen-Umhüllung von Leitungsrohren aus Stahl-Einsatzgrenzen von thermo- und duroplastischen Schichten, 3 R-international 19 (1980), S. 350/356
[36] Schwenk, W.: Die Bedeutung der Haftfestigkeit von Dickbeschichtungen für den Korrosionsschutz von Rohrleitungen, Meinungen — Untersuchungen — Befunde. 3 R-international 12 (1973), S. 7
[37] Pickelmann, P.: Haftungsverlust und Unterrostung von PE-Stahlrohrumhüllungen — Wie groß ist die Gefahr? GWF-Gas/Erdgas 116 (1975), S. 229/232
[38] Heim, G., v. Baeckmann, W. und Funk, D.: Untersuchungen der von Fehlstellen ausgehenden Unterwanderung der Umhüllung von Stahlrohren bei kathodischer Polarisation, 3 R-international 14, (1975), S. 111/116
[39] Schwenk, W.: Untersuchungen über mögliche Beeinträchtigung von Korrosionsschutzbeschichtungen durch kathodische Polarisation, 3 R-international 15 (1976), S. 389/394
[40] Schwenk, W.: Einflußgrößen der Unterwanderung von Beschichtungen für den Korrosionsschutz von Rohrleitungen und ihre technische Bedeutung, GWF-Gas/Erdgas 118 (1977), S. 7
[40a] Schwenk, W.: Wechselwirkung zwischen Rohrumhüllung und kathodischem Korrosionsschutz, 3 R-international 18 (1979), S. 565/570
[41] Friehe, W. und Hankel, A.: Korrosionsverhalten von Zinkstaubanstrichen und feuerverzinkten Überzügen in Industrieatmosphäre, Metalloberfläche 20 (1966), S. 406/412
[42] van Oeteren, K.A.: Zinkstaubanstrichstoffe und ihre Anwendung, Maschinenmarkt 76 (1970), H. 30
[43] Weckerle, R.: Beschichtung metallischer Werkstoffe zur Verhinderung von Korrosion und Zunderbildung unter dem Einfluß hoher Temperaturen, Technische Mitteilung 62 (1969), Heft 6, S. 258/262
[44] van Oeteren, K.A.: Schutz von Betriebsräumen und -anlagen durch Beschichtungsstoffe, WuK (1973), Teil I, Heft 6, (1971), S. 9/13
[45] van Oeteren, K.A.: Korrosionsschutz von Stahlbauwerken durch Beschichtungen, 3 R-international 15 (1976), S. 7
[46] van Oeteren, K.A.: Ablieferungsgrundbeschichtungen für Stahl mit und ohne Fertigungsbeschichtung, Maschinenmark 82 (1976), Heft 98, S. 1905/1907
[47] Schwenk, W.: Haftfestigkeitsverlust von Beschichtungen, Metalloberfläche 34 (1980), Heft 4, S. 153/158
[48] Schwenk, W.: Korrosionschemische Forderungen an die Eigenschaften von Rohrbeschichtungen, 3 R-international 19 (1980), S. 586/593
[50] Goetze, P.: Korrosionsschutz mit strahlungsvernetzten wärmeschrumpfenden Kunststoffen, 3 R-international 19 (1980), S. 168/172
[51] DVGW: Moderne Korrosionsschutzumhüllungen für erdverlegte Rohrleitungen, DVGW-Schriftenreihe Gas/Wasser Nr. 1 (1976), ZfGW-Verlag GmbH, Frankfurt
[52] Zimmermann, H.J.: Die Nachumhüllung von Rohrleitungen, 3 R-international 19 (1980), S. 162/168
[54] Günther, E., Meyer, W., Quitmann, W., Schmitz-Pranghe, N.: Zur Frage der erforderlichen Schichtdicke von polyäthylenumhüllten Leitungsrohren im Fernleitungsbau, 3 R-international 13 (1974), S. 128/131
[55] Paulsen, B., Henriksen, L. C. und Arup, H.: Stress corrosion Ciaking of Cathodically Protected District Heating Distribution Pipelines, Brit. Corrosion I. 9 (1974), S. 91/96
[56] Prinz, W.: Korrosionsschutz von Fernwärmeleitungen, 3 R-international, 14 (1975), Heft 6, S. 339/340
[57] Burgmann, G., Friehe, W. und Schwenk, W.: Korrosionsreaktionen feuerverzinkter Trinkwasserleitungen in der Hausinstallation, bbr 31 (1980), Heft 7, S. 303/306
[58] Schwenk, W.: Stahlrohre für Transport und Verteilung von Trinkwässern, H₂O, 7 (1974), S. 187/192
[62] van Oeteren, K. S. und Wiederhold, H.: Feuerverzinktes Feinblech mit Beschichtung als Oberflächen-Doppelschutz, fette-seifen-anstrichmittel 76 (1974), S. 457/464, 77 (1975), S. 61/68
[64] Schwenk, W.: Galvanized Steel and Stainless Steel Tubing for Domestic Water Distribution — Parameters of Internal Corrosion and Protective Measures, Centre Gelge d'Etude et de Documentation des Eaux, Novembre 1976 — No 396
[65] Friehe, W.: Installationsbedingte Korrosionsschäden an Stahlrohrinstallation, Heft 18 (1976) IKZ, S. 28/41
[66] Friehe, W.: Ursache der Blasenbildung in Zinküberzügen bei Warmwasserbeanspruchung und Möglichkeiten zu ihrer Vermeidung, Sanitär- und Heizungstechnik 3 (1969), S. 193/198
[67] Friehe, W.: Metallische Überzüge als Korrosionsschutz, Herstellung von Rohren, Verlag Stahleisen, Düsseldorf (1975), S. 180/191
[70] v. Baeckmann, W.: Die Bedeutung des Ausschaltpotentials für die Überwachung von kathodisch geschützten Rohrleitungen, Rohre, Rohrleitungsbau, Rohrleitungstransport, Heft 5/6 (1973), S. 217/219
[71] v. Baeckmann, W. und Prinz, W.: Meßtechnik bei kathodischem Schutz, Technische Rundschau Nr. 17 (1975)
[73] v. Baeckmann, W. und Heim, G.: Neue Gesichtspunkte beim Korrosionsschutz von erdverlegten Rohrleitungen und Behältern, Werkstoffe und Korrosion 24 (1973), S. 477/486
[74] v. Baeckmann, W.: Kathodischer Korrosionsschutz von Rohrleitungen, Industrie-Anzeiger (1975), H. 12, S. 2095/2099
[75] Backes, J. und Baltes, A.: Planung und Bau von kathodischen Korrosionsschutzanlagen, GWF (1976), Heft 4, S. 153/157
[76] Graf, R.: Kathodischer Korrosionsschutz für Bohrrohre, Tanklager und Behälter, 3 R-international 18 (1979), S. 560/565
[77] v. Baeckmann, W.G.: Potentialmessung beim kathodischen Korrosionsschutz, 3 R-international 18 (1979), S. 545/549
[78] Prinz, W.: Überwachung, Sicherheit und Wirtschaftlichkeit beim kathodischen Korrosionsschutz, 3 R-international 18 (1979), S. 570/575
[79] v. Baeckmann, W.G.: Anwendung des kathodischen Korrosionsschutzes bei Anlagen der Gasgewinnung und des Gastransportes, Chemie-Technik 9 (1980), S. 239/246

[80] v. Baeckmann, W.: Strombedarf, Potentialverteilung und Schutzbereich bei kathodischem Korrosionsschutz von Rohrleitungen, GWF 104 (1963), Heft 43, S. 1237/1248
[81] v. Baeckmann, W.: Fehlereinmessung bei kathodisch geschützten Rohrleitungen, Technische Rundschau, Heft 18 (1971), S. 9/13
[82] Heim, G.: Die Streustromkorrosion, ihre Ursache und Bekämpfung, GWF 102 (1961), S. 901/9
[83] v. Baeckmann, W. und Heim, G.: Streustromschutz von erdverlegten Rohrleitungen, GWF 110 (1969) S. 395/403
[84] v. Baeckmann, W. und Wilhelm, W.: Schutzmaßnahmen gegen Überspannung an kathodisch geschützten Rohr- leitungen, GWF 107 (1966) S. 1213
[85] v. Baeckmann, W.: Überwachung des kathodischen Schutzes von Rohrleitungen, Rohre, Rohrleitungsbau und Rohrleitungstransport 8 (1969), S. 13
[86] v. Baeckmann, W. und Matuszczak, J.: Kathodischer Korrosionsschutz von Stahlrohren für 110-kV-Kabel bei Streustromeinfluß, ETZ-A, Bd. 96, S. 335/339
[87] Kohlmeyer, A.: Fehlerströme und Fehlerspannungen an kathodisch geschützten Stahlrohren für Hochspannungs- kabel, ETZ-A, Bd. 96 (1975), S. 328/334
[88] v. Baeckmann, W. und Klein, K.: Kathodischer Korrosionsschutz für Rohrleitungen in Industrieanlagen, Industrie- Anzeiger 98. Jg., Nr. 80 (1976), S. 1419/1423
[89] Paulekat, F. und Schap, H.: Kathodischer Außen- und Innenschutz für einen Abwasserdüker, 3 R-international (1975), Heft 3, S. 161/164
[90] Herbsleb, G. und Schwenk, W.: Potentialabhängigkeit der interkristallinen Spannungsrißkorrosion von un- und niedriglegierten Stählen in heißen Alkalilösungen, Stahl und Eisen 90 (1970), S. 903/909
[91] Gräfen, H., Herbsleb, G., Paulekat, F. und Schwenk, W.: Theorie und Praxis des elektrochemischen Schutzes von Industrieanlagen, Werkstoff und Korrosion 22 (1971), S. 16/31
[92] Shock, D., Riffs, O. und Suddbury, I.: Application of anodic protection in the chemical industry, Corrosion 16 (1960), 47t/58t
[93] Sowade, H.-J.: Untersuchung der Gefährdung von Rohrleitungen durch Erder von Hochspannungsfreileitungen und -anlagen, Elektrizitätswirtschaft 75 (1976), Heft 19, S. 603/610
[94] Röhrl, G.: Berechnung der induzierten Längsspannung an hochspannungsbeeinflußten Rohrleitungen, Elektrische Bahnen 38 (1967), S. 19
[95] Pohl, H. und Oeding, D.: Induktionsspannung an Pipelines in Trassen von Hochspannungsleitungen, Elektrizitäts- wirtschaft, Heft 5 (1966), S. 157/170
[96] Pohl, J.: Influence of high tension overhead lines on covered pipelines, CICRE-Bericht Nr. 326, (1966)
[97] Hogrefe, F. und Kramer, P.: Elektronische Berechnung der induzierten Spannungen, Rohrleitung-Erde, Elektro- Anzeiger 28, Heft 14 (1975), S. 363/366
[98] v. Baeckmann, W., Wilhelm, W. und Prinz, W.: Schutzmaßnahmen an kathodisch geschützten Rohrleitungen, GWF 107 (1966), S. 1213
[99] Pohl, J.: Hochspannungsbeeinflussung von Rohrleitungen, GWF-Gas/Erdgas 116 (1975), Heft 3, S. 105/111

VIII Anwendungsgebiete

1. Rohrleitungen in Wärmekraftwerken

D. SCHMIDT

Die Rohrleitungen in Wärmekraftwerken lassen sich nach ihrem Verwendungszweck einteilen in: Rohre zum Brennstofftransport (Gas, Öl, Kohlenstaub); Rohre zum Kreislauf des Wärmeträgers, Rohre zum Kühlwassertransport und Rohrleitungen für Hilfssysteme. Aus der Vielzahl der denkbaren Wärmekraftprozesse seien hier der gebräuchlichste mit Wasser als Wärmeträger und fossilem Brennstoff oder Kernenergie als Primärenergie näher erläutert. In diesen wiederum zeigen die Rohrleitungen zum Brennstofftransport keine spezifischen, nur in Wärmekraftwerken zu beobachtenden Eigenarten. Die Kohlenstaubleitungen sind aus Blechen geschweißte, zylindrische oder prismatische Gebilde, die den Namen „Kanal" eher verdienen als „Leitung" und nicht in den engeren Rahmen dieser Ausführung fallen, Einzelheiten sh. [113]. Bei der Anordnung und Ausbildung von Öl- und Gasleitungen sind die sicherheitstechnischen Richtlinien für Öl- oder Gasfeuerungen an Dampfkesseln zu beachten, [101, 102] im übrigen stellen diese Leitungen aber, da sie zur Gruppe der Niederdruckleitungen zählen, keine außergewöhnlichen Ansprüche. Die Kühlwasserleitungen sind wie die üblichen Großrohrleitungen bis etwa 4 500 mm Durchmesser zu behandeln, wobei allerdings dem korrosiven Verhalten des Kühlwassers Rechnung zu tragen ist. Es werden deshalb Stahlbetonrohre sowie gußeiserne, kunststoffbeschichtete, bituminierte oder verzinkte Rohre eingesetzt, für Kleinleitungen auch schon glasfaserverstärkte Kunststoffe erprobt.

Besonders eingehend sollen im folgenden Abschnitt die Leitungen behandelt werden, die sich als warmgehende Hochdruckleitungen in bezug auf Dimensionierung, Werkstoffauswahl und Verarbeitung vom üblichen abheben. Es sind dieses die Dampf- und Druckwasserleitungen, die Dampferzeuger, Turbine und Speisepumpe zu einem Kreisprozeß zusammenfügen.

1.1. Typische Schaltungsbeispiele

Die Grundlage der Kraftwerksplanung ist die Auswahl einer für die Aufgabe optimalen Rohrschaltung, die Betriebssicherheit und Wirtschaftlichkeit in sich vereinigt. Nach der Aufgabenstellung werden unterschieden: Lieferung elektrischer Energie in das öffentliche Netz (Kondensations-Kraftwerk), Lieferung von elektrischer Energie und Wärmeenergie für Siedlungsgebiete (Heizkraftwerk), Lieferung von elektrischer Energie und Wärmeenergie für Industriebetriebe (Industriekraftwerk).

1.1.1. Kondensations-Kraftwerke

Heute wird ausschließlich die Blockschaltung mit Einheitengrößen von 150–800 MW bei Kohle-, Öl-, Gasfeuerung und 600–1300 MW bei Kernkraftwerken angewendet. Ein Block besteht aus Dampferzeuger, Turbine, Kondensator, Niederdruck-Vorwärmern, Speisepumpen und Hochdruck-

Vorwärmern. Auf der elektrischen Seite – in diesem Rahmen aber nicht weiter zu erläutern – gehören Generator und Umspanner zum Kraftwerksblock. Tritt an einem wichtigen Glied dieser Schaltungskette ein Schaden auf, muß der ganze Block stillgesetzt werden. Diese Notwendigkeit wird durch die Großeinheiten erzwungen, die es aus wirtschaftlichen Gründen nicht gestatten, eine Reserveeinheit nur für einen möglichen Störungsfall bereitzuhalten. Durch den Bau eines leistungsstarken elektrischen Verbundnetzes kann die Last bei Ausfällen von anderen Kraftwerken übernommen werden. Nur noch in älteren Kondensations-Kraftwerken findet man die Zusammenschaltung mehrerer Dampferzeuger auf eine gemeinsame Frischdampfleitung, wo der wiederum mehrere Turbinen gespeist werden (Sammelschienenschaltung).

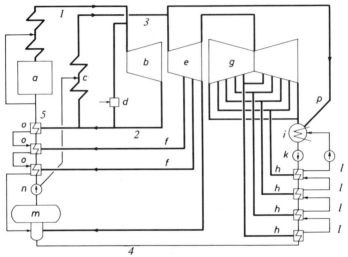

Bild 101: Schaltbild eines ölgefeuerten Kraftwerksblocks. a Dampferzeuger, b Hochdruckteil der Turbine, c Zwischenüberhitzer, d Anfahrreduzierstation, e Mitteldruckteil der Turbine, f Anzapfungen für Hochdruckvorwärmer, g Niederdruckgehäuse der Turbine (zweiflutig), h Anzapfungen für Niederdruckvorwärmer, i Kondensator, k Hauptkondensatorpumpen, l Niederdruckvorwärmer, m Entgaser mit Speisewasserbehälter, n Speisepumpe, o Hochdruckvorwärmer, p Abblaseleitung in den Kondensator

Bild 101 zeigt die Hauptleitungen[1]) eines ölgefeuerten 300 MW-Kraftwerksblockes mit folgenden Daten:

		Druck bar	Temp. °C	Massenstrom kg/s	d_a mm	s mm	Werkstoff
1	Frischdampfleitung	180	540	268	1 x 477	66	14 MoV 63
2	kalte Zwischendruckleitung	43	335	233	2 x 558,8	12,5	13 CrMo 44
3	heiße Zwischendruckleitung	40	540	233	2 x 609,6	22	14 MoV 63
4	Hauptkondensatleitung zum Entgaser	26	21—139	212	368	8	St 35.8 I
5	Speisewasserdruckleitung zum Dampferzeuger	215	260	268	406	28	17 MnMoV 64

Die Drücke und Temperaturen gelten mit nur geringen Abweichungen für viele Großkraftwerke, beim Übergang auf die Einheitengröße 600 MW verdoppelt sich aber mit den Massenströmen die

---

[1]) Die Bedeutung der verwendeten Symbole wird erläutert in DIN 2481 Wärmekraftwerke, Sinnbilder und Schaltpläne.

Leitungsquerschnitt. Der thermische Wirkungsgrad des Wärmekraftprozesses ließe sich durch Anheben von Frischdampfdruck und -Temperatur zwar noch verbessern, doch muß dann auf sehr teure austenitische Stähle für Dampferzeuger und Rohrleitungen zurückgegriffen werden. Bei der gegenwärtigen Kostensituation rechtfertigt die Brennstoffeinsparung den erhöhten Anschaffungspreis solcher Anlagen noch nicht. So haben sich Frischdampfdruck und -Temperatur auf etwa 190−210 bar und 530−560 °C bei einfacher Zwischenüberhitzung auf die Frischdampftemperatur eingependelt. Verhältnismäßig selten sind noch Anlagen mit doppelter Zwischenüberhitzung anzutreffen, mit einem Frischdampfdruck von etwa 250 bis 270 bar, erster Zwischenüberhitzung bei rund 80 bar und zweiter Zwischenüberhitzung bei rund 20 bar. Die Dampftemperaturen aller Stufen liegen bei 530 bis 540 °C. Die großen Volumenzuströme in der zweiten Zwischenüberhitzungsstufe erfordern außergewöhnlich große Leitungsdurchmesser.

Auch Kernkraftwerke sind als Blockkraftwerke geschaltet. Es sind von der Art des Reaktors her bei Leichtwasser-gekühlten Kernkraftwerken zwei Grundformen mit jeweils wieder typischen Drükken, Temperatur und Schaltungen anzutreffen:

Bild 102 zeigt die Hauptleitungen eines Siedewasserreaktor-Kraftwerkes. Im Reaktordruckbehälter wird durch die bei der Kernspaltung freigesetzte Wärmeenergie Sattdampf von etwa 70 bar, 286 °C

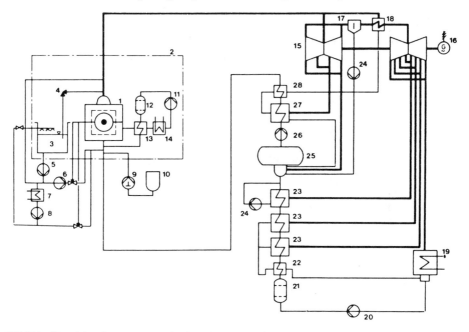

Bild 102: Übersichtsplan eines Kernkraftwerkes mit Siedewasser-Reaktor [126]. 1 Reaktor, 2 Sicherheitshülle, 3 Kondensationskammer, 4 Sicherheits- u. Entlastungsventile, 5 Vorpumpe Nachkühlsystem, 6 HD-Pumpe, 7 Nachkühler, 8 ND-Pumpe, 9 Vergiftungspumpe, 10 Vergiftungsbehälter, 11 Kühlmittelreinigungspumpe, 12 Reinigungsfilter, 13 Regenerativwärmetauscher, 14 Reinigungskühler, 15 Turbine, 16 Generator, 17 Wasserabscheider, 18 Zwischenüberhitzer, 19 Kondensator, 20 Hauptkondensatpumpe, 21 Kondensat-Aufbereitungsanlage, 22 ND-Kondensatkühler, 23 ND-Vorwärmer, 24 Nebenkondensatpumpe, 25 Speisewasserbehälter, 26 Hauptspeisewasserpumpe, 27 HD-Vorwärmer, 28 HD-Kondensatkühler

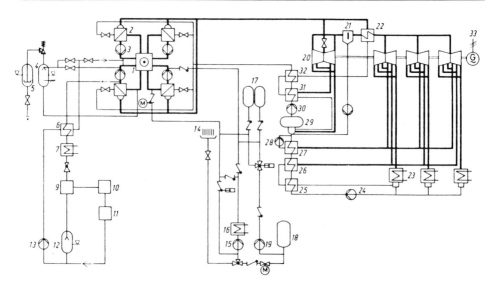

*Bild 103: Übersichtsplan eines Kernkraftwerkes mit Druckwasser-Reaktor [126]. 1 Reaktor, 2 Dampf-
erzeuger, 3 Hauptkühlmittelpumpen, 4 Druckbehälter, 5 Druckhalter-Abblasetank, 6 Reku-
perativ-Wärmetauscher, 7 HD-Nachkühler, 8 Druckreduzierstation, 9 Kühlmittelreinigung
und -entgasung, 10 Kühlmittellagerung und -aufbereitung, 11 Chemiekalieneinspeisung,
12 Volumenausgleichbehälter, 13 HD-Förderpumpe, 14 Reaktorgebäudesumpf, 15 Nach-
kühlpumpe, 16 Nachwärmekühler, 17 Druckspeicher, 18 Flutbehälter, 19 Sicherheitsein-
speisepumpe, 20 Turbine, 21 Wasserabscheider, 22 Zwischenüberhitzer, 23 Kondensatoren,
24 Hauptkondensatpumpe, 25 ND-Kondensatkühler, 26 Vakuum-Vorwärmer, 27 ND-Vorwärmer, 28 Nebenkondensatpumpe, 29 Speisewasserbehälter und Entgaser, 30 Hauptspeise-
pumpe, 31 HD-Vorwärmer, 32 HD-Kondensatkühler, 33 Generator*

erzeugt, der dem Hochdruckgehäuse der Turbine zugeführt wird. Vor dem Überströmen in das Niederdruckgehäuse der Turbine wird der Dampf vom bei der Entspannung entstehenden Wasser im
Wasserabscheider getrennt und dann mit Frischdampf überhitzt. Das Kondensat wird gereinigt und
nach mehrstufiger Vorwärmung mit etwa 215 °C in den Reaktordruckbehälter zurückgeleitet.

Auf der linken Seite des Bildes sind die wichtigsten Hilfssysteme für die Reaktoranlage dargestellt: In
die Kondensationskammer wird gegebenenfalls entstehender Überschußdampf abgegeben, der nicht
in die Umgebung gelangen soll. Verschiedene Hoch- und Niederdruck-Kühlsysteme sichern unter allen
Umständen die Kühlung des Reaktorkernes. Ein zusätzlicher Reinigungskreislauf entfernt möglicherweise entstandene Korrosionsprodukte oder Fremdstoffe aus dem Wasserkreislauf. Durch Einpumpen
einer Bor-haltigen Lösung kann die Reaktivität des Reaktors vermindert werden, genannt „vergiften"
des Reaktorsystems.

In Bild 103 ist ein Druckwasserreaktor-Kraftwerk dargestellt. Der wesentliche Unterschied gegenüber
dem Siedereaktor-Prinzip besteht darin, daß der durch die Turbine strömende Dampf nicht im Reaktor
erzeugt wird, sondern in den Dampferzeugern durch Wärmetausch mit dem Heißwasser des Primär-
kreislaufes. Es handelt sich somit um ein Zweikreissystem, bei dem aktiviertes Kühlmedium den
Kontrollbereich nicht verlassen kann, der im Wesentlichen das Reaktor- und Reaktorhilfsanlagenge-
bäude umfaßt. Die übrigen Kraftwerksbereiche außerhalb der Sicherheitshülle sind voll zugänglich.

Das Wasser im Primärkreis steht unter rund 160 bar Überdruck, es wird im Reaktordruckgefäß von 290 auf etwa 325 °C erwärmt. Dabei wird kein Dampf gebildet.

Das „Druckwasser" des Primärkreises dient zur Beheizung der Dampferzeuger, in denen Sattdampf von etwa 70 bar Überdruck erzeugt wird, der zur Turbine geleitet wird und wie üblich nach Kondensation als Speisewasser zum Dampferzeuger zurückgeführt wird. Wasserabscheider und Zwischenüberhitzer befinden sich auch hier zwischen dem Hochdruck- und den Niederdruckgehäusen der Turbine. Der rechte Teil des Bildes ist im großen und ganzen der Teil des Sekundärkreislaufes, der sich im Maschinenhaus befindet. Ganz links sind einige Hilfssysteme abgebildet, die für Druckwasser-Reaktoren kennzeichnend sind: Druckhaltesystem und Volumenausgleichssystem. Da Wasser praktisch inkompressibel ist, muß die bei Temperaturschwankungen entstehende Volumendifferenz aus dem Kreislauf entnommen oder rückgeführt werden. Im Druckhaltegefäß wird über ein Gaspolster der Druck im Primärkreislauf konstant gehalten. Sicherheitskühlsysteme dienen bei Kühlmittelverlust zur Kühlung des Reaktorkernes.

Die Hilfs- und Sicherheitssysteme haben tatsächlich einen weit größeren Umfang, als hier dargestellt, Näheres siehe [103]. Im Vergleich zu den mit fossilen Brennstoffen beheizten Hochdruck- und Hochtemperaturanlagen ist der umlaufende Massenstrom in Kernkraftwerken wegen des geringeren Energieeinhaltes des Frischdampfes erheblich größer, überschläglich kann angenommen werden, daß zur Erzeugung von 1 MW elektrischer Leistung ein Massenstrom von 1,5 kg/s umlaufen muß, während in den Hochdruck- Hochtemperaturanlagen hierzu rund 0,9 kg/s ausreichen. Da gleichzeitig der Frischdampfdruck nur knapp halb so groß wie in den sogenannten konventionellen Kraftwerken ist, müssen insbesondere die Dampfleitungen einen wesentlich größeren Querschnitt erhalten.

In den Bildern 101 bis 103 sind nur die wichtigsten Leitungen und auch diese jeweils nur durch einen Strich dargestellt, um das Typische der Kraftwerksarten herauszuschälen. Aus Gründen der Elastizität sind jedoch üblicherweise die Hauptströme auf 2 bis 4 parallele Leitungen verteilt. Wenn allerdings die Möglichkeit von Dampftemperaturunterschieden in den einzelnen Leitungen besteht, wird im allgemeinen eine Mischstrecke angeordnet, die eine einheitliche Temperatur an den Turbinen-Eintrittsstutzen gewährleistet, weil sie den gesamten Massenstrom in einem Rohr vereinigt. In Tafel 1/I sind typische Durchmesser für die Hauptleitungen in Kondensations-Kraftwerken zusammengestellt. Weitere Angaben über Schaltbilder und Leitungsabmessungen finden sich in [114].

Tafel 1/I: Typische lichte Leitungsdurchmesser in Kondensations-Kraftwerken in mm

Konventionelle Kraftwerke					
Blockleistung MW	150	320	500	600	720
Frischdampf	1 × 260	1 × 345	1 × 430	1 × 500	4 × 260
kalte ZÜ	1 × 650	2 × 524	1 × 1030	1 × 1130	2 × 772,8
heiße ZÜ	1 × 630	2 × 560	1 × 1060	1 × 1080	4 × 572
Speisewasser	1 × 280	1 × 350	1 × 420	1 × 450	1 × 420
Kernkraftwerke					
Blockleistung MW		300		620	1300
Frischdampf		2 × 587		4 × 585	4 × 788
Speisewasser		2 × 289		4 × 303	4 × 381
Umwälzwasser		2 × 700		4 × 700	

1.1.2. Heizkraftwerke

Heizkraftwerke werden in Siedlungsschwerpunkten erstellt, um den Wärmebedarf vollkommen, den Bedarf an elektrischer Energie möglichst weitgehend zu decken. Der ökonomische Vorteil eines Heizkraftwerkes liegt darin, daß die in Siedlungsgebieten benötigte Wärme und elektrische Energie direkt im Verbrauchsgebiet in einer Großanlage aus Primärenergie erzeugt wird. Die Wärmeenergie wird hier mit einem wesentlich besseren Wirkungsgrad, als es in einer Vielzahl von Hausbrandöfen der Fall wäre, unter Beachtung der Auflagen des Umweltschutzes (Rauchgasableitung in große Höhen) geliefert. Die elektrische Energie wird den Verbrauchern über ein sehr kurzes und deshalb nicht besonders aufwendiges Leitungssystem zugeführt. Die Koppelung von elektrischer Energieerzeugung und Lieferung von Wärmeenergie (Kraft-Wärme-Kopplung) weist zudem thermodynamische Vorteile auf, die zu einer geringeren Wärmebelastung der Umwelt führen [127]. Vor der Planung des Heizkraftwerkes ist festzustellen, welche Bedarfsziffern im Sommer- und Winterbetrieb nach vollem Ausbau des Versorgungsgebietes auftreten werden, denn eine Änderung des Lieferverhältnisses Wärme/elektrische Energie ist nur in gewissen Grenzen ohne zusätzliche Verluste möglich.

Im Aufbau ähnelt das Heizkraftwerk einem mittleren Kondensations-Kraftwerk. Ältere Anlagen sind als Schienenkraftwerke ausgebildet, in neuen Anlagen herrscht die Blockschaltung vor (Bild 104). Der Dampferzeuger unterscheidet sich nicht von denen in Kondensations-Kraftwerken. Die Turbine ist so konzipiert, daß sie im Sommer als reine Kondensationsmaschine laufen kann und im Winter einen Teil des Dampfes über Anzapfungen den hier zweistufigen Heißwasservorwärmern zuleitet. Das Kondensat dieser Vorwärmer wird über Kondensatunterkühler dem Maschinenkondensator zugeleitet, kann aber auch dem Kondensatstrom zwischen zwei Niederdruckvorwärmern zugemischt werden. Das Verhältnis von Stromerzeugung und Wärmelieferung kann also in gewissen Grenzen variiert werden. Bild 104 wurde bewußt ähnlich Bild 101 gehalten, um den wesentlichen Unter-

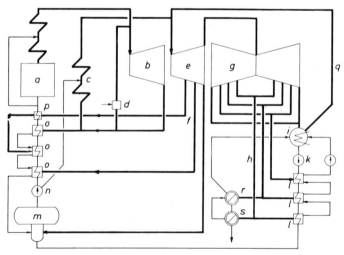

Bild 104: Schaltbild eines Heizkraftwerkes (Blockschaltung). a Dampferzeuger, b Hochdruckteil der Turbine, c Zwischenüberhitzer, d Anfahrreduzierstation, e Mitteldruckteil der Turbine, f Anzapfungen für Hochdruckvorwärmer, g Niederdruckgehäuse der Turbine (zweiflutig), h Anzapfungen für Niederdruckvorwärmer, i Kondensator, k Hauptkondensatpumpen, l Niederdruckvorwärmer, m Entgaser mit Speisewasservorwärmer, n Speisepumpe, o Hochdruckvorwärmer, p Enthitzer, q Abblaseleitung in den Kondensator, r Heißwassererzeuger 1. Stufe, s Heißwassererzeuger 2. Stufe

schied zum Kondensations-Kraftwerk, der in der Aufstellung von zwei Heißwasser-Wärmetauschern besteht, herauszustellen. Je nach Wärmebedarf wird dem Niederdruckgehäuse mehr oder weniger Dampf zur Wassererwärmung entnommen, dadurch vermindert sich natürlich die erzeugte elektrische Energie. Ein weiterer Unterschied gegenüber Bild 101 besteht in der Vorschaltung eines Enthitzers (p) vor die Hochdruckvorwärmegruppe (o). Mit diesem Kunstgriff, der keineswegs auf Heizkraftwerke beschränkt ist, läßt sich der thermodynamische Prozeßwirkungsgrad etwas verbessern.

1.1.3. Industriekraftwerke

Bei vielen industriellen Fabrikationsverfahren wird außer mechanischer Energie auch Wärmeenergie zum Erhitzen, Kochen, Trocknen und Ausdampfen benötigt. Als Wärmeträger eignet sich besonders Wasserdampf wegen der leichten Regelbarkeit von Temperatur und Menge. Je nach dem Verhältnis mechanische/Wärmeenergie wird das Industriekraftwerk so geplant, daß der Wärmebedarf vollkommen, der Bedarf an mechanischer Energie möglichst weitgehend gedeckt wird [106]. Im Industriekraftwerk muß die Lieferung von Wärmeenergie an die Produktionsbetriebe in fast allen Störungsfällen absolut sichergestellt sein, während elektrische Energie – wenn auch unter erheblichen Mehrkosten – notfalls aus dem Netz zu beziehen ist. Das Industriekraftwerk zeichnet sich deshalb durch eine netzartige Verschaltung von Dampferzeugern und -Verbrauchern aus, wobei zahlreiche Reduzierstationen und Bypaßleitungen die Versorgung aller gewöhnlich mit verschiedenen Dampfdrücken arbeitenden Verbraucher bei Ausfall der Hauptturbinen sichern.

Bild 105 zeigt das stark vereinfachte Schaltbild eines Industriekraftwerkes mit vier Kesseln und zwei Turbinen. Im Normalbetrieb sind drei Kessel und die beiden Turbinen in Betrieb. Bei Ausfall eines

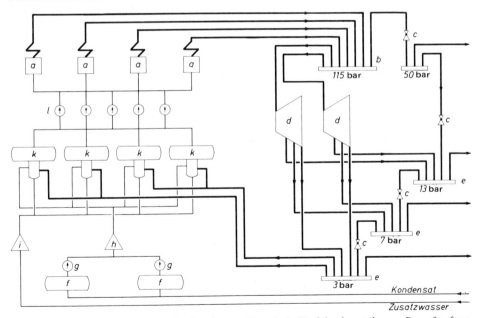

Bild 105: Schaltbild eines Industriekraftwerkes. a Kessel, b Hochdruckverteiler, c Dampfumformstationen, d Gegendruckturbine, e Mittel- und Niederdruckverteiler, f Kondensatbehälter, g Kondensatpumpen, h Kondensatreinigung, i Zusatzwasser-Vollentsalzung, k Speisewasserbehälter und Entgaser, l Speisepumpen

Kessels steht die vierte Einheit zur Verfügung. Sollte eine Turbine ausfallen oder wegen Revision planmäßig außer Betrieb gehen, so wird der benötigte Fabrikationsdampf über die Dampfumformstationen druckreduziert und gekühlt. (Die Einspritzleitungen wurden der Übersichtlichkeit halber nicht gezeichnet.) Wie das Schema zeigt, ist es recht schwierig – oder wenigstens recht aufwendig – ein Kraftwerk weitgehend ausfallsicher zu machen, es genügt etwa der Ausfall einer Armatur auf dem Hochdruckverteiler *b*, um das ganze Kraftwerk lahmzulegen. Die Erfahrung zeigte allerdings, daß bei dem heutigen Stande des Armaturenbaues kaum mit schwerwiegenden Störungen an den

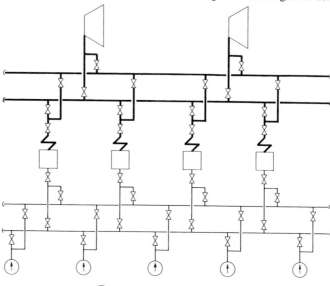

Bild 106:
Doppelschienenschaltung

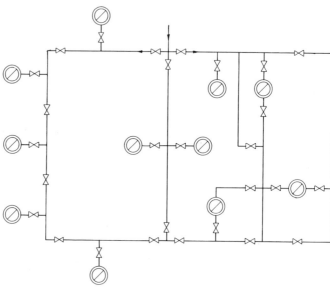

Bild 107:
Ring- und vermaschte
Schaltung für Verbraucher   Ringschaltung   Vermaschte Schaltung

Großarmaturen zu rechnen ist. Aus diesem Grunde ist man von der sogenannten Doppelschienen-schaltung, die sehr aufwendig, aber gegen Armaturenversagen weitgehend abgesichert ist, abgekommen. Bild 106 zeigt zum Vergleich eine Doppelschienenschaltung auf Frischdampf- und Speisedruckleitung mit den erforderlichen Absperrarmaturen, die etwa doppelt so zahlreich sind, wie bei der Schaltung Bild 105.

Außerhalb des Kraftwerksgebäudes wird der Produktionsdampf den Verbrauchstellen meistens durch eine Ringschaltung oder eine vermaschte Schaltung zugeführt, um die wichtigsten Verbraucher über zwei Wege erreichen zu können. In Bild 107 sind beide Systeme angedeutet. Es bedarf sehr genauer Überlegung bei der Planung, um alle Trennschieber so zu plazieren, daß ein möglichst hoher Sicherheitsgrad erreicht wird. Außerdem darf meist ein vorgeschriebener Mindestdruck an der Verbrauchsstelle nicht unterschritten werden, deshalb muß die Leitungsdimensionierung alle erdenkbaren Ausfallmöglichkeiten in Betracht ziehen, was in letzter Konsequenz bei stark vermaschten Systemen – unter Umständen noch mit mehreren Einspeisungen – nur mit Hilfe elektronischer Rechenanlagen möglich ist. Die meisten Industrie-Dampfnetze sind jedoch je nach Bedarf und nach Lage der Dinge entwickelt, erweitert und hinreichend ausfallsicher geworden.

1.2. Bestimmung des lichten Rohrdurchmessers

Aus Rohrschaltbild und Wärmeflußschema sind Massenströme und Volumina zur Durchmesserberechnung zu entnehmen. Im ersten Entwurf wird mit den auf Seite 203 genannten Richtwerten für die Strömungsgeschwindigkeit gerechnet. Die Druckabfallberechnung des Leitungsstranges mit den aus der Entwurfsskizze entnommenen Längen, Biegungen und Einzelwiderständen zeigt dann, ob die getroffene Durchmesserbestimmung verbessert werden muß.

Der zulässige Druckabfall einer Leitung wird durch verschiedene Randbedingungen gegeben: Zwischen Dampferzeuger-Austritt und Turbineneintritt wird frischdampfseitig mit etwa 5 % des Austrittsdruckes gerechnet, also etwa 10 bar im großen Kondensations-Kraftwerk, 3–7 bar im Industrie-Gegendruck-Kraftwerk. Der genaue Wert liegt meistens schon durch die wärmetechnische Optimierung des Gesamtprozesses fest, ehe der Rohrleitungskonstrukteur die Arbeit aufnimmt. Ihm fällt nur in den seltensten Fällen die Aufgabe zu, eine Frischdampfleitung zu optimieren, also das Kostenminimum als Funktion des Rohrdurchmessers zu suchen[2]).

Der Druckabfall in den Zwischendruckleitungen (heiße und kalte Zwischendruckschiene oder hZÜ und kZÜ genannt) darf nur sehr gering, etwa 1 bar sein, sonst wird der thermodynamische Effekt der Zwischenüberhitzung wesentlich beeinträchtigt. Die Leitungen zeigen daher erhebliche Rohrdurchmesser und sind ab 300 MW Blockleistung nur zwei- bis viersträngig verlegbar. In die heiße Leitung legt man meistens etwas mehr als die Hälfte des zur Verfügung stehenden Druckverlustes, da diese Leitung aus hochwarmfestem Werkstoff spezifisch teurer als die kalte Leitung ist. Die Speisewasserdruckleitung wird im allgemeinen nach der zulässigen Strömungsgeschwindigkeit bemessen. Schäden an Hochdruckvorwärmern führten vor mehreren Jahren zu der Überlegung, eine Geschwindigkeit von 2 m/s möglichst nicht zu überschreiten, doch erzwingen die heutigen Einheiten wesentlich höhere Werte, etwa 6–8 m/s.

Das zur Kesselspeisung überwiegend benutzte vollentsalzte Wasser wirkt bei hohen Strömungsgeschwindigkeiten erosiv und korrosiv, weil die Metallabtragung rascher fortschreitet als die Schutzschichtbildung [107]. Diese Beobachtung wurde vor allem an Kesselspeisepumpen gemacht, in denen örtlich sehr hohe Strömungsgeschwindigkeiten, so in Drosselspalten, herrschen. Es ist anzunehmen, daß Speisedruckleitungen im Dauerbetrieb ohne nachteilige Folgen für $w = 10$ m/s bemessen werden können und die Bypaßleitungen an den Hochdruckvorwärmern, die nur selten durchströmt werden, für $w = 15$ m/s.

---

[2]) Siehe hierzu Schrifttumsangaben des Kapitels IV.1.

Mittel- und Niederdruckleitungen sind im Kraftwerk selbst meist so kurz, daß auf eine ausführliche Druckabfallberechnung verzichtet werden kann, die Durchmesser sich also aus Volumenstrom und üblicher Strömungsgeschwindigkeit ergeben. Bei der Dimensionierung ist zu bedenken, daß mit wachsendem Rohrdurchmesser zwar der Druckabfall geringer wird, aber die Leitung auch an Elastizität verliert und höhere Wärmeverluste – gleiche Isolierdicke vorausgesetzt – zeigen wird. Der Druckabfall als solcher sollte deshalb nicht überbewertet werden, insbesondere nicht in Zu- und Ableitungen von Reduzier- und Regelorganen, in denen ohnehin der Druck herabgesetzt wird. Diese Leitungen sollten für eine möglichst hohe Strömungsgeschwindigkeit dimensioniert werden, um das Reduzierventil zu entlasten, dabei darf jedoch das mit der Geschwindigkeit steigende Strömungsgeräusch die durch Arbeitsschutzbestimmungen gesetzten Grenzwerte nicht überschreiten. Als Grenzwert dürfte wohl $w = 60$–70 m/s anzusehen sein, wenn es sich um dauernd durchströmte Leitungsabschnitte handelt, und 150–200 m/s, wenn die Leitung nur in Störungsfällen betrieben wird. In Naßdampf führenden Leitungen können Erosionen durch Wassertröpfchen, insbesondere in Bogen und Umlenkungen entstehen. Bestimmte Grenzwerte der Geschwindigkeit dürfen hier nicht überschritten werden [114, Hoffmann].

Sehr sorgfältig müssen hingegen lange Versorgungsleitungen in Industriebetrieben vom Kraftwerk zu den Verbrauchern bemessen werden. Die Verfahrenstechnik erfordert in den meisten Fällen eine genau festgelegte Temperatur, das heißt einen genau festgelegten Druck des kondensierenden Heizdampfes. Der Entnahmedruck aus der Turbine ist andererseits aus Wirtschaftlichkeitsgründen so niedrig wie möglich zu halten. Die Durchmesserberechnung aufgrund des zulässigen Druckabfalles ist nur im Falle eines einfachen Stichleitungssystemes ohne besondere Hilfsmittel möglich. Wenn ein mehr oder weniger vermaschtes Netz berechnet werden soll, muß vorher auf elektronischen Rechenanlagen die Verteilung der Massenströme berechnet werden [108]. Dabei ist nicht nur der normale Betriebsfall, sondern auch die möglichen Ausnahmefälle in die Betrachtung einzubeziehen.

1.3. Werkstoffauswahl

Die verschiedenen Stoffströme in Wärmekraftwerken weisen Drücke von etwa 0,05 bis 300 bar und Temperaturen von etwa 10 bis 535, in einigen Fällen sogar 650 °C auf. Entsprechend weit gespannt ist auch das Feld der einsetzbaren Rohrwerkstoffe. In den technischen Regelwerken sind Einsatz- und Anwendungsgrenzen der gebräuchlichsten Rohrstähle verzeichnet. Vor der Werkstoffauswahl ist – eventuell mit dem zuständigen Sachverständigen – zu entscheiden, welchem der verschiedenen Bereiche das betreffende Rohr zuzuordnen ist. Einsatz- und Anwendungsgrenzen der verschiedenen Rohrstähle sind im Kapitel IV 3, Festigkeitsberechnung von Rohren, angegeben. Bis 300 °C dürfen – wenn es sich um Leitungsrohre handelt – Stähle ohne gewährleistete Warmfestigkeitseigenschaften verwendet werden. Je nach Abnahmezeugnis sind die höchstzulässigen Betriebsdrücke Beschränkungen unterworfen. Oberhalb 300 °C werden Rohre mit gewährleisteten Warmfestigkeitseigenschaften gemäß DIN 17175 (nahtlos) und DIN 17177 (geschweißt) (Entwurf) eingesetzt. Diese können etwa in folgende Gruppen eingeteilt werden:

1. Kohlenstoffstähle: St 35.8, St 45.8
2. Mo- und Cr-legierte Stähle: 15 Mo 3, 13 CrMo 44, 10 CrMo 910
3. Warmfeste Feinkornbaustähle: 15 NiCuMoNb 5, 17 MnMoV 64, 20 MnMo 45,
4. Vanadinlegierte Stähle: 14 MoV 63, X 20 CrMoV 121
5. Hochwarmfeste austenitische Stähle: X 8 CrNiNb 1613, X 8 CrNiMoNb 1616,
   X 8 CrNiMoVNb 1613, X 6 CrNi 1811, X 6 CrNiMo 1713.

Typische Einsatzgebiete dieser Stahlgruppen sind:

1. Mittel- und Niederdruckleitungen in Kondensations-Kraftwerken. Frischdampfleitungen in kleineren Industriekraftwerken.
2. Mittel- und Niederdruckleitungen, kalte Zwischendruckleitung und Speisedruckleitungen in Kondensations-Kraftwerken. Frischdampfleitungen und Speisedruckleitungen in mittleren Industriekraftwerken mit Betriebstemperaturen bis 525 °C.
3. Speisedruckleitungen in Kondensations-Kraftwerken. Frischdampfleitungen in Kernkraftwerken.
4. Frischdampfleitungen und heiße Zwischendruckleitungen in Kondensations-Kraftwerken.
5. Frischdampfleitungen mit Betriebstemperaturen über 560 °C.

Sehr häufig hat der Rohrleitungskonstrukteur die Wahl zwischen zwei oder drei Stählen unterschiedlicher Festigkeit und unterschiedlichen Preises. Es gilt unter diesen denjenigen auszuwählen, der den geringsten Anschaffungspreis ergeben wird und gleichzeitig den gestellten Anforderungen an Elastizität und zulässige Temperatur-Änderungsgeschwindigkeit nachkommt. Innerhalb der oben genannten typischen Einsatzbereiche wird immer der Stahl mit der höheren Warmfestigkeit sowohl technisch wie wirtschaftlich vorzuziehen sein. Ausnahmen davon stellen vielleicht die Zwischendruckleitungen in Kondensations-Kraftwerken dar, die aus fertigungstechnischen Gründen nicht zu dünnwandig sein sollten. Es fällt sonst nämlich schwer, Warmbiegungen innerhalb der Ovalitätsrichtlinien herzustellen, obwohl das Induktivbiegeverfahren gestattet, relativ dünnwandige Rohre großen Durchmessers innerhalb der geforderten Ovalitätsgrenzen zu biegen [115].
In Dampf- und Kondensatleitungen sind Korrosionen bei ordnungsgemäßer Betriebsführung kaum zu erwarten, diese Leitungen werden ohne Innenschutz verlegt. Ein Außenanstrich erübrigt sich ebenfalls, wenn die Leitungen eine Wärmeisolierung erhalten. Kühlwasserleitungen führen mit Sauerstoff gesättigtes und oft sehr salzhaltiges Wasser und werden deshalb durch Innenanstrich oder Auskleidung geschützt. Sind sie im Erdboden verlegt, tritt noch ein Schutz der äußeren Rohroberfläche hinzu. Korrosionsgefährdet sind auch Leitungen, die ein Luft/Dampf-Gemisch führen, so zum Beispiel die Brüdenleitungen an Entgasern oder die Saugleitungen der Kondensatorevakuierung. Hier bieten sich austenitische rost- und säurebeständige Stähle oder eine Verzinkung als Oberflächenschutz an.
Einen Sonderfall bilden die Leitungen der Wasseraufbereitungsanlagen, die Säuren, Laugen und vollentsalztes Wasser führen. Sie werden sehr häufig durch Gummierung korrosionsgeschützt oder – sofern sie nicht HCl führen – aus rost- und säurebeständigen Stählen hergestellt. Gelegentlich werden sie als Kunststoffleitungen ausgeführt, müssen dann aber gegen mechanische Beschädigungen geschützt und sorgfältig unterstützt werden. Es empfiehlt sich, mehrere parallele Leitungen auf Kabelpritschen-ähnlichen Gestellen zusammengefaßt zu verlegen.

1.4. Wanddickenberechnung

Wie im vorigen Abschnitt bereits erwähnt, muß vor der Wanddickenberechnung festgestellt werden, ob das zu berechnende Rohr als Leitungsrohr (DIN 2413), als Teil eines Behälters (AD-Merkblätter) oder als Teil eines Dampfkessels (TRD) anzusehen ist. Für gleiche Betriebsverhältnisse ergeben sich unter Umständen unterschiedliche Wanddicken je nach Berechnungsvorschrift. Die anwendbaren Gleichungen sind im Abschnitt IV 3 aufgeführt, die Festigkeitswerte im Abschnitt II genannt. Hier seien deshalb nur allgemeine praktische Hinweise gegeben.
Hochdruckleitungen mit Wanddicken über etwa 20 mm werden zweckmäßigerweise nicht nach der Maßnorm DIN 2448, Nahtlose Rohre, gefertigt, sondern als sogenannte Sammlerrohre mit fixiertem Innendurchmesser, der nur um ± 1 % schwanken darf. Die errechnete Wanddicke wird als Mindestwanddicke definiert, die nur überschritten, aber in keinem Falle unterschritten werden darf. Diese

Gepflogenheit stellt sicher, daß die Schweißnahtwurzel immer bei praktisch gleichem Innendurchmesser unabhängig von der Wanddickentoleranz gelegt werden kann, während der Außendurchmesser mit der vollen Wanddickentoleranz behaftet ist. Eine Angleichung der Außendurchmesser
zweier Rohrstücke in der Schweißnahtzone ist aber wesentlich einfacher zu bewerkstelligen als eine
Angleichung der Innendurchmesser. Bild 108 zeigt anschaulich die Lage der Toleranzfelder eines
Rohres nach der Maßnorm DIN 2448 und als Sammlerrohr und die Schwierigkeit, eine einwandfreie
Wurzelnaht bei Bemessung nach DIN 2448 zu legen.

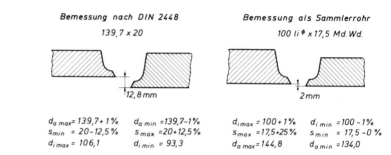

Bemessung nach DIN 2448

139,7 x 20

Bemessung als Sammlerrohr

100 li $^\phi$ x 17,5 Md.Wd.

12,8 mm   2 mm

Bild 108:
Toleranzfelder von
Stahlrohren

$d_{a\,max} = 139,7 + 1\%$ $d_{a\,min} = 139,7 - 1\%$ $d_{i\,max} = 100 + 1\%$ $d_{i\,min} = 100 - 1\%$
$s_{min} = 20 - 12,5\%$ $s_{max} = 20 + 12,5\%$ $s_{max} = 17,5 + 25\%$ $s_{min} = 17,5 - 0\%$
$d_{i\,max} = 106,1$ $d_{i\,min} = 93,3$ $d_{a\,max} = 144,8$ $d_{a\,min} = 134,0$

Die Mehrzahl der Rohre kann jedoch nach DIN 2448 bestellt werden bis auf Rohre, die nur einem
geringen Innendruck ausgesetzt sind, deren errechnete Wanddicken also erheblich unter den Mindestwanddicken der DIN 2448 liegen. Hierbei wird auf geschweißte Rohre der Maßnorm DIN 2458
zurückgegriffen. Dies empfiehlt sich auch für Rohre aus teuren Werkstoffen, zum Beispiel den rost-
und säurebeständigen Stählen, die oft mit noch geringeren Wanddicken als in DIN 2458 angegeben
ausgeführt werden. Eine untere Grenze der Wanddicken ist außer dem Ergebnis der Festigkeitsberechnung durch die bei Verarbeitung und Montage zu erwartenden Formabweichungen gegeben.
Das Verhältnis Wanddicke/Außendurchmesser = 0,01 sollte ohne besondere Notwendigkeit nicht
unterschritten werden.

Besondere Sorgfalt ist der Berechnung und Herstellung der Formstücke zu widmen, die erfahrungsgemäß größere Anforderungen stellt, als die der Rohre selbst [118, 119]. Das liegt einmal an den
recht verwickelten Spannungsverhältnissen dieser Bauteile, die sich durch die geometrische Form
mit mehrfachen Durchdringungen kugeliger und zylindrischer Bauelemente ergibt. Zum anderen
ist die einwandfreie Herstellung und thermische Nachbehandlung wegen der erheblichen Wanddicke
nicht problemlos, man denke an die Temperaturverteilung und den Temperaturverlauf im Werk-
stoffquerschnitt. Letztlich sind die Schweißnähte einer Durchstrahlungsprüfung teilweise nicht zugänglich. Auf sanfte kerbfreie Wanddickenübergänge ist wegen der Wechselbeanspruchungen durch
Wärmedehnung der Leitungen allergrößter Wert zu legen [120].

1.5. Elastizitätsberechnung

Wenn ein bei der Temperatur t_1 montiertes Rohrsystem eine Temperatur t_2 annimmt, ändern sich
alle Längen l um den Wert

$$\Delta l = \alpha \cdot l \left(t_2 - t_1 \right) \qquad (101)$$

mit der mittleren linearen Wärmeausdehnungszahl α 1/K zwischen den Temperaturen t_1 und t_2.
α ist ein vom Werkstoff und der Temperatur abhängiger Stoffwert, siehe Tafel 1/II. Die Größen-

Tafel 1/II: Mittlere lineare Wärmeausdehnungszahl einiger Rohrwerkstoffe

Werkstoff	$\alpha \cdot 10^6$ [1/K] zwischen 20°C und						
	100	200	300	400	500	600	700
St 35.8 St 45.8	11,1	12,1	12,9	13,5	13,9		
15 Mo 3 13 CrMo 44 10 CrMo 910 14 MoV 63 10 CrSiMoV 7	11,1	12,1	12,9	13,5	13,9	14,1	
15 NiCuMoNb 5 17 MnMoV 64 20 MnMo 45	11,1 11,2	12,1 12,7	12,9 13,2	13,5 13,7	13,9	14,1	
X 12 CrMo 91 X 20 CrMoV 121	11,2 10,5	11,6 11,0	11,9 11,5	12,2 12,0	12,3 12,3	12,4 12,5	12,7
X 6 CrNi 1811 X 6 CrNiMo 1713 X 8 CrNiNb 1613 X 8 CrNiMoNb 1616 X 8 CrNiMoVNb 1613	15,5 15,7	16,5 16,7	17,0 17,1	17,5 17,4	18,0 17,6	18,5 17,8	18,7 18,0

ordnung von α wird etwas anschaulicher durch folgende Aussage: 1 m ferritisches Stahlrohr dehnt sich bei 100 Grad Temperaturdifferenz um 1,0 bis 1,5 mm, austenitische Stähle erreichen unter gleichen Voraussetzungen 1,6–2 mm. Diese auf den ersten Blick klein erscheinenden Werte sind von erheblicher Bedeutung, verlängert sich doch der senkrechte Teil der Frischdampfleitung eines 300 MW-Kraftwerksblockes um etwa 200 mm (30 m Länge, 525 °C, $\alpha = 13 \cdot 10^{-6}$ 1/K). Die Ausdehnungen in Richtung der Rohrachse müssen bei warmgehenden Rohrleitungen durch elastische Verformung der Schenkel des ebenen oder räumlichen Rohrstranges aufgenommen werden. Die Verwendung von Kompensatoren beschränkt sich auf Leitungen mit geringen Innendrücken [121]. Die Elastizitätsberechnung eines Rohrstranges wird heute nur noch mit elektronischen Rechenanlagen durchgeführt, es soll deshalb hier nicht die gesamte Theorie dieses Verfahrens erläutert, sondern eher eine anschauliche Vorstellung geweckt werden. Für weitergehendes Studium sei auf das Schrifttum verwiesen [109, 110, 116, 117].

Wenn ein gerades, fest eingespanntes Rohr um $\Delta t = t_2 - t_1$ °C erwärmt wird, entsteht unabhängig von der Rohrlänge eine Spannung

$$\sigma = \alpha E (t_2 - t_1) \tag{102}$$

die schon bei Temperaturdifferenzen unter 100 Grad die Streckgrenze des St 35 erreicht und auf die Anschlußpunkte erhebliche Kräfte ausübt. Nun wird eine Rohrleitung jedoch nicht als geradlinige Verbindung von zwei Punkten im Raum, sondern im allgemeinen parallel zu den Gebäudeachsen verlegt. So entstehen Rohrschenkel, die durch die Wärmedehnung elastisch gebogen und verdrillt werden. Dabei wirken aber ungleich kleinere Kräfte als bei dem Versuch, die Wärmedehnung durch eine Verformung in Richtung der Rohrachse aufnehmen zu wollen. Ein Beispiel möge dieses verdeutlichen:

In Bild 109a ist ein Rohr aus 15 Mo 3 mit 114,3 mm Außendurchmesser und 6,3 mm Wanddicke geradlinig vom Koordinatenursprung A zum Punkt B ($x = 3, y = 5, z = 2$ m) verlegt. Wird dieses Rohr von 20 auf 480 Grad erwärmt, ohne daß es sich in seiner Längsrichtung ausdehnen kann, so übt es auf die Einspannpunkte eine Aktionskraft von 2207 kN in Richtung der Rohrachse aus – wenn aus Demonstrationsgründen unerwähnt bleibt, daß es dabei ausknicken oder sich plastisch

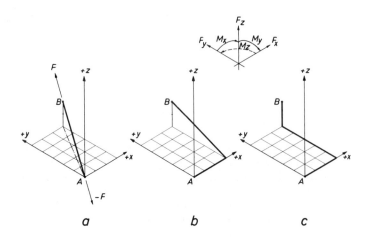

Bild 109:
Aktionskräfte und -Momente an Rohrleitungen

a   b   c

verformen würde. Die Zerlegung der Aktionskraft in die Komponenten in x, y und z-Richtung ist aus Tafel 1/III ersichtlich. Die Aktionskräfte und deren Komponenten sind an den Endpunkten des Rohres gleich groß, aber entgegengesetzt gerichtet.

Tafel 1/III: Aktionskräfte und -Momente der Rohrstränge nach Bild 109

		Bild 109a	Bild 109b	Bild 109c
Endpunkt A				
Kräfte kN	Fx	1078	1,620	0,908
	Fy	1789	4,207	3,065
	Fz	719	1,678	0,480
Momente Nm	Mx	0	6,76	— 428
	My	0	3139	1093
	Mz	0	—7782	5181
Endpunkt B				
Kräfte kN	Fx	—1078	—1,620	—0,908
	Fy	—1789	—4,207	—3,065
	Fz	— 719	—1,678	—0,480
Momente Nm	Mx	0	16,57	4160
	My	0	—1345	—1470
	Mz	0	3263	1053

Würden die Punkte A und B durch einen schief im Raum liegenden L-Bogen, wie im Bild 109b dargestellt, verbunden, so würden die Aktionskräfte wesentlich kleiner, aber zusätzlich auch Aktionsmomente wirksam werden. Die Wirkungslinie der Aktionskraft verläuft nun nämlich nicht mehr in der Rohrachse, sondern durch den Schwerpunkt des Systemes. Da dieser nicht symmetrisch zu den Endpunkten A und B liegt, sind auch die Aktions*momente* an beiden Endpunkten unterschiedlich groß, während die Aktions*kräfte* nach wie vor bis auf das Vorzeichen gleich sind. Das größte Aktionsmoment tritt an der Stelle auf, die am weitesten vom Schwerpunkt entfernt ist, das ist bei ungleichschenkligen L-Bogen – wie hier dargestellt – das Ende des kürzeren Schenkels. Durch die Aktionsmomente entstehen Achsialspannungen – Biegespannungen – welche an der Außenfaser des Rohres den Wert

$$\sigma_b = \pm \frac{M_b \cdot d_a}{2I} \qquad (103)$$

annehmen. Darin ist I das Trägheitsmoment des Rohres

$$I = 0{,}0491 \left(d_a^4 - d_i^4 \right). \qquad (104)$$

Wird die Leitung von A nach B durch drei achsparallele Schenkel wie in Bild 109c dargestellt verlegt, so vermindern sich Aktionskräfte und -Momente gegenüber Beispiel 109b – wenn nur der dem Betrag nach größte Wert unabhängig von der Richtung gewertet wird. Mit Bild 109c liegt nun ein räumliches System vor, während 109b eigentlich ein ebenes Rohrsystem ist, welches nur aus Vergleichsgründen schief gestellt wurde, um die Veränderung der Kräfte und Momente bei den drei Varianten zu zeigen. Auch beim räumlichen Rohrsystem verläuft die Aktionskraft durch den Schwerpunkt des Systems und die Erläuterungen zu Bild 109b gelten auch hier. Bei räumlichen Rohrsystemen treten aber außer Biegespannungen auch Torsionsspannungen in der Rohrwand auf. Sie haben an der Außenfaser die Größe

$$\tau = \frac{M_d \cdot d_a}{4I}. \qquad (105)$$

Das Entstehen des Torsionsmomentes M_d läßt sich mit Bild 109c dadurch verdeutlichen, daß der Rohrschenkel in der x-Achse bei seiner Wärmedehnung über den zur y-Achse parallelen Schenkel den Schenkel in z-Richtung verdrillt.

Die aus der Wärmedehnung entstehenden Kräfte und Momente sind direkt proportional dem Trägheitsmoment des Rohrquerschnittes, Einspannkräfte und -Momente sowie die Spannungen im Rohrwerkstoff sind also über die Wanddicke des Rohres zu beeinflussen, nachdem der lichte Durchmesser des Rohres durch die Druckabfallberechnung vorgegeben ist. Es wird deshalb immer zweckmäßig sein, von mehreren anwendbaren Röhrenstählen denjenigen mit der höchsten Warmfestigkeit auszuwählen, denn erfahrungsgemäß ist dieser auch der wirtschaftlichere.

Häufig wird die Frage der zulässigen Größe von Einspannkräften und -Momenten gestellt, die je nach verwendetem Rechenansatz verschieden beantwortet werden kann. Geht man von der Schubspannungshypothese aus, bleiben Spannungen, die kleiner als die Tangentialspannung aber größer als die Radialspannung, beide infolge Innendruck, sind, unberücksichtigt. Nach dieser Theorie könnten die Axialspannungen durch verhinderte Wärmedehnung sehr erhebliche Werte annehmen, ohne den Werkstoff zu schädigen, siehe auch Abschnitt IV, 3.1. Berechnungen auf Grund der Gestaltänderungs-Energiehypothese unter Einschluß der Längsspannungen durch verhinderte Wärmedehnung ergeben andererseits erfahrungsgemäß zu große Wanddicken, die wiederum große Wärmedehnkräfte nach sich ziehen. Es erscheint nicht sinnvoll, Spannungen, die zwar zum örtlichen Fließen des Werkstoffes, aber nicht zum Versagen des gesamten Systemes führen, als gleichwertig zu Spannungen zu addieren, die zum Versagen führen würden.

Häufig wendet man auch bei uns das Rechenverfahren nach ASME Boiler and Pressure Vessel Code, Section III an, nach welchem die Spannungen unterschieden werden nach Primärspannungen (Innendruck, Erdbeben), Sekundärspannungen (Wärmespannungen, Vorspannung) und Spitzenspannungen (Thermoschock, geometrisch bedingte Spannungssptitzen). Die Primärspannungen sind solche, die sich durch örtliches Fließen nicht selbst abbauen, während Sekundärspannungen durch örtliches

Tafel 1/IV: Richtwerte zulässiger Einspannkräfte und -Momente.

		Frischdampfleitung		Speisedruckleitung		Kalte ZÜ bzw. Entnahmeleitung		Heiße ZÜ bzw. Gegendruckleitung	
		F kN	Md kNm	F kN	Md kNm	F kN	Md kNm	F kN	Md kNm
Dampferzeuger Massenstrom kg/s	30	3÷5	3÷5	4	2	—	—	—	—
	140	4÷6	5÷20	5÷10	10÷20	3÷5	10÷20	3÷6	20÷40
	280	5÷12	30÷50	10÷20	20÷50	5÷10	20÷50	5÷10	40÷80
	420	10÷15	70÷100	20÷30	70÷100	15÷20	70÷100	20÷25	100÷120
	556	30÷50	100÷150	30÷50	100÷150	30÷50	100÷150	30÷35	120÷150
Turbinen Leistung MW	10	3÷4	3÷6	—	—	2÷3	3÷4	4÷5	5÷6
	30	4÷6	13÷15	—	—	4÷5	6÷7	8÷10	15÷20
	150	8÷10	25÷30	—	—	8÷10	25÷30	10÷12	30÷35
	300	10÷12	35÷40	—	—	10÷12	35÷40	12÷15	40÷50
	600	15÷20	50÷60	—	—	15÷20	50÷60	20÷25	60÷80
Pumpen Massenstrom kg/s	3			0,5	1				
	14			1	1				
	140			2	2				
	280			3	3				

Fließen abgebaut werden. Spitzenspannungen können zu Werkstoffermüdungen führen und gehen deshalb in die Lebensdauerberechnung der Leitung ein. Die Spannungen der drei Arten werden zuerst einzeln zusammengefaßt mit Streckgrenze oder Bruchfestigkeit des Werkstoffes verglichen. In ihrer Addition führen sie zu einer Vergleichsspannung, die mit zulässigen Werten in Kurvendarstellung zu vergleichen ist. Das Verfahren führt bei schwierigen Verhältnissen zu guten Ergebnissen [117].

Im Hinblick auf die Anschlußpunkte – Apparate, Dampferzeuger, Turbinen und Pumpen – dürfen aber nur wesentlich kleinere Kräfte und Momente, als es der maximal zulässigen Spannung im Rohr entspricht, zugestanden werden. Wie groß diese nun sein dürfen, hängt sehr von der Bauart des Apparates oder der Maschine ab, es gibt deshalb keine allgemein-gültigen Richtlinien. Um aber wenigstens eine Vorstellung zu vermitteln, sind in Tafel 1/IV einige Werte eingetragen, die als grobe Richtwerte zu betrachten sind. Um die Einspannkräfte und -Momente gering zu halten, werden warmgehende Leitungen fast immer unter Vorspannung verlegt. Bild 110 zeigt an einem einfachen Beispiel, welche

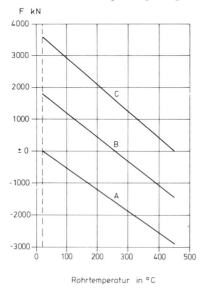

Rohrabmessung   : 168,3 · 5,6 mm , Länge 5000 mm
Werkstoff   : 15 Mo 3
Betriebstemp. t_b :   450°C E_{450} = 166.8 kN/mm^2
Montagetemp. t_m :   20°C E_{20} = 206 kN/mm^2

Freie Wärmedehnung $\Delta l = \alpha \cdot L (t_b - t_m) = 30{,}8$ mm

A. Vorspannung Null
Reaktionskraft bei 20°C   F = 0
             450°C   F = -2900 kN

B. Vorspannung 50 %
Reaktionskraft bei 20°C   F = 1800 kN
             450°C   F = -1450 kN

C. Vorspannung 100 %
Reaktionskraft bei 20°C   F = 3590 kN
             450°C   F = 0

Bild 110:
Wirkungsweise der Vorspannung

Wirkung das Aufbringen einer Vorspannung während der Montage auf die Einspannkräfte und Momente hat:

Verlegt man ein gerades Rohr, welches sich im Betrieb ausdehnt, so ergibt sich bei Vorspannung „Null" im heißen Zustand eine Reaktionskraft von etwa -3 000 kN. Schneidet man während der Montage schon die Hälfte der zu erwartenden Dehnung ab und zieht das Rohr auf seine Einbaulänge, so ergibt sich mit der Vorspannung 50% etwa die halbe Kraftamplitude im kalten Zustand, 1 800 kN, als Zugkraft und im warmen Zustand wiederum etwa die halbe Kraftamplitude, 1 450 kN, als Druckkraft. Wird die gesamte zu erwartende Dehnung während der Montage herausgeschnitten, so ist die Vorspannung 100%. Im warmen Zustand ist die Reaktionskraft an den Anschlußstellen „Null" aber im kalten Zustand 3 590 kN als Zugkraft. Weil mit zunehmender Temperatur der E-Modul des Stahles abnimmt, ist die höchste Reaktionskraft im betriebswarmen Zustand bei Vorspannung „Null" kleiner als der entsprechende Wert im kalten Zustand bei Vorspannung 100%.

Rohrleitungen im Temperaturbereich bis etwa 450 °C, mit der Warmstreckgrenze berechnet, werden unter rund 50–60% Vorspannung verlegt, weil dann die Kräfte und Momente im warmen wie im kalten Zustand etwa gleich groß sind. Sind aber Rohrleitungen im Bereich der Zeitstandsfestigkeit, also bei fortlaufender Dehnung des Rohrwerkstoffes eingesetzt, so kriechen sie in die Lage der geringsten Spannungen, das ist der 100 % vorgespannte Zustand; deshalb ist es üblich, von vornherein bei der Berechnung diese Verhältnisse zugrunde zu legen und eine entsprechende Vorspannung anzubringen.

1.6. Rohrunterstützungen und -Aufhängungen

Rohrführungen, Aufhängungen und Unterstützungen übertragen das Betriebsgewicht der Leitung, Isolierung und gegebenenfalls Wind- und Schneelasten sowie Zwangskräfte aus der Wärmedehnung auf die Unterkonstruktion. Die sorgfältige Konstruktion, Fertigung und Montage ist maßgebend für die Sicherheit der Leitung unter allen denkbaren normalen und abnormalen Betriebsbedingungen. Allgemeine Erläuterungen über die Berechnung der Unterstützungsabstände sind im Abschnitt IV, 3.9 enthalten, hier soll die konstruktive Ausbildung der Unterstützungen und Aufhängungen erläutert werden.

Die einfachste Form einer Rohrunterstützung besteht aus einem Stück Profilstahl, das mit dem Rohr verschweißt wird und entweder auf der Unterkonstruktion gleitet oder mit ihr durch Schweißen oder Schrauben fest verbunden ist (Bild 111a). Diese Bauart ist für einfache Leitungen gut verwendbar, hat aber bei legierten warmfesten Rohren den Nachteil, daß am druckführenden Rohr mit nachträglicher Wärmebehandlung geschweißt werden muß und für eine ausreichend dicke Isolierung kaum Platz bleibt. An hochwertigeren Leitungen werden daher Unterstützungen mit Schellen angeschraubt, wobei durch Zwischenlegen von Rundstählen die Wärmeleitung vom Rohr in die Unterkonstruktion vermindert werden kann (Bild 111b). Der Schellenwerkstoff muß für die Betriebstemperatur der Leitung geeignet sein. Bei Festpunktskonstruktionen kann durch Anschweißen von Knaggen ein Durchrutschen des Rohres verhindert werden (Bild 111c). Rohrschellen für Unterstützungen der hier beschriebenen Bauarten sind als Blechpreßteile für alle gängigen Rohrabmessungen von Fachfirmen erhältlich. Ein besonders zweckmäßiges Beispiel zeigt Bild 112.

Die Bilder 111a–c zeigen Gleit- oder Festlager für normale Verwendungszwecke. Gelegentlich wird gefordert, den Reibungswiderstand der Lager sehr gering zu halten. Das kann entweder durch Kugel- oder Rollenlagerung oder aber durch Einfügen von Teflonplatten verwirklicht werden. Teflonplatten zeigen auch nach längerem Gebrauch Reibungsbeiwerte von nur 0,01 bis 0,03 und genügen damit allen Ansprüchen, während Kugeln oder gar Rollen leicht durch eingedrungene Fremdkörper zum Blockieren gebracht werden können.

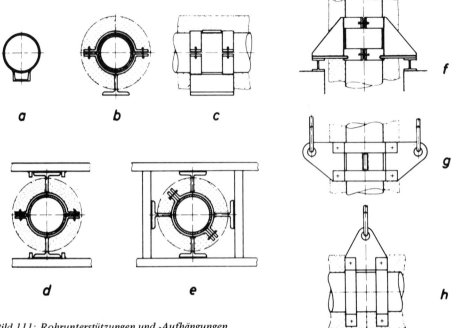

Bild 111: Rohrunterstützungen und -Aufhängungen

Die Unterstützungen Bild 111a–c erlauben eine Verschiebung des Rohres parallel und quer zur Rohrachse. Eine Bewegung quer zur Rohrachse kann durch Führungsleisten neben dem Gleitlager verhindert werden, wobei zweckmäßigerweise eine doppelseitige Führung vorgesehen wird, um ein Klemmen durch Kippmomente zu unterbinden (Bild 111d). Sehr exakte Führungen, die wie Bild 111d auch ein Abheben des Rohres unmöglich machen, sind die Rahmenkonstruktionen ähnlich Bild 111e, welche auch an vertikalen Rohrsträngen einsetzbar sind. Zwei mit einem bestimmten Abstand

Bild 112: Rohrschellen (Oswald Stein, Hamburg)

angeordnete Rahmen ergeben mit den notwendigen Verschraubungen oder Verschweißungen recht stabile Festpunktskonstruktionen.
Vertikale Rohrstränge werden durch Auflager ähnlich Bild 111f abgefangen und gegen Durchrutschen des Rohres mittels aufgeschweißter Knaggen gesichert. Analog dazu zeigen die Bilder 111g + h typische Aufhängungen eines vertikalen und eines horizontalen Rohrstranges. Aufhängekonstruktionen sind in der Regel einfacher und reibungsarmer als gleitende Auflager, doch achte man auf genügende Ankerlänge, um Biegebeanspruchungen (Kerbwirkung an Gewinden) klein zu halten.
Wenn die Rohrstränge vertikale Bewegungen durch Wärmedehnung ausführen, muß zwischen Rohr und Auflager ein elastisches Glied eingeschaltet werden. Im einfachsten Fall geschieht das durch Federhänger, an denen waagerechte oder senkrechte Leitungsabschnitte aufgehängt werden können (Bild 113) oder auf denen sie sich abstützen. Bild 114 zeigt einen Anwendungsfall in einem Kernkraftwerk. Federnde Elemente erlauben aber nur verhältnismäßig geringe Vertikalbewegungen des Rohres, etwa 50 bis 100 mm, darüber hinaus nimmt die Federkraft so sehr zu, daß sie untragbare Zwangskräfte auf Rohr und Unterkonstruktion ausübt.
Größere Vertikalbewegungen bei praktisch konstanter Stützkraft gestatten die sogenannten Konstanthänger, welche die veränderliche Federkraft durch Kurvenscheiben oder Winkelhebelkonstruktionen kompensieren. Gelegentlich werden auch Kompensationsfedern eingesetzt, die den Anwendungsbereich vergrößern oder aber auch die Konstanz der Stützkraft verbessern. Wegen der unvermeidlichen Reibungskräfte in den Lagern der Hebel wirken sich geringfügige Abweichungen von der geforderten vollkommenen Konstanz kaum aus.

Bild 114:
Abfangen eines vertikalen Leitungsabschnittes
mit zwei Federhängern. Vertikale Stoßbremsen
und Ausschlagsicherung durch eine Seilkonstruk-
tion begrenzen die Leitungsbewegung bei außer-
gewöhnlichen Betriebszuständen.
(LISEGA-Kraftwerkstechnik, Zeven-Aspe)

Bild 113:
Federhänger zur Halterung einer Rohrleitung
(LISEGA-Kraftwerkstechnik, Zeven-Aspe)

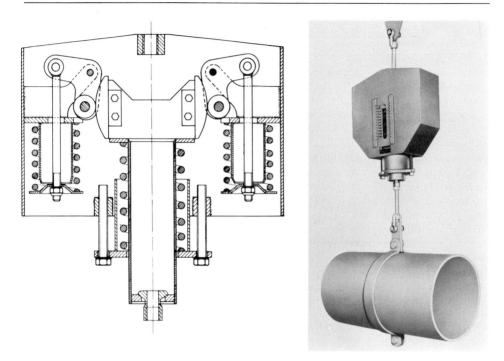

Bild 115:   *LISEGA-Konstanthänger. Wirkungsschema und Ansicht (LISEGA-Kraftwerkstechnik,*
               Zeven-Aspe)

Bild 115 zeigt ein Ausführungsbeispiel. Die Arbeitsweise beruht auf dem Zusammenwirken der Kraft aus einer Hauptfeder und der resultierenden Kraft aus einem Kräfteparallelogramm; wobei die resultierende Kraft in gleichem Maß abnimmt wie die Kraft aus der Hauptfeder bei Zusammendrückung zunimmt. Das Kräfteparallelogramm wird erzeugt durch seitlich angeordnete, vorgespannte Ausgleichsfedern, deren Federkräfte in einem bestimmten Winkel gegeneinander gestellt sind und auf den gleichen Bolzen wirken wie die vertikale Hauptfeder. Dieser Hauptbolzen stellt gleichzeitig die Verbindung mit der Last her. Senkt sich die Last ab, nimmt die Kraft aus der Hauptfeder entsprechend der Federkonstanten zu. Gleichzeitig werden die Ausgleichskräfte und deren Winkelstellung durch Hebel und Kurvenbahnen so verändert, daß die senkrechte Resultierende in exakt gleichem Maß abnimmt wie die Kraft der Hauptfeder zunimmt. Dadurch ergibt sich für den Hänger eine konstante Tragkraft.
Da die Ausgleichskräfte ausschließlich auf die Federkonstante der Hauptfeder abgestimmt sind, kann die Tragkraft des Hängers durch Vorspannen der Hauptfeder erhöht werden, ohne daß dadurch die Konstanz beeinflußt wird. Hieraus ergibt sich, daß derselbe Hänger für verschiedene Lasten einsetzbar ist.

Plötzliche Schaltvorgänge, wie zum Beispiel das Öffnen von Sicherheitsventilen oder Auslösen von Schnell-Abschaltorganen, können erhebliche Kräfte auf das Rohrsystem ausüben und zusätzliche Verankerungen erforderlich machen, die aber den normalen „langsamen" Rohrbewegungen durch Wärmedehnung folgen müssen. Bauelemente dieser Art sind als Stoßbremsen bekannt, deren Aufgabe darin besteht, plötzliche Bewegungen oder Resonanzschwingungen zu blockieren, langsamen

Verschiebungen des Systems jedoch ohne großen Widerstand zu folgen. Bild 116 zeigt eine Stoßbremse im Einbauzustand.

Je nach Konstruktionsprinzip unterscheidet man mechanische oder hydraulische Stoßbremsen. Bei
den ersteren wird die Längsbewegung einer Schubstange in die Drehung einer im Bremsenkörper befindlichen Spindel umgesetzt. Bei schnellen Bewegungen wird diese Drehbewegung blockiert, die
Stoßbremse wirkt wie eine starre Verbindung zwischen Rohr und Unterkonstruktion, wobei ein all-
zuhartes Greifen der Stoßbremse durch ein Federpaket vermieden wird. Die hydraulischen Stoßbremsen ähneln den vom Fahrzeugbau her bekannten Stoßdämpfern. Ein Kolben bewegt sich im
einem beiderseits mit Hydrauliköl gefüllten Zylinder. Bei langsamen Bewegungen strömt das Hydrauliköl durch ein durch Federkraft offengehaltenes Ventil im Kolben ungehindert von einem Zylinderraum in den anderen. Bei schnellen Bewegungen wird dieses Ventil durch den Druckanstieg in dem
vor dem Kolben liegenden Raum geschlossen, der Durchfluß von Hydrauliköl ist unterbrochen und
die Stoßbremse blockiert weitere Bewegung.

Der Reibungswiderstand bei langsamer Verschiebung beträgt etwa 1 % der Nennbelastung der Stoßbremse, bei Verschiebegeschwindigkeiten oberhalb 4 bis 8 mm/sec sprechen die Stoßbremsen an,
Schwingungen werden auf Amplituden unter ±2 mm im Frequenzbereich von 1 bis 35 Hz gehalten.

Bild 116: Stoßbremse mit Stoßbremsenrohrschelle
         im Einbauzustand
         (LISEGA-Kraftwerkstechnik,
         Zeven-Aspe)

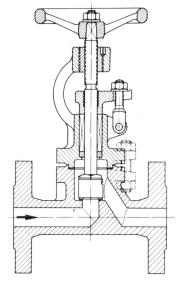

Bild 117: Absperrventil aus Schmiedestahl
          (Sempell Armaturen)

Die Stoßbremsen sind so konstruiert, daß sie bis zu 40 mal jährlich eine Stunde lang erhöhten Anforderungen standhalten (Notfallasten), bei einem Schadensfall im System etwa bei Rohrbruch, können sie noch höhere Beanspruchungen abfangen. Nach Überlastung ist im allgemeinen eine Überprüfung der Stoßbremsen erforderlich, nach Schadensfall-Belastung ein Austausch.

1.7. Armaturen

Die Schaltorgane in Rohrleitungsanlagen zum Regeln, Absperren, Rückflußverhindern der Massenströme werden pauschal als Armaturen bezeichnet. Sie lassen sich einmal nach dem Konstruktionsprinzip (Ventil, Schieber oder Hahn), zum anderen nach dem Verwendungszweck klassifizieren. Weitere Hauptunterscheidungsmerkmale sind die Art der Herstellung (gesenkgeschmiedet, Stahlguß, geschweißt), der Werkstoff, die Nennweite, der Nenndruck und die Einbauart (geschweißt, geflanscht oder Gewindemuffen). Nimmt man nun noch die Vielfalt der Herstellungsformen hinzu, ergibt sich ein recht breit gefächertes Sortiment, das bei richtiger Auswahl jedem Anspruch genügt. Hier können deshalb nur die wichtigsten Armaturen in Wärmekraftwerken erwähnt und die normalen Auswahlkriterien geschildert werden.

1.7.1. Absperrarmaturen

In Kraftwerken werden Ventile wegen ihres spezifisch höheren Druckverlustes im allgemeinen für Kleinleitungen bis etwa DN 80 verwendet, darüber Schieber, obwohl natürlich Ventile auch für Nennweiten über 80 bis etwa 300 käuflich sind. Die Bilder 117 bis 122 zeigen einige im Kraftwerksbau häufig verwendete Ventilbauarten. Im Nennweitenbereich 10 bis 50 und Nenndruckbereich 25 bis 160 werden gesenkgeschmiedete Gehäuse mit aufgesetztem Bügel und außenliegender Spindel verwendet. Der aufgeflanschte Deckel trägt eine lange Stopfbuchse mit Rückdichtung, damit bei völlig geöffnetem Ventil die Stopfbuchse während des Betriebes druckentlastet wird und nachgepackt werden kann (Bild 117). Für größere Nennweiten, 65 bis 150 und Nenndrücke 64 bis 160 werden die Ventilgehäuse

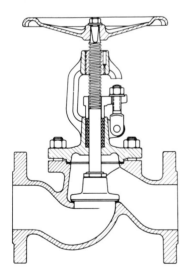

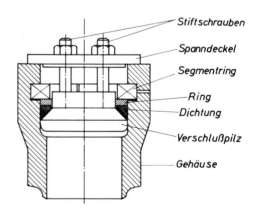

Stiftschrauben

Spanndeckel

Segmentring

Ring

Dichtung

Verschlußpilz

Gehäuse

Bild 118: Persta-Absperrventil aus gesenk-
geschmiedetem Stahl
(Stahl-Armaturen Persta)

Bild 119: Selbstdichtender Deckelverschluß

strömungsgünstig gegossen oder hohlgeschmiedet, die allgemeinen Konstruktionsprinzipien aber beibehalten (Bild 118). Im Nenndruckbereich oberhalb 160 wird der sogenannte selbstdichtende Deckelverschluß anstelle der Flanschverbindung eingesetzt, der in Bild 119 dargestellt ist. Ein pilzförmiger Verschlußdeckel wird durch den Innendruck über eine Deckeldichtung gegen einen geteilten nach innen herausnehmbaren Segmentring gepreßt. Zum Vorspannen des Deckels dienen die Stiftschrauben mit dem Spanndeckel. Diese Dichtungsart hat sich gut bewährt bei hohen Betriebsdrücken, da sie bei Druckerhöhungen über den geplanten Druck hinaus nicht nachgeben kann. Ein Ventil mit selbstdichtendem Deckelverschluß ist in Bild 120 zu sehen.

Bild 121 zeigt eine Ventilbauart, die häufig als Entlüftungs- oder Entwässerungsventil verwendet wird, gegebenenfalls als Doppelabsperrung, das heißt, es wird einem Ventil mit Regelkegel ein Ventil mit normalem Absperrkegel vorgeschaltet. Diese Kombination gestattet ein feinfühliges Regulieren des Ausflusses bei vollkommen geöffnetem Vorschalt-Absperrventil. Sollte das Regelventil einmal wegen der häufig sehr hohen Durchflußgeschwindigkeit erodieren, kann es nach Schließen des Absperr-

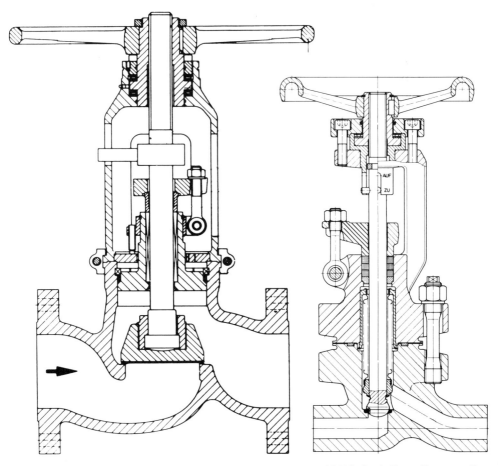

Bild 120: Absperrventil aus Stahlguß mit selbstdichtendem Deckelverschluß (Sempell Armaturen)   *Bild 121: Deckelloses Absperrventil (Deutsche Babcock AG)*

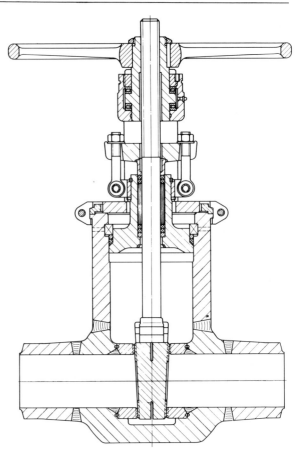

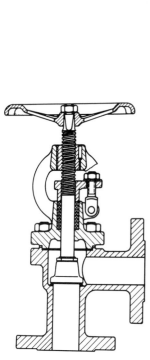

Bild 122:
Aufsatzventil in Eckform aus
gesenkgeschmiedetem Stahl
(Stahl-Armaturen Persta)

Bild 123: Hochdruckabsperrschieber mit elastischem
Keil (Sempell Armaturen)

ventils jederzeit ohne Betriebsunterbrechung repariert werden. Die hier dargestellte Bauart wird eingesetzt, wenn absolute Dichtheit des Ventilgehäuses nach außen gefordert wird, zum Beispiel bei Anwendungsfällen in Kernkraftwerken oder der chemischen Industrie. Zwischen Gehäuseunter- und -oberteil übernimmt eine Lippen-Schweißdichtung die Dichtfunktion, während die Kräfte von den Verbindungsschrauben aufgenommen werden. Ein Faltenbalg ist einerseits mit dem Ventilkegel, andererseits mit dem Gehäuseoberteil verschweißt, so daß die nachgeschaltete Stopfbuchse normalerweise keine Dichtungsfunktion hat. Bei einer anderen Ausführungsvariante dieses Ventiles besteht das Gehäuse aus einem gesenkgeschmiedeten Teil, das auch die Stopfbuchse ohne Deckelverschluß aufnimmt. Die Ventilspindel kann nach Lösen des Bügels durch die Stopfbuchse herausgezogen werden.

In einigen Nennweiten/Nenndruckbereichen sind auch Eckventile nach Bild 122 erhältlich, die oft eine geschickte Rohrführung ermöglichen. Obwohl die meisten hier abgebildeten Ventile als Flanschventile dargestellt sind, so sind sie natürlich auch als Einschweißventile lieferbar.

Bild 123 zeigt einen typischen Hochdruckschieber aus warmfestem Schmiedestahl mit elastischem Keil, der im Nenndruckbereich ab 160 für DN 50 bis 450 in Wärmekraftwerken häufig anzutreffen ist. In das aus mehreren Schmiederohlingen gebildete Gehäuse werden Sitzringe eingepreßt und geschweißt, der Deckel ist selbstdichtend gemäß Bild 119 ausgebildet. Bei geschlossenem Schieber ist der Gehäuseraum zur Aufnahme der Schieberplatten allseitig dicht abgesperrt. Befindet sich in diesem Raum Wasser oder Kondensat und wird der Schieber einseitig aufgeheizt – etwa durch Anfahren eines Dampfkessels – so baut sich durch die thermische Ausdehnung des Kondensates im Gehäuseraum ein erheblicher Druck auf, der das Öffnen des Schiebers erschwert oder sogar zum Bersten des Gehäuses führen kann. Es ist deshalb üblich, die Gehäuse mit einer Überdrucksicherung, die ohne Betriebsunterbrechung ausgewechselt werden kann, auszurüsten. Keilschieber werden nur ganz leicht in die Schließstellung gebracht, denn für den sicheren Abschluß sorgt der Differenzdruck, der den Keil fest gegen die druckabgewandte Sitzfläche drückt, und nicht etwa eine erhebliche elastische Verformung des Keiles.

Bild 124 zeigt einen Parallel-Hochdruckabsperrschieber mit innerer Überdrucksicherung, die den eben beschriebenen Druckaufbau bei Aufheizvorgängen vermeidet. Das Schiebergehäuse ist aus Schmiedestücken zusammengesetzt, der Deckel ist selbstdichtend wie bei der Bauart nach Bild 123. Das Absperrsystem dieses Schiebers besteht aus der Dichtplatte, Teil 7 in Bild 125, dem Dichtring 9 und den Schraubenfedern 6. Dichtplatte und Dichtring sind starr mit der Spindelaufhängung verbunden und tragen die Dichtfläche 5, 8 und 10. Im oberen Teil von Bild 125 ist die Funktion der Überdrucksiche-

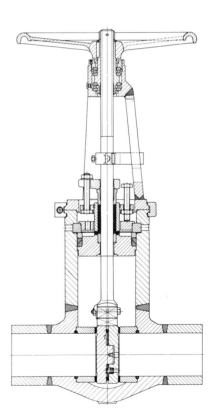

Bild 124: Hochdruckschieber mit druck-
elastischer Dichtung
(Deutsche Babcock AG)

rung bei der bevorzugten Druckrichtung des Absperrschiebers, Pfeil „A", dargestellt. Die Dichtplatte wird durch den Druck des Mediums und der Schraubenfedern gegen die Dichtflächen des Dichtringes 3 gepreßt. Zwischen Dichtplatte 7 und Dichtring 9 ist ein Spalt „f", weil der Dichtring nicht gegen die Dichtplatte gepreßt wird, vor und hinter dem Dichtring herrscht der Druck des Mediums. Durch den Spalt ist das Schiebergehäuse mit der Druckseite über die Bohrungen im Dichtring verbunden, ein Überdruck kann in ihm nicht entstehen.

Der untere Teil des Bildes 125 zeigt die Überdrucksicherung bei der entgegengesetzten Druckrichtung, hier mit „B" bezeichnet. Dichtring 9 und Dichtplatte 7 werden gemeinsam gegen den druckabgewandten Sitzring gedrückt, die Dichtfläche 5 sperrt den Durchgang vom Schiebergehäuse zur druckabgewandten Seite. Nun bildet sich der Spalt „f" zwischen druckseitigem Sitzring 3 und Dichtplatte 7 aus, im Schiebergehäuse kann auch in diesem Falle kein Überdruck entstehen, allerdings soll hierbei eine Druckdifferenz von 5 bis 10 bar zu sicheren Abdichtung nicht unterschritten werden.

An großen Dampferzeugern, im Bereich über 250 MW hat man häufig zwei bis vier Frischdampf-Austritts-Stutzen, je einen oder zwei an jeder Seite des Dampferzeugers. Die Dampfströme werden gewöhnlich in einem Y-Formstück vereinigt und in eine Mischstrecke geführt, welche eventuell mögliche Temperaturunterschiede ausgleichen soll, ehe der Dampf in die Turbine tritt. Im Verlauf dieser Mischstrecke kann auch der Heißdampf-Absperrschieber angeordnet werden. Durch eine besondere Form der Absperrarmatur lassen sich Y-Formstücke und Armaturengehäuse in einem Stück und damit

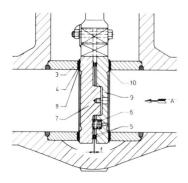

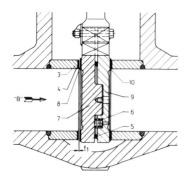

Bild 125: Druckelastischer Dichtring
(Deutsche Babcock AG)

kostengünstiger ausführen. Bild 126 zeigt eine solche Armatur im Schnitt und als Ansicht. Es handelt sich um ein Ventil, welches in voll geöffnetem Zustand keinen größeren Druckverlust aufweist, als ein normales T-Stück. Bei abgesperrtem Kessel hält der Dampfdruck das Ventil dicht, und um es auch gegen den Dampf- oder sogar Probedruck öffnen zu können, wird in der ersten Öffnungsphase nur ein

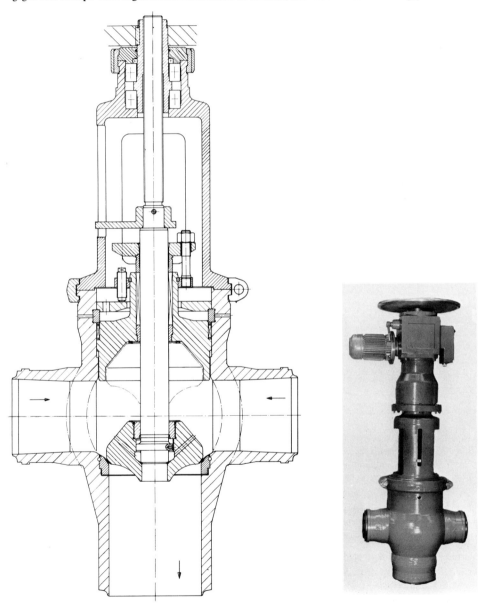

Bild 126: Kreuzventil mit Vorhubkegel in Schnitt und Ansicht (C. H. Zikesch GmbH)

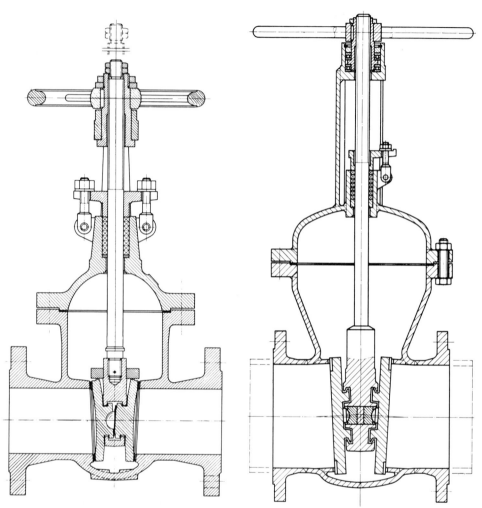

Bild 127: *Absperrschieber mit außenliegendem*
Spindelgewinde und geschmiedetem
Gehäuse ND 40. Ab Sitznennweite 200
mit Kugellager an der Spindellagerung.
(VAG Armaturen GmbH)

Bild 128: *Absperrschieber mit Gehäuse aus*
gepreßten Kesselblech (Thyssen
Industrie AG, Maschinenbau,
Ruhrpumpen)

Vorhubkegel angehoben. Nach Druckausgleich bereitet das Öffnen des Hauptkegels keine Schwierigkeiten. Das Foto zeigt diese Armatur mit aufgesetztem Antrieb.

Im Mittel- und Niederdruckbereich werden entweder gegossene oder geschmiedete Schiebergehäuse mit Deckelflansch (Bild 127) verwendet oder aber aus Kesselblech gepreßte und geschweißte Gehäuse (Bild 128). Beide Abbildungen zeigen sogenannte Rundschieber, das heißt mit kreisförmiger Deckeldichtung, während als Flachschieber solche mit rechteckiger Deckelflanschform bezeichnet werden. Letztere werden im allgemeinen nur für geringe Betriebsdrücke gebaut.

Die Beschreibung der Absperrarmaturen wäre unvollständig ohne einige Hinweise auf die Antriebsarten und Gestänge. Die größeren Armaturen werden selten direkt von Hand betätigt, sondern über Gestänge mit Stirnrad- oder Kegelradgetrieben. Durch die Getriebe werden die zur Betätigung der Armaturen erforderlichen Drehmomente herabgesetzt auf den zumutbaren Wert von etwa 1 000 N Handkraft mal Raddurchmesser. Kegelrad- und Stirnradgetriebe gestatten außerdem räumlich geschickte Anordnung der Flursäulen oder Handräder wie in Bild 129 angedeutet. Können die Verbindungsgestänge nicht achsparallel verlegt werden, oder ändert die Armatur infolge Wärmedehnung des Rohrstranges ihre Lage, werden Kreuzgelenke mit Dehnungsmuffen eingebaut, die eine Winkelabweichung bis zu 20° aufnehmen.

An alle größeren Armaturen kann ein Elektroantrieb entweder direkt oder über ein Getriebe angebaut werden, der von der Warte aus geschaltet wird, wobei häufig die Stellung der Armatur rückgemeldet wird. Bei Hauptarmaturen empfiehlt sich eine Umschaltkupplung, um bei Stromausfall von Hand eingreifen zu können.

1.7.2. Rückschlagventile und -Klappen

Diese Armaturen sind nur in einer Richtung durchströmbar, ein Gegenstrom bringt sie durch das Eigengewicht der Klappe oder des Ventilkegels unterstützt durch Gewichte oder Federn zum Abschluß. Rückschlagventile können als absperrbare Armaturen gebaut sein, die wahlweise die Funktion eines Absperrventiles oder eines Rückschlagventiles übernehmen können (Bild 130), weil sich der

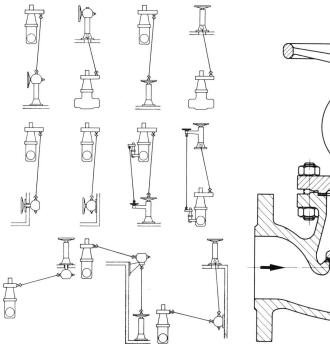

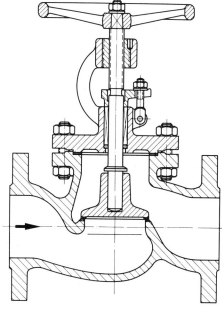

Bild 129: Anordnungsbeispiele von Getrieben (Sempell Armaturen)

Bild 130: Absperrbares Rückschlagventil (Sempell Armaturen)

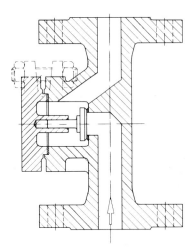

Bild 131: Rückschlagventil
(Sempell Armaturen)

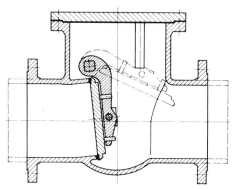

Bild 132: Niederdruck-Rückschlagklappe
(Thyssen Industrie AG,
Maschinenbau, Ruhrpumpen)

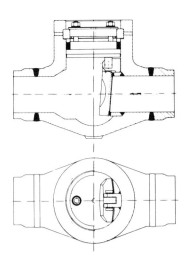

Bild 133: Hochdruck-Rückschlagklappe
(Deutsche Babcock AG)

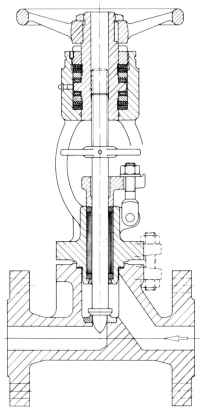

Bild 134: Regelventil (Sempell Armaturen)

Kegel durch die Spindel niederhalten, aber nicht aufziehen läßt. In der einfachsten Form sind sie jedoch Ventile ohne äußere Verstelleinrichtung, die von den Strömungskräften allein geschaltet werden (Bild 131).

Bild 132 zeigt eine für den Nenndruckbereich 10 bis 40 konstruierte Rückschlagklappe mit Gewicht und aus Blechpreßteilen gebildetem Gehäuse. Eine für den Hochdruckbereich mit den Merkmalen der Hochdruckarmaturen entwickelte Bauart zeigt Bild 133. Große Rückschlagkleppen für Kühlwasserleitungen werden oft mit Ölbremsen versehen, um den Druckstoß bei plötzlichem Schließen klein zu halten. (Siehe auch Kapitel IV 3.10.)

1.7.3. Regelventile

Die üblichen Ventile eignen sich nur bedingt zum Regeln des Durchflusses, weil schon nach kleinem Hub des Ventiltellers ein großer Öffnungsquerschnitt freigegeben wird. Ähnlich liegen die Verhältnisse bei Schiebern, in denen zudem in halbgeöffnetem Zustand die Schieberplatten selten eindeutig fixiert sind. Zum Regeln geeignete Ventile sind deshalb durch einen in den Ventilsitz eintauchenden Kegel gekennzeichnet, der beim Öffnen zunächst nur einen kleinen Ringspalt freigibt, der sich bei weiterem Öffnen nach einer vorbestimmten Funktion vergrößert (Bild 134). Da an der Ventilspindel, besonders bei größeren Druckdifferenzen, erhebliche Strömungskräfte angreifen, werden Ventile großer Nennweite teilweise mit doppelter Spindelführung gebaut.

Bei der Bauform Bild 135 werden die vom Ventil verlangten Funktionen „Dichten" und „Regeln" durch zwei verschiedene Teile der Ventilspindel ausgeführt. Der Ventilkegel übernimmt die Dichtfunktion, während viele kleine Bohrungen im glockenförmigen unteren Teile der Spindel zunehmend mit dem Spindelhub freigegeben werden und damit die Regelfunktion übernehmen. Da diese Bohrungen rotationssymmetrisch zur Spindel angebracht sind und nur Strahlen kleinen Querschnitts freigeben, die durch Verwirbelung schnell ihre Intensität verlieren, werden Erschütterungen und Vibrationen bei der Betätigung des Ventils vermieden. Zahl und Durchmesser der Bohrungen im Regelteil bestimmen die Regelcharakteristik.

Wenn der Durchfluß kompressibler Medien bei überkritischen Druckdifferenzen zu regeln ist (Reduzierstationen), wird der Druckabbau zumeist auf mehrere Stufen verteilt: Dem Ventilkegel werden Lochscheiben nachgeschaltet und in jeder Stufe annähernd mit kritischem Druckverhältnis entspannt.

Regelventile können Ursprung erheblicher Geräusche und Vibrationen sein, sie sollten nicht unmittelbar vor Krümmungen oder Formstücken angeordnet sein [122, 123] siehe auch Bild 142, S. 418.

Regelventile werden zumeist durch Elektroantriebe oder hydraulische Stellantriebe bewegt, die ihr Kommando von Reglern erhalten. Die wichtigsten Einsatzformen in Wärmekraftwerken sind:

Konstanthalten eines Behälterfüllungsstandes z.B. als Speisewasserregler,
Konstanthalten eines Druckes als Reduzierstation oder Überströmregler,
Konstanthalten einer Temperatur z.B. durch Zumischen eines Kühlwasserstromes durch das Einspritzwasser-Regelventil zum Dampfstrom.

1.7.4. Sicherheitsventile

Durch Sicherheitsventile wird der Druck in einem Behälter oder Rohrsystem auf einen vorher festgelegten Wert begrenzt. Im Prinzip wird dem Druck des Mediums unter den Ventilkegel eine durch Gewicht, Federkraft oder Zusatzbelastung entgegengerichtete Kraft bestimmten Größe entgegengesetzt. Die konstruktiven Einzelheiten aller Ventile dienen der Aufgabe, Ventile zu schaffen, die bis zum Erreichen des Öffnungsdruckes vollkommen dicht sind, dann aber schlagartig öffnen, große Massenströme durchsetzen und nach Absenken des Druckes um etwa 3–6 %

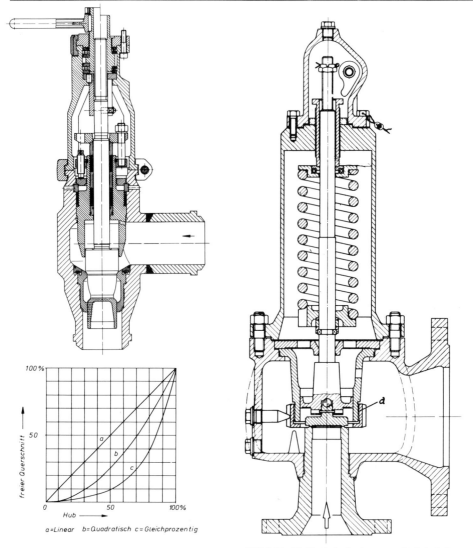

100%

50

freier Querschnitt ——→

0   50   100%

Hub ——→

a=Linear   b=Quadratisch   c=Gleichprozentig

Bild 135:
Wasser-Regelventil (C.H. Zikesch GmbH)

Bild 136: Vollhub-Sicherheitsventil, federbelastet,
mit Stellring (Sempell Armaturen).
a) Stellring

des Öffnungsdruckes genau so schnell und sicher zu schließen. Sicherheitsventile lassen sich in folgende Gruppen unterteilen: Direkt über Gewicht oder Feder belastete, hilfsgesteuerte und zusatzbelastete Ventile [112]. Die Auswahl und Bemessung von Sicherheitsventilen orientiert sich an den gesetzlichen Forderungen oder Richtlinien, z.B. TRD 401 und AD-Merkblatt A2.

Bild 136 zeigt ein federbelastetes Vollhub-Sicherheitsventil in Eckbauform, welches vorzugsweise für Dampfleitungen verwendet wird. Der an der Sitzfläche gepanzerte Ventilkegel wird über eine Kugel gegen den Gehäusesitz gepreßt und beim Öffnen in einer hartverchromten Gleitbüchse genau achsparallel geführt. Von besonderer Bedeutung ist die Wirkung des Stellringes: Kurz vor dem Öffnen des Ventiles halten sich Federkraft und Dampfdruck mal Ventilquerschnittsfläche annähernd die Waage, dadurch wird die Anpreßkraft am Ventilsitz annähernd Null. Hat der Ventilkegel bei weiterem Steigern des Druckes dann abgehoben, baut sich in dem durch Ventilsitz, Stellring und Gleitbüchse gebildetem Umlenkraum ein Zwischendruck auf, der das Öffnen des Ventils bis zum Anschlag unterstützt. Nach Schließen des Ventiles entfällt diese Zusatzkraft und der Ventilkegel liegt wieder fest auf dem Gehäusesitz an, ohne eine labile Zwischenstellung zu durchlaufen. Durch die einstellbare Höhenlage des Stellringes in bezug auf den Ventilsitz wird die bis zum Schließen des Ventiles gewünschte Druckabsenkung eingestellt.

Die unangenehmste Beanspruchung tritt an Sicherheitsventilen kurz vor dem Öffnen ein, wenn die Kräfte am Ventilkegel annähernd im Gleichgewicht sind. In diesem Zustand können schon geringe Dampfmengen austreten, ohne daß die Vollhubhilfe wirksam wird. Bleibt das Ventil längere Zeit diesem Zustand ausgesetzt, kann bei größeren Ventilen ein Verziehen des Sitzes durch ungleichmäßiges Erwärmen oder auch Erosionsverschleiß an der Dichtfläche nicht ausgeschlossen werden. Ist aber der Ventilsitz undicht geworden, muß die Anlage meist zur Reparatur stillgesetzt werden. Diese Überlegung führt entweder zum Einbau von zwei wechselseitig zu benutzenden und absperrbaren (was erlaubt ist, wenn sichergestellt wird, daß ein Ventil immer betriebsbereit ist) Ventilen, oder zum Einbau von gesteuerten Sicherheitsventilen mit ein oder zwei wechselseitig benutzbaren Pilotventilen. Als Hilfsmedium wirkt der Dampf in einem Steuerzylinder, und zwar entweder zum Öffnen des Ventiles (Arbeitsstromprinzip) oder aber zum Geschlossenhalten des Ventiles (Ruhestromprinzip).

Bild 137 zeigt eine Ausführungsform des letzten Prinzips: Das Ventilgehäuse ist als Druckkörper ausgebildet, der mehrere Zu- und Abströmstutzen tragen kann. Auf diese Weise läßt sich das Ventil ohne zusätzliche Leitungen in den Verlauf der Hauptleitung integrieren. In den Druckkörper ist das Hauptventil ohne Stopfbuchsen eingesetzt. Der normale Betriebsdruck wirkt in den Räumen A, B und C und belastet den Hauptkolben mit sehr hohen Dichtkräften. Die Steuerleitung verbindet die Räume B und C mit der Steuerung. Spricht diese wegen Drucküberschreitung oder durch Auslösen von der Warte aus an, so wird die Steuerleitung zur Atmosphäre hin geöffnet. Der Druck in den Räumen B und C sinkt schnell, da einer großen Abströmung nur eine geringe Zuströmung durch eine Auffüllbohrung, die achsial durch den Kolben geht und die Räume A und C verbindet, gegenübersteht. Der hohe Betriebsdruck unter dem Hauptkolben öffnet das Ventil.

Während der Öffnungsbewegung wird die Abströmung aus dem Dämpfungsraum B und dessen Volumen verringert, damit steigt der Druck in diesem Dämpfungsraum und fängt den Kolben ohne Federn oder Ölbremse ab. Wird die Steuerleitung nach Druckabsenkung wieder geschlossen, baut sich in den Räumen B und C durch die Auffüllbohrung schnell wieder ein Druck auf, der das Ventil schnell schließt, weil der statische Druck über dem Kolben wegen der hohen Strömungsgeschwindigkeit geringer als in der Auffüllbohrung ist.

Die Zeitspanne bis zum vollen Öffnen des Ventiles läßt sich in drei Abschnitte unterteilen: Bei Einleiten der Öffnungsbewegung durch das dampfgesteuerte Pilotventil gibt es praktisch keine Verzögerungen bis zur Druckabsenkung in der Steuerleitung, etwa 0,5 sec später sind die Räume B und C drucklos und 0,1 sec später ist der Hauptkolben in seiner Endlage. Wird die Öffnung durch das Magnetventil eingeleitet, gibt es eine Verzögerungszeit von etwa 0,3 sec zusätzlich. Insgesamt kann man mit Zeitspannen zwischen 1 und 1,5 sec rechnen.

Das rechts in Bild 137 gegenüber dem Hauptventil vergrößert dargestellte Dampfsteuerventil besteht aus dem federbelasteten Vollhubsicherheitsventil als Impulsventil und dem Steuerrückschlagventil als Entlastungsventil. Steigt der Betriebsdruck bis zum Öffnungsdruck, öffnet der Kegel die Druckent-

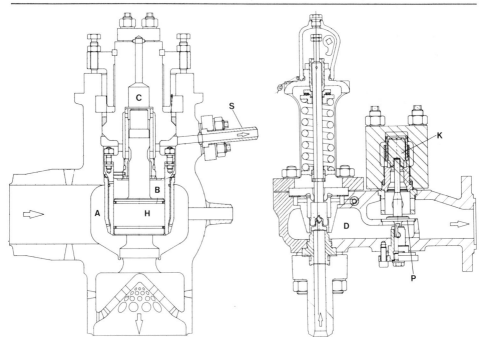

Bild 137: Gesteuertes Sicherheitsventil und Dampfsteuerventil (Sempell-Armaturen) Steuerleitung S, Hauptkolben H, Rückschlagkegel K, Prallplatte P, Rückschlagkegel R. Erläuterung siehe Text.

nahmeleitung und setzt den Raum D unter Betriebsdruck. Die Prallplatte wird hochgedrückt und öffnet den Rückschlagkegel. Durch die Steuerleitung (hier nicht dargestellt, senkrecht zur Bildebene) werden die Räume B und C des Hauptventiles entlastet, das Hauptventil öffnet.

Sinkt der Betriebsdruck bis zum Schließdruck, schließt der Kegel die Druckentnahmeleitung, wodurch der Druck im Raume D abfällt und die Prallplatte durch Eigengewicht und durch Druckaufbau über dem Rückschlagkegel nach unten bewegt.

Die sichere Funktion der Ventile hängt von einer genauen Befolgung der Einbauanweisungen ab. Durchmesser und Länge der Steuerleitung sowie das Gefälle von Steuer- und Impulsleitung zur Kondensatabfuhr sind von großem Einfluß. Der Druckabfall in der Impulsleitung – und das gilt für alle Sicherheitsventile – darf nicht größer als 3 % des Öffnungsdruckes sein, sonst neigt das Ventil zum Flattern. Kondensat in Steuer- und Impulsleitung verzögert durch Ausdampfen das Öffnen des Hauptventiles. Sicherheitsventile können auch durch ein zusätzlich aufgebautes Magnetventil von der Warte aus betätigt werden. Der Öffnungsvorgang wird durch Betätigen des Rückschlagventiles eingeleitet. Der aus dem Hauptventil strömende Dampf ist zweimal kritisch entspannt – zuerst am Ventilkegel, dann an der Glockenblende. Der Druck in der Ausblaseleitung ist also ungefähr 20 % des Druckes vor dem Ventil. Nachgeschaltete Schalldämpfer sind hierfür zu bemessen.

Während bei den gesteuerten Sicherheitsventilen der Dampf selbst zu Steuerung benutzt wird, benötigen die zusatzbelasteten Sicherheitsventile ein zusätzliches Steuermedium. Die Wirkungsweise wird aus Bild 138 ersichtlich.

Die Belastungsluft über dem Kolben (1) wird durch parallel wirkende Steuerglieder (4) überwacht. Die Steuerglieder wiederum werden von Steuerfahnen an den Impulsgebern (3) geführt. Aus dem Netz

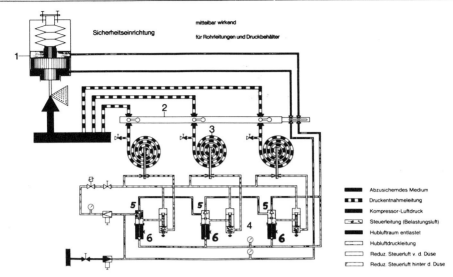

Bild 138: Zusatzbelastetes Sicherheitsventil (Bopp & Reuther GmbH)

strömt Druckluft über das mit einem Keramikfilter kombinierte Druckminderventil, dann über das zweite Druckminderventil in die Düsen. Solange die Steuerfahnen den Weg freigeben, wird die Steuerluft von den gegenüberliegenden Fangdüsen aufgenommen und den Membranen zugeleitet. Die Steuerglieder (5) erhalten damit ausreichende Schließkraft. Bei Druckanstieg durchschneiden die Steuerfahnen der Impulsgeber den Luftstrom und entlasten damit die Steuerglieder. Die Steuerkegel (6) lassen die Entlastungsluft entweichen, dadurch fällt der Druck über dem Kolben (1) ab, womit die zusätzliche Dichtkraft des Sicherheitsventiles aufgehoben wird. Bei Druckabfall in der Dampfleitung erfolgt sinngemäß der umgekehrte Vorgang, der Druck der Belastungsluft baut sich wieder auf. Im Normalbetrieb werden je Steuergerät 2m³/h Luft (gemessen im Normzustand) verbraucht, beim Abblasen der Sicherheitsventile erhöht sich der Luftverbrauch auf etwa 10 m³/h (Normzustand).

Bei großen Dampferzeugern wird der Dampf nach Ansprechen der Hochdruck-Sicherheitsventile nicht in's Freie, sondern in die kalte Zwischendruckleitung geleitet, damit der Zwischenüberhitzer weiterhin dampfdurchströmt und damit vor Überhitzung geschützt wird. Analog wird der Zwischendruckdampf nach Austritt aus dem Zwischenüberhitzer in den Kondensator geleitet. Auf diese Weise wird eine Umweltbelastung durch Lärm oder – bei Kernkraftwerken – durch Radioaktivität im Dampf verhindert. Außerdem wird Verlust von vollentsalztem und damit teurem Wasser vermieden.

Ableitung von Hochdruckdampf in die Zwischendruckleitung ist ein üblicher Vorgang beim Anfahren der Dampferzeuger, deshalb war es naheliegend, die Aufgaben der Sicherheits- und Anfahrventile einer kombinierten Armatur zu übertragen. Diese kann von der Warte aus als motorgetriebene Reduzierstation betätigt werden, während im Gefahrenfalle der Antrieb abgekuppelt wird und die Armatur schlagartig öffnet [124, 125].

1.7.5. Sonderarmaturen

Zum Mischen und Umsteuern von Massenströmen oder zum gegenseitigen Verriegeln von parallel geschalteten Sicherheitsventilen dienen Wechselventile Bild 139. Eine Spezialform dieser Wechsel-Ventile wird zur Absicherung von Hochdruckvorwärmern eingesetzt.

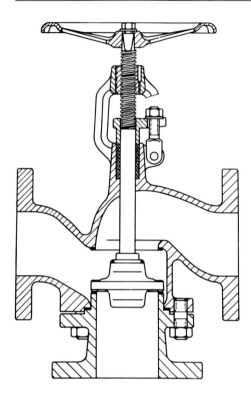

*Bild 139: Wechselventil aus gesenkgeschmie-
detem Stahl (Stahl-Armaturen
Persta)*

Werden die Vorwärmerrohre schadhaft, muß die Speisewasserzufuhr zum Vorwärmer von der Pumpe
und der Rückfluß aus dem Dampferzeuger augenblicklich abgesperrt und gleichzeitig eine Bypassleitung geöffnet werden, damit der für wesentlich niedrigere Drücke ausgelegte Vorwärmermantel
geschützt aber auch eine konstante Speisewasserzufuhr zum Dampferzeuger gesichert ist. Das zwangs-
läufige Umschalten läßt keine Druckstöße entstehen, doch sollte das in der Bypassleitung zu beschleu-
nigende Wasservolumen möglichst klein sein.
Im Normalbetrieb ist der Druck am Eintritt in das erste Wechselventil größer als in der Bypassleitung,
weil beim Durchströmen des oder der Vorwärmer Druckabfälle eintreten. Diese Druckdifferenz hält
die Kegel der Ventile zuverlässig offen und zur Bypassleitung dicht. Ein Niveauwächter gibt bei auftretenden Schäden im Vorwärmer außer der Alarmmeldung einen Impuls auf das Magnet-Steuerventil, welches öffnet und die Zylinderräume A der Ventile entlastet. Die Zylinderräume B erhalten
über eine kleine Bohrung den vollen Speisewasserdruck, der die Kegel in Schließstellung fährt. Das
Speisewasser fließt nun durch die Bypassleitung zum Dampferzeuger.
Schließt das Magnet-Steuerventil, so bleibt das pumpenseitige Wechselventil nur geschlossen, wenn
der Speisewasserdruck im Vorwärmer mehr als 10 % unter dem Pumpendruck liegt und nicht ansteigt. Bei Probeschaltungen mit dem vollen Betriebsdruck öffnen deshalb die Wechselventile, wenn
das Magnet-Steuerventil geschlossen wird und nehmen den Vorwärmer sofort wieder in Betrieb. Dies
geschieht, weil die Kolbenfläche in Zylinderraum B um die Fläche der nach außen geführten Kolben-
stange kleiner ist, als die Kolbenfläche im Zylinderraum A. Die Kolben sind außerdem so bemessen,
daß ein Öffnen zum drucklosen oder wesentlich druckniedrigerem Vorwärmer unmöglich ist. Hier-

durch wird schlagartiger Druckaufbau in den Vorwärmerrohren verhindert. Beim Anfahren oder nach einem Schadensfall wird der Vorwärmer durch eine Fülleitung von der Speisepumpe erst aufgefüllt, ehe sich die Wechselventile öffnen lassen oder selbsttätig öffnen. Bei niedrigen Betriebsdrücken entlastet das geöffnete Ventil VKS-1 den Zylinderraum B soweit, daß der Kegel in Offenstellung fahren kann.

Das Magnetsteuerventil sollte nach dem Umschalten bald wieder geschlossen werden, da ein längeres Durchströmen über die Steuerleitung zu Erosionen führen könnte. In Bild 140 wird der Schließimpuls von der elektrischen Stellungsanzeige über die zeitverzögerten Schütze eingeleitet.

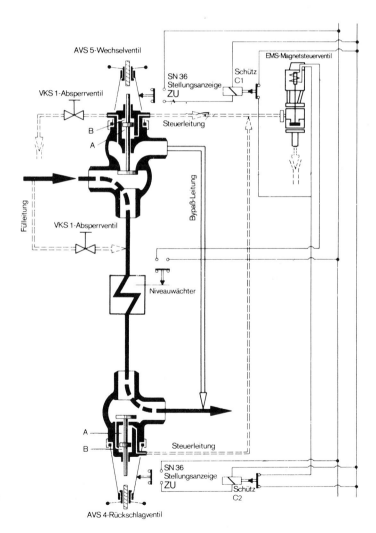

Bild 140:
Vorwärmerabsicherung
(Sempell-Armaturen)

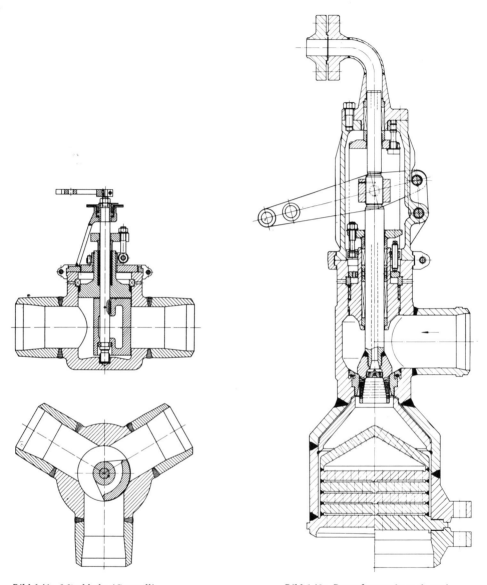

Bild 141: Mischhahn (Sempell)   **Bild 142: Dampfzustandsregelventil**
                                                              (C.H. Zikesch GmbH)

Zum Mischen – nicht zum dichten Abschluß – können auch Hähne, Bild 141, dienen. Zur Regelung der Heißdampftemperatur von Dampferzeugern wird gelegentlich ein Teil des Heißdampfes in einem Wärmetauscher gekühlt und dem Hauptstrom wieder zugegeben. Die Temperaturregelung wird also durch Regelung der zu kühlenden Teilmenge ersetzt.

In Wärmekraftwerken besteht häufig die Aufgabe, Dampfdruck und -Temperatur auf einen niedrigeren Wert herabzusetzen. Hierzu werden kombinierte Drossel- und Kühlstationen, auch Dampfzustands-Regelventile (Bild 142) genannt, verwendet. Im Armaturengehäuse wird der Druck durch einen Drosselkegel herabgesetzt und gleichzeitig vollentsalztes Wasser in den sehr turbulenten Dampfstrom gespritzt. Der Drosselkegel löst den Dampfstrahl über Bohrungen weitgehend auf, den weiteren Druckabbau übernehmen die nachgeschalteten Lochblenden.

Bei der Anordnung solcher Reduzierstationen soll dem Geräuschschutz besondere Beachtung zukommen. Der Druckabbau ist selten auf den Bereich des Drosselkegels beschränkt, sondern vollzieht sich noch in der anschließenden Rohrleitung. Bei überkritischem Druckgefälle sind Geräusche, Erschütterungen und Schwingungen des Systemes meist durch Einbau von Drosselscheiben zu vermindern. Der Druck baut sich dann nämlich kontrolliert an jeder Drosselstelle kritisch ab anstatt durch Strahlturbulenz in der Leitung. In jedem Falle vermeide man jedoch Bögen kurz hinter dem Reduzierventil, sondern lasse der Strömung eine Beruhigungsstrecke von mindestens 10−30 mal Rohrdurchmesser [122, 123].

Dampferzeuger und Rohrleitungen in Wärmekraftwerken werden vor der ersten Inbetriebnahme im allgemeinen innen mit einer schwach-sauren Beizlösung gespült, um lockere Oxide, Walzzunder, Sandanbackungen an der Wand zu entfernen. Anschließend werden die gelösten Partikel über für diesen

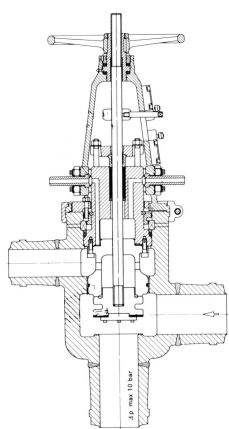

*Bild 143: Ausblase-, Beiz- und
          Spüleinsatz für Ventile
          zur Vorwärmer-Absiche-
          rung, Bild 140*

Zweck angebrachte Ausblaseleitungen entfernt. Das Verfahren zur Reinigung des Wasser-Dampf-Kreislaufes wurde von Rau [128] ausführlich beschrieben. Um Beschädigungen der harten Dicht- und Laufflächen von Armaturen zu vermeiden, werden Ausblase-, Beiz- und Spüleinsätze anstelle der „normalen" Einbauteile vorübergehend eingebaut. Bild 143 zeigt Einbauteile für ein Ventil zur Vorwärmer-Absicherung, die zuvor beschrieben wurde. Zwischen Beiz- und Armaturenfirma muß abgestimmt werden, welche Säuren bei den vorhandenen Armaturenwerkstoffen unbedenklich verwendet werden können, gegebenenfalls müssen Dichtflächen durch Schutzlack abgedeckt werden.

1.7.6. Kondensatableiter

Beim Anwärmen und Abstellen von Heißdampfleitungen sowie an sattdampfführenden Leitungen und dampfbeheizten Wärmetauschern bildet sich Kondensat, das aus dem System abgezogen werden muß. Diese Aufgabe übernehmen Kondensatableiter, die entweder als Kondenstöpfe oder als thermische Ableiter gebaut sein können.

Kondenstöpfe arbeiten nach dem Prinzip eines Niveaureglers. In einem unter Betriebsdruck stehenden Gehäuse sammelt sich das Kondensat, bis der mit dem Flüssigkeitsspiegel steigende Schwimmer ein Ventil oder einen Schieber betätigt. Durch die Druckdifferenz zwischen Dampf- und Kondensatseite wird das Kondensat aus dem Gehäuse herausgedrückt.

Bild 144 zeigt eine typische Ausführungsform: In einem Graugußgehäuse befindet sich ein Schwimmer, der eine Kugel als Ventilabschluß steuert. Unabhängig vom Schwimmer kann die Kugel auch durch Zusammenziehen eines Faltenbalges vom Ventilsitz entfernt werden. Durch diese Kombination öffnet das Gerät unter Betriebstemperatur dem Kondensatanfall entsprechend, während es im Kaltzustand ständig geöffnet eine einwandfreie Entlüftung garantiert.

Die thermischen Kondensatableiter werden durch die Verformung eines Bimetallstreifens bei veränderlicher Temperatur gesteuert. Sie öffnen sich, wenn am Bimetall-Plattenpaket leicht unterkühltes Kondensat steht und schließen bei Erreichen der Sattdampftemperatur. Die bei jedem Arbeitsspiel

Bild 144: Schwimmer-Kondensatableiter
(Gestra-KSB UNA)

Bild 145: Thermischer Kondensatableiter
(Gestra-KSB, BK 15)

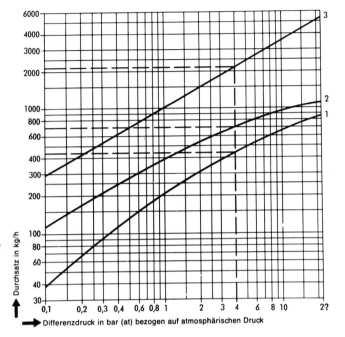

Bild 146:
Leistungsdiagramm eines Kondensomaten (Gestra-KSB, BK 15), 1 Staufreie Abfuhr, Kondensattemperatur 10 Grad unter Siedetemperatur, 2 Abfuhr mit Stau, Kondensattemperatur 30 Grad unter Siedetemperatur, 3 Kaltkondensat 20 °C

nach dem Kondensat während des Schließvorganges austretende Dampfmenge ist sehr klein, weil wegen der Expansion nur gewichtsmäßig sehr viel weniger Dampf als Wasser austritt. In Bild 145 ist ein thermischer Kondensatableiter (Kondensomat) mit den folgenden Einzelheiten dargestellt:

In einem Schmiedestahl-Gehäuse befindet sich das aus Bimetallplatten, Sitz und Kegel gebildete Ventil. Das im Kaltzustand geöffnete Gerät entlüftet Dampfräume selbsttätig. Steigt die Temperatur, bewegt sich das Ventil in Schließstellung, die bei der vom Werk eingestellten Temperatur erreicht wird. Demgemäß hängt der Kondensatdurchsatz vom Grad der Unterkühlung – wie natürlich auch von der Druckdifferenz *am Kondensomaten* ab. Bild 146 zeigt das Leistungsdiagramm des Kondensomaten.

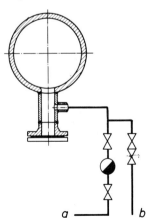

Bild 147:
Einbau von Kondensatableitern,
a zum Sammelbehälter,
b freier Ausfluß

Von der richtigen Auswahl und Anordnung hängt Funktion und Betriebssicherheit ab. Die Kondensatsammelstellen sollen so tief wie möglich angeordnet werden, zum einwandfreien Kondensatzulauf werden Dampfleitungen mit einem Gefälle von 1 : 100 bis 1 : 500 zum Ableiter hin verlegt. Am Rohr ordnet man zweckmäßigerweise erst einen größeren Stutzen, eventuell mit Reinigungsöffnung an, damit die feinen Kanäle der Kondensatableiter nicht durch Schmutzteilchen verstopfen (Bild 147). Von den Herstellerwerken wird die sogenannte Kaltwasserleistung, das ist die meist sehr große nicht ausdampfende Wassermenge, die der Ableiter bei einem vorgegebenen Differenzdruck durchsetzen kann, angegeben. Die wirkliche Durchsatzmenge unter Betriebsbedingungen ist sehr viel geringer, besonders achte man darauf, daß der *Differenzdruck* am Drosselkegel die Durchsatzmenge bestimmt. In den Kondensatleitungen baut sich meist ein erheblicher Gegendruck auf! Gegen steigende Kondensatleitungen zu einem Kondensatsammelbehälter ist nichts einzuwenden, wenn der erforderliche Vordruck vorhanden ist und die Leitung von oben in den Behälter geführt wird, damit ein Überfluten der Dampfleitung unter allen Umständen ausgeschlossen wird. Vorsicht ist bei Kondensat-Sammelleitungen von mehreren Kondensomaten unterschiedlichen Druckes geboten. Parallel zum selbsttätigen Kondensatableiter werden meist sogenannte „freie" handbetätigte Entwässerungen verlegt, die eine Kontrolle des Ableiters oder auch einen Kondensatabzug bei defektem Ableiter erlauben.

2. Erdverlegte Fernleitungen für gasförmige, flüssige und feste Transportgüter

G. DETTE

2.1. Allgemeines

Fernleitungen dienen der Beförderung von gasförmigen, flüssigen und festen Transportgütern wie Wasser, Gas, Öl und Kohle über größere Entfernungen. Bei immer größer werdenden Leitungsdurchmessern und relativ hohen Betriebsüberdrücken werden solche Fernleitungen heute fast ausschließlich aus Stahl gebaut.

Hohe Bruchsicherheit, Überlastbarkeit durch Innen- und Außenbeanspruchungen, völlig sichere und dichte Rohrverbindungen, große Rohrlängen bei kleinem Transportgewicht machen das Stahlrohr für den Bau hoch beanspruchter Fernversorgungsleitungen besonders geeignet.

Fernleitungen werden mit verschwindend geringen Ausnahmen, zumindest in Europa, unterirdisch verlegt. Der heutige Stand der Korrosionsschutztechnik (passiver und aktiver Korrosionsschutz) gewährleistet langlebige Sicherheit sowohl gegen Angriffe aus dem umgebenden Boden wie auch gegen aggressive Leitungsmedien (siehe auch Kapitel VII, Korrosion und Korrosionsschutz).

Die glatte Wand des Stahlrohrs, evtl. zusätzlich mit besonderer Innenisolierung oder mit Innenanstrich versehen, ergibt besonders niedrige Reibungsverluste, die insbesondere bei Pumpendruckleitungen von wirtschaftlicher Bedeutung sind.

Der in letzter Zeit nicht nur in der Bundesrepublik Deutschland, sondern weltweit vonstatten gegangene Strukturwandel auf dem Sektor der Energieversorgung ergab einen ebenso durchgreifenden Strukturwandel im Transport von Massengütern über weite Entfernungen [201 bis 204]. Einen Eindruck von der wirtschaftlichen Bedeutung der aus Stahlrohren gebauten Fernleitungen vermittelt

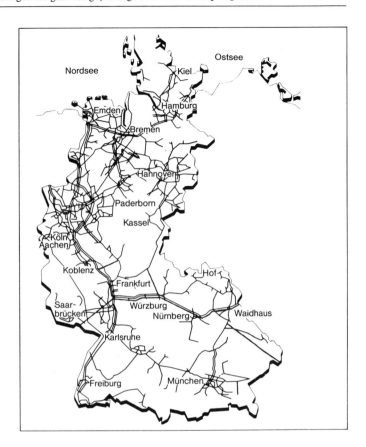

Bild 201:
Gasfernleitungen in der
Bundesrepublik Deutsch-
land

Bild 201, in welchem nur die mit hohen Drücken betriebenen Fernleitungen zur Versorgung der Ballungszentren der Bundesrepublik Deutschland mit brennbarem Gas dargestellt sind. Der weitaus größte Anteil davon wurde eigens für den Transport von Erdgas aus deutschen, niederländischen, sowjetischen und Nordsee-Gasfeldern gebaut oder auf dessen Transport umgestellt.
In dieser Darstellung sind sogenannte Loopleitungen, die eine Möglichkeit zum stufenweisen Ausbau der Fernleitungssysteme darstellen, nicht enthalten [205 bis 207].
Die Ausdehnung erdverlegter Fernleitungen für Öl und Gas hat heute kontinentale Ausmaße, und zwar nicht nur in den USA oder der Sowjetunion: Die Transalpine Ölleitung (TAL) führt mit DN 1 000 und 460 km Länge von Triest nach Ingolstadt quer über die Alpen, die höchsten Bergmassive werden in drei Tunnels durchquert; die höchste Leitungshöhe beträgt 1550 m über dem Meeresspiegel.
Die Transecuador Pipeline überwindet auf ihrem 600 km langen Weg von Lago Agrio östlich der Anden nach Esmeraldas am Pazifischen Ozean Höhen von über 4000 m über dem Meeresspiegel [208 und 209].

Das europäische Erdgas-Verbundsystem mit seinen Einspeiseleitungen von Algerien und dem asiatischen Teil der Sowjetunion (die Leitungen von Westsibirien bis zur Grenze mit der CSSR erstrecken sich über 5000 km!) hat interkontinentale Ausmaße erreicht (Bild 202).

2.1.1. Gasfernleitungen

In den letzten Jahren hatte der Bau von Gasfernleitungen auch in Deutschland und in übrigen europäischen Ländern eine außerordentliche Zunahme zu verzeichnen, deren Hauptgrund die bedeutenden Erdgasfunde in den Niederlanden, in Deutschland und besonders auch in der Sowjetunion sind, die die Verlegung großer Leitungen notwendig machten [210 bis 212]. Die Zunahme der zu transportieren-

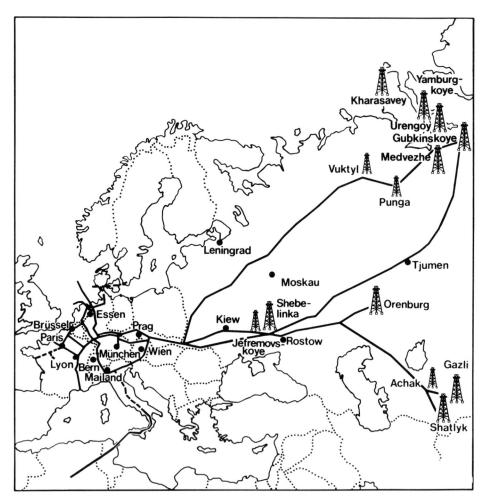

Bild 202: Europäisch-asiatisch-afrikanischer Erdgasverbund

den Erdgasmengen führte zu immer größeren Leitungsdurchmessern und im Verhältnis zu den früher gebauten Kokereigasnetzen zu erheblich höheren Leitungsdrücken.
Bei den Erdgastransportschienen in der Bundesrepublik Deutschland betragen die Leitungsdurchmesser heute etwa 1 000 mm. Leitungen mit DN 1 200 sind in Westeuropa nicht mehr ungewöhnlich. In der Sowjetunion werden noch größere Leitungsdurchmesser angewendet.
Der Betriebsüberdruck beim Erdgastransport über weite Entfernungen liegt in den meisten Fällen zwischen 80 und 50 bar.
Verdichterstationen mit Gasturbinenantrieb wurden den Anforderungen des verstärkten Gastransportes gerecht [213].
Ständig werden neue Projekte bekannt, die sich mit der wirtschaftlichen Lösung von Transportaufgaben für die Beförderung großer Gasmengen über weite Strecken befassen.

Die längste Gasfernleitung, die bisher in der Bundesrepublik Deutschland gebaut wurde, ist die 1979 fertiggestellte MEGAL (Mitteleuropäische Gasleitung), die mit 630 km Länge zwischen der CSSR und Frankreich den asiatisch-westeuropäischen Erdgasverbund ermöglicht.

2.1.2. Ölfernleitungen

Die erste bedeutende und nach modernen Gesichtspunkten gebaute Ölfernleitung in der Bundesrepublik Deutschland ist die Nordwest-Ölleitung (NWO) von Wilhelmshaven nach Köln mit einer Länge von 400 km. Die im letzten Jahrzehnt sprunghaft gestiegene Nachfrage nach Energie hat auch den Bestand an Ölfernleitungen nach Anzahl und Größe erheblich anwachsen lassen. Am wichtigsten sind die Rhein-Rotterdam-Pipeline, RRP [215], die Transalpine-Ölleitung TAL [216] und die Rhein-Main-Rohrleitung RMR [217]. Mittlerweile ist ein 240 km langer Parallelleitungsabschnitt DN 1 000 zur Nordwest-Ölleitung von Wilhelmshaven nach Hünxe errichtet worden.
Beim Mineralöltransport in Fernleitungen stehen Fragen der Leitungssicherheit wegen der Möglichkeit der Verseuchung von Trinkwassereinzugsgebieten im Vordergrund. Dem trägt die für die Errichtung und den Betrieb von Fernleitungen zum Befördern gefährdender Flüssigkeiten geltende Richtlinie TRbF 301 vom September 1974 Rechnung. Einen umfassenden Überblick über die Entwicklung und den derzeitigen Stand von sicherheitlichen Anforderungen beim Mineralöltransport in Rohrfernleitungen gab der TÜV Rheinland 1970 [220].

2.1.3. Wasserfernleitungen

Die Wasserfernleitungen der Harzwasserwerke, Hildesheim, nach Bremen, Wolfsburg und Braunschweig und die Wasserversorgung von Überlingen nach Stuttgart sind seit langem bekannt. 1971 konnte die Bodensee-Wasserversorgung eine zweite Leitung vom Bodensee bei Überlingen in getrennter Trasse durch die Schwäbische Alb und von nördlich Talheim in Parallelführung zur ersten Leitung bis nach Stuttgart errichten und in Betrieb nehmen. Während die erste Leitung mit DN 1 300 gebaut wurde, weist die zweite Leitung Durchmesser von 1600 und 1400 mm auf, wobei durch die Schwäbische Alb in einem Stollen mit einer lichten Weite von 2250 mm auf 26 km Länge keine Stahlrohre, sondern Spannbetonrohre mit Muffenverbindungen verwendet wurden [255].
In neuester Zeit werden auch Möglichkeiten untersucht, Wasser als Wärmeträger zum Transport großer Wärmemengen über weite Entfernungen zu benutzen [221].

2.1.4. Fernleitungen für sonstige Transportgüter

Über Möglichkeiten, Vorteile und Grenzen des Transports von Kohle in Rohrleitungen über weite Entfernungen wird in der Fachliteratur berichtet [222]. Für den Transport wird Kohle mit Wasser zu einem homogenen Transportschlamm vermischt. Solch homogener Transportschlamm verhält sich ähnlich wie eine Flüssigkeit, und es gelten die Gesetze der Rheologie. Insofern können für den Bau und die Planung von Kohlenschlamm-Rohrleitungen die bei Ölpipelines gesammelten Erfahrungen genutzt werden.

1957 wurde aufgrund von ausgedehnten Versuchen eine 180 km lange Leitung für Feinkohle und Kohlenschlamm mit drei Pumpstationen zwischen einer Zeche und einem Kraftwerk in den USA in Betrieb genommen. Heute scheint die größte Fernleitung dieser Art die 450 km lange und mit vier Pumpstationen betriebene Black Mesa-Leitung von Kayenta nach Bullhead City in Arizona zu sein [223] und [224]. Mit rund 1770 km bei weitem das größte Projekt einer Kohleschlamm-Fernleitung ist die für 1985 geplante Leitung von Jacobs Ranch (Wyoming) nach White Bluff (Arkansas), die jährlich 25 Mio. t Kohle transportieren soll [270].

Bei der Planung und beim Bau von Kohlenschlammleitungen ist darauf zu achten, daß die Steigung im Druckbereich oder das Gefälle im drucklosen Bereich ein bestimmtes Maß (etwa 10°) nicht übersteigt, weil sonst mit auftretenden Inhomogenitäten des Fördergutes gerechnet werden muß.

Aus Kanada wird über einen Versuchsbetrieb zum Ferntransport von flüssigem Schwefel in wärmeisolierten Pipelines berichtet [225]. In Texas wurde 1971 mit dem Bau einer 350 km langen CO_2-Leitung DN 400 begonnen [226]. In Europa und besonders in der Bundesrepublik Deutschland sind in den letzten Jahren wirtschaftlich bedeutsame Verbundnetze zum Ferntransport von Ethylen entstanden [227], die noch weiter ausgebaut werden.

2.1.5. Sonderfälle

Es gibt eine Reihe von zukunftsorientierten Versuchen, Fernleitungen zum Transport großer Gütermengen auch in Gebieten wirtschaftlich zu gestalten, in denen ausreichende Erfahrungen zur Zeit noch nicht vorliegen. Dies betrifft den Bau von Erdöl- und Erdgasfernleitungen in der Arktis und im tieferen Ozean; auch der Ferntransport von verflüssigtem Naturgas (LNG) wird zur Zeit technisch und wirtschaftlich untersucht.

2.1.5.1. Fernleitungen in der Arktis

Das Bestreben, arktische Gebiete für den Pipelinebau zu erschließen, beruht auf dem Interesse, die dort festgestellten lagernden Erdöl- und Erdgasmengen ihrer Nutzung zuzuführen. Das bringt allein vom Klima her bedeutende Probleme mit sich [228 bis 235], zum Beispiel den Permafrost in weit verbreiteten Gebieten. Als Permafrost definiert man jene Bodenart, die ständig Temperaturen unter 0 °C aufweist. Um voraussagen zu können, ob ein Eingriff in den ständig gefrorenen Boden durch Erhöhung der Temperatur über 0 °C schädlich ist oder nicht, muß man die Zusammensetzung der festen Bodenkomponenten, die Eiskonsistenz und das Verhalten beim Auftauen kennen. Über die Verlegekosten einer Pipeline in der Arktis bestehen noch keine exakten Aussagen.

In Alaska waren bei der Pipeline von der Prudhoe Bay nach Valdez die sicherheitstechnischen Erörterungen und Verhandlungen mit der Regierung so umfangreich, daß diese Ölleitung als diejenige bezeichnet wird, die am eingehendsten durchdacht wurde. Sie wurde im Sommer 1977 in Betrieb genommen.

2.1.5.2. Fernleitungen im Meer

Die zunehmende Energienachfrage und die Entdeckung großer Erdöl- und Erdgasfelder unter dem Meeresboden zwingen dazu, Überlegungen über die Wirtschaftlichkeit des Baues und Betriebs von Fernleitungen anzustellen, die im Meeresboden verlegt sind.

In Küstennähe und geringen Meerestiefen liegen schon Erfahrungen über den Bau von Pipelines vor. Bei größeren Meerestiefen werfen die Konstruktion und besonders die Verlegung erhebliche Probleme auf [236 und 237]. Im übrigen wird auf Kapitel VIII/6 Seeverlegte Fernleitungen für gasförmige und flüssige Transportgüter verwiesen.

2.1.5.3. Fernleitungen für verflüssigtes Naturgas (LNG)

Ein anderer Aspekt hinsichtlich der Erschließung von Erdgaslagern unter dem Meeresboden, aber auch hinsichtlich des Ferntransports von Erdgas über große Ozeane ist die Möglichkeit, dieses Gas an irgendeiner Stelle in der Transportmittelkette zu verflüssigen, dieses verflüssigte Erdgas in Tankschiffen zu transportieren und zum Anlandeplatz an der Küste in flüssiger Phase durch Pipelines landeinwärts zu den Versorgungszentren zu befördern.

Wegen der mit dem Pipelinetransport von LNG verbundenen niedrigen Betriebstemperaturen von unter $-100\,°C$ können als Rohrwerkstoffe vermutlich nur nickellegierte Stähle verwendet werden, deren Kosten selbst bei Bewältigung aller technischen Probleme die Wirtschaftlichkeit solcher Leitungen zur Zeit noch sehr in Frage stellen [238].

2.2. Fernleitungsbauteile

Stahlrohrfernleitungen bestehen aus Rohren, Rohrformstücken (wie Abzweigstücken, Reduzierstücken, gewölbten Böden), Armaturen (etwa Absperrschieber oder Kondensatsammlern) und Zubehör.

Alle verwendeten Stahlsorten und Stahlgußsorten, an denen geschweißt werden muß, müssen so ausgewählt werden, daß sie sich unter Baustellenbedingungen mit geläufigen Baustellenschweißverfahren und verfügbaren Schweißzusatzstoffen sicher schweißen lassen.

2.2.1. Rohre

Sowohl für Fernleitungen zum Befördern gefährdender Flüssigkeiten (RFF) als auch für Gasfernleitungen mit mehr als 16 bar Betriebsdruck nach DIN 2470 Teil 2 ist die Verwendung von Stahlrohren mit Technischen Lieferbedingungen nach DIN 17172 vorgeschrieben.

Die in dieser Norm beschriebenen Stahlsorten StE 210.7 bis StE 480.7 TM zeichnen sich durch definierte Festigkeits- und Zähigkeitskennwerte aus. Die Rohre können nahtlos oder geschweißt sein. Für ihre Abmessungen gelten DIN 2448 für nahtlose und DIN 2458 für geschweißte Rohre.

Wachsende Betriebsdrücke und zunehmende Leitungsdurchmesser mit der gleichzeitigen Forderung nach Wanddicken von nicht viel mehr als 1 % des Außendurchmessers brachten es mit sich, daß die in DIN 17172 beschriebenen Stahlrohrgüten schon seit etwa 1966 den Anforderungen nicht mehr genügten. Entsprechend den Wünschen der Errichter und Betreiber von Fernleitungen entwickelten die deutschen Rohrhersteller Stahlsorten, bei denen die gewährleistete Streckgrenze den gestellten Anforderungen entsprach. So kamen nach und nach die Stähle St 56.7, St 60.7, aber auch Feinkornbaustähle nach Stahl-Eisen-Werkstoffblatt 089-70, und schließlich Stahlsorten im Bereich von St 70 (perlitreduziert) zur Anwendung [239 bis 243]. Dieser Entwicklung hat die Ausgabe Mai 1978 von DIN 17172 Rechnung getragen.

Außer der sicheren Schweißeignung auf der Baustelle müssen solche Rohre, ob längsnahtgeschweißt oder schraubenliniennahtgeschweißt, auch auf der Baustelle ohne Beeinträchtigung ihrer Festigkeit gebogen werden können. Bild 203 zeigt einen aus gebogenen Rohren zusammengeschweißten Krümmer.

Kaltgebogene Krümmer sollen mit Biegeschritten von etwa 300 mm hergestellt werden. Der maximale Biegewinkel je Biegeschritt ist abhängig vom Werkstoff, dem Durchmesser und der Wanddicke der Rohre, von der Art der Biegemaschine und von der Verwendung eines Dornes. Der vom Hersteller der Biegemaschine angegebene maximale Biegewinkel darf keinesfalls überschritten werden. Während bei schraubenliniennahtgeschweißten Rohren die Lage der Schweißnaht keine Rolle spielt, soll bei längsnahtgeschweißten Rohren die Längsschweißnaht beim Kaltbiegen etwa unter 45° zur Biegeebene in der Zugzone liegen.

Bild 203: Aus im Felde gebogenen Rohren
zusammengesetzter Krümmer

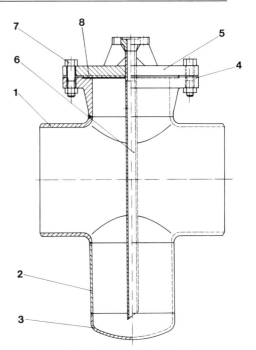

Bild 204: Kondensatsammler für nicht
molchbare Gasfernleitungen

Für die Herstellung von warmgefertigten Rohrbögen aus geraden Rohren und deren Abnahme ist bei Öl- und Gasfernleitungen das VdTÜV-Merkblatt Rohrleitungen 1053 zu beachten [244].

2.2.2. Rohrformstücke

Rohrformstücke für Fernleitungen sind so zu bemessen und zu berechnen, daß ihre Ausführung den anerkannten Regeln der Technik entspricht. Das ist dann der Fall, wenn Abzweigstücke nach AD-Merkblatt B 9 berechnet werden. Geschweißte Abzweigstücke sind nach dem Hersteller spannungsfrei zu glühen. Sofern das nicht möglich ist, sind normalisierte Ausgangsbleche zu verwenden. Bei einer nachträglichen Wärmebehandlung ist der mögliche Abfall der Streckgrenze zu beachten.
Formstücke dürfen keine Dopplungen aufweisen, die weniger als 25 mm an die durch Schweißen zu bearbeitenden Kanten heranreichen.
Falls ein Abzweig- oder Reduzierstück keiner Festigkeitsprüfung mit einem Innendruck unterzogen wird, wie er für gerade Rohre vorgeschrieben ist, müssen die Schweißnähte zerstörungsfrei auf Fehlerfreiheit geprüft werden.

2.2.3. Armaturen

Wichtigste Organe von Fernleitungen sind die Absperrarmaturen, deren Bedeutung für die Sicherheit schon wegen der gestiegenen Betriebsdrücke und größer gewordenen Durchmesser erheblich gestiegen ist. Im gleichen Maß haben auch die Anforderungen hinsichtlich der technischen Eigenschaften, der Werkstoffprüfungen sowie der Druckprüfungen zugenommen.
Bei Öl- und Gasfernleitungen ging in den letzten Jahren der Trend eindeutig zur Verwendung von

zwei verschiedenen Absperrprinzipien: dem Einplatten-Parallelschieber mit Leitrohr und dem Kugelhahn. Hervorstechende Eigenschaften des Kugelhahns sind vor allen Dingen die im Vergleich zum Schieber äußerst niedrige Bauhöhe sowie sein geringes Gewicht, ferner die für seine Betätigung nur geringen erforderlichen Umdrehungszahlen am Getriebe infolge geringer Drehmomente.

Als Rückfluß- und Druckstoßminderer werden in Flüssigkeitsleitungen Klappen installiert. [245 und 246]

In Gasfernleitungen werden in der Regel an geeigneten Leitungstiefpunkten Kondensatsammler eingebaut. Einen solchen nicht molchbaren Kondensatsammler (Wassertopf) zeigt Bild 204: An das zweifach ausgehalste Grundrohr 1 ist unten ein Sackrohr 2 mit gewölbtem Boden 3 angeschweißt, oben ein Vorschweißflansch 4, auf den ein Reduzierflansch 5 mit eingeschweißtem Tauchrohr 6 mittels Schrauben 7 und Dichtung 8 aufgesetzt ist.

Bild 205 zeigt einen molchbaren Kondensatabscheider, der im wesentlichen aus dem absperrbaren Einlaufrohr 3, dem Sammelbehälter 9 und dem zweifach absperrbaren Entwässerungsrohr 15 besteht. Die Bedienteile sind in Straßenkappen zugänglich.

In Gebieten mit bergbaulichen Einwirkungen werden Fernleitungen mit Dehnungsmuffen versehen, die bei manchen Betriebsfällen verankert werden müssen. Bild 206 zeigt eine Verankerung mittels aufgeschweißten Pratzen und Zugstangen, während Bild 207 eine Verankerung mit Einschweißflanschen zeigt, wie sie bei großen Durchmessern und hohen Betriebsdrücken angewendet wird.

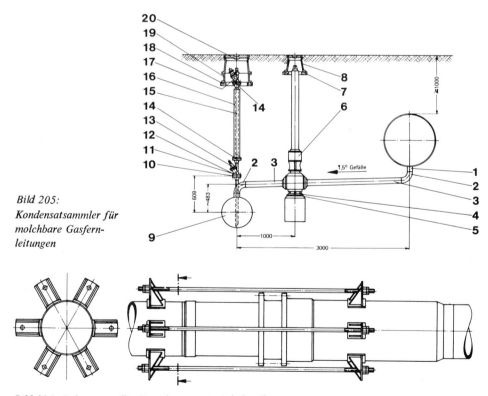

Bild 205:
Kondensatsammler für
molchbare Gasfern-
leitungen

Bild 206: Dehnungsmuffen-Verankerung mit Aufschweißpratzen

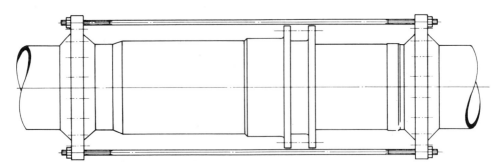

Bild 207: Dehnungsmuffen-Verankerung mit Einschweißflanschen

2.3. Planung und Trassierung

Die erste und auch vielleicht wichtigste Aufgabe, festgelegte oder geplante Inbetriebnahmetermine für Fernleitungen einzuhalten, fällt der Trassierung und der Wegerechtsbeschaffung zu. Hier sind oftmals von vornherein völlig unüberschaubare Hindernisse zu beseitigen. Die Trasse soll möglichst gradlinig verlaufen, muß technisch vorteilhaft oder zumindest realisierbar sein, soll möglichst viele wirtschaftliche Ballungszentren berühren, um Stichleitungen kurz zu halten, und sie soll möglichst durch unbebautes Gebiet gehen, keine landwirtschaftlich hochwertigen Regionen zerschneiden, Waldbestände schonen und Bauerwartungsland nicht tangieren.

Bei der Wahl einer solchen Trasse stößt man, besonders in dem dichtbesiedelten westdeutschen Raum, unumgänglich auf Schwierigkeiten, und zwar sowohl bei den Behörden hinsichtlich der Raumordnung und der Landesplanung als auch bei den betroffenen Grundeigentümern. Die Berücksichtigung landesplanerischer Gesichtspunkte und die Herbeiführung des Einverständnisses aller zuständigen Behörden erfordert, besonders wenn eine Fernleitung mehrere gesetzgeberisch autonome Regionen, etwa Bundesländer, schneidet oder gar mehrere Staaten durchquert, einen erheblichen Zeitaufwand. Aus der Sicht der Raumordnung ist es zweckmäßig, Leitungen zu bündeln, gegebenenfalls auch Rohrfernleitungen mit elektrischen Hochspannungsleitungen. Gebündelte Fernleitungen beeinträchtigen die Gebietsentwicklung so wenig wie möglich. Bei der Leitungsbündelung sind allerdings gewisse Sicherheitskriterien, besonders hinsichtlich des Abstandes der einzelnen Leitungen voneinander, zu beachten.

Bei den Grundeigentümern, die angesichts der zunehmenden Landverknappung größtmögliche Erlöse aus der Veräußerung von Grundbesitz oder der Überlassung von Dienstbarkeiten zu erzielen trachten, kann auf dem Wege der gütlichen Einigung unter günstigen Umständen für kürzere Trassenstücke, meistens jedoch nicht mehr für baufähige Leitungsabschnitte Baufreiheit erzielt werden. Den Trägern energetischer Fernleitungen, wie Gasfernleitungen, steht hier das Enteignungsrecht gemäß § 11 des Energiewirtschaftsgesetzes zur Seite.

Nach den Ergebnissen der der Trassierung folgenden Vermessung werden Lage- und Höhenpläne angefertigt, die der Leitungskonstruktion als Grundlage dienen.

2.4. Konstruktion

Die Konstruktion hat bei der Errichtung von Fernleitungen die Aufgabe, die einzelnen Rohrleitungsbauteile zu bemessen und zu berechnen [247 bis 249] sowie Werkstoffgüten festzulegen. Ferner sind besondere Bauelemente und Sonderbauwerke zu konstruieren, die Lage der Absperranlagen zu bestimmen, und auch Lage und Abmessungen von Krümmerfundamenten im Detail festzulegen. Bild 208 und 209 zeigen zwei Ausführungsformen von Krümmerfundamenten.

Die Konstruktion stellt dann auf Grund ihrer Berechnungen, Verhandlungen und Überlegungen die Bauunterlagen zusammen, die aus Rohrlisten, Stücklisten und allen Bauplänen mit den darin zitierten Zeichnungen und Normen, bestehen. Außerdem sind Hinweise auf die Art und die Höhe des Prüfdrucks bei der Druckprüfung der verlegten Leitung enthalten.

Im Gegensatz zu Gasfernleitungen müssen Flüssigkeitsleitungen zusätzlich zur Berechnung gegen ruhende Belastung aus dem Innendruck gegen Druckstoß berechnet werden.

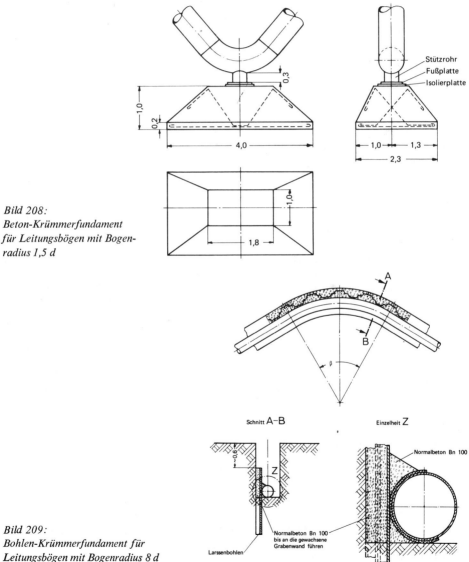

Bild 208:
Beton-Krümmerfundament
für Leitungsbögen mit Bogen-
radius 1,5 d

Bild 209:
Bohlen-Krümmerfundament für
Leitungsbögen mit Bogenradius 8 d

Bei schwellender Beanspruchung von Fernleitungen kann neben der Berechnung gegen ruhende Beanspruchung unter Zugrundelegung eines die Betriebsverhältnisse kennzeichnenden Last-Kollektivs eine zusätzliche Berechnung auf Zeitschwellfestigkeit erfolgen, die zur Ermittlung einer Schädigung der Fernleitung durch den schwellenden Innendruck führt [269].

Neben der früher erfolgten Erforschung des Sprödbruchsverhaltens der für den Fernleitungsbau verwendeten Röhrenstähle werden neuerdings große Anstrengungen gemacht, auch die Mechanik der Zähbrucheinleitung, -ausbreitung und des Zähbruchstillstands theoretisch und laborpraktisch in den Griff zu bekommen. Von besonderer Bedeutung ist bei solchen Untersuchungen die Feststellung der sogenannten kritischen Rißlänge, bei deren Überschreitung eine Leckage in einen Leitungsbruch übergeht. Diese Messungen sollen die zur Zeit gebräuchlichen Berechnungsverfahren bestätigen oder verbessern.

2.5. Leitungsbau

Die im Pipelinebau auch in der Bundesrepublik Deutschland erreichte Wirtschaftlichkeit ist der Einführung und Vervollkommnung einer modernen Leitungsbautechnik [250 und 251] zu verdanken, die durch den Übergang von den früher üblichen Muffenschweißverbindungen auf die heute ausschließlich angewendete Stumpfschweißnaht ermöglicht wurde, welche sich auf Grund besonderer Untersuchungen auch beim Bau von erdverlegten Rohrleitungen als Idealverbindung herausgestellt hat [252].

2.5.1. Schweißarbeiten

Beim Schweißen von Fernleitungen werden im allgemeinen entweder das Steigenahtschweißen oder das Fallnahtschweißen angewendet. Außer in der Schweißrichtung und in der Elektrodenumhüllung unterscheiden sich diese Verfahren im wesentlichen durch unterschiedliches Wärmeeinbringen.

Für das Fallnahtschweißen werden Elektroden mit Zelluloseanteilen in der Umhüllung verwendet. Hierdurch ist mit höherem Energieaufwand eine hohe Schweißgeschwindigkeit erreichbar, wobei das Wärmeeinbringen an der Schweißstelle gering ist.

Bei der Steigenahtschweißung werden allgemein Elektroden mit rutilsaurer Umhüllung verwendet. Hierbei ist der Energieaufwand im Vergleich zum Fallnahtschweißen geringer, das Wärmeeinbringen an der Schweißstelle jedoch infolge der geringen Schweißgeschwindigkeit größer.

Für die im Fernleitungsbau heute allgemein übliche Stumpfschweißnaht wird für die Lichtbogen-Handschweißverfahren die V-Nahtfuge mit 60° Öffnungswinkel, einer Stegkantenhöhe von 1,6 mm ± 0,8 mm und einer Fugenöffnung von etwa 1,5 mm angewendet, und zwar bei Wanddicken bis etwa 12 mm.

Bei größeren Wanddicken können auch Sonderformen der Nahtfuge in Betracht kommen. In Bild 210 ist oben eine V-Nahtfuge, unten eine Sonderform dargestellt, die beim Bau einer Loopleitung zur Alberta-Gashauptleitung in Kanada angewendet wird, allerdings in Verbindung mit einem automatischen Schweißverfahren [230].

Beim Fallnahtschweißen an einzelnen Leitungen aus Stählen höherer Festigkeit, die besonders durch bestimmte Legierungsbestandteile erzielt wurde, konnte beobachtet werden, daß ohne oder bei geringer Vorwärmung im Wurzelbereich der Rundnähte Anrisse auftraten [253]. Einen solchen Wurzelanriss zeigt Bild 211.

Durch besondere Maßnahmen, etwa durch Vorwärmen der Rohre unmittelbar vor dem Schweißen, konnten diese Schwierigkeiten beherrscht werden. Solche Fehler konnten durch geeignete zerstörungsfreie Prüfverfahren in allen Fällen festgestellt werden.

Aus den Ergebnissen von Schwellversuchen mit angerissenen Schweißnähten in der Rundnaht zog Geilenkeuser [254] den Schluß, daß Schweißnahtrisse in Umfangrichtung der Rohre selbst für

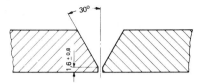

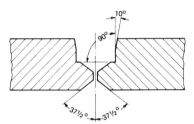

Bild 210:
Oben: API-Rundnahtschweißkante
(üblich bei Wanddicken bis 12 mm);
Unten: Rundnahtschweißkante für in
der Arktis verlegte Gasfernleitung

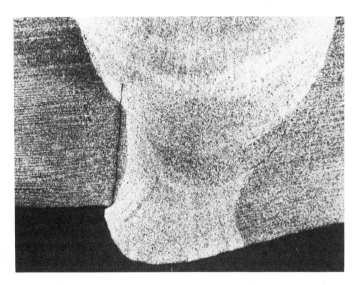

Bild 211:
Anriß im Bereich der Naht-
wurzel einer Rundnaht

starke Betriebsbeanspruchungen aus Temperaturschwankungen oder Innendruckschwankungen ohne Einfluß auf die Lebensdauer von Leitungen sind, wenn diese Risse eine gewisse Größe nicht überschreiten.

Das Steigenahtschweißen mit Stabelektroden wird hauptsächlich beim Bau von Fernleitungen begrenzter Länge sowie zum Einschweißen von besonderen Rohrleitungsteilen wie Absperrarmaturen und beim Herstellen von Verbindungen mit besonders erforderlichen Anpaßarbeiten angewendet.

Demgegenüber können die zum Erreichen eines sehr schnellen Vorbaus (Anschweißen der Einzelrohre an den Rohrstrang mit mindestens zwei Schweißlagen) erforderlichen großen Schweißgeschwindigkeiten nur beim Einsatz von zellulosehaltig umhüllten Zusatzwerkstoffen erreicht werden. Hierzu werden allgemein geeignete Innenzentriervorrichtungen verwendet. Das Fertigschweißen der weiteren Lagen der Rundnähte ist dann lediglich eine Frage des Personal- und Geräteaufwands.

Verfahren und Umfang der in jedem Fall erforderlichen zerstörungsfreien Schweißnahtprüfung auf der Baustelle sollen nach verschiedenen Gesichtspunkten ausgewählt und festgesetzt werden, etwa nach dem Schweißverfahren, den Rohrwerkstoffen, dem Wetter beim Schweißen oder trassenorientierten Bedingungen, wie dem Grad der Besiedelung in der Nähe der Trasse, auch nach den Bedingungen des späteren Leitungsbetriebs.

Bei Ölfernleitungen werden Art und Umfang der zerstörungsfreien Prüfung im Genehmigungsbescheid bestimmt. In der Regel dürften stichprobenweise Prüfungen von 10 bis 30 % aller Rundnähte zur Sicherung der Schweißnahtgüte ausreichend sein. In Gebieten mit höheren Sicherheitsanforderungen kann der Prüfumfang im Einzelfall auf 100 % ansteigen.

Ein der Durchstrahlung von Schweißnähten mit Röntgenstrahlen im Ergebnis ähnliches Verfahren ist die Durchstrahlungsprüfung mit Hilfe radioaktiver Isotopen, wie Iridium 192. Die Prüfung mit strahlenden Isotopen ist im Fernleitungsbau leichter zu handhaben, wenngleich sie nicht so gute und im Detail scharfe Bilder liefert wie die Prüfung mit der Röntgenröhre.

Für werkstofftrennende Nahtfehler wie Risse und Flankenbindungsfehler sollte die Ultraschallprüfung bevorzugt und als übergeordnetes Prüfverfahren angewendet werden. Da sie auf der Fernleitungsbaustelle in der Regel manuell durchgeführt wird, ist ihre Anwendung bei kalter Witterung beeinträchtigt.

Die zerstörungsfreie Prüfung der Schweißnähte und die damit verbundene Aufdeckung von unzulässigen Schweißfehlern bringt mit sich, daß fehlerhafte Schweißnähte ausgebessert oder gänzlich erneuert werden. Der Anteil solcher Nähte liegt beim Fernleitungsbau in Deutschland etwa zwischen 1 % und 5 % aller geprüften Nähte.

Nicht nur beim Bau von Fernleitungen zum Befördern gefährdender Flüssigkeiten oder brennbarer Gase, sondern auch beim Bau von Wasserfernleitungen wird der Schweißgüteüberwachung auf der Baustelle große Bedeutung beigemessen [255].

In den letzten Jahren gemachte Anstrengungen, funktionsfähige mechanisierte oder teilautomatische Schweißverfahren für Rundnahtschweißungen auf Fernleitungsbaustellen zu entwickeln, haben bisher nur Teilerfolge gebracht [256 bis 258].

2.5.2. Leitungsverlegung

Die Durchführung der Leitungsverlegungsarbeiten stellt an alle Beteiligten höchste Anforderungen hinsichtlich der eingesetzten Technik, der Ausrüstung und der Organisation. Da jedoch oftmals auch unvorhergesehene Schwierigkeiten auftreten können, wie schlechte Witterungsverhältnisse, Hochwasser, Stockungen bei der Materialanlieferung, Fehlen von Kreuzungsgenehmigungen oder Wegerechten sowie schwierige Bodenverhältnisse, ist ein zügiger und optimaler Arbeitsablauf nach einem noch so gewissenhaft aufgestellten Bauzeitenplan häufig nicht möglich.

In den USA wurden bei einer Fernleitung DN 900 monatelang durchschnittliche Tagesleistungen von über 2,5 km erreicht, während in Deutschland bei Fernleitungen ähnlicher Dimension die Grenze der Verlegungsleistung über einen längeren Zeitraum etwa bei 1 km pro Tag liegt. Der flüssige Ablauf der Bauarbeiten wird hier durch das Vorhandensein zahlreicher Strom- und Flußläufe, Kanäle, Autobahnen, Fernstraßen sowie Bahnstrecken beeinträchtigt, deren Betrieb nicht oder nicht nennenswert unterbrochen werden darf. Landwirtschaftliche Nutzflächen, Gebirgszüge, Waldgebiete und dichtbesiedelte Regionen wechseln relativ häufig.

Für die Durchführung der Verlegungsarbeiten wird dem Unternehmer ein Arbeitsstreifen entlang der Rohrleitungstrasse zur Verfügung gestellt, der bei Beginn der Arbeiten geräumt und gerodet wird. Dabei müssen alle Bauwerke, Gedenksteine, Grenzsteine, Vermessungspunkte und dergl. geschützt und notfalls zu ihrer Sicherung entfernt werden, um später wieder an die gleiche Stelle gesetzt zu werden. Umzäunungen, die sich auf der Trasse befinden oder sie kreuzen, werden geöffnet. Auf Weideland werden Notzäune parallel zur Rohrleitungstrasse errichtet, die bis Bauabschluß stehen bleiben.

Danach wird der Arbeitsstreifen so planiert, daß der Rohrleitungsbau mit moderner Technik durchgeführt werden kann und Schäden in der Trasse auf ein Minimum beschränkt werden. Drainagen dürfen nicht verstopft werden. In landwirtschaftlich genutztem Gelände und in Wäldern wird in der Regel der Mutterboden bzw. die Humusschicht getrennt von dem übrigen Aushub gelagert.

Die von den Lagerplätzen zur Leitungstrasse angelieferten Rohre müssen beim Verladen und Auslegen sorgsam behandelt werden. Es dürfen weder Einbeulungen entstehen noch die Schweißkanten beschädigt werden. Auch die Rohrisolierung ist sorgfältig zu behandeln.

Auf dem Arbeitsstreifen werden die Rohre auf Hölzern oder Holzstapeln ausgelegt. Der Abstand der Auflagehölzer wird so gewählt, daß jedes Rohr mindestens auf zwei Hölzern aufliegt.

Der Rohrleitungsgraben wird längs einer durch Vermessungspunkte ausgepflockten Mittellinie ausgehoben. Wenn es die Verhältnisse zulassen, werden dabei Grabenfräsen eingesetzt.

Die Sohlenbreite beträgt mindestens Rohrdurchmesser $+ 0,4$ m. Je nach Bodenart muß der Graben auf Böschung ausgehoben werden. Die Mindesthöhe für die Rohrleitungsüberdeckung beträgt in der Regel 1 m.

Beim Ausheben des Grabens muß darauf geachtet werden, daß eine Beschädigung unterirdischer Anlagen wie Kabel, andere Rohrleitungen, Erder, Brunnen, Quellen und Wasserläufe vermieden wird. Bei Wasserlaufkreuzungen wird zur Sicherung der Rohrleitung eine Betonummantelung vorgesehen oder in der Grabensohle eine Betonplatte eingebaut.

Die Grabensohle muß so geebnet sein, daß die abgesenkte Rohrleitung vollkommen aufliegt. Bei steinigen Böden oder Felsvorkommen müssen feste Sandpolster in angemessenen Abständen zur Unterstützung des Rohrs im Graben vorgesehen werden.

Wenn im Rohrgraben geschweißt werden muß, sind an den Schweißstellen Kopflöcher auszuheben, damit eine gute Zugänglichkeit der Schweißstelle gewährleistet ist. Der Abstand vom Rohr zur Grabensohle und zu den Grabenwänden soll mindestens 0,6 m betragen; die Länge der Kopflöcher beträgt mindestens 1,5 m.

Werden durch den Leitungsgraben Verkehrswege, Straßen oder Gehwege betroffen, so müssen zeitweilig Brücken von ausreichender Tragfähigkeit errichtet werden, um den normalen Verkehr möglichst wenig zu behindern.

Richtungsänderungen werden nach Möglichkeit im Bereich der elastischen Biegung durchgeführt. Nur wo dies nicht möglich ist, werden werksseitig hergestellte Bögen oder auf der Baustelle kalt gebogene Rohre eingebaut, wie Bild 203 zeigt.

Beim Zusammenschweißen der Rohre zu Rohrsträngen sollen bei längsnahtgeschweißten Rohren die Längsnähte im oberen Drittel des Rohrumfangs liegen. An den Stößen sollen Längsnähte und Schraubenliniennähte um mindestens 100 mm gegeneinander versetzt sein.

Beim Vorbau werden Zentriervorrichtungen verwendet. Bei Anwendung der Fallnahtschweißung und bei größeren Rohrdurchmessern sind dies in der Regel Innenzentriervorrichtungen mit mechanischem, hydraulischem oder pneumatischem Antrieb, während bei Leitungsverlegungen kleinerer Art sowie bei Paßnähten, Erdnähten und ähnlichen Verbindungen Außenklammern angewendet werden.

An dem verlegefertig verschweißten Rohrstrang ist die Isolierung der Schweißnähte vorzunehmen sowie die werksseitig aufgebrachte Isolierung auszubessern. Zur Feststellung von Fehlern werden Hochspannungsprüfgeräte mit etwa 20 kV Prüfspannung verwendet.

Soweit es die örtlichen Verhältnisse erlauben, wird der verschweißte Rohrstrang wie in Bild 212 dargestellt kontinuierlich abgesenkt, wobei darauf geachtet werden muß, daß die Grabensohle ordnungsgemäß planiert ist, um eine gleichmäßige Auflage des Rohrstrangs zu gewährleisten.

Um dem Rohrstrang bei hohen Außentemperaturen die Möglichkeit der Kontraktion infolge Abkühlung zu geben, werden oftmals beim Absenken sogenannte „slacks" vorgesehen, das heißt durch Unterlegen von Hölzern unter den Rohrstrang werden schlanke Ausgleichsbögen geschaffen, die nach erfolgter Verkürzung infolge Temperaturverminderung und Wegnahme der Hölzer die genaue

Bild 212:
Absenken eines Rohr-
strangs in den Leitungs-
graben

Konstruktionslänge des Rohrstrangs ergeben. Größe und Abstände der Bögen richten sich nach der jeweiligen Außentemperatur und der zulässigen Beanspruchung im Rohrwerkstoff. Beim Absenken des Rohrleitungsstrangs ist eine genügende Anzahl von Hebegeräten vorzusehen.

Mit der Rohrleitung wird in der Regel ein Fernmeldekabel verlegt, das zur Betriebsüberwachung und zur Lösung von Aufgaben in der Prozeßsteuerung herangezogen wird. Bei Kreuzungen mit Verkehrswegen wird das Fernmeldekabel in einem Kabelschutzrohr verlegt.

Wenn die Lage des abgesenkten Rohrstrangs eingemessen und die Rohrdeckung überprüft ist, wird der Rohrgraben verfüllt. Die Verfüllung muß so erfolgen, daß Nachsackungen nicht entstehen. Gräben, Wasserläufe, Vorfluter, Kanäle usw. sind wieder in ihren ursprünglichen Zustand zu versetzen. Der abgeschobene Mutterboden ist nach Grabenverfüllung wieder aufzubringen. Innerhalb des Arbeitsstreifens ist der ursprüngliche Zustand der Geländeoberfläche wieder herzustellen.

2.5.3. Kreuzungsbauwerke

Im Verlauf einer Fernleitung sind, besonders im dichtbesiedelten westdeutschen Raum, stets an wichtigen Verkehrswegen Kreuzungsbauwerke zu errichten. Die Art und Weise der Kreuzung hängt in erster Linie davon ab, wie sie von dem jeweils betroffenen Verkehrsträger (Bundesbahn, Straßenverwaltung, Wasser- und Schiffahrtsamt) genehmigt oder vorgeschrieben wird [259 bis 262].

2.5.3.1. Kreuzung von Schienenwegen und Landstraßen

Die Kreuzung von Schienenwagen und Straßen kann entweder ohne Mantelrohr, Bild 213, oder unter Zuhilfenahme eines Mantelrohrs, Bild 214, ausgeführt werden.

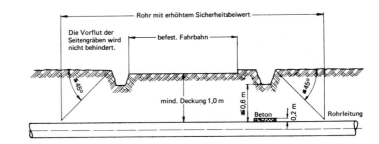

Bild 213:

Straßenkreuzung ohne Mantelrohr

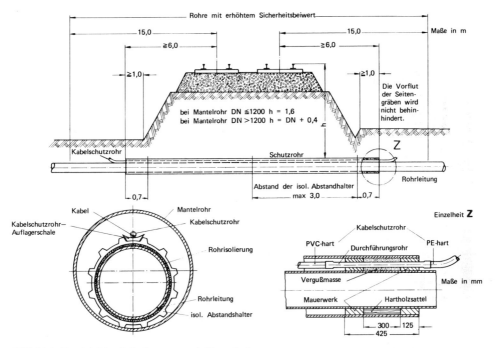

Bild 214: Zweigleisige Bahnkreuzung mit Mantelrohr

Bei Kreuzungen mit Mantelrohr wird der Mantelrohrstrang im hydraulischen Durchpreßverfahren, im Bohrverfahren oder durch Einlegen des Mantelrohrs in offener Baugrube ausgeführt. Die Aufstellung auf Seite 438 enthält die für die Kreuzung von Bundesbahnstrecken mit Gasfernleitungen ausreichenden Mantelrohrwanddicken und zum Vergleich die für die Leitungsrohre erforderlichen Mindestwanddicken nach DIN 2470 Teil 2.

Anschließend wird der Fernleitungsrohrstrang einschließlich vorhandener Kabelschutzrohre unter Zuhilfenahme von isolierenden Abstandshaltern und Hartholzsätteln eingezogen. Das Aufschweißen von Meßkontakten für den kathodischen Korrosionsschutz, das Vergießen der Mantelrohrenden und die Montage der Mantelrohrentwässerung vervollständigen das Bauwerk. Zur Erzielung eines ebenen Übergangs an den Schweißnähten im Mantelrohrinnern müssen die Rohrenden gut zentriert und gut verschweißt sein.

Nennweite	Mantelrohrwanddicke mm	Leitungsrohrwanddicke mm
100	3,6	3,6
150	4,5	4,5
200	5,0	5,0
250	5,6	5,6
300	5,6	6,3
400	6,3	6,3
500	7,1	6,3
600	8	6,3
700	8,8	7,2
800	10	8,2
900	10	9,2
1000	11	10,2
1100	12	11,2
1200	14	12,2
1300	15	13,2
1400	16	14,2

Bei Kreuzungen ohne Mantelrohr wird der Fernleitungsrohrstrang durchgepreßt oder in offener Baugrube eingelegt.

2.5.3.2. Kreuzung von Wasserstraßen

Die Kreuzung von Fernleitungen mit schiffbaren Wasserstraßen wurde früher vornehmlich über-irdisch durchgeführt. Die Rohrfernleitungen wurden dabei nach Möglichkeit an vorhandene Brücken-

Bild 215:
Freitragende Rohrbrücke über den
Rhein-Herne-Kanal

bauwerke angehängt, soweit dies die örtlichen und statischen Gegebenheiten zuließen. Es sind aber auch viele Wasserlaufkreuzungen bekannt, bei denen die Rohrfernleitung als tragendes Element verwendet wurde. Bild 215 zeigt eine solche freitragende Rohrbrücke über den Rhein-Herne-Kanal. Heute werden Flußkreuzungen nur noch gelegentlich als Brückenbauwerk ausgeführt; in der Regel werden solche Kreuzungen gedükert.

Die Konstruktion von Rohrleitungsdükern richtet sich nach den örtlichen Gegebenheiten der Kreuzungsbaustelle. Kleinere Düker werden an Land komplett montiert und nach ihrer Fertigstellung mit schwimmenden Hebezeugen in die Trasse verbracht, wo sie abgesenkt und anschließend verfüllt werden.

Größere Düker werden heute nach Möglichkeit auf Montagebahnen quer zur Wasserstraße montiert, mit der erforderlichen Betonummantelung versehen und vom anderen Ufer aus mit Seilwinden durch die Wasserstraße in die vorbereitete Dükerrinne gezogen, wobei die Biegung des betonummantelten Rohrstrangs beim Einziehen und in der endgültigen Position innerhalb des elastischen Bereichs liegt. Bild 216 zeigt einen vormontierten Düker.

Bild 216:
An Land montierter Rhein-
düker 2 × DN 800 mit
fertiger Betonummante-
lung vor dem Einziehen

Von größter Wichtigkeit ist die ordnungsgemäße Wiederherstellung der Ufer und Deiche und die Beachtung der Auflagen der zuständigen Behörden.

In Überschwemmungsgebieten dürfen zu bestimmten Jahreszeiten keine Arbeiten ausgeführt werden. In solchen Überschwemmungsgebieten, in denen eine Gefahr für das Aufschwimmen der Fernleitung besteht, wird diese mittels Beschwerung (Betonreiter) oder Verankerung gegen Auftrieb gesichert.

2.6. Prüfung verlegter Leitungen

Nach erfolgter Leitungsverlegung wird eine Fernleitung vor ihrer Inbetriebnahme abschnittsweise einer abschließenden Druckprüfung unterzogen, die einmal dazu dient, die Festigkeit der Pipeline nachzuweisen, zum anderen ihre Dichtheit zu prüfen.

Während früher die Dichtigkeitsprüfung und die Festigkeitsprüfung getrennt durchgeführt wurden, wie dies auch heute noch in einigen Ländern der Fall ist, werden heute diese beiden Prüfungen außer in Deutschland auch noch beispielsweise in den Niederlanden oder den USA als gemeinsame

Prüfung durchgeführt, wobei die Prüfdruckhöhe und die Prüfdauer auf diese Besonderheit abgestimmt sind.

Während bei kleinen Leitungen und niedrigen Betriebsdrücken die Druckprüfung noch mit Luft oder inertem Gas bei 1,1 fachem zulässigen Betriebsdruck durchgeführt werden kann, werden bei längeren Fernleitungsabschnitten, besonders bei hohen Betriebsdrücken und großen Leitungsdurchmessern, die Druckprüfungen ausschließlich mit Wasser durchgeführt.

Noch vor einigen Jahren betrug der Prüfdruck bei der Festigkeitsprüfung in Deutschland generell das 1,3 fache des zulässigen Betriebsdrucks, doch bemüht man sich in letzter Zeit, bei der Festigkeitsprüfung 100 % der gewährleisteten Streckgrenze zu erreichen, bezogen auf die kleinste mögliche Wanddicke und den größten möglichen Durchmesser. In Kanada werden bei Gasfernleitungen bei bestimmten Gegebenheiten 118 % der gewährleisteten Mindeststreckgrenze erreicht.

Demgegenüber werden bei der sich an die Festigkeitsprüfung unmittelbar anschließenden Dichtigkeitsprüfung 95 % der gewährleisteten Mindeststreckgrenze als ausreichend angesehen. Dieser immer noch hohe Prüfdruck bleibt über insgesamt 24 Stunden auf dem Druckprobenabschnitt bestehen.

In letzter Zeit kam auch in der Bundesrepublik Deutschland bei verschiedenen Technischen Überwachungsvereinen mit dem sogenannten Stresstest eine neue Variante der Druckprüfung verlegter Fernleitungen ins Gespräch. Bei der Rehabilitationsprüfung von etwa durch Korrosionserscheinungen gefährdeten Fernleitungen hat sich diese Methode anscheinend bereits bewährt, während die Durchführung der Prüfung vor der Inbetriebnahme neu errichteter Fernleitungen umstritten ist [263], [271].

Der Stresstrest ist gegenüber der herkömmlichen Festigkeitsprüfung dadurch gekennzeichnet, daß anstelle eines einmaligen Hochfahrens auf den Prüfdruck ein mehrmaliges Wiederablassen auf etwa die halbe Prüfdruckhöhe und erneutes Hochfahren in den Bereich der echten Fließgrenze erfolgt. Neben dem Abbau von bei der Verlegung in die Leitung hineingekommenen Spannungen, von Eigenspannungen bei der Herstellung von Krümmern und Formstücken, der Ausrundung von Ovalitäten soll der Streßtest infolge der mehrmaligen Beanspruchung zu einer erheblichen Erhöhung der Lebensdauer einer Leitung und damit auch zur Erhöhung ihrer Sicherheit beitragen.

Bei großen Druckprobenabschnitten, die eine Länge von 10 bis 15 km erreichen können, spielt die Möglichkeit der Ortung von auftretenden Leckagen eine große Rolle, und zwar nicht nur bei der erstmaligen Prüfung, sondern auch im späteren Betrieb.

2.7. Betrieb von Fernleitungen

Zu den eigentlichen betriebsmäßigen Aufgaben des Leitungsbetriebs, die sich bei Fernleitungen auf die Aufrechterhaltung der Funktionstüchtigkeit und damit der Versorgungssicherheit des Rohrleitungstransports konzentrieren [265 bis 268], gehört besonders bei Mineralöl- und Gasfernleitungen eine Fülle von sicherheitstechnischen Aufgaben. Die Fernleitungsbetreiber unterhalten daher in ausreichenden Abständen entlang der von ihnen betriebenen Fernleitungen Betriebsstellen, die Tag und Nacht besetzt sind, Schadensmeldungen entgegennehmen und notwendige Maßnahmen veranlassen können. Die ständige Überwachung von Fernleitungen durch Abgehen, Abfahren oder neuerdings auch Abfliegen der Strecken ist unumgänglich.

Die Behebung von auftretenden Schäden wird von ständig einsatzbereiten Arbeitstrupps vorgenommen. Da Fernleitungen aus Gründen der Versorgungssicherheit bei Reparaturfällen oder sonstigen Arbeiten an der in Betrieb stehenden Leitung in der Regel keine nennenswerten Betriebsunterbrechungen erleiden dürfen, ist die Einführung einer neuen Technik unumgänglich gewesen. Mit den aus den USA importierten sogenannten Stopple-Geräten läßt sich, allerdings unter großem Aufwand, eine Betriebsunterbrechung vermeiden.

Bei einem 20 km langen Abschnitt einer Gasfernleitung zwischen zwei benachbarten Absperrschiebern würde im Reparaturfall allein das Entspannen und das Wiederaufdrücken fast einen Tag in Anspruch nehmen.

3. Rohrleitungen für hydroelektrische Kraftanlagen

G. DOLDER, K. KUBAT, H. PIRCHL

3.1. Allgemeines

Rohrleitungen von oft ansehnlichen Abmessungen kommen zur Anwendung bei Wasserkraftanlagen, vorwiegend mit grossem Gefälle. In gebirgigen Gegenden finden sich hierfür die günstigsten topographischen Verhältnisse. An geeigneten Stellen werden, um einen Stausee zu bilden, Talsperren erstellt. Das zugehörige natürliche Einzugsgebiet wird erweitert, indem benachbarte Täler in gleicher Höhe mit den zugehörigen Staubecken durch Verbindungsstollen angeschlossen werden.

Der in nützlicher Höhe befindliche Stausee bildet eine Akkumulieranlage, welche die Niederschläge in Form von Regen und im Laufe des Sommers das Schmelzwasser von Schnee und Eis aufnimmt. Letztere wirken zeitlich erweiternd im Sinne einer Akkumulierung.

In passend gelagerten Fällen wird die Anlage ausgerüstet mit Turbine und analoger Pumpe oder mit Pump-Turbine in einer Einheit je nach den vorliegenden technischen Gegebenheiten. Für den Pumpbetrieb wird die von Laufkraftwerken anfallende, variierende Überschussenergie aufgenommen. Eine analoge Ergänzung erhalten damit die grossen thermischen Kraftwerke, sowie die Kernkraftwerke, die durchgehend mit der ihnen zugeschriebenen Belastung arbeiten müssen, sollen deren Wirkungsgrad und Lebensdauer im wirtschaftlichen Rahmen bleiben. Solche Anlagen kommen dort zur Aufstellung, wo die anfallende Energiemenge gegenüber dem Verbrauch stark schwankt und umgekehrt. Neuerdings werden Kernkraftwerke mit eigenen Akkumulieranlagen ausgerüstet, zwangsläufig ohne natürlichen Wasserzufluss.

Die Bemessung einer hydroelektrischen Kraftanlage hängt ab von:

den topographischen Gegebenheiten, welche auf die zu wählende Fallhöhe schliessen lassen, in Verbindung mit den geologischen Verhältnissen, welche die Wahl der Anordnung der Druckleitung, die Lage des Krafthauses und des Stausees beeinflussen;

vom Umfang der oft sehr stark schwankenden Niederschläge über das ganze Jahr;

von den Grössen und dem zeitlichen Verlauf der voraussehbar zu deckenden positiven und negativen Belastungsspitzen, einschliesslich der normalen Belastung;

der Wirtschaftlichkeit der ganzen Anlage, die zwar nicht immer ein wesentliches Argument bildet;

den berechneten Kosten des Kraftwerkes.

Die angedeuteten Kriterien werden von Spezialisten der einschlägigen Fachrichtungen untersucht und beurteilt. Die Resultate bilden die Unterlagen für die Planung der Anlage.

3.2. Bauarten

3.2.1. Die Kavernen-Kraftanlage

Eine typische Kavernen-Kraftanlage mit ihren wichtigsten Einrichtungen ist in Bild 301 im Profil schematisch dargestellt. Seit sich ungefähr um das Jahr 1927 die Forderung stellte, grosse Wassergefälle wirtschaftlich zu nutzen, sind mehrere solche Anlagen mit Erfolg gebaut worden. Wegleitend für die Disposition sind höchste Auswertung der topographischen Gegebenheiten und Vermeidung einer Veränderung des Landschaftbildes oder möglichst ein Beitrag zu dessen Bereicherung.

Das hydraulische Kraftwerk mit einem gewissen Gefälle umfasst folgende Hauptteile:

Die Stauanlage 1, hierfür werden gewählt in Betonkonstruktion Gewichts-, Bogen- oder Hohlstaumauer für maximale Stauhöhen um 300 m.

Der Staudamm, bestehend aus einem Dichtkern und beidseitig aufgestampftem, schwerem Gestein, wird in neuerer Zeit in vermehrtem Masse gebaut. Die freie Oberfläche wird mit Pflanzen der Region begrünt. Auch wenn für diese mögliche Lösung der Aufwand gegenüber den vorgenannten Bauarten

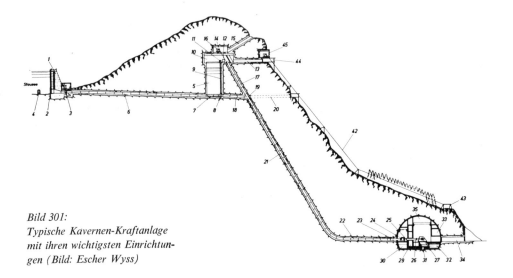

Bild 301:
Typische Kavernen-Kraftanlage
mit ihren wichtigsten Einrichtun-
gen (Bild: Escher Wyss)

Zusatzlegende zu Bild 301, 302 und 303

1 Staumauer
2 Rechen der Wasserfassung mit Dammbalken
3 Gleitschütze an der Staumauer
4 Grundablass
5 Wasserschloss
6 Zulaufstollen
7 Dämpfungsorgan im Wasserschloss
8 Sicherheitsabschlussorgan, Drosselklappe
9 Hohlwelle zur Drosselklappe
10 Wasserschlosskammer
11 Öl-Servomotor zu Drosselklappe
12 Steuerschrank zur Drosselklappe
13 Zugangsstollen zur Wasserschlosskammer
14 Windenkammer der Stollenbahn

15 Be- und Entlüftungskanal, Notausgang
16 Motorseilwinde für den Schrägschacht und Druckstollen
17 Schrägschacht am Wasserschloss
18 Verbindungsstollen
19 Gabelung
20 Baufenster für Stollenbau und Montage der Panzerungen
21 Geneigter Druckstollen
22 Horizontaler Druckstollen
23 Verteilleitung
24 Kugelschieber zu den Turbinen
25 Ausbaurohr
26 Zwischenrohre zu den Turbinen
27 Turbinen, je 2 seitlich eines Generators
28 Generator starr gekuppelt mit den Turbinen
29 Kabelgang
30 Entlastungskanal

31 Sickerwasserkanal
32 Unterwasserkanal
33 Transformatoren
34 Zugangsstollen zum Maschinenhaus
35 Maschinenhaus
36 Teilstränge
37 Abzweiger für die Teilstränge
38 Entleerung an der Verteilleitung
39 Revisions- und Betriebsschieber zur Entleerung
40 Revisionsöffnung an der Verteilleitung
41 Öl-Servomotor am Kugelschieber
42 Schwerlast-Seilbahn
43 Talstation der Seilbahn
44 Bergstation der Seilbahn
45 Windenkammer mit Seilwinde

höher sein sollte, wird sie aus der Sicht des Naturschutzes Anklang finden. Es kann sich sogar in touristischer Beziehung ein Gewinn einstellen. Die Wasserfassung in der Staumauer ist seeseitig ausgerüstet mit einem Rechen, zusammen mit einer Dammbalken-Schütze 2. Diese wird im Falle einer allgemeinen talseitigen Revision eingesetzt. Jede Staumauer besitzt einen Überlauf und einen Grundablass 4, um ausserordentlichen kritischen Ereignissen begegnen zu können.

Das Abschlussorgan des Grundablasses wird vorzugsweise getrennt von der Staumauer angeordnet, damit im Falle einer Betätigung etwaig auftretende Vibrationen nicht auf die Staumauer übertragen werden können.

An der Wasserfassung, direkt aussen an die Staumauer anliegend, jedoch getrennt von derselben, ist eine Gleitschütze 3 angeschlossen. Sie dient der Revision der unterwasserseitigen Anlagen sowie als Notschluss. Das Wasserschloss 5 ist überall da erforderlich, wo der Stausee von der Zentrale weit entfernt liegt. Das freistehende Wasserschloss besteht aus einer Stahlkonstruktion, manchmal kombiniert mit einem armierten Betonturm. In Form einer Kaverne wird die Wandung gepanzert, durch Profileisen felsseitig ausgesteift und hinterbetoniert. Die vollständig mit ihren Verankerungselementen geschweisste Panzerung wird ausgebildet, ausgehend vom möglich auftretenden äusseren Druck, der sich aufbaut vom im Fels eingesickerten Wasser. Die volumetrischen Abmessungen des Wasserschlosses werden so festgelegt, dass bei jeder möglichen Störung des Gleichgewichtes vom Wasserspiegel im Wasserschloss infolge einer Belastungsänderung dieser innert nützlicher Frist wieder in Ruhelage kommt. Dies wird erreicht durch gedämpfte periodische oder auch aperiodische Schwingungen. Zur Berechnung muss ein vollständiger Projektplan vorliegen. Die Höhe der Schwankungen des Wasserspiegels wird wesentlich vom Typ der Maschine beeinflusst. Als Richtwerte der Drucksteigerung gegenüber dem statischen Druck gelten:

10% für die Peltonturbinen
20% für die Francis- und Kaplanturbinen
40% für Pump-Turbinen.

Der Durchmesser der grössten bisher gebauten Wasserschlösser beträgt 15 m.
Ab der Wasserfassung führt das freiliegende Zulaufrohr oder der Zulaufstollen 6 zum Wasserschloss. Dort am Grunde befindet sich das Dämpfungsorgan 7, welches den in Schwingungen befindlichen Wasserstrom am Aufstieg in das Wasserschloss und umgekehrt hemmt. Auf diese Weise wird die Unruhe im ganzen System gedämpft, die ungünstigen Einwirkungen auf die Panzerungen und die Maschinen stark vermindert.
Am Austritt des Wasserschlosses zwischen Dämpfungsorgan 7 und Verbindungsstollen 18 ist eine ferngesteuerte Sicherheits-Drosselklappe 8 verankert. Deren Notschluss wird automatisch über einen Überwachungsapparat ausgelöst, wenn die Wassergeschwindigkeit im Verbindungsstollen 18 das maximal zulässige festgelegte Mass übersteigt. Die normale Wassergeschwindigkeit liegt etwa bei 4,0 m/s. Die grössten bis jetzt konstruierten Einheiten an solchen Anlagen haben einen Durchmesser von 4–5 m. Der Servomotor 11 zur Drosselklappe steht bis um 60 m über derselben in der Wasserschlosskammer 10. Die leicht elastische Antriebswelle 9 besteht aus mit Flanschen starr verbundenen Rohren, die einen Durchmesser von um 1,0 m haben können.
Zur Unterstützung der Funktion des Wasserschlosses sowie zu einer Belüftung und Montage ist der Druckschacht 21 in seiner Verlängerung, dem Schrägschacht 17, mit der Wasserschlosskammer 10 verbunden. Die Anordnung des Verbindungsstollens 18 zwischen Wasserschloss 5 und Druckschacht 21 erleichtert die Montage der in seinem Bereich liegenden Panzerungen. Die Blechschalen werden durch das anstossende Baufenster 20 eingebracht.
Für die Anordnung der Kavernenanlage wird auf gute Qualität des Felsens geachtet. Dies gilt vorwiegend für den Druckschacht 21, der in flüssiger Linienführung über eine Verteilleitung 23 an die Turbinen 27 anschliesst. Der Druckschacht 21 ist meistens mit hinterbetonierten Stahlrohren

gepanzert. Zur Vorspannung der Panzerung und Beseitigung der Hohlräume wird in das Betonfutter Zementmilch injiziert. Grösster Schachtdurchmesser bis jetzt 6–7 m.

Beim Ausbruch des Stollens werden die Wassereinbrüche registriert und nach starken Niederschlägen möglichst deren Ursprung und Heftigkeit ermittelt. Daraus lässt sich auf den mutmasslich vorkommenden maximalen Aussendruck schliessen, dem die Panzerung ausgesetzt werden kann. Es genügt nicht, den Felsen durch Zementinjektionen zu verfestigen, denn damit erreicht man keine Abschirmung der Panzerung gegen Berg-Wasserdruck, auch wenn am fertigen Stollen das Betonfutter dicht an die Panzerung anliegt. Nach den bisherigen Erfahrungen erscheint es ratsam, den möglichen Aussendruck auf die Panzerung zu beachten, da dieser und nicht der Innendruck oft die Wandstärke der Panzerung bestimmt. Die Wassergeschwindigkeit beträgt normal 5–8 m/s für hohes Gefälle.

3.2.2. Oberirdisch verlegte Druckleitung mit Expansionen

Im Bild 302 ist im Profil ein Kraftwerk mit oberirdisch verlegter Druckleitung schematisch dargestellt. Deren Fixierung erfolgt an den Krümmern vermittels umhüllender Betonblöcke oder die Krümmer werden mit einer starren Grundplatte versehen und auf in den Boden eingelassenen Betonblöcken verankert.

Neuestens, in Fällen, wo die Beschaffenheit des Baugrundes eine solche Lösung nicht zulässt, wird die entsprechend ausgebildete, mit Beton versteifte Grundplatte durch geeignete Vorspannanker auf den Grund gespannt.

Zwischen zwei Fixpunkten ist ein Expansionsrohr eingebaut, das die axialen Kräfte im Rohrquerschnitt zum grössten Teil unterbindet und sie durch die Fixpunkte aufnehmen lässt. Um die wegen der Temperatur-Differenzen auftretenden Reibungswiderstände aus der entsprechenden Komponente von Rohr- und Wassergewicht in der Gleitrichtung möglichst klein zu halten, werden die Rohrabstützungen mit Gleitschuhen, Rollen oder Pendelstützen versehen. Die Gleitflächen der Gleitschuhe tragen Beläge, die einen sehr kleinen Reibungskoeffizienten aufweisen.

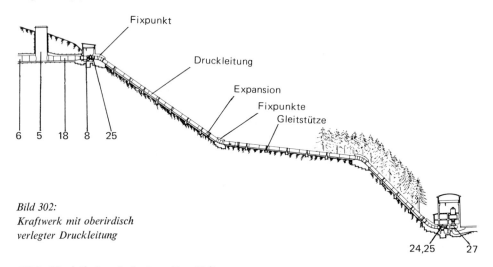

Bild 302:
Kraftwerk mit oberirdisch
verlegter Druckleitung

3.2.3. Oberirdisch verlegte starre Druckleitung

An neueren Anlagen wird die starre Verlegung der Druckleitung bevorzugt, indem keine Expansionen eingesetzt werden. Die so verhinderte axiale Dehnung aus Temperaturdifferenzen und Ringspannung verursacht wohl eine zusätzliche axiale Spannung in der Rohrwandung, die aber in annehmbaren Grenzen liegt. Dafür fallen die Expansionen weg und die Abstützungen der Rohre werden wesentlich einfacher. Die resultierenden Kräfte in den Knickpunkten werden von den zugehörigen Ankerblöcken aufgefangen.

Eine weitere Vereinfachung in der Konstruktion erreicht man mit der vollständig einbetonierten Druckleitung. Hier fallen noch die Ankerblöcke an den Krümmern weg. Dafür werden auf die Leitung verhältnismässig wenige Ankerringe aufgesetzt. Ferner muss die Betonumhüllung bauseits nach den örtlichen Verhältnissen unter Berücksichtigung der Beanspruchung der Leitung ausgebildet werden. Eine solche Anlage bietet nach aussen eine erhöhte Sicherheit und vermeidet eine Störung des Landschaftbildes.

Die im Boden eingegrabene und mit dem Aushubmaterial zugedeckte Druckleitung wird in technischer Beziehung günstig beurteilt. Das über die Druckleitung eingeschwemmte und damit verfestigte Material erzeugt eine weitgehende Verankerung. Die möglich auftretenden Temperaturdifferenzen im Betrieb sind klein, höchstens 15 °C. Die axialen Spannungen im Rohrquerschnitt werden in hohem Masse gedämpft. Daher erhalten die Ankerblöcke in den Knickpunkten minimale Dimensionen, in besonders günstig liegenden Fällen sind sie nicht erforderlich. Gegen äussere korrodierende Einflüsse ist der Mantel speziell zu isolieren. Der fachmännisch aufgetragene Überzug ist erfahrungsgemäss von langer Haltbarkeit. Die Überdeckung der Rohre erzeugt einen gewissen äusseren Druck, der keine wesentlichen Nachteile zeitigt. Die bisherigen langfristigen Erfahrungen ergaben durchwegs günstige Resultate.

3.2.4. Verteilleitungen

Eine einbetonierte Verteilleitung 23 neuerer Bauart für eine Kavernenanlage ist in Bild 303 aufgezeichnet. Eine freiliegende Verteilleitung wäre von gleichem Typus. Vom Abzweiger 37 führt der Teilstrang 36 zum Abschlussorgan 24 der Turbine. Bei niedrigen Betriebsdrücken, bis gegen 200 mWS

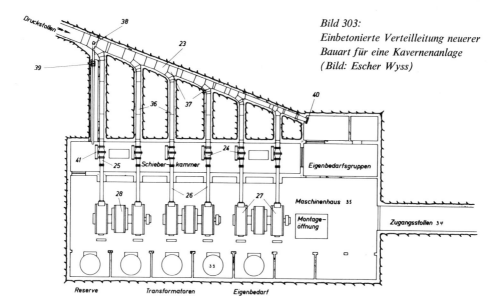

Bild 303:
Einbetonierte Verteilleitung neuerer
Bauart für eine Kavernenanlage
(Bild: Escher Wyss)

kann es eine Drosselklappe sein, darüber kommt der Kugelschieber in Frage. Dieser ist ausgerüstet mit einem Betriebs- und einem Revisionsabschluss. Für die Betätigung des Abschlussorganes ist an einem Drehzapfen der Servomotor direkt gekuppelt. Neben der Handsteuerung genügt die zugehörige, entsprechend ausgebildete Automatik jedem normalen Betriebszustand, sowie einem möglichen ausserordentlichen Ereignis.

Zwischen Abschlussorgan 24 und Turbine ist zur Revision derselben ein Ausbaurohr 25 eingesetzt. Es ist versehen mit einem Mannloch und einem Anschluss für die Umleitung von der Oberwasserseite. Die beiden Verbindungen können starr sein, die eine jedoch muss für die Demontage axial lösbar sein. Häufig wird das Ausbaurohr 25 mit einem Stopfbüchsflansch ausgerüstet, damit nur die hydraulischen Kräfte auf die Turbinenspirale wirken. In ganz besonderen Fällen muss der axiale Rohrzug an der Spirale vom oberwasserseitigen Rohr übernommen werden. Für die Übertragung dieser Kraft eignet sich vorzüglich die hydraulische Ausgleichs-Stopfbüchse.

Grössere Ringleitungen (Bild 304) für Pelton-Turbinen lassen sich aus zylindrischen, kombiniert mit konischen Schüssen bauen. Es werden Formen erreicht, die jenen Leitungen aus Stahlguss hydraulisch überlegen sind. Ausführungen für einen Laufrad-Durchmesser um 2,5 bis gegen 5,0 m mit Anschluss von 6 Düsen sind besonders ansprechende Objekte für Schweisskonstruktionen. Man rechnet mit einem höchsten Gefälle bis um 1000 m und Einheiten von je etwa 170 MW Leistung maximal.

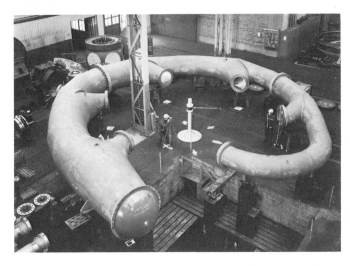

Bild 304:
Ringleitung für 6düsige
Freistrahlturbine
CASTAIC (USA),
Konstruktionsdruck 422 m,
Probedruck 633 m, Durch-
messer 1525/6 × 735 mm,
Durchflussmenge 21,3 m³/s
(Bild: Escher Wyss)

3.3. Bauelemente

3.3.1. Wasserfassung

Die Wasserfassung ist der Anschluss der Druckleitung an den Stausee am Grunde der Staumauer, Bild 305. Jene besteht aus einer trichterförmigen Panzerung ausgehend von rechteckigem und talwärts in stetig übergehendem rundem Querschnitt. Hinsichtlich der Verankerung der Schalen im Beton ist besondere Aufmerksamkeit geboten, denn es muss angenommen werden, zwischen Beton und Schale trete der volle Staudruck auf. Es könnte andernfalls während einer talseitigen Entleerung und bei den dadurch auftretenden hohen Wassergeschwindigkeiten die Panzerung eingebeult und mitgerissen werden.

Direkt an die Staumauer angeschlossen ist der Rechen, gebaut aus Profileisen von fischförmigem Querschnitt. Die Öffnung am Rechen hat ein mehrfaches Ausmass des Rohrquerschnittes. Die Durchflussgeschwindigkeit für Fallhöhen von 50 bis um 100 m wird gewählt mit 0,40 bis 0,80 m/s bezogen auf den freien Querschnitt. Die Druckverluste liegen bei 0,035 bis 0,050 m WS.

Nachfolgend ist eine Dammbalken-Schütze angeordnet, die mit einer einfachen Hebevorrichtung für den Fall einer unterwasserseitigen totalen Revision eingesetzt wird. Daneben dient für die normalen Bedürfnisse und üblichen laufenden Revisionen eine Schütze mit hydraulischem Antrieb, konstruiert für einen selbsttätig auslösenden Notschluss sowie für Nah- und Fernsteuerung. Beide Abschlussorgane werden erfahrungsgemäss vorteilhaft als Gleitschütze ausgebildet. Anstelle der letzteren kann eine Drosselklappe gewählt werden. Für deren Servomotor-Zylinder verwendet man

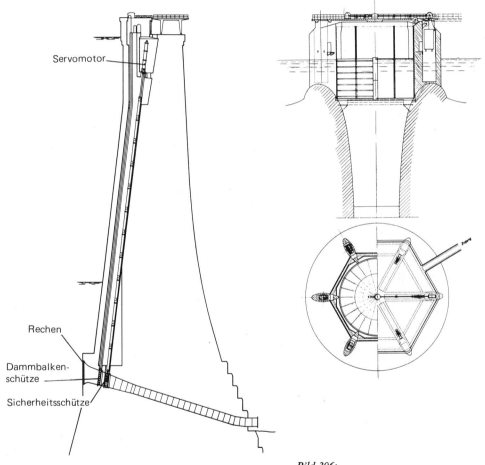

Bild 305: Wasserfassung in einem Staudamm, ausgerüstet mit Sicherheits- und Revisionsschütze (Dammbalken)

Bild 306: Zylinderschütze für grosse Wassermengen zur Regulierung des Stau- und Unterwasserspiegels für gegebene Niveaux (Bild: Escher Wyss)

vielfach nahtlos gewalzte Rohre aus hochwertigem Stahl. Notwendige Antriebswellen sind ebenfalls aus Rohren zusammengesetzt.

3.3.2. Zylinderschütze

Mit der Staumauer kombiniert muss in speziell gelagerten Fällen zusätzlich eine Vorrichtung vorhanden sein, die den Wasserspiegel des Stausees automatisch in bestimmten Grenzen hält und, falls erforderlich, der Regulierung des Unterwassers dient. Dazu eignet sich für grössere anfallende Wassermengen die Zylinderschütze, Bild 306. Eine der grössten bisher gebauten Zylinderschützen, ausgelegt für eine normale Wassermenge von 1700 m³/s, hat einen Zylinder-Durchmesser von

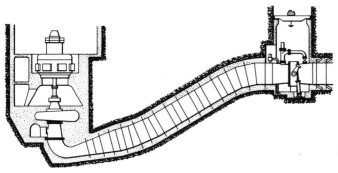

Bild 307:
Saugleitung von 3,5 m Durchmesser einer Turbinen-Pumpanlage, einbetoniert und gegen äusseren Injektions-druck von 50 m WS gesichert

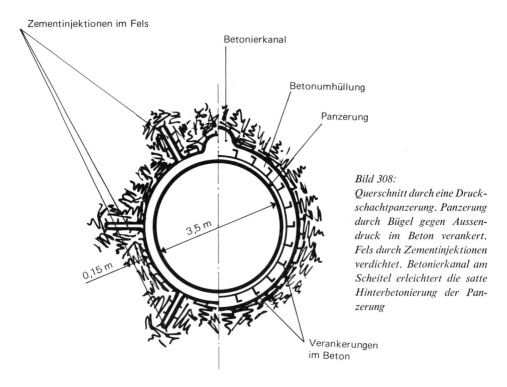

Bild 308:
Querschnitt durch eine Druck-schachtpanzerung. Panzerung durch Bügel gegen Aussen-druck im Beton verankert. Fels durch Zementinjektionen verdichtet. Betonierkanal am Scheitel erleichtert die satte Hinterbetonierung der Panzerung

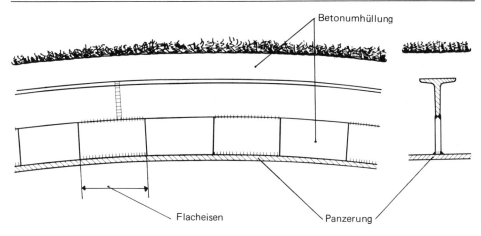

Bild 309:
Detail der Versteifung einer Schachtpanzerung. Intermittierende Verbindung zwischen Ring und Rohr erlaubt gutes Betonieren

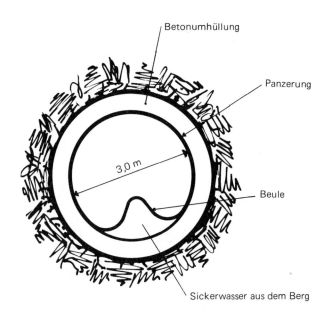

Bild 310:
Ausbildung einer Beule an der Sohle einer gegen Sickerwasserdruck ungenügend stabilen Panzerung

16,0 m, eine Höhe von 8,1 m und eine Hubhöhe von 6,5 m. Die Zylinderschütze wird von 6 hohlen Säulen eines Beton-Bauwerkes geführt; in drei von ihnen sind die Gegengewichte untergebracht. Im Zentrum der Schütze befindet sich das Nabenrohr von etwa 1,0 m Durchmesser, von dem aus die speichenartig angeordneten kräftigen Rohre die Versteifung des grossen Zylinders erhöhen.

3.3.3. Rohre

Die Verwendung von nahtlos gewalzten Rohren für Druckleitungen ist auf verhältnismässig kleine Anlagen mit geringen Wassermengen beschränkt. Vorzugsweise werden hierfür auch feuerverzinkte Rohre mit Flanschverbindungen gewählt. In den gegenwärtig vorherrschenden Fällen weisen die Rohre jedoch grosse Durchmesser auf, die von 1,0 m bis gegen 10,0 m reichen können.

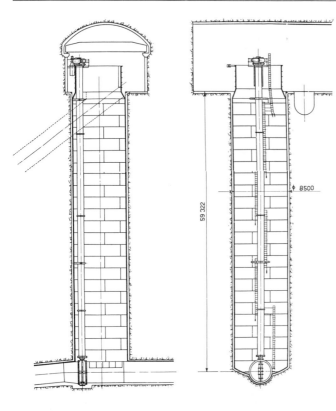

Bild 311:
Wasserschloss mit am Grunde eingebautem Drosselorgan und Sicherheits-Drosselklappe, die Panzerung ist gegen Bergwasserdruck in der Betonumhüllung verankert (Bild: Escher Wyss)

Bild 312:
Detail aus Bild 311. Die Schwingungen des zwischen Druckleitung und Wasserschlosskammer oszilierenden Wassers werden durch Lochblenden gedämpft (Bild: Escher Wyss)

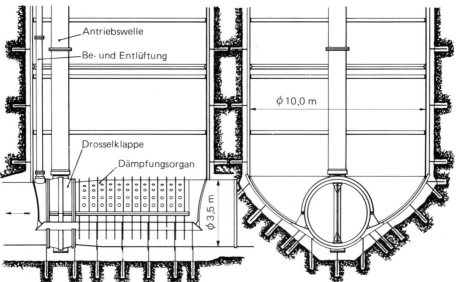

Aus glatten Stahlblechen werden Schüsse oder bei sehr grossen Durchmessern Schalen in fabrika-
tionsgerechten Abmessungen gewalzt und zu Rohren von für Transport und Montage praktikablen
Längen verbunden. Vergleiche hierzu Abschnitt 3.6 Ortsmontagen.
Für die Bestimmung der Wandstärken der Druckrohrleitungen sind die Regeln der Festigkeitslehre
anzuwenden, die im Abschnitt 3.5 Berechnung erläutert sind.
Die frei verlegten Rohre müssen dem maximal auftretenden Innendruck und dem Vakuum widerstehen. Bei Stollenpanzerungen muss der möglich auftretende Aussendruck beachtet werden, sei es
der Bergwasserdruck im Falle einer Entleerung oder der Druck der hinter die Panzerung eingeführten
Zementinjektionen. Man dimensioniert die Panzerung entsprechend, bringt Verstärkungsringe an
oder verankert die Panzerung in der Betonumhüllung und eventuell noch im Fels, Bilder 307, 308,
309. Einbeulungen an Stollenpanzerungen sind bisher immer nur an einer Stelle des Umfanges
beobachtet worden, Bild 310.
Das Wasserschloss einer Kavernenanlage ist auf seiner Innenseite mit verhältnismässig dünnen
Schalen ausgelegt, Bild 311. Zu deren Verfestigung zusammen mit dem Felsen dient eine kräftige,
armierte Betonauskleidung. Die vertikalen Versteifungen werden so verlegt, dass sie für die Montage
der Panzerung nützlich sind. Beim Dämpfungsorgan am Grunde des Wasserschlosses, Bild 312, ist
die obere Zylinderhälfte für Revisionszwecke demontierbar und besonders starr ausgebildet, damit
die dort befindlichen Löcher im Betrieb keine Vibrationen verursachen, die auf das System übertreten
könnten. Der Gesamtquerschnitt der Löcher wird nach den bisherigen Erfahrungen mit dem 1,5-
bis 1,7-fachen des Stollenquerschnittes angenommen. Dieser Gesamtquerschnitt ist jedoch wesentlich
kleiner (ca. 1/5) als der Querschnitt des Wasserschlosses. Die untere Zylinderhälfte des Dämpfungs-
organs bildet mit dem Boden des Wasserschlosses und mit seinem Fundament ein steifes Gebilde,
das zur Verankerung der Drosselklappe beiträgt.

*Bild 313: Normale Schweissnahtform für
beidseitige Ausführung an dicken
Blechen*

*Bild 314: Normale Schweissnahtform für
beidseitige Ausführung an dünnen
Blechen*

3.3.4. Schweissnahtformen

Die im Werk auszuführenden Verbindungsnähte werden von innen und aussen nach dem passenden
Verfahren elektrisch, meistens mit Automaten verschweisst, Bilder 313 und 314. Die Formen der
blank hergerichteten Nahtkanten sind abhängig von der Blechdicke sowie von dem anzuwendenden
Schweissverfahren. Die Oberflächen der fertigen Schweissnähte sollen glatt, wenn nötig überarbeitet
sein, um sicher eventuelle oberflächliche Risse erkennen und entfernen zu können. Die Übergänge
der Naht an der Oberfläche müssen stetig sein, ohne Überhöhung und Unterschneidung. Die
Ränder dürfen keine Einbrandkerben aufweisen. All dies gilt besonders für stark beanspruchte
Objekte aus Material hoher Festigkeit, denn da wirkt sich eine Störung des Kraftflusses deutlich
ungünstig aus. Unter Tag, wo eine Montageschweissnaht nur vom Rohrinnern aus hergestellt werden
kann, benützt man Montagelaschen an der Aussenseite des Rohres, um eine muffenähnliche Verbindung zu erhalten, Bild 315.

3.3.5. Abstützungen

Die Abstützung der Rohre bei freiliegender Leitung wird in Abständen gewählt, welche die Be-

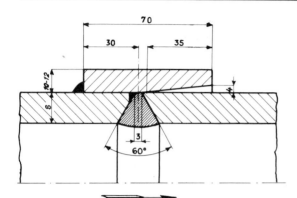

Bild 315:
Montagenaht nur von innen
her geschweisst

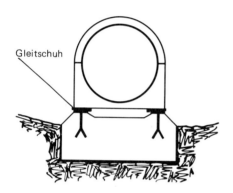

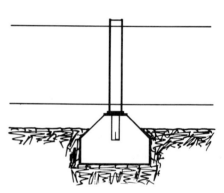

Bild 316:
Gleitende Abstützung einer
frei verlegten Druckleitung

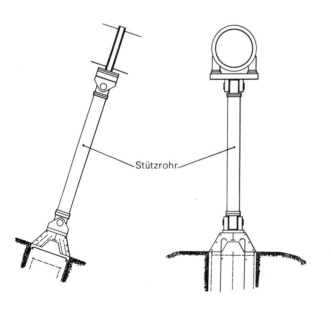

Bild 317:
Pendelstütze einer frei ver-
legten Druckleitung

anspruchung, verursacht durch Biegung aus Eigen- und Wassergewicht in Verbindung mit dem auftretenden maximalen Innendruck, im vorgeschriebenen Rahmen hält. Für kleinere Durchmesser genügen Rohrsättel. Die Stützrahmen oder -ringe der grösseren, mit Expansionen ausgerüsteten Druckleitung besitzen an den Auflagern Gleitschuhe Bild 316, Pendelstützen Bild 317 oder Rollen Bild 318, die der durch Temperaturdifferenzen erzeugten Dilatation minimalen Widerstand entgegensetzen. Die starr, also ohne Expansionen ausgelegte Druckleitung erhält nur an den dünnwandigen Partien Stützrahmen oder -ringe, um unzulässige Deformationen des Querschnittprofils aus Gewichtskomponenten und Vakuum auszuschliessen. Sonst genügen gewöhnliche Rohrsättel. Im übrigen ist die Leitung wie ein starr aufliegender Druckbehälter zu betrachten.

Ähnlich liegen die Verhältnisse bei eingegrabenen und einbetonierten Leitungen, wobei äussere Versteifungen entsprechend den auf die Rohre wirkenden äusseren Kräften anzubringen wären. In denjenigen Fällen, bei welchen keine Expansionen vorgesehen werden, wirkt sich die verhinderte axiale Dehnung günstig auf die Beanspruchung der Rohrwandung aus.

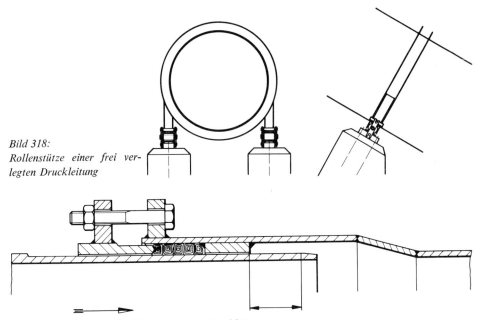

Bild 318:
Rollenstütze einer frei ver-
legten Druckleitung

Bild 319: Expansionsrohr für frei verlegte Druckleitung

3.3.6. Expansionen

Die Rohrexpansionen werden an frei verlegten Druckleitungen eingebaut, bei denen man den einzelnen Rohrabschnitten in axialer Richtung ein gewisses Mass an ungehinderter Dilatation zugestehen muss, Bild 319. Dies ist auch da der Fall, wo das Gelände als nicht absolut starr beurteilt wird, oder wenn Erschütterungen des Geländes zu befürchten sind. Die Art der Dichtung an der Expansion soll so beschaffen sein, dass sie nötigenfalls während des Betriebes der Anlage nachgezogen und ausser Betrieb innert kürzester Frist ausgewechselt werden kann. Hierzu eignen sich sehr gut Hanf- oder Baumwollzöpfe, imprägniert mit einer Mischung von Unschlitt und kolloidalem Graphit.

3.3.7. Fixpunkte

Die Fixpunkte sind Verankerungen, die an Stellen von Richtungsänderungen der oberirdisch verlegten Druckleitungen eingebaut werden müssen, Bilder 320, 321 und 322. Auf diese Weise werden die mit Expansionen ausgerüsteten Leitungen gegen Abgleitung gesichert. Die Fixpunkte an starr verlegten Druckleitungen haben deren Abheben und die damit verbundene Entstehung unzulässiger Beanspruchungen zu verhindern. Die zu berücksichtigenden Kräfte sind im Kapitel 3.5.1.3 erwähnt.

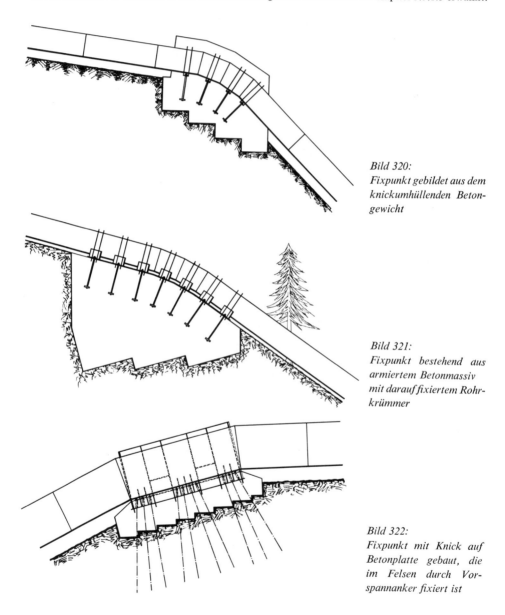

Bild 320:
Fixpunkt gebildet aus dem knickumhüllenden Beton-gewicht

Bild 321:
Fixpunkt bestehend aus armiertem Betonmassiv mit darauf fixiertem Rohr-krümmer

Bild 322:
Fixpunkt mit Knick auf Betonplatte gebaut, die im Felsen durch Vor-spannanker fixiert ist

3.3.8. Mannlöcher

Die Mannlöcher Bild 323 dienen dem Einstieg in die Druckleitung und zur Belüftung bei Kontrollen und Revisionsarbeiten. Sie befinden sich in nützlichen Abständen bedingt durch den Verlauf des Längenprofils. Die Grösse der Öffnung soll 0,5 m Durchmesser nicht unterschreiten. Der glatte Rohrmantel erfährt durch die Öffnung einen Ausschnittsverlust. Um die daraus im Betrieb zu erwartenden hohen Randspannungen zu vermeiden, ist die Öffnung mit einem Verstärkungskragen zu versehen. Dieser Kragen, selbst von ungeteiltem Querschnitt, muss vom Blech aus in stetiger Form den Ausschnittsverlust in angemessenem Mass ersetzen und einen Übergang zur Steifheit des Flansches bilden.

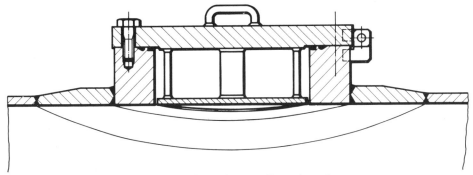

Bild 323: Mannloch mit überbrückter Rohrwandung mit Verstärkungskragen

3.3.9. Flanschverbindungen

Die Flanschverbindungen sind dort erforderlich, wo Leitungsstränge oder an diese angeschlossene Abschlussorgane sowie sonstige Einrichtungen ausbaubar sein müssen. Da die Rohrleitungen meistens sehr grosse Durchmesser haben und an die Verbindungen besondere Bedingungen geknüpft werden, kommen die genormten Vorschweissflanschen selten zur Anwendung. Es sind für solche Fälle besondere Schweisskonstruktionen entwickelt worden: die starre Verbindung, die Verbindung mit starrer oder beweglicher Stopfbüchse und die Verbindung mit Druckausgleich, Bilder 324 bis 330. Alle diese Verbindungen sollen so beschaffen sein, dass mit deren Hilfe die an den zu verbindenden Objekten entstandenen kleinen Montagefehler am Ort korrigiert werden können.

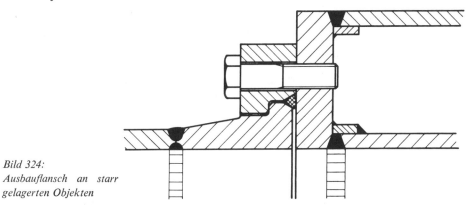

Bild 324:
Ausbauflansch an starr
gelagerten Objekten

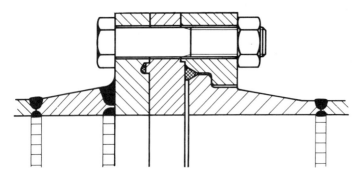

Bild 325: Ausbauflansch an starr verlegten Objekten, versehen mit Passring zum Ausgleich am Ort von merklichen Montagefehlern

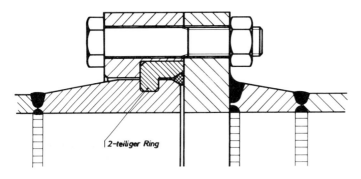

Bild 326: Axial starrer Ausbauflansch mit 2teiligem Verbindungsring

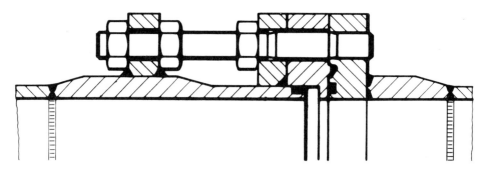

Bild 327: Starre Stopfbüchsverbindung von Druckleitung mit Abschluss-organ für möglichen Ausbau von letzterem

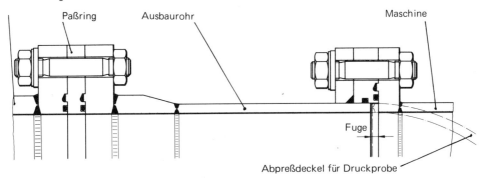

Abschlußorgan

Paßring   Ausbaurohr   Maschine

Fuge

Abpreßdeckel für Druckprobe

Bild 328: Axial bewegliche Stopfbüchsverbindung eines Ausbaurohres mit der Maschine. Passring
zwischen Abschlussorgan und Ausbaurohr zum Ausgleich von Axversetzungen und Winkel-
abweichungen zwischen Abschlussorgan und Maschine

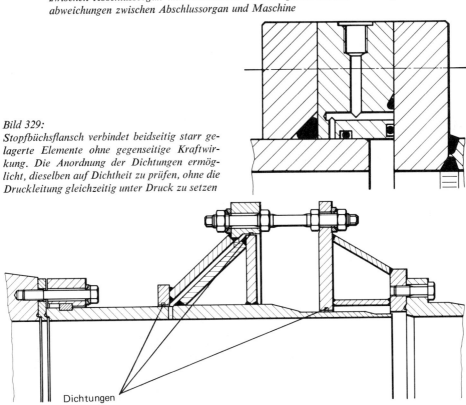

Bild 329:
Stopfbüchsflansch verbindet beidseitig starr ge-
lagerte Elemente ohne gegenseitige Kraftwir-
kung. Die Anordnung der Dichtungen ermög-
licht, dieselben auf Dichtheit zu prüfen, ohne die
Druckleitung gleichzeitig unter Druck zu setzen

Dichtungen

Bild 330:
Kraftausgeglichene Dehnungsmuffe zur Verbin-
dung zweier starr montierter Anlageteile. Die
hydraulischen Axialkräfte sind ausgeglichen

Dehnungen infolge Druck- und Temperaturdif-
ferenzen ohne Behinderung möglich (Bild:
Escher Wyss)

3.3.10. Abzweigrohre

Die Abzweiger finden sich oft am Kopf der Druckleitung im Zusammenschluss von Druckstollen und Wasserschloss, Bild 331. Ferner bilden die Abzweiger einen wesentlichen Bestandteil der Verteilleitungen als Verbindungsglied zwischen Druckleitung und hydraulischen Maschinen. Aus Gründen der Sicherheit der Anlage wird der Ausbildung der Abzweiger grösste Bedeutung zugewandt, schon weil sie sich nächst der Zentrale befinden. Dazu gibt die festigkeitsgerechte Konstruktion einige ernste Probleme auf, deren analytische Behandlung durch Versuche und Messungen ergänzt werden musste. Die Abzweiger müssen einen Sicherheitsgrad aufweisen, der deren Bedeutung angemessen ist. Die Abzweiger werden gebildet aus zwei oder mehr aufeinander stossenden Rohrschüssen. An deren Zusammenschluss fallen die betroffenen Mantelquerschnitte aus. Die daraus entstehende Schwächung der Schüsse muss beseitigt werden. Neben der einwandfreien Festigkeitsberechnung muss die Erreichung günstiger Durchflussverhältnisse sowie ein möglichst geringer Raumbedarf beachtet werden. Die letztere Eigenschaft ist sehr wichtig hinsichtlich Transport, Montage und bei Kavernenanlagen bezüglich erforderlichem Aushub und eventuell noch Betonierung. Die konventionelle Bauart der Abzweiger verwendet je nach Durchmesserverhältnis als Verstärkung geschlossene oder offene äussere Kragen, die der Durchdringungsebene folgen, Bild 332. Nötigenfalls werden zu deren Versteifung senkrecht Rippen angebracht. Hier wirken aber die äusseren Abmessungen und der Materialaufwand sehr ungünstig. Ferner tritt am Kragen des belasteten Abzweigers eine ungünstige Spannungsverteilung auf, Bild 333. Die an der Kontur des hufeisenförmigen Kragens gemessenen Zug- und Druckspannungen sind graphisch dargestellt. Druckspannungen sind negativ und Zugspannungen sind positiv.

Bei einer neueren Entwicklung wurde anstelle der allgemein üblichen äusseren Kragen und Rippen an der Durchdringungslinie eine innenliegende, kräftige Blechsichel eingesetzt, Bild 334. Zudem wurde im Bereich der Abzweigung der Querschnitt leicht vergrössert. Die Entwicklung der Geschwindigkeitsprofile ist in diesem Bild dargestellt. Die aus der Querschnittsvergrösserung entstehende verringerte Fliessgeschwindigkeit bewirkt kleinere Druckverluste. Die vergleichenden Strömungsversuche an den beiden Typen haben bestätigt, dass der Abzweiger mit der inneren Verstärkungssichel den Bauarten mit äusseren Verstärkungen überlegen ist, Bild 335. Die Druckverlustbeiwerte können im geraden Schenkel negativ werden, denn der Teilstrom dieses Schenkels stammt hauptsächlich aus der energiereichen Kernzone, während die energiearme Randzone in den Seitenabzweig gedrängt wird.

Bild 331: Abzweigung eines in der axialen Verlängerung des Druckschachtes liegenden Wasserschlosses vom Druckstollen (Bild: Escher Wyss)

Bild 332: Grossausführung mit 2,4 m Innendurchmesser für 230 m WS Konstruktionsdruck entsprechend der zweckmässigsten Form des Modells (Bild: Escher Wyss)

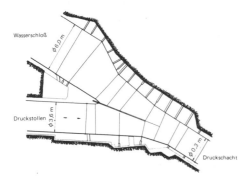

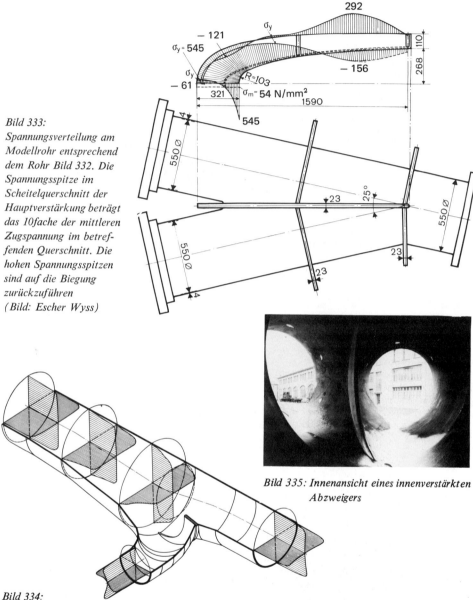

Bild 333:
Spannungsverteilung am
Modellrohr entsprechend
dem Rohr Bild 332. Die
Spannungsspitze im
Scheitelquerschnitt der
Hauptverstärkung beträgt
das 10fache der mittleren
Zugspannung im betref-
fenden Querschnitt. Die
hohen Spannungsspitzen
sind auf die Biegung
zurückzuführen
(Bild: Escher Wyss)

Bild 335: Innenansicht eines innenverstärkten
Abzweigers

Bild 334:
Strömungsgünstige Gestaltung von Abzweigern
neuester Bauart. Folgende Komponenten tragen
dazu bei, die Strömungsverluste klein zu halten:
– Flächenerweiterung in der Eintrittspartie
($v^2/2\,g$ wird sehr klein);
– die stark konische Form der Schüsse zu den

Austrittschenkeln gestattet, die Verstärkungssichel klein zu halten (minimale Störung, auch
bei gänzlich einseitigem Ausströmen);
– allmähliche Umlenkung der Strömung in den
Seitenabzweiger hinein (keine Strömungsab-
lösungen) (Bild: Escher Wyss)

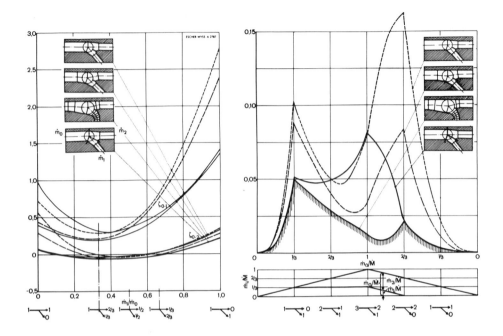

Bild 336:

Druckverlustbeiwerte ξ und Druckverlustleistungen von innenverstärkten Abzweigern verschiedener Entwicklungsstufen im Vergleich zur konventionellen, aussenverstärkten Bauart.
(Mengenverhältnis $3 < \frac{2}{1}$). Während die ersten innenverstärkten Abzweiger den konventionellen nur in einem ganz kleinen Gebiet überlegen

waren, ist dies bei der neuesten Bauart über den gesamten Beaufschlagungsbereich der Fall. Der Wert $\dot{M}$ in Bild 336 rechts kann für den Abzweiger $3 < \frac{2}{1}$ aus den durchfliessenden Mengen nach folgenden Gleichungen ermittelt werden: $\dot{M} = 3\,\dot{m}_1$ oder $\dot{M} = \frac{3}{2}\,\dot{m}_2$; der grössere Wert ist massgebend (Bild: Escher Wyss)

3.4. Materialqualitäten

3.4.1. Allgemeine Schweissbarkeit, Kerbzähigkeit-Steilabfall, Festigkeit, Glühen

Die Schweisstechnik hat während des zweiten Weltkrieges und in der nachfolgenden Zeit bis heute einen ungeheuren Aufschwung genommen und beispielsweise im Druckleitungsbau die Nietverbindung zur Rohrherstellung praktisch vollständig verdrängt. Während in den Anfangszeiten der Schweissungen konstruktiv noch „in Nietverbindungen gedacht" wurde, sind die Konstruktionen heutzutage ebenfalls bereits spezifisch auf die Technologie des Schweissens zugeschnitten. Hand in Hand dazu ging die ständige Weiterentwicklung der Stähle, um vom werkstoffmässigen Gesichtspunkt aus optimale Schweissbedingungen zu schaffen. Zwei hauptsächliche Unterschiede gegenüber beispielsweise einer Nietverbindung beeinflussen die Charakteristik des Werkstoffes:

Beim Schweissen wird die Verbindung zweier Teile durch einen Verschmelzungsvorgang mit dem Schweisszusatzmaterial erzeugt. Dies erfordert eine hierzu geeignete chemische Analyse des Werkstoffes (Kohlenstoffgehalt, schweiss„feindliche" Legierungsbestandteile). Bei vergüteten Stählen ist die eingebrachte Wärme zu kontrollieren, um die Beeinträchtigung der Vergütungswirkung in engen Grenzen zu halten.

Geschweisste Verbindungen sind in sich starrer als genietete. Durch fehlende Nachgiebigkeit kann das Entstehen mehraxiger Spannungszustände mit zum Teil hohen Eigenspannungen begünstigt werden. Der dadurch entstehenden Sprödbruchgefahr kann ausser von der konstruktiven Seite (Vermeidung von hohen Eigenspannungen durch schweissgerechte Konstruktion) vor allem durch hohe Kerbschlagzähigkeit der verwendeten Materialien begegnet werden. Die Kerbschlagzähigkeit wird somit bei geschweissten Druckleitungen, wie auch bei anderen hochbelasteten Schweisskonstruktionen, zu einem bedeutungsvollen Materialkennwert. Vor allem wird die temperaturabhängige Lage des Steilabfalles massgebend; dieser muss mit einem ausreichenden Sicherheitsabstand unter der niedrigsten zu erwartenden Betriebstemperatur liegen. Im allgemeinen ist diese Sicherheit gewährleistet, wenn das Material bei 10 °C unter der minimalen Betriebstemperatur noch eine wesentliche Kerbschlagzähigkeit aufweist. Der absolute erforderliche Wert der Kerbschlagzähigkeit hängt natürlich noch von der verwendeten Probenform und davon ab, ob die Probe gealtert oder ungealtert ist.

Das Entspannen als Wärmebehandlung verfolgt drei Ziele:

1. Beseitigung des Kaltverformungseffektes
2. Abbau von Härtespitzen in der Übergangszone des Bleches
3. Verringerung der Schweisseigenspannungen.

Bei neuzeitlichen Feinkornstählen entfallen die Punkte 1 und 2; Punkt 3 behält seine Bedeutung bei im Falle von Konstruktionsteilen mit hohen Eigenspannungen (komplizierte Verbindungen und Anhäufungen von Schweissnähten, T-Stücke, Mannlöcher, Kragen, etc.). Bei normalen Längs- und Rundnähten einer Druckleitung aus modernen Werkstoffen mit Feinkorngefüge, schweissfreundlicher Analyse und ausreichender Kerbschlagzähigkeit ist nachträgliches Glühen nicht mehr erforderlich, sofern die Wanddicken die Grössenordnung von 50 mm nicht überschreiten. Bei grösseren Wanddicken ist von Fall zu Fall zu prüfen, ob ein Glühen erforderlich ist.

3.4.2. Kesselbleche

Diese sind in der DIN-Norm 17155 beschrieben. Wegen nicht gewährleisteter Alterungsbeständigkeit werden Kesselbleche für qualitativ anspruchsvolle Konstruktionen im Druckleitungsbau heute nicht mehr verwendet, können aber für weniger heikle Objekte (etwa Wasserschlosspanzerungen kleinerer Anlagen) oft noch wirtschaftlich eingesetzt werden.

3.4.3. Feinkornstähle

Diese nach dem LD-Verfahren und im Siemens-Martin-Ofen erschmolzenen Stähle werden heute mit wenigen Ausnahmen zu Blechen in normalisierter Feinkornqualität (Streckgrenzen bis 500 N/mm² verarbeitet und stellen die am meisten verwendete Gruppe von Stählen im Druckleitungsbau dar. Gütevorschriften dieser Stähle sind im Stahl-Eisenwerkstoffblatt 089-70 und in den Werkstoffblättern der Stahlhersteller enthalten. Das Stahl-Eisenwerkstoffblatt 088-69 gibt Richtlinien für ihre Verarbeitung (umfangreiches Literaturverzeichnis). Durch die Feinkornqualität ist genügende Alterungsbeständigkeit gewährleistet. Die Stähle sind gut schweissbar, kerbzäh und somit sprödbruchsicher und durch das vorhandene breite Angebot bezüglich Festigkeitswerten in weiterem Rahmen verwendbar.

3.4.4. Thermisch vergütete schweissbare Stähle

Zur Erzielung höherer Festigkeitswerte (Streckgrenzen über 588 N/mm² werden diese Stähle im allgemeinen durch Wasserabschreckung aus hoher Temperatur und nachfolgendem Anlassen vergütet. Stähle dieser Art nehmen ständig an Bedeutung zu, sind doch bereits namhafte grosse Druckleitungen daraus wirtschaftlich hergestellt worden. Neben der bedeutenden Gewichtsreduktion bietet vor allem das Schweissen der vergleichsweise wesentlich kleineren Wanddicken Vorteile wirtschaftlicher und sicherheitsmässiger Art. Das Schweissen vergüteter Stähle bietet bei Einhaltung der nötigen Vorschriften nicht mehr Probleme als das Schweissen normalisierter Stähle und wird heutzutage technologisch vollkommen beherrscht. Der Schweisser muss dabei einen ausführlichen Schweissplan genau befolgen. Wesentlich sind eine dauernde Kontrolle der Vorwärmtemperatur und eine sorgfältig dosierte Hitzeeinbringung durch den Lichtbogen. Bei Handschweissung müssen die Elektroden gut trocken sein. Die Reduktion der Wandstärken vermindert das Risiko von Schweissfehlern und führt zu geringeren Eigenspannungen, was vielfach einen vermehrten Verzicht auf komplizierte und teure Spannungsarmglühungen erlaubt. Druckleitungen stellen im weiteren speziell geeignete Objekte zur Verwendung vergüteter Stähle dar, besteht doch vom Betriebsmedium Wasser her keine chemische Voraussetzung für das Auftreten von Spannungsrisskorrosionen und infolge der vorwiegend statischen Belastung keine Gefahr einer Materialermüdung.

3.5. Berechnung

3.5.1. Festigkeit

3.5.1.1. Allgemeines

Die Festigkeitsrechnung erlaubt die optimale Dimensionierung der Leitung auf Grund der in jedem speziellen Fall verschiedenen auftretenden Belastungen. Zu den Hauptbelastungen gehört in jedem Fall der Innendruck, der die Wandstärken der Leitung und die Verstärkungen von Abzweigern, Fixpunkten ... primär bestimmt. In zweiter Linie sind noch verschiedene andere Einflüsse zu berücksichtigen, etwa Aussendruck bei Panzerungen, Temperaturdifferenzen, Geländebewegungen, Windlasten, Erdbeben.... Für die festigkeitsmässige Dimensionierung bestehen zahlreiche Empfehlungen und Vorschriften der verschiedensten nationalen und internationalen Verbände, die je nach den Bedürfnissen oder behördlichen Vorschriften, denen die Kunden unterworfen sind, berücksichtigt werden müssen. Als Beispiele hierfür mögen die AD-Merkblätter, die VdTÜV-Merkblätter, die Vorschriften der DIN-Norm 2413, die Richtlinien zur Erstellung von stählernen Druckleitungen von Wasserkraftanlagen der VDEW und die Empfehlungen des C.E.C.T. angeführt werden. Es sei jedoch bemerkt, dass trotz der Anwendung aller Empfehlungen die Verantwortung für die Sicherheit einer Druckleitung beim Lieferanten liegt, so dass letztlich seine Auffassung für die Auslegung entscheidend sein sollte.

3.5.1.2. Belastungen

Innendruck: Der Innendruck an einer beliebigen Stelle des Leitungsprofils ergibt sich aus der Höhendifferenz zwischen dem maximalen Stauziel des oberwasserseitigen Seespiegels und dem betrachteten Punkt der Leitung, vermehrt um einen prozentualen Anteil infolge möglicher Druckstösse, die durch Regulier- und Abschaltvorgänge hervorgerufen werden. Dieser so errechnete Druck in Metern Wassersäule wird im allgemeinen als Konstruktionsdruck bezeichnet und zweckmässigerweise im Längenprofil der Leitung in Form einer Drucklinie dargestellt.

Aussendruck: Bei frei verlegten Leitungen kann bei einer raschen Entleerung und bei Versagen der Belüftungsventile ein Aussendruck in der maximalen Höhe des atmosphärischen Druckes entstehen, für den die Leitung stets ausreichend sicher zu bemessen ist. Bei im Berginneren verlegten und einbetonierten Panzerungen kann bei einer Entleerung ein Aussendruck infolge des stets vorhandenen

Bergwassers entstehen. Die Höhe dieses Aussendruckes ist stark von den geologischen Verhältnissen, insbesondere von der Klüftung und Schichtrichtung des Gebirges abhängig und demgemäss schwierig vorauszusagen. Ein erster Anhaltspunkt ergibt sich aus der Höhe der Überdeckung der Leitung, also dem Vertikalabstand zwischen dem betrachteten Punkt und der Erdoberfläche. Bei ungünstiger Schichtung kann sich jedoch ein noch höherer Druck aufbauen, das mögliche Maximum ist meist durch den oberwasserseitigen Seespiegel gegeben. Durch Unterteilung der Panzerung mittels Expansionskammern, durch die die Leitung freiliegend hindurchgeführt wird, kann der Aussendruck reduziert werden. Da Drainagen zum Abbau des Aussendruckes erfahrungsgemäss eine zeitlich begrenzte Wirksamkeit haben, ist die Panzerung zur Erzielung der grösstmöglichen Sicherheit gegen den angenommenen Aussendruck tragfähig zu gestalten.

Temperaturdifferenzen: Die in vorwiegend freiliegenden Leitungen entstehenden Temperaturdifferenzen führen bei Behinderung der freien Längsdehnung zu Zwangskräften, die speziell bei Fixpunktdimensionierungen zu berücksichtigen sind. Während die Temperatur einer in Betrieb befindlichen Leitung durch die Wassertemperatur beherrscht wird, können je nach Jahreszeit und Witterungsverhältnissen bei entleerten Leitungen Extremwerte nach oben und unten auftreten. Durch geeignete Wahl der Montagetemperatur kann die Temperaturdifferenz nach oben und unten in beschränktem Rahmen günstig beeinflusst werden. Über den Umfang ungleichmässige Erwärmung (etwa durch direkte Sonnenbestrahlung einer entleerten Druckleitung) ruft eine Verkrümmung der Leitungsaxe hervor, die durch geeignete reflektierende Anstriche in Grenzen gehalten werden kann.

Geländebewegungen führen bei beschränkter Folgemöglichkeit der Leitung ebenfalls zu Zwangskräften und Spannungen. Durch periodische geodätische Vermessungen sollten grössere Geländebewegungen rechtzeitig erkannt werden, um eine Gefährdung der Umgebung zu vermeiden.

Erdbeben: In erdbebengefährdeten Gebieten wird der Sicherheit durch Berücksichtigung einer zu erwartenden Erdbebenbeschleunigung Rechnung getragen. Diese Beschleunigung kann in allen Richtungen wirken und führt durch die Masse der wassergefüllten Leitung zu entsprechenden Kräften, die von der Verankerung aufzunehmen sind. Das Problem liegt in der Festlegung der zu erwartenden Beschleunigungswerte, um den besten Kompromiss zwischen Wirtschaftlichkeit und Risiko zu finden.

3.5.1.3. Berechnungsmethoden

Das zylindrische Rohr

Naturgemäss stellt das unter Innendruck stehende zylindrische Rohr das wichtigste Konstruktionselement dar. Die im Verhältnis zum Durchmesser stets kleine Wandstärke führt auf ein vorwiegend 2-achsig beanspruchtes Membranelement, wobei die dritte Komponente, der auf die Innenwand stehende Druck, in den meisten Fällen vernachlässigbar ist. Die Rohrschale hat bei Innendruck stets eine Umfangsspannung und je nach Einbauverhältnissen Axialspannungen verschiedenster Grösse zu tragen, etwa stammend aus der Biegung bei auf Einzellagern verlegten Leitungen, Stützensenkung von Auflagern und Fixpunkten, Reibungskräften infolge Reibung in Expansionen und an Auflagern, Temperaturdifferenzen bei starren Leitungen ohne Expansionen und weiteren nachstehend erläuterten Einbaubedingungen. Nach wie vor errechnen sich die durch den Innendruck erzeugten Ringspannungen aus den Gleichgewichtsbedingungen der Schale:

$$\sigma_r = \frac{p \cdot D}{2t} \qquad\qquad (1)$$

σ_r ... Ringspannung D ... Innendurchmesser

p ... Innendruck t ... Wandstärke.

Die Ring- und Axialspannungen sind mit ihren entsprechenden Dehnungen durch das Hook'sche Gesetz der 2-achsigen Spannungszustandes verknüpft:

$$\sigma_r = \frac{E}{1 - v^2}\,(\varepsilon_r + v \cdot \varepsilon_a) \tag{2}$$

$$\sigma_a = \frac{E}{1 - v^2}\,(\varepsilon_a + v \cdot \varepsilon_r) \tag{3}$$

σ_a ... Axialspannung

E ... Elastizitästsmodul

ε_a ... Dehnung in Axialrichtung

ε_r ... Dehnung in Umfangsrichtung

L ... ursprüngliche Länge

ΔL ... Verlängerung

v ... Querkontraktionszahl, 0,3 bei Stahl.

Umgeformt lauten diese Gleichungen:

$$\varepsilon_r = \frac{1}{E}\,(\sigma_r - v\sigma_a) \tag{4}$$

$$\varepsilon_a = \frac{1}{E}\,(\sigma_a - v\sigma_r). \tag{5}$$

Daraus lassen sich verschiedene Sonderfälle ableiten:

1. *Rohrleitung mit Expansion, Axialspannung = 0*

Aus Gleichung (3) folgt:

$$\varepsilon_a = - v \cdot \varepsilon_r = \frac{- v \cdot \sigma_r}{E}$$

$$\Delta L = \frac{- 0,3 \cdot \sigma_r \cdot L}{E} \tag{6}$$

das Rohr verkürzt sich durch Aufbringung eines Innendruckes.

2. *Rohrleitung ohne Expansionen, Axialdehnung nicht behindert*

Normalfall eines mit 2 Deckeln verschlossenen Rohres:

$$\sigma_a = 0,5 \cdot \sigma_r$$

Aus Gleichung (5) folgt:

$$\varepsilon_a = \frac{\Delta L}{L} = \frac{1}{E}\,(0,5\,\sigma_r - 0,3\,\sigma_r) =$$

$$= \frac{0,2\,\sigma_r}{E}$$

$$\Delta L = \frac{0,2\cdot\sigma_r\cdot L}{E} \tag{7}$$

das Rohr verlängert sich.

3. *Rohrleitung ohne Expansionen, Axialdehnung verhindert* ($\varepsilon_a = 0$)

Aus Gleichung (5) folgt:

$$\sigma_a = v\cdot\sigma_r = 0,3\cdot\sigma_r. \tag{8}$$

Die notwendige Kraft F auf die Rohrenden, um eine Verlängerung zu verhindern, errechnet sich aus Gleichung (7):

$$\frac{\Delta L}{L} = \frac{0,2\,\sigma_r}{E} = \frac{F}{A\cdot E}$$

F ... Kraft

A ... metall. Querschnitt des Rohres, in guter Näherung $\pi\cdot D\cdot t$ für grosses Verhältnis D/t.

Damit ergibt sich:

$$F = 0,2\cdot\sigma_r\cdot A = \frac{0,2\cdot p\cdot D\cdot\pi\cdot D\cdot t}{2t} =$$

$$= 0,1\cdot\pi\cdot D^2\cdot p = 0,4\cdot\frac{\pi D^2 p}{4}.$$

Der Ausdruck $\pi D^2 p/4$ stellt die auf die verschlossenen Rohrenden wirkende Deckelkraft dar. Die Rohrverankerung hat also bei Verhinderung der Axialdehnung 40 % des Deckeldruckes aufzunehmen.

Für die Anstrengung des Rohres ist aus der Ring- und Axialspannung die Vergleichsspannung nach Huber-v. Mises-Hencky zu bilden, die mit den im einachsigen Zugversuch ermittelten Materialkennwerten verglichen werden kann:

$$\sigma_v = \left(\sigma_r^2 + \sigma_a^2 - \sigma_r\sigma_a\right)^{1/2}. \tag{9}$$

Verzweigungen

Der beim zylindrischen oder konischen Rohr in der Schale geschlossene Kraftfluss wird in einer Rohrverzweigung im angeschnittenen Bereich der Rohrschale gestört. Durch Aufbringung einer äusseren oder im Rohrinneren liegenden Verstärkung wird das gestörte Kräftegleichgewicht wieder hergestellt. Von den zahlreichen in der technischen Literatur vorhandenen Berechnungsmethoden seien besonders erwähnt [301, 302, 303].

Ausschnitte, T-Stücke, Mannlöcher

Im Prinzip gilt auch hier das über Verzweigungen Gesagte. Die verschiedenen Berechnungsmethoden lassen jedoch zum Teil gegenüber der Grundspannung stark erhöhte lokale Spannungsspitzen in der Rohrschale zu. Für spezielle Berechnungen sei auf die Literatur [304] verwiesen.

Rohrabstützungen

Durch Einleitung der örtlichen Stützkräfte entstehen Umfangsbiegemomente in der Rohrschale, die je nach Grösse durch Ringverstärkungen aufzunehmen sind. Die Berechnung kann beispielsweise nach [305] erfolgen.

Fixpunkte

Bei freiliegend verlegten Druckleitungen werden die in den Knickpunkten der Rohrachse auftretenden freien Kräfte durch spezielle Kastenkonstruktionen aufgenommen und in die Fundation übertragen. Die von der Rohrleitung ausgeübten Kräfte werden im allgemeinen durch das Gewicht des Fixpunkt-blockes zu einer bergeinwärts gerichteten Resultierenden ergänzt, wodurch die Gesamtkraft mittels Pressung in den Untergrund übertragen wird. Stabilität gegen Abrutschen und Kippen muss dabei gewährleistet sein. Neuere Baukonstruktionen bedienen sich vorgespannter, tief in den Untergrund reichender Anker, um die Rohrkräfte aufzunehmen. Jedenfalls ist die geologische Beschaffenheit des Bodens für die Ausbildung des Fixpunktes entscheidend. Die den Fixpunkt belastende Rohrkraft ist die Resultierende der in den beiden sich im Fixpunkt schneidenden Rohraxen wirkenden Teilkräfte. Jede dieser Teilkräfte setzt sich aus mehreren Komponenten zusammen, von denen die wichtigsten kurz aufgeführt sind:

Hydraulische Fixpunktkraft: Rohrfläche × Druck, wenn beidseits des Fixpunktes Expansionen vor-handen sind. Ohne Expansionen reduziert sich diese Kraft auf 40 % ihres obigen Wertes.

Thermische Kraft: Infolge verhinderter Temperaturdehnung bei Leitungen ohne Expansionen

Reibungskräfte: Infolge Reibung in Lagern und Expansionen

Gewichtskräfte: Infolge der in Richtung der Rohrachse wirkenden Gewichtskomponenten

Impuls- und Schleppkräfte: Infolge Umlenkung oder Wandreibung der strömenden Flüssigkeit

Stabilitätsberechnungen

Bei der Bemessung von vollständig im Fels verlegten, einbetonierten Stollen- und Druckschacht-panzerungen liefert die Berechnung auf Aussendruck oft die für die Bemessung massgebenden Dimensionen, wenn der Aussendruck auch nicht zu den eigentlichen Betriebsbelastungen zählt, sondern erst bei ausser Betrieb stehender, entleerter Panzerung wirksam wird. Für die Berechnung sei vor allem auf die Ableitungen von Juillard [306], Amstutz [307], Müller [308] und Feder [309] verwiesen. Bei allen Berechnungsarten ist eine gewisse Unsicherheit typisch, die nicht in der mathe-matischen Erfassbarkeit des anstehenden Beulproblems an sich, sondern vielmehr in der Schwierigkeit liegt, für die Stützung der Rohrschale durch den umgebenden Beton und Fels annähernd wirklich-keitsgerechte Annahmen zu treffen. Deshalb soll der aus den erwähnten Berechnungsmethoden hervorgehende kritische Beuldruck der Panzerung um einen Faktor von rund 1,8−2 über dem tatsäch-lich auftretenden Aussendruck liegen.

3.5.2. Hydraulische Berechnung

3.5.2.1. Druckleitungen

Nach Festlegung der Lage, Bauart und Linienführung der Druckleitung kann der für die Kraft-werksanlage wirtschaftlichste Durchmesser und seine Abstufung entlang des Trassees der Leitung berechnet werden. Hierzu bedient man sich einer Wirtschaftlichkeitsrechnung, die für einzelne Punkte oder Abschnitte der Leitung separat durchgeführt wird. Ziel der Wirtschaftlichkeitsrechnung für den Durchmesser der Druckleitung muss es sein, den erforderlichen Mehraufwand zur Reduktion der Energieverluste unter, oder gleich dem Mehrerlös für die dadurch eingesparte Energie zu halten. Anders ausgedrückt, soll die Summe der jährlichen Energieverlustkosten zusammen mit den erforderlichen Aufwendungen für Kapitalverzinsung und Tilgung minimalisiert werden. Wie Müller in [308] ausführt, errechnet sich der Kapitalverlust K_v infolge Rohrreibung aus:

$$K_v = \frac{C_1}{D^5}, \tag{10}$$

ist also der 5. Potenz des Rohrdurchmessers umgekehrt proportional. Die jährlichen Kapitalkosten K_A (Tilgung, Verzinsung, Steuern . . .) errechnen sich zu:

$$K_A = C_2 \cdot D^2, \tag{11}$$

sind also proportional dem Quadrat des Durchmessers. Aus der Minimalisierung der Summe beider Kostenanteile $K_A + K_v$ ergibt sich für den kleinsten wirtschaftlichen Durchmesser:

$$D_{\min} = \sqrt[7]{\frac{5 C_1}{2 C_2}}, \tag{12}$$

wobei die Konstanten C_1 und C_2 sämtliche für die Anlage geltenden Parameter umfassen.

3.5.2.2. Verteilleitungen

Zur Ermittlung der Druckverluste in Verteilleitungssystemen ist man auf Modellversuche angewiesen, die bei Berücksichtigung der geltenden Modell- und Ähnlichkeitsgesetze mit Luft ausgeführt werden können. Aus zahlreichen, an Modellen ausgeführten und zum Teil durch Messungen an Grossanlagen bestätigten Versuchen lassen sich folgende Schlüsse ziehen:

Der Gesamtdruckverlust setzt sich aus Reibungs- und Umlenkverlusten zusammen.
Innerhalb einer Verteilleitung variiert der Druckverlust einzelner Abzweiger infolge der wechselnden Querschnitts- und Mengenverhältnisse.
Der Gesamtverlust der Verteilleitung ist stets kleiner als die Summe der Einzelverluste.
Der Reibungsanteil überwiegt. Er nimmt mit wachsender Reynoldszahl ab.

Wie sich die Druckverluste durch systematische experimentelle Forschung reduzieren lassen, ist aus den aufgeführten Beispielen aus der Literatur zu erkennen [301, 302, 308].

3.6. Ortsmontagen

3.6.1. Montage im Tagbau

Bei Projekten, bei welchen die Leitungen offen oder in einen Graben verlegt werden, verwendet man üblicherweise längs des Rohrleitungstrassees Standseilbahnen, wie sie aus den Bildern 337, 338, 339 ersichtlich sind. Die Rohre werden an der Talstation auf Rollschemel geladen (siehe Bockkran in Bild 339) und bis zur Einbaustelle hochgezogen. Das Rohr wird dort an seinem oberen Ende mittels Seilen festgehalten, siehe Bilder 337 und 338. und kann dann seitwärts auf das Trassee oder in den Graben abgerollt werden. Dieses Abrollen erfolgt sehr vorsichtig und langsam, indem ein um das Rohr geschlungenes Seil nur schrittweise nachgelassen wird. Meistens rollt das Rohr auf starken Holzunterlagen seitwärts, wie sie auf Bild 337 erkennbar sind.

Bild 337:
Albigna-Forno (Schweiz).
Die beiden Druckleitungen
werden parallel in einem
Graben montiert. Stand-
seilbahn seitlich des Gra-
bens. Die Rohre werden
nach der Montage einbe-
toniert und mit Erde zuge-
schüttet (Lieferung und
Montage Escher Wyss)

Bild 338:
Tinzen (Schweiz). Ein
Rohr wird seitwärts von der
Standseilbahn in den Gra-
ben hinuntergerollt (Lie-
ferung und Montage
Escher Wyss)

3.6.2. Montage unter Tag

Bei Projekten, bei denen die Rohre als Druckschacht-Panzerungen dienen, werden die Rohre üblicherweise von oben in den Schacht eingeführt. Deshalb müssen sie vom Tal entweder mittels einer
Standseilbahnen oder einer Luftseilbahn in die Höhe gebracht werden, zum Eingang der Zugangsstollen, wie es aus den Bildern 340, 341, 342 ersichtlich ist.

Eine weitere Phase des Transportes erfolgt dann im Schacht selbst. Der Raum zwischen dem Fels und
dem Rohr beträgt üblicherweise 10–20 cm. Deshalb können alle Arbeiten im Schacht nur von der
Rohrinnenseite aus vollführt werden.

Zum Ausrichten des jeweils zu montierenden Rohres auf das nächst untenliegende und bereits
einbetonierte Rohr bedarf es besonderer Hilfsmittel, wie beispielsweise aus Bild 343 ersichtlich
ist. Im fest einbetonierten Rohr ist ein Versteifungsring fixiert, an welchem eine mittels Winde
einstellbare Stützrolle angebracht ist. Sobald das zu montierende Rohr auf diese Rolle auf-

Bild 339: Riddes (Schweiz). Zwei offen verlegte Druckleitungen. Durchmesser 1700 bis 1500 mm. Fallhöhe 1110 m WS. Standseilbahn für den Transport (Bild: Sulzer/Escher Wyss)

Bild 340: Innertkirchen (Schweiz). Rohrtransport im Hochgebirge mit Hilfe einer Standseilbahn. Die Handhabung solcher Rohre mit grossem Durchmesser und hohem Gewicht erfordert eine gute ausgebildete Montageequipe (Bild: Escher Wyss)

Bild 341: Linth-Limmern (Schweiz). Rohrlagerplatz in einem Alpental. Im Hintergrund links sind die Talstationen von drei Luftseilbahnen verschiedener Tragkraft sichtbar (Bild: Escher Wyss)

gefahren ist, kann der talseitige Rollschemel aus dem noch vorhandenen Zwischenraum zwischen den beiden Rohren entfernt werden. Danach können die Rohre zusammengefügt und miteinander von innen verschweisst werden. Solche Montagenähte werden gegen eine Lasche geschweisst, welche in Bild 315 dargestellt ist. Nach dem Zusammenfügen, Ausrichten der Rohre und Schweissen der Rundnaht wird das neu montierte Rohr einbetoniert, indem in dem Raum zwischen Fels und Rohr

Bild 342:
Sedrun (Schweiz). Rohr-
transport mit einer Luft-
seilbahn für schwere Lasten
(Teillieferung und
Montage Escher Wyss)

Bild 343:
Rohrmontage im Druck-
schacht, Personal kann nur
im Rohrinnern arbeiten
(Bild: Sulzer/Escher Wyss)

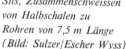
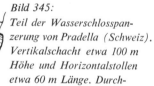

Bild 344:
Sils (Schweiz).
Druckschacht Hinterrhein.
Sulzer-Feldwerkstatt bei
Sils, Zusammenschweissen
von Halbschalen zu
Rohren von 7,5 m Länge
(Bild: Sulzer/Escher Wyss)

Bild 345:
Teil der Wasserschlosspan-
zerung von Pradella (Schweiz).
Vertikalschacht etwa 100 m
Höhe und Horizontalstollen
etwa 60 m Länge. Durch-
messer 8 m (Lieferung
und Montage Escher Wyss)

Beton eingefüllt wird. Während des Abbindens des Betons bildet sich zwischen Rohr und Beton infolge Schwindens ein schmaler Spalt, welcher meistens mit Zementinjektionen aufgefüllt wird, die durch die Rohrwand hindurch erfolgen. Die dazu notwendigen Injektionslöcher im Blech werden dann verschlossen. Anschliessend wird entweder die ganze Rohrinnenfläche rostschutzbehandelt oder der vorher angebrachte Rostschutz bei den Injektionslöchern und Schweissnähten repariert ergänzt.

3.6.3. Vormontage in einer Feldwerkstatt

Da in den letzten Jahren die Durchmesser für Druckleitungen und Panzerungen für Druckschächte und Wasserschlösser beträchtlich zugenommen haben – ein Trend, der weiterhin andauert – werden Feldwerkstätten sowie die vermehrte Anwendung der automatischen Schweissmaschinen auf Montage zur Notwendigkeit. Sowohl auf Montage wie in den Fabrikationswerkstätten wird praktisch nur noch die elektrische Lichtbogenschweissung angewendet. Bild 344 zeigt die Feldwerkstatt für das Schweissen der Panzerungen für den Druckschacht Sils (Schweiz). Einzelne Rohrschüsse, die noch gerade transportierbar sind, werden hier zu ganzen Rohren von etwa 7–9 m Länge zusammengeschweisst.

Konsequenterweise erfolgt auch die Prüfung der Schweissnähte an Ort und Stelle; dies wird meistens mit Ultraschall-Ausrüstungen gemacht. Darüber hinaus ist es eine allgemeine Praxis, das vollständige Druckrohrsystem einer Druckprobe zu unterziehen, wobei im allgemeinen der maximale Probedruck ungefähr 50 % über dem Konstruktionsdruck angenommen wird.

Dank der modernen Stahlqualitäten, Schweissmethoden und Schweissmaterialien ist eine örtliche Glühung oder Wärmebehandlung von ganzen Rohren nicht mehr nötig und wird nur noch in Spezialfällen durchgeführt. In einzelnen Staaten bestehen darüber Regeln, deren Anwendung aber stets auf Zweckmässigkeit zu prüfen ist. Dabei müssen die Empfehlungen des Stahlwerkes, die Art der Beanspruchung der Schweissnaht und die Erfahrungen der Herstellerfirma berücksichtigt werden.

Als weiteres Beispiel wird der Montagevorgang der Wasserschloss-Panzerung PRADELLA (Schweiz) Bilder 345, 346 erwähnt.

Bild 346 zeigt, wie Rohrschüsse von 8 m Durchmesser und 2 m Länge zusammengebaut und geschweisst werden. Schalen von $\frac{1}{4}$ Umfang und mit T-Eisen-Ankern versehen werden von der Werkstatt auf die Baustelle hoch oben in den Alpen transportiert. In der oberen Wasserschlosskammer werden je vier Schalen mittels der Elektroschlack-Methode zu einem Rohrschuss zusammengeschweisst. Als Material wurde ein Feinkornstahl mit 320 N/mm² Streckgrenze verwendet. Der Schuss wird dann durch den Vertikalschacht heruntergelassen, und mittels automatischer CO_2-Schweissung

Bild 346:
Wasserschloss Pradella
(Schweiz)
Montagevorgang
a. Transport der Rohr-
  schüsse in den
  Vertikalschacht
b. Rohrschuss
c. Winde
d. Schiebebühne
e. Personal-Aufzug
f. Monorail
g. Arbeitsbühne
h. Montagewagen
(Lieferung Escher Wyss)

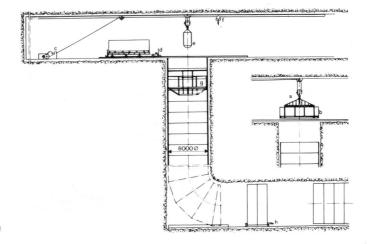

werden in der unteren Wasserschlosskammer je zwei Schüsse auf Rollensupports zusammengeschweisst. Anschliessend wird der so entstandene Doppelschuss mittels Handschweissung mit der Panzerung verbunden.

Es wurde keine Glühung durchgeführt. Nach dem Herstellen der Rundnaht zwischen zwei Rohrschüssen wird jeweils der letzte Schuss mit Beton hinterfüllt. Die beiden Schüsse, welche zusammengestellt werden, sind mit speichenartigen Versteifungen versehen, um die Rundheit zu gewährleisten, Bild 345.

3.6.4. Montage grosser Verteilleitungen

Die sperrigsten Teile einer Druckleitung sind meistens die Abzweigrohre der Verteilleitung.

Die Bilder 347 und 348 zeigen zwei Teile eines Abzweigrohres der Verteilleitung Biaschina (Schweiz). Die Unterteilung in zwei Stücke war aus Transportgründen notwendig. Das Zusammenschweissen der beiden Teile am Ort erfolgt ohne Schwierigkeiten.

Die fertig montierte, zum Einbetonieren bereite Verteilleitung ist aus Bild 349 ersichtlich.

Haben solche Abzweigrohre noch grössere Abmessungen, dann muss der Zusammenbau einzelner

Bild 347 und 348:
Teile eines Abzweigers der
Verteilleitung Biaschina
(Schweiz). Durchmesser
2950/2400/1700 mm
(Lieferung Escher Wyss)

Schalenteile direkt an der endgültigen Einbaustelle erfolgen. Bild 350 zeigt einen Schalenteil auf dem Transport am Stolleneingang bei der Kavernenzentrale COO (Belgien), Bild 351 einen weiteren Schalenteil hängend für den Umlad vom Pneuanhänger auf einen Rollschemel für das Herunterfahren in den im Hintergrund sichtbaren Schrägschacht. Aus Bild 352 ist der betreffende Schalenteil am unteren Ende des Schrägschachtes ersichtlich. Das weitere Bild 353 zeigt die Einbaustelle des grossen Abzweigrohres dieser Anlage (Blickrichtung talwärts). Zum Manövrieren der schweren Schalenteile braucht es Ketten- und Seilzüge, Stütz- und Unterlagsmaterial, Verstrebungen zum Rund-

Bild 349: Verteilleitung Biaschina (Schweiz)
Konstruktionsdruck 341 m, Probedruck
511 m, Durchmesser 3600/3 × 1400 mm,
Durchflussmenge 55 m³/s
(Lieferung und Montage Escher Wyss)

Bild 350:
COO (Belgien). Baustel-
len-Transport eines Scha-
lenteils einer grossen Ver-
teilleitung am Eingang eines
Zugangstollens
– Ausführung A.C.E.C.
(Ateliers de Construc-
tions Electriques de
Charleroi), Charleroi
(Belgien)
– Konstruktion und Tech-
nische Leitung Escher
Wyss-Zürich (Schweiz)

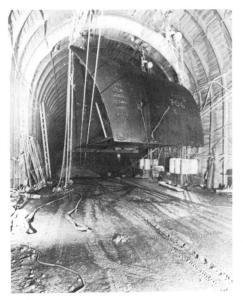

Bild 351

Bild 352

Bild 353

*Bild 351: COO (Belgien). Aufgehängter
Schalenteil im Stollen für den Umlad vom
Pneufahrzeug auf einen Rollschemel
– Ausführung A.C.E.C., Charleroi (Belgien);
– Konstruktion und Technische Leitung Escher
  Wyss-Zürich (Schweiz)*

*Bild 352: COO (Belgien). Schalenteil einer
grossen Verteilleitung am untern Ende eines
Schrägschachtes, im Vordergrund Rollschemel
und Flaschenzug, im Hintergrund Einbaustelle
dieser Schale*

*Bild 353: COO (Belgien). Grosses Abzweig-
rohr während der Montage. Die einzelnen, in
den Stollen transportierten Schalenteile werden
an Ort und Stelle zusammengestellt, geschweisst
und geprüft. Material: N-AXTRA 70*

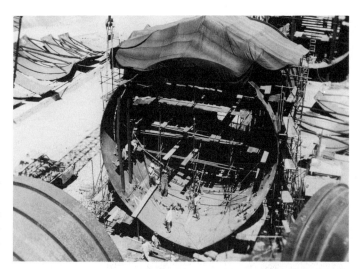

Bild 354:
Tarbela II Montageschutz
für einen Abzweiger.
Links und rechts bereit-
liegende versteifte Scha-
lenteile, die je eine Trans-
port-Einheit darstellen.

halten und Richten der Schalen, Gerüste, Leitern und Vorwärm-Einrichtungen zum Schweissen. Das Blech dieser Verteilleitung COO besteht aus einem thermisch vergüteten Feinkornstahl mit 700 N/mm² Streckgrenze.

Ein instruktives Beispiel einer Großbaustelle über Tag ist die Verteilleitung Tarbela II in Pakistan. Die Bilder 354/355/356 zeigten chronologisch die Entstehung eines Abzweigrohres. Tarbela II ist zur Zeit die größte Verteilleitung der Welt mit 4 Abzweigern, konstruiert für eine Fällhöhe von 162 m, größter Einlauf-Durchmesser 13,2 m.

Bild 355:
Teilweise aufgebauter Ab-
zweiger. Die Verstär-
kungssichel in der Rohr-
verschneidung ist bereits
plaziert.

Bild 356:
Der fertig zusammengeschweißte Abzweiger. Die
Montagenähte sind als helle Linien sichtbar.

3.7. Wartung und Betrieb

Bei offenen Druckleitungen ist eine periodische Überwachung erforderlich. Die Fixpunkte sollten vermessen werden, um etwaig auftretende Verschiebungen feststellen zu können. Die Rohrabstützungen sind besonders nach ergiebigen Niederschlägen auf Unterspülungen der Fundamente oder Setzungen zu prüfen. Ebenso sind die Dilatationsbewegungen der Expansionen bei verschiedenen Witterungsverhältnissen und Jahreszeiten zu messen und protokollarisch festzuhalten.

Analoge Kontrollen sind auch bei den Rohrleitungsabschnitten innerhalb der Krafthäuser vorzunehmen.

Ein guter Korrosionsschutz der Rohre ist eine wichtige Voraussetzung für die Betriebssicherheit. Sein Zustand ist periodisch nachzuprüfen. Nebst dem üblichen Augenschein stehen heute Instrumente zur Prüfung der Porenfreiheit und Messung der Schichtdicke zur Verfügung. Da die Interpretation solcher Messungen aber viel Erfahrung voraussetzt, ist die Beiziehung eines Korrosionsschutz-Spezialisten empfehlenswert.

In Druckschächten und Stollenpanzerungen ist auch die Dichtheit der verschlossenen Injektionslöcher zu überprüfen. Diese Prüfung erfolgt so, dass möglichst rasch nach der Entleerung des betreffenden Leitungsabschnittes die Injektionslöcher besichtigt werden. Bei undichten Stellen sickert Wasser vom Rohräussern auf die Innenseite, was sich durch feuchte Stellen manifestiert.

Um eine Rohrleitung im Rohrinnern inspizieren zu können, benützt man üblicherweise leichte, im Rohrinnern zusammenbaubare Wagen, welche mittels einer Seilwinde durch das Rohr bewegt werden. Diese Wagen weisen Gummiräder auf und müssen lenkbar sein. Damit das Zugseil nicht am Grunde der Rohrleitung schleift, ist es mittels temporär einzusetzender Tragrollen abzustützen.

In klimatisch kalten Zonen ist im Winter der möglichen Eisbildung im Rohrinnern Beachtung zu

Bild 357:
Teil-Ansicht der Verteilleitung Tarbela II. Der im Vordergrund ersichtliche Abzweiger hat einen Einlauf-Durchmesser von 11 m. Die Durchmesser der hier ersichtlichen Turbinen-Einlaufrohre betragen 4,9 m. (Lieferung und Montage Escher Wyss, Mitarbeit Giovanola).

schenken. Wenn in den kalten Perioden Stillstände nicht zu vermeiden sind, muss durch Öffnen einer Entleerung dafür gesorgt werden, dass die Wassersäule nicht ruht.

Das Füllen und Entleeren von Druckrohrleitungen muss langsam und vorsichtig durchgeführt werden, wobei die Ent- und/oder Belüftung einwandfrei funktionieren muss.

4. Rohrleitungen in verfahrenstechnischen Anlagen

W. RINGEWALDT

Es liegt ein weiter Weg zwischen dem Erkennen eines Bedarfes für bestimmte verfahrenstechnische Produkte und einer produzierenden Anlage. Die Verfahrensidee steht am Anfang einer Projektverwirklichung, das spezifikationsgerechte Endprodukt ist das zu erreichende Ziel. Die unternehmerische Zielsetzung wird vom Markt, durch die Finanzmittel, die Durchführbarkeit und durch die Wirtschaftlichkeit des Vorhabens bestimmt.

Die verfahrenstechnische Anlage ist das Mittel, die Idee in die Praxis umzusetzen. Die Planung und Errichtung einer solchen Anlage ist eine sehr komplexe Aufgabe, die außer dem fachspezifischen Know-How in nahezu allen Bereichen der Verfahrens- und Ingenieurtechnik und des Beschaffungswesens noch einer Fülle anderer Voraussetzungen bedarf, um erfolgreich durchgeführt zu werden.

Hierfür sind besondere Formen der Organisation erforderlich, deren Bestehen zeitlich für die Dauer einer geplanten Auftragsdurchführung beschränkt bleibt. Somit verringert sich das Maß an anwendbarer Routine, erhöhen sich aber die Risiken für die Durchführung, so daß ein hohes Maß an Koordinierung, spezifische Arbeitstechniken und ausgefeilte Instrumente der Planung und Kontrolle erforderlich werden.

Daher wird im Rahmen der fachlich orientierten Matrix-Organisation für jeden Auftrag eine eigene Auftragsgruppe (Bild 401) gebildet. An der Spitze einer solchen Auftragsorganisation steht ein Projektleiter. Er ist der Geschäftsleitung unterstellt und trägt die technische, terminliche und wirtschaftliche Zielverantwortung für seinen Auftrag. Ihm zugeordnet sind Mitarbeiter aller Fachrichtungen, die dafür Sorge tragen, daß die hochqualifizierten Einzeltätigkeiten zu einem Ganzen integriert werden.

Ähnlich wie bei der Auftragsgruppe im Büro ist auch die Zusammensetzung einer Baustellenüberwachungsgruppe im wesentlichen von der Größe der zu überwachenden Baustelle, den vertraglichen Abmachungen und dem Umfang der zu bearbeitenden Bau- oder Montagegebiete bestimmt (Bild 402).

In der geschilderten Organisation nimmt die Rohrleitungstechnik einen gewichtigen Platz ein, und zwar nicht nur aufgrund ihrer ingenieurtechnischen Bedeutung, sondern auch im Hinblick auf den erforderlichen Bedarf an Arbeitsstunden, wie aus Bild 403 ersichtlich.

Da der verantwortliche Rohrleitungsbauer eine koordinierende Funktion in der Auftragsdurchführung hat, werden neben fachspezifischen Kenntnissen im Rohrleitungsbau große Erfahrungen im Anlagenbau vorausgesetzt.

In den folgenden Ausführungen werden zuerst die Arbeiten für die Rohrleitungstechnik bei der Auftragsdurchführung geschildert, während anschließend spezifische Arbeitstechniken und zuletzt Kontrollmethoden hierfür erläutert werden.

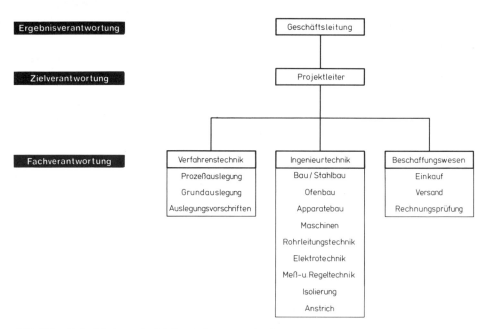

Bild 401:   Beispiel einer prinzipiellen Auftragsorganisation

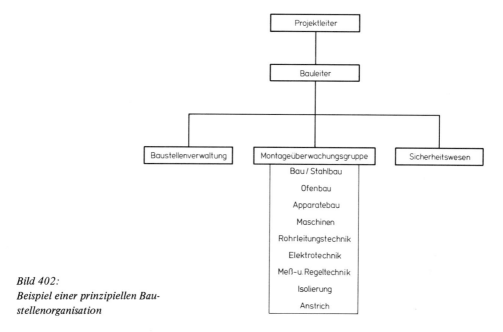

Bild 402:
Beispiel einer prinzipiellen Bau-
stellenorganisation

4.1. Auftragsdurchführung

Da die gesamte Planung, Konstruktion und Montage nach einem auf Erfahrung beruhenden, fest vorgegebenen Schema abläuft, ist auch die Reihenfolge und der zeitliche Anfall der Tätigkeiten der Rohrleitungstechnik grundsätzlich wenig veränderbar. Voraussetzung einer erfolgreichen Auftragsdurchführung ist die Zusammenarbeit zwischen Verfahrens- und Ingenieurtechnik und die Verzahnung zwischen den ingenieurtechnischen Abteilungen. Der Informationsaustausch und die gegenseitigen Abhängigkeiten bestimmen die zeitliche Aufeinanderfolge der Einzeltätigkeiten. Da die Rohrleitungen die Verbindungselemente zwischen den technischen Ausrüstungsteilen einer verfahrenstechnischen Anlage darstellen, ist der Rohrleitungsingenieur ganz besonders auf den Kontakt mit den Mitarbeitern anderer Abteilungen angewiesen.

Büro - Stunden		
Verbrauch für		Anteil in %
Projektleitung	8	▭
Verfahrenstechnik	12	▭
Bau / Stahlbau	10	▭
Ofenbau	3	▭
Apparatebau	10	▭
Maschinen	5	▭
Rohrleitungstechnik	33	▭
Elektrotechnik	7	▭
Meß- u. Regeltechnik	10	▭
Isolierung	1	▯
Anstrich	1	▯
Auftragsstunden	100	

Bild 403:
Stundenaufteilung für die ingenieurtech-
nische Bearbeitung einer Rohöl-Destil-
lationsanlage (siehe hier auch Bild 418)

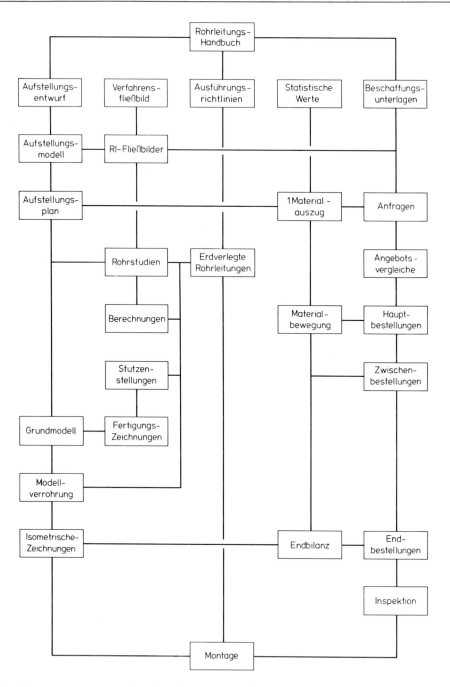

Bild 404:   Bearbeitungsablauf der Rohrleitungen in verfahrenstechnischen Anlagen

Die anfallende Arbeit umfaßt die folgenden Hauptbestandteile:

- Grundauslegung (Basic Engineering),
- Einzelauslegung (Detail Engineering),
- Beschaffung (Procurement),
- Bau- und Montagedurchführung (Construction) und
- Inbetriebsetzung (Commissioning).

In all diesen Phasen kommt der Rohrleitungstechnik eine gewichtige Rolle zu. Der Bearbeitungsablauf für die Rohrleitungstechnik ist in Bild 404 schematisch dargestellt. Die angeführten Tätigkeiten verteilen sich auf die gesamte Dauer der Auftragsdurchführung und enden mit der mechanischen Fertigstellung. Sie sind auch unter dem Gesichtspunkt von Betriebssicherheit und Arbeitsschutz zu sehen.

4.1.1. Rohrleitungshandbuch

In jedem großen Unternehmen sind als allgemeine Planungs- und Ausführungsunterlagen „Handbücher" (Design Manuals) fachspezifisch zusammengestellt, die den Fachingenieur bei seinen mannigfaltigen Arbeiten bei der Auftragsdurchführung unterstützen sollen. Sie enthalten die Regeln der Technik im weitesten Sinne und innerbetriebliche Normen, die nicht an einen speziellen Auftrag gebunden sind.

In dem Handbuch für die Rohrleitungstechnik sind spezifische rohrleitungstechnische Unterlagen zusammengestellt, von denen einige nachstehend aufgeführt sind:

- Typische Detailzeichnungen
- Unterstützungsnormen
- Rohrbrückenabstände
- Abstände der Rohrleitungen in Abhängigkeit von DN und Isolierdicke
- Beheizung von Rohrleitungen
- Dampfverteiler – Kondensatsammler
- Ausgefüllte Muster von Formblättern usw.

Es ist ein praktisches Nachschlagewerk, welches das Auffinden von Problem-Lösungen erleichtert, technische Regeln zweckentsprechend interpretiert, Hinweise für die Zusammenarbeit mit der EDV und ähnliche Hilfsmittel enthält. Es soll die Rohrleitungsingenieure bei der Auftragsdurchführung unterstützen und mit dazu beitragen, daß bei Großaufträgen eine einheitliche Ausführungs- und Abwicklungsmethode gewährleistet ist.

4.1.2. Aufstellungsplan

Ein Fließbild und die Anzahl und Hauptabmessungen der Apparate sind für den Entwurf des Aufstellungsplans erforderlich, in den die ersten Überlegungen über die Rohrleitungsführung, die Bedienungs- und Wartungsmöglichkeiten, sowie die Montierbarkeit selbstverständlich mit einfließen müssen. Dabei sind auch die Sicherheitsbestimmungen für Fluchtwege und Feuerwehrzufahrten zu berücksichtigen. Nicht immer wird auf die grüne Wiese gebaut, oft ist der verfügbare Raum mehr als beengt. Früher bediente man sich zur Erarbeitung des Aufstellungsplanes umfangreicher Studien. Heute greift man auf ein Aufstellungmodell (Bild 405) - meistens im Maßstab 1 : 50 – zurück. Dieses Modell dient nicht nur dem Konstruktionsbüro dazu, die günstigste Aufstellung zu finden, sondern hat den Vorteil, mit dem Kunden über die Aufstellung diskutieren zu können. Solche Styropor-Modelle sind leicht und daher gut zu transportieren. Als Grundplatte kann jeder beliebige Tisch benutzt werden, so daß diese Besprechungen nicht unbedingt im Konstruktionssaal, sondern auch beim Kunden – möglichst in der

Bild 405:
Aufstellungsmodell einer
Rohöl-Destillationsanlage

Nähe des zukünftigen Baugeländes – stattfinden können. Der aus dem Modell und den erforderlichen Rohrstudien entstehende Aufstellungsplan (Bild 406) enthält sämtliche Gebäude, Stahlkonstruktionen, Apparate und Maschinen der Anlage mit ausreichenden Aufstellungsmaßen.

4.1.3. Ausführungsrichtlinien

Zunächst müssen die Ausführungsrichtlinien für die einzelnen Anlagenteile und die Rohrleitungen des betreffenden Auftrags abgefaßt werden. In der Ausführungsrichtlinie für Rohrleitungen kann man die allgemeine Beschreibung des Rohrleitungsnetzes sowie die zu verwendenden Rohre, Formstücke, Verbindungen, Abzweige, Armaturen und deren Teil-Nummern, unterteilt nach Rohrklassen (DIN 2406),

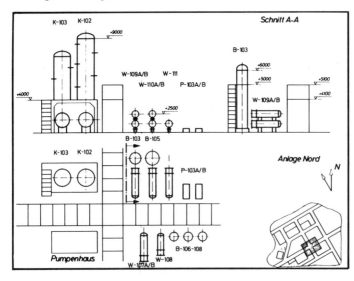

Bild 406:
Aufstellungsplan

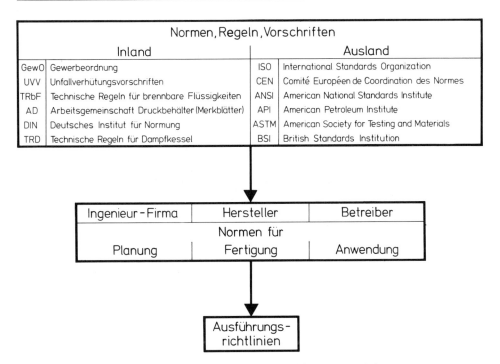

Normen, Regeln, Vorschriften			
Inland		**Ausland**	
GewO	Gewerbeordnung	ISO	International Standards Organization
UVV	Unfallverhütungsvorschriften	CEN	Comité Européen de Coordination des Normes
TRbF	Technische Regeln für brennbare Flüssigkeiten	ANSI	American National Standards Institute
AD	Arbeitsgemeinschaft Druckbehälter (Merkblätter)	API	American Petroleum Institute
DIN	Deutsches Institut für Normung	ASTM	American Society for Testing and Materials
TRD	Technische Regeln für Dampfkessel	BSI	British Standards Institution

Ingenieur-Firma	Hersteller	Betreiber
Normen für		
Planung	Fertigung	Anwendung

Ausführungs-
richtlinien

Bild 407:   Zusammenhänge Technischer Regeln für die Ausführung von Rohrleitungssystemen

erkennen. Die Rohrklassen wiederum sind in Abhängigkeit vom Druck, der Temperatur und dem Werkstoff zur schnellen und einheitlichen Erfassung der Rohrteile zusammengefaßt. Sie müssen im Einklang mit den Grundlagen zur Beurteilung der sicherheitsgerechten Ausführung technischer Arbeitsmittel stehen.

Grundlagen für die Beurteilung der Sicherheit technischer Arbeitsmittel sind nach dem Gesetz die allgemein anerkannten Regeln der Technik, von denen die wichtigsten in Bild 407 dargestellt sind. Alle diese Technischen Regeln fließen als Planungs-, Fertigungs- und Anwendungsnormen in die Ausführungsrichtlinien ein, die dann für den betreffenden Auftrag verbindlich sind.

Verfahrenstechnische Anlagen dürfen im allgemeinen nur mit Erlaubnis einer Behörde betrieben werden. Die Betriebserlaubnis schließt die Genehmigung zum Bau und Betrieb von Rohrleitungen innerhalb des Anlagengeländes ein.

Die Ausführungsrichtlinien sind in Verbindung mit dem Rohrleitungs- und Instrumenten-Fließbild die Grundlage für die Planung, Konstruktion, Beschaffung und Montage der Rohrleitungen.

4.1.4. Rohrleitungs- und Instrumentenfließbild

Anhand des Verfahrens-Fließbildes (Bild 408) und der eben beschriebenen Unterlagen wird mit dem Erarbeiten des Rohrleitungs- und Instrumentenfließbildes (Bild 409) – im folgenden RI-Fließbild – begonnen. Es stellt schematisch das gesamte Rohrleitungsnetz, also den Fluß aller Produkte und Betriebsmittel, dar. Jede Rohrleitung ist im Fließbild mit einer Leitungsnummer versehen, aus der Nenn-

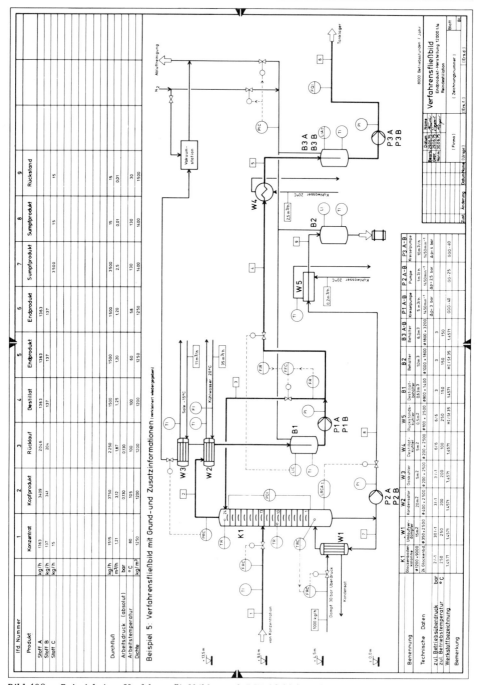

Bild 408:   Beispiel eines Verfahrensfließbildes nach DIN 28 004, Teil 1, Beispiel 5

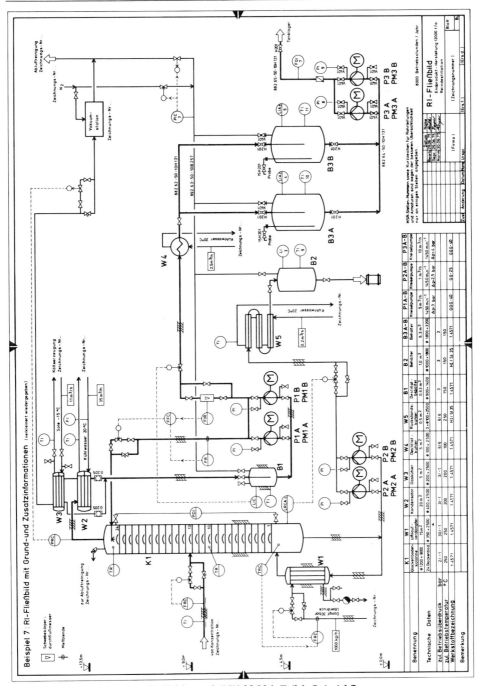

Bild 409: *Beispiel eines RI-Fließbildes nach DIN 28 004, Teil 1, Beispiel 7*

weite, Durchflußstoff und Rohrklasse hervorgehen. Außerdem wird gleichzeitig eine Rohrleitungs-
liste angelegt, die für jede Rohrleitung, geordnet nach Leitungsnummern, folgende Angaben enthält:
Nennweite, Rohrklasse, Leitungsverlauf, zugehöriges Fließbild, zulässiger Betriebsüberdruck, Arbeits-
und Prüfdruck, zulässige Betriebs- und Arbeitstemperatur, Art und Dicke der Dämmung, Art der Be-
gleitheizung sowie des Anstriches.
Die erwähnten Fließbilder sind in DIN 28 004 bezüglich der Fließbildart und des Informationsgehaltes
festgelegt. Die dazu gehörigen Bildzeichen sind übersichtlich in DIN 30 600 dargestellt. Nach diesen
Normen ausgeführte Fließbilder dienen der Verständigung der an der Entwicklung, Planung, Montage
und dem Betreiben derartiger Anlagen beteiligten Stellen.

4.1.5. Erfassung von Rohrleitungsmaterialien

Wegen der teilweise recht langen Fertigungszeiten für Rohrleitungsmaterialien kann man mit der Beschaffung nicht warten, bis alle isometrischen Zeichnungen mit Rohrteillisten fertiggestellt sind. Man
muß frühzeitig in der Lage sein, einen möglichst großen Anteil des Materials vorweg zu bestellen. Aufgrund des RI-Fließbildes erkennt man die Mengen verschiedener Rohrleitungen, Rohrverbindungen
und Armaturen, und mit Hilfe des Aufstellungsplanes und der Rohrleitungsentwürfe stellt man die
Rohrlängen mit der Anzahl der dazugehörigen Formstücke fest. Zum Vergleich dienen statistische
Werte bereits gebauter gleicher oder ähnlicher Anlagen.
Diese so erfaßten Materialien dienen zur ersten Anfrage und gehen mit entsprechenden Korrekturen
in die erste Bestellung ein, wobei, je nach Anlage, bis zu 80 % des benötigten Rohrleitungsmaterials
richtig erfaßt sein sollte. An das Personal, das diese Aufgabe übernommen hat, werden besonders hohe
Anforderungen gestellt. Es muß von allen Beteiligten verstanden werden, daß die hier gefällten Entscheidungen Kosten und Termine der Anlage sehr stark beeinflussen können.

4.1.6. Rohrstudien

Durch die bisher geschilderten Arbeiten sind die Voraussetzungen für die Anfertigung von Rohrstudien (Bild 410) geschaffen. Sie sollen einfach aber doch so aussagefähig sein, daß danach die endgültigen Montagezeichnungen ohne Rückfragen angefertigt werden können. In den Rohrstudien werden
Leitungsführung, örtliche Anordnung der Absperrarmaturen und Meß- und Regelgeräte unter Berücksichtigung der Erfordernisse für den Betrieb der Anlage festgelegt. Sie dienen so als Grundlage
für Belastungsangaben, Stutzenstellungen, Anordnung von Bedienungsbühnen und Aufstiegen und
können in Form von Grund- und Aufrissen, möglichst im gleichen Maßstab wie das Grundmodell,
oder als isometrische Skizzen ausgeführt sein. Von besonderer Bedeutung ist der Rohrbrückenbele-
gungsplan. Er ist das Kernstück des gesamten Rohrsystems und dient in Form einer Übersichtszeich-
nung der Konstruktion und Montage als Orientierungshilfe.
Gleichzeitig mit dem Erarbeiten der Rohrstudien werden auch die Stellung der Stutzen und die Be-
festigungen von Leitern und Bühnen an den Apparaten festgelegt und als Zeichnungen an die Hersteller weitergegeben.

4.1.7. Berechnungen

Parallel zu der Rohrleitungs-Konstruktion sind auch Wanddicken-, Stutzenverstärkungs- und Festig-
keitsberechnungen zu erledigen. Der Elastizitätsberechnung der Rohrsysteme, die mittels EDV-Pro-
grammen erfolgen kann, kommt besondere Bedeutung zu, wobei für die Ausführenden Erfahrung
im Rohrleitungsbau vorausgesetzt werden muß. In der Regel werden diese Berechnungen für Leitungen ab DN 100 mit höherer Beanspruchung durchgeführt, um Spannungen, Kräfte und Momente

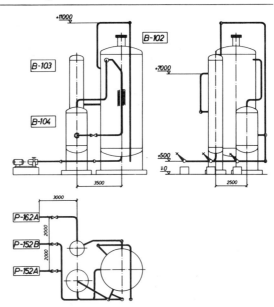

Bild 410:
Einstrich-Rohrstudie, Grund- und
Aufrisse

zu ermitteln, die sich infolge auftretender Temperaturänderungen bei einem gewählten Rohrleitungsverlauf ergeben. Für Rohre und Rohrleitungsteile aus legierten Stählen ist mit langen Lieferzeiten
zu rechnen, und deshalb sollten gerade für diese Leitungen die Berechnungen frühzeitig abgeschlossen
sein.

4.1.8. Erdverlegte Rohrleitungen

Die Trassierung der erdverlegten Leitungen muß recht früh fertiggestellt sein, da die Montage zusam-
men mit den Fundamentarbeiten für Kolonnen, Apparate und Maschinen abgeschlossen sein soll. Die
Darstellung der Leitungen erfolgt in Übersichtsplänen in Grundriß und Ansichten im Maßstab 1 : 50.
Es ist darauf zu achten, daß die Leitungsführung mit den zusätzlich im Erdreich verlegten Kabeln und
Rohren gut abgestimmt ist.

Hier kann man sich viel Unannehmlichkeiten für die spätere Entwicklung ersparen, wenn man dieser
Aufgabe die nötige Bedeutung und Sorgfalt beimißt. Man bedient sich dabei des sogenannten „Sum-
menplans", in dem alle unterhalb der Erdoberfläche liegenden Teile der Anlage, wie

Fundamente
Abflußschächte
Elektro-Kabel
Kabel für die Meß- und Regeltechnik
Freispiegelleitungen für Abwasser
Geschweißte Rohrleitungssysteme für Brauchwasser und Rückstände,

gemeinsam dargestellt werden.

4.1.9. Beschaffung und Kontrolle der Rohrleitungsmaterialien

Die beim ersten Rohrleitungsmaterialauszug festgestellten Mengen werden angefragt. Nach Vorliegen
der Angebote wird durch Vergleich die Firma mit dem günstigsten Preis und der kürzesten Lieferzeit,

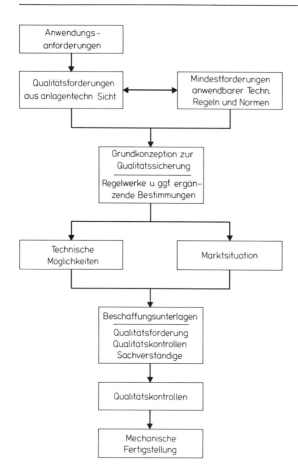

Bild 411:

Verfahren zur Qualitätssicherung

die richtige technische Ausführung vorausgesetzt, ermittelt. Der Angebotsvergleich ist die Basis für die darauf folgende Bestellentscheidung. Der zugehörige Materialauszug, der – wie bereits erwähnt – nur anhand der Fließbilder und des Aufstellungsplans entstanden ist, wird ständig anhand der Rohrstudien und später aufgrund der bereits fertigen isometrischen Zeichnungen überarbeitet. Die sich ergebenden Mengenänderungen werden bei den Nachbestellungen berücksichtigt.

Zu jeder isometrischen Zeichnung gehört eine Rohrteileliste. Die Summe der Materialien aller dieser Listen wird in einer Endbilanz den gesamten Bestellmengen gegenüber gestellt. Diese Endbilanz – verglichen mit den vorangegangenen Bilanzen – sollte keine wesentlichen Fehlmengen und, außer der Baureserve, auch keine Übermengen aufweisen. Anhand der Bilanz müssen in den Endbestellungen die letzten Regulierungen vorgenommen werden. In diesen Bestellungen sollten auf keinen Fall Rohrleitungsteile enthalten sein, die durch ihre Lieferzeit den Endtermin der Anlage gefährden. Solche Bilanzen können manuell oder, wie später beschrieben, über die EDV erfolgen.

4.1.10. Inspektion in den Herstellerwerken

Die folgende Beschreibung bezieht sich auf die Inspektion bei den Herstellern, und zwar nur auf solche, die nicht durch die Technische Überwachung nach den vom Gesetz festgelegten Abnahmen durchgeführt werden. Hierunter fallen für den Rohrleitungssektor, je nach Vereinbarung, die Kontrollen von:

Vormaterial, Fertigungsstand, Werkstoff, Abmessungen, Funktion, Dichtheit, Vollzähligkeit und Korrektheit der erforderlichen Abnahmepapiere.

Der Werksinspektion, die in einem Bericht dokumentiert wird, kommt besondere Bedeutung zu, da erst bei erfolgreichem Abschluß die Versandfreigabe erteilt wird. Versäumnisse bei dieser Inspektion sind nur mit erheblichem Aufwand an Zeit und Kosten wieder gut zu machen, da eine Mängelbeseitigung auf der Baustelle größere Schwierigkeiten macht als direkt im Herstellerwerk.

Um eine entsprechende Qualitätssicherung zu erreichen, ist es daher notwendig, sich hierüber frühzeitig abzustimmen und die Koordination für die Beteiligten während der Auftragsdurchführung festzulegen (Bild 411).

Der Mannigfaltigkeit hoher Stückzahlen und Serienfertigung wegen trifft dies ganz besonders für die Rohrleitungsteile zu, um nicht während der Auftragsdurchführung durch Überschreitung von Kosten und Terminen überrascht zu werden.

Mit Hilfe des Bildes 412 sollen die Vereinbarungen für die Anforderung und Sicherung der Qualität der Rohrleitungsteile als Einzelstücke im chronologischen Ablauf gezeigt werden. Die Ausführungsrichtlinien und das RI-Fließbild, als Schlüsseldokumente für die gesamte Rohrleitungsbeschaffung,

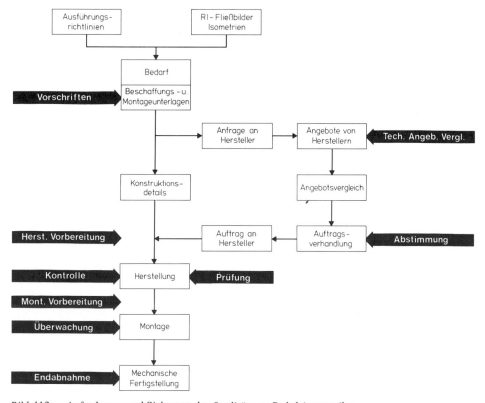

Bild 412: Anforderung und Sicherung der Qualität von Rohrleitungsteilen

sind der Ausgang für Überlegungen im Hinblick auf die Ausführung der Rohrleitungsteile. Die Festlegungen werden während der Auftragsverhandlungen präzisiert, in den späteren Bestellungen verankert und sind die Grundlage bei der Inspektion. Hierbei sind die Realisierungsmöglichkeiten für Qualitätswünsche und -sicherung früh zu bedenken, besonders dann, wenn sie sich außerhalb der Normen bewegen.

4.1.11. Grundmodell

Durch die vorangegangene Konstruktionsarbeit sind die Voraussetzungen geschaffen worden, um die Ausführungszeichnungen für Fundamente, Apparate, Maschinen, Gebäude und Gerüste zu komplettieren. Somit liegen jetzt endgültige Zeichnungen für die Verlegung der Rohrleitungen mit allen notwendigen Anschlußmaßen vor. Mit den erwähnten Ausführungszeichnungen kann nun mit der eigentlichen Planung und konstruktiven Verlegung der Rohrleitungen begonnen werden, um zu einem geeigneten Montagedokument zu kommen, mit dem die Apparate und Maschinen einer verfahrenstechnischen Anlage zu einer funktionellen Einheit verbunden werden.

Dieses Ziel erreicht man in den einzelnen Unternehmen auf unterschiedlichem Weg. Hier soll auf die Verwendung der isometrischen Zeichnung, die im Zusammenhang mit einem Rohrleitungsmodell im Maßstab 1 : 33 $^1/_3$ oder 1 : 25 erstellt wird, eingegangen werden. Das Grundmodell enthält alle Apparate, Maschinen, Gebäude und Gerüste. Einzelheiten, wie Bühnen, Stege, Leitern und Treppen, die bei der Rohrleitungsverlegung berücksichtigt werden müssen, sind in einer Ausfertigung, die diesen Erfordernissen entspricht, in das Modell aufzunehmen. Es wird in Felder aufgeteilt, die den Transport sowie eine handliche Arbeitsmöglichkeit gewährleisten, und mit tischhohen, abnehmbaren Füßen versehen.

4.1.12. Modellverrohrung

Der wichtigste Teil der Konstruktion besteht darin, im Modell die einzelnen Rohrleitungen zu verlegen; im Fachjargon spricht man von der „Modellverrohrung" (Bild 413–415).

Bild 413:
Vollrohrmodell einer
Rohöl-Destillationsanlage

Bild 414:
Ausschnitt aus einem Voll-
rohrmodellfeld einer
Rohöl-Destillationsanlage

Bild 415:
Ausschnitt aus einem ver-
rohrten Anlagenteil einer
Rohöl-Destillationsanlage;
Ausschnitt ist der gleiche
wie auf Bild 414

Sie ist wegen der besseren Anschaulichkeit aus Kunststoff, nicht mehr aus Draht und Scheiben, und zeigt außer dem maßstäblichen Verlauf der Rohrleitungen die Absperrorgane, Meß- und Regelgeräte, Druck- und Temperaturstutzen. Alle Apparate, Maschinen, Rohrleitungen, Stützenreihen und ähnliches müssen so weit im Modell bezeichnet werden, daß der Vergleich mit dem RI-Fließbild und dem Aufstellungsplan leicht möglich ist. Die Rohrleitungen werden im Modell unter Aufsicht von dazu ausgebildeten Rohrleitungsingenieuren mittels der Rohrstudien, der Fertigungszeichnungen und geeigneter Handskizzen verlegt, wobei letztere auch als Informationsträger für die Eingabe des Konstruktionskomplexes über die Datenverarbeitung Verwendung finden können, falls diese zur Anwendung kommt.

Nachstehende Kriterien sind maßgebend für die Entscheidung, mit einem Rohrleitungsmodell die Konstruktion zu unterstützen:

- Anschaulichkeit für jedermann
- Überschaubarkeit und damit wirtschaftliche Steuerung
  des eingesetzten Rohrleitungspersonals
- Leichte Überprüfbarkeit der Anlage in verfahrens-, ingenieur-
  und sicherheitstechnischer Hinsicht
- Freigabemöglichkeit der Anlage durch den Kunden vor Montagebeginn
- Informationsmittel während der Montage
- Instruktionsinstrument bei Inbetriebsetzung
- Trainingsobjekt für Bedienungspersonal.

4.1.13. Isometrische Zeichnungen

Wenn das Modell bzw. eines seiner Felder fertig ist, kann mit der Ausführung der isometrischen Zeichnungen begonnen werden. Diese ersetzen die in der rechtwinkligen Parallel-Projektion mit Ansichten und Schnitten versehenen herkömmlichen Rohrpläne. Letztere haben zwar den Vorteil, maßstäblich zu sein, befriedigten aber nicht, weil sie unübersichtlich, wenig anschaulich und zeitaufwendig für die Arbeiten während der Konstruktion sind. Deshalb wurde in vielen Firmen zu einem wirklichkeitsnahen, maßstäblichen Modell in Verbindung mit der isometrischen Zeichnung und der zugehörigen Rohrteileliste übergegangen.

Mit den isometrischen Zeichnungen in dreidimensionaler Darstellung, die ausreichend bemaßt sind, erhält der Monteur ein Hilfsmittel in handlicher Form, in der das zu montierende Material für diese Leitung in einer Rohrteileliste eingetragen ist (Bild 416 und 417).

In der Regel wird auf einer isometrischen Zeichnung nur eine Rohrleitung abgebildet (DIN 2428). Die Ausführung soll einfach und verständlich sein, um eine reibungslose Durchführung der Montage

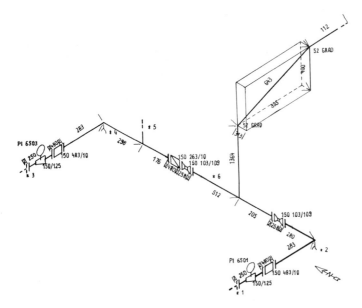

Bild 416:
Maschinell erstellte
isometrische Zeichnung

```
L U R G I                 GES-00-0731-40   R O H R L E I T U N G E N        EDV-NR.    660
GESELLSCHAFTEN                                                              270  WW
FRANKFURT/MAIN                            R O H R T E I L E L I S T E        BLATT       1
                                          =================================            3. 3.76

LURGI-POSITION:270   WW   KUNDEN-POSITION: 270 -150-3/10-WW    ANLAGE  250   BLATT  1 VON  1
--------------------------------------------------------------------------------------------
ROHRKLASSE(N) :  3/10

        LURGI      KUNDEN    K E N N G R O E S S E N            BAUL.      MENGE      GEWICHT
        TEILE-BEZ  TEILE-BEZ  --NW--
        PI 6501    PI 6501     50                                  0        1.0        0.0
        PI 6503    PI 6503     50                                  0        1.0        0.0
        SU  2      SU 2       150                                  0        1.0        0.0
        SUF2       SUF2       150                                  0        1.0        0.0
                             --NW--    --DA--    --WD--
        11002101   P   1       50      60.3       2.9              0        0.4        1.6
        11002101   P   1      150     168.3       4.5              0        2.3       41.8
                             --NW--    --DA--    --WD--  WINKEL
        12002101   E   1      150     168.3       4.5      90    110        1.0        3.8
        12002101   E   1      150     168.3       4.5      90    112        1.0        3.8
        12002101   E   1      150     168.3       4.5      90    228        2.0       13.0
                             --NW--    --WD--    --NW--  --WD--
        12092101   EX  1      150       4.5       125      4.0   140        2.0        4.7
                             --NW--    --DA--    --WD--  --ND--
        13002101   F   116     50      60.3       2.9       16     45       2.0        5.0
        13002101   F   116    125     139.7       4.0       16     55       2.0       12.5
        13002101   F   116    150     168.3       4.5       16     55       8.0       61.5
                             --NW--                        --ND--
        13202101   FB  116     50                          16     18       2.0        5.2
                             --DRM--  LAENGE    --NW--    --ND--
        13702181   B   1       16       55        50       16     16       8.0        1.2
        13702181   B   1       16       65       125       16     16      16.0        2.6
        13702181   B   1       20       70       150       16     20      72.0       21.1
                             --NW--                        --ND--
        13809611   G   16     125                          16      2       2.0        0.0
        13809611   G   16     150                          16      2       9.0        0.0
        13809611   G   40      50                          40      2       2.0        0.0
        15553241   103/10S    150                          16    268       2.0      116.0
                             --NW--                        --ND--
        16403241   263/10     150                          16    480       1.0       85.0
        17603221   483/10     150                          16    480       2.0      148.0

                                                    GESAMTGEWICHT          526.8
```

Bild 417: Maschinell erstellte Rohrteileliste

durch Fachfirmen sicherzustellen. Die Zeichnung wird mit der Kurzbezeichnung der betreffenden Rohrleitung benannt und enthält in der Regel folgende Angaben:

- Verlauf und Lage der einzelnen Bauteile mit Bemaßung, wobei Toleranzen nicht angegeben werden
- Symbole nach DIN 2429 oder Bildzeichen nach DIN 30 600
- Benennung der Apparate und Maschinen, an denen die Rohrleitung angeschlossen wird, Lage deren Mittelachsen und der Anschlußstutzen
- Angabe der Teilenummer, wenn deren Zuordnung durch die Rohrteileliste (Stückliste) nicht eindeutig ist
- Lage und Art der Unterstützungen
- Lage und Bezeichnung der Meßstellen und Regelorgane
- Angabe der zu isolierenden Leitungen
- Montagehinweise, wie etwa Paßlängen, Verlegung mit Gefälle, Anschlüsse von anderen Leitungen, DN-Sprünge . . ., Pfeil für Anlagen-Nord
- Rohrteileliste.

Wird die isometrische Zeichnung über die Datenverarbeitung erstellt, ergibt sich neben den Vorteilen gegenüber anderen Montageunterlagen, wie Zeitersparnis und besserer Anschaulichkeit, ein Absinken der Fehlerquoten im Hinblick auf richtige Maße und Rohrteile. Isometrie und Rohrteileliste fallen gleichzeitig an und sind daher identisch.

4.1.14. Modellabnahme und Prüfung der Montageunterlagen

Von den ersten Überlegungen im Konstruktionsbüro bis zur Modellerstellung und fertigen Montagezeichnung sind all diese Anstrengungen erforderlich, damit einwandfreie Montageunterlagen in die Hände der Montagefirma kommen, die – wenn die Rohrleitungen verlegt sind – recht bald ihre Aktualität verlieren.

Um später unnötige Änderungskosten zu vermeiden, verlangt die Vielfältigkeit der Arbeiten eine einwandfreie Prüfung dieser Unterlagen. Wie schon vorher erwähnt, bietet sich hierzu für alle Auftragsbeteiligten das verrohrte Modell an. Unter Leitung des Projektleiters, möglichst in Anwesenheit von Vertretern des Kunden, unter Umständen der Behörden, wird die Abnahme der Anlage am Modell simuliert und protokolliert festgehalten. Hier ist die gesamte Auftragsgruppe angesprochen, ganz besonders die Vertreter der Verfahrens-, Meß- und Regel- sowie der Rohrleitungstechnik. Anhand der RI-Fließbilder erstrecken sich die Prüfungen auf die Übereinstimmung nachstehender Belange, wie:

– der Aufstellung mit den Sicherheitsbestimmungen und den Wartungsmöglichkeiten
– des Produkt- und Betriebsmittelverlaufes mit dem RI-Fließbild
– der Produkt- und Betriebsmittelmessung und -regelung mit dem RI-Fließbild
– der Ausführung des Rohrnetzes mit den isometrischen Zeichnungen.

4.1.15. Montageablauf

Bei dem Bau einer Chemieanlage ist die Rohrleitungsmontage vom Personalbedarf her die aufwendigste, im Vergleich zu den übrigen Montagearbeiten (Bild 418).

In der Baustellenüberwachungsgruppe wird ein verantwortlicher Rohrleitungsingenieur eingesetzt. Er sollte möglichst frühzeitig erkannt werden, damit er sich bereits während der Ingenieurarbeiten im Büro mit allen Problemen, die sich bei der Montagedurchführung ergeben könnten, ausreichend befassen kann. Ihm obliegt es, die Montagefirma daraufhin zu überwachen, daß nachstehende Anforderungen erfüllt werden:

– der Montagevertrag
– fachgerechte Ausführung
– ausreichende Berichterstattung, insbesondere über die Termin- und Kostenentwicklung
  (Fortschrittsbericht)
– Einhaltung der Termine und Kosten

Montage - Stunden		
Verbrauch für	Anteil in %	
Bauleitung	4	▢
Inbetriebsetzung	8	▭
Bau / Stahlbau	22	▭▭▭
Ofenbau	4	▢
Apparatebau	6	▭
Maschinen	1	▫
Rohrleitungstechnik	35	▭▭▭▭▭
Elektrotechnik	5	▭
Meß- u. Regeltechnik	3	▢
Isolierung	11	▭▭
Anstrich	1	▫
Baustellenstunden	100	

Bild 418:
Stundenaufteilung für die Bau- und
Montagedurchführung einer Rohöl-
Destillationsanlage

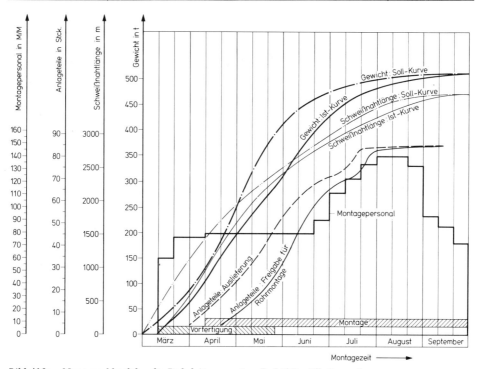

Bild 419:   Montageablaufplan für Rohrleitungen einer Rohöl-Destillationsanlage

- reibungslose Zusammenarbeit der verschiedenen an Bau und Montage beteiligten Firmen
- ordnungsgemäße Materialverwaltung mit Prüfung auf Vollständigkeit und Mängel
- Teil- und Endabnahmen
- Abrechnung der erbrachten Leistungen
- rechtzeitige Fertigmeldungen mit der entsprechenden Dokumentation.

Basis für den Ablauf und die Überwachung der Rohrleitungsmontage ist ein zusammen mit der Montagefirma aufgestellter Ablaufplan (Bild 419). In diesem Plan ist die Montagedauer, die Gesamtschweißnahtlänge, das zu montierende Gewicht, die Freigabe der Aggregate zur Verrohrung sowie der erforderliche Personaleinsatz festgelegt.

Die Gewichtsermittlung für die jeweils fertiggestellten Leitungen wird wöchentlich ausgeführt und in einer Nachlaufkurve festgehalten. Anhand dieser Kurve soll gemeinsam mit der Montagefirma besprochen werden, welche Dispositionen zu treffen sind, damit der Baufortschritt gefördert werden kann.

Wie vorher erwähnt, sind die ersten isometrischen Zeichnungen relativ früh fertig. Sie können zur Vorfertigung auf die Baustelle oder in die Heimatwerkstatt der Montagefirma gegeben werden. Unter Vorfertigung versteht man das Zusammenschweißen und Bauen der Rohre und Rohrteile bis zu den Montagenähten und -verbindungen. Wie weit die Vorfertigung durchgeführt wird, ist eine Funktion von Gewicht, Einbaumöglichkeit und Transportfähigkeit des vorgefertigten Teiles. Durch die Vorfertigung ist es möglich, einen sehr hohen Anteil der Montagearbeiten recht früh zu erledigen, wie man aus der Kurve der Gesamtschweißnahtlängen des Bildes 419 erkennen kann. Welche Vorteile in betrieblicher und wirtschaftlicher Hinsicht durch eine Vorfertigung zu erzielen sind, kann man erst dann richtig ermessen, wenn auf einer Baustelle mehrere Apparate, Pumpen, Kompressoren und andere Anlagenteile wegen langer Lieferzeiten oder großer Terminverzögerungen kurz vor der Fertigstellung der Anlage zur Verrohrung freigegeben werden können.

Eine große Anzahl vorgefertigter Rohrleitungsstücke (Pipe Spools) ist gekennzeichnet, übersichtlich und gut erreichbar in der Nähe des Montagefeldes gelagert. Die ersten Aggregate und Stahlkonstruktionen sind aufgestellt und freigegeben. Dann beginnen die aufwendigen, oft recht schwierigen Montagearbeiten. Da nach den isometrischen Zeichnungen montiert wird, erfüllen jetzt, zur leichteren Orientierung, das Rohrleitungsmodell und die Rohrbrückenbelegungspläne ihre ihnen zugedachte Aufgabe auf der Baustelle.

Nach und nach werden einzelne Rohrleitungen oder Rohrleitungssysteme fertig, und sie erreichen in der Kette der vielen Einzelarbeiten durch die erfolgreiche Druckprobe ihre Endabnahme.

4.1.16. Montageüberwachung

Da Kontrollen über Fortschritt und Kosten in 4.3. behandelt sind, soll in diesem Kapitel auf die Aufgaben der Montageüberwachung eingegangen werden.

Während des gesamten Montageablaufes informiert sich das Überwachungspersonal bei den täglichen Rundgängen, möglichst in Begleitung der zuständigen Obermonteure, über die technisch einwandfreie Ausführung der zu erledigenden Arbeiten. Dabei können Mängel im Entstehen erkannt werden und lösen somit später keine ,,Kettenreaktionen" aus. Im wesentlichen erstrecken sich diese Kontrollen auf:

Verfahrenstechnischen und konstruktiven Rohrleitungsverlauf, Nennweite, Werkstoff,
Rohrwanddicke, Ausführung der Schweißnähte, Verbindungen, Absperrarmaturen,
Sonderarmaturen, Regel- und Meßgeräte, Rohrhalterungen, Isolierüng, Fremdkörper
sowie Druckprobe.

Während der Montage stellen sich dem Baustellenüberwachungspersonal zusätzliche Kontroll- und Überwachungsaufgaben, die namentlich die Rohrhalterungen, die Schweißnahtgüte und die Betriebssicherheit betreffen. Dadurch erhöht sich die Verantwortung, da Schadensmöglichkeiten erkannt, eventuelle Schadensfolgen geregelt und Sicherheitsrisiken vermieden werden müssen.

In Abstimmung mit dem Sicherheitsingenieur der Baustelle werden Maßnahmen, die für Arbeitsschutz und Arbeitssicherheit angeordnet werden, den Montagefirmen zur Auflage gemacht und kontrolliert.

Die Schweißüberwachung erstreckt sich vornehmlich auf folgende Prüfungen:

Schweißpläne, Schweißausführungsarten, Schweißeinschränkungen, Schweißverfahren,
Nahtvorbereitung, Schweißvorgang und Nachbehandlung, Schweißgüte,
Durchstrahlungsprüfung mit der entsprechenden Dokumentation.

Recht frühzeitig sollten die Zwischen- und Endabnahmen beginnen, da sie gründlich gemacht werden müssen und daher zeitaufwendig sind. Alle Beanstandungen werden in einem geeigneten Schriftstück (Checklist) mit eindeutigen Angaben festgehalten und der Montagefirma im Duplikat mit Terminangabe der Mängelbeseitigung übergeben. Nach Freigabe erfolgt die gemeinsame Druckprobe. Jede fertige Leitung wird im RI-Fließbild bunt gekennzeichnet. Sind alle Leitungen geprüft, kann der Bauleitung die mechanische Fertigstellung des jeweiligen Rohrleitungssystems einer Teilanlage gemeldet werden.

Es hat sich als praktisch erwiesen, das gesamte Rohrleitungsmaterial in einem Baustellenmagazin zu lagern, wobei bei der Einlagerung auf Mängel und Vollzähligkeit zu achten ist. Aus dem Magazin wird durch die Monteure nach Bedarf ausgefaßt. Hier obliegt es dem Überwacher, darauf zu sehen, daß ein solches Magazin nach kaufmännischen Gepflogenheiten aufgebaut und verwaltet wird. Regelmäßige Stichproben des Magazinbestandes sind empfehlenswert, da Fehldispositionen rechtzeitig aufgedeckt werden, was dazu beiträgt, den Endtermin nicht zu gefährden.

4.2. Arbeitstechniken

Die Art der Rationalisierungsinstrumente und Arbeitstechniken, die zur Anwendung kommen können, hängt von den Besonderheiten des einzelnen Unternehmens ab. Nachstehend sollen einige Gesichtspunkte angeführt werden, die sich auf den wirtschaftlichen Ablauf der Arbeiten für die Rohrleitungstechnik auswirken, und zwar:

– Innerbetriebliche Normung

Werkseigene Richtlinien, Auswerten der Fachliteratur, Dokumentation, Klassifizieren und Benennen, Archivieren von Zeichnungen, Mikroverfilmung und Zeichnungsänderungen

– Anwendung der DIN-Normung

Aufbereiten der technischen Regeln für die Planung, den Bau und die Überwachung von Rohrleitungsnetzen und deren Anwendung hierfür kraft Vorschrift oder Vereinbarung

– Vereinfachte Zeichenarbeit

Vordrucke, Klebefolien, Stempel, Maschinenbeschriftung, fotografische Übertragung

– Angewandte Datenverarbeitung

Hilfsmittel der Berechnung, Termin-, Kosten- und Materialerfassung, -herstellung, -abrechnung, -verwaltung, der Zeichnungserstellung und der dazugehörigen Kontrollen.

Im folgenden soll beschrieben werden, wie die oben erwähnten Möglichkeiten ihren Niederschlag während der Auftragsdurchführung finden können.

4.2.1. Innerbetriebliche Normung

Die Normung als Rationalisierungsinstrument gewinnt in den Unternehmen immer mehr an Bedeutung, wobei Verfahren und Wege den Gegebenheiten angepaßt werden müssen.
Unter innerbetrieblicher Normung versteht man eine spezielle Systemtechnik zur Regelung und Durchführung von Unternehmensaufgaben. Sie ist nicht nur eine technische, sondern auch eine wirtschaftliche und administrative Lösungsmethode.
Das Normenbüro, dessen Größenordnung von dem jeweiligen Unternehmen abhängig ist, hat unter anderem zwei Hauptaufgaben:

– Technische Büros mit den neuesten Regeln der Technik zu versorgen, sie gegebenenfalls zu interpretieren und sie anzuhalten, mit und nach diesen zu arbeiten
– Werkseigene Richtlinien für die Fälle zu erarbeiten, für die Technische Regeln nicht eindeutig sind oder überhaupt nicht vorliegen.

Für die Rohrleitungstechnik finden die Arbeiten dieses Büros auch ihren Niederschlag in dem in 4.1.1. näher beschriebenen Rohrleitungshandbuch.
Immer deutlicher zeichnet sich die erfreuliche Tendenz ab, daß die Mehrzahl der Unternehmen dazu übergeht, innerbetriebliche Normen nicht mehr vor der Außenwelt zu verschließen. Es findet ein reger Austausch dieser Unterlagen statt, wodurch die DIN-Normung fruchtbare Impulse erhält.

4.2.2. DIN-Normung

Wie bereits in vorangegangenen Abschnitten beschrieben, spielen die Regeln der Technik, zu denen die DIN-Normen gehören, eine große Rolle bei der Planung und dem Bau von Rohrleitungen. Im Bereich der DIN-Normung wurden Gedanken aufgegriffen, den umfangreichen Komplex von technischen Regeln zu überprüfen. Dabei werden Unterlagen zurückgezogen, geändert, ergänzt oder neu erstellt und damit so aufbereitet, daß sich weitere Rationalisierungsmöglichkeiten für die Rohrleitungstechnik ergeben. Das Ergebnis dieser Überprüfung ist eine Dokumentation aller für den Rohrleitungsbau erforderlichen Regeln der Technik – also nicht nur der einschlägigen DIN-Normen –, um einen schnellen und umfassenden Zugriff zu den vorgebenen Bestimmungen zu erreichen. Es sollten hierdurch etwa einheitliche Richtlinien für Rohrleitungsbezeichnungen und Rohrklassen in Abhängigkeit von Druck, Temperatur und Werkstoff ihre Verwirklichung finden, so daß beim Planen, Bauen und Betreiben von Rohrnetzen zwischen den verschiedenen Beteiligten in Zukunft eine bessere und eindeutige Verständigung möglich ist. Das Bild 420 verdeutlicht den Ablauf, der vorgesehen ist, das oben beschriebene Ziel zu erreichen.

4.2.3. Vereinfachte Zeichenarbeit

Im Konstruktionsbüro läßt sich die Zeichenarbeit durch Vordrucke, Klebefolien, Stempel und Maschinenbeschriftung sowie durch fotografische Übertragungen mit recht gutem Zeitgewinn vereinfachen. Um diese Hilfsmittel leicht auffinden zu können, muß jedoch eine entsprechende Ordnung im technischen Büro vorausgesetzt werden, wobei es wichtig ist, dafür zu sorgen, daß eine Anleitung und Überwachung erfolgt, damit diese Hilfsmittel zur Anwendung kommen.

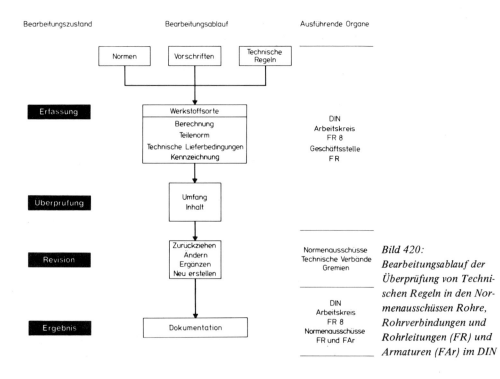

Bild 420:

Bearbeitungsablauf der Überprüfung von Technischen Regeln in den Normenausschüssen Rohre, Rohrverbindungen und Rohrleitungen (FR) und Armaturen (FAr) im DIN

Um Zeit einzusparen, ist bei größeren Objekten auf das Archivieren und Verteilen der Zeichnungen und auf das sichere Erfassen von Änderungen besonderer Wert zu legen.

Die derzeitige Entwicklung neuzeitlicher Arbeitstechniken richtet sich auf den Einsatz elektronischer Zeichenanlagen ein, die beim Großanlagenbau sinnvoll und rentabel werden.

Solche elektronischen Zeichengeräte bestehen in der Regel aus einem grafischen Arbeitsplatz (grafischer Bildschirm oder elektronisches Reißbrett), der mit einer Vielzahl fest verdrahteter oder auch frei programmierbarer Funktionen ausgerüstet ist. Der grafische Arbeitsplatz wird von einem Prozeßrechner unterstützt.

Die Arbeitsweise an einem solchen elektronischen Zeichengerät ist im Prinzip gleich der Arbeit am konventionellen Reißbrett. Durch Bedienen von Funktionstasten und Deuten (Digitalisieren) auf einen bestimmten Punkt der Zeichnung lassen sich mehr oder weniger komplizierte Symbole in die Zeichnung einfügen. Diese Technik ist ähnlich der Klebefolientechnik. Texte lassen sich in der verschiedensten Schriftform, -größe und Schreibrichtung – rechtsbündig, linksbündig oder mittig – in die Zeichnung bringen, nur durch Eingeben der entsprechenden Funktion, durch Deuten auf den Textbezugspunkt in der Zeichnung und Eintippen des Textes. Weiter stehen Funktionen, wie etwa automatisches Bemaßen, Schraffieren, Darstellen der verschiedensten geometrischen Figuren, Vergrößern, Verkleinern, Löschen, Verschieben und Kopieren ganzer Zeichungsteile zur Verfügung.

Der Einsatz elektronischer Zeichengeräte hat neben der Kostenersparnis im wesentlichen folgende Vorteile:

— Erstellen von Zeichnungen wird beschleunigt und es entstehen in jedem Falle einheitliche Darstellungen
— Änderungen lassen sich sehr leicht und schnell ausführen, da durch Benutzen der Löschfunktion und Antippen der zu löschenden Linien, Symbole oder Texte die zeitraubende Radiertätigkeit oder ein komplettes Neuzeichnen entfällt
— Zeichnungen liegen außer in der bekannten Form auch auf einem Datenträger gespeichert vor, also die in der Zeichnung vorhandene Information kann ohne manuelle Zwischenarbeit direkt für Berechnungen auf einer Datenverarbeitungsanlage benutzt werden.

Im Hinblick auf die hier beschriebenen Möglichkeiten können relativ einfach RI-Fließbilder, Aufstellungspläne, Rohrbrückenbelegungspläne und Isometrische Zeichnungen hergestellt werden.

4.2.4. Angewandte Datenverarbeitung in der Rohrleitungstechnik

Die schnelle Entwicklung auf allen Gebieten der Technik und die damit verbundene Einführung von Datenverarbeitungsanlagen ist zwangsläufig auch an den Konstruktionsbüros nicht vorbeigegangen. Große Datenmengen und hoher Rechenaufwand bestimmen den wirtschaftlichen Einsatz von Computern. Beide Voraussetzungen sind in der Rohrleitungstechnik gegeben. Zur Erläuterung der nachstehenden Ausführungen zeigt Bild 421, wie die Anwendung der Datenverarbeitung auf diesem Gebiet abläuft.

Der hohe Rechenaufwand für komplizierte Rohrleitungssysteme macht es aus zeitlichen und wirtschaftlichen Gründen erforderlich, daß die Elastizitätsberechnungen mittels Rechenanlagen erfolgen. Die geometrische Form dieser Systeme wird durch Angabe der Koordinaten beschrieben.

Außerdem werden, soweit erforderlich, folgende Eingabewerte benötigt:
Rohrdurchmesser, Radien der Bogen, Elastizitätsmodul, Faktor der Wärmedehnung, Verdrehungen, Verschiebungen, Vorspannung, Federkonstanten, Unterstützungen.

Welche dieser Angaben und wie diese eingegeben werden, hängt von der Konfiguration der Rechenanlage und der Gestaltung des verwendeten Programmes ab. Bei der Programmierung ist auf einfache und sichere Handhabung zu achten und es sind möglichst keine praktischen Beschränkungen bezüglich

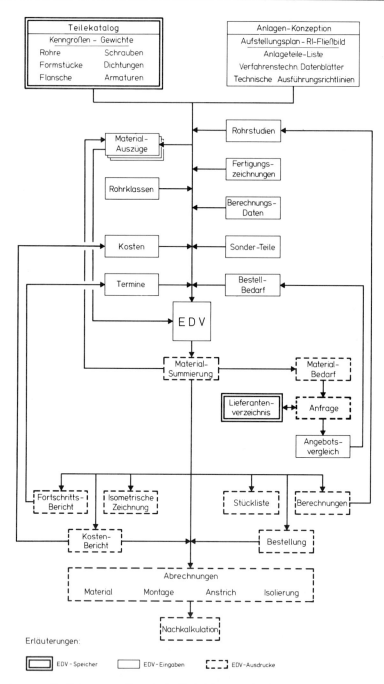

Bild 421: Angewandte Datenverarbeitung in der Rohrleitungstechnik

	Gewicht kg	%	Einzelteile m/Stck.	%	Bestellungen Stck.	%
Rohre	612 000	59	61 400	21	47	23
Formstücke	80 000	8	13 400	4	63	30
Flansche	86 000	8	28 200	10	33	16
Schrauben	27 000	3	142 900	48	20	10
Dichtungen	1 200	1	40 300	14	13	6
Absperrarmaturen	216 000	21	9 000	3	32	15
Gesamt	1 022 000	100	295 200	100	208	100

Bild 422:
Übersicht der Rohrleitungs-materialien für einen An-lagenkomplex getrennt nach Gewicht, Einzelteilen und Bestellungen

der Systemgröße und des Systemaufbaues zu geben. Es sollte von solchen Eingabewerten ausgegangen werden, die bereits vorliegen bzw. einfach zu beschaffen sind und deren Anzahl im Interesse der Übersichtlichkeit klein zu halten ist. Die Ergebnisse, wie Spannungen, Momente, Kräfte, sollen übersichtlich, komprimiert und somit leicht prüfbar ausgegeben werden, so daß bei Überschreitung der Sollwerte schnell Gegenmaßnahmen ergriffen werden können, wie Änderungen der Leitungsführung, der Wanddicken, des Werkstoffkennwertes und andere.

Die großen Datenmengen fallen bei der Erfassung von Rohrleitungseinzelteilen, wie Rohre, Formstücke, Flansche, Schrauben, Dichtungen und Absperrarmaturen (Bild 422) an. Da es sich um Normteile handelt, werden ihre Kenngrößen und Gewichte gespeichert. Durch Steuerung über die Rohrklassen werden die gespeicherten Daten bei den Materialauszügen, beim Bestellwesen, bei Termin-, Kosten- und Bestandserfassungen, bei Abrechnungen sowie der Konstruktion der isometrischen Zeichnungen mit der dazu gehörigen Rohrteileliste benutzt. Vorteile des so überlegten DV-Einsatzes sind, die gestellten Aufgaben rasch, zuverlässig und kostensparend zu eledigen.

Die Progammierung der Konstruktionsarbeiten – fertige isometrische Zeichnungen mit Rohrteillisten – erfolgt mit einem Minimum an Beschreibungsaufwand für die einzelne bereits konstruktiv durchdachte Rohrleitung. Dem Computer wird unter Zuhilfenahme gespeicherter Teilebeschreibungen, gesteuert durch auftragsbezogene Rohrklassen, die vollständige Darstellung der Leitung und die Zuordnung der in ihr vorhandenen Rohrleitungsteile übertragen.

Für die Beschaffung und spätere Montage sind fortlaufende Materialerfassungen notwendig. Die Verkürzung der Anlagenbauzeiten und die Verlängerung der Materiallieferzeiten verringert jedoch zwangsläufig die Zeit für die Erfassung der Rohrleitungsmaterialien. Mit der Progammierung des Materialkomplexes – Materialerfassung, Bestelldaten, Statistiken, Abrechnungen mit Teilelisten – wird mittels eines einfachen und kodierten manuellen Erfassungssystems unter Zuhilfenahme gespeicherter Teilekataloge, gesteuert durch auftragsbezogene Rohrklassen, die vollständige Dokumentation des Rohrmaterials in Form von Summierungen, Anfragen, Bestellungen, Abrechnungen von Rohrleitungsmaterialien und deren Montagen einschl. der dazu gehörigen Isolier- und Anstricharbeiten erstellt.

In das Gesamtsystem kann die Übernahme der vorgebenen Kosten integriert werden. Die gespeicherten Kalkulationsdaten werden maschinell mit den Bestellwerten verglichen und periodisch in einem Kostenbericht ausgedruckt, der mit einer Nachkalkulation abschließt.

Parallel zu den eben geschilderten Systemen läßt sich ein Programm zur Terminüberwachung und der Arbeitsfortschrittsbewertung einarbeiten. Immer dann, wenn die Zahl der Tätigkeiten größer und schließlich auch für erfahrene Auftragsingenieure nicht mehr überschaubar wird, wendet man die Netzplantechnik an. Mit ihr lassen sich komplexe Aufträge in Form von Netzwerken so darstellen,

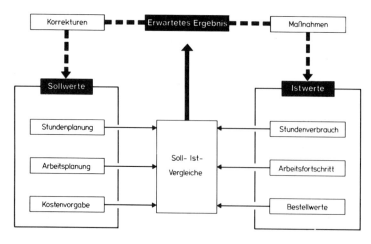

Bild 423:
Prinzipieller Ablauf der
Kontrollmethoden für
Stunden, Termine und
Kosten

daß eine Optimierung der Folge der Arbeitsgänge und damit des zeitlichen Ablaufes des Auftrages möglich wird.

Die wesentlichen Vorteile der Netzplantechnik sind:

— Systematisches Durchdenken des Auftragsablaufes bei Auftragsbeginn
— Definition und Abgrenzung aller Einzeltätigkeiten
— Optimale Fortschrittskontrolle durch periodischen Soll-Ist-Vergleich von geplanter und getätigter Arbeit
— Zusammenhang und Lage der kritischen Tätigkeiten.

Bei einer zweckmäßigen Programmierung können die so grafisch und tabellarisch gewonnenen Erkenntnisse in den periodisch wiederkehrenden Fortschrittsbericht des gerade durchzuführenden Auftrags direkt übernommen werden.

4.3. Kontrollmethoden

Die Überwachung der technischen Ausführung einer verfahrenstechnischen Anlage ist in 4.1. beschrieben worden. In dem nun folgenden Teil soll besonders auf die Kontrolle der Stunden, Termine, Kosten und das hierfür erforderliche Instrumentarium eingegangen werden (Bild 423).

Der geplanten Stundenaufteilung, dem Arbeitsablauf und der Konstenvorgabe als Sollwerte bei Auftragsbeginn, werden die aktuellen Angaben über Stundenverbrauch, Arbeitsfortschritt und Bestellwerte während der Auftragsdurchführung als Istwerte gegenübergestellt. Durch periodischen Vergleich der Soll-Ist-Werte erkennt man das zu erwartende Endergebnis. Es charakterisiert den Trend, die Entwicklungstendenz des Auftrags und kann Maßnahmen auf der Ist-Seite oder Korrekturen auf der Soll-Seite auslösen.

Um den wirtschaftlichen Erfolg bei der Erstellung einer Anlage sicherzustellen, müssen an den Ergebnissen der Soll-Ist-Vergleiche alle Auftragsbeteiligten partizipieren, da jeder direkt oder indirekt Einfluß auf Stunden, Termine und Kosten nimmt. Daher müssen die Systeme so konzipiert sein, daß Ausführender und Kontrollierender die Auswertungen gleichzeitig bekommen, um reagieren zu können. Eine Kontrollstelle sollte nur dann in Erscheinung treten, wenn seitens der Ausführenden keine Reaktion auf eine negative Ergebniserwartung des Auftrags erfolgt.

4.3.1. Fortschritt

Die Dienstleistungen für die Erstellung einer verfahrenstechnischen Anlage bestehen aus der verfahrens- und ingenieurtechnischen Auslegung, der Berechnung, der Konstruktion, der Beschaffung, der Montageüberwachung und der Inbetriebsetzung. Die Durchführung solcher Aufgaben basiert auf einer Fülle technisch hochwertiger Einzeltätigkeiten, die sich gegenseitig in hohem Maße beeinflussen. Demzufolge ist die zeitliche Koordination der Aktivitäten ein wesentliches Kriterium zur Beurteilung des Fortschritts eines Auftrags.

Den ersten Anhaltspunkt für die zu erbringende Leistung liefern die aufzuwendenden Arbeitsstunden. Eine weitere wichtige Voraussetzung zum Erkennen des Fortschritts ist ein objektives Bewertungssystem, das den gesamten Aufgabenbereich in überschaubare, in sich abgeschlossene Tätigkeiten, die wiederum in Arbeitsschritte aufgeteilt sind, zerlegt. Die systematische Erfassung und Dokumentation der geleisteten Stunden und erbrachten Arbeitsschritte führen dann zum Erkennen des Auftragsfortschritts und Abwicklungsstandes. Die über die Soll-Ist-Vergleiche gewonnen Erkenntnisse führen über eine Trendanalyse zu Maßnahmen bzw. Korrekturen und steuern somit das Fortschrittsergebnis (Bild 424).

Während der Auftragsdurchführung ist es wichtig, alle notwendigen Stellen periodisch über den Abwicklungsstand zu informieren. Die dazu erforderlichen Angaben sind in einem Fortschrittsbericht zusammengefaßt, der gleichzeitig wesentliche allgemeine, den Auftrag betreffende Informationen sowie einen Ausblick über den weiteren Fortgang der Arbeiten enthält.

4.3.2. Kosten

Die Kostenkontrolle erfüllt eine Reihe von Aufgaben, die der allgemeinen Zielsetzung einer wirtschaftlichen Auftragsdurchführung dienen. Sie beginnt mit einer systematischen Interpretation der kalkulierten Auftragskosten für Material, Montage- und Ingenieurarbeiten. Ihr gegenübergestellt werden im Laufe der Auftragsdurchführung die tatsächlich anfallenden Kosten (Bestellwerte). Die Tätigkeiten der Kostenkontrolle sind ein sich stetig wiederholender Vorgang, der die gestellten Aufgaben der Erfassung von Kosten, deren Kontrolle und Steuerung beinhaltet.

Die Kostenerfassung ist eine periodische Dokumentation und informiert über alle Daten, die Kosten beeinflussen können; je aktueller die Daten sind, desto effektiver wird die Kostenkontrolle sein. Sie sind nach zweckmäßigen und überschaubaren Kriterien geordnet und informieren zusammengefaßt im Kostenbericht in regelmäßigen Intervallen die Beteiligten über den Stand der Kosten.

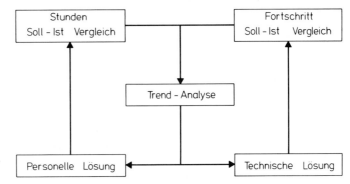

Bild 424:
Steuerung des Fortschritts-
ergebnisses

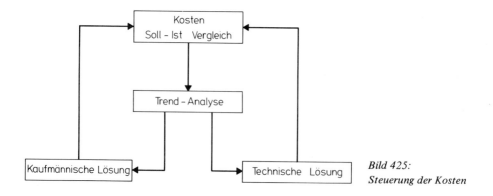

Bild 425:
Steuerung der Kosten

Die eigentliche Kostenkontrolle analysiert und beurteilt die geordneten Daten, um zu aussagekräftigen, realistischen Kostenvorausschätzungen zu kommen. Den Leistungen, die nicht vertraglich abgesichert waren, ist besondere Beachtung zu schenken.

Unter Steuerung der Kosten soll das Einleiten von Korrekturmaßnahmen verstanden werden, um Kostenüberschreitungen zu verhindern oder aber für deren Deckung zu sorgen. Sie ist also eine Voraussetzung dafür, daß die Kostenentwicklung nicht autonom verläuft, sondern gestaltbar und beeinflußbar wird. Zu jedem Zeitpunkt der Auftragsdurchführung sollte also zu erkennen sein, wie die Kosten stehen, wohin sie sich entwickeln und womit man sie beeinflussen kann.

4.4. Bildnachweis

Bild 401, 402, 404, 406, 410, 421, 423, 424 und 425 sind den Unterlagen der Lurgi Kohle und Mineralöltechnik GmbH, Frankfurt/M., Lurgi Öl-Haus, Bockenheimer Landstr. 42, entnommen.

Bild 403 und 418 sind Werkbilder der Lurgi Kohle und Mineralöltechnik GmbH, Frankfurt/M., die bei der Planung, Konstruktion und Montage einer Rohöl-Destillation für die BV-Ruhrraffinerie entstanden sind.

Bild 405 ist ein Werkbild der Lurgi Kohle und Mineralöltechnik GmbH, Frankfurt/M., das bei der Planung, Konstruktion und Montage für die Erdölraffinerie Lingen entstanden ist.

Bild 407, 416 und 417 sind der Lurgi-Information „Rohrleitungstechnik" von E. Diegelmann entnommen..

Bild 408, 409 und 420 sind Werkbilder und Ausarbeitungen des DIN Deutsches Institut für Normung e.V., Köln, Kamekestr. 8.

Bild 411 und 412 sind der Lurgi-Information 01149/7.75 „Werkstofftechnische Maßnahmen zur Qualitätssicherung" von W.G. Haas entnommen.

Bild 413, 414, 415 und 422 sind Werkbilder der Lurgie Kohle und Mineralöltechnik GmbH, Frankfurt/M., die bei der Planung, Konstruktion und Montage für die Erdölraffinerie Mannheim entstanden sind.

Bild 419 ist ein Werkbild der Lurgi Kohle und Mineralöltechnik GmbH, Frankfurt/M., das bei der Planung, Konstruktion und Montage für die Erdölraffinerie Schwechat entstanden ist.

5. Fernwärmeverteilungsnetze

K. ZIEGLER

5.1. Netzplanung

Rohrnetze für Fernwärmeverteilung dienen der Beförderung von Wärme, die für eine größere Anzahl von Verbrauchern in einer zentralen Anlage, einem Heizwerk oder Heizkraftwerk, erzeugt wird. Insbesondere die Erzeugung der Wärme in einem Heizkraftwerk bewirkt eine Einsparung von Primärenergie.

Die Wärmeerzeugungs- und Verteilungsanlagen tragen außerdem zur Verbesserung der Umweltbedingungen bei und bilden einen wirkungsvollen Umweltschutz, wie er bei Einzelfeuerstellen nicht zu erreichen ist. Es sei nur auf die Probleme der Brennstofflagerung und der Rauchgasreinigung und -abführung hingewiesen.

Es gibt mehrere Möglichkeiten, Fernwärmenetze zu konzipieren. Die Entscheidung, ob ein Fernwärmenetz als Strahlen- oder Maschennetz, mit oder ohne Hauptzubringerleitung entworfen wird, hängt ab

von der Lage der Wärmeabnehmer zueinander und zur Wärmeerzeugungsanlage,
von den zu überwindenden größeren Höhenunterschieden im Versorgungsgebiet,
von den Möglichkeiten der Trassenführung in Verkehrs- oder Grünflächen,
von der Stadt- oder Siedlungsplanung und dem Bebauungsfortschritt.

Es sollte immer geprüft werden, ob eine oberirdische Verlegung in Angleichung an die Baukörper oder eine Verlegung in Räumen in intensiver Zusammenarbeit zwischen Architekt und Netzplaner aus Überlegungen der Wirtschaftlichkeit und der Betriebssicherheit angewendet werden kann. Erst wenn diese Möglichkeiten ausgeschöpft sind, sollte die unterirdische Verlegung gewählt werden.

Strahlennetze erfassen die Wärmeabnehmer auf kürzestem Weg und werden angewendet, wenn Wärmeverbrauchergebiete in sich geschlossen sind, aber in verschiedenen Richtungen und Entfernungen von der Erzeugungsanlage versorgt werden sollen. Sie sind zwar gegenüber vermaschten Netzen kostensparend, müssen aber nach den Wärmemengen des Endausbaues bemessen werden und erfordern daher höhere Vorinvestitionen. Bei stufenweisem Bau von Siedlungen oder bei vorhandenen Stadtgebieten mit sich über längere Zeit entwickelnder Wärmeabnehmerzahl sind Maschennetze wirtschaftlicher. Hierbei können die zweite oder auch weitere Hauptzubringerleitungen entsprechend Baustufe oder Anschluß- oder Abnahmetendenz zu einem späteren Zeitpunkt bemessen und erstellt werden. Das gleiche gilt für die Querverbindungen, so daß sich der Netzausbau insgesamt besser dem Wärmebedarf anpaßt und in der Anlaufzeit, die sich oft über Jahre erstreckt, Kapital eingespart werden kann.

Oft werden Maschennetze bevorzugt, weil sie in Störfällen mehr Ausweich- und Schaltmöglichkeiten bieten als Strahlennetze. Welche Netzart jeweils die wirtschaftlichste ist, muß besonders ermittelt werden. Es gibt heute elektronische Rechenprogramme für optimale Netzauslegung, mit deren Hilfe die Entscheidung über die Netzart getroffen und die Dimensionierung des Netzes vorgenommen werden kann.

Die Lage des Heizwerkes oder Heizkraftwerkes wird nicht nur durch die Lage des Verbraucherschwerpunktes bestimmt, sondern auch – in bezug auf die Rauchgasabführung – durch die klimatischen Verhältnisse, Gesichtspunkte der Stadtplanung, der möglichst geringen Umweltbelästigung, der Brennstoffversorgung und der Sicherheitsbestimmungen, so daß es manchmal erforderlich ist, größere Entfernungen mit Haupttransportleitungen zu überbrücken. Es sind Transportleitungen in Betrieb mit Durchmessern bis 1 000 mm.

5.2. Wärmeträger

Die Wärme wird von der Erzeugungsanlage zum Verbraucher mit Wärmeträgern wie Dampf oder Wasser befördert.

Dampfnetze können bei gemischter Versorgungsstruktur, also bei Abnehmern von Raumwärme und Industriewärme in einem gemeinsamen Versorgungsgebiet die wirtschaftliche Lösung darstellen. Es sind Fernwärme-Dampfnetze bis PN 64 erstellt worden, die meistens an ein Heizkraftwerk angeschlossen sind.

Für die Versorgung von Wohn- und Geschäftsgebieten haben sich vor allem Zweileiter-Warmwassernetze mit jahreszeitlich und wärmebedarfsmäßig bedingten, gleitenden Vorlauftemperaturen zwischen 70 °C und 130 °C und Rücklauftemperaturen zwischen 40 °C und 70 °C bewährt, nicht zuletzt auch wegen der einfachen Betriebsweise, bei der die Heizkörper vom Netzwasser durchströmt werden. Je niedriger die Rücklauftemperatur liegt, desto wirtschaftlicher kann das System einer Heizkraftkopplung arbeiten.

Für die Größe der Mediumrohrdurchmesser ist die Temperaturdifferenz zwischen Vor- und Rücklauf bestimmend.

Zweileiter-Heißwassernetze mit gleitenden Vorlauftemperaturen bis maximal 190 °C und Rücklauftemperaturen zwischen 50 °C und 90 °C sind ausgeführt worden, um bei gleichem Wärmedurchsatz im Vergleich mit Warmwassernetzen eine wesentlich kleinere Rohrdimension zu erhalten, und um die Fernwärmeleitung auch in bereits stark mit anderen Leitungen belegten Stadtstraßen noch unterzubringen. Jedoch können auch Großabnehmer solche hohen Vorlauftemperaturen durch ihre Wärmeverbrauchsart notwendig machen. Eine stufenweise Erwärmung des Heizwassers im Kraftwerk ist dann Voraussetzung für die Wirtschaftlichkeit. Zwischen Verteilungsnetz und Hausanlagen werden in solchen Fällen wegen des temperaturabhängigen hohen Netzdrucks Wärmetauscher geschaltet.

Wird die Wärme in einem Heizkraftwerk erzeugt, so ist bei Warmwasserverteilung mit gleitender Vorlauftemperatur gegenüber Dampfnetzen die größere Stromausbeute zu erzielen. Die jeweilige Vorlauftemperatur hängt ab von der Außentemperatur, von den in den Häusern vorhandenen Heizkörpern und von der Temperatur des Gebrauchswarmwassers beim Verbraucher.

Als Variante werden 3-Leiter-Warmwassernetze mit zwei Vorlauf- und einer Rücklaufleitung betrieben, bei denen ein Vorlauf mit gleitender Temperatur für Raumbeheizung und der zweite mit gleichbleibender Temperatur für Gebrauchswarmwasser benutzt wird. Für den Rücklauf wird eine gemeinsame Leitung verwendet. Die gleitende Temperatur des Heizungsvorlaufs kann dann ohne Eingriffsmöglichkeit des Verbrauchers direkt vom Heizkraftwerk gesteuert werden. Allgemein ist es üblich, die abgegebene Wärmemenge zu zählen.

5.3. Verlegeverfahren

Fernwärmenetze sind durch die betriebsbedingte Temperaturänderung des wärmeführenden Mediums und die hieraus resultierende axiale und radiale Bewegung des gegen unwirtschaftlich hohe Wärmeverluste gedämmten Stahlrohres besonders gekennzeichnet. Bei Verlegung der Netze im Freien oder im Erdreich kommt die Feuchtigkeitseinwirkung auf Wärmedämmsystem und Stahlrohr hinzu.

Es sind viele Verfahren des Netzbaus mit dem Ziel entwickelt worden, Rohrbewegung, Wärmedämmung, Feuchtigkeitsschutz und Festigkeit in einem System zu vereinigen, um die Wirtschaftlichkeit der Fernwärmeversorgung durch preisgünstige Verlegeverfahren zu erreichen. Mit Rücksicht auf die hohen und langfristigen Investitionen ist die Wahl des im Einzelfalle zweckmäßigen Verlegeverfahrens gründlich zu überlegen. Nicht immer ist das billigste Verfahren unter Berücksichtigung der Unterhaltungskosten auf längere Sicht das wirtschaftlichste.

Fernwärmenetze werden meistens in Böden unterschiedlicher Zusammensetzung und Struktur eingebettet. Vor der Wahl des Verlegesystems sollten Bodenuntersuchungen angestellt werden. Die Anwendung eines Verfahrens muß auf die Bodenbedingungen abgestimmt sein. Aggressive Böden können
den Materialien, insbesondere der Wärmedämmung und dem Stahlrohr gefährlich werden. Die Aggressivität der Böden hängt von deren Wasser-, Säure- und Sauerstoffgehalt ab; das Zusammenwirken dieser Stoffe bestimmt ihre spezifischen Eigenschaften. Auch in nicht-aggressiven Böden ist bei diesen
warmen Leitungen entscheidend, ob Feuchtigkeit bis zum Mediumrohr vordringen kann, da dann mit
Korrosion des Stahlrohres zu rechnen ist. Eine einmal durchnäßte Wärmedämmung ist oft nicht mehr
auszutrocknen.

Im folgenden werden die Verlegesysteme beschrieben, die heute angewandt werden. Es ist jedoch
zu beachten, daß nur wenige Verfahren geeignet sind, in wasserführende Böden eingebaut zu werden.
Eine sorgfältige Prüfung auf Eignung ist notwendig.

5.3.1. Betonkanalverfahren

Die Mediumrohre aus Stahl, gegen Wärmeverlust mit Schalen oder Matten aus Mineralfasern geschützt,
werden in einem Betonkanal so gelagert, daß sie sich entsprechend der Temperaturänderung des Mediums ausdehnen bzw. zusammenziehen können. Der Betonkanal übernimmt den mechanischen
Schutz von Rohr und Wärmedämmung. Erdauflast und Verkehrslast werden von ihm aufgenommen.
Standfestigkeit und Feuchtigkeitsschutz bestimmen die Kanalform. Als gebräuchlichste Form hat
sich der Kanal mit Sohle und Abdeckhaube nach DIN 18 178 bewährt. Die Sohle kann in Ortbeton
oder auch als Fertigbetonplatte montiert werden. Die Abdeckhaube wird vorgefertigt, und es wird
zwischen einer Halbkreishaube und einer Rechteckhaube unterschieden. Die Halbkreishaube, Bild
501, Tafel 5/I, braucht nur eine einfache Bewehrung, weil sich auf ihrer Form ein günstiges stati-
sches Tragsystem ergibt, bei dem die äußeren Kräfte größtenteils als Normalkräfte in den Baugrund
abgeleitet werden. Ihre Querschnittsform ist günstig bei der Verlegung von Dampf- und Kondensat-
leitung. Für die Abdeckung von Vor- und Rücklaufleitung bei einer Wärmeverteilung mit Heizwas-
ser ergibt sich bei der Halbrundhaube, verglichen mit der Rechteckhaube, ein größerer Querschnitt
oder eine größere Höhe.

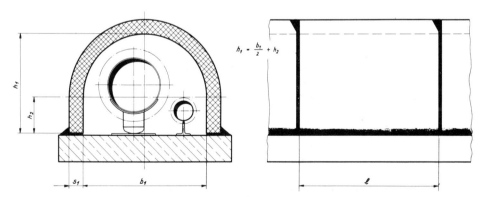

Bild 501: Halbkreishaube H 700 × 550 × 1000 DIN 18 178 aus Beton mit Sohle

Tafel 5/I: Halbkreishauben, Maße nach DIN 18178

lichte Weite[1] b_1	lichte Höhe[2] h_1	Dicke s_1 min	Fußhöhe h_2	Länge[3] l
300	250	60	100	
400	300	60	100	
500	350	60	100	
600	500	80	200	
700	550	80	200	500
900	600	80	200	1000
1000	700	100	200	
1200	800	100	200	
1400	900	120	200	
1600	1100	120	300	

[1] Eine fertigungsbedingte Neigung der inneren Seitenflächen, die max. 2 % von h_1 betragen darf, vergrößert die lichte Weite b_1 und verringert die Dicke s_1 entsprechend.
[2] Andere lichte Höhen sind mit dem Herstellerwerk zu vereinbaren. Hierbei ändert sich die Höhe h_2 von 0 bis 300 mm und zwar bei Halbkreishauben bis $b_1 = 500$ mm in Stufen von 50 mm und bei Halbkreishauben ab $b_1 = 600$ mm in Stufen von 100 mm.
[3] Größere Längen müssen durch 500 teilbar sein.

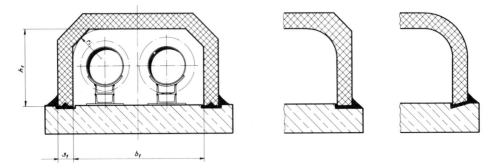

Bild 502: Rechteckhaube R 700 × 400 × 1000 DIN 18178 aus Stahlbeton mit Sohle

Tafel 5/II: Rechteckhauben, Maße nach DIN 18178

lichte Weite[1] b_1	lichte Höhe[2] h_1	Dicke s_1 min	Radius r_4 max	Länge[3] l
500	300	60	100	
600	350	80	100	
700	400	80	150	
850	450	80	150	
1000	550	100	200	
1150	600	100	200	500
1300	700	120	300	1000
1450	800	120	350	
1600	900	120	350	
1800	1000	120	400	
2000	1100	120	450	

[1] Eine fertigungsbedingte Neigung der inneren Seitenflächen, die max. 2 % von $(h_1 - r_i)$ betragen darf, vergrößert die lichte Weite b_1 und verringert die Dicke s_1 entsprechend.
[2] Eine Änderung der lichten Höhe um 50 mm nach oben oder unten ist mit dem Herstellerwerk zu vereinbaren.
[3] Größere Längen müssen durch 500 teilbar sein.

Die Rechteckhaube, Bild 502, Tafel 5/II, muß bewehrt werden, weil ihr Tragsystem dies erfordert. Sie bietet aber vor allem beim Heizwassersystem mit zwei Leitern die günstigste Querschnittsausnützung. Die Haubenlänge beträgt ein und zwei Meter, aber auch vier Meter lange Hauben mit entsprechender Bewehrung sind angewendet worden. Bei der Wahl der Haubenlänge spielt Transport- und Montagemöglichkeit eine Rolle. Beim Aufbau ergeben sich zahlreiche Querfugen und zwei tiefliegende Längsfugen, die abgedichtet werden müssen. Durch diese zahlreichen Fugen eignen sich Haubenkanäle nicht für Böden, in denen Grundwasser ansteht.

Eine andere Kanalkonstruktion, die ebenfalls häufig verwendet wird, ist der U-Kanal, bestehend aus Sohle, seitlichen Wänden und einer Abdeckplatte, Bild 503. Sohle und Wände werden aus Stahlbeton an Ort und Stelle hergestellt, die Abdeckplatte ist ein Stahlbetonfertigteil. Ihre Quer- und Längsfugen sind im oberen Bereich des Kanals. Diese Kanalform dürfte deshalb auch den größtmöglichen Schutz gegen das Eindringen von Wasser bieten. Sie ist für die Aufnahme von 3 und mehr Heizrohren besonders geeignet.

Bild 503 zeigt eine grundwasserdichte Ausführung.

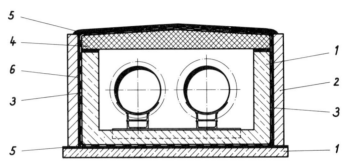

Bild 503:
Trogkanal (U-Kanal) aus
Stahlbeton mit Deckel für
Grundwassergebiete.
1 Beton am Ort gegossen,
2 Ziegelmauerwerk, 3 Isolierschicht, 4 Betonfertigteildeckel, 5 Estrich,
6 Wandputz

Die Kanalabmessung ergibt sich aus wirtschaftlichen und betrieblichen Gesichtspunkten und wird auf das notwendigste Maß beschränkt. Begehbare oder bekriechbare Kanäle für Fernheizleitungen allein werden in der Regel nicht angewandt. Lediglich Schächte, in denen Armaturen zur Strangtrennung, Entleerung, Ent- und Belüftung oder Kondensatableitung eingebaut sind, müssen zugänglich sein. Auch kann es notwendig sein, Kompensatoren, die gewartet oder auch einmal ausgewechselt werden müssen, in begehbaren Schächten unterzubringen. Als Beispiel soll ein Betonkanal dargestellt werden, der aus zwei winkelförmigen Fertigbetonteilen besteht. Bild 504.

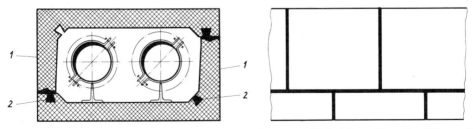

Bild 504: Winkelplattenkanal aus Stahlbeton, System Hannover. 1 Winkelplatte, Oberteil und Unterteil in gleicher Ausführung, 2 Armierungsrundstahl, in Zementmörtel gebettet, über mehrere Platten reichend

5.3.2. Stahlmantelrohrverfahren

Das mediumführende Stahlrohr, mit einer Wärmedämmung aus Mineralfasermatten oder -schalen, er-hält als Schutz gegen mechanische Einflüsse und Feuchtigkeit ein äußeres Stahlrohr, das sogenannte Mantelrohr. Bei Mediumrohren mit kleinen Durchmessern können Vor- und Rücklaufleitung in einem gemeinsamen Rohr untergebracht werden. Das Mantelrohr ist so bemessen, daß das Mediumrohr sich mit der Wärmedämmung in ihm axial bewegen kann. Es gibt Mantelrohrsysteme, die sich auf die Möglichkeit beschränken, die Längsbewegung durch den Einbau von Axialkompensatoren auszuglei-chen, andere lassen an Richtungsänderungen und Abzweigen eine Querbewegung zu und sehen dann eine Querschnittvergrößerung des Mantelrohres vor.

Der Raum zwischen Medium- und Mantelrohr kann bis 10 mbar evakuiert werden; es wird damit die wärmedämmende Wirkung dieses Zwischenraumes verbessert und der Aufwand an Wärmedämm-mitteln kann reduziert und der Mantelrohrdurchmesser entsprechend kleiner gewählt werden. Der Kostenvorteil bei der Wärmedämmung muß in solchen Fällen mit dem Kostenaufwand für die ständi-ge oder zeitweise Evakuierung verglichen werden. Das Vakuum bietet ferner eine Ortungsmöglich-keit für Wasser, das von außen oder aus dem Mediumrohr in den Zwischenraum eindringen kann. Die Verdampfungstemperatur beträgt bei einem Druck von 10 mbar rund 6,8 °C. Zur Erreichung des Vakuums muß die Strecke in Teilabschnitte unterteilt werden. Die Hausanschlüsse sind einwandfrei abzudichten. Stark vermaschte Netze sind deshalb für eine Evakuierung weniger geeignet. Wird auf eine ständige Evakuierung verzichtet, so sollte das System nach der Montage durch eine einmalige Evakuierung ausgetrocknet werden.

Es können nahtlose oder geschweißte Stahlrohre als Mantelrohre verwendet werden. Vorgezogen wegen der Möglichkeit einer gegenüber nahtlosen Rohren geringeren Wandstärke werden längs- oder wendelnahtgeschweißte Stahlrohre mit Abmessungen nach DIN 2458 und den Lieferbedingungen nach DIN 1626. Das Stahlschutzrohr nimmt die äußeren mechanischen Belastungen aus Überdeckung und Verkehrslasten auf und ist gegen Korrosion mit einer Umhüllung auf Bitumenbasis oder einer PE-Beschichtung geschützt.

Für Mediumtemperaturen über 160 °C sind insbesondere Vorkehrungen wegen der Temperatur-empfindlichkeit des Mantelrohrkorrosionsschutzes zu treffen. Von einigen Herstellern der Stahlman-telrohrverfahren ist die Anwendung des kathodischen Schutzverfahrens vorgesehen. Es müssen hierfür besondere Maßnahmen getroffen werden, wie etwa die elektrische Trennung an Einspeisepunkten und Hausanlagen sowie des Mantelrohres vom Mediumrohr.

Eine Sonderstellung unter den Stahlmantelrohrverfahren nimmt das sogenannte Fernheizkabel ein, das aus einem gewellten Innen- und Außenrohr besteht. Zwischen dem Innenrohr aus Kupfer oder Edelstahl und dem Außenrohr aus Stahl befindet sich, den Zwischenraum ganz ausfüllend, die Wärme-dämmung aus Polyurethan-Hartschaum, in die werkseitig ein Leckwarnkabel eingeschäumt ist. Auf dem Außenrohr ist eine Polymentschicht und darüber ein PE-Mantel als äußerer Korrosionsschutz aufgebracht. Die Wandstärken der längsgeschweißten Medium- und Schutzrohre sind wesentlich geringer als bei den anderen Stahlmantelrohrverfahren. Die Wärmedehnung wird von den gewellten Rohren aufgenommen, so daß keine besonderen Kompensationselemente und keine Festpunkte und Gleitlager notwendig sind. Auch folgt das System leicht den horizontalen und vertikalen Ände-rungen der Trasse, deren Führung anders als üblich gewählt werden kann. Der Biegeradius ist ab-hängig von der Nennweite. Durch die Wellung des Innenrohres entsteht ein erhöhter Reibungswider-stand. Die vom Hersteller angegebenen Nennweiten entsprechen den Stahlrohrnennweiten mit glei-chen Druckverlusten. Das größte zur Zeit hergestellte Wellrohr entspricht DIN 125. Eine Verbin-dung der Mediumrohre durch Schweißung ist nicht möglich. Es müssen deshalb besondere Verbin-dungskonstruktionen mit Flanschen verwendet werden. Für Abzweige werden Formstücke verwendet, die auch durch Flanschverbindungen mit dem Mediumrohr verbunden werden. Als günstig hat es sich erwiesen, alle diese Verbindungen an zugänglichen Stellen anzuordnen.

5.3.3. Asbest-Zement-Doppel-Mantelrohrverfahren

Eine andere Möglichkeit der Verlegung von Mediumrohren im Mantelrohr bietet das Asbest-Zement-rohr. Das System besteht aus einem inneren und einem äußeren Mantelrohr. Der Raum zwischen beiden Rohren ist mit Polyurethan-Hartschaum gedämmt. Das Mediumrohr befindet sich im inneren Mantelrohr und kann sich darin axial bewegen. Die äußeren Mantelrohre werden mit Kupplungen aus Asbest-Zement zur Rohrleitung verbunden. Die beiden Dichtungen in der Kupplung bestehen aus Rundgummiringen. Die genaue Einhaltung der notwendigen Toleranzen am Einsteckende des Rohres und in der Nut für die Gummidichtung ist wichtig. Ein äußerer Schutz auf Bitumen- oder Teerpechbasis verhindert eine Feuchtigkeitsdiffusion durch das Asbestzement-Mantelrohr. Gleichzeitig ermöglicht dieser Anstrich einen Schutz bei aggressiven Böden.

Bei einer Bearbeitung der Asbest-Zement-Rohre auf der Baustelle müssen die von der Berufsgenossenschaft zugelassenen Bearbeitungsgeräte verwendet werden, da bei Nichtbeachtung dieser Vorschrift gesundheitsgefährdende Asbestfeinstäube entstehen können.

5.3.4. Kunststoff-Mantelrohrverfahren

Das Kunststoffmantelrohrverfahren aus Polyethylen wird bei Mediumtemperaturen bis max. 140 °C und Mediumrohrnennweiten bis DN 600 angewendet. Die Rohrstangen werden in der Fabrik vorgefertigt, der Raum zwischen Mediumrohr aus Stahl und dem Kunststoffmantelrohr wird mit Polyurethan-Hartschaum ausgefüllt. Nach der Montageschweißung des Mediumrohres und der Aufbringung der Wärmedämmung an der Schweißnaht wird diese Stelle mit einer PE-Muffe geschlossen. Die Muffe wird durch Schrumpfmanschetten mit besonderen Dichtungseinlagen abgedichtet.

Zu unterscheiden sind die Varianten Verbundsystem und Gleitsystem. Beim Verbundsystem ist das Mantelrohr fest mit dem Mediumrohr verbunden, und Temperaturänderungen des Mediumrohres führen zu einer Bewegung des Gesamtsystems im Erdreich. Die hierbei auftretende Reibung zwischen Mantelrohr und Erdreich verringert die Wärmeausdehnung und kann sie sogar bei langen Leitungen völlig verhindern. Dieser Effekt wird ausgenützt für die sogenannte kompensatorfreie Verlegung, bei der mit Ausnahme von geringen Restdehnungen an Abwinkelungen und Leitungsenden keine Axialbewegungen stattfinden. Im Mediumrohr treten dann temperaturbedingt Axialspannungen auf. Bei Mediumtemperaturen von mehr als 80 °C kann die zulässige Stahlrohrspannung überschritten werden. Es ist dann erforderlich, Rohrstähle höherer Festigkeit einzusetzen. Eine andere Möglichkeit ist die thermische Vorspannung vor dem Verfüllen des Rohrgrabens. Hierbei wird das Leitungssystem auf rund 70 °C aufgewärmt und anschließend der Graben geschlossen. Können die vorgenannten Maßnahmen nicht getroffen werden, müssen zur Begrenzung der Stahlrohrbeanspruchung Kompensatoren in die Leitung eingebaut werden, um eine Axialbewegung zu ermöglichen. Alle an Abwinkelungen auftretenden Bewegungen müssen außerhalb des Mantelrohres in entsprechenden Freiräumen, etwa mit Hilfe von komprimierbaren Umhüllungen aufgenommen werden.

Beim Gleitsystem dagegen ist das Mediumrohr nicht fest mit dem PUR-Schaum verbunden. Es kann daher Änderungen der Mediumtemperatur durch entsprechende Axialbewegung im Schaum ausgleichen. Im Bereich von Abwinkelungen muß innerhalb der Wärmedämmung ein ausreichender Raum zur Aufnahme der seitlichen Bewegung vorgesehen werden.

Beide Systeme können mit einem Leckwarn- und -ortungssystem ausgestattet werden, das vom Rohrhersteller auf Wunsch in die Wärmedämmung eingeschäumt wird.

5.3.5. Schüttverfahren

Die Mediumrohre, im Graben geschweißt, werden von einer Schüttmasse umhüllt, die körnig bis pulvrig ist und hydrophobe Eigenschaften hat. Sie soll gleichzeitig die Funktion der Wärmedämmung und des Feuchtigkeitsschutzes übernehmen. Bei den bisher angewendeten Verfahren konnte die Schüttmasse die Aufgabe des Feuchtigkeitsschutzes nicht erfüllen. Ein mechanischer Schutz durch die Schüttmasse ist nicht gegeben. Das Mediumrohr wird in dem Schüttmaterial genau so durch äußere Einflüsse belastet, als würde es unmittelbar in der Erde liegen. Die Hydrophobie kann synthetisch auf die Mineralkörnchen aufgebracht sein, etwa als Stearinsäure, oder sie ist von Natur aus im Schüttmaterial vorhanden. Die wasserabweisende Wirkung ist in der Regel bei feinkörnigem Material größer als bei grobkörnigem. Ein Zusammenbacken oder Schmelzen hebt die wasserabweisende Eigenschaft der einzelnen Mineralkörner auf und kann zur Zerstörung des Feuchtigkeitsschutzes und dadurch zu Korrosionen am Mediumrohr führen.

Die Beständigkeit der wassererabweisenden Wirkung ist temperaturabhängig. Wird die Leitung mit einer Temperatur betrieben, für die das Schüttmaterial nicht mehr geeignet ist, so wird die Hydrophobie im Bereich des Mediumrohres zerstört.

Gleitende Betriebsweise der Fernheizung und häufiges An- und Abstellen kann durch die Saugwirkung des Luftporenvolumens der Schüttung zum Feuchtigkeitseinbruch führen. Auch ist das Isoliersystem an Lagerstellen und Festpunkten besonders empfindlich, weil hier Feuchtigkeit eindringen kann. Einmal durchgefeuchtete Schüttungen können nach den seitherigen Erfahrungen auch durch Beheizung nicht mehr ausgetrocknet werden.

Schüttverfahren können nur in völlig trockenen Böden angewandt werden. Für Verlegung in Grundwasser, auch wenn es nur zeitweise auftritt, in Schichtenwasser und in stark wasserhaltigen Böden sind sie nicht geeignet. Schüttverfahren mit zusätzlicher Wärmedämmung aus Mineralfasern um die Mediumrohre haben sich nicht bewährt, weil bei einem Wassereinbruch – auch nur an einer Stelle – die Feuchtigkeit sich dann über längere Leitungsabschnitte ausbreiten kann.

5.3.6. Gießverfahren

Die Mediumrohre, über einer Betonschale oder Sauberkeitsschicht zusammengeschweißt, werden mit Hilfe einer verlorenen Schalung oder einer Ziehschalung in Schaum- oder Isolierbeton eingegossen, der als mechanischer Schutz und als Feuchtigkeitsschutz wirkt. Als Auflageklötze wird ein der Gießmasse ähnliches Material verwendet. Es sind Verfahren bekannt, bei denen eine Wärmedämmung aus Mineralfasermatten oder -schalen vor dem Umgießen am Mediumrohr montiert wird. Sie kann so bemessen sein, daß die gesamte erforderliche Wärmedämmung allein durch sie erreicht wird. Bei anderen Gießmassen wiederum ist der Wärmedämmungsgrad so groß, daß keine zusätzliche Wärmedämmung notwendig ist. Die Herabsetzung der Wärmeleitfähigkeit in der Gießmasse wird bei kaltvergossenen Isolierbetonen auf Zementbasis durch Beimischen von Perlite oder gemahlenem Bimsstein sowie durch die Schaffung eines Luftporenvolumens, bei heißvergossenen Isolierbetonen auf Bitumenbasis etwa durch gemahlenen Kork erreicht. Die Mediumrohre bewegen sich bei der Erwärmung oder Abkühlung entweder in der Vorisolierung oder direkt in der Gießmasse. Im letzteren Fall wird die Masse bei Erwärmung auf 40 bis 50 °C zähflüssig. Das Mediumrohr kann sich in der erwärmten Zone, die je nach Temperatur 30–40 mm dick sein kann, in Längsrichtung und in geringerem Maße auch in Querrichtung bewegen.

Es können vor allem bei Inbetriebnahme der Leitungen größere Reibungskräfte auftreten, wobei die Anfahrgeschwindigkeit von Bedeutung ist. Durch die teilweise behinderte Rohrdehnung entstehen Druckspannungen im Stahlrohr sowie Biege- und Scherspannungen im Vergußblock. Der Anwendungsbereich liegt vor allem bei kleinen und mittleren Nennweiten. Im allgemeinen dürfte die obere Grenze DN 250 sein. Kaltgießverfahren mit zusätzlicher Wärmedämmung aus Mineralfasern werden bis 250 °C Mediumtemperatur, ohne Mineralfasern bis 130 °C angewendet. Sie sind jedoch für Verlegung in wasserführenden Böden nicht geeignet. Selbst Bodenfeuchtigkeit kann zu Schäden führen. Die Feuchtigkeitsaufnahme des Vergußblocks wird verstärkt bei gleitender Temperaturfahrweise. Warmgießverfahren werden bis zu 150 °C Mediumtemperatur angewendet, und sie wurden auch schon in wasserhaltigen Böden eingebaut.

5.4. Rohrleitungen

Für Fernwärmeverteilungsnetze werden im allgemeinen Rohrleitungen der Nenndrücke 16 und 25 bei Temperaturen bis 180 °C verwendet. In Ausnahmefällen kommen für Heißwasserleitungen über 180 °C und Dampfleitungen bis 400 °C auch PN 40 und PN 64 infrage. Die Leitungen sollen mindestens den in DIN 4752 (Heißwasserheizungsanlagen mit Vorlauftemperaturen von mehr als 110 °C) festgelegten Anforderungen genügen. Die Norm gilt für Heißwasserheizungsanlagen, die gegen Überdruck von mehr als 0,5 bar abgesichert sind. Es wird hierin ausdrücklich festgelegt, daß die Heißwasserheizungsanlage aus dem Heizungsnetz nebst Zubehör besteht und daß nahtlose oder geschweißte Rohre nach DIN 1629 und DIN 1626 nur in der Güte ,,Rohre mit Gütevorschriften" entsprechend Blatt 3 dieser beiden Normen verwendet werden dürfen.

Bei Ferndampfleitungen mit Dampftemperaturen von 300 bis 400 °C werden Rohrwerkstoffe nach DIN 17175 und DIN 17155 eingesetzt. Für die Abmessungen der Rohre gilt DIN 2448 und DIN 2458. Stahlrohre, bei denen werkseitige Prüfungen, nicht durchgeführt werden, sollten im Hinblick auf die meist unterirdische Verlegung nicht verwendet werden. Die Wanddicke der Rohre wird nach DIN 2413 berechnet. Wie üblich soll die montierte Leitung stets vor dem Aufbringen der Wärmedämmung in passenden Abschnitten mit Wasser abgedrückt werden. Der Prüfdruck soll das 1,3-fache des Betriebsdruckes betragen und 8 Stunden aufrechterhalten bleiben.

Bei der Wanddickenfestlegung von Rohren größer als DN 600 sind zusätzlich die an den Auflagen entstehenden örtlichen Wandbiegespannungen zu berücksichtigen. Dieser Einfluß kann bei großen Durchmessern verhältnismäßig aufwendige Sattellagerungen notwendig machen.

5.5. Armaturen

Für Armaturen in Fernwärmeverteilungsnetzen sollen die Werkstoffanforderungen und Empfehlungen der DIN 4752 gelten, auch wenn das Netz wegen seiner Betriebsdaten noch unter die Bedingungen der DIN 4751 fallen würde. Im einzelnen wird in DIN 4752 für Netze empfohlen, daß die Gehäuse sämtlicher Absperr- und Rückschlageinrichtungen aus geeigneten Werkstoffen mit ausreichenden Zähigkeitseigenschaften sein sollen. Es sollen vor allem über DN 50 keine Absperreinrichtungen aus Gußeisen mit Lamellengraphit oder Temperguß verwendet werden. Absperrvorrichtungen mit ungesichertem Kopfstück dürfen nicht eingebaut werden.

Bei der Wahl der Armaturen ist der Durchflußwiderstand von Bedeutung. Vor allem am Ende von Heizwassernetzen darf der dem Abnehmer für die Hausanlage zur Verfügung stehende Differenzdruck nicht unnötig verkleinert werden. Auch kommt es bei den oft sehr engen unterirdischen Armaturenschächten auf die Kraft an, die notwendig ist, die Armatur zu betätigen. Die Kräfte sollten nicht mehr als 300 N betragen; bei größeren Betätigungskräften können Zwischengetriebe verwendet werden. Die Schließzeiten der Armaturen werden so gewählt, daß unzulässige Druckstöße weder im Netz noch in den Hausanlagen bzw. Heizkörpern wirksam werden können. Gegen geräuschvolle Armaturen ist ein Fernwärmeverteilungsnetz besonders empfindlich, weil die Geräusche sich über weite Strecken fortpflanzen und letzten Endes auch in die Hausanlagen übertragen werden. Es sollen deshalb nur geräuscharme Armaturen eingebaut werden.

5.6. Rohrunterstützungen, Festpunkte

Die meisten Fernwärmeverteilungsnetze werden heute noch unterirdisch gebaut. Die Rohrunterstützungen sind deshalb größtenteils nicht zugänglich und es ist notwendig, sie so zu konstruieren, daß sie nicht gewartet werden müssen. Auch nach längerer Betriebszeit müssen sie ihre Funktionen noch erfüllen. Bewegliche Lager müssen die Längs- und meistens auch die Querbewegung der Rohrleitung mitmachen können. Sie werden hauptsächlich als Gleitlager ausgebildet. Bei Verlegesystemen, wie im Betonkanal, können am Rohr befestigte Gleitschienen oder Gleitstutzen verwendet werden. Sie gleiten auf einer Gleitfläche, die in der Sohle verankert ist. Mantelrohrsysteme verlangen andere Gleitkonstruktionen wie Ringe.

Bei großen Durchmessern ist es erforderlich, die Reibungskräfte in den Auflagern gering zu halten, da diese die Festpunktdimensionen maßgeblich bestimmen. Es werden deshalb speziell Gleitlager oder auch Rollenlager verwendet. Bei fehlender Zugänglichkeit ist die völlige Wartungsfreiheit zu beachten.

In langen geraden Rohrstrecken werden Führungslager eingebaut, um die Knicklängen zu begrenzen. Auch im Bereich von Dehnungsausgleichern ist es notwendig, Führungslager vorzusehen, um den der Elastizitätsberechnung zugrunde gelegten Bedingungen zu genügen. Vor allem bei Verwendung von Axialkompensatoren ist die sorgfältige Anwendung von Führungen im Bereich dieser Kompensatoren notwendig, um ein seitliches Ausweichen zu verhindern.

Festpunkte begrenzen die Kompensationssysteme und verhindern unkontrollierte Bewegung der Rohrleitungen. Sie sind für fast alle Verlegungssysteme notwendig und es wirken an ihnen die folgenden Kräfte aus

- der Lager-Reibung
- der Rohrleitungsverformung
- der Verformung oder der Bewegung der Kompensatoren
- dem Innendruck bei Richtungsänderungen, Leitungsendfestpunkten und Absperrungen, wenn Well- oder Gleitrohrkompensatoren verwendet werden, die nicht innendruckentlastet sind.

5.7. Bemessung und Nachrechnung von Fernwärmeverteilungsnetzen

5.7.1. Berechnungsverfahren

Für den wirtschaftlichen Betrieb und die rationelle Erweiterung von Fernwärmeverteilungsanlagen ist es erforderlich, die Druck- und Geschwindigkeitsverhältnisse sowie die Mengenverteilung im Netz zu kennen.

Aus Gründen der Versorgungssicherheit sind die meisten Netze mehr oder weniger stark vermascht. Eine mathematisch exakte Nachrechnung von Hand ist dann praktisch nicht mehr durchführbar, da es sich hierbei um die Lösung nicht linearer Gleichungssysteme handelt. Diese Gleichungssysteme können nur über Iterationsrechnungen gelöst werden. Hierzu eignen sich elektronische Rechenanlagen. Man unterscheidet dabei Rechenanlagen, die auf digitaler und analoger Basis arbeiten.

Am Analogrechner werden die physikalischen Gesetze der Rohrströmung durch ein elektrisches Netzmodell nachempfunden. Dies ist jedoch aufgrund des hierzu erforderlichen Aufwandes für die Erstellung der Netzschaltung nur für kleine oder stark vereinfachte Netze möglich. Das analoge Netzmodell wird nach Durchführung der gewünschten Netzvarianten wieder abgebaut. Das hat den Nachteil, daß bei späteren Planungsrechnungen, die durch Änderung oder Erweiterung der Netze erforderlich werden, das gesamte Netzmodell wieder aufgebaut werden muß.

Durchgesetzt haben sich digitale Rechenprogramme, bei denen die Netzdaten, wie Rohrlängen, Nennweiten, Speise- und Verbrauchsmengen vorzugeben sind. Diese Netzdaten werden gespeichert, so daß bei Wiederholungsrechnungen nur die jeweiligen Netzänderungen einzugeben sind. Auf diese Weise ist es verhältnismäßig einfach, Netzerweiterungen oder Umstellungen zu erfassen und für die Dimensionierung jeweils exakte Berechnungen durchzuführen.

Gerade bei Entscheidungen, ob ein neuer Großabnehmer noch an ein bestehendes Netz angeschlossen werden kann, ohne zusätzliche Netzinvestitionen in Kauf nehmen zu müssen, ist eine schnelle Prüfungsmöglichkeit der Netzverhältnisse äußerst vorteilhaft. Es existieren Berechnungsprogramme sowohl für inkompressible Medien (Wasser) als auch für kompressible Medien (Dampf).

Handelt es sich um die Dimensionierung neuer Netze oder Netzteile, können Dimensionierungsprogramme eingesetzt werden, die unter gegebenen Randbedingungen die wirtschaftlich günstigsten Versorgungsmöglichkeiten ermitteln.

Für eine Dimensionierung ist vorausgesetzt, daß die örtliche Lage der Abnehmer und deren voraussichtliche Verbrauchwerte bekannt sind. Außerdem müssen weitere Randbedingungen, wie Mindestdruck am Netzende, zur Verfügung stehendes Druckgefälle, Gleichzeitigkeitsfaktor, spezifische Verlegungskosten in Abhängigkeit von der zu verlegenden Nennweite, mögliche Trassenführungen, spezifische Pumpstromkosten, Erschwernisfaktoren, Kapitalverzinsungsfaktoren usw. vorgegeben werden.

Diese spezifischen Werte lassen sich auch als Parameter einführen. Man erhält dann eine Vielzahl möglicher Varianten, aus denen eine oder mehrere wirtschaftlich günstige Möglichkeiten herausgesucht werden können.

Die Frage nach der wirtschaftlich günstigsten Rohrleitungsdimension wurde in der Praxis oft nicht mit der erforderlichen Sorgfalt behandelt. Es wurden dann große Summen am falschen Punkt des Netzes investiert. Das Dimensionierungsprogramm bietet dem Ingenieur daher eine wertvolle Hilfe, diese Fehler zu vermeiden.

5.7.2. Auswertung vorhandener Unterlagen

Grundlage für die Berechnung ist ein schematisierter Rechennetzplan, der das gesamte Versorgungsgebiet mit Ausnahme unwesentlicher Stichleitungen bzw. Hausanschlußleitungen wiedergibt. In diesem Netzplan sind sogenannte Knoten und Stränge dargestellt. Knoten sind entweder Rohrverzweigungen, Rohrreduzierungen, Strangendpunkte oder Verbrauchsschwerpunkte. Jeder Knoten trägt einen Knotennamen, der entweder aus Ziffern- oder Buchstabenkombinationen bestehen kann. Im allgemeinen verwendet man ein Rastersystem, das über den Rohrnetzplan gelegt wird, wobei sich der Knotenname aus den Koordinaten in x- und y-Richtung ergibt. Das hat den Vorteil, daß jeder Knoten sehr leicht gefunden werden kann. Später können dann noch Zwischenknoten eingeführt werden. werden.

Je nach Zweckmäßigkeit werden auch vorhandene Schachtbezeichnungen oder Abnehmernummern als Knotennamen verwendet. Das erleichtert dem Betriebsmann den Umgang mit den Rechennetzplänen.

Die im Netzplan dargestellten Verbindungen zwischen den Knoten sind die Stränge. Je nach Nennweite werden die Stränge verschieden stark gezeichnet. Rein optisch vermittelt deshalb ein Rechennetzplan schon einen Eindruck von den Hauptadern des Netzes.

Einspeisepunkte, also Heizwerke, Heizkraftwerke oder Spitzenkessel sowie Druckerhöhungsstationen, werden besonders gekennzeichnet. Sofern Netzmaschen durch Schieber getrennt sind, wird dies durch das Symbol eines Schiebers dargestellt.

Der schematische Rechennetzplan ist die Grundlage für die Dateneingabe in die Rechenlage und dient gleichzeitig zur übersichtlichen Darstellung der Ergebnisse.

5.7.3. Erarbeitung einer „Verbrauchsaufteilung"

Unter dem Begriff „Verbrauchsaufteilung" soll die Zuordnung der von den einzelnen Wärmeab-nehmern benötigten Wärmemengen pro Zeiteinheit auf die für die Berechnung festgelegten Knoten-punkte verstanden werden.

Grundlage für die Durchführung der Verbrauchsaufteilung sind entweder

Abnehmeranschlußwerte,

installierte Wärmeleistungen,

eingestellte Höchst-Wassermengen,

gemessene Kondensatmengen

oder der tatsächliche Wärmeverbrauch im Ablesezeitraum.

Über die Abnehmeranschriften lassen sich die Anschlußwerte oder die stündlichen Wärmebedarfs-werte den Knoten zuordnen. Im allgemeinen werden mehrere örtlich nahe beieinanderliegende Ab-nehmer auf einem Knoten zusammengefaßt. Es ist also nicht erforderlich, für jeden Abnehmer einen eigenen Knoten festzulegen. Die Ungenauigkeit, die man hierdurch begeht, hat auf die Aussagekraft des Ergebnisses so gut wie keinen Einfluß. Großabnehmer oder Abnehmer mit einer von den übrigen Abnehmern abweichenden Verbrauchscharakteristik erhalten eigene Knoten.

Um eine Heißwassernetzberechnung durchführen zu können, muß der stündlich umzuwälzende Was-serstrom bekannt sein oder vorgegeben werden.

Diese läßt sich nach der Formel

$$\dot m = f \, \frac{\dot Q}{c \cdot \Delta T}$$

errechnet. Hierbei stellt ΔT die Temperaturpreizung zwischen Vor- und Rücklauf, c die spezifische Wärme des Heizwassers, f den Netzgleichzeitigkeitsfaktor und Q die Summe aller Anschlußwerte dar.

Nach dieser Formel ordnet der Computer während der Berechnung jedem Knoten den dem Wärme-anschlußwert entsprechenden Wasserstrom zu. Hieraus ergibt sich eine geforderte Wasserverteilung im Netz, die die Grundlage für die Druckverlustberechnung ist. Die gleichen Überlegungen gelten für die Dampfnetzberechnung analog, nur wird hierbei noch die Expansion des Dampfes berück-sichtigt.

5.7.4. Druckmessungen im bestehenden Versorgungsnetz

Um einen Anhaltswert über die mittlere Rohrrauhigkeit k des Netzes zu bekommen, empfielt es sich, vor jeder Netzuntersuchung Vergleichsdruckmessungen durchzuführen. Diese Messungen sind zwar kostspielig, da meist Meßstellen im Netz nicht vorhanden sind und erst eingerichtet werden müssen. Außerdem besitzen die Netzbetriebe oft keine Geräte oder nicht in entsprechender Anzahl. Eine Messung sollte sich über einen Zeitabschnitt von etwa einem Tag oder zumindest über den Zeit-raum der Spitzenbelastung erstrecken. Zur Druckmessung sollen geeichte schreibende Druckmeßgeräte verwendet werden. Über die Anzahl der Meßstellen im Netz in Abhängigkeit von der Anzahl der verwendeten Knoten sowie über die zulässigen Fehlertoleranzen gibt das DVGW-Merkblatt 303 Auskunft.

Die Rohrrauhigkeit kann von Netz zu Netz verschieden sein, je nach Alter der Rohrleitung und Art des Mediums, das transportiert wird. Oft geben schon die bei Reparaturarbeiten zutage geförderten Rohrteile Anhaltswerte über den Zustand des Rohrnetzes. Üblicherweise liegt die mittlere Rohrrauhigkeit in Fernwärmeverteilungsnetzen bei 0,03 bis 0,15 mm.

Gleichzeitig mit den Druckmessungen müssen Mengenmessungen an den Speisepunkten durchgeführt werden, um exakte Daten für den Meßvergleich zu erhalten.

Aufgrund von Druckmessungen und Vergleichsrechnungen können die tatsächlichen Netzverhältnisse durch Variation der k-Werte festgestellt werden. Die so ermittelte Grunddurchrechnung ist die Basis für jede weitere Planungsrechnung.

Eine besondere Art zur Durchführung von Druckmessungen bietet das patentierte „Kottmann-Verfahren". Der Grundgedanke des Verfahrens besteht darin, in Schwachlastzeiten in einem bestehenden Rohrleitungsnetz künstliche Entnahmen in genau definierter Höhe zu schaffen und nach Erreichen des Beharrungszustandes Druckmessungen an ausgewählten Punkten des Netzes zu machen. Unter künstlichen Entnahmen sind Kurzschlüsse zwischen Vor- und Rücklauf zu verstehen, deren Überströmmengen exakt gemessen werden. Man erreicht hierdurch eine hohe Wasserumwälzmenge im Netz und entsprechend hohe Druckverluste, so daß die bei Schwachlast nicht zu vermeidenden hohen Meßfehler nur noch von untergeordneter Bedeutung sind. Durch Variation der Entnahmepunkte und der entnommenen Mengen läßt sich das Druckverhalten des Netzes genau feststellen, wobei man die Gewißheit hat, daß sich nur die wirklichen Rauhigkeits-, Durchmesser- und Strömungsverhältnisse im Netz auswirken, und daß es sich nicht um eine künstlich herbeigeführte Kongruenz von Meß- und Rechenwerten handelt.

5.7.5. Erstellung der Eingabedaten

Sämtliche Daten der vorhandenen Stränge und Knoten werden etwa auf Lochkarten übertragen und als Datensatz in die Maschine eingegeben.

Knotendaten

Für jeden im Netzplan vorhandenen Knoten werden folgende Daten erstellt: Knotennummer, Summe der Anschlußwerte aller auf diesem Knoten zusammengefaßten Verbraucher oder Erzeuger, die geodatische Höhe des Punktes.

Die Ermittlung der geodätischen Höhe des Knotenpunktes ist erforderlich, um den dort tatsächlich herrschenden Netzdruck errechnen zu können. Die geodätischen Höhen lassen sich aus Revisionsplänen oder näherungsweise auch aus Höhenlinienplänen oder Straßenhöhenplänen entnehmen. Bei weitgehend ebenen Netzen oder bei Dampfnetzen kann auf die Ermittlung der Höhenkoten verzichtet werden. Jedoch empfiehlt sich dann, die Netzverhältnisse bei den Endabnehmern jedes Stranges genauer zu erfassen.

Strangdaten

Jeder Strang enthält Anfangs- und Endknotennummern, Länge und Innendurchmesser des jeweiligen Stranges sowie Angaben über die Rohrrauhigkeit und Einzelverluste des Stranges.

Die Länge eines Stranges kann dem Netzkataster entnommen oder daraus errechnet werden oder – wenn ein Kataster nicht vorhanden ist – aus Rohrnetzrevisions- oder Detailplänen herausgemessen werden. In diesem Zusammenhang wird auf die Wichtigkeit der exakten Einmessung der Rohrleitungen bei der Montage hingewiesen. Auf die Vorteile eines Netzkatasters, in dem sämtliche Daten der

einzelnen Teilstränge einschließlich Angaben über eingebaute Armaturen, Kompensatoren, Formstücke, Alter der Leitung und Schadenhäufigkeit erfaßt sind, wird aufmerksam gemacht. Auf jeden
Fall sollte größte Sorgfalt darauf verwandt werden, die tatsächlichen Innendurchmesser zu ermitteln,
da bei der Druckverlustberechnung der Innendurchmesser mit der fünften Potenz in das Ergebnis
eingeht.

Parameter- und Steuerkarten

Neben Knoten- und Strangkarten werden Parameter- und Titelkarten eingegeben. Die Parameter-
karte enthält die für das Medium charakteristischen Angaben (spezifisches Gewicht, dynamische
Zähigkeit) sowie Werte für die mittlere vorzugebende Rohrrauhigkeit des Netzes, Bezugshöhe,
Grenzwerte für die geforderte Rechengenauigkeit und einige weitere Daten für rechnerinterne
Anweisungen.

5.7.6. Berechnung

Grundlagen des Berechnungsprogramms sind die physikalischen Formeln für Rohrströmungen. Sobald in einem Rohr ein Medium strömt, entsteht durch die Rohrreibung ein Druckverlust, der sich für
gerade Rohre mit kreisförmigem Querschnitt durch die Beziehung

$$\Delta p = \lambda \cdot \frac{l \cdot \varrho}{d \; 2} \cdot w^2$$

darstellen läßt.
Führt man in diese Formel noch die Kontinuitätsgleichung

$$w = \frac{\dot{Q}}{A} = \frac{4\,\dot{Q}}{\pi \, d^2}$$

ein, läßt sich der Druckverlust durch die Formel

$$\Delta p = \frac{8}{\pi^2} \cdot \lambda \cdot \frac{l}{d^5} \cdot \varrho \cdot \dot{Q}^2$$

oder $\Delta p = K \cdot \dot{Q}^2$ darstellen, wobei man K als den Strömungswiderstand bezeichnet.
Die in der Formel auftretende Widerstandszahl λ ist beim glatten Rohr nur von der Reynoldschen
Zahl Re abhängig. Für die Berechnung der Widerstandszahl gibt es verschiedene Formeln. Die
theoretisch am besten begründete Formel stammt von Colebrook und White:

$$\frac{1}{\sqrt{\lambda}} = -2 \log\left[\frac{2{,}51}{Re\sqrt{\lambda}} + \frac{k}{3{,}72\,d}\right]$$

Hierbei stellt k die Rohrrauhigkeit dar.

Wie sich aus der Formel entnehmen läßt, kann die Widerstandszahl nur iterativ, d.h. durch Probieren
und wiederholtes Verfeinern, ermittelt werden, so daß diese Arbeit bei größeren Netzen manuell in
vertretbarem Aufwand nicht mehr durchgeführt werden kann.[1]

---

[1] Die Druckabfallberechnung ist im Kapitel IV ausführlich beschrieben.

Um ein vermaschtes Netz berechnen zu können, müssen verschiedene Bedingungen erfüllt sein:

Die Knotenbedingung sagt aus, daß die Summe der einem Knoten zufließende Strom gleich der vom Knoten abfließenden Ströme sein muß. Diese Bedingung gilt auch für das gesamte Netz, denn die Einspeiseströme müssen gleich der Summe aller Entnahmeströme sein.
Die Maschenbedingung besagt, daß die Summe der Druckunterschiede beim Durchlaufen einer Masche in einer Richtung Null ist.

Aufgrund dieser beiden Bedingungen läßt sich eine Berechnung durchführen. Dabei liefern die Knotenbedingungen lineare Gleichungen und die Maschenbedingungen ein nicht lineares Gleichungssystem. Zur Lösung der Gleichungssysteme wird ein nach Hardy-Cross benanntes Iterationsverfahren verwendet, wobei die Lösungsmethode auf dem Newtonschen Näherungsverfahren beruht.
Die Druck- und Stromverhältnisse in einer Masche werden durch mehrere Iterationsschritte berechnet, wobei die Genauigkeit der Ergebnisse von Schritt zu Schritt verfeinert wird.

Zur übersichtlichen Darstellung der Netzverhältnisse können Druckdiagramme oder Isobarenpläne angefertigt werden, so daß Netzteile mit hohem Druckverlust zu erkennen sind. Außerdem kann leicht festgestellt werden, welche Leitungen des Netzes noch Leistungsreserven besitzen.

Neben der Berechnung der derzeitigen Belastungsverhältnisse im Netz können Planungsrechnungen für die Zukunft durchgeführt werden, aus denen die erforderlichen Baumaßnahmen und die damit verbundenen Investitionskosten ermittelt werden können. Mit Hilfe der elektronischen Berechnung werden dem planenden Ingenieur wichtige Ausgangsdaten an die Hand gegeben, aufgrund deren er schnelle Entscheidungen treffen kann. Zum Beispiel bei Ausfall einer Pumpstation oder bei Unterbrechung einer Hauptversorgungsleitung muß schnell entschieden werden können, auf welche Weise eine ausreichende Versorgung oder eine Notversorgung aufrecht erhalten werden kann.
Bei mehreren möglichen Betriebsweisen kann durch die Untersuchung die wirtschaftlich günstigste herausgefunden werden.

6. Seeverlegte Leitungen für Öl und Gas

H. ENGELMANN

6.1. Allgemeines

Die Nutzbarmachung von Öl und Gas aus meeresbedeckten Gebieten prägte eine neue industrielle Entwicklung: Offshoretechnik. Unter diesem Begriff sammeln sich alle Aktivitäten von der Aufsuchung über die Gewinnung bis zum Transport. Der Übergang von der landgebundenen Technik (Onshoretechnik) zur Offshoretechnik ist nahezu stetig erfolgt. So setzte man bereits 1897 in Summerland, Kalifornien, einen Bohrturm auf eine hölzerne Stichbrücke, die 90 m ins Meer hineinragte. Die erste Offshore-Bohrung im heutigen Sinne wurde am 14. Nov. 1947 im Ship Shoal Field vor der Küste Louisianas fündig. Die Bohrung wurde von einer stählernen Plattform im offenen Meer in rund 10 m Wassertiefe niedergebracht.

Die klassischen Offshoregebiete sind der Golf von Mexico, der Maracaibo See, das Schwarze Meer, das Rote Meer, der persisch-arabische Golf und die Küste von Kalifornien. Neu hinzugekommen sind die

Tafel 6/I: Rohöl-Produktion (in t/Tag) der 10 wichtigsten Offshore-Produzenten

Land	1979 (t/d)	1978 (t/d)	1977 (t/d)
Saudi Arabien	449 652	416 802	416 802
Großbritannien	249 852	170 130	120 840
Vereinigte Staaten	169 494	178 636	196 810
Venezuela	166 954	172 276	198 718
Abu Dhabi	94 896	93 915	99 693
Nigeria	86 419	61 115	85 287
Ägypten	68 370	62 964	63 441
Mexico	68 370	6 392	7 694
Norwegen	64 767	56 677	44 475
Australien	63 759	65 945	68 457
Übrige	528 331	540 585	516 223
Gesamt Offshore	2 010 864	1 825 437	1 818 440
Gesamt Welt	9 980 112	2 593 583	899 415
% Offshore	20,15	19,02	20,2

griechische Ägäis, die Nordsee, die Küsten von Australien, Alaska, Brasilien, Nigeria, der indonesisch-malayische Raum und das Seegebiet um Bombay. Der Anteil der Offshore-Förderung an der Gesamtförderung von Öl und Gas ist weltweit ständig gestiegen. Im Jahr 1979 wurden beim Erdöl von den fast 10 Mio. t Tagesförderung über 20 % offshore gefördert. Bei Erdgas beträgt der Offshore-Anteil im Mittel 17 %. Die Tafeln 6/I und 6/II vermitteln die Förderzahlen der jeweils 10 wichtigsten Förderländer für Öl und Gas. Die USA haben mit über 50 % den größten Anteil an der Gasförderung, vornehmlich aus dem Golf von Mexico. Großbritannien und Norwegen erhöhten ihre Produktion durch die Inbetriebnahme neuer Felder in der Nordsee. Die Gesamttendenz ist weltweit weiterhin steigend.

Die Entwicklung in der Nordsee begann mit der erfolgreichen seismischen Erkundung der südlichen Nordsee Ende der 50er, Anfang der 60er Jahre. Es folgte die Entdeckung der südenglischen Gasfelder West Sole (1965), Leman Bank (1966), Indefatigable (1966), Hewett (1966) und Viking (1968). Im Jahr 1980 machten die Vorräte der südenglischen Gasfelder über 70 % der nachgewiesenen Gasreserven des britischen Sektors der Nordsee aus. Tafel 6/III gibt einen Überblick über die wichtigsten Gasfelder und ihre charakteristischen Daten.

Tafel 6/II: Gas-Produktion (in 10^3 m^3/Tag) der 10 wichtigsten Offshore-Produzenten

Land	1979 (10^3 m³/d)	1978 (10^3 m³/d)	1977 (10^3 m³/d)
Vereinigte Staaten	366 125	395 742	277 470
Großbritannien	112 676	111 103	109 804
Norwegen	63 754	38 912	7 613
UdSSR	32 856	30 111	28 187
Niederlande	30 064	14 999	14 999
Brunei	29 149	27 960	—
Abu Dhabi	17 744	17 800	17 405
Australien	14 263	23 970	18 423
Nigeria	14 150	6 226	6 169
Indonesien	12 431	15 876	17 600
Übrige	33 203	54 568	19 790
Gesamt Offshore	726 415	737 267	517 460
Gesamt Welt	4 432 167	4 169 714	4 177 780
% Offshore	16,39	17,68	12,39

Tafel 6/III: Die wichtigsten Gasfelder der Nordsee (Stand: 1980)

Feld	Block	Zeitpunkt der Entdeckung	Reserven in Mrd. m³	Förder-beginn	Jahresförde-rung in Mrd. m³	Pipeline nach
West Sole (BP)	48/6	Oktober 1965	20—40	1967	2—3	Easington (GB)
Leman (Shell/Esso/Mobil)	49/26	April 1966	180—250	1968	15—20	Bacton (GB)
Hewett (Arpet/Phillips)	48/29	Oktober 1966	40—60	1969	7—9	Bacton (GB)
Indefatigable (BGC/Amoco/Shell/Esso)	49/18	Juni 1966	80—120	1972	6—8	Bacton (GB)
Viking (Conoco/BNOC)	49/12	Mai 1968	60—100	1971	5—8	Theddlethorpe (GB)
Rough (Amoco)	47/8	Mai 1968	20—30	1976	1—2	Easington (GB)
Frigg (Total) s. Norwegen	10/1	Mai 1972	90—120	1977	6—8	St. Fergus (GB)
Brent (Shell/Esso)	211/29	August 1972	80—120	1981	6—7	St. Fergus (GB)
Gesamter britischer Sektor der Nordsee			650—1000		1979: 39 1980: 41 1985: 40—50	
Cod (Phillips)	7/11	Juni 1968	3—6	1977		
Ekofisk (Phillips)	2/4	Dezember 1969	90—110	1977		
Tor (Phillips/Amoco)	2/4	November 1970	10—20	1978		
West-Ekofisk (Phillips)	2/4	Dezember 1970	10—20	1977	15—20	Emden (D)
Eldfisk (Phillips)	2/7	Dezember 1970	40—60	1979		
Edda (Phillips)	2/7	August 1972	5—10	1979		
Albuskjell (Phillips/Shell)	1/6	Oktober 1972	25—40	1979		
Frigg (Petronord) s. GB	25/1	September 1971	100—120	1977	12—16	St. Fergus (GB)
Heimdal (Pan Ocean Syrakuse)	25/4	September 1972	30—50	(?)	2—4	
Stattfjord (Mobil)	33/9	August 1974	40—70	1984		
Odin (Esso)	30/10	April 1975	20—40	1983/84	1—2	St. Fergus (GB)
Valhall (Amoco)	2/8	Juni 1975	20—30	1981	1—2	Emden (D)
Ula (BP)	7/12	Juli 1976	2—5	1983/84	0—1	
31/2 (Shell)	31/2	September 1979	500—1500	(?)	(?)	
Gesamter norwegischer Sektor der Nordsee			1000—2300		1979: 21 1980: 26 1985: 25—35	
Placid	L/10—L/11	Februar 1970	50—140	1975	7	Uithuizen (NL)
NAM	K/14	1970	20—40	1976	1	Callantsoog (NL)
Noordwinning	K/13	1972	60—120	1976	6	Callantsoog (NL)
Petroland	L/7	1973	20—50	1977	2	Uithuizen (NL)
Petroland	K/6	1973	20—40	1977	1	Uithuizen (NL)
NAM	K/8—K/11	1973	20—40	1978	2	Callantsoog (NL)
NAM	K/15	1973	30—50	1979	2	Callantsoog (NL)
Gesamter niederländischer Sektor der Nordsee			270—540		1979: 13 1980: 11 1985: 12—17	
Gesamter dänischer Sektor der Nordsee			70—120		1979: — 1980: — 1985: 2—3	Jütland (DK)
Gesamter deutscher Sektor der Nordsee			10—40		1979: — 1980: — 1985: (?)	
Nordsee insgesamt			2000—4000		1979: 73 1980: 78 1985: 79—105	

Tafel 6/IV: Die wichtigsten Ölfelder der Nordsee (Stand: 1980)

Feld	Block	Zeitpunkt der Entdeckung	Reserven in Mio. t	Förder- beginn	Jahresförderung in Mio. t
Montrose (Amoco)	22/18	Dezember 1969	5— 20	Juli 1976	2— 3
Josephine (Phillips)	30/13	September 1970	15— 40	(?)	1— 2
Forties (BP)	21/10	Oktober 1970	160— 190	November 1975	25—28
Auk (Shell/Esso)	30/16	Februar 1971	2— 7	Januar 1976	2— 3
Argyll (Hamilton)	30/24	November 1971	2— 3	Juni 1975	1— 2
Brent (Shell/Esso)	211/29	August 1972	250— 300	November 1976	25—30
Thistle (BNOC)	211/18	September 1972	60— 80	April 1978	8—10
Beryl (Mobil)	8/13	September 1972	40— 60	Juni 1976	3— 5
Piper (Occidental)	15/17	Januar 1973	40— 70	Dezember 1976	12—16
Maureen (Phillips)	16/29	Februar 1973	20— 30	1982/83	1— 3
Dunlin (Shell/Esso)	211/23	Juni 1973	50— 60	August 1978	5— 7
Hutton (Conoco)	211/28	September 1973	30— 40	1984	6—10
Alwyn (Total)	3/14	Oktober 1973	10— 20	1984	4— 5
Heather (Unocal)	2/ 5	November 1973	10— 30	Oktober 1978	1— 2
Ninian (Chevron)	3/ 8	Januar 1974	130— 160	Dezember 1978	15—20
Claymore (Occidental)	14/19	Mai 1974	50— 60	November 1977	4— 6
Buchan (BP)	21/ 1	Juni 1974	7— 15	1980	2— 3
Magnus (BP)	211/12	Juli 1974	60— 80	1983	5— 7
Andrew (BP)	16/18	Juli 1974	20— 30	1984/85	2— 3
Statfjord (Conoco) s. Norwegen	211/24	August 1974	50— 70	November 1979	2— 5
North Cormorant (Shell/Esso)	211/26	August 1974	50— 70	1983	8—10
South Cormorant (Shell/Esso)	211/26	August 1972	15— 20	Dezember 1979	2— 4
Tartan (Texaco)	15/16	Oktober 1974	30— 50	1980	4— 5
Bruce (Hamilton)	9/ 8	Februar 1975	20— 30	1985/86	2— 3
Crawford (Hamilton)	9/28	Februar 1975	40— 80	(?)	2— 5
Brae (Marathon)	16/ 7	April 1975	50— 100	1983	3—20
Tern (Shell/Esso)	210/25	April 1975	20— 30	1985	4— 6
Northwest Hutton (Amoco)	211/27	April 1975	30— 50	1982	4— 6
Murchison (Conoco) s. Norwegen	211/19	November 1975	40— 50	Oktober 1980	4— 8
Fulmar (Shell/Esso)	30/16	November 1975	70— 80	1982	8—10
Tiffany/Thelma/Toni (Phillips)	16/17	Juli 1976	60— 100	1984	4— 8
Beatrice (BNOC)	11/30	September 1976	20— 40	1981	2— 6
Eider (Shell/Esso)	211/16	September 1976	10— 20	1987	(?)
Clyde (BNOC)	30/17	Juni 1978	20— 50	1985	(?)
Gesamter britischer Sektor der Nordsee			1650—2300		1979: 77 1980: 83 1985: 95—135
Cod (Phillips)	7/11	Juni 1968	2— 5	Dezember 1977	
Ekofisk (Phillips)	2/ 4	Dezember 1969	100— 150	Juli 1971	
Tor (Phillips/Amoco)	2/ 4	November 1970	10— 30	Juni 1978	
West-Ekofisk (Phillips)	2/ 4	Dezember 1970	10— 20	Mai 1977	
Eldfisk (Phillips)	2/ 7	Dezember 1970	40— 80	August 1979	25—27
Edda (Phillips)	2/ 7	August 1972	5— 20	Mai 1979	
Albuskjell (Phillips/Shell)	1/ 6	Oktober 1972	10— 20	Mai 1979	
Bream (Phillips)	17/12	Juni 1972	(?)	(?)	(?)
Brisling (Phillips)	17/12	Oktober 1973	(?)	(?)	(?)
Flyndre (Petronord)	1/ 5	April 1974	(?)	(?)	(?)
Statfjord (Statoil/Mobil) s. GB	33/ 9	August 1974	280— 320	November 1979	15—30
Valhall (Amoco)	2/ 8	Juni 1975	30— 50	1981	3— 5
Murchison (Statoil/Mobil) s. GB	33/ 9	November 1975	5— 20	Oktober 1980	1— 2
Ula (BP)	7/12	Juli 1976	18— 20	1983/84	1— 3
Gesamter norwegischer Sektor der Nordsee			670— 840		1979: 19 1980: 27 1985: 30—40
Dan (DUC)	M	Mai 1971	10— 30	August 1972	1 —2
Gorm (DUC)	N	Juni 1971	20— 30	1981	2 —3
Skjold	R	März 1977	2— 5	1982	0,1—0,2
Gesamter dänischer Sektor der Nordsee			40— 80		1979: 0,4 1980: 0,3 1985: 3
F/18 (BP/Van Dyke)	F/18	Juni 1970	20— 40	(?)	(?)
Q/1 (Union)	Q/1	Februar 1979	5— 20	(?)	(?)
Gesamter niederländischer Sektor der Nordsee			40— 80		1979: — 1980: — 1985: 1
Nordsee insgesamt			2400—3300		1979: 96 1980: 110 1985: 129—179

Die südliche Gasprovinz erstreckt sich weiter nach Osten in den holländischen Sektor hinein. Hier setzte die Bohrtätigkeit etwas später ein, wie Tafel 6/III zeigt. In neuerer Zeit wird den schon länger bekannten, aber wenig ergiebigen marginalen Ölvorkommen des holländischen Sektors vermehrt Aufmerksamkeit gewidmet.

Im deutschen Sektor wurden verwertbare Kohlenwasserstoffe noch nicht in wirtschaftlichen Mengen angetroffen. Erst im Jahre 1979 stieß eine Bohrung im Watt der deutschen Emsmündung auf ein kleines Gasvorkommen. In der Elbmündung vor Friedrichskoog verspricht eine 1980 abgeteufte Bohrung Aussicht auf ein Ölvorkommen.

Im dänischen Nordseesektor wurde 1972 das Ölfeld Dan entwickelt und über Tankerverladung in Produktion genommen. Der Ausbau der Felder Gorm, Tyra, Roar und Skjold sowie die Fertigstellung einer Gas- und einer Ölleitung nach Dänemark soll bis 1984 abgeschlossen sein.

Im mittleren Teil der Nordsee brachte die Suche mit dem 1969 in 70 m Wassertiefe erbohrten Feld Ekofisk den bis dahin größten Erfolg. Mit allen im Laufe der folgenden 10 Jahre erschlossenen Satellitenfeldern (siehe Tafel 6/III und 6/IV) summieren sich die nachgewiesenen Reserven auf über 325 Mio. t Öl und 260 Mrd. m^3 Gas. Die Entwicklung des Komplexes erfolgte in 4 Phasen durch stetige Erweiterung der Anlagen und zügigen Anschluß der Satellitenfelder. 1976 wurde die Öl-Hauptleitung nach England, 1977 die Gas-Hauptleitung nach Emden in Betrieb genommen.

In der mittleren Nordsee mit Wassertiefen bis 100 m ist im britischen Sektor Forties das größte Feld mit Reserven von über 190 Mio. t Öl. Im einzelnen sei für die übrigen Felder auf die Tafeln 6/III und 6/IV verwiesen sowie auf Bild 601.

In der nördlichen Nordsee betragen die nachgewiesenen Gesamtreserven der im Jahr 1981 produzierenden Ölfelder Beryl, Ninian, Heather, Cormorant, Brent, Dunlin, Statfjord, Thistle, Murchison und Magnus etwa 1320 Mio. t, wobei die Felder Statfjord mit 390 Mio. t und Brent mit 300 Mio. t den größten Anteil haben. Zugleich befinden sich in diesem Bereich nachgewiesene Gasreserven in der Größenordnung von 500 Mrd. m^3, wobei das Feld Frigg als Gasfeld allein über 250 Mrd. m^3 verfügt, während sich der Rest auf das assoziierte Gas der Ölvorkommen stützt.

6.2. Transportalternativen

Der Tankertransport ist die klassische Transportart für offshore gewonnenes Öl. Der Tanker macht an einer verankerten schwimmenden Konstruktion fest, die sich in der Nähe der Produktionseinrichtung befindet und übernimmt das Öl mit Hilfe von Schläuchen oder Verladearmen. Diese Verladeanlagen sind stabile Einrichtungen, die zum einen dem Tanker auch im Sturm festen Halt bieten und zum anderen als Träger für die Übergabepumpen geeignet sind. Zusätzlich wird bei einigen Konstruktionen ein Speichervermögen gefordert, wenn die Produktionsplattform darüber nicht verfügt. Plattformen aus Stahl besitzen in der Regel keine größere Speicherkapazität, bei Betonplattformen ist das anders. Bei allen Verladeanlagen kann sich der Tanker frei so einschwingen, daß er Wind und Seegang die geringste Angriffsfläche bietet. Dennoch kommt es besonders im Winter, wenn das schlechte Wetter oft tagelang anhält, immer wieder zur Unterbrechung der Ölübernahme. Langfristig strebt man darum eine Lösung an, die einen kontinuierlichen Abtransport zuläßt. Das ist nur mit einer Pipeline möglich. Sie wird entweder direkt zum benachbarten Festland verlegt oder zu einer geschützten Bucht einer Insel. Das wirtschaftliche Optimum muß von Fall zu Fall ermittelt werden. Die Tendenz geht zu einer Verminderung des Tankereinsatzes bei Entfernungen unter 1000 km.

Der Tankertransport von Öl ist am Beginn einer Feldesentwicklung eine sehr willkommene Maßnahme zur Entlastung der Finanzierung. Es ist allgemein geübte Praxis, mit der Ölproduktion bereits zu be-

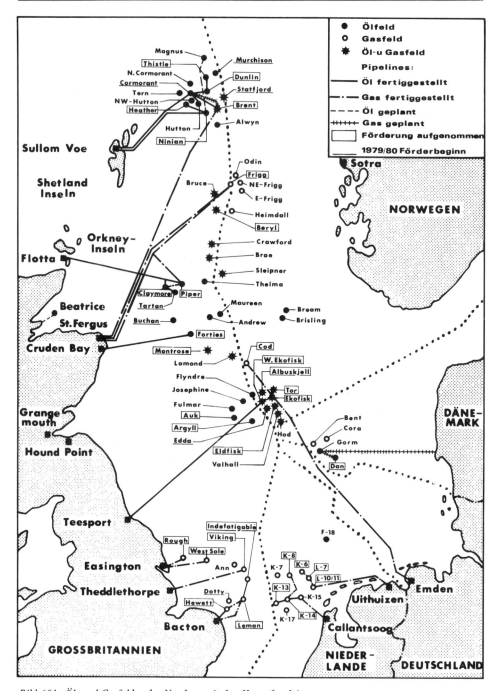

Bild 601: Öl- und Gasfelder der Nordsee mit den Hauptfernleitungen

ginnen, wenn eine ausreichende Anzahl Bohrungen von der Plattform aus niedergebracht wurde und die Anlagen zur Abtrennung des assoziierten Gases installiert sind.

Die Nutzung des assoziierten Gases ist weitaus schwieriger. Es sind vier Verfahren, das Gas dem Markt verfügbar zu machen, in der Anwendung oder in der Diskussion:
– Pipelinetransport
– Verflüssigung und LNG-Tankertransport (LNG = Liquefied Natural Gas)
– Verstromung in Offshore-Kraftwerken und Transport über Unterwasserkabel
– Umwandlung in Methanol und Tankertransport

Verwirklicht sind der Pipeline-Transport und der LNG-Transport. Für die Offshore-Verstromung wird gegenwärtig in der Nordsee das Forschungsprojekt EPOS durchgeführt. Die Methanoltechnik ist noch nicht über die Studienphase hinausgekommen, nicht zuletzt wegen des zu kleinen Methanolmarktes. In Bild 602 sind rein qualitativ und modellhaft spezifische Kosten für verschiedene Pipeline- und LNG-Transportmöglichkeiten aufgetragen. Als fiktive Bezugsgröße dient eine Pipeline, die Gas von einer in Küstennähe liegenden Kopfstation über Land zu einer in Küstennähe liegenden Empfangs- station transportiert. Würde man stattdessen in der Kopfstation eine LNG-Verflüssigungsanlage und in der Empfangsstation eine Wiederverdampfungsanlage errichten sowie den Transport mittels LNG- Tankern durchführen, so wäre dies erst bei einer Entfernung von mehr als 2 800 km günstiger als die fiktive Landpipelinelösung. Für den Fall, daß der Transport mit einer seeverlegten Leitung in Wasser- tiefen bis 200 m möglich ist, reduziert sich die Wirtschaftlichkeitsgrenze auf knapp 1 000 km. Käme eine Tiefstwasserleitung (600 m) in Frage, so läge die Grenze bei ca. 500 km. Überträgt man diese Er- gebnisse auf eine LNG-Offshore-Kopfstation, so schlagen hier im wesentlichen die höheren Investi-

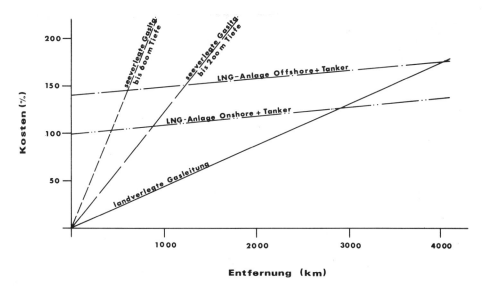

Bild 602: Kostenvergleich des Pipeline- und LNG-Tanker-Transports

tionskosten der Offshore-Verflüssigungs- und Verladeanlagen zu Buch. Die Wirtschaftlichkeitsgrenzen zu den konkurrierenden seeverlegten Leitungen verschieben sich auf Entfernungen von 1 300 km bzw. 700 km. Die Modellrechnung zeigt also, daß der Vorteil der LNG-Kette aus technischer Sicht hauptsächlich beim Gastransport über große Entfernungen liegt.

6.3. Öl- und Gasleitungen in der Nordsee

Die erste kommerzielle Offshore-Gasleitung der Nordsee wurde 1966 verlegt und 1967 in Betrieb genommen. Sie verbindet das Gasfeld West Sole mit der Anlandestation Easington in Südengland. Für den Bau dieser Leitung wurden Rohrverleger und Mannschaften aus dem Golf von Mexico gechartert, es wurde auch weitgehend die im Golf von Mexico benutzte Verlegetechnik verwendet.

Es zeigte sich sehr schnell, daß es mit der einfachen Übernahme von an anderer Stelle gemachten Erfahrungen nicht getan war. Die Technologie bedurfte der Verfeinerung.

Nach den ersten Erfahrungen mit der West Sole-Easington-Leitung wurden die übrigen südenglischen Gasfelder an das englische Gasnetz angeschlossen, zuletzt die Leitung Rough-Easington im Jahr 1975. Tafel 6/V enthält die technischen Daten aller größeren Leitungen.

Das erste größere Leitungsprojekt im tieferen Wasser war die Verbindung des Ekofisk-Komplexes mit Teesside/England. Diese 1973 begonnene Ölleitung wurde 1974 vollendet. Zur gleichen Zeit wurde die Ölleitung von Forties nach Cruden Bay/Schottland gebaut. Schlechtes Wetter erzwang selbst im Sommer, der normalen Verlegezeit, lange Unterbrechnungen, wobei sich weniger die Verlegung als

Tafel 6/V: Daten der Gas- und Ölleitungen in der Nordsee (Stand: 1980)

Leitung	angeschlossene Felder	Länge (km)	Durchmesser (mm) (Zoll)	Produkt	größte Wassertiefe (m)
Rough—Easington	Rough	29	406 (16)	Gas	36
West Sole—Easington	West Sole	71	406 (16)	Gas	30
Viking—Theddlethorpe	N. Viking, S. Viking	138	711 (28)	Gas	25
Indefatigable—Bacton	Indefatigable	100	762 (30)	Gas	30
Hewett—Bacton	Hewett	32	762 (30)	Gas	36
Leman Bank—Bacton (3 Leitungen)	Leman Bank	56	762 (30)	Gas	33
L 10 (Placid)-Uithuisen	L10/11, L7, L4/6	170	914 (36)	Gas	30
K 13 (Noordwinning)— Callantsoog	K13, K14, K15 K8, K11	120	914 (36)	Gas	30
Ekofisk—Teesside	Cod, Albuskjell, West Ekofisk, Ekofisk, Tor	352	864 (34)	Öl	94
Ekofisk—Emden	Edda, Eldfisk	439	914 (36)	Gas	78
Brent— Sullom Voe/ Shetlands	Brent, Cormorant Dunlin, Thistle Murchison (Hutton)	148	914 (36)	Öl	165
Ninian—Grut Wick/Shetlands	Ninian, Heather (Magnus, Alwyn)	165	914 (36)	Öl	160
Brent—St. Fergus/ Schottland	Brent, Dunlin, Cormorant, Heather	448	914 (36)	Gas	165
Frigg—St. Fergus/ Schottland (Doppelleitung)	Frigg, Tartan, Piper	360	813 (32)	Gas	165
Piper—Flotta/ Orkneys	Piper, Tartan, Claymore	203	762 (30)	Öl	143
Beatrice—Nigg Bay/Schottland	Beatrice	67	406 (16)	Öl	60
Forties—Cruden Bay/Schottland	Forties	184	813 (32)	Öl	129

vielmehr die Übernahme der Rohre vom Versorgungsschlepper als Schwachstelle erwies. Während die Ekofisk-Teesside-Leitung in ihrem Verlauf eine größte Wassertiefe von etwa 94 m antraf, lag die Forties-Leitung an einigen Stellen bis zu 129 m tief.

Die 1977 in Betrieb genommene Ekofisk-Emden-Gasleitung verfügt über eine Kopfstation und zwei Zwischenverdichterstationen. Bei einer Gesamtlänge von 440 km überbrückt jede Verdichterstation also knapp 150 km. Die Kopfstation in Ekofisk-Center ist mit 4 gasturbinengetriebenen Zentrifugalverdichtern von jeweils 24 000 kW ausgerüstet, während die beiden Zwischenverdichterstationen über jeweils 3 Verdichter des gleichen Typs verfügen. Der maximale Durchsatz von 56 Mio. m^3/d wird von jeweils 3 Verdichtern jeder Station bei einem Anfangsdruck von 136 bar und einer Eintrittstemperratur von 40 °C erzielt. Die Leitung besteht aus einem modifizierten Stahl API 5LX-X60. Im Bereich der Küste und in den Steigrohrsektionen der Plattformen beträgt die Wanddicke 25 mm, im übrigen 22,2 mm. Das Rohr ist außen geschützt mit einer 15 mm dicken Mastix-Schicht (Teer-Sand-Glasfaser-Mischung), einer stahlverstärkten Betonumhüllung von 5 cm Dicke und Korrosionsschutzanoden aus Zink von je 450 kg Masse, die in Abständen von jeweils 130 m so in die Leitung integriert sind, daß sie außen glatt mit der Betonummantelung abschließen. Innen ist eine dünne Schicht aus Epoxidharz aufgetragen, die durch die Schaffung einer glatten Oberfläche wesentlich zur Verringerung der Reibungsdruckverluste beiträgt.

Die Leitungen aus der nördlichen Nordsee führen nach Schottland, zu den Orkney- und den Shetlandinseln. Wie Tafel 6/V zeigt, durchqueren sie Wassertiefen bis zu 165 m. Die Gasleitung Brent-St. Fergus (FLAGS-Leitung) ist mit 448 km die längste Nordseeleitung. Sie transportiert bei einem Druck von 140 bar täglich 30 Mio. m^3 Gas und 16 000 m^3 LPG (Liquid Petroleum Gas) im Zweiphasenfluß (Auslegungsdaten).

Mit dem fortschreitenden Ausbau der Ölförderung in der mittleren und nördlichen Nordsee wurde die Frage der Verwendung des assoziierten Gases immer drängender. Allein im britischen Sektor wurden 1980 über 3,8 Mrd. m^3 Gas abgefackelt – brennwertgleich etwa 4 % der Ölförderung. Die Möglichkeiten der Reinjektion in die Lagerstätte sind weitgehend ausgeschöpft. Für die kommenden Jahre ist eine Verringerung der von den Regierungen Englands und Norwegens festgelegten Abfackelquoten schon beschlossene Sache. Anhand eingehender Studien wurde eine Leitung im englischen Sektor mit einem Anlandepunkt in St. Fergus/Schottland und eine Leitung im norwegischen Sektor mit Anlandung auf dem Kontinent untersucht. Ende 1981 wurde klar, daß das englische Konzept nicht verwirklicht werden würde. Das bis 1984 zu realisierende norwegische Konzept (siehe Bild 603) beginnt mit einer 30" (762 mm)-Leitung in Statfjord, wohin auch die zu erwartenden Mengen aus dem neu entdeckten Ölfeld im benachbarten Block 34/10 fließen werden, und führt durch den bis zu 300 m tiefen Norwegischen Graben über eine Entfernung von 309 km zum Anlandepunkt Karsto in Norwegen. Hier werden die NGL (Natural Gas Liquids)-Anteile entzogen. Das trockene Gas gelangt über eine 28" (711 mm)-Leitung von 196 km Länge in die Nordsee zurück und trifft auf einer Riser-Plattform auf die vom Feld Heimdal nach Ekofisk führende 36" (914 mm)-Leitung von insgesamt 354 km Länge. In Ekofisk wird in die vorhandene 36" (914 mm)-Leitung nach Emden eingespeist.

Die Ekofisk-Mengen gehen mit fortschreitender Erschöpfung der Lagerstätten zurück. Die neuen Mengen, die im Endausbau 15 Mrd. m^3/Jahr betragen sollen, werden mit steigenden Raten übernommen, so daß die vorhandene Kapazität der Leitung von 22 Mrd. m^3/Jahr über viele Jahre hinweg ausgenutzt werden kann. Ähnliche Überlegungen werden bereits für das neue System angestellt. Schon jetzt ist sicher, daß die nördliche Nordsee noch große Gasvorkommen aufweist, die nach ihrer Erschließung in die vorhandenen Leitungen eingespeist werden können. Damit ist bei den hohen Kosten für die Verlegung von Fernleitungen im tiefem Wasser eine deutlich spürbare Verbesserung der Wirtschaftlichkeit gegeben.

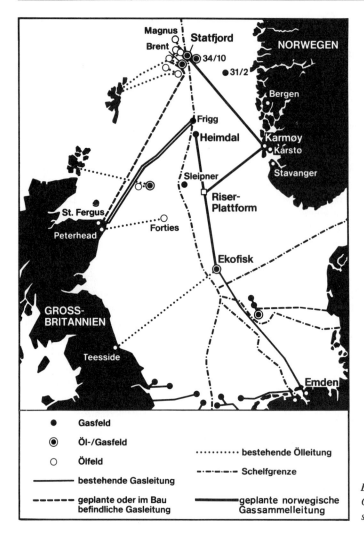

Bild 603:
Geplante norwegische Gas-
sammelleitung

6.4. Pipelines in sehr tiefem Wasser

Die Durchquerung der Straßen von Messina und Sizilien ergab sich im Zuge der Leitungsverlegung vom algerischen Hassi R'Mel Gasfeld nach Italien (siehe Bild 604). In umfangreichen Versuchen wurde vor allem folgenden Punkten besondere Aufmerksamkeit gewidmet:

— Verankerung des Verlegeschiffes
— Verhalten der Rohrzugeinrichtungen (Tensioner)
— Einsatz des Rohrverlegers Castoro VI
— Konstruktion von Unterwasserrohrstützen

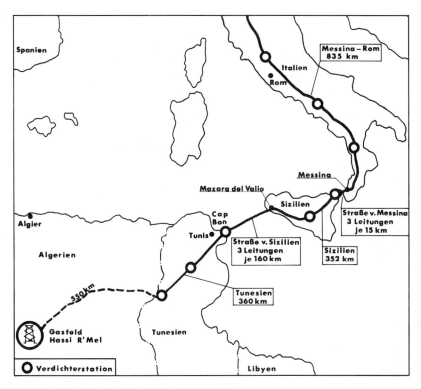

Bild 604: Verlauf der Algerien-Tunesien-Italien-Gasleitung

– Dauerschwingtests an Originalrohren bis zum Ermüdungsbruch
– Ablassen und Wiederaufnahme der Leitung
– Unterwasserschneideinrichtungen für Rohre
– Kriterien für das Auftreten von Beulungen und deren Vermeidung
– Reparaturmöglichkeiten ohne Tauchereinsatz

Die über einen Zeitraum von mehreren Jahren durchgeführten Untersuchungen brachten einige neue Erkenntnisse, als wichtigste wohl die, daß keine grundsätzlich neuen Verlegungsmethoden erforderlich waren, sondern die S-Methode (siehe 6.5.2.) auf dem vorhandenen Verleger Castoro VI anwendbar war. Zugleich zeigte sich die Unentbehrlichkeit elektronischer Hilfsmittel bei der Steuerung der Zugkräfte in den Ankerseilen.

Die Verlegung ist inzwischen abgeschlossen. Für die Rohre wurde ein Stahl API 5LX-X65 verwendet. Als unverzichtbar erwies sich die Anbringung von Beulstoppern, die eine fortlaufende Beulung mit ihren verheerenden Auswirkungen verhinderte. So kamen an den drei in geringem Abstand nebeneinander verlegten Leitungen mit 20" Durchmesser und 20,62 mm und 19,05 mm Wanddicke Beulstopper von 3 m Länge und 30 mm Wanddicke in Abständen von 400 m bis 480 m bei Wassertiefen von 300 bis 400 m zum Einsatz; bei Wassertiefen von mehr als 400 m wurde der Abstand der Beulstopper auf 120 m verringert. Korrosionsschutzanoden wurden alle 120 m installiert.

6.5. Verlegetechnik

6.5.1. Technische Planung

In Bild 605 ist der Ablauf der technischen Planung skizziert. Maßgeblich für den ersten Schritt sind die Eigenschaften des Transportguts – Öl oder Gas – und der geforderte Durchsatz. Zusammen mit den Stoff- und Betriebsdaten ergibt sich daraus der erste Entwurf der Rohrspezifikation, die im wesentlichen Durchmesser, Wanddicke und Werkstoffauswahl beinhaltet. Die Trassenerkundung erfordert auf See den Einsatz von Spezialschiffen für das Abfahren bathymetrischer Profile, zur Bodenprobenahme und zum Auffinden von Hindernissen wie Wracks oder Leitungen gleich welcher Art. Meteorologische, nautische und ozeanographische Daten runden das Bild ab und gestatten die Kartierung alternativer Trassen. Sehr schwierig gestaltet sich bisweilen die Abstimmung der Interessen von Fischerei und Seeverkehr sowie die Anwendung von unterschiedlichen nationalen Vorschriften und Normen. Die Logistik ist ein wichtiger Kostenfaktor; Landbasen, Anfahrtwege für Material und Treibstoffe fallen darunter. Von entscheidender Bedeutung ist die Auswahl des Verlegegeräts. Seine Leistungsfähigkeit bestimmt weitgehend die Obergrenze der Dimensionierung des Rohres. Als Beispiel sei erwähnt, daß die Nennkapazität der Ekofisk-Leitung an die Leistungsfähigkeit der damals verfügbaren Verlegeschiffe der 2. Generation angepaßt werden mußte. Die statische und dynamische Festigkeitsberechnung des Rohres wird hauptsächlich auf die beim Verlegen eintretenden Lastfälle ausgerichtet und mit Hilfe umfangreicher Computer-Programme durchgeführt. Stabilitätsfragen, wie die Dicke der Betonummantelung und Lebensdaueruntersuchungen, die Korrosionsschutzmaßnahmen beinhalten, fließen ein.

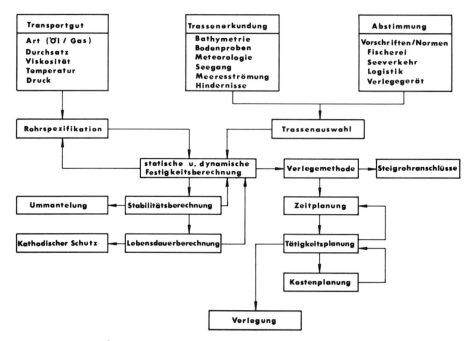

Bild 605: Technische Planung einer Seefernleitung

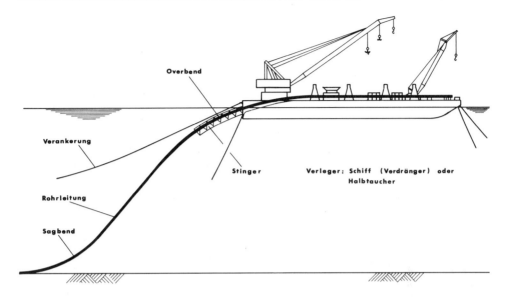

Bild 606: Schema der S-Verlegemethode

6.5.2. Lay-Barge-Methode

Mit dieser Methode werden die meisten Offshore-Fernleitungen verlegt. Die Rohre werden an Bord eines verankerten Verlegeschiffes (Lay-barge) einzeln oder als vorgefertigte Schüsse aneinander geschweißt und über eine Ablauframpe (Stinger) am Heck zu Wasser gelassen. Dabei verholt das Schiff jeweils um die Länge eines Schusses an seinen Ankerwinden nach vorn. Das Rohr schwingt sich in einem langgestreckten S-förmigen Bogen vom Verleger zum Meeresboden. Der obere Teil der Leitung, das Overbend, wird dabei vom Stinger in einem vorgeschriebenen Biegeradius geführt, der so bemessen ist, daß die zulässige Biegespannung in keinem Punkt überschritten wird. Der Biegeradius des unteren Teils, dem Sagbend, wird durch die der Wassertiefe angepaßte Zugkraft der Tensioner bestimmt, die das Rohr an Bord des Verlegers kraftschlüssig umfassen. Bild 606 verdeutlicht die Konfiguration von Rohr und Verleger. Bis zu einer Wassertiefe von etwa 600 m wird dies Verfahren mit einer hohen Zuverlässigkeit gehandhabt.

Für größere Wassertiefen gelangt man zum J-Verfahren, wie es Bild 607 verdeutlicht. Es vermeidet die Biegung im Overbend und kommt mit geringeren Tensionerkräften aus. Die Gesamtbelastung des Rohres ist niedriger. Damit bahnt sich eine zukunftsorientierte Technik an. Sie hat eine Neuorganisation der Arbeitsabläufe an Bord des Verlegers zur Folge. Während beim S-Verfahren das Verschweißen der einzelnen Rohrschüsse mit der Leitung auf einer horizontalen oder leicht geneigten Arbeitsrampe erfolgt, muß dies beim J-Verfahren in einer vertikalen oder stark schräg gestellten Rampe durchgeführt werden. Hieraus erwächst eine Reihe von Folgeproblemen, an deren Lösung gegenwärtig in mehreren Forschungsvorhaben gearbeitet wird. Ein zentrales Thema bildet dabei die Schweißtechnik, die in Abschnitt 6.5.2.5. näher betrachtet wird.

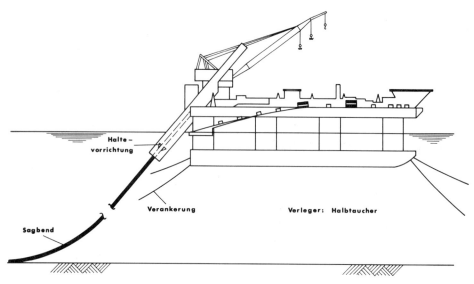

Bild 607: Schema der J-Verlegemethode

6.5.2.1. Verlegeschiff

Es ist üblich geworden, die Rohrverlegeschiffe nach Generationen zu klassifizieren. Damit ist zugleich ihr Entwicklungsgang gekennzeichnet. Aus den Pontons und Flößen der seichten Land-Wasser-Übergänge des Marschgebietes von Louisiana entstanden Anfang der 50er Jahre die ersten mit fest installierten Schweiß- und Rohrbearbeitungseinrichtungen ausgerüsteten Verleger. Der erste Verleger der 1. Generation im heutigen Sinne war 1957 die umgebaute M-211 von Brown & Root, ein

Bild 608:
Rohrverleger BAR 323:
Stinger in der Seitenlinie

Tafel 5/VI: Wetterbedingte Verfügbarkeit in Prozent für Rohrverleger

Verlegertyp	Golf von Mexico	Südliche Nordsee bis 52° Breite	Mittlere Nordsee bis 57° Breite	Nördliche Nordsee bis 61° Breite
Konventioneller Leichter	85	75	60	35
Schiffsförmiger Verleger	90	80	65	45
Kleiner Halbtaucher	95	83	68	52
Großer Halbtaucher	98	91	83	69

Flachdeckponton mit fest installierter Rohrablauframpe. Es folgte 1958 die BAR-207 als erstes für den reinen Verlegebetrieb gebautes Gerät mit einer Wasserverdrängung von 4 500 t, Unterkunft für 88 Mann und 24-Stunden-Betrieb. Der Einsatz beschränkte sich auf den Golf von Mexico und den Arabischen Golf.

Für die Nordsee wurden die Verleger der 2. Generation konzipiert, wie die 1966 in Dienst gestellte BAR 264 mit einer Wasserverdrängung von 8 500 t, Unterkunft für 250 Mann, 250 t-Kran und 8 Ankern. Diese Einheit verlegte 1966 die schon erwähnte Rohrleitung von West Sole nach Easington. Für die Ekofisk-Leitungen wurde das Gerät verbessert. Bild 608 zeigt die BAR 323 von Brown & Root beim Verlegen der Leitung vom Feld Piper zu den Orkney-Inseln (Flotta) im Jahre 1974. Deutlich ist der weit außen liegende Stinger zu erkennen. Dies Konstruktionsmerkmal hat sich als hinderlich für den Einsatz unter erschwerten Seegangsbedingungen erwiesen. Bei den Verlegern der 3. Generation befindet sich darum der Stinger in der Mittellinie des Verlegers.

Das Wetter der nördlichen Nordsee ist gekennzeichnet durch schnell wechselnde Perioden ruhiger und rauher See. Bisweilen reicht das „Wetterfenster" gerade für die Auf- und Abrüsttätigkeiten. Das „waiting on weather" (WOW) verursacht auch in den Monaten April bis Oktober, der normalen Verlegezeit, je nach Verlegertyp lange Wartezeiten. Besonders gefährdet ist das Übernehmen von Rohren vom Versorger. Ein Vergleich der übers Jahr gemittelten Verfügbarkeit verschiedener Verlegertypen im Golf von Mexico und in der Nordsee ist in Tafel 6/VI wiedergegeben. Danach haben von den Verlegern der 3. Generation die großen Halbtaucher bis hinauf zum 61. Breitengrad die höchste Verfügbarkeit.

Die Entwurfsanforderungen an einen Verleger der 3. Generation umfassen im wesentlichen:

– weltweiter Einsatz
– Verlegetätigkeit bis 5 m signifikante Wellenhöhe
– Überleben eines Jahrhundertsturmes mit Wellenhöhen über 20 m
– größte Verlegetiefe 360 m
– Rohrdurchmesser bis 44" (1 120 mm).

Die Viking Piper, 1975 in Holland vom Stapel gelaufen, erfüllt diese Bedingungen. Tafel 6/VII zeigt

Tafel 6/VII: Hauptdaten der Viking Piper

Länge über alles	248,50 m
Länge ohne Stinger	167,50 m
Breite	58,50 m
Höhe vom Kiel zum Arbeitsdeck	33,20 m
Tiefgang beim Schleppen	7,80 m
Tiefgang beim Verlegen	20,00 m
Tiefgang beim Überleben	13,00 m
Verdrängung beim Schleppen	30 000 t
Verdrängung beim Verlegen	52 000 t
Verdrängung beim Überleben	44 250 t

die Hauptdaten, Bild 609 gibt einen Eindruck vom Gesamtaufbau. Die Konstruktion enthält zahllose technische Neuerungen. Besonders erwähnenswert sind:
– automatische Steuerung der Ankerwinden über einen Computer, gekoppelt mit einer automatischen Kontrolle des Kurses
– Dünungsausgleich für die Kräne zur Rohrübernahme vom Versorger
– Rohrfertigung und -ablauf entlang der Mittellinie (center slot)
– hochfahrbarer Stinger von 81 m Länge
– Tandemtensioner von 1,5 MN Zugkraft
– 14 Anker mit Stahltrossen von 3" (7,6 cm) Durchmesser, 4 MN Bruchlast und 3 300 m (Bug und Heck) oder 2 400 m (Flanken) Länge
– Winde zum Aufnehmen/Wiederablassen des Rohrstranges mit 1,7 MN Hubkraft
– Verlegeintervall (zwischen 2 Windenverholungen) von 24 m (double jointing)
– klimatisierte Unterkünfte für 300 Mann
– energiewirtschaftlich günstige Konstantstromversorgung mit einer Gesamtleistung von 14 500 kW.
Neben der Viking Piper sind weitere Rohrverleger der 3. Generation zum Einsatz gekommen. Bild 610 vermittelt einen Größenvergleich. Die ETPM 1601 verlegte im Sommer 1978 die Frigg-Gasleitung. Dieser Verleger bewältigt die Nordseebedingungen mit einer der Schiffsform angenäherten Konfiguration. Die Resonanzperiode wurde durch die große Schiffslänge (182 m) und aktive Stabilisierungsmaßnahmen auf über 14 Sekunden gebracht. Damit ist dieser Verleger für die nördliche Nordsee gut geeignet. Als Rekord wurde ein Verlegefortschritt von mehr als 3 km pro Tag während einiger besonders ruhiger Wetterperioden erzielt.

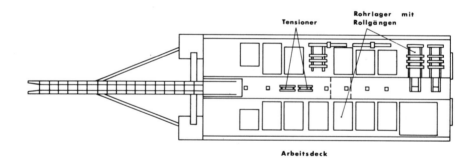

Arbeitsdeck

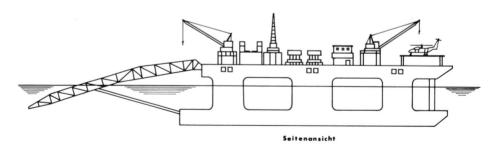

Seitenansicht

Bild 609: Rohrverleger Viking Piper: Stinger in der Mittellinie

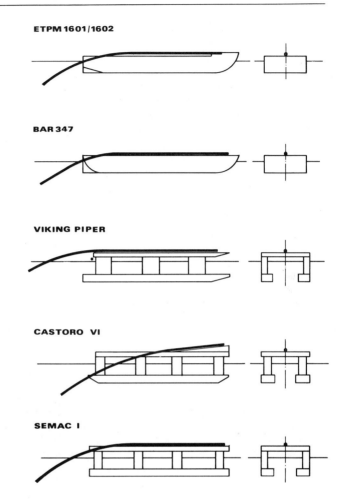

Bild 610:
Die großen Rohrverleger der
3. Generation

Der gegenwärtig größte Verleger ist die BAR 347 von Brown & Root, deren erste Aufgabe 1977 im Verlegen der HIOS-Gashauptleitung offshore Texas bestand. Die BAR 347 ist 195 m lang (ohne Stinger), 42 m breit und 15 m hoch. Das Deck gestattet die Bevorratung von 20 000 t Rohren links und rechts der Fertigungsstraße. Die hohe Zuladung wird von keinem anderen Verleger erreicht.

Die Castoro VI der italienischen SAIPEM wurde 1976 in Dienst gestellt. Sie ist ein Halbtaucher, verfügt über eine dynamische Positionierung (4 Antriebe je 2 060 kW) und 3 hintereinangergeschaltete Tensioner mit zusammen 1,8 MN Zugkraft. Besonders ist zu vermerken, daß die vordere Fertigungsstraße bis 9°, das mittschiffs liegende Stück bis 22° und der Stingerablauf bis insgesamt 30° geneigt werden können. Diese Flexibilität ist vor dem Hintergrund der Verlegung der Leitung durch die Straße von Sizilien zu sehen. Vor und während dieses Projektes wurde die Castoro VI gründlich erprobt, so besonders die automatische Windenregelung im Zusammenspiel mit der dynamischen Positionierung. In Wassertiefen von 600 m — dies war eine wichtige Erfahrung — gelang das Einhalten der Position durch die Verankerung allein trotz Computersteuerung nicht zuverlässig genug. Die lan-

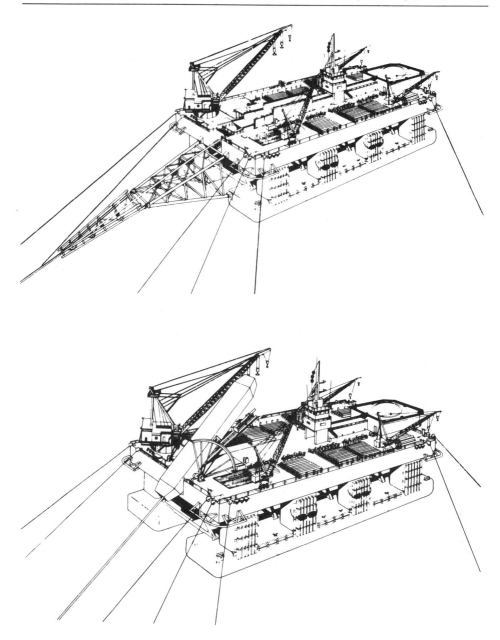

Bild 611: Rohrverleger Semac I für S-Verlegemethode (oben) und Modifikation für J-Verlegemethode
(unten)

gen Ankerseile entwickelten eine Federwirkung, und die Anker selbst neigten zum Gleiten. Diese Probleme ließen sich unter Zuhilfenahme der Schubpropeller lösen.

Die Semac I von Esso/Shell/Zapata verlegte 1978 die Gasleitung Brent-St. Fergus. Dieser Halbtaucherverleger zeichnet sich durch die Installationsmöglichkeit einer schrägstellbaren Ablauframpe aus, wie Bild 611 zeigt. Dies erlaubt den Übergang vom S-Verfahren zum J-Verfahren, so daß größere Wassertiefen erreichbar sind, wobei die Verwendung von Rohren mit größerem Durchmesser/geringerer Wandstärke als bisher (20"/20 mm) möglich sein soll.

6.5.2.2. Verlegevorgang

Der Arbeitsablauf an Bord der modernen Verleger ist weitgehend automatisiert. Vom Rohrlager gelangen die Rohre mittels einer Hebevorrichtung über einen Rollgang auf die mittschiffs die gesamte Schiffslänge durchmessende Fertigungsstraße. Zuerst werden die Stirnenden formgerecht bearbeitet. In mehreren Arbeitsstationen werden jeweils 2 Rohre (joints) zu einem Schuß verschweißt, geprüft und mit einer Isolierung versehen. Anstelle der früher üblichen Fallnahtschweißung von Hand kommen heute fast ausschließlich automatische Geräte zum Einsatz. Die Prüfung jeder Schweißnaht mit radioaktiver Durchstrahlung ist sehr gründlich und wird dokumentarisch festgehalten. Die abschließende Isolierung mit flüssigem Mastix dichtet das metallische Rohr gegen das Seewasser ab. Der fertige Schuß rollt in die Endfertigung, wo er mit der Rohrleitung auf die gleiche Weise in mehreren Stationen verschweißt, geprüft und isoliert wird. Nach Abschluß dieser Arbeiten verholt der Verleger um eine Doppellänge (24 m) nach vorn, während die Leitung von den Tensionern gehalten über den Stinger ins Wasser gleitet. Der Verholvorgang läuft bei den modernen Verlegern fast ausnahmslos computergesteuert ab.

Er umfaßt nicht nur die Vorwärtsbewegung des Verlegers, sondern letztlich auch das Versetzen der durchschnittlich 14 Anker durch einen Begleitschlepper. Der Computer erhält den Ist-Zustand der Kräfte in jedem der 14 Ankerseile und in den Tensionern durch eingebaute Kraftmeßdosen. Der Kurs wird durch ein Hi-Fix Navigationsgerät kontrolliert. Die Aufgabe besteht darin, jede Winde einzeln so zu steuern, daß der Kurs beibehalten, die Zugspannung der Tensioner der zulässigen Biegespannung im Rohr angepaßt und die Vorwärtsbewegung mit dem Arbeitstakt der Fertigungsstraße zeitlich optimiert wird. Als wichtigste Randbedingungen gehen die seeganginduzierten Schwingungsbewegungen des Verlegers – besonders Nicken (pitch), Stampfen (surge) und Hub (heave) –, die elastischen Eigenschaften des gesamten Verankerungssystems und das Trägheitsverhalten des Verlegers selbst ein. Es handelt sich also um einen rein dynamischen Steuerungsvorgang, bei dem die statischen Kräfte immer von beachtlichen dynamischen Kräften überlagert werden.

In Bild 612 ist der zeitliche Ablauf des Verholens dargestellt. Es ist das Ziel, den Zeitbedarf so niedrig wie möglich zu halten. Noch während des Schweißens des abzusenkenden Rohrschusses beginnen die vorderen Ankerwinden Trasse einzuholen, wodurch sich die Zugspannung im frei durchhängenden Rohrstrang erhöht. Der Verleger bewegt sich langsam vorwärts. Beim Erreichen einer bestimmten Zugkraft lassen die Tensioner die inzwischen fertiggestellte Leitung mit einer Geschwindigkeit passieren, die größer ist als die augenblickliche Verholgeschwindigkeit. Dadurch sinkt die Tensionerkraft unter den Normalwert und der Verleger wird nach vorn beschleunigt. Zugleich lassen die Heckwinden Trasse ab und die Seitenwinden nehmen je nach dem geforderten Kurs und der geometrischen Lage Trasse auf oder geben sie ab. Kurz vor Erreichen der Nominalzugspannung schalten die Heckwinden ab; die Bugwinden ziehen noch soviel Trasse ein, bis der Nominalzustand wieder hergestellt ist. Während dieser Abklingphase hat in der Fertigungsstraße bereits das Anschweißen eines neuen Schusses begonnen. Der Computer hat die Position der Anker geprüft und dem Begleitschlepper die Anweisungen zum Versetzen gegeben. Im Durchschnitt dauert ein solcher Vorgang 15 bis 20 Minuten.

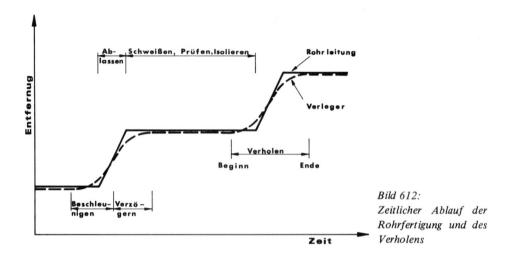

Bild 612:
Zeitlicher Ablauf der Rohrfertigung und des Verholens

6.5.2.3. Festigkeitsfragen

Die Festigkeitsberechnung bestimmt die Rohrdimensionierung. Es ist das Ziel, eine technisch zufriedenstellende und wirtschaftlich günstige Lösung zu finden. Grundlage sind die Regeln der Technik.

Eine seeverlegte Rohrleitung unterliegt einer Innenbelastung durch den Druck des Transportgutes und einer Außenbelastung durch die Beanspruchung während des Verlegens, der sich die Belastung durch den hydrostatischen Druck je nach Wassertiefe überlagert. Für die Dimensionierung ist immer die größte Belastung maßgebend, wobei jedoch Innen- und Außenbelastung niemals gleichzeitig auftreten. Die Festigkeitsberechnung gegen Innenbelastung erfolgt mit den für Rohrleitungen üblichen Methoden, die als bekannt vorausgesetzt werden. Für die Berechnung gegen Außenbelastung sind unterschiedliche Lastfälle zu berücksichtigen:

— im Overbend: Biegung und Tensioner-Zug
— im freien Durchhang: Biegung und Tensioner-Zug vermindert um den Eigengewichtsanteil des Rohres, hydrostatischer Außendruck
— im Sagbend: Biegung in entgegengesetzter Richtung, Tensioner-Zug vermindert um das Rohreigengewicht, hydrostatischer Außendruck
— auf dem Meeresboden: mit zunehmender Entfernung vom Aufsetzpunkt abnehmender Tensioner-Zug, Restbiegung aufgrund plastischer Verformung aus den vorhergehenden Biegungen, hydrostatischer Außendruck.

Für die praktische Berechnung, die hier nicht behandelt werden kann, wurden umfangreiche Rechnerprogramme entwickelt, die auf der Basis der Finite-Element-Methode für jeden Punkt entlang des Rohres eine Aussage über die wirkenden Biegemomente und Zugkräfte sowie über die resultierenden Spannungen und äquivalenten Dehnungen ermöglichen. Die zulässigen Dehnungen (hierunter werden immer die Maximalwerte verstanden) werden für Offshoreleitungen geringer als für Onshoreleitungen angesetzt. Während die amerikanische Norm ASA B 31.8 für eine Onshoreleitung eine Dehnung von 1,3 % erlaubt, dürfen bei einer Offshoreleitung im Overbend 0,2 % und im Sagbend 0,15 % Dehnung nicht überschritten werden. Man bleibt also im elastischen Bereich des Werkstoffes, weil man weiß, daß eine Offshoreleitung zusätzlichen dynamischen Belastungen ausgesetzt ist, die nicht immer vorhersehbar sind. Die zulässige Unrundheit wird bestimmt durch die Forderung nach ungehinderter

Molchbarkeit, durch die Festigkeit der Betonumhüllung und durch die Festigkeit des Rohres gegen den hydrostatischen Außendruck. Bekanntlich nimmt die Außendruckfestigkeit mit zunehmender Unrundheit ab. Die fertigungstechnisch unvermeidliche Unrundheit liegt bei der gegenwärtigen Technologie der Röhrenwerke bei 0,5 %. Die zulässige Unrundheit wird mit etwa 2 % angegeben.

Die Höhe der Zugkräfte und Biegemomente wird im wesentlichen von der Verlegegeometrie bestimmt, also Wassertiefe, Stingerradius und Aufsetzpunkt. Bild 613 vermittelt einen Eindruck von der geometrischen Konfiguration am Beispiel der Ninian- und Forties-Leitung.

Die Werkstoffestigkeit und die Wanddicke des Rohres sind dann die entscheidenden Einflußgrößen für die Spannungs- und Dehnungsermittlung. Es werden in einer Parametervariation unterschiedliche geometrische Versionen durchgerechnet, um zu einer optimalen Dimensionierung zu gelangen. Dabei wird auch der Rohrdurchmesser mit einbezogen, der zunächst aufgrund der Durchsatzberechnung vorgegeben und erst im Rahmen der Gesamtoptimierung festgelegt wird. Die Optimierung wird immer an die Leistungsfähigkeit der vorgesehenen Verlegeschiffe angepaßt, also an die Zugkraft der Tensioner, die Stingerabmessungen und das Verankerungssystem. Neuere Berechnungsmethoden beziehen auch die Seegangseigenschaften mit ein. Gerade hier war man bislang im hohen Maße auf Erfahrung angewiesen.

In Tafel 6/VIII ist das Ergebnis einer Festigkeitsberechnung an einem Beispiel dargestellt. Es handelt sich um die Forties-Leitung von 36'' (914 mm) Außendurchmesser und einer Wanddicke von 0,75'' (19 mm), die in einer durchschnittlichen Wassertiefe von 126 m verlegt wurde. Der Stingerradius betrug 300 m. Das größte Biegemoment trat entlang des Stingers mit konstanten positiven Werten von $3,6 \cdot 10^3$ Nm auf. Im freien Durchhang ging das Biegemoment rund 180 m hinter den Tensionern durch Null und erreichte im Sagbend, rund 120 m vor dem Aufsetzpunkt, den größten negativen Wert mit $3,1 \cdot 10^3$ Nm. Die Tensioner-Zugkraft betrug an Bord in 4,5 m Höhe über der Wasserlinie 570 kN. Im Aufsetzpunkt am Meeresboden verblieben davon noch 343 kN, während das Biegemoment theoretisch gegen Null ging, in der Praxis aufgrund von Restspannungen aber einen niedrigen endlichen Wert annahm.

Die höchste Beanspruchung trat im Overbend auf, wo sich aus der kombinierten Belastung eine Spannung von 345 N/mm² errechnete; das waren etwa 85 % der zulässigen Spannung für den verwendeten X60-Stahl. Im Sagbend betrug der Höchstwert 80 %. Umgerechnet auf die Dehnung erhielt man 0,15 % im Overbend und 0,13 % im Sagbend.

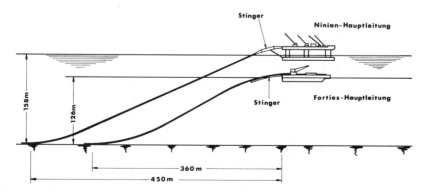

Bild 613: Konfiguration des Verlegevorgangs bei der Ninian- und Forties-Leitung

Tafel 6/VIII: Dimensionierung der Forties-Fernleitung als Ergebnis der Festigkeitsberechnung

Wassertiefe:	126 m
Höhe der Tensioner über der Wasserlinie:	4,5 m
Installierte Tensioner-Zugkraft	1 000 kN
Stingerradius	300 m
E-Modul des Rohrwerkstoffs:	$30,7 \cdot 10^4$ N/mm^2
Poisson-Zahl des Rohrwerkstoffs:	0,3
Mindeststreckgrenze des Rohrwerkstoffs:	414 N/mm^2
Rohraußendurchmesser:	915 mm
Wanddicke:	19,05 mm
Dicke der Umhüllung:	81 mm
Rohrgewicht (mit Umhüllung) in Luft:	1 092 kg/m
Rohrgewicht (mit Umhüllung) in Wasser:	133 kg/m
Dichte des Rohrwerkstoffs:	7 660 kg/m^3
Dichte der Rohrumhüllung:	2 330 kg/m^3
Dichte des umhüllten Rohres in Luft:	3 450 kg/m^3
Dichte des umhüllten Rohres in Wasser:	1 170 kg/m^3
Größtes Biegemoment im Overbend:	$3,6 \cdot 10^3$ Nm
Lage des Null-Biegemoments hinter Stinger:	180 m
Größtes Biegemoment im Sagbend:	$3,1 \cdot 10^3$ Nm
Tensioner-Zugkraft an Bord:	570 kN
Rest-Zugkraft am Meeresboden:	343 kN
Aufsetzpunkt am Meeresboden:	450 m
Dehnung im Overbend:	0,15 %
Dehnung im Sagbend:	0,13 %
zulässige Gesamtspannung:	345 N/mm^2

Die seegangsinduzierten dynamischen Kräfte und Momente führen bisweilen zu Überlastungen am Rohrstrang. Dabei kommt es zu lokalen Einbeulungen (buckle), die bis zu einem völligen Plattdrücken des Rohres gehen können. Die Ursache ist immer ein Überschreiten der zulässigen Biegespannung.

Die mögliche Entstehung einer solchen Beulung und ihre Folgen sollen an einem Beispiel erläutert werden. Es sei angenommen, der Verleger werde durch den Seegang zu einer unkontrollierten Nickbewegung mit überlagertem Stampfen und positivem Hub angeregt. Dann verringert sich der Stingerablaufwinkel; als dessen Folge steigt am Stingerende die Biegebelastung des Rohres steil an. Die zulässige Biegespannung wird kurzzeitig überschritten; das Rohr beult lokal ein. Diese Beulung hat den Charakter einer Knickung, die Beulfront verläuft quer zur Rohrachse. Man spricht dabei in Anlehnung an die Eulerische Knickung vom Euler-Typ der Beulung. Bleibt der Schaden unentdeckt und gelangt er beim weiteren Verholen in das Sagbend, so ist unter der Einwirkung des negativen Momentenmaximums die Außendruckfestigkeit nicht mehr gewährleistet; das Rohr wird vom Außendruck lokal plattgedrückt. Aus dieser geschwächten Konfiguration entsteht leicht die gefürchtete fortlaufende Beulung (propagating buckle), die eine in Rohrlängsachse weisende Beulfront aufweist. Das Rohr kann über viele Schüsse hinweg plattgedrückt werden, ehe die Beulung zum Stillstand kommt.

Gegen diesen mit hohem Zeitverlust für die Reparatur verbundenen Schaden sind verschiedene Arten von Beulstoppern entwickelt worden. Sie haben den Zweck, das Trägheitsmoment lokal zu erhöhen, so daß sich eine Beulung nicht weiter ausbreiten kann. Die Stopper, meistens kurze Stücke aus dickwandigem Rohr, werden in bestimmten Abständen über den Rohrstrang gezogen und mit diesem fest verbunden. Bei Tiefstwasserleitungen werden solche Stopper grundsätzlich eingesetzt. Es sei erwähnt, daß in den Voruntersuchungen zum Verlegen der Leitungen durch die Straße von Sizilien die gefürchteten Folgen auftraten, so daß der Einbau der Stopper vorgeschrieben wurde.

Für das Auffinden von Beulungen sind Beuldetektoren (buckle detectors) entwickelt worden. Der Detektor wird beim Verlegen in das Rohr eingeführt. Er tastet in hinreichendem Abstand vom Aufsetzpunkt die geometrische Konfiguration der Rohrinnenwand ab und übermittelt die Meßdaten über das Zugkabel an das Verlegeschiff. So werden auch leichte Einbeulungen von wenigen Millimetern Tiefe entdeckt, die immer ein Zeichen dafür sind, daß die äußere Umhüllung aus Beton (siehe 6.5.2.4.) Schaden genommen haben kann.

Bei den bislang geschilderten Beulungen blieb das Rohr von einem Wassereinbruch verschont. Man spricht von einer trockenen Beulung (dry buckle). Zum Reparieren genügt es, den Strang wieder an Bord zu nehmen und das beschädigte Stück auszutauschen. Bei einer Beulung mit Wassereinbruch (wet buckle) ist diese Reparatur an Bord so gut wie unmöglich. Die erforderliche Zugkraft erhöht sich auf ein Vielfaches und übersteigt die Leistungsfähigkeit der Tensioner und Winden. Eine nasse Beulung muß durch Taucher am Meeresboden repariert werden. Der Verleger ist darauf vorbereitet; er verfügt über Tauchausrüstungen und eine trainierte Tauchermannschaft. Zu ihren Aufgaben gehört die routinemäßige Kontrolle der zu Wasser gelassenen Leitung. Die Reparatur einer nassen Beulung in Wassertiefen bis zu 200 m ist auch für eine erprobte Tauchermannschaft keine einfache Sache. Oft müssen die Dienste von Spezialunternehmen in Anspruch genommen werden, wenn der Einsatz von Spezialgeräten nötig ist. In der Regel gelingt es, eine nasse Beulung durch Abtrennen der Schadstelle, Entwässern und Verschließen der Leitung soweit zu reparieren, daß der Strang an Bord genommen werden kann. Mit einem Zeitverlust von mehreren Wochen muß immer gerechnet werden.

Die Ursachen für eine nasse Beulung sind schwer zu beeinflussen. Neben reinen Unglücksfällen mit dem Verlegegerät, wie Bruch des Stingers und Losreißen mehrerer Anker, waren bisweilen schlechte Schweißnähte, die beim Plattdrücken des Rohres aufplatzten, dafür verantwortlich. Das hat zu einem hohen Standard der Schweißtechnik und der Prüftechnik beigetragen. Seegangsbedingte Gefahren lassen sich zwar nicht grundsätzlich vermeiden, doch kann man die Wahrscheinlichkeit ihres Eintretens vermindern. So werden die Verlegearbeiten bei bestimmten Wellenhöhen eingestellt. Dabei bleibt der Strang entweder auf dem Stinger, von den Tensionern gehalten, oder er wird dicht verschlossen und mit einer Boje versehen auf den Meeresboden abgelassen.

6.5.2.4. Komponenten des Rohres

Das seeverlegte Rohr besteht aus einem System von Komponenten:
- Innenverkleidung
- Stahlrohr
- Primäre Korrosionsschutzschicht aus Isolierstoffen
- Beschwerungsmantel
- Sekundärer Korrosionsschutz aus Opferanoden

Bild 614 gibt einen Eindruck vom grundsätzlichen Aufbau eines Rohres. Im Verlauf der rund 10jährigen Verlegepraxis sind viele wertvolle Erfahrungen gesammelt worden, die zu einer immer besseren Qualität und zu einer größeren Zuverlässigkeit der Einzelkomponenten und damit der gesamten Leitung geführt haben. Parallel dazu wurden, auch in Vorbereitung zur Verlegung der großen Hauptleitungen der nördlichen Nordsee, eingehende Untersuchungen durchgeführt.

Eine Innenverkleidung der Rohre verwendet man häufig bei Gasleitungen, um die natürliche Rauhigkeit der Wandung zu überdecken. Das Ziel ist eine Verminderung des Druckbedarfs zur Überwindung der Reibung, die fühlbare Einsparungen erwarten läßt. Die rechnerische Verbesserung der Transportbilanz liegt bei 20 bis 50 %, jedoch hängt der praktische Erfolg stark von der Qualität der Innenverkleidung ab und natürlich davon, ob nicht im späteren Betrieb Ablagerungen feinster Staubpartikel den Gewinn wieder aufzehren. In landverlegten Leitungen hat man verschiedene Epoxidbeschichtungen von wenigen Zehntelmillimetern Dicke getestet und gute Ergebnisse erzielt. Ein Korrosionsschutz ist mit der Innenbeschichtung nicht zu erzielen, da ja die Schweißzonen unbeschichtet bleiben. Ein solcher Schutz ist auch nicht nötig, da normalerweise nur trockenes Gas in die Leitung gelangt. Nur in ganz seltenen Fällen lohnt sich die Verlegung nichtrostender Stahlrohre, wie bei sehr kurzen Verbindungsleitungen von Plattformen untereinander, wenn das Gas extrem korrosiv ist und Prozeßanlagen aus räumlichen Gründen nicht installiert werden können.

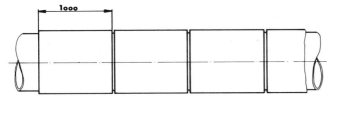

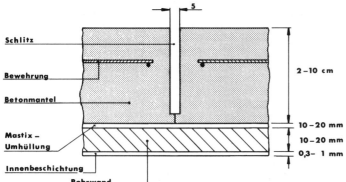

Bild 614:
Aufbau eines Fernleitungsrohres

Das Stahlrohr und die damit verknüpften Werkstofffragen werden in Kapitel II dieses Buches aus-
giebig behandelt. Für seeverlegte Leitungen kommen die gleichen Werkstoffe in Betracht wie für
Landleitungen, jedoch verfährt man bei der Verwendung von höheren Qualitäten eher konservativ.
Tafel 6/IX gibt einen Überblick über die gegenwärtig verfügbaren Qualitäten. Es sei erwähnt, daß der
X60 und der X65 bevorzugt eingesetzt wurden.

Die Rohre werden in Standardlängen von 40' (12 m), bisweilen auch in Sonderlängen von 16 und 18 m
im Röhrenwerk gefertigt und im allgemeinen nur mit einem temporären Korrosionsschutz versehen
zu den weiterverarbeitenden Betrieben transportiert, die die übrigen Komponenten anbringen. Diese
Betriebe befinden sich meist in der Nähe der Landbase, die für die Versorgung der Verleger auf See
zuständig ist und ein Zwischenlager für Rohre und Betriebsmittel unterhält.

Der primäre Schutz gegen Außenkorrosion besteht bei den meisten Leitungen aus einer etwa 15 mm
dicken Schicht auf Bitumenbasis, genannt Mastix. Je nach Spezifikation enthält die Mischung
14–16 Gew. % Bitumen, 84–86 Gew. % Sand und geringe Mengen Glasfasern. Die Masse wird auf
die trockene Rohroberfläche mit besonderen Einrichtungen aufgebracht. Die geringe Druckfestigkeit
des Endproduktes hat zu Versuchen mit Polyäthylen, Epoxidharz und Neopren geführt. Die Ergebnisse sind noch nicht einheitlich interpretierbar und Gegenstand weiterer Untersuchungen, besonders
vor dem Hintergrund der Verlegung von Tiefwasserleitungen. Hier müssen die hohen Zugkräfte der

Tafel 6/IX: Eigenschaften der bei Seefernleitungen verwendeten Rohrstähle

Stahlsorte nach DIN 17172	Bezeichnung nach API	Mindeststreck- grenze (N/mm^2)	Bruchdehnung mindestens (%)
StE 360.7	X 52	360	20
385.7	X 56	385	19
415.7	X 60	415	18
415.7 TM	X 60	415	18
445.7 TM	X 65	445	18
480.7 TM	X 70	480	18

Tensioner über die Isolierschicht in das Rohr eingeleitet werden. Es scheint, daß eine Polyethylen-beschichtung von 3,5 mm Dicke ein günstiges Gesamtverhalten garantiert.

Die Isolierschicht – und natürlich auch der Beschwerungsmantel – endet rund 20–25 cm vor den Stirn-enden eines jeden Rohres, um die Schweißung zu ermöglichen. Dieser Bereich ist nach Abschluß der Schweißung nachzuisolieren, und zwar so, daß eine gefügemäßige Verbindung zwischen der vorhan-denen und der neuen Isolierung entsteht. Bei der Mastix-Isolierung verwendet man erhitztes flüssig-pastöses Mastix-Material, das in den Hohlraum zwischen den beiden Rohrschüssen in eine verlorene Schalung aus einer beidseitig bündig anliegenden Blechplatte gegossen wird. Die Einfüllöffnung wird mit einer weiteren Blechplatte abgedeckt und die gesamte Hülle mit Stahlbändern zusammengehal-ten. Ehe die Masse im Meer erkaltet, hat sie sich intensiv mit dem blanken Rohrmetall verbunden; durch das lokale Aufweichen der vorhandenen Mastix-Schicht ist eine nahezu homogene Verbindung entstanden. In neuerer Zeit sind andere Varianten der Nachisolierung erprobt worden, wie Schrumpf-schläuche aus Polyäthylen und anderen Werkstoffen. Diese in einem besonderen Verfahren gereckten Schläuche werden über das Rohr gezogen, sie schrumpfen bei Erwärmung und legen sich fest um die zu isolierende Zone. Als Haftvermittler zwischen Schlauch und Metall wird ein Kleber verwendet, der unter der Wärmeeinwirkung aufschmilzt und eine dichte Verbindung herstellt. Dies Verfahren eignet sich für Rohre mit Polyethylenumhüllung und weist eine höhere Festigkeit auf als das Mastix-Ver-fahren.

Der Beschwerungsmantel hat die primäre Aufgabe, daß Rohr im luftgefüllten Zustand am Meeres-boden zu halten. Die spezifische Dichte des Gesamtrohres soll dabei zwischen 1,15 und 1,8 liegen; die höheren Werte gelten für küstennahe Bereiche, wo mit seitlichen Strömungen und Grundwellen zu rechnen ist, die niedrigen für die offene See. Die Dicke des Mantels liegt zwischen 10 cm und 2 cm; eine normale 36"-Leitung verfügt in der offenen See über etwa 5 cm Manteldicke. Beton mit schweren Zuschlagstoffen (Eisenerz) hat sich als preiswertes und geeignetes Material erwiesen. Die Festigkeit des Betons und die Auswahl der Stahlarmierung sind die entscheidenden Kriterien für die Stabilität des Beschwerungsmantels. Heute setzt man geschweißte Stahlkäfige von etwa 1 m Länge ein, die aus umlaufenden Reifen aus 8 mm·dickem Baustahl bestehen, zwischen die 5 mm dicke Längs-stäbe in rund 10 cm Abstand umlaufend eingeschweißt sind. Die Käfige sitzen, von Kunststoffklötzen gehalten, konzentrisch auf dem Rohr. Das mit einem niedrigen Wasser-Zement-Faktor angesetzte Ge-misch aus Beton und Eisenerz wird in einer vertikalen Wurfvorrichtung auf das sich drehende Rohr geschleudert; man erhält so eine sehr gute Verdichtung. Die Aushärtung erfolgt in einer feucht-war-men Atmosphäre in einer speziell ausgerüsteten Kammer. Die Gesamtfestigkeit von Probekörpern erreichte auf diese Weise Werte von mehr als $40\,000$ kN/m^2. Zum Abbau der beim Verlegen auftre-tenden Spannungen kann man den Mantel in Abständen von rund 1 m umlaufend schlitzen, und zwar in der Zone zwischen zwei Käfigen, die etwa 10 cm Abstand voneinander haben. Hier entsteht unter dem Einfluß der Biegespannung ein Riß, unabhängig davon, ob ein Schlitz vorhanden ist. Liegt das Rohr auf dem Meeresboden, so schließt sich der Riß wieder; er ist äußerlich nicht mehr sichtbar. Bei großen Rohren schlitzt man aus Sicherheitsgründen Mantelungen von mehr als 60 mm Dicke, um eine gleichmäßigere Spannungsverteilung im Rohr zu erzielen.

Als sekundären Korrosionsschutz erhält das Rohr Korrosionsschutzanoden aus Zink oder einer Magne-sium-Aluminium-Zink-Legierung. Die Anoden umfassen das Rohr segmentförmig und schließen außen bündig mit dem Betonmantel ab. Im Normalfall liegt die Anodenmasse zwischen 300 und 500 kg, und ungefähr jeder zehnte Rohrschuß ist damit bestückt. Aus technischen und wirtschaftlichen Gründen kommt ein Fremdstrom-Korrosionsschutz, wie er an Landleitungen üblich ist, nicht in Betracht.

Als letzte Komponente des Rohres sind die Beulstopper zu nennen. Ihr Einsatz gehörte bislang in der Nordsee nicht zum Standard, wohl nicht zuletzt, weil man gelernt hatte, Beulungen zu vermeiden.

Bei Tiefstwasserleitungen kann eine fortlaufende Beulung verheerende Folgen haben, und hier werden sie auch eingesetzt, wie die Verlegung in der Straße von Sizilien zeigt.

6.5.2.5. Schweißverfahren

Die in der Landbase zwischengelagerten fertigen Rohrschüsse (Joints) werden auf Versorgungsschlepper verladen, die den Transport zum Verleger durchführen. Hier übernehmen die Kräne des Verlegers den Nachschub vom längsseits liegenden Versorger und legen die Rohre in den besonders eingerichteten Rohrlagern ab. Von dort gelangt das Material über Rollgänge in die Fertigungsstraße. Nach der Vorbereitung der Schweißfuge beginnt die Schweißung, die in vier bis fünf Schweißstationen durchgeführt wird.

Auf den alten Verlegern wurde von Hand mit Zelluloseelektroden in Fallnaht geschweißt. Die an Land übliche Technik wurde auf den Verleger übertragen. Die Qualität der Naht lag weitestgehend im Geschick des Schweißers, und die Geschwindigkeit war begrenzt.

Nicht zuletzt aus diesen beiden Gründen setzten sich die automatischen Schweißanlagen durch. Weit verbreitet ist gegenwärtig das CRC-Verfahren, mit dem 1974 erstmals im großtechnischen Einsatz ein längeres Stück der Forties-Leitung geschweißt wurde. Auf den modernen Verlegern der 3. Generation ist das automatische Schweißen inzwischen als Standardausrüstung eingeführt.

Das CRC-Verfahren gehört zur Gruppe der MIG-Schweißverfahren (Metall-Inert-Gas). Es sei nebenbei erwähnt, daß darin die großen Anfangsschwierigkeiten lagen, um mit dem an Land zufriedenstellend arbeitenden Verfahren an Bord der Verleger die gleichen guten Ergebnisse zu erzielen. Das Schutzgas wurde vom Seewind in den wenig geschützten Schweißkabinen weggeblasen; es entstanden schlechte Schweißnähte. Es dauerte eine Weile, bis man dieser einfachen Ursache auf die Spur kam und die Kabinen besser schützte.

Das Verfahren arbeitet mit einer von innen geschweißten Wurzelnaht und mehreren Außenlagen. Auch hierin unterscheidet sich der automatische Schweißvorgang vom manuellen, wo nur von außen geschweißt wird. Dementsprechend wird die Schweißfuge hergerichtet, wie Bild 615 zeigt. Der Steg über der Wurzelnaht hat die Aufgabe, Durchbrenner zu verhindern. Im Vergleich zur Standard-API-Fuge werden dadurch auch die Röntgenbilder besser interpretierbar, und die gesamte wärmebeeinflußte Zone wird schmaler.

Zuerst wird die Wurzelnaht (root bead) von innen aufgetragen. Die Schweißköpfe befinden sich auf einem speziellen Träger, der im Rohr verfahren werden kann und zugleich die Zentrierung der Stirn-

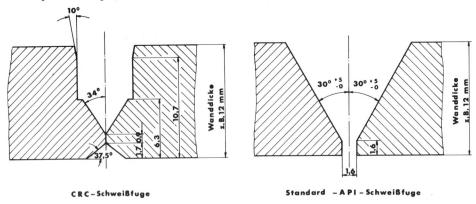

CRC-Schweißfuge   Standard – API – Schweißfuge

Bild 615: Standard-API-Schweißfuge und CRC-Schweißfuge

Bild 616: Innenschlitten des CRC-Schweißgerätes

enden besorgt. Je nach Rohrdurchmesser schweißt zunächst der erste Satz (2–4 Köpfe) im Uhrzeigersinn den halben Rohrumfang, dann folgt der nächste Satz gegen den Uhrzeigersinn, der die
Naht vollendet. Ein Schweißgang dauert etwa 2 Minuten. Das Schutzgas besteht zu 75 % aus Kohlen-
dioxyd und zu 25 % aus Argon. Der Schweißdraht, der zugleich die Elektrode bildet, ist auf Spulen
aufgewickelt und wird der Schweißstelle mittels Vorschubrollen, die zugleich Kontaktrollen sind,
zugeführt. Die gesamte Apparatur ist auf dem Träger montiert; sie wird von außen ferngesteuert bedient. Bild 616 zeigt diesen als Innenschlitten bezeichneten Teil des CRC-Automatikschweißgerätes.
Die Außenschweißung beginnt mit der Innenlage (hot pass), es folgen die Füllagen (fill pass), den Abschluß bildet die Decklage (cap pass). Die hierfür nötigen Schweißköpfe (etwa 2 Stück) arbeiten jeweils einzeln und werden von einem um das Rohr gelegten Stahlband geführt. Bild 617 zeigt, wie die

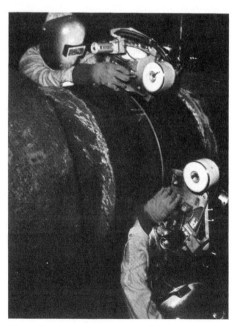

*Bild 617: Außenschweißung mit der CRC-Auto-
matik*

Bild 618:
Außenschweißkopf   der
CRC-Automatik

Köpfe in Fallnaht zunächst im Uhrzeigersinn den halben Umfang schweißen. Dann werden die gegenüber liegenden Köpfe in Betrieb genommen, mit denen die andere Hälfte entgegen dem Uhrzeigersinn vollendet wird. Um Zeit zu sparen, beginnt die Außenschweißung bereits, während noch die Wurzelnaht in Arbeit ist. Dadurch kommt man auf eine Schweißzeit von insgesamt 14 Minuten bei einer Wanddicke von 0,5" (12,7 mm) für ein 36" (914 mm) Rohr. Das Schutzgas besteht zu 100 % aus Argon. Bild 618 zeigt einen der vier Schweißköpfe mit der Vorratsspule für den Schweißdraht, der Drahtführung, der Schutzgaszuführung, den Antriebsmotoren und dem Führungsstahlband.

Bei einer seeverlegten Fernleitung ist die Qualität der Schweißnaht von weit höherer Bedeutung als bei einer Landfernleitung. Dies hat rein praktische Gründe, denn die Reparatur einer auf dem Meeresboden liegenden Leitung mit einer durch eine mangelhafte Schweißnaht verursachten nassen Beulung hat außerordentlich hohe Kosten zur Folge.

Die Schweißnahtprüfung mit Hilfe der radioaktiven Durchstrahlung ist an Bord der Verleger die gängige Prüfmethode. Andere Verfahren, wie Ultraschallprüfungen, sind unter den schwierigen Seebedingungen, von Ausnahmen abgesehen, noch nicht mit der gleichen Zuverlässigkeit zu handhaben – trotz der Vorteile, die ihr Einsatz für die Qualitätssicherung hätte. Das Rohr wird erst nach der Freigabe durch die Qualitätskontrolleure der endgültigen Komplettierung zugeführt, die im wesentlichen aus der Nachisolierung mit dem schon beschriebenen Einbringen der Mastix-Masse und der abschließenden Sicherung durch Stahlbänder besteht. Danach gleitet die Leitung über den Stinger ins Meer. Meer.

Neben dem CRC-Verfahren sind eine Reihe anderer Verfahren bekannt, die aber nicht die Verbreitung erlangten. Hierzu gehören Varianten der MIG-Technik. Es wird mit verschiedenen Schutzgasarten, Elektrodenführungen und gerätetechnischen Einzelheiten experimentiert. Das Elektronenstrahl-Verfahren ist versuchsweise verwendet worden und wird gegenwärtig in Frankreich weiter entwickelt. Große Hoffnungen setzt man in Deutschland in das Abbrennstumpfschweißverfahren. Es gestattet den bislang über 4 bis 5 Stationen verteilten Schweißvorgang auf eine Station zu konzentrieren. Beide Verfahren sind besonders interessant für die J-Verlegemethode, bei der die vorteil-

Tafel 6/X: Daten des Versuchsmusters der Abbrenn-Stumpfschweißmaschine

Länge:	7,1 m
Breite:	4,5 m
Höhe:	4,7 m
Größter Schweißquerschnitt:	0,1 m²
Transformatorleistung:	3 380 kVA
Schweißstrom:	max. 360 kA
Stauchkraft:	max. 5 000 kN
Normalisierungseinrichtung:	1 600 kW, 150—350 Hz

haften großen Wanddicken und großen Rohrdurchmesser mit den jetzt üblichen Schweißverfahren nicht sinnvoll verarbeitet werden können.

In einem Forschungsvorhaben wurde von einem deutschen Firmenkonsortium eine Schweißmaschine entwickelt, mit der Großrohre bis zu 30" Durchmesser und Wanddicken bis 40 mm verschweißt werden können. Tafel 6/X enthält die wichtigsten Daten der Versuchsmaschine.

Der Schweißvorgang läuft wie folgt ab: Die plangedrehten Stirnenden der zu verschweißenden Rohre werden mit einem Scheibeninduktor elektrisch auf 950 °C vorgewärmt. Die weitere Erhöhung der Temperatur geschieht nach Entfernen des Induktors durch den Stromfluß beim Zusammenfügen der Stirnenden, so wie es vom normalen Abbrennstumpfschweißen bekannt ist. Der eigentliche Füge-prozeß findet statt, wenn die beiden auf Schweißtemperatur erwärmten Stirnenden zusammenge-staucht werden. Dabei werden nach beiden Seiten hin Wülste aufgeworfen, während im Innern des Metalls die Verschweißung stattfindet. Die Wülste werden noch im warmen Zustand entfernt. Das in der Schweißzone entstandene grobe Gefüge wird in einem anschließenden Normalisierungsschritt, ebenfalls durch induktive Beheizung, in ein feines umgewandelt. Bild 619 macht schematisch den gesamten Schweißvorgang deutlich.

Die Prüfung der Schweißnaht soll mittels Ultraschall erfolgen. Dabei spielt besonders die gerade noch zulässige Schweißnaht-Temperatur eine wichtige Rolle; denn je früher mit der Prüfung nach dem Normalisieren begonnen werden kann, desto höher ist die Verlegegeschwindigkeit.

Der Vorteil dieses neuen Schweißverfahrens liegt nicht nur in der Reduzierung der an Deck des Ver-legers durchzuführenden Arbeiten. Der mögliche hohe Automatisierungsgrad schaltet ungünstige Wettereinflüsse weitgehend aus, erlaubt den Einsatz von weniger Personal und macht letztlich die J-Methode erst interessant.

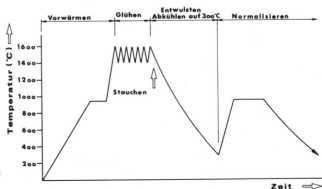

Bild 619:
Zeit-Temperaturverlauf beim
Abbrennstumpfschweißen

6.5.2.6. Einbettung und Sicherung

Alle seeverlegten Fernleitungen sollen bis zu Wassertiefen von 200–300 m aus Gründen der Sicherheit in den Meeresboden eingebettet werden: Sicherheit gegen Fischereigerät ebenso wie gegen Schiffsanker. Während im Küstenbereich die Gefahr überwiegend darin liegt, daß Schiffsanker die Leitung beschädigen und Grundwellen sie versetzen, bereiten in der offenen See die Trawl-Fischer mit ihren schweren Scherbrettern Probleme. Diese bis zu 1,5 t schweren Stahlbretter zum Offenhalten der Grundfischnetze, wie sie vermehrt von holländischen und belgischen Fischern verwendet werden, vermögen die Betonumhüllung anzugreifen. Es sind Verletzungen der Leitung die Folge, ganz abgesehen vom möglichen Verlust des Fanggeschirrs.

In den ersten Jahren der Nordseeentwicklung wurde die Forderung nach einer 3 m tiefen Einbettung erhoben. Besonders heftig wurde diese Frage bei der Einbettung der Ekofisk-Emden-Pipeline diskutiert, die durch 3 verschiedene nationale Hoheitszonen läuft; den norwegischen, dänischen und deutschen Sektor. Die Praxis zeigte bald, daß eine 3 m tiefe Einbettung nicht realisierbar war. Weder gab es eine hierfür geeignete Technik, noch war gewährleistet, daß eine unter hohen Kosten eingebettete Leitung nicht wieder durch Meeresströmungen freigespült wurde. Bei der Verlegung der südenglischen Gasleitungen hatte man beobachten müssen, daß eine eingebettete Leitung nicht nur wieder freigespült, sondern auch noch seitlich versetzt wurde – eine Folge der durch die heftigen Winterstürme erzeugten Grundwellen, die bis zu Wassertiefen von 30 m den Meeresboden fortwährend umgestalten. Als technische Mittel zur Einbettung einer Pipeline in den Meeresboden werden auch heute noch

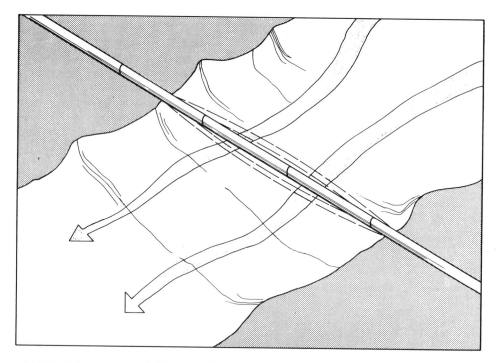

Bild 620: Gefährdung einer freihängenden Fernleitung durch Unterspülung

überwiegend hydraulische Verfahren eingesetzt. Im einfachsten Fall wird der Boden unter der Leitung mit Hochdruckwasserstrahlen gelockert. Die speziell zu Einspülzwecken konstruierten Düsenschlitten werden von der Leitung selbst geführt und von Spezialschiffen über Schläuche mit Druckwasser versorgt und vorwärts gezogen. Bei einigen Konstruktionen wird das gelockerte Material mit air-lift-Pumpen (Lufthebeverfahren) aus dem Leitungsgraben abgesaugt, andere verwenden dazu elektrisch betriebene Unterwasserpumpen.

Die Wirkung der Einspülapparate hängt stark von der Beschaffenheit des Untergrundes ab. Sandiger Boden bereitet die geringsten Schwierigkeiten beim Lockern, hingegen ist der seitliche Nachfall so groß, daß kein Graben, sondern eine relativ flache Mulde entsteht. Schlick läßt sich gut bearbeiten, der seitliche Nachfall ist begrenzt. Je nach Festigkeit des Bodens sind mehrere Durchläufe erforderlich, um Einbettungstiefen von 1 bis 2 m zu erzielen. Danach liegt das Rohr in einer mehr oder weniger flachen Mulde.

Die Praxis hat gezeigt, daß dem Einspülverfahren einige Nachteile anhaften. Die Einbettungstiefe ist begrenzt. Die Absaugung des gelockerten Materials ist unvollständig, die Leitung schwimmt in der fluidisierten Trübe. Es entsteht je nach Festigkeit des Untergrunds eine sehr unebene Sohle, die zum Durchhängen der Leitung führt. Dies ist besonders gefährlich, wenn der Boden sehr heterogen aufgebaut ist. Dann helfen auch wiederholte Durchläufe wenig. Freier Durchhang muß so weit wie möglich vermieden werden, weil die Bodenströmung den Durchhang durch Auswaschung vergrößern würde. Bild 620 verdeutlicht die Wirkung auf eine schlecht eingebettete Leitung. Die Unterspülung ist nicht nur gefährlich wegen der Biegebelastung, sondern auch wegen der Anregung zu Schwingungen. In gefährdeten Seegebieten wird die Leitung darum zusätzlich durch Betonreiter und Sandsäcke gesichert.

Im Anlandebereich von felsigen Küstenzonen gibt es außer Sprengung keine andere Möglichkeit für den Aushub eines Rohrgrabens. Diese Maßnahme ist teuer und zeitraubend. Sie ist nicht zu umgehen, denn das Rohr benötigt eine ebene Auflage. Nach der Freisprengung der Trasse und dem Wegräumen der Trümmer wird stellenweise ein Kiesbett aufgebracht, mit dem letztendlich eine sichere Lagerung unterhalb des Meeresbodenniveaus gewährleistet ist. In Bereichen mit besonder starker Brandung

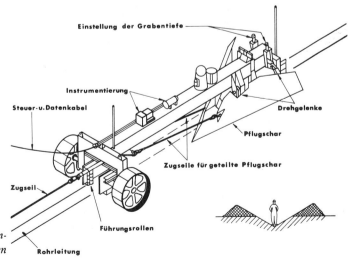

Bild 621:
Unterwasserpflug zum Eingraben von Fernleitungen

wird die Leitung mit Betonreitern so gesichert, daß sie nicht herausgerissen werden kann. Auf diese Weise hat man die Anlandungen auf den Shetland- und Orkney-Inseln durchgeführt.

In letzter Zeit sind Vorschläge ausgearbeitet worden, den Graben für die Einbettung mit mechanischen Mitteln herzustellen. Damit sollte der Einfluß der unterschiedlichen Bodenfestigkeiten ausgeschaltet werden. Solche Ideen sind keinesfalls neu; sie scheiterten an der Verwirklichung. Der von R.J. Brown als Prototyp gebaute Unterwasserpflug wurde 1980 zum Eingraben der 24"-Leitung in der Bass-Straße in Südost-Australien erfolgreich eingesetzt. Das 37 km lange Leitungsstück von der Snapper-A-Produktionsplattform an die Küste führte durch sandigen Boden mit stellenweisen Verfestigungen. Ein Einspülen war nicht möglich, so daß der Pflug die einzige vernünftige technische Alternative blieb. Das 1977 begonnene Entwicklungsprogramm hatte ein Gerät zum Ergebnis, mit dem erste großtechnische Erfahrungen gemacht werden konnten. Bild 621 zeigt den Unterwasserpflug, der von Schleppern gezogen einen etwa 1,2 m tiefen Graben unter der Leitung herstellt. Das seitlich aufgeworfene Bodenmaterial wurde im Laufe der Zeit von der Strömung eingeebnet.

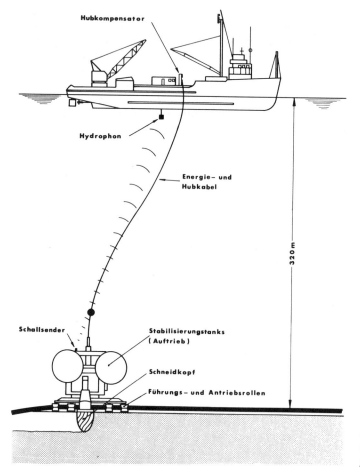

Bild 622:
Schneidkopf-Grabenfräse
für tiefes Wasser

Für die Einbettung einer Leitung durch den Norwegischen Graben wurde von der norwegischen Firma Kvaerner im Auftrag der norwegischen staatlichen Ölgesellschaft Statoil ein Gerät mit Eigenantrieb entwickelt. Es basiert auf dem bei Saugbaggern mit Schneidköpfen verwendeten mechanisch-hydraulischen Prinzip. Das Gerät wird auf die Leitung gesetzt und umfaßt sie mit 4 Antriebsrollenpaaren. Der Schneidkopf erzeugt seitlich von der Leitung einen Graben, in den die Leitung von selbst allmählich hineinrutscht. Die Absaugpumpen nehmen das gelöste Bodenmaterial aus dem Innern des Schneidkopfs auf. Mehrere Auftriebstanks im oberen Bereich gleichen das Eigengewicht nahezu aus. Der Vorteil des Gerätes liegt darin, daß es wegen seines Eigenantriebs und der umfangreichen Ortungshilfsmittel auch für tiefes Wasser einsetzbar ist. Bild 622 gibt einen Eindruck von der Arbeitsweise.

6.5.2.7. Überwachung

Seeverlegte Leitungen unterliegen wie landverlegte einer dauernden Überwachung. Üblicherweise wird bereits vor dem Bau der Leitung eine Betriebsgesellschaft gegründet, die das Projekt ökonomisch und administrativ verantwortlich leitet. Ihr obliegen im späteren Betrieb auch die Aufgaben der Überwachung mit allen damit verknüpften Maßnahmen. Das wesentlichste Instrument der Überwachung ist das Spezial-U-Boot, mit dem die Trasse in regelmäßigen Abständen abgefahren wird. Besonderes Augenmerk liegt auf der Ermittlung von Freispülungen, Durchhängen, Versetzungen und Verletzungen durch äußere Einwirkung, vornehmlich Fischereigerät und Schiffsanker. Die Überwachung hat präventiven Charakter, sie soll gravierende Schäden, die zu einem Bruch führen würden, möglichst frühzeitig erkennen.

Im Bereich der Plattformen werden die Leitungen regelmäßig von Tauchern inspiziert. Sie prüfen besonders die Einbindung zu den Steigrohren (riser). Es hat sich gezeigt, daß die Seeleitungen geringfügigen Längenänderungen ausgesetzt sind, die wie bei der Ekofisk-Emden-Leitung zu einer Verschiebung des Steigrohrs führen können.

6.5.3. Reel-Ship-Methode

Für bestimmte Anwendungsfälle hat es sich als nützlich erwiesen, das Rohr in größeren Einzellängen zu verlegen. Dabei stand die Kabelverlegetechnik Pate: Das Rohr wurde an Land auf eine geeignete Trommel gewickelt und auf See zum Verlegen wieder abgespult.

Die erste größere Aktion mit dieser Verlegemethode wird aus dem Jahr 1961 berichtet. Mit dem Trommel-Verleger U 303 konnten bis zu 8 km Rohrleitung von 4,5'' (114 mm) Durchmesser in einem Zug verlegt werden; 1970 wurde ein zweiter Trommel-Verleger in Dienst gestellt, die RB 2 von Fluor Ocean Service. Fluor hatte seinerzeit auch die U 303 gekauft und in RB 1 umbenannt. Die RB 2

Tafel 6/XI: Wichtigste Daten der Apache

Länge über alles	121,2 m
Breite	21,2 m
Tiefe	8,6 m
Tiefgang	5,4 m
Verdrängung	13 500 t
Aktionsradius	8 000 km
Fahrtgeschwindigkeit	20 km/h
Verlegegeschwindigkeit	3,5 km/h
Maschinenleistung	5 000 kW
Mannschaftsquartiere	122
Wiederaufnahmewinde	1 350 kN
Verstellpropeller	2
Schubdüsen Heck	2 x 570 kW
Schubdüsen Bug	2 x 570 kW

konnte 5,7 km Leitung von 12" (304,8 mm) in einem Zug verlegen. Die Trommel war horizontal gelagert. Beide Verleger waren beim Verlegen auf Schlepperhilfe angewiesen.

Im Jahre 1979 lief eine Neuentwicklung, die Apache von Santa Fe International, vom Stapel. Dieser Verleger ist gegenwärtig der modernste seiner Art. Er verfügt über ein eigenes Antriebssystem und eine dynamische Positionierung, so daß weder Schlepperhilfe noch Ankerseile während des Verlegens erforderlich sind. Tafel 6/XI enthält die wichtigsten Daten, in Tafel 6/XII ist die Variationsbreite der Trommel-Kapazität dargestellt. Bild 623 vermittelt einen Eindruck vom Aussehen des Schiffes. Im Gegensatz zu früheren Konstruktionen ist die Trommel vertikal angeordnet. Insgesamt 2000 t Rohr können aufgewickelt werden. Der Außendurchmesser der Trommel beträgt 24,6 m, der Innendurchmesser 16,2 m; die Wickelbreite liegt bei 6,6 m. Diese Maße ergaben sich aus einem Verlegeauftrag. Für andere Aufgaben werden die Maße erneut optimiert.

Tafel 6/XII: Trommelkapazität der Apache

| Rohrdurchmesser | | Verlegelänge |
(Zoll)	(mm)	(km)
4	10,16	80,8
6	15,24	48,3
8	20,32	31,5
10	25,40	22,1
12	30,48	16,5
14	35,56	13,6
16	40,64	9,1

Der erste Verlegeauftrag der Apache wurde 1979 für BP in der Nordsee ausgeführt. Er bestand im Verlegen von 4 Fließleitungen und 2 Steuerleitungen für die Verbindung von 2 Satelliten-Bohrungen mit der Bodenstruktur (Template) der Produktionsplattform des Buchan-Feldes (rund 150 km ost-nordost von Aberdeen). Die Satelliten-Bohrungen lagen etwa 1,5 km südwestlich der Plattform. Die Fließleitungen (4,5" (114 mm) Durchmesser; 11,1 mm Wanddicke; Werkstoff X65) wurden an Land (Edingburgh/Schottland) zu Längen von rund 300 m aus Einzelrohren zusammengeschweißt, geprüft und mit einer dünnen Epoxidschicht versehen. Während des Aufwickelns auf die Trommel wurden dann Zug um Zug die vorgefertigten Längen aneinander geschweißt, insgesamt 27 Stück. Alle Schweißungen wurden von Hand durchgeführt, die Schweißnahtprüfung (100 %) erfolgte mittels radioaktiver Durchstrahlung.

Die Verlegung erforderte eine hohe Präzision, um die vorgeschriebenen Start- und Zielquadranten einzuhalten. Hierfür gibt es inzwischen Unterwasser-Ortungsgeräte, die am Meeresboden und am Kopfstück des Rohres montiert werden. Das Kopfstück selbst ist über ein Seil mit einem Anker verbunden, der die für das Verlegen nötige Zugkraft von angenähert 250 kN aufnimmt. Als Korrosionsschutz werden alle 40 m vorgefertigte Anoden auf das sich abspulende Rohr geschweißt. Man muß davon ausgehen, daß die dünne Epoxidschicht unter den hohen Presskräften des Aufwickelvorgangs zerstört wird. Nicht zuletzt darum ist eine größere Anodenzahl nötig als bei einem isolierten Rohr.

Das Rohr erfährt während des Auf- und Abwickelns eine insgesamt zweimalige plastische Verformung. Damit ist zum einen eine Kaltverfestigung verbunden, zum anderen verändert sich die Querschnittsgeometrie von der runden in die ovale Form. Die Ovalität kann bei gegebenen Biegeradien und Zugkräften durch eine hinreichend große Wanddicke begrenzt werden, gegebenenfalls wird eine Nachrundung in einem „Deovaler" nach Verlassen der Trommel durchgeführt. Auch der Grad der zulässigen plastischen Verformung ist begrenzt, so daß letztlich ein bestimmtes Wanddicke-/Durchmesser-Verhältnis nicht unterschritten und ein bestimmter Durchmesser nicht überschritten werden

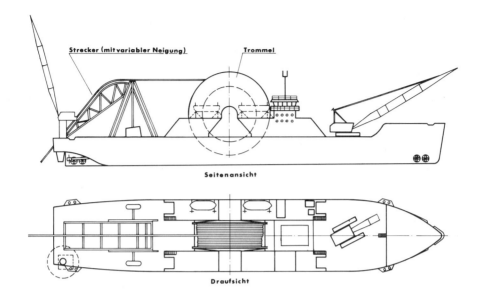

Bild 623: Trommel-Rohrverleger Apache

darf. Diese Werte werden in Abhängigkeit von Trommelradius, Zugkraft und Werkstoffqualität in Vorversuchen optimiert. In jedem Fall ist das Wanddicke-/Durchmesser-Verhältnis größer als bei der lay-barge-Methode. Dem kommt entgegen, daß die Wanddicke aus Gewichts- und Korrosionsschutz- gründen sowieso größer sein muß, denn weder eine Betonummantelung noch eine dichte Isolier- schicht kann angebracht werden.

6.5.4. Bottom-pull-Methode

Dieses Verfahren ist ebensowenig wie die Reel-Ship-Methode für große Seefernleitungen geeignet; es kann für Anlandungen und Plattformverbindungen eingesetzt werden. Auch die Durchquerung schmaler Seestreifen (bis 20 km Breite) ist möglich und wurde durchgeführt, etwa der Anschluß des Tanker-Terminals auf der Insel Kharg mit dem persischen Festland.

Bei der Land-See-Schleppung wird der Strang an Land zusammengeschweißt, zunächst zu langen Schüssen, die dann ihrerseits während des Schleppens Zug um Zug zusammengefügt werden. Die Lei- tungen erhalten neben dem üblichen Korrosionsschutz eine Betonummantelung zum Schutz gegen Abrasion und als Auftriebssicherung. Bei Anlandungen oder der Durchquerung von Seestreifen wer- den die Schleppkräfte von Winden aufgebracht, die am gegenüberliegenden Ufer installiert sind. Bei der Überbrückung größerer Entfernungen müssen Schlepper eingesetzt werden.

Zur Prüfung der technischen Durchführbarkeit und der Wirtschaftlichkeit wurde ein Großversuch durchgeführt mit dem Ziel, die Verbindungsleitung für die Statfjord-Plattform in Norwegen zu bauen und 393 km durch die Nordsee auf die Lokation zu schleppen. 1977 wurde dies Vorhaben nach einem Versuch mit guten Ergebnissen aus dem Jahre 1975 realisiert. Die Leitung war 1550 m lang, hatte einen Durchmesser von 36" (914 mm) bei einer Wanddicke von 0,875" (22,2 mm) und besaß eine Betonummantelung von 5,4 cm Dicke. In der Nähe von Tananger bei Stavanger/Norwegen

wurde eine Fertigungsstraße errichtet, auf der insgesamt 6 Rohrstränge von je 180 m und ein Strang
von 440 m Länge nebeneinander geschweißt und komplettiert wurden. Beginnend mit dem 440 m-
Strang, dessen Kopf pflugförmig ausgebildet war, wurde die Leitung von einem 16 000 kW-Schlepper
ins Wasser gezogen; die anderen Stränge wurden Zug um Zug angefügt. Nach einer Schleppfahrt
über 393 km konnte die Leitung vor der Plattform abgelegt werden.

Sehr nützlich ist die Bottom-pull-Methode bei der Anlandung in schwierigen Küstenzonen. So hat
man auch 1977 die Anlandung der Brent-Leitung in St. Fergus/Schottland durchgeführt. Diese See-
Land-Schleppung begann auf einem 2 km vor der Küste ankernden konventionellen Verleger, auf
dem die Leitung gefertigt wurde. An Land montierte Winden zogen sie durch die vorgesehen Trasse
bis zum Einbindepunkt.

Den Nachteil des großen Schleppkraftbedarfs sucht man in einer Variante zu vermeiden, die als
Float-in-Methode bekannt ist. Dabei wird die Leitung von Auftriebskörpern getragen. Das Verfahren
hat in Frankreich einige Verfechter. Eine Reihe von Versuchen wurde bereits Anfang der 60er Jahre
vor der algerischen Küste durchgeführt. 1975 fand ein erneuter Test mit einem 20''-Rohrstrang von
1000 m Länge in der Nordsee statt. Wenngleich über alle Tests nur positiv berichtet wird, so ist doch
an einen großtechnischen Einsatz vorerst nicht zu denken.

6.6. Leitungseinbindungen

Unter Einbinden (tie-in) einer am Meeresboden verlegten Leitung versteht man die Verbindung mit
einem Anschlußstück, sei es ein Steigrohr (riser) an einer Plattform, sei es eine andere Leitung am
Meeresboden. Die dafür angewendeten Techniken haben gemeinsame Grundzüge.

Die Einbindung an einen Plattform-riser erfolgt unter Verwendung eines Zwischenstückes, denn die
ankommende Leitung liegt nie genau passend vor dem Steigrohr. Die moderne Verlegetechnik gestattet inzwischen Zielgenauigkeiten mit wenigen Metern Abweichung vom Zielquadranten. Die Entfernung zum Steigrohr liegt bei 50 m, wobei die Leitung meistens nicht direkt auf die Plattform,
sondern an ihr vorbei weist. Damit ist die Möglichkeit gegeben, daß sich die Längenänderung der Leitung durch die elastische Biegung des Zwischenstückes ausgleicht. Bild 624 macht den Anfang einer
Pipelineverlegung an einer Plattform deutlich. Zunächst wird ein schwerer Anker mit einem langen

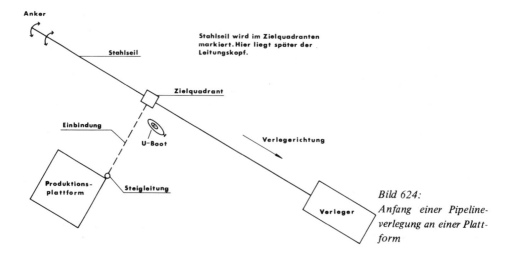

Bild 624:
*Anfang einer Pipeline-
verlegung an einer Platt-
form*

Stahlseil einige hundert Meter hinter dem Startpunkt ausgebracht. Der Anker wird von den Winden des Verlegers ausgebracht und mit der Zugkraft der Tensioner (rund 1,2 MN) fest eingerammt, dann wird die Zugkraft auf etwa 10 % zurückgenommen. Ein Mini-U-Boot mit einem Transponder fährt entlang des Seils und befestigt an der Stelle, wo der spätere Zielpunkt sein soll, eine Markierung. Dieses Einmessen geschieht mit Hilfe einer bewährten Unterwasser-Ortungstechnik. Der Verleger nimmt nun das Seil bis zur Markierung an Bord, indem er sich nach hinten bewegt. Die Markierung stellt die Stelle dar, wo das Kopfstück der Leitung mit dem Seil verbunden wird. Dann beginnt der Verlegevorgang, wobei der Verleger mit Hilfe seiner Ankerwinden auf dem vorgesehenen Kurs positioniert wird. Mit fortschreitender Verlegung gelangt schließlich das Kopfstück genau an die vorgesehene Stelle am Meeresboden.

Das Zwischenstück wird an Land gefertigt, wobei die Abmessungen von Tauchern an der Einbindestelle ermittelt werden. Der Transport zur Lokation erfolgt mit einem flachen Leichter. Mit Hilfe von 2 Kränen wird das je nach Typ 30 bis 60 t schwere Zwischenstück im luftgefüllten Zustand auf den Meeresboden abgesenkt. Das Steigrohr endet 2–3 m über dem Meeresboden mit einem drehbaren Flansch, der eine Richtungsanpassung zuläßt. Die Befestigung erfolgt mit Schrauben unter Zuhilfenahme von hydraulischen Werkzeugen. Auf der Pipelineseite hat das Zwischenstück entweder einen Flanschanschluß, der in ein entsprechendes Gegenstück an der Pipeline paßt, oder es ist eine Schweißung durchzuführen. Bei der Flanschung ist das Zwischenstück so präzise gefertigt, daß keine Nacharbeit nötig ist. Geringe Abweichungen werden im Flansch – es sind Sonderkonstruktionen – ausgeglichen.

Bei genau passenden Zwischenstücken kann nach erfolgtem Ausrichten eine Schweißung durchgeführt werden. Diese Präzision ist jedoch nicht immer erzielbar; sie hängt auch stark von der geometrischen Form und vom Durchmesser ab. Bei großen Durchmessern (20'' und höher) ist das Ausrichten und Anpassen eine zeitraubende Tätigkeit. Zur Vermeidung von Spannungen im Zwischenstück ist man bestrebt, Achsenabweichungen durch Verschieben der Leitung zu korrigieren. Dazu wird die noch luftgefüllte Leitung auf einer Länge von 50 bis 100 m mit Hilfe von hydraulischen Hubeinrichtungen angehoben und seitlich verschoben. In schwierigen Fällen werden zusätzlich Auftriebskörper eingesetzt, die am Rohr alle 20 m befestigt werden. Die Methoden sind vielfältig, in jedem Fall werden Taucher benötigt, die die Arbeit am Meeresboden durchführen. Liegen die Enden dann direkt nebeneinander, wird eine Rahmenkonstruktion mit integrierter Arbeitskammer darüber befestigt. Diese Konstruktion ist das entscheidende Hilfsmittel für die Unterwassereinbindung. Sie verfügt über hydraulische Pressen zum Ausrichten der Rohre; die Arbeitskammer (Habitat) gestattet einen „trockenen" Aufenthalt der Taucher, so daß alle Tätigkeiten in dieser Miniwerkstatt in einer gasförmigen Atmosphäre (Helium-Sauerstoff) unter Umgebungsdruck ausgeführt werden können. Die Einrichtung umfaßt alle Geräte zum Trennen, Anfugen, Schweißen, Prüfen und Isolieren der Rohre. Das Atemgas wird automatisch überwacht, gefiltert und erneuert. Alle Tätigkeiten werden vom Tauchmutterschiff mit Fernsehmonitoren überwacht. Das Tauchmutterschiff selbst ankert über der Einbindestelle.

Zur Aufnahme der endgültigen Einbindetätigkeit werden die Leitungen mit Wasser gefüllt und anschließend mit einem aufblasbaren Gummistopfen verschlossen. Die Kammer wird durch Einblasen von Atemgas entwässert. Die Taucherglocke dockt oben an und entläßt die Taucher, die lediglich eine besondere Arbeitskleidung tragen, in die Kammer. Zunächst werden die Rohrenden grob gekürzt, mit Hilfe der hydraulischen Pressen voreinandergelegt und so bearbeitet, daß genau 1 m Abstand zwischen den Schweißfugen liegt. In diese Lücke paßt ein mitgebrachtes Zwischenstück. Es wird von Hand eingeschweißt. Hier zeigt sich der Vorteil der Gasatmosphäre, die Schweißnähte von hoher Qualität zuläßt. Es erfolgt eine Prüfung, zum Abschluß wird die Isolierung aufgebracht. Der ganze

Tafel 6/XIII: Zeitbedarf für Unterwasser-Einbindungen und Reparaturen

Leitungs durchmesser		Art der Einbindung bzw. Tätigkeit	Arbeits- tage	Wetter- warte- tage	Gesamt- tage
(Zoll)	(mm)				
24	609	1 Flanschung an der Plattform 1 Schweißung an der Leitung	25	9	34
24	609	dito	24	8	32
36	914	dito	31	14	45
16	406	1 Schweißung an der Leitung nach Schaden durch Anker	17	5	22
24	609	1 Flanschung an der Plattform 1 Flanschung an der Leitung	19	3	22
24	609	dito	17	6	23
30	762	dito	11	4	15
30	762	dito	18	5	23
36	914	1 Flanschung an der Plattform 1 Schweißung an der Leitung	32	2	34
36	914	1 Flanschung an der Plattform 3 Schweißungen an der Leitung	57	5	62
36	914	1 Schweißung an der Leitung nach Bruch beim Drucktest	26	2	28

Vorgang nimmt für ein 36" (914 mm)-Rohr mit 0,867" (22 mm) Wanddicke etwa 12 Stunden in Anspruch. Das ist nur ein Bruchteil der Gesamtzeit, wie Tafel 6/XIII zeigt. Die weitaus meiste Zeit wird für die vorbereitenden Tätigkeiten benötigt. Das Verfahren wird in leicht modifizierter Form auch für die Verbindung von einzelnen Sektionen der Fernleitung verwendet, wenn mehrere Verleger zugleich tätig waren, was die Regel ist. Diese Unterwassereinrichtungen sind jedoch wesentlich größer (bis zu 200 t). Das Zusammenführen und Ausrichten ist schwieriger, denn die Verlegepräzision ist nicht so hoch wie in Plattformnähe. Dennoch ist man fast ganz von der alten Methode der Überwassereinbindung abgegangen, bei der die Enden der Leitungen an die Meeresoberfläche gehoben, verschweißt, geprüft, isoliert und wieder abgelassen wurden. Es war immer die Gefahr von Beulungen gegeben; Wettereinflüsse wirkten sich stärker aus.

Die Entwicklung der Unterwassereinbindung ist eng geknüpft an die Entwicklung der Tauch- und Schweißtechnik. Hier sind seit Mitte der 70er Jahre außerordentliche Fortschritte erzielt worden. Vom Schweißen in nasser Umgebung macht man an Leitungen im tiefen Wasser nur noch in Notfällen und bei ungünstigen Bedingungen Gebrauch. Die Qualität der Schweißnähte wird durch die schnelle Abkühlung des direkten Wasserkontakts während des Schweißens notwendigerweise beeinträchtigt.

Die technische Realisierung der Unterwassereinbindung erfordert einen hohen apparativen Aufwand für die Ausrüstung, sowohl unter wie über Wasser, der mit hohen Kosten verbunden ist. Es sind deshalb nur wenige Firmen weltweit auf solche Aufgaben eingerichtet. Sie sind zugleich in der Lage, Reparaturen an Leitungen durchzuführen. Mit der wachsenden Anzahl und der zunehmenden Betriebzeit werden solche Tätigkeiten zukünftig häufiger nötig als gegenwärtig, wo Schäden – wenn überhaupt – beim Verlegen oder kurz danach entstehen. Bedrohliche Schäden an in Betrieb befindlichen Leitungen sind bislang nicht gemeldet worden.

7. Transport fester Stoffe in Rohrleitungen

M. WEBER

Durch Rohrleitungen lassen sich nicht nur Flüssigkeiten und Gase günstig transportieren und verteilen. Auch Feststoffe können in Form von staubförmigen bis grobstückigen Schüttgütern gefördert werden, wenn sie in flüssigen oder gasförmigen Trägermedien suspendiert sind. Der hydraulische Pipeline-Transport feiner Stoffe kann sogar sehr günstige spezifische Transportkosten erzielen, wenn große Feststoffmengen über große Entfernungen und lange Zeiträume gefördert werden. In der modernen Transporttechnik scheint die Rohrförderung trotz mancher Nachteile, die dem strömungstechnischen Prinzip grundsätzlich anhaften, allgemein von zunehmendem Interesse zu sein, wie einerseits die stark zunehmende Zahl von kleineren und mittleren innerbetrieblichen pneumatischen und hydraulischen Förderanlagen, andererseits aber auch eine zunehmende Zahl großer Überlandpipelines zeigen (s. Tafel 7/I). Offenbar sind die mit strömungstechnischen Förderanlagen verbundenen Vorteile oftmals in der Gesamtheit doch überwiegend, so daß solche Fördersysteme oder Produktionssysteme, in die sie integriert sind, wirtschaftlich optimal sein können. In vielen Fällen sind pneumatische und hydraulische Förderung die einzige brauchbare Alternative etwa bei beengten Platzverhältnissen im Bergbau oder bei nachträglicher Automatisierung von Transportvorgängen, wo für mechanische Lösungen nicht genügend Platz vorhanden ist. In Tafel 7/II sind wesentliche Vor- und Nachteile von Rohrförderanlagen aufgeführt, deren Bedeutung im Einzelfall überprüft und verglichen werden muß.

Tafel 7/I: Feststoffpipelines nach [701]

Ausgeführte Pipelines							
lfd. Nr.	Standort	Inbetrieb-nahme	Fördergut	Förder-menge 10^6 t/a	Förder-strecke km	Rohrdurch-messer mm	Bemerkungen
1	Merlebach, Frankreich	1955	Feinkohle	1,2	9,5	375	
2	Bassin Lorraine, Frankreich	1956	Feinkohle	1,1	9	386	
3	Cadiz — Eastlake Ohio, USA	1957	Feinkohle	1,3	174	273	
4	Novovolynskaya, UdSSR	1957	Feinkohle	1,8	61		
5	Bonanza, Utah, USA	1957	Gilsonit	0,38	116	152	
6	Rugby, England	1964	Kalk	1,7	91	254	
7	Savage River, Tasmanien	1967	Magnetit	2,3	85	244	
8	Gardanne, Frankreich	1967	Rotschlamm	0,4	48	273/324	
9	Ohdate — Noshiro, Japan	1968	Kupferschlamm	0,45	71	305	
10	Black Mesa, Arizona, USA	1970	Feinkohle	5	440	365/457	
11	Erzberg W — Irian, Neuguinea	1973	Kupferkonzentrat	0,25	117	102	
12	Point Ubu, Brasilien	1977	Erz	7/12	386	508	
13	Hydrogrube Hansa, BR Deutschland	1978	Rohkohle	2	2,2	250	horizontal
14	Hydrogrube Hansa, BR Deutschland	1978	Rohkohle	2	0,85	250	vertikal
Konkret projektierte Pipelines							
15	Wyoming, Arkansas, USA	1980	Feinkohle	25	1668	965	
16	Kursk, UdSSR		Erz	7	28,5	3 x 324	
17	Utah/Nevada, USA		Feinkohle	10	290	610	
Projektstudien und mögliche Projekte							
18	Ruhrgebiet — Bayern, BR Deutschland		Kohle	3	ca. 400	400	
19	Rotterdam — Ruhrgebiet Niederlande/BR Deutschland		Erz	36	210	700	
20	Nordsee — Salzgitter BR Deutschland		Erz	3	250	338	
21	Zeebrügge — Luxemburg — Saar	1985	Erz	7/15/22	ca. 350		
22	Katowice — Linz, Polen/Österreich		Kohle	5	ca. 400	457	
23	Sishen — Saldana Bay, Südafrika		Erz	10	770	480	1976 durch Bau einer Eisenbahn überholt

Tafel 7/II: Vor- und Nachteile pneumatischer und hydraulischer Förderanlagen [702]

Vorteile	Nachteile
Einfachheit	rel. hoher Energieaufwand
Anpaßbarkeit	Verschleiß
geringer Platzbedarf	Abrieb
gute Trassierbarkeit	Blockagegefahr
Verzweigungsfähigkeit	rel. geringe Flexibilität
Regelbarkeit	
Automatisierbarkeit	Einschränkung bezüglich Eig-
Verfügbarkeit	nung von Fördergütern
Umweltfreundlichkeit	
geringe Inflationsrate	evtl. aufwendige Korn-
Wartungsfreundlichkeit	aufbereitung
Integrierbarkeit in	evtl. aufwendige Ent-
Prozesse, dadurch oft	wässerung
gute Gesamtwirtschaft-	evtl. aufwendige Ent-
lichkeit	staubung

Keinesfalls sollte man dem Irrtum unterliegen, Rohrfördersysteme seien generell stets vorteilhafter als andere. Dies hängt vom Einzelfall und dessen Randbedingungen ab und kann nur durch Wirtschaftlichkeitsrechnung geklärt werden. Dabei ist es oft schwierig, eine gemeinsame Vergleichsbasis konkurrierender Fördersysteme zu finden. Ferner ist es nicht leicht, weniger quantifizierbare Einflüsse, etwa politische oder ökologische, überhaupt in die Betrachtung einzubeziehen.

Auf jeden Fall sind durch physikalische Gegebenheiten dem Förderprinzip grundsätzliche Grenzen gesteckt, die es bei der Berechnung, Auslegung, Konstruktion und auch beim Betrieb zu beachten gilt.

7.1. Das Förderprinzip und seine Varianten

Feststoffe strömungstechnisch fördern heißt, sie mit Hilfe der Strömungskräfte strömender Trägermedien, das sind der Strömungswiderstand und die Druckkraft, tragen und fortbewegen. Dies kann je nach Trägermedium in Gasen oder Flüssigkeiten geschehen. Man hat daher grundsätzlich zwischen pneumatischer Förderung und hydraulischer Förderung zu unterscheiden, denn die Stoffeigenschaften dieser Träger sind grundverschieden.

Der Strömungswiderstand W eines umströmten Feststoffteilchens ist der Dichte des Strömungsmittels ρ_f, dem Quadrat der relativen Anströmung, also der Differenz von Fluid- und Feststoffgeschwindigkeit $(v_f - v_s)$ und dem Stirnquerschnitt des Festteilchens proportional, wobei der Widerstandsbeiwert c_w als Proportionalitätsfaktor auftritt, der selbst eine Funktion der Reynoldszahl Re_s ist.

$$W = c_w\,(Re_s) \cdot \frac{\rho_f}{2} \cdot (v_f - v_s)^2 \cdot \frac{\pi \cdot d_s^2}{4} \tag{701}$$

Der Widerstandsbeiwert kann in guter Näherung für ein kugelförmiges Korn wie folgt formuliert werden:

$$c_w = \frac{24}{Re_s} + \frac{4}{\sqrt{Re_s}} + 0{,}40 \tag{702}$$

Hier ist die teilchenbezogene Reynoldssche Zahl

$$Re_s = \frac{(v_f - v_s)\, d_s}{\nu_f} \qquad (703)$$

zu verwenden.

Dieser Strömungswiderstand unterliegt noch gewissen Einflüssen durch Nachbarteilchen, Kornform, Wandabstand, Turbulenz des Trägermediums, die in [703] eingehend behandelt sind.

7.1.1. Hydraulische Förderung

Bei Verwendung einer Flüssigkeit als Trägermedium kann das strömungstechnische Förderprinzip in relativ günstiger Weise genutzt werden. Da die Dichte solcher Trägermedien von der Größenordnung 10^3 kg/m^3 ist, erfährt der zu tragende und transportierende Feststoff bereits einen Archimedischen Auftrieb von $\rho_f/\rho_s \cdot 100\ \%$ – das sind bei Sand in Wasser 40 %. Dieser Auftrieb wird durch die insgesamt in Schwebe befindlichen Feststoffe noch erhöht und beträgt in einem Gemisch der mittleren Dichte ρ_m sogar $\rho_m/\rho_s \cdot 100\ \%$. Auf Grund dieses Auftriebes und der Größenordnung der Fluiddichte kann ein hydraulischer Träger die restlich notwendige Strömungskraft schon bei relativ kleinen Anströmgeschwindigkeiten erzielen. Der Energieaufwand für die hydraulische Förderung kann daher vergleichsweise zur pneumatischen Förderung gering sein. Außerdem ist der hydraulische Träger nahezu inkompressibel, wodurch auch sehr lange Förderstrecken prinzipiell möglich sind und der hydraulische Rohrtransport bei sehr feinen Korngrößen unter Umständen sogar sehr wirtschaftlich sein kann.

7.1.2. Pneumatische Förderung

Bei Verwendung von Gasen als Trägermedien ist das strömungstechnische Föderprinzip durch die geringe Dichte der Größenordnung 1 kg/m^3 sehr beeinträchtigt. Ein Archimedischer Auftrieb ist so gut wie nicht vorhanden. Diese Mängel sind nur durch erhöhte Geschwindigkeiten auszugleichen, wenn die erforderliche Tragkraft erzielt werden soll. Der Energieaufwand für die pneumatische Förderung muß daher vergleichsweise zur hydraulischen Förderung wesentlich größer sein. Ebenso sind Verschleiß und Abrieb von größerer Bedeutung. Aus beiden Gründen darf die Geschwindigkeit auch nicht zu hoch werden. Da Gase jedoch stark kompressibel sind, nimmt durch die druckverlustbedingte Expansion die Geschwindigkeit längs des Förderweges zu, wodurch Energieaufwand und Verschleiß weiter zunehmen. Stufenweise Erweiterungen des Rohrdurchmessers längs der Förderstrecke können diesen schädlichen Einfluß der Kompressibilität zwar verringern und somit die erzielbare Förderlänge etwa vergrößern. Dennoch bleiben pneumatische Förderanlagen auf rund 3–4 km begrenzt, wobei die Feststoffkonzentration gegenüber der hydraulischen Förderung ebenfalls sehr klein sein muß.

Aus diesem Sachverhalt erklärt sich der überwiegend innerbetriebliche Einsatz von pneumatischen Förderanlagen. Ihre Bedeutung wird jedoch oft verkannt mangels entsprechender Publizität, wie sie etwa hydraulische Langstreckenpipelines besitzen.

In Tafel 7/III sind die wichtigsten Gesichtspunkte zum Vergleich der pneumatischen und hydraulischen Rohrförderung zusammengestellt.

Tafel 7/III: Vergleich von pneumatischer und hydraulischer Förderung

Pos. Nr.	Vergleichsgrößen	Dimensionen	pneum. Förderung	hydr. Förderung
1	Dichte des Trägermediums	kg/m3	0,6 ÷ 5	1000
2	erforderl. Geschwindigkeit	m/s	≦ 30	≦ 5
3	Entlastung durch Archim. Auftrieb	%	≈ 0	40 bei Sand
4	Kompressibilität		sehr groß	sehr klein
5	Anforderungen an das Fördergut wenn nicht erfüllbar		trocken rieselfähig nicht zu grob in Kapsel	wasserverträglich, feinkörnig für große Strecken, evtl. teure Aufbereitung grobkörnig für kurze Strecken in Kapsel
6	Mögliche Förderstrecken als Folge von 1, 2, 3, 4 Kapselförderung einstufig	km km	≦ 4 mit ∅-Stufungen bei sehr geringem Mischungsverhältnis (Dünnstromförderung) ≦ 0,2 bei großem Mischungsverhältn. (Dichtstromförd.) ≦ 10	feinkörnig unbegrenzt (je länger desto günstiger) grobkörnig ≦ 10 km unbegrenzt (je länger desto günstiger)
7	spezifischer Energieaufwand bei horizontaler Förderstrecke bei vertikaler Förderstrecke	kWh/t km kWh/t km	1—10 bis 10 und mehr	0,1—1 bis 10 und mehr
8	Typische Anwendung		rel. kurze Strecken meist innerbetrieblich oft mit Prozessen Chemie Bergbau Müllentsorgung	kurze Strecken: innerbetrieblich Chemie, Umschlag, Verfahrenstechnik mittl. Strecken: Chemie, Umschlag, Bergbau, Baggerwesen, Entsorgung lange Strecken: Pipelines, Kapselpipelines

7.1.3. Hydro-pneumatische Förderung

Es sei hier der Vollständigkeit halber erwähnt, daß auch Wasser-Luft-Gemische als Strömungsmedien in Frage kommen. Speziell für vertikale Feststofförderung wird die hydro-pneumatische Förderung eingesetzt. Hierbei wird Luft in das getauchte Förderrohr eingeblasen, wodurch die rohrinnere Gemischsäule spezifisch leichter wird und von der äußeren Wassersäule nach oben gedrückt wird. Bei entsprechender Lufteinblasmenge kann die Strömung so heftig werden, daß auch Feststoffe gefördert werden können. Näheres zu dieser auch Lufthebeverfahren genannten Fördermethode ist in [703, 704, 705] mitgeteilt. Als Einsatzgebiete sind vor allem Bohrtechnik, Meerestechnik, Bergbau, Kerntechnik und Verfahrenstechnik zu nennen.

7.1.4. Vertikale Förderung

Im vertikalen Fall aufwärts wirken die Strömungskräfte sowohl tragend als treibend, nämlich genau entgegen dem Feststoffgewicht. Ist die Fluidgeschwindigkeit v_f im Mittel größer als die Sinkgeschwindigkeit des Feststoffes w_{so}, so wird der Feststoff mit der Geschwindigkeit v_s nach oben gefördert. Da die Fluidgeschwindigkeit jedoch ein Profil aufweist und Entmischungen vermieden werden müssen, sollte dieses Förderkriterium zur Erzielung einer einwandfreien Förderung gut erfüllt sein

$$v_f \gg w_{so} \tag{704}$$

Da schon wegen des gewünschten Massendurchsatzes solche Rohrströmungen turbulent sind, sorgen die Strömungskräfte der turbulenten Quergeschwindigkeitsschwankungen im allgemeinen für gleichmäßige Feststoffverteilung im Querschnitt. Die Sinkgeschwindigkeit ergibt sich für einzelne kugelförmige Feststoffteilchen mit Beziehung (701) und (702) aus dem eingangs erwähnten Kräftegleichgewicht zu

$$w_{so} = \sqrt{\frac{4}{3} \frac{d_s}{c_{w\,(Re_s)}} \frac{\rho_s - \rho_f}{\rho_f} \, g} \qquad (705)$$

Da die Sinkgeschwindigkeit nach dieser Beziehung im allgemeinen wegen der Reynoldsabhängigkeit des Widerstandsbeiwertes nur iterativ zu errechnen ist, sind für Wasser von 15 °C die Sinkgeschwindigkeiten kugelförmiger Teilchen für verschiedene Feststoffdichten ρ_s über der Korngröße in den Bildern 701 und 702 aufgetragen. Die entsprechenden Sinkgeschwindigkeiten in Luft von 20 °C bei 760 mm Hg sind in den Bildern 703 und 704 zu finden. Für abweichende Bedingungen oder andere Trägermedien kann das Diagramm Bild 705 verwendet werden.
In der Praxis liegen jedoch meist nicht kugelförmige Feststoffteilchen vor und außerdem Korngrößenverteilungen. Ferner unterliegt der Widerstandsbeiwert weiteren Einflüssen, so daß oft die rechneri-

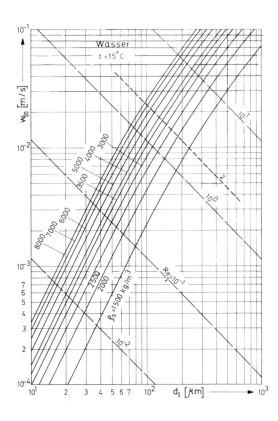

Bild 701:
Sinkgeschwindigkeit kugeliger Einzelteilchen in ruhendem Wasser von 288 K für Korndurchmesser 10−250 μm aus [703]

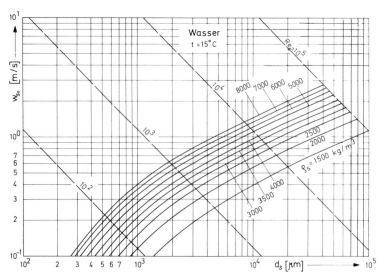

Bild 702: Sinkgeschwindigkeit kugeliger Einzelteilchen in ruhendem Wasser von 288 K für Korndurchmesser von 250 µm ÷ 10 cm aus [703]

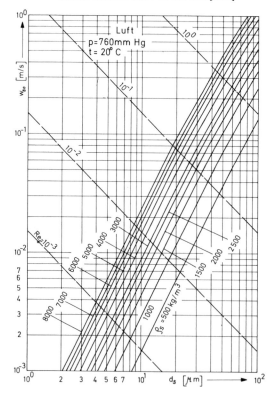

Bild 703:
Sinkgeschwindigkeit kugeliger Einzelteilchen in ruhender Luft bei 760 Torr und
293 K für Korndurchmesser von 2 ÷
100 µm aus [703]

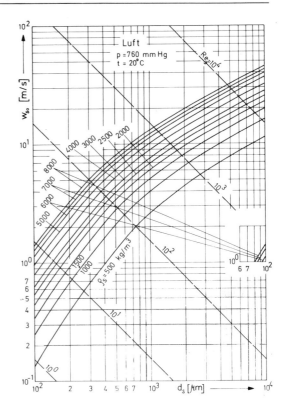

Bild 704:
Sinkgeschwindigkeit kugeliger Einzelteil-
chen in ruhender Luft bei 760 Torr und
293 K für Korndurchmesser von 100 μm
÷ 10 mm aus [703]

sche Bestimmung der Sinkgeschwindigkeit nicht mögich oder zu ungenau ist. Hier kann ein Schwebe-
oder Fallversuch weiterhelfen. Die wichtigsten Einflüsse der Kornform und der Konzentration können,
mit Hilfe der Tafeln 7/IV und 7/V berücksichtigt werden. Die Form des Feststoffkorns wird durch die
Sphärizität gekennzeichnet als dem Verhältnis der Oberfläche einer volumenäquivalenten Kugel zur
tatsächlichen Teilchenoberfläche.

Tafel 7/IV: Verhältnis der Sinkgeschwindigkeit bei Spärizität Ψ zur Sinkgeschwindigkeit von Kugeln
w_S/w_{SO} nach [710]

Re_S \ ψ	1	0,95	0,9	0,8	0,6	0,3	0,2
10^{-2}	1	0,98	0,95	0,9	0,82	0,79	0,76
10^{-1}	1	0,95	0,9	0,8	0,71	0,67	0,64
10^{0}	1	0,9	0,83	0,71	0,605	0,56	0,51
10^{1}	1	0,87	0,77	0,63	0,52	0,45	0,39
10^{2}	1	0,85	0,72	0,56	0,43	0,35	0,28
10^{3}	1	0,83	0,67	0,5	0,375	0,28	0,21
10^{4}	1	0,81	0,63	0,465	0,36	0,24	0,17

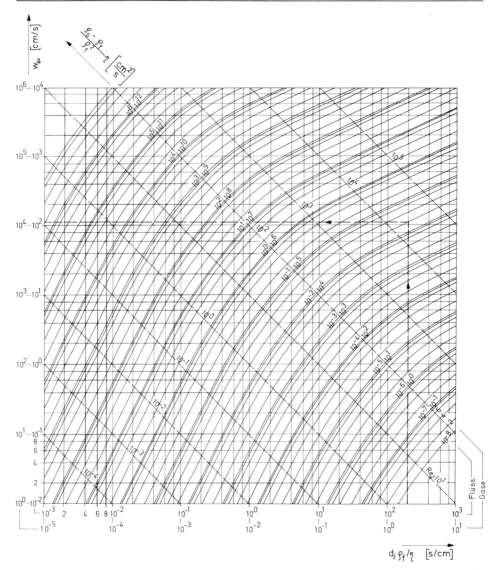

Bild 705: Sinkgeschwindigkeit kugeliger Einzelteilchen in beliebigen Medien. d_s in cm, ρ in g/cm³, η in Poise einsetzen. 1 Poise = 0,01 Ns/m² aus [703]

7.1.5. Horizontale Förderung

Schwieriger ist es, für die horizontale Förderung ein Förderkriterium aufzustellen, da die treibende Trägerströmung horizontal verläuft, die Schwerkraft jedoch vertikal wirkt. Die Trägerströmung muß also außer den treibenden Strömungskräften noch tragende Querkräfte erzeugen. Um den Feststoff schwebend zu transportieren, müssen also außer der Archimedischen Auftriebskraft weitere Kraft-

Tafel 7/V: Verhältnis der Sinkgeschwindigkeit bei höherer Konzentration zur Sinkgeschwindigkeit der Einzelkugel w_S/w_{SO} nach [703]

Re_S \ c_v	0	0,05	0,1	0,15	0,2	0,25	0,3	0,35	0,4
10^{-2}	1	0,784	0,606	0,462	0,346	0,255	0,184	0,130	0,090
10^{-1}	1	0,786	0,609	0,466	0,350	0,258	0,187	0,132	0,091
10^{0}	1	0,796	0,626	0,485	0,370	0,278	0,204	0,147	0,103
10^{1}	1	0,831	0,684	0,557	0,448	0,355	0,277	0,212	0,159
10^{2}	1	0,866	0,744	0,634	0,535	0,447	0,368	0,299	0,239
10^{3}	1	0,886	0,781	0,682	0,592	0,508	0,432	0,363	0,301
10^{4}	1	0,888	0,783	0,686	0,596	0,513	0,437	0,368	0,306

effekte wirksam werden. Zu nennen sind etwa turbulenter Queraustausch, Magnuseffekt, asymetrische Umströmung, asymmetrischer Wandstoß und Teilchenstoß. Da sich diese verschiedenen Effekte überlagern, ist es nicht möglich, ein Förderkriterium theoretisch zu formulieren.

Für den allgemeinen Fall, daß sich mehrere der genannten Quereffekte überlagern, muß man sich empirisch gewonnener Werte bedienen und fordern, daß die Fördergeschwindigkeit größer als eine kritische sein muß, bei der erste Feststoffe sich ablagern.

$$v_f > v_{crit} \qquad\qquad (706)$$

Aus den Beziehungen (705) und (706) ist ersichtlich, daß nicht nur strömungsbedingte Größen von Einfluß sind, sondern auch Feststoffdichte und Korngröße. Je feinkörniger und leichter ein Feststoff ist, umso eher ist das obige Kriterium zu erfüllen. Je mehr die Fluidgeschwindigkeit die kritische Geschwindigkeit übertrifft, umso gleichmäßiger ist die Feststoffkonzentration im Rohrquerschnitt.

Für die hydraulische Förderung kann die kritische Geschwindigkeit aus Bild 706 entnommen werden, für die pneumatische Förderung aus Bild 707.

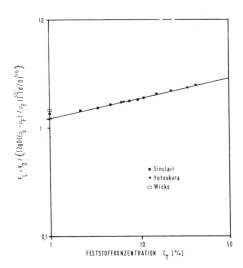

Bild 706: Kritische Geschwindigkeit bei horizontaler hydraulischer Förderung als Funktion von Korngröße, Rohrdurchmesser, Dichteverhältnis und Konzentration nach [707]

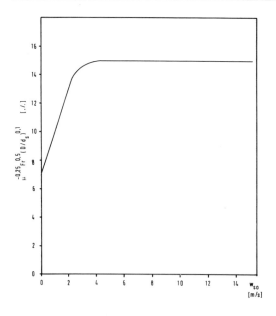

Bild 707:
Kritische Froudezahl bei horizontaler pneumatischer Förderung als Funktion der Sinkgeschwindigkeit, der Beladung μ, des Korn- und Rohrdurchmessers nach [702]

Je nachdem, wie die erwähnten Förderkriterien erfüllt sind und wie weitere wichtige Einflußgrößen beschaffen sind, bilden sich besonders charakteristische Strömungszustände aus. Entsprechende Druckverlust-Geschwindigkeitszusammenhänge sind in sogenannten Zustandsschaubildern (Bilder 708, 709, 710) als Kennlinien der Förderstrecke mit den wesentlichen Strömungszuständen dargestellt. Der Betriebspunkt einer Förderanlage ergibt sich aus dem Schnitt mit der Kennlinie der Pumpe oder des Verdichters.

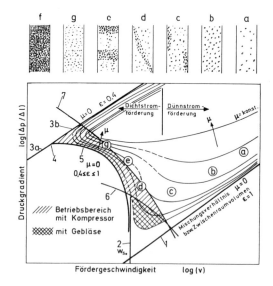

Bild 708:
Qualitatives Zustandsschaubild für vertikale pneumatische und hydraulische Förderung nach [703]
1 leeres Rohr, 2 Sinkgeschwindigkeit des Einzelkornes w_{so}, 3a Durchströmung frei beweglicher Schüttung, 3b Druchströmung festgehaltener Schüttung, 4 Wirbelpunkt, 5 ausgedehnte Wirbelschicht, 6 Gebläsekennlinie, 7 Kompressorkennlinie, a) homogene, b) heterogene Flug- bzw. Schwebeförderung, c) Ballen-, d) Strähnen-, e) Propfenförderung, f) pneum. Schub- bzw. hydr. Dichtstromförderung, g) pneumatische Fließförderung bzw. hydraulische Schlammförderung

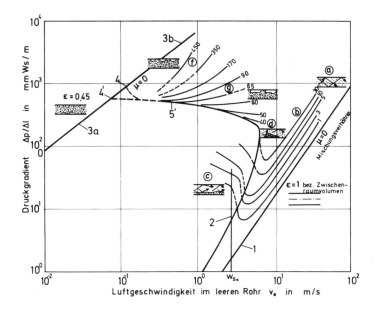

Bild 709: Quantitatives Zustandsschaubild einer horizontalen pneumatischen Förderung von Sand im Glasrohr nach [703] Rohrdurchmesser 10 mm, Korndurchmesser 350 μm, 4'Lockerungspunkt, 5' wirbelschichtähnliche Grenzlinie, im übrigen Legende wie in Bild 708

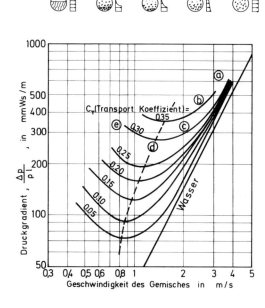

Bild 710:

Quantitatives Zustandsschaubild einer horizontalen hydraulischen Förderung von Sand (d_S = 208 μm) nach [708]

a) Homogene Suspension, b) heterogene Suspension, c) Strähnenförderung, d) beginnende Ablagerung (kritische Geschwindigkeit), e) zunehmende Ablagerung mit dünenhafter Förderung bzw. Propfenförderung

7.2. Berechnung strömungstechnischer Rohrförderung

Die Berechnungsgrundlagen zur Auslegung pneumatischer und hydraulischer Förderanlagen können in dem gegebenen Rahmen nicht in voller Breite dargelegt werden. Zur Vertiefung und detaillierterer Bearbeitung sei auf einige Standardwerke der einschlägigen Literatur hingewiesen [703, 706, 707, 709 bis 711].

7.2.1. Berechnung hydraulischer Rohrförderung

Bei der hydraulischen Förderung sind die im folgenden behandelten drei wichtigsten charakteristischen Bereiche zu unterscheiden.

7.2.1.1. Homogene hydraulische Förderung

Ist die Sinkgeschwindigkeit des Feststoffes klein genug, so daß die geringste Turbulenz der Trägerströmung genügt, den Feststoff völlig gleichmäßig verteilt in Schwebe zu halten, so liegt homogene Förderung vor. Bei Sand ist dies für Korngrößen $d_s < 30\ \mu$m der Fall. Die Geschwindigkeiten von Fluid und Feststoff sind gleich $v_f = v_s = v_m$ und die Transport- und Raumkonzentrationen sind ebenfalls gleich $c_T = c_v$. Die Transportkonzentration c_T ist als Verhältnis des geförderten Feststoffvolumenstroms $\dot{V}_s$

$$\dot{V}_s = c_v\, v_s \cdot A \tag{707}$$

zum geförderten Gesamtvolumenstrom $\dot{V}_{tot}$
definiert

$$c_T = \frac{\dot{V}_s}{\dot{V}_{tot}} = \frac{c_v \cdot v_s \cdot A}{v_m \cdot A} \tag{708}$$

Hierin bedeutet A die Rohrquerschnittsfläche und c_v die Raum- oder Volumenkonzentration des Feststoffes. Sie ist als das Verhältnis des momentanen örtlichen Feststoffvolumens zum Gesamtvolumen eines Rohrelementes definiert

$$c_v = \frac{V_s}{V_{tot}} \tag{709}$$

Solch eine homogene Suspension erscheint wie eine Flüssigkeit höherer Dichte und Zähigkeit und kann auch als solche analog zu den reinen Strömungen berechnet werden.
Allgemeingültig kann der homogene Förderbereich mit der feststoffbezogenen Reynoldszahl für beliebige Feststoffe angegeben werden. Homogene Feststoffgemische sind danach für $Re_s < 0{,}02$ zu erwarten. Newtonsches Verhalten zeigen diese Gemische allerdings nur etwa bei Konzentrationen $c_v < 0{,}3$. Bei höheren Konzentrationen kann nicht-Newtonsches Verhalten auftreten. Näheres zur Rheologie und Klassifikation solcher Gemische siehe [707, 710, 711, 712].
Mit der mittleren Gemischdichte ρ_m, die sich aus den Dichten der beteiligten Phasen und ihren Volumenkonzentrationen c_v oder $1 - c_v$ ergibt

$$\rho_m = c_v \rho_s + (1 - c_v)\,\rho_f \tag{710}$$

kann der Druckverlust im horizontalen und vertikalen Fall wie folgt berechnet werden:

$$\frac{\Delta p}{L} = \left(\frac{\Delta p}{L}\right)_{fh,v} \cdot \frac{\rho_m}{\rho_f} \tag{711}$$

hierin steht für den horizontalen Druckgradienten der reinen Flüssigkeit:

$$\left(\frac{\Delta p}{L}\right)_{fh} = \lambda_f\,(\text{Re})\,\frac{\rho_f}{2}\,\frac{v_m^2}{D} \tag{712}$$

und für den vertikalen Druckgradienten der reinen Flüssigkeit

$$\left(\frac{\Delta p}{L}\right)_{fv} = \lambda_f\,(\text{Re})\,\frac{\rho_f}{2}\,\frac{v_m^2}{D} \pm g \cdot \rho_f \tag{713}$$

wobei v_m die mittlere Gemischgeschwindigkeit bedeutet, die sich aus den Volumenströmen der festen Phase $\dot{V}_s$ und der flüssigen Phase $\dot{V}_f$ bzw. aus den Phasengeschwindigkeiten und Konzentrationen errechnen läßt

$$v_m = \frac{\dot{V}_s + \dot{V}_f}{A} = c_v v_s + (1 - c_v)v_f \tag{714}$$

Die auf die Rohrströmung bezogene Reynoldszahl Re ergibt sich damit zu:

$$\text{Re} = \frac{v_m D}{\nu_f} \tag{715}$$

Der Rohrreibungsbeiwert λ_f des reinen Trägermediums kann dem Prandtl-Colbrook-Diagramm (s. Bild 3, S. 174) entnommen werden. Im Bereich von $2300 < \text{Re} < 50\,000$ genügt es oft den Reibungsbeiwert für hydraulisch glatte Rohre nach Blasius zu verwenden, da der Feststoff nach kurzer Betriebszeit Rauhigkeiten abgeschliffen hat.

$$\lambda_f = 0{,}316\,\sqrt[4]{\frac{1}{\text{Re}}} \tag{716}$$

7.2.1.2. Pseudohomogene hydraulische Förderung

Ist größere Turbulenz der Trägerströmung erforderlich, um die Feststoffe in Schwebe zu halten, so hängt die Konzentrationsverteilung im horizontalen Rohr nicht nur von der Sinkgeschwindigkeit der Feststoffteilchen ab, sondern auch noch von der Fördergeschwindigkeit und dem Rohrdurchmesser.

Der Feststoff ist nicht mehr ganz homogen verteilt. Üblicherweise wird dieser Bereich mit $0,1 < Re_s < 2$ festgelegt. Dies entspricht bei Förderung von monodispersem Sand dem Korngrößenbereich $50\ \mu m < d_s < 150\ \mu m$. Newtonsches Verhalten zeigen solche Gemische bis zu Konzentrationen von ca. 30 %. Für höhere Konzentrationen gilt das gleiche wie für homogene Suspensionen.

In Tafel 7/VI sind für verschiedene Feststoffdichten die Korngrößen, Sinkgeschwindigkeiten und Fördergeschwindigkeiten der unteren und oberen Bereichsgrenze der pseudohomogenen Förderung bei konstantem Konzentrationsprofil zusammengestellt. Die Feststoffverteilung ist an der unteren Grenze nahezu homogen, an der oberen Grenze bereits stärker entmischt.

Die Berechnung Newtonscher pseudohomogener Gemische kann nach denselben Beziehungen der homogenen erfolgen.

Tafel 7/VI: Obere und untere Grenze des pseudohomogenen Förderbereiches nach [712]

$Re_s = 2$	$w_{so}/v_m = 0,0056$									
$\dfrac{\varrho_s}{\varrho_f}$	—	1,5	2	2,5	3	4	5	6	7	8
d_s	μm	231	184	162	147	128	116	108	101	96
w_{so}	cm/s	0,97	1,25	1,42	1,56	1,8	1,98	2,12	2,26	2,38
v_f	m/s	1,73	2,23	2,53	2,78	3,21	3,53	3,78	4,03	4,25
$Re_s = 0,1$	$w_{so}/v_m = 0,00146$									
d_s	μm	80	63	55	49,5	43,5	39,5	36,5	34,5	33
w_{so}	cm/s	0,147	0,186	0,214	0,236	0,27	0,298	0,322	0,34	0,36
v_f	m/s	1,00	1,27	1,46	1,62	1,85	2,04	2,20	2,33	2,47

7.2.1.3. Heterogene hydraulische Förderung

Bei Reynoldszahlen $Re_s > 2$ können Feststoffe nur noch in heterogener Suspension gefördert werden. Die Feststoff- und Fluidgeschwindigkeit unterscheiden sich durch den sogenannten Schlupf. Im vertikalen Fall liegen auf Grund der besonderen Kräftekonstellation bezüglich der Feststoffverteilung pseudohomogene Verhältnisse vor.

Der vertikale Fall kann daher in guter Näherung mit den entsprechenden Beziehungen der homogenen Förderung berechnet werden. Es ist jedoch zu beachten, daß Raum- und Transportkonzentration ebenso wie Feststoff- und Fluidgeschwindigkeit nicht mehr gleich sind. Die Feststoffgeschwindigkeit ergibt sich im vertikalen Fall in guter Näherung zu

$$v_s = v_f - w_{so} \qquad\qquad (717)$$

Sind Transportkonzentration nach Beziehung (708) und mittlere Gemischgeschwindigkeit v_m nach Beziehung (714) gegeben, so ist die Fluidgeschwindigkeit

$$v_f = \frac{1}{2}\left[w_{so} + v_m \pm \sqrt{(w_{so} + v_m)^2 - 4(1-c_T)v_m w_{so}} \right] \qquad\qquad (718)$$

und die Raumkonzentration

$$c_v = \frac{v_m}{2w_{so}}\left[\frac{w_{so}}{v_m} - 1 + \sqrt{\left(1 - \frac{w_{so}}{v_m}\right)^2 + 4c_T\frac{w_{so}}{v_m}} \right] \qquad\qquad (719)$$

Für die Berechnung des Druckverlustes bei horizontaler heterogener Förderung hat sich die Beziehung von Durand bewährt, die hier in einer allgemeingültigen Form wiedergegeben wird:

$$\frac{\dfrac{\Delta p}{L} - \left(\dfrac{\Delta p}{L}\right)_{fh}}{\left(\dfrac{\Delta p}{L}\right)_{fh} c_T} = K \left(\frac{gD}{v_m^2} \cdot \frac{\rho_s - \rho_f}{\rho_f \sqrt{c_w}}\right)^n \qquad (720)$$

Mit K = 83 und n = 1,5 – entsprechend Durands Messungen mit monodispersen Sanden (s. Bild 711) – sind für nahezu monodisperse Feststoffe gute Ergebnisse zu erwarten. Liegen jedoch Feststoffe mit breiterer Kornverteilung vor, so können die Werte für K und n völlig andere sein. Nach neuen Untersuchungen von Wagner [713] kann Beziehung (720) für polydisperse Stoffe verwendet werden, wenn

$$K = 83^{\frac{1}{m}} \qquad (721)$$

und

$$n = \frac{1,5}{m^3} \qquad (722)$$

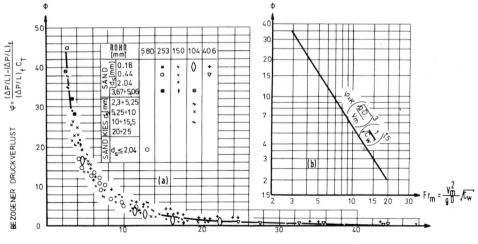

Bild 711: Druckverlustkorrelation für hydraulische Förderung von Sand und Kies nach Durand [706]
  K = 176

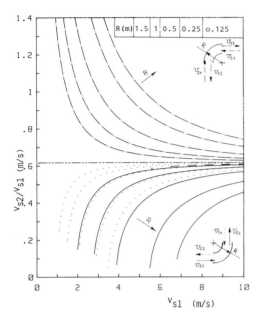

Bild 712:
Verhältnis von Ausgangs- zu Eingangsge-
schwindigkeit an 90°-Krümmern verschie-
dener räumlicher Lage und verschiedener
Krümmungsradien R bei hydraulischer För-
derung. Berechnet nach [703] für Sand mit
einem mechanischen Reibungswert von 0,5.
Gestrichelte Linie —··— für 90°-Krümmer
in horizontaler Ebene und alle Radien.
— — — für alle Radien.

gesetzt wird. Die Größe m ergibt sich aus der Kornverteilung des Feststoffes mit den Korndurch-
messern bei 90 % Siebdurchgang d_{s90} und bei 10 % Siebdurchgang d_{s10} zu

$$m = 2 - \left(\frac{d_{s90}}{d_{s10}}\right)^{-0,04} \tag{723}$$

zur Ermittlung des Widerstandsbeiwerte c_w, der in Gleichung (720) und für die Sinkgeschwindigkeit
nach Gleichung (705) benötigt wird, ist die mittlere Korngröße d_s bei 50 % Siebdurchgang zu verwenden.

Der Beschleunigungsdruckverlust am Anfang einer Förderstrecke oder nach der Abbremsung in Krümmern kann wie folgt errechnet werden:

$$\Delta p_B = \frac{\dot{V}_s}{A} \rho_s \Delta v_s \tag{724}$$

Hierin bedeutet Δv_s die Geschwindigkeitsdifferenz die der Feststoff bei der Beschleunigung durchläuft. Bei der Anfangsbeschleunigung aus dem Ruhezustand ist sie identisch mit der erreichten Beharrungsgeschwindigkeit v_s. Diese unterscheidet sich bei der horizontalen heterogenen Förderung
zwar von der mittleren Gemischgeschwindigkeit v_m etwas. Letztere kann jedoch näherungsweise als
Beharrungsgeschwindigkeit des Feststoffes verwendet werden.
In Rohrkrümmern kommt es durch Zentrifugalwirkung zu strähnenhafter Entmischung des Feststoffes an der Krümmeraußenseite, wodurch die Feststoffgeschwindigkeit infolge mechanischer Rei-

bung von der Beharrungsgeschwindigkeit der vorangegangenen Strecke abgebremst wird. Der Krümmerdruckverlust äußert sich als Wieder-Beschleunigungsdruckverlust in der nachfolgenden Strecke,
wo der Feststoff auf den Beharrungswert dieser Strecke beschleunigt wird.
Die Abbremsung des Feststoffes in Krümmern ist für verschiedene Krümmerlagen aus Bild 712 zu
entnehmen. Aus der Krümmeraustrittsgeschwindigkeit v_{s2} und dem Beharrungswert v_m der nachfolgenden Strecke ergibt sich das entsprechende Δv_s.

7.2.2. Berechnung pneumatischer Förderung

Auch bei der pneumatischen Förderung ergeben sich je nachdem, wie groß die Fördergeschwindigkeit im Vergleich zur Sinkgeschwindigkeit der Festteilchen ist und wie das Mischungsverhältnis von
Feststoff zu Gas ist, unterschiedliche Strömungszustände. Das Mischungsverhältnis oder die Beladung μ ergibt sich aus dem Quotienten von Feststoffmassenstrom

$$\dot{m}_s = (1 - \epsilon) \, \rho_s \, A \, v_s \qquad (725)$$

zu Luftmassenstrom

$$\dot{m}_f = \epsilon \, \rho_f \, A \, v_f \qquad (726)$$

zu

$$\mu = \frac{\dot{m}_s}{\dot{m}_f} = \frac{(1 - \epsilon) \, \rho_s \, v_s}{\epsilon \, \rho_f \, v_f} \qquad (727)$$

Hierin bedeutet ϵ das bezogene Zwischenraumvolumen oder die Porosität und ist identisch mit der
Fluidkonzentration $1 - c_v$

$$\epsilon = \frac{V_f}{V_f + V_s} = 1 - c_v \qquad (728)$$

7.2.2.1. Flugförderung

Bei Geschwindigkeiten $v_f \gg w_{so}$ und Mischungsverhältnissen von $\mu < 30$ liegt im Allgemeinen Flugförderung vor, bei der die Feststoffverteilung verhältnismäßig homogen ist. Dieser Förderbereich ist
zwar vom Energieaufwand her ungünstig, bietet aber im höheren Geschwindigkeitsbereich gute Sicherheit gegen Verstopfen. Außerdem bietet er die Möglichkeit, maximale Förderrohrlängen bei Durch-
messerstufung zu erzielen. Dabei pendelt die Geschwindigkeit zwischen maximal zulässigen Werten
und der kritischen Geschwindigkeit. Mit nachlassender Geschwindigkeit werden zwar wirtschaftlichere Zustände erreicht, aber die Feststoffverteilung wird heterogener, bis bei Annäherung an die Sinkgeschwindigkeit zunächst strähnenhaft oder dünnenhaft bewegte Förderung auftritt und schließlich
bei der kritischen Geschwindigkeit ruhende Ablagerungen auftreten. Dies geschieht im Bereich des
Druckverlustminimums, wo dann ein Übergang aus der Dünnstrom- in die Dichtestromförderung erfolgt, der meist zu instationärer Propfenförderung führt.

7.2.2.2. Strähnen-, Ballen- und Dünenförderung

Im Bereich der kritischen Geschwindigkeit bei Mischungsverhältnissen $\mu > 30$ tritt die mehr oder
weniger entmischte Strähnen-, Ballen- oder Dünenförderung ein, die zwar vom Energieaufwand gesehen günstig ist, jedoch die Verstopfungsgefahr nicht ausschließt.

7.2.2.3. Propfen-, Schub- und Fließförderung

Bei hohen und höchsten Mischungsverhältnissen $\mu \gg 30$ findet die Propfenförderung oder bei ganz vollem Rohr die Schubförderung grobkörniger Stoffe bei hohen Druckgradienten, aber kleinen Geschwindigkeiten statt. Der spezifische Energieaufwand kann sehr günstig sein, vor allem bei der Fließförderung sehr feinen fluidisierfähigen Gutes. Infolge der hohen Druckgradienten dieser Dichtstromförderarten wirkt sich die Kompressibilität nach relativ kurzer Strecke bereits so aus, daß diese günstigen Förderzustände verlassen werden.

7.2.2.4. Berechnung horizontaler pneumatischer Förderung

Die meisten der oben genannten Förderzustände, insbesondere aber der Flugförderzustand, lassen sich mit einem Ansatz, der analog zur Berechnung des Druckverlustes der reinen Phase angesetzt ist, berechnen [709]

$$\Delta p = (\lambda_f + \mu \, \lambda_s) \, \frac{L}{D} \, \frac{\rho_f}{2} \, v^2{}_{fo} \qquad (729)$$

danach setzt sich der Druckverlust des Gas-Feststoff-Gemisches aus einem Anteil der reinen Trägerphase und einem zusätzlichen Anteil der festen Phase zusammen.

Der Gasreibungsbeiwert λ_f kann wieder nach Blasius Gl. (716) erfolgen oder gegebenenfalls für reale Fälle entsprechend einer mittleren Rohrrauhigkeit aus dem geläufigen Nikuradse-Schaubild bzw. dem Prandtl-Colbrook-Diagramm (S. 174, Bild 3) entnommen werden.

Der Feststoffdruckverlustbeiwert λ_s, in dem Stoß-, Reibungs- und Gewichtseinflüsse des Feststoffes enthalten sind, ist eine empirisch zu bestimmende stoffspezifische Größe, die eine Funktion mehrerer wesentlicher Einflußgrößen ist.
Stegmaier [714] hat für eine Reihe feinkörniger Feststoffe durch ähnlichkeitsmechanisch sinnvolle Korrelation einen Mittelwert für unterschiedlichste Stoffe zu

$$\lambda_s = 2{,}1 \, \mu^{-0,3} \cdot Fr^{-1} \cdot Fr_s{}^{0,25} \cdot (d_s/D)^{-0,1} \qquad (730)$$

ermittelt (vgl. Bild 713).
Für einzelne dieser Stoffe kann zur größeren Genauigkeit jeweils eine ganz stoffspezifische Korrelation erfolgen, zum Beispiel für Tonerde

$$\lambda_s = 6{,}2 \cdot \mu^{-0,3} \cdot Fr^{-1,2} \cdot Fr_s{}^{0,25} \cdot (d_s/D)^{-0,1} \qquad (731)$$

Auf diese Weise ist dann auch sehr individuell die Behandlung grobkörniger Feststoffe möglich.
In Bild 714 sind verschiedene grobkörnige Stoffe, die in horizontalen Förderleitungen verschiedener Durchmesser gefördert wurden, in einer geeigneten Korrelation zusammengestellt. Im Bereich der

Druckverlustminima ergibt sich daraus für den Feststoffreibungsbeiwert von Polystyrol zum Beispiel die Beziehung

$$\lambda_Z = \frac{11{,}306}{\mu^{0{,}05} \cdot Fr^{1{,}442}} \left(\frac{v_f}{w_s}\right)^{0{,}25} \tag{732}$$

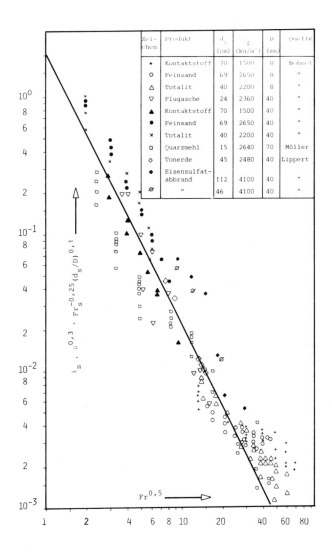

Bild 713:
Korrelation des zusätzlichen Druckverlustbeiwertes feinkörniger Stoffe bei horizontaler pneumatischer Förderung

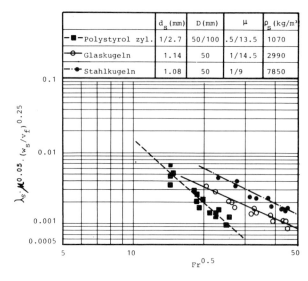

	d_s (mm)	D (mm)	μ	ρ_s (kg/m³)
─■─ Polystyrol zyl.	1/2.7	50/100	.5/13.5	1070
─⊕─ Glaskugeln	1.14	50	1/14.5	2990
─◆─ Stahlkugeln	1.08	50	1/9	7850

Bild 714:
Korrelation des zusätzlichen Druck-
verlustbeiwertes grobkörniger Stoffe
bei horizontaler pneumatischer För-
derung

Zur besseren Genauigkeit empfiehlt es sich unterschiedliche Feststoffe separat darzustellen. Für Glas-
kugeln zum Beispiel findet man folgende Beziehung

$$\lambda_Z = \frac{0,2755}{\mu^{0,05} \cdot Fr^{0,743}} \left(\frac{v_f}{w_s} \right)^{0,25} \tag{733}$$

Die Feststoffgeschwindigkeit im Beharrungszustand ist bei der pneumatischen Förderung wesentlich
kleiner als die Luftgeschwindigkeit. Sie läßt sich nach Siegel [715] aus der Tatsache, daß der Luftwi-
derstand der Feststoffpartikel gleich dem Produkt aus dem zusätzlichen Druckverlust und dem Rohrquerschnitt ist, errechnen.

$$v_s = v_f + B \pm \sqrt{2\,Bv_f + B^2} \tag{734}$$

Hierin bedeutet B

$$B = \frac{\pi\,D^2}{8} \cdot \frac{w_{so}^2}{g \cdot \dot{m}_s} \cdot \frac{\Delta p_s}{L} \tag{735}$$

Beziehung (734) gilt mit w_{so} exakt nur, wenn der Feststoff gleichmäßig im Rohrquerschnitt verteilt
ist und die Kornumströmungen sich gegenseitig nicht beeinträchtigen. Bei stärker entmischter Strö-

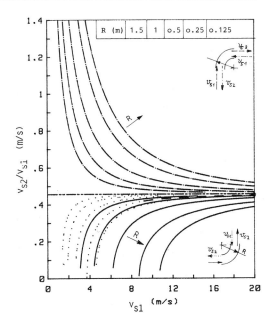

Bild 715:
Verhältnis von Ausgangs- zu Eingangsge-
schwindigkeit an 90°-Krümmern verschie-
dener räumlichen Lage und verschiedener
Krümmerungsradien R bei pneumatischer
Förderung. Berechnet nach [718] für Sand
mit einem mechanischen Reibungsbeiwert
von 0,5. Gestrichelte Linie —··— für Krüm-
mer aller Radien in horizontaler Ebene.
— — — alle Radien

mung oder Strähnenförderung müßte die Sinkgeschwindigkeit oder Schwebegeschwindigkeit entsprechend vergrößert werden.

Krümmerverluste: Die Abbremsung des Feststoffes in Krümmern ist wegen des fehlenden archimedischen Auftriebs bei der pneumatischen Förderung stärker als bei der hydraulischen Förderung. Für die verschiedenen räumlichen Krümmerlagen sind in Bild 715 die Feststoff-Austrittsgeschwindigkeiten v_{s2} in Abhängigkeit von der Feststoffeintrittsgeschwindigkeit v_{s1} und Krümmungsradius für 90°-Krümmer aufgetragen. Der vom Feststoff verursachte Druckverlust des Krümmers zeigt sich erst nach erfolgter Wiederbeschleunigung in der nachfolgenden Strecke. Er errechnet sich nach Beziehung (724) aus der Geschwindigkeitsdifferenz Δv_s zwischen dem Beharrungswert von v_s der nachfolgenden Strecke entsprechend Beziehung (734) bzw. (717) und der aus Bild 715 entnommenen Krümmeraustrittsgeschwindigkeit v_{s2}.

Im allgemeinen überwiegen die feststoffbedingten Krümmerverluste, so daß die von der Luft verursachten vernachlässigt werden können. Für genauere Rechnungen insbesondere bei kleineren Feststoffbeladungen und zahlreichen Krümmern in einer Leitung kann der Druckverlust der reinen Trägerphase nach Kapitel IV Abschnitt 1.3., Seite 176 berücksichtigt werden.

Kompressibilitätseinfluß: Bei großem Druckabfall macht sich die Expansion des Gases längs des Rohres bemerkbar und führt zu steigender Geschwindigkeit. Rechnerisch kann dies durch stufenweise Korrektur der Dichte nach der Gasgleichung (s. Kapitel IV Abschnitt 1.7., Beziehung (15), Seite 174) und der Luftgeschwindigkeit nach der Kontinuitätsbeziehung (726) geschehen. Die Zustandsänderung des Gases kann dabei als isotherm angesehen werden. Der Beschleunigungsdruckverlust am Beginn der Förderstrecke und längs des Rohres kann ebenfalls mit Beziehung (724) berücksichtigt werden. Bei der Anfangsbeschleunigung von $v_s = 0$ bis zum Beharrungswert v_s ist Δv_s gleich v_s zu setzen.

Bei der expansionsbedingten Beschleunigung längs der Förderstrecke muß jeweils abschnittweise die Differenz der Beharrungswerte von v_s genommen werden. Erreicht die Gasgeschwindigkeit zu hohe Werte, so daß der Energieaufwand bzw. der Verschleiß an Anlagenteilen oder der Abrieb des Fördergutes unerwünscht hoch werden, so muß der Rohrdurchmesser erweitert werden. Die Erweiterung sollte so sein, daß bei Berücksichtigung der Kontinuität, des neuen Durchmessers und der örtlichen Gasdichte die kritische Mindestgeschwindigkeit nicht unterschritten wird. Das heißt, daß die mit der Dichte multiplizierte kritische Froudezahl

$$\rho_f \cdot Fr_{crit} = \rho_f \frac{v_{f\ crit}^2}{D \cdot g} \tag{736}$$

nicht unterschritten werden darf.

Wird der Rohrquerschnitt nicht erweitert, so kann bei ausreichendem Druck am Rohrende ein kritischer Strömungszustand erreicht werden, wobei die Luftgeschwindigkeit einen bestimmten maximalen Wert nicht mehr überschreiten kann. Dann ist die gemischspezifische Schallgeschwindigkeit erreicht, die je nach Mischungsverhältnis sehr viel kleiner sein kann als die Schallgeschwindigkeit des reinen Gases. Näheres hierüber siehe [703, 716, 717].

7.2.2.5. Berechnung vertikaler pneumatischer Förderung

Bei der vertikalen pneumatischen Förderung überwiegen die Schwerkräfte des Feststoffes, so daß die Schwerkraft der Luft und die zusätzliche Reibung des Feststoffes im allgemeinen vernachlässigt werden können.

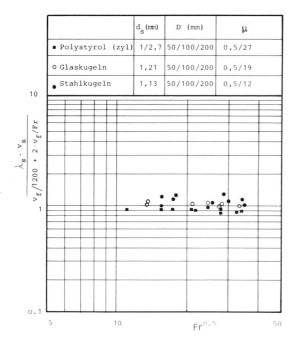

Bild 716:
Korrelation des zusätzlichen Druck-
verlustbeiwertes bei vertikaler pneu-
matischer Förderung

In Bild 716 sind Meßwerte von Flatow nach Beziehung (729) ausgewertet und auf nachfolgende Beziehung für λ_s bezogen aufgetragen.

$$\lambda_s = \frac{v_f}{1200\, v_s} + \frac{2\, v_f}{v_s \cdot Fr} \tag{737}$$

Man sieht, daß diese Werte sich um den Wert 1 gruppieren. Das heißt, daß obige Beziehung (737) eine geeignete Korrelation für die vertikale pneumatische Förderung darstellt.

Die Feststoffgeschwindigkeit kann für Luftgeschwindigkeiten bis 10 m/s in guter Näherung mit Beziehung (717) errechnet werden. Für höhere Luftgeschwindigkeiten macht sich die Stoßreibung des Feststoffes bemerkbar, so daß kleinere Feststoffgeschwindigkeiten zu erwarten sind. In diesem Falle kann die Feststoffgeschwindigkeit nach Beziehung (734) und (735) errechnet werden, wenn zur Berechnung des Druckgradienten

$$\frac{\Delta p_s}{L} = \frac{\Delta p}{L} - (\frac{\Delta p}{L})_f \tag{738}$$

der zusätzliche Druckverlustbeiwert nach (737) benutzt wird.

7.3. Förderanlagen

Förderanlagen, in denen das strömungstechnische Prinzip zum Transport von Feststoffen angewandt wird, können je nach Verwendungszweck und Förderbereich sehr unterschiedlich sein, was die Dimensionen und den Aufbau betrifft.

7.3.1. Komponenten von Strömungsförderanlagen

Gemeinsam haben Strömungsförderanlagen als wesentliche Bestandteile:
Feststoff-Aufgabevorrichtungen, angefangen von einfachsten Saugdüsen, Injektoren, Zellenrädern, Dosiervorrichtungen wie Bandwaagen oder Schnecken, Kammerschleusen, Rohrschleifenaufgebern bis hin zu oft sehr aufwendiger Korn- und Slurryaufbereitung.
Pumpen oder Kompressoren, die saugseitig oder druckseitig oder beidseitig eingesetzt werden können. Bei saugseitiger Anordnung sind durch den Dampfdruck (Kavitation bei hydraulischer Förderung) und den atmosphärischen Druck enge Grenzen gesetzt, dennoch werden oft wegen der einfacheren Feststoffaufnahme Saug-Druck-Förderanlagen verwendet. Bei der hydraulischen Förderung kann der Feststoff einfacherweise mit durch die Pumpe strömen, die dafür besonders schleißfest konzipiert sein muß, bei der pneumatischen Förderung muß der Feststoff vor dem Verdichter ausgeschieden und danach wieder zugegeben werden. Als Pumpen und Verdichter kommen in Betracht:

Für die hydraulische Förderung

Feststoffkreiselpumpen einstufig bis 10 bar
Feststoffkreiselpumpen zweistufig bis 20 bar
Kolbenpumpen   bis 100 bar
Membranpumpen   bis 100 bar
Ein- und mehrstufige Klarwasserkreiselpumpen mit Einschleussystem für Drücke bis 100 bar.

Für die pneumatische Förderung

Gebläse für niedrige Drücke   bis 0,2 bar

Rotationsverdichter für mittlere Drücke   bis 3   bar

Kolbenkompressoren für hohe Drücke   bis 10   bar

Die eigentliche Förderstrecke muß in schleißfestem Material oder leicht drehbar oder austauschbar und mit entsprechenden Schleißzugaben ausgeführt werden. Insbesondere Krümmer und Armaturen sind dem Verschleiß stark unterworfen. Als Materialien kommen einfache Stähle bis hochwertige legierte Stähle in Betracht oder als Auskleidung elastische Stoffe wie Gummi, Kunststoffe und harte Stoffe wie Email oder Basalt.

Am Ende der Förderstrecke muß der Feststoff durch Abscheidevorrichtungen vom Trägermedium wieder getrennt werden. Dies können einfache Schwerkraftabscheider, Zentrifugal- oder Trägheitsabscheider sein, also Absetzbehälter oder -becken (oft die Silos selbst), Zyklone und Zentrifugen, Fiter und Filterpressen. Bei sehr feinem Feststoff kann die Entwässerung sehr aufwendig werden, da die Restfeuchte von rund 10 % nur thermisch restlos beseitigt werden kann. Entsprechend kann bei der pneumatischen Förderung die Entstaubung feinster Stäube ebenfalls durch den erforderlichen Einsatz von Hochleistungsfiltern oder sogar Elektrofiltern sehr aufwendig werden.

7.3.2. Beispiele von Strömungsförderanlagen

Bild 717 zeigt eine typische hydraulische Überlandpipeline. Es gibt einen Eindruck davon, wie aufwendig eine Kornaufbereitung sein kann, wenn eine für lange Förderstrecken günstige Korngröße hergestellt werden muß, wie in diesem Fall einer Kohle- oder Erzüberlandpipeline. Auch die Aufbereitung nach der Förderung ist sehr aufwendig. Hier wird eine Korngröße in der Größenordnung von 50 – 100 μm durch Vorbrecher, Sieb und Kugelmühle erzeugt und in Mischbehältern mit Wasser zu der ge-

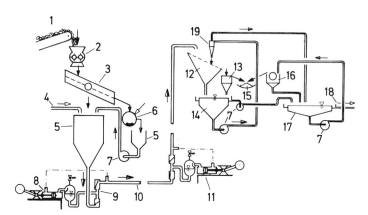

Bild 717: Hydraulische Hochdruckförderanlage für Kohle oder Erz. 1) Förderband mit Rohkohle, 2) Vorbrecher, 3) Schwingsieb, 4) Wasserzulauf, 5) Mischbehälter, 6) Naßkugelmühle, 7) Schlammkreiselpumpe, 8) Schlammkolbenpumpe mit Öl-Zwischenpolster, 9) Pumpventile, 10) Förderleitung (pipeline), 11) Zwischenpumpstation, 12) Sieb, 13) Zentrifuge, 14) Eindicker, 15) Förderband, 16) Trommelfilter, 17) Absetzbehälter, 18) reines Wasser, 19) Hydrozyklon

wünschten Konzentration vermischt. Als Pumpsystem werden doppelwirkende Hochdruckkolbenpumpen eingesetzt, die über ein Ölzwischenpolster den Erz- und Kohleschlamm mit Drücken von 100 bar in die Pipeline drücken. Durch das Ölzwischenpolster des sogenannten Marspumpsystems kann kein Feststoff in die Maschine gelangen und erhöhten Verschleiß verursachen. Es gibt auch Direktpumpsysteme, bei denen der Feststoff in die Maschinen gelangt, durch Klarwasserspülung jedoch aus dem Bereich zwischen Kolben und Zylinder ferngehalten wird. Bei längeren Förderstrecken müssen Zwischenpumpstationen eingeschaltet werden. Am Zielort der Förderleitung ist eine umfangreiche Trenneinrichtung bis zum Klarwasser und trockenen Feststoff angeordnet.

Bild 718 zeigt als klassische Anwendung der pneumatischen Förderung eine Getreideumschlaganlage, die im Saug-Druckverfahren arbeitet.

Bild 719 zeigt eine pneumatische Förderanlage wie sie zur Förderung von Dammbaustoffen unter Tage eingesetzt wird. Die Rohrleitungslänge erreicht hierbei oft für pneumatische Förderung maximal mögliche Werte von 3–4 km. Dies ist nur durch mehrfache Stufung des Rohrdurchmessers, d.h. Erweiterung des Rohres in Strömungsrichtung möglich.

Als Beispiel einer hydropneumatischen Förderanlage zeigt Bild 720 ein Lufthebebohrgerät, bei dem das Bohrgestänge als Förderleitung dient.

7.4. Rechenbeispiele

7.4.1. Rechenbeispiele – Hydraulische Förderung

Aus einer Tiefe von 40 m sollen 72 t/h Sand der mittleren Korngröße d_s = 3 mm hydraulisch gebaggert werden und anschließend an der Wasseroberfläche über eine Entfernung von 2 km weitertransportiert werden. Der Sand habe eine Sphärizität von 0,95 und eine solche Kornverteilung, daß die Korngröße bei 10 % Siededurchgang d_{s10} = 0,5 mm und die bei 90 % Siebdurchgang d_{s90} = 8,89 mm beträgt. Die Sanddichte sei ρ_s = 2500 kg/m^3 und die Temperatur des Wasser 15 °C.

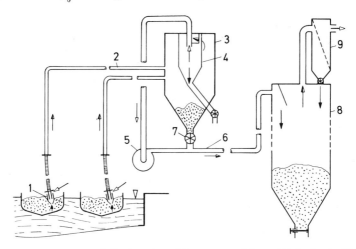

Bild 718: Pneumatische Saug- Druck-Förderanlage, Mehrstrangverfahren, Niederdruck. 1) Saugdüse, 2) Saugförderleitung, 3) Staubkammer, 4) Zyklon, 5) Gebläse, 6) Druckförderleitung, 7) Zellenradschleuse, 8) Silo, 9) Tuchfilter.

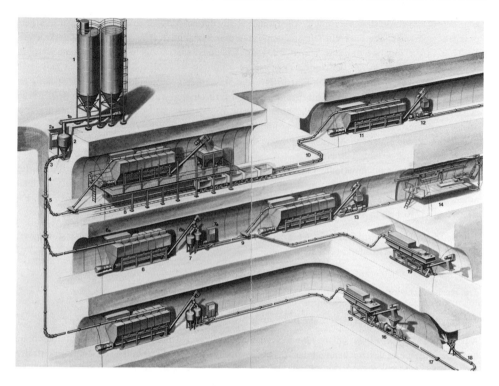

Bild 719: Pneumatische Förderanlage für Dammbaustoffe (Brieden). 1) Übertagesilos, 1a) Aufsatz-
filter, 1b) Abzugschnecke, 2) Übertage-Einfachsender, 2a) Steuerung der Übertageanlage,
3) Segmentkrümmer, 4) Schachtleitung, 5) Kugelhahnweiche für Schachtleitung, fernge-
steuert, 6) Untertagesilo, 20 m³, 6a) Aufsatzfilter, 6b) Abzugschnecke, 7) Untertage-Tan-
demsender, 7a) Steuerung der Untertageanlage, 8) Wagenbefüllstation mit Vorbehälter,
9) Kugelhahnweiche für Streckenleitung, ferngesteuert, 10) Streckenleitung mit Flanschen,
11) Untertagesilo, 10 m³, 12) Zellenradschleuse, 13) Zellenradschleuse, 14) Ausbaubühne
mit Hinterfülleinrichtung, 15) Untertagesilo mit Fluidboden, 4,5 m³, 16) Schneckenschleu-
se, 17) Streckenleitung mit Schnellkupplungen, 18) Austragseinheit für Streckenbegleit-
damm, 19) Untertagesilo, 8 m³, für Dammbaustoffentnahme zu Sonderzwecken

Gesucht wird der Rohrdurchmesser und der zugehörige Druckverlust bei einer Transportkonzentration von $c_T = 25 \%$. Die Beschleunigung des Feststoffes am Anfang und nach dem Krümmer soll berücksichtigt werden. Im horizontalen Rohr soll vereinfachend $v_f = v_s = v_m$ und $c_T = c_v$ gesetzt werden.

Rechengang

Aus Diagramm 702 ist für die Korngröße $d_s = 3000 \ \mu m$ und die Feststoffdichte $\rho_s = 2500 \ kg/m^3$
die Einzelkornsinkgeschwindigkeit $w_{so} = 0,35 \ m/s$ und die zugehörige Re-Zahl $Re_s = 900$ abzulesen.

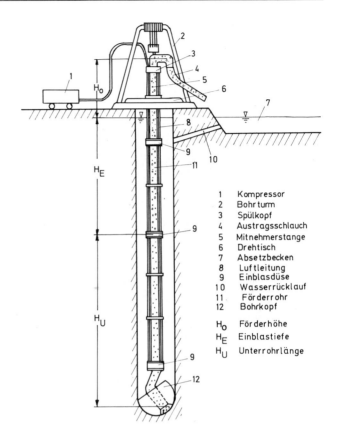

1   Kompressor
2   Bohrturm
3   Spülkopf
4   Austragsschlauch
5   Mitnehmerstange
6   Drehtisch
7   Absetzbecken
8   Luftleitung
9   Einblasdüse
10 Wasserrücklauf
11 Förderrohr
12 Bohrkopf

H_O Förderhöhe
H_E Einblastiefe
H_U Unterrohrlänge

Bild 720: Lufthebebohrgerät

Die Förderung wird im heterogenen Bereich liegen. Da diese Sinkgeschwindigkeit nur für Kugeln gilt, muß mit Tafel 7/IV eine Korrektur für die gegebene Sphärizität vorgenommen werden. Die tatsächliche Sinkgeschwindigkeit ist danach

$$w_s = 0{,}35 \cdot 0{,}83 \cong 0{,}3 \text{ m/s}$$

Eine weitere Korrektur muß für den Konzentrationseinfluß vorgenommen werden. Nach Tafel 7/V findet man für $c_T = c_v = 25 \%$

$$w_s = 0{,}3 \cdot 0{,}5 = 0{,}15 \text{ m/s}$$

Der Widerstandsbeiwert ergibt sich mit $Re_s = 900$ aus Bez. (702) zu

$$c_w = \frac{24}{900} + \frac{4}{30} + 0{,}4 = 0{,}56$$

Horizontale Strecke

Für die gegebene Konzentration kann aus Bild 706 F_L = 2,4 abgelesen werden und mit der dort angegebenen Korrelation die kritische Geschwindigkeit ermittelt werden.

$$v_{crit} = F_L \cdot \left[2\,D \cdot g \cdot (\rho_s/\rho_f - 1) \right]^{0,5} \cdot \left(\frac{d_s}{D} \right)^{1/6} \tag{739}$$

$$= 2,4 \left[2 \cdot 9,81 \cdot \left(\frac{2500}{1000} - 1 \right) \right]^{0,5} \cdot 0,003^{1/6} \cdot D^{1/3}$$

$$= 4,94 \cdot D^{1/3}$$

Die tatsächliche Fördergeschwindigkeit des Gemisches sei etwas größer als die kritische, etwa

$$v_m = 1,2 \cdot v_{crit} \tag{740}$$

Aus der Definition der Transportkonzentration Bez. (708) folgt mit der gegebenen Fördermenge $\dot{m}_s$ = 72 t/h, der Feststoffdichte und dem Rohrdurchmesser

$$v_m = \frac{4 \cdot \dot{m}_s}{c_T \, \rho_s \, \pi \, D^2} \tag{741}$$

Aus (739), (740) und (741) folgt der Rohrdurchmesser zu

$$D = 0,5173 \cdot \left(\frac{\dot{m}_s}{c_T \, \rho_s} \right)^{3/7} \tag{742}$$

$$D = 0,5173 \cdot \left(\frac{20}{0,25 \cdot 2500} \right)^{3/7} = 0,118 \cong 0,120 \ m$$

Die Gemischgeschwindigkeit, die Re-Zahl und der Rohrreibungswert ergeben sich aus (741), (715) und (716) wie folgt:

$$v_m = \frac{4 \cdot 20}{0,25 \cdot 2500 \cdot \pi \cdot 0,12^2} = 2,83 \ m/s$$

$$Re = \frac{2,83 \cdot 0,12}{10^{-6}} = 339600$$

$$\lambda_f = \frac{0,3164}{339600^{0,25}} = 0,0131$$

Der Druckgradient im horizontalen Rohrstrang ist nach (712)

$$\left(\frac{\Delta p}{L}\right)_{fh} = 0,0131 \cdot \frac{1000}{2} \cdot \frac{2,83^2}{0,12} = 437 \ N/m^3$$

Bevor nach Bez. (720) der Druckverlust des Gemisches errechnet werden kann, muß mit $d_{s\,90}$ und d_{s10} der Korrekturexponent m für den Kornverteilungseinfluß ermittelt werden. Er folgt aus Bez. (723) zu

$$m = 2 - \left(\frac{8,89}{0,5}\right)^{-0,04} = 1,1087$$

Damit werden

$$k = 83^{1/1,1087} = 53,8 \ und$$

$$n = \frac{1,5}{1,1087^3} = 1,1006$$

Somit errechnet sich der Gemischdruckgradient nach Bez. (720) zu

$$\frac{\Delta p}{L} = \left[\ 1 + 53,8 \cdot 0,25\left(\frac{9,81 \cdot 0,12 \cdot 1,5}{2,83^2 \cdot 0,56^{0,5}}\right)^{1,1006}\ \right] 437 = 1968 \ \frac{N}{m^3}$$

$$\Delta p_h = 1968 \cdot 2000 = 3936000 \ \frac{N}{m^2} = 39,36 \ bar$$

Vertikale Strecke

Bei der vertikalen Strecke kann ausgehend von Bez. (741) bei der gegebenen Transportkonzentration durch Variation des Durchmessers über den Druckverlust nach Bez. (713), 711), (710), (717) und (718) ein optimaler Durchmesser ermittelt werden.

Hier sei der Rechnungsgang für denselben Rohrdurchmesser wie bei der horizontalen Strecke durchgeführt. Für die wiederholte Rechnung bei anderen Durchmessern aber konstantem $c_T = 0,25$ sind in Tafel 7/VII die Ergebnisse zusammengestellt.

Für D = 0,12 bleibt die Gemischgeschwindigkeit

$$v_m = 2,83 \ m/s$$

Die Feststoffgeschwindigkeit des mittleren Kornes ist nach Bez. (717)

$$v_s = 2,83 - 0,15 = 2,68 \ m/s$$

Die Raumkonzentration c_v folgt aus Bez. (719) zu

$$c_v = \frac{2,83}{2 \cdot 0,15} \left[\frac{0,15}{2,83} - 1 + \sqrt{\left(1 - \frac{0,15}{2,83}\right)^2 + 4 \cdot 0,25 \cdot \frac{0,15}{2,83}} \right] = 0,26$$

Damit folgt die Gemischdichte nach Bez. (710)

$$\rho_m = 0,26 \cdot 2500 + 0,74 \cdot 1000 = 1390 \text{ kg/m}^3$$

und der Druckgradient der vertikalen Förderung kann nach Bez. (711) und (713) errechnet werden. Es muß in dem vorliegenden Fall jedoch noch die äußere Wassersäule $\rho_f \cdot g$ abgezogen werden.

$$\left(\frac{\Delta p}{L}\right)_v = (437 + 1000 \cdot 9,81) \frac{1390}{1000} - 1000 \cdot 9,81 = 4433 \ \frac{N}{m^3}$$

$$\Delta p_v = 4433 \cdot 40 = 177320 \ \frac{N}{m^2} = 1,7732 \text{ bar}$$

Die Anfangsbeschleunigung ergibt nach Bez. (724) einen Druck von

$$\Delta p_B = \frac{\dot{m}_s}{A} \ v_s = \frac{20 \cdot 4}{\pi \cdot 0,12^2} \ 2,68 = 4739 \ \frac{N}{m^2}$$

Zur Errechnung des Krümmerdruckverlustes findet man mit der Eintrittsgeschwindigkeit $v_{s1} = 2,68$ m/s aus Bild 712 praktisch unabhängig vom Krümmungsradius auf der strichpunktierten Linie, die eigentlich für Krümmer in horizontaler Ebene gilt, aber für diese Krümmerlage (vertikal aufwärts horizontal) in guter Näherung auch gilt:

$$v_{s2}/v_{s1} = 0,61$$

$$v_{s2} = 2,68 \cdot 0,61 = 1,635 \text{ m/s}$$

Damit wird der Wiederbeschleunigungsdruckverlust

$$\Delta p_{BKr} = \frac{20 \cdot 4}{\pi \cdot 0,12^2} \ (2,83 - 1,635) = 2114 \ \frac{N}{m^2}$$

Somit ergibt sich der Gesamtdruckverlust der Förderung zu

$$\Delta p_{tot} = 4120173 \ \frac{N}{m^2} \cong 41,2 \text{ bar}$$

Tafel 7/VII: Rechenergebnisse für hydraulische vertikale Förderstrecke und Krümmer

D	m	0,12	0,13	0,14	0,15	0,16	0,17	0,18	0,19
v_m	m/s	2,83	2,41	2,08	1,81	1,59	1,41	1,26	1,13
v_s	m/s	2,68	2,26	1,93	1,66	1,44	1,26	1,11	0,98
c_v	—	0,260	0,261	0,264	0,266	0,268	0,271	0,274	0,277
ϱ_m	kg/m³	1390	1393	1396	1399	1403	1406	1411	1415
Re	—	339600	313477	291086	271680	254700	239718	226400	214484
λ_f	—	0,0131	0,0134	0,0136	0,0139	0,0141	0,0143	0,0145	0,0147
$(\Delta p/L)_{fh}$	N/m³	437	299	210	152	112	84	64	49
$(\Delta p/L)_v$	N/m³	4433	4272	4178	4129	4108	4106	4118	4140
Δp_v	N/m²	177320	170893	167145	165153	164302	164225	164701	165589
Δp_B	N/m²	4739	3407	2506	1880	1434	1110	871	690
Δp_{Kr}	N/m²	2114		2923	3213	3449	3645	3810	3949
$\Sigma \Delta p$	N/m²	184173	176865	172574	170246	169185	168980	169382	170228

Aus Tafel 7/VII ist zu ersehen, daß der Druckverlust der vertikalen Strecke und des Krümmers bei einem Rohrdurchmesser von 0,17 m am kleinsten ist. Wenn also die vertikale Strecke in D = 0,17 m und die horizontale in D = 0,12 m ausgeführt wird, ist der Gesamtdruckverlust

$$\Delta p_{tot} = 4104980 \text{ N/m}^2 \cong 41 \text{ bar}$$

7.4.2. Rechenbeispiel – Pneumatische Förderung

Über eine horizontale Strecke von 50 m und eine anschließende vertikale Strecke von 15 m sollen 7,2 t/h Sand der mittleren Korngröße d_s = 1 mm in ein Silo gefördert werden. Die Kornform habe eine Sphärizität von 0,9, die Sanddichte betrage 2500 kg/m³. Feststoff und Luft haben eine Temperatur von 20 °C.
Gesucht wird der Rohrdurchmesser und der zugehörige Druckverlust bei einem Mischungsverhältnis von μ = 15 im Flugförderbereich.
Die Berechnung soll der Einfachheit halber inkompressibel erfolgen. Die Beschleunigung des Feststoffes am Anfang der Förderstrecke und nach dem Krümmer soll berücksichtigt werden.

Rechnungsgang

Aus Diagramm 704 ist für die Korngröße d_s = 1 mm und die Feststoffdichte ρ_s = 2500 kg/m³ die Einzelkornsinkgeschwindigkeit von w_{so} = 6,9 m/s abzulesen sowie die zugehörige Reynoldszahl Re_s = 450. Da diese Sinkgeschwindigkeit nur für Kugeln gilt, muß mit Tafel 7/V eine Korrektur für die gegebene Sphärizität vorgenommen werden. Danach ist die tatsächliche Sinkgeschwindigkeit w_s = 6,9 · 0,7 $\cong$ 4,8 m/s.
Für den horizontalen Abschnitt ergibt sich für die kritische Geschwindigkeit mit obiger Sinkgeschwindigkeit aus Bild 707 folgende Beziehung

$$Fr_{crit}^{0,5} \cdot (D/d_s)^{0,1} \cdot \mu^{-0,25} = 15 \tag{791}$$

Die darin enthaltene Geschwindigkeit möge von der tatsächlichen Luftgeschwindigkeit einen gewissen Sicherheitsabstand aufweisen

$$v_f = 1,2 \ v_{crit} \qquad\qquad (792)$$

Aus der Definition des Mischungsverhältnisses Bez. (727) ergibt sich mit der gegebenen Fördermenge $\dot{m}_s$, der Feststoffdichte und dem Rohrdurchmesser die Luftgeschwindigkeit zu

$$v_f = \frac{4}{\pi \mu \rho_f D^2} \ \dot{m}_s \qquad\qquad (793)$$

Aus diesen drei Beziehungen folgt ein Zusammenhang der beiden voneinander abhängigen Variablen D und μ

$$\mu = \left(\frac{4 \cdot \dot{m}_s}{1,2 \cdot \pi \cdot g^{0,5} \cdot 15 \cdot d_s^{0,1} \cdot D^{2,4} \cdot \rho_f} \right)^{0,8} = \frac{0,126}{D^{1,92}} \qquad\qquad (794)$$

Das vorgegebene Mischungsverhältnis ergibt sich danach für einen bestimmten Rohrdurchmesser. Hierfür ist nun nach den Beziehungen (733) und (729) der Druckverlust zu ermitteln, für den Beschleunigungsanteil muß jeweils noch die Feststoffbeharrungsgeschwindigkeit nach Bez. (734) und (735) für die horizontale Strecke ermittelt werden, um Bez. (724) verwenden zu können. Bei der vertikalen Strecke kann ausgehend von Bez. (793) beim gleichen Mischungsverhältnis durch Variation des Durchmessers mit der Druckverlustbez. (729) und (737) sowie (717) ein optimaler Durchmesser gefunden werden.

Rechnungsdurchführung

Horizontale Strecke

Rohrdurchmesser für horizontale Strecke nach (794)

$$D = \left(\frac{0,126}{15} \right)^{0,521} = 0,0829 \ m$$

Geschwindigkeit nach (745), Reynoldszahl nach (715) und Reibungsbeiwert der Luft nach (716):

$$v_f = \frac{4}{\pi} \cdot \frac{2}{15 \cdot 1,2 \cdot 0,0829^2} = 20,58 \ m/s$$

$$Re = \frac{20,58 \cdot 0,0829}{15,1 \cdot 10^{-6}} = 112985$$

$$\lambda_f = \frac{0,3164}{112985^{0,25}} = 0,017$$

Druckverlustbeiwert des Feststoffes nach (733)

$$\lambda_s = \frac{0{,}2755}{15^{0{,}05} \cdot \left(\dfrac{20{,}58^2}{0{,}0829 \cdot 9{,}81}\right)^{0{,}743}} \left(\frac{20{,}58}{4{,}8}\right)^{0{,}25} = 0{,}0033$$

Druckverlust nach (729)

$$\Delta p_h = (0{,}017 + 15 \cdot 0{,}0033) \frac{50}{0{,}0829} \cdot \frac{1{,}2}{2} \, 20{,}58^2 = 10192 \, \frac{N}{m^2}$$

Beharrungsfeststoffgeschwindigkeit nach (734) und (735)

$$B = \frac{\pi \cdot 0{,}0829^2}{8} \cdot \frac{4{,}8^2}{9{,}81 \cdot 2} \cdot \frac{10192}{50} = 0{,}646$$

$$v_s = 20{,}58 + 0{,}646 - \sqrt{2 \cdot 0{,}646 \cdot 20{,}58 + 0{,}646^2} = 16 \text{ m/s}$$

Anfangsbeschleunigung des Feststoffes nach (724)

$$\Delta p_B = \frac{2 \cdot 4}{\pi \cdot 0{,}0829^2} \cdot 16 = 5928 \, \frac{N}{m^2}$$

Vertikale Strecke

Für denselben Rohrdurchmesser wie bei der horizontalen Strecke wird hier beispielhaft ein Rechnungsgang durchgeführt. Für die wiederholte Rechnung mit anderen Durchmessern bei konstantem Mischungsverhältnis $\mu = 15$ sind in Tafel 7/VIII die Ergebnisse mitgeteilt.

Tafel 7/VIII: Rechenergebnisse für vertikale pneumatische Förderstrecke und Krümmer

D	m	0,0829	0,09	0,1	0,11	0,12
v_f	m/s	20,58	17,46	14,14	11,69	9,82
v_s	m/s	15,78	12,66	9,34	6,89	5,02
Re	—	112985	104066	93642	85159	78039
λ_f	—	0,017	0,0176	0,0181	0,0185	0,0189
λ_s	—	0,0061	0,00914	0,016	0,0282	0,0494
Δp_v	$\frac{N}{m^2}$	4989	4715	4644	4938	5495
Δp_{BKr}	$\frac{N}{m^2}$	3475	1968	748	103	— 244
Δp_{tot}	$\frac{N}{m^2}$	24584	22803	21512	21161	21371

Für D = 0,0829 ergibt sich aus (745) dieselbe Geschwindigkeit wie vordem: v_f = 20,58 m/s
Feststoffgeschwindigkeit nach (717)

$$v_s = 20,58 - 4,8 = 15,78 \text{ m/s}$$

Druckverlustbeiwert des Feststoffes nach (737)

$$\lambda_s = \frac{20,58}{1200 \cdot 15,78} + \frac{2 \cdot 20,58}{15,78 \cdot \dfrac{20,58^2}{0,0829 \cdot 9,81}} = 0,0061$$

Druckverlust im vertikalen Rohr nach (729)

$$\Delta p_v = (0,017 + 15 \cdot 0,0061) \cdot \frac{15}{0,0829} \cdot \frac{1,2}{2} \cdot 20,58^2 = 4989 \; \frac{N}{m^2}$$

Krümmer

Aus Bild 715 findet man für R = 0,5 m und die Feststoffbeharrungsgeschwindigkeit der horizontalen Strecke, die ja die Krümmereintrittsgeschwindigkeit ist: v_{s1} = 16 m/s

$$v_{s2}/v_{s1} = 0,4$$

$$v_{s2} = 16 \cdot 0,4 = 6,4 \text{ m/s}$$

In der vertikalen Strecke muß der Feststoff von diesem Wert auf v_s = 15,78 m/s wieder beschleunigt werden.
Der Krümmerdruckverlust folgt somit aus (724)

$$\Delta p_{BKr} = \frac{2 \cdot 4}{\pi \cdot 0,0829^2} \cdot (15,78 - 6,4) = 3475 \; \frac{N}{m^2}$$

Der Gesamtdruckverlust für gleichen Rohrdurchmesser ergibt sich zu:

$$\Delta p_{tot} = 24584 \; \frac{N}{m^2}$$

Wie aus Tafel 7/VIII zu ersehen ist, ergibt sich für D = 0,11 m ein etwas geringerer Druckverlust. Würde man die vertikale Strecke in D = 110 mm ausführen, so ergäbe sich ein Gesamtdruckverlust von

$$\Delta p_{tot} = 21161 \; \frac{N}{m^2}$$

Bezeichnungen		Definition	Dimensionen
A	Rohrquerschnittsfläche		m^2
c_v	Feststoffvolumenkonentration	V_s/V_{tot}	–
c_T	Transportkonzentr.	$\dot{V}_s/\dot{V}_{tot}$	–
c_w	Widerstandsbeiwert einer Kugel		–
d	Korndurchmesser		m
D	Rohrdurchmesser		m
Fr	Froudezahl (rohrbezogen)	v_f^2/Dg	–
Fr_s	Froudezahl (feststoffbezogen)	w_{so}^2/Dg	–
g	Erdbeschleunigung		m/s^2
K	Faktor in Durand-Formel		–
L			m
$\dot{m}$	Massenstrom		kg/s
m	Exponent zur Berücksichtigung der Kornverteilung		–
n	Exponent in Durand-Formel		
p	Druck		N/m^2
Re	Reynoldszahl (rohrbez.)	$v_f D/\nu_f$	–
Re_s	Reynoldszahl (feststoffbezogen)	$(v_f - v_s)\, d_s/\nu_f$	–
v	Geschwindigkeit		m/s
V	Volumen		m^3
$\dot{V}$	Volumenstrom		m^3/s
W	Widerstand		N
w	Sinkgeschwindigkeit		m/s
λ	Rohrreibungsbeiwert		–
μ	Mischungsverhältnis	$\dot{m}_s/\dot{m}_f$	–
ν	kinematische Zähigkeit		m^2/s
ρ	Dichte		kg/m^3
	bezog. Zwischenraumvolumen	V_f/V_{tot}	–

Indices

B	Beschleunigung
crit	kritisch, bei beginnender Ablagerung
f	fluid (gasförmig oder flüssig)

h   horizontal

m   Gemisch

s   solid, feststoffbezogen

tot   gesamt

v   vertikal

8. Schrifttum

[101] Sicherheitstechnische Richtlinien für Ölfeuerungen an Dampfkesseln-SR-Öl. Beuth-Vertrieb GmbH, Berlin 30, Burggrafenstraße 4–7
[102] Sicherheitstechnische Richtlinien für Gasfeuerungen an Dampfkesseln-SR-Gas. Beuth-Vertrieb GmbH, Berlin 30, Burggrafenstraße 4–7
[103] Schmidt, D.: Rohrleitungen und Armaturen in konventionellen und Kernkraftwerken, Energie und Technik 21. Jahrg., 1969, Heft 7, Seite 265–270
[104] Ringeis, W. K.: Das 670 MW-Kernkraftwerk Würgassen mit AEG-Siedewasser-Reaktor. Atomwirtschaft, Heft 1, Jan. 1968, Seite 40 und Heft 2, Febr. 1968, Seite 95
[105] Frewer, H., Keller, W.: Das 660 MW-Kernkraftwerk Stade mit Siemens-Druckwasserreaktor. Atomwirtschaft, Dez. 1967, Seite 568
[106] Kupplung von Kraft- und Wärmewirtschaft in der Industrie. Hütte II A, 28. Aufl., Seite 410
[107] Hönig: Metall und Wasser. Vulkan-Verlag, Essen
[108] Ciala, H.: Berechnung der Druck- und Geschwindigkeitsverhältnisse in Rohrleitungsnetzen mit mehreren Einspeisungen, Elektrizitätswirtschaft, 64 (1965), Heft 6, Seite 150–152. Siehe auch Kapitel VIII, 5.7
[109] Schwaigerer, S.: Rohrleitungen, Theorie und Praxis. Springer-Verlag, Berlin/Heidelberg/New York, 1967
[110] Jürgenson, H. v.: Elastizität und Festigkeit in Rohrleitungsbau. Springer-Verlag, Berlin/Göttingen/Heidelberg, 1953
[111] Schmidt, D.: Nachgiebige Unterstützungen für warmgehende Rohrleitungen. Rohre, Rohrleitungsbau, Rohrleitungstransport, 6, 1967, Heft 5, Seite 283
[112] Kreuz, A.: Sicherheitsventile und ihre Einordnung in ein exaktes System. BWK 19 (1967), Nr. 12, Seite 84/88
[113] Jahrbuch der Dampferzeugungstechnik, 3. Ausgabe, 1976/77, Vulkan-Verlag Essen, Kapitel VI
[114] Haus der Technik, Vortragsveröffentlichungen 324, Veranstaltung vom 2. und 3. Oktober 1973, insbesondere: Hoffmann, J.: Wärmeschaltpläne verschiedener Kraftwerkstypen, und Meyer-Kahrweg, H.: Entwicklung des Rohrleitungsschemas in Wärmekraftwerken unter Berücksichtigung neuer Schaltungsmöglichkeiten.
[115] Jahn, E.: Herstellung von Rohrbögen nach dem Induktivbiegeverfahren, TÜ 17 (1976), S. 221
[116] Elter, C.: Zur Beurteilung von Spannungen in Rohrleitungen infolge Wärmedehnung des Systems, TÜ 15 (1974), S. 25
[117] Bechler, E.: Hochdruckleitungen in Wärmekraftwerken, 3R-international 15 (1976), S. 151
[118] Burgbacher, G.: Beitrag zur Berechnung, Prüfung und Konstruktion von heißdampfführenden Rohrleitungen, Sammlern und Formstücken, TÜ 16 (1975), S. 165
[119] Adamsky, F.-J. und Hofstötter, P.: Betriebsverhalten von Formstücken in Rohrleitungen von Kraftwerken, Mitt. der VGB, 54. Jahrg., 1974, S. 678
[120] Kremer, S.: Schwingungen und Schwingungsbeanspruchungen in Rohrleitungen, 3R-international 15 (1976), S. 380
[121] Birkner, M. und Rommerswinkel, F.: Einsatz von Kompensatoren in Kraftwerken, VGB Kraftwerkstechnik 56 (1976), S. 464
[122] Heinrich, O.: Strömungsvorgänge und Geräusche in Regelventilen mit Modellversuchen im schallnahen und Überschallbereich. Mitt. der VGB, 54. Jahrg., 1974, S. 374
[123] Meier, G.E.A. und Hiller, W. J.: Geräuscharme Regelorgane für Flüssigkeiten und Gase, Brennstoff—Wärme—Kraft 27 (1975), S. 33
[124] Arriens, K. H.: Kombinierte Anfahr-, HD-, Reduzier- und Sicherheitsventile für 690-MW-Blöcke, VGB Mitt. 53 (1973), S. 840
[125] Richter, H.: Sicherheits- und Überströmventile an großen Dampferzeugern, 3R-international 14 (1975), S. 103
[126] Braun, W., D. Hundt u. Ch. Steinert: Leichtwasser-Reaktoren in Deutschland. ETZ-A, Bd. 96 (1975) H. 1, S. 24
[127] Schmidt, D.: Fernwärmeversorgung als kommunale Aufgabe, 3R international 19. Jahrg. (1980), H. 4, S. 227
[128] Rau, U.: Methoden zur Reinigung des Wasser-Dampf-Kreislaufes 3R international, 15. Jahrg. (1976), H. 4, S. 146

[201] Schwaigerer, S.: Rohrleitungen. Berlin/Heidelberg/New York, Springer-Verlag 1967
[202] Jamm, W.: Die Pipeline als wirtschaftliches Fördermittel und moderner Verkehrsträger. Haus der Technik-Vortragsveröffentlichungen 99 S. 5
[203] Huhle, F.: Pipelines – der Strukturwandel im Transport. Rohre, Rohrleitungsbau, Rohrleitungstransport 10 (1971) S. 203
[204] Fischer, K.-D.: Pipelines – eine Folge des energiewirtschaftlichen Strukturwandels in Westdeutschland. Haus der Technik-Vortragsveröffentlichungen 196 S. 3
[205] Kittel, A.: Die für eine Pipeline typische Möglichkeiten des stufenweisen Ausbaues, dargestellt am Beispiel der Nord-West-Ölleitung. Rohre, Rohrleitungsbau, Rohrleitungstransport 10 (1971) S. 102
[206] Burchard, M.-I.: Der Ausbau des Deutschen Pipeline-Netzes und seine Auswirkungen auf den traditionellen Verkehr. Rohre, Rohrleitungsbau, Rohrleitungstransport 10 (1971) S. 73
[207] Alberta Gas Trunk Line Installs 42-Inch Transmission Loops. Pipe Line Industry 1971 Nr. 8 S. 37
[208] Terrain and Weather Challenge Trans-Ecuadorian Pipeliners. Pipe Line Industry 1971 Nr. 11 S. 41
[209] High across Andes, Ecuador's Oil Pipe Line Is at Halfway Mark. World Petroleum 1972 Nr. 1 S. 35

[210] Schiffauer, K.: Die Nord-Süd-Erdgas-Pipelines in Westdeutschland. Haus der Technik-Vortragsveröffentlichungen 196 S. 6
[211] Graf, H.-G.: Das Erdgas-Pipelinesystem der Gewerkschaft Brigitta/Mobil Oil. Haus der Technik-Vortragsveröffentlichungen 196 S. 15
[212] Schiffauer, K.: Gasfortleitung. VDI-Z 112 (1970) S. 855
[213] Täschner, I. u. W. Brandt: Verdichterstationen mit Gasturbinenantrieb für Gastransportleitungen. Rohre, Rohrleitungsbau, Rohrleitungstransport 10 (1971) S. 237
[214] World's longest gas pipe line feasibility study under way. Pipe Line Industry 1971 Nr. 12 S. 44
[215] Brons, H. H.: Die Rotterdam-Rhein-Pipeline (RRP). Haus der Technik-Vortragsveröffentlichungen 196 S. 22
[216] Uhde, A.: Die Transalpine Ölleitung (TAL). Haus der Technik-Vortragsveröffentlichungen 196 S. 29
[217] Brüdern, P.: Das Pipelinesystem der Rhein-Main-Rohrleitungstransportgesellschaft. Haus der Technik-Vortragsveröffentlichungen 196 S. 38
[218] How Shell moves viscous oil in water. Petroleum & Petrochemical International 12 (1972) Nr. 5 S. 100
[219] Shell Moves viscous Through Unheated Lines. Pipe Line News 1972 Nr. 5 S. 26
[220] Kuhlmann, A. u. H. Schaffhausen: Der Mineralöltransport in Rohrfernleitungen betrachtet vom Standpunkt der Sicherheit. Technischer Überwachungs-Verein Rheinland e.V., Köln 1970
[221] Suttor, H.-H. u. K. Beck: Transport großer Wärmemengen über weite Entfernungen. Rohre, Rohrleitungsbau, Rohrleitungstransport 10 (1971) S. 337
[222] Kohlentransport durch Rohrleitungen, Vorteile und Grenzen dieses Transportsystems. Rohre, Rohrleitungsbau, Rohrleitungstransport 11 (1972) S. 129. – Zusammenfassende Übersetzung der Abhandlung von Murdison, A. R.: Coal slurry pipeline transportation
[223] Montfort, I. G.: Black Mesa coal slurry line is economic and technical success. Pipe Line Industry 1972 Nr. 5 S. 42
[224] Montfort, I. G.: Operation of The New Black Mesa Coal Pipeline-System. Pipe Line News, Mai 1972
[225] Liquid Sulphur Pipe Line Test Made. Pipeline and Underground Utilities Construction, Mai 1971
[226] Deason, D.: World's First Carbon Dioxide Line To Boost West Texas Oil Production. Pipe Line Industry 1971 Nr. 10 S. 29
[227] Isting, C.: Verbundnetze für Aethylen in Westeuropa. Rohre, Rohrleitungsbau, Rohrleitungstransport 8 (1969) S. 75
[228] Engineering and Construction Plans for Alaska Oil Line Completed. Pipeline and Underground Utilities Construction, April 1972
[229] Hall, K. L.: Pipelines in der Arktis. Rohre, Rohrleitungsbau, Rohrleitungstransport 10 (1971) S. 353
[230] O'Connor, I. H.: Alberta Gas Trunk Introduces New Construction Technology. Pipe Line Industry 1971 Nr. 11 S. 43
[231] Special Equipment, Methods for Far North Construction. Pipe Line Industry 1971 Nr. 10 S. 26
[232] Coulter, D. M.: Cooled gas line from the Arctis? Pipe Line Industry 1971 Nr. 12 S. 18
[233] Deason, D.: Trans Alaska: World's Most Throughly Engineered Pipe Line. Pipe Line Industry 1971 Nr. 8 S. 29
[234] Hall, K. L.: Engineering Problems Related to Arctic Pipelines. Pipeline & Gas Journal, Juli 1971 S. 35
[235] Othmer, D. F. u. I. W. Griemsmann: Arctic Pipelines Can Be Heated. Pipeline & Gas Journal, Juli 1971 S. 38
[236] Brown, R. I.: Rational Design of Submarine Pipelines. World Dredging & Marine Construction, Februar 1971 S. 17
[237] O'Donnell, J.: Longest North Sea gasline laid, ties in Conoco's Viking field. Petroleum & Petrochemical International 12 (1972) Nr. 1 S. 42
[238] Hoover, T. E.: LNG pipe lines are feasible. Pipe Line Industry 1971 Nr. 12 S. 21
[239] Koch, F. O.: Verhalten von Spiralrohren aus Stählen mit höheren Streckgrenzen unter extremen Beanspruchungen. Bänder, Bleche, Rohre 13 (1972) S. 299
[240] Kaup, K., H. Bersch u. F. O. Koch: Geschweißte Großrohre mit hohen Streckgrenzen aus Novar PR-Stahl. Rohre, Rohrleitungsbau, Rohrleitungstransport 10 (1971) S. 224
[241] Heisterkamp, F. u. L. Meyer: Mechanische Eigenschaften perlitarmer Baustähle. Thyssenforschung 3 (1971) Heft 1 und 2, S. 44
[242] Heisterkamp, F., D. Lauterborn u. H. Hübner: Technologische Eigenschaften, Verarbeitbarkeit und Anwendungsmöglichkeiten perlitarmer Baustähle. Thyssenforschung 3 (1971) Heft 1 und 2, S. 66
[243] Bersch, B. u. F. O. Koch: Schweißverhalten neu entwickelter hochfester Sonderrohrstähle. Bänder, Bleche, Rohre 13 (1972) S. 308
[244] Orth, K.-H.: Herstellung von Rohrbögen und deren Abnahme. Bänder, Bleche, Rohre 13 (1972) S. 308
[245] Raphael, E.: Armaturen und Hilfsorgane bei Rohrleitungen. Haus der Technik-Vortragsveröffentlichungen 99 S. 62
[246] Laabs, H.: Armaturen für den Transport von Erdöl, Erdgas und Produkten durch Pipelines. Haus der Technik-Vortragsveröffentlichungen 223 S. 7
[247] Schwaigerer, S. u. E. Weber: Wanddickenberechnung von Stahlrohren gegen Innendruck; Erläuterungen zu DIN 2413, Ausgabe 1972. Technische Überwachung 13 (1972) Nr. 3 S. 74
[248] Wijdieks, J.: Water hammer in large oil transmission lines. Rohre, Rohrleitungsbau, Rohrleitungstransport 10 (1971) S. 83
[249] Schweinheim, E.: Vereinfachtes Verfahren zur Berechnung erdverlegter, elastischer Rohre bei Außenlasten durch Straßenverkehr. Rohre, Rohrleitungsbau, Rohrleitungstransport 4 (1965) S.
[250] Geilenkeuser, H.: Probleme des modernen Leitungsbaues. Haus der Technik-Vortragsveröffentlichungen 99 S. 72
[251] Delvendahl, K.-A.: Technik des Fernleitungsbaues. Techn. Mitt. (1964) S. 519
[252] Ehrenberg, H. u. H. Jansen: Das Schweißen von Rohrrundnähten – Gegenüberstellung der verschiedenen Verfahren. Rohre, Rohrleitungsbau, Rohrleitungstransport 10 (1971) S. 329
[253] Heseding, J.: Stand der Schweißtechnik im Rohr-Fernleitungsbau unter Berücksichtigung der höherfesten Stähle und Einbeziehung der Prüftechnik. Rohre, Rohrleitungsbau, Rohrleitungstransport 10 (1971) S. 334
[254] Geilenkeuser, H.: Versuche mit angerissenen Schweißnähten und Folgerungen für deren Verhalten im Betrieb. Erdöl und Kohle, Erdgas, Petrochemie vereinigt mit Brennstoff-Chemie 23 (1970) S. 168
[255] Scheele, H. u. U. Betz: Erfahrungen bei der Schweißgüteüberwachung beim Bau der 2. Bodensee-Fernwasserleitung. Rohre, Rohrleitungsbau, Rohrleitungstransport 10 (1971) S. 341
[256] Stiles, R. E.: Orbimatic welder shows promise on large diameter pipe lines. Pipe Line Industry 1972 Nr. 1 S. 37
[257] Stiles, R. E. More field automatic welders on the wav. Pipe Line Industry 1971 Nr. 10 S. 24
[258] Bove, O. u. R. Boekholt: How semi-automatic CO₂ welding can assist pipeliners. Petroleum & Petrochemical International 12 (1972) Nr. 1 S. 48
[259] Muno, W.: 380 Kreuzungsbauwerke für das Rohrleitungsnetz der Bodensee-Wasserversorgung. Rohre, Rohrleitungsbau, Rohrleitungstransport 11 (1972) S. 79
[260] Braunstorfinger, M.: Einfluß von Verkehrslasten gemäß DIN 1072 auf eingeedete Rohre mit geringer Scheitelüberdeckung. Rohre, Rohrleitungsbau, Rohrleitungstransport 10 (1971) S. 232

[261] Franco, A.: Pipeliners tame wild rivers to move crude oil. Offshore 1972 Nr. 6 S. 42
[262] Braune, W.: Stahlrohrdüker mit Betonummantelung und ihr Einbau. gwf-gas/erdgas 112 (1971) S. 495
[263] Dechant, K.-E.: Stresstests an Rohrleitungen zur Erhöhung der Sicherheit und Lebensdauer. Technische Über-
       wachung 13 (1972) Nr. 3 S. 79
[264] Fahlke, G. W.: Molchortung auf Isotopenbasis. Rohre, Rohrleitungsbau, Rohrleitungstransport 10 (1971) S. 105
[265] Schemmann, C.: Rohrleitungsbetrieb bei Gas und Öl. Haus der Technik-Vortragsveröffentlichungen 99 S. 101
[266] Schnapauff, I.: Rohrleitungsbetrieb (Wasser) Haus der Technik-Vortragsveröffentlichungen 99 S. 86
[267] Schemmann, C.: Sicherheitsmaßnahmen und -einrichtungen beim Betrieb von Pipelines. Haus der Technik-Vortrags-
       veröffentlichungen 196 S. 43
[268] Schwarz, G.: Über das Auskühlen von heißen, außer Betrieb gesetzten Fernleitungen. Rohre, Rohrleitungsbau,
       Rohrleitungstransport 11 (1972) S. 22
[269] Schwaigerer, S.: Das Festigkeitsverhalten von Stahlrohr-Leitungen im Betrieb. Technische Überwachung 13 (1972)
       Nr. 1 S. 17

[270] Aude, T.C.: How slurry pipe lines compare with unit rail transportation. Pipe Line Industry 1980 Nr. 6 S. 47
[271] Hinz, R. u. H.W. Lenz: Der Streßtest — ein problematisches Prüfverfahren für Fernrohrleitungen. 3R int. 1978 Nr. 5 S. 327

[301] Süss, A.; Hassan, M. I.: Verminderung von Materialaufwand und Energieverlusten bei Verteilleitungen von Wasser-
       kraftanlagen. Escher Wyss-Mitteilungen 3/1957, 1/1958
[302] Dolder, G.; Christ, A.: Verteilleitungen mit biegefreier Innenverstärkung für hydraulische Anlagen. Strömungs-
       forschung an Escher Wyss Abzweigern. Escher Wyss-Mitteilungen 2/1966
[303] Wieser, H.: Näherungsmethode zur Entwurfsberechnung eines Hosenrohres. Oest. Ing. Zeitschrift Heft 12, Jg. 9 (1966)
[304] Uebing, D.; Adamsky, F. J.; Hofstätter, P.: Beanspruchungsverhältnisse in T-Stücken und Stützen. Mitteilungen des
       TÜV 10, 1969, Nr. 8
[305] Mang, Fr.: Festigkeitsprobleme bei örtlich gestützten Rohren und Behältern. Zeitschrift „Rohre, Rohrleitungsbau,
       Rohrleitungstransport", Heft 4, 1970, Heft 5, 1970, Heft 1, 1971
[306] Juillard, H.: Einbeulkriterien für Schachtpanzerungen. Schweiz. Bauzeitung 1952, Nr. 32–34
[307] Amstutz, E.: Das Einbeulen von Schacht- und Stollenpanzerungen. Schweiz. Bauzeitung 1969, Heft 28
[308] Müller, W. E.: Druckrohrleitungen neuzeitlicher Wasserkraftwerke. Springer Verlag, Heidelberg
[309] Feder, G.: Zur Stabilität ringversteifter Rohre unter Aussendruck. Schweiz. Bauzeitung 1971, Heft 42

[401] Bernecker, G.: Planung und Bau verfahrenstechnischer Anlagen, Seminar VDI-Bildungswerk, VDI-Gesellschaft
       Verfahrenstechnik und Chemieingenieurwesen (GVC) 1976
[402] Crocker, S.: Piping handbook 5. Edition, Mc Graw-Hill Book Company, New York 1967
[403] DIN 2400 Entwurf 1977, Rohrleitungen, Übersicht über Vorschriften und Normen
[404] DIN 2406 Ausgabe 1968, Rohrleitungen, Kurzzeichen, Rohrklassen
[405] DIN 2428 Ausgabe 1968, Rohrleitungszeichnungen, Vordrucke für isometrische Darstellung
[406] DIN 28004, Fließbilder verfahrenstechnischer Anlagen, Teil 1 Ausgabe 1977: Fließbildarten, Informationsinhalt,
       Teil 2 Ausgabe 1977: Zeichnerische Ausführung, Teil 3 Ausgabe 1977: Bildzeichen, Teil 4 Ausgabe 1977: Kurz-
       zeichen, Teil 10 Ausgabe 1976: Begriffe
[407] Kuhn, H. D.: Sicherheitstechnik und Ingenieurausbildung. Die Berufsgenossenschaft 9/1976
[408] Mathematischer Beratungs- und Programmierungsdienst GmbH, Dortmund: Festigkeitsberechnung von Rohr-
       leitungssystemen
[409] Rase, H. F.: Piping Design for Process Plants, John Wiley & Sons Inc., New York 1963
[410] Ringewaldt, W.: Haus der Technik — Vortragsveröffentlichungen, Heft 154 (1967), Planung, Konstruktion und
       Montage von Rohrleitungen in Chemieanlagen
[411] Savelli, L.: Unternehmensführung und Normung, DIN-Mitteilungen Bd. 55 (1976), Heft 9
[412] Schwaigerer, S.: Rohrleitungen, Theorie und Praxis, Springer-Verlag 1967

[501] Technische Richtlinien für den Bau von Fernwärmenetzen VDEW – Vereinigung deutscher Elektrizitätswerke –
       Frankfurt
[502] Kanalfreie Verlegung von Fernwärmeleitungen – Anforderungen an die Verfahren – VDEW – Frankfurt
[503] Winkens, H. P.: Fernheizung im Zuge der Städteentwicklung, Fernwärme International 1 (1972) Heft 1
[504] Brachetti, H.-E.: Bauphysikalische Probleme bei Fernheizleitungen, Fernwärme International 1 (1972) Heft 1
[505] Ziegler, K. und Eisenhauer, G.: Rohrleitungen und Zubehör für Fernwärmenetze, Planung, Konstruktion, Be-
       rechnung (ein Lehrgang), Fernwärme International 1 (1972) Heft 1 und Fortsetzungen
[506] Welter, J.: Die optimale Entwicklung von Heizkraftwerken, Fernwärme International 1 (1972) Heft 1
[507] Mölter, F. J.: Heizkraftwirtschaft (Jahresbericht) BWK 22 (1970) Nr. 4
[508] Mölter, F. J.: Heizkraftwirtschaft (Jahresbericht) BWK 23 (1971) Nr. 4
[509] Suttor, K.-H.: Erfahrung bei der elektronischen Berechnung von Wärmeverteilungsnetzen, Elektrizitätswirtschaft
       Band 66 (1967) Heft 2
[510] Suttor, K.-H.: Beitrag zur Optimierung des Betriebes zweier Heizwerke mit einem gemeinsamen Wärmeverteilungs-
       netz, Wärme Heft 74/3, 74/4 und 75/1
[511] Suttor, K.-H.: Wege zur Optimierung von Fernwärmenetzen, Wärme, Band 71 (1965) Heft 4

[601] Maddox, P.: Offshore oil gains — drilling and production report. Offshore 37 (1977) 7
[602] NN: The european oil and gas yearbook 1976/77. Kogan Page Ltd., London 1976
[603] NN: Spar connection brings Brent field closer to production. Ocean Industry 11 (1976) 8
[604] West, J.: Dutch line conquers rough weather. Oil & Gas Journal 73 (1975) 27
[605] Massey, P.S.: Ekofisk-Teesside-Pipeline to operate continuously. In: Offshore Platforms and Pipelining. Petroleum Publishing Com-
       pany, Tulsa 1976
[606] Lund, S.: Statfjord-to-Norway pipeline poses design laying challenge. Oil & Gas Journal 74 (1976) 31
[607] NN: Subsea pipe-lay problems are computersimulated. In: Offshore Platforms and Pipelining. Petroleum Publ. Company, Tulsa
       1976

[608] Reifel, M.D.: Laying stress calculated for deepwater pipeline. Ibidem
[609] Timmermans, W.J.: Deepwater pipe-laying techniques improve. Ibidem
[610] Ewing, R.C.: Innovations tested as world's deepest sea line laid across Messina strait. Ibidem
[611] Willems, C.J.Th.M., Droste, W., Bell, C.R.: Automatic whinch controll used on lay barge. Oil & Gas Journal 73 (1975)
[612] Michelsen, F.C., Adler, W.: Rough water operation of a semisubmersible pipelayer in the North Sea. Interocean 76, Paper No. 76-249, Düsseldorf 1976
[613] Bynum, D., Rapp, J.H.: Subsea line buckling costs soar in deep, rough water. Oil & Gas Journal, 73 (1975) 18
[614] Dittrich, S., Große-Wördemann, J., Rudolf, W.: Problemgerechtes Rundnahtschweißen von hochfesten Unterwasserrohrleitungen. Interocean '76, Paper No. 76-252, Düsseldorf 1976
[615] Gordon, H.W.: Concepts refined for deepwater lines. Oil & Gas Journal, 73 (1975) 36
[616] Nielsen, R.: Pipelay stress key analysis problem. Oil & Gas Journal 74 (1976) 51
[617] Bynum, D., Rapp, I.H.: Vessel motions add pipe-lay-stress. Oil & Gas Journal 73 (1975) 16
[618] Haagsma, S.C.: Research and tests study collapse of subsea pipelines. Oil & Gas Journal 74 (1976) 45
[619] Ewing, R.C.: New vessels extend pipe-laying limits. Oil & Gas Journal 73 (1975) 19
[620] Ells, J.W.: Scours and spanning threaten sea lines. Oil & Gas Journal 73 (1975) 28
[621] Hanley, R.C.: Submarines inspect, maintain lines. Oil & Gas Journal 73 (1975) 29
[622] Goren, Y., Yenzer, D.E., Cushing, C.R., Friedland, N.: The reel pipe-lay-ship — a new concept. Offshore Technology Conference, Paper No. 2400, Houston 1975
[623] More, W.D.: Semisubmersible lays large diameter Brent pipeline across surf zone. Oil & Gas Journal 75 (1977)
[624] Ells, J., Silvestri, A.: Above-water tie-in technique completes BP pipeline. Oil & Gas Journal 73 (1975) 19
[625] NN: European Continental Shelf Guide and Atlas. Offshore Promotional Service. Maidenhead 1980
[626] NN: Norway pushes pipeline plans. Offshore 41 (1981) 9
[627] Mindermann, F.: Erdgasquelle Nordsee. Die Bedeutung des Nordsee-Erdgases für die Energieversorgung Westeuropas wächst. Erdöl-Erdgaszeitschrift 97 (1981) 1
[628] Pullin, K., Daniels, M.: The western leg gas gathering pipeline. Journal of Petroleum Technology 33 (1981) 4
[629] Jorgensen, S.: Flowlines laid by reel-ship Apache. Oil & Gas Journal 78 (1980) 18
[630] Harms, K.: Nordsee 80 (I). Oel-Zeitschrift für die Mineralölwirtschaft 18 (1980) 9
[631] Harms, K.: Nordsee 80 (II). Oel-Zeitschrift für die Mineralölwirtschaft 18 (1980) 10
[632] Matheny, S.L.: Tanker to handle, store Fulmar oil. Oil & Gas Journal 78 (1980) 18
[633] Wiedenhoff, W.W., Lorenz, F.K.: Großrohrstähle für Gasfernleitungen — Anforderungen und Entwicklungstendenzen. 3R International 18 (1979) 7
[634] Mateeli, A., dall'Aglia, S.: Seeleitungen — Erfahrungen von Snamprogetti und Saipem. 3R International 17 (1978) 2
[635] König, D., Müsch, H.: Deepwater pipelaying method with a new welding technique and J-curved pipestring. Offshore Technology Conference, Paper No. 3522, Houston 1979
[636] Crawford, D.: Inclined ramps key to deep pipelaying. Offshore 39 (1979) 5
[637] Moshagen, H., Kjieldsen, S.P.: Fishing gear loads and effects on submarine pipelines. Offshore Technology Conference, Paper No. 3782, Houston 1980
[638] Lowe, E.A., Stone, A.J.: The History of the Piper-Claymore-Flotta pipeline system. Offshore Technology Conference, Paper No. 3785, Houston 1980
[639] Seaton, E.: Laying of Pipeline across Mediterranean begins. Oil & Gas Journal 77 (1979) 48
[640] Loeken, P.: Engineered backfill on the 36'' Ekofisk—Emden gas pipeline. Offshore Technology Conference, Paper No. 3741; Houston 1980
[641] Brown, R.J.: Post-trenching plow cuts ditch under offshore line. Oil & Gas Journal 78 (1980) 23
[642] Swank, J.C.: Deepwater pipeline tie-in techniques described by Shell. Oil & Gas Journal 77 (1979) 32
[643] Müsch, H., Langer, J., Düren, C.F., Lügger, H.: Flash butt welding for large diameter pipes. Offshore Technology Conference, Paper No. 4103, Houston 1981.

[701] Weber, M.: Europäische Feststoffpipelines — Ihre Zukunft hat gerade begonnen. Europa industrie revue — 1 — 1979 S. 28/31
[702] Weber, M.: Grundlagen der hydraulischen und pneumatischen Rohrförderung. VDI-Berichte, Nr. 371, 1980 S. 23/29
[703] Weber, M.: Strömungsfördertechnik. Krausskopf Mainz, 1974
[704] Weber, M.: Das Airlift-Verfahren und seine Einsatzbarkeit zur Förderung von Mineralien aus der Tiefsee. Meerestechnik 7 (1976) Nr. 6
[705] Weber, M.: Neue Ergebnisse für extreme Einsatzbedingungen des Lufthebeverfahrens und vertikale hydraulische Feststoffförderung nach dem Prinzip der Strahlpumpe und ihre Anwendung in der Meerestechnik. Hydrotransport 5, Paper F7, 1978
[706] Durand, K.: Basic Relationship of the transport of solids in pipes. Proc. Minesota Int. Hydr. Div. A.S.C.E. pp. 89—103 Sept. 1953
[707] Wasp, E.J. et. al.: Solid-Liquid Flow, Slurry Pipeline Transportation. Trans. Techn. Publications, 1977
[708] Newitt, D.M. et. al.: Hydraulic conveying of solids in horizontal pipes. Trans. Int. Chem. Engrs. 33, 1955
[709] Barth, W.: Physikalische und wirtschaftliche Probleme des Transportes von Festteilchen in Flüssigkeiten und Gasen. Chem. Ing. Techn. 32 (1960) S. 164/71
[710] Govier, G.W. et. al.: The flow of complex mixtures in pipes. Van Nostrand Rheinhold 1972
[711] Bain, H.G. and Bonnington S.T.: The hydraulic transport of solids by pipeline. Vol. 5, Pergamon Press 1970
[712] Weber, M.: Pseudohomogene Gemische, Einführungskurs zur Hydrotransport 5, Hannover 1978
[713] Wagner, K.: Strömungstechnisch sinnvolle Kornmittelung für polydisperse Feststoff-Wasser-Gemische. Transmatic 81, Karlsruhe 1981
[714] Stegmaier, W.: Zur Berechnung der horizontalen pneumatischen Förderung feinkörniger Stoffe. f + h, fördern und heben 28, 1978 Nr. 5/6, S. 363/66
[715] Siegel, W.: Experimentelle Untersuchungen zur pneumatischen Förderung körniger Stoffe in waagerechten Rohren und Überprüfung der Ähnlichkeitsgesetze. VDI-Forschungsheft 538, 1970
[716] Weber, M.: Schallgeschwindigkeit und kritischer Strömungszustand in Gas-Feststoff-Gemischen, Habilitationsschrift, Fortschrittsberichte VDI-Z, Reihe 13, Nr. 13, 1973
[717] Weber, M.: Schallgrenze bei Gas-Feststoffgemischen, Sprechsaal Jahrgang 114, Heft 3/1981
[718] Weidner, G.: Grundsätzliche Untersuchungen über den pneumatischen Fördervorgang, insbesondere über Verhältnisse der Beschleunigung und Umlenkung. Forsch. Ingenieurwes. 21, 1955
[719] Flatow, J.: Untersuchungen über die pneumatische Flugförderung in lotrechten Rohrleitungen, VDI-Forschungsheft 555, 1973

IX Normung

G. DETTE

1. Allgemeines

Der in den letzten Jahren weltweit zu verzeichnende Aufschwung und Wandel der Normung hat seine Ursachen im zunehmenden grenzüberschreitenden Verkehr hinsichtlich der technischen Verständigung allgemein, aber auch hinsichtlich des Handels mit technischen Leistungen, wie Ingenieur-Leistungen, und mit technischen Erzeugnissen.

Die internationale Förderung und Beeinflussung auch der nationalen Normungsarbeiten erfolgt in den Technischen Ausschüssen der Internationalen Organisation für Standardisierung (ISO), der z.Z. 72 nationale Normenorganisationen als Mitglieder angehören, für Deutschland das DIN Deutsches Institut für Normung e.V. (früher DNA).

In den Technischen Ausschüssen der ISO wurden früher Empfehlungen erarbeitet, die teilweise oder vollständig Eingang in nationale Normen finden konnten. Seit dem 1. Januar 1972 werden ISO-Normentwürfe und ISO-Normen aufgestellt, deren Übernahme durch die angeschlossenen Mitgliedsorganisationen unter bestimmten Voraussetzungen sichergestellt ist. Für die Normungsarbeiten auf dem Gebiet des Stahlrohrs ist das TC 5 „Rohre und Formstücke" in erster Linie zuständig; aber auch andere Technische Ausschüsse können zur Bearbeitung von Teil- oder Spezialfragen herangezogen werden, etwa das TC 67 „Materialien und Ausrüstung für die Erdöl- und Erdgasindustrie" bei der Normung von Stahlrohren für die Erdöl- und Erdgasindustrie.

In den folgenden Abschnitten sind die wichtigsten Normen aus dem Gebiet des Stahlrohres aufgeführt oder dem Geltungsbereich oder dem Inhalt nach wiedergegeben. Aus urheberrechtlichen Gründen mußte von dem vollständigen Nachdruck dieser Normen abgesehen werden. Lediglich zum Vollabdruck der Ausgabe Juni 1972 der wichtigen Norm DIN 2413 hat das DIN Deutsches Institut für Normung freundlicherweise die Genehmigung erteilt.

In Abschnitt 2 sind Deutsche Normen (DIN-Normen), in Abschnitt 3 Merkblätter der Arbeitsgemeinschaft Druckbehälter (AD) und sonstige deutsche Regeln mit normativen Festlegungen, in Abschnitt 4 wichtige ausländische, in erster Linie amerikanische, und internationale Normen enthalten.

2. DIN-Normen

Deutsche Normen (DIN-Normen) sind Normen, die vom DIN Deutsches Institut für Normung in seinen Normenausschüssen aufgestellt und unter dem Verbandszeichen DIN herausgegeben werden.

Die Normungstätigkeit der Ausschüsse des DIN stellt die planmäßige, unter Beteiligung aller jeweils interessierten Kreise gemeinschaftlich durchgeführte Vereinheitlichungsarbeit zum Nutzen der Allgemeinheit dar. Sie erstrebt rationale Ordnung und rationelles Arbeiten. Die Mitarbeit in den Ausschüssen des DIN wird ehrenamtlich geleistet. Mitarbeiter sind geeignete Fachleute, die von den interessierten Fachkreisen der Wirtschaft, der Behörden und der Wissenschaft benannt werden oder als Einzelpersonen mitwirken.

Die „DIN-Mitteilungen", das monatlich erscheinende Zentralorgan des DIN, unterrichten über geplante, laufende und abgeschlossene Normungsarbeiten der einzelnen Fachgebiete sowie über alle Veränderungen im Deutschen Normenwerk. Darüber hinaus unterrichten die DIN-Mitteilungen auch über Deutsche Normen in Fremdsprachen, über technische Regelwerke, die in Deutschland außerhalb des DIN erarbeitet werden, und über internationale Normen.

Der Alleinverkauf der vom DIN herausgegebenen Normen erfolgt durch die Beuth Verlag GmbH, Berlin und Köln.

Ein Verzeichnis aller gültigen Normen und Normentwürfe wird jährlich herausgegeben. Ferner werden vom DIN fachgebietsweise DIN-Taschenbücher im Format DIN A 5 herausgegeben. Hier sei auf die Bände   15 Stahlrohrleitungen 1 – Normen für Maße und Technische Lieferbedingungen

              141 Stahlrohrleitungen 2 – Normen für Planung und Konstruktion

              142 Stahlrohrleitungen 3 – Normen für Zubehör und Prüfung

verwiesen (letzte Ausgabe 1980).

Normungsfragen aus dem Gebiet der Stahlrohre werden im DIN vorwiegend im Normenausschuß „Rohre, Rohrverbindungen und Rohrleitungen" und dessen Arbeitsausschüssen bearbeitet.

Normungsfragen für Armaturen werden in dem 1969 erneut gegründeten Normenausschuß „Armaturen" bearbeitet.

Normungsfragen über Werkstoffe Stahl werden im Normenausschuß Eisen und Stahl (FES) bearbeitet und von den anderen Normenausschüssen übernommen.

2.1. Normen für Stahl allgemein

DIN 1016

Bandstahl warmgewalzt
(z.Zt. gütige Ausgabe November 1972)

Diese Norm enthält handelsübliche Dicken in Abhängigkeit von der Breite (10 bis 500 mm) für Stähle nach DIN 17100 sowie Bestellbeispiele für die Lieferung in Ringen, Bunden oder walzgeraden Streifen.

Die Grenzen zwischen Bandstahl, Flachstahl und Breitflachstahl, zu denen neuerdings noch Breitbandstahl hinzukommt, lassen sich ohne Überschneidung nicht festlegen. Die Abmessungen, in denen Bandstahl warmgewalzt wird, sind in der Tabelle angegeben.

DIN 1543

Flußstahl gewalzt; Stahlbleche über 4,75 mm (Grobbleche); Maß- und Gewichtsabweichungen
(z.Zt. gültige Ausgabe Juli 1959)

Die Norm enthält zulässige Dicken- und Gewichtsabweichungen für Dickenbereiche von 5 bis über 60 mm sowie Längen- und Breitenabweichungen für Stähle nach DIN 17100, DIN 17155, DIN 17200 und DIN 17210. Geplante Neufassung als Entwurf Mai 1980 erschienen.

DIN 1651

Automatenstähle; Technische Lieferbedingungen
(z.Zt. gültige Ausgabe April 1970)

Diese Norm gilt für Halbzeug, Stabstahl und Walzdraht aus unlegierten und mit Mangan und/oder Blei legierten Automatenstählen im warmgeformten oder blanken Zustand. Folgende Stahlsorten werden in der Norm behandelt:

Kurzname	Werkstoffnummer
9 S 20	1.0711
9 SMn 28	1.0715
9 SMnPb 28	1.0718
9 SMn 36	1.0736
9 SMnPb 36	1.0737
10 S 20	1.0721
10 SPb 20	1.0722
35 S 20	1.0726
45 S 20	1.0727
60 S 20	1.0728

DIN 1652

Blanker unlegierter Stahl; Technische Lieferbedingungen
(z.Zt. gültige Ausgabe Mai 1963)

In dieser Norm werden Güteanforderungen und Technische Lieferbedingungen für unlegierte Stähle nach DIN 17100, DIN 17200 und DIN 17210 in blankem Zustand festgelegt. Blanker Stahl (auch Blankstahl genannt) ist Stabstahl, der gegenüber dem warmgeformten Zustand durch Entzunderung und spanlose Kaltformung oder durch spanende Bearbeitung eine verhältnismäßig glatte, blanke Oberfläche und eine wesentlich größere Maßgenauigkeit erhalten hat.

DIN 1681

Stahlguß für allgemeine Verwendungszwecke; Gütevorschriften
(z.Zt. gültige Ausgabe Juni 1967)

Diese Norm gilt für Gußstücke aus den unten aufgeführten Stahlgußsorten mit bestimmten bei Raumtemperatur gewährleisteten Eigenschaften. Die Gußstücke werden vorwiegend zwischen $-10\,°C$ und $+300\,°C$ verwendet. Diese Norm gilt nicht für warmfesten ferritischen Stahlguß und kaltzähen Stahlguß.
Die Stahlgußsorten sind im wesentlichen nach der Zugfestigkeit und den sonstigen mechanischen Eigenschaften eingeteilt; ihre chemische Zusammensetzung bleibt, wenn nichts anderes vereinbart wird, dem Hersteller überlassen. Folgende Stahlgußsorten werden beschrieben:

Kurzname	Werkstoffnummer
GS-38	1.0416
GS-38.3	1.0420
GS-45	1.0443
GS-45.3	1.0446
GS-52	1.0551
GS-52.3	1.0552
GS-60	1.0553
GS-60.3	1.0558
GS-62	1.0555
GS-62.3	1.0559
GS-70	1.0554

DIN 6935

Kaltabkanten und Kaltbiegen von Flacherzeugnissen aus Stahl
(z.Zt. gültigen Ausgabe Oktober 1975)

Diese Norm gilt für abgekantete und gebogene Teile aus Flacherzeugnissen aus Stahl zur Anwendung im Stahlbau und allgemeinen Maschinenbau.

DIN 17006

Eisen und Stahl; systematische Benennung
(letzte Ausgaben Oktober 1949)

Die einzelnen Blätter dieser Norm waren die Grundlage für eine systematische Markenbezeichnung in den Normen. Zweck der systematischen Werkstoffbenennung war es, eine kurze Benennung zu erhalten, die dem Fachmann die charakteristischen Werkstoffmerkmale sagte.
Die Norm war wie folgt gegliedert:

Bl. 1 Allgemeines
Bl. 2 Unlegierte Stähle (geschmiedet oder gewalzt)
Bl. 3 Legierte Stähle (geschmiedet oder gewalzt)
Bl. 4 Stahlguß, Grauguß, Hartguß, Temperguß
Bl. 9 Tabellarische Zusammenfassung, Beispiele

Die einzelnen Blätter dieser Norm werden bzw. sind bereits zurückgezogen; die Neubearbeitung erfolgt im Zuge internationaler Abstimmungen. Zwischenzeitlich gelten die Angaben des vom DIN herausgegebenen Normenhefts 3.

DIN 17007 Teil 1

Werkstoffnummern; Rahmenplan
(z.Zt. gültige Ausgabe April 1959)

Diese Norm beschreibt ein auch maschinentechnisch auswertbares Nummernsystem für Werkstoffe aller Art, das neben den genormten Markenbezeichnungen, wie sie beispielsweise für Eisen und Stahl in DIN 17006 festgelegt sind, benutzt werden kann.

DIN 17007 Teil 2

Werkstoffnummern; Systematik der Hauptgruppe 1: Stahl
(z.Zt. gültige Ausgabe September 1961)

In dieser Norm wird der Aufbau der Werkstoffnummern der Hauptgruppe 1 einschließlich der Sortennummern und der Anhängezahlen beschrieben.

Die Werkstoffnummern für alle bisher genormten Stähle stehen im Normenheft 3 über Kurznamen und Werkstoffnummern der Eisenwerkstoffe in DIN-Normen und Stahl-Eisen-Werkstoffblättern.

DIN 17 014 Teil 1

Wärmebehandlung von Eisenwerkstoffen; Fachbegriffe und -ausdrücke
(z.Zt. gültige Ausgabe März 1975)

Diese Norm soll die Fachausdrücke für die Wärmebehandlung von Eisenwerkstoffen vereinheitlichen und helfen, Mißverständnisse auf diesem Gebiet zu vermeiden. Für die Erklärungen wurden im wesentlichen Merkmale herangezogen, die durch Augenschein oder Messung möglichst einfach und eindeutig feststellbar sind; vielfach wurde der Zweck zur Kennzeichnung hinzugefügt.

DIN 17 100

Allgemeine Baustähle, Gütenorm
(z.Zt. gültige Ausgabe Januar 1980)

Diese Norm gilt unter anderem für Band einschließlich Warmbreitband und für Grobblech, aus denen geschweißte Rohre z.B. nach DIN 1626 hergestellt werden.

DIN 17 111

Kohlenstoffarme unlegierte Stähle für Schrauben, Muttern und Niete; Technische Lieferbedingungen
(z.Zt. gültige Ausgabe September 1980)

Diese Norm gilt für unlegierte kohlenstoffarme Stähle bis höchstens 40 mm Erzeugnisdicke, die nicht für eine Vergütung und Einsatzhärtung bestimmt sind und im allgemeinen im warmgewalzten Zustand für die Warm- oder Kaltfertigung von Schrauben, Muttern und Nieten verwendet werden. Diese Norm gilt nicht für Stähle nach DIN 1654, DIN 17 240, DIN 1651, DIN 1652, DIN 17 140, DIN 17 200 und DIN 17 210.

DIN 17 155

Kesselbleche
(z.Zt. gültige Ausgaben Januar 1959)

Bl. 1 dieser Norm enthält technische Lieferbedingungen für Blech, Bl. 2 Gütevorschriften für die folgenden unlegierten und legierten Stähle, die in Form von Blech zum Bau von Dampfkesselanlagen, Druckbehältern, großen Druckrohrleitungen und ähnlichen Bauteilen verwendet werden:

Kurzname	Werkstoffnummer
H I	1.0345
H II	1.0425
H III	1.0435
H IV	1.0445
17 Mn 4	1.0844
19 Mn 5	1.0845
15 Mo 3	1.5415
13 CrMo 4 4	1.7335

DIN 17 200

Vergütungsstähle; Gütevorschriften
(z.Zt. gültige Ausgabe Dezember 1969)

Diese Norm gilt für Vergütungsstähle mit Verwendungstemperaturen von etwa 20 bis 350°C in Form von gewalztem oder geschmiedetem Halbzeug, warmgewalztem Draht, warmgewalztem oder warm-schmiedetem Stabstahl, warmgewalztem Breitflachstahl, warmgewalztem Blech und Band, nahtlosen Rohren sowie Freiform- und Gesenkschmiedestücken, und zwar für Querschnitte, die bei den un-legierten Stählen und einem Teil der legierten Stähle einem Durchmesser bis 100 mm, bei einem anderen Teil der legierten Stähle einem Durchmesser bis 250 mm entsprechen können.

Vergütungsstähle im Sinne dieser Norm sind Baustähle, die sich auf Grund ihrer chemischen Zusam-mensetzung, besonders ihres Kohlenstoffgehaltes, zum Härten eignen und die im vergüteten Zustand hohe Zähigkeit bei bestimmter Zugfestigkeit aufweisen.

DIN 17240

Warmfeste und hochwarmfeste Werkstoffe für Schrauben und Muttern; Gütevorschriften
(z.Zt. gültige Ausgabe Juli 1976)

Diese Norm enthält technische Lieferbedingungen und Gütevorschriften für unlegierte und legierte Baustähle, die für Schrauben und Muttern bei Temperaturen über etwa 350 bis 540 °C in Dicken bis etwa 175 mm vorwiegend verwendet werden. Für Temperaturen unter 350 °C oder niedrige Beanspruchungen wird auf die Stähle nach DIN 17 200 und DIN 1654 verwiesen.

DIN 17245

Warmfester ferritischer Stahlguß; Technische Lieferbedingungen
(z.Zt. gültige Ausgabe Oktober 1977)

Diese Norm gilt für Gußstücke aus den folgenden, derzeitig betriebsmäßig hergestellten warmfesten ferritischen Stahlgußsorten, die zur Verwendung vorwiegend bei Temperaturen über etwa 300 bis etwa 610 °C vorgesehen sind:

Kurzname	Werkstoffnummer
GS-C 25	1.0619
GS-22 Mo 4	1.5419
GS-17 CrMo 5 5	1.7357
GS-18 CrMo 9 10	1.7379
GS-17 CrMoV 5 11	1.7706
G-X 8 CrNi 12	1.4107
G-X 22 CrMo V 12 1	1.4931

DIN 17440

Nichtrostende Stähle; Gütevorschriften
(z.Zt. gültige Ausgabe Dezember 1972)

Diese Norm umfaßt die üblichen nichtrostenden Stähle, die als warm- oder kaltgeformte Erzeug-nisse einen weiten Verwendungsbereich haben. Sie gilt für warm- und kaltgeformte Bleche, Stäbe, Drähte, nahtlose und geschweißte Rohre sowie für Schmiedestücke. Unter diese Norm fallen nicht nichtrostende Stähle für Federn, nichtrostender Stahlguß und korrosionsbeständige Sonderlegierungen.

DIN 50100

Werkstoffprüfung; Dauerschwingversuch; Begriffe, Zeichen, Durchführung, Auswertung
(z.Zt. gültige Ausgabe, Februar 1978)

Der Versuch dient zur Ermittlung von Kennwerten für das mechanische Verhalten von Werkstoffen oder Bauteilen bei dauernder oder häufig wiederholter schwellender oder wechselnder Beanspruchung. Er wird Dauerschwingversuch genannt, weil die Beanspruchung der Probe in Form eines Schwingvorganges verläuft. Der Grenzfall einer einmaligen, langzeitigen, das heißt ruhenden Belastung (Schwingungen mit unendlich kleinem Ausschlag) wird hier nicht behandelt.

DIN 50115

Prüfung metallischer Werkstoffe; Kerbschlagbiegeversuch
(z.Zt. gültige Ausgabe Februar 1975)

DIN 50119

Werkstoffprüfung; Standversuch; Begriffe, Zeichen, Durchführung, Auswertung
(z.Zt. gültige Ausgabe Dezember 1952)

DIN 50145

Prüfung metallischer Werkstoffe; Zugversuch
(z.Zt. gültige Ausgabe Mai 1975)

2.2. Grundnormen für Rohrleitungen

DIN 2401 Teil 1

Innen- oder außendruckbeanspruchte Bauteile; Druck- und Temperaturangaben; Begriffe, Nenndruckstufen
(z.Zt. gültige Ausgabe Mai 1977)

Diese Norm gilt für die Definition der im Rohrleitungs- und Anlagenbau üblichen Druck- und Temperatur-Grundbegriffe. Neben diesen Grundbegriffen wie zulässiger Betriebsüberdruck, Nenndruck, Prüfdruck, Arbeitsdruck, Arbeitstemperatur und Berechnungsdruck sind für bestimmte Anwendungsbereiche weitere mit anderen Definitoṇen im Gebrauch. Andererseits wird man in einigen Anwendungsbereichen nur einen Teil der hier definierten Begriffe benutzen.

Diese Norm gilt außerdem für die Stufung der Nenndrücke, die die Grundlage für den Aufbau von Normen über Apparate, Behälter, Rohrleitungen, Rohrleitungsteile und Armaturen ist.

Bei der Definition der Grundbegriffe wird zwischen dem Bezugssystem „Bauteil" und dem Bezugssystem „Medium" unterschieden.

Die Nenndrücke sind wie folgt gestuft:

	1	10	100	1000
		12,5	125	1250
	1,6	16	160	1600
	2	20	200	2000
	2,5	25	250	2500
	3,2	32	315	
	4	40	400	4000
0,5	5	50	500	
	6	63[1]	630	6300
			700	
	8	80	800	

Fettgedruckte Druckstufen sind zu bevorzugen.

[1] Bis Ausgabe Januar 1966 war diese Nenndruckstufe in DIN 2401 bzw. DIN 2401 Teil 1 mit 64 bezeichnet. Während einer Übergangszeit wird noch in Normen die Nenndruckstufe 64 erscheinen. Sie ist in jedem Fall austauschbar mit der Nenndruckstufe 63 und wird auf 63 umgestellt werden.

DIN 2401 Teil 2

Vornorm Rohrleitungen; Druckstufen, zulässige Betriebsdrücke für Rohrleitungsteile aus Eisenwerkstoffen
(z.Zt. gültige Ausgabe Januar 1966, geringfügig geändert August 1966)

In einer mit Erläuterungen versehenen Tabelle sind für verschiedene Kombinationen von Werkstoffen
wichtiger Rohrleitungsteile, unter anderem von nahtlosen Stahlrohren, geschweißten Stahlrohren,
Flanschen, Armaturen mit Flanschen und Schrauben in Abhängigkeit der Betriebstemperatur in °C
zulässige Betriebsdrücke der Rohrleitung in kp/cm^2 aufgeführt. Eine Neufassung der Norm ist in Vorbereitung.

DIN 2402

Rohrleitungen; Nennweiten; Begriff, Stufung
(z.Zt. gültige Ausgabe Februar 1976)

Die Nennweite ist eine Kenngröße, die bei Rohrleitungssystemen als kennzeichnendes Merkmal zueinander gehörender Teile, z.B. Rohre, Rohrverbindungen, Formstücke und Armaturen, benutzt wird.
Die Nennweite hat keine Einheit und darf nicht als Maßeintragung im Sinne von DIN 406 benutzt
werden. Die Nennweiten entsprechen annähernd den lichten Durchmessern der Rohrleitungsteile.
Die Norm enthält die Nennweiten

		10		100	1000
	12¹)			125	1200 1400
	16¹)		15²)	150 (175)⁴)	1600 1800
		20		200	2000 2200 2400
		25		250	2600 2800
3		32		300 350	3000 3200 3400 3600 3800
4		40		400 450	4000
5		50		500	
6		65 (70)³)		600 700	
8		80		800 900	

¹) Diese Nennweiten werden angewandt, wenn eine engere Stufung notwendig ist, z. B. bei Rohrverschraubungen, Löt-
fittings usw.
²) Diese Nennweite wird angewandt, wenn eine gröbere Stufung ausreicht, z. B. bei Flanschen, Gewindefittings usw.
³) Nur für drucklose Abflußrohre
⁴) Nur für Schiffbau

Soweit in einzelnen Fachgebieten, z.B. für Gasfernleitungen, Zwischengrößen für Rohrleitungen
mit Nennweiten über 500 benötigt werden, sind bis Nennweite 1 200 Stufensprünge von 50, über
Nennweite 1 200 Stufensprünge von 100 zu wählen.
Für Nennweiten über 4 000 sollen Stufensprünge von 200 gewählt werden.

DIN 2406

Rohrleitungen; Kurzzeichen, Rohrklassen
(z.Zt. gültige Ausgabe April 1968)

Diese Norm gilt für die Kurzzeichen von Rohrleitungen in Rohrleitungszeichnungen, Rohrteilelisten und sonstigen Arbeitsunterlagen für die Planung und Montage von Rohrleitungen sowie für Rohrklassen.

Das Kurzzeichen einer Rohrleitung setzt sich zusammen aus der Leitungsnummer (Zählnummer, die vom Anwender je nach Erfordernissen festgelegt wird), der Nennweite (vorzugsweise nach DIN 2402), der Rohrklasse.

Die Bezeichnung der Rohrklasse setzt sich zusammen aus dem Nenndruck (nach DIN 2401 Bl. 1), dem Kennbuchstaben der Rohrwerkstoffgruppe (z.b. B für unlegierte Stähle) und der Rohrklassennummer, einer Zählnummer, die einander zugeordnete Ausführung von Rohrleitungsteilen kennzeichnet.

DIN 2410 Teil 1

Rohre; Übersicht über Normen für Stahlrohre
(z.Zt. gültige Ausgabe Januar 1968)

Die Norm enthält eine Tabelle, in der in Abhängigkeit der Rohrart Hinweise auf Maßnormen, technische Lieferbedingungen, Werkstoffe, Nenndruckbereiche und Außendurchmesserbereiche enthalten sind, und zwar für:

nahtlose Präzisionsstahlrohre
geschweißte Präzisionsstahlrohre mit besonderer Maßgenauigkeit
geschweißte Präzisionsstahlrohre, einmal kalt gezogen
mittelschwere Gewinderohre
schwere Gewinderohre
Gewinderohre mit Gütevorschrift
nahtlose Stahlrohre
geschweißte Stahlrohre
Stahlrohre für Gas- und Wasserleitungen
Stahlrohre für Fernleitungen für brennbare Flüssigkeiten und Gase.

2.3. Normen für Rohre

2.3.1. Berechnungsnormen

Die wichtigste Grundnorm für die Berechnung von Stahlrohren gegen Innendruck ist DIN 2413, die auf den folgenden Seiten als Faksimile abgedruckt ist.

DK 621.643.23 : 669.14-462   DEUTSCHE NORMEN   Juni 1972

Stahlrohre
Berechnung der Wanddicke gegen Innendruck

DIN
2413

Steel pipes, calculation of wall thicknesses subjected to internal pressure

Diese Norm dient als Richtlinie für die Berechnung der Wanddicke von Stahlrohren und kennzeichnet den allgemeinen Stand der Technik. Die Norm gilt im allgemeinen für Rohre, die für Rohrleitungen verwendet werden. Für Kessel- und Überhitzerrohre sind die Technischen Regeln für Dampfkessel (TRD) [1]) und für Rohre als Bestandteile von Druckbehältern die entsprechenden AD-Merkblätter [1]) zu beachten.

Als Grundlage für die Berechnung gilt, daß ein Fließen an der Innenfaser der Rohre im Gebiet der zeitunabhängigen Festigkeitskennwerte durch den Betriebsdruck bei den genannten Sicherheitsbeiwerten nicht eintritt. Im Gebiet der zeitabhängigen Festigkeitskennwerte bleibt das bei hohen Temperaturen unvermeidliche Kriechen des Werkstoffes in zulässigen Grenzen. Zeit- bzw. Dauerbrüche bei wechselnder Beanspruchung sind nicht zu erwarten, wenn die Schwellbeanspruchung mit dem angegebenen Sicherheitsabstand unter der Schwellfestigkeit der Rohre bleibt.

Inhalt

1. Geltungsbereich

Die angegebenen Formeln zur Berechnung der Wanddicke gegen Innendruck gelten für Rohre mit Kreisquerschnitt ohne Ausschnitte bis zu einem Durchmesserverhältnis $u = d_a / d_i = 1,7$ für folgende Geltungsbereiche:

  I   Rohrleitungen für vorwiegend ruhende Beanspruchung bis 120 °C Berechnungstemperatur [2])

  II   Rohrleitungen für vorwiegend ruhende Beanspruchung über 120 °C Berechnungstemperatur

 III   Rohrleitungen für schwellende Beanspruchung [2])

Für die Berechnung von Rohrleitungsteilen wie Abzweigungen, Formstücke, Flansche usw. sind die entsprechenden DIN-Normen und Richtlinien für Rohrleitungen bzw. Rohrleitungsteile zu beachten.

---

[1]) Zu beziehen durch: Carl Heymanns Verlag KG, Köln und Berlin; Beuth-Vertrieb GmbH, Berlin 30, Köln und Frankfurt (M)

[2]) Bei Wandtemperaturen unter − 10 °C sind die Zähigkeitseigenschaften der Stähle besonders zu beachten. Es sind dann bevorzugt alterungsbeständige Stähle oder Stähle mit besonderen Kaltzähigkeitseigenschaften zu verwenden. Angaben über Stähle für tiefe Temperaturen siehe Stahl-Eisen-Werkstoffblatt 680; zu beziehen durch Verlag Stahleisen mbH, Düsseldorf.

Angaben über Einsatz von Stählen für tiefe Temperaturen siehe AD-Merkblatt W 10 (Entwurf)

Angaben über alterungsbeständige Stähle siehe DIN 17 135

Fortsetzung Seite 2 bis 12

Fachnormenausschuß Rohre, Rohrverbindungen und Rohrleitungen im Deutschen Normenausschuß (DNA)

Seite 2 DIN 2413

2. Einheiten und Formelzeichen

2.1. Einheiten

In dieser Norm werden die gesetzlichen Einheiten und die daraus abgeleiteten Einheiten einschließlich deren Vielfache und Teile verwendet; die gesetzlichen Einheiten basieren auf den SI-Einheiten (Systèm International d'Unités).

Tabelle 1. Einheiten

Größe	Einheit	Bisher übliche Einheit
Abmessungen		
Durchmesser, Wanddicke, Radius	mm	mm
Fläche	mm²	mm²
Länge von Rohrleitungen	m	m
Druck*)	N/mm²	kp/cm²
Spannungen, Festigkeitskennwerte, Elastizitätsmodul	N/mm²	kp/mm²
Masse	kg	kg
Dichte	kg/m³	kg/m³
Zeit	s bzw. h	s bzw. h
Geschwindigkeit	m/s	m/s
Temperatur	°C	°C

*) Falls Druckangaben in bar bzw. kp/cm² oder atü gemacht sind, gilt für die Rechnung:
10 kp/cm² = 10 at ≈ **10 bar = 1 N/mm² = 1 MPa**

2.2. Formelzeichen und deren Bedeutung

a	Fortpflanzungsgeschwindigkeit einer Druckwelle
$c = c_1 + c_2$	Zuschlag zur rechnerischen Wanddicke
c_1	Zuschlag zum Ausgleich der zulässigen Wanddicken-Unterschreitung in mm
c_1'	Zulässige Wanddicken-Unterschreitung in %
c_2	Zuschlag für Korrosion bzw. Abnutzung
d_a	Rohr-Außendurchmesser
d_i	Rohr-Innendurchmesser
l	Länge der Rohrleitung
n	Lastspielzahl (Anzahl der Druckwechsel), die im Betrieb zu erwarten ist
n_B	Lastspielzahl bis zum Bruch
p	Rechnungsdruck (d. h. der maximal mögliche innere Überdruck eines Leitungsteiles unter Beachtung aller denkbaren Betriebszustände einschließlich Druckstoß usw.³)
$\hat{p} - \check{p}$	Schwingbreite einer Druckschwingung
p'	Prüfdruck
r	Krümmungsradius der Mittellinie eines Rohrbogens
s	Auszuführende Wanddicke (Bestellwanddicke bzw. Nennwanddicke)
s_v	Rechnerische Wanddicke ohne Zuschläge
$u = d_a/d_i$	Durchmesserverhältnis
v_N	Wertigkeit der Längs- bzw. Schraubenlinien-Schweißnaht ($v_N = 1{,}0$ bei nahtlosen Rohren)
w	Strömungsgeschwindigkeit
w_ϑ	Temperatur-Änderungsgeschwindigkeit in °C/h

A	Querschnittsfläche
B	Berechnungsbeiwert
$B_i; B_a$	Faktoren zur Berücksichtigung der erhöhten bzw. verminderten Beanspruchung an der Innen- bzw. Außenseite von Rohrbogen
B_p	Faktor zur Berücksichtigung der Dichtungskräfte in den Prüfpressen bei der Prüfung im Werk
B_U	Berechnungsbeiwert für unrunde Rohre
E	Elastizitätsmodul bei Raumtemperatur
E_ϑ	Elastizitätsmodul bei Berechnungstemperatur
K	Festigkeitskennwert
S	Sicherheitsbeiwert
S_L	Lastspielsicherheit
S_K	Sicherheit gegen Einbeulen
T_s	Schließzeit des Absperrorganes bzw. des Steuerorganes
U	Unrundheit in %
$Y = 1/S$	Nutzungsgrad
Y'	Nutzungsgrad der gewährleisteten Streckgrenze beim Innendruckversuch (Prüfdruck im Werk)
Z	Stoßwirkungszahl
β_w	Längenausdehnungskoeffizient (1/°C)
δ_5	Bruchdehnung in % ($L_0 = 5\,d$) (Mindestwert)
ϑ	Berechnungstemperatur der Rohrwand, d. h. höchste mögliche Temperatur unter Beachtung aller denkbaren Betriebszustände
ν	Querkontraktionszahl
ϱ	Dichte des Durchflußstoffes
σ_{zul}	Zulässige Beanspruchung bei ruhender Belastung
$\tilde{\sigma}_{zul}$	Zulässige Beanspruchung bei schwellender Belastung
$\check{\sigma}_B$	Zugfestigkeit (Mindestwert)
σ_l	Längsspannung
σ_r	Radialspannung
$\check{\sigma}_S$ bzw. $\check{\sigma}_{0.2}$	Streckgrenze bzw. 0,2-Dehngrenze (Mindestwert) bei 20 °C
$\check{\sigma}_{Sch/D}$	Dauerschwellfestigkeit (Mindestwert)
$\check{\sigma}_{Sch/n}$	Zeitschwellfestigkeit (Mindestwert)
σ_u	Umfangsspannung
σ_v	Vergleichsspannung (Anstrengung)
$\check{\sigma}_1$	1 %-Dehngrenze (Mindestwert) bei 20 °C
$\check{\sigma}_{0.2/\vartheta}$	Warmstreckgrenze bzw. 0,2 %-Dehngrenze (Mindestwert) bei Berechnungstemperatur ϑ
$\check{\sigma}_{1/\vartheta}$	1 %-Dehngrenze (Mindestwert) bei Berechnungstemperatur ϑ
$\overline{\sigma}_{B/200\,000/\vartheta}$	Zeitstandfestigkeit für 200 000 Stunden (Mittelwert) bei Berechnungstemperatur ϑ
$\overline{\sigma}_{B/100\,000/\vartheta}$	Zeitstandfestigkeit für 100 000 Stunden (Mittelwert) bei Berechnungstemperatur ϑ
$\overline{\sigma}_{1/100\,000/\vartheta}$	1 %-Zeitdehngrenze für 100 000 Stunden (Mittelwert) bei Berechnungstemperatur ϑ
Δp	Druckänderung durch Druckstoß
Δr	Abweichung von der Kreisform

³) Entsprechend einer Vereinbarung des Deutschen Dampfkesselausschusses und der Arbeitsgemeinschaft Druckbehälter ist für diese Bereiche $p = p_4$

Tabelle 2. Ermittlung der rechnerischen Wanddicke s_v

Geltungsbereich	Rechnerische Wanddicke s_v mm	Festigkeitskennwert K N/mm²	Sicherheitsbeiwert S bzw. Nutzungsgrad Y für Rohre					Prüfdruck p' in der Prüfpresse N/mm²
				mit Abnahmeprüfzeugnis nach DIN 50049		ohne[2])		
			δ_5	S	Y	S	Y	
I vorwiegend ruhend beansprucht bis 120 °C[4]	$s_v = \dfrac{d_a \cdot p}{2\,\sigma_{zul} \cdot v_N}$ (2)	$\sigma_{zul} = K/S = Y \cdot K$ Streckgrenze bei 20 °C[4])[3]) Ausnahmen siehe Abschnitt 4.1	$\geq 25\%$ $=20\%$ $=15\%$	1,5 1,6 1,7	0,67 0,63 0,59	1,7 1,75 1,8	0,59 0,57 0,55	$p' = B_p \cdot Y \cdot \delta_s \cdot \dfrac{2(s-c_1)\cdot v_N}{d_a}$ (5) Gilt für das einzelne Rohr (siehe Abschnitt 4.6)
			Für erdverlegte Rohrleitungen in Gebieten ohne besondere zusätzliche Beanspruchung gilt:					
			$\geq 25\%$ $=20\%$ $=15\%$	1,4 1,5 1,6	0,72 0,67 0,63	1,7 1,75 1,8	0,59 0,57 0,55	
II vorwiegend ruhend beansprucht über 120 °C	$s_v = \dfrac{d_a}{\left(\dfrac{2\,\sigma_{zul}}{p}-1\right)\cdot v_N + 2}$ (3a) $= \dfrac{d_i}{\left(\dfrac{2\,\sigma_{zul}}{p}-1\right)\cdot v_N}$ (3b)[6]) unter der Voraussetzung, daß $d_a = d_i + 2\,s_v$	$\sigma_{zul} = K/S$ 1. Streckgrenze bei Berechnungstemperatur[8]) $\delta_{0,2/\theta}$ 2. Zeitstandfestigkeit $\delta_{B/200000/\theta}$ (Mindestwert) Der niedrigste sich aus 1. und 2. ergebende Wert für σ_{zul} ist in die Rechnung einzusetzen. Ausnahmen zu 2. siehe Abschnitt 4.1.2	— —	1,5[10]) 1,0[10])	— —	1,7 —	— —	
III schwellend beansprucht Die Berechnung wird durchgeführt gegen Verformen und gegen Zeitschwingbruch. Die größere rechnerische Wanddicke s_v ist zu wählen.	a) Berechnung gegen Verformen: nach Gleichung (2) b) Berechnung gegen Zeitschwingbruch bzw. Dauerbruch bei konstanter Schwingbreite: $s_v = \dfrac{d_a}{\dfrac{2\,\bar\sigma_{zul}}{\bar p - \check p}-1}$ (4) Bei veränderlichen Schwingbreiten siehe Abschnitt 4.1.3	$\sigma_{zul} = K/S = Y \cdot K$ Siehe Geltungsbereich I $\bar\sigma_{zul}$ siehe Abschnitt 4.1.3 Zeitschwellfestigkeit $\delta_{Sch/n}$ Dauerschwellfestigkeit $\delta_{Sch/l}$)	—	$S_L = 2$ bis 10 siehe Abschnitte 4.1, 4.1.3 und 5.2.c) 1,5	— 0,67	— —	— —	

[1]) Bei Durchmesserverhältnissen $d_a/d_i \geq 1,1$ kann bei Verwendung von Rohren mit besonderen Gütevorschriften die Berechnung auch nach Gleichung (3a) bzw. (3b) durchgeführt werden, wobei folgende Sicherheitsbeiwerte gelten: $\delta_5 \geq 25\%$: $S = 1,5$; $\delta_5 \geq 20\%$: $S = 1,6$; $Y = 0,59$; $\delta_5 = 15\%$: $S = 1,8$; $Y = 0,55$

[2]) Ohne Abnahmeprüfzeugnis können nur Rohre aus unlegierten Werkstoffen bis 550 N/mm² Mindestzugfestigkeit und aus austenitischen Werkstoffen mit einer Bruchdehnung von $\delta_5 \geq 40\%$ vorgesehen werden.

[3]) Als Streckgrenze sind die in den jeweiligen Normen bzw. Werkstoffblättern angegebenen Werte einzusetzen. Bei Berechnungstemperaturen unter 20 °C gelten die Werte für 20 °C (siehe Abschnitt 4.1.2).

[4]) Zwischenwerte können linear interpoliert bzw. bei kleineren Dehnungen als 15 % extrapoliert werden.

[5]) Bei austenitischen Stählen darf unter bestimmten Voraussetzungen an Stelle von $\delta_{0,2}$ von $\delta_{0,2/\theta}$ mit $\delta_{1/\theta}$ gerechnet werden (siehe Abschnitte 4.1.1 und 4.1.2).

[6]) Gleichung (3b) ist die mathematische Umwandlung von Gleichung (3a) und führt zu dem gleichen Ergebnis.

[10]) Siehe auch Abschnitt 4.1.2. 2c) und 2b).

Seite 4   DIN 2413

Δw	Änderung der Strömungsgeschwindigkeit durch einen Regelvorgang (kann positiv oder negativ sein)
$\Delta \vartheta$	Temperaturänderung
Kopf-zeiger (Über-zeichen)	$\wedge$ Maximalwert (z. B. $\hat{p}$ = Maximaldruck)
	$\vee$ Minimalwert (z. B. $\check{p}$ = Minimaldruck)
	$-$ Mittelwert (z. B. $\bar{\sigma}$ = Mittlere Spannung)
	$\sim$ wechselnd (z. B. $\tilde{\sigma}$ = Wechselnde Beanspruchung)

3. Berechnungsformeln

Die auszuführende Wanddicke (Bestellwanddicke bzw. Nennwanddicke) beträgt

$$s = s_v + c_1 + c_2 \qquad (1)$$

Sie ergibt sich aus der rechnerischen Wanddicke s_v, dem Zuschlag c_1 zur Berücksichtigung der zulässigen Wanddicken-Unterschreitung (siehe Abschnitt 4.5.1) und dem Zuschlag c_2 für Korrosion bzw. Abnutzung (siehe Abschnitt 4.5.2). Sofern die zulässige Wanddickenunterschreitung mit c_1' in % angegeben ist, beträgt die auszuführende Wanddicke

$$s = (s_v + c_2) \frac{100}{100 - c_1'} \qquad (1a)$$

Für die einzelnen Geltungsbereiche sind die anzuwendenden Formeln zur Berechnung der rechnerischen Wanddicke s_v in Tabelle 2 enthalten.

4. Erläuterungen zur Berechnung

Siehe hierzu auch [1] bis [5]

Die Rechnung gilt für unter Innendruck stehende Rohre und Rohrbogen.

Unter Rechnungsdruck p ist der maximal mögliche innere Überdruck in einem Leitungsteil einer Rohrleitung unter Beachtung aller denkbaren Betriebszustände einschließlich des Druckstoßes zu verstehen.

Da der Rechnungsdruck unter anderem von der hydrostatischen Druckhöhe abhängig ist, kann die Wanddicke einer Rohrleitung entsprechend gestaffelt werden. Jedoch ist eine solche Staffelung im Hinblick auf die Druckminderung durch Strömungsverluste nicht ratsam. Siehe hierzu [21] – [23].

Bei den für vorwiegend ruhende Beanspruchung geltenden Gleichungen (2), (3a) und (3b) wird mit den in der Wand herrschenden mittleren Spannungen gearbeitet. Dagegen sind bei der für schwellende Beanspruchung geltenden Gleichungen (4) und bei der für die Ermittlung des Prüfdruckes geltenden Gleichung (5) die auf der Rohrinnenseite auftretenden Spitzenspannungen berücksichtigt.

Den Gleichungen (3a), (3b) und (4) liegt die Schubspannungshypothese zugrunde, die nur die größte und kleinste Hauptspannung, d. h. bei Beanspruchung des Rohres durch Innendruck normalerweise die Spannung σ_u und σ_r berücksichtigt. Solange die Längsspannung σ_l einschließlich Zusatzbeanspruchungen in diesen Grenzen bleibt, d. h. solange

$$-\frac{p}{2} < \sigma_l < \frac{p \cdot d_i}{2s}$$

erfüllt ist, wird das Ergebnis der Rechnung durch σ_l nicht beeinflußt. Überschreiten die Beanspruchungen die genannten Grenzen, ist Abschnitt 5 zu berücksichtigen.

4.1. Zulässige Beanspruchung

Die in den Gleichungen in Tabelle 2 eingeführte zulässige Beanspruchung σ_{zul} gewährleistet, daß die errechnete Spannung mit einem genügend großen Sicherheitsabstand unter dem entsprechenden Festigkeitskennwert K des Werkstoffes bleibt.

Die Berechnung gegen vorwiegend ruhende Beanspruchung (Geltungsbereich I und II) ist bei Verwendung von nahtlosen und mit $v_N = 1$ geschweißten Rohren ausreichend, wenn im Betrieb die für verschiedene Zugfestigkeiten σ_B in Tabelle 3 und 4 angegebenen und mit der Lastspielsicherheit $S_L = 10$ ermittelten Lastspielzahlen bei den jeweils aufgeführten, der Berechnung zugrunde liegenden zulässigen Beanspruchungen σ_{zul} nicht überschritten werden. Dabei sind nur die Druckwechsel mit großer Schwingbreite, wie sie beim An- und Abfahren einer Rohrleitung entstehen, in Betracht zu ziehen. Sind höhere Lastspielzahlen zu erwarten, so muß zusätzlich nach Geltungsbereich III gerechnet werden.

Tabelle 3. **Grenzlastspielzahlen für nahtlose und HF-geschweißte Stahlrohre** $(v_N = 1)$
(siehe Abschnitt 4.1.3) Ermittelt mit $S_L = 10$

σ_{zul}	σ_B				
	≤ 450	500	550	600	650
160	100 000	>100 000	>100 000	>100 000	>100 000
180	50 000	90 000	>100 000	>100 000	>100 000
200	30 000	50 000	80 000	>100 000	>100 000
250	10 000	17 000	26 000	40 000	56 000
300				16 000	22 000
350					10 000

Tabelle 4. **Grenzlastspielzahlen für UP-geschweißte Stahlrohre** $(v_N = 1)$
(siehe Abschnitt 4.1.3) Ermittelt mit $S_L = 10$

σ_{zul}	σ_B				
	≤ 500	550	600	650	700
120	32 000	50 000	80 000	>100 000	>100 000
140	18 000	26 000	40 000	56 000	80 000
160	10 000	15 000	22 000	30 000	42 000
180	6 000	10 000	13 000	19 000	25 000
200	4 000	6 000	8 000	11 000	16 000
250			3 000	5 000	6 000
300				2 000	3 000

4.1.1. Geltungsbereich I, vorwiegend ruhend beansprucht bis 120 °C

Die zulässige Beanspruchung ist $\sigma_{zul} = K/S = Y \cdot K$. Die Schreibweise $Y \cdot K$ wird dabei aus dem internationalen Regelwerk zur Berechnung von Rohren für Rohrleitungen übernommen. Der Faktor Y gibt an, welcher Nutzungsgrad dem Festigkeitskennwert K bei dieser Beanspruchung zugeordnet werden kann. Die Werte für den Sicherheitsbeiwert S und den Nutzungsgrad Y sind in Tabelle 2 angegeben.

Als Festigkeitskennwert K ist die gewährleistete Streckgrenze bei 20 °C einzusetzen. Bei Feinkornstählen nach Stahl-Eisen-Werkstoffblatt 089 und bei austenitischen Stählen, die bei Betriebstemperaturen über 50 °C verwendet werden, ist stets die Streckgrenze bei Betriebstemperatur maßgebend. Für Temperaturen unter 20 °C ist die Streckgrenze bei 20 °C einzusetzen.

Bei der Verwendung von Sonderstählen mit hohem Verhältnis von Streckgrenze zu Zugfestigkeit darf als Festigkeitskennwert K höchstens eingesetzt werden:

0,7 σ_B bei unvergüteten Stählen

0,8 σ_B bei vergüteten Stählen sowie bei mikrolegierten, kontrolliert gewalzten Stählen mit niedrigem Kohlenstoff-Äquivalent.

Die verwendeten Stähle müssen ein genügend hohes Formänderungsvermögen aufweisen. Die untere Grenze hierfür ist der Wert der Bruchdehnung $\delta_5 = 14$ % der Längsprobe bei 20 °C.

Für die Stähle St 00 und St 33 darf der Festigkeitskennwert K mit höchstens 190 N/mm² eingesetzt werden.

Bei austenitischen Stählen mit großem Verformungsvermögen sowie einem Verhältnis von Streckgrenze zu Zugfestigkeit $\sigma_{0,2}/\sigma_B \leq 0,5$ bei 20 °C können die Rohre unter Zugrundelegung der 1 %-Dehngrenze σ_1 berechnet werden.

Die angegebenen Sicherheitsbeiwerte sind Mindestwerte. Sie sind abhängig von der für Längsproben [11]) bei 20 °C geltenden Bruchdehnung der Werkstoffe zu ermitteln.

Für Rohre mit Abnahmeprüfzeugnis nach DIN 50 049 für die Lieferung gilt

$\delta_5 \geq 25$ %: $S = 1,5$ $Y = 0,67$

$\delta_5 = 20$ %: $S = 1,6$ $Y = 0,63$

$\delta_5 = 15$ %: $S = 1,7$ $Y = 0,59$

Für Rohre mit Abnahmeprüfzeugnis nach DIN 50 049 für erdverlegte Rohrleitungen in Gebieten ohne besondere zusätzliche Beanspruchung gilt

$\delta_5 \geq 25$ %: $S = 1,4$ $Y = 0,72$

$\delta_5 = 20$ %: $S = 1,5$ $Y = 0,67$

$\delta_5 = 15$ %: $S = 1,6$ $Y = 0,63$

Zwischenwerte können linear interpoliert bzw. bei kleineren Dehnungen als 15 % extrapoliert werden.

Für Rohre, die ohne Abnahmeprüfzeugnis nach DIN 50 049 geliefert werden, gilt

$\delta_5 \geq 25$ %: $S = 1,7$ $Y = 0,59$

$\delta_5 = 20$ %: $S = 1,75$ $Y = 0,57$

$\delta_5 = 15$ %: $S = 1,8$ $Y = 0,55$

Rohre ohne Abnahmeprüfung können nur aus unlegierten Stählen bis 550 N/mm² Mindestzugfestigkeit und aus austenitischen Stählen mit einer Bruchdehnung von $\delta_5 \geq 40$ % vorgesehen werden.

Rohre aus den Stählen St 00 nach DIN 1629 Blatt 2 sowie St 33, St 37 und St 42 nach DIN 1626 Blatt 2 sind in der Anwendung begrenzt, und zwar

für Flüssigkeiten bis 25 bar (= 2,5 N/mm²) Überdruck und bis 120 °C

für Druckluft und ungefährliche Gase bis 10 bar (= 1 N/mm²) Überdruck und bis 120 °C

für Sattdampf bis 10 bar (= 1 N/mm²) Überdruck und bis 180 °C

Als weiterer Richtwert gilt:

$p \cdot d_i \leq 720$ für St 00 und St 33

$p \cdot d_i \leq 1000$ für St 37 und St 42

4.1.2. Geltungsbereich II, vorwiegend ruhend beansprucht über 120 °C

Die in die Berechnung einzusetzende zulässige Beanspruchung σ_{zul} ist der niedrigste Wert, der sich aus den beiden folgenden Festigkeitskennwerten K dividiert durch den Sicherheitsbeiwert S ergibt:

1. Warmstreckgrenze $\sigma_{0,2/\vartheta}$ bei der Berechnungstemperatur ϑ in °C mit dem Sicherheitsbeiwert

$S = 1,5$ für Rohre mit Abnahmeprüfzeugnis nach DIN 50 049 für die Lieferung

$S = 1,7$ für Rohre ohne Abnahmeprüfzeugnis nach DIN 50 049.

Bei austenitischen Stählen mit großem Verformungsvermögen sowie einem Verhältnis von Streckgrenze zu Zugfestigkeit $\leq 0,5$ bei 20 °C können Rohre unter Zugrundelegung der 1 %-Dehngrenze $\sigma_{1/\vartheta}$ (statt $\sigma_{0,2/\vartheta}$) berechnet werden.

Für Rohre nach DIN 1626 und DIN 1629, für die keine Festigkeitskennwerte für höhere Temperaturen gewährleistet werden, sind die Sicherheitsbeiwerte um 20 % höher anzusetzen.

2. Zeitstandfestigkeit bei Berechnungstemperatur ϑ

Für die Berechnung mit der Zeitstandfestigkeit ist Voraussetzung, daß für die Rohre ein Abnahmeprüfzeugnis nach DIN 50 049 vorliegt.

Es sind in Betracht zu ziehen:

a) 200 000 Stunden-Zeitstandfestigkeit

$\sigma_{B/200 000/\vartheta}$ (Mindestwert) $= 0,8 \cdot \overline{\sigma}_{B/200 000/\vartheta}$ (Mittelwert) mit dem Sicherheitsbeiwert $S = 1,0$ [12])

oder, falls Werte für 200 000 Stunden nicht zur Verfügung stehen

b) 100 000 Stunden-Zeitstandfestigkeit

$\overline{\sigma}_{B/100 000/\vartheta}$ (Mittelwert) bei der Berechnungstemperatur ϑ in °C mit dem Sicherheitsbeiwert $S = 1,5$.

Außerdem ist nachzuprüfen, ob bei der Berechnungstemperatur ϑ in °C die Zeitdehngrenze $\sigma_{1/100 000/\vartheta}$ (Mittelwert) und bei der Temperatur $\vartheta + \Delta \vartheta$ die Zeitstandfestigkeit $\overline{\sigma}_{B/100 000/\vartheta + \Delta\vartheta}$ (Mittelwert) noch nicht überschritten ist. $\Delta\vartheta$ ist den Betriebsbedingungen anzupassen. In der Regel beträgt $\Delta\vartheta = 15$ °C.

Bei kürzer befristeten Laufzeiten, z. B. bei Versuchsanlagen, kann mit Zeitstandfestigkeitswerten gerechnet werden, die auf kürzere Bezugszeiten abgestellt sind. Voraussetzung dafür ist, daß die Anlagen entsprechend überwacht werden [12]).

4.1.3. Geltungsbereich III, schwellend beansprucht

Bei schwellend beanspruchten Rohrleitungen ist zu der Berechnung gegen Verformen nach Geltungsbereich I zusätzlich die Untersuchung auf Zeitschwingbruch unter Berücksichtigung der in Betracht kommenden Lastspielzahl u bzw. auf Dauerbruch durchzuführen. Die dabei ermittelte größere Wanddicke ist zu wählen.

a) Berechnung gegen Verformen

Sie ist nach Geltungsbereich I, Abschnitt 4.1.1 durchzuführen.

b) Prüfung auf Zeitschwingbruch bzw. Dauerbruch

Je nach Häufigkeit und Schwingbreite der in einer Rohrleitung auftretenden Druckschwankungen (Lastspielzahlen) ist die Prüfung auf Zeitschwingbruch bzw. die Berechnung gegen Dauerbruch durchzuführen.

Grenzkurven für die Zeit- bzw. Dauerschwellfestigkeit nahtloser und geschweißter Stahlrohre sind auf Grund von Innendruckschwellversuchen mit jeweils konstanter Schwingbreite [6] bis [9] in Bild 1 und 2 wiedergegeben. In diesen Wöhlerkurven ist der Einfluß der Oberfläche, der Form, des Werkstoffes und des Schweißverfahrens bereits erfaßt, so daß diese Einflußgrößen nicht nochmals besonders berücksichtigt werden müssen. Aus diesem Grund erscheint v_N nicht mehr in Gleichung 4.

Diese Schwellfestigkeitskennwerte gelten unter der Voraussetzung, daß die Rohre hohe Güteeigenschaften aufweisen, bei geschweißten Rohren z. B. den Anforderungen nach

---

[11]) Wird in den Werkstofftabellen die Bruchdehnung in Querrichtung angegeben, können die zur Ermittlung des Sicherheitsbeiwertes dienenden Dehnungswerte um 2 Einheiten erhöht werden.

[12]) Zeitstandfestigkeitswerte für 200 000 Stunden sind in DIN 17 175 Blatt 2 Beiblatt enthalten.

Die Anwendung der Berechnung mit Langzeitwerten für 200 000 Stunden setzt die Beachtung der Vereinbarung 67/2 über „Maßnahmen im Betrieb und bei der Überwachung von druckführenden Teilen von Kesselanlagen, die mit Langzeitwerten zu berechnen sind" voraus; zu beziehen als VdTÜV-Merkblatt 451–67/2 beim Maximilian-Verlag, 49 Herford.

Seite 6 DIN 2413

DIN 1626 Blatt 4 oder vergleichbarer Lieferbedingungen mit $v_N = 1$ entsprechen. Von entscheidender Bedeutung ist hierbei auch die gute Form der Rohre, insbesondere im Schweißnahtgebiet. Die Werte gelten nicht für Rohre in Handelsgüte. Die Angaben beziehen sich allgemein auf gerade Rohre mit in den zulässigen Toleranzen liegenden Formabweichungen.

Zu beachten ist weiterhin, daß die Schwellfestigkeit bei stark korrodierter Innenoberfläche der Rohre beträchtlich abfällt.

Die Schwellfestigkeit in der Wärme ist in hohem Maße frequenzabhängig, das bedeutet, daß das Kriechen bei nur in längeren Zeitabständen auftretenden Wechselbeanspruchungen im Bereich der zeitabhängigen Kennwerte überwiegt und eine Rechnung gegen schwellende Beanspruchung nicht erforderlich ist.

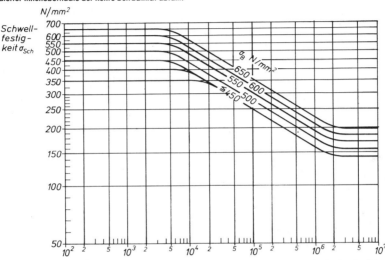

Bild 1. Schwellfestigkeit nahtloser und HF-geschweißter Stahlrohre $\left(v_N = 1\right)$

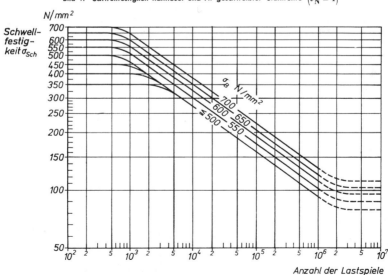

Bild 2. Schwellfestigkeit UP-geschweißter Stahlrohre $\left(v_N = 1\right)$

4.1.3.1. L a s t s p i e l e   g l e i c h e r   S c h w i n g b r e i t e

Die Berechnung wird nach Gleichung (4) gegen Zeitschwingbruch durchgeführt. Die zulässige Beanspruchung $\tilde{\sigma}_{zul}$ gegen Zeitschwingbruch ist aus Bild 1 und Bild 2 für die Bruchlastspielzahl $n_B = S_L \cdot n$ zu entnehmen. Dabei bedeutet n die im Laufe der gesamten vorgesehenen Betriebszeit zu erwartende Lastspielzahl, während S_L die Lastspielsicherheit darstellt.

Für normale Betriebsfälle genügt eine Lastspielsicherheit $S_L = 5$. Eine höhere Lastspielsicherheit wird empfohlen, wenn besondere Korrosionsbedingungen oder sonstige Oberflächenschädigungen zu erwarten sind.

Bei der Berechnung gegen Dauerbruch beträgt die zulässige Beanspruchung

$$\tilde{\sigma}_{zul} = \frac{\breve{\sigma}_{Sch/D}}{S}$$

Als Sicherheitsbeiwert ist $S = 1,5$ bzw. $Y = 0,67$ einzusetzen.

4.1.3.2. L a s t s p i e l e   u n t e r s c h i e d l i c h e r   S c h w i n g b r e i t e

Bei Rohrleitungen, die in unregelmäßigen Zeitabständen Drücken unterschiedlicher Höhe ausgesetzt sind, ist eine unmittelbare Berechnung der Wanddicke s_v nicht möglich. Die Untersuchung beschränkt sich auf die Nachprüfung der im Laufe des Betriebes zu erwartenden Schädigung. Die für das Schwingfestigkeitsverhalten maßgebenden Betriebsverhältnisse sind zu ermitteln und werden zweckmäßigerweise in einem Betriebslastkollektiv (siehe Bild 3) dargestellt [10] bis [12].

Derartige Betriebslastkollektive, wie sie auf Grund von Druckaufschreibungen über einen bestimmten als repräsentativ anzusehenden Zeitraum an ähnlich betriebenen Leitungen gewonnen werden, können als Anhalt für eine rechnerische oder versuchsmäßige Ermittlung der Lebensdauer der Rohrleitung dienen. Sofern keine speziellen Versuchsergebnisse vorliegen, kann die Lebensdauer der Rohrleitung mit solchen vergleichbaren Betriebslastkollektiven unter Zugrundelegung der Werte von Bild 1 und Bild 2 nach der „Linearen Schädigungs-Akkumulations-Hypothese" abgeschätzt werden [13] [14]. Die zulässige Betriebszeit sollte mit 5facher Sicherheit

gegen die rechnerisch ermittelte Zeit bis zum Bruch angesetzt werden, d. h., wenn die gesamte Lebensdauer von z. B. 200 Jahren rechnerisch ermittelt wird, ist bei 5facher Sicherheit die Betriebszeit mit 40 Jahren anzusetzen. Sind keine Betriebslastkollektive bekannt und liegen nur Angaben über die zu erwartenden Druckwechsel beim An- und Abfahren vor, so ist mit einer Lastspielsicherheit $S_L \geq 10$ zu rechnen.

Die bei Rohöl- und Gasfernleitungen im Betrieb auftretenden Lastspiele liegen in der Regel in ihrer Anzahl und Schwingbreite so, daß die Berechnung nach Geltungsbereich I — vorwiegend ruhende Beanspruchung — ausreichend ist. Der Nachweis, daß die der Rechnung zugrunde gelegten Betriebsbedingungen zutreffen, ist anhand von Betriebsaufzeichnungen zu führen.

4.2. Temperaturüberschreitung bei Rohrleitungen nach Abschnitt 4.1.2

Die Berechnungstemperatur darf kurzzeitig um höchstens 10 °C überschritten werden, wenn die Dauer der Überschreitung insgesamt 5 % der Betriebszeit nicht übersteigt.

4.3. Wertigkeit der Schweißnaht für Längsnaht und Schraubenliniennaht[13])

Für alle drei Geltungsbereiche ist die Wertigkeit der Schweißnaht v_N wie folgt einzusetzen:

Rohre für allgemeine Verwendung (Handelsgüte) aus Stählen, die der Gütegruppe 1 in DIN 17 100 entsprechen und keiner besonderen Prüfung unterliegen (siehe DIN 1626 Blatt 2)

ohne Werkszulassung $v_N = 0,5$

mit Werkszulassung $v_N = 0,7$ [14])

Rohre mit Gütevorschriften aus Stählen, die mindestens der Gütegruppe 2 in DIN 17 100 entsprechen und entsprechenden Prüfungen unterliegen (siehe DIN 1626 Blatt 3)

ohne Ablieferungsprüfung $v_N = 0,8$ [14]) [15])

mit Ablieferungsprüfung $v_N = 0,9$ [14]) [15]) [16])

Fußnoten siehe Seite 8

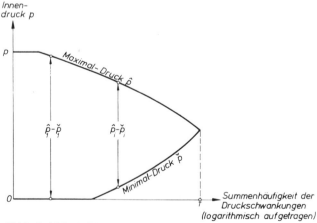

Bild 3.   Betriebslast-Kollektiv (schematisch)

Seite 8   DIN 2413

Rohre mit besonderen Gütevorschriften aus Stählen, die mindestens der Gütegruppe 2 in DIN 17 100 entsprechen und besonderen Prüfungen unterliegen, vor allem mit 100 %iger zerstörungsfreier Nahtprüfung (siehe DIN 1626 Blatt 4 und DIN 17 172) und mit Ablieferungsprüfung $v_N = 1,0$ [14] [15] [14])

Über die Wertigkeit der Schweißnaht für geschweißte Rohre aus austenitischen Stählen siehe AD-Merkblatt W 2 (z. Z. Entwurf April 1970).

Für die Beurteilung der Wertigkeit der Schweißnaht von Rohren nach anderen technischen Lieferbedingungen (z. B. Präzisionsstahlrohre) gelten diese Angaben sinngemäß.

4.4. Berücksichtigung des Druckstoßes

Bei Rohrleitungen können im praktischen Betrieb Druckstöße auftreten, die bei der Berechnung entsprechend der Definition des Rechnungsdruckes p in Abschnitt 2.2 berücksichtigt werden müssen [15] bis [23]. Eine besondere Gefahr für Rohrleitungen sind Wasserschläge, die unter allen Umständen im Betrieb vermieden werden müssen und die nicht durch die Rechnung erfaßt sind.

Wesentliche Einflußgrößen auf die Höhe des Druckstoßes sind die Länge der Rohrleitung, das Schließgesetz und die Schließzeit des Steuerventils, die Fließgeschwindigkeit in der Leitung sowie die Fortpflanzungsgeschwindigkeit der Druckwelle.

Die Druckänderung infolge des Druckstoßes kann wie folgt berechnet werden:

$$\Delta p = \frac{Z \cdot \varrho \cdot a \cdot \Delta w}{10^6} \qquad (6)$$

Der maximal auftretende Druckstoß in einer Leitung ist der Joukowsky-Stoß. Er tritt ein, wenn die Stoßwirkungszahl $Z = 1,0$ und $\Delta w = w$ wird und beträgt

$$\hat{\Delta p} = \frac{\varrho \cdot a \cdot w}{10^6} \qquad (7)$$

Für ein Steuerventil mit linearer Geschwindigkeitsabnahme ist die Stoßwirkungszahl

$$Z = \frac{2 \cdot l}{a \cdot T_s} \leqq 1,0 \qquad (8)$$

Die Berechnung der Druckfortpflanzungsgeschwindigkeit kann nach [15] vorgenommen werden. Für Hydraulikleitungen mit verhältnismäßig dickwandigen Rohren gilt als Mittelwert für Wasser und dünnflüssige Öle $a \approx 1\,300$ m/s; für dünnwandigere Fernleitungen kann sich dieser Wert bis auf $a \approx 1\,000$ m/s ermäßigen [23].

Nicht immer wird der Druckstoß mit diesen einfachen Gleichungen (6) bis (8) ausreichend genau erfaßt.

---

[13]) Die Wertigkeit gilt für alle Schweißarten und -verfahren stets senkrecht zur Schweißnaht (siehe auch DIN 1626 Blatt 1, Ausgabe Januar 1965, Tabelle 4).

[14]) Eine Werkszulassung ist erforderlich, wenn Wertigkeiten von $v_N = 0,7$ bis $v_N = 1,0$ in Anspruch genommen werden. Die Werkszulassung setzt einen Gütenachweis bei einer anerkannten Prüfstelle voraus; sie bedeutet eine Gewährleistung für die erhöhte Zuverlässigkeit des Schweißwerkes. Voraussetzung hierfür ist, daß eine Schweißfachaufsicht, geschultes Schweißpersonal sowie entsprechende Schweiß- und Prüfeinrichtungen vorhanden sind (siehe auch DIN 1626 Blatt 1).

[15]) Bei schmelzgeschweißten Rohren wird für Wertigkeiten $v_N \geqq 0,8$ eine doppelseitige Schweißung vorausgesetzt.

[14]) Bei Rohren nach Geltungsbereich II ist bei Inanspruchnahme der Schweißnahtwertigkeit $v_N \geqq 0,9$ eine dem Werkstoff angepaßte Wärmebehandlung nach dem Schweißen Voraussetzung (siehe auch TRD 102, Ausgabe Februar 1971, Abschnitt 2.2.2).

Es ist deshalb nicht möglich, allgemeingültige Formeln aufzustellen [19] [20] [21].

Es empfiehlt sich, besonders druckstoßgefährdete Leitungen nach dieser Richtung zu untersuchen, um möglichst alle Einflußgrößen zu erfassen und abzuwägen [19] bis [23].

Durch konstruktive Maßnahmen kann man — besonders bei hydraulischen Preßanlagen — den Druckstoß niedrig halten. Näheres hierzu siehe [15].

4.5. Zuschlag c

Der Zuschlag setzt sich aus den Einzelzuschlägen für zulässige Wanddicken-Unterschreitung c_1 sowie für Korrosion bzw. Abnutzung c_2 zusammen.

4.5.1. Zuschlag c_1 zum Ausgleich der zulässigen Wanddicken-Unterschreitung

Bei allen drei Geltungsbereichen sind die bei der Herstellung nahtloser und geschweißter Rohre zulässigen Wanddicken-Unterschreitungen als Wert c_1 der errechneten Wanddicke s_v zuzuschlagen. Der Wert c_1 bzw. c_1' ist in den technischen Lieferbedingungen für nahtlose und geschweißte Rohre festgelegt. Wird die zulässige Wanddicken-Unterschreitung c_1' in % angegeben, so errechnet sich der absolute Zuschlag c_1 in mm wie folgt:

$$c_1 = (s_v + c_2)\, \frac{c_1'}{100 - c_1'} \qquad (9)$$

Bei der Berechnung von Rohren im Anwendungsbereich dieser Norm sind nur die durchschnittlichen Wanddicken-Unterschreitungen, die über die ganze Länge der Rohre zulässig sind, gemäß den technischen Lieferbedingungen zu berücksichtigen. Die darüber hinausgehenden begrenzten Unterschreitungen, die sich nur auf einen kleinen Längenbereich erstrecken und in den technischen Lieferbedingungen ebenfalls festgelegt sind, brauchen bei der Ermittlung des Zuschlages c_1 nicht beachtet zu werden.

4.5.2. Zuschlag c_2 für Korrosion bzw. Abnutzung

In dem Zuschlag c_2 wird die Wanddicken-Verminderung berücksichtigt, die durch Korrosion bzw. durch Abnutzung hervorgerufen wird. Die Verminderung der Schwellfestigkeit durch Korrosion wird durch den Zuschlag c_2 nicht erfaßt.

Für c_2 ist im allgemeinen ein Wert bis zu 1 mm ausreichend. Die Aufrundung auf die Nennwanddicke der Maßnormen kann in vielen Fällen schon als ausreichend gelten. Der Zuschlag kann verkleinert oder weggelassen werden, wenn der Korrosionsgefahr vorgebeugt wird bzw. kein Verschleiß zu erwarten ist. Liegen besondere Verschleißbeanspruchungen vor, z. B. bei Förderleitungen für feste Medien, so sind entsprechend höhere Zuschläge zu machen. Werkstoffbeeinflussung durch Spannungsrißkorrosion und ähnliche Erscheinungen sind besonders zu berücksichtigen und können durch einen Zuschlag nicht abgedeckt werden.

4.6. Prüfdruck für das einzelne Rohr

Die Höhe des Prüfdruckes für den im Herstellerwerk am geraden Rohr durchgeführten Innendruckversuch ist im allgemeinen in den technischen Lieferbedingungen angegeben bzw. kann zwischen Besteller und Hersteller vereinbart werden.

Soll ein Überschreiten der Streckgrenze an der Innenfaser des Rohres vermieden werden, so darf unter Anwendung der Gestaltänderungs-Energie-Hypothese der Prüfdruck nicht höher sein als

$$p' = B_p \cdot Y' \cdot \breve{\sigma}_S \frac{2 \cdot (s - c_1) \cdot v_N}{d_a} \qquad (5)$$

Der Faktor B_p, der die beim Prüfen in der Presse auftretende Entlastung in Längsrichtung sowie den zum Dichthalten auf die Rohrenden wirkenden Druck berücksichtigt, beträgt für Rohre

mit $s/d_a \leqq 0,1$ $B_p = 0,96$

mit $s/d_a > 0,1$ $B_p = 1,02 - 0,6\, s/d_a$

Der Nutzungsgrad der Streckgrenze $\breve{\sigma}_S$ bzw. $\breve{\sigma}_{0,2}$ beträgt im allgemeinen $Y' = 0,95$; damit wird der Labilität im Gebiet

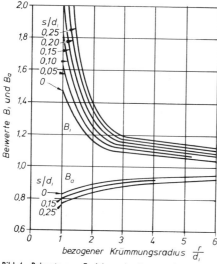

Bild 4. Beiwerte zur Ermittlung der Beanspruchung von Rohrbogen

der oberen Streckgrenze sowie den im Bereich der 0,2-Dehngrenze schon auftretenden bleibenden Dehnungen am Rohr Rechnung getragen.

Wird ein höherer Prüfdruck als nach Gleichung (5) durch Wahl von Y' bis 1,0 zwischen Besteller und Hersteller vereinbart, so ist ein einseitiges Fließen an der Stelle der geringsten Wanddicke und eine Vergrößerung des Durchmessertoleranzfeldes des einzelnen Rohres zu erwarten.

4.7. Wanddicke der Rohrbogen bzw. der gebogenen Rohre

Für die Wanddickenberechnung der Rohrbogen bzw. der gebogenen Rohre gegen Innendruck gelten die gleichen Gesichtspunkte wie für die Berechnung der Wanddicke s_v der geraden Rohre. Dabei ist jedoch zu beachten, daß die Beanspruchung auf der Bogeninnenseite um den Faktor B_i größer und auf der Bogenaußenseite um B_a kleiner ist als bei den geraden Rohren [3] [4].

Es ergibt sich für die Bogeninnenseite

$$s_i = s_v \cdot B_i \tag{10a}$$

und für die Bogenaußenseite

$$s_a = s_v \cdot B_a \tag{10b}$$

Die Beiwerte B_i und B_a können aus Bild 4 entnommen werden. Für dünnwandige Rohre $(s/d \leqq 0,02)$ lassen sich die Beiwerte errechnen zu

$$B_i = \frac{2\,r - d_a/2}{2\,r - d_a} \tag{11a}$$

$$B_a = \frac{2\,r + d_a/2}{2\,r + d_a} \tag{11b}$$

Bei gebogenen Rohren muß mit einer entsprechend der Unrundheit in %

$$U = \frac{2\left(\hat{d}_a - \breve{d}_a\right)}{\hat{d}_a + \breve{d}_a} \cdot 100 \tag{12}$$

zunehmenden Minderung der Schwellfestigkeit nach Bild 5 gerechnet werden [24].

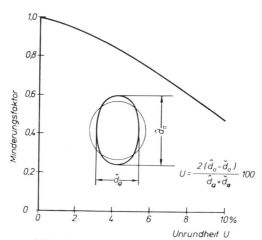

Bild 5. Minderung der Schwellfestigkeit von gebogenen Rohren mit unrundem Querschnitt

Seite 10   DIN 2413

Bei Längenänderungen in einer Rohrleitung erfahren Rohrbogen durch Aufbiegen oder Zusammendrücken der Schenkel eine zusätzliche Biegebeanspruchung, die ihren größten Wert je nach Wanddicke in der Nähe der scheinbar neutralen Faser oder auf der Krümmungsinnenseite erreichen kann. Diese Beanspruchung kann bei einer größeren Anzahl von Verformungswechseln zu Dauerbrüchen führen. Siehe hierzu auch [24] bis [27].

5. Allgemeine Berechnungsgrundsätze

Neben dem Innendruck müssen bei der Festigkeitsrechnung ggf. auch zusätzliche Beanspruchungen in Betracht gezogen werden, wenn die entsprechenden Spannungen die in Abschnitt 4 genannten Grenzen überschreiten.

5.1. Zusatzbeanspruchungen

Die wichtigsten Zusatzbeanspruchungen in Rohrleitungen sind:

a) Kraftwirkungen durch behinderte Wärmedehnungen der Rohrleitung (Zwangskräfte und -momente)

b) Wärmespannung bei ungleichmäßiger Temperaturverteilung über die Wanddicke

c) Biegebeanspruchungen durch

  c1) Innendruck bei unrunden Rohren

  c2) Streckenlasten, wie das Eigengewicht der Rohrleitung einschließlich Rohrisolierung und Rohrinhalt, Wind- und Schneelasten

  c3) Erd- und Verkehrslasten bei eingeerdeten Rohren

  c4) Elastische Krümmung der Rohrachse bei der Verlegung

d) Äußerer Überdruck

Zu a)

Eine Wanddickenvergrößerung im Hinblick auf die Wärmedehnung bedeutet keine Verbesserung der Konstruktion, sondern führt zu einer weiteren Erhöhung der Zwangskräfte und der Wärmespannungen. Die Wanddicke der Rohre sollte deshalb möglichst klein gehalten werden.

Die Wärmedehnungskräfte können bei freigeführten Leitungen durch Wahl einer zweckmäßigen Leitungsführung und die richtige Anordnung der Festpunkte sowie durch den Einbau von Dehnungsausgleichern günstig beeinflußt werden. Weiterhin kann man die Kraftwirkungen im Betriebszustand durch Vorspannen der Leitung bei der Montage vermindern.

Zu b)

Die Wärmespannungen σ_w in der Wandung bei einem Temperaturunterschied $\Delta\vartheta$ zwischen der Rohrinnenseite und Rohraußenseite können bis zu $u = d_a/d_i = 1{,}2$ für die Umfangs- und Längsrichtung näherungsweise berechnet werden zu

$$\sigma_w \approx \pm \frac{1}{2} \cdot \frac{E_\vartheta}{1-\nu} \cdot \beta_w \cdot \Delta\vartheta \qquad (13)$$

wobei auf der kälteren Seite die Zugspannungen entstehen. Für genauere Berechnungen, insbesondere bei dickeren Wandungen, siehe [4].

Die Wärmespannungen σ_w, die sich in Rohren ergeben, wenn mit der Temperaturänderungsgeschwindigkeit w_ϑ an- oder abgefahren wird, betragen für unlegierte und niedriglegierte Stahlrohre näherungsweise

$$\sigma_w \approx \pm \frac{2}{10^{10}} \cdot E_\vartheta \cdot w_\vartheta \cdot s^2 \qquad (14a)$$

bzw. für austenitische Stahlrohre

$$\sigma_w \approx \pm \frac{5}{10^{10}} \cdot E_\vartheta \cdot w_\vartheta \cdot s^2 \qquad (14b)$$

Beträchtliche Wärmespannungen können durch schnelles Aufheizen oder Abkühlen (Thermoschock) entstehen [28].

Zu c)

Zusatzbiegebeanspruchungen

c1) Werden unrunde Rohre unter Innendruck gesetzt, so ergeben sich in der Wandung Biegespannungen in Umfangsrichtung, da der innere Überdruck den unrunden Rohrquerschnitt rund zu drücken sucht. Bei Annahme eines etwa elliptischen Ausgangsquerschnittes mit der Abweichung des Halbmessers von der Kreisform Δr treten die maximalen Umfangsbiegespannungen in den Scheitelpunkten der Ellipse auf. Ihr Wert errechnet sich zu

$$\hat{\sigma}_{u,b} = \pm \frac{p \cdot d_i}{2\,s_v} \cdot \frac{6\,\Delta r}{s_v} \cdot \frac{1}{B_u} \qquad (15)$$

mit dem Beiwert [29]

$$B_u = 1 + \frac{1-\nu^2}{2} \cdot \frac{p}{E} \cdot \left(\frac{d_a - s_v}{s_v}\right)^3 \qquad (16)$$

c2) Durch Streckenlasten ergeben sich bei nicht eingeerdeten Rohrleitungen Biegelängsspannungen, die im allgemeinen statischen Nachweis berücksichtigt werden müssen. Ebenso müssen örtlich an den Auflagerstellen auftretende Beanspruchungen beachtet werden [30].

c3) Stahlrohre mit einem Wanddicken-Durchmesserverhältnis $s/d_a > 0{,}01$ sind für die übliche Einerdung ausreichend bemessen. Als übliche Einerdung gilt hierfür eine Überdeckung von 1 bis 6 m unter Verkehrsbelastung bis SLW 60. Ein besonderer Belastungsnachweis ist nur bei Nichteinhaltung dieser Grenzen erforderlich. Eine einwandfreie Grabensohle und gute Verfüllung des Rohrgrabens tragen besonders bei großen Rohrdurchmessern wesentlich zu einer günstigen Beanspruchung des Rohres bei [31] bis [34].

c4) Die Biegespannung in Längsrichtung, die sich bei einer elastischen Krümmung der Achse mit dem Radius r ergibt, beträgt

$$\sigma_b = \pm \frac{E \cdot d_a}{2\,r} \qquad (17)$$

Zu d)

Bei Rohren mit einem Wanddicken-Durchmesserverhältnis $s/d_a < 0{,}01$ ist die Sicherheit gegen Einbeulen beim Auftreten von Unterdruck nachzuweisen. Für die Berechnung ist mit dem tatsächlichen Überdruck, bestehend aus dem äußeren Überdruck und etwa vorhandenem Unterdruck in der Leitung zu rechnen. Die Knickspannung, unter der das Einbeulen eines kreisrunden Rohres erfolgt, beträgt

$$\sigma_K = \frac{E \cdot s^2}{(1-\nu^2) \cdot d_a^2} \qquad (18)$$

Formabweichungen beeinträchtigen die Einbeulfestigkeit beträchtlich. Mit Rücksicht auf mögliche Unrundheit der Rohre ist eine Sicherheit von mindestens $S_K = 3$ zu fordern.

Bei eingeerdeten Rohrleitungen ist außerdem ein Nachweis der Einbeulsicherheit unter Berücksichtigung des zu erwartenden Erddruckes zu führen.

5.2. Beurteilung und Zusammenfassung der Spannungen

Hinsichtlich ihrer Auswirkungen können die Spannungen grundsätzlich in drei verschiedene Beanspruchungsarten unterteilt werden:

a) dauernd wirkende, über die Wanddicke etwa gleichmäßig verteilte Beanspruchungen (z. B. Zugspannungen durch Innendruck und Biegelängsspannungen durch Streckenlasten).

b) Beanspruchungen, deren Summe über die Wanddicke gesehen Null ist (z. B. Wärmespannungen durch ungleichmäßiger Temperaturverteilung über die Wanddicke).

c) Zwangskräfte (z. B. aus behinderten Wärmedehnungen oder Bogenbewegungen eingeerdeter Rohrleitungen).

Zu a)

Eine Überbeanspruchung führt besonders in der Wärme zu einer fortlaufenden Verformung und schließlich zum Bruch. Dieser Gefahr kann durch eine Vergrößerung der Wanddicke entgegengewirkt werden.

Zu b)

Da die Summe der Spannungen über die Wanddicke gesehen Null ist, können diese Spannungen bei gut verformbaren Werkstoffen, sofern die Beanspruchung vorwiegend ruhend ist, unberücksichtigt bleiben, da Spannungsspitzen bei Erreichen der Streckgrenze durch örtliches Fließen abgebaut werden. Solche Spannungen müssen jedoch beachtet werden, wenn Wechselbeanspruchung vorliegt, die zu Zeit- oder Dauerbruch führen kann. Dies ist auch bei schnellem Anheizen oder Abkühlen von Rohrleitungen zu beachten.

Zu c)

Die durch Zwangskräfte bedingten Spannungen bauen sich im Falle der Überbeanspruchung durch plastisches Verformen der Rohrleitung ab, bis Gleichgewicht eingetreten ist. Sie führen somit bei vorwiegend ruhender Belastung nie unmittelbar zum Versagen, können jedoch bei oft wiederholten Verformungswechseln Dauerbrüche bewirken.

Im allgemeinen genügt die Wanddickenberechnung gegen vorwiegend ruhende Beanspruchung nach Geltungsbereich I und II, wie aus den Tabellen 3 und 4 zu ersehen ist. Werden die dort angegebenen Grenzwerte überschritten, so sind derartige Rohrleitungen nach Geltungsbereich III zu berechnen bzw. nachzuprüfen, wobei die wechselnd auftretenden Zusatzbeanspruchungen zu beachten sind. Gegenüber der gesamten Wechselbeanspruchung $\hat{\sigma}_v$ sollte mindestens eine Lastwechselsicherheit von $S_L = 2$ gegenüber der in Betracht kommenden Zeitschwellfestigkeit bzw. 1,1fache Sicherheit gegen Dauerschwellfestigkeit gefordert werden. Dabei wird empfohlen, die Gesamtbeanspruchung nach der GE-Hypothese zu berechnen mit

$$\hat{\sigma}_v = 0{,}71 \cdot \sqrt{(\hat{\sigma}_u - \hat{\sigma}_l)^2 + (\hat{\sigma}_l - \sigma_r)^2 + (\sigma_r - \hat{\sigma}_u)^2} \leq \tilde{\sigma}_{zul}$$

(19)

Als größte Umfangsspannung $\hat{\sigma}_u$ und größte Längsspannung $\hat{\sigma}_l$ ist jeweils die Summe aller an der Innen- bzw. Außenseite der Wandung in der betreffenden Richtung gleichzeitig wirkenden Einzelspannungen einzusetzen. Die Radialspannung beträgt auf der Innenseite $\check{\sigma}_r = -p$ und ist auf der Außenseite Null.

Seite 12   DIN 2413

Schrifttum

[1] Schwaigerer, S.; Weber, E.: Berechnung von Stahlrohren gegen Innendruck, Erläuterungen zu DIN 2413, Ausgabe 1972
Technische Überwachung Bd. 13 (1972) S. 74

[2] Class, I.; Jamm, W.; Weber, E.: Berechnung der Wanddicke von innendruckbeanspruchten Stahlrohren
Z. VDI Bd. 97 (1955) Nr 6 S. 159/67

[3] Schwaigerer, S.: Festigkeitsberechnung von Bauelementen des Dampfkessel-, Behälter- und Rohrleitungsbaus
Berlin/Göttingen/Heidelberg: Springer-Verlag 1970

[4] Schwaigerer, S.: Rohrleitungen, Theorie und Praxis
Berlin/Göttingen/Heidelberg: Springer-Verlag 1967

[5] Schwaigerer, S.: Betrachtungen zur Wanddickenberechnung von Rohren
Z. Rohre, Rohrleitungsbau (1971) S. 90

[6] Uebing, D.: Werkstoffverhalten bei ruhender und schwellender Innendruckbeanspruchung
Düsseldorf: Verlag Stahleisen mbH, 1967

[7] Wellinger, K.; Sturm, D.: Nahtlose und geschweißte Stahlrohre bei ruhender und schwellender Innendruckbeanspruchung
Technische Überwachung Bd. 10 (1969) H. 10, S. 114

[8] Koch, F. O.; Kaup, K.: Innendruckschwellversuche als Güteprüfung von geschweißten Rohren
Bänder, Bleche, Rohre, Bd. 11 (1970) H. 9, S. 472/77

[9] Wellinger, K.; Zenner, H.: Einfluß des Nennspannungszustandes auf das Festigkeitsverhalten von Schweißverbindungen bei schwingender Beanspruchung
Technische Mitteilungen, H. 11, November 1970, S. 551

[10] Buxbaum, O.; Uhde, A.: Häufigkeitsverteilung der Förderdruckschwankungen in Mineralöl-Fernleitungen; Forschungsbericht des Laboratoriums für Betriebsfestigkeit, Darmstadt, Nr FB-93 (1971)

[11] Gassner, E.; Griese, F. W.; Haibach, E.: Ertragbare Spannungen und Lebensdauer einer Schweißverbindung aus Stahl St 37 bei verschiedenen Formen des Beanspruchungskollektivs
Archiv für das Eisenhüttenwesen, 35. Jg. (1964) H. 3, S. 255/67

[12] Buxbaum, O.: Statistische Zählverfahren als Bindeglied zwischen Beanspruchungsmessung und Betriebsfestigkeitsversuch
Technischer Bericht des Laboratoriums für Betriebsfestigkeit, Nr TB-65, 1966

[13] Haibach, E.: Modifizierte lineare Schadensakkumulations-Hypothese zur Berücksichtigung des Dauerfestigkeitsabfalles mit fortschreitender Schädigung
Technische Mitteilungen 50/70 des Laboratoriums für Betriebsfestigkeit, Darmstadt

[14] Wellinger, K.: Das Festigkeitsverhalten von StahlrohrRohrleitungen im Betrieb
Technische Überwachung Bd. 13 (1972) S. 17

[15] Böss, P.: Untersuchungen über den Druckstoß in den Leitungen von hydraulischen Preßanlagen
Z. VDI, Bd. 104 (1962) Nr 20, S. 903/09

[16] Schnyder, O.: Druckstöße in Rohrleitungen
Wasserkraft und Wasserwirtschaft, Bd. 27 (1932) Nr 5, S. 49/54 und Nr 6, S. 64/70

[17] Bergeron, L.: Du Coup de Belier en hydraulique, Paris
Dunod, 1950

[18] Frank, J.: Nichtstationäre Vorgänge in den Zuleitungsund Ableitungskanälen von Wasserkraftanlagen,
2. Auflage, Berlin/Göttingen/Heidelberg: Springer-Verlag 1957

[19] Voellmy, A.: Bemessung und Bruchsicherheit von Rohrleitungen insbesondere von Eternitleitungen
Schweizerische Bauzeitung Bd. 122 (1943) S. 177/181, 189/192 und 207/210

[20] Gandenberger, W.: Grundlagen der graphischen Ermittlung der Druckschwankungen in Wasserversorgungsleitungen
München: R. Oldenbourg, 1950

[21] Thielen, H.: Die Dämpfung von Druckstößen in Rohrleitungen für Flüssigkeiten und Flüssigkeitsgasgemische
Dissertation TH Karlsruhe (1962)

[22] Jansen, J.: Druckstoßvorgänge in Fernleitungen bei der Förderung von Flüssigkeiten
Technische Überwachung, Bd. 10 (1969) H. 6, S. 185/187

[23] Thielen, H.: Die Druckwellengeschwindigkeit in Pipelines unter dem Einfluß von Temperatur und Druck
Rohre, Rohrleitungsbau, Rohrleitungstransport Bd. 10 (1971) H. 5

[24] Wellinger, K.; Keil, E.: Versuche an Rohrbogen mit innerer und äußerer Wechsellast
Technische Mitteilungen des Wasserrohrkesselverbandes, 1959

[25] Kármán, Th.: Über Formänderung dünnwandiger Rohre
Z. VDI Bd. 55 (1911) S. 1889

[26] Berg, S.: Querspannungen in gekrümmten Balken
Z. Konstruktion Bd. 6 (1954) S. 245

[27] Berg, S.: Risse an Rohrbogen
Z. BWK Bd. 4 (1952) Nr 12, S. 413

[28] Pich, R.: Die Berechnung der elastischen instationären Wärmespannungen in Platten, Hohlzylindern und Hohlkugeln mit quasi stationären Temperaturfeldern
Mitt. VGB (1963) H. 87 und (1964) H. 88

[29] Pich, R.: Betrachtungen über die durch den inneren Überdruck in dünnwandigen Hohlzylindern mit unrundem Querschnitt hervorgerufenen Biegespannungen
Mitt. VGB (1964) S. 408

[30] Bopp, A.: Neue Erkenntnisse aus Scheiteldruck- und Einerdungsversuchen an Stahlrohren NW 1600 ohne und mit tragfähiger Zementmörtelauskleidung
Rohre, Rohrleitungsbau, Rohrleitungstransport Bd. 9 (1970) H. 1, S. 26/27 und H. 2, S. 73/79

[31] Marquardt, E.: Rohrleitungen und geschlossene Kanäle
Handbuch für den Eisenbetonbau, IX Bd., 2. Teil, 4. Auflage, Berlin: Wilhelm Ernst & Sohn 1934

[32] Schweinheim, E.: Vereinfachtes Verfahren zur Berechnung erdverlegter elastischer Rohre
Rohre, Rohrleitungsbau, Rohrleitungstransport Bd. 5 (1965) S. 301

[33] Schmidt, W.; Wartmann, R.: Neues Dimensionierungsverfahren für eingeerdete Rohre
Rohre, Rohrleitungsbau, Rohrleitungstransport Bd. 6 (1967) S. 209/220

[34] Watkins, R. K.; Smith, A. B.: Ring Deflection of Buried Pipes
Utah State University, Engineering Experiment Station, Logan, Utah, 1966

DIN 2445 Teil 1

Nahtlose Stahlrohre für schwellende Beanspruchung; Berechnungsgrundlagen für gerade Rohre
(z.Zt. gültige Ausgabe November 1974)

Diese Norm enthält unter anderem Berechnungsannahmen für warmgefertigte Rohre für hydraulische Anlagen nach DIN 2445 Bl. 1 und für Präzisionsstahlrohre für ölhydraulische Anlagen nach DIN 2445 Bl. 2 sowie deren Berechnung gegen Verformen und gegen Schwingbruch sowie Hinweise für die Wahl der endgültigen Wanddicke.

2.3.2. Maßnormen

DIN 2391 Teil 1

Nahtlose Präzisionsstahlrohre mit besonderer Maßgenauigkeit, Maße
(z.Zt. gültige Ausgabe Juli 1981)

Diese Norm gilt für nahtlose maßgewalzte Präzisionsstahlrohre, wobei in Anlehung an ISO/DIS 3304 aus dem Bereich der technisch herstellbaren Rohrmaße diejenigen ausgewählt sind, die hauptsächlich als Konstruktionselemente verwendet werden.
Wenn Rohre mit den Toleranzen und nach den Technischen Liferbedingungen dieser Norm als Leitungsrohre verwendet werden sollen, können gegebenenfalls die Maße der DIN 2448 herangezogen werden. Diese Rohre sind nach Gütegrad C zu bestellen.
Die in der Norm enthaltene Tabelle enthält in Abhängigkeit vom Außendurchmesser (Nennmaß von 4 mm bis 260 mm) und von der Wanddicke (Nennmaß von 0,5 mm bis 25 mm) die tolerierten Nennmaße der Innendurchmesser.

DIN 2393 Teil 1

Geschweißte Präzisionsstahlrohre mit besonderer Maßgenauigkeit, Maße
(z.Zt. gültige Ausgabe Juli 1981)

Diese Norm gilt für geschweißte maßgewalzte Präzisionsstahlrohre, wobei in Anlehung an ISO/DIS 3305 aus dem Bereich der technisch herstellbaren Rohrmaße diejenigen ausgewählt sind, die hauptsächlich als Konstruktionselemente verwendet werden.
Wenn Rohre mit den Toleranzen und nach den Technischen Lieferbedingungen dieser Norm als Leitungsrohre verwendet werden sollen, können gegebenenfalls die Maße der DIN 2458 herangezogen werden. Diese Rohre sind nach Gütegrad C zu bestellen.
Die in der Norm enthaltene Tabelle enthält in Abhängigkeit vom Außendurchmesser (Nennmaß von 4 mm bis 150 mm) und von der Wanddicke (Nennmaß von 0,5 mm bis 7 mm) die tolerierten Nennmaße der Innendurchmesser.

DIN 2394

Geschweißte maßgewalzte Präzisionsstahlrohre, Maße
(z.Zt. gültige Ausgabe August 1981)

Diese Norm gilt für geschweißte maßgewalzte Präzisionsstahlrohre, wobei in Anlehung an ISO/DIS 3306 aus dem Bereich der technisch herstellbaren Rohrmaße diejenigen ausgewählt sind, die hauptsächlich als Konstruktionselemente verwendet werden.
Wenn Rohre mit den Toleranzen und nach den Technischen Lieferbedingungen dieser Norm als Lei-

tungsrohre verwendet werden sollen, können gegebenenfalls die Maße der DIN 2458 herangezogen werden. Diese Rohre sind nach Gütegrad C zu bestellen.

Eine Tabelle enthält in Abhängigkeit vom Außendurchmesser (Nennmaß von 4 mm bis 159 mm) und von der Wanddicke (Nennmaß von 0,7 mm bis 7 mm) die tolerierten Nennmaße der Innendurchmesser.

DIN 2440

Stahlrohre; mittelschwere Gewinderohre
(z.Zt. gültige Ausgabe Juni 1978)

Diese Norm enthält Abmessungen mittelschwerer Gewinderohre aus St 33-2 nach DIN 17100 für Nennweiten DN 6 bis DN 150 sowie technische Lieferbedingungen.

DIN 2441

Stahlrohre; schwere Gewinderohre
(z.Zt. gültige Ausgabe Juni 1978)

Diese Norm enthält Abmessungen schwerer Gewinderohre aus St 33-2 nach DIN 17100 für Nennweiten DN 6 bis DN 150 sowie technische Lieferbedingungen.

DIN 2442

Gewinderohre mit Gütevorschrift Nenndruck 1 bis 100
(z.Zt. gültige Ausgabe August 1963)

Die Norm enthält Wanddicken und Gewichte für Rohraußendurchmesser von 10,2 mm bis 165,1 mm entsprechend den Nennweiten 6 bis 150 (1/8″ bis 6″) sowie technische Lieferbedingungen.

DIN 2445 Teil 1

Nahtlose Stahlrohre für schwellende Beanspruchung; warmgefertigte Rohre
Nenndrücke 100 bis 400
(z.Zt. gültige Ausgabe November 1974)

Diese Norm enthält eine Übersicht mit Maßen und Gewichten über warmgefertige nahtlose Stahlrohre für schwellende Beanspruchung, die vorzugsweise in hydraulischen Hochdruckanlagen verwendet werden. Die Rohraußendurchmesser sowie die Wanddicken bis 25 mm sind DIN 2448 entnommen. Wanddicken über 25 mm bis 50 mm, die zur Zeit in DIN 2448 nicht enthalten sind, wurden betriebsbedingt berechnet und entsprechend internationalen Vorschlägen festgelegt.

DIN 2445 Teil 2

Nahtlose Stahlrohre für schwellende Beanspruchung; Präzisionsstahlrohre
Nenndrücke 64 bis 400
(z.Zt. gültige Ausgabe November 1974)

Dieser Normentwurf enthält eine Übersicht mit Maßen und Gewichten über nahtlose Präzisionsstahlrohre für schwellende Beanspruchung, wie sie vorzugsweise in ölhydraulischen Hochdruckanlagen verwendet werden. Die Rohraußendurchmesser sowie die Wanddicken sind DIN 2391 Bl. 1 entnommen. Die beabsichtigte Neufassung dieser Norm (Entwurf April 1977) sieht Nenndrücke 125 bis 500 vor.

DIN 2448

Nahtlose Stahlrohre; Maße, längenbezogene Massen
(z.Zt. gültige Ausgabe Februar 1981)

Diese mit DIN ISO 4200 zusammenhängede Norm enthält in Abhängigkeit vom Außendurchmesser (Grundreihe von 10,2 mm bis 610 mm) zugehörige herstellungsmäßig bedingte Normalwanddicken und entsprechende Gewichte sowie sonstige Wanddicken (größer als Normalwanddicke) und entsprechende Gewichte.

DIN 2458

Geschweißte Stahlrohre; Maße, längenbezogene Massen
(z.Zt. gültige Ausgabe Februar 1981)

Diese mit DIN ISO 4200 zusammenhängede Norm enthält in Abhängigkeit vom Außendurchmesser (Grundreihe von 10,2 mm bis 2220 mm) zugehörige anwendungstechnisch bedingte Normalwanddicken und entsprechende Gewichte sowie sonstige Wanddicken (kleiner und größer als die Normalwanddicke) und entsprechende Gewichte.

DIN 2462 Teil 1

Nahtlose Rohre aus nichtrostenden Stählen; Maße, längenbezogene Massen
(z.Zt. gültige Ausgabe März 1981)

Diese Norm gilt für nahtlose Rohre aus nichtrostenden Stählen nach DIN 17440 (Vornorm) in der Auswahl nach DIN 2462 Bl. 2 mit Rohraußendurchmessern, Wanddicken, Gewichten und zulässigen Maß- und Formabweichungen, wie sie international beschlossen wurden.
Diese Norm gilt nicht für Rohre für die Getränkeindustrie und für milchwirtschaftliche Maschinen; hierfür gilt DIN 11850.
Die Tabellen dieser Norm enthalten Rohraußendurchmesser von 4 mm bis 406,4 mm und Wanddicken von 1,0 mm bis 14,2 mm.

DIN 2463 Teil 1

Geschweißte Rohre aus austenitischen nichtrostenden Stählen; Maße, längenbezogene Massen
(z.Zt. gültige Ausgabe März 1981)

Diese Norm gilt für elektrisch geschweißte Rohre aus austenitischen nichtrostenden Stählen nach DIN 17440 (Vornorm) in der Auswahl nach DIN 2463 Bl. 2 mit Rohraußendurchmessern, Wanddicken, Gewichten und zulässigen Maß- und Formabweichungen, wie sie international beschlossen wurden.
Diese Norm gilt nicht für Rohre für die Getränkeindustrie und für milchwirtschaftliche Maschinen; hierfür gilt DIN 11850.
Die in dieser Norm enthaltene Tabelle enthält Außendurchmesser von 6 mm bis 1016 mm und Wanddicken von 1 mm bis 8,8 mm.

DIN 2464 Teil 1

Nahtlose Präzisionsrohre aus nichtrostenden Stählen; Maße, Gewichte
(z.Zt. gültige Ausgabe März 1969)

Diese Norm gilt für Präzisionsrohre aus nichtrostenden Stählen nach DIN 17440 (Vornorm) in der Auswahl nach DIN 2464 Bl. 2 mit Rohraußendurchmessern, Wanddicken, Gewichten und zulässigen Maß- und Formabweichungen, wie sie international beschlossen wurden.

Diese Norm gilt nicht für Rohre für die Getränkeindustrie und für milchwirtschaftliche Maschinen; hierfür gilt DIN 11850.

Die in dieser Norm enthaltene Tabelle enthält Rohraußendurchmesser von 6 mm bis 40 mm und Wanddicken von 0,5 mm bis 4 mm.

DIN 2465 Teil 1

Geschweißte Präzisionsrohre aus austenitischen nichtrostenden Stählen; Maße, Gewichte
(z.Zt. gültige Ausgabe März 1969)

Diese Norm gilt für Präzisionsrohre aus nichtrostenden Stählen nach DIN 17440 (Vornorm) in der Auswahl nach DIN 2465 Bl. 2 mit Rohraußendurchmessern. Wanddicken. Gewichten und zulässigen Maß- und Formabweichungen, wie sie international beschlossen wurden.

Sie gilt nicht für Rohre für die Getränkeindustrie und für milchwirtschaftliche Maschinen; hierfür gilt DIN 11850.

Die in dieser Norm enthaltene Tabelle 1 enthält Rohraußendurchmesser von 6 bis 40 mm und Wanddicken von 1 mm bis 2,5 mm.

2.3.3. Gütenormen und Technische Lieferbedingungen

DIN 1626 Teil 2

Geschweißte Stahlrohre aus unlegierten und niedriglegierten Stählen für Leitungen, Apparate und Behälter; Rohre für allgemeine Verwendung (Handelsgüte), Technische Lieferbedingungen
(z.Zt. gültige Ausgabe Januar 1965)

Diese Lieferbedingungen gelten für geschweißte Stahlrohre für allgemeine Verwendung aus den Stählen St 33, St 37 und St 42 nach DIN 17100 für den Bau von Leitungen, Apparaten und Behältern. Diese Rohre werden im allgemeinen aus St 33 gefertigt (Handelsgüte). In Sonderfällen können auch die Stähle St 37 und St 42 (Gütegruppe 1) verwendet werden.

An Rohren nach dieser Norm werden Ablieferungsprüfungen nicht durchgeführt. Bei der Berechnung und bei Verformungsarbeiten ist das zu berücksichtigen. Die Rohre eignen sich nur bedingt zum Biegen, Bördeln und zu ähnlichen Verformungen.

DIN 1626 Teil 3

Geschweißte Stahlrohre aus unlegierten und niedriglegierten Stählen für Leitungen, Apparate und Behälter; Rohre mit Gütevorschriften, Technische Lieferbedingungen
(z.Zt. gültige Ausgabe Januar 1965)

Diese Lieferbedingungen gelten für geschweißte Stahlrohre mit Gütevorschriften aus den unlegierten und niedriglegierten Stählen St 34-2, St 37-2, St 42-2 und St 52-3 nach DIN 17100, die für den Bau von Leitungen, Apparaten und Behältern verwendet werden.

Die Rohre, insbesondere aus den weichen Stählen St 34-2 und St 37-2, eignen sich zum Biegen, Bördeln oder zu ähnlichen Verformungen.

Außer den Anforderungen (Herstellungsverfahren, Lieferzustand, chemische Zusammensetzung, Festigkeitseigenschaften, technologische Eigenschaften, Oberflächenbeschaffenheit, Maße, Gewichte und Kennzeichnung) enthält die Norm Hinweise auf Ablieferungsprüfungen sowie Festlegungen über den Prüfumfang und durchzuführende Prüfungen ohne und mit Ablieferungsprüfung, die Probenahme, die Durchführung der Prüfungen, Wiederholungsprüfungen und Prüfbescheinigungen.

DIN 1626 Teil 4

Geschweißte Stahlrohre aus unlegierten und niedrig legierten Stählen für Leitungen, Apparate und
Behälter; besonders geprüfte Rohre mit Gütevorschriften, technische Lieferbedingungen
(z.Zt. gültige Ausgabe Januar 1965)

Diese Lieferbedingungen gelten für besonders geprüfte geschweißte Stahlrohre mit Gütevorschriften
aus den Stählen St 34-2, St 37-2, St 42-2 und St 52-3 nach DIN 17100, die für den Bau von Leitungen,
Apparaten und Behältern hoher Beanspruchung verwendet werden.
Die Rohre nach dieser Norm zeichnen sich durch besondere Güte aus, die durch besonders sorgfältige
Verarbeitung und umfangreiche Prüfungen gesichert ist.
Rohre nach dieser Norm werden nur mit Ablieferungsprüfung geliefert. Im übrigen entspricht der
Aufbau der Norm DIN 1626 Bl. 3.

DIN 1629 Teil 2

Nahtlose Rohre aus unlegiertem Stahl für Leitungen, Apparate und Behälter; Rohre in Handelsgüte,
Technische Lieferbedingungen
(z.Zt. gültige Ausgabe Januar 1961)

Diese Lieferbedingungen gelten für nahtlose Rohre aus unlegiertem Stahl St 00 für den Bau von
Leitungen, Apparaten und Behältern.
An Rohren nach dieser Norm werden mechanische und technologische Prüfungen nicht durchgeführt, bei der Berechnung und bei Verformungsarbeiten ist das zu berücksichtigen. Im allgemeinen
eignen sich die Rohre zum Biegen, Bördeln und zu ähnlichen Verformungen.

DIN 1629 Teil 3

Nahtlose Rohre aus unlegierten Stählen für Leitungen, Apparate und Behälter; Rohre mit Gütevorschriften, Technische Lieferbedingungen
(z.Zt. gültige Ausgabe Januar 1961)

Diese Lieferbedingungen gelten für nahtlose Rohre mit Gütevorschriften aus den unlegierten und
niedriglegierten Stählen St 35, St 45, St 55 und St 52, die für den Bau von Leitungen, Apparaten und
Behältern verwendet werden.
Die Rohre eignen sich zum Biegen, Bördeln und zu ähnlichen Verformungen; bei größeren Verformungsbeanspruchungen sind die weicheren Stähle vorzuziehen.
Außer den Anforderungen sind besondere Angaben über Prüfumfang und durchzuführende Prüfungen mit und ohne Ablieferungsprüfung in der Norm enthalten.

DIN 1629 Teil 4

Nahtlose Rohre aus unlegierten Stählen für Leitungen, Apparate und Behälter; Rohre mit besonderen
Gütevorschriften, Technische Lieferbedingungen
(z.Zt. gültige Ausgabe Januar 1961)

Diese Lieferbedingungen gelten für nahtlose Rohre mit besonderen Gütevorschriften aus den unlegierten und niedriglegierten Stählen St 35.4, St 45.4, St 55.4 und St 52.4, die für den Bau von Leitungen, Apparaten und Behältern hoher Beanspruchungen verwendet werden.
Die Rohre nach dieser Norm zeichnen sich durch besondere Güte aus, die durch die Verwendung von
vorbehandeltem Ausgangswerkstoff, besonders sorgfältige Verarbeitung und umfangreiche Prüfungen
gesichert ist. Die Rohre können deswegen für hohe Beanspruchungen eingesetzt werden. Sie eignen

sich zum Biegen, Bördeln und ähnlichen Verformungsarbeiten. Bei größeren Verformungsbeanspruchungen sind die weicheren Stähle vorzuziehen.

Rohre nach dieser Norm werden nur mit Ablieferungsprüfung geliefert. Im übrigen entspricht der Aufbau der Norm DIN 1629 Bl. 3.

DIN 2391 Teil 2

Nahtlose Präzisionsstahlrohre mit besonderer Maßgenauigkeit, Technische Lieferbedingungen
(z.Zt. gültige Ausgabe Juli 1981)

Diese Norm gilt als technische Lieferbedingung für nahtlose Präzisionsstahlrohre mit besonderer Maßgenauigkeit nach DIN 2391 Teil 1. Rohre nach dieser Norm werden hauptsächlich für Zwecke verwendet, bei denen es auf Maßgenauigkeit und gegebenenfalls auf kleine Wanddicken und gute Oberflächenbeschaffenheit ankommt.

DIN 2393 Teil 2

Geschweißte Präzisionsstahlrohre mit besonderer Maßgenauigkeit, Technische Lieferbedingungen
(z.Zt. gültige Ausgabe August 1981)

Diese Norm gilt als technische Lieferbedingung für geschweißte Präzisionsstahlrohre mit besonderer Maßgenauigkeit nach DIN 2393 Teil 1. Rohre nach dieser Norm werden hauptsächlich für Zwecke verwendet, bei denen es auf Maßgenauigkeit und gegebenenfalls auf kleine Wanddicken und gute Oberflächenbeschaffenheit ankommt.

DIN 2394 Teil 2

Geschweißte maßgewalzte Präzisionsstahlrohre, Technische Lieferbedingungen
(z.Zt. gültige Ausgabe August 1981)

Diese Norm gilt als technische Lieferbedingung für geschweißte Präzisionsstahlrohre mit besonderer Maßgenauigkeit nach DIN 2394 Teil 1. Rohre nach dieser Norm werden hauptsächlich für Zwecke verwendet, bei denen es auf Maßgenauigkeit und gegebenenfalls auf kleine Wanddicken und gute Oberflächenbeschaffenheit ankommt.

DIN 2444

Zinküberzüge auf Stahlrohren; Qualitätsnorm für die Feuerverzinkung von Stahlrohren für Installationszwecke
(z.Zt. gültige Ausgabe Juli 1978)

Diese Norm gilt für Zinküberzüge handelsüblicher Qualität, die durch Feuerverzinken auf geraden Stahlrohren aufgebracht werden, und zwar hauptsächlich auf mittelschweren Gewinderohren nach DIN 2440 und schweren Gewinderohren nach DIN 2441.

DIN 2462 Teil 2 Vornorm

Nahtlose Rohre aus nichtrostenden Stählen; Angaben für Bestellung und Lieferung
(z.Zt. gültige Ausgabe März 1969)

DIN 2463 Teil 2 Vornorm

Geschweißte Rohre aus austenitischen nichtrostenden Stählen; Angaben für Bestellung und Lieferung
(z.Zt. gültige Ausgabe März 1969)

DIN 2464 Teil 2 Vornorm

Nahtlose Präzisionsrohre aus nichtrostenden Stählen; Angaben für Bestellung und Lieferung
(z.Zt. gültige Ausgabe März 1969)

DIN 2465 Teil 2 Vornorm

Geschweißte Präzisionsrohre aus austenitischen nichtrostenden Stählen; Angaben für Bestellung und
Lieferung
(z.Zt. gültige Ausgabe März 1969)

Da abgewartet werden muß, welche Festlegungen die Vornorm DIN 17440 bei ihrer Überführung in
eine Norm enthalten wird, bevor technische Lieferbedingungen für Rohre aus nichtrostenden Stählen
endgültig aufgestellt werden können, und damit in der Zwischenzeit solche Rohre richtig bestellt
werden können, ist in diesen Vornormen eine Auswahl der in Frage kommenden Stahlsorten und
Oberflächenbeschaffenheiten für Rohre mit Maßen und Gewichten nach den jeweiligen Blättern 1
getroffen worden. Weitergehende Lieferbedingungen können zur Zeit nicht festgelegt werden.

DIN 17135

Alterungsbeständige Stähle, Gütevorschriften
(z.Zt. gültige Ausgabe März 1964)

Diese Norm gilt für unlegierte und niedriglegierte Stähle ASt 35, ASt 41, ASt 45 und ASt 52, die
wegen ihrer Alterungsbeständigkeit üblicherweise verwendet werden, und zwar unter anderem für
Grobblech, Band einschließlich Warmbreitband und nahtlose Rohre.

DIN 17172

Stahlrohre für Fernleitungen für brennbare Flüssigkeiten und Gase, Technische Lieferbedingungen
(z.Zt. gültige Ausgabe Mai 1978)

Diese Norm enthält Lieferbedingungen für nahtlose und geschweißte Rohre aus folgenden Stählen
zum Bau von Fernleitungen:

Kurzname	Werkstoffnummer
StE 210.7	1.0307
StE 240.7	1.0457
StE 290.7	1.0484
StE 320.7	1.0409
StE 360.7	1.0582
StE 385.7	1.8970
StE 415.7	1.8972
StE 290.7 TM	1.0429
StE 320.7 TM	1.0430
StE 360.7 TM	1.0578
StE 385.7 TM	1.8971
StE 415.7 TM	1.8973
StE 445.7 TM	1.8975
StE 480.7 TM	1.8977

Neben den Anforderungen (Herstellverfahren, Lieferzustand, chemische Zusammensetzung, Festigkeitseigenschaften, technologische Eigenschaften, Schweißbarkeit, Oberflächenbeschaffenheit und tolerierte Maße und Gewichte) enthält die Norm differenzierte Angaben über Prüfumfang, Probenahme, Durchführung der Prüfungen, Wiederholungsprüfungen und Prüfbescheinigungen.

DIN 17175

Nahtlose Rohre aus warmfesten Stählen, Technische Lieferbedingungen
(z.Zt. gültige Ausgabe Mai 1979)

Diese Norm gilt für nahtlose Rohre, die im Dampfkessel, Apparate- und Rohrleitungsbau für hohe Temperaturen bei gleichzeitig hohen Drücken verwendet werden können. Sie werden aus folgenden Werkstoffen hergestellt:

Kurzname	Werkstoffnummer
St 35.8	1.0305
St 45.8	1.0405
17 Mn 4	1.0481
19 Mn 5	1.0482
15 Mo 3	1.5415
13 CrMo 4 4	1.7335
10 CrMo 9 10	1.7380
14 MoV 6 3	1.7715
X 20 CrMoV 12 1	1.4922

Die Rohre eignen sich zum Biegen, Bördeln, Einwalzen und Schweißen.

DIN 17177

Elektrisch preßgeschweißte Rohre aus warmfesten Stählen; Technische Lieferbedingungen
(z.Zt. gültige Ausgabe Mai 1979)

Diese Norm hat denselben Anwendungsbereich wie DIN 17175, enthält jedoch nur folgende Stähle:

Kurzname	Werkstoffnummer
St 37.8	1.0315
St 42.8	1.0498
15 Mo 3	1.5415

2.3.4. Prüfnormen

Für die Werkstoffprüfungen an Stahlrohren gelten (etwa für den Zugversuch oder die Ermittlung der Kerbschlagzähigkeit) die allgemeinen Prüfnormen für Eisen und Stahl (siehe Abschnitt 2.1).
Daneben gibt es einige spezielle Prüfungen für Rohre bzw. Rohrproben, für die die entsprechenden Normen im folgenden aufgeführt sind:

DIN 50135

Prüfung metallischer Werkstoffe; Aufweitversuch an Rohren
(z.Zt. gültige Ausgabe August 1965)

Der Aufweitversuch an Rohren dient dazu, die Verformbarkeit von Rohren beim Aufweiten bis zu einem bestimmten Betrag nachzuweisen. Der Aufweitversuch nach dieser Norm gilt für nahtlose und geschweißte Rohre mit Kreisringquerschnitt aus metallischen Werkstoffen.

Der übliche Anwendungsbereich beschränkt sich bei Stahlrohren auf Nenn-Außendurchmesser von höchstens 150 mm und Nenn-Wanddicken von höchstens 9 mm. Es werden Aufweitdorne mit Kegelwinkeln von 30°, 45° oder 60° verwendet.

DIN 50136

Prüfung metallischer Werkstoffe; Ringfaltversuch an Rohren
(z.Zt. gültige Ausgabe Juni 1979)

Der Ringfaltversuch an Rohren (früher Quetschfaltversuch oder Quetschversuch genannt) dient dazu, Rohre auf markoskopische Außen- und Innenfehler, wie Schalen, Überlappungen, Risse, Riefen und Doppelungen, zu untersuchen, wenn diese an den Stellen hoher Beanspruchung liegen. Er kann zur Beurteilung der Verformbarkeit der Rohre herangezogen werden.

Der Ringfaltversuch nach dieser Norm gilt für nahtlose und geschweißte Rohre mit Kreisquerschnitt aus metallischen Werkstoffen. Für Stahlrohre ist der Anwendungsbereich auf Nenn-Außendurchmesser von höchstens 400 mm und Nenn-Wanddicken von höchstens 15 % des Nenn-Außendurchmessers beschränkt.

DIN 50137

Prüfung von Stahl; Ringaufdornversuch an Rohren
(z.Zt. gültige Ausgabe Juni 1979)

Der Ringaufdornversuch an Rohren dient dazu, Rohre auf makroskopische Außen- und Innenfehler, wie Schalen, Überlappungen, Risse, Riefen und Doppelungen, zu untersuchen, ihr Bruchgefüge festzustellen. Er kann zur Beurteilung der Verformbarkeit der Rohre herangezogen werden.

Der Ringaufdornversuch nach dieser Norm gilt für nahtlose und geschweißte Rohre aus Stahl mit Nenn-Außendurchmesser von 21,3 mm bis 146 mm und Nennwanddicken von mindestens 2 mm. An Rohren mit einem Nennaußendurchmesser über 146 mm wird der Ringzugversuch nach DIN 50138 durchgeführt.

DIN 50138

Prüfung von Stahl; Ringzugversuch an Rohren
(z.Zt. gültige Ausgabe Mai 1979)

Der Ringzugversuch verfolgt denselben Zweck wie der Ringaufdornversuch nach DIN 50137. Er gilt für nahtlose und geschweißte Rohre aus Stahl mit Nennaußendurchmessern über 146 mm und Nennwanddicken von höchstens 40 mm.

DIN 50139

Prüfung von Stahl; Bördelversuch an Rohren
(z.Zt. gültige Ausgabe November 1965)

Der Bördelversuch dient dazu, die Verformbarkeit von Stahlrohren mit Kreisringquerschnitt beim Bördeln um 90° bis zu einem bestimmten Außendurchmesser der Bördelung nachzuweisen.
Der übliche Anwendungsbereich dieser Norm liegt bei Rohren mit Nenn-Außendurchmessern bis 52 mm und Nenn-Wanddicken von höchstens 13 %, mit Nenn-Außendurchmessern über 52 mm bis 102 mm und Nennwanddicken von höchstens 8 % sowie mit Nenn-Außendurchmessern über 102 mm bis 150 mm und Nennwanddicken von höchstens 6 % des Außendurchmessers.

DIN 50140

Prüfung metallischer Werkstoffe; Zugversuch an Rohren und Rohrstreifen
(z.Zt. gültige Ausgabe September 1980)

Der Zugversuch an Rohren dient dazu, das Verhalten der Rohrwerkstoffe unter einachsiger Zugbeanspruchung durch Prüfen von Rohrabschnitten oder Rohrstreifenproben festzustellen.
Diese Norm gilt für den Zugversuch ohne Feindehnungsmessung. Die zu wählende Probenform wird entweder durch die technischen Lieferbedingungen oder durch Vereinbarung festgelegt. Nach Möglichkeit sollen jedoch Rohrabschnitte geprüft werden, wenigstens bis zu einem Rohraußendurchmesser von 30 mm. Soweit der Anwendungsbereich der Prüfmaschinen und die Festigkeit des Rohrwerkstoffes es zulassen, können auch Rohre mit größerem Durchmesser im ganzen Querschnitt geprüft werden.

2.4. Normen für Rohrformstücke

DIN 2605

Rohrbogen zum Einschweißen; Stahlrohre
(z.Zt. gültige Ausgabe September 1962)

Die Norm enthält Wanddicken (drei Reihen), Biegeradien und Gewichte von Rohrbögen mit Rohraußendurchmessern von 25 bis 521 mm.

DIN 2606

Rohrbogen aus Stahl zum Einschweißen; Bauart 5d
(z.Zt. gültige Ausgabe Juli 1965)

Diese Norm enthält Wanddicken (eine Reihe), Biegeradien und Gewichte von Rohrbogen mit Krümmungsdurchmessern, die dem fünffachen des Rohrinnendurchmessers entsprechen, und zwar für Rohraußendurchmesser von 25 bis 521 mm.

DIN 2615

Stahlfittings zum Einschweißen; T
(z.Zt. gültige Ausgabe Juni 1964)

DIN 2616

Stahlfittings zum Einschweißen; Reduzierstücke

DIN 2617

Stahlfittings zum Einschweißen; Kappen
(z.Zt. gültige Ausgaben Juni 1964)

Diese Normen enthalten Maße, Werkstoffe, Ausführungen und Kennzeichnung von Stahlfittings mit Außendurchmessern von 21,3 mm bis 323,9 mm.

DIN 2618

Stahlfittings zum Einschweißen; Sattelstutzen ND 16

DIN 2619

Stahlfittings zum Einschweißen; Einschweißbogen ND 16
(z.Zt. gültige Ausgaben Januar 1968)

Diese Normen enthalten Abmessungen und Gewichte sowie Werkstoffe und Ausführungen von Stahlfittings zum Einschweißen mit Außendurchmessern von 21,3 mm bis 323,9 mm (Sattelstutzen) bzw. 508 mm (Einschweißbogen).

DIN 2950

Temperguß-Fittings
(z.Zt. gültige Ausgabe Juni 1962)

Diese Norm enthält 609 Formen und Größen von Fittings. Sie umfaßt damit sämtliche für die üblichen Installationsaufgaben erforderlichen Modelle. Geplante Neufassung als Entwurf Mai 1981 erschienen.

DIN 2980

Stahlfittings mit Gewinde
(z.Zt. gültige Ausgabe September 1977)

Diese Norm bezieht sich auf Benennung, Verwendung, Baumaße und zulässige Maßabweichungen von Stahlfittings mit Gewinde. Sie enthält eine Normenübersicht über Rohrteile nach DIN 2981, 2982 und 2983 sowie Fittings nach DIN 2986, 2987, 2988, 2990, 2991 und 2993, ferner Hinweise auf die Verwendung, die Bezeichnung, Gewinde, Ausführungen. Außerdem enthält sie zulässige Maßabweichungen für die Baulänge von Rohrteilen und Fittings.

DIN 3850

Rohrverschraubungen; Übersicht
(z.Zt. gültige Ausgabe Februar 1967)

Diese Norm gibt einen überblick Über den Stand und den Umfang der Normung von Rohrverschraubungen.

DIN 3851

Rohrverschraubungen; Rohraußendurchmesser und Gewinde
(z.Zt. gültige Ausgabe Oktober 1965)

Diese Norm gilt als Grundnorm für Rohraußendurchmesser und Gewinde, die bei allen Verschrau-
bungssystemen (lötlos, gelötet, geschweißt usw.) vorkommen.

DIN 3852 Teil 1

Einschraubzapfen, Einschraublöcher für Rohrverschraubungen, Armaturen, Verschlußschrauben mit
metrischem Feingewinde; Konstruktionsmaße
(z.Zt. gültige Ausgabe September 1978)

DIN 3852 Teil 2

Einschraubzapfen, Einschraublöcher für Rohrverschraubungen, Armaturen, Verschlußschrauben mit
Whitworth-Rohrgewinde; Konstruktionsmaße
(z.Zt. gültige Ausgabe Oktober 1964)

DIN 3853

Lötlose und gelötete Rohrverschraubungen; Gewindezapfen zu Überwurfmuttern; Konstruktions-
blatt
(z.Zt. gültige Ausgabe Juni 1963)

DIN 3859

Rohrverschraubungen; Technische Lieferbedingungen
(z.Zt. gültige Ausgabe November 1970)

Diese Norm enthält Technische Lieferbedingungen für Rohrverschraubungen, die in DIN 3850
aufgeführt sind sowie nach Vereinbarung für Rohrverschraubungen, auf die dort hingewiesen ist.
Sie gilt für vollständige Verschraubungen und für deren Einzelteile. Sie kann auch auf nicht genormte
Rohrverschraubungen angewendet werden. Die Norm gilt nicht für Verschraubungen nach DIN 2950
und DIN 2980.

2.5. Normen für Flansche, Dichtungen und Schrauben

DIN 2500

Flansche; Allgemeine Angaben, Übersicht
(z.Zt. gültige Ausgabe August 1966)

In dieser Norm sind die für die Planung, Berechnung und Ausführung von Rohrleitungen mit Flanschverbindungen notwendigen und zu beachtenden Normen zusammengestellt. Sie gibt außerdem eine
Übersicht über den Umfang der genormten Flansche und erläutert den Aufbau deren Maßnormen.
Nicht erfaßt sind die Normen über Flansche, die für besondere Anwendungsgebiete, z.B. Schienen-
fahrzeuge, Kraftfahrzeugindustrie, Chemischer Apparatebau, Schiffbau usw. benötigt werden.
Beim Gebrauch der auf den folgenden Seiten enthaltenen Tabellen ist zu beachten, daß die darin
aufgeführten Flanschnormen inzwischen überarbeitet sein können.

Flanschart	Gewindeflansche										Walzflansche	
	glatt oval	mit Ansatz oval		mit Ansatz rund								
Bild												
Werkstoff Flansch	St 37	St 37		St 37			St 42				St 37	St 42
Schraube	4 D	4 D		4 D			C 35				4 D	C 35
Maßnorm siehe DIN	2558	2561		2565	2566		2567	2568	2569		2581	2583
Nenndruck	6	10	16	6	10	16	25	40	64	100	10	25
Nennweiten 6	●	●	●	●		●	●					
8	●	●	●	●		●	●					
10	●	●	●	●		●	●			●	●	●
15	●	●	●	●		●	●			●	●	●
20	●	●	●	●		●	●			●	●	●
25	●	●	●	●		●	●			●	●	●
32	●	●	●	●		●	●			●	●	●
40	●	●	●	●		●	●			●	●	●
50	●					●	●	●	●	●	●	●
65	●					●	●	●	●	●	●	●
80	●					●	●	●	●	●	●	●
100	●					●	●	●	●	●	●	●
125						●	●	●	●	●	●	●
150						●	●	●	●	●	●	●
(175)												
200											●	●
Technische Lieferbedingungen	siehe DIN 2519											

Flanschart	Vorschweißflansche		Lose Flansche mit Anschweißbund oder Vorschweißbund	
Werkstoff – Bund	—		RSt 42-2	St 37-2
Flansch	St 37-2	RSt 42-2	St 42	St 37
Schraube	4 D | C 35	C 45	C 45	4 D

Technische Lieferbedingungen: siehe DIN 2519

Maßnorm siehe DIN / Nenndruck:

Nennweiten	2630 (1)	2631 (6)	2632 (10)	2633 (16)	2634 (25)	2635 (40)	2636 (64)	2637 (100)	2638 (160)	2628 (250)	2629 (320)	2627 (400)	2667 (160)	2668 (250)	2669 (320)	2673 (10)
10		•	•	•							•	•				•
15		•	•	•			•	•	•	•	•					•
20		•	•	•												•
25		•	•	•			•	•	•	•	•					•
32		•	•	•		•										•
40		•	•	•		•	•	•	•	•	•					•
50		•	•	•		•	•	•	•	•	•					•
65		•	•	•		•	•	•	•	•	•					•
80		•	•	•		•	•	•	•	•	•					•
100		•	•	•		•	•	•	•	•	•		•	•	•	•
125		•	•	•		•	•	•	•	•	•		•	•	•	•
150		•	•	•		•	•	•	•	•	•		•	•	•	•
(175)			•	•	•	•	•	•	•	•			•	•	•	
200		•	•	•	•	•	•	•	•	•	•	•	•	•	•	•
250		•	•	•	•	•	•	•	•	•	•		•	•	•	•
300		•	•	•	•	•	•	•					•			•
350		•	•	•	•	•	•									•
400		•	•	•	•	•	•									•
500		•	•	•	•	•										•
600		•	•	•	•											•
700		•	•	•	•											•
800		•	•	•	•											•
900		•	•	•	•											•
1000		•	•	•	•											•
1200	•	•	•	•												•
1400	•	•	•	•												
1600	•	•	•	•												
1800	•	•	•	•												
2000	•	•	•	•												
2200	•	•	•													
2400	•	•	•													
2600	•	•	•													
2800	•	•	•													
3000	•	•	•													
3200	•	•														
3400	•	•														
3600	•	•														
3800	•															
4000	•															

Flanschart	Gußeisenflansche und Stahlgußflansche														
Bild															
Werkstoff — Flansch	GG						GS								
Werkstoff — Schraube	4 D	C 35					4 D	C 35				C 45			
Maßnorm siehe DIN	2530	2531	2532	2533	2534	2535	2543	2544	2545	2546	2547	2548	2549	2550	2551
Nenndruck	1	6	10	16	25	40	16	25	40	64	100	160	250	320	400
Nennweiten 10		●	●			●			●			●	●	●	●
15		●	●			●			●			●	●	●	●
20		●	●			●			●						
25		●	●			●			●			●	●	●	●
32		●	●			●			●						
40		●	●			●			●			●	●	●	●
50		●	●			●			●	●					
65		●	●			●			●	●					
80		●	●			●	●		●	●		●	●	●	●
100		●	●			●	●		●	●		●	●	●	●
125		●	●			●	●		●	●	●	●	●	●	●
150		●	●			●	●		●	●	●	●	●	●	●
(175)		●		●	●	●	●	●	●	●	●	●	●	●	●
200		●		●	●	●	●	●	●	●	●	●	●	●	
250		●	●	●	●	●	●	●	●	●	●	●	●		
300		●	●	●	●	●	●	●	●	●	●	●	●		
350		●	●	●	●	●	●	●	●	●	●				
400		●	●	●	●	●	●	●	●	●	●				
(450)			●	●					●						
500		●	●	●	●		●	●	●	●	●				
600		●	●	●			●	●	●	●	●				
700		●	●	●			●	●	●	●	●				
800		●	●	●			●	●	●	●					
900		●	●	●			●	●	●	●					
1000		●	●	●			●	●	●	●					
1200	●	●	●				●	●	●	●					
1400	●	●	●				●	●	●						
1600	●	●	●				●	●	●						
1800	●	●	●				●	●							
2000	●	●	●				●	●							
2200	●	●	●				●								
2400	●	●	●				●								
2600	●	●	●				●								
2800	●	●	●												
3000	●	●	●												
3200	●	●													
3400	●	●													
3600	●	●													
3800	●														
4000	●														
Technische Lieferbedingungen	siehe Maßnormen														

Flanschart	Flansche zum Löten oder Schweißen		Blindflansche					Lose Flansche – für Bördelrohr		Lose Flansche – mit Bund			
Bild													
Werkstoff – Bund	—		—					—		St 37-2			
Werkstoff – Flansch	St 37-2		St 37					St 37		St 37			
Werkstoff – Schraube	4 D							4 D		4 D		C 35	
Maßnorm siehe DIN	2573	2576	2527					2641	2642	2652	2653	2655	2656
Nenndruck	6	10	6	10	16	25	40	6	10	6	10	25	40
Nennweiten													
10	●	●	●		●		●	●	●	●	●		●
15	●	●	●		●		●	●	●	●	●		●
20	●	●	●		●		●	●	●	●	●		●
25	●	●	●		●		●	●	●	●	●		●
32	●	●	●		●		●	●	●	●	●		●
40	●	●	●		●		●	●	●	●	●		●
50	●	●	●		●		●	●	●	●	●		●
65	●	●	●		●		●	●	●	●	●		●
80	●	●	●		●		●	●	●	●	●		●
100	●	●	●		●		●	●	●	●	●		●
125	●	●	●		●		●	●	●	●	●		●
150	●	●	●		●		●	●	●	●	●		●
(175)		●	●		●	●	●						
200	●	●	●	●	●	●	●	●	●	●	●	●	●
250	●	●	●	●	●	●	●	●	●	●	●	●	●
300	●	●	●	●	●	●	●	●	●	●	●	●	●
350	●	●	●	●	●	●	●	●	●	●	●	●	●
400	●	●	●	●	●	●	●	●	●	●	●	●	●
500	●	●	●	●	●	●	●	●	●	●	●	●	
600								●	●				
700								●	●				
800								●	●				
900								●					
1000								●					
1200								●					
Technische Lieferbedingungen	siehe DIN 2519												

DIN 2501 Teil 1

Flansche; Anschlußmaße
(z.Zt. gültige Ausgabe Februar 1972)

In dieser Norm sind als Anschlußmaße eines Flansches definiert:

1. Der Außendurchmesser
2. Der Lochkreisdurchmesser
3. Der Dichtleistendurchmesser
4. Die Anzahl der Schrauben
5. Der Durchmesser der Schrauben
6. Der Schraubenlochdurchmesser

Neben einer Übersicht über die verschiedenen Formen der Dichtflächen, deren Bearbeitung, zugehörige Dichtungen und ihre Anwendbarkeit enthält die Norm alle oben definierten Anschlußmaße für Flansche Nenndruck 1 bis Nenndruck 400, soweit diese genormt sind.

DIN 2505

Vornorm Berechnung von Flanschverbindungen
(z.Zt. gültige Ausgabe Oktober 1964)

Auf Grund der praktischen Erfahrungen mit dieser Vornorm wurde der Entwurf November 1972 von DIN 2505 veröffentlicht, der zusammen mit dem Entwurf von DIN 2505 Beiblatt die vorgesehene Fassung für die Neuausgabe von DIN 2505 enthält. Bis zur Veröffentlichung der endgültigen Neuausgabe bleibt die Vornorm gültig.

DIN 2507 Teil 2

Schrauben für Rohrleitungen; Richtlinien für die Werkstoffauswahl
(z.Zt. gültige Ausgabe Juli 1966)

In einer Tabelle sind in Abhängigkeit vom Nenndruck und von der zulässigen Betriebstemperatur des Durchflußstoffes Maßnormen für Schrauben und Muttern sowie erforderliche Werkstoffe enthalten. Die in dieser Tabelle eingetragenen Werkstoffe entsprechen der üblichen Anwendung und stimmen mit den Angaben in DIN 2401 Bl. 2 Vornorm überein. Sie sind für die Werkstoffwahl nicht bindend. Werden andere Werkstoffe gewählt, ist zu prüfen, ob die gewählten Werkstoffe den Bedingungen genügen.

DIN 2509

Schraubenbolzen
(z.Zt. gültige Ausgabe November 1970)

Diese Norm enthält Abmessungen für Schraubenbolzen M 12 bis M 100 × 6.

DIN 2510

Schraubenverbindungen mit Dehnschaft

Die 1971 und 1974 herausgegebenen neuen Blätter dieser Norm enthalten Übersichten, Anwendungsbereiche, Einbaubeispiele, Studien zur Berechnung, Gewindenennmaße und Gewindegrenzmaße, Abmessungen von Schraubenbolzen, Stiftschrauben, Sechskantmuttern, Kapselmuttern, Dehnhülsen sowie von Einschraublöchern für Stiftschrauben.

DIN 2519

Stahlflansche, Technische Lieferbedingungen
(z.Zt. gültige Ausgabe August 1966, Neuausgabe in Vorbereitung)

Diese technischen Lieferbedingungen gelten für alle Stahlflansche, die aus Blech gefertigt, geschmiedet, gepreßt, nahtlos gewalzt oder aus Walzprofilen gebogen und geschweißt werden. Sie gelten z.B. für

Blindflansche
Gewindeflansche
glatte Flansche zum Löten oder Schweißen
Walzflansche

Vorschweißflansche
lose Flansche für Bördelrohr
lose Flansche mit Bund
lose Flansche mit Anschweißbund
lose Flansche mit Vorschweißbund

Diese technischen Lieferbedingungen sind auch dann anzuwenden, wenn in der betreffenden Maßnorm darauf nicht verwiesen wird; sie gelten nicht, wenn in den Maßnormen andere technische Lieferbedingungen festgelegt sind.

DIN 2526

Flansche; Formen der Dichtflächen
(z.Zt. gültige Ausgabe März 1975)

Diese Norm enthält die Benennungen und Kurzzeichen der für die einzelnen Dichtungsarten erforderlichen Formen der Dichtflächen, und zwar

Form A	Dichtfläche ohne Anforderung
Form B	Dichtfläche bearbeitet (entsprechend Rauhtiefe 160)
Form C	Dichtleiste bearbeitet (Rauhtiefe 160)
Form D	Dichtleiste bearbeitet (Rauhtiefe 40)
Form E	Dichtleiste bearbeitet (Rauhtiefe 16)
Form F	Feder nach DIN 2512
Form M	Abschrägung für Membranschweißdichtung nach DIN 2695
Form N	Nut nach DIN 2512
Form L	Eindrehung für Linsendichtung nach DIN 2696
Form V13	Vorsprung nach DIN 2513
Form V14	Vorsprung nach DIN 2514
Form R13	Rücksprung nach DIN 2513
Form R14	Rücksprung nach DIN 2514

DIN 2527

Blindflansche Nenndruck 6 bis 100
(z.Zt. gültige Ausgabe April 1972)

Diese Norm enthält alle Festlegungen für die zum Verschließen der in den genannten Druckstufen
genormten Stahlflansche erforderlichen Blindflansche.

DIN 2627 Vorschweißflansche Nenndruck 400
DIN 2628 Vorschweißflansche Nenndruck 250
DIN 2629 Vorschweißflansche Nenndruck 320
DIN 2630 Vorschweißflansche Nenndruck 1 und 2,5
DIN 2631 Vorschweißflansche Nenndruck 6
DIN 2632 Vorschweißflansche Nenndruck 10
DIN 2633 Vorschweißflansche Nenndruck 16
DIN 2634 Vorschweißflansche Nenndruck 25
DIN 2635 Vorschweißflansche Nenndruck 40

DIN 2636 Vorschweißflansche Nenndruck 64
DIN 2637 Vorschweißflansche Nenndruck 100
DIN 2638 Vorschweißflansche Nenndruck 160
(z.Zt. gültige Ausgabe März 1975)

Diese Normen enthalten Maßangaben für den eigentlichen Flansch, den Ansatz und die Dichtleiste, Angaben der Rauhigkeitstiefen der Oberflächen, Hinweise auf die Anzahl und Gewinde zugehöriger Schrauben sowie die Gewichte von Vorschweißflanschen.

DIN 2690

Flachdichtungen für Flansche mit ebener Dichtfläche, Nenndruck 1 bis 40
(z.Zt. gültige Ausgabe Mai 1966)

Diese Norm enthält für die Nennweiten 4 bis 4000 zugehörige Innendurchmesser von 6 mm bis 4020 mm und entsprechend der Nenndruckstufe verschiedene Außendurchmesser für Dichtungen aus It-Werkstoffen nach DIN 3754.

DIN 2691

Flachdichtungen für Flansche mit Feder und Nut, Nenndruck 10 bis 160
(z.Zt. gültige Ausgabe November 1971)

Die Norm enthält für die Nennweiten 4 bis 1000 Innendurchmesser und Außendurchmesser für Dichtungen aus It-Werkstoffen nach DIN 3754 für Flansche mit Feder und Nut nach DIN 2512.

DIN 2692

Flachdichtungen für Flansche mit Rücksprung, Nenndruck 10 bis 100
(z.Zt. gültige Ausgabe Mai 1966)

Diese Norm enthält für die Nennweiten 10 bis 1000 Innendurchmesser und Außendurchmesser für Dichtungen aus It-Werkstoffen nach DIN 3754 für Flansche mit Rücksprung nach DIN 2513.

DIN 2693

Runddichtringe für Vorsprungflansche mit Eindrehung, Nenndrücke 10 bis 40
(z.Zt. gültige Ausgabe Juni 1967)

Die Norm enthält für die Nennweiten 10 bis 3000 Innendurchmesser und tolerierte Querschnittsdurchmesser für Runddichtringe aus Gummi.

DIN 2695

Membran-Dichtringe und Membran-Schweißdichtungen für Flanschverbindungen, Nenndruck 64 bis 400
(z.Zt. gültige Ausgabe Januar 1972)

Diese Norm enthält für die Nennweiten 80 bis 400 Innendurchmesser und Außendurchmesser für Dichtringe für Membran-Schweißdichtungen aus Stählen nach DIN 17100, DIN 17175 und DIN 17440 (Vornorm).

DIN 2696

Linsendichtungen für Flanschverbindungen ND 64 bis 400
(z.Zt. gültige Ausgabe April 1972)

Diese Norm enthält Herstellmaße, Werkstoffe und Fertig- und Einbaumaße für Dichtlinsen und Linsendichtungen der Nennweiten 10 bis 150 bei ND 64 bis 400, der Nennweiten 175 bis 400 bei ND 64 und 100 sowie für Nennweiten 175 bis 300 bei ND 160 bis 400.

DIN 2697

Kammprofilierte Dichtringe und Dichtungen für Flanschverbindungen, Nenndruck 64 bis 400
(z.Zt. gültige Ausgabe Januar 1972)

Diese Norm enthält Abmessungen für kammprofilierte Dichtringe ohne und mit Zentrierrand für die Nennweiten 10 bis 400 bei Nenndrücken 64 bis 400 aus Stählen nach DIN 17100, DIN 17175 und DIN 17440 (Vornorm).

DIN 2698

Gewellte Stahlblechdichtungen mit Schnurauflage, für Flanschverbindungen ND 25 bis 250
(z.Zt. gültige Ausgabe Januar 1972)

Diese Norm enthält die Abmessungen für gewellte Stahlblech-Dichtringe mit Schnurauflage für die Nennweiten 10 bis 500 bei Nenndrücken 25 bis 250 aus Stählen nach DIN 1623 Bl. 1 und DIN 17175.

2.6. Armaturennormen

DIN 3202 Teil 1

Baulängen von Armaturen; Flanscharmaturen
(z.Zt. gültige Ausgabe Februar 1977)

Diese Norm gilt für Baulängen und deren zulässige Abweichungen als Grundnorm für Abmessungsnormen von Flancharmaturen DN 10 bis DN 3 000.

DIN 3202 Teil 2

Baulängen von Armaturen; Einschweißarmaturen
(z.Zt. gültige Ausgabe Juli 1973)

Diese Norm gilt für Baulängen und deren zulässige Abweichungen als Grundnorm für Abmessungsnormen von Einschweißarmaturen DN 10 bis DN 1 200.

DIN 3202 Teil 3

Baulängen von Armaturen; Einklemmarmaturen
(z.Zt. gültige Ausgabe Oktober 1979)

Diese Norm gilt für die Baulängen und deren zulässige Abweichungen als Grundnorm für Maßnormen von Einklemmarmaturen DN 15 bis DN 1 200.

DIN 3202 Teil 4

Baulängen von Armaturen; Armaturen mit Innengewinde-Anschluß
(z.Zt. gültige Ausgabe April 1978)

Diese Norm gilt für Baulängen und deren zulässige Abweichungen als Grundnorm für Abmessungsnormen von Armaturen mit Innengewinde-Anschluß DN 4 bis DN 100.

DIN 3202 Teil 5

Baulängen von Armaturen; Armaturen mit Rohrverschraubungs-Anschluß
(z.Zt. gültige Ausgabe August 1977)

Diese Norm gilt für die Baulängen und deren zulässige Abweichungen als Grundnorm für Maßnormen
von Armaturen mit Rohrverschraubungs-Anschluß DN 4 bis DN 40.

DIN 3211

Rohrarmaturen; Begriffe
(z.Zt. gültige Ausgabe November 1977)

Diese Norm gilt für Begriffe der Rohrarmaturen und ihrer Grundbauarten; sie setzt Regeln für Benennungen in Verbindung mit diesen Begriffen.

DIN 3230 Teil 1

Technische Lieferbedingungen für Armaturen; Anfrage, Bestellung und Lieferung
(z.Zt. gültige Ausgabe April 1974)

Diese Norm gilt für Anfrage, Bestellung und Lieferung genormter Armaturen. Sie gilt sinngemäß auch
für nicht genormte Armaturen oder für genormte Armaturen, an die besondere Anforderungen nach
Vorschriften, Regeln der Technik oder Normen gestellt werden, wenn es vereinbart wurde.

DIN 3230 Teil 2

Technische Lieferbedingungen für Armaturen; Allgemeine Anforderungen
(z.Zt. gültige Ausgabe April 1974)

Diese Norm gilt für Anforderungen an Armaturen, die nach den Festlegungen in DIN 3230 Teil 1 geliefert werden.

DIN 3230 Teil 3

Technische Lieferbedingungen für Armaturen; Zusammenstellung möglicher Prüfungen
(z.Zt. gültige Ausgabe März 1975)

Diese Norm ist eine Aufzählung und Beschreibung möglicher Prüfungen von Armaturen, die nach den
Festlegungen in DIN 3230 Teil 1 geliefert werden.
Sie hat den Zweck, gruppenweise zusammengestellte Prüfverfahren zu beschreiben, damit Armaturen
nach den Festlegungen der hierfür bestehenden Normen oder nach Bestellvorschriften einheitlich geprüft werden.

DIN 3230 Teil 4

Technische Lieferbedingungen für Armaturen; Armaturen für Trinkwasser; Anforderungen und Prüfung
(z.Zt. gültige Ausgabe März 1977)

Diese Norm gilt für Armaturen in Anlagen für Trinkwasser nach DIN 2000. Sie gilt für die während der Fertigung zu beachtenden Anforderungen und für die zum Nachweis der Erfüllung dieser Anforderungen nötigen Prüfungen.

DIN 3230 Teil 5

Technische Lieferbedingungen für Armaturen; Absperrarmaturen für Gasleitungen und Gasanlagen; Anforderungen und Prüfung
(z.Zt. gültige Ausgabe September 1981)

Diese Norm gilt für Absperrarmaturen z.b. im Geltungsbereich der DVGW-Arbeitsblätter G 462 Teil I und Teil II, G 463, G 491, G 497 sowie der TRGL 132 und TRGL 241.

DIN 3230 Teil 6

Technische Lieferbedingungen für Armaturen; Armaturen für brennbare Flüssigkeiten; Anforderungen und Prüfung
(z.Zt. gültige Ausgabe Dezember 1980)

Diese Norm gilt für Armaturen z.B. im Geltungsbereich der TRbF 301.

DIN 3320

Sicherheitsventile; Begriffe
(z.Zt. gültige Ausgabe Januar 1972)

In dieser Norm sind Begriffsbestimmungen fesfgelegt, die sich auf die Funktionstypen, die Behälterdrücke, die Funktionsdrücke, die Funktionsgrößen, die Ausflußgrößen und die Teile von Sicherheitsventilen beziehen.

DIN 3380

Gas-Druckregelgeräte für Eingangsdrücke bis 100 bar
(z.Zt. gültige Ausgabe Dezember 1973)

Diese Norm gilt für Anforderungen an und Prüfung von Gas-Druckregelgeräten für Eingangsdrücke bis 100 bar, die mit Gasen nach dem DVGW-Arbeitsblatt G 260 betrieben werden.

DIN 3381

Sicherheitseinrichtungen für Gasversorgungsanlagen mit Betriebsdrücken bis 100 bar; Sicherheitsabblase- und Sicherheitsabsperreinrichtungen
(z.Zt. Entwurf Mai 1981)

Diese Norm soll für Anforderungen und die Prüfung von Sicherheitseinrichtungen in Gasversorgungsanlagen gelten, die mit Gasen nach dem DVGW-Arbeitsblatt G 260 mit Betriebsdrücken bis 100 bar betrieben werden.

2.7. Anwendungsnormen

DIN 1626 Teil 1

Geschweißte Stahlrohre aus unlegierten und niedriglegierten Stählen für Leitungen, Apparate und Behälter; Allgemeine Angaben, Übersicht, Hinweise für die Verwendung
(z.Zt. gültige Ausgabe Januar 1965)

Diese Norm gibt eine Übersicht über die in den Technischen Lieferbedingungen DIN 1626 Bl. 2, Bl. 3 und Bl. 4 behandelten geschweißten Stahlrohre aus unlegierten und niedriglegierten Stählen, ihre Eigenschaften über die Anwendungsbereiche und die Richtlinien über die Bewertung der Schweißnahtgüte.
Unter die vorgenannten Lieferbedingungen fallen nicht Gewinderohre (DIN 2440 und 2441), Präzisionsstahlrohre (DIN 2393 und DIN 2394) und geschweißte Stahlrohre aus warmfesten Stählen.

DIN 1629 Teil 1

Nahtlose Rohre aus unlegierten Stählen für Leitungen, Apparate und Behälter, Übersicht, Technische Lieferbedingungen, Allgemeine Angaben
(z.Zt. gültige Ausgabe Januar 1961)

Diese Norm gibt eine Übersicht über die in den Technischen Lieferbedingungen DIN 1629 Bl. 2, Bl. 3 und Bl. 4 behandelten nahtlosen Rohre aus unlegierten Stählen und ihre Eigenschaften sowie über die Anwendungsbereiche. Sie gilt nicht für Gewinderohre, Präzisionsstahlrohre und nahtlose Rohre aus warmfesten Stählen.

DIN 1988

Trinkwasser-Leitungsanlagen in Grundstücken; Technische Bestimmungen für Bau und Betrieb
(z.Zt. gültige Ausgabe Januar 1962)

Diese Norm enthält unter anderem den Hinweis, daß für Wasserleitungen Stahlrohre nach DIN 2460/2461 bzw. nach DIN 2440/2441 verwendet werden dürfen.

DIN 2449

Nahtlose Stahlrohre aus St 00, Maße und Anwendungsbereich

DIN 2450

Nahtlose Stahlrohre aus St 35, Maße und Anwendungsbereich

DIN 2451

Nahtlose Stahlrohre aus St 45, Maße und Anwendungsbereich

DIN 2456

Nahtlose Stahlrohre aus St 55, Maße und Anwendungsbereich

DIN 2457

Nahtlose Stahlrohre aus St 52, Maße und Anwendungsbereich
(z.Zt. gültige Ausgaben April 1964)

Diese Normen enthalten Auswahlen nahtloser Stahlrohre nach DIN 2448 für Leitungen, Apparate und Behälter, und zwar für die Nennweiten 10 bis 500 und Druckstufen ND 10, 16, 25, 40, 64, 80 und

100. Rohre mit den in den Tabellen angegebenen Wanddicken sind bis zu Betriebstemperaturen von 120 °C in Höhe der angegebenen Betriebsdrücke anwendbar.

Die Rohrwanddicken gelten nur für das gerade Rohr; bei gebogenen Rohren, bei besonderer Beanspruchung durch Montage bzw. Wärmespannungen oder bei Ausschnitten ist zu prüfen, ob die Wanddicken ausreichen.

DIN 2460

Stahlrohre für Wasserleitungen
(z.Zt. gültige Ausgabe Dezember 1980)

Diese Norm gilt für Stahlrohre in geschweißter und nahtloser Ausführung zum Bau von Wasserleitungen, nicht jedoch für die Hausinstallation.

DIN 2470 Teil 1

Gasleitungen aus Stahlrohren mit Betriebsüberdrücken bis 16 bar; Anforderungen an die Rohrleitungsteile
(z.Zt. gültige Ausgabe Februar 1977)

Diese Norm gilt für Rohre aus Stahl und sonstige Rohrleitungsteile, die für Gasleitungen bis 16 bar Betriebsdrücke verwendet werden. Gasleitungen im Sinne dieser Norm sind Leitungen, die zum Transport und zur Verteilung von brennbaren verdichteten Gasen nach dem DVGW-Arbeitsblatt G 260 dienen. Die Norm kann auch für Leitungen zum Transport technischer Gase angewendet werden. Sie berücksichtigt jedoch nicht die besonderen Anforderungen, die an Leitungen im offenen Meer ge stellt werden müssen, und sie gilt ferner nicht für Gasleitungen in der Hausinstallation.

DIN 2470 Teil 2

Gasleitungen aus Stahlrohren mit Betriebsüberdrücken von mehr als 16 bar; Anforderungen an die Rohrleitungsteile
(z.Zt. gültige Ausgabe Oktober 1975)

Diese Norm gilt entsprechend DIN 2470 Teil 1 für Gasleitungen mit Betriebsüberdrücken von mehr als 16 bar.

DIN 2915

Nahtlose und geschweißte Stahlrohre für Wasserrohrkessel, Übersicht
(z.Zt. gültige Ausgabe November 1966)

Diese Norm enthält eine Übersicht über diejenigen nahtlosen und geschweißten Stahlrohre, die für beheizte Kesselrohre und Überhitzerrohre aus DIN 2448 und DIN 2458 ausgewählt sind. Da aus Fertigungsgründen (Schweißen, Biegen, Walzen) keine Rohrwanddicken unter 2,9 mm gewählt werden sollen, enthält diese Norm nur Wanddicken von 2,9 mm an aufwärts bis 8 mm bei Rohr-Außendurchmessern von 21,3 mm bis 101,6 mm. Die Rohre sind nach der Ursprungsnorm zu bezeichnen. Zugehörige technische Lieferbedingungen sind in DIN 17175 Bl. 1 festgelegt.

DIN 4752

Heißwasser-Heizungsanlagen mit Vorlauftemperaturen von mehr als 110 °C (Absicherung auf Drücke über 0,5 atü); Ausrüstung und Aufstellung
(z.Zt. gültige Ausgabe Januar 1967)

Die Norm enthält unter anderem die Forderung, daß in solchen Anlagen nur Rohre mit Güteanforderungen nach DIN 1626 Bl. 3 bzw. DIN 1629 Bl. 3 angewendet werden dürfen.

DIN 11850

Armaturen für Lebensmittel; Rohre aus nichtrostendem Stahl
(z.Zt. gültige Ausgabe November 1976)

Diese Norm enthält zu den Nennweiten 10 bis 100 zugehörige tolerierte Rohr-Außendurchmesser (12 mm bis 106 mm) und tolerierte Wanddicken (1 mm, 2 mm und 2,8 mm) sowie je fünf verschiedene Ausführungen für nahtlos kaltgezogene und geschweißte Rohre.

DIN 19530

Stahl-Abflußrohre und -Formstücke mit Steckmuffenverbindung
(z.Zt. gültige Ausgabe Oktober 1970)

Diese Norm gilt für Stahl-Abflußrohre und zugehörige Formstücke mit Steckmuffenverbindung für Leitungen, die dem Fortleiten von Abwasser dienen.
Die Verwendung von Stahl-Abflußrohren und -Formstücken ist unzulässig für Leitungen, in denen aggressives oder den Innenschutz lösendes Abwasser (Säuren, Benzin, Benzol und dergl.) abgeleitet wird. Für den Werkstoff gilt DIN 17100. Die Auswahl der Stahlsorte richtet sich nach fertigungstechnischen Gesichtspunkten und nach dem Verwendungszweck der Rohre und Formstücke. Die Stahlsorte ist dem Hersteller freigestellt oder bei Bestellung zu vereinbaren.
Neben weiteren Anforderungen (Schweißen, Rohrschutz, Verlegen, Dichtung) und Hinweisen auf die Prüfung und Kennzeichnung enthält die Norm Maßtabellen für Muffen, Rohre und Formstücke.

DIN 19630

Gas- und Wasserverteilungsanlagen; Rohr-Verlegungs-Richtlinien für Gas- und Wasserrohrnetze
(z.Zt. gültige Ausgabe August 1970)

Nachdem die Norm DIN 2470 Teil 1 in Verbindung mit dem DVGW-Arbeitsblatt G 462/I in Kraft ist, gilt diese Norm nur noch für Wasserrohrnetze; sie wird z.Zt. überarbeitet (geplante Neufassung als Entwurf Januar 1980 erschienen).

Die Norm enthält Regelungen über Rohrleitungsteile, deren Transport und Lagerung, den Rohrgraben, den Einbau der Leitungsteile, das Herstellen der Rohrverbindungen, die Druckprüfung, den Rohrschutz, das Verfüllen des Rohrgrabens, besondere Maßnahmen, die Inbetriebnahme und das Einmessen der Leitungen.

DIN 20002 Teil 1

Rohrleitungen für den Bergbau; Stahlrohre mit losen Flanschen und glatten Bunden; Nenndruck 10
(z.Zt. gültige Ausgabe Mai 1981)

DIN 20002 Teil 2

Rohrleitungen für den Bergbau; Stahlrohre mit losen Flanschen und Vor- und Rücksprungbund; Nenndruck 6
(z.Zt. gültige Ausgabe Mai 1981)

DIN 20002 Teil 3

Rohrleitungen für den Bergbau; Stahlrohre mit losen Flanschen und glatten Bunden; Nenndruck 40
(z.Zt. gültige Ausgabe Mai 1981)

2.8. Schweißtechnische Normen

Bei der Errichtung von Anlagen aus Stahlrohren und sonstigen stählernen Rohrleitungsteilen spielen naturgemäß schweißtechnische Normen eine große Rolle. Da die vorhandenen schweißtechnischen Normen in letzter Zeit in erheblichem Umfang in Überarbeitung begriffen sind, werden einige der wichtigsten hier beispielhaft aufgeführt; im übrigen wird auf das DIN-Taschenbuch Band 8 Schweißtechnik 1, letzte Auflage 1980 verwiesen.

DIN 1913 Teil 1

Stabelektroden für das Verbindungsschweißen von Stahl, unlegiert und niedriglegiert; Einteilung, Bezeichnung, technische Lieferbedingungen
(z.Zt. gültige Ausgabe Januar 1976)

DIN 2559 Teil 1

Schweißnahtvorbereitung; Richtlinien für Fugenformen; Schmelzschweißen von Stumpfstößen an Stahlrohren
(z.Zt. gültige Ausgabe Mai 1973)

DIN 8524 Teil 1

Fehler an Schmelzschweißverbindungen aus metallischen Werkstoffen; Einteilung, Benennungen, Erklärungen
(z.Zt. gültige Ausgabe November 1971)

DIN 8554 Teil 1

Gasschweißstäbe für Verbindungsschweißen von Stählen, unlegiert und niedriglegiert; Bezeichnung, Technische Lieferbedingungen
(z.Zt. gültige Ausgabe März 1976)

DIN 8558 Teil 1

Richtlinien für Schweißverbindungen an Dampfkesseln, Behältern und Rohrleitungen aus unlegierten und legierten Stählen; Ausführungsbeispiele
(z.Zt. gültige Ausgabe Mai 1967)

DIN 8564 Teil 1

Schweißen im Rohrleitungsbau; Rohrleitungen aus Stahl; Herstellung, Schweißnahtprüfung
(z.Zt. gültige Ausgabe April 1972)

DIN 54 111 Teil 1

Zerstörungsfreie Prüfverfahren; Prüfung von Schweißverbindungen metallischer Werkstoffe mit Rönt-
gen- und Gammastrahlen; Aufnahme von Durchstrahlungsbildern
(z.Zt. gültige Ausgabe März 1977)

3. AD-Merkblätter und andere deutsche Regeln mit normativen Festlegungen

3.1. AD-Merkblätter

G 1 Anlage 1 Zusammenstellung wichtiger im AD-Regelwerk verwendeter DIN-Normen, Oktober
      1970
W 4 Rohre aus unlegierten und legierten Stählen zum Bau von Druckbehältern, Juli 1981

W 10 Werkstoffe für tiefe Temperaturen; Eisenwerkstoffe, November 1976
B 1 Zylindrische Mäntel und Kugeln unter innerem Überdruck, Februar 1977
B 3 Gewölbte Böden unter innerem und äußerem Überdruck, Februar 1977
B 6 Zylindrische Mäntel unter äußerem Überdruck, Februar 1977
B 9 Ausschnitte in Zylindern, Kegeln und Kugeln unter Innendruck, Februar 1977
B 10 Dickwandige, zylindrische Mäntel unter innerem Überdruck, Februar 1977
B 11 Rohre unter innerem und äußerem Überdruck, Februar 1977
B 13 Einwandige Balgkompensatoren, Februar 1977

3.2. Dampfkessel-Bestimmungen (TRD)

TRD 102 Nahtlose und elektrisch preßgeschweißte Rohre aus Stahl, April 1980
TRD 104 Schüsse, Trommeln und ähnliche Hohlkörper ohne Längsschweißnaht mit einem lichten
           Durchmesser von 600 mm und mehr aus Stahl, Februar 1971
TRD 301 Zylinderschalen unter innerem Überdruck, April 1979

3.3. Bestimmungen über brennbare Flüssigkeiten (TRbF)

TRbF 131 Rohrleitungen innerhalb des Werkgeländes, März 1981
Teil 1
TRbF 212 Rohrleitungen innerhalb des Werkgeländes, September 1974
TRbF 301 Richtlinie für Fernleitungen zum Befördern gefährdender Flüssigkeiten – RFF, September
           1974

3.4. Regelwerk des DVGW Deutscher Verein des Gas- und Wasserfaches

G 462/1 Errichtung von Gasleitungen bis 4 bar Betriebsdruck aus Stahlrohren
          Gültige Ausgabe September 1976

G 462/II Errichtung von Gasleitungen mit Betriebsüberdrücken von mehr als 4 bar bis 16 bar aus
          Stahlrohren
          Gültige Ausgabe September 1976
G 463   Errichtung von Gasleitungen von mehr als 16 bar Betriebsüberdruck aus Stahlrohren
          Gültige Ausgabe August 1976
G 466/I   Überwachen und Instandsetzen von Hochdruck-Gasrohrnetzen aus Stahlrohren mit einem
          Betriebsüberdruck von mehr als 1 bar
          Gültige Ausgabe September 1976
GW 1   Hinweise zur Begutachtung von Rohrschweißnähten bei zerstörungsfreier Prüfung
          Gültige Ausgabe Dezember 1960

3.5. Stahl-Eisen-Werkstoffblätter und -Lieferbedingungen

Für einige Erzeugnisse, die in den Normen nicht oder noch nicht in ausreichendem Maße behandelt
sind, gibt der Verein Deutscher Eisenhüttenleute Stahl-Eisen-Werkstoffblätter und -Lieferbedingun-
gen heraus. In Kapitel II Rohrstähle ist auf die nachstehend aufgeführten Blätter Bezug genommen
worden:

L 061-65 Nahtlose und geschweißte Rohre aus unlegierten Stählen für den Stahlbau; Technische
          Lieferbedingungen
L 072-77 Ultraschallgeprüftes Grobblech; Technische Lieferbedingungen
W 087-70 Wetterfeste Baustähle; Richtlinien für die Lieferung, Verarbeitung und Anwendung
W 088-76 Schweißbare Feinkornbaustähle; Richtlinien für die Verarbeitung, besonders für das
          Schweißen
W 089-70 Schweißbare Feinkornbaustähle; Gütevorschriften
W 470-76 Hitzebeständige Walz- und Schmiedestähle
W 471-76 Hitzebeständiger Stahlguß
W 590-61 Druckwasserstoffbeständige Stähle
W 670-69 Hochwarmfeste Stähle; Gütevorschriften
W 680-70 Kaltzähe Stähle; Gütevorschriften

3.6. Technische Regeln für Gashochdruckleitungen (TRGL)

TRGL 131 Rohre – Werkstoffe, Herstellung, Prüfung, Januar 1977
TRGL 132 Rohrleitungsteile – Werkstoffe, Herstellung, Prüfung, Juni 1977
TRGL 141 Schutz der Rohrleitungen gegen Korrosion, Januar 1977
TRGL 241 Rohre und Rohrleitungsteile in Stationen – Werkstoffe, Berechnung, Prüfung, August 1978

4. Ausländische und internationale Normen

Im allgemeinen arbeitet der deutsche Rohrleitungsbau nach deutschen Vorschriften und Normen.
Ausgenommen davon sind gelegentlich Exportaufträge, die nach den am Aufstellungsort gültigen
Vorschriften, Normen und gesetzlichen Bestimmungen ausgeführt werden. Bei Rohrherstellern und
-verarbeitern bestehen keine Schwierigkeiten, nach beliebigen Landesnormen zu liefern.
Es gibt daneben aber Industriezweige, die sich in aller Welt weitgehend nach amerikanischen Normen orientieren: Petrochemie und Offshoretechnik. Ausgehend von den ersten nach amerikanischem
Vorbild und teilweise mit amerikanischen Lizenzen gebauten Anlagen hielt man an den Bemessungsregeln und Maßnormen des Ursprungslandes fest, obwohl inzwischen erhebliche eigene Erfahrungen
und Kenntnisse vorliegen. Es erscheint deshalb nützlich, den amerikanischen Normensystemen an
dieser Stelle besondere Beachtung zu schenken.

4.1. Amerikanische Normen

4.1.1. Einführung

Das American National Standards Institute (ANSI, vorher USASI, früher ASA) ist die USA-Mitgliedsorganisation in der ISO. Sie gibt ähnlich wie das DIN Deutsches Institut für Normung, Normen heraus, deren Bezeichnung aus ANSI, einem angehängten Großbuchstaben für den Fachbereich – etwa B für den Maschinenbau –, einer angehängten Zahl für das Fachgebiet innerhalb des Fachbereichs – wie 16 für Rohrleitungsflansche und Fittings –, einer durch einen Punkt abgetrennten laufenden Normblatt-Nummer sowie aus einer durch Querstrich angehängten Jahreszahl der Erarbeitung oder Überarbeitung bestehen.

Wichtig ist die Tatsache, daß das Normblattnummernsystem auch nach der mehrfachen Umbenennung des Normeninstituts erhalten geblieben ist, das heißt,

ANSI B 16.5 = USAS B 16.5 = ASA B 16.5.

Die American Society for Testing and Materials (ASTM) befaßt sich mit der Aufstellung und Herausgabe von Werkstoffnormen, Technischen Lieferbedingungen und Prüfnormen. Sie gibt jährlich Normenbücher heraus, deren einzelne Bände fachbereichsweise alle einschlägigen ASTM-Normen enthalten. Die Normen aus dem Bereich des Stahlrohrs finden sich im ersten Band

Part 1, Steel Piping, Tubing and Fittings,

der im Jahre 1976 214 verschiedene Normen enthielt.

Das American Petroleum Institute (API) gibt für den Bereich der Erdöl- und Erdgasindustrie Normen heraus, die im Zusammenhang mit der technischen Entwicklung des Tiefbohrwesens und der Erdöltechnik in den USA weltweite Bedeutung gewonnen haben. Ausstrahlungen der API-Normen auf internationale Normungarbeiten der ISO (TC 67 Ausrüstungen für die Erdöl- und Erdgasindustrie) sind in jüngster Zeit unverkennbar geworden.

4.1.2. ANSI-Normen

Auf das Stahlrohr bezogene wichtige ANSI-Normen sind:

B 16 – Rohrleitungsflansche und -Formstücke

B 16.5 – 1977 Stahlrohrflansche und Formstücke mit Flanschen
B 16.9 – 1978 Formstücke aus Stahl mit Anschweißenden
B 16.11 – 1973 Formstücke aus Schmiedestahl mit Anschweißstutzen und Gewinde
B 16.20 – 1973 Ringjoint-Dichtungen und Nuten für Stahlrohrflansche
B 16.25 – 1979 Anschweißenden für Rohre, Armaturen, Flansche und Formstücke

B 31 – Druckrohrleitungen

B 31.1 – 1977 Rohrleitungen in Kraftanlagen
B 31.2 – 1968 Rohrleitungen für Brenngase
B 31.3 – 1976 Rohrleitungen in Erdölraffinerieanlagen
B 31.4 – 1974 Rohrleitungsanlagen für den Erdöltransport
B 31.5 – 1974 Rohrleitungen in Kälteanlagen
B 31.8 – 1975 Rohrleitungsanlagen für Gastransport und Gasverteilung

B 36 – Rohre aus Eisen und Stahl

B 36.10 – 1970 Geschweißte und nahtlose Schmiedestahlrohre
B 36.19 - 1976 Rohre aus nichtrostendem Stahl

4.1.3. API-Normen

Die wichtigsten Normen des API aus dem Bereich des Stahlrohres sind:

Std 5 A   Rohre, Futterrohre und Bohrrohre
Std 5 AC   Rohre und Futterrohre aus den Güten C 75 und C 95
Std 5 AX   Hochfeste Rohre und Futterrohre
Std 5 L   Leitungsrohre
Std 5 LS   Schraubenliniennahtgeschweißte Leitungsrohre
Std 5 LX   Leitungsrohre für hohe Beanspruchung

Im folgenden werden die in den verschiedenen ASTM-Normen enthaltenen Werkstoffgüten den vergleichbaren Werkstoffen nach DIN-Normen gegenübergestellt:

4.1.4. ASTM-Normen

Rohrwerkstoffe

ASTM A 106

Nahtlose C-Stahlrohre für hohe Temperaturen

Gr. A	St 35.8
Gr. B	St 45.8
Gr. C	etwa 17 Mn 4

ASTM A 335

Nahtlose Stahlrohre für den Hochtemperatureinsatz

P 1	16 Mo 5
P 5	12 CrMo 19 5
P 7	X 12 CrMo 7
P 9	X 12 CrMo 9 1
P 12	13 CrMo 44
P 22	10 CrMo 9 10

ASTM A 376

Nahtlose austenitische Stahlrohre für hohe Temperaturen

TP 304	X 5 CrNi 18 9
TP 316	X 5 CrNiMo 18 10
TP 321	X 10 CrNiTi 18 9
TP 347	X 10 CrNiNb 18 9
TP 348	X 10 CrNiNb 18 9

ASTM A 405

Nahtlose Stahlrohre für hohe Drücke

P 24	ähnlich 10 CrMo 9 10

ASTM A 53

Nahtlose und geschweißte Stahlrohre

Gr. A	St 35 – St 37
Gr. B	St 45 – St 42

ASTM A 120

Nahtlose und geschweißte Stahlrohre (schwarz oder verzinkt)

St 00 – St 33

ASTM A 312

Nahtlose und geschweißte austenitische nichtrostende Stahlrohre

TP 304	X 5 CrNi 18 9
TP 316	X 5 CrNiMo 18 10
TP 321	X 10 CrNiTi 18 9
TP 347	X 10 CrNiNb 18 9
TP 348	X 10 CrNiNb 18 9

ASTM A 333

Nahtlose und geschweißte Stahlrohre für den Tieftemperatureinsatz

Gr. 1	TTSt 35 N od. V
Gr. 3	10 Ni 14
Gr. 6	TTSt 45 N od. V
Gr. 8	X 8 Ni 9

ASTM A 134

Elektrisch schmelzgeschweißte Stahlrohre

Gr. A, B	Bleche etwa: St 34-2
Gr. C, D	Bleche etwa: St 37-2

ASTM A 139

Elektrisch schmelzgeschweißte Stahlrohre

Gr. A	St 34-2 und St 37-2
Gr. B	St 42-2

ASTM A 155

Elektrisch schmelzgeschweißte Stahlrohre für hohe Temperaturen

C 45 Feuerbuchsgüte	H I /Flanschgüte St 34-2
C 50 Feuerbuchsgüte	H I /Flanschgüte St 34-2
C 55 Feuerbuchsgüte	H I /Flanschgüte St 34-2
KC 55 Feuerbuchsgüte	H I /Flanschgüte RSt 37-2
KC 60 Feuerbuchsgüte	H II /Flanschgüte RSt 42-2
KC 65 Feuerbuchsgüte	H III/Flanschgüte RSt 42-2
KC 70 Feuerbuchsgüte	H IV/Flanschgüte St 52-3
CM 65	16 Mo 5
CM 70	ähnlich 16 Mo 5
CM 75	ähnlich 16 Mo 5
CMS 75	ähnlich 19 Mn 5 (Feuerbuchsgüte)
	St 52-3 (Flanschgüte)
$\frac{1}{2}$% Cr	ähnlich 13 CrMo 44

1 % Cr	13 CrMo 44
1¼ % Cr	ähnlich 13 CrMo 44
2¼ % Cr	10 CrMo 9 10
5 % Cr	12 CrMo 19 5

ASTM A 211

Spiralnahtgeschweißte Stahlrohre

Bleche A 245 A, B:		St 34-2
C	:	St 37-2
D	:	St 42-2

ASTM A 358

Elektrisch schmelzgeschweißte austenitische Stahlrohre für hohe Temperaturen

304	Bleche A 240	X 5 CrNi 189
316		X 5 CrNiMo 18 10
347		X 10 CrNiNb 189
321		X 10 CrNiTi 189
309		–
310		–
348		X 10 CrNiNb 189

ASTM A 369

Geschmiedete und gebohrte ferritische Stahlrohre für hohe Temperaturen

FP 1	16 Mo 5
FP 2	ähnlich 13 CrMo 44
FP 3 b	ähnlich 10 CrMo 9 10
FP 5	12 CrMo 19 5
FP 7	X 12 CrMo 7
FP 9	X 12 CrMo 9 1
FP 11	ähnlich 13 CrMo 44
FP 12	13 CrMo 44
FP 21	ähnlich 10 CrMo 9 10
FP 22	10 CrMo 9 10

ASTM A 430

Geschmiedete und gebohrte austenitische Stahlrohre für hohe Temperaturen

FP 304 H	X 5 CrNi 18 9
FP 316 H	X 5 CrNiMo 18 10
FP 321 H	X 10 CrNiTi 18 9
FP 347 H	X 10 CrNiNb 18 9

Bleche

ASTM A 42

Grobbleche aus Schmiedeeisen

ähnlich St 33

ASTM A 167

Nichtrostende Cr–Ni-legierte Grobbleche, Feinbleche und Bänder

TP 302	X 12 CrNi 18 8
TP 304	X 5 CrNi 18 9
TP 304 L	X 2 CrNi 18 9
TP 316	X 5 CrNiMo 18 10
TP 316 L	X 2 CrNiMo 18 12
TP 321	X 10 CrNiTi 18 9
TP 347	X 10 CrNiNb 18 9
TP 348	X 10 CrNiNb 18 9
TP 405	X 7 CrAl 13
TP 410	X 10 Cr 13
TP 410 S	X 7 Cr 14
TP 430	X 8 Cr 17

ASTM A 201

C–Si-Grobbleche mittlerer Festigkeit für schmelzgeschweißte Kessel und andere Druckbehälter

     A Feuerbuchsgüte H I / Flanschgüte RSt 37-2
     B Feuerbuchsgüte H II / Flanschgüte RSt 42-2

ASTM A 212

Hochfeste C–Si-Grobbleche für Kessel und andere Druckbehälter

     A Feuerbuchsgüte H III / Flanschgüte RSt 42-2
     B Feuerbuchsgüte H IV / Flanschgüte ST 52-3

ASTM A 240

Nichtrostende Cr- und Cr–Ni-legierte Grobbleche, Feinbleche und Bänder für schmelzgeschweißte unbefeuerte Druckbehälter

TP 302	X 12 CrNi 18 8
TP 304	X 5 CrNi 18 9
TP 304 L	X 2 CrNi 18 9
TP 316	X 5 CrNiMo 18 10
TP 316 L	X 2 CrNiMo 18 10
TP 321	X 10 CrNiTi 18 9
TP 347	X 10 CrNiNb 18 9
TP 348	X 10 CrNiNb 18 9
TP 405	X 7 CrAl 13
TP 410	X 10 Cr 13
TP 410 S	X 7 Cr 14
TP 430 A	X 10 Cr 16
TP 430 B	X 8 Cr 17

ASTM A 285

Niedrig- und mittelfeste C-Grobbleche

A Feuerbuchsgüte H I / Flanschgüte St 34-2
B Feuerbuchsgüte H I / Flanschgüte St 34-2
C Feuerbuchsgüte H I / Flanschgüte St 37-2

ASTM A 299
Hochfeste C–Mn–Si-Grobbleche für Kessel und andere Druckbehälter

ähnlich   Feuerbuchsgüte 19 Mn 5 / Flanschgüte St 52-3

ASTM A 387
Cr–Mo-legierte Grobbleche für Kessel und andere Druckbehälter

A	ähnlich 13 CrMo 4 4
B	13 CrMo 4 4
C	ähnlich 13 CrMo 4 4
D	10 CrMo 9 10
E	ähnlich 10 CrMo 9 10

ASTM A 357
Cr–Mo-legierte Grobbleche für Kessel und andere Druckbehälter

12 CrMo 19 5

Fittings

ASTM A 234
Schweißfittings

WPA	C 22
WPB	C 22
WPI	16 Mo 5
A 182 F 12	13 CrMo 4 4
WP 22	10 CrMo 9 10
WP 5	12 CrMo 19 5

ASTM A 403
Austenitische Schweißfittings

WP 304	X 5 CrNi 18 9
WP 304 H	X 5 CrNi 18 9
WP 304 L	X 2 CrNi 18 9
WP 347	X 10 CrNiNb 18 9
WP 316	X 5 CrNiMo 15 10
WP 316 L	X 2 CrNiMo 18 10
WP 321	X 10 CrNiTi 18 9
WP 321 H	X 10 CrNiTi 18 9
WP 347 H	X 10 CrNiMo 18 9
WP 348	X 10 CrNiNb 18 9

4.1.5. Amerikanische Abmessungen

Die Arbeit mit amerikanischen Maßnormen wird durch die Maßeinheit Zoll erschwert, die bei Kontinental-Europäern keine anschauliche Vergleichsvorstellung weckt. Während bei uns Nennweite und Außendurchmesser immer verschieden sind, ist in Amerika ab 14″ der Außendurchmesser = „Nominal Pipe Size (NPS)".

Da die uns geläufigen DIN 2448 und DIN 2458 auf ISO-Maßreihen aufbauen, die amerikanische Maße enthalten, ist eine gute Übereinstimmung unserer und der ANSI-Nennweiten gegeben. Es ist z.B.

NPS 6″ = DN 150 mit Außendurchmesser 168,3 mm.

Die Umgewöhnung von Zoll auf mm ist einfach, wenn überschläglich 4″ = 100 mm gesetzt wird.

Etwas schwieriger ist es schon mit genormten Wanddicken, für die es zwei Bezeichnungsweisen gibt. Einmal werden sie als standard wall (Normalwanddicke), extra strong (extra dick) und double extra

Rohrdurchmesser und Wanddicken nach ANSI B 36.10

NPS Zoll	D mm	10	20	30	40	60	80	100	120	140	160	—
⅛	10,3				1,7 S		2,4 X					
¼	13,7				2,2 S		3,0 X					
⅜	17,1				2,3 S		3,2 X					
½	21,3				2,8 S		3,7 X				4,8	7,5 XX
¾	26,7				2,9 S		3,9 X				5,6	7,8 XX
1	33,4				3,4 S		4,5 X				6,4	9,1 XX
1¼	42,2				3,6 S		4,8 X				6,4	9,7 XX
1½	48,3				3,7 S		5,1 X				7,1	10,2 XX
2	60,3				3,9 S		5,5 X				8,7	11,1 XX
2½	73,0				5,2 S		7,0 X				9,5	14,0 XX
3	88,9				5,5 S		7,6 X				11,1	15,2 XX
3½	101,6				5,7 S		8,1 X					
4	114,3				6,0 S		8,6 X		11,1		13,5	17,1 XX
5	141,3				6,6 S		9,5 X		12,7		15,9	19,0 XX
6	168,3				7,1 S		11,0 X		14,3		18,3	21,9 XX
8	219,1		6,4	7,0	8,2 S		12,7 X	15,1	18,3	20,6	23,0	22,2 XX
10	273		6,4	7,8	9,3 S	12,7 X	15,1	18,3	21,4	25,4 XX	28,6	
12	323,8		6,4	8,4	10,3	14,3	17,5	21,4	25,4 XX	28,6	33,3	9,5 S / 12,7 X
14	355,6			9,5 S	11,1	15,1	19,0	23,8	27,8	31,8	35,7	12,7 X
16	406,4	6,4	7,9	9,5 S	12,7 X	16,7	21,4	26,2	31,0	36,5	40,5	
18	457,2	6,4	7,9	11,1	14,3	19,0	23,8	29,4	34,9	39,7	45,2	9,5 S / 12,7 X
20	508,0	6,4	9,5 S	12,7 X	15,1	20,6	26,2	32,5	38,1	44,4	50,0	
22	555,8	6,4	9,5 S	12,7 X		22,2	28,6	34,9	41,3	47,6	54,0	
24	609,6	6,4	9,5 S	14,3	17,5	24,6	31,0	38,9	46,0	52,4	59,5	12,7 X
26	660,4	7,9	12,7 X									9,5 S
28	711,2	7,9	12,7 X	15,9								9,5 S
30	762	7,9	12,7 X	15,9								9,5 S
32	812,8	7,9	12,7 X	15,9	17,5							9,5 S
34	863,6	7,9	12,7 X	15,9	17,5							9,5 S
36	914,4	7,9	12,7 X	15,9	19,0							8,5 S

Außerhalb des Schedule-Systemes liegen: 38; 40; 42; 42 Zoll mit den Wanddicken:

38″	965,2	7,9	8,7	9,5	10,3
40″	1016	7,9	8,7	9,5	10,3
42″	1066,8		8,7	9,5	10,3
44″	1117,6		8,7	9,5	10,3

} 11,1 11,9 12,7 14,3 15,9 17,5 19,1 mm

Zeichen und Abkürzungen: NPS = Nominal Pipe Size = NW
  S = Standard wall = Normalwand
  X = Extra strong wall
XX = Double extra strong wall
Nach: Rheinrohr Katalog ASA Rohre und Formstücke.

strong (doppelt extra dick) angegeben und zum anderen als Schedule 40, 60, 80 oder 160. Eine Aussage in Zoll erfolgt in der Regel nicht. Um die Verhältnisse vollends zu verwirren, entspricht standard wall nicht immer einem bestimmten Schedule, sondern ist je nach NPS einmal Schedule 40 oder Schedule 30 oder liegt zwischen Schedule 10 und 20. Für extra strong und double extra strong gilt das Gleiche.

Die Stufung der Wanddicken ist gröber als nach DIN 2448 und reicht auch über einen größeren Bereich. ANSI B 36.10 überdeckt nicht nur die Wanddicken von DIN 2458 und DIN 2448, sondern geht noch weit über den höchsten Wert (25 mm) hinaus.

Für Flansche gibt es eine Art Nenndruckstufung, die jedoch im Gegensatz zu unserer Praxis nicht auf 20 °C bezogen ist, sondern auf Temperaturen über 250 bis 500 °C. Während also der zulässige Betriebsdruck eines DIN-Flansches höchstens gleich, meistens jedoch geringer als der Nenndruck ist, kann der zulässige Betriebsdruck eines ANSI-Flansches wesentlich höher sein als es die Nenndruckstufe ausdrückt. Es sind in ANSI B 16.5 sieben „Nenndruckstufen" enthalten:

    150 lb/sq. in. entspricht etwa 10 bar bei Bezugstemp., 20 bar bei 20 °C

    300 lb/sq. in. entspricht etwa 20 bar bei Bezugstemp., 50 bar bei 20 °C

    400 lb/sq. in. entspricht etwa 28 bar bei Bezugstemp., 67 bar bei 20 °C

    600 lb/sq. in. entspricht etwa 40 bar bei Bezugstemp., 100 bar bei 20 °C

    900 lb/sq. in. entspricht etwa 61 bar bei Bezugstemp., 150 bar bei 20 °C

  1500 lb/sq. in. entspricht etwa 100 bar bei Bezugstemp., 250 bar bei 20 °C

  2500 lb/sq. in. entspricht etwa 176 bar bei Bezugstemp., 400 bar bei 20 °C

Die Abmessungen der Vorschweißflansche sind in den folgenden Tafeln aufgeführt. Ein Vergleich mit DIN-Flanschabmessungen zeigt, daß unter vergleichbaren Verhältnissen die Flanschblätter der ANSI-Flansche dicker als die der DIN-Flansche sind:

DIN-Flansch PN 64 aus 13 CrMo 44 erlaubt nach DIN 2401 bei 500 °C einen zulässigen Betriebsüberdruck von 47 kp/cm². Zum Vergleich sei ein ANSI B 16.5-Flansch 600 lb (600 lb = 42,2 kp/cm²) herangezogen, der bei 496 °C 46,8 kp/cm² zuläßt. Die Hauptabmessungen dieser praktisch gleich belastbaren Flansche sind für einige Rohrabmessungen:

Nennweite Norm	100		200		300	
	DIN	ANSI	DIN	ANSI	DIN	ANSI
Flanschdurchmesser	250	273	415	419	530	559
Blattdicke	30	38	42	56	52	67
Lochkreisdurchmesser	200	216	345	349	460	489

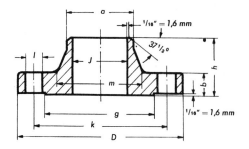

Vorschweissflansche

150 lb.

nach ANSI B 16.5

N W	Äuß.Rohr-durchm. = äuß.An-satzdurch-messer an der Schweißst. a	Äußerer Flansch-durchm. D	Mittel-loch-durchm. J	Flansch-stärke b	Gesamt-höhe h	Ansatz-durchm. unten m	Dichtl.-durchm. g	Loch-kreis-durchm. k	Anzahl der Löcher	Durchm. der Löcher l	Durch-messer	1,6 mm Dichtleiste	Nute für Rund-gummi-dichtung	Vor- und Rückspr. Feder und Nut	Gewicht ca. kg
½ "	21,3	88,9	15,7	11,1	47,6	30,2	34,9	60,3	4	15,9	12,7	63,5			0,8
¾ "	26,7	98,4	20,8	12,7	52,4	38,1	42,9	69,8	4	15,9	12,7	69,8			1,0
1 "	33,5	107,9	26,7	14,3	55,6	49,2	50,8	79,4	4	15,9	12,7	69,8	88,9		1,1
1¼ "	42,2	117,5	35,1	15,9	57,1	58,8	63,5	88,9	4	15,9	12,7	76,2	88,9		1,4
1½ "	48,3	127,0	40,9	17,5	61,9	65,1	73,0	98,4	4	15,9	12,7	76,2	95,2		1,8
2 "	60,4	152,4	52,6	19,0	63,5	77,8	92,1	120,6	4	19,0	15,9	88,9	101,6		2,7
2½ "	73,1	177,8	62,7	22,2	69,8	90,5	104,8	139,7	4	19,0	15,9	95,2	107,9		3,6
3 "	88,9	190,5	78,0	23,8	69,8	107,9	127,0	152,4	4	19,0	15,9	95,2	114,3		4,5
3½ "	101,6	215,9	90,2	23,8	71,4	122,2	139,7	177,8	8	19,0	15,9	95,2	114,3		5,4
4 "	114,3	228,6	102,4	23,8	76,2	134,9	157,2	190,5	8	19,0	15,9	95,2	114,3		6,8
5 "	141,2	254,0	128,3	23,8	88,9	163,5	185,7	215,9	8	22,2	19,0	101,6	120,6		8,6
6 "	168,4	279,4	154,2	25,4	88,9	192,1	215,9	241,3	8	22,2	19,0	107,9	120,6		10,9
8 "	219,2	342,9	202,7	28,6	101,6	246,1	269,9	298,4	8	22,2	19,0	114,3	127,0		17,7
10 "	273,0	406,4	254,5	30,2	101,6	304,8	323,8	361,9	12	25,4	22,2	127,0	139,7		23,6
12 "	323,8	482,6	304,8	31,7	114,3	365,1	381,0	431,8	12	25,4	22,2	127,0	146,0		36,3
14 "	355,6	533,4	336,5	34,9	127,0	400,0	412,7	476,2	12	28,6	25,4	146,0	158,7		46,3
16 "	406,4	596,9	387,3	36,5	127,0	457,2	469,9	539,7	16	28,6	25,4	146,0	165,1		57,7
18 "	457,2	635,0	438,1	39,7	139,7	504,8	533,4	577,8	16	31,7	28,6	158,7	177,8		63,6
20 "	508,0	698,5	488,9	42,9	144,5	558,8	584,2	635,0	20	31,7	28,6	171,4	184,1		77,2
22 "	558,8	749,3	539,7	46,0	149,2	609,6	641,2	692,1	20	34,9	31,7	184,1	203,2		102
24 "	609,6	812,8	590,5	47,6	152,4	663,6	692,1	749,3	20	34,9	31,7	190,5	203,2		118
26 "	660,4	869,9		50,8	127,0	723,9	742,9	806,4	24	34,9	31,7	196,8	215,9		118
30 "	762,0	984,2		54,0	130,2	831,8	857,2	914,4	28	34,9	31,7	203,2	222,2		153
34 "	865,1	1111,2		58,8	150,8	911,2	958,8	1028,7	32	41,3	38,1	222,2	247,6		212
36 "	915,9	1168,4		60,3	161,9	966,8	1022,3	1085,8	32	41,3	38,1	228,6	254,0		242
42 "	1068,3	1346,2		66,7	193,7	1131,9	1193,8	1257,3	36	41,3	38,1	241,3	266,7		358

(In der Spalte J für NW 26" bis 42": "To be specified by Purchaser — Vom Käufer anzugeben")

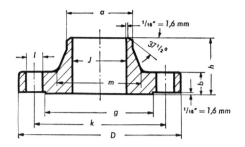

Vorschweissflansche

300 lb.

nach ANSI B 16.5

N W	Äuß.Rohr-durchm. = äuß.An-satzdurch-messer an der Schweißst. a	Äußerer Flansch-durchm. D	Mittel-loch-durchm. J	Flansch-stärke b	Gesamt-höhe h	Ansatz-durchm. unten m	Dichtl.-durchm. g	Loch-kreis-durchm. k	Anzahl der Löcher	Durchm. der Löcher l	Durch-messer	1,6 mm Dichtleiste	Nute für Rund-gummi-dichtung	Vor- und Rückspr. Feder und Nut	Gewicht ca. kg
1/2 "	21,3	95,2	15,7	14 3	52,4	38,1	34,9	66,7	4	15,9	12,7	69,8	82,5		1,0
3/4 "	26,7	117,5	20,8	15,9	57,1	47,6	42,9	82,5	4	19,0	15,9	82,5	95,2		1,4
1 "	33,5	123,8	26,7	17,5	61,9	54,0	50,8	88,9	4	19,0	15,9	82,5	101,6		1,8
1 1/4 "	42,2	133,3	35,1	19,0	65,1	63,5	63,5	98,4	4	19,0	15,9	88,9	101,6		2,7
1 1/2 "	48,3	155,6	40,9	20,6	68,3	69,8	73,0	114,3	4	22,2	19,0	95,2	114,3		3,6
2 "	60,4	165,1	52,6	22,2	69,8	84,1	92,1	127,0	8	19,0	15,9	95,2	114,3		4,1
2 1/2 "	73,1	190,5	62,7	25,4	76,2	100,0	104,8	149,2	8	22,2	19,0	107,9	127,0		5,4
3 "	88,9	209,5	78,0	28,6	79,4	117,5	127,0	168,3	8	22,2	19,0	114,3	133,3		6,8
3 1/2 "	101,6	228,6	90,2	30,2	81,0	133,3	139,7	184,1	8	22,2	19,0	114,3	139,7		8,2
4 "	114,3	254,0	102,4	31,7	85,7	146,0	157,2	200,0	8	22,2	19,0	120,6	139,7		11,3
5 "	141,2	279,4	128,3	34,9	98,4	177,8	185,7	234,9	8	22,2	19,0	127,0	146,0		14,5
6 "	168,4	317,5	154,2	36,5	98,4	206,4	215,9	269,9	12	22,2	19,0	127,0	152,4		19,0
8 "	219,2	381,0	202,7	41,3	111,0	260,3	269,9	330,2	12	25,4	22,2	146,0	165,1		30,5
10 "	273,0	444,5	254,5	47,6	117,5	320,7	323,8	387,3	16	28,6	25,4	171,4	190,5		41,5
12 "	323,8	520,7	304,8	50,8	130,2	374,6	381,0	450,8	16	31,7	28,6	184,1	203,2		62,5
14 "	355,6	584,2	336,5	54,0	142,9	425,4	412,7	514,3	20	31,7	28,6	190,5	209,5		84,5
16 "	406,4	647,7	387,3	57,1	146,0	482,6	469,9	571,5	20	34,9	31,7	203,2	222,2		111,5
18 "	457,2	711,2	438,1	60,3	158,7	533,4	533,4	628,6	24	34,9	31,7	209,5	228,6		138
20 "	508,0	774,7	488,9	63,5	161,9	587,4	584,2	685,8	24	34,9	31,7	222,2	241,3		172
22 "	558,8	838,2	539,7	66,7	165,1	641,2	641,2	742,5	24	41,3	38,1	241,3	266,7		195
24 "	609,6	914,4	590,5	69,8	168,3	701,7	692,1	812,8	24	41,3	38,1	247,6	273,0		247
26 "	666,7	971,5		79,4	184,1	720,7	749,3	876,3	28	44,4	41,3	273,0	298,4		279
30 "	768,3	1092,2		92,1	209,5	827,1	857,2	996,9	28	47,6	44,4	304,8	336,5		390
34 "	871,5	1206,5		101,6	231,8	936,6	965,2	1104,9	28	50,8	47,6	330,2	361,9		504
36 "	922,3	1270,0		104,8	241,3	990,6	1022,3	1168,4	32	54,0	50,8	349,2	381,0		560
42 "	1074,7	1447,8		117,5	276,2	1154,1	1193,8	1339,8	36	54,0	50,8	374,6	406,4		790

(Mittel-loch-durchm. J, ab 26": To be specified by Purchaser / Vom Käufer anzugeben)

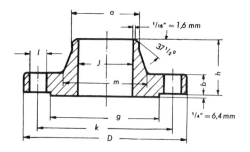

Vorschweissflansche

400 lb.

nach ANSI B 16.5

N W	Äuß.Rohrdurchm. = äuß.Ansatzdurchmesser an der Schweißst. a	Äußerer Flanschdurchm. D	Mittellochdurchm. J	Flanschstärke b	Gesamthöhe h	Ansatzdurchm. unten m	Dichtl.-durchm. g	Schraubenlöcher Lochkreisdurchm. k	Anzahl der Löcher	Durchm. der Löcher l	Schrauben Durchmesser	Länge 6,4 mm Dichtleiste	Nute für Rundgummidichtung	Vor- und Rückspr. Feder und Nut	Gewicht ca. kg
1/2 "	21,3	95,2	14,0	14,3	52,4	38,1	34,9	66,7	4	15,9	12,7	82,5	82,5	76,2	1,4
3/4 "	26,7	117,5	18,8	15,9	57,1	47,6	42,9	82,5	4	19,0	15,9	95,2	95,2	88,9	1,8
1 "	33,5	123,8	24,4	17,5	61,9	54,0	50,8	88,9	4	19,0	15,9	95,2	101,6	88,9	2,3
1 1/4 "	42,2	133,3	32,5	20,6	66,7	63,5	63,5	98,4	4	19,0	15,9	101,6	107,9	95,2	3,2
1 1/2 "	48,3	155,6	38,1	22,7	69,8	69,8	73,0	114,3	4	22,2	19,0	114,3	114,3	107,9	4,5
2 "	60,4	165,1	49,3	25,4	73,0	84,1	92,1	127,0	8	19,0	15,9	114,3	120,6	107,9	5,4
2 1/2 "	73,1	190,5	58,9	28,6	79,4	100,0	104,8	149,2	8	22,2	19,0	127,0	133,3	120,6	8,2
3 "	88,9	209,5	73,7	31,7	82,5	117,5	127,0	168,3	8	22,2	19,0	133,3	139,7	127,0	10,4
3 1/2 "	101,6	228,6	85,3	34,9	85,7	133,3	139,7	184,1	8	25,4	22,2	146,0	152,4	139,7	11,8
4 "	114,3	254,0	97,3	34,9	88,9	146,0	157,2	200,0	8	25,4	22,2	146,0	152,4	139,7	15,9
5 "	141,2	279,4	122,2	38,1	101,6	177,8	185,7	234,9	8	25,4	22,2	152,4	158,7	146,0	19,5
6 "	168,4	317,5	146,3	41,3	103,2	206,4	215,9	269,9	12	25,4	22,2	158,7	165,1	152,4	25,9
8 "	219,2	381,0	193,8	47,6	117,5	260,3	269,9	330,2	12	28,6	25,4	184,1	190,5	177,8	40,4
10 "	273,0	444,5	247,6	54,0	123,8	320,7	323,8	387,3	16	31,7	28,6	203,2	209,5	196,8	57
12 "	323,8	520,7	298,4	57,1	136,5	374,6	381,0	450,8	16	34,9	31,7	215,9	222,2	209,5	80
14 "	355,6	584,2	330,2	60,3	149,2	425,4	412,7	514,3	20	34,9	31,7	222,2	228,6	215,9	106
16 "	406,4	647,7	381,0	63,5	152,4	482,6	469,9	571,5	20	38,1	34,9	234,9	241,3	228,6	133
18 "	457,2	711,2	431,8	66,7	165,1	533,4	533,4	628,6	24	38,1	34,9	241,3	247,6	234,9	163
20 "	508,0	774,7	482,6	69,8	168,3	587,4	584,2	685,8	24	41,3	38,1	260,3	266,7	254,0	202
22 "	558,8	838,2	533,4	73,0	171,4	641,2	641,2	742,9	24	44,4	41,3	273,0	285,7	266,7	211
24 "	609,6	914,4	584,2	76,2	174,6	701,7	692,1	812,8	24	47,6	44,4	285,7	304,8	279,4	290
26 "	668,3	971,5	To be specified by Purchaser — Vom Käufer anzugeben	88,9	193,7	727,1	749,3	876,3	28	47,6	44,4	311,1	330,2	304,8	309
30 "	769,9	1092,2		101,6	219,1	836,6	857,2	996,9	28	54,0	50,8	355,6	368,3	349,2	426
34 "	873,3	1206,5		111,1	241,3	944,5	965,2	1104,9	28	54,0	50,8	374,6	393,7	368,3	553
36 "	925,6	1270,0		114,3	250,8	1000,1	1022,3	1168,4	32	54,0	50,8	381,0	400,0	374,6	622
42 "	1078,0	1447,8		130,2	288,9	1162,0	1193,8	1339,8	32	66,7	63,5	438,1	463,5	431,8	853

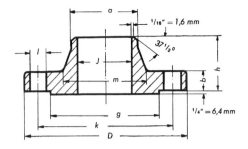

Vorschweissflansche

600 lb.

nach ANSI B 16.5

$^{1}/_{16}'' = 1{,}6$ mm

$^{1}/_{4}'' = 6{,}4$ mm

N W	Äuß.Rohr-durchm. = äuß.An-satzdurch-messer an der Schweißst. a	Äußerer Flansch-durchm. D	Mittel-loch-durchm. J	Flansch-stärke b	Gesamt-höhe h	Ansatz-durchm. unten m	Dichtl.-durchm. g	Loch-kreis-durchm. k	Schraubenlöcher Anzahl der Löcher	Durchm. der Löcher l	Schrauben Durch-messer	Länge 6,4 mm Dichtleiste	Nute für Rund-gummi-dichtung	Vor- und Rückspr. Feder und Nut	Gewicht ca. kg
$^{1}/_{2}''$	21,3	95,2	14,0	14,3	52,4	38,1	34,9	66,7	4	15,9	12,7	82,5	82,5	76,2	1,4
$^{3}/_{4}''$	26,7	117,5	18,8	15,9	57,1	47,6	42,9	82,5	4	19,0	15,9	95,2	95,2	88,9	1,8
1 $''$	33,5	123,8	24,4	17,5	61,9	54,0	50,8	88,9	4	19,0	15,9	95,2	101,6	88,9	2,3
$1^{1}/_{4}''$	42,2	133,3	32,5	20,6	66,7	63,5	63,5	98,4	4	19,0	15,9	101,6	107,9	95,2	3,2
$1^{1}/_{2}''$	48,3	155,6	38,1	22,2	69,8	69,8	73,0	114,3	4	22,2	19,0	114,3	114,3	107,9	4,5
2 $''$	60,4	165,1	49,3	25,4	73,0	84,1	92,1	127,0	8	19,0	15,9	114,3	120,6	107,9	5,4
$2^{1}/_{2}''$	73,1	190,5	58,9	28,6	79,4	100,0	104,8	149,2	8	22,2	19,0	127,0	133,3	120,6	8,2
3 $''$	88,9	209,5	73,7	31,7	82,5	117,5	127,0	168,3	8	22,2	19,0	133,3	139,7	127,0	10,4
$3^{1}/_{2}''$	101,6	228,6	85,3	34,9	85,7	133,3	139,7	184,1	8	25,4	22,2	146,0	152,4	139,7	11,8
4 $''$	114,3	273,0	97,3	38,1	101,6	152,4	157,2	215,9	8	25,4	22,2	152,4	158,7	146,0	19,1
5 $''$	141,2	330,2	122,2	44,4	114,3	188,9	185,7	266,7	8	28,6	25,4	177,8	184,1	171,4	30,9
6 $''$	168,4	355,6	146,3	47,6	117,5	222,2	215,9	292,1	12	28,6	25,4	184,1	190,5	177,8	37
8 $''$	219,2	419,1	193,8	55,6	133,3	273,0	269,9	349,2	12	31,7	28,6	203,2	209,5	196,8	53
10 $''$	273,0	508,0	247,6	63,5	152,4	342,9	323,8	431,8	16	34,9	31,7	228,6	234,9	222,2	86
12 $''$	323,8	558,8	298,4	66,7	155,6	400,0	381,0	488,9	20	34,9	31,7	234,9	241,3	228,6	103
14 $''$	355,6	603,2		69,8	165,1	431,8	412,7	527,0	20	38,1	34,9	247,6	254,0	241,3	158
16 $''$	406,4	685,8		76,2	177,8	495,3	469,9	603,2	20	41,3	38,1	266,7	273,0	260,3	218
18 $''$	457,2	742,9		82,5	184,1	546,1	533,4	654,0	20	44,4	41,3	285,7	292,1	279,4	252
20 $''$	508,0	812,8	To be specified by Purchaser / Vom Käufer anzugeben	88,9	190,5	609,6	584,2	723,9	24	44,4	41,3	304,8	311,1	298,4	313
22 $''$	558,8	869,9		95,2	196,8	666,7	641,2	777,9	24	47,6	44,4	323,8	342,9	317,5	281
24 $''$	609,6	939,8		101,6	203,2	717,5	692,1	838,2	24	50,8	47,6	342,9	355,6	336,5	444
26 $''$	671,6	1016,0		107,9	222,2	747,7	749,3	914,4	28'	50,8	47,6	355,6	374,6	349,2	437
30 $''$	774,7	1130,3		114,3	247,6	862,0	857,2	1022,3	28	54,0	50,8	381,0	393,7	374,6	559
34 $''$	877,8	1244,6		120,6	269,9	973,1	965,2	1130,3	28	60,3	57,1	406,4	425,4	400,0	689
36 $''$	928,6	1314,4		123,8	282,6	1031,9	1022,3	1193,8	28	66,7	63,5	425,4	444,5	419,1	780
42 $''$	1082,8	1492,2		139,7	323,8	1201,7	1193,8	1365,2	28	73,0	69,8	469,9	495,3	463,5	1096

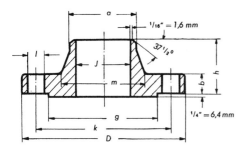

Vorschweissflansche

900 lb.

nach ANSI B 16.5

N W	Äuß.Rohr-durchm. = äuß.An-satzdurch-messer an der Schweißst. a	Äußerer Flansch-durchm. D	Mittel-loch-durchm. J	Flansch-stärke b	Gesamt-höhe h	Ansatz-durchm. unten m	Dichtl.-durchm. g	Schraubenlöcher Loch-kreis-durchm. k	Anzahl der Löcher	Durchm. der Löcher l	Schrauben Durch-messer	Länge 6,4 mm Dichtleiste	Nute für Rund-gummi-dichtung	Vor- und Rückspr. Feder und Nut	Gewicht ca. kg
1/2 "	21,3	120,6		22,2	60,3	38,1	34,9	82,5	4	22,2	19,0	114,3	114,3	107,9	2,2
3/4 "	26,7	130,2		25,4	69,8	44,4	42,9	88,9	4	22,2	19,0	120,6	120,6	114,3	3,2
1 "	33,5	149,2		28,6	73,0	52,4	50,8	101,6	4	25,4	22,2	133,3	139,7	127,0	4,1
1 1/4 "	42,2	158,7		28,6	73,0	63,5	63,5	111,1	4	25,4	22,2	133,3	139,7	127,0	4,5
1 1/2 "	48,3	177,8		31,7	82,5	69,8	73,0	123,8	4	28,6	25,4	152,4	152,4	146,0	6,4
2 "	60,4	215,9		38,1	101,6	104,8	92,1	165,1	8	25,4	22,2	152,4	158,7	146,0	11,3
2 1/2 "	73,1	244,5		41,3	104,8	123,8	104,8	190,5	8	28,6	25,4	171,4	177,8	165,1	16,3
3 "	88,9	241,3	To be specified by Purchaser Vom Käufer anzugeben	38,1	101,6	127,0	127,0	190,5	8	25,4	22,2	152,4	158,7	146,0	14,5
4 "	114,3	292,1		44,4	114,3	158,7	157,2	234,9	8	31,7	28,6	184,1	190,5	177,8	23,2
5 "	141,2	349,2		50,8	127,0	190,5	185,7	279,4	8	34,9	31,7	203,2	209,5	196,8	39
6 "	168,4	381,0		55,6	139,7	234,9	215,9	317,5	12	31,7	28,6	203,2	209,5	196,8	50
8 "	219,2	469,9		63,5	161,9	298,4	269,9	393,7	12	38,1	34,9	234,9	241,3	228,6	85
10 "	273,0	546,1		69,8	184,1	368,3	323,8	469,9	16	38,1	34,9	247,6	254,0	241,3	122
12 "	323,8	609,6		79,4	200,0	419,1	381,0	533,4	20	38,1	34,9	266,7	273,0	260,3	169
14 "	355,6	641,2		85,7	212,7	450,8	412,7	558,8	20	41,3	38,1	285,7	298,4	279,4	255
16 "	406,4	704,8	To be specified by Purchaser Vom Käufer anzugeben	88,9	215,9	508,0	469,9	615,9	20	44,4	41,3	298,4	311,1	292,1	311
18 "	457,2	787,4		101,6	228,6	565,1	533,4	685,8	20	50,8	47,6	342,9	355,6	336,5	419
20 "	508,0	857,2		107,9	247,6	622,3	584,2	749,3	20	54,0	50,8	368,3	381,0	361,9	528
24 "	609,6	1041,4		139,7	292,1	749,3	692,1	901,7	20	66,7	63,5	457,2	482,6	450,8	957

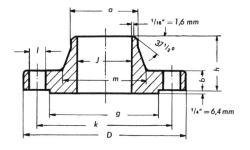

Vorschweissflansche

1500 lb.

nach ANSI B 16.5

N W	Äuß.Rohrdurchm. = äuß.Ansatzdurchmesser an der Schweißst. a	Äußerer Flanschdurchm. D	Mittellochdurchm. J	Flanschstärke b	Gesamthöhe h	Ansatzdurchm. unten m	Dichtl.-durchm. g	Schraubenlöcher Lochkreisdurchm. k	Anzahl der Löcher	Durchm. der Löcher l	Schrauben Durchmesser	Länge 6,4 mm Dichtleiste	Nute für Rundgummidichtung	Vor- und Rückspr. Feder und Nut	Gewicht ca. kg
1/2 "	21.3	120,6		22,2	60,3	38,1	34,9	82,5	4	22,2	19,0	114,3	114,3	107,9	2,2
3/4 "	26,7	130,2		25,4	69,8	44,4	42,9	88,9	4	22,2	19,0	120,6	120,6	114,3	3,2
1 "	33,5	149,2		28,6	73,0	52,4	50,8	101,6	4	25,4	22,2	133,3	139,7	127,0	4,1
1 1/4 "	42,2	158,7		28,6	73,0	63,5	63,5	111,1	4	25,4	22,2	133,3	139,7	127,0	4,5
1 1/2 "	48,3	177,8		31,7	82,5	69,8	73,0	123,8	4	28,6	25,4	152,4	152,4	146,0	6,4
2 "	60,4	215,9	To be specified by Purchaser / Vom Käufer anzugeben	38,1	101,6	104,8	92,1	165,1	8	25,4	22,2	152,4	158,7	146,0	11,3
2 1/2 "	73,1	244,5		41,3	104,8	123,8	104,8	190,5	8	28,6	25,4	171,4	177,8	165,1	16,3
3 "	88,9	266,7		47,6	117,5	133,3	127,0	203,2	8	31,7	28,6	190,5	196,8	184,1	21,8
4 "	114,3	311,1		54,0	123,8	161,9	157,2	241,3	8	34,9	31,7	209,5	215,9	203,2	33
5 "	141,2	374,6		73,0	155,6	196,8	185,7	292,1	8	41,3	38,1	260,3	266,7	254,0	60
6 "	168,4	393,7		82,5	171,4	228,6	215,9	317,5	12	38,1	34,9	273,0	285,7	266,7	74
8 "	219,2	482,6		92,1	212,7	292,1	269,9	393,7	12	44,4	41,3	304,8	317,5	298,4	124
10 "	273,0	584,2		107,9	254,0	368,3	323,8	482,6	12	50,8	47,6	355,6	368,3	349,2	206
12 "	323,8	673,1	To be specified by Purchaser / Vom Käufer anzugeben	123,8	282,6	450,8	381,0	571,5	16	54,0	50,8	393,7	412,7	387,3	313
14 "	355,6	749,3		133,3	298,4	495,3	412,7	635,0	16	60,3	57,1	425,4	450,8	419,1	
16 "	406,4	825,5		146,0	311,1	552,4	469,9	704,8	16	66,7	63,5	469,9	495,3	463,5	Wts. on Application Gewichte auf Anfrage
18 "	457,2	914,4		161,9	327,0	596,9	533,4	774,7	16	73,0	69,8	514,3	539,7	508,0	
20 "	508,0	984,2		177,8	355,6	641,2	584,2	831,8	16	79,4	76,2	565,1	596,9	558,8	
24 "	609,6	1168,4		203,2	406,4	762,0	692,1	990,6	16	92,1	88,9	641,2	679,4	635,0	

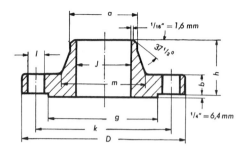

Vorschweissflansche

2500 lb.

nach ANSI B 16.5

NW	Äuß.Rohrdurchm. = äuß.Ansatzdurchmesser an der Schweißst. a	Äußerer Flanschdurchm. D	Mittellochdurchm. J	Flanschstärke b	Gesamthöhe h	Ansatzdurchm. unten m	Dichtl.durchm. g	Schraubenlöcher. Lochkreisdurchm. k	Anzahl der Löcher	Durchm. der Löcher l	Schrauben Durchmesser	Länge 6,4 mm Dichtleiste	Länge Nute für Rundgummidichtung	Länge Vor- und Rückspr. Feder und Nut	Gewicht ca. kg
1/2 "	21,3	133,3		30,2	73,0	42,9	34,9	88,9	4	22,2	19,0	127,0	133,3	120,6	3,6
3/4 "	26,7	139,7		31,7	79,4	50,8	42,9	95,2	4	22,2	19,0	133,3	133,3	127,0	4,1
1 "	33,5	158,7		34,9	88,9	57,1	50,8	107,9	4	25,4	22,2	146,0	152,4	139,7	5,9
1 1/4 "	42,2	184,1		38,1	95,2	73,0	63,5	130,2	4	28,6	25,4	165,1	171,4	158,7	9,1
1 1/2 "	48,3	203,2		44,4	111,1	79,4	73,0	146,0	4	31,7	28,6	184,1	190,5	177,8	12,7
2 "	60,4	234,9	To be specified by Purchaser / Vom Käufer anzugeben	50,8	127,0	95,2	92,1	171,4	8	28,6	25,4	190,5	196,8	184,1	19,1
2 1/2 "	73,1	266,7		57,1	142,9	114,3	104,8	196,8	8	31,7	28,6	209,5	215,9	203,2	23,6
3 "	88,9	304,8		66,7	168,3	133,3	127,0	228,6	8	34,9	31,7	234,9	247,6	228,6	43
4 "	114,3	355,6		76,2	190,5	165,1	157,2	273,0	8	41,3	38,1	266,7	279,4	266,7	66
5 "	141,2	419,1		92,1	228,6	203,2	185,7	323,8	8	47,6	44,4	317,5	330,2	311,1	111
6 "	168,4	482,6		107,9	273,0	234,9	215,9	368,3	8	54,0	50,8	361,9	381,0	355,6	172
8 "	219,2	552,4		127,0	317,5	304,8	269,9	438,1	12	54,0	50,8	400,0	419,1	393,7	262
10 "	273,0	673,1		165,1	419,1	374,6	323,8	539,7	12	66,7	63,5	508,0	533,4	501,6	485
12 "	323,8	762,0		184,1	463,5	441,3	381,0	619,1	12	73,0	69,8	558,8	584,2	552,4	730

4.2. Britische Normen

Auf dem Gebiet des Stahlrohrs bestehen unter anderem folgende Britische Normen (BS = British Standard):

BS   21   – 1973   Rohrgewinde

BS 534   – 1966   Stahlrohre, Fittings u.a.m. für Wasser, Gas und Abwasser

BS 1560   – 1970   Stahlrohrflansche und geflanschte Fittings für die Erdölindustrie

BS 1600   – 1970   Abmessungen von Stahlrohren für die Erdölindustrie

BS 1740   – 1971   Gezogene Rohrfittings aus Eisen und Stahl mit BSP-Gewinde

BS 1965   – 1964   Stumpfschweißfittings für Druckrohrleitungen aus C-Stahl und austenitischem Edelstahl

BS 2600   – 1973   Durchstrahlungsprüfung von schmelzgeschweißten Stumpfnähten – Allgemeine Richtlinien

BS 3293   – 1960   C-Stahl Rohrflansche für die Erdölindustrie

BS 3351   – 1971   Rohrleitungssysteme für die Erdölindustrie

BS 3601   – 1974   Druckbeaufschlagte C-Stahlrohre

BS 3604   – 1978   Druckbeaufschlagte Rohre aus niedrig legierten Stählen

BS 3605   – 1973   Druckbeaufschlagte Rohre aus austenitischem Edelstahl

BS 3889   – 1965   Zerstörungsfreie Prüfmethoden für Rohre

BS 4504   – 1969   Flansche und Schrauben für Rohre, Armaturen und Fittings mit metrischen Abmessungen

4.3. Französische Normen

Für das Gebiet des Stahlrohrs bestehen unter anderem folgende französische Normen (NF = Norme Française):

NF E 29 – 001,   1968   Nenndurchmesser von Rohrleitungen

NF E 29 – 021,   1975   Runde Flansche und Schweißkrägen, Dichtflächen mit Vor- u. Rücksprung

NF E 29 – 211/215,   1974   Gewalzte runde Flansche für PN 16 – PN 100

NF E 29 – 261/263,   1972   Runde Gewindeflansche für PN 2,5 – PN 16

NF E 29 – 271/272,   1972   Ovale Gewindeflansche für PN 2,5 – PN 16

NF E 29 – 281/283,   1972   Glatte runde Schweißflansche für PN 6 – PN 16

NF E 29 – 511/519,   1969   Rohrverschraubungen PN 10 bis PN 200

4.4. Europäische Normen

Von der Europäischen Gemeinschaft für Kohle und Stahl werden sogenannte EURO-Normen herausgegeben, die sich hauptsächlich auf Stahlerzeugnisse beziehen, zum Beispiel

EURO-Norm 20–74 Begriffsbestimmungen der Einteilung der Stahlsorten

EURO-Norm 29–69 Warmgewalztes Stahlblech von 3 mm Dicke an; zulässige Maß-, Gewichts- und Formabweichungen

Das Europäische Komitee für Normung (CEN) stellt seit einigen Jahren europäische Normen auf, die unter bestimmten Bedingungen Eingang in die Normenwerke der nationalen Mitgliedsorganisationen finden. Es liegen vor

DIN EN 39 Stahlrohr für Arbeitsgerüste; Anforderungen, Prüfung, März 1977

DIN EN 45 Definition der Schweißbarkeit, September 1975

4.5. Internationale Normen

Es bestehen zur Zeit unter anderem folgende ISO-Normen:

ISO   65 – 1973   Stahlrohre, geeignet für Gewinde nach ISO Empfehlung R 7
ISO   68 – 1973   Schraubgewinde
ISO 134 – 1973   Stahlrohre für allgemeine Verwendung ohne Gewinde
ISO 225 – 1976   Schrauben, Muttern und Schraubenbolzen, Bemessung
ISO 262 – 1973   Metr. Gewinde für Schrauben, Schraubenbolzen und Muttern
ISO 272 – 1968   Sechskantschrauben und -muttern, Längen, Kopf- und Mutternhöhen
ISO 559 – 1977   Nahtlose und geschweißte Stahlrohre für Gas-, Wasser- und Abwasserleitungen
ISO 560 – 1975   Kaltgezogene Präzisionsstahlrohre, metrische Reihe; Abmessungen und Gewichte
ISO 1127 – 1980   Rostfreie Stahlrohre; Dimension, Toleranzen und Gewichte pro Längeneinheit
ISO 1129 – 1980   Kesselrohre; Dimensionen, Toleranzen und Gewichte pro Längeneinheit
ISO 2084 – 1974   Rohrleitungsflansche, metrisch, Abmessungen
ISO 2229 – 1973   Stahlrohrflansche 1/2 Zoll bis 24 Zoll, metrisch
ISO 3419 – 1975   Stahlrohre, Rohrbogen zum Einschweißen, 3D (45°, 90° und 180°), mit Güteanforderungen

ISO 4200 – 1980   Stahlrohre mit glatten Enden, nahtlos und geschweißt
                   – Übersicht über Abmessungen und längenbezogene Massen.

X Anhang Gegenüberstellung der gesetzlichen und technischen Einheiten mit Umrechnungsfaktoren [1])

1. Einleitung

1.1. Gesetzliche Grundlage

„Gesetz über Einheiten im Meßwesen", inkraftgetreten am 5. Juli 1970 in der Bundesrepublik Deutschland und im Land Berlin, veröffentlicht im Bundesgesetzblatt (1969) Teil I, Nr. 55, S. 709–712, und die dazu mit Zustimmung des Bundesrates erlassene Ausführungsverordnung der Bundesregierung, veröffentlicht im Bundesgesetzblatt (1970) Teil I, Nr. 62, S. 981–991.

1.2. Internationale Zusammenarbeit

Fast alle Staaten der Welt werden auf den Gebieten der Technik und Physik das „Internationale Einheitensystem„ (MKSAKC-System) mit seinen SI-Einheiten übernehmen. Das bedeutet eine Vereinbarung auf internationaler Ebene für ein vertraglich festgelegtes System, und zwar das SI (Systeme International).

Auch Länder, die noch keine metrischen Einheiten haben, werden sich auf das SI-System umstellen. Diese internationale Maßnahme ermöglicht allen Physikern und Technikern der Welt, ihre Probleme gemeinsam zu lösen. Das SI-System vermittelt eine einheitliche technische Sprache.

1.3. Übergangsvorschriften

Einige bisher verwendete Einheiten mußten bereits ab inkrafttreten des Gesetzes über Einheiten im Meßwesen durch neue ersetzt werden, andere konnten während einer Übergangszeit noch weiter benutzt werden. Ablauf der längsten Übergangsfristen mit 31.12.77.

---

[1]) Auszug aus einer Werksnorm. Wiedergegeben mit freundlicher Genehmigung der Kraftanlagen Aktiengesellschaft Heidelberg.

Befristet zugelassene Einheiten waren unter anderem:

Einheit		Beziehung	zugelassen bis	Bemerkung
Einheitenname	Einheiten-zeichen			
physikalische Atmosphäre	atm	1 atm = 101325 Pa = = 1,01325 bar	31.12.1977	
technische Atmosphäre	at	1 at = 98066,5 Pa = = 0,980665 bar	31.12.1977	
Torr	Torr	1 Torr = $\dfrac{101325}{760}$ Pa = = 1,333 224 mbar	31.12.1977	
konventionelle Meter-Wassersäule	mWS	1 mWS = 9806,65 Pa = = 98,0665 mbar	31.12.1977	
konventionelle Millimeter-Queck-silbersäule	mmHg	1 mmHg = 133,322 Pa = = 1,33322 mbar	31.12.1977	
Erg	erg	1 erg = 10^{-7} J	31.12.1977	
Kalorie	cal	1 cal = 4,1868 J	31.12.1977	
Pferdestärke	PS	1 PS = 735,49875 W	31.12.1977	
Stokes	St	1 St = $10^{-4}\,\text{m}^2$/s	31.12.1977	
Grad Kelvin	°K	1 °K = 1 K	05.07.1975	
Grad	grd	1 grd = 1 K	31.12.1974	
Stilb	sb	1 sb = 10^4 cd/m²	31.12.1974	
Curie	Ci	1 Ci = $3,7 \cdot 10^{10} \cdot$ 1/s	31.12.1977	
Rad	rd	1 rd = 10^{-2} J/kg	31.12.1977	
Rem	rem	1 rem = 10^{-2} J/kg	21.12.1977	bei der Angabe von Werten der Äquivalentdosis
Röntgen	R	1 R = $258 \cdot 10^{-6}$ C/kg	31.12.1977	

1.4. Geltungsbereich

Gilt für geschäftlichen und amtl. Verkehr innerhalb der Bundesrepublik Deutschland. Ergänzt durch DIN 1301, November 1971 „Einheitenzeichen". DIN 1301 gilt ohne Einschränkung, also nicht nur für den geschäftlichen und amtl. Verkehr wie das Gesetz.

2. Vorsätze zu den Einheiten und ihre Kurzzeichen

2.1. Dezimale Vielfache und Teile von Einheiten

Dezimale Vielfache und Teile von Einheiten können durch Vorsetzen von bestimmten Vorsilben vor den Namen der Einheit bezeichnet werden. Vorsätze und deren Kurzzeichen sind

	der Einheit	Kurz-zeichen	zum Beispiel
für das Trillionenfache (10^{18} fache)	Exa	E	
für das Billiardenfache (10^{15} fache)	Peta	P	
für das Billionenfache (10^{12} fache)	Tera	T	
für das Milliardenfache (10^9 fache)	Giga	G	
für das Millionenfache (10^6 fache)	Mega	M	1 MW = 10^6 W = 1 000 000 Watt
für das Tausendfache (10^3 fache)	Kilo	k	1 km = 10^3 m = 1 000 Meter
für das Hundertfache (10^2 fache)	Hekto	h	1 hl = 10^2 l = 100 Liter
für das Zehnfache (10^1 fache)	Deka	da	1 dag = 10^1 g = 10 Gramm
für das Zehntel (10^{-1} fache)	Dezi	d	1 dm = 10^{-1} m = 1/10 Meter
für das Hundertstel 10^{-2} fache)	Zenti	c	
für das Tausendstel (10^{-3} fache)	Milli	m	
für das Millionstel (10^{-6} fache)	Mikro	μ	
für das Milliardstel (10^{-9} fache)	Nano	n	
für das Billionstel (10^{-12} fache)	Piko	p	
für das Billiardstel (10^{-15} fache)	Femto	f	
für das Trillionstel (10^{-18} fache)	Atto	a	

Zu beachten: Gesetzliche Einheiten oder Einheitenzeichen dürfen nur mit diesen Vorsätzen und Vorsatzzeichen unmittelbar verbunden werden. Andere Verbindungen sind unzulässig. Es darf jeweils nur ein Vorsatz benutzt werden. Eine Voranstellung von mehr als einem Vorsatz ist nicht zulässig.
Der Vorsatz bildet mit der Einheit, der er vorangestellt ist, eine neue Einheit. Beim Verwenden von Potenzexponenten (etwa m^2) gilt der Potenzexponent auch für den Vorsatz: wie km^2 = Quadratkilometer (und nicht 1000 m^2) oder für tausend Kubikmeter darf nicht geschrieben werden „km^3", denn km^3 bedeutet $(km)^3$ = Kubikkilometer. Vorsätze dürfen nicht verwendet werden bei allen Winkeleinheiten, den Zeiteinheiten Minute, Stunde, Tag, Jahr und der Temperatureinheit Grad Celsius. Die Vorsatzzeichen stehen ohne Zwischenraum vor dem Einheitenzeichen.

2.2. Anwendungsbeispiele

a) 1 mm (Millimeter) = 10^{-3} m = 0,001 m = 1/1000 m

b) 1 hl (Hektoliter) = 10^2 l = 100 l

c) 1 kWh (Kilowattstunde) = 10^3 Wh = 1 000 Wattstunden

d) 1 Mg (Megagramm) = 10^6 9 = 1 000 000 g = 1 t (Tonne)

e) Wahl des Vorsatzes für große Wärmeleistungen

    1 MW (Megawatt) = 10^6 Watt = 1 000 000 Watt (= 860 000 kcal/h)

Anmerkung: Die Einheit „Watt" wird allgemein für Leistungsangaben verwendet und tritt auch an die Stelle der früheren Bezeichnung „kcal/h" für Wärmeleistungen.

f) Wahl eines Vorsatzes für sehr große Wärmeleistungen, zum Beispiel Fernheizung

    1 GW (Gigawatt) = 10^9 Watt = 1 000 000 000 Watt (= 860 000 000 kcal/h)

3. SI-Basisgrößen und Basiseinheiten

3.1. Übersicht

Basisgröße	Basiseinheit	Einheitenzeichen
Länge	das Meter	m
Masse	das Kilogramm	kg
Zeit	die Sekunde	s
el. Stromstärke	das Ampere	A
Temperatur	das Kelvin	K
Lichtstärke	die Candela	cd
Stoffmenge	das Mol	mol

Zu beachten: Die korrekte Bezeichnung ist „Einheiten" oder „physikalische Einheiten", aber nicht „Dimension".

3.2. SI-Basisgrößen „Länge"

mit den abgeleiteten Größen „Fläche" und „Volumen"

3.2.1. Definition

Das Meter ursprünglich (1799) definiert als 1/40 000 000 des durch Paris gehenden Erdmeridians. Später festgelegt mit Hilfe der Wellenlänge atomarer Strahlung.

3.2.2. Weitere gesetzliche Einheiten

Es gelten nach wie vor:
a) km, dm, cm, mm, μm (Mikrometer)
b) m² (Quadratmeter oder „Meter hoch zwei")
   m³ (Kubikmeter oder „Meter hoch drei")
   l (Liter)

3.2.3. Nicht mehr zugelassen unter anderem:

a) Nm³ oder l_n bei Gasen im Normzustand (0 °C, 1013 mbar)
   Statt dessen 50 m³ (Normzustand) oder 50 m³ (0 °C, 1013 mbar);
   zu empfehlen: V_n = 50 m³ (klare Aussage mit Formelzeichen V_n und Einheitenzeichen m³)
b) Bm³ bei Gasen im Betriebszustand
   Statt dessen 50 m³ (Betriebszustand), oder 50 m³ (. . . °C, . . . mbar) oder V_B = 50 m³
c) μ = „Mikron" für 1/1000 mm, statt dessen 1 μm (Mikrometer)

Zu beachten: Die Einheit darf nicht mit unzulässigen Vorsätzen (wie bei Nm³) oder Indizes (wie n bei l_n) verbunden oder ganz fehlen (zum Beispiel μ für 1/1000 mm)

3.2.4. Ab 1975 nicht mehr zugelassen unter anderem:

a) qkm, qm, qdm, qcm, qmm (statt dessen: km², m², dm², cm², mm²)
b) cbm, cdm, ccm, cmm (statt dessen: m³, dm³ oder l, cm³, mm³)

3.3. SI-Basisgröße „Masse"

Basiseinheit ist das Kilogramm (kg)

3.3.1. Masse

Einheit: Keine Änderung gegenüber bisherigen Einheiten g, kg, t

3.3.2. Das Gewicht

das durch Wiegen ermittelt wird, wird ebenfalls in den Masseneinheiten g, kg, t ausgedrückt. Das „Gewicht" wird definiert als eine im geschäftlichen Verkehr bei der Angabe von Warenmengen (wie Armaturen, Rohre usw.) benutzten Bezeichnung für die Masse.

3.3.3. Seit 1934 nicht mehr zugelassen unter anderem:

Pfund, Zentner, Doppelzentner

3.3.4. Anwendungsbeispiele:

a) Gewicht eines Absperrschiebers: 25 kg
b) Bestellung einer Rohrlieferung nach Gewicht: 10 t Stahlrohr DN . . ., DIN . . .
c) Abrechnung nach Aufmaß vor Profileisen für Unterstützungs-Konstruktionen, Festpunkte usw. nach eingebautem Gewicht: 1 200 kg Profileisen zu einem Einheitspreis von DM . . ./kg.

3.4. SI-Basisgröße „Zeit" (auch Zeitspanne, Dauer)

Mit den abgeleiteten Größen „Volumenstrom" (Volumendurchfluß) und „Massenstrom" (Massendurchfluß). Basiseinheit ist die Sekunde (s), unzulässig: sec.

3.4.1. Weitere gesetzliche Einheiten in der BRD und West-Berlin

Wie bisher: Minute (min), Stunde (h), Tag (d). Die Bezeichnung „Jahr" ist keine gesetzliche Einheit, jedoch in DIN 1301 (Nov. 1971) unter „weitere Einheiten" aufgeführt mit dem Einheitenzeichen „a".
Zu beachten: SI-Basiseinheit ist die Sekunde. Die Einheit Sekunde sollte deshalb bevorzugt verwendet werden.

3.4.2. Volumenstrom (Volumendurchfluß)

Alter Begriff = Wassermenge. Abgeleitete SI-Einheit ist m^3/s. Formelzeichen V (Punkt über V). Weitere gesetzliche Einheiten sind alle Quotienten, die aus einer gesetzlichen Volumeneinheit und einer gesetzlichen Zeiteinheit gebildet werden, m^3/min, m^3/h, m^3/d, l/s, l/min, l/d.

3.4.3. Massenstrom (Massendurchfluß)

Abgeleitete SI-Einheit ist kg/s, Formelzeichen ṁ (Punkt über m), Analog 3.4.2. gilt z.B. kg/min, kg/h, kg/d.

3.4.4. Anwendungsbeispiele:

a) Wasser- oder Gasdurchfluß als Volumenstrom durch ein Rohr, zu bevorzugende Einheiten: m^3/s, l/s. Weitere gesetzliche Einheiten: m^3/h, m^3/min, l/h, l/min.

b) Wasser- oder Dampfdurchfluß als Massenstrom durch ein Rohr, zu bevorzugende Einheiten: kg/s, t/s. Weitere gesetzliche Einheiten: kg/min, kg/h.

c) Wasser- oder Gasverbrauch,   Dampfverbrauch

Je Sekunde:	l/s	,	m^3/s	Je Sekunde:	kg/s	,	t/s
Je Minute:	l/min	,	m^3/min	Je Stunde:	kg/h	,	t/h
Je Tag:	l/d	,	m^3/d	Je Tag:	kg/d	,	t/d
Im Jahr:	l/a	,	m^3/a	Im Jahr:	kg/a	,	t/a

3.5. SI-Basisgrößen „elektr. Stromstärke"

Einheit ist das Ampere (A). Keine Änderung gegenüber bisherigen Einheiten

3.6. SI-Basisgröße „Temperatur"

Basiseinheit ist das Kelvin (K), unzulässig: „Grad" Kelvin

3.6.1. Temperaturangaben in Kelvin (K)

Zu rechnen wie bisher ab absolutem Nullpunkt (-273, 15 °C), absoluter Nullpunkt = 0 K („Null Kelvin").

3.6.2. Temperaturangaben

Auch in Grad Celsius (°C) wie bisher gesetzlich zulässig. Zu rechnen ab Temperatur des schmelzenden Eises = Eispunkt = 0 °C
Anmerkung: Es heißt: Der Grad Celsius
Zusammenhang: 0 °C = 273,15 K oder + 10 °C = (273,15 + 10) k = 283,15 K.

3.6.3. Temperaturdifferenzen

a) Bei Kelvin-Temperaturangaben: K. Das Kelvin ist nicht nur Einheit für Temperaturen, sondern auch für Temperaturdifferenzen.

b) Bei Celsius – Temperaturangaben kann wahlweise K oder °C (nach DIN 1301, Nov. 1971) gewählt werden. Nach neuerer Auffassung sollten Temperaturdifferenzen immer, also auch bei Celsius-Temperaturangaben, in Kelvin (K) angegeben werden.

c) Das Zeichen „grd" war nie gesetzlich und darf ab 1975 nicht mehr angewendet werden.

d) Empfehlungen, um Verwechslungen zwischen Temperaturpunkten (+ 20 °C) und Temperaturdifferenzen [40 °C – 12 °C = 28 K (oder °C] zu vermeiden: Unterscheidung durch zusätzliche Erläuterung getrennt von der physikalischen Einheit, etwa Temperaturpunkte durch t = + 20 °C oder ϑ = + 20 °C), Temperaturdifferenzen durch $\triangle$T = 20 K oder $\triangle$t = 20 °C (oder $\triangle\vartheta$ = 20 °C). Formelzeichen nach DIN 1304:
für Celsius – Temperaturen = t (oder ϑ)
für Kelvin – Temperaturen = T

3.6.4. Toleranzangaben, z.B. Thermometer:

Nicht 20 °C ± 0,5 °C, sondern richtig: (20 ± 0,5) °C oder (293,15 ± 0,5) K

3.6.5. Zusammenfassung

Es kann weiter wie üblich mit Grad Celsius gearbeitet werden. Temperaturdifferenzen werden als $\triangle$ t (oder $\triangle\vartheta$) in Grad Celsius (°C) oder in Kelvin (K) angegeben. Nach neuer Auffassung soll die Einheit Kelvin bevorzugt werden.

3.6.6. Anwendungsbeispiele

a) Warmwasserbereiter:

  Kaltwassereintrittstemperatur t_{KW} oder ϑ_{KW} = + 10 °C

  Warmwasseraustrittstemperatur t_{WW} oder ϑ_{WW} = + 60 °C

  Temperaturdifferenz 60 °C − 10 °C = 50 K (oder 50 °C)

  Die Schreibweise 50 K ist zu bevorzugen.

b) Die Anzeigengenauigkeit eines handelsüblichen Installations-Thermometers wird mit ± 1°C angegeben. Bei einer Ablesung + 40 °C auf der Skala können in bezug auf die tatsächliche Temperatur folgende größte Abweichungen auftreten:

  t (oder ϑ) = (40 + 1) °C. Das bedeutet t_{max} (oder ϑ_{max}) kann 41 °C, t_{min} (oder ϑ_{min}) kann 39 °C betragen.

4. Gesetzliche abgeleitete SI-Einheiten und gesetzliche abgeleitete Einheiten

Unterscheidung

a) „Gesetzliche abgeleitete SI-Einheiten" sind mit dem Zahlenfaktor 1 (kohärent) aus dem SI-Basiseinheiten gebildet, z.B. m/s, kg/m³.

b) „Gesetzliche abgeleitete Einheiten" sind mit einem von 1 verschiedenen Zahlenfaktor (nicht kohärent) aus den SI-Basiseinheiten gebildet. Das bedeutet: Sie gehören nicht mehr unmittelbar zum SI-System, sind aber gesetzliche Einheiten, wie mg/dm³.

  Zusammengefaßt: Jede SI-Einheit ist eine gesetzliche Einheit, aber nicht jede gesetzliche Einheit ist eine SI-Einheit!

4.1. Abgeleitete Größe „Kraft"

ist das Newton (N). Es tritt an die Stelle der bisherigen Krafteinheit Kilopond (kp).

4.1.2. Definition

1 N = 1 kgm/s² unabhängig vom Standort Mond/Erde und der Art (Richtung) der Beschleunigung, das bedeutet allgemeingültig.

Das heißt: 1 Newton (N) ist die Kraft, die der Masse 1 kg die Beschleunigung 1 m/s² verleiht.

Der entscheidende Vorteil:

Jetzt Faktor 1 statt früher Faktor 9,80665

Bisher 1 kp = 9,80665 kgm/s²

4.1.3. Ab 1978 nicht mehr zugelassen:

p. kp, Mp

4.1.4. Anwendungsbeispiele

a) Die Prüfkraft für einen befahrbaren Schachtdeckel wird angegeben mit 10 kN (= 10 000 N).
Das entspricht folgender bisheriger Bezeichnung:
Prüfkraft in kp $\approx$ 10 000 · 0,1 = 1 000 kp

b) Von einem Kran soll eine Last mit einem Gewicht von 5 t gehoben werden, erforderliche Tragfähigkeit: 5 t = 5 000 kg, erforderliche Hubkraft (Zugkraft): Angabe in der bisherigen Einheit 5 000 kp; Angabe in der neuen gesetzlichen Einheit 5 000 · 10 = 50 000 N = 50 kN.
Oder Berechnung der Hubkraft (Zugkraft) ohne Benutzung der früheren Krafteinheit kp:
Kraft = Masse · Beschleunigung = 5 000 kg · 9,81 m/s²
$\approx$ 5 000 kg · 10 = 50 000 N = 50 kN.

4.2. Abgeleitete Größe „Druck, Festigkeit (mechan. Spannung)"

4.2.1. Abgeleitete SI-Einheit ist das Pascal (Pa)

Es tritt an die Stelle der bisherigen Einheiten: kp/m^2, kp/cm^2, kp/mm^2, at, atm, mWS, mmHg, Torr.

4.2.2. Definition

1 Pa = 1 N/m²,   1 Pa $\approx$ 0,1 mm WS (genau 0,10197)
1 Pa $\approx$ 0,0075 mmHg (oder QS) = 0,0075 Torr (genau: 1 Pa = 0,75006 · 10^{-2} mmHg)

4.2.3. Besonderer Name für 10^5 N/m² ist das Bar (bar)

1 bar = 10^5 N/m² = 10^5 Pa = 100 000 Pa
Eingeführt, da Einheit N/m² oder Pa für Verwendung in der Technik zu klein, also unpraktisch ist. (1 Pa $\approx$ 0,1 mmWS!)
1 bar $\approx$ 1 at (kp/cm²) = 10 mWS,   1 mbar $\approx$ 10 mmWS
1 mbar $\approx$ 0,75 mm Hg (oder QS) = 0,75 Torr
Der Unterschied von 1 bar zu 1 kp/cm² (bzw. 1 at) nur $\approx$ 2 %, kann bis ca. 20 bar vernachlässigt werden: (1 kp/cm² = 0,980665 bar). Demnach der Unterschied: (1 bar – 1 kp/cm² = 1 bar – 0,980665 bar = 0,019335 bar, das sind exakt 1,9335 % oder ca. 2 %)
Hinweis: Die Verwendung des besonderen Namens „das Bar" für 10^5 Pa innerhalb des internationalen Einheitensystem ist umstritten, da 10^5 nicht den zulässigen Vorsätzen (wie 10^3, 10^6 usw.) entspricht. Es muß damit gerechnet werden, daß das Bar langfristig durch die Druckeinheiten kPa (Kilopascal) oder MPa (Megapascal) ersetzt werden wird.

4.2.4. Seit 1970 (!) nicht mehr zugelassen:

atü, ata, atu

4.2.5. Ab 1978 nicht mehr zugelassen:

kp/m^2, kp/cm^2, kp/mm^2 – at, atm – mWS, mmWS, mm Hg (QS), Torr, (1 Torr = 1 mm Quecksilbersäule).

4.2.6. Anwendungsbeispiele

a) Mechanische Spannung und Festigkeit
    Festigkeitsangabe bisher in kp/mm², jetzt empfohlen in N/mm² = MPa (Megapascal = 10^6 Pascal).

Beispiel: Absperrschieber aus GG 20: Zugfestigkeit bisher angegeben mit 20 kp/mm², jetzt: 20 · 9,80665 = 196,133 ≈ 196 N/mm² = 196 MPa oder aufgerundet mit in der Praxis ausreichender Genauigkeit 20 · 10 = 200 N/mm² = 200 MPa

b) Druckmessungen

Drücke, die bisher in at (kp/cm²) oder in mWS angegeben wurden, jetzt in bar oder kPa oder MPa angeben.

Beispiel: Ablesung auf Manometerskala: 5 mWS

Umrechnung in neue gesetzl. Einheiten: 1 bar ≈ 1 at = 10 mWS, 5 mWS ≈ 5/10 = 0,5 bar oder ≈ 0,5 · 10⁵ = 50 000 Pa = 50 kPa oder 0,05 MPa. Drücke die bisher in mmWS oder Torr (mm Quecksilbersäule) angegeben wurden, jetzt in mbar oder in Pa.

Beispiel: Ablesung auf älterer Manometerskala 200 mmWS

Umrechnung in neue gesetzl. Einheiten: 1 mbar ≈ 10 mmWS, 200 mmWS ≈ 20 mbar ·oder 1 Pa ≈ 0,1 mmWS, 1 mmWS ≈ 10 Pa, 200 mmWS ≈ 200 · 10 = 2 000 Pa

Beispiel: Ablesung bei einer Druckdifferenzmessung mit Quecksilber-U-Rohr: 500 mm Hg (oder QS). Umrechnung in neue gesetzl. Einheiten: 1 Pa ≈ 0,0075 mm Hg (oder QS)

$$\frac{500 \text{ mm Hg (oder QS)}}{0,0075} \approx 66.666,7 \text{ Pa} = 66,7 \text{ kPa}$$

oder 10⁵ Pa = 1 bar, 66.666,7 : 10⁵ = 0,667 bar. Das entspricht in den bisherigen Einheiten ≈ 0,667 at bzw. ≈ 6,67 mWS (mit einem Fehler von ≈ 2 %)

c) Unterscheidung von Überdruck, Unterdruck, absoluter Druck, Druckdifferenz, Betriebsdruck, Nenndruck

Zu beachten: Außer den „Vorsätzen" dürfen keine anderen Zuästze mit dem Einheitenzeichen unmittelbar verbunden werden. Formelzeichen für die Meßgröße „Druck" ist p! P ist vorgesehen als Formelzeichen für „Leistung".

Empfohlene Kennzeichnung:

Überdruck: Auf DIN-Manometern für die Haustechnik keine besondere zusätzliche Kennzeichnung als Hinweis darauf, daß es sich um Überdruck handelt. Man geht jetzt davon aus, daß es an der Skalenausführung erkennbar ist, ob es sich um Überdruck – oder Unterdruck – oder Überdruck/Unterdruck-Meßgeräte handelt. Nur wenn Verwechslungen möglich sind, muß das Wort „Überdruck" oder das Zeichen „$p_{ü}$" angebracht werden. In der übrigen schriftlichen und mündlichen Darstellung muß immer ein Hinweis darauf hinzugefügt werden, daß es sich um Überdruck (bisher atü) handelt. Zum Beispiel: $p_{ü}$ = 5 bar, oder 5 bar Überdruck, oder kurz 5 bar Ü. Anstelle von Betriebsdruck muß es jetzt heißen: „Betriebsüberdruck".

Unterdruck: Ausführungen analog Ziffer Überdruck, nur wenn Verwechslungen möglich sind, muß das Wort „Unterdruck", das Zeichen „p_{u}" oder ein anderer Hinweis angebracht werden. Bei schriftlicher und mündlicher Darstellung muß immer ein Hinweis darauf hinzugefügt werden, daß es sich um Unterdruck handelt. Beispiel: p_{u} = 5 mbar, oder 5 mbar Unterdruck, oder kurz 5 mbar U.

Absoluter Druck, bezogen auf den Druck Null: Die Bezeichnung „Druck" ist eindeutig und bedarf eigentlich keiner weiteren Kennzeichnung durch das Wort „absolut" (bar, Pa allein bedeutet absoluter Druck). Um in der Haustechnik jedes Mißverständnis auszuschließen, kann jedoch weiterhin der zusätzliche Hinweis „absolut" verwendet werden. Beispiel: p_{abs} = 1 bar, oder 1 bar absolut, oder kurz 1 bar abs.

Druckdifferenz (Differenzdruck): Kennzeichnung durch das Wort „Druckdifferenz" (oder ähnlich) oder durch das Zeichen „Δp", Δp = 5 bar.

Nenndruck: Nenndruckangaben bleiben unverändert, PN 6 = Nenndruck 6 bar (Überdruck).

d) Druckangaben in Berechnungsunterlagen für den Druckabfall (Druckverlust) in Rohrleitungen
   Insbesondere bei Tabellen oder Diagrammen, in denen bisher das Druckgefälle in mmWS/m angegeben wurde, muß damit gerechnet werden, daß diese Größe küntig in mbar/m oder in Pa/m angegeben wird.

Zusammenhänge:

1 Pa $\approx$ 0,1   (genau 0,10197) mmWS
1 mbar $\approx$ 10   (genau 10,19716) mmWS
1 mbar = 10^2 Pa

Beispiel: In einem älteren Berechnungsdiagramm wird das Druckgefälle mit 10 mmWS/m angegeben. Wie groß ist der Gesamtdruckabfall in bar im geraden Rohr ohne Einzelwiderstände bei
einer Leitungslänge von 500 m?

Lösung: 1 mmWS $\approx$ 0,1 mbar

Druckgefälle: 10 mmWS/m $\approx$ 1 mbar/m

Gesamtdruckabfall in bar $\approx$ 500 · 1 = 500 mbar = 500 · 1/1000 bar = 0,5 bar.

Beispiel: In einer neuen Berechnungstabelle wird das Druckgefälle mit 150 Pa/m angegeben. Wie
groß ist der Gesamtdruckabfall in bar im geraden Rohr ohne Einzelwiderstände bei einer Länge
von 800 m?

Lösung: Gesamtdruckabfall in Pa = 150 · 800 = 120 000 Pa, 1 bar = 10^5 Pa; 1 Pa = $1/10^5$ =
1/100 000 bar. Gesamtdruckabfall in bar = 120 000 · 1/100 000 = 1,2 bar.

e) Druckabfall im Ventilatorenbau, der Lüftungs- und Klimatechnik
   Es muß damit gerechnet werden, daß im Ventilatorenbau und in der gesamten Lüftungs- und Ki-
   matechnik nicht mit mbar, sondern mit Pa gearbeitet werden wird. Das bedeutet, daß etwa bei
   einer Gasfeuerungsanlage die Pressung des Gebläses am Gasbrenner in Pa und der Gasdruck in der
   Leitung davon abweichend in mbar angegeben wird.

Zusammenhang: 1 Pa = 1/100 mbar $\approx$ 0,1 mmWS

zum Beispiel

	bisher	neue Einheiten
Pressung des Gebläses	80 mmWS	$\approx$ 800 Pa
Gasdruck in der Leitung	80 mmWS	$\approx$ 8 mbar

4.3. Abgeleitete Größe „Energie, Arbeit, Wärmemenge"

4.3.1. Abgeleitete SI-Einheit ist das Joule (J)

Zu beachten: Die physikalischen Größen Energie, Arbeit und Wärmemenge sind als gleichartig anzusehen.

4.3.2. Definition:

1 J = 1 Nm (Newtonmeter) = 1 Ws (Wattsekunde)

Vorteil: Die bisherige Umrechnung von elektrischer Art in Wärmemenge 1 kWh = 860 kcal wird innerhalb des neuen Einheitssystems nicht mehr benötigt.

4.3.3. Ab 1978 nicht mehr zugelassen:

cal, kcal, Mcal, Gcal

4.3.4. Zusammenhang zwischen bisherigen und neuen Einheiten:

1 kJ (Kilojoute)	$\approx 0,24$ kcal	(genau 0,2388)
1 kcal	$\approx 4,2$ kJ	(genau 4,1868)
1 kWh	= 3 600 kJ	= 860 kcal
1 kcal	= 0,001163 kWh	

4.3.5. Anwendungsbeispiele:

a) Brennwert, Heizwert: kJ/kg oder kJ/m³ (Normzustand)
   Beispiel: Heizwert bisher 8 400 kcal/m³, jetzt $\approx$ 8 400 · 4,2 = 35 280 kJ/m³
b) Verdampfungswärme: kJ/kg
   Beispiel: Wasser bisher 540 kcal/kg, jetzt $\approx$ 540 · 4,2 = 2 268 kJ/kg
c) Spezifische Wärme (spez. Wärmekapazität) kJ/kgK
   Beispiel: Spez. Wärme von überhitztem Dampf bisher 0,5 kcal/kg grd, jetzt $\approx$ 0,5 · 4,2 = 2,1 kJ/kg K
d) Wärmeeinheit (Enthalpie): kJ/kg
   Beispiel: Wärmeinhalt Wasser von + 40 °C bisher 40 kcal/kg, jetzt + $\approx$ 40 · 4,2 = 168 kJ/kg

4.4. Abgeleitete Größe „Leistung, Energiestrom, Wärmestrom"

4.4.1. Abgeleitete SI-Einheit ist das Watt (W)

Formelzeichen:		
	Wärmemenge:	Q
	Wärmeleitung, Wärmestrom:	$\Phi(\dot{Q})$
	Mechan. Leistung:	P
	Energie, Arbeit:	W

Hinweise: In der Praxis bezeichnet man mit „Leistung" auch Masse oder Volumen durch Zeiteinheit, so sagt man: Ein Dampfkessel „leistet" 1 000 kg/h oder ein Warmwasserbereiter „leistet" 150 l/min. Korrekt muß es heißen: Dampferzeugung 1 000 kg/h oder Dampf-Massenstrom 1 000 kg/h oder Wasser-Volumenstrom 150 l/min. Als Leistungseinheiten werden das Watt (W) und seine Vielfachen (etwa kW, MW, GW) bevorzugt empfohlen. Es kann jedoch zweckmäßig sein, je nach Leistungsart auch die abgeleitete Einheit „Joule durch Sekunde" (J/S) und ihre dezimalen Vielfachen (wie kJ/s) zu verwenden.

Watt	–	vorzugsweise für elektrische und mechanische Leistung
J/s	–	vorzugsweise für Wärmeleistung
Nm/s	–	vorzugsweise für mechan. Leistung

4.4.2. Definition:

1 W = 1 J/s = 1 Nm/s, 1 kW = 1 kJ/s = 10^3 Nm/s

4.4.3. Ab 1978 nicht mehr zugelassen:

Ps, kcal/h, Mcal/h, Gcal/h

4.4.4. Zusammenhang zwischen bisherigen und neuen Einheiten

1 000 W   = 860   kcal/h
1 kcal/h   = 1,163   W
1 PS   = 0,7353 kW

Hinweis: Um sich die Größe der Zahlenangaben in der Einheit Watt im Vergleich mit der bisherigen Einheit kcal/h anschaulich zu machen, sollte man sich merken:
Größenordnung in W ≈ Größenordnung in kcal/h
Beispiel: Wärmeleistung eines Kessels bisher angegeben mit 10 000 kcal/h. Das entspricht in den neuen Einheiten: $10\,000 \cdot 1,163 = 11\,630$ W (= 11,63 kW)

1 kW =	1kJ/s =	860	kcal/h
1 MW =	1MJ/s =	860 000	kcal/h
	=	860	Mcal/h
	=	0,86	Gcal/h
1 GW =	1GJ/s =	860 000 000	kcal/h
	=	860 000	Mcal/h
		860	Gcal/h

1 Mcal/h = 1,163 kW = 1,163 kJ/s
1 Gcal/h = 1 163 kW = 1163 kJ/s

4.4.5. Anwendungsbeispiele:

Nennheizleistung von Heizkesseln, Gasthermen usw.

Objekt	Angabe bisher in kcal/h	Angabe jetzt in W	Größenordnung (gerundet) in kW
Gastherme	8 000	$8\,000 \cdot 1,163 = 9\,304$	10
Wärmebedarf			
Einfamilienhaus	15 000	$15\,000 \cdot 1,163 = 17\,445$	20
Sechsfamilienhaus	45 000	$45\,000 \cdot 1,163 = 52\,335$	50

Beispiel:
Wärmeleitzahl: W/mK (Watt/Meter Kelvin), Beispiel: Wärmeleitzahl von Dämm-Platten, bisher: 0,04 kcal/mh grd; jetzt: $0,04 \cdot 1,163 = 0,047$ W/mK
Beispiel:
Wärmedurchgangszahl: W/m² K, z.B. Wärmedurchgangszahl einer Außenwand bisher: 1,2 kcal/m² h grd; jetzt $1,2 \cdot 1,163 = 1,4$ W/m² K
Beispiel:
Gastherme Nennwärmebelastung nach Geräteschild 21 kW, Betriebsheizwert des zur Verfügung stehenden Erdgases 31 750 kJ/m³. Zu berechnen ist der Anschlußwert in m³ Erdgas/h.
Lösung: 21 kW = 21 kJ/s, Anschlußwert = 21/31.750 = 0,000 6614 m³/s = 2,38 m³/h

4.5. Abgeleitete Größe „Dichte", Formzeichen ϱ

4.5.1. Abgeleitete SI-Einheit ist kg/m³ (Masse durch Volumen). Nicht z.B. kg/dm³

4.5.2. Anwendung

bisher „Raumgewicht" in kg/m³, jetzt mit gleichem Zahlenwert „Dichte" in kg/m³.
Zu beachten: Die Wichte (spez. Gewicht) in kp/m³ gehört nicht mehr zu den gesetzlichen Einheiten.

Sie wird ersetzt durch das Produkt aus Dichte (ϱ) und der Fallbeschleunigung (g). Bisher kg/m³. Die Zahlenwerte für „Dichte" (in kg/m³) und „Wichte" (bisher kp/m³), die bisher gleich waren, sind, wenn kp/m³ durch N/m³ ersetzt wird, um den Faktor $\approx$ 10 verschieden.

4.6. Abgeleitete Größe „Frequenz" (Periodenfrequenz)

4.6.1. Abgeleitete SI-Einheit ist das Hertz (Hz)

1 Hz = Frequenz eines periodischen Vorganges von der Periodendauer 1 s (= 1 Schwingung /s)

4.7. Abgeleitete Größe „Drehzahl" (Umdrehungsfrequenz)

Keine Erwähnung im „Einheitengesetz" oder in der Ausführungsverordnung. Verwendung von U/s oder U/min wie bisher.

4.8. Abgeleitete Größe „Viscosität" (Zähigkeit)

4.8.1. Abgeleitete SI-Einheiten

für „Dynamische Viscosität": Pa s (Pascalsekunde), für „Kinematische Viscosität": m² /s (namenlos).

4.8.2. Zusammenhang zwischen bisherigen und neuen Einheiten

Bei Angabe der (kinemat.) Viscosität, etwa für Schmieröle, besteht folgender Zusammenhang zwischen der bisherigen Einheit Stokes (St) bzw. Zentistokes (cSt) und der neuen Einheit m² /s:

1 St   = 10^{-4} m² /s
1 cSt = 10^{-6} m² /s

Bei handelsüblichen Motoren- und Getriebeölen werden die Viscositätsklassen nach SAE, die einen größeren Viscositätsbereich überdecken, wie bisher angegeben. Siehe auch DIN 51 311 und 51 512.

4.8.3. Seit 1970 nicht mehr zugelassen:

Die Einheit Englergrad (E).
Ab 1978 nicht mehr zugelassen: Die Einheiten Poise (P), Zentipoise (cP) und Stokes (St), Zentistokes (cSt).

5. Zusammenstellung einiger Umrechnungsfaktoren

Größe u. Formelzeichen		Einheiten-zeichen	Bemerkungen, Umrechnung von bisherigen techn. Einheiten in SI-Einheiten
Fläche	A	m²	1m² = 100 dm², 1 a = 1/100 ha = 100 m²
Volumen	V	m³	1 m³ = 1000 dm³, 1 l = 1 dm³ = 1/1000 m³
Masse	m	kg	1 g = 1/1000 kg, 1 t = 1000 kg = 1 Mg
Dichte	ϱ	kg/m³	1 kg/dm³ = 1/1000 kg/m³
Volumenstrom	V	m³ /s	1 m³ /s = 1000 dm³ /s, 1 l/min = 1/60000 m³ /s
Massenstrom	$\dot{m}$	kg/s	1 kg/s = 60 kg/min
Kraft	F	N (Newton)	1 N = 1 kgm/s² = 0,101972 kp = 1 J/m = 0,277 778 · 10^{-6} kWh/m = 10^5 dyn = 0,238846 · 10^{-3} kcal/m = 0,37767 · 10^{-6} PSh/m, 1 kp = 9,80665 N bzw. kgm/s²

Größe u. Formelzeichen	Einheiten-zeichen	Bemerkungen, Umrechnung von bisherigen techn. Einheiten in SI-Einheiten
Druck p (mech. Spannung)	Pa (Pascal)	1 Pa = 1 N/m² = 10^{-5} bar = 0,101972 kp/m² oder mmWS = 1,01972 · 10^{-5} at oder kp/cm² = 0,75006 · 10^{-2} Torr oder mmHg oder Qs = 1 kg/m · s² 1 bar = 10^5 Pa = 10^5 N/m² = 0,1019716 · 10^5 kp/m² bzw. mmWS = 1,019716 at oder kp/cm² = 0,75006 · 10^3 Torr 1 kp/m² = 1 mmWS = 9,80665 Pa = 9,80665 · 10^{-5} bar = 10^{-4} at oder kp/cm² = 7,35558 · 10^{-2} Torr, 1 atm = 1,01325 bar 1 at = 1 kp/cm² = 9,80665 · 10^4 Pa = 9,80665 · 10^{-1} bar = 10^4 kp/m² oder mmWS 7,35558 · 10^2 Torr 1 Torr = 1,333224 · 10^2 Pa = 1,333224 · 10^{-3} bar = 13,5951 kp/m² bzw. mmWS = 1,35951 · 10^{-3} at oder kp/cm²
Dynamische η Viscosität	Pa · s Pascalsek.	1 Pa · s = 1 Ns/m² = 1 kg/m · s = 10 P (Poise) = 0,10197 kps/m²
Kinematische ν Viscosität	m²/s	1 m²/s = 10^4 St (Stokes)
Arbeit W Energie W, E Wärmeenergie Q	J (Joule)	1 J = 1 Nm = 1 Ws = 1 kgm²/s² = 0,2388 cal = 0,277778 · 10^{-6} kWh = 1/4186,8 kcal = 0,37767 · 10^{-6} PSh = 0,101972 kpm
Leistung P Energiestrom E Wärmestrom Φ	W (Watt) J/s (Joule : Sekunde)	1 W = 1 J/s = 1 Nm/s = 1 kgm²/s³ = 10^{-3} kW = 0,101972 kpm/s = 0,238846 · 10^{-3} kcal/s = 1,3596 · 10^{-3} PS 1 kcal/s = 4186,8 W = 4,1868 kW = 4186,8 Nm/s oder kgm²/s³ = 5,69247 PS, 1 PS = 0,73549 kW, 1 PSh = 2,6478 MJ = 0,7355 kWh 1 kcal/h = 1,163 · 10^{-3} kW = 1,163 Nm/s oder kgm²/s³ = 0,00158 PS
Wärmeleitzahl λ	W/mK	1 W/mK = 2,38846 · 10^{-6} kcal/cm s grd = 3600 J/mhK = 10^{-2} J/cmsK = 3,67092 · 10^2 kpm/mhgrd = 0,859845 kcal/m h grd
Enthalpie H Enthalpie spez. h Heizwert H	J J/kg	1 J/kg = 0,1019 kpm/kg = 2,38846 · 10^{-4} kcal/kg = 2,77778 · 10^{-7} kWh/kg = 1 Nm/kg = 1 m²/s²
Entropie S Entropie spez. s	J/K J/kgK	1 J/kgK = 1 m²/s² K
Gaskonstante R	J/kgK	1 kcal/kgK = 4,1868 kJ/kgK
Wärmedurch-gangskoeffi-zient k	W/m² K	1 W/m² K = 1 kg/s³ K, 1 kcal/m² hgrd = 1,1630 W/m² K = 1,1630 J/m² sK

XI Stichwortverzeichnis

Angebote

leistungsfähiger

Unternehmen

(Firmenverzeichnis Seite A 60)

ESTEL ROHR

...ist mehr als nur ein Gütezeichen. Dahinter stehen unsere qualifizierten Mitarbeiter, eine umfangreiche Stahlrohrpalette für weite Bereiche der Technik und viele Dienstleistungen "Rund um's Rohr" in aller Welt.

Fordern Sie uns zum Leistungsbeweis heraus! Entscheidungshilfen geben wir schon in der Planungsphase. Sprechen Sie mit uns bzw. fordern Sie unsere detaillierten Prospekte an.

ESTEL ROHR

ESTEL ROHR AG
D-4700 Hamm
Telefon (0 23 81) 420-1
Telex 8 28 661

ESTEL

STEINMÜLLER

Wir planen und bauen komplette Rohrleitungssysteme. ✿

Wir liefern Hoch- und Niederdruckrohrleitungen aus ferritischen und austenitischen Stählen

für Industrieanlagen, konventionelle Kraftwerke, Kernkraftwerke und Chemieanlagen

Herstell- und Prüfverfahren entsprechen dem neuesten Stand der Technik. Bei der Planung und Konstruktion sowie bei der termingemäßen Abwicklung vor allem von Großaufträgen bedienen wir uns moderner Datenverarbeitungs-Systeme.

Unsere Schweißtechnik und unser Prüfservice helfen Ihnen bei der Lösung Ihrer Schweißprobleme.

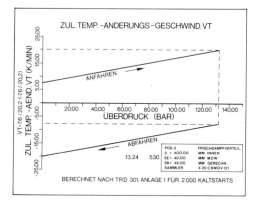

ZUL. TEMP. – ÄNDERUNGS – GESCHWIND. VT

ÜBERDRUCK (BAR)

ANFAHREN

ABFAHREN

POS.5		FRISCHDAMPFVERTEIL.
13.24	530	D = 400.00	MM INNEN
		SE = 40.00	MM MDW
		SB = 46.00	MM GERECHN.
		SAMMLER	X 20 CRMOV 121

BERECHNET NACH TRD 301, ANLAGE 1 FÜR 2 000 KALTSTARTS

Hilfsdampfverteiler für 320 MW

✿ Wir weisen den Weg zur besseren Lösung.

STEINMÜLLER

Energietechnik
Verfahrenstechnik
Umwelttechnik

L. & C. Steinmüller GmbH
Postfach 100855/100865
D-5270 Gummersbach
Telefon-Sammel-Nr. 02261/851
Telex 884551

A 7709-04-03

Pionierleistungen der Technik.

Im Guinness-Buch der Rekorde stehen wir nicht. Noch nicht. In die Annalen der Großrohrtechnik haben wir uns immer wieder eingeschrieben. Durch unsere Pionierleistungen.

Wir liefern Großrohre. Was uns von anderen unterscheidet: Wir liefern Großrohre für extreme Bedingungen. Großrohre aus Stahl. GES-Spiralrohre.

Unsere Rohre werden zu Pipelines. Überall in der Welt. In allen Regionen und Klimazonen. Sie halten arktischen Bedingungen stand. Sie liegen in der Wüstenhitze Afrikas und des Nahen Ostens. Sie überwinden in Südamerika die Anden. Sie liegen unter Wasser in der Nordsee, im Mittelmeer, im Persischen Golf, im Golf von Guinea.

Überall transportieren sie wirtschaftlich und sicher Öl und Gas, Wasser und Feststoffe.

Umweltfreundliche Transportwege. Sie sichern unsere Energieversorgung. Wie in den Ferngassträngen, die Ost- und Westeuropa verbinden.

Diese Erfolge sind uns nicht in den Schoß gefallen. Pionierarbeit auf vielen Gebieten stand davor. Wir haben z. B. die Entwicklung der hochfesten Großrohrstähle maßgeblich beeinflußt und vorangetrieben. Von uns gesetzte Maßstäbe der Qualitätssicherung und -kontrolle sind heute weltweit Standard. Für uns sind sie Verpflichtung zur Weiterentwicklung.

Wir sind stolz darauf, Pionierarbeit geleistet zu haben und informieren Sie gern im einzelnen.

GROSSROHRKONTOR
ESTEL SALZGITTER
Schwanenwall 23
D-4600 Dortmund 1
Telefon: (0231) 57 94 46
Telex: 08 22 71 12
Telefax/Telecopy II

GES

Mitteilung an: EK
Bitte Info von GES anfordern

IIa-Stahlrohre

☐ nahtlos und geschweißt ☐ genormte und unge-
normte Abmessungen ☐ Fixlängen ☐ Hohlprofile,
vierkant und rechteck ☐ sofort ab Lager

Direktwahl: Telefon (0209) 801-415/418
Telex 8 24 10 060 em d

EISEN UND METALL
AKTIENGESELLSCHAFT

**Ahlmannshof 22 · Postfach 549
4650 Gelsenkirchen**

Rohrschutzsysteme nach DIN 30 672

- Evo-Binde Typ K 1
- Evo-Poly-Plastbinde
- Evo-universal-Binde
- Evo-Bitumenbinde A 1
- Testo-Binde 1,5 mm
- Testo-Binde 0,8 mm
- Evolen-Band B 60
- Evolen-Band B 80

Die Konsequenz:

was Ihre Werte schützen soll,
muß
selbst ein Werterzeugnis sein.

Dipl.-Ing. Dr. E. Vogelsang
GmbH & Co. KG

KUNSTSTOFF- UND KORROSIONSSCHUTZWERK

Industriestraße 2
Postfach 1840
4352 HERTEN/WESTF.
Ruf (0 23 66) 3 70 01 u. 3 50 71
Telex 8 29 755
Telegramme: Drevo

Sicherheit in Rohrleitungssystemen

Vielwandige
HYDRA Kompensatoren

aus Edelstahl oder Sonderlegierungen. Die vielwandigen HYDRA Kompensatoren garantieren höchste Betriebssicherheit; sie sind korrosionssicher, vakuumdicht, druckfest, temperaturbeständig und zeichnen sich aus durch hohe Elastizität und lange Lebensdauer.

Abmessungsbereich
DN 15-12000

HYDRA Federhänger
und Konstanthänger

sind wartungsfrei,
betriebssicher
und robust.
Sie zeichnen sich
besonders aus
durch exaktes,
der Vorausberechnung
entsprechendes
Tragverhalten.

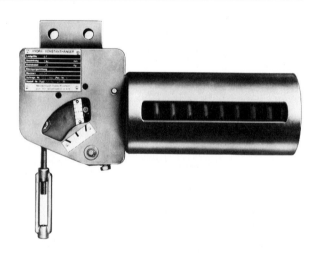

Ausführliche Unterlagen bitte anfordern:
Taschenbuch Nr. 456 "Kompensatoren"
Druckschrift Nr. 551 "Federhänger"
Druckschrift Nr. 552 "Konstanthänger"
Druckschrift Nr. 553 "Rollenlager"

WITZENMANN GMBH
Metallschlauch-Fabrik Pforzheim
D-7530 Pforzheim, Postfach 1280
Tel. (07231) 5811, Telex 0783828-0

A 6

UP-längsnahtgeschweißte Stahlrohre

Durchmesserbereich 508 – 4.000 mm
Wanddicken 6,3 – 120 mm
Herstellungslängen bis zu 12 m

Unsere längsnahtgeschweißten Stahlrohre finden Verwendung als
Leitungsrohr für alle Medien
(z. B. Kraftwerksbereich)
Konstruktionsrohr
(z. B. Offshore und Hafenbau)
Maschinenbaurohr
(z. B. Walzen)

Herstellung erfolgt nach allen nationalen und internationalen Normen und Stahlgüten.

Eisenbau Krämer

60 Jahre Qualität

Hauptverwaltung: An der Bahn 52 · Postfach 40 20
D-5912 Hilchenbach-Dahlbruch · Telefon (0 27 32) 29 81-84
Telex 8 75 554 ebkd · Telegramme Eisenbaukrämer Dahlbruch

Werk 1
Hilchenbach-
Dahlbruch

Werk 2
Recklinghausen-
Süd

Sicherheit durch Qualität

Wir planen und bauen bis zur betriebsfertigen Übergabe Rohrleitungssysteme und Anlagen für die Industrien der Chemie, Petrochemie, für Kraftwerke, Hüttenwerke und für die Gas-, Wasser- und Wärmeversorgung nach neuesten deutschen und internationalen Vorschriften.

Wir besitzen internationale Zulassungen.

 HUBERT SCHULTE

ROHRLEITUNGSBAU GMBH - BOCHUM

ein Unternehmen der Salzgitter-Gruppe

4630 Bochum 5 · Postfach 50 02 09 · Telefon (02 34) 4 99 41 · Telex 08 25 546

DEUTSCHE BABC⬤CK WERKE

Rohre sind noch keine Rohrleitungssysteme

Die Deutsche Babcock Werke Aktiengesellschaft gehört auch auf dem Rohrleitungssektor zu den bedeutendsten Gesellschaften Europas. Mit mehr als 5000 qualifizierten Mitarbeitern und durch das in unserer Unternehmens-Gruppe vorhandene Know-how ist der Geschäftsbereich Rohrbau Ihr Partner bei der Realisierung Ihrer Objekte.

Unser Angebotsprogramm umfaßt die
- Planung
- Berechnung
- Konstruktion
- Qualitätssicherung
- Qualitätskontrolle
- Fertigung
- Montage
- Dokumentation
- Wartung

von kompletten Rohrleitungssystemen und Teilanlagen
- für alle Medien
- aus allen Werkstoffen
- in allen Druck- und Temperaturbereichen

Unsere weltweiten Aktivitäten erstrecken sich im wesentlichen auf folgende Arbeitsgebiete:

Kraftwerksgebundener Rohrleitungsbau

Kernkraftwerke
konventionelle Kraftwerke
Industriekraftwerke
Heizkraftwerke
Müllverbrennungsanlagen

Industrieller Rohrleitungsbau

Raffinerien
petrochemische Anlagen
chemische und
pharmazeutische Anlagen
Hüttenindustrie
Bergwerksindustrie

Zellstoff- und Papierindustrie
Textilindustrie
Nahrungs- und
Genußmittelindustrie
Großtanklager
Fernwärmesysteme

DEUTSCHE BABCOCK WERKE AKTIENGESELLSCHAFT · D-4200 OBERHAUSEN 1

3.1/1

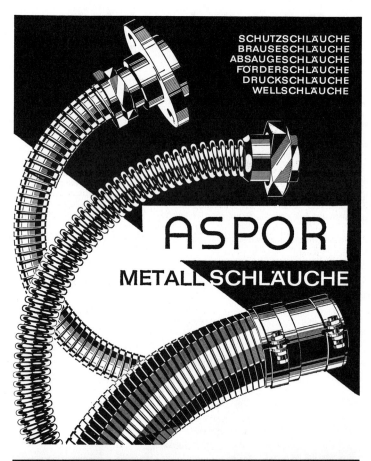

SCHUTZSCHLÄUCHE
BRAUSESCHLÄUCHE
ABSAUGESCHLÄUCHE
FÖRDERSCHLÄUCHE
DRUCKSCHLÄUCHE
WELLSCHLÄUCHE

ASPOR

METALLSCHLÄUCHE

ALBERT SPECK KG

METALLSCHLAUCHWERK · KIESELBRONN/PFORZHEIM
POST: 753 PFORZHEIM · POSTFACH 1640
TELEFON: PFORZHEIM (07231) 51061/51062 · FERNSCHREIBER: 783832

MANNESMANN
RÖHRENWERKE

Rohransichten

Das Stahlrohr hat viele Gesichter. Es kann rund sein, eckig oder oval. Mit Außendurchmessern von 1 mm bis über 2.000 mm, mit hauchdünner oder sehr dicker Wand.

Und es hat recht unterschiedliche Eigenschaften, die sich aus der Zusammensetzung des Stahls oder aus der Art seiner Herstellung ergeben. Es kann z. B. Hitze, tiefen Temperaturen, hohen Drücken oder mechanischen Belastungen sowie einer Vielzahl von Korrosionsarten schadlos widerstehen.

Mit dem Stahlrohr wird zu den tiefsten Lagerstätten von Erdöl und Erdgas vorgedrungen.

Das Stahlrohr begegnet uns als Teil von Leitungen unter der Erde, über der Erde, in den kältesten und heißesten Erdregionen oder auf dem Grund von Flüssen und Meeren, für den Transport von Wasser, Erdöl, Gas, Fernwärme, chemischen Produkten, Feststoffen.

Oder es begegnet uns als Konstruktionselement im Stahlbau, im

Maschinen- und Fahrzeugbau, im Anlagenbau der Chemie und Petrochemie sowie im Kraftwerksbau.

Wenn es um das Stahlrohr geht, wenn es mit seiner Hilfe Neues zu entwickeln gibt, ist Mannesmann mit seiner Forschung, seinen Stahl- und Rohrwerken dabei.

Ⓜ **Mannesmannröhren-Werke AG**
Postfach 1104, 4000 Düsseldorf
Telefon (0211) 875-1

7738/2

Kompensatoren

in fast allen
Ausführungen
und Größen

für Chemie-
u. Hüttenwerks-
anlagen liefert

WEIGEL&CO

5900 Siegen 31 (Eiserfeld) · Postf. 310232
Telefon (0271) 383911 · Telex 0872791

A 12

Coroplast
Korrosionsschutzsysteme

25 Jahre Erfahrung sichern Qualitätsvorsprung.

Coroplast-Korrosionsschutz vor 25 Jahren

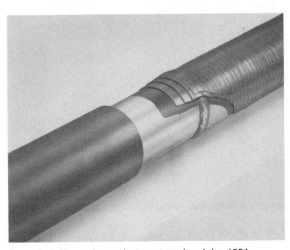

Coroplast-Korrosionsschutzsystem im Jahr 1981
nach den Richtlinien des DIN/DVGW und TÜV

Coroplast

Coroplast Fritz Müller KG
Postfach 20 11 30 · D-5600 Wuppertal 2
Ruf (02 02) 6 95-1 · FS 8 591 632 a cor d

PROTEGOL® 32-10

Stahl-Kunststoffverbundsystem für hoch beanspruchte
Rohre, Armaturen und Formteile
in der Gas-, Öl- und Wasserfernversorgung

Einsatzgebiete

- Werkseitige Beschichtung von Rohren, Armaturen und Formteilen
- Rohre in Kompressorstationen
- Kühlwasserleitungen in Kernreaktoren

- Pipelines für Gas-, Öl- und Wasserfernversorgung
- Durchpreß- und Schutzrohre
- Off-shore-pipelines

 TEGO Industrie- und Bauchemie GmbH
Fachbereich Reaktionsprodukte · Tel. (0621) 89 01-427
Mülheimer Straße 16-22 · D-6800 Mannheim 81

Der weltgrösste Abzweiger für das erweiterte Wasserkraftwerk Tarbela

mit einem Einlassdurchmesser von 13.26 m wurde kürzlich von Escher Wyss gebaut und nach Pakistan geliefert.

Für dasselbe Kraftwerk ist schon vorgängig eine von Escher Wyss erstellte Verteilleitung mit einem Einlassdurchmesser von 10.98 m mit 3 Abzweigern und 4 Sicherheits-Drosselklappen mit Durchmessern von 5200 mm montiert worden.

Damit hat sich Escher Wyss für den Bau von Druck- und Verteilleitungen hydro-elektrischer Kraftanlagen erneut qualifiziert.

Escher Wyss ist bekannt für grösste Rohre und Stollen-panzerungen in Baustellen-Fertigung, in Stahlqualitäten mit Streckgrenzen bis zu 700 N/mm².

▲ Werkmontage eines Abzweigers mit einem Einlassdurchmesser von 10.98 m für das Wasserkraftwerk Tarbela/Pakistan.

ESCHER WYSS®

SULZER-KONZERNMITGLIED

Escher Wyss Aktiengesellschaft
CH-8023 Zürich/Schweiz
Telex 53906

Lizenznehmer für Abzweiger und Verteilleitungen:

Waagner-Biró AG
Graz/Oesterreich

Neyrpic-BVS S.A.
Grenoble/Frankreich

Kurimoto
Iron Works Ltd.
Osaka/Japan

ACEC
Charleroi/Belgien

60.82 d

FROH

Carl Froh
Röhrenwerk GmbH & Co
Inhaber: Fam. Vellmer
D-5768 Sundern-Hachen
Postfach 2040
Tel. 02935/811
FS-Nr. 084227

Ihr Spezialist
für Ihr Generalproblem:
Präzisions-Stahlrohr

Abmessungsbereich:
2,5 bis 80mm
Außendurchmesser,
0,4 bis 4mm
Wanddicke.

Wir fertigen:
geschweißte Präzisions-Stahlrohre
und Stahlrohre, rund und profiliert,
in handelsüblicher Ausführung –
aber auch mit besonderer Maßgenauigkeit
und nach besonderen Gütevorschriften.
Rohre mit außergewöhnlichen
Oberflächen- und Verformungsanforderungen,
geschliffen, galvanisiert und
nach Ihren Wünschen bearbeitet,
Halb- und Fertigteile
aus unseren Rohren.

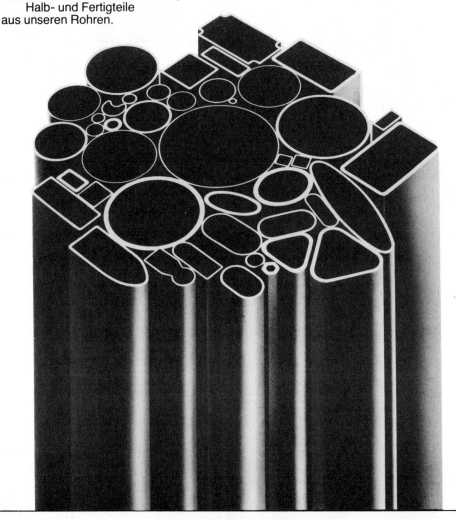

GESCHWEISSTE QUALITÄTS **ROHRE**
GESCHWEISSTE HANDELS
FLANSCHEN- UND MUFFEN
PE-UMMANTELTE GESCHWEISSTE

VON DER
NEUNKIRCHER
EISENWERK AG

ein Unternehmen der ARBED-Gruppe

WERK
HOMBURG

POSTFACH 1554
6650 HOMBURG (SAAR)
TELEFON 06841/193-1

Sicherheit für vielseitigen Einsatz PE-ummantelter Rohre.
Ob Schlauch- oder Wickelverfahren, die Ummantelungsanlagen von Reifenhäuser produzieren mit größter Präzision.

Rohre aus Metall oder Kunststoff werden den harten Anforderungen in zahlreichen Einsatzgebieten durch eine schützende und isolierende PE-Ummantelung gerecht. Ob mit Einfach- oder Verbundmantel ausgerüstet, man kommt am PE-Mantel nicht mehr vorbei.
Beim Stahlrohr, dem bevorzugten Transportmittel für Güter unterschiedlichster Art, besonders für Flüssigkeiten und Gase, ist die PE-Ummantelung unentbehrlich geworden.
Durch seine günstigen physikalischen und chemischen Eigenschaften hat Polyäthylen als Mantelmaterial im Vergleich zu anderen Isolier- und Schutzmitteln erhebliche Vorteile:

● guter Korrosionsschutz sowie eine hohe Beständigkeit gegen aggressive Bestandteile im Erdreich
● beste Hafteigenschaften der Ummantelung durch Haftvermittler oder Kleber
● glatte, dichte und mechanisch zähelastische Oberfläche
● hoher elektrischer Widerstand
● UV-Beständigkeit
● geringe Wasserdampfdurchlässigkeit und hohe Bruchdehnungskoeffizienten

Ob Schlauch- oder Wickelextrusion, Reifenhäuser hat beide Verfahren zur Perfektion entwickelt.
Reifenhäuser-Anlagen zur Ummantelung von Rohren bewähren sich seit vielen Jahren.
Wir bieten erstklassige Technik im Verfahren und Maschinenbau. Das Ergebnis ist größte Wirtschaftlichkeit bei bester Produktqualität. So werden z.B. die Bedingungen der DIN 30 670 mehr als erfüllt.
Wir haben für Ihre speziellen Anforderungen die passenden Lösungen. Setzen Sie sich mit unseren Fachberatern in Verbindung.

Reifenhäuser
Ihr Partner für Extrusion

Reifenhäuser GmbH & Co. Maschinenfabrik · Postfach 13 45 · D–5210 Troisdorf · Telefon (0 22 41) 8 81-1 · Telex 8 89 525

Röhrenlager Mannheim
Aktiengesellschaft

6800 Mannheim 1, Postfach 19 43
Friesenheimer Straße 19
Telefon: 06 21/3 94-1, Telex: 04-62 241

4000 Düsseldorf 1, Postfach 67 29
Königsberger Straße 80
Telefon: 02 11/72 11 95, Telex: 08-582 425

Wir liefern ab Lager und ab Werk
ins In- und Ausland.

Schäfer MASCHINEN

6 mal

RATIONALISIERUNG und HUMANISIERUNG

in der spanlosen Umformung

1. Mal

Blechrundbiegemaschiner für die Rohr- und Behälterfertigung.

2. Mal

Biegemaschinen für die Umformung von Rohren und Profilen.

3. Mal

Sicken- und Bördelmaschinen, sowie Expander für Rohr- und Blechendenverformung.

4. Mal

Automatische Fertigungsanlagen: vom Zuschneiden bis zum fertig verpackten Produkt.

5. Mal

Biege- und Richtmaschinen für das Biegen von z.B. Schiffsplatten.

6. Mal

Profil-Form- und Biegemaschinen.

Fischer-Werbung · 5908 Neunkirchen.

Unsere Maschinen verformen jedes Blech!
Vom dünnsten bis zum dicksten.
In jeden Abmessungen und in allen Qualitäten.

Wilhelm Schäfer KG D-5901 Wilnsdorf 1,
Telefon (0 27 39) 60 21, Telex 08 72 917 wsw d

**KORROSIONSSCHUTZ-
BINDEN FÜR DEN
ROHRLEITUNGSBAU
NACH DIN 30672**

KEBULIN-GESELLSCHAFT KETTLER & CO.

Ostring 9 · 4352 Herten-Westerholt · Ruf (02 09) 35 80 01 · Telex 08 24 708 · Drahtwort: Kebuchemie

Korrosions-Schutz

Korrosions-Schutz nach dem Stand der Technik heißt: mit kathodischem Schutz!

Spezielle Geräte für jeden Anwendungsfall garantieren optimale Leistung und höchste Zuverlässigkeit. Auch für hochspannungsbeeinflußte Rohrleitungen oder bei Streustrom-Beeinflussung.

Sprechen Sie mit Quante!

Wir beraten Sie gern und stehen mit dem entscheidenden know how zu Ihrer Verfügung. Die bewährte Qualität der Quante Schutzstromgeräte und unsere Erfahrung bieten Ihnen Sicherheit im Anlagenbau.

Für spezielle Anforderungen entwickeln wir „maßgeschneiderte" Geräte und Problemlösungen.

Geräte – Zubehör – Planung – Beratung.

Quante – Ihr Partner beim Anlagenbau.

 Quante

5600 Wuppertal 1 · Uellendahler Str. 353 · Tel. (02 02) 70 92-1 · T. Büros in: Berlin
Essen · Frankfurt · Hamburg · Hannover · Köln · München · Nürnberg · Stuttgart

A 22

Lieferprogramm:
Rohrleitungen für den konventionellen u. nuklearen
Kraftwerksbau (HD, MD, ND)
Rohrleitungen für die Chemie, Petrochemie, den
industriellen Rohrleitungsbau,
Konstruktion und Berechnung vorgenannter
Rohrleitungssysteme

W. + G. Esser GmbH
Rohrleitungsbau

4630 Bochum 1
Postfach 6 49 · Telefon: (02 34) 50 71 - 0
Telex: 08/25 702
Telefax: 50 71 - 200

BENTELER ▽

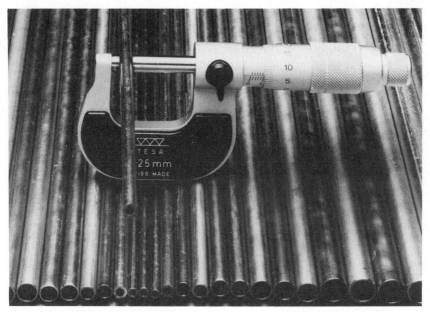

Für Stahlrohre mit Präzision gibt es einen Namen:
BENTELER ▽ Präzisionsstahlrohre

Fabrikationsprogramm
Benteler-Werke AG

Fabrikationsprogramm
Paderwerk
Gebr. Benteler

Nahtlose, kaltgezogene
Präzisionsstahlrohre nach
DIN 2391 (auch ent-
sprechend DIN 17175)

Geschweißte kaltge-
zogene Präzisionsstahl-
rohre nach DIN 2393/
DIN 2394
auch galv. verzinkt

Geschweißte
Geländerrohre

Bearbeitete
BENTELER-Stahlrohre

Spezialrohre für alle
Verwendungszwecke

Nahtlose Gewinderohre
nach DIN 2440/DIN 2441

Nahtlose Stahlrohre
nach DIN 1629

Nahtlose Rohre aus
warmfesten Stählen nach
DIN 17175

Nahtlose Flossenrohre
nach WKV - Norm 114 in
Anlehnung an DIN 17 175

Nahtlose Ölfeldrohre
nach API-Spezifikation

Wenn Sie weitere
Informationen über das
Benteler Lieferprogramm
wünschen, schreiben Sie
oder rufen uns an:

BENTELER-WERKE AG
Paderwerk Gebr. Benteler
Residenzstraße 1
D-4790 Paderborn
Telefon 0 52 54-8 11

A 24

HOLEC H-H
furnaces
Glühdienst

Die leichtgewichtige Lösung für schwergewichtige Glühprobleme

Ja, auf Ihrem Gelände glühen wir in unseren Leichtgewichtöfen (Temperatur bis 750°C) nach Ihren Wünschen bis zu den größten Abmessungen und Gewichten zu sehr günstigen Kosten.

Am gewünschten Ort bauen wir Ihnen leihweise einen Leichtgewichtofen "nach Maß" mit Standard-Bauelementen.

Die Glüharbeiten führen wir aus gemäß den Vorschriften der API-ASME Kode, BS1500 u.a. zu vereinbarten all-in Festpreisen, einschl. Glühdiagramme.

Besondere Vorteile dieser Verfahrensweise:
- kein Aufwand und keine hohen Kosten für Schwertransporte und Behandlung
- keine Gefahr zu Rißbildung während Transports
- keine Zeitverlust
- keine Abstimmungsprobleme
- unsere patentierten Ultramizing® Ölbrenner sorgen für eine leichtreduzierende Ofenatmosphäre (keinen Zunder und keine Rußbildung)
- Leichtgewichtöfen haben größte Temperaturgleichmässigkeit
- Temperaturmessung und -Registrierung nach Wunsch.

Wo ist der Glühdienst aktiv?
bei
. Atomkraftwerken
. Raffinerien
. Gasstationen
. Chemischen Industrien
. Schiffswerften
. Kesselfabriken
. Bohrinseln
. Montagestellen
. Maschinenfabriken
. Transportleitungen auf freiem Feld.

Es lohnt sich mit uns in Kontakt zu treten. Wir beraten Sie kostenlos.

QA 111D

Glühdienst

Postfach 68, 6500 AB Nijmegen, Holland.
Fernruf: (080) 543876 Fernschreiber: 48167 oven nl

A 25

FUCHSROHRE

VORSPRUNG VOM SPEZIALISTEN

3452

Wir haben uns von Anfang an auf die Herstellung weniger Rohrsorten spezialisiert.
Wir haben mit modernen Technologien und Prüfverfahren diese Produkte gezielt weiterentwickelt.
Wir haben ein Team von Mitarbeitern, das sich auf die Probleme unserer Kunden eingestellt hat, das jederzeit erreichbar ist und schnellstens reagiert.

Produkte mit Vorsprung: Rohre von Fuchs
... denn wir haben die Technik, das Know-how und den richtigen Service.

Stahlleitungsrohre für Gas und Wasser
kunststoffummantelt
kunststoffummantelt und zementmörtel-
ausgeschleudert

Hausanschlußrohre mit Kunststoffummantelung

Mediumrohre für Fernwärmeleitungen

Rohre für die Bergbautechnik

Konstruktions- und Siederohre

Rohrformstücke

RÖHRENWERK GEBR. FUCHS GMBH

Postfach 126124 · 5900 Siegen 1 · Telefon: (02 71) 67 02 · Telex: 0872862

A 26

Qualität für höchste Ansprüche und individuelle Verformungen

Geschweißte Präzisions-Stahlrohre

DIN 2393
DIN 2394
Außen ⌀ 5–115 mm
Wandstärke von 0,5–6,5 mm

V.W. WERKE VINCENZ WIEDERHOLT
GmbH & Co. KG

Postfach 1187, D-4755 Holzwickede, Tel.: 0 23 01/8 01, Telex 08 22 248

IROSE GmbH
Industrie-Rohrleitungsbau

●

Bürgerbuschweg 3
5090 Leverkusen 3 (Fixheide)
Telefon (0 21 71) 8 14 44 / 8 15 55 / 8 19 99
Telex 8 515 911

●

Beratung, Projektierung
Konstruktion, Lieferung und Montage
für folgende Fachgebiete:

**Reaktor-Anlagenbau
Chemie- und Kesselrohrleitungsbau
Stillstandsarbeiten
Lüftungs- und Klimatechnik**

Nahtlose Stahlrohre

Nahtlose Gewinderohre
Nahtlose Siederohre
Nahtlose
Präzisionsstahlrohre
Nahtlose Kesselrohre
Nahtlose Kugellagerrohre
Nahtlose Zylinderrohre

Eisenwerk Gesellschaft
MAXIMILIANSHÜTTEmbH
8458 Sulzbach-Rosenberg
Tel. (09661) 81, Telex mhrohr d 063808

A 29

Zylinderrohre und Kolbenstangen
zur Herstellung von Teleskopzylindern

Aus eigener Fertigung:

Zylinderrohre, innen gehont, Toleranzen H7–H11, Rauhigkeit Ra unter 0,5 μm, außen unbearbeitet, nach DIN 2391 bzw. DIN 2448, in den Güten St 35 oder St 52

Kolbenstangen, innen gehont, Toleranzen H7–H11, Rauhigkeit Ra unter 0,5 μm, außen geschliffen und poliert, hartverchromt, Auflage 25–30 μm, Toleranz f 7, Rauhigkeit Ra unter 0,5 μm, Güte St 35 bzw. St 52

Kolbenstangen aus Vollmaterial, geschliffen und poliert, hartverchromt, Auflage 25–30 μm, Toleranz f 7, Rauhtiefe Rt max. 2 μm, Güte C 45 oder St 52.3

Eduard Schierle
Stahlrohr-Großhandel
4000 Düsseldorf, Postf. 7204
Höherweg 264
Tel. 02 11 / 7 33 46 49
FS 08 582 565

SCHIERLE

Programme mit „Pfiff"

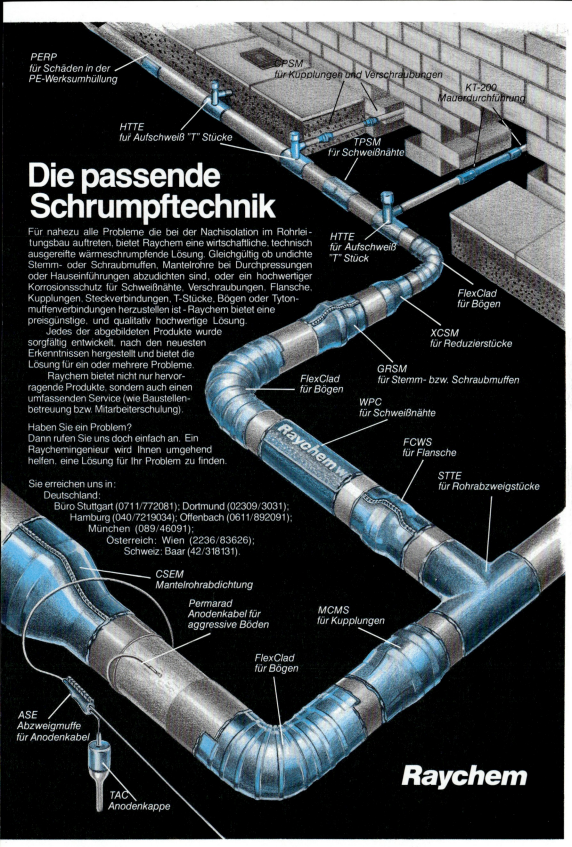

PERP
für Schäden in der
PE-Werksumhüllung

CPSM
für Kupplungen und Verschraubungen

KT-200
Mauerdurchführung

HTTE
für Aufschweiß "T" Stücke

TPSM
für Schweißnähte

Die passende Schrumpftechnik

Für nahezu alle Probleme die bei der Nachisolation im Rohrleitungsbau auftreten, bietet Raychem eine wirtschaftliche, technisch ausgereifte wärmeschrumpfende Lösung. Gleichgültig ob undichte Stemm- oder Schraubmuffen, Mantelrohre bei Durchpressungen oder Hauseinführungen abzudichten sind, oder ein hochwertiger Korrosionsschutz für Schweißnähte, Verschraubungen, Flansche, Kupplungen, Steckverbindungen, T-Stücke, Bögen oder Tytonmuffenverbindungen herzustellen ist - Raychem bietet eine preisgünstige, und qualitativ hochwertige Lösung.

Jedes der abgebildeten Produkte wurde sorgfältig entwickelt, nach den neuesten Erkenntnissen hergestellt und bietet die Lösung für ein oder mehrere Probleme.

Raychem bietet nicht nur hervorragende Produkte, sondern auch einen umfassenden Service (wie Baustellenbetreuung bzw. Mitarbeiterschulung).

Haben Sie ein Problem?
Dann rufen Sie uns doch einfach an. Ein Raychemingenieur wird Ihnen umgehend helfen, eine Lösung für Ihr Problem zu finden.

Sie erreichen uns in:
 Deutschland:
  Büro Stuttgart (0711/772081); Dortmund (02309/3031);
   Hamburg (040/7219034); Offenbach (0611/892091);
    München (089/46091);
     Österreich: Wien (2236/83626);
      Schweiz: Baar (42/318131).

HTTE
für Aufschweiß "T" Stück

FlexClad
für Bögen

XCSM
für Reduzierstücke

GRSM
für Stemm- bzw. Schraubmuffen

FlexClad
für Bögen

WPC
für Schweißnähte

FCWS
für Flansche

STTE
für Rohrabzweigstücke

Raychem

CSEM
Mantelrohrabdichtung

Permarad
Anodenkabel für
aggressive Böden

MCMS
für Kupplungen

FlexClad
für Bögen

ASE
Abzweigmuffe
für Anodenkabel

TAC
Anodenkappe

Raychem

PLANUNGS-GESELLSCHAFT MBH

FÜR ROHRLEITUNGEN
STAHL- UND MASCHINENBAU
DINSLAKEN

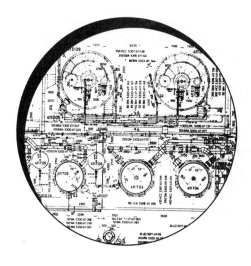

THYSSENSTR. 127
4220 DINSLAKEN
TEL. (02134) 5924

**Wir beraten
entwerfen, planen
berechnen
konstruieren, liefern
überwachen**

**im
Stahlbau
Rohrleitungsbau
Maschinenbau
Anlagenbau**

**Hüttenwerke
Stahlwerke
Walzwerke
Chemiewerke
Bergwerke
Kokereien
Kraftwerke**

Rohre und Rohrver- bindungs- teile aus Stahl und Edelstahl nach DIN- ISO-ANSI

Balthasar klein Stahlrohrhandel

Schmiedestraße 18
4000 Düsseldorf 1
Fernsprecher (0211) 77 20 73/74
Fernschreiber 08 582 139

A 33

Hier geht es um Sicherheit

Ein Spiralrohr in der Schweißnahtprüfung. Damit wird eine Vorausset-
zung geschaffen für sichere, zuverlässige Rohrleitungen. Eine andere
Prüfung ist schon vorausgegangen: Das Blech oder Band wurde beim
Hersteller auf Produktionsfehler untersucht. Die dritte Prüfung folgt dann
nach dem Zusammenschweißen der Rohre: Kontrolle der Rundnähte.
Alle drei Prüfungen werden mit Ultraschall durchgeführt.

Die Ultraschall-Prüfung garantiert für Sicherheit im Rohrleitungsbau.
Egal, ob Gas, Öl oder Schüttgüter transportiert werden. Achten Sie darauf, daß auch Ihre Rohrleitungen ultraschallgeprüft sind! Viele Kontroll-
organe in aller Welt verlangen es!

Krautkrämer stellt automatische Anlagen und Geräte zur Blech-, Rohr-
und Schweißnahtprüfung her. Profitieren Sie vom Know-how einer Firma, die seit 30 Jahren zu den führenden Herstellern der Welt gehört.
Nennen Sie uns Ihre Prüfaufgabe. Wir finden die Lösung.

KRAUTKRÄMER

Krautkrämer GmbH, Postfach 42 02 50, 5000 Köln 41, Tel. 47 26-1

ein SmithKline-Unternehmen

P15

BERGROHR GMBH DÜSSELDORF

Wir liefern:
up-längsnahtgeschweißte
Stahlrohre für Gas-, Wasser-,
Ölleitungen oder als
Bauelement.

Außendurchmesser:
508–4064 mm (20″–160″)
Wanddicken:
5,56–82 mm (0.219″–3.250″)
Herstellungslängen: bis 12 m

Bergrohre entsprechen dem
neuesten technischen Stand
und sind von hoher Qualität.
Wir verwenden alle einschlägigen
Stahlgüten und fertigen nach bekannten in- und ausländischen
Normen.

Bergrohr GmbH Düsseldorf
Graf-Adolf-Straße 20 · 4000 Düsseldorf
Telefon (0211) 37 70 83 · Telex 8 587–110

Industrie- & Pipeline-Service
Gerhard Kopp GmbH

D-4450 LINGEN 1
Friedrich-Ebert-Straße 131
Telefon 05 91/70 48/49
Telex 98 811 ipsko d

Wir haben uns auf die Pipeline-Betriebssicherheit spezialisiert!

Unser Service- und Lieferprogramm:

- Dichtheits- und Festigkeitsprüfungen an Rohrleitungen aller Durchmesser
- Trocknen und Konservieren von Rohrleitungen (patentiert)
- Lecksuche mit elektronischen Spezialmolchen
- Herstellung und Vertrieb von Druckprobenzubehör
- Vermietung von Kompressoren und großvolumigen Pumpen
- Beratung und Engineering

 **Sicherheit geht vor. Rufen Sie uns an.**

Fernwärme
aus einer Hand

Fernwärmetransportleitung 2 x DN 1000 im Bau

Fernwärme ist die wirtschaftlichste Art im großen Stil Energie zu sparen. Die von uns geplanten und ausgeführten Anlagen bestätigen dies jeden Tag aufs neue.

Nutzen Sie unsere jahrzehntelange Erfahrung in der Planung und im Bau von Fernwärmeversorgungsanlagen.

Unsere Leistungen gelten im übrigen nicht nur für Teilbereiche, sondern wir erstellen für Sie die komplette Anlage inclusive Planung, Bau und Bauleitung.

Unser Leistungsspektrum umfaßt die Bereiche

Energieversorgungsuntersuchungen zur sinnvollen Abgrenzung der Fernwärme gegenüber anderen Versorgungsmöglichkeiten

Forschungs- und Entwicklungsvorhaben z.B. auch Nutzung von Erdwärme und Windenergie

Wärmeerzeugungsanlagen

Wärmeverteilungsanlagen

Wärmeübergabestationen

KRAFTANLAGEN AKTIENGESELLSCHAFT
Im Breitspiel 7, Postfach 10 34 20
6900 Heidelberg 1
Tel. (0 62 21) 39 41, Telex 04 61 831

Flansche, Ringe Bunde

in DIN- und <u>allen</u> gewünschten sonstigen Maßen aus Deutschlands ältester Spezialfabrik für Flansche.

Flanschenfabrik Hüttental GmbH

Postfach 210387
D-5900 Siegen 21
Telefon (0271) 76035/36
Telex 0872889 ring

A 38

Eine Übersicht für alle, die noch keine haben.

Stoßbremsen

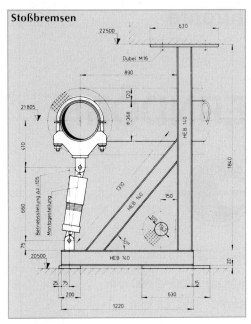

Standard-Halterungen

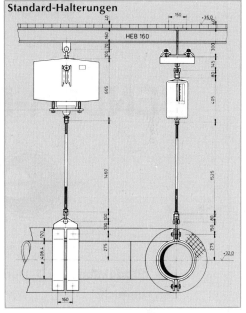

Folgende Hauptproduktgruppen stehen für Sie zur Verfügung:

Federhänger · Federstützen · Konstanthänger Stoßbremsen · Gelenkstreben · Zubehörteile Sonderkonstruktionen

Für die sichere Halterung oder Führung komplexer Rohrleitungssysteme hält LISEGA ein **komplettes Programm standardisierter Bauelemente** für Sie bereit. Zur starren und elastischen Lastabtragung und – natürlich – zur Absicherung bei Störfällen. Anwendungs- und Entwicklungsingenieure sorgen dafür, daß die Bauteile dem neuesten Stand der Technik und den aktuellen Anforderungen entsprechen.

Für unsere Kunden bedeutet die Anwendung des Programms:
- Vermeidung aufwendiger Konstruktions- und Berechnungsarbeiten für die Entwicklung eigener Bauteile
- Einsparung von Vorprüf- und Dokumentationskosten durch eignungsgeprüfte Bauteile
- Ausrüstung von Anlagen jeder Anforderungsstufe durch entsprechende Anwendung eines ausreichenden Qualitätssicherungsprogramms
- EDV-gerechte Verarbeitungsmöglichkeit bei der Unterstützungsplanung durch eine vollständige Typisierung des Programms
- Günstige Verfügbarkeitszeiten durch eine rationelle Serienfertigung auf Lager.

Problemlösungen mit System

LISEGA Kraftwerkstechnik GmbH, Industriegebiet Hochkamp, Postfach 1340,
D-2730 Zeven-Aspe, Tel. (04281) 40 91, Telex 02 49621 Lisg d
LISEGA S.A., Z.I. La Marinière, Rue Gutenberg, Bondoufle, F-91032 EVRY Cedex,
Tel. 6. 0780481, Telex 69 1296

Richtungsweisend

für den Stahlrohrherstellungsbereich

Langnahtrohre

Spiralnahtrohre

BENDER-FERNDORF

Produktions-   Durchmesser   400—2 500 mm

bereich: Wandstärke   bis 25 mm

gem. allen deutschen und ausländischen Normen

API 5L, — 5LX, — 5LS — autorisierter Rohrerzeuger

EISEN- U. METALLWERKE FERNDORF
GEBR. BENDER

5910 Kreuztal-Ferndorf · Telefon (0 27 32) 29 46 · Telex 0 875 552

Gegründet 1917

FÖRSTER-ROTOMAT IDCS
prüft Stahlrohre 100 %ig, zerstörungsfrei, mit Streufluß-Verfahren

Der ROTOMAT IDCS prüft längsnahtgeschweißte und nahtlose Stahlrohre, mit
Außendurchmessern zwischen 40 und
650 mm ϕ, Außenfehler und Innenober-
flächenfehler zeigt er getrennt, mit gleicher
Empfindlichkeit an, er unterdrückt automatisch Störeinflüsse, z. B. Permeabilitäts-
einflüsse von der Schweißnaht oder
Polygon-Effekte, Fehler in der Schweißnahtzone werden mit der gleichen hohen
Sicherheit gefunden wie Fehler auf dem
übrigen Rohrumfang, die Prüfempfindlich-
keit kann während des Prüfens der
Schweißnahtzone automatisch umgeschal-
tet werden, dadurch kann — je nach gefor-
derter Prüfnorm — die Schweißnahtzone
oder der übrige Rohrumfang mit erhöhter
Empfindlichkeit geprüft werden. Der
ROTOMAT IDCS prüft und bewertet voll-
automatisch, er erfüllt die einschlägigen
API-Prüfnormen.

**INSTITUT
DR. FÖRSTER**

GmbH & Co. KG
Abteilung VWS
In Laisen 70
Postfach 925
D-7410 Reutlingen
Tel. (0 71 21) 20 51
Telex 729 781 ifr-d

ROHRLEITUNGEN
Von A bis Z

Das Produktionsprogramm der ARG-Mineralölbau GmbH reicht von Rohrleitungssystemen für Atomreaktoren bis zur Zulieferung von Rohrleitungskomponenten für den industriellen Rohrleitungsbau.

Wir planen, konstruieren, berechnen, fertigen und montieren Rohrleitungssysteme für alle Bereiche der Industrie.

ARG-Mineralölbau GmbH, ein führendes Unternehmen mit 1.800 Mitarbeitern bietet Rohrleitungsbau aus einer Hand von „A" bis „Z".

ARG-
mineralölbau
GmbH

Daniel-Goldbach-Straße 19

4030 Ratingen 1

A 42

UHLIG-
ROHRBOGEN

seit 1905

Ihr Partner für Rohrbogen und Formteile im Hoch- und Niederdruckbereich, für den Anlagen- und Stationsbau.

Hergestellt aus kalt- oder warmverformten Halbschalen, nach neuesten Regeln der Technik und amtlich anerkanntem Verfahren.

Aus Stählen nach DIN 17 155, 17 172, 17 175, 17 440 sowie VD-TÜV Blätter.

Durchmesser bis max. DN 2400 und Wanddicken bis 100 mm.

Zugelassen für Herstellung und Prüfung nach

        AD-Merkblatt WO/TRD 100
        AD-Merkblatt HPO/TRD 201

Großer Befähigungsnachweis gemäß DIN 4100 für Stahl- und Unterstützungsbau.

Fordern Sie bitte ausführliche Unterlagen bei uns an

UHLIG-Rohrbogen GmbH
Rohrbogen- und Metallwarenfabrik

Innerstetal 16, 3394 Langelsheim 1
Telefon 0 53 26/10 61, Telex 957 711

KAHLE

Planung,
Konstruktion,
Fertigung
und Montage
von Rohrleitungsanlagen

Unser Lieferprogramm:

Rohrleitungen und Anlagenbau mit Schwermontagen

Rohrleitungssysteme, insbesondere Hoch- und Mitteldruckleitungen für thermische und nukleare Kraftwerke. Rohrleitungen für Kühlwasser, Druckgase und Hochofengase. Rohrleitungssysteme für den gesamten industriellen Bedarf. Rohrleitungssysteme für Chemieanlagen einschließlich der Komponenten (Apparate, Kolonnen, Stahlbau). Doppelmantelrohrleitungen System „Kahle". Pipelines für Wasser, Gas, Dampf, Luft, Sauerstoff, Öl und Chemikalien. Drainagen und Druckluftleitungen für den Bergbau. Rohrleitungskomponenten wie Bögen, Sammler, Verteiler, Anschlußstücke, Unterstützungen, Stahlbau. Einspritzkühler System „Kahle". Schalldämpfer, Anfahr- und Ablaßentspanner. Apparate und Druckgefäße für alle Betriebsbedingungen, wenn erforderlich, auch nach Zeichnungen der Betreiber.

PAUL KAHLE
ROHRLEITUNGSBAU GMBH
Hansa-Allee 305 · Postfach 11 05 50
D-4000 Düsseldorf 11
Telefon (02 11) 59 91-1 · Telex 08 58 38-0

Ein Unternehmen der LENTJES-GRUPPE

A 44

DST

**Erdöl- und Erdgasförderung
Tiefbohrungen
Workover-Service
Wassertechnik
Rohrleitungsbau
Untertagespeicher
Industrieservice**

**Deutsche Schachtbau- und
Tiefbohrgesellschaft mbH**
Ein Unternehmen der Salzgitter-Gruppe

DST

Postfach 1360   Waldstraße 39
D-4450 Lingen/Ems
Telefon (0591) 6121   Telex 098840

F + D Gyssler

Titanrohre
Edelstahlrohre   **ARFA Röhrenwerke AG**
Stahlrohre   **4002 Basel Schweiz**   **ARFA**

Z 011

Zwischenbauklappe
in DIN-Baulänge

M 015

Zwischenbauklappe
in DIN-Baulänge, auch
mit der Möglichkeit des
einseitigen Rohrleitungs-
um- bzw. -abbaus

Neuester Stand der Fernwärme- u. Heizungstechnik

EBRO-Absperrklappen

- extrem kurze Baulänge, mit 10 mm starker Innengummierung, geringe Wärmeverluste
- absolut dicht, DIN-DVGW zugelassen
- wartungsfrei, korrosionsbeständig
- geringe Druckverluste bei sehr guter Regel- charakteristik
- preisgünstig

Weitere ausführliche Informationen
senden wir Ihnen gerne zu.

EBRO-ARMATUREN
Gebr. Bröer GmbH · Postf. 7147
Berliner Str. 37 · 5800 Hagen 7
Tel. (02331) 43251 · Telex 823151

EBRO

Continental
Großkompensatoren Typ 40

Große
Flexibilität

axial · lateral · angular
Niedrige Rückstellkräfte
Hohe Betriebssicherheit
Lange Standzeit

WILLBRANDT
GUMMITECHNIK

WILLBRANDT & CO. Schnackenburgallee 180, 2000 Hamburg 54
Telefon (040) 540 40 34, Telex 02 15 114

Stahlrohre, längsnahtgeschweißt, ab NW 300

Rohrbogen, gepreßt, längsnahtgescheißt, ab NW 250

Reduzierstücke, T-Stücke, sonstige Rohrformstücke

vorgefertigte Rohrleitungen.

WESTFALENWERK KG

Grebe u. Co.

Postfach 820

591 Kreuztal-Littfeld (Kreis Siegen)

Telefon (0 27 32) 8 00 31 · Telex 875 558

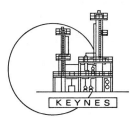

KEYNES

Ihr Partner bei:

– Planung

– Konstruktion

– Bauüberwachung

im

Apparatebau

Rohrleitungsbau

Stahlbau

Elektrotechnik

für die

● chemische und petrochemische Industrie

● Energieversorgung von Stahl- und Walzwerken

● Lagerung und Verteilung von Roh- und Fertig-produkten

KEYNES GMBH

Ingenieur- und Modellbaubüro

4000 Düsseldorf 1
Klosterstraße 73
Telefon 35 33 41-43
Telex 0858 7505

2000 Hamburg 54
Volksparkstraße 62
Telefon 5 40 70 87

Geschweißte Rohre aus nichtrostenden Stählen und Sonder-legierungen

**Spezialitäten:
Getränkerohre
nach DIN 11850
Berippte und
bestiftete Rohre**

E. A. GIESSEN GMBH & CO. KG

Ernst-Haeckel-
Strasse 18
8000 München 50
☎ (0 89) 8 12 37 29,
8 12 22 22 + 8 12 48 50
Telex 05 29 394 gies d

VON ARX

Das einfache, betriebssichere Geräteprogramm für die Rohrinnenbehandlung, auch für Baustellen geeignet

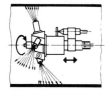

Sandstrahlen

3 verschiedene Modelle
für NW 70–1600 mm
Arbeitsleistung
bis zu 40 m²/h

Spezialmaschinen
für das Reinigen und
Beschichten von verlegten
Rohren

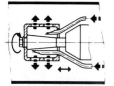

Beschichten

pneumatisch angetriebene
Farbschleudergeräte
2 Modelle für
NW 100–1200 mm
Arbeitsleistung je nach
Material bis 400 m²/h

VON ARX AG

Maschinenfabrik
4450 Sissach

VON ARX GmbH

D-8000 München 50
Menzinger Straße 85
Telefon (0 89) 8 11 56 55

Zum Verarbeiten von ein- und mehrkomponentigen
Farben, Email-Schlicker, Zementmörtel, usw.

H. J. Böcking
Rohrleitungsbau GmbH

Moritzstraße 6 · 6650 Homburg/Saar

Telefon: 0 68 41 / 7 37 37

FRITZ HIRSCH ROHRLEITUNGSBAU GmbH

4300 Essen-Bredeney
Frühlingstraße 36
Telefon (0201) 4 19 51 · FS 08-57 877
Zweigniederlassung
Flutstraße 92, 2940 Wilhelmshaven
Telefon (0 44 21) 50 23 74

Hirsch Rohrbau GmbH
Stenzelring 37 2102 Hamburg 93-Wilhelmsburg
Telefon (0 40) 75 12 81 · FS 02-162 288

Rohrbau Hirsch GmbH
Schulze-Delitzsch-Str. 12 · 3006 Burgwedel 1
Telefon (051 39) 50 19 · FS 09-23 191

Hirsch Rohrleitungsbau GmbH
Widenmayerstraße 46-V · 8000 München 22
Telefon (0 89) 22 93 67

Verlegen von Rohrleitungen für Gas und Wasser nach GW 1	Verrohrung von Spaltöfen für Raffinerien und Petrochemie
Komplette Anlagenmontagen	Pipeline- und Stationsbau
Werkstattarbeiten	Fernwärmeanlagen
	Beratung, Planung, Konstruktion.

Falls Sie Kupfer- oder Weichstahlrohre verlegen...

...sollten Sie die kostengünstigen
CONEX-Klemmringverschraubungen benutzen,
absolut sicher — schnell — einfach — im Handumdrehen,
nur mit Schlüssel, von 6-54 mm, DVGW-Zulassung für Gas
von 8–28 mm

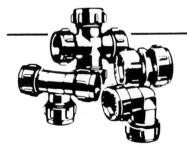

 HAGE

Wilhelm Hage KG
ROHRVERBINDUNGEN
Postf. 200154 · 6054 Rodgau 2
T: (0 61 06) 20 13 · FS: 04-17832

Schlangen aus allen Röhren-Stählen

Schmehmann GmbH

Rohrschlangenwerk
5439 Bad Marienberg
Ruf (0 26 61) 30 04
Telex 8 69 309 schmd

Qualitätsrohre aus der Schweiz

ROMAG – Spiralgeschweisste Stahlrohre

…haben sich bewährt als funktionssichere, wirtschaftliche Versorgungs- und Entsorgungsleitungen sowie für den Einsatz im Hoch- und Tiefbau und in der Industrie. ROMAG liefert sie mit zweckmässigen Aussen- und Innenschutzarten, wie PE, Bitumen, Verzinkung, Zementmörtel, Anstriche usw. Spiralgeschweisste Stahlrohre haben entscheidende Vorteile. Sie sind elastisch, gut schweiss- und formbar auf der Baustelle, für hohe Drücke geeignet und können dem Verwendungszweck angepasst werden.

Nennweiten:	100–1200 mm
Wandstärken:	von 1,75–11 mm
Ausführung:	DIN, API und andere
Stahlqualitäten:	bis St 52 oder entsprechend
Rohrlängen:	von kurzen Fixlängen bis max 14 m
Korrosionsschutz:	PE, Bitumen, Anstriche, Verzinken
Formstücke:	Standard und nach Zeichnung
Rohrenden:	z.B. Flanschen, Kupplungen, Einsteckmuffen, Fase 30°, usw.

Wenn Sie ein flexibles Rohrwerk suchen, das auch Sonderwünsche erfüllen kann, dann sprechen Sie mit

ROMAG

Röhren- und Maschinen AG

CH-3186 Düdingen/Schweiz,
Tel. 037/ 43 9131, Telex 36138

ANLAGENBAU  **PLANUNG**

FERNLEITUNGEN (DVGW Zul. G1 W1)

STAHLROHRLEITUNGEN nach DIN und ASA
für Gas und Wasser; Heizung; Energie und chemische Produkte

EDELSTAHL- oder KUNSTSTOFFLEITUNGEN
für Molkereien; Brauereien und Lebensmittelindustrie

MESS- und REGELTECHNIK – Durchflußzähler

STAHLKONSTRUKTIONEN – Treppen, Podeste

RIB-ROHRLEITUNGS- u. INDUSTRIEBAU GMBH
8070 Ingolstadt-Süd, Hennenbühl Nr. 20, Postfach 4,
Telefon 08 41/70 25–26
Telex 55 761

NORMA® Profilschellen
ein druckdichtes Verbindungsele-
ment für Rohr- und Deckelverbin-
dungen aus Stahl/verzinkt und
Chromnickelstahl.

Experte auf dem Spezialgebiet Schellen
Rasmussen GmbH
Edisonstr. 4 · Postf. 11 49 · D-6457 Maintal (Hochstadt)
Telefon 0 61 81 / 4 03–1 · Telex 04 184 872

NORMA

STRASSEN- UND TIEFBAU

HERMECKE KG

ROHRLEITUNGSBAU   G 1 + pe   W 1 + pe

4620 CASTROP-RAUXEL · POSTFACH 2020
RUF: 0 23 05 / 28 11

Telex 8 229 549

**Längsnahtgeschweißte Edelstahlrohre
DIN 2463 aus hitze- und säurebeständigen
Qualitäten sowie Sonderwerkstoffen**

Schweißung bis Faktor 1,0

Abnahme nach DIN 17440

Alle Abmessungsbereiche

DR. WERNER HERDIECKERHOFF
INDUSTRIEÖFEN — APPARATEBAU   Abt. Rohre

4750 UNNA · VIKTORIASTR. 10-12 · TEL. 02303/1971-76 · TX. 8229277

Jahrbuch der Dampferzeugungstechnik

931 Seiten, zahlreiche Bilder + Tafeln
Format 16,5 x 23 cm, Balacron, DM 164,—
Bestell-Nr. 2498, ISBN 3-8027-2498-4

Herausgegeben unter Mitwirkung der VGB
Technische Vereinigung der Großkraftwerks-
betreiber e.V. und des FDBR Fachverband
Dampfkessel-, Behälter- und Rohrleitungsbau e.V.

an dem über 125 namhafte Fachleute von
der Betreiber- und Herstellerseite mitge-
arbeitet haben.

Aufgabe des Jahrbuches der Dampferzeugungstechnik ist es, den neuesten Stand des
Dampfkesselbaues und -betriebes in über-
sichtlicher und zusammenfassender Form
aufzuzeigen. Gliederung und Aufbau des
Jahrbuches wurden beibehalten. Darüber
hinaus wurde die 4. Ausgabe durch die
Kapitel

**„Abwicklung von Genehmigungs- und Er-
laubnisverfahren für die Errichtung und
den Betrieb von konventionellen- und
Kern-Kraftwerken"**

und

**„Ausbildung des Betriebspersonals für Kraft-
werke"**

ergänzt.

Damit ist die 4. Ausgabe des Jahrbuches erneut eine unentbehrliche Informationsquelle
für das gesamte Fachgebiet „Dampferzeugungstechnik". Dieses Nachschlagewerk für
die Praxis eignet sich somit zur Vertiefung
des Fachwissens, zur Aus- und Weiterbil-
dung des technischen Nachwuchses und als
Geschenk an Geschäftsfreunde.

VULKAN-VERLAG

Haus der Technik, Postf. 10 39 62, 4300 Essen
Telefon (02 01) 22 18 51, Telex 8 579 008

**Flexible Rohrverbindungen
Elastische Lagerungen
Geräuschdämpfung**

STENFLEX

GUMMIKOMPENSATOREN

STAHLKOMPENSATOREN

LAGERELEMENTE

**STENFLEX
RUDOLF STENDER GMBH**
PF 65 0220 · 2000 Hamburg 65
Telefon (0 40) *5 24 00 56
Telex 2 174 285 ste d

BÖHLING

Rohrleitungs- und Apparatebau GmbH

2 Hamburg 28, Großmannstr. 118,
Tel.: 0 40/78 14 01, Telex: 2 163 229

Niederlassungen: Brunsbüttel · Hannover · Velbert · Karlsruhe · München

● Wir planen, liefern und montieren Anlagen unter Berücksichtigung Ihrer individuellen Betriebs- und Verfahrensbedingungen.

● Wir liefern und montieren nach von Ihnen zur Verfügung gestellten Unterlagen.

● Wir fertigen in unseren Werkstätten Apparate, Rohrleitungen und Formstücke nach Zeichnungen und Isometrien maßhaltig vor, zur späteren Anlagenkomplettierung.

● Wir liefern und verarbeiten sämtliche Werkstoffe vom einfachen Kohlenstoffstahl bis zu legierten ferritisch-austenitischen Stählen — abgestimmt auf die Fertigungsmöglichkeiten unseres Betriebes.

● Außerdem beinhaltet unser Liefer- und Fertigungsprogramm die Verarbeitung von Kunststoffmaterialien und NE-Metallen.

● Unsere Auftragsabwicklung ist erfolgsorientiert und setzt ein erfahrenes und ständig geschultes Fachpersonal — in technischer, kommerzieller und handwerklicher Qualifikation — voraus.

FRANKE GMBH

**Geprüftes Mitglied
Fachverband Kathodischer Korrosionsschutz**

PLANUNG · BAU · WARTUNG

von kathodischen Korrosionsschutzanlagen für Tanks · Rohrleitungen Seewasserkonstruktionen · Behälterinnenschutz · Einlaufbauwerke und Kraftwerkskondensatoren

DIPL.-ING. B. FRANKE VDE

Ing.-Büro für Elektrotechnik und Korrosionsschutz GmbH
Weiern 113, 5100 Aachen-Brand, Telefon (02 41) 52 08 23

Kunststoffrohr-Handbuch

Band I: Druckrohre für Wasser — Gas — Industrieleitungen

Koordiniert und zusammengestellt von Hj. Lauer unter Mitarbeit von H. Altmeyer — A. Graf von Bassewitz — N. Buchholz — G. Dahms — J. Graafmann — J. Gütlhuber — K.D. Hopf — K. Jensen — H. Lauer — H. Lindner — E. Mühlenberg — W. Müller — E. Setzer — H. Wimmershoff

418 Seiten, zahlreiche Bilder und Tafeln, Format DIN A 5, 1978, Plastikeinband, 86,— DM, Bestell-Nr. 2639, ISBN 3-8027-2639-1

Kunststoffrohre haben heute ihren festen Platz in der Wasser- und Gasversorgung, im industriellen Bereich, sowie in der Haus- und Grundstücksentwässerung und der Kanalisation. In einigen Bereichen haben sie andere Rohrwerkstoffe fast völlig abgelöst.

Der Hauptteil des Buches ist der Anwendung gewidmet, wobei innerhalb jeden Bereichs nach Werkstoffen gegliedert wurde. Viele Rohre und Formstücke sind für mehrere Bereiche anwendbar. Installationsvorschriften sind oftmals dieselben. Diesbezüglich bestand die Aufgabe, einerseits Wiederholungen weitestgehend auszuschließen und andererseits auf andere Kapitel und das damit verbundene umständliche Hin- und Herblättern zu vermeiden.

Neben den Hauptanwendungsgebieten Wasser-, Gas- und Industrieleitungen sind auch andere Anwendungsmöglichkeiten — Heizungsleitungen, Düker u.a. — in kurzen Abhandlungen beschrieben.

Ein eigenes Kapitel behandelt ausführlich alle bei Kunststoffrohren vorkommenden Verbindungstechniken incl. den Übergangsverbindungen auf Rohre anderer Werkstoffe. Ferner werden alle Rohrleitungsteile in einem gesonderten Abschnitt tabellenförmig dargestellt. Eine Übersicht über Normen, beschränkt sich auf den Druckrohrsektor, Tabellen über physikalische und chemische Eigenschaften sowie Diagramme zur Druckverlustermittlung in Gas- und Wasserleitungen schließen das Buch ab.

 VULKAN-VERLAG

Haus der Technik, Postf. 10 39 62, 4300 Essen
Telefon (02 01) 22 18 51, Telex 8 579 008

- für jeden Einsatz, für jeden Druck, für jede Temperatur
- nach DIN und ASA von 10–2000 mm ä.D. bis 50 mm Wand
- normale Stähle, warmfeste-, hitzebeständige-, kaltzähe-, rost- und säurebeständige Stähle.

petropiping
Kranz GmbH
Wiesenfeldstraße 5-7
6230 Frankfurt 80
Telefon 0611/34 50 34
Telex 04 16123 krnz

Flanschen
Bogen, T-Stücke
Reduzierungen, Kappen
Rohre, Rohrbiegungen
Sonderfertigungen
aus Vorrat oder extrem kurzfristig.

Weitere Fachbücher aus unserem Verlagsprogramm

Handbuch der Fernwärmepraxis
Grundlagen für den Bau und Betrieb von Fernheizwerken

2. Auflage 1981
Ing. grad. H. Hakansson
880 Seiten, zahlreiche Bilder und Tafeln, Format 16,5 x 23 cm, Balacron, DM 260,—, Bestell-Nr. 2501, ISBN 3-8027-2501-8
Nachdem die 1. Auflage des „Handbuches der Fernwärmepraxis" vergriffen war, ergab sich, allein durch die Aktualität des Themas, die Notwendigkeit einer Neuauflage. In den vergangenen Jahren hat die Fernwärme erheblich an Bedeutung zugenommen. Durch Programme und Förderungen der Bundes- und Landesregierungen ist die Fernwärme besonders gefördert worden. So wird z.B. der Ausbau der Fernwärme in NRW erst mit voller Kraft beginnen.
Fernwärme zählt zu den wenigen sauberen Energiearten. Nicht nur unter dem Gesichtspunkt des Umweltschutzes kommt dem Einsatz von Fernheizwerken und deren Verteilungsnetzen besondere Bedeutung zu. Sie ist heute ein wichtiger Faktor zur Deckung des gesamten Energiebedarfes in der Bundesrepublik und zur Erreichung der erhofften Unabhängigkeit vom Heizöl.
In der guten Aufnahme und dem schnellen Absatz, welche die 1. Auflage fand, sahen sich Verlag und Autor darin bestätigt, eine den heutigen Bedürfnissen angepaßte Ausgabe herauszubringen.
Unter Berücksichtigung der in der Zwischenzeit ergangenen Bestimmungen und der geänderten technischen Vorschriften wurde die 2. Auflage erarbeitet. Dabei wurde besonders auf die neuen gesetzlichen Bestimmungen für die Fernwärme und die Heizkostenverteilung eingegangen.
Neben den rechtlichen und technischen Voraussetzungen für die Fernwärme wurden auch die Aufgaben der Betriebsführung und der Vertragsgestaltung, auch unter Beachtung des Anschluß- und Benutzungszwanges, behandelt. Nach einer allgemeinen Einführung werden in den einzelnen Kapiteln die Probleme aus der Sicht der Praxis aufgezeigt.
Es wird ein Überblick über die Möglichkeiten für den praktischen Einsatz dieser Energieversorgung, sei es aus Heizkraftwerken und aus Fernheizwerken, gegeben.
Die Probleme werden in mathematischer und graphischer Methode erläutert. Mit den graphischen Darstellungen wird eine praxisnahe Hilfe für die Erstellung und den Betrieb der Fernwärmeanlagen gegeben. Insbesondere den Möglichkeiten über den Bau der Verteilungsnetze (Rohrnetzverlegung), der Ausbildung der Übergabestationen und der Abnehmeranlagen sowie der Tarifformen und der damit zusammenhängenden Wirtschaftlichkeit wurde besondere Bedeutung zugemessen. Durch Berücksichtigung aller genannten Faktoren erhöht sich der Umfang des Handbuches um ca. 60 % gegenüber der 1. Auflage.
Das Buch soll nicht nur den Betreibern von Fernheizwerken, Ingenieurbüros und auch den Abnehmern von Fernwärme Hilfen für den Bau und den praktischen Betrieb geben, sondern auch den Behörden der Kommunen, sowie Versorgungsunternehmen und Bauträgern in Fragen der Fernwärmeversorgung von Wohn-, Geschäfts- und Industriegebieten eine wesentliche Entscheidungshilfe und wichtige Informationsquelle sein.
In einem besonderen Abschnitt wird ein Fundstellenverzeichnis für die technischen Richtlinien und rechtlichen Bestimmungen auf Bundes- und Länderebene aufgeführt, das dem Fachmann viel Zeit ersparen und seine Arbeit wesentlich erleichtern kann.
Im Anhang des Buches stellt die Lieferindustrie ihre Produkte vor. Ein umfangreicher Lieferantennachweis gibt einen Überblick über die Zulieferindustrie für Fernwärmeversorgungsanlagen.
Mit der 2. Auflage soll für alle, die mit Fernwärme beschäftigt sind, ein Nachschlagewerk bereitstehen, das aktuell und von umfassender Bedeutung ist.

Taschenbuch Rohrleitungstechnik

4. Auflage 1982
Herausgeber: L. & C. Steinmüller, zusammengestellt von Prof. Dr.-Ing. D. Schmidt
208 Seiten, zahlreiche Bilder und Tafeln, Format 10,5 x 14,8 cm, Plastikeinband, 26,— DM, Bestell-Nr. 2646, ISBN 3-8027-2646-4
Nach wie vor besteht die Hauptaufgabe dieses Taschenbuches darin, dem Rohrleitungsplaner und Betriebsingenieur ständig greifbar zu sein, daher die Beschränkung im Umfang und das „taschenfreundliche" Format im weichen Kunststoffeinband.
Der stark komprimierte Inhalt eignet sich sowohl als Leitfaden für den Lehrenden wie auch als leicht erschwingliche Anschaffung für den Lernenden.
Bei der Zusammenstellung des Inhaltes wurden alle zur Zeit vorliegenden technischen Regeln in ihrer augenblicklichen Form zitiert. Dabei ließ es sich nicht vermeiden, daß das technische Maßsystem neben den gesetzlichen Einheiten immer wieder herangezogen werden mußte. Diese Erschwernis für den Leser ist durch die zur Zeit durchgeführte Umstellung auf die gesetzlichen Einheiten gegeben und wird alle technischen Publikationen in gleicher Weise treffen. Im Anhang ist eine sehr ausführliche Zusammenstellung der „alten" und „neuen" Einheiten zur jeweiligen Umrechnung zu finden, sie wird den in der Praxis oft nicht ganz einfachen Übergang auf die gesetzlichen Einheiten vereinfachen.
Inhalt: Berechnung — Werkstoffe des Rohrleitungsbaues — Stoffwerke — Kreiselpumpen — Meßtechnik — Normen und Tafeln — Einheiten, Umrechnungstafeln

Technische Durchflußmessung

mit besonderer Berücksichtigung neuartiger Durchflußmeßverfahren
II. Auflage
von o. Prof. Dr.-Ing. K. W. Bonfig
176 Seiten, 154 Bilder, Format 16,5 x 23 cm, 1982, fester abwaschbarer Einband, 56,— DM, Bestell-Nr. 2113, ISBN 3-8027-2113-5
Wenn Meßtechnik eine Grundlage der Automatisierungstechnik ist, so gilt das ganz besonders für die Technische Durchflußmessung. Die Bedeutung der Durchflußmeßverfahren — nicht immer voll bewußt — ergibt sich aus der Entwicklungsrichtung der Automatisierungstechnik. Am weitesten fortgeschritten ist die Automation bei der Technologie der Stoffumwandlungen in chemischen und physikalischen Prozessen und in der Energie-Erzeugung und Energie-Umwandlung. Verfahrenstechnik wie Energietechnik wiederum sind gekennzeichnet durch Fließprozesse. Und damit wird schließlich die Durchflußmessung strömender Flüssigkeiten wie auch gas- und dampfförmiger Stoffe Arbeitsgebiet zahlreicher und bedeutender Industriezweige.
Die Regelungs- und Automatisierungstechnik der Chemie und Petrochemie bedarf ebenso der Durchflußmessung wie die der Mineralöl- und Energiewirtschaft. Ernährungsindustrie und Wasserwirtschaft sind weitere Beispiele. Die Technik der Durchflußmessung reicht in viele Sparten des Ingenieurwesens hinein. Das Wissen um die Technik ist damit Grundlagenwissen.
So kann dieses Kompendium der Technischen Durchflußmessung vielen angehenden und bereits im Berufsleben stehenden Verfahrensingenieuren ein Wegweiser sein bei ihrer Suche nach technisch wie wirtschaftlich vollkommeneren Lösungen ihrer speziellen Aufgaben. Durch das umfangreiche Literaturverzeichnis ist darüber hinaus der Weg zur weiteren Vertiefung der dargebotenen Erkenntnisse gewiesen.

Taschenbuch für den kathodischen Korrosionschutz

2. Auflage 1982
Dipl.-Phys. Walter G. von Baeckmann
ca. 200 Seiten, Format DIN A 6, Plastikeinband, ca. 28,— DM, Bestell-Nr. 2653, ISBN 3-8027-2653-7
Dieses Taschenbuch vermittelt dem Korrosionsschutzfachmann einen Überblick über das Fachgebiet und dient zum Nachschlagen der speziellen, für den kathodischen Korrosionsschutz erforderlichen Angaben. Mit Hilfe der Tabellen ist eine schnelle und wirtschaftliche Planung kathodischer Korrosionsschutzmaßnahmen möglich.
Die 2. Auflage dieses Taschenbuches wurde vollständig überarbeitet, ergänzt und der rasch fortschreitenden Entwicklung angepaßt. Neue Richtlinien und Normen wurden berücksichtigt und insbesondere auf dem Gebiete der Hochspannungsbeeinflussung und der Meerestechnik der neueste Stand eingearbeitet.
Inhalt: Grundlagen des kathodischen Schutzes / Passiver Korrosionsschutz / Anforderung und Prüfwerte von Rohrumhüllungen / Schutzstromdichten und Schutzbereich / Anoden-Ausbreitungswiderstände / Galvanische Anoden / Fremdstrom-Anoden / Stromabgabe / Materialverlust / Lebensdauer / Horizontal- und Tiefenanoden / Wirtschaftliche Anodenauslegung / Anodische und kathodischer Spannunsrichter / Berechnung von Korrosionsschutzanlagen
Meßtechnik: Bezugselektroden / Potentialmessungen / Beeinflussungsmessungen / Spannungsrichter / Fehlstellenortung / Kontaktfehlerortung / Rohrwiderstände / Bodenwiderstände / Bodenaggressivität / Streustrombeeinflussung / Hochspannungsbeeinflussung / Kathodischer Innenschutz / Kathodischer Schutz im Meerwasser / Umrechnungstabellen / Normen und Bauzeichnungen / Begriffsbestimmungen / Literatur

ARG-Tabellenbuch für den Rohrleitungsbau

Herausgeber: ARG-Mineralölbau GmbH
Zusammengestellt von Ing. H. Fuisting
11. neubearbeitete Auflage 1982
254 Seiten, zahlreiche Bilder, Diagramme und Tafeln, Format 10,5 x 14,8 cm, Plastikeinband, 29,80 DM, Bestell-Nr. 2649, ISBN 3-8027-2649-8
Das Tabellenbuch für den Rohrleitungsbau ist als Nachschlagewerk für Planer, Konstrukteure und Betreiber von Rohrleitungssystemen aller Art konzipiert. Format und Einband sind so gewählt, daß es jederzeit in der Jackettasche griffbereit mitgeführt werden kann. Es enthält die für Rohrleitungen wichtigen Angaben über Werkstoffe, Verarbeitung und Prüfung sowie eine Anzahl von Maßnormen von häufig verwendeten Bauteilen. Die umfangreichen Tabellen mit zulässigen Betriebsüberdrücken von Stahlrohren wurden unter Berücksichtigung der Neuauflage der Werkstoffnorm DIN 17 175 neu berechnet.
Inhalt: Rohre — Anwendungs- und Berechnungsvorschriften — Formstücke — Flansche — Flanschverbindungen — Schrauben und Muttern — Dichtungen — Besondere Einbauteile — Dehnungsausgleicher — Bearbeitungs- und Prüfverfahren — Kleinstmögliche Biegeradien — Unterstützungen — Allgemeines

 VULKAN-VERLAG · 4300 Essen 1
Postfach 10 39 62 · Telefon (02 01) 22 18 51 · Telex 8 579 008

Firmenverzeichnis zum Anzeigenteil